Das
Bürgerliche Gesetzbuch

mit besonderer Berücksichtigung
der Rechtsprechung des Reichsgerichts

erläutert von

Dr. Busch, Erler, Dr. Lobe, Michaelis, Oegg, Sayn, Schliewen und Seyffarth
Reichsgerichtsräten und Senatspräsidenten am Reichsgericht

Sechste neubearbeitete Auflage

V. Band:
Erbrecht
bearbeitet von
Michaelis und Seyffarth

Berlin und Leipzig 1928.
Walter de Gruyter & Co.
vormals G. J. Göschen'sche Verlagshandlung — J. Guttentag, Verlagsbuchhandlung — Georg Reimer — Karl J. Trübner — Veit & Comp.

Roßberg'sche Buchdruckerei, Leipzig

Inhaltsverzeichnis

Fünftes Buch Erbrecht

Einführungsgesetz

Auszug aus dem Vorwort zur sechsten Auflage

Nunmehr haben bearbeitet:

Band 5 (Erbrecht):

§§ 1922—2063: RGR a. D. Michaelis,
§§ 2064—2385: RGR Seyffarth.

Das Sachverzeichnis hat Landgerichtsrat Rudolf Erler bearbeitet.

Abkürzungen

(Nach den Vorschlägen des Deutschen Juristentags. Zweite Ausgabe. Berlin 1910)

AG . . . . Ausführungsgesetz.
ALR . . . Allgemeines Landrecht für die Preußischen Staaten v. 5. 2. 1794.
AnfG . . . Gesetz, betr. die Anfechtung von Rechtshandlungen eines Schuldners außerhalb d. Konkursverfahrens v.21.7.79/20.5.98.
ArbGG . . Arbeitsgerichtsgesetz v. 23. 12. 26.
AufwG . . Gesetz v. 16. 7. 25 über die Aufwertung von Hypotheken und anderen Ansprüchen.
BayObLG . Sammlung von Entscheidungen des Bayerischen Obersten Landesgerichts in Gegenständen des Zivilrechts.
BayRpflZ . Zeitschrift für Rechtspflege in Bayern.
DJZ . . . Deutsche Juristenzeitung.
EG . . . . Einführungsgesetz zum Bürgerlichen Gesetzbuch.
E I . . . . Entwurf zum Bürgerlichen Gesetzbuch in der Bearbeitung der I. Kommission.
E II . . . Derselbe Entwurf in der Bearbeitung der II. Kommission.
FGG . . . Gesetz über die Angelegenheiten der freiwilligen Gerichtsbarkeit v. 17. 5. 98.
GBO . . . Grundbuchordnung v. 24.3.97/20.5.98.
GenG . . . Gesetz betr. die Erwerbs- und Wirtschaftsgenossenschaften v.1.5.89/20.5.98.
GewGG . . Gewerbegerichtsgesetz v. 29. 9. 01.
GewO . . . Gewerbeordnung.
GmbHG . Gesetz betr. die Gesellschaften mit beschränkter Haftung v. 20. 4. 92/20. 5. 98.
Gruch . . . Beiträge zur Erläuterung des Deutschen Rechts, begründet von Gruchot.
GVG . . . Gerichtsverfassungsgesetz.
HGB . . . Handelsgesetzbuch.
JFG . . . Jahrbuch für Entscheidungen in Angelegenheiten der freiwilligen Gerichtsrichtsbarkeit und des Grundbuchrechts.
JRdsch . . Juristische Rundschau.
JMBl. . . Justizministerialblatt.
JW . . . . Juristische Wochenschrift.
JWG . . Jugendwohlfahrtgesetz v. 9. 7. 22.
KfmGG . . Gesetz betreffend Kaufmannsgerichte v. 6. 7. 04.
KGJ . . . Jahrbuch für Entscheidungen des Kammergerichts in Sachen der freiwilligen Gerichtsbarkeit.
KO . . . . Konkursordnung v. 10. 2. 77/20. 5. 98.
LZ . . . . Leipziger Zeitschrift für deutsches Recht.
M. . . . . Motive zu dem von der ersten Kommission ausgearbeiteten Entwurfe des BGB.
OLG . . . Rechtsprechung der Oberlandesgerichte auf dem Gebiete des Zivilrechts, herausgegeben von Falkmann und Mugdan.
P oder Prot Protokolle der Kommission für die zweite Lesung des Entwurfs eines Bürgerlichen Gesetzbuchs, herausgegeben von Achilles, Gebhard und Spahn.
PStG . . Gesetz über die Beurkundung des Personenstandes und der Eheschließung v. 6. 2. 75/11. 6. 20.
RAO . . . Rechtsanwaltsordnung v. 1. 7. 78.
RBG . . . Gesetz, betr. die Rechtsverhältnisse der Reichsbeamten, v. 18. 5. 07.
Recht . . . Das Recht, Rundschau für den deutschen Juristenstand.
RFinH . . Sammlung von Entscheidungen und Gutachten des Reichsfinanzhofs.
RG . . . . Entscheidungen des Reichsgerichts in Zivilsachen, herausgegeben von den Mitgliedern des Gerichtshofs. — Die nicht in dieser Sammlung, sondern in anderen Zeitschriften veröffentlichten Entscheidungen sind mit dem Zusatze „RG“ aus 1. der Juristischen Wochenschrift, 2. Warneyers Jahrbuch, s. unten Warn, 3. Gruchots Beiträgen, 4. Seufferts Archiv, 5. Leipziger Zeitschrift für deutsches Recht, 6. „Das Recht“, in der angegebenen Reihenfolge, mehrfach abgedruckte Entscheidungen aber nur einmal angeführt. Andere Sammlungen sind nur ausnahmsweise berücksichtigt. Die bisher überhaupt noch nicht abgedruckten Entscheidungen sind mit „RG“ nebst Datum und Aktenzeichen angeführt.
RGSt . . Entscheidungen des Reichsgerichts in Strafsachen.
RGBl . . . Reichsgesetzblatt.
RJA . . . Entscheidungen in Angelegenheiten der freiwilligen Gerichtsbarkeit und des Grundbuchrechts, zusammengestellt im Reichsjustizamt, jetzt Reichsjustizministerium.
ROHG . . Entscheidungen des Reichsoberhandelsgerichts.
RVerf . . Verfassung des Deutschen Reichs v. 11. 8. 19.
RVO . . . Reichsversicherungsordnung v. 19. 7. 11/15. 12. 24.
SeuffA . . Seufferts Archiv für Entscheidungen der obersten Gerichte in den deutschen Staaten
StGB . . Strafgesetzbuch für das Deutsche Reich.
StPO . . Strafprozeßordnung.
UnlWG . . Gesetz gegen den unlauteren Wettbewerb v. 7. 6. 09.
UWG . . . Gesetz über den Unterstützungswohnsitz v. 30. 5. 08.
VerlG . . Gesetz über das Verlagsrecht v. 19. 6. 01.
VersVG . . Gesetz über den Versicherungsvertrag v. 30. 5. 08.
Vf . . . . Verfügung.
VO . . . . Verordnung.
Warn . . . Warneyers Jahrbuch der Entscheidungen, Ergänzungsband 1908 ff., von 1919 ab Rechtsprechung des Reichsgerichts.
WO . . . Wechselordnung.
ZPO . . . Zivilprozeßordnung.
ZVG . . . Gesetz über die Zwangsversteigerung und Zwangsverwaltung v. 24. 3. 97/20. 5. 98.

Fünftes Buch

Erbrecht

---

1. Internationales Privatrecht. Der Geltungsbereich des deutschen Erbrechts bestimmt sich grundsätzlich nach der Staatsangehörigkeit des Erblassers. Der Deutsche wird nach deutschen Gesetzen auch dann beerbt, wenn er seinen Wohnsitz im Auslande hatte (EG Art 24 Abs 1). Umgekehrt wird ein Ausländer, der zur Zeit seines Todes seinen Wohnsitz im Inlande hatte, nach den Gesetzen seines Heimatsstaats beerbt (Art 25). Die Beerbung von Ausländern, die im Auslande ihren Wohnsitz haben, ist unter entsprechender Anwendung des Art 25 gleichfalls nach der Staatsangehörigkeit, nicht nach dem Wohnsitze des Erblassers zu beurteilen (**RG** 91, 139). Soweit danach ausländisches Recht zur Anwendung kommt, sind auch dessen Kollisionsnormen, und soweit diese wieder auf deutsches Recht zurückverweisen, dieses anzuwenden (Gesamtverweisung: Art 27 EG; **RG** 78, 235; 91, 141). Streitig ist, ob das schweizerische Recht (Art 28 des Bundesgesetzes v. 25. 6. 91) eine solche Rückverweisung auf das deutsche Recht enthält; nach der richtigen Ansicht (vgl. BayObLG in RJA 16, 56) dürfte die Frage zu verneinen sein und demgemäß ein in Deutschland wohnhafter Schweizer nach schweizerischem Rechte beerbt werden. — Der Grundsatz, daß die Staatsangehörigkeit maßgebend, erleidet mehrfache Ausnahmen. So genügt für die Form der Verfügungen von Todes wegen die Beobachtung der Gesetze des Errichtungsorts (Art 11 Abs 1 Satz 2; **RG** Warn 1913 Nr 151 will auch hierfür in erster Linie das Gesetz der Staatsangehörigkeit entscheidend sein lassen). Ferner zugunsten der Erben eines im Auslande wohnhaft gewesenen Deutschen in Ansehung der Haftung für die Nachlaßverbindlichkeiten (EG Art 24 Abs 2). Weiter zugunsten der deutschen Erben eines im Inlande wohnhaft gewesenen ausländischen Erblassers, wenn ihr Erbrecht oder ein Pflichtteilsrecht (**RG** Warn 1912 Nr 34) nach den deutschen Gesetzen begründet ist (Art 25 Satz 2, mit dem dort im Schlußhalbsatze gemachten Vorbehalte). Die deutschen Beteiligten können die ihnen hiernach zustehenden erbrechtlichen Ansprüche geltend machen, ohne daß deswegen auch zugunsten der etwa beteiligten Ausländer deutsches Recht zur Anwendung käme (**RG** 63, 356). Ansprüche von Gläubigern des Nachlasses gegen die Erben sind keine „erbrechtlichen" Ansprüche. — Das ausländische Recht findet aber (Art 28) auch auf den Nachlaß eines Deutschen Anwendung, soweit darin bezüglich einzelner im Auslande befindlicher Nachlaßgegenstände (namentlich Grundstücke) besondere Vorschriften gelten (so Code civil Art 3). Dagegen findet das deutsche Recht kraft der in Art 3 a. a. O. enthaltenen Rückverweisung Anwendung auf die Erbfolge in in Deutschland belegene Grundstücke eines französischen Staatsangehörigen (**RG** 78, 48). Aushilfsbestimmungen in Ermangelung einer Staatsangehörigkeit des Erblassers Art 29, Schranken bei Anwendung des ausländischen Rechtes Art 30, Vergeltungsrecht Art 31, Sonderbestimmung für Ausantwortung von Vermögen, das deutschen Behörden aus einem ausländischen Nachlasse zur Übermittlung an Inländer anvertraut ist, Art 26. Erbrechtliche Bestimmungen in Reichsstaatsverträgen, die gesetzliche Geltung erlangt haben, so die Konvention mit Rußland von 1874, haben auch nach Inkrafttreten des BGB Geltung behalten (**RG** 71, 293); durch den Ausbruch des Krieges sind die mit feindlichen Mächten abgeschlossenen außer Kraft getreten; über ihre Wiederinkraftsetzung ist in Teil X Abschn 2 (Artt 282—295) des Friedensvertrages v. 28. 6. 19 (RGBl S. 1089ff.), insbesondere in Art 289, Bestimmung getroffen (Sonderbestimmung für die Verträge mit Rußland in Art 292, mit den Zentralmächten in Art 290, für das Haager Übereinkommen v. 17. 7. 05 in Art 287). In dem Nachlaßabkommen mit Rußland (Anlage zu Art 22 des Konsularvertrags v. 12. 10. 25, der durch Ges v. 6. 1. 26, RGBl II 1ff., Gesetzeskraft erlangt hat) ist in § 13 angeordnet, daß die „erbrechtlichen Verhältnisse" sich in Ansehung des beweglichen Nachlasses nach den Gesetzen des Staates, dem der Erblasser zur Zeit seines Todes angehörte; in Ansehung des unbeweglichen Nachlasses nach den Gesetzen des Staates, in dem dieser Nachlaß liegt, bestimmen. In dem Nachlaßabkommen mit Österreich v. 5. 2. 27 (RGBl II 506) ist in § 3 bestimmt, daß die Angehörigen des einen

Staates in Ansehung des beweglichen und unbeweglichen Vermögens, das sich in dem anderen Staate befindet, nach dem Rechte des Staates beerbt werden, dem der Erblasser zur Zeit seines Todes angehört, und daß dies auch hinsichtlich der Haftung des Erben für die Nachlaßverbindlichkeiten gilt; für Fideikommisse, Anerbengüter u. dgl. Gegenstände, die einer besonderen Güterordnung unterliegen, ist das Recht des Staates, in dem sie sich befinden, maßgebend; für Verfügungen von Todes wegen genügt hinsichtlich der Form der Errichtungs- bzw. Aufhebungsort (§§ 5, 7), in materieller Beziehung ist das Recht der Staatsangehörigkeit maßgebend (§§ 6, 7). — Für Streitigkeiten, welche die erbrechtlichen Verhältnisse an dem Nachlasse von Deutschen betreffen, wird durch ZPO § 27 Abs 2, wenn der Erblasser keinen allgemeinen Gerichtsstand im Inlande hatte, der besondere Gerichtsstand der Erbschaft vor dem Gerichte begründet, in dessen Bezirke der Erblasser seinen letzten inländischen Wohnsitz hatte; hilfsweise finden ZPO § 15 Abs 1 Satz 2 u. 3 Anwendung. Dadurch soll ein inländischer Gerichtsstand für die nach deutschem Rechte zu beurteilenden Streitigkeiten gesichert werden (Mot zur ZPO Nov. v. 98 S. 84). Doch wird der Gerichtsstand auch begründet sein, wenn ausnahmsweise ausländisches Recht auf den Nachlaß Deutscher anzuwenden ist (Art 28; s. oben). Wegen der örtlichen Zuständigkeit des Nachlaßgerichts vgl. § 1960 A 2.

2. Sonstige erbrechtliche Bestimmungen finden sich reichsgesetzlich im BGB in § 857 (vgl. § 1922 A 5), und im Familienrecht (§§ 1406 Nr 1, 1461, 1482, 1483ff., 1683, 1759, 1767, 1777); ferner in zahlreichen Vorschriften der ZPO, der KO, sowie in dem das Verfahren in Nachlaß- und Teilungssachen regelnden Abschnitt 5 des FGG (§§ 72—99). Ferner in dem Ges., betr. die Organisation der Bundeskonsulate usw. v. 8. 11. 67 in Verbindung mit EG Art 38 (Verfügungen von Todes wegen vor deutschen Konsuln) und in § 44 des RMilG in Verbindung mit Art 44 EG (Militär- und Marinetestament). Hinsichtlich der erbrechtlichen Verhältnisse der Landesherren und der landesherrlichen, sowie der ehemals reichsständischen Familien gehen nach Artt 57, 58 EG die Bestimmungen der Hausverfassungen und der Landesgesetze dem BGB vor. Doch grenzt Art 57 a. a. O. nur das Verhältnis zwischen Reichsrecht und Landesrecht ab; darüber, ob hausrechtliche Bestimmungen durch Landesgesetz abgeändert werden können, enthält er keine Vorschrift; das regelt sich nach den Landesgesetzen (RG Warn 1926 Nr 182). Diese Vorschriften sind bis jetzt nicht ausdrücklich aufgehoben; da es aber, jedenfalls seit dem Inkrafttreten der neuen Reichsverfassung (14. 8. 19), keine Landesherren mehr gibt (Art 1 RVerf), sind die staatsrechtlichen Voraussetzungen für die Sonderstellung der bis dahin landesherrlichen Personen und Familien weggefallen und diese dadurch ohne weiteres unter das Recht des BGB getreten. Anders liegt die Sache hinsichtlich der ehemals reichsständischen Familien, für die durch die neuesten Ereignisse eine Änderung ihrer staatsrechtlichen Stellung nicht eingetreten ist; die ihnen von früher her zustehenden Sonderrechte werden deshalb bis zu ihrer Aufhebung als fortdauernd anzusehen sein. Durch die neue Verfassung (Art 109 Abs 3) ist übrigens nur die Aufhebung der öffentlichrechtlichen Geburts- und Standesvorrechte, nicht auch der privatrechtlichen als Richtlinie für die Gesetzgebung aufgestellt. — Landesgesetzlicher Regelung ist vorbehalten die Regelung der erbrechtlichen Verhältnisse für Familienfideikommisse (doch ist die Auflösung der Fideikommisse durch Art 155 Abs 2 Satz 2 RVerf vorgeschrieben) und Lehen Art. 59, Rentengüter Art 62, Erbpachtrecht Art 63, Anerbenrecht Art 64; doch kann nach Art 10 Nr 4 der Verfassung das Reich im Wege der Gesetzgebung Grundsätze aufstellen über das Bodenrecht und die Bindung des Grundbesitzes, denen die landesrechtlichen Bestimmungen Rechnung tragen müssen. — Weitere Vorbehalte für die landesgesetzliche Regelung: Erwerbsbeschränkungen der juristischen Personen und Ordensangehörigen Artt 86, 87; Feststellung des Ertragswerts eines Landguts Art 137; gewisse fiskalische und ähnliche Erbrechte (vgl. unten zu § 1936 A 4) Artt 138, 139; endlich die Regelung der Behördenorganisation und Zuständigkeit in bezug auf Nachlaßfürsorge (Art 140, vgl. § 1960) und sonstige erbrechtliche Verrichtungen und Beurkundungen (Artt 141, 147 bis 151 EG). Zu den durch die Verfassung gewährleisteten „Grundrechten der Deutschen" gehört nach Art 154 Abs 1 RVerf auch das Erbrecht, jedoch nur „nach Maßgabe des bürgerlichen Rechts", so daß das Erbrecht ohne Verfassungsänderung zwar nicht abgeschafft, aber doch in einem der Abschaffung nahekommenden Maße wird beschränkt werden können. „Nach den Gesetzen" bestimmt sich auch der Anteil des Staates am Erbgut (Art 154 Abs 2 RVerf); ein über das bisherige bloß subsidiäre Erbrecht des Fiskus (§ 1936) hinausgehendes und die Verwandten fernerstehender Ordnungen von der gesetzlichen Erbfolge ausschließendes staatliches Erbrecht ist aus staatswirtschaftlichen und sozialen Gründen unter den früheren Verhältnissen schon vielfach gefordert worden. Die steuerlichen Rechtsverhältnisse bei Eintritt eines Erbfalles sind jetzt geregelt durch das Erbschaftssteuergesetz in der Fassung vom 22. 8. 1925 (RGBl. I 320ff.), das an Stelle des Erbschaftssteuergesetzes vom 7. 8. 1922 und der 2. StNotV vom 19. 12. 23 getreten ist. — Die Vorschriften des allgemeinen Teiles des BGB (Buch 1) finden auch im Erbrecht, die des allgemeinen Teiles des Rechts der Schuldverhältnisse (Buch 2) auf erbrechtliche Schuldverhältnisse, soweit nichts anderes bestimmt ist, Anwendung, insbesondere auch der § 242 und die aus ihm sich ergebenden Aufwertungsgrundsätze (vgl. § 242 A 5d γ Abs 3).

3. Für die **Übergangszeit** gilt nach Art 213 EG der Grundsatz, daß, je nachdem der Erblasser vor oder nach Inkrafttreten des BGB gestorben ist, hinsichtlich der erbrechtlichen Verhältnisse das ältere oder das neuere Recht maßgebend ist (**RG** 50, 186; 87, 124). Jedoch wird die Errichtung und Aufhebung einer Verfügung von Todes wegen, wenn sie vor 1. 1. 00 erfolgt ist, sowie die unter dem älteren Rechte bereits eingetretene Bindung des Erblassers bei einem Erbvertrag oder gemeinschaftlichen Testament, ferner werden die Errichtung und die Wirkungen eines vorher abgeschlossenen Erbverzichtvertrags in jedem Falle nach den bisherigen Gesetzen beurteilt (Artt 214, 217 EG). Nach Art 200 bleibt das ältere Recht auch für die erbrechtlichen Wirkungen des Güterstandes vor dem 1. 1. 00 geschlossener Ehen maßgebend. — Der Begriff der erbrechtlichen Verhältnisse ist im weitesten Sinne zu verstehen und es fallen unter ihn alle Verhältnisse, die mit dem Anfalle und Erwerbe einer Erbschaft in Zusammenhang stehen (**RG** 46, 73; 50, 186). Im einzelnen ist aus den Entscheidungen des RG hervorzuheben: **zu Art 213: RG** 46, 70 (Verhältnis zwischen Erben und Testamentsvollstrecker); 50, 182 (Anspruch aus Art 747 Code civil); 52, 174 und JW 02 Beil 209 Nr 47 (Auseinandersetzung unter Miterben); **RG** 54, 241 (Pflichtteilsergänzungsanspruch gegen den Beschenkten); JW 09, 158[1] (Rechtsbeziehungen zwischen Vor- und Nacherben); **RG** 73, 291 und JW 1910, 572[1] (Erbschaftskauf); **RG** 59, 80 und 76, 20 (Auslegung älterer Testamente; vgl. auch KG in RJA 16, 71); 79, 392 (Miterbenanteil); IV 213/10, 12. 1. 11 (auch in älteren Verfügungen vorbehaltene Kodizille bedürfen der Formen des neuen Rechtes); **RG** 104, 195 (die Verjährung eines Pflichtteilanspruchs, der am 1. 1. 00 noch nicht verjährt war, bestimmt sich gemäß Art 196 EG von da ab nach dem Rechte des BGB, auch wenn der Erblasser vor diesem Zeitpunkte gestorben ist); **zu Art 214 Abs 1: RG** 49, 44 (Eheverträge des französischen Rechtes als Erbverträge); 49, 48 und 59, 80 (nur die Errichtung, nicht auch die Wirkungen der Verfügung sind nach älterem Rechte zu beurteilen, insbesondere sind die Auslegungsregeln des neuen Rechtes anzuwenden); **RG** 88, 156 (nur vom Erblasser selbst, nicht für ihn von seinen Eltern errichtete, sog. quasipupillarische Verfügungen unterliegen hinsichtlich ihrer Errichtung dem älteren Rechte); IV 135/16, 6. 7. 16 (desgleichen nur vor 1. 1. 00 bereits fertig zum Abschluß gekommene, nicht zu dieser Zeit noch einer Ergänzung bedürftige Testamente); **zu Art 214 Abs 2: RG** 78, 270 und 87, 121 (zur Bindung gehört auch die Verhinderung des Erblassers, durch Schenkungen unter Lebenden über sein Vermögen zu verfügen); IV 601/11, 7. 12. 12 (desgleichen die Frage, welche Rechte den vertragsmäßig Bedachten in bezug auf eine solche Schenkung unter Lebenden zustehen; die §§ 2287, 2288 BGB sind also nicht anwendbar); **RG** 77, 172, unter Aufgabe von 62, 13 (die Bindung betrifft nur die Widerruflichkeit, nicht die Anfechtbarkeit; diese ist sowohl hinsichtlich der Form wie hinsichtlich der materiellen Anfechtungsgründe, wenn diese nicht vor dem 1. 1. 00 entstanden und dem Berechtigten bekannt geworden sind, nach BGB zu beurteilen); **RG** 77, 178 und 78, 269 (Bindung nach dem älteren Rechte zu beurteilen, auch wenn beide Erblasser nicht vor 1. 1. 00 gestorben sind); **RG** 50, 316; Warn 1911 Nr 252; **RG** 83, 302; Warn 1918 Nr 14 (ein nach PrALR von Ehegatten errichtetes wechselseitiges Testament kann auch nach 1. 1. 00 durch einseitige Verfügung von Todes wegen, und zwar nunmehr auch durch eigenhändiges Testament, widerrufen werden; § 2271 in Verb. mit § 2296 ist nicht anwendbar). Die zweite Auflage dieses Kommentars (an dieser Stelle und zu § 2253 A 1) stand zu dieser Frage auf einem etwas abweichenden Standpunkte, insofern sie die Ansicht vertrat, daß Art 214 Abs 2 bei einem gemeinschaftlichen Testamente überhaupt keine Anwendung finden könne, falls keiner der Ehegatten vor dem 1. 1. 00 gestorben sei, weil nach dem älteren (preußischen) Rechte solche Testamente bis zum Tode eines Ehegatten frei widerruflich waren, also eine Bindung nicht stattfand, und daß deshalb in dem unterstellten Falle solche Testamente nur nach BGB zu beurteilen seien, demgemäß auch die §§ 2271, 2296 auf sie Anwendung fänden. Diese Ansicht kann nicht aufrechterhalten werden. Zur Bindung gehört auch die Frage, ob eine Bindung eingetreten ist; auch für diese Frage ist daher Art 214 Abs 2 maßgebend, und sie muß somit nach älterem Rechte beurteilt werden, wenn es sich um ein vor 1. 1. 00 errichtetes gemeinschaftliches Testament handelt. Ergibt das ältere Recht freie Widerruflichkeit, so kann diese keine Einschränkung erleiden, auch nicht durch Erschwerung der Form des Widerrufs, wie sie § 2271 Abs 1 insbesondere dadurch herbeiführt, daß die Aufhebung durch eine neue Verfügung von Todes wegen schon bei Lebzeiten beider Ehegatten ausgeschlossen wird. — **Zu Art 200: RG** 17. 11. 02, IV 141/02 (Art 200 Abs 1 Satz 2 gilt auch für vor 1. 1. 00 aufgelöste Ehen); 19. 3. 06, IV 496/05 (erbrechtliche Wirkungen des Güterstandes sind auch solche, die zwischen den Ehegatten und ihren Erben endgültig entstanden sind); **RG** 96, 202 (die Bestimmungen über die Voraussetzungen und die Form der Pflichtteilsentziehung wegen ehelicher Verfehlungen eines Ehegatten, §§ 2335, 2336, betreffen nicht die erbrechtlichen Wirkungen des Güterstandes); JW 03 Beil 13 (Totteilung der Kinder bei der Schichtung der fortgesetzten Gütergemeinschaft des lübischen Rechtes durch den überlebenden Elternteil schließt als erbrechtliche Wirkung des Güterstandes ein Pflichtteilsrecht der Abkömmlinge an dessen Nachlasse aus); **RG** 65, 250; 82, 265 (die im früheren Rechte begründeten erbrechtlichen Wirkungen des Güterstandes kommen nur insoweit in Betracht, als dadurch die Rechte anderer Beteiligter, insbesondere Pflichtteilsberechtigter — wegen der Erben vgl. Warn 09 Nr 516 —, zugunsten des überlebenden Ehegatten eingeschränkt werden); **RG** 7. 7. 19, IV 155/19 (die Bestimmungen über die Voraussetzungen der Entziehung des Pflichtteils gehören nicht zu den erbrechtlichen Wirkungen des Güterstandes). Im übrigen vgl. zu § 1931 A 5. — **Zu Art 217:** **RG** 63, 428 (Erbverzichtsvertrag ist nur ein mit dem Erblasser, nicht ein unter den künftigen Erben geschlossener Vertrag); JW 09, 220[10] unter Aufgabe von **RG** 49, 44 (Beschränkung des Ehegatten im Ehevertrag auf die Nutznießung unter Ausschluß von dem gesetzlichen Erbrecht des BGB enthält, wenn sie als gewollt anzusehen ist, einen nach früherem badisch-französischen Recht unzulässigen Erbverzichtsvertrag); vgl. auch A 5 zu § 1931. — Besondere Bestimmungen über Testierfähigkeit Art 215; über Ausschaltung des Pflichtteilsrechts bei gewissen ritterschaftlichen Familien Art 216.

Erster Abschnitt

Erbfolge

Erbfolge ist die Rechtsnachfolge in die vermögensrechtliche Persönlichkeit eines Verstorbenen. Sie beruht entweder auf dem Gesetze oder auf dem Willen des Erblassers. Das BGB stellt, im Gegensatz zum I. Entwurfe, die gesetzliche Erbfolge der gewillkürten voran. Der Abschnitt gibt zunächst die grundlegenden Normen für beide Arten (§§ 1922, 1923); sodann die Ordnung der gesetzlichen Erbfolge (§§ 1924—1936); schließlich (§§ 1937—1941) allgemeine Grundsätze für die gewillkürte Erbfolge, die im einzelnen erst später in Abschnitt 3 und 4 im Zusammenhange mit den sie begründenden Rechtsgeschäften (Testament und Erbvertrag) geregelt wird.

§ 1922

[1]) Mit dem Tode[2]) einer Person[3]) (Erbfall)[4]) geht deren Vermögen[5]) (Erbschaft)[6]) als Ganzes[7]) auf eine oder mehrere andere Personen[8]) (Erben)[9]) über.

Auf den Anteil eines Miterben (Erbteil)[10]) finden die sich auf die Erbschaft beziehenden Vorschriften Anwendung[10])[11]).

E I 1749 Abs 1, 1750 Abs 2 E II 1799; M 5 2, 3; P 5 1—3.

1. Der Paragraph spricht die für das Wesen der Erbfolge grundlegenden Sätze aus: Gesamtnachfolge und Unmittelbarkeit. Die Vorschriften sind zwingendes Recht. Jedes hinterlassene Vermögen muß einen Erben finden, selbst wenn der Erblasser die Erbfolge verboten oder sämtliche Bestandteile seines Vermögens durch Einzelzuwendungen (§ 2087 Abs 2) vergeben hätte. Im Notfalle tritt der Fiskus als Erbe ein (§ 1936).

2. Der Übergang des Vermögens auf den Erben tritt ein **mit dem Tode,** also unmittelbar durch dieses Ereignis, ohne zeitlichen Zwischenzustand („der Tote erbt den Lebendigen"; das BGB kennt keine ruhende Erbschaft) und ohne daß es einer Willenserklärung des zur Erbschaft Berufenen bedarf, aber vorbehaltlich der Rückgängigmachung des Erbschaftserwerbs durch Ausschlagung (§ 1942). Berufung (Delation) und Erbschaftserwerb (Anfall) fallen also regelmäßig zusammen. Die dadurch begründete Rechtsstellung geht auf die Erben des Berechtigten über (Transmission des Erbrechts, § 1952). Bereits mit dem Tode ergeht aber auch die (im Sinne einer condicio iuris) bedingte Berufung an diejenigen, die im Falle des rückwirkenden Wegfalls des in erster Linie Berufenen (durch Ausschlagung oder Erbunwürdigkeitserklärung) zur Erbschaft gelangen (Simultanberufung); das dadurch begründete Anwartschaftsrecht geht gleichfalls auf ihre Erben über. Tritt der Fall ein, so gilt der Anfall an sie als bereits mit dem Tode des Erblassers erfolgt (§§ 1953 Abs 2, 2344 Abs 2). Ein ähnlicher Schwebezustand tritt ein, wenn eine Leibesfrucht zur Erbschaft berufen ist (§ 1923 Abs 2, vgl. A dazu) oder wenn eine Ehelichkeitserklärung (§ 1733) oder die Bestätigung einer Annahme an Kindes Statt (§ 1753) oder die Genehmigung einer Stiftung des Erblassers (§ 84) oder des Erwerbs einer juristischen Person oder eines Ordensmitgliedes (Artt 86, 87 EG) noch aussteht. In allen diesen Fällen wird erst durch das ausstehende Ereignis entschieden, wer Erbe geworden ist; je nachdem gilt der Anfall an die in Aussicht genommene Person oder aber an den an ihrer Stelle Berufenen als mit dem Tode des Erblassers er-

folgt. — Dagegen erlangt der Nacherbe die Erbenstellung erst mit dem Eintritt des die Nacherbfolge auslösenden Zeitpunkts oder Ereignisses (des Nacherbfalles), und zwar ex nunc; für die Zeit bis dahin hat nur der Vorerbe die rechtliche Stellung des Erben (§ 2139; vgl. A 2 dazu); doch ist der Erwerb des Nacherben bereits mit dem Tode des Erblassers für ihn als rechtlich gesicherte und vererbliche Erwerbsaussicht begründet (auch im Sinne des Reichserbschaftssteuergesetzes **RG** 82, 305). Nach dem Eintritte des Nacherbfalles ist nur der Nacherbe Erbe; der bisherige Vorerbe verliert seine Erbenstellung und kann deshalb auch von dem Nacherben nicht mehr als Vorerbe, insbesondere auf Mitteilung eines Nachlaßverzeichnisses (§ 2121), in Anspruch genommen werden (**RG** 98, 25). — Wegen Einsetzung eines Erben unter einer aufschiebenden Bedingung vgl. §§ 2074, 2108 Abs 2 Satz 2. — Nach dem Zeitpunkte des Todes des Erblassers bestimmt sich auch, ob zwischen ihm und einer anderen Person ein diese zur Erbfolge berechtigendes Verwandtschaftsverhältnis besteht, z. B. infolge Legitimation durch nachfolgende Ehe von seiten eines Verwandten des Erblassers. Ein vor dem Erbfalle erzeugtes uneheliches Kind hat kein Erbrecht an dem Nachlasse eines Verwandten seines Vaters, wenn es durch eine erst nach dem Erbfalle, aber vor seiner Geburt abgeschlossene Ehe seiner Eltern legitimiert worden ist, da § 1923 Abs 2 zwar für den Zeitpunkt der Geburt, aber nicht für den der Eheschließung eine Rückbeziehung anordnet. Durch eine nach dem Tode eines unehelichen Kindes stattfindende Eheschließung seiner Eltern wird ein Erbrecht an deren Nachlaß für seine Abkömmlinge begründet (§ 1722). — Erst mit dem Tode tritt die Erbfolge ein (**hereditas viventis non datur**); die Feststellung eines erbrechtlichen Verhältnisses bezüglich des Nachlasses eines noch Lebenden ist daher ausgeschlossen (**RG** 49, 372); auch Verträge über den Nachlaß eines noch lebenden Dritten sind grundsätzlich nichtig (§ 312; vgl. aber Abs 2). Unzulässig auch eine Vormerkung oder Kautionshypothek zur Sicherung eines Erb- oder Vermächtnisanspruchs auf ein Grundstück vor dem Tode des Erblassers (KGJ 48 A 189; OLG 14, 97; 43, 12). — Nicht das ganze Vermögen, sondern nur der nicht zum Gesamtgute gehörige Teil geht durch Erbfolge über, wenn der Erblasser in allgemeiner Gütergemeinschaft gelebt hat, die nach seinem Tode fortgesetzt wird (§ 1483) oder wenn er als Abkömmling an einer fortgesetzten Gütergemeinschaft Anteil hatte (§ 1490). — Zeitpunkt des Todes im Falle der Todeserklärung §§ 18, 20.

3. Nur **natürliche Personen,** diese aber ohne Ausnahme, können beerbt werden. Das Vermögen juristischer Personen geht nach Erlöschen der Persönlichkeit gemäß §§ 45, 46, 88 und EG Art 85 über. Dabei finden, wenn das Vermögen an den Fiskus fällt, die Vorschriften über eine dem Fiskus zugefallene Erbschaft (§ 1936) entsprechende Anwendung (§ 46).

4. Erbfall ist der Eintritt der objektiven Voraussetzung für die Beerbung: der Tod des Erblassers. „Erbanfall", „Anfall der Erbschaft" (§ 1942) bezeichnet den Übergang des Vermögens auf den Erben. Der „Fall der Nacherbfolge" (§ 2139) ist der Eintritt des die Nacherbfolge auslösenden Zeitpunktes oder Ereignisses (Tod des Vorerben, Eintritt der Bedingung).

5. Unter **„Vermögen"** versteht das BGB in der Regel — vgl. namentlich §§ 311, 419, 1085 — nach deutschrechtlicher Auffassung die Gesamtheit (den Inbegriff) der einer Person zustehenden wirtschaftlich verwertbaren Sachen und Rechte, also gleichbedeutend mit Aktivvermögen ohne Einbeziehung der darauf lastenden Verbindlichkeiten (**RG** 69, 285 u. 416). Dem äußeren Anscheine nach könnte der Ausdruck in diesem Sinne auch in § 1922 gebraucht sein; denn andernfalls wäre die besondere Bestimmung des § 1967, daß der Erbe für die Nachlaßverbindlichkeiten haftet, hinsichtlich der von dem Erblasser herrührenden Schulden überflüssig, da diese schon auf Grund des § 1922 auf ihn übergegangen wären. Anderseits spricht für einen weiteren Vermögensbegriff an dieser Stelle, daß der Erbe in die gesamte vermögensrechtliche Persönlichkeit des Verstorbenen eintritt und daß ein Übergang des „Vermögens" auf den Erben auch erfolgt, wenn gar keine Aktiva vorhanden sind. Die Streitfrage ist für das Erbrecht mehr theoretischer Natur, da auf jeden Fall der Erbe nach Maßgabe der §§ 1967ff., und nur nach dieser Maßgabe, für die Schulden des Erblassers haftet. — Unvererbliche Rechte sind: Mitgliedschaft an Vereinen, falls nicht die Satzung anderes bestimmt (§§ 38, 40); Gesellschafterrechte, falls nichts anderes vereinbart ist (§ 727 BGB, § 131 Nr 4 HGB, vgl. aber § 177); Vorkaufsrecht, falls nichts anderes bestimmt ist (§ 514), vererblich jedoch das Vorkaufsrecht der Miterben am Erbteil (§ 2034 Abs 2); ferner unvererblich: Recht des Ehegatten auf Übernahme des Gesamtguts (§ 1502); Ansprüche auf Ersatz immateriellen Schadens (§ 847 Abs 1 Satz 2); aus Defloration (§§ 847 Abs 2, 1300); Widerrufsrecht von Schenkungen unter Ehegatten (§ 1584); ferner Rechte, die vertragsmäßig auf die Person des ursprünglich Berechtigten beschränkt sind (nur in diesem Falle auch das Bezugsrecht des Aktienzeichners, **RG** 65, 22). Beschränkt vererblich: Recht auf Widerruf von Schenkungen (§ 530) und Stiftungen (§ 81). Mit dem Tode des Berechtigten erlöschen ferner: Nießbrauch (§ 1061), beschränkte persönliche Dienstbarkeiten (§ 1090); Unterhaltsansprüche für die Zukunft (§§ 1615, 1713), jedoch passiv vererblich der Unterhaltsanspruch des unehelichen Kindes (§ 1712; **RG** 90, 203); wegen des Aussteueranspruchs vgl. A 1 zu § 1623; nicht erlischt die Anweisung (§ 791). Dagegen sind keineswegs alle nicht übertragbaren Rechte (vgl. § 399 A 4) ohne weiteres auch nicht vererblich. — Auch bloße Möglichkeiten des Rechtserwerbs, sog. „Rechtslagen", sind Gegenstand der Erbfolge (Erwerbsgeschäft § 22 HGB; Ersitzungslage § 943; Besitz § 857; Anwartschaft der Nacherben § 2108 Abs 2, s. oben A 2); Recht zur Annahme eines Vertragsantrags (§ 153; OLG 41, 25); ebenso das Recht zur Ausschlagung von Erbschaften (vgl. oben A 2 und zu § 1952 A 1) und Vermächtnissen (§ 2180). Vererblich ist auch der Pflichtteilsanspruch nach Eintritt des Erbfalles (§ 2317 Abs 2). — Wegen des Erlöschens von Verpflichtungen vgl. § 1967 A 2. — Über Vererblichkeit gewerblicher und literarischer Schutzrechte vgl. MustG v. 11. 1. 76 § 3; PatG v. 7. 4. 91 § 6, GebrMustG v. 1. 6. 91 § 7, WZG v. 12. 5. 94 § 7, LitUG v. 19. 7. 01 § 8, KunstUG v. 9. 1. 07 § 10. — Ob eine von dem Erblasser „zugunsten seiner Erben" ohne nähere Bestimmung abgeschlossene **Lebensversicherung** zum Nachlasse gehört oder den mit dem Ausdruck „Erben" bezeichneten Personen nicht als Fortsetzern der Rechtspersönlichkeit des Erblassers, sondern als Sonderpersonen (Dritten; § 330) zufallen soll, ist Auslegungsfrage; von ihrer Beantwortung hängt namentlich ab, ob die Lebensversicherung dem Zugriffe der Nachlaßgläubiger unterliegt und im Falle des Nachlaßkonkurses zur Konkursmasse gezogen werden kann, sowie ob die nachträgliche Bestimmung anderer Personen als der Erben zu Bezugsberechtigten durch den Versicherungsnehmer ein wegen Gläubigerverkürzung anfechtbares Rechtsgeschäft darstellen kann. Vor dem Inkrafttreten des Reichsgesetzes über den Versicherungsvertrag v. 30. 5. 08 (RGBl S. 263) hat die Rechtslehre und die Rechtsprechung (auch das Reichsgericht) darüber geschwankt, was im Zweifel als Wille des Erblassers, — der, da der Versicherer ein Interesse in der einen oder andern Richtung regelmäßig nicht haben wird, bei der Vertragsauslegung entscheidend in Betracht kommt — zu gelten hat, insbesondere ob eine tatsächliche Vermutung dafür spricht, daß er in Fürsorge für seine Erben (Hinterbliebenen) diesen die Lebensversicherungssumme habe zuwenden und sie seinem Nachlasse entziehen wollen; vgl. einerseits **RG** 11, 173 und 32, 162; anderseits 62, 259, aber auch schon 1, 378. Nunmehr hat § 167 Abs 1 des genannten Reichsgesetzes für Kapitalversicherungen (nicht auch für Rentenversicherungen) auf den Todesfall die Frage dahin entschieden, daß im Zweifel diejenigen, welche zur Zeit des Todes als Erben berufen sind, nach dem Verhältnis ihrer Erbteile bezugsberechtigt sind und daß eine Ausschlagung der Erbschaft auf die Berechtigung keinen Einfluß hat. Dadurch ist eine gesetzliche Vermutung (Auslegungsregel) dafür geschaffen, daß der Erblasser den im Augenblicke seines Todes zur Erbschaft berufenen Personen ohne Rücksicht darauf, ob sie endgültige Erben werden (§ 1953), also als Dritten, die Versicherungssumme zuwenden wollte. Diese Vermutung ist aber widerlegbar; die Widerlegung kann aus tatsächlichen Umständen aller Art entnommen werden, u. a. auch aus der Absicht des Erblassers, der die Versicherung genommen hat, sich dadurch lediglich ein Darlehn zu verschaffen (OLG Hamburg, Veröffentlichungen des Aufsichtsamts für Privatversicherung 5, 89); auch mündliche Erklärungen des Versicherungsnehmers, insbesondere gegenüber dem Agenten des Versicherers, können dabei in Betracht gezogen werden (**RG** JW 00, 496). Bezugsberechtigt sind die durch gesetzliche (§§ 1924—1936) oder gewillkürte (§§ 1937—1941) Erbfolge berufenen Personen nach Verhältnis ihrer Erbteile; auf einzelne Gegenstände eingesetzte, als Erben bezeichnete Personen kommen nicht in Betracht, wenn sie gemäß der Auslegungsregel des § 2087 Abs 2 (vgl. aber § 1937 A 3) nicht als Erben anzusehen sind. Nach Abs 2 des § 167 VersVG steht dem Fiskus, wenn er als Erbe berufen ist (§ 1936 BGB), ein Bezugsrecht im Sinne des Abs 1 nicht zu (da nicht anzunehmen ist, daß der Erblasser für ihn eine Fürsorge hat ausüben wollen; ähnlich §§ 2104 Satz 2 u. 2149 Satz 2 BGB); er erhält also die Versicherungssumme nur als Bestandteil des Nachlasses und sie ist dem Zugriffe der Nachlaßgläubiger und dem Nachlaßkonkurse unterworfen. Für Rentenversicherungen bleibt es bei der freien Auslegung.

6. **„Erbschaft"** ist somit das auf einen Erben übergegangene Vermögen eines Verstorbenen. Das Gesetz gebraucht den Ausdruck vorzugsweise, wenn es sich um die Beziehungen des Erben zu dem hinterlassenen Vermögen handelt (§§ 1942ff.), während es den Ausdruck „Nachlaß" anwendet, wenn das Vermögen als solches, namentlich das Aktivvermögen, in Frage kommt (§§ 1960ff., 312). Doch ist die Ausdrucksweise keineswegs streng durchgeführt (vgl. z. B. §§ 2032ff.).

7. Das Vermögen geht **„als Ganzes"** über (Universalsukzession), d. h. die Rechtsnachfolge geschieht in die Gesamtheit der durch die Person des Erblassers zu einer Einheit verbundenen und in dieser Einheitlichkeit auf den Erben übergehenden Vermögensgegenstände (Sachen und Rechte) des Erblassers oder in einen Bruchteil dieser Gesamtheit (1/2, 1/3 usw., was jedoch nicht etwa bedeutet, daß die entstehende Gemeinschaft eine Bruchteilsgemeinschaft wäre; s. § 2032 A 1, 3); eine Nachfolge in einzelne Vermögensgegenstände oder Klassen von Vermögensgegenständen ist als Erbfolge reichsrechtlich ausgeschlossen (**RG** 95, 14). Daher keine Erbfolge in den „gesamten Grundbesitz" (**RG** 61, 78). Doch können solche Spezialsukzessionen auf Grund der Vorbehalte für die Landesgesetzgebung vorkommen

(in Rentengüter, Familienfideikommisse, Erbpachtrechte, Anerbengrundstücke usw.; vgl. Vorbem 2 zu diesem Buche). Desgleichen auf Grund von Staatsverträgen mit Gesetzeskraft; vgl. das deutsch-russische Nachlaßabkommen, Vorbem 1 zu diesem Buche. Auch die kraft Gesetzes eintretende Nachfolge des Ehegatten in die Haushaltsgegenstände (Voraus, § 1932, vgl. A dazu) ist vom BGB nicht als Erbfolge, sondern nach den Vorschriften über Vermächtnisse ausgestaltet. — Die Erbfolge vollzieht sich dementsprechend durch einen einheitlichen Rechtsakt, ohne daß es der für die Übertragung der einzelnen Rechte erforderlichen Spezialakte (Besitzübertragung, Auflassung, Eintragung) bedarf. Auch in die Stellung des Erblassers als mittelbaren Besitzers rückt der Erbe ohne weiteres kraft des Erbanfalls ein (§ 857; **RG** 83, 229). Trifft durch den Erbgang Berechtigung und Verpflichtung oder Berechtigung und Belastung einer beweglichen Sache oder eines Rechtes zusammen (§§ 1063, 1072, 1256), so erlischt das Rechtsverhältnis; anders bei Zusammentreffen des Eigentums mit einem Rechte an einem fremden Grundstücke (§ 889). Eine Hypothek des Erben an einem Grundstücke des Erblassers und umgekehrt wird zur Eigentümergrundschuld (§§ 1163, 1177). Doch leben die erloschenen Rechtsverhältnisse wieder auf, wenn der zur Erbschaft Berufene die Erbschaft ausschlägt (§ 1953 A 1), sowie falls Nachlaßverwaltung oder Nachlaßkonkurs eintritt und in den übrigen Fällen der Nachlaßabsonderung (§§ 1976, 1990, 1991, 1992); ebenso im Falle des Eintritts der Nacherbschaft (§ 2143) und des Erbschaftsverkaufs (§ 2377). Auch im Falle des § 2175 tritt kein Erlöschen ein. Vgl. die Anmerkungen zu diesen Paragraphen.

8. Unter den aktiv erbfähigen **anderen Personen** versteht das Gesetz, abweichend von der passiven Erbfähigkeit (A 3), sowohl natürliche als juristische Personen; aber auch offene Handelsgesellschaften müssen, da sie nach § 124 HGB unter ihrer Firma zum Erwerbe von Rechten fähig sind, in dieser Weise auch als erbfähig gelten (so auch Staudinger § 1923 A 7; Staub-Koenige HGB § 124 Anm 2). In allen Fällen ist Rechtsfähigkeit (§§ 1, 21ff. BGB; 123 HGB) zur Zeit des Erbfalls (vgl. A 1 zu § 1923) vorausgesetzt. Nicht rechtsfähige Vereine (§ 54) können nicht erben. Doch kann unter Umständen eine ihnen gemachte Zuwendung (Erbeinsetzung) als Zuwendung an die Vereinsmitglieder mit der Auflage, das Zugewendete zu Vereinszwecken zu verwenden, aufrechterhalten werden (**RG** Warn 1911 Nr 89). Landesgesetzlich kann die Beerbung durch juristische Personen, soweit Werte von mehr als 5000 M. in Frage stehen, beschränkt oder von staatlicher Genehmigung abhängig gemacht werden; eine erteilte Genehmigung gilt als vor dem Erbfall erteilt (Art 86 EG); auf Feststellung kann auch vor erteilter Genehmigung geklagt werden (**RG** 75, 406). Für Mitglieder religiöser Orden, die Gelübde auf unbestimmte oder Lebenszeit ablegen, kann landesgesetzlich gleichfalls Genehmigungspflicht angeordnet werden (Art. 87 Abs 2, 3 EG).

9. **Erbe** im Sinne des Gesetzes ist nur, wer unmittelbar durch das Gesetz oder durch Verfügung von Todes wegen gemäß dem Gesetze als Gesamtnachfolger des Erblassers berufen ist. Hierzu gehört weder der Erbeserbe, noch der Erbschaftskäufer. Auch der Erwerber des Erbanteils (§ 2033) wird nicht Miterbe und hat keinen Anspruch auf Erteilung des Erbscheins (**RG** 64, 173). Vor dem Tode des Erblassers sind Erben im Rechtssinne noch nicht vorhanden; vgl. § 1935 A 2. „Künftige gesetzliche Erben" im Sinne des § 312 Abs 2 sind alle diejenigen Personen, welche zur Zeit des Vertragsschlusses in einem solchen Verhältnisse zum Erblasser stehen, daß sie, falls er zu dieser Zeit stürbe, durch Simultanberufung (A 2) kraft Gesetzes zur Erbschaft berufen werden würden, also alle Verwandten des Erblassers, nicht nur die zur Zeit nächsten und deshalb nach § 1930 zunächst Berufenen, ferner der Ehegatte und auch (anders wie in § 2346) der in § 1936 genannte Fiskus; der Vertrag muß, um wirksam zu sein, den Erbteil eines von ihnen betreffen; er wird gegenstandslos, wenn dieser nicht zu dem Erbteile kraft Gesetzes gelangt; daß auch der andere Vertragsteil tatsächlich Erbe wird, ist zur Wirksamkeit nicht erforderlich (**RG** 98, 330; jetzt auch Planck, 4. Aufl., § 312 Erl. 2b). — Die Erbenstellung kann einem Dritten nicht durch Rechtsgeschäft, insbesondere nicht durch Anerkennung einer unwirksamen Verfügung von Todes wegen, übertragen werden (OLG 26, 286); deshalb ist bei Erteilung des Erbscheins zu prüfen, ob die Verfügung von Todes wegen, die die gesetzliche Erbfolge abändert, wirksam ist, auch wenn die durch sie Eingesetzten sie als unwirksam anerkannt haben (KGJ 33 A 112) und ebenso ob eine solche Verfügung mit Grund angefochten ist (KGJ 38 A 118). Das Nachlaßgericht hat erforderlichenfalls von Amts wegen die zur Feststellung der Eigenschaft des Antragstellers als Erbe erforderlichen Ermittlungen zu veranstalten (§ 2358 A 1). Eine Verweisung des Antragstellers auf den Prozeßweg ist unzulässig. Ob, wenn ein Rechtsstreit über das Erbrecht anhängig ist, der Nachlaßrichter das Verfahren aussetzen darf, ist zwischen BayObLG (Z 8, 367 und Recht 1921, 498) und KG (RJA 9, 75) streitig. Die die Aussetzung zulassende Ansicht des Kammergerichts dürfte vorzuziehen sein, da die Nötigung, unter allen Umständen ein neben dem Prozeßverfahren hergehendes besonderes Ermittlungsverfahren des Nachlaßgerichts zu veranstalten, zu unnötigen Weiterungen und Kosten führen

würde und ein zwingender Grund dafür aus dem Gesetze nicht zu entnehmen ist. Doch ist die Entscheidung über das Erbrecht im Prozesse zwischen Erbprätendenten für das Nachlaßgericht unter Umständen von materieller Bedeutung, aber nicht bindend (§ 2359). Ebensowenig schafft sie Rechtskraft gegenüber den Nachlaßgläubigern und Nachlaßschuldnern. Die Witwe und die gemeinschaftlichen Abkömmlinge, welche nach dem Tode eines Ehegatten, der in der allgemeinen Gütergemeinschaft des BGB gelebt hat, miteinander die Gemeinschaft fortsetzen (§ 1483), sind nicht Erben des verstorbenen Ehegatten; § 41 GBO findet daher auf sie keine Anwendung (KGJ 38 A 212; OLG (Kolmar) 21, 11). Für die auf Grund landesgesetzlicher Bestimmungen fortgesetzten Gütergemeinschaften vor dem 1. 1. 00 durch den Tod eines Ehegatten aufgelöster Ehen ist die Frage nach Maßgabe der landesgesetzlichen Bestimmungen zu entscheiden, auch wenn der Ehegatte nicht vor dem 1. 1. 00 gestorben ist (Artt 200, 218 EG; vgl. Vorbem 3 zu diesem Buche; **RG** 102, 28).

10. Das Verhältnis mehrerer miteinander zur Erbschaft gelangenden Personen (**Miterben**) zueinander und zu den Nachlaßgläubigern wird erst in den §§ 2032ff. näher geregelt. § 1922 Abs 2 hat nur den Zweck, klarzustellen, daß die Vorschriften, welche das BGB über die „Erbschaft" — d. h. das gesamte hinterlassene Vermögen — gibt, ohne weiteres auch auf den **Anteil eines Miterben an der Erbschaft** Anwendung finden, z. B. die §§ 1942ff., aber auch die in anderen Teilen des BGB enthaltenen Vorschriften (§§ 1089, 1406 Nr. 1, 1453, 1461, 1822 Nr 1, 2). Der Grundsatz ist aber nicht ausnahmslos durchgeführt: die Veräußerung der Erbschaft hat nur schuldrechtliche Wirkungen unter den Beteiligten (§ 2374), während über einen Erbteil mit dinglicher Wirkung verfügt werden kann (§ 2033); ferner: Nachlaßkonkurs (KO § 235) und Nachlaßverwaltung (§ 2062 BGB) können nur über die Erbschaft, nicht über einen Erbteil angeordnet werden. Dagegen ist eine Nachlaßpflegschaft (§ 1960) auch für den Anteil eines Miterben zulässig (ZBlFG 2, 831).

11. Beweislast. Den Tod des Erblassers und, sofern es darauf ankommt, den genauen Zeitpunkt des Todes hat zu beweisen, wer Erbe zu sein behauptet. Vermutung dafür im Falle der Todeserklärung § 18. Für Erteilung des Erbscheins zu führende Beweise § 2356. Vermutung für den im Erbschein als Erbe Bezeichneten § 2365. Schutz des guten Glaubens an den Erbschein §§ 2366, 2367.

§ 1923

Erbe kann nur werden, wer zur Zeit des Erbfalls lebt[1]).

Wer zur Zeit des Erbfalls noch nicht lebte, aber bereits erzeugt war[2]), gilt als vor dem Erbfalle geboren[3])[4]).

E I 1752, 1758 Abs 1, 1964 Abs 2, 2026 Abs 2 II 1800; M 5 4, 11ff., 357ff., 488ff.; P 5 4, 7, 463 614; 6 90, 335ff.

1. Erblasser und Erbe müssen während einer noch so geringen Zeit **gleichzeitig am Leben** gewesen sein, der Erbe muß beim Tode des Erblassers (§ 1922 A 4) bereits gelebt und noch gelebt haben. Vgl. aber hinsichtlich des Nasziturus Abs 2 und A 2. Das gilt auch für den durch Erbvertrag bestimmten Erben. Erleben des Eintritts einer aufschiebenden Bedingung § 2074. Für den Nacherben genügt, wenn er zur Zeit des Eintritts der Nacherbfolge, regelmäßig also beim Tode des Vorerben, lebt oder doch mindestens erzeugt war (§ 2108 A 1). Auch der Vermächtnisnehmer braucht zur Zeit des Erbfalls noch nicht gelebt zu haben oder erzeugt gewesen zu sein; darf aber nicht vorher gestorben sein (§§ 2178, 2160). Stirbt der berufene Erbe vor dem Erblasser, so wird die Berufung gegenstandslos, das dem Berufenen zugedachte Erbrecht geht nicht auf seine Erben über. Anders, wenn der Nacherbe zwar nach dem Erbfalle, aber vor dem Vorerben stirbt (§ 2108 Abs 2). Stirbt der Nacherbe vor dem Erblasser, so wird die Anordnung der Nacherbfolge unwirksam (§ 2108 Abs 1; **RG** 14. 3. 07, IV 375/06). Im Falle der Verschollenheit greift die Lebensvermutung des § 19 (vgl. A 1, 2 dazu), beim Tode in gemeinsamer Gefahr die Vermutung der Gleichzeitigkeit (§ 20) ein, so daß die Beerbung gegenseitig ausgeschlossen ist; der Beweis der **Unrichtigkeit** der Vermutungen ist unbeschränkt zulässig (**RG** 60, 198; 93, 108). — Der Ausdruck „leben" muß auch auf juristische Personen bezogen werden, da auch sie aktiv erbfähig sind (vgl. § 1922 A 8); er bedeutet hier das rechtsfähige Bestehen. Eine Stiftung gilt für die Zuwendungen des Stifters als vor dessen Tode entstanden, auch wenn sie erst nachher genehmigt ist (§ 84), sie wird also, wenn sie vom Stifter zum Erben eingesetzt ist, dessen unmittelbare Erbin, nicht Nacherbin (vgl. A 2).

2. Der Grundsatz des Abs 1 wird zugunsten der Leibesfrucht durchbrochen; denn ein „Leben" im rechtlichen Sinne (§ 1 BGB) zur Zeit des Erbfalls kann dieser nicht zugeschrieben werden; sie gilt aber hinsichtlich ihrer Erbfähigkeit als vor dem Erbfall geboren, sofern sie überhaupt „geboren" wird, d. h. lebensfähig zur Welt kommt (A 3). Das gilt nicht nur für gesetzliche Erben, sondern für jede zur Erbschaft berufene Leibesfrucht. — Auch die Einsetzung einer zur Zeit des Todes des Erblassers noch nicht erzeugten Person ist dadurch ermöglicht, daß sie als Nacherbeinsetzung aufrechterhalten werden kann, was im Zweifel als Wille des Erblassers anzunehmen ist (§ 2101 Abs 1). Gleiches gilt für noch nicht entstandene juristische Personen. In dieser Weise kann auch die „künftige Nachkommenschaft" einer bestimmten Person eingesetzt oder mit Vermächtnissen bedacht und die Einsetzung oder Zuwendung durch Hypothek gesichert werden (RG 30. 6. 04, IV 516/03; RG 65, 280).

3. Vorausgesetzt, daß er **lebend,** wenn auch nicht lebensfähig, zur Welt gekommen ist (§ 1). Solange er noch nicht geboren ist, besteht Ungewißheit, ob die Erbschaft ihm oder einem andern angefallen ist; daher ist solange keine Annahme für ihn durch den nach § 1912 oder § 1960 ernannten Pfleger möglich. Wird er lebend geboren, so gilt, soweit seine Erbfähigkeit in Frage kommt, die Geburt als vor dem Erbfalle erfolgt. Regelung für die Zwischenzeit: Unterhaltsanspruch der Mutter des zu erwartenden Erben §§ 1963, 2141; Aufschub der Erbesauseinandersetzung § 2043; Pflegschaft für die Leibesfrucht § 1912; Nachlaßpflegschaft § 1960; Erteilung eines Erbscheins für die Miterben vgl. A 5 zu § 2353.

4. Beweislast. Dem Erben liegt der Beweis ob, daß er zur Zeit des Erbfalls gelebt hat oder doch erzeugt gewesen ist. Dabei entscheidet freie Beweiswürdigung; die in §§ 1592, 1717 Abs 2 festgesetzte Empfängniszeit kommt nicht als bindende Rechtsregel, sondern nur als Erfahrungssatz für den Richter in Betracht. Anders, wenn die eheliche oder uneheliche Abstammung die Vorfrage für die Erbberechtigung bildet (§§ 1591, 1717 Abs 1). — Wegen der Vermutung des § 20 vgl. A 1.

§ 1924

[1]) **Gesetzliche Erben der ersten Ordnung sind die Abkömmlinge des Erblassers**[2]).

Ein zur Zeit des Erbfalls lebender Abkömmling schließt die durch ihn mit dem Erblasser verwandten Abkömmlinge von der Erbfolge aus[3]).

An die Stelle eines zur Zeit des Erbfalls nicht mehr lebenden Abkömmlinges treten die durch ihn mit dem Erblasser verwandten Abkömmlinge (Erbfolge nach Stämmen)[4]).

Kinder erben zu gleichen Teilen[5]).

E I 1965 II 1801; M 5 353—360; P 5 463—467.

1. Die **gesetzliche Erbfolge** ist zwar im BGB als die dem Familienverhältnis unmittelbar entspringende vorangestellt, sie ist aber tatsächlich subsidiär, da sie nur eintritt, wenn eine Berufung des Erben durch den Willen des Erblassers nicht erfolgt ist oder sich erledigt hat. Sie kann auch zu einem Teile der Erbschaft eintreten, während zu einem andern Teile gewillkürte Erbfolge eintritt (§ 2088); der Satz des römischen Rechtes: „nemo pro parte testatus" usw. ist dem BGB unbekannt. Die gesetzliche Erbfolge kann auch zeitlich vor oder nach der gewillkürten stattfinden in der Weise, daß die gesetzlichen Erben als Vorerben (§§ 2105, 2101) oder als Nacherben (§ 2104) eintreten.

Die gesetzliche Erbfolge des BGB beruht auf dem **Parentelensysteme.** Der Grundgedanke dieses Systems ist der (M 5, 357), daß die Verwandten des Erblassers (§ 1589) zu Gruppen (Ordnungen, Parentelen) zusammengefaßt werden, je nachdem sie von dem Erblasser selbst abstammen oder durch einen näheren oder entfernteren gemeinschaftlichen Stammelternteil (parens), der selbst auch zu der Gruppe gerechnet wird, mit ihm verwandt sind, und daß die Verwandten einer durch einen entfernteren Stammelternteil des Erblassers verbundenen Gruppe erst in Ermangelung einer durch einen näheren Stammelternteil verbundenen Gruppe zur Erbschaft gelangen. Diese successio ordinis ist im BGB in streng formaler Weise durchgeführt. Das System ist aber des weiteren in der Weise ausgestaltet, daß innerhalb der drei ersten Ordnungen in der Richtung nach aufwärts Linearerbfolge, d. h. Teilung der Erbschaft in eine väterliche und eine mütterliche Linie, bzw. in je zwei großväterliche und großmütterliche Linien; in der Richtung nach abwärts aber Stammeserbfolge eintritt, die bedeutet, daß jedes Stammesglied, solange es vorhanden ist, die von ihm abstammenden — durch ihn mit dem Erblasser verwandten — Stammesglieder von der Erbschaft ausschließt und daß an Stelle eines weggefallenen Stammesgliedes die von diesem abstammenden Stammesglieder ohne Rücksicht darauf, ob sie dem Grade nach näher oder entfernter mit dem Erblasser verwandt sind, treten (Eintrittsrecht, auch Repräsentationsrecht genannt; vgl. aber A 4), während in der vierten und den ferneren Ordnungen lediglich die Nähe der Verwandtschaft mit dem Erblasser, ohne Unterscheidung von Linien und Stämmen, entscheidet (Gradualerbfolge). — Die Zahl der erbberechtigten Verwandtenordnungen ist eine unbeschränkte (der Code civil erkennt nur zwölf an); die seit geraumer Zeit bestehenden Reformbestrebungen, die eine Einschränkung des gesetzlichen Verwandtenerbrechts in entfernteren Graden zugunsten eines staatlichen Erbrechts herbeiführen wollen, haben sich bis jetzt noch nicht durchsetzen können (vgl. Vorbem 2 zu diesem Buche). — Das gesetzliche Erbrecht des überlebenden Ehegatten (§§ 1931—1934) tritt teils neben das Erbrecht der Verwandten in der Weise, daß es dieses auf eine Quote beschränkt, teils schließt es dieses aus. Für gewisse Verwandte (Abkömmlinge, Eltern) und für den Ehegatten tritt, wenn sie durch das Gesetz zur Erbfolge berufen sein würden, aber durch Verfügung des Erblassers ausgeschlossen sind, an die Stelle des Erbrechts ein Pflichtteilsrecht (§ 2303).

2. Der Erblasser selbst ist parens der **ersten Ordnung**. Abkömmlinge sind seine Kinder aus einer oder mehreren Ehen, auch aus geschiedener Ehe, seine Enkel, Urenkel usf. Nach der gesetzlichen Erbfolgeordnung regelt sich auch die gegenseitige Unterhaltspflicht (§§ 1606, 1609). Das uneheliche Kind steht nur zur Mutter und deren Verwandten im Verhältnis des Abkömmlings (§ 1705). Zum Vater und seinen Verwandten erst nach der Legitimation durch nachfolgende Ehe (§§ 1719—1722). Vgl. aber wegen eines vor dem Inkrafttreten des BGB geborenen sog. Brautkindes EG Art 208 Abs 2 sowie wegen der zukünftigen Gesetzgebung Art 121 der Reichsverfassung v. 11. 8. 19. Die Ehelichkeitserklärung verschafft dem Kinde und seinen Abkömmlingen nur ein Erbrecht gegen den Vater, nicht gegen dessen Verwandte, somit auch nicht gegen die ehelichen oder andere gleichfalls legitimierte Kinder des Vaters und umgekehrt (§§ 1736, 1737). Wesentlich das gleiche gilt von der Annahme an Kindes Statt (§§ 1757, 1762, 1763). Das Erbrecht des Kindes kann im Annahmevertrage ausgeschlossen werden (§ 1767 Abs 1). Dem Annehmenden steht gegen das Kind überhaupt kein Erbrecht zu (§ 1759). Das Erbrecht des Kindes gegen seine leiblichen Verwandten bleibt unberührt (§ 1764). Kinder aus nichtigen Ehen §§ 1699ff. Wegen der bisherigen landesherrlichen und der ehemals reichsständischen Familien vgl. Vorbem 2 zu diesem Buche.

3. Der dem Grade nach **nähere Abkömmling** (§ 1589) **schließt seine eigenen Abkömmlinge aus**, falls er endgültiger Erbe wird. Lebt er zwar beim Tode des Erblassers, wird aber der Erbschaftsanfall an ihn rückgängig gemacht infolge Erbausschlagung oder Erbunwürdigkeitserklärung (§§ 1953, 2344), so treten seine Abkömmlinge in derselben Weise an seine Stelle, als wenn er zur Zeit des Erbfalls nicht mehr gelebt hätte (§§ 1953 Abs 2, 2344 Abs 2). Ein Anwachsungsrecht zugunsten der Personen, mit denen der Weggefallene gemeinschaftlich zur Erbschaft gelangt wäre, findet gemäß dem **Grundsatze der Simultanberufung** (A 1 zu § 1922) nicht statt. — Gleiches muß, obwohl es an einer ausdrücklichen Bestimmung fehlt, auch gelten, wenn der nähere Abkömmling bei dem Tode des Erblassers zwar noch lebt, aber von der Erbschaft durch Verfügung von Todes wegen ausgeschlossen ist, ohne daß ein anderer als Erbe eingesetzt ist (§ 1938), sofern nicht der Wille des Erblassers, auch die Abkömmlinge des Ausgeschlossenen auszuschließen, zum Ausdruck gelangt ist (**RG** 61, 14; 93, 194; JW 1913, 869[14] und Warn 1917 Nr 181). Wegen des Erbverzichts vgl. A 4.

4. Das **„An die Stelle treten"** bedeutet nicht ein bloßes Repräsentationsrecht, sondern ein grundsätzlich selbständiges Erbrecht des entfernteren Abkömmlings für den Fall, daß der nähere wegfällt (Ebbecke LZ 1919, 506ff.; **RG** 61, 16; JW 1913, 869); es findet auch statt, wenn jener nicht Erbe desjenigen, der ihn ausgeschlossen haben würde, geworden ist. Doch erstreckt sich die Wirkung eines von dem näheren Abkömmlinge mit dem Erblasser abgeschlossenen Erbverzichtsvertrags im Zweifel auch auf seine Abkömmlinge (§ 2349); der **Vorfahr ist also** in der Lage, auf diese Weise über das Eintrittsrecht seiner Abkömmlinge zu verfügen. Haben die Vertragschließenden das nicht gewollt, so treten die Abkömmlinge auch hier an die Stelle ihres Vorfahren, gleich als wenn dieser zur Zeit des Erbfalls nicht mehr am Leben gewesen wäre (§ 2346 Abs 1 Satz 2). Der an die Stelle seines Vorfahren tretende Abkömmling tritt auch in dessen Ausgleichungspflicht ein (§ 2051).

5. Mehrere unmittelbare Abkömmlinge des Erblassers (**Kinder**) erhalten die ganze Erbschaft nach Kopfteilen, vorbehaltlich der Konkurrenz des überlebenden Ehegatten, der ein Viertel erhält. Mehrere an die Stelle ihres gemeinschaftlichen Stammelternteils tretende Abkömmlinge erhalten zusammen dessen Anteil unter sich zu gleichen Teilen; ist einer von ihnen weggefallen, so treten dessen Abkömmlinge in seinen Anteil ein (Unterstammteilung). — Anteile im Falle mehrfacher Verwandtschaft § 1927. — Bei fortgesetzter Gütergemeinschaft keine Erbfolge der Abkömmlinge in den Anteil am Gesamtgute (§ 1483).

§ 1925

Gesetzliche Erben der zweiten Ordnung sind die Eltern des Erblassers und deren Abkömmlinge[1]).

Leben zur Zeit des Erbfalls die Eltern, so erben sie allein und zu gleichen Teilen[2]).

Lebt zur Zeit des Erbfalls der Vater oder die Mutter nicht mehr, so treten an die Stelle des Verstorbenen dessen Abkömmlinge nach den für die Beerbung in der ersten Ordnung geltenden Vorschriften[3]. Sind Abkömmlinge nicht vorhanden, so erbt der überlebende Teil allein[4]).

E I 1966 II 1802; M 5 361; P 5 467.

1. In der **zweiten Ordnung** rückt die Erbfolge aufwärts bis zu den Eltern (im Sinne von Einzelpersonen, keine „Elternschaft", RG 94, 242) und von diesen, soweit sie zur Zeit des Erbfalls weggefallen sind (Abs 2 u. 3) wieder abwärts auf ihre Abkömmlinge (§ 1924 A 2), d. h. auf die Geschwister, Neffen, Nichten, Großneffen usw. des Erblassers. Die zweite Ordnung tritt erst ein, wenn Abkömmlinge des Erblassers nicht vorhanden sind. Dem Tode steht auch hier der Wegfall durch Ausschlagung, Erbunwürdigkeit oder Ausschließung gleich (vgl. A 3 zu § 1924). Daneben Erbrecht des überlebenden Ehegatten zur Hälfte der Erbschaft § 1931. Pflichtteilsrecht § 2303.

2. Nur **wenn beide Eltern leben,** ist das Erbrecht ihrer Abkömmlinge gänzlich ausgeschlossen (Schoßfallrecht). Sonst gilt Abs 3. Auch hier ist vorausgesetzt, daß die Eltern wirklich erben (§ 1924 A 3). Ihr Verzicht (vgl. A 4 zu § 1924) bindet jedoch nicht ihre Abkömmlinge; § 2349 ist hier nicht anwendbar. Die Mutter des unehelichen Kindes beerbt dieses, wenn es keine Abkömmlinge hat, allein in der zweiten Ordnung (§ 1705), gegebenenfalls in Konkurrenz mit dem Ehegatten. Wird es für ehelich erklärt, so erlangt nur der Vater, nicht die Frau des Vaters Erbrecht (§§ 1736, 1737). Den Adoptiveltern steht kein Erbrecht zu (§ 1759). Hat im Falle der nichtigen Ehe der Vater allein die Nichtigkeit gekannt und deshalb kein Erbrecht, so wird das Erbrecht seiner Verwandten dadurch nicht ausgeschlossen, da das Kind als ehelich gilt; anders, wenn beide Ehegatten die Nichtigkeit gekannt haben (§§ 1699ff.).

3. Ist **ein Elternteil verstorben,** so treten seine Abkömmlinge (die Geschwister und Geschwisterkinder des Erblassers) an die Stelle. Die auf den verstorbenen Elternteil vorbehaltlich eines etwaigen Ehegattenerbrechts entfallende Hälfte verteilt sich innerhalb der Linie gemäß § 1924 Abs 2, 3 nach Stämmen, unter Kindern desselben Stammes nach Kopfteilen (Abs 4). Halbbürtige Geschwister und deren Abkömmlinge rücken mithin, zusammen mit den vollbürtigen Geschwistern, nur in die Erbhälfte desjenigen vorverstorbenen Elternteils ein, welchen sie mit dem Erblasser gemein haben. Zu der Hälfte des anderen Teiles haben sie überhaupt kein Erbrecht. Mehrere uneheliche Geschwister haben gegenseitiges Erbrecht, nachdem die Mutter weggefallen. Auch wenn beide Elternteile verstorben sind, erben die Geschwisterkinder und deren Abkömmlinge nicht nach Köpfen, sondern nach Stämmen.

4. Hat der verstorbene Elternteil **Abkömmlinge nicht hinterlassen,** so geht die auf ihn treffende Hälfte nicht auf die vorhandenen Verwandten dritter Ordnung seiner Linie, sondern auf den überlebenden Elternteil über. Die Großeltern dieser Linie (Eltern des verstorbenen Elternteils) werden also durch den überlebenden Elternteil ausgeschlossen. Das Linienprinzip ist hier zugunsten der successio ordinis und deren absoluter Durchführung durchbrochen. Folgerichtig wird man auch annehmen müssen (obwohl eine ausdrückliche Entscheidung dieses Falles durch das Gesetz fehlt), daß, wenn beide Eltern verstorben und nur Abkömmlinge eines Elternteils (halbbürtige Geschwister) vorhanden sind, diese auch die auf den andern Elternteil entfallende Hälfte erhalten, also dessen Eltern (die anderseitigen Großeltern des Erblassers) ausschließen (so KG OLG 20, 425).

§ 1926

Gesetzliche Erben der dritten Ordnung sind die Großeltern des Erblassers und deren Abkömmlinge[1]).

Leben zur Zeit des Erbfalls die Großeltern, so erben sie allein und zu gleichen Teilen[2]).

Lebt zur Zeit des Erbfalls von den väterlichen oder von den mütterlichen Großeltern der Großvater oder die Großmutter nicht mehr, so treten an die Stelle des Verstorbenen dessen Abkömmlinge[3]). Sind Abkömmlinge nicht vorhanden, so fällt der Anteil des Verstorbenen dem anderen Teile des Großelternpaars und, wenn dieser nicht mehr lebt, dessen Abkömmlingen zu[4]).

Leben zur Zeit des Erbfalls die väterlichen oder die mütterlichen Großeltern nicht mehr und sind Abkömmlinge der Verstorbenen nicht vorhanden, so erben die anderen Großeltern oder ihre Abkömmlinge allein[5]).

Soweit Abkömmlinge an die Stelle ihrer Eltern oder ihrer Voreltern treten, finden die für die Beerbung in der ersten Ordnung geltenden Vorschriften Anwendung[6]).

E I 1968 II 1803; M 5 364, 365; P 5 467—469.

1. In der **dritten Ordnung** rückt die Erbfolge aufwärts bis zu den Großeltern und von diesen, soweit sie zur Zeit des Erbfalls weggefallen sind, wieder abwärts auf ihre **Abkömmlinge** (§ 1924 A 2), d. h. auf die Onkel, Tanten, Vettern und Basen des Erblassers. Die dritte Ordnung rückt nur ein, wenn weder Verwandte der ersten noch der zweiten zur Erbschaft gelangen können (§ 1930). Erbrecht des überlebenden Ehegatten neben Großeltern, ausschließlich gegenüber anderen Verwandten der dritten Ordnung § 1931. Kein Pflichtteilsrecht der Verwandten dieser Ordnung.

2. Auch hier ist vorausgesetzt, daß alle, regelmäßig vier **Großelternteile** auch wirklich Erben werden (§§ 1924 A 3, 1925 A 2). Sie erben dann je $^1/_4$. Hatte der Erblasser von vornherein im Rechtssinne weniger als vier Großeltern (nämlich wenn er selbst oder seine beiden Eltern unehelich geboren waren, zwei; wenn ein Elternteil unehelich geboren war, drei), so erhöhen sich die Anteile der einzelnen Großelternteile entsprechend.

3. Nach den für die Beerbung in der ersten Ordnung geltenden Vorschriften (Abs 5; vgl. zu § 1925 A 3). Wegen der mit dem Erblasser nur durch einen Großelternteil verwandten Abkömmlinge von Großeltern (halbbürtige Onkel usw.) gilt gleiches wie von den halbbürtigen Geschwistern (vgl. ebenda).

4. Die dem väterlichen und die dem mütterlichen Großelternpaare (vorbehaltlich immer eines konkurrierenden Ehegattenerbrechts) zukommenden Hälften der Erbschaft verbleiben den von ihnen ausgehenden Linien, solange auch nur ein Glied der betreffenden Linie vorhanden ist, auch wenn beide Großelternpaare verstorben sind (SeuffA 56 Nr 52). Jedes der **Großelternpaare** wird dabei unter sich als zu einer Einheit verbunden angesehen. Was nach § 1925 Abs 3 von dem überlebenden Elternteile gilt (vgl. A 4 dazu), das gilt hier von dem überlebenden Teile des in Frage kommenden Großelternpaares. Hat also der verstorbene Teil eines Großelternpaares Abkömmlinge nicht hinterlassen, so erhält das auf ihn treffende Viertel der andere Teil dieses Großelternpaares. Ist auch dieser verstorben, so fällt er an dessen Abkömmlinge, also, da gemeinschaftliche Abkömmlinge in dem unterstellten Falle nicht vorhanden sind, an etwaige aus einer anderen Ehe dieses Großelternteils stammende oder, wenn es sich um eine Großmutter handelt, deren uneheliche Abkömmlinge.

5. Wenn gar keine Abkömmlinge des einen Großelternpaares oder eines Teiles von ihm vorhanden sind, so gehen die auf diese Linie entfallenden Anteile auf das andere Großelternpaar und dessen Abkömmlinge über. Erst wenn auch diese fehlen, tritt die vierte Ordnung ein. Das folgt auch hier aus der successio ordinis (§ 1930).

6. § 1924 Abs 2, 3: Ausschließung entfernterer durch lebende nähere Abkömmlinge; Eintrittsrecht; Stammeserbfolge. Vgl. A 3, 4 zu § 1925.

§ 1927

Wer in der ersten, der zweiten oder der dritten Ordnung verschiedenen Stämmen angehört[1]), erhält den in jedem dieser Stämme ihm zufallenden Anteil[2]). Jeder Anteil gilt als besonderer Erbteil[3]).

E I 196 7 II 1804; M 5 363, 364; P 5 467.

1. **Mehrfache Verwandtschaft** kommt hier nur insofern in Betracht, als sie innerhalb derselben Ordnung eine Zugehörigkeit zu mehreren Stämmen begründet. Eine ein mehrfaches Erbrecht begründende mehrfache Verwandtschaft innerhalb derselben Ordnung kann dadurch entstehen, daß einer Ehe zwischen zwei dieser Ordnung angehörigen Verwandten des Erblassers, soweit eine solche nach § 1310 zulässig ist, ein Abkömmling entstammt, der durch beide Stammeseltern mit dem Erblasser verwandt, also in beiden Stämmen zur Erbschaft berufen ist, z. B. ein Urenkel des Erblassers aus einer Ehe zwischen einem Enkel und einer Enkelin (erste Ordnung) oder ein Abkömmling aus einer Ehe zwischen dem Sohne einer Schwester und der Tochter eines Bruders des Erblassers (zweite Ordnung). Eine mehrfache Verwandtschaft solcher Art kann auch durch Annahme an Kindes Statt in der Weise herbeigeführt werden, daß eine Frauensperson das uneheliche Kind ihrer Tochter an Kindes Statt annimmt; dieses erhält dadurch, ohne das ihm aus seiner natürlichen Verwandtschaft als Enkel zustehende Erbrecht zu verlieren (§ 1764), das Erbrecht eines ehelichen

Kindes der annehmenden Großmutter (§ 1757), so daß es nach Maßgabe dieses doppelten Erbrechts mit anderen Abkömmlingen seiner Großmutter konkurriert. Ferner auch dadurch, daß der Erblasser einen entfernteren Abkömmling an Kindes Statt annimmt, da dieser dadurch „verschiedenen Stämmen" angehörig wird (a. A. Leonhard Bem II D; wie hier Planck Erl. 2). Dagegen entsteht ein mehrfaches Erbrecht nicht dadurch, daß die uneheliche Mutter selbst ihr Kind an Kindes Statt annimmt oder daß der Vater eines unehelichen Kindes es an Kindes Statt annimmt und später mit der Mutter die Ehe schließt, da hier nur eine einfache Verwandtschaft als eheliches Kind aus mehreren rechtsbegründenden Tatsachen sich ergibt. Wegen des Ehegatten, der zugleich als Verwandter zur Erbfolge berufen ist, vgl. § 1934.

2. Die mehrfache Verwandtschaft hat nur Bedeutung, soweit die **Erbfolge nach Stämmen** reicht, also in den ersten drei Ordnungen. Der mehrfach Verwandte wird Inhaber einer seinen mehreren Verwandtschaftsverhältnissen entsprechenden Anzahl von Stammesanteilen. Ist er z. B. mit dem Erblasser doppelt verwandt und neben ihm als einzigem Angehörigen seines Stammes noch ein anderer Stamm vorhanden, so entfallen auf ihn zwei, auf den anderen Stamm ein Stammesanteil.

3. Ebenso § 1934 Satz 2 bezüglich des überlebenden Ehegatten. Für **jeden Erbteil** gelten die sich auf die Erbschaft beziehenden Vorschriften (§ 1922 Abs 2). Daher Möglichkeit besonderer Verfügung aus § 2033, Haftung für die Verbindlichkeiten, als wenn jeder Erbteil einem anderen Erben gehörte (§ 2007; vgl. A 2 dazu), Berechnung des Pflichtteils für jeden Erbteil besonders (§ 2303). Auch das Ausschlagungsrecht kann für jeden Anteil besonders ausgeübt werden, da nach Satz 2 jeder Anteil unbeschränkt (im Gegensatze zu §§ 1935, 2095) als besonderer Erbteil gilt und als verschiedene Berufungsgründe im Sinne von § 1951 nicht nur Gesetz und Verfügung von Todes wegen, sondern auch die Berufung zu mehreren besonderen Erbteilen kraft Gesetzes infolge mehrfacher familienrechtlicher Beziehung zu dem Erblasser anzusehen sein dürfte (vgl. § 1951 A 2).

§ 1928

Gesetzliche Erben der vierten Ordnung sind die Urgroßeltern des Erblassers und deren Abkömmlinge[1]).

Leben zur Zeit des Erbfalls Urgroßeltern, so erben sie allein[2]); mehrere erben zu gleichen Teilen, ohne Unterschied, ob sie derselben Linie oder verschiedenen Linien angehören[3]).

Leben zur Zeit des Erbfalls Urgroßeltern nicht mehr, so erbt von ihren Abkömmlingen derjenige, welcher mit dem Erblasser dem Grade nach am nächsten verwandt ist; mehrere gleich nahe Verwandte erben zu gleichen Teilen[4]).

E I 1969 II 1805; M 5 366; P 5 469—471.

1. In der **vierten Ordnung** rückt die Erbfolge aufwärts bis zu den vier Urgroßelternpaaren und von diesen, jedoch nur wenn sie zur Zeit des Erbfalls sämtlich weggefallen sind (Abs 2 u. 3), wieder abwärts auf ihre Abkömmlinge. Unter diesen — den entfernten Seitenverwandten des Erblassers — schließt aber der dem Grade nach nächste Verwandte alle übrigen von der Erbfolge aus. Der überlebende Ehegatte erhält die ganze Erbschaft (§ 1931 Abs 2).

2. Abweichend von §§ 1925 Abs 3 und 1926 Abs 3 schließt auch nur ein einziger noch lebender und wirklich zur Erbfolge gelangender (§ 1924 A 3) **Urgroßelternteil** die Abkömmlinge vorverstorbener Urgroßeltern gänzlich aus (unbeschränktes Schoßfallrecht).

3. Auch die Scheidung nach der Vater- und der Mutterseite und die darauf gegründete Einheit der Vorfahrenpaare (§ 1926 A 4), also die **Linearerbfolge ist aufgegeben.**

4. Abweichend von den drei ersten Ordnungen gilt von der vierten Ordnung ab (§§ 1928, 1929) innerhalb der Ordnung die **Gradualerbfolge.** Die Erbfolge nach Stämmen (§ 1924 Abs 3) ist aufgegeben. Unter den Nachkommen, die von den acht in der vierten Ordnung in Betracht kommenden Urgroßelternteilen abstammen, schließt derjenige, welcher mit dem Erblasser dem Grade nach am nächsten verwandt, d. h. durch die geringste Zahl von Zeugungen verbunden ist (§ 1589 Abs 1 Satz 3), ohne Rücksicht auf Voll- oder Halbbürtigkeit (§ 1925 A 3), alle anderen aus. Sind mehrere gleich nahe Verwandte des Erblassers in diesem Sinne vorhanden, so erben sie zu gleichen Teilen ohne Rücksicht auf etwaige mehrfache Verwandtschaft (§ 1927).

§ 1929

Gesetzliche Erben der fünften Ordnung und der ferneren Ordnungen sind die entfernteren Voreltern des Erblassers und deren Abkömmlinge[1]).

Die Vorschriften des § 1928 Abs 2, 3 finden entsprechende Anwendung[2]).

E I 1969 II 1806; M 5 366, 367; P 5 469—471.

1. Das Verwandtenerbrecht des BGB ist **unbegrenzt** (vgl. A 1 zu § 1924).

2. Auch in den ferneren Ordnungen tritt innerhalb einer jeden Ordnung (successio ordinis, § 1930) **reine Gradualerbfolge** ein, indem ein noch lebender Vorelternteil, als dem Grade nach am nächsten verwandt, alle Abkömmlinge dieser Ordnung, ohne Unterschied, ob sie von ihm oder von anderen Voreltern der gleichen Ordnung abstammen (darin liegt der Gegensatz zur Stammeserbfolge in den drei ersten Ordnungen), und von den Abkömmlingen der dem Grade nach nähere den entfernteren, ohne Rücksicht auf die Abstammung des letzteren von ihm oder von anderen Voreltern (auch hier Gegensatz zur Stammeserbfolge) ausschließt (vgl. § 1928 A 4).

§ 1930

Ein Verwandter ist nicht zur Erbfolge berufen, solange ein Verwandter einer vorhergehenden Ordnung vorhanden ist[1]).

E I 1970 II 1807; M 5 367; P 5 471.

1. Der Paragraph spricht den mit absoluter Strenge bereits durch die vorhergehenden Bestimmungen festgelegten Grundsatz der successio ordinis nochmals ausdrücklich aus. Unter **„Berufung“** ist hier der wirkliche Erbanfall zu verstehen; die bedingte Berufung als Anwartschaft für den Fall des Wegfallens des vorgehend Berufenen tritt schon mit dem Erbfalle ein (Simultanberufung; vgl. § 1922 A 2), so daß man von mehreren nacheinander erfolgenden (sukzessiven) Berufungen, wie sie der Wortlaut des § 1930 annehmen lassen könnte, nicht wohl sprechen kann. Der einer späteren Ordnung angehörende Verwandte braucht daher den Wegfall der zu einer früheren Ordnung gehörigen durch Ausschlagung oder Erbunwürdigkeit nicht zu erleben; tritt der Wegfall ein, so gilt der Erbanfall an ihn als bereits mit dem Tode des Erblassers erfolgt (vgl. a. a. O.).

§ 1931

Der überlebende Ehegatte des Erblassers[1]) ist neben Verwandten der ersten Ordnung zu einem Vierteile, neben Verwandten der zweiten Ordnung oder neben Großeltern zur Hälfte der Erbschaft als gesetzlicher Erbe berufen[2]). Treffen mit Großeltern Abkömmlinge von Großeltern zusammen, so erhält der Ehegatte auch von der anderen Hälfte den Anteil, der nach § 1926 den Abkömmlingen zufallen würde[3]).

Sind weder Verwandte der ersten oder der zweiten Ordnung noch Großeltern vorhanden, so erhält der überlebende Ehegatte die ganze Erbschaft[4])[5]).

E I 1971 Abs 1 II 1808; M 5 367—372; P 5 471—480; 6 100—102; RB 306.

1. **Ehegatte des Erblassers** ist nur, wer bis zum Erbfall mit dem Erblasser in gültiger Ehe gestanden hat. Dies ist nicht der Fall, wenn die Ehe vor dem Tode des Erblassers auf Nichtigkeits- oder Anfechtungsklage (§§ 1329, 1343) für nichtig erklärt oder durch gerichtliche Scheidung (§ 1564) oder durch Schließung einer neuen Ehe nach Todeserklärung (§ 1348) aufgelöst worden ist. Auch ohne daß Nichtigkeitsklage erhoben worden, kann nach dem Tode des einen Ehegatten die Nichtigkeit einer nichtigen Ehe (§§ 1323—1328) gegenüber dem das Erbrecht in Anspruch nehmenden Ehegatten geltend gemacht werden (§ 1329); die Nichtigkeit einer anfechtbaren Ehe dagegen nach dem Tode des anfechtungsberechtigten Ehegatten nur, wenn dieser bei Lebzeiten die Ehe im Wege der Klage angefochten hatte (§ 1343 Abs 2). Ficht andrerseits der anfechtungsberechtigte Ehegatte die Ehe nach dem Tode des nicht anfechtungsberechtigten an (§ 1342), so kann er ein Erbrecht nicht geltend machen. — Über die Wirkungen einer bei Lebzeiten des Erblassers erhobenen Scheidungsklage vgl. § 1933. — Auch an dem Nachlasse des bei der Scheidung allein für schuldig erklärten Ehegatten hat der andere Ehegatte kein Erbrecht, sondern nur Anspruch auf Unterhalt gemäß §§ 1578ff. Auch Ehegatten einer wegen Geisteskrankheit eines Teils (§ 1569) geschiedenen Ehe haben gegenseitig kein Erbrecht. Ebensowenig besteht ein Erbrecht des gut-

gläubigen Ehegatten einer nichtigen Ehe; die in § 1345 zu seinen Gunsten aufgestellte Fiktion verleiht ihm nur die Rechte eines aus Verschulden des anderen Teils geschiedenen Ehegatten. — Der Scheidung steht die Aufhebung der ehelichen Gemeinschaft, sofern diese nicht vor dem Tode wiederhergestellt ist, auch hinsichtlich des Erbrechts gleich (§§ 1586, 1587, arg. auch § 1933, vgl. A 3 dazu; a. A. Staudinger Bem 4d); dagegen beeinträchtigt das bloße tatsächliche Getrenntleben bis zum Tode das Erbrecht nicht, außer wenn etwa bei einer vor 1. 1. 00 geschlossenen Ehe der für solche in Art 202 Satz 2 EG gemachte Vorbehalt zutrifft. Der Scheidung steht auch gleich die Auflösung der Ehe gemäß § 1348 Abs 2 durch Eingehung einer neuen Ehe von seiten eines Ehegatten, nachdem der andere für tot erklärt worden ist (vgl. Mot V 371).

2. Das BGB beruft, in Anknüpfung an deutschrechtliche Anschauungen (preußisches, sächsisches Recht), den Ehegatten auch neben Abkömmlingen als **vollberechtigten Erben**, nicht nur zum Nießbrauch oder als Vorerben. Der auf ihn fallende Teil der Erbschaft wird deshalb, sofern nicht anders über ihn verfügt wird, auch auf die aus einer andern Ehe stammenden oder, sofern es sich um eine Frau handelt, unehelichen Abkömmlinge und auf die Seitenverwandten des überlebenden Ehegatten weitervererbt und dadurch der Familie des Erblassers insoweit endgültig entzogen. Kein Erbrecht des überlebenden Ehegatten, weil überhaupt keine Erbfolge (vgl. § 1922 A 2 am Schlusse) tritt ein in den Anteil des verstorbenen Ehegatten am Gesamtgute bei fortgesetzter Gütergemeinschaft (§§ 1483ff.). Die Berufung erfolgt neben Abkömmlingen des Erblassers (erste Ordnung, § 1924) und neben seinen Eltern und deren Abkömmlingen (zweite Ordnung, § 1925), sowie aus der dritten Ordnung neben seinen Großeltern als Miterbe zu einem Erbteile ($^1/_4$ bzw. $^1/_2$); andere Verwandte werden durch den Ehegatten ausgeschlossen.

3. Die Bestimmung hängt zusammen mit dem in Abs 2 ausgesprochenen Grundsatze, daß der Ehegatte die Abkömmlinge von Großeltern ausschließen soll, und regelt die Art und Weise, in welcher sich diese Ausschließung bei dem **Zusammentreffen von Großeltern mit Abkömmlingen anderer Großeltern** vollzieht. Danach erhält der Ehegatte außer der ihm neben Großeltern überhaupt zustehenden Hälfte der Erbschaft diejenigen Anteile von der anderen Hälfte, die, wenn er nicht vorhanden wäre, nach Maßgabe des § 1926 Abs 3—5 den Abkömmlingen weggefallener Großeltern zufallen würden. Diese Anteile gestalten sich verschieden groß, je nachdem ein, zwei oder drei Großelternteile, von denen auf jeden ein Achtel der Erbschaft fallen würde, mit oder ohne Abkömmlinge weggefallen sind. Der Ehegatte erhält das Achtel eines jeden weggefallenen Großelternteils, von dem Abkömmlinge vorhanden sind, an deren Stelle. Ist der eine Teil eines Großelternpaares ohne Abkömmlinge weggefallen, so geht sein Achtel auf den andern Teil des Paares über; der Ehegatte erhält es also nicht. Ist auch der andere Teil des Paares weggefallen, so erhält, wenn Abkömmlinge von ihm (halbbürtige) vorhanden sind, der Ehegatte die zwei Achtel, die diesen zufallen würden; andernfalls gehen diese zwei Achtel auf das andere Großelternpaar über. Ist auch von diesem ein Teil weggefallen, so erhält, wenn Abkömmlinge von ihm vorhanden sind, der Ehegatte die auf diese fallenden drei Achtel; andernfalls gehen sie auf den andern Teil dieses Großelternpaares über und dieser erhält also, als allein noch vorhandener Großelternteil, mit seinem Achtel die ganze andere Hälfte der Erbschaft; der Ehegatte bleibt auf seine Hälfte beschränkt.

4. Andere Verwandte der dritten Ordnung als Großeltern (also Onkel, Tanten, Vettern usw.) sowie alle Verwandten der ferneren Ordnungen werden durch den Ehegatten ausgeschlossen.

5. Pflichtteilsrecht des Ehegatten § 2303. Mehrfaches Erbrecht § 1934. Fortgesetzte Gütergemeinschaft §§ 1483ff. — Für das **Übergangsrecht** ist von Bedeutung, daß Art 200 EG die erbrechtlichen Wirkungen des bisherigen Güterstands bestehen läßt (vgl. Vorbem 3 zu diesem Buche). Das in dem preuß. Ges v. 16. 4. 60 geregelte Recht der westfälischen Gütergemeinschaft ist hinsichtlich seiner erbrechtlichen Wirkungen durch das AG als Ganzes aufrechterhalten worden, einschließlich der durch die Verweisung in § 7 zum Bestandteil des Sonderrechts gewordenen Vorschriften des Pr.ALR; danach kann der überlebende Ehegatte weder im Falle beerbter noch unbeerbter Ehe ein Erbrecht auf Grund des § 1931 geltend machen (**RG** 60, 165). — Enthält das bisherige besondere Güterrecht keine Bestimmungen über das Recht des überlebenden Ehegatten für den Fall der Errichtung eines Testaments, insbesondere über ein Pflichtteilsrecht des Ehegatten, ohne ein solches auszuschließen, so sind die Vorschriften des BGB über das Pflichtteilsrecht anwendbar; sind dagegen in dem älteren Güterrechte gewisse unentziehbare Rechte des überlebenden Ehegatten, insbesondere ein Nutznießungsrecht, begründet, so ist daneben kein Raum für das Pflichtteilsrecht des BGB (JW 1912, 298[18]; vgl. auch 1905, 132[3]). — Sind unter der Herrschaft eines Rechtes, welches ein Erbrecht des überlebenden Ehegatten nicht kannte, insbesondere des gemeinen Rechtes, einem Ehegatten von dem andern Zuwendungen für den Fall des Überlebens in Erb- oder Eheverträgen gemacht, so ist für die Frage, ob dadurch

das Erbrecht des überlebenden Ehegatten nach BGB ausgeschlossen wird, entscheidend, ob der Wille des Erblassers (richtiger: der Vertragschließenden) dahin ging, daß der Bedachte lediglich das Zugewendete und sonst nichts aus dem Nachlasse erhalten sollte (RG Warn 1912 Nr 438; RG 49, 44; auch 25. 4. 11, III 55/10). Ein dahingehender Wille wird nur anzunehmen sein, wenn besondere Umstände dafür sprechen (BayObLG BayZ 1910, 160). Daraus, daß der Erblasser dem Ehegatten weniger zugewendet hat, als er ihm nach dem bestehenden Rechte hätte zuwenden können, ist ein solcher Wille noch nicht zu entnehmen. Ist der Wille, den Ehegatten von allen weiteren Bezügen aus dem Nachlasse auszuschließen, in einem Ehe- und Erbvertrage des französischen Rechtes zum Ausdruck gekommen, so kann er hinsichtlich des gesetzlichen Erbrechts des Ehegatten keine Wirkung äußern, weil Erbverzichtsverträge nach französischem Rechte ungültig waren (RG JW 09, 220[10], unter Aufgabe von 49, 44; ferner 2. 5. 12, IV 366/11; vgl. Vorbem 3 zu diesem Buche zu Art 217 EG). — Auslegungsfrage ist auch, ob der überlebende Ehegatte das ihm durch eine solche ältere Verfügung Zugewendete, insbesondere einen Nießbrauch, neben dem gesetzlichen Erbrecht des BGB verlangen kann oder nur, wenn er dieses ausgeschlagen hat (RG Warn 1913 Nr 231; ferner 2. 5. 12, IV 366/11 und 16. 5. 17, IV 74/17).

§ 1932

Ist der überlebende Ehegatte neben Verwandten der zweiten Ordnung oder neben Großeltern gesetzlicher Erbe[1]), so gebühren ihm außer dem Erbteile die zum ehelichen Haushalte gehörenden Gegenstände[2]), soweit sie nicht Zubehör eines Grundstücks sind[3]), und die Hochzeitsgeschenke[4]) als Voraus. Auf den Voraus finden die für Vermächtnisse geltenden Vorschriften Anwendung[5]).

E I 1971 Abs 3 II 1809; M 5 372—375; P 5 472, 480, 481.

1. Kein **Voraus** neben Abkömmlingen (§ 1924). Verwandte zweiter Ordnung § 1925. Ganze Erbschaft, also kein Voraus, gegenüber Abkömmlingen von Großeltern und Verwandten fernerer Ordnungen § 1931 Abs 2. Der Ehegatte muß gesetzlicher Erbe geworden sein. Deshalb steht der Voraus nicht zu dem auf Grund einer Verfügung von Todes wegen erbenden Ehegatten (RG 62, 110); schlägt er aber die Einsetzung als Erbe aus und nimmt die gesetzliche Berufung an (§ 1948), so kann er den Voraus beanspruchen. Ebensowenig steht der Voraus dem Ehegatten zu, der auf die Erbschaft verzichtet hat (§ 2346), von ihr ausgeschlossen (§ 1938) oder für unwürdig erklärt ist (§ 2339) oder sie ausgeschlagen hat (§ 1944; vgl. A 2 zu § 1922). Er kann sonach nicht die Erbschaft ausschlagen und den Voraus annehmen (so mit Recht Dernburg V § 19 A 8; Staudinger A 3; jetzt auch Planck-Flad 4. Aufl. Erl 4; a. M. die zweite Auflage dieses Kommentars A 5 mit Planck frühere Auflagen; die Anwendung der Vermächtnisgrundsätze, vgl. A 5, kann indessen nicht dazu führen, von dem Erfordernisse, daß der Ehegatte Erbe wird, abzusehen). Dagegen kann er die Erbschaft annehmen und den Voraus ausschlagen. Ist der Ehegatte nicht zum Voraus berechtigt, so müssen die Gegenstände, die den Voraus gebildet haben würden, bei Berechnung seines Pflichtteils als zum Nachlasse gehörig angesehen werden (der das ausdrücklich anordnende § 1987 Satz 1 des I. Entwurfs ist von der zweiten Kommission als selbstverständlich gestrichen; P 5, 518). Anderseits kommt der Voraus bei Berechnung des Pflichtteils der Eltern des Erblassers nicht als Teil des Nachlasses in Ansatz (§ 2311 Abs 1 Satz 2; die in RG 62, 110 offen gelassene Frage der Anwendbarkeit dieser Vorschrift, wenn der Ehegatte nicht vorausberechtigt ist, wird auf Grund des Wortlauts wie auch aus sachlichen Gründen zu verneinen sein [vgl. § 1987 Satz 2 des E I]; durch die Änderung der Fassung [P 5, 518] war wohl eine sachliche Änderung nicht beabsichtigt). — Der Voraus kann dem Ehegatten vom Erblasser entzogen werden durch anderweite Vergebung der dazu gehörigen Gegenstände oder auch mittelbar durch übermäßige Beschwerung des Erben mit anderen Vermächtnissen (vgl. A 5).

2. Als **Haushaltsgegenstände** (vgl. auch §§ 1382, 1620, 1640, 1969) kommen die den Zwecken des ehelichen Haushalts dienenden Gegenstände in Betracht, auch Luxussachen, nicht aber Gegenstände des individuellen Bedarfs des einzelnen Ehegatten (Kleidung, Schmuck) oder solche, die zu Gewerbs-, Dienst- oder Studienzwecken dienen. Nach der Ausdrucksweise des BGB (vgl. § 90) steht wohl kein durchgreifendes Bedenken im Wege, auch unkörperliche Gegenstände, also Rechte, als zum ehelichen Haushalte „gehörig" darunter zu begreifen, so namentlich Ansprüche aus Lieferungsverträgen für den Haushalt, aus Abzahlungsverträgen für Möbel, Wäsche u. dgl., ferner wohl auch das Mietrecht auf die eheliche Wohnung; der Zweck, dem überlebenden Ehegatten die Fortsetzung des bisherigen Haushalts zu ermöglichen, wird gerade erst durch Einbeziehung dieser Rechte erreicht (so mit Recht Kipp § 5 Note 8;

jetzt auch Planck-Flad 4. Aufl Erl 2 und Staudinger 9. Aufl Erl 4 zu a; a. M. die früheren Auflagen der genannten Kommentare und die zweite Auflage dieses Kommentars). — Daß der Haushalt als gemeinschaftlicher zur Zeit des Todes bestehe, ist nicht erforderlich; bei Getrenntleben fallen diejenigen Gegenstände unter den Voraus, die zu dem früheren gemeinschaftlichen Haushalte gehört haben oder im Wege der Surrogation an deren Stelle getreten sind (KG OLG 24, 80); doch wird die Aufrechterhaltung eines als „ehelich" sich darstellenden Haushalts bis zum Tode, in der Regel durch den Mann als Haushaltungsvorstand, erfordert werden müssen; hat er sich ein neues Junggesellenheim gegründet, so fallen die dafür angeschafften Sachen nicht unter den Voraus. Anderseits werden auch solche Gegenstände unter den Voraus fallen, die zu Zwecken des zu gründenden ehelichen Haushalts bereits angeschafft sind, auch wenn es zu einer Begründung des Haushalts nicht gekommen ist, z. B. weil ein Ehegatte vorher verstorben ist. Bei unberechtigter Verschleppung durch einen Ehegatten wird der Anspruch auf Herausgabe zum Voraus gehören. — Den Voraus bilden nur die nach Maßgabe des Güterstandes zum Nachlasse des Verstorbenen gehörigen Gegenstände und Anteile an solchen; die dem Überlebenden gehörigen kommen ihm ohnedies und unter allen Umständen zu.

3. **Zubehör** §§ 97, 98.

4. **Hochzeitsgeschenke** sind die aus Anlaß ihrer Hochzeit den Ehegatten dargebrachten unentgeltlichen Zuwendungen, die als gemeinschaftliches Eigentum gelten müssen, sofern sie nicht von dem Schenker ausdrücklich oder durch schlüssige Handlungen nur für einen Ehegatten bestimmt waren. Der überlebende Ehegatte erhält sie ganz, wenn er vorausberechtigt ist, sonst nur seinen Anteil. Zuwendungen, die bei Gelegenheit der Hochzeit von den Eltern eines Teiles im Rahmen ihrer durch § 1624 bestimmten Ausstattungspflicht gemacht werden, sind keine Hochzeitsgeschenke im Sinne des § 1932 (RG 2. 10. 22 IV 47/22).

5. Der Voraus ist vom BGB, entsprechend dem Grundsatze der erbrechtlichen Gesamtrechtsnachfolge (vgl. A 1 zu § 1922), nicht als gesetzliches Erbrecht, sondern als ein dem Ehegatten neben dem Erbrecht vom Gesetze zugewendetes Vermächtnis (sog **gesetzliches Vermächtnis**; vgl. auch § 1963) ausgestaltet. Er begründet somit ein Forderungsrecht (§ 2174) auf Verschaffung des Eigentums bzw. auf Übertragung der dazugehörigen Rechte gegen die als Beschwerte anzusehenden Erben, zu denen auch der Ehegatte selbst gehört. Soweit dieser beschwert ist, liegt ein Vorausvermächtnis (§ 2150) vor; also kein Recht des Nacherben auf den Voraus (§ 2110 Abs 2); beim Erbschaftskaufe gilt er nicht als mitverkauft (§ 2373). — Der Voraus gehört zu den Nachlaßverbindlichkeiten, für die der Erbe nach Maßgabe der §§ 1967, 1975 ff. haftet; er kann sie berichtigen, wie sie im Falle des Nachlaßkonkurses zur Berichtigung kommen würden (§ 1991 Abs 4), also nach den nicht aus Vermächtnissen und Auflagen herrührenden (§ 226 Abs 2 Nr 5 KO); zu den vom Erblasser angeordneten sind auch die gesetzlichen Vermächtnisse zu rechnen (Sydow-Busch KO § 226 A 7, Begr. zur KO 47); ein Vorzugsrecht vor anderen aus Vermächtnissen oder Auflagen herrührenden Verbindlichkeiten hat der Voraus nicht. Miterben haften als Gesamtschuldner (§ 2058); § 2148 findet keine Anwendung, da er nur das Verhältnis unter mehreren Beschwerten betrifft (vgl. A zu § 2148); der Ehegatte kann grundsätzlich Berichtigung des Voraus vor der Auseinandersetzung verlangen (§ 2046; vgl. aber A 1 dazu). — Zur Pflichtteilslast wird der Voraus gemäß §§ 2318 ff. heranzuziehen sein, sofern es sich um den Pflichtteil der Abkömmlinge handelt; nicht dagegen für den Pflichtteil der Eltern wegen § 2311 Abs 1 Satz 2 (vgl. A zu § 2318).

§ 1933

Das Erbrecht des überlebenden Ehegatten sowie das Recht auf den Voraus[1]) ist ausgeschlossen, wenn der Erblasser zur Zeit seines Todes auf Scheidung wegen Verschuldens des Ehegatten zu klagen berechtigt war[2]) und die Klage auf Scheidung oder auf Aufhebung der ehelichen Gemeinschaft erhoben hatte[3])[4]).

E II 1810; M 5 370, 371; P 5 472, 480; RB 308.

1. **Ausschluß des Ehegattenerbrechts.** Mit dem gesetzlichen Erbrecht (§ 1931) ist zugleich der hiernach (§ 2303) zu bemessende Pflichtteil ausgeschlossen. Ebenso der Voraus § 1932. Die gleichen Grundsätze gelten auch für die Unwirksamkeit von letztwilligen Zuwendungen an den Ehegatten (§ 2077), des gemeinschaftlichen Testaments (§ 2268), des Erbvertrags (§ 2279 Abs 2). Entziehung des Pflichtteils ohne Erhebung der Scheidungsklage § 2335.

2. Nur die **auf Verschulden beruhenden Scheidungsgründe** (§§ 1565—1568) kommen in Betracht. Derjenige der Geisteskrankheit (§ 1569) genügt nicht; der Verlust des Erbrechts tritt aber auch in diesem Falle mit der Rechtskraft des Scheidungsurteils ein (A 1 zu § 1931).

Das Scheidungsrecht darf auch nicht durch Verzeihung (§ 1570), Fristablauf (§ 1571) oder gemäß ZPO § 616 erloschen sein.

3. Die **Klage** muß beim Tode des Erblassers bereits **erhoben** und darf nicht wieder zurückgenommen sein (ZPO §§ 253, 271 Abs 3). Die Widerklage steht der Klage gleich, gilt aber als erhoben erst mit der Stellung des Widerklageantrags in der mündlichen Verhandlung (§ 278 ZPO). Der Antrag auf Mitschuldigerklärung genügt nicht; ebensowenig die Einreichung des Zustellungsgesuchs für eine Klage nach § 207 ZPO, falls die Zustellung erst nach dem Tode des klagenden Ehegatten erfolgt ist; auch nicht die Ladung zum Sühneversuch (§ 1571 Abs 3); in beiden Fällen beschränkt sich die Rückbeziehung auf die an den angeführten Gesetzesstellen bezeichneten Wirkungen; das muß für die Ladung zum Sühnetermin um so mehr gelten, als sie noch die Herbeiführung einer Versöhnung zum Zwecke hat (so mit Recht Planck Bem 2c, jetzt auch **RG** 96, 201; a. M. Dernburg V § 19 Note 7). — Auch die bei einem örtlich oder sachlich unzuständigen Gerichte angebrachte Klage ist „erhoben". Durch den Tod des klagenden Teils wird der Ehescheidungsprozeß als solcher erledigt (§ 628 ZPO); über die Berechtigung des Scheidungsverlangens muß deshalb nötigenfalls in einem besonderen Prozesse zwischen dem das Erbrecht in Anspruch nehmenden Ehegatten und den durch ihn ausgeschlossenen oder beschränkten Erben entschieden werden; dabei kommen die besonderen Vorschriften der ZPO über das Verfahren in Ehescheidungssachen nicht in Anwendung; auch andere als die in der Klage geltend gemachten Scheidungsgründe, sofern sie bei dem Tode des Erblassers noch bestanden haben und dieser sie durch Klagerweiternug gemäß § 614 hätte geltend machen können, werden von den Erben zur Zurückweisung des Erbanspruchs des Ehegatten benutzt werden können. — Die Klage auf Aufhebung der ehelichen Gemeinschaft (§ 1575) ist der Klage auf Scheidung hier ausdrücklich gleichgestellt; vgl. A 1 zu § 1931. — Stirbt der beklagte Ehegatte vor Rechtskraft des Scheidungsurteils, so bleibt der Teil, der die Klage erhoben hatte, erbberechtigt.

4. **Beweislast.** Wer das Erbrecht des überlebenden Ehegatten bestreitet, hat das Vorhandensein eines Scheidungsgrundes (vgl. A 3) aus dessen Verschulden, und daß die Klage beim Tode des Erblassers bereits erhoben war, zu beweisen.

§ 1934

Gehört der überlebende Ehegatte zu den erbberechtigten Verwandten, so erbt er zugleich als Verwandter[1]). Der Erbteil, der ihm auf Grund der Verwandtschaft zufällt, gilt als besonderer Erbteil[2]).

E I 1971 Abs 2 II 1811; M 5 372; P 5 472.

1. **Verwandtschaft des Ehegatten** kann bei der ersten Ordnung (§ 1924) nicht in Frage kommen. In der dritten und den folgenden Ordnungen hat der Ehegatte als Abkömmling von mit dem Erblasser gemeinsamen Großeltern (Geschwisterkind mit dem Erblasser) kein Erbrecht neben seinem Ehegattenerbrecht (§ 1931 A 4). Es bleiben deshalb praktisch nur Fälle der zweiten Ordnung übrig (Heirat zwischen Onkel und Nichte, Tante und Neffen, Großonkel und Großnichte usw.).

2. **Besonderer Erbteil.** Gleichlautend mit § 1927, s. dort A 3.

§ 1935

Fällt ein gesetzlicher Erbe[1]) vor oder nach dem Erbfalle weg[2]) und erhöht sich infolgedessen der Erbteil eines anderen gesetzlichen Erben[3]), so gilt der Teil, um welchen sich der Erbteil erhöht[4]), in Ansehung der Vermächtnisse und Auflagen, mit denen dieser Erbe oder der wegfallende Erbe beschwert ist, sowie in Ansehung der Ausgleichungspflicht[5]) als besonderer Erbteil[6]) [7]).

E I 1973 II 1812; M 5 377, 378; P 5 483, 484.

1. Das BGB spricht bei der **gesetzlichen Erbfolge** (§§ 1924ff.) von **„Erhöhung"** des Erbteils infolge Wegfalls eines Miterben. Bei der gewillkürten Erbfolge und beim Vermächtnis gebraucht es die Bezeichnung „Anwachsung", trifft aber sachlich die gleichen Vorschriften (§§ 2094, 2095 und §§ 2158, 2159). Die entsprechende Anwendung des § 1935 ist deshalb auch dann geboten, wenn der wegfallende Erbe letztwillig auf einen Bruchteil der Erbschaft berufen war, und dieser Bruchteil nunmehr unter Ausschließung der Anwachsung (§ 2094 Abs 2, 3) dem gesetzlichen Erben anfällt.

2. **Vor dem Tode** des Erblassers sind noch keine Erben im Rechtssinne vorhanden (§ 1922 A 9). Gemeint sind hier solche Personen, die, wenn der Erblasser in einem früheren Zeit-

punkte gestorben wäre, kraft Gesetzes als die nächsten zur Erbschaft berufen gewesen sein würden, aber vor dem Tode des Erblassers weggefallen sind. Das kann geschehen sein durch Tod vor dem Erblasser (§ 1923), Ausschließung ohne Einsetzung eines andern Erben (§ 1938), Erbverzicht (§ 2346). Waren also überhaupt einmal zwei Kinder des Erblassers vorhanden und ist eines davon vor dem Erblasser gestorben, so daß dem andern die ganze Erbschaft zufällt, so gilt die dadurch eingetretene „Erhöhung" um eine Hälfte für das überlebende Kind als besonderer Erbteil in dem beschränkten Sinne des § 1935 (vgl. A 5). **Nach dem Erbfalle** kommt ein Wegfall durch Tod nicht mehr in Frage, da das Ausschlagungsrecht auf die Erben übergeht (§ 1952 Abs 1); dagegen tritt Wegfall nach dem Erbfalle, aber mit Rückbeziehung auf den Zeitpunkt des Erbfalls, ein durch Ausschlagung (§ 1953), Erbunwürdigkeitserklärung (§ 2344) und wenn die Leibesfrucht nicht lebend geboren wird (§ 1923 Abs 2).

3. Es ist vorausgesetzt, daß der **andere gesetzliche Erbe** bereits kraft eigenen Rechtes zu einem Erbteile berufen war und daß er nun erst, infolge des Wegfalls des neben ihm Berufenen, zu einem zweiten oder ferneren Erbteile berufen wird.

4. Im Gegensatz zu dem Falle der §§ 1934 u. 1927 tritt grundsätzlich nur eine **„Erhöhung"** des bisherigen Erbteils ein, die als besonderer Erbteil lediglich in den ausdrücklich hervorgehobenen Beziehungen (vgl. A 5) gilt. Im übrigen liegt nur eine einheitliche Erbfolge (Erbteil) vor. Deshalb ist hier eine gesonderte Annahme oder Ausschlagung des ursprünglichen Erbteils und der Erhöhung je für sich allein unzulässig; auch eine besondere Verfügung über den einen oder die andere (§ 2033) ist ausgeschlossen. Ist durch die Erhöhung der Erbe zur ganzen Erbschaft gelangt, so kann er sie nur nach Maßgabe des § 2371 als Ganzes schuldrechtlich verkaufen, aber auch über den ursprünglichen Teil nicht mehr nach § 2033 mit dinglicher Wirkung verfügen. Doch wird, wenn die Erbschaft verkauft ist, eine nach dem Verkaufe eingetretene Erhöhung auch insofern als besonderer Erbteil behandelt, als sie als nicht mitverkauft gilt (§ 2373).

5. Aus Billigkeitsgründen gilt die Erhöhung in Ansehung der **Vermächtnisse** (§§ 2147 ff.), der **Auflagen** (§§ 2192 ff.) und der **Ausgleichungspflicht** (§§ 2050 ff.) als besonderer Erbteil. Das bedeutet, daß es in diesen Beziehungen so angesehen wird, als gehöre der ursprüngliche Erbteil und die Erhöhung auch jetzt noch zwei verschiedenen Erben (§ 2007). Hatte also der Erblasser den Anteil des Weggefallenen mit besonderen Vermächtnissen oder Auflagen beschwert, mit denen der Anteil des zur Erbschaft Gelangenden nicht belastet ist, so haftet der letztere den Vermächtnisnehmern und denjenigen, welche die Vollziehung der Auflage verlangen können (§ 2194) nur mit der durch den Wegfall des Beschwerten ihm zugefallenen Erhöhung; er braucht deshalb ein Vermächtnis oder eine Auflage nur insoweit zu erfüllen, als diese Erhöhung nicht infolge Konkurrenz anderer Beschwerungen unzulänglich ist (§ 1991 Abs 4). Entsprechendes gilt, wenn der ursprüngliche Erbteil beschwert ist. Hat der Erblasser einem weggefallenen gesetzlichen Erben eine ausgleichungspflichtige Zuwendung unter Lebenden gemacht, so trifft die Ausgleichungspflicht nur die Erhöhung; war sie dem zur Erbschaft Gelangenden gemacht, so trifft sie nur dessen ursprünglichen Erbteil. Dagegen gilt hinsichtlich der Haftung für die übrigen Nachlaßverbindlichkeiten die Erhöhung nicht als besonderer Erbteil im Sinne des § 2007.

6. **Besonderer Erbteil.** Vgl. A 4 u. 5.

7. **Beweislast.** Der Erbe, der gegenüber einer Klage aus einem ihm oder dem Weggefallenen auferlegten Vermächtnisse die Beschränkung der Haftung auf den ursprünglichen Erbteil bzw. die Erhöhung geltend machen will, muß nachweisen, daß der beschwerte Erbteil unzulänglich ist.

§ 1936

Ist zur Zeit des Erbfalls weder ein Verwandter noch ein Ehegatte des Erblassers vorhanden[1]), so ist der Fiskus des Bundesstaats, dem der Erblasser zur Zeit des Todes angehört hat[2]), gesetzlicher Erbe[3])[4]). Hat der Erblasser mehreren Bundesstaaten angehört, so ist der Fiskus eines jeden dieser Staaten zu gleichem Anteile zur Erbfolge berufen[2]).

War der Erblasser ein Deutscher, der keinem Bundesstaat angehörte, so ist der Reichsfiskus gesetzlicher Erbe[3]).

E I 1974 Abs 1 II 1813; M 5 378, 379; P 5 484—487; KB 308.

1. Erbrecht der Verwandten §§ 1924—1930, des Ehegatten §§ 1931—1934. Vorhandensein ist auch hier im Sinne von Erbewerden zu verstehen (vgl. § 1924 A 8). Auch bei Vorhandensein von Verwandten oder eines Ehegatten können neben ihnen oder sie ausschließend der **Fiskus** oder eine andere juristische Person gesetzliche Erben werden auf Grund der durch Art 139 EG aufrechterhaltenen landesgesetzlichen Bestimmungen.

Solche Bestimmungen finden sich vielfach; so im PrALR zugunsten der milden Stiftungen und öffentlichen Anstalten hinsichtlich der von ihnen aufgenommenen und bis zum Tode unentgeltlich verpflegten Personen (II 16 § 22 und II 19 § 50), sowie zugunsten der Waisenhäuser hinsichtlich ihrer vor dem 24. Lebensjahre verstorbenen Zöglinge (II 19 § 56). Das Erbrecht des Armenverbandes auf Grund II 19 § 50 PrALR tritt nur ein, wenn die Aufnahme zur unentgeltlichen Verpflegung erfolgt ist; zu seiner Begründung genügt daher nicht die Aufnahme im Wege der öffentlichen Armenpflege, vielmehr ist ein Verzicht des Armenverbandes auf Ersatzansprüche gegen die aufgenommene Person und etwaige unterhaltspflichtige Dritte erforderlich (**RG** JW 1897, 318[41]; KGJ 52, 62). Gleiches gilt für den Fall der offenen Armenpflege (KG a. a. O.). — Über die Feststellung des Vorhandenseins der Voraussetzungen für das Erbrecht des Fiskus und die Wirkungen dieser Feststellung vgl. die §§ 1964, 1965 und die Anmerkungen dazu.

2. Die Zugehörigkeit zu einem **Bundesstaate** (jetzt: „Lande"), die in der Regel die Voraussetzung der Reichsangehörigkeit bildet, bestimmt sich jetzt nach dem Reichs- und Staatsangehörigkeitsgesetze v. 22. 7. 13 (RGBl. 583) §§ 3—32. Der Erwerb einer fremden Staatsangehörigkeit hat den Verlust der deutschen zwar in der Regel, aber keineswegs ausnahmslos zur Folge, insbesondere dann nicht, wenn der Erwerb ohne Antrag erfolgt, wie bei der Verheiratung einer deutschen Frau mit einem Ausländer (§ 25 StAngG); es ist deshalb auch vom Standpunkte des deutschen Rechtes denkbar, daß der Erblasser zugleich Deutscher und Angehöriger eines fremden Staates ist; das Erbrecht des deutschen Fiskus wird dadurch nicht ausgeschlossen, vorbehaltlich etwaiger Staatsverträge. Der ausländische Fiskus wird auch nicht Miterbe; eine entsprechende Anwendung von Satz 2 erscheint nicht statthaft. — Für den Fall der Personen, die keinem Staate angehören, ist keine ausdrückliche Bestimmung getroffen; doch wird auf Grund des Art 29 EG in entsprechender Anwendung des § 1936 anzunehmen sein, daß in Ermangelung von Verwandten und eines Ehegatten der Fiskus des (deutschen) Landes, wo sie ihren letzten Wohnsitz oder Aufenthalt gehabt haben, Erbe wird. — Unter den Fisci der mehreren Länder entsteht Erbengemeinschaft (§§ 2032ff.). — Findet bei Beerbung von Ausländern ausnahmsweise (z. B. infolge von Rückverweisung oder auf Grund von Staatsverträgen, vgl. Vorbem 1 zu diesem Buche) deutsches Recht Anwendung, so wird gegebenenfalls der Fiskus ihres Heimatstaates zur Erbschaft berufen sein. So auch F. Leonhard Erl. II D, Planck Erl 5; anders Endemann § 26 zu A 19. Das Erbrecht des Fiskus greift Platz gleichviel ob der Deutsche seinen Wohnsitz im Inlande oder im Auslande hatte und ob die Nachlaßgegenstände sich im Inlande oder Auslande befinden (**RG** 31. 5. 06 IV 573/05).

3. Der Fiskus ist **wahrer Erbe** im privatrechtlichen Sinne. Mit Unrecht ist in einem Urteile des deutsch-englischen gemischten Schiedsgerichtshofes v. 26. 7. 25 (JW 1926, 415) die Auffassung vertreten, daß der Fiskus nach deutschem Recht nicht wirklicher Erbe sei, und es ist daraus die Folgerung gezogen, daß Ansprüche gegen den Fiskus als gesetzlichen Erben nicht unter das Ausgleichsverfahren des Art 296 des Versailler Vertrags fallen. Anderseits ist in dem deutsch-russischen Nachlaßabkommen (Anlage zu Art 22 des Konsularvertrags v. 12. 10. 25, Ges v. 6. 1. 26, RGBl II 72ff.) in § 13 Abs 3 bestimmt, daß ein dem Staate oder juristischen Personen des öffentlichen Rechts zustehendes Recht auf den erblosen Nachlaß im Sinne dieser Anlage (d. h. für die konsularische Nachlaßbehandlung, §§ 1—12 des Abkommens, vgl. § 1960 A 2, sowie für die Anwendung des internationalen Privatrechts, § 13 Abs 1 u. 2 des Abkommens, vgl. Vorbem 1 zu diesem Buche, als Erbrecht zu behandeln ist. Besonderheiten des fiskalischen Erbrechts sind: Der Fiskus kann nicht ohne Einsetzung eines andern Erben ausgeschlossen werden (§ 1938); kann nicht ausschlagen (§ 1942) und nicht verzichten (§ 2346); sein Erbrecht bedarf stets der Feststellung durch das Nachlaßgericht (§§ 1964—1966); es kann ihm keine Inventarfrist bestimmt werden, doch ist er zur Auskunft gegenüber den Nachlaßgläubigern verpflichtet (§ 2011); das gegen ihn ergehende Urteil bedarf nicht des Vorbehalts aus ZPO § 780; er wird in den Fällen der §§ 2104, 2149 nicht Nacherbe, kann aber im Falle des § 2105 Vorerbe sein. Urheberrechte gehen nicht auf den Fiskus über, sondern erlöschen, wenn dieser gesetzlicher Erbe wird (LitUG v. 10. 6. 01 § 8 Abs 2; KunstUG v. 9. 1. 07 § 10 Abs 2); sie im Verhältnisse zu Nachlaßgläubigern als fortbestehend anzusehen, dürfte angesichts der positiven Gesetzesvorschriften nicht angängig sein (so Kipp § 6 A 4; a. M. Wolff IheringsJ 44, 331; Leonhard zu § 1936 III). — Das bei einer Lebensversicherung zugunsten der Erben den als Erben berufenen Personen zustehende, nicht zum Nachlasse gehörige Bezugsrecht (§ 167 VersVG, vgl. § 1922 A 5) steht nach Abs 2 daselbst dem als Erben berufenen Fiskus nicht zu; dieser erhält den Anspruch auf die Versicherungssumme nur als Bestandteil des Nachlasses, also in der Weise, daß er dem Zugriffe der Nachlaßgläubiger unterliegt.

4. Gemäß Art 138 EG können kraft aufrechterhaltener landesgesetzlicher Vorschriften **an Stelle des Fiskus** andere Körperschaften des öffentlichen Rechtes gesetzliche Erben werden. Demgemäß wird das gemeinrechtliche Erbrecht der Kirchen an den sonst erblosen

Nachlässen ihrer Geistlichen (Windscheid-Kipp Pandekten § 570 A 6) aufrechterhalten sein; nicht aber das des Regiments an denen der Soldaten, da ein Regiment keine Körperschaft des öffentlichen Rechtes sein dürfte (a. M. Kipp, Erbrecht § 6 Nr 3); aufrechterhalten ferner die auf Privilegien beruhenden Rechte gewisser Städte und Universitäten als gesetzlicher Erben auf den Nachlaß ihrer Angehörigen; für die Aufrechterhaltung gesetzlicher Vermächtnisse zugunsten solcher Körperschaften bietet dagegen Art 138 keinen Anhalt (a. M. Kipp a. a. O.). Soweit demzufolge andere Körperschaften an Stelle des Fiskus treten, finden die für das Erbrecht des Fiskus geltenden Besonderheiten auch auf sie Anwendung. Entsprechende Anwendung der Vorschriften über das Erbrecht des Fiskus an erblosen Nachlässen auf den Anfall von Vereinsvermögen an den Fiskus § 46.

§ 1937

[1]) Der Erblasser kann durch einseitige Verfügung von Todes wegen (Testament, letztwillige Verfügung)[2]) den Erben bestimmen[3]).

E I 1753 Abs 1, 1755 Abs 1 II 1814; M 5 6, 9; P 5 5.

1. Die §§ 1937—1941 geben die grundlegenden Vorschriften für die durch Bestimmung des Erblassers herbeigeführte **gewillkürte Erbfolge**, durch welche die in den vorhergehenden Paragraphen geregelte gesetzliche Erbfolge ganz oder teilweise ausgeschlossen oder abgeändert wird. Eine solche Bestimmung kann nur erfolgen durch eine Verfügung von Todes wegen; solche Verfügungen können aber auch einen andern Inhalt haben als die Bestimmung der Erbfolge; auch darüber enthalten die vorliegenden Paragraphen die grundlegenden Vorschriften. — Als **Verfügungen von Todes wegen** (§§ 83, 1948, 2278, 2302, 2339) bezeichnet das Gesetz diejenigen Willenserklärungen einer natürlichen Person, durch welche sie über das Schicksal ihres Vermögens nach ihrem Tode bestimmt. Sie zerfallen in einseitige, die als letztwillige Verfügungen oder Testamente bezeichnet werden (§§ 1937—1940), und vertragsmäßige oder Erbverträge. Als zulässigen Inhalt einer letztwilligen Verfügung bezeichnet das Gesetz: Erbeinsetzungen (§ 1937), Ausschluß von der gesetzlichen Erbfolge ohne Erbeinsetzung (§ 1938); Vermächtnisse (§ 1939); Auflagen (§ 1940). Als zulässigen Inhalt eines Erbvertrags (§ 1941): Erbeinsetzungen, Vermächtnisse und Auflagen. Doch können auch andere erbrechtliche Bestimmungen, wie die Ernennung eines Testamentsvollstreckers (§ 2197), Teilungsanordnungen (§ 2048) durch letztwillige Verfügung erfolgen; ebenso eine Anzahl familienrechtlicher: Anerkennung der Ehelichkeit eines Kindes (§ 1598), Benennung und Ausschließung eines Vormunds usw. (§§ 1777, 1782, 1858). Ferner durch Verfügung von Todes wegen, also auch vertragsmäßig im Erbvertrag: die Errichtung einer Stiftung bei gleichzeitiger Zuwendung an sie (§ 83 A 1); die dem Versprechensempfänger zugunsten eines Dritten vorbehaltene Benennung des Dritten (§ 332). Im übrigen vgl. wegen des zulässigen Inhalts eines Erbvertrags §§ 2278 Abs 2, 2299 und AA dazu. Inwieweit die Anordnung eines Schiedsgerichts über den Nachlaß betreffende Streitigkeiten durch letztwillige Verfügung zulässig, ist streitig (dafür Schloßmann, JheringsJ 37, 301; Strohal, Erbrecht I 123[4]; mit Einschränkungen Windscheid-Kipp III 740). Solche Anordnungen waren früher schon vielfach üblich; das BGB enthält keine ausdrückliche Entscheidung der Frage; als Auflagen oder Teilungsanordnungen werden sie jedenfalls aufrechterhalten werden können; das Bedenken Kipps wegen der mangelnden Bestimmtheit der Erbeseinsetzung (§ 2065) dürfte nicht durchgreifen, falls das Schiedsgericht nicht den Erben zu bestimmen, sondern über ein Erbrecht deklaratorisch zu entscheiden haben soll. Das Reichsgericht hat sich nunmehr für die Zulässigkeit ausgesprochen, jedenfalls soweit es sich nicht um Anordnungen handle, durch die dem Schiedsrichter die Befugnis eingeräumt wird, an Stelle des Erblassers Dinge zu ordnen, die dieser bewußterweise nicht geordnet hat (RG 100, 76). Unstatthaft ist danach die Überlassung der Bestimmung des Erben, ebenso darüber, ob eine letztwillige Verfügung Geltung haben soll oder nicht (§ 2065, vgl. A 2 dazu); zulässig dagegen die Überlassung der nach Rechtsgründen zu treffenden Entscheidung darüber, ob eine Person Erbe geworden ist und ob eine letztwillige Verfügung (nicht jedoch diejenige, in welcher der Schiedsrichter bestellt ist) gültig ist. Auch die Auslegung einer letztwilligen Verfügung kann, soweit sie dem ordentlichen Richter zusteht, dem Schiedsrichter überlassen werden; nicht aber die „authentische", d. h. auch dem Willen des Verfügenden gegenüber maßgebende Interpretation (RG 66, 103). Dagegen ist „ergänzende" Auslegung letztwilliger Verfügungen möglich (RG 99, 86) und daher auch der Schiedsrichter dazu befugt. Zum Schiedsrichter kann auch der Testamentsvollstrecker ernannt werden (RG 100, 78). Unstatthaft ist aber die Bestellung von eigentlichen Schiedsrichtern im Sinne der ZPO (§§ 1025ff.) zum Erlasse von Anordnungen für die Auseinandersetzung (§ 2048 BGB), zur Bestimmung desjenigen von mehreren Bedachten, der das Vermächtnis erhalten soll

(§ 2151) und zur Bestimmung der Leistung bei einem Vermächtnisse (§ 2156). So im Ergebnisse zutreffend Planck-Flad Vorbem 2c vor §§ 1937 ff. Es handelt sich aber dabei überhaupt nicht um Fragen, die an Stelle des ordentlichen Gerichts ein Schiedsrichter nach Rechtsgründen zu entscheiden hat, und es könnte deshalb auch durch Vertrag nicht die Bestellung von Schiedsrichtern dafür vereinbart werden (vgl. Sydow-Busch, ZPO Vorbem 2 vor § 1025). Vielmehr sind es, auch wenn sie als Schiedsrichter bezeichnet sind, lediglich Schiedsgutachter, d. h. Dritte, auf welche die Bestimmungen der §§ 2048, 2151, 2156 in Verbindung mit §§ 317—319 unmittelbar Anwendung finden und deren Entscheidung deshalb für die Erben nicht verbindlich ist, wenn sie offenbar unbillig ist (vgl. auch **RG** 24, 412; 45, 350; 67, 71; 96, 60; JW 00, 671[35]; 1911, 459[37]). — Der Erbvertrag kann außer den vertragsmäßigen auch einseitige Verfügungen von Todes wegen enthalten (§ 2299). — Wird in einem Vertrag eine sofort wirksame Verpflichtung übernommen, so wird er nicht dadurch zu einer Verfügung von Todes wegen, daß die Erfüllung der Verpflichtung bis nach dem Tode des Erblassers hinausgeschoben wird; eine sofort wirksame Verpflichtung ist insbesondere dann anzunehmen, wenn zu ihrer Sicherstellung ein Pfandrecht bestellt ist (**RG** 8. 4. 07, IV 424/06). So BayObLG im Recht 1916 Nr 548 für das gemeine Recht; ferner OLG 39, 238; BayObLGZ 24 A 70 (Wiederkaufsrecht für den Fall des Todes einer Person). Dagegen finden auf ein Schenkungsversprechen, das unter der Bedingung abgegeben ist, daß der Beschenkte den Schenkgeber überlebe **(Schenkung auf den Todesfall)**, die Vorschriften über Verfügungen von Todes wegen Anwendung (§ 2301; vgl. A 1 dazu). Doch hat das Reichsgericht (SeuffArch 77 Nr 60) in einem Falle, wo eine durch das Überleben bedingte Zuwendung in einem Erbabfindungsvertrage enthalten war, ausgesprochen, daß die Absicht, einem andern für den Fall etwas zuzuwenden, daß er den Schenkgeber überlebe, auch durch ein Rechtsgeschäft unter Lebenden erreicht werden könne in der Weise, daß der andere Vertragsteil noch bei Lebzeiten des Schenkgebers ein unentziehbares Recht gegenüber dem Vermögen des letzteren erlangt. Das mag richtig und mit § 2301 vereinbar sein, sofern es sich nicht um die (aufschiebende) Bedingung des Überlebens, sondern um die auflösende des Nichterlebens des Todes des Erblassers handelt. — Keine Verfügung von Todes wegen (Vermächtnis) ist eine in einem Vertrag unter Lebenden getroffene Vereinbarung, durch welche eine Vertragspartei sich für den Fall ihres Todes von der anderen eine Leistung an einen Dritten versprechen läßt; der Dritte erwirbt hier den Anspruch auf die Leistung unmittelbar mit dem Tode des Versprechensempfängers; der Anspruch gehört nicht zum Nachlasse (§ 331): so bei Lebensversicherungsverträgen (vgl. § 167 VersVG, § 1922 A 5), aber auch sonstigen Verträgen zugunsten eines Dritten (§§ 328ff.) auf den Todesfall, wie die Vereinbarung in einem Gesellschaftsvertrage, daß im Falle des Todes eines Gesellschafters dessen Gesellschaftsanteil einem Dritten zufallen soll (**RG** 80, 175). Ebenso, wenn in einem Kaufvertrage vereinbart wird, daß die gekauften Möbel nach dem Tode des Käufers an einen Dritten fallen sollen (**RG** Warn 1925 Nr 166). — Ein Gutsüberlassungsvertrag wird nicht dadurch zu einer Verfügung von Todes wegen, daß darin vereinbart ist, die Auflassung solle erst nach dem Tode des Überlassenden durch einen von diesem bestellten Bevollmächtigten erfolgen (KGJ 41 A 162). — Auch Bestimmungen über die Bestattung können mit vermögensrechtlicher Wirkung in einer letztwilligen Verfügung getroffen werden (**RG** Warn 1912 Nr 219). — Nichtig ist eine Verfügung von Todes wegen, wenn sie ein den guten Sitten widerstreitendes Rechtsgeschäft im Sinne des § 138 (vgl. A 1 dazu) darstellt. Das ist der Fall, wenn eine Zuwendung erfolgt, um den Bedachten zur Eingehung oder Fortsetzung eines außerehelichen Geschlechtsverkehrs zu bestimmen, nicht aber ohne weiteres, wenn sie nur mit Rücksicht darauf erfolgt, daß ein geschlechtliches Verhältnis bestanden hat oder besteht (**RG** JW 1910, 6[6]; 1911, 29[6]; 28. 11. 14, V 286/14); doch kann es auch genügen, wenn die Zuwendung lediglich ein Entgelt für geleistete unsittliche Dienste, insbesondere für homosexuellen Geschlechtsverkehr, bildet (**RG**LZ 1922, 556[2]). — Ob eine letztwillige Verfügung wegen Willensmangels nichtig ist, bestimmt sich nach den allgemeinen Vorschriften der §§ 116—118. Doch kommen die §§ 116 Satz 2 und 117 für letztwillige Verfügungen nicht in Betracht, da sie nur für empfangsbedürftige Willenserklärungen gelten. Dagegen bewirkt der Mangel der Ernstlichkeit (§ 118) auch die Nichtigkeit letztwilliger Verfügungen. Andere Willensmängel können zur Anfechtung nach §§ 2078ff. führen (**RG** 104, 322).

2. **Testament** ist nur die in den Formen der §§ 2064ff. errichtete letztwillige Verfügung. Formfreie Ergänzungen der Anordnungen des Testaments durch Kodizille (Nachzettel, testamentum mysticum), wie solche dem gemeinen, sächsischen, in gewissen Formen auch dem preußischen Rechte bekannt waren, sind im BGB absichtlich nicht zugelassen (M 5, 293/94; **RG** JW 1915, 786[5]). Doch können zur Auslegung zweifelhafter Bestimmungen eines Testaments auch formlose Urkunden herangezogen werden (**RG** LZ 1917, 474[7]).

3. Ob eine Verfügung die Bestimmung eines Erben **(Erbeseinsetzung)** enthält, ist Auslegungsfrage. Auslegungsregeln dafür gibt § 2087; vgl. A 2 dazu. Die den Nachlaß er-

schöpfende Zuwendung von Vermögensstücken an die gesetzlichen Erben kann Erbeinsetzung, aber auch Belassung der gesetzlichen Erbfolge und Teilungsanordnung (§ 2048) bedeuten (KGJ 52, 65). Hat ein Ehegatte in einem unter der Herrschaft des rheinisch-französischen Rechts errichteten Testamente seinem Ehegatten alles dasjenige zugewendet, „was er diesem nur immer gesetzlich vermachen und schenken könne", so ist darin, wenn er nach Inkrafttreten des BGB gestorben ist, die nach diesem Gesetze gestattete Berufung des Ehegatten zum Alleinerben zu finden (KG in RJA 16, 70). Eine Erbeseinsetzung wird dadurch nicht ausgeschlossen, daß bestimmt ist, der als Erbe Bezeichnete solle „jedenfalls" (mindestens) einen bestimmten Betrag erhalten (RG 14. 10. 09, IV 651/08); ist aber nicht anzunehmen, wenn er nicht mehr als den bestimmten Betrag erhalten soll (KGJ 35 A 78; KGBl 1914, 50).

§ 1938

Der Erblasser kann durch Testament[1]) einen Verwandten oder den Ehegatten von der gesetzlichen Erbfolge[2]) ausschließen, ohne einen Erben einzusetzen[3]).

E I 1755 Abs 2, 1972 II 1815; M 5 9, 376; P 5 5, 483.

1. Durch einseitige Verfügung im Testament (§ 1937) oder im Erbvertrag (§ 2299); dagegen nicht durch vertragsmäßige Verfügung (§ 2278 Abs 2).

2. Gesetzliche Erbfolge der Verwandten §§ 1924—1930, des Ehegatten §§ 1931—1934. Die Ausschließung des Ehegatten von der gesetzlichen Erbfolge enthält auch die Ausschließung vom Voraus (vgl. zu § 1932 A 1).

3. Der Paragraph behandelt die **Ausschließung eines gesetzlichen Erben** ohne Einsetzung eines anderen und erklärt sie für zulässig, ohne die eintretenden Folgen näher anzugeben. Diese gehen dahin, daß der Anfall der Erbschaft an den Ausgeschlossenen nicht erfolgt und an seine Stelle in den drei ersten Ordnungen seine Abkömmlinge treten, soweit nicht auch diese als ausgeschlossen zu gelten haben (vgl. A 3 zu § 1924); wenn Abkömmlinge nicht vorhanden, die in der gleichen Ordnung zunächst Berufenen; wenn solche fehlen, die Verwandten der nächsten Ordnung. Der Fiskus kann nicht in dieser Weise, sondern nur durch Erbeinsetzung (Einsetzung eines anderen Erben) ausgeschlossen werden, da sonst die Erbschaft erblos werden würde. In der Zuwendung des „Pflichtteils" kann der Ausschluß von der gesetzlichen Erbfolge gefunden werden, und zwar auch dann, wenn dem Pflichtteilsberechtigten außer dem Pflichtteile noch sonstige Vermächtnisse zugewendet sind (RG 61, 15; 18. 12. 11, IV 706/10; Warn 1913 Nr 329). — Über Ausschließung des Ehegattenerbrechts durch elterliche Ehe- oder Erbverträge vgl. A 5 zu § 1931. — Kein Hindernis besteht, den Ausgeschlossenen anderweit (durch Vermächtnisse) letztwillig zu bedenken. Die Ausschließung kann auch nur von einer Quote des gesetzlichen Erbrechts, ferner auch bedingt erfolgen. Der Angabe von Gründen bedarf es nicht; anders, wenn einem Pflichtteilsberechtigten auch der Pflichtteil entzogen werden soll (§§ 2333ff.). — Anfechtung wegen Übergehung eines Pflichtteilsberechtigten §§ 2079ff. Ausschließung eines Abkömmlings von der fortgesetzten Gütergemeinschaft durch letztwillige Verfügung § 1511. — Landesrechtliche Erbrechte können unentziehbar sein, so das der Verpflegungsanstalten und Waisenhäuser nach PrALR (II 19 § 75).

§ 1939

Der Erblasser kann durch Testament[1]) einem anderen, ohne ihn als Erben einzusetzen[2]), einen Vermögensvorteil[3]) zuwenden[4]) (Vermächtnis)[5])[6]).

E I 1756 Abs 1 II 1816; M 5 9, 10; P 5 6.

1. Durch einseitige Verfügung im **Testament** (§ 1937), aber auch — einseitig oder vertragsmäßig — im Erbvertrag (§§ 1941, 2299, 2278, 2279). Also nicht formlos durch Kodizill oder Nachzettel (A 2 zu § 1937). Auch nicht durch Bezugnahme auf solche. Doch können sie zur Auslegung herangezogen werden (Warn 1915 Nr 201, 1917 Nr 59).

2. Der Vermächtnisnehmer ist im Gegensatz zum Erben (§ 1922 A 1) nicht Gesamtnachfolger. Es kann deshalb unmittelbar weder die ganze Erbschaft noch ein Erbschaftsbruchteil Gegenstand eines Vermächtnisses sein (§ 2087); doch läßt sich der Anspruch auf Ausantwortung eines Bruchteils der Erbschaft als Vermächtnis denken. Auch dem Erben kann ein Vermächtnis zugewendet werden (Vorausvermächtnis § 2150). Auf den Vermächtnisnehmer geht der vermachte Gegenstand nicht, wie die Erbschaft auf den Erben, unmittelbar über, er erlangt vielmehr lediglich ein Forderungsrecht gegen den Beschwerten (§ 2174) und ist, wenn dieser Erbe, Nachlaßgläubiger (§ 1967 Abs 2); den Gegenstand des Vermächtnisses selbst erlangt er erst durch das dingliche Erfüllungsgeschäft: Übergabe, Auflassung, Abtretung usw.; kein Vindikationslegat. Unterschied von der Auflage vgl. A 2 zu § 1940.

3. **Vermögensvorteil.** Nach dem von der 2. Kommission beschlossenen Wortlaut können den Gegenstand des Vermächtnisses nicht nur körperliche Gegenstände und Rechte, sondern es kann ihn alles bilden, was mit einem Vermögensvorteil für den Bedachten verbunden ist; so Schulderlaß, Aufgabe von Rechten des Erblassers oder des Beschwerten gegenüber dem Bedachten, bloße Rechtslagen oder Erwerbsmöglichkeiten (Erwerbsgeschäft als solches), auch nur mittelbare Vermögensvorteile (BayObLG OLG 32, 59). Ferner das Recht zur Einsichtnahme von Familienpapieren oder zur literarischen Verwertung von Aufzeichnungen des Erblassers, wenn daraus ein vermögensrechtlicher Vorteil für den Bedachten, wiewohl nur mittelbar und nebenbei, erwachsen kann. Fehlt jede Beziehung auf einen solchen, so wird ein Vermächtnis im Sinne von § 1939 nicht angenommen werden können; unter Umständen kann aber darin die Anordnung einer auf einen gewissen Teil des Nachlasses beschränkten Testamentsvollstreckung (executio particularis, § 2208 Abs 1 Satz 2 und A 2 dazu) gefunden werden (RG 26. 9. 04 IV 76/04). Dadurch, daß der Erblasser den Bedachten mit einer Auflage oder einem Untervermächtnis bis zur vollen Höhe des ihm zugewendeten Betrags belastet, wird die Verfügung nicht unwirksam (RG 4. 11. 09, JW 1910, 6). Bloße Annehmlichkeiten genügen nicht, z. B. das Recht, in einem Parke zu lustwandeln, wenn es nicht etwa in Beziehung zur Erhaltung der Gesundheit und damit der Arbeitskraft des Bedachten und dadurch mittelbar zu seinem Vermögen gebracht werden kann. Die weitergehende Auffassung Plancks in der 3. Auflage (anders die 4. Auflage) ist gegenüber dem strikten Wortlaute des Gesetzes nicht haltbar. Auf solche Zuwendungen können deshalb die Vermächtnisgrundsätze (Anspruch des Bedachten auf Erfüllung, Unwürdigkeit usw.) keine Anwendung finden, doch werden sie unter Umständen als Auflagen (§ 1940) aufrechterhalten und durchgeführt werden können. — Ferner kann den Gegenstand eines Vermächtnisses bilden: Verzicht auf Geltendmachung dem Bedachten entgegenstehender Rechte (Anfechtung, Verjährung; RG 8. 11. 06, IV 155/06); Ermächtigung zur Kreditbeschaffung durch Belastung von Nachlaßgrundstücken während des vermachten Nießbrauchs (RG Warn 08 Nr 168; dagegen Kipp § 105 A 1, dem nur so viel zuzugeben ist, daß ein solches Vermächtnis nur einen schuldrechtlichen Anspruch gegen den Grundstückseigentümer auf Erteilung der Ermächtigung begründen kann). Der Vorteil kann auch in dem Anerkenntnis oder der Sicherung eines dem Bedachten bereits zustehenden Rechtes oder in dem Verzicht auf bestellte Sicherheiten bestehen. Vermächtnisgegenstand kann auch ein nicht zum Nachlasse gehöriger Gegenstand sein, sei es, daß er zum Vermögen des Beschwerten (RG 6. 3. 16, IV 320/15) oder eines Dritten (Verschaffungsvermächtnis) gehört.

4. Die **Zuwendung** besteht in der Begründung eines Forderungsrechts (vgl. A 2). Das Zugewendete braucht nicht ohne jeden Entgelt in das Vermögen des Bedachten gelangen zu sollen, z. B. kann die Zuwendung auch in der Verpflichtung des Beschwerten zum Verkaufe einer Sache an den Bedachten zu einem bestimmten Preise bestehen; doch muß eine Begünstigungsabsicht (Liberalität) zugrunde liegen (RG 26. 9. 04, IV 76/04). Ein Vermächtnis liegt nicht vor, wenn dem Bedachten nicht ein Forderungsrecht auf den Gegenstand zugewendet ist, sondern er ihn nur erhält durch eine Leistung, die ein anderer zur Erfüllung einer diesem vom Erblasser gestellten Bedingung (condicionis implendae causa) macht (M 5, 9; vgl. Windscheid-Kipp § 677 S. 738). Auch liegt kein Vermächtnis vor, wenn beim Vertrag zugunsten Dritter der Versprechensempfänger, wie ihm im Zweifel zu tun freisteht (vgl. § 332, VersVG § 166 Satz 2) den an die Stelle des ursprünglichen tretenden Dritten in einer Verfügung von Todes wegen bezeichnet; denn dieser erhält die Zuwendung im Zweifel nicht aus dem Nachlaß (vgl. §§ 330 A 1, 331 A 1). — Kein Vermächtnis, vielmehr ein ohne besondere Formen gültiger Vertrag unter Lebenden zugunsten eines Dritten (§§ 328, 331) liegt ferner vor, wenn in einem Vertrage vereinbart ist, daß die Leistung (z. B. die Auszahlung eines Sparkassenguthabens durch die Sparkasse oder die Auszahlung des Gesellschaftsanteils durch die Gesellschafter) nach dem Tode des Versprechensempfängers an einen Dritten erfolgen soll, obwohl ein solcher Vertrag zur Umgehung der Formvorschriften für letztwillige Verfügungen benutzt werden kann (RG 106, 1 ff.; vgl. auch RG 80, 177; 88, 137; dahingestellt in RG 98, 279). Vgl. auch § 331 A 1.

5. Nähere Vorschriften über das Vermächtnis in den §§ 2147—2191. Ein Vermächtnisnehmer kann mit einem Vermächtnisse beschwert werden (Untervermächtnis). — Sog. gesetzliche Vermächtnisse, d. h. Zuwendungen von Vermögensvorteilen, die das Gesetz aus dem Vermögen eines Verstorbenen gewissen Personen zuweist, ohne sie zu Erben zu berufen, sind: der Voraus des überlebenden Ehegatten (§ 1932); der Anspruch auf den sog. Dreißigsten (§ 1969); wohl auch, wiewohl mit gewissen Abweichungen, der Anspruch der Mutter auf Unterhalt aus dem Nachlaß oder dem Erbteil des Kindes bis zur Entbindung (§ 1963, vgl. Anmerkung dazu). — Das Versprechen der Schenkung einzelner Vermögensbestandteile auf den Todesfall wird als Vermächtnis behandelt (§ 2301 und A 2 dazu).

6. Über die **Aufwertung** von Vermächtnissen vgl. § 242 A 5d γ Abs 3.

§ 1940

Der Erblasser kann durch Testament[1]) den Erben oder einen Vermächtnisnehmer zu einer Leistung verpflichten[2]), ohne einem anderen ein Recht auf die Leistung zuzuwenden[3]) (Auflage)[4]).

E I 1757 II 1817; M 5 10, 11; P 5, 6, 7.

1. Durch einseitige Verfügung im **Testament** (§ 1937), aber auch — einseitig oder vertragsmäßig — im Erbvertrag (§§ 1941, 2299, 2278, 2279).

2. Die **Auflage** hat mit dem Vermächtnis (§ 1939) gemeinsam, daß sie **den Beschwerten zu einer Leistung verpflichtet,** unterscheidet sich aber dadurch, daß dem als Empfänger der Leistung in Betracht kommenden anderen kein Forderungsrecht eingeräumt ist. Es kann deshalb auch nicht von einer ihm gemachten Zuwendung gesprochen werden (§ 1939 A 4). Es kann auch an einem Empfänger der Leistung ganz fehlen, z. B. bei der Verpflichtung, ein Grab zu pflegen. Die Leistung kann in einem Tun oder Unterlassen irgendwelcher Art bestehen (§ 241); z. B. Veröffentlichung hinterlassener Papiere des Erblassers, Zugänglichmachung eines Parkes für das Publikum, Ansammlung von Geld zu einem bestimmten Zwecke (RG im Recht 1913, 1613); auch, im Schrifttum mit Unrecht in Zweifel gezogen, Besorgung der Feuerbestattung. Abweichend vom Vermächtnis (§ 1939 A 3) braucht sie nicht vermögensrechtlichen Inhalts zu sein. Nichtig ist die Auflage unsittlicher (§ 138), unmöglicher und gesetzwidriger Leistungen (§§ 2171, 2192); dem Richter auch die Befugnis zu geben, eine Auflage für nichtig zu erklären, weil sie eines verständigen Inhalts ermangele, dürfte im allgemeinen nicht angängig sein, zumal die 2. Kommission das ausdrücklich abgelehnt hat (P 5, 243); doch wird bei offensichtlich keinen ernsten Zweck verfolgenden Auflagen trotzdem eine solche Befugnis aus dem Mangel eines Rechtsschutzinteresses hergeleitet werden können. Auch eine dem Beschwerten selbst in seinem eigenen Interesse erteilte Auflage (seiner Gesundheit halber den Winter an der Riviera zuzubringen) kann, wenn sie nicht bloß als Ratschlag, sondern als förmliche Verpflichtung gemeint ist, wirksame Auflage sein.

3. Dem mit der Auflage Beschwerten steht **kein auf die Leistung Berechtigter** gegenüber. Doch finden gewisse für letztwillige Zuwendungen geltende Vorschriften entsprechende Anwendung, § 2192. Auch ist gewissen Personen und Behörden (§ 2194), sowie dem Testamentsvollstrecker (§§ 2203, 2208 Abs 2) das Recht verliehen, die Vollziehung der Auflage zu verlangen. Auch einen anderen Beauftragten als einen Testamentsvollstrecker kann der Erblasser im Testamente zur Vollziehung der Auflage bestellen, nicht aber formlos (RG 42, 133; BayObLG 5, 436). Die Errichtung sog. unselbständiger Stiftungen (Bildung von Zweckvermögen ohne juristische Persönlichkeit) durch Verfügung von Todes wegen stellt sich in der Regel als eine Auflage dar des Inhalts, daß der beschwerte Erbe oder Vermächtnisnehmer mit dem ihm Zugewendeten nach den Vorschriften des Erblassers zu einem bestimmten, nicht auf einen fest umgrenzten Personenkreis beschränkten Zwecke zu verfahren hat, ohne daß gewissen Personen wegen ihrer Zugehörigkeit zu diesem Kreise (z. B. den Verwandten des Erblassers) ein Anspruch auf eine Leistung eingeräumt wird (RG SeuffA 56 Nr 216; RG 75, 134, 380; RG 96, 15; LZ 1918, 267[14]); doch ist es begrifflich nicht ausgeschlossen, daß damit zugleich gewissen Personen ein Recht auf gewisse Leistungen gewährt werden soll; ob das der Fall, ist Auslegungsfrage (RG Warn 1917 Nr 148; LZ 1918, 268). In diesem Falle würde es sich um ein Vermächtnis (Untervermächtnis) handeln; doch ist es fraglich, ob für ein solches die Persönlichkeit der Bedachten genügend bestimmt ist, namentlich ob nicht aus § 2162 Abs 2 sich Bedenken ergeben (RG 7. 6. 17 IV 68/1917).

4. **Auflage** im einzelnen §§ 2192—2196, Beschwerungen des Vermächtnisnehmers mit Auflagen §§ 2186, 2187. Schenkung unter einer Auflage §§ 525—527. Die Auflage ist begrifflich verschieden von der Zuwendung unter der Bedingung einer Leistung. Die Leistung, als Erfüllung der Bedingung, ist hier in das Belieben des Bedachten gestellt, erst die Leistung erzeugt den Anspruch auf die Zuwendung, während er bei der Auflage unbedingt mit der Zuwendung bedacht und, wenn er diese annimmt, zur Leistung verpflichtet ist. — Zu den Auflagen gehören, weil lediglich die Beschwerten verpflichtend, Veräußerungsverbote (§ 137; vgl. RG 43, 338), die Anordnung eines Schiedsgerichts für den Fall entstehender Streitigkeiten (ZPO § 1048; vgl. A 1 zu § 1937), Bestimmungen wegen der Bestattung (RG Warn 1912 Nr 219). Ob Teilungsanordnungen (§§ 2048 u. 2306, wo sie neben Auflagen erwähnt sind), sowie Anordnungen wegen Ausgleichung von Vorempfängen (§ 2050) zu den Auflagen zu rechnen sind, hängt davon ab, ob den durch sie beschwerten Miterben lediglich Verpflichtungen auferlegt oder ob zugleich entsprechende Rechte den übrigen Miterben zugewendet sein sollten. Den Ausschlag gibt der zu ermittelnde Wille

des Erblassers. Nicht selten wird sich hinter einer Teilungsanordnung oder hinter dem Erlaß der Ausgleichungspflicht ein reines Vermächtnis verbergen (vgl. auch § 2048 A 1). Auch die Verbindlichkeiten aus Auflagen sind Nachlaßverbindlichkeiten, § 1967.

§ 1941

[1])Der Erblasser kann durch Vertrag[2]) einen Erben einsetzen sowie Vermächtnisse und Auflagen anordnen[3]) (Erbvertrag)[1]).

Als Erbe (Vertragserbe) oder als Vermächtnisnehmer kann sowohl der andere Vertragschließende[4]) als ein Dritter bedacht werden[5]).

E I 1940 Abs 1, 2; 1962 II 1818; M 5 310—314, 349, 350; P 5 365—374, 423.

1. Der **Erbvertrag** ist Unterart der Verfügung von Todes wegen (§ 1937 A 1). Sein Inhalt ist, soweit die Verfügung vertragsmäßig getroffen wird, auf Erbeinsetzungen, Vermächtnisse und Auflagen beschränkt, § 2278 Abs 1. Daneben sind jedoch ebensolche und alle anderen in Testamenten zu treffenden Anordnungen, insbesondere die Erbausschließung (§ 1938), als einseitige Verfügungen zulässig (§ 2299). Erbvertrag im einzelnen, §§ 2274—2302.

2. Der Erbvertrag ist ein einheitlicher **Vertrag erbrechtlichen Inhalts**, d. h. er erzeugt erbrechtliche (die Rechtsnachfolge in das Vermögen eines Verstorbenen betreffende) Wirkungen: Erbfolge, Vermächtnisanspruch, Auflagenverpflichtung. Er ist kein schuldrechtlicher Vertrag, da weder der Erblasser noch der andere Teil sich darin zu schuldrechtlichen Leistungen verpflichten; schuldrechtliche Verbindlichkeiten werden erst durch die Annahme (Nichtausschlagung) der Zuwendung oder Beschwerung nach dem Eintritt des Erbfalls erzeugt. — Die Vertragsnatur äußert sich in der grundsätzlichen Bindung des Erblassers an seine Verfügungen, soweit sie vertragsmäßig getroffen sind; diese Verfügungen können nur unter besonderen Voraussetzungen durch beiderseitiges Einverständnis (§§ 2290—2292) oder Rücktritt (§§ 2293—2297) rückgängig gemacht werden. Ein als solcher nichtiger Erbvertrag kann unter Umständen gemäß § 140 BGB als letztwillige Verfügung aufrechterhalten werden, wenn sie bis zum Tode nicht widerrufen ist.

3. Der Erbvertrag ist **Erbeinsetzungsvertrag, Vermächtnisvertrag, Auflagevertrag,** wenn er sich auf eine der betreffenden Anordnungen beschränkt. Alle drei können aber auch in demselben Vertrage verbunden werden. Nicht Erbvertrag und besonders geregelt ist der Erbverzicht, §§ 2346—2352. Rein schuldrechtlich wirkt der Vertrag zwischen Erben über den Nachlaß eines noch lebenden Dritten, soweit ein solcher nicht nichtig ist (§ 312 Abs 2).

4. Von den **Vertragschließenden** muß mindestens der eine Teil, es können aber auch beide Teile als Erblasser auftreten, d. h. eine der in A 3 erwähnten Verfügungen von Todes wegen vertragsmäßig treffen. Insoweit kann nur eine passiv beerbungsfähige, also natürliche Person (vgl. A 3 zu § 1922) in Betracht kommen. Mehrere solche Personen können in einem und demselben Erbvertrage gemeinschaftliche Verfügungen treffen, z. B. sich gegenseitig oder gemeinschaftlich einen Dritten zum Erben einsetzen, auch wenn sie nicht Eheleute sind (RG 67, 65; vgl. A zu § 2274). Der andere Teil, der sich auf die Annahme der vertragsmäßigen Verfügungen des Erblassers beschränkt, kann auch eine juristische Person oder eine Mehrheit von Personen sein. Vertragliche Verfügungen können zugunsten des anderen Vertragschließenden oder zugunsten eines Dritten getroffen werden. — Ob eine Verfügung als vertragliche oder einseitige gemeint, ist Auslegungsfrage. Vgl. Warn 1917 Nr 91. Bei Verfügungen zugunsten eines Dritten, mit denen der andere Vertragschließende beschwert ist, wird in der Regel nicht anzunehmen sein, daß der Erblasser sie nicht einseitig solle widerrufen können, da der andere Teil an der Aufrechterhaltung kein Interesse haben wird (P 5, 403); doch kann auch in solchem Falle wenigstens ein moralisches Interesse vorliegen, das zur Annahme des Ausschlusses der Widerruflichkeit genügt (RG LZ 1916 Sp. 1032[18]). — Auf das vertragsmäßige Schenkungsversprechen für den Fall des Überlebens des Beschenkten (Schenkung auf den Todesfall) finden die Vorschriften über den Erbvertrag Anwendung (§ 2301, vgl. A 1 zu § 1937).

5. Der **bedachte Dritte** erlangt im Gegensatz zu den entsprechenden Verträgen unter Lebenden (§ 328) durch den Abschluß des Erbvertrags, auch wenn er darin vertragsmäßig und nicht bloß einseitig (§ 2299) bedacht ist, keinerlei Rechte. Sein Recht als Erbe oder Vermächtnisnehmer entsteht erst mit dem Erbfall, wenn der Erbvertrag in diesem Zeitpunkte noch wirksam ist. Die Vorschriften über Verträge zugunsten Dritter (§§ 328ff.) können auch im übrigen auf Erbverträge keine Anwendung finden (RG Warn 1917 Nr 91). Aus einer bloßen Auflage erlangt ein Dritter überhaupt kein Forderungsrecht (§ 1940). — Der Gutsüberlassungsvertrag, durch den der Übernehmer zu bestimmten, nach dem Tode des Überlassenden zahlbaren Leistungen an Geschwister als Abfindung für ihr Erbrecht verpflichtet wird, ist in der Regel als Vertrag unter Lebenden zugunsten Dritter aufzufassen; vgl. § 1937 A 1.

Zweiter Abschnitt

Rechtliche Stellung des Erben

Der Abschnitt regelt in vier Titeln die **rechtliche Stellung der Erben,** d. h. die Rechtsverhältnisse, in die eine Person dadurch eintritt, daß sie Erbe wird, nach den verschiedenen in Betracht kommenden Richtungen, und zwar: im ersten Titel die Entstehung und Entwicklung des Verhältnisses des Erben zur Erbschaft durch deren Annahme und Ausschlagung, einschließlich der bis zur endgültigen Inbesitznahme erforderlichenfalls eintretenden Fürsorge des Nachlaßgerichts (§§ 1942—1966); im zweiten Titel sein **Verhältnis** zu den Nachlaßgläubigern in Gestalt der Haftung für die Nachlaßverbindlichkeiten (§§ 1967—2017); im dritten Titel sein **Verhältnis** zu einem unrechtmäßigen Besitzer der Erbschaft, aus welchem für ihn der Erbschaftsanspruch entsteht (§§ 2018—2031); im vierten Titel schließlich das **Verhältnis** mehrerer Erben (Miterben) zueinander (§§ 2032—2057) und die aus dem Vorhandensein **mehrerer Erben** sich ergebenden Besonderheiten ihres Verhältnisses zu den Nachlaßgläubigern (§§ 2058—2063).

Erster Titel

Annahme und Ausschlagung der Erbschaft. Fürsorge des Nachlaßgerichts

§ 1942

Die Erbschaft geht auf den berufenen Erben unbeschadet des Rechtes über, sie auszuschlagen[1]) (Anfall der Erbschaft)[2]).

Der Fiskus kann die ihm als gesetzlichem Erben angefallene Erbschaft nicht ausschlagen[3]).

E I 1974 Abs 2, 2025 Abs 1 II 1819; M 5 379, 380, 488; P 5 487—490, 613; KB 309.

1. Daß die Erbschaft (oder der Erbteil, § 1922 Abs 2) mit dem Erbfall unmittelbar kraft Gesetzes übergeht, bringt schon § 1922 zum Ausdruck (vgl. A 2 dazu). Dieser Übergang ist zwingenden Rechts und kann auch dadurch nicht ausgeschlossen werden, daß der Erblasser die Einsetzung eines Erben an eine von ihm abzugebende Erklärung knüpft; in solchem Falle würde vielmehr der gesetzliche Erbe Vorerbe, der eingesetzte Nacherbe werden; so Staudinger Erl II Abs 4, jetzt auch Planck 4. Aufl Vorbem II 2; abweichend Leonhard I D. — Die §§ 1942 ff. ziehen die hieraus sich ergebenden Folgerungen und fügen zugleich die erforderlichen Beschränkungen hinzu. Der Erbe erwirbt die Erbschaft mit dem Erbfalle, der Erwerb ist aber kein endgültiger, er kann durch die Ausübung des **Ausschlagungsrechts** rückgängig gemacht werden. Macht der Erbe von diesem Rechte Gebrauch, so tritt die Rechtsfiktion ein, daß er niemals Erbe geworden sei (§ 1953 Abs 1). Solange mithin der Erbe sich noch nicht für die Annahme oder Ausschlagung entschieden hat, besteht ein Schwebezustand; der Erwerb ist durch die condicio iuris der Ausschlagung auflösend bedingt, der Eintritt der Bedingung wirkt aber, abweichend von der regelmäßigen Wirkung rechtsgeschäftlich hinzugefügter Bedingungen (§ 158), ex tunc (unter Rückbeziehung). Bis zum endgültigen Erwerb ist die Erbschaft nicht in dem Sinne von dem Erben bereits erworben und in sein Vermögen übergegangen, daß die Ausschlagung auch materiell als eine Aufgabe bereits erworbener Vermögensrechte (Verzicht, Veräußerung) anzusehen wäre. Daraus zieht das Gesetz eine Anzahl von Folgerungen: die Ausschlagung zum Vorteil eines anderen gilt nicht als Schenkung (§ 517); eine Ehefrau bedarf nicht der Zustimmung des Ehemanns (§ 1406 Nr 1; wohl aber — aus anderen Gründen, wegen der Wichtigkeit des Geschäfts für den Mündel — der Vormund und Vater der Genehmigung des Vormundschaftsgerichts; § 1822 Nr 2, § 1643); das Ausschlagungsrecht verbleibt im Falle des Konkurses des Erben dem Gemeinschuldner (§ 9 KO). Folgerichtig hat **RG** 54, 289 entschieden, daß, obwohl im AnfG eine entsprechende Bestimmung fehlt, die Ausschlagung nicht wegen Benachteiligung der Gläubiger des Erben angefochten werden kann. Der Pflichtteilsberechtigte erhält den Pflichtteil in der Regel nicht als Erbe, er kann ihn somit nicht nach § 1942 ausschlagen, sondern erwirbt endgültig mit dem Erbfalle den Anspruch darauf (§ 2317) und sollte deshalb auf Grund des früheren Erbschaftssteuergesetzes nach **RG** 77, 238 die Erbschaftssteuer auch dann zahlen müssen, wenn er auf ihn verzichtet oder ihn nicht geltend machen will; dagegen Fuchs in LZ 1914 Sp 5. Die darin liegende, auch vom Reichsgericht in der genannten Entscheidung anerkannte Unbilligkeit ist beseitigt durch § 2 Nr 1 des Erbschaftssteuergesetzes in der Fassung der Bek vom 22. 8. 25 (RGBl I 320), wo bestimmt ist, daß als steuerpflichtiger Erwerb von Todes wegen nur ein Erwerb „auf Grund eines geltend gemachten Pflichtteilsanspruchs" zu gelten hat. — Die Möglichkeit der Ausschlagung soll dem Erben eine Überlegungsfrist gewähren; daher trifft das Gesetz Schutzmaßnahmen, daß ihm diese Frist nicht durch die Besorgnis vor Verjährung von Nachlaßforderungen oder durch das Vorgehen von Nachlaßgläubigern verkümmert werde (§§ 207, 1958, 1995 Abs 2; ZPO §§ 239 Abs 5, 778). Vgl. RG 60, 179 und dazu A 1 zu § 1958.

2. **Anfall** der Erbschaft bedeutet sonach den „vorläufigen Erwerb, der durch Ausschlagung noch rückgängig gemacht werden kann" (M 5, 488). Anfall der Erbschaft und Erbfall (A 4 zu § 1922) werden in der Regel zusammentreffen. Auch wenn dies nicht der Fall ist, wenn z. B. die Erbschaft erst nach Wegfall des zunächst Berufenen (A 2 zu § 1922) einem anderen Erben „anfällt", gilt der Anfall an diesen als schon mit dem Eintritt des Erbfalls erfolgt, da die Erbschaft keinen Augenblick herrenlos sein soll (§§ 1953 Abs 2, 2344 Abs 2). Ist der Erbe unter einer aufschiebenden Bedingung berufen (§ 2074), so ist zwar bis zum Eintritt der Bedingung auch der Anfall der Erbschaft hinausgeschoben; für die Zeit des Schwebens trifft aber § 2105 Vorsorge dahin, daß solange die gesetzlichen Erben Erben sind. Anfall der Nacherbschaft § 2139, des Vermächtnisses § 2176.

3. Dem **Fiskus** ist das Ausschlagungsrecht als gesetzlicher Erbe aus dem gleichen Grunde versagt, aus dem er nicht ohne Einsetzung eines anderen Erben ausgeschlossen werden kann (vgl. A 3 zu § 1936), nämlich damit die Erbschaft nicht erblos werde. Wenn er als Erbe durch Verfügung von Todes wegen berufen ist, so kann er diese Berufung ausschlagen. — Feststellung des fiskalischen Erbrechts §§ 1964—1966.

§ 1943

Der Erbe kann die Erbschaft nicht mehr ausschlagen, wenn er sie angenommen hat[1]) oder wenn die für die Ausschlagung vorgeschriebene Frist verstrichen ist[2]); mit dem Ablaufe der Frist gilt die Erbschaft als angenommen[3])[4]).

E I 2029 II 1820; M 5 494—497; P 5 618—620; 6 336—338.

1. Die **Annahme** der Erbschaft verwandelt den zunächst vorläufigen Erwerb durch den Erben (§ 1942 A 1) in einen endgültigen, indem sie, auch wenn sie vor Ablauf der Ausschlagungsfrist (§ 1944) erfolgt, ihm die rechtliche Möglichkeit der Ausschlagung entzieht, sofern sie nicht etwa angefochten werden kann (§§ 1954 ff.). Sie ist eine einseitige rechtsgeschäftliche Willenserklärung, die, im Gegensatze zur Ausschlagung (§ 1945), keiner Form bedarf, daher auch durch schlüssige Handlungen (pro herede gestio) betätigt werden kann und auch nicht gegenüber einer bestimmten anderen Person vorgenommen werden muß (kein empfangsbedürftiges Rechtsgeschäft; daher auch Annahme durch Erklärung in einer Zeitung wirksam). Doch muß sie in solcher Weise vorgenommen werden, daß der Wille, endgültiger Erbe zu werden, darin zum Ausdruck kommt. Eine gegenüber Unbeteiligten abgegebene Erklärung wird dazu in der Regel nicht geeignet sein, während bei einer Annahmeerklärung gegenüber einem Nachlaßbeteiligten der rechtsgeschäftliche Wille in der Regel als zum Ausdruck gebracht angenommen werden muß. Die gegenüber einer bestimmten Person abgegebene Erklärung wirkt allen gegenüber. Auch dem Nachlaßgericht gegenüber kann sie abgegeben werden (bestr.). Daß die Annahmeerklärung, wenn sie einer bestimmten Person gegenüber abgegeben werden soll, erst wirksam wird, wenn sie dieser „zugeht" (Planck Erl. 3), wird zwar nicht unmittelbar aus § 130, der nur einem anderen gegenüber „abzugebende" (d. h. kraft Gesetzes empfangsbedürftige) Willenserklärungen betrifft, wohl aber aus dem Willen des Erklärenden zu folgern und deshalb auch ein gemäß § 130 Abs 1 Satz 2 rechtzeitiger Widerruf gestattet sein. — Auch die pro herede gestio setzt eine Betätigung des Annahmewillens voraus (RG DJZ 1912 Sp 1185) und ist nicht etwa als Strafe an die Vornahme gewisser, nur dem Erben zustehender Handlungen (immixtio) geknüpft; das richterliche Ermessen entscheidet. Als Betätigung des Annahmewillens wird in der Regel der Antrag auf Erteilung eines Erbscheins (arg. § 2357 Abs 3 Satz 1, vgl. KGJ 38 A 51; RJA 16, 63) anzusehen sein; ebenso die Erhebung des Erbschaftsanspruchs (§ 2018), Verkauf der Erbschaft und Verfügung über den Erbteil (§§ 2371, 2033), auch Verpfändung desselben (RG 80, 385); nicht dagegen ohne weiteres die Verfügung über einzelne Nachlaßgegenstände oder die Geltendmachung von Nachlaßforderungen oder die Fortführung des Geschäfts, wenn diese Handlungen als Besorgung erbschaftlicher Geschäfte (§ 1959) gedeutet werden können (RG DJZ 1909 Sp 1329); unter der gleichen Voraussetzung auch nicht der Antrag auf Anordnung einer Nachlaßverwaltung (KGJ 31 A 73 und 38 A 51; a. M. für die Regelfälle Planck Erl 4a zu § 1981). Sogar eine Verfügung über den ganzen Nachlaß (alle vorhandenen Erbschaftssachen) kann ohne Rechtsirrtum dahin gedeutet werden, daß sie eine Annahme der Erbschaft nicht enthalte, namentlich wenn die Verfügung

nur erfolgte, um dem Erben Mittel zur Bestreitung der Bestattungskosten zu verschaffen (RG 28. 11. 21 VI 437/21). — Da sowohl die ausdrückliche wie die stillschweigende Annahme Rechtsgeschäfte sind, finden die Grundsätze über Geschäftsfähigkeit (§§ 107, 111, 114, 115), Willenserklärungen (§§ 116 ff.), Vertretung, Vollmacht (§§ 164 ff.), Einwilligung, Genehmigung (§§ 182 ff.) auf beide Arten Anwendung. Die Frau bedarf zur Annahme (wie zur Ausschlagung, A 1 zu § 1942) nicht der Zustimmung des Mannes (§§ 1406 Nr 1, 1453); der gesetzliche Vertreter (anders wie bei der Ausschlagung § 1822 Nr 2) nicht der Genehmigung des Vormundschaftsgerichts. Nähere Vorschriften über die Annahme enthalten §§ 1946 ff., bezüglich der Anfechtung §§ 1954—1957. Anfechtung nach § 119 ist zulässig, wenn infolge Irrtums ein Annahmewille nicht vorhanden war, aber auch erforderlich, außer im Falle des § 1949 Abs 1 (vgl. A 2 dazu). Vgl. auch § 1954 A 1. — Auch die Annahme steht, wie die Ausschlagung, im Falle des Konkurses des Erben nur dem Gemeinschuldner zu (§ 9 KO). — Annahme des Vermächtnisses § 2180.

2. **Ausschlagungsfrist** § 1944. Der Verlust des Ausschlagungsrechts tritt ohne weiteres mit dem Ablaufe der Frist ein; ist innerhalb der Frist die Ausschlagung nicht erfolgt, so ist die Frist „versäumt" (§ 1956), auch ohne einen auf Annahme der Erbschaft gerichteten Willen (vgl. A 3). Unter Umständen kann aber die Versäumung angefochten werden (§ 1956).

3. Die **Annahme infolge Fristablaufs** ist eine **Fiktion** („gilt") des Gesetzes und der Satz spricht nur positiv aus, was im vorhergehenden Halbsatze negativ bestimmt ist. Auf diese kraft Gesetzes eintretende Rechtswirkung finden daher die in A 1 besprochenen Grundsätze über Willen und Geschäftsfähigkeit keine Anwendung. Z. B. wird auch der geschäftsunfähige Erbe durch Ablauf der Frist ohne weiteres zum „annehmenden", endgültigen Erben; vgl. aber über den Lauf und die Dauer der Frist in diesem Falle § 1944 A 4. — Feststellungsklage, daß der Betreffende bereits Erbe geworden, seine Ausschlagung deshalb unwirksam sei, ist zulässig (RG JW 06, 569[40]). — Gleiche Grundsätze bei der ehelichen Gütergemeinschaft für die Ablehnung der Fortsetzung durch den überlebenden Ehegatten (§ 1484).

4. **Beweislast.** Der Erbe braucht die Annahme nicht besonders nachzuweisen, wenn sie in der Erhebung des Anspruchs zu finden ist, also z. B. bei dem Erbschaftsanspruche, bei dem Antrage auf Erteilung des Erbscheins für sich (dagegen, wenn er einen gemeinschaftlichen Erbschein verlangt, die Annahme durch die Miterben, §§ 2357 Abs 3, 2356). Bei Stellung des Antrags auf Aufgebot zum Zwecke der Ausschließung von Nachlaßgläubigern muß der Erbe die Annahme nachweisen (ZPO § 991 Abs 3). Der Nachlaßgläubiger, der einen sich gegen den Nachlaß richtenden Anspruch gegen den Erben geltend machen (§ 1958) oder einen Rechtsstreit fortsetzen (ZPO § 239) oder eine Zwangsvollstreckung gegen ihn betreiben will (ZPO § 778), muß die Annahme nachweisen. Er hat daher in der Regel, wenn er nicht einen Erbschein vorlegen kann, den Nachweis des Erbfalls und des Berufungsgrundes zu führen, sowie den der Annahme der Erbschaft, sei es durch ausdrückliche Erklärung oder durch Ablauf der Ausschlagungsfrist. Vor der Annahme ist der Anspruch gegen den Erben nicht begründet (er ist nicht passiv legitimiert, §§ 1958, 2014; RG 60, 179); der Gegner wird also, wenn er die Fiktion der Annahme durch Ablauf der Ausschlagungsfrist geltend machen will, zu behaupten und nötigenfalls zu beweisen haben, daß die Ausschlagungsfrist gemäß § 1944 Abs 2 zu laufen begonnen hat, sonach auch die Kenntnis des Erben von dem Anfalle und dem Grunde der Berufung (so mit Recht Planck Erl 7 gegen Dernburg § 148 VI; a. M. auch die zweite Auflage dieses Kommentars). Ergibt sich hieraus der Ablauf der Ausschlagungsfrist, so muß der Erbe beweisen, daß er innerhalb der Frist ausgeschlagen hat (vgl. § 1944 A 7).

§ 1944

Die Ausschlagung kann nur binnen sechs Wochen erfolgen[1]).

Die Frist beginnt mit dem Zeitpunkt, in welchem der Erbe von dem Anfall und dem Grunde der Berufung Kenntnis erlangt[2]). Ist der Erbe durch Verfügung von Todes wegen berufen, so beginnt die Frist nicht vor der Verkündung der Verfügung[3]). Auf den Lauf der Frist finden die für die Verjährung geltenden Vorschriften der §§ 203, 206 entsprechende Anwendung[4]).

Die Frist beträgt sechs Monate, wenn der Erblasser seinen letzten Wohnsitz nur im Auslande gehabt hat[5]) oder wenn sich der Erbe bei dem Beginne der Frist im Ausland aufhält[6])[7]).

E I 2030 II 1821; M 5 497—501; P 5 620, 623.

1. Sechswöchige Ausschlagungsfrist. Berechnung §§ 187 Abs 1, 188 Abs 2, 3, 193. Sie ist gesetzliche Ausschlußfrist, kann deshalb weder vom Erblasser noch vom Nachlaßgericht verlängert werden. Nur mittelbar kann der Erblasser eine Verkürzung dadurch herbeiführen, daß er den Erben unter der Bedingung der Annahme innerhalb kürzerer Frist einsetzt; ebenso aber auch eine Verlängerung dadurch, daß er einen Erben unter der Bedingung einsetzt, innerhalb einer längeren Frist anzunehmen; in diesem Falle beginnt die gesetzliche Ausschlagungsfrist überhaupt nicht zu laufen, da sie vor Eintritt der Bedingung für den bedingt eingesetzten Erben nicht läuft (vgl. A 2 zu § 1942), mit Eintritt der Bedingung aber, die auf die Annahme abgestellt ist, die Ausschlagung ausgeschlossen ist (§ 1943). — Anfechtung der Fristversäumung § 1956.

2. Fristbeginn für den Erben, und zwar für jeden einzelnen, der vorläufiger Erbe geworden ist, besonders, mit der Kenntnis von dem Anfalle (A 2 zu § 1942) und dem Berufungsgrunde. Die Rückbeziehung des Anfalls in den Fällen des Geborenwerdens einer Leibesfrucht (§ 1923 Abs 2), des Wegfalls eines anderen durch Ausschlagung (§ 1953 Abs 2) oder Erbunwürdigkeitserklärung (§ 2344) hat auf den Beginn der Ausschlagungsfrist keinen Einfluß, da sie lediglich eine Fiktion bedeutet und die in § 1944 erforderte Kenntnis nicht vor dem wirklichen Anfalle vorhanden sein kann. — Die Kenntnis muß sich zunächst auf den Erbfall (Tod oder Todeserklärung des Erblassers) beziehen, sodann aber, wenn Berufungsgrund das Gesetz ist, auf das Bestehen des die gesetzliche Erbfolge nach §§ 1924—1935 (das gesetzliche Erbrecht des Fiskus, § 1936, kommt, da er nicht ausschlagen kann, nicht in Betracht) begründenden verwandtschaftlichen oder ehelichen Verhältnisses erstrecken, sowie darauf, daß vorgehende Erbberechtigte überhaupt nicht vorhanden waren oder vor oder nach dem Erbfalle weggefallen sind (A 2 zu § 1935) und daß die gesetzliche Erbfolge nicht durch Verfügung von Todes wegen ausgeschlossen ist. Doch ist in letzterer Beziehung nicht schon die entfernte Möglichkeit, daß der Erblasser eine Verfügung errichtet haben könnte, hinreichend, um den Beginn der Ausschlagungsfrist auszuschließen; es muß vielmehr genügen, wenn der Erbe keine begründete Vermutung haben kann und hat, daß eine ihn ausschließende Verfügung wirksam vorhanden sei (BayObLG LZ 1918 Sp. 710[3]). War eine solche Verfügung vorhanden und dem durch sie ausgeschlossenen Erben bekannt, so muß er von ihrer Unwirksamkeit oder von ihrem Widerrufe Kenntnis erhalten haben. — Handelt es sich um Berufung durch Verfügung von Todes wegen, so muß die Kenntnis des Erben dahin gehen, daß er kraft solcher Verfügung zur Erbschaft berufen ist; daß er die konkrete Verfügung kennt und insbesondere weiß, ob es ein Testament oder ein Erbvertrag sei, ist nicht erforderlich. Zwar beginnt in solchem Falle die Ausschlagungsfrist nicht vor Verkündung der Verfügung zu laufen (Abs 2 Satz 2); die Kenntnis von der Berufung kann aber auch auf andere Weise als durch die Verkündung erworben werden (RJA 5, 146; a. M. RG JW 02 Beil 232[102]). Andererseits wird die Frist nicht laufen, solange der Erbe nur von einer konkreten Verfügung bestimmten Inhalts Kenntnis hat, durch die er berufen zu sein glaubt, diese Verfügung sich aber als nichtig herausstellte und er durch eine andere Verfügung mit anderem Inhalte berufen ist; so zutreffend Planck-Flad Erl 3b gegen Leonhard II B. — Nicht erforderlich ist Kenntnis des Erben darüber, ob ihm die ganze Erbschaft oder nur ein Bruchteil und welcher zugefallen ist, wenn es sich um eine einheitliche Berufung handelt. Steht aber eine Berufung zu mehreren besonderen Erbteilen in Frage, die gesondert ausgeschlagen werden können (§§ 1951, 1927; A 3 zu § 1927), so beginnt die Frist für jeden Erbteil besonders mit der Kenntnis von dessen Anfall. Irrtum des Erben darüber, ob die Berufung auf dem Gesetze oder auf einer Verfügung von Todes wegen beruht, auch Rechtsirrtum, schließt den Beginn der Frist aus (KGJ 34 A 79; 41 A 56). Das dem Ehegatten nach Pr.AG.BGB Art 46 §§ 2, 3 gegebene Wahlrecht gehört nicht zum Berufungsgrunde; Irrtum darüber schließt daher den Fristbeginn nicht aus (KGJ 41 A 56). Die irrtümliche Annahme (insbesondere eines gesetzlichen Vertreters, aber auch des Erben selbst), daß der Erbe bereits eine wirksame Ausschlagungserklärung abgegeben habe, steht einer Unkenntnis von dem Anfalle nicht gleich, da dieser durch die Ausschlagung nicht tatsächlich rückgängig gemacht wird, sondern gemäß der in § 1953 aufgestellten Fiktion als nicht erfolgt „gilt", wodurch nur seine Wirkungen beseitigt werden; ein solcher Irrtum könnte deshalb nur im Wege der Anfechtung der Versäumung der Ausschlagungsfrist (§ 1956) geltend gemacht werden, und zwar auch nur, wenn die in der Anmerkung zu § 1956 gegen RG 58, 81 vertretene Ansicht zutrifft. So RG Warn 1920 Nr 212. — **Kennenmüssen,** fahrlässiges Nichtkennen, ist der wirklichen Kenntnis nicht gleichgestellt (wie in § 2140 und auch sonst im BGB). Ob das Nichtkennen auf tatsächlichem oder Rechtsirrtum (z. B. über die Gültigkeit eines Testaments, durch welches das gesetzliche Erbrecht beschränkt wird, RG Warn 1914 Nr 26) beruht und ob es verschuldet ist oder nicht, ist gleichgültig. Bloße Zweifel des Berufenen, ob er nicht vielleicht Erbe geworden sein könnte, genügen nicht für den Beginn der Ausschlagungsfrist. Anderseits wird auch eine volle Überzeugung, daß es so sei, nicht gefordert werden können. Es wird genügen müssen, daß dem Erben die tatsächlichen und rechtlichen Umstände in so zuverlässiger Weise bekannt geworden sind, daß dadurch die positive Vorstellung, er sei infolge eines bestimmten Berufungsgrundes Erbe geworden, in ihm zum mindesten als eine Wahrscheinlichkeitsvorstellung, mit der er rechnet, erregt worden ist. Im Einzelfalle wird dabei viel auf die Sachlage, namentlich auf die Persönlichkeit des Erben, ankommen. In dieser Weise werden die im Wortlaute einigermaßen voneinander abweichenden Entscheidungen des Reichsgerichts vereinigt werden können (vgl. einerseits JW 02 Beil 232[102], wo eine „bestimmte und überzeugende Kenntnis" gefordert wird, anderseits Gruch 59, 481, wo gesagt wird, daß zwar die volle Überzeugung nicht verlangt werden könne, wohl aber zuverlässiges Erfahren der in Betracht kommenden Umstände vorhanden sein muß und Zweifel, ob es nicht so sein könnte, nicht genügen; ebenso für den Fall des § 121: **RG** JW 1912, 741[3] und Warn 1914 Nr 108; vgl. **RG** 85, 223, ferner A 2 zu § 121 und A zu § 2082).

Ist der Erbe geschäftsunfähig oder in der Geschäftsfähigkeit beschränkt, so kommt es nicht auf seine Kenntnis, sondern auf die seines gesetzlichen Vertreters an. Streitig ist, wie es sich verhält, wenn der Erbe einen Bevollmächtigten bestellt hat, sei es allgemein (Generalvollmacht) für seine Vermögensangelegenheiten oder zur Regelung der in Frage stehenden Erbschaftsangelegenheit oder auch speziell zur Vertretung im Willen bei der Entscheidung über Annahme oder Ausschlagung der Erbschaft. Einverständnis besteht zunächst, daß § 166 BGB keine Anwendung finden kann, da er sich nur auf die rechtlichen Folgen abgegebener Willenserklärungen bezieht, nicht auf die Folgen der Unterlassung von solchen (vgl. M 5, 500, wo die Frage im übrigen offen gelassen ist). Sicher ist auch wohl, daß der Erbe die durch das Gesetz an seine Kenntnis geknüpften Folgen nicht durch Bestellung eines Bevollmächtigten von sich abwälzen kann, daß also, wenn er selbst Kenntnis hat, der Lauf der Ausschlagungsfrist beginnt, auch wenn dem Bevollmächtigten die Kenntnis fehlt. Zweifelhaft kann nur sein, ob die Frist auch beginnt, wenn der Bevollmächtigte, nicht aber der Erbe, Kenntnis hat. Es wird aber anzunehmen sein, daß der Erbe sich die Kenntnis des Bevollmächtigten entgegenhalten lassen muß, dem er selbst zu seiner Vertretung im Willen Macht gegeben hat; denn die Willensentscheidung, die das Gesetz verlangt, kann nicht willkürlich von dem Wissen, das die Voraussetzung dafür bildet, getrennt werden (so Strohal II § 61 A 16a; Planck Erl 4; a. M. Dernburg V 148[3] Note 10 und die zweite Auflage dieses Kommentars). — Für den Nacherben beginnt die Ausschlagungsfrist erst mit Kenntnis vom Eintritt des Nacherbfalles, da erst mit diesem die Erbschaft ihm anfällt (vgl. A zu § 2142). Besondere Ausschlagungsfrist für den durch Verfügung von Todes wegen beschränkten oder beschwerten Pflichtteilsberechtigten § 2306; vgl. A 5 dazu. Befugnis zur Ausschlagung schon vor Beginn der Ausschlagungsfrist § 1946. — Ist zur Annahme einer Zuwendung an eine juristische Person nach Landesrecht staatliche Genehmigung erforderlich (Art 86 EG; Pr.AG.BGB Art 6), so kann sie eine ihr zugewendete Erbschaft vor Erteilung der Genehmigung nicht durch Annahme erwerben (**RG** 76, 384); deshalb kann auch die Ausschlagungsfrist vor Kenntnis der Genehmigung nicht zu laufen beginnen (so Kipp 150 Note 7; a. M. KGJ 40 A 25; 50 A 71; DJZ 1918 Sp 260).

3. **Verkündung der Verfügung.** Gemeint ist die im Eröffnungstermin erfolgte „Verkündung" (§ 2260), auch wenn sie in Abwesenheit des Erben stattgefunden hat, nicht die Mitteilung des Nachlaßgerichts gemäß § 2262. Sie ist für den Fristbeginn selbst dann erforderlich, wenn der Erbe schon vor der Verkündung von der Verfügung Kenntnis erlangt hatte. Umgekehrt schließt auch die Verkündung an den Erben selbst nicht unbedingt aus, daß er gleichwohl, z. B. infolge von Mißverständnissen oder von Rechtsirrtum, die Kenntnis im Sinne des Gesetzes erst später erlangt. Die Verkündung ist auch dann erforderlich, wenn er selbst als Ehegatte das gemeinschaftliche Testament mit errichtet (§ 2278) oder wenn er den Erbvertrag mit geschlossen hatte (§ 2300). Verkündung eines gemeinschaftlichen Erbvertrags ist auch dann erforderlich, wenn der eine Erblasser bereits vor 1. 1. 00 verstorben war (**RG** 48, 100). Die Vorschrift des Abs 2 ist übrigens eine Sondervorschrift und auf die Verjährung des Pflichtteilsanspruchs (§ 2332 Abs 1) nicht übertragbar (**RG** 66, 30).

4. **§ 203:** Stillstand der Rechtspflege oder höhere Gewalt hemmen den Lauf der Ausschlagungsfrist mit der Wirkung, daß der davon betroffene Teil der Frist nicht eingerechnet wird (§ 205). Die durch eine dem Vormundschaftsgericht zur Last fallende Verzögerung der nach § 1822 Nr 2 für den gesetzlichen Vertreter erforderlichen vormundschaftsgerichtlichen Genehmigung herbeigeführte Versäumung der Ausschlagungsfrist (vgl. A 1 zu § 1945) als „höhere Gewalt" anzusehen, wie Eccius will (vgl. KGJ 38 A 51), erscheint bedenklich, da ein Fehler des Gerichts immerhin noch innerhalb des mit dem Gerichtsbetriebe verbundenen Gefahrenkreises liegt (A 2 zu § 203); der Erbe wird vielmehr in solchem Falle auf den Regreßanspruch gegen den Vormundschaftsrichter und den Staat angewiesen sein. — **§ 206:** Hat der gesetzliche Vertreter eines geschäftsunfähigen oder in der Geschäftsfähigkeit beschränkten Erben die hier vorausgesetzte Kenntnis erlangt, der Erbe ermangelt aber am Schlusse der Frist der Vertretung, so läuft die Frist nicht zu Ende. Vielmehr läuft

die Frist erst sechs Wochen bzw. sechs Monate nach der Behebung des Mangels ab. Auf die Kenntnis des neu eingetretenen Vertreters oder des geschäftsfähig gewordenen Erben kommt es aber für den Wiederbeginn und den Ablauf der Frist nicht mehr an. So die herrschende Meinung (namentlich Strohal II § 61 A 20), die zwar zu Härten führen kann, aber mit dem Gesetze wohl allein vereinbar ist. Auch wenn ohne dazwischenliegenden Vertretungsmangel ein neuer Vertreter eintritt oder der Erbe geschäftsfähig wird, kann es vorkommen, daß die einmal in Lauf gesetzte Frist abläuft, ohne daß der zu ihrer Wahrung Berufene die erforderliche Kenntnis besitzt. — Fristverlängerung für den Erbeserben § 1952 Abs 2. — Konkurseröffnung über das Vermögen des Erben ist für den Fristenlauf ohne Bedeutung (KO § 9).

5. Sechsmonatsfrist. Wohnsitz (§§ 7—11) **des Erblassers im Auslande.** Die Vorschrift bezieht sich nur auf im Auslande wohnende deutsche Erblasser, die nach Art 24 EG (Vorbem 1 zu diesem Buche) nach deutschen Gesetzen beerbt werden. Zum Auslande gehören nach Inkrafttreten des Friedensvertrags auch die durch diesen von Deutschland getrennten Gebiete. Das Saargebiet ist Inland geblieben (Versailler Vertr. Art 49). Die deutschen Schutzgebiete haben auch bisher schon als Ausland gegolten (SchutzgebG v. 10. 9. 00 § 3; KonsGG v. 7. 4. 00 § 26). Ein ausländischer Wohnsitz des Erblassers neben dem inländischen kommt nicht in Betracht („nur"). Gleichgültig ist, ob er im Inlande oder im Auslande gestorben ist.

6. Aufenthalt des Erben im Auslande. Es kommt nur darauf an, wo sich der Erbe im Augenblicke nicht des Erbfalls, sondern der erlangten Kenntnis befindet. Auch ein vorübergehender Aufenthalt im Auslande sichert ihm die verlängerte Frist. Im Falle der gesetzlichen Vertretung kommt eigene Kenntnis des Erben überhaupt nicht in Betracht. Deshalb ist lediglich der Aufenthalt des gesetzlichen Vertreters maßgebend. Bei der gewillkürten Vertretung wird, wenn man von der in A 2 vertretenen Anschauung ausgeht, für den Erben, der nur persönlich im Auslande Kenntnis erhält, die sechsmonatige, wenn aber sein im Inlande sich aufhaltender Vertreter dort Kenntnis erhält, von da ab eine sechswöchige Frist laufen.

7. Beweislast. Wer aus der Ausschlagung Rechte herleitet — also namentlich der nach Ablauf der Ausschlagungsfrist als Erbe in Anspruch Genommene — hat zunächst darzutun, daß und wann sie erfolgt ist. Behauptet sodann der Gegner, daß das Recht zur Ausschlagung (§ 1942) durch Fristablauf (§ 1943) bereits erloschen gewesen sei, so hat er diese Tatsache zu beweisen. Dazu gehört der Nachweis, daß und wann der Erbe Kenntnis von dem Anfalle und der Berufung erhalten hat, da mit dem Eintritte dieser Kenntnis der Lauf der Frist erst beginnt. Vgl. für den gleichliegenden Fall der Anfechtung §§ 121 A 5 und 124 A 4. Auf die Ausschlagung wird sich der Erbe in der Regel gegenüber Nachlaßgläubigern berufen, die die stillschweigende Annahme der Erbschaft behaupten (§ 1943 A 4); aber auch wenn er im Falle des § 2306 Abs 1 Satz 2 den Pflichtteil verlangen will; ferner diejenigen, welche infolge der Ausschlagung an die Stelle des Ausschlagenden als Erben getreten sind. Auf den Ablauf der Ausschlagungsfrist kann sich auch der Erbe berufen, um die Unwirksamkeit der von ihm erklärten Ausschlagung darzutun.

§ 1945

Die Ausschlagung erfolgt durch Erklärung[1]) gegenüber dem Nachlaßgerichte[2]); die Erklärung ist in öffentlich beglaubigter Form abzugeben[3]). Ein Bevollmächtigter bedarf einer öffentlich beglaubigten Vollmacht[3]). Die Vollmacht muß der Erklärung beigefügt oder innerhalb der Ausschlagungsfrist nachgebracht werden[4]).

E I 2032 II 1822; M 5 502, 503; P 5 624, 626.

1. Die **Ausschlagung** ist (abweichend von der Annahme, § 1943 A 1) an eine Form gebunden und empfangsbedürftig. Sie wird deshalb erst in dem Zeitpunkte wirksam, wo sie dem Nachlaßgerichte zugeht (§ 130). Gleich der Annahme ist sie einseitige Willenserklärung, untersteht mithin den hierauf bezüglichen allgemeinen Vorschriften (§ 1943 A 1). Abweichend von der Annahme bedarf der gesetzliche Vertreter (Vater, Vormund, auch der Pfleger) dazu der Genehmigung des Vormundschaftsgerichts (§§ 1822 Nr 2, 1643 Abs 2, 1915). Die Genehmigung hat das Vormundschaftsgericht gegenüber dem gesetzlichen Vertreter zu erklären (§ 1828); sie wird also erst wirksam, sobald sie diesem zugeht (§ 130). Als einseitiges Rechtsgeschäft würde die Ausschlagung, wenn § 1831 Satz 1 auf sie Anwendung fände, unwirksam sein, wenn sie ohne die vorher erteilte Genehmigung des Vormundschaftsgerichts erfolgte. Von dem Standpunkt der Anwendbarkeit dieser Vorschrift aus ist angenommen worden, daß die Ausschlagung wirksam sei, wenn die Genehmigung wirksam geworden ist, bevor die Ausschlagungserklärung dem Nachlaßgerichte zugegangen ist, mag auch die Be-

urkundung oder Beglaubigung der Ausschlagungserklärung früher erfolgt sein (KGJ 21 A 197; 24 A 216; 29 A 40; 38 A 51; 42 A 89; RJA 5, 143). Auch wurde angenommen, daß bei Identität des Vormundschafts- und Nachlaßgerichts es genüge, wenn die Ausschlagungserklärung zunächst der Vormundschaftsabteilung vorgelegen hat und erst nach deren Genehmigung und Bekanntmachung dieser an den gesetzlichen Vertreter von der Nachlaßabteilung geschäftlich behandelt (entgegengenommen) worden ist (KGJ 42 A 89). Dagegen konnte von diesem Standpunkte aus die nachträgliche Erteilung der Genehmigung, auch wenn sie noch innerhalb der Ausschlagungsfrist wirksam geworden ist, nicht für genügend erachtet werden, um die vorher erklärte Ausschlagung wirksam erscheinen zu lassen; es wurde vielmehr Wiederholung der letzteren für erforderlich erachtet (KGJ 21 A 197; RJA 2, 216; KGJ 42, 89). Nunmehr hat aber das RG (LZ 1915, 751[12]) sich der zu § 1831 A 1 der zweiten Auflage dieses Kommentars vertretenen Ansicht angeschlossen, wonach § 1831 Satz 1 keine Anwendung finden kann, wenn das einseitige Rechtsgeschäft nach gesetzlicher Vorschrift binnen einer bestimmten Frist vorgenommen werden muß, weil der gesetzgeberische Grund, der dahin ging, diejenigen Personen, deren Rechtsverhältnisse durch das einseitige Rechtsgeschäft berührt werden, nicht für unbestimmte Zeit über die Frage seiner Wirksamkeit im ungewissen zu lassen, bei gesetzlich befristeten Rechtsgeschäften dadurch entfalle, daß bei diesen das Gesetz selbst für Beendigung des Zustandes der Ungewißheit innerhalb bestimmter Frist Sorge trage; in solchen Fällen müsse es genügen, daß alle zur Gültigkeit des Geschäfts erforderlichen Erklärungen bis zum Ablaufe der Frist abgegeben sind; auf die Reihenfolge der Abgabe komme es nicht an; demgemäß hat das Reichsgericht eine Ausschlagung für wirksam erklärt, die vor Erteilung der vormundschaftsgerichtlichen Genehmigung erfolgt ist, wenn die Genehmigung nachher erteilt und innerhalb der Ausschlagungsfrist wirksam geworden ist. Dieser Auffassung hat sich KGJ 50 A 73 angeschlossen. Die Entscheidung ist geeignet, die durch die Anwendung des § 1831 auf die Ausschlagung entstehenden erheblichen Unzuträglichkeiten zu vermeiden und deshalb zu billigen, wenn sie auch dem für eine freiere Gesetzesauslegung auch sonst oft hinderlichen römisch-rechtlichen Satze: „cessante ratione legis non cessat lex ipsa“ nicht vollkommen Rechnung tragen mag. — Sind aber nicht alle zur Wirksamkeit der Ausschlagung erforderlichen Erklärungen vor Ablauf der Frist wirksam abgegeben, so ist sie unwirksam. Eine nach Ablauf der Frist erteilte vormundschaftsgerichtliche Genehmigung kann die Versäumung der Ausschlagungsfrist nicht rückgängig machen, auch wenn man (vgl. RG 76, 366 und § 184 A 1) die Rückbeziehung des § 184 auf behördliche Zustimmungserklärungen für anwendbar hält; KGJ 50 A 73). Wegen Anfechtung vgl. § 1956 A 1; wegen der „höheren Gewalt“ § 1944 A 4. — Vorlegung der Genehmigung bei der Ausschlagungserklärung gegenüber dem Nachlaßgerichte ist nicht erforderlich; das Nachlaßgericht ist kein „anderer“ im Sinne des § 1831. Deshalb ist es unschädlich, wenn die Ausfertigung einer rechtzeitig erteilten vormundschaftsgerichtlichen Genehmigung erst nach Ablauf der Frist dem Nachlaßgerichte eingereicht wird (anders bei der Vollmacht, Abs 2, vgl. A 4). Die Frau bedarf der Zustimmung des Mannes ebensowenig wie zur Annahme (§§ 1406 Nr 1, 1453, 1519, 1549). Die Ausschlagung ist wie die Annahme unwiderruflich (§ 130), darf nicht bedingt oder befristet (§ 1947), nicht auf Teile der Erbschaft beschränkt sein, sofern nicht besondere Erbteile in Frage stehen (§§ 1950, 1951), steht auch im Konkurse des Erben nur dem Gemeinschuldner zu (KO § 9). Anfechtbarkeit § 1954. — Die Kosten der Ausschlagung fallen nicht dem Nachlasse, sondern dem Erklärenden zur Last. — Die Übernahme einer schuldrechtlichen Verpflichtung zur Ausschlagung einer Erbschaft ist formfrei (OLG 26, 288).

2. **Gegenüber dem Nachlaßgericht.** Nachlaßgerichte sind die Amtsgerichte (§ 72 FGG), soweit nicht landesgesetzlich andere als gerichtliche Behörden zuständig sind; andere gerichtliche Behörden (Landgerichte) können nicht als Nachlaßgerichte bestellt werden. Eine Ausschlagungserklärung wird nicht dadurch unwirksam, daß das Nachlaßgericht sie zurückweist oder zurückschickt (KGJ 35 A 58). Die Ausschlagung ist in der Regel nur wirksam, wenn sie vor dem örtlich zuständigen Nachlaßgericht (§ 73 FGG) erfolgt; nach RG 71, 380 soll aber die Erklärung auch dann wirksam sein, wenn sie einem örtlich unzuständigen Gerichte gegenüber abgegeben wird, nicht nur falls dieses schon vorher (durch Fürsorge für den Nachlaß oder Einleitung einer Nachlaßpflegschaft) als Nachlaßgericht tätig geworden war, sondern auch, wenn es nur die Ausschlagung entgegengenommen und eine Bescheinigung über die „erfolgte Ausschlagung“ erteilt hat (bedenklich, das angegangene Gericht darf ja die Erklärung gar nicht zurückweisen; es würde auch nicht in der Lage sein, sofort seine Zuständigkeit zu prüfen; dagegen auch Wolff DJZ 09, 1487 und OLG 21, 299). Vor einem um Entgegennahme der Erklärung des Erben vom Nachlaßgericht im Wege der Rechtshilfe (§§ 1, 2 FGG) ersuchten Gerichte kann die Ausschlagung mit derselben Wirkung, wie vor dem Nachlaßgerichte selbst, erklärt werden; eine in dieser Weise innerhalb der Frist abgegebene Erklärung ist rechtzeitig erfolgt, auch wenn sie bei dem Nachlaßgerichte erst nach Ablauf der Frist eingeht (BayObLG in RJA 16, 48; a. M. Keßler BayZ 3, 186; Planck Erl 1 b; wie

hier Staudinger 9. Aufl. Erl 2 zu a). — Die Ausschlagung eines Vermächtnisses erfolgt gegenüber dem Beschwerten (§ 2180 Abs 2).

3. **Öffentlich beglaubigte Form** § 129, FGG §§ 167, 183, 191. Telegramm genügt nicht.

4. **Vollmacht.** §§ 164ff. Besondere Vollmacht ist nicht erfordert, Generalvollmacht nicht ausgeschlossen. Die Erklärung darf wegen Mangels der Vollmacht nicht, wie nach § 174, zurückgewiesen werden. Geht die Vollmacht nicht vor Fristablauf, und zwar in formgerechter Gestalt ein, so ist die Ausschlagung wirkungslos.

§ 1946

Der Erbe kann die Erbschaft annehmen oder ausschlagen[1]), sobald der Erbfall eingetreten ist[2]).

E I 2033 II 1823; M 5 503, 504; P 5 624—626.

1. Annahme § 1943 A 1; Ausschlagung §§ 1942 A 1, 1945.

2. Beide Erklärungen können, die Annahme auch stillschweigend, **sogleich nach** dem Erbfall, d. i. dem Tode oder der Todeserklärung des Erblassers abgegeben werden, auch bevor die Erbschaft dem Erklärenden angefallen ist und bevor die Ausschlagungsfrist zu laufen begonnen hat, also vor Kenntnis des Anfalls und des Berufungsgrundes. Die Ausschlagung kann in solchen Fällen vorsorglich für den Fall des Eintritts dieser Voraussetzungen erfolgen. Eine Bedingung ist darin, auch wenn es ausdrücklich ausgesprochen wird, nicht zu erblicken (vgl. § 1947 A 1). Auch ohne ausdrückliche Beifügung ist die Erklärung in diesem Sinne zu verstehen. — Auch der Nacherbe kann vor Eintritt des Falles der Nacherbfolge die Nacherbschaft nicht nur ausschlagen (§ 2142), sondern auch annehmen (RG 80, 377; vgl. § 2142 A). Auch der Pflichtteilsberechtigte kann im Falle des § 2306 Satz 2, bevor er von der Beschränkung oder Beschwerung seines Erbteils Kenntnis erlangt hat, vorsorglich ausschlagen. Eine juristische Person, die nach Landesrecht (Art 86 EG; Art 6 PrAG.-BGB) der staatlichen Genehmigung zum Erwerbe von Todes wegen bedarf, kann vor deren Erteilung die Erbschaft nicht annehmen, wohl aber ausschlagen (RG 76, 384); wegen des Beginnes der Ausschlagungsfrist vgl. § 1944 A 2. — Eine vor dem Tode des Erblassers abgegebene einseitige Ausschlagungserklärung ist wirkungslos; nur ein vertragsmäßiger Erbverzicht (§§ 2346ff.) kann in Betracht kommen oder, soweit es sich um den gesetzlichen Erbteil oder den Pflichtteil handelt, auch schuldrechtliche Verpflichtung zur Ausschlagung gegenüber einem anderen gesetzlichen Erben (§ 312 Abs 2 und A 2).

§ 1947

Die Annahme und die Ausschlagung können nicht unter einer Bedingung oder einer Zeitbestimmung erfolgen[1]).

E I 2035 II 1824; M 5 505; P 5 627.

1. Die Vorschrift entspricht den anderweiten Vorschriften, welche die Beifügung von Bedingungen und Zeitbestimmungen zu gewissen Rechtsgeschäften ausschließen: so für die Aufrechnung § 388 Satz 2, für die Auflassung § 925 Abs 2. Wie bei diesen (vgl. §§ 388 A 2, 925 A 14), sind auch hier nur echte, rechtsgeschäftliche Bedingungen ausgeschlossen, nicht Rechtsbedingungen, d. h. solche, in denen eine gesetzliche Voraussetzung des erklärten Rechtsgeschäfts noch besonders zum Ausdrucke gebracht wird, sei es, weil dem Erklärenden nicht bekannt ist, ob sie bereits eingetreten (Ungewißheit über den Anfall oder den Berufungsgrund, vgl. § 1946 A 2), sei es, weil sich erst in Zukunft entscheidet, ob sie eintritt: Wegfall vorher Berufener, Eintritt der aufschiebenden Bedingung für die Erbeinsetzung, Eintritt der Nacherbfolge; auch Genehmigung des Vormundschaftsgerichts, sofern man annimmt, daß diese nachträglich erteilt werden kann (§ 1945 A 1). Zulässig ist auch die Beschränkung der Erklärung auf einen von mehreren Berufungsgründen oder besonderen Erbteilen (§§ 1951 Abs 1, 1927). Ist die Annahme auf einen bestimmten Berufungsgrund beschränkt, so gilt sie als nicht erfolgt, wenn der Erbe sich über ihn im Irrtum befand (§ 1949 A 1). — Wird eine Ausschlagung „zugunsten eines bestimmten Dritten" erklärt, so ist die Beifügung bedeutungslos, wenn dadurch nur das Motiv angegeben werden sollte, auch wenn in Wirklichkeit die Erbschaft dem Dritten nicht anfällt; dagegen macht sie die Ausschlagung unwirksam, wenn aus ihr zu entnehmen ist, daß die Ausschlagung nur für den Fall gelten soll, daß dem Dritten die Erbschaft wirklich zufällt; die Ausschlagung wird auch nicht wirksam, wenn dieser Fall eintritt (KGJ 35 A 64). Dementsprechend ist eine von einem Teile der Abkömmlinge „nur zugunsten der Witwe" erklärte Ausschlagung als bedingt für unwirksam erklärt worden, weil die Witwe nicht als nächstberechtigte Alleinerbin nach der Ausschlagenden in Betracht gekommen sei (RG 21. 10. 26 IX 671/26 in DJZ 1926 Sp. 323). Hat die Erklärung die Bedeutung, daß der Ausschlagende die Erbschaft dem Dritten über-

lassen will, so kann sie als Annahme unter Hinzufügung der Bereitwilligkeit, sie an den Dritten zu veräußern, gedeutet und aufrechterhalten werden (KGJ 35 A 64). Eine in einem Testament erklärte Ausschlagung ist unwirksam, weil sie an die Bedingung des Nichtwiderrufs bis zum Tode des Erklärenden geknüpft ist und dem Nachlaßgericht erst nach dem Tode des Erklärenden zugehen soll (KG JW 1919, 998[1]). — Die gleichen Vorschriften gelten auch für das Vermächtnis (§ 2180 Abs 2) und für die Annahme oder Ablehnung des Amtes als Testamentsvollstrecker (§ 2202 Abs 2).

§ 1948

[1]) **Wer durch Verfügung von Todes wegen als Erbe berufen ist, kann, wenn er ohne die Verfügung als gesetzlicher Erbe berufen sein würde[2]), die Erbschaft als eingesetzter Erbe ausschlagen und als gesetzlicher Erbe annehmen[3]).**

Wer durch Testament und durch Erbvertrag als Erbe berufen ist, kann die Erbschaft aus dem einen Berufungsgrund annehmen und aus dem anderen ausschlagen[4]).

E I 2038 Abs 1, 2 II 1825; M 5 508—510; P 5 628, 629.

1. Die Vorschriften des Paragraphen beziehen sich auf solche Fälle, in denen die Berufung einer Person zu der ganzen Erbschaft oder zu einem und demselben Erbteile infolge **mehrerer Berufungsgründe** in Frage kommt. Das kann der Fall sein: a) durch Erbeinsetzung einer Person, die ohne diese als gesetzlicher Erbe berufen sein würde (Abs 1); b) infolge Erbeinsetzung einer und derselben Person durch mehrere nebeneinander bestehende Verfügungen von Todes wegen (Abs 2). Die Fälle der Berufung zu mehreren Erbteilen regelt ausschließlich § 1951 (vgl. A 1 dazu).

2. Die Einsetzung eines Erben durch Verfügung von Todes wegen (§§ 1937, 1941) schließt, soweit sie reicht, den Eintritt der gesetzlichen Erbfolge aus (§ 1937 A 1). Ist also derjenige eingesetzt, der ohne die Verfügung als gesetzlicher Erbe berufen sein würde, so erwirbt er die Erbschaft zunächst als eingesetzter Erbe; es ist ihm aber die rechtliche Möglichkeit gegeben, durch Ausschlagung der Erbeinsetzung die vom Erblasser beabsichtigte gewillkürte Erbfolge zu Fall und sein gesetzliches Erbrecht zur Geltung zu bringen, sofern ihm nicht der Erblasser (was diesem zu tun freisteht) diese Möglichkeit dadurch entzogen hat, daß er ihn für den Fall der Ausschlagung der gewillkürten von der gesetzlichen Erbfolge ausgeschlossen hat (§ 1938). Dieses Recht des Erben hat das BGB ausdrücklich ausgesprochen, um der das Gegenteil bestimmenden Vorschrift des PrALR (I 9 § 401) entgegenzutreten (M 5, 508). Eine Befreiung von den ihm mit der Erbeinsetzung auferlegten Lasten und Beschränkungen wird freilich der Erbe dadurch in der Regel nicht erreichen können; denn Vermächtnisse und Auflagen bleiben, sofern nicht ein anderer Wille des Erblassers erkennbar, auch gegenüber der gesetzlichen Erbfolge wirksam und der auf Grund des Gesetzes eintretende Erbe damit beschwert (§§ 2161, 2192); auch sonstige Beschränkungen — Anordnung einer Nacherbschaft (§§ 2100 ff.), Ernennung eines Testamentsvollstreckers (§§ 2197 ff.), Anordnungen für die Teilung oder die Tragung der Pflichtteilslast (§§ 2048, 2324) — bleiben bestehen, soweit nicht ein anderer Wille des Erblassers erhellt, und zwar auch wenn sie in der gleichen Verfügung enthalten sind wie die Erbeinsetzung (§ 2085). Auch der Pflichtteilsberechtigte, der zu einem geringeren als dem gesetzlichen Erbteile zum Erben eingesetzt ist, wird, wenn er die Erbeinsetzung ausschlägt, nur zu diesem geringeren Erbteile gesetzlicher Erbe; die in der Einsetzung liegende Ausschließung von dem darüber hinausgehenden gesetzlichen Erbteile bleibt bestehen. Ein Interesse daran, von dem Rechte des § 1948 Abs 1 Gebrauch zu machen, kann der Erbe allenfalls dann haben, wenn der Wille des Erblassers dahin zum Ausdrucke gekommen ist, daß die angeordneten Belastungen nur bei Wirksamwerden der Erbeinsetzung in Wirksamkeit treten sollten (M 5, 509); auch kann seine Lage dadurch insofern verbessert werden, als er anderen gesetzlichen Erben gegenüber die Ausgleichung von Zuwendungen nur verlangen kann, wenn er gesetzlicher Erbe wird (§§ 2050 ff.). — Der die Erbeinsetzung ausschlagende Erbe kann die Erbschaft auf Grund des Gesetzes nur annehmen, wenn und soweit sie ihm infolge der Ausschlagung anfällt, also nicht, wenn Ersatzerben, sei es durch ausdrückliche Bestimmung des Erblassers oder infolge der auf dem vermuteten Willen des Erblassers beruhenden Regeln der §§ 2069, 2094, 2102 als durch die Verfügung berufen an seine Stelle treten (OLG 21, 302; RG 2. 7. 06, IV 40/06; 28. 3. 23 IV 239/22; KGJ 38 A 107; KG in RJA 16, 39). Er wird, wenn er sich über diese rechtliche Folge der Ausschlagung im Irrtum befunden hat, die Ausschlagung auch nicht anfechten können, da nur ein Irrtum im Beweggrunde vorliegt (vgl. § 1954 A 1).

3. War dem Erben bekannt, daß er infolge der Ausschlagung gesetzlicher Erbe werde, so enthält die ohne Einschränkung erklärte Ausschlagung im Zweifel, d. h. wenn nicht trotzdem ein anderer Wille erkennbar ist, ohne weiteres auch die Ausschlagung als gesetzlicher

Erbe (§ 1949 Abs 2). Die Absicht, von dem Recht des § 1948 Gebrauch zu machen, wird also nicht vermutet. Lautet die Erklärung nur auf Ausschlagung der Erbeinsetzung, so wird Zweifel daran nicht bestehen können, daß nur diese ausgeschlagen werden sollte, auch wenn nicht ausdrücklich die Annahme der gesetzlichen Erbschaft erklärt oder vorbehalten ist. — Mit der Ausschlagung der Erbeinsetzung tritt der Anfall der gesetzlichen Erbschaft unter Rückbeziehung auf den Tod des Erblassers ein (§ 1942 A 2); für diese Berufung läuft eine neue Ausschlagungsfrist, aber erst von der Kenntnis des Erben vom Anfall und Berufungsgrund ab, die bei der Ausschlagung keineswegs immer vorhanden ist, z. B. nicht, wenn der Erbe erst später erfährt, daß er mit dem Erblasser verwandt oder daß nähere Verwandte nicht vorhanden sind (§ 1944 A 2).

4. Innerhalb der durch den Willen des Erblassers bestimmten Erbfolge liegen mehrere Berufungsgründe vor, wenn der Erblasser eine Person zu einem und demselben Erbteile **durch Testament und durch Erbvertrag** berufen hat. Die mehreren Erbeinsetzungen können als solche nebeneinander bestehen; denn das Recht des vertragsmäßig Eingesetzten wird nicht durch seine Einsetzung als Testamentserbe, sondern nur durch die etwa der testamentarischen Einsetzung hinzugefügten Beschränkungen und Belastungen (Vermächtnisse, Auflagen, Nacherbeinsetzungen) beeinträchtigt; diese sind daher gemäß § 2289 Abs 1 Satz 1 u. 2 durch den Erbvertrag aufgehoben bzw. unwirksam, aber nicht die Erbeinsetzung, sofern nicht der Wille des Erblassers erhellt, daß die Einsetzung ohne die Belastungen nicht wirksam sein solle (§ 2085). Es bedarf daher der Ausschlagung, wenn der durch Erbvertrag und durch Testament Eingesetzte nur aus dem einen oder dem anderen Berufungsgrunde Erbe sein will, was ihm freisteht, aber in der Regel ohne besonderes praktisches Interesse für ihn sein wird, da er, auch wenn er beide Berufungen annimmt, nicht verpflichtet ist, die in dem Testamente, mag dieses früher oder später als der Erbvertrag errichtet sein, ihm auferlegten Lasten zu tragen (so mit Recht Strohal, Erbrecht II § 61a Note 9c gegen Binder). Sind Lasten oder Beschränkungen der Einsetzung in dem Erbvertrage beigefügt, während die testamentarische Erbeinsetzung lastenfrei ist, so bleiben sie im Zweifel bestehen, wenn der Eingesetzte die vertragsmäßige Einsetzung ausschlägt und die testamentarische annimmt (arg. §§ 2161, 2192, 2085). — Sind die Erbeinsetzungen in mehreren Testamenten oder in mehreren Erbverträgen erfolgt, so wird nach dem aus der Gesetzesfassung wohl mit Sicherheit zu entnehmenden Schluß aus dem Gegenteil eine entsprechende Anwendung des § 1948 Abs 2 ausgeschlossen sein. Davon eine Ausnahme zu machen, wenn die Erbverträge mit verschiedenen Personen abgeschlossen sind (so Kipp § 55 I 2, Planck Erl 1 d Abs 2) dürfte angesichts des Wortlauts der Vorschrift nicht angängig sein.

§ 1949

Die Annahme gilt als nicht erfolgt²), wenn der Erbe über den Berufungsgrund im Irrtume war¹).

Die Ausschlagung erstreckt sich im Zweifel auf alle Berufungsgründe¹), die dem Erben zur Zeit der Erklärung bekannt sind³).

E I 2038 Abs 3 II 1826; M 5 509, 510; P 5 624—626, 628, 629.

1. **„Der Berufungsgrund"** ist der konkrete Tatbestand, aus dem sich die rechtliche Folge der Berufung zur Erbschaft ergibt (entsprechend dem Klagegrund im Zivilprozesse), also die bestehende Verwandtschaft, einschließlich des Wegfalls vorgehender Verwandter (§§ 1924 bis 1930) oder Ehe (§ 1931) oder die die Erbeinsetzung enthaltende Verfügung von Todes wegen: Testament (§ 1937), Erbvertrag (§ 1941). Der Erbe irrt über den Berufungsgrund, wenn er einen anderen konkreten Tatbestand als den wirklich die Berufung begründenden als vorhanden annimmt und sich daraufhin zur Erbschaft berufen glaubt, etwa die Zugehörigkeit zu einer anderen Verwandtenklasse, Verwandtschaft statt Ehe (ein solcher Irrtum ist denkbar, wenn die Annahme durch einen Erbeserben in Frage steht), einen Erbvertrag statt eines Testaments oder umgekehrt, aber auch ein anderes Testament, einen anderen Erbvertrag als den wirklich in Frage kommenden. Doch werden unwesentliche Abweichungen in Einzelheiten (z. B. das Datum der Verfügung) nicht in Betracht kommen, da sie die Identität des Tatbestandes nicht in Frage stellen. Der Erbe irrt aber über den Berufungsgrund auch, wenn er aus dem ihm bekannten Tatbestande nicht die richtige rechtliche Folgerung zieht (Rechtsirrtum; RG 18. 5. 22 IV 438/21; Recht 1923 Nr 52). Auf die Entschuldbarkeit des Irrtums kommt es nicht an. Die in § 1951 Abs 2 Satz 2 enthaltene Beschränkung des Begriffs der „verschiedenen Berufungsgründe" trifft nach Wortlaut und Sinn nur den Fall mehrfacher Erbeinsetzung zu verschiedenen Erbteilen; sie kann auf den Irrtum darüber, ob die Erbeinsetzung in einem oder einem anderen Testamente oder Erbvertrage erfolgt ist, auch nicht entsprechend angewendet werden. Ein Irrtum über

den Berufungsgrund liegt nur vor, wenn der Erbe glaubt, auf Grund eines anderen Tatbestandes als Erbe eingesetzt zu sein, nicht, wenn er über ihm auferlegte Beschränkungen oder Beschwerungen irrt; ein solcher Irrtum kann nur nach Maßgabe des § 119 in Betracht kommen, wird aber als bloßer Irrtum im Beweggrunde in der Regel nicht zur Anfechtung ausreichen (vgl. A 2). — Die Vorschrift bezieht sich sowohl auf die Annahme durch ausdrückliche Erklärung, wie auf die pro herede gestio (§ 1943 A 1).

2. Es könnte zweifelhaft sein, ob der Irrtum über den Berufungsgrund nach § 119 zur Anfechtung der Ausschlagung berechtigen oder als bloßer Irrtum im Beweggrunde unbeachtlich sein würde. Der § 1949 Abs 1 verleiht ihm aber eine noch über § 119 hinausgehende Bedeutung, indem er die **Unwirksamkeit der Annahme** infolge eines solchen Irrtums ausspricht, so daß es einer Anfechtung nicht bedarf. Deshalb wird auch eine Schadensersatzpflicht Dritten gegenüber, wie sie § 122 für den Fall der Irrtumsanfechtung festsetzt, nicht bestehen. Die Bestimmung gilt sowohl für die ausdrückliche wie für die stillschweigende Annahme (pro herede gestio; § 1943 A 1). Ein Bestimmtsein durch den Irrtum, wie in § 119 (Kausalität), wird nicht erfordert. Hat aber der Erbe (was bei der stillschweigenden Annahme die Regel sein wird) die Annahme ohne Bezugnahme auf einen bestimmten Berufungsgrund erklärt, so wird er nachweisen müssen, daß er einen anderen als den wirklichen Berufungsgrund als vorhanden angenommen und im Hinblick auf diesen die Annahme erklärt oder betätigt hat. — Liegt überhaupt kein Berufungsgrund vor, so ist die Annahme gegenstandslos. — Infolge der Wirkungslosigkeit der Annahme steht dem Erben ohne weiteres noch die Ausschlagung wegen des wirklich vorhandenen Berufungsgrundes innerhalb der für diesen laufenden Ausschlagungsfrist, die erst beginnt, wenn er von ihm Kenntnis erlangt, frei.

3. Der Erbe kann nach Eintritt des Erbfalls die Erbschaft aus **allen Berufungsgründen**, auch denjenigen, die ihm noch unbekannt sind oder noch nicht zum Anfalle der Erbschaft an ihn geführt haben, ausschlagen (§ 1946 A 2). Doch wird eine so weitgehende Bedeutung der Ausschlagung nicht vermutet. Dagegen stellt § 1949 Abs 2 eine Vermutung dahin auf, daß sich die Ausschlagung, wenn sie nicht unter Beschränkung auf einen bestimmten Berufungsgrund erklärt ist, auf alle dem Erben zur Zeit der Erklärung bekannten Berufungsgründe erstreckt. Dazu gehören auch diejenigen, auf Grund deren die Erbschaft dem Ausschlagenden infolge der Ausschlagung unmittelbar anfällt, sofern sie ihm bekannt sind, also z. B. wenn er für den Fall der Ausschlagung der testamentarischen oder erbvertraglichen Erbfolge als gesetzlicher Erbe berufen ist und das weiß, auch die gesetzliche Erbfolge, so daß es einer besonderen Ausschlagung für diese dann nicht mehr bedarf. Nicht aber können als „bekannt" alle dem Erben als künftig möglicherweise eintretend bekannten Berufungsgründe gelten, namentlich diejenigen, auf Grund deren ihm erst infolge Wegfalls anderer, nach seiner Ausschlagung zunächst eintretender Erben oder infolge des noch nicht erfolgten Eintritts einer Bedingung oder eines Nacherbfalles die Erbschaft nochmals anfallen könnte; hinsichtlich ihrer besteht zwar die Möglichkeit einer vorsorglichen Ausschlagung vor dem Anfalle (§ 1946 A 2); aber die Vermutung bezieht sich nur auf die als eingetreten oder unmittelbar durch seine Ausschlagung eintretend dem Erben bekannten Berufungsgründe (so mit Recht Staudinger-Herzfelder A 3; a. M. Planck Erl 3 unter α, auch die zweite Auflage dieses Kommentars; RG 80, 377 — vgl. § 2142 A 1 — steht nicht entgegen). Die Vermutung wird auch eintreten, wenn der Erbe infolge mehrfacher Verwandtschaft in verschiedenen Ordnungen zur Erbfolge berufen ist und infolge seiner Ausschlagung als Verwandter der näheren Ordnung die Berufung aus der entfernteren Ordnung Platz greift; desgleichen wenn er zu mehreren Erbteilen berufen ist (§§ 1927, 1951). — Beruft sich, ein für den Fall der Ausschlagung zur Erbschaft Berufener auf die ohne Einschränkung erfolgte Ausschlagung, so wird der Erbe, wenn er auf die Erbschaft auf Grund eines bestimmten Berufungsgrundes noch Anspruch erhebt, nachzuweisen haben, daß ihm dieser Berufungsgrund bei der Ausschlagungserklärung nicht bekannt war.

§ 1950

Die Annahme und die Ausschlagung können nicht auf einen Teil der Erbschaft beschränkt werden[1]. Die Annahme oder Ausschlagung eines Teiles ist unwirksam[2].

E I 2036 II 1827; M 5 506; P 5 627.

1. Der zum Ganzen oder zu einem Erbteile, d. h. einer einheitlichen Quote der Erbschaft (§ 1922 Abs 2), berufene Erbe kann nicht seinerseits willkürlich das Ganze oder den Erbteil in Bruchteile zerlegen und sich danach erklären wollen. Ein pflichtteilsberechtigter Erbe kann daher auch nicht unter Vorbehalt des Pflichtteils ausschlagen (RG 25. 4. 18 IV 76/18). Ebensowenig kann er sich auf einzelne Nachlaßgegenstände beschränken. Anders bei Berufung zu mehreren Erbteilen § 1951.

2. Die Erklärung ist ebenso wie die nach §§ 1947, 1949 Abs 1 völlig **wirkungslos.** Hat der Erblasser teilweise Annahme oder Ausschlagung gestattet, so kann hierin Erbeinsetzung auf verschiedene Erbteile gefunden werden und kommt dann § 1951 Abs 3 zur Anwendung. — Ebenso beim Vermächtnis § 2180 Abs 3. Teilausschlagung der angefallenen Erbschaft im Falle der Weitervererbung § 1952 Abs 3.

§ 1951

Wer zu mehreren Erbteilen[1]) berufen ist, kann, wenn die Berufung auf verschiedenen Gründen beruht[2]), den einen Erbteil annehmen und den anderen ausschlagen[3]).

Beruht die Berufung auf demselben Grunde[2]), so gilt die Annahme oder Ausschlagung des einen Erbteils auch für den anderen, selbst wenn der andere erst später anfällt[4]). Die Berufung beruht auf demselben Grunde auch dann, wenn sie in verschiedenen Testamenten oder vertragsmäßig in verschiedenen zwischen denselben Personen geschlossenen Erbverträgen angeordnet ist[2]).

Setzt der Erblasser einen Erben auf mehrere Erbteile ein, so kann er ihm durch Verfügung von Todes wegen gestatten, den einen Erbteil anzunehmen und den anderen auszuschlagen[5]).

E I 2037 II 1828; M 5 506—508; P 5 627, 628.

1. Im Gegensatz zu § 1948, der den Fall mehrfacher Berufung zu einem und demselben Erbteile behandelt, und zu § 1950, der die Berufung auf das Ganze oder einen einheitlichen Bruchteil der Erbschaft voraussetzt, regelt § 1951 den Fall der Berufung zu **mehreren Erbteilen.** Solche liegen vor, wenn die Berufung auf mehrere einzelne Bruchteile der Erbschaft lautet, die erst durch Zusammenrechnung den gesamten Anteil des Erben ergeben, sei es, daß er von vornherein zu mehreren Bruchteilen berufen ist, oder in der Weise, daß zunächst ein Bruchteil und später ein weiterer anfällt. Das ist der Fall innerhalb der gesetzlichen Erbfolge bei mehrfacher Verwandtschaft (§ 1927) oder Zusammentreffen von Ehe und Verwandtschaft (§ 1934), innerhalb der gewillkürten Erbfolge, wenn dem Erben mehrere Bruchteile gesondert zugewiesen sind, sei es in gleicher Linie nebeneinander, oder der eine unbedingt, der andere bedingt, z. B. für den Fall des Wegfalls eines anderen eingesetzten Erben; ferner bei Zusammentreffen von gesetzlicher und gewillkürter Erbfolge (§ 1924 A 1), wenn dem Erben ein Bruchteil auf Grund Erbeinsetzung, ein anderer als gesetzlichem Erben anfällt. Die durch Wegfall eines gesetzlichen Erben eintretende Erhöhung des Erbteils eines anderen gesetzlichen Erben bildet dagegen hinsichtlich der Annahme und Ausschlagung keinen besonderen Erbteil (§ 1935 A 4).

2. Die geteilte Annahme und Ausschlagung mehrerer Erbteile ist aber nur statthaft, wenn die Berufung zu ihnen auf **verschiedenen Berufungsgründen** beruht. Über den Begriff des Berufungsgrundes vgl. § 1949 A 1. Danach liegt nur ein Berufungsgrund vor, wenn der Erblasser in derselben Verfügung von Todes wegen, also durch einen einheitlichen Rechtsakt, den Erben zu mehreren Erbteilen berufen hat, wenn es auch in mehreren Sätzen oder Abschnitten geschehen sein sollte. Dagegen würden an sich verschiedene Berufungsgründe vorliegen, wenn die Berufungen in mehreren Verfügungen von Todes wegen enthalten sind, sei es in mehreren Testamenten oder in mehreren Erbverträgen. § 1951 Abs 2 Satz 2 enthält jedoch eine positive Einschränkung des Begriffs der verschiedenen Berufungsgründe durch die Bestimmung, daß auch die Berufung auf demselben Grunde beruht, welche in verschiedenen Testamenten oder vertragsmäßig in verschiedenen zwischen denselben Personen geschlossenen Erbverträgen angeordnet ist. Diese Bestimmung beruht offenbar auf der Annahme eines einheitlichen Willens des Erblassers bei den mehreren Verfügungen zur Gestaltung der Erbfolge nach der Gesamtheit dieser Verfügungen, welchem durch die Annahme der einen und Ausschlagung der anderen zuwidergehandelt werden würde. Ist dagegen die Berufung zu den mehreren Erbteilen teils durch Testamente, teils durch Erbvertrag erfolgt oder in mehreren mit verschiedenen Personen geschlossenen Erbverträgen oder auch in mit der gleichen Person geschlossenen Erbverträgen, aber nicht durch vertragsmäßige, sondern durch letztwillige (einseitige) Zuwendung (§ 2299), so erkennt das BGB einen solchen Zusammenhang nicht an; es liegen daher verschiedene Berufungsgründe vor. — Schon hieraus ergibt sich, daß nicht, wie manche lehren, nur einerseits Verfügung von Todes wegen, anderseits Gesetz als verschiedene Berufungsgründe gelten können. Ebensowenig ist daraus zu entnehmen, daß mehrfache Berufung

durch das Gesetz, d. h. durch die Gesamtheit aller in Betracht kommenden gesetzlichen Bestimmungen, stets als einheitlicher Berufungsgrund angesehen werden müßte (so Strohal § 61b IIc bei Note 8; Planck Erl 3 Abs 2; auch die zweite Auflage dieses Kommentars). Der einheitliche Wille des Erblassers fällt hier ganz fort; daß das Gesetz ein Interesse daran haben könnte, daß die mehreren besonderen Erbteile, die es einem Erben zuweist, nur gemeinsam angenommen oder ausgeschlagen werden, ist für das heutige Recht ausgeschlossen. Anders in dem von Strohal und Planck hervorgehobenen Falle des § 2066, da hier der Wille des Erblassers auf einheitlich nach Maßgabe des Gesetzes zu gestaltende, nicht durch den Willen des Erben zu teilende Erbfolge in der Tat in Betracht kommt. Die Motive (5 S. 363, 510) sind unklar und widerspruchsvoll und können deshalb für die gegenteilige Auffassung nicht verwertet werden. In den Fällen der §§ 1927, 1934 liegt sonach nicht nur Berufung zu mehreren Erbteilen, sondern auch durch verschiedene Berufungsgründe vor und kann daher die Ausschlagung des einen und die Annahme des anderen Erbteils erfolgen, was auch praktisch das richtige Ergebnis sein dürfte. So mit Recht Binder, Rechtsstellung der Erben I, 111ff.; Kipp § 54, 2d und Note 4; Dernburg V § 147 I 3a ε; Staudinger Erl 3 Abs 2; a. M. die oben Genannten.

3. Beruht die Berufung zu **mehreren Erbteilen auf verschiedenen Berufungsgründen**, so steht es dem Erben frei, nach Belieben den einen oder den anderen auszuschlagen oder anzunehmen. Erklärt er die Ausschlagung des einen Erbteils, so kann darin im Zweifel noch nicht die stillschweigende Annahme des anderen gefunden werden. Wird die Annahme oder Ausschlagung ohne Beschränkung auf einen Erbteil erklärt, so wird sie im Zweifel auf alle zu dieser Zeit bereits angefallenen Erbteile, von deren Anfalle der Erbe Kenntnis hat, zu beziehen sein, nicht aber auf solche, die ihm noch nicht angefallen sind oder von deren Anfall er noch keine Kenntnis hat, obwohl auch hinsichtlich dieser die Annahme oder Ausschlagung zulässig ist, sobald der Erbfall eingetreten (§ 1946; vgl. § 1949 A 3).

4. Bei **mehreren Erbteilen, aber Einheitlichkeit des Berufungsgrundes**, erstreckt sich die Annahme oder Ausschlagung, auch wenn sie auf einen bestimmten Erbteil lautet, ohne weiteres auch auf die anderen, selbst wenn diese zur Zeit der Erklärung noch nicht angefallen sind; insbesondere also auch auf die Annahme (nicht nur die Ausschlagung vgl. § 2142 A 1 und RG 80, 382) eines weiteren Erbteils als Nacherbe, wenn der Nacherbfall noch nicht eingetreten ist. Nach dem Wortlaute der Vorschrift müßte man annehmen, daß diese Wirkung auch dann eintritt, wenn der Erbe in Kenntnis des Anfalls oder möglichen Anfalls weiterer Erbteile die Erklärung bewußterweise auf einen Erbteil beschränkt und der dahin gehenden Absicht Ausdruck gibt oder gar erklärt, die anderen Erbteile auszuschlagen. Dadurch würde der Erklärung eine über den Erklärungswillen hinausgehende Wirksamkeit beigelegt werden, im Gegensatze zu den Fällen des § 1950, wo eine in unzulässiger Weise eingeschränkte Erklärung als unwirksam behandelt wird. Es ist aber kein sachlicher Grund zu einer solchen Unterscheidung ersichtlich und wird deshalb wohl angenommen werden müssen, daß das Gesetz diesen Fall nicht hat treffen wollen und nur eine ungenaue Ausdrucksweise vorliegt. Für gänzliche Unwirksamkeit einer solchen Erklärung auch Planck Erl 5; Kipp § 54 III 1. — Die Absicht des Erben, nur einen von mehreren Erbteilen anzunehmen oder auszuschlagen, wird derjenige zu beweisen haben, der sich auf die Unwirksamkeit beruft. Wird dieser Beweis nicht geführt, so gilt die Erklärung für sämtliche Erbteile. Hat er von seiner Berufung zu anderen Erbteilen keine Kenntnis gehabt, so wird im Wege der Anfechtung aus §§ 119, 1954 (vgl. A 1 dazu) zu helfen sein, da ein Irrtum über den Inhalt der Erklärung vorliegt oder er doch eine Erklärung dieses Inhalts nicht hat abgeben wollen.

5. Eine besondere **Gestattung des Erblassers** ist nicht erforderlich, wenn die Berufung zu mehreren Erbteilen auf verschiedenen Berufungsgründen beruht (Abs 1). Eine Gestattung ist nicht zulässig, wenn nicht mehrere Erbteile vorliegen, also in den Fällen des § 1950. Der Erblasser kann aber mehrere Erbteile schon dadurch bilden, daß er die Erbschaft oder den Anteil des Erben an ihr in bestimmte Bruchteile zerlegt, sei es zum Zwecke besonderer Belastung oder auch nur zum Zwecke der Gestattung besonderer Annahme oder Ausschlagung der einzelnen Bruchteile. Er kann auch dadurch besondere Erbteile bilden, daß er dem Erben gestattet, von seinem gesetzlichen Erbteil einen Bruchteil anzunehmen oder auszuschlagen. Anderseits kann er auch bei Vorliegen verschiedener Berufungsgründe die gesonderte Annahme oder Ausschlagung einzelner Erbteile ausschließen, indem er die Annahme oder Ausschlagung sämtlicher Erbteile zur Bedingung der Erbeinsetzung macht oder den Erben von der gesetzlichen Erbfolge ausschließt, falls er nicht die sämtlichen Erbteile, zu denen er kraft Gesetzes berufen ist, annehme.

§ 1952

Das Recht des Erben, die Erbschaft auszuschlagen, ist vererblich[1]).

Stirbt der Erbe vor dem Ablaufe der Ausschlagungsfrist, so endigt die

Frist nicht vor dem Ablaufe der für die Erbschaft des Erben vorgeschriebenen Ausschlagungsfrist[2])[4]).

Von mehreren Erben des Erben kann jeder den seinem Erbteil entsprechenden Teil der Erbschaft ausschlagen[3]).

E I 2028 Abs 2, 3, 2031 II 1829; M 5 492—494, 502; P 5 618, 623.

1. **Vererblichkeit des Ausschlagungsrechts.** Die dem Erben nach § 1942 Abs 1 einmal angefallene Erbschaft geht beim Tode des Erben als Bestandteil seines Nachlasses auf die Erbeserben über, kann aber, wenn das Recht hierzu nicht bereits vom Erben verwirkt war (§ 1943), durch Ausschlagung der Erbeserben wieder aus dem Nachlasse ihres unmittelbaren Erblassers ausgeschieden werden. Ebenso beim Vermächtnis (§ 2180 Abs 3). Die Erklärung des Erbeserben kann abgegeben werden, sobald sein unmittelbarer Erblasser gestorben ist, auch bevor dessen Erbschaft von ihm angenommen worden. Ob in der Verfügung über die ihm mittelbar angefallene Erbschaft durch Annahme oder Ausschlagung die Annahme der unmittelbar angefallenen zu finden, wird Tatfrage sein (§ 1943 A 1). Wird die letztere nachher noch rechtswirksam ausgeschlagen, so wird dadurch die Annahme oder Ausschlagung der ersteren rechtsunwirksam; für die an die Stelle des Ausschlagenden tretenden Erbeserben bleibt jedoch die Annahme oder Ausschlagung der mittelbar angefallenen Erbschaft wirksam, wenn diese Verfügungen nicht ohne Nachteil für den Nachlaß (die unmittelbare Erbschaft) aufgeschoben werden konnten (§ 1959 Abs 2). Vererblich ist nicht nur das Ausschlagungsrecht der bereits angefallenen Erbschaft, sondern in den Fällen, wo der Anfall nicht zugleich mit dem Erbfall eingetreten ist (§ 1922 A 2), auch das Anwartschaftsrecht des Erben, auch des Nacherben (§ 2108 Abs 2), und das damit verbundene Recht, die Erbschaft schon vor dem Anfalle vorsorglich auszuschlagen (§ 1946 A 2). — Auf den Konkursverwalter geht das Ausschlagungsrecht nicht über (§ 9 KO.; vgl. § 1942 A 1). Doch fällt eine vor dem Konkurse angefallene Erbschaft, falls der Gemeinschuldner sie annimmt, in die Konkursmasse. Das Ausschlagungsrecht ist auch nicht veräußerlich, d. h. unter Lebenden dinglich übertragbar (RG 101, 188). Der Vorerbe eines Erben kann die Erbschaft mit Wirkung für den Nacherben ausschlagen (vgl. § 2112 A 1).

2. Vorausgesetzt ist, daß die **Ausschlagungsfrist** dem Erben bereits zu laufen begonnen, d. h. daß er vom Anfall und dem Berufungsgrunde bereits Kenntnis erlangt hatte (§ 1944 Abs 2). Sie **verlängert sich** in diesem Falle **zugunsten des Erbeserben** um die volle durch den zweiten Erbfall eröffnete Ausschlagungsfrist. War die Frist für den ersten Erben noch nicht eröffnet, so beginnt für den Erbeserben bezüglich der ersten Erbschaft erst in seiner Person und frühestens von seiner Kenntniserlangung ab eine selbständige, gegebenenfalls nach seinem Aufenthaltsort im Auslande (§ 1944 Abs 3) zu bemessende Ausschlagungsfrist. Der Fristenlauf kann mithin bezüglich beider Erbschaften ein verschiedener sein. Dies gilt auch dann, wenn dem ersten Erben die Sechsmonatsfrist, dem Erbeserben dagegen die Sechswochenfrist läuft. Die erste Frist geht „nicht vor", kann aber „nach" Ablauf der zweiten Frist zu Ende gehen. War dem ersten Erben einmal die Ausschlagungsfrist eröffnet, so kommt darauf nichts an, ob auch der Erbeserbe vom Anfall der ersten Erbschaft Kenntnis erlangt; vgl. § 1944 A 4. Sie wird ihm, den Ablauf der Ausschlagungsfrist vorausgesetzt, auch ohne sein Wissen mit Annahme der zweiten Erbschaft endgültig erworben. Nur Anfechtung gemäß §§ 1954, 1956 kann ihn hiervon befreien. — Die gleiche Bestimmung bei der Inventarfrist § 1998.

3. Durch Abs 3 dieses Paragraphen wird eine Abweichung von § 2033 Abs 2 begründet, da die **Ausschlagung eines von mehreren Erbeserben,** was von einigen mit Unrecht bestritten wird, eine Verfügung über seinen Anteil an einem einzelnen Nachlaßgegenstande bedeutet, nämlich an der einen Bestandteil der den Erbeserben unmittelbar angefallenen Erbschaft bildenden mittelbar angefallenen (transmittierten) Erbschaft. Auch eine Abweichung von § 1950 tritt ein, indem die Ausschlagung der mittelbar angefallenen Erbschaft auf einen Teil dieser Erbschaft, nämlich den seinem Erbanteile an der ihm unmittelbar zugefallenen Erbschaft entsprechenden Bruchteil, der kein besonderer Erbteil jener Erbschaft ist, beschränkt wird. Sehr streitig ist, ob der Anteil des ausschlagenden Erbeserben seinen Miterbeserben oder demjenigen zufällt, der an die Stelle des (unmittelbaren) Erben getreten wäre, wenn dieser selbst (was allerdings nach § 1950 nicht zulässig wäre, hier aber auch nur hypothetisch in Betracht kommt) einen entsprechenden Bruchteil wirksam ausgeschlagen hätte. Die letztere Entscheidung dürfte der Rechtslage allein entsprechen, da der Miterbeserbe nur das Ausschlagungsrecht des unmittelbaren Erben ausübt und daher gemäß § 1953 Abs 1 der Anfall an diesen als nicht erfolgt gilt und die in Abs 2 daselbst bestimmte Folge eintreten muß (so Binder I 136 bei Note 69; Ritgen in den früheren Auflagen von Planck Erl 4; a. M. Strohal § 61 d II und bei Planck, 3. Aufl.,

Erl 4, sowie ihm folgend Flad in der 4. Aufl., ferner Staudinger, 9. Aufl., Erl 4). Die dadurch eintretende Komplizierung der Erbengemeinschaft kann nicht ausschlaggebend sein.

4. Bezüglich der **Beweislast** gilt auch rücksichtlich des Erbeserben das § 1944 A 7 vom Erben Gesagte.

§ 1953

Wird die Erbschaft ausgeschlagen, so gilt der Anfall an den Ausschlagenden als nicht erfolgt[1]).

Die Erbschaft fällt demjenigen an, welcher berufen sein würde, wenn der Ausschlagende zur Zeit des Erbfalls nicht gelebt hätte[2]); der Anfall gilt als mit dem Erbfall erfolgt[3]).

Das Nachlaßgericht soll die Ausschlagung demjenigen mitteilen, welchem die Erbschaft infolge der Ausschlagung angefallen ist[4]). Es hat die Einsicht der Erklärung jedem zu gestatten, der ein rechtliches Interesse glaubhaft macht[5]).

E I 1972, 2042 II 1830; M 5 375—377, 513, 514; P 5 483; 6 338, 339.

1. Der Anfall ist zwar gemäß § 1942 Abs 1 bereits ipso jure mit dem Tode des Erblassers erfolgt, seine Wirkungen werden aber, und zwar mittels einer Rechtsfiktion unter **Rückbeziehung der Ausschlagung auf die Zeit des Erbfalls** wieder aufgehoben. Demgemäß leben die durch Vereinigung von Recht und Verbindlichkeit erloschenen Rechtsverhältnisse wieder auf (§ 1922 A 7), der Besitz (§ 857) geht dem Erben wieder verloren, soweit er ihn nicht bereits tatsächlich ergriffen hatte, er wird frei von der Haftung für die Nachlaßverbindlichkeiten (§ 1967 Abs 1). Doch behalten gewisse Rechtshandlungen, die vom vorläufigen Erben oder ihm gegenüber vorgenommen worden sind, ihre Wirksamkeit (§ 1959). Das gleiche gilt im Falle der Erbunwürdigkeit § 2344.

2. Vermittels einer zweiten Rechtsfiktion wird die **Erbfolge** nunmehr so geregelt, **wie wenn der Ausschlagende bereits vor dem Erbfall weggefallen wäre** (§ 1935 A 2). Es treten mithin an Stelle des Ausschlagenden die gesetzlichen Erben des Erblassers in der Reihenfolge der §§ 1924ff. oder im Falle gewillkürter Erbfolge der etwa berufene Ersatzerbe (§§ 2096, 2097, 2102, auch 2069, vgl. OLG 24, 77), oder es kommt unter Miterben zur Erhöhung des Erbteils oder zur Anwachsung (§§ 1935, 2094). Die auf der ausgeschlagenen Erbschaft haftenden Beschwerungen bleiben in Kraft (§§ 2161, 2192). Das dem Erben zugewendete Vorausvermächtnis (§ 2150) geht ihm durch die Ausschlagung grundsätzlich nicht verloren.

3. Wie die Ausschlagung (A 1), so wird auch der **Anfall zurückbezogen auf den Zeitpunkt des Erbfalls.** Hierdurch wird auch für den Fall der Ausschlagung der Grundsatz des unmittelbaren Übergangs der Erbschaft auf den Erben gewahrt (§ 1922 A 2). Voraussetzung ist nur, daß der nachrückende Erbe zur Zeit des Erbfalls schon gelebt und den Erblasser, wenn auch nur als bereits Erzeugter, überlebt hat (§ 1923). Nicht erforderlich ist, daß er auch den Zeitpunkt der Ausschlagung erlebt hat. Vielmehr vererbt sich, wenn die genannte Voraussetzung zutrifft, die Erbschaft auf seine Erben (§ 1952 A 1). — Gleiche Grundsätze bei Ausschlagung des Vermächtnisses (§ 2180 Abs 3) und bei Erbunwürdigkeit (§ 2344).

4. **Mitteilungspflicht des Nachlaßgerichts,** dem die Ausschlagung bekannt geworden sein muß, da sie nach § 1945 nur ihm gegenüber wirksam erklärt werden kann. Es ist vermöge der ihm hier erteilten Ordnungsvorschrift zu Nachforschungen nach der Person des nächstberechtigten Erben, sowie gemäß § 1960 zur Fürsorge in der Zwischenzeit verpflichtet. Die Ausschlagungsfrist wird dem Nächstberufenen nicht erst mit dem Empfang der vorgeschriebenen Mitteilung, sondern auch durch anderweit erlangte Kenntnis vom Anfall und Berufungsgrunde eröffnet, kann jedoch nicht vor Verkündung einer ihn etwa berufenden Verfügung von Todes wegen beginnen (§ 1944 Abs 2).

5. Die **Einsicht der Ausschlagungserklärung** ist insbesondere jedem zu gewähren, der glaubhaft macht, daß er infolge der Ausschlagung zur Erbfolge berufen sein würde; ebenso den Nachlaßgläubigern. Erfordert wird aber ein rechtliches Interesse, d. h. ein solches, das sich in irgendeiner Weise auf die Rechtsverhältnisse desjenigen, der die Einsicht verlangt, bezieht (**RG** 16, 390; 35, 393; 94, 234; JW 06, 121[39] für § 256 ZPO; ferner OLG 5, 200; 10, 19ff.; 25, 403; RJA 17, 1). Ein bloß berechtigtes Interesse, d. h. ein solches, das sich auf außerhalb des Rechtsgebietes liegende beachtungswerte Umstände gründet, gibt kein Recht auf die Einsicht, sondern nur ein Recht des Nachlaßgerichts, die Einsicht zu gestatten (§ 34 FGG). Glaubhaftmachung auch durch Versicherung an Eides Statt (FGG § 15 Abs 2). Beschwerderecht FGG §§ 19ff.

§ 1954

Ist die Annahme oder die Ausschlagung anfechtbar, so kann die Anfechtung[1]) nur binnen sechs Wochen erfolgen[4]).

Die Frist beginnt im Falle der Anfechtbarkeit wegen Drohung mit dem Zeitpunkt, in welchem die Zwangslage aufhört, in den übrigen Fällen mit dem Zeitpunkt, in welchem der Anfechtungsberechtigte von dem Anfechtungsgrunde Kenntnis erlangt[2]). Auf den Lauf der Frist finden die für die Verjährung geltenden Vorschriften der §§ 203, 206, 207 entsprechende Anwendung[3]).

Die Frist beträgt sechs Monate, wenn der Erblasser seinen letzten Wohnsitz nur im Auslande gehabt hat oder wenn sich der Erbe bei dem Beginne der Frist im Ausland aufhält[4]).

Die Anfechtung ist ausgeschlossen, wenn seit der Annahme oder der Ausschlagung dreißig Jahre verstrichen sind[5])[6]).

E I 2040 Abs 3—6, 2041 II 1831; M 5 510—513; P 5 630—632; 6 395.

1. Die §§ 1954—1957 geben nur Vorschriften über die Formen und Fristen der **Anfechtung**; die Anfechtungsgründe sowie die Wirkungen der Anfechtung regeln sich nach den allgemeinen Vorschriften über Willenserklärungen (§§ 119 ff.), die auch für die Frage der von vornherein bestehenden Nichtigkeit (§§ 116—118) zur Anwendung kommen. Danach findet eine Anfechtung wegen Irrtums statt, wenn dieser den Inhalt der Erklärung betraf oder der Erbe eine Erklärung dieses Inhalts nicht abgeben wollte (§ 119). Ein solcher Irrtum liegt nicht nur vor, wenn überhaupt keine Annahme bzw. Ausschlagung erklärt werden sollte, sondern auch, wenn die Erklärung — etwa infolge Versprechens oder Verschreibens oder Nichtdurchlesens der Urkunde — auf eine andere Erbschaft oder einen anderen Erbteil lautet, als denjenigen, über welchen der Erbe sich erklären wollte. Er liegt auch vor, wenn infolge Rechtsirrtums des Erklärenden über den mit der Erklärung zu erzielenden Erfolg eine Erbschaftsausschlagung erklärt worden ist, während in Wirklichkeit ein anderes Rechtsgeschäft, insbesondere die Einleitung einer Nachlaßverwaltung, beabsichtigt war (RG 9. 10. 19 IV 130/19; vgl. § 119 A 2). Eine Erklärung, die der Erbe nicht abgeben wollte, liegt vor, wenn sie auf einen bestimmten Erbteil lautet, der Erbe aber keine Kenntnis von dem schon erfolgten oder künftig möglichen Anfalle eines weiteren Erbteils hatte, für den die Erklärung nach § 1951 (vgl. A 4) gleichfalls gilt. Kein Irrtum über den Berufungsgrund, vielmehr nur ein Irrtum im Beweggrunde ist die irrige Vorstellung über die auf der Erbschaft oder dem Erbteile ruhenden Beschwerungen und Beschränkungen (Vermächtnisse, Auflagen, Nacherbschaft); desgleichen über den Bestand oder den Wert des Nachlasses. Bei einem überschuldeten Nachlasse könnte unter Umständen ein Irrtum über verkehrswesentliche Eigenschaften (§ 119 Abs 2) angenommen werden, wenn nicht die Rechtsprechung des Reichsgerichts über die Bedeutung des Ausdrucks „Sache" in § 119 Abs 2 entgegenstünde (vgl. A 5 dazu), deren dauernde Aufrechterhaltung jedoch zweifelhaft erscheint. In RG 103, 21 hat nunmehr der 4. ZS Bedenken getragen, sich hinsichtlich des Begriffs „Sache" in § 119 Abs 2 der bisherigen Rechtsprechung anzuschließen; er hat aber für die Regelfälle die Auffassung abgelehnt, daß die Überschuldung des Nachlasses eine „Eigenschaft" des Vermögensinbegriffs Nachlaß sei. Die dafür gegebene Begründung, daß es sich dabei um ein Werturteil handle und daß Werturteile keine Eigenschaften des beurteilten Gegenstandes seien, erscheint nicht überzeugend. Die Überschuldung ist doch wohl (anders wie der Einkaufspreis einer Sache in RG 64, 269) ein dem Vermögensinbegriffe „Nachlaß" unmittelbar innewohnendes Verhältnis von gewisser Dauer, das objektiv feststellbar ist und ganz bestimmte rechtliche Folgen, z. B. die Möglichkeit einer Konkurseröffnung (KO § 215), hat und deshalb für die Wertschätzung des Vermögensinbegriffs im Verkehr von wesentlicher Bedeutung ist. Wenn man sich entschließt, den Begriff „Sache" in § 119 Abs 2 auf nicht körperliche Gegenstände anzuwenden, so wird man den Begriff „Eigenschaft" dem anpassen müssen. Zustimmend Staudinger, 9. Aufl., Erl II 1 Abs 2; a. M. Planck-Flad Erl 1. — Irrtum im Beweggrunde ist auch der Irrtum darüber, wem die Ausschlagung zugute komme (vgl. § 1947 A 1; KG SeuffA 58 Nr 216; OLG 24, 61). — Der Irrtum kommt nur in Betracht, wenn er im Sinne von § 119 für die Annahme oder Ausschlagung bestimmend war. — Die Anfechtung verpflichtet zum Ersatze des Vertrauensschadens (§ 122). — Besonderer Anfechtungsgrund bei Ausschlagung der Erbschaft durch den Pflichtteilsberechtigten (§ 2308). — Anfechtung wegen arglistiger Täuschung und Drohung nach den allgemeinen Vorschriften (§ 123). — Ohne Anfechtung unwirksam ist eine Annahme oder Ausschlagung, die auf einen Teil der angefallenen Erbschaft beschränkt ist (§ 1950) sowie eine solche, bei der der Erbe über den Berufungsgrund im Irrtum war (§ 1949 Abs 1); vgl. die Anmerkungen zu diesen Paragraphen. — Liegen mehrere Annahme- oder Ausschlagungserklärungen oder Annahmebetätigungen vor, so werden durch die Anfechtung nur diejenigen beseitigt, bei welchen Anfechtungsgründe gegeben sind. Doch werden, wenn auf Grund einer anfechtbaren Annahmeerklärung Handlungen erfolgt sind, die eine Annahmebetätigung (pro herede gestio, § 1943 A 1) darstellen, diese nicht als selbständige Betätigungen des Annahmewillens gewertet werden können. Die Anfechtung der Annahme enthält zugleich die Anfechtung der im Falle des Wegfalles der Annahme etwa eingetretenen Versäumung der Ausschlagungsfrist (§ 1956).

2. Der **Fristbeginn** weicht von den allgemeinen Anfechtungsbestimmungen insofern ab, als einerseits die Anfechtung wegen Irrtums nicht „unverzüglich" (§ 121), sondern innerhalb einer festbestimmten Frist nach erlangter Kenntnis zu erfolgen hat und als anderseits für die Anfechtung wegen arglistiger Täuschung und Drohung nicht eine Jahresfrist (§ 124), sondern die gleiche Frist wie für die Irrtumsanfechtung, von erlangter Kenntnis bzw. Aufhören der Zwangslage ab, läuft.

3. Wegen des **Fristenlaufs** und seiner Hemmung vgl. § 1944 A 4. Außer den §§ 203, 206 ist hier auch der **§ 207** herangezogen. Das bedeutet, daß eine bei dem Tode des anfechtungsberechtigten Erben für ihn laufende Anfechtungsfrist nicht früher als sechs Wochen oder (im Falle des Abs 3) sechs Monate nach der Annahme der Erbschaft durch den Erbeserben oder der Bestellung eines zur Anfechtung befugten Vertreters des Erbeserben abläuft. Der Konkursverwalter gehört dazu nicht, da das Annahme- oder Ausschlagungs- und somit auch das Anfechtungsrecht nicht zur Konkursmasse gehören (§ 9 KO). Auch der Nachlaßverwalter (§ 1985) dürfte zur Anfechtung nicht befugt sein, da er die Interessen der Nachlaßgläubiger, entsprechend einem Konkursverwalter, zu vertreten hat, und diese kein Recht auf Annahme oder Ausschlagung einer im Nachlasse befindlichen Erbschaft haben. Der Testamentsvollstrecker dagegen, der über die Nachlaßgegenstände zu verfügen befugt ist (§ 2205), wird auch das Anfechtungsrecht ausüben können (a. M. Kipp § 56 III 1).

4. Die **Fristdauer** ist übereinstimmend mit § 1944 Abs 1 u. 3 geregelt (vgl. A 1, 6 dazu).

5. Außer der in Abs 1 u. 3 bestimmten kürzeren Anfechtungsfrist läuft noch eine Ausschlußfrist von 30 Jahren, die ohne Rücksicht auf die Fortdauer des Irrtums oder der Zwangslage und ohne Hemmung durch die in §§ 203, 206, 207 bestimmten Hemmungsgründe (die auf Ausschlußfristen, soweit nichts Besonderes bestimmt ist, keine Anwendung finden; vgl. § 186 A 1) durch den bloßen Zeitablauf von 30 Jahren seit der Annahme oder Ausschlagung zu Ende geht.

6. Hinsichtlich der Beweislast gilt das in § 1944 A 7 für die Ausschlagung Gesagte. Vgl. auch §§ 121 A 5 und 124 A 4.

§ 1955

Die Anfechtung der Annahme oder der Ausschlagung erfolgt durch Erklärung gegenüber dem Nachlaßgerichte[1]). Für die Erklärung gelten die Vorschriften des § 1945[2]).

E I 2040 Abs 2 Satz 1, 2041 II 1832; M 5 512, 513; P 5 630—632.

1. Materiell ist **Anfechtungsgegner** derjenige, dem die Erbschaft infolge der Anfechtung der Annahme zufällt oder infolge der Anfechtung der Ausschlagung wieder entzogen wird, falls die Anfechtung begründet ist. Die Anfechtung erfolgt aber, abweichend von § 143, nicht gegenüber diesem, sondern gegenüber dem Nachlaßgerichte, das die Anfechtung dem Anfechtungsgegner mitzuteilen hat (§§ 1957 Abs 3, 1953 Abs 3 in Verb mit § 1957 Abs 1; vgl. A 2 dazu). — Gleiche Vorschriften in §§ 1342, 1484, 1597, 1599, 2081. — Nachlaßgericht: vgl. § 1945 A 2.

2. Abgabe in öffentlich beglaubigter Form (Anwaltsschriftsatz genügt nicht, BayObLG im Recht 1918 Nr 878); Bevollmächtigung durch öffentlich beglaubigte Vollmacht; Beifügung der Vollmacht oder Nachbringung innerhalb der Erklärungsfrist. Vgl. § 1945 A 3, 4.

§ 1956

Die Versäumung der Ausschlagungsfrist kann in gleicher Weise wie die Annahme angefochten werden[1]).

E II 1833; P 5 630—632.

1. An die bloße Tatsache des **Ablaufs der Ausschlagungsfrist** ist durch § 1943 Halbsatz 2 die Folge geknüpft, daß die Erbschaft als angenommen „gilt". Es bedarf also dazu weder einer ausdrücklichen noch stillschweigenden Willenserklärung (Willensbetätigung, vgl. Vorbem 2 vor § 116); auch ist ein Gegenbeweis zur Widerlegung der aus dem Ablaufe der Frist herzuleitenden Vermutung der Annahme nicht zulässig (praesumtio iuris et de iure): die Annahmeerklärung wird sonach vom Gesetze fingiert. Zur Beseitigung dieser Folge wollte der erste Entwurf überhaupt keine Möglichkeit bieten (M 5, 513); die zweite Kommission hat „aus Billigkeitsgründen" die **Anfechtung** zugelassen (P 5, 632). Eine Anfechtung wegen Willensmängel (§§ 119ff.) setzt aber regelmäßig das Vorhandensein einer wirklichen Willenserklärung voraus, während es sich hier um eine bloße Fristversäumung handelt; die Anfechtung gewinnt dadurch den Charakter einer Wiedereinsetzung in den vorigen Stand. **RG** 58, 81 will deshalb, im Anschlusse an Wendt ZivArch 92, 226, die Anfechtung wegen Irrtums auf die Fälle beschränken, in denen der Erbe in Kenntnis des Laufes der Ausschlagungsfrist und der sich aus ihrem Ablaufe ergebenden Rechtsfolge die Ausschlagung wissentlich unterlassen, also mit dem Willen, dadurch die Annahme zu erklären, dieser Wille aber auf einem nach § 119 beachtlichen Irrtum beruht hat. Diese Einschränkung hat in Rechtslehre und Rechtsprechung vielfach Widerspruch erfahren (dagegen Planck Erl 2; Breit DNotV 5, 151ff.; Crome 5, 219 A 17; Kipp § 56V bei A 6; OLG 30, 172; dahingestellt **RG** Warn 1920 Nr 212; zustimmend Staudinger, 9. Aufl., Erl zu § 1956). Ihre rechtliche Begründung erscheint nicht überzeugend und den für sie angeführten praktischen Gründen wird mit Recht entgegengehalten, daß sehr wichtige und berücksichtigenswerte Irrtumsfälle, insbesondere bei Eintritt eines gesetzlichen Vertreters oder Erbeserben in eine bereits laufende Ausschlagungsfrist (vgl. § 1944 A 4), dadurch von der Anfechtung ausgeschlossen werden. Übrigens hätte es des § 1956 nicht bedurft, wenn nur die wissentliche Versäumung der Ausschlagungsfrist für anfechtbar erklärt werden sollte, da diese als stillschweigende Annahme (pro herede gestio) schon nach §§ 119ff. anfechtbar ist (vgl. § 1954 A 1). Sonach wird die Anfechtung auch zulässig sein, wenn der Erbe oder sein Vertreter eine Annahmeerklärung in Wirklichkeit nicht hat abgeben wollen, die Ausschlagung vielmehr unterlassen hat in Unkenntnis des Laufes der Frist (namentlich in dem oben hervorgehobenen Falle) oder der Rechtsfolge ihres Ablaufs oder weil er geglaubt hat, eine Ausschlagungserklärung bereits rechtswirksam abgegeben zu haben. In diesem Sinne ist entschieden in OLG 30, 172; ZBlFG 14, 814. Ein Unterschied zwischen Rechtsirrtum und Tatsachenirrtum kann auch hier nicht gemacht werden. Doch ist der Irrtum nur beachtlich, wenn er im Sinne von § 119 bestimmend war. — Wegen arglistiger Täuschung oder Drohung (§ 123) kann angefochten werden, wenn dadurch der Erbe von der Abgabe der Ausschlagungserklärung abgehalten worden ist.

§ 1957

Die Anfechtung der Annahme gilt als Ausschlagung, die Anfechtung der Ausschlagung gilt als Annahme[1]).

Das Nachlaßgericht soll die Anfechtung der Ausschlagung demjenigen mitteilen, welchem die Erbschaft infolge der Ausschlagung angefallen war[2]). Die Vorschrift des § 1953 Abs 3 Satz 2 findet Anwendung[3]).

E I 2040 Abs 2 Satz 2, 2041 II 1834; M 5 512, 513; P 5 630—632.

1. Ohne diese Bestimmung würde der Erbe, der die Annahme angefochten hat, wieder annehmen und derjenige, der die Ausschlagung angefochten hat, falls die Ausschlagungsfrist noch nicht abgelaufen ist, nochmals ausschlagen können; das soll nicht gestattet sein. Die Anfechtung der Annahme erfolgt gegenüber dem Nachlaßgericht (§ 1955), also in der gleichen Form wie die Ausschlagung (§ 1945); einer besonderen Ausschlagungserklärung bedarf es in diesem Falle nicht. Es müssen aber auch die sonstigen Voraussetzungen der Ausschlagung in der Person des Anfechtenden erfüllt sein, namentlich für den gesetzlichen Vertreter die Genehmigung des Vormundschaftsgerichts (§ 1831; vgl. § 1945 A 1); andernfalls wird die Erklärung auch als Anfechtung unwirksam sein. Ebenso müssen für die Anfechtung der Ausschlagung die subjektiven Voraussetzungen der Annahme (§ 1943 A 1) gegeben sein, wenn sie als Annahme gelten soll. Doch wird der Annahmewille ohne Zulassung eines Gegenbeweises vermutet (fingiert: „gilt" als Annahme).

2. Wer derjenige ist, bestimmt sich nach § 1953 Abs 2 (vgl. A 2 dazu). — Die Anfechtung der Annahme ist als Ausschlagung schon nach § 1953 Abs 3 mitzuteilen. Ähnliche Vorschriften in §§ 1342 Abs 2, 1597 Abs 2 und (bei Anfechtung einer letztwilligen Verfügung) 2081 Abs 2.

3. Vgl. § 1953 A 5.

§ 1958

Vor der Annahme der Erbschaft kann ein Anspruch, der sich gegen den Nachlaß richtet, nicht gegen den Erben gerichtlich geltend gemacht werden[1])[2]).

E I 2057 Abs 1 Satz 1 II 1835; M 5 539; P 5 660—664, 829—831.

1. **Der Erbe ermangelt vor der Annahme der Passivlegitimation.** Die Behauptung, daß er angenommen habe, gehört mithin zur Klagebegründung, der Kläger hat die Annahme nachzuweisen (§ 1943 A 4); der Klag- oder Widerklaganspruch einschließlich des Arrestanspruchs und der Feststellungsklage ist von Amts wegen abzuweisen, falls sich aus der Sachdarstellung des Klägers ergibt, daß der in Anspruch genommene Erbe die Erbschaft noch nicht angenommen hat, es sei denn, daß eine als Annahme auszulegende Einlassung des Beklagten den Mangel beseitigt (RG 60, 179). Der gefährdete Nachlaßgläubiger ist auf Herbeiführung einer Nachlaßpflegschaft aus § 1961 angewiesen. Gegen den Nachlaßpfleger (§ 1960 Abs 3), den Nachlaßverwalter (§ 1984 Abs 1) und den verwaltenden Testamentsvollstrecker (§ 2213 Abs 2) ist die Rechtsverfolgung ohne den Nachweis, daß der Erbe angenommen hat, zulässig. Der Erbe kann das Aufgebot der Nachlaßgläubiger erst nach der Annahme beantragen (ZPO § 991 Abs 3). Die Eröffnung des Nachlaßkonkurses ist von der Annahme des Erben nicht abhängig (KO § 216 Abs 1). Die außergerichtliche Geltendmachung des Anspruchs gegen den Erben (durch Mahnung, Aufrechnung, auch gegen persönliche Forderungen des Erben, Zurückbehaltung) ist dem Nachlaßgläubiger nicht verwehrt, vermag aber nicht, den Erben in Leistungsverzug zu setzen (RG 79, 203; LZ 1921 Sp. 274). S. auch § 1959 A 5. — Weitergehende aufschiebende Einreden §§ 2014ff., Vollendung der Verjährung § 207. Fiskus § 1966.

2. **Ergänzende Bestimmungen.** War der Rechtsstreit durch den Tod des Erblassers unterbrochen, so ist der Erbe vor der Annahme zur Fortsetzung nicht verpflichtet (aber berechtigt), ZPO § 239 Abs 5. Bis dahin ist wegen einer Nachlaßverbindlichkeit eine erst beginnende Zwangsvollstreckung und folgerecht auch die Erteilung der Vollstreckungsklausel (§ 727) nicht gegen den Erben selbst, sondern nur in den Nachlaß gegen einen Nachlaßverwalter, Testamentsvollstrecker oder Nachlaßpfleger, der nötigenfalls zu diesem Zwecke ernannt wird (§ 1961), zulässig (ZPO § 778 Abs 1). Anderseits können sich die eigenen Gläubiger des Erben vor der Annahme nicht an den ihrem Schuldner angefallenen Nachlaß halten (ZPO § 778 Abs 2). Dagegen wird die beim Tode des Schuldners bereits begonnene Zwangsvollstreckung in seinen Nachlaß fortgesetzt und, soweit die Zuziehung des Schuldners erforderlich, für den Erben ein einstweiliger besonderer Vertreter bestellt (ZPO § 779).

§ 1959

[1]) **Besorgt der Erbe vor der Ausschlagung erbschaftliche Geschäfte, so ist er demjenigen gegenüber, welcher Erbe wird, wie ein Geschäftsführer ohne Auftrag berechtigt und verpflichtet[2]).**

Verfügt der Erbe vor der Ausschlagung über einen Nachlaßgegenstand[3]), so wird die Wirksamkeit der Verfügung durch die Ausschlagung nicht berührt, wenn die Verfügung nicht ohne Nachteil für den Nachlaß verschoben werden konnte[4]).

Ein Rechtsgeschäft, das gegenüber dem Erben als solchem vorgenommen werden muß[5]), bleibt, wenn es vor der Ausschlagung dem Ausschlagenden gegenüber vorgenommen wird, auch nach der Ausschlagung wirksam[6]).

E I 2056 II 1836; M 5 536—539; P 5 657—660.

1. **Allgemeine Voraussetzung** ist a) daß die Geschäfte oder Verfügungen von dem wirklich berufenen Erben oder (Abs 3; vgl. A 5) ihm gegenüber, nicht von oder gegenüber einem Nichtberufenen, etwa dem Erbschaftsbesitzer (§ 2018) vorgenommen worden sind, b) daß sich hierin nicht eine stillschweigende Annahme der Erbschaft, pro herede gestio (§ 1943 A 1) kundgibt, c) daß der Erbe entweder noch nicht wirksam angenommen hat oder eine vorher erklärte Annahme oder Versäumung der Ausschlußfrist wirksam anficht (§§ 1954, 1956), d) daß er noch nicht ausgeschlagen hat, e) daß er später wirksam ausschlägt.

2. Der Erbe ist während der Überlegungsfrist nicht verpflichtet, sich der Erbschaft anzunehmen, kraft seines Erbrechts aber an und für sich dazu befugt. Insbesondere ist ihm durch § 1958 zwar die Passiv-, nicht aber die Aktivlegitimation entzogen. So jetzt auch Planck-Flad, 4. Aufl., Erl 7 gegen die 3. Aufl. Doch tritt durch die Prozeßführung, die keine Verfügung im

Sinne des Abs 2 ist, keine Rechtskraft gemäß § 325 ZPO gegenüber dem endgültigen Erben ein. Der vorläufige Erbe kann im Interesse des Nachlasses, z. B. wegen drohender Verjährung, sogar zur Klagerhebung oder zur Fortsetzung eines Rechtsstreits genötigt sein. Inwiefern er durch Verwaltung des Nachlasses den Nachlaßgläubigern verantwortlich werden kann, bestimmt § 1978. Im Verhältnis zum endgültigen Erben („demjenigen, der Erbe wird"), also nicht zu einem nachrückenden Erben, solange dieser selbst wieder nur vorläufiger Erbe ist, gelten die Grundsätze der **Geschäftsführung ohne Auftrag** (§§ 677ff.). Entgegen § 687 sind sie auch anwendbar, wenn der Erbe, weil er glaubte, endgültiger Erbe geworden zu sein, seine eigenen Geschäfte zu besorgen meinte. Als Geschäftsherr, auf dessen wirklichen oder mutmaßlichen Willen es ankommt (§§ 677, 679, 683, 684, 686), wird in der Regel nicht eine individuell bestimmte Person in Betracht kommen, da noch nicht feststeht, wer endgültig Erbe wird; vielmehr wird der bei einem sorgsamen Erben generell zu vermutende, den Interessen des Nachlasses entsprechende Wille dem geschäftsführenden Erben als Richtschnur zu dienen haben und werden danach, ob er dementsprechend gehandelt hat, sich die Folgen für sein Verhältnis zu dem endgültigen Erben bestimmen. Auch wenn er in der Meinung gehandelt hat, endgültiger Erbe geworden zu sein, wird er sich auf einen anders gearteten eignen Willen nicht berufen können, da er auch in diesem Falle „wie ein Geschäftsführer" berechtigt und verpflichtet wird. Aus §§ 681, 666 folgt insbesondere auch die Pflicht zur Auskunfterteilung und Rechenschaftslegung. Die aus der Geschäftsführung hervorgehenden Ansprüche gegen den (vorläufigen) Erben sind Aktiven des Nachlasses, die ihm zukommenden Ersatzansprüche Nachlaßverbindlichkeiten (§ 1967 Abs 2), im Konkurse Masseschulden (KO § 224 Nr 6). Was der vorläufige Erbe aus der Geschäftsführung erlangt, hat er dem endgültigen Erben nach §§ 681, 667 herauszugeben; eine dingliche Surrogation nach § 2019 findet nicht statt, da er nicht Erbschaftsbesitzer ist (a. M. die 5. Aufl.).

3. Es handelt sich um **dingliche Verfügungen über Nachlaßgegenstände** (vgl. über den Verfügungsbegriff Vorbem 7 vor § 104), über Sachen (§ 90) oder Rechte. Daher ist, wenn Miterben in Frage sind, gemeinsame Geschäftsführung vorausgesetzt, § 2040 Abs 1. Bloß schuldrechtliche Verpflichtungen des einstweiligen Erben verbinden den endgültigen Erben nicht, können aber einen Befreiungsanspruch aus §§ 683, 670, 257 gegen ihn begründen.

4. Da im Falle der Ausschlagung der Anfall als nicht erfolgt gilt (§ 1953 Abs 1), so werden damit an und für sich alle Verfügungen des einstweiligen Erben unwirksam. Sie behalten aber **Wirksamkeit, wenn sie dringlich waren.** Ob dies zutrifft, kann nur nach den Umständen des Falles entschieden werden. Da das Gesetz nur eine objektive Voraussetzung aufstellt, bleibt das Wissen des Dritten von der Unaufschiebbarkeit der Verfügung oder davon, daß der Erbe noch ausschlagen kann, außer Betracht. Auch die nicht unaufschiebliche Verfügung wird wirksam durch Genehmigung des endgültigen Erben (§ 185 Abs 2). Bei Verfügungen über bewegliche Sachen des Nachlasses, deren Besitz gemäß § 1922 (vgl. A 5 dazu) auf den vorläufigen Erben übergegangen ist, kommen die Vorschriften zum Schutze derjenigen, welche Rechte von einem Nichtberechtigten ableiten (§§ 932—936, 1032, 1207) zur Anwendung, so daß es im Falle der Gutgläubigkeit der Erwerber auf die Dringlichkeit der Verfügung nicht ankommt. Auch auf unfreiwilligen Besitzverlust (§ 935 Abs 1) wird sich der endgültige Erbe nicht berufen können, da er noch nicht in tatsächlichen Besitz der Sachen gelangt war (a. M. Planck Erl 4b α). Auch ein Erwerb von Rechten an Grundstücken auf Grund des guten Glaubens an den Inhalt des Grundbuchs (§§ 892, 893), sowie ein Rechtserwerb auf Grund Erbscheins (§§ 2366, 2367) kann stattfinden, wenn der Erbe auf Grund erklärter Annahme bereits im Grundbuche eingetragen oder ihm ein Erbschein erteilt ist und er die Annahme wirksam anficht (§§ 1954, 1956) oder sie sich als unwirksam herausstellt (§§ 1949, 1950). Der endgültige Erbe ist auf die Ansprüche aus §§ 678, 681, 667, gegebenenfalls auf Schadensersatz aus §§ 823ff. gegen den vorläufigen Erben angewiesen.

5. Abs 3 hat einseitige empfangsbedürftige Rechtsgeschäfte im Auge, die, um wirksam zu sein, **gegenüber dem Erben** als Rechtsnachfolger des Erblassers vorgenommen werden müssen (Mahnung, Kündigung, Annahme eines vom Erblasser gestellten Vertragsantrags — § 153 —, Angebot einer Leistung). Dagegen gehört die Leistung selbst nicht dazu, da sie eine Verfügung des Erben, Annahme, erfordert; sie fällt vielmehr unter Abs 2 und wirkt also befreiend nur, wenn dessen Voraussetzungen (Unaufschieblichkeit der Annahme) vorlagen (a. M. Kipp § 51 II 3). Doch wird (wie Planck Erl 5 zutreffend hervorhebt) bei bereits fälligen Forderungen in der Regel anzunehmen sein, daß die Annahme der angebotenen Leistung nicht ohne Nachteil für den Nachlaß verschoben werden konnte, da durch die Nichtannahme Gläubigerverzug (§ 293) entstanden sein würde. — Leistungsverzug kann durch eine vor Annahme der Erbschaft gegenüber dem vorläufigen Erben erfolgte Mahnung nicht für diesen, wenn er nicht endgültiger Erbe wird (vgl. § 1958 A 1), wohl aber für den endgültigen Erben vom Tage der Annahme ab entstehen. Gleiches gilt für den Annahmeverzug infolge Angebots der Leistung, da der vorläufige Erbe zu der in der Annahme liegenden Verfügung über das Forderungsrecht zwar unter Umständen

berechtigt, aber nicht verpflichtet ist (Abs 1 und A 2). — Auch wenn über das Vermögen des vorläufigen Erben Konkurs eröffnet ist, hat die Vornahme von Rechtsgeschäften ihm gegenüber, nicht gegenüber dem Konkursverwalter, zu erfolgen (KO § 9). Ist dagegen Nachlaßkonkurs eröffnet, so können ihm gegenüber keine Rechtsgeschäfte mehr wirksam vorgenommen werden, wie auch sein Geschäftsführungsrecht nach Abs 1 und sein Verfügungsrecht aus Abs 2 entfällt. Vor Eröffnung des Nachlaßkonkurses aus der Geschäftsführung des vorläufigen Erben ihm gegenüber entstandene Verpflichtungen des endgültigen Erben sind Masseschulden (§ 224 Nr 6 KO). Ansprüche gegen den vorläufigen Erben aus seiner Geschäftsführung gehören zum Nachlaß und sind vom Konkursverwalter geltend zu machen. Verfügungen des vorläufigen Erben bleiben nach Maßgabe des Abs 2 (vgl. A 4), ihm gegenüber vorgenommene Rechtsgeschäfte nach Abs 3 (vgl. A 5) auch im Falle des Nachlaßkonkurses wirksam.

6. **Beweislast.** Erhebt der vorläufige Erbe auf Grund der Geschäftsführung Ansprüche gegen den endgültigen, so muß er beweisen, daß die Voraussetzungen dafür vorliegen. Behauptet der endgültige Erbe einem Dritten gegenüber die Wirksamkeit einer Verfügung des vorläufigen Erben, so liegt darin eine Genehmigung (§ 185) und bedarf es deshalb nicht des Nachweises der Dringlichkeit. Macht dagegen der Dritte die Wirksamkeit einer Verfügung des vorläufigen Erben gegenüber dem endgültigen geltend, so muß er die Dringlichkeit nachweisen.

§ 1960

Bis zur Annahme der Erbschaft[1]) hat das Nachlaßgericht[2]) für die Sicherung des Nachlasses zu sorgen, soweit ein Bedürfnis besteht[1a]). Das gleiche gilt, wenn der Erbe unbekannt oder wenn ungewiß ist, ob er die Erbschaft angenommen hat[1]).

Das Nachlaßgericht kann insbesondere die Anlegung von Siegeln, die Hinterlegung von Geld, Wertpapieren und Kostbarkeiten sowie die Aufnahme eines Nachlaßverzeichnisses anordnen[3]) und für denjenigen, welcher Erbe wird, einen Pfleger (Nachlaßpfleger) bestellen[4]).

Die Vorschrift des § 1958 findet auf den Nachlaßpfleger keine Anwendung[5])[6]).

E I 2058, 2059 Abs 1 II 1837, 1838 Abs 2; M 5 541—548; P 5 660, 664—667; 6 338; KB 310.

1. Die §§ 1960—1962 regeln die **Fürsorge für den Nachlaß** bis zum Eintritte des endgültigen Erben. Die Fürsorge tritt ein: a) wenn der Erbe dem Nachlaßgerichte bekannt ist, aber (wie gleichfalls bekannt ist) noch nicht angenommen hat (**Satz 1**); b) wenn ihm unbekannt ist, wer als vorläufiger Erbe zur Erbschaft berufen ist (**Satz 2 Halbsatz 1**); c) wenn ihm das bekannt, aber unbekannt ist, ob der Berufene die Erbschaft angenommen hat (**Satz 2 Halbsatz 2**). Ob der Fall zu b vorliegt, ist Sache der Beurteilung des Einzelfalls. Er liegt insbesondere vor, wenn zwar Verwandte bekannt sind, die als Erben berufen sein könnten, aber nicht ohne weiteres zu ermitteln ist, ob nicht andere gleich nahe oder nähere Verwandte vorhanden sind. Unbekannt ist der Erbe dem Nachlaßgerichte auch, wenn es sich nicht ohne weiteres davon überzeugen kann, wer von mehreren Erbprätendenten der wirkliche Erbe, insbesondere bei Vorliegen mehrerer Testamente, welches davon gültig ist (KGJ 45, 106; 52, 59). Von umfangreichen und zeitraubenden Ermittlungen darf die Fürsorge, insbesondere auch die Anordnung der Nachlaßpflegschaft, nicht abhängig gemacht werden, da ihr Zweck ist, durch schleunige Maßnahme den Nachlaß dem Erben zu sichern; die Ermittlung des Erben ist alsdann Sache des Nachlaßpflegers (KGJ 52, 59). Liegen keine Anhaltspunkte dafür vor, daß eine Verfügung von Todes wegen vorhanden ist, so werden die gesetzlich zu Erben Berufenen als bekannte Erben anzusehen sein. Volle Gewißheit kann nicht erfordert werden; es genügt, wenn auf Grund sorgfältiger Ermittlungen anzunehmen ist, daß keine gleich nahen oder näheren Verwandten vorhanden sind und daß eine Verfügung von Todes wegen nicht vorliegt. Daß die Voraussetzungen eines Erbscheins vorliegen, ist nicht erforderlich (BayObLGZ 3, 676; KGJ 29 A 208; 46 A 128; 52, 60; OLG 4, 420; 7, 132; 37, 250; SeuffArch 58 Nr 37). Nicht genügend ist die Versicherung, Erbe geworden zu sein, ohne Angabe der tatsächlichen Unterlagen (OLG 7, 132). — Für das **Bekanntsein der Annahme** sind positive Feststellungen in dieser Hinsicht erforderlich. Ist das Verhalten des Erben nicht unzweideutig oder ist die Annahme angefochten oder ersichtlich anfechtbar, so besteht Ungewißheit über sie (Fall zu c; OLG 42, 143).

1a. Die Fürsorge hat in diesen Fällen von Amts wegen zu erfolgen, aber nur **soweit ein Bedürfnis besteht.** Darüber entscheidet das Ermessen des Nachlaßgerichts, das sich von dem Interesse desjenigen, der endgültiger Erbe werden wird, an der Sicherung und

Erhaltung des Nachlasses leiten zu lassen hat. Meldet sich der Erbe, so sind die angeordneten Maßregeln aufzuheben, wenn er es beantragt und dadurch die Erbschaft annimmt; auch von Amts wegen, wenn die Annahme bekannt wird. Abwesenheit des Erben ist kein Grund zur Fürsorge, sobald er angenommen hat. Liegen die Voraussetzungen für die Fürsorge in der Person eines einzelnen Miterben vor, so hat sie sich auf dessen Anteil zu beschränken, soweit nicht Maßregeln in Betracht kommen, die körperliche Teile des Nachlasses ergreifen müssen, wie Siegelung und Hinterlegung vor der Auseinandersetzung (RJA 7, 29; OLG 5, 229; KGJ 33 A 92; 45 A 106). Nach KGJ 48 A 77, OLG 34, 321 soll die Bestellung eines Nachlaßpflegers auch dann zulässig sein, wenn die Personen der Miterben bekannt, aber die Größe der Erbteile ungewiß ist, jedoch unter Beschränkung auf den streitigen Erbteil. Ein Bedürfnis wird in der Regel nicht vorliegen, wenn der vorläufige Erbe anwesend ist und die Erbschaft ordnungsmäßig verwaltet (§ 1959) oder wenn ein Testamentsvollstrecker vorhanden ist, der die Verwaltung ordnungsmäßig führt, oder vertrauenswürdige Miterben. Beschwerderecht des Beeinträchtigten (FGG § 20 Abs 1), des Antragstellers bei Ablehnung (ebenda). Landesgesetzlich kann bestimmt werden, daß gewisse Fürsorgemaßregeln (Anfertigung eines Nachlaßverzeichnisses, Anlegung von Siegeln bis zu dessen Fertigstellung) auch unter anderen Voraussetzungen vorgenommen werden können oder sollen (Art 140 EG).

2. **Nachlaßgerichte** sind die Amtsgerichte, sofern nicht landesgesetzlich die Zuständigkeit anderer als gerichtlicher Behörden bestimmt ist (FGG § 72; vgl. § 1945 A 2). Die örtliche Zuständigkeit (§ 73 FGG) bestimmt sich nach dem Wohnsitze des Erblassers, in Ermanglung eines inländischen Wohnsitzes nach dem Aufenthalte; für Deutsche, die im Inlande weder Wohnsitz noch Aufenthalt haben, nach dem letzten inländischen Wohnsitz; hilfsweise Bestimmung durch Landesjustizverwaltung oder Reichskanzler. Für die in § 1960 vorgesehenen Sicherungsmaßregeln ist aber örtliche Zuständigkeit überall gegeben, wo das Bedürfnis der Fürsorge hervortritt, unter Verpflichtung zur Benachrichtigung des ordentlichen Nachlaßgerichts (FGG § 74). Übrigens sind Handlungen eines örtlich unzuständigen Gerichts als Nachlaßgericht nicht unwirksam (FGG § 7). Für die Sicherung des Nachlasses von Ausländern sind die Staatsverträge maßgebend (EG Art 56; vgl. Vorbem 1 zu diesem Buche); danach auch Mitwirkung ausländischer Konsuln. Eine solche Mitwirkung ist insbesondere in dem deutsch-russischen Nachlaßabkommen (Anlage zu Art 22 des Konsularvertrags v. 12. 10. 25, Ges v. 6. 1. 26, RGBl I 72) vorgesehen. Vgl. auch die Staatsverträge mit den Vereinigten Staaten von Amerika v. 8. 12. 23, Ges v. 17. 8. 25, Art XXIV (RGBl II 807); mit Großbritannien v. 2. 12. 24, Ges v. 17. 8. 25 Art 28 (RGBl II 788); mit Italien v. 31. 10. 25, Ges v. 6. 12. 25, Art 37 (RGBl II 1032); mit Österreich v. 5. 2. 27, Ges v. 16. 7. 1927 (RGBl. II 505). Vgl. Weiteres bei Weißler, Das deutsche Nachlaßverfahren, 2. Aufl., 1920, II S. 378ff., 391ff. Für die französischen Staatsangehörigen nimmt Frankreich auf Grund Art 291 Versailler Vertrag die Rechte aus dem deutsch-bulgarischen Konsularvertrage v. 29. 9. 11 (RGBl 1913 Nr 40) in Anspruch (vgl. RGBl 1921, 732). Überleitungsvorschriften für die abgetretenen Gebiete: deutsch-französisches Abkommen über elsaß-lothringische Rechtsangelegenheiten v. 5. 5./22. 11. 20 (RGBl 1995) Art 4, 10; deutsch-polnische Abkommen v. 20. 9./18. 12. 20 (RGBl 2043) Art 3, 4 und v. 12. 4./11. 6. 22 (RGBl 550); deutsch-belgische Vereinbarung wegen Eupen und Malmedy v. 23. 4. 20/21. 2. 21 (RGBl 1921, 197). — Auch soweit Staatsverträge nicht bestehen, haben die inländischen Nachlaßgerichte sowohl das Recht wie die Pflicht, alle vorläufigen Maßregeln zu treffen, die sich zur Sicherung des im Inlande befindlichen Nachlasses eines Ausländers nötig machen (RJA 13, 218; OLG 18, 356; KGJ 53 A 77). — Der Nachlaßrichter haftet wegen schuldhafter Amtspflichtverletzung bei Beaufsichtigung des Nachlaßpflegers aus §§ 1960, 1961 nur dem Erben, nicht auch den Nachlaßgläubigern; anders im Falle der Nachlaßverwaltung (§ 1985 A 3; **RG** 88, 264).

3. Von den zu treffenden **Sicherungsmaßregeln** sind in Abs 2 nur die hauptsächlichsten hervorgehoben; das Nachlaßgericht ist auf sie nicht beschränkt. Die Anlage von Siegeln kann durch den Erblasser nicht, wie nach früheren Rechtsordnungen, verboten werden (M 5, 543). Für die Hinterlegung sind die landesgesetzlichen Vorschriften über die sachliche und örtliche Zuständigkeit der Hinterlegungsstellen maßgebend (Art 144 EG).

4. Auf die **Nachlaßpflegschaft** als Unterart der Pflegschaft finden die für die Vormundschaft geltenden Vorschriften entsprechende Anwendung, auch hinsichtlich des Verfahrens, mit der Maßgabe, daß an die Stelle des Vormundschaftsgerichts das Nachlaßgericht tritt (§§ 1915, 1962; FGG § 75, vgl. § 1962 A 1). Allgemeine Verpflichtung zur Übernahme (§ 1785); grundsätzlich kein Anspruch auf Vergütung, die aber vom Nachlaßgerichte bewilligt werden kann, wenn das Vermögen (d. h. das Aktivvermögen des Nachlasses ohne Abzug der Nachlaßschulden, KG in RJA 16, 52; vgl. § 1836 A 2) sowie der Umfang und die Bedeutung der mit der Pflegschaft verbundenen Geschäfte es rechtfertigen (**RG** im Recht 1914 Nr 1548; OLG 18 S. 297, 301; KG im Recht 1923 Nr 362 = KGJ 53 A 77,

Ausländernachlaß); Bestellung mehrerer Pfleger nur ausnahmsweise (§ 1775); Beschränkung auf die Vertretung eines Miterben vgl. A 1. Der Nachlaßpfleger ist nicht Vertreter des Nachlasses als eines Sondervermögens, sondern Vertreter einer allerdings noch nicht bestimmten individuellen Person, nämlich desjenigen, der schließlich als endgültiger Erbe eintritt, und hat dessen Rechte und Interessen zu wahren. Deshalb kann ihm das Armenrecht bewilligt werden (RG 50, 394); anders beim Nachlaßverwalter (vgl. § 1985 A 1). Als Vertreter des Erben ist er gemäß § 181 nicht befugt, einen Vertrag mit sich selbst im eigenen Namen über Nachlaßgegenstände abzuschließen; ein solcher Vertrag kann nur durch Genehmigung dessen, der endgültig Erbe wird, wirksam werden; ob dieser zur Genehmigung verpflichtet ist, entscheidet sich nach Treu und Glauben (RG 110, 214). Seine Aufgabe ist die Sicherung und Erhaltung des Nachlasses für den Erben; in dieser Beziehung ist er der gesetzliche Vertreter des Erben (RG 76, 125); auch bei der Ermittlung des Erben hat er mitzuwirken; dagegen nicht für das Erbrecht einer bestimmten Person gegenüber einer anderen einzutreten. Daher ist er nicht berufen, die Erben oder einen von ihnen bei dem Streit um das Erbrecht zu vertreten (OLG 21, 305; 26, 288; 30, 174; RG 106, 46). Doch ist er der richtige Beklagte, wenn ein rechtliches Interesse des Klägers an der alsbaldigen Feststellung seines Erbrechts gegenüber dem Nachlaßpfleger besteht, insbesondere wenn dieser das Erbrecht des Klägers bestritten hat, § 256 ZPO (RG 106, 46). Er hat den Nachlaß in Besitz zu nehmen, zu verzeichnen und das Verzeichnis dem Nachlaßgericht einzureichen (§ 1802). Die Verwaltung des Nachlasses hat er zu führen, soweit er dazu vom Nachlaßgerichte bestellt ist (vgl. § 2017; ZPO § 991 Abs 2); unter Umständen, namentlich bei längerer Ungewißheit, kann die teilweise oder gänzliche Liquidation erforderlich werden. Nach außen hat er die gleiche Vertretungsmacht wie jeder andere Pfleger, mit den Beschränkungen der §§ 1804, 1821, 1822. Er kann Verbindlichkeiten für den Erben eingehen, die Nachlaßverbindlichkeiten (§ 1967 Abs 2) und im Falle des Nachlaßkonkurses Masseschulden sind, wie auch die Kosten der Nachlaßpflegschaft und die Ansprüche des Nachlaßpflegers aus seiner Verwaltung (vgl. §§ 1959 A 2, 1960 A 6) es sind. Der vorläufige Erbe ist neben dem Nachlaßpfleger nach Maßgabe des § 1959 (vgl. A 2 dazu) verfügungsberechtigt; im Falle von Kollisionen sollen die allgemeinen Grundsätze entscheiden (M 5, 553). Der Nachlaßpfleger kann auf die Beschränkung der Haftung des Erben nicht verzichten; er kann das Inventar für den Erben errichten (§ 1993 A 1), eine Inventarfrist kann ihm aber nicht gesetzt werden; doch ist er den Nachlaßgläubigern zur Auskunfterteilung über den Bestand des Nachlasses verpflichtet (§ 2012). Aus schuldhaftem Verhalten des Nachlaßpflegers haftet gemäß § 278 der Erbe wie der Mündel aus Handlungen des Vormundes, jedoch, da er nur als Erbe gesetzlich vertreten wird, nur als solcher, also mit der Möglichkeit der Beschränkung der Haftung auf den Nachlaß, wie bei sonstigen Nachlaßverbindlichkeiten (so Strohal bei Planck Vorbem 5c ζ vor § 1942 gegen Planck selbst ebenda; a. M. auch die zweite Auflage dieses Kommentars). Zu den Nachlaßgläubigern steht der Nachlaßpfleger des § 1960 (im Unterschiede von dem Nachlaßverwalter, vgl. § 1985 A 3) in keinem Vertragsverhältnis; daher haftet er ihnen, abgesehen von der Verletzung der ihm besonders auferlegten Auskunftspflicht (s. oben), nur aus unerlaubter Handlung; § 1985 Abs 2 ist ausdrücklich nur für den Nachlaßverwalter gegeben und kann auf den Nachlaßpfleger des § 1960 auch sinngemäß keine Anwendung finden (vgl. auch M 5, 552; a. M. Strohal a. a. O., der zu Unrecht für seine Ansicht sich auf P 5, 669 beruft, die nur von der dem Nachlaßpfleger besonders auferlegten Auskunftspflicht sprechen). — Die Annahme und Ausschlagung der Erbschaft, für die er bestellt ist, für eine bestimmte Person liegt nicht in den Aufgaben des Nachlaßpflegers; wohl aber gegebenenfalls die Annahme und (mit Genehmigung des Nachlaßgerichts) Ausschlagung einer dem Erblasser angefallenen Erbschaft, sowie die Geltendmachung von Erbschaftsansprüchen aus einer solchen. Wegen des Erbschaftsanspruchs aus der vom Nachlaßpfleger verwalteten Erbschaft vgl. § 2018 A 1. — Die Beendigung der Nachlaßpflegschaft erfolgt nicht schon durch Wegfall ihres Grundes, sondern nur durch Aufhebung von seiten des Nachlaßgerichts (RG in LZ 1923 Sp. 119; RG 106, 48), nach Wegfall ihrer Voraussetzungen von Amts wegen oder auf Antrag des endgültigen Erben, dem gegen die Ablehnung Beschwerde zusteht (vgl. § 1919 u. A 1 dazu; FGG § 20); der Pfleger hat den Nachlaß dem endgültigen Erben herauszugeben und über die Verwaltung Rechnung zu legen, die vom Nachlaßgericht zu prüfen ist (so RG Warn 1915 Nr 264). Solange es ihm noch zweifelhaft erscheint, wer der wirkliche Erbe ist, hat das Nachlaßgericht die Pflegschaft nicht aufzuheben; umfangreiche eigene Ermittlungen zum Zwecke der Aufhebung braucht es nicht anzustellen (KGJ 52, 59). Die Aufhebung hat erst zu erfolgen, wenn feststeht, daß eine bestimmte Person oder mehrere endgültige Erben geworden sind (RG im Recht 1917 Nr 1837). Die Eröffnung des Nachlaßkonkurses ist kein Grund für die Aufhebung (RJA 3, 179; OLG 5, 436; KGJ 38 A 116). Liegen die Voraussetzungen der Fürsorge nur für den Anteil eines Miterben vor, so hat sich die Pflegschaft auf diesen zu beschränken (KGJ 45 A 106; 48 A 77). Ist die Erteilung eines gemeinschaftlichen Erbscheins wegen der noch zu erwartenden Geburt eines Miterben unzulässig, so kann für dessen Anteil ein Pfleger bestellt werden (RJA 12, 99). — Über den Auseinandersetzungspfleger vgl. § 2042 A 1.

5. Das bedeutet, daß die gegen den vorläufigen Erben vor der Annahme unzulässige Rechtsverfolgung gegen den Nachlaßpfleger statthaft ist, auch wenn er nicht gemäß § 1961 zu diesem Zwecke besonders bestellt worden ist. Er ist aktiv und passiv für den Nachlaß betreffende Rechtsstreitigkeiten legitimiert, auch für Ansprüche aus Vermächtnissen, Auflagen und Pflichtteilsrechten. Ein durch den Tod des Erblassers unterbrochenes oder wegen des Todes ausgesetztes Verfahren kann für und gegen den Nachlaßpfleger aufgenommen werden (ZPO §§ 243, 241, 246 Abs 2). Das gegen ihn erwirkte Urteil schafft materielle Rechtskraft für und gegen den endgültigen Erben, da dieser im Rechtsstreite durch ihn vertreten war (M zur ZPO-Novelle von 1898, 111). Ob zur Zwangsvollstreckung gegen den Erben nach der Annahme aus einem gegen den Nachlaßpfleger ergangenen Urteil eine gegen den Erben gerichtete vollstreckbare Ausfertigung erforderlich, ist streitig (verneinend Eccius bei Gruch 43, 610); die Frage wird zu bejahen sein wegen § 750 ZPO; auf die Erteilung wird § 727 Anwendung finden, dessen Vorschriften anerkanntermaßen nicht auf die Rechtsnachfolge im engeren Sinne beschränkt sind. — Der Erbe kann die Beschränkung der Haftung geltend machen, ohne daß sie in dem gegen den Nachlaßpfleger ergangenen Urteile vorbehalten ist (§ 780 Abs 2 ZPO). Der Nachlaßpfleger kann das Aufgebot der Nachlaßgläubiger beantragen (§ 991 Abs 2 ZPO); ebenso die Zwangsversteigerung eines zum Nachlasse gehörigen Grundstücks (§ 175 ZVG), die Eröffnung des Nachlaßkonkurses (§ 217 Abs 1 KO); auch Eintragungen im Grundbuch bewilligen (§ 41 GBO). Haftung des Nachlaßpflegers für die Erbschaftssteuer: Reichserbschaftssteuerges. v. 10. 9. 19 § 19.

6. Die **Kosten** der Nachlaßsicherungsmaßnahmen fallen dem Nachlasse oder, wenn sie nur auf die Anteile einzelner Miterben beschränkt war (oben A 1 Abs 2, 4), den betreffenden Miterben zur Last. Sie sind im Falle des Nachlaßkonkurses Masseschulden (§ 224 Nr 4 KO). Das gilt auch von den Kosten der nach **§ 1961** bestellten Nachlaßpflegschaft (KG in DJZ 03, 202; KGJ 33 A 90; BayObLG 19 A 24).

§ 1961

Das Nachlaßgericht hat in den Fällen des § 1960 Abs 1 einen Nachlaßpfleger zu bestellen[1]), wenn die Bestellung zum Zwecke der gerichtlichen Geltendmachung eines Anspruchs, der sich gegen den Nachlaß richtet, von dem Berechtigten beantragt wird[2]).

E I 2059 Abs 2 II 1838 Abs 1; M 5 546; P 5 666, 667.

1. **Nachlaßpflegschaft zum Zwecke der gerichtlichen Geltendmachung eines Anspruchs.** Die Verweisung auf § 1960 Abs 1 kann nicht den Sinn haben, daß auch hier ein Bedürfnis für die Sicherung des Nachlasses im allgemeinen bestehen müsse. Es genügt, daß ein Nachlaßgläubiger jemandes bedarf, gegen den er seine Rechte verfolgen oder nach dem Tode des ursprünglichen Beklagten weiter verfolgen kann. Dies ist immer der Fall, wenn der Erbe oder Miterbe unbekannt ist oder noch nicht angenommen hat oder ungewiß ist, ob er angenommen hat, und nicht anderweit, insbesondere durch Bestellung eines Testamentsvollstreckers, Ersatz geschaffen ist (§ 2213). Nur in dieser Beschränkung hat der Gläubiger das Bedürfnis glaubhaft zu machen. Insbesondere bedarf es keiner Glaubhaftmachung des Anspruchs (wie nach § 1994 Abs 2), sondern nur der Tatsache, daß er, wenn nötig, zur gerichtlichen Geltendmachung eines gewissen näher bezeichneten (nicht offenbar mutwilligen) Anspruchs entschlossen sei. Jeder, der einen Anspruch gegen den Nachlaß geltend machen will, ist berechtigt, die Bestellung zu beantragen, auch der Vermächtnisnehmer, auch wegen dinglicher Ansprüche. Die Bestellung des Nachlaßpflegers muß erfolgen und ist nicht wie in § 1960 Abs 2 in das Ermessen des Gerichts gestellt. Aus § 12 FGG ergibt sich die selbständige Ermittelungspflicht des Gerichts (KGJ 33 A 90; OLG 4, 420; 32, 46). Die Bestellung darf nicht abgelehnt werden, wenn dem Antragsteller wegen Weitläufigkeit oder Schwierigkeit der erbrechtlichen Verhältnisse in tatsächlicher oder rechtlicher Hinsicht die Beschaffung der Unterlagen für den Erbschein oder des Nachweises der Passivlegitimation für den Prozeß nicht zugemutet werden kann (KGJ 46 A 128). Ein Kostenvorschuß kann verlangt werden, falls die Landesgesetze auf Grund des § 200 FGG eine entsprechende Vorschrift getroffen haben. Die Vorschriften über das Armenrecht finden Anwendung (§ 14 FGG); auch die §§ 34—36 RAO (Beiordnung eines Rechtsanwaltes).

2. Der einmal bestellte Pfleger ist **Nachlaßpfleger** im vollen Umfange der sonst diesem zustehenden Befugnisse (§ 1960 A 5), nicht bloß Vertreter im Prozesse (ZPO § 53), es sei denn, daß er nur neben dem Testamentsvollstrecker (zum Zwecke der Verfolgung des Pflichtteilsanspruchs, § 2213 Abs 1) oder neben dem bereits bestellten Nachlaßpfleger wegen Wider-

streits der Interessen nur für eine einzelne Angelegenheit, den Prozeß, bestellt wäre. Abgesehen hiervon (§ 1918 Abs 3) erlischt sein Amt nur gemäß § 1919 mit der Aufhebung durch das Nachlaßgericht. Die Kosten der Pflegschaft gehören auch hier zu den Nachlaßverbindlichkeiten (§ 1960 A 4, 6), treffen deshalb nicht den Gläubiger. Beschwerderecht des Gläubigers bei Ablehnung, FGG § 57 Nr 3. Einstweiliger besonderer Vertreter des Erben für die Zwangsvollstreckung, ZPO § 779 Abs 2.

§ 1962

Für die Nachlaßpflegschaft tritt an die Stelle des Vormundschaftsgerichts das Nachlaßgericht[1]).

E I 2061 II 1839; M 5 549; P 5 667; 6 338.

1. Die im übrigen gebotene Anwendung der Vorschriften des BGB über die Pflegschaft und des FGG über Vormundschaftssachen (vgl. § 1960 A 2, 4) wird hier dadurch durchbrochen, daß an Stelle des Vormundschaftsgerichts das Nachlaßgericht tritt. Doch findet nach § 75 Satz 2 Halbsatz 2 FGG die Vorschrift des § 46 daselbst, wonach das Vormundschaftsgericht die Pflegschaft unter Umständen an ein anderes Vormundschaftsgericht abgeben kann, auf die Nachlaßpflegschaft in der Weise Anwendung, daß die Abgabe nach Maßgabe dieser Vorschrift an ein anderes Nachlaßgericht erfolgen kann.

§ 1963

Ist zur Zeit des Erbfalls die Geburt eines Erben zu erwarten[1]), so kann die Mutter[2]), falls sie außerstande ist, sich selbst zu unterhalten, bis zur Entbindung[3]) standesmäßigen Unterhalt[4]) aus dem Nachlaß oder, wenn noch andere Personen als Erben berufen sind, aus dem Erbteile des Kindes verlangen[5]). Bei der Bemessung des Erbteils ist anzunehmen, daß nur ein Kind geboren wird[6]).

E I 2027 II 1840; M 5 489—491; P 5 614—618.

1. Der zu erwartende Erbe kann als Abkömmling oder sonstiger Verwandter des Erblassers kraft Gesetzes oder auch als gewillkürter Erbe durch Verfügung von Todes wegen berufen sein. Er muß zur Zeit des Erbfalls bereits erzeugt sein (§ 1923 Abs 2). Ist er nicht unmittelbar mit dem Erbfalle, sondern nur für den Fall des Wegfalls eines zunächst Berufenen durch Ausschlagung (§ 1953) oder Erbunwürdigkeit (§ 2344) berufen oder als Ersatzerbe oder unter einer Bedingung eingesetzt, so ist nach dem Wortlaute der Vorschrift ein Anspruch nicht gegeben, da zur Zeit des Erbfalls seine Geburt als die eines Erben noch nicht zu erwarten ist; eine Ausdehnung der Vorschrift über den Wortlaut hinaus aber dürfte, da es sich um eine Sondervorschrift handelt, nicht zulässig sein (a. M. die 5. Aufl.). Für die Mutter eines von der Erbschaft ausgeschlossenen Pflichtteilsberechtigten oder eines Vermächtnisnehmers besteht kein Unterhaltsanspruch.

2. Die **Mutter** jedes Erben, auch die außereheliche, nicht etwa nur die Witwe des Erblassers; auch mehrere Mütter zu erwartender Miterben können unterhaltsberechtigt sein.

3. **„Bis zur Entbindung"**, d. h. bis zu ihrer Vollendung, also einschließlich der Entbindungskosten, die auch zum Unterhalt gehören, ebenso wie die durch die Schwangerschaft gesteigerten Kosten des Lebensbedarfs für ärztliche Behandlung, gesundheitliche Maßregeln usw. (§ 1610 Abs 2). Dagegen sind die Kosten des Wochenbetts und die sonstigen infolge der Entbindung, etwa durch Krankheit der Mutter, entstehenden Kosten ausgeschlossen. Das Gesetz will nur in der Mutter das Kind bis zu seiner Loslösung von der Mutter durch die Geburt schützen, indem es für die Mutter sorgt (M 5, 489).

4. **Standesmäßiger Unterhalt,** gemessen an der Lebensstellung der Mutter (§ 1610 Abs 1) und (wie in § 1602 Abs 1) nur, soweit sie außerstande ist, sich selbst zu unterhalten, auch durch ihrem Stande angemessene Arbeit. Unterhaltspflicht von Verwandten (§§ 1601 ff.) schließt den Anspruch nicht aus. Die entsprechende Anwendung von Vorschriften über die Unterhaltspflicht der Verwandten ist nicht, wie in §§ 1360 Abs 3 und 1580 Abs 3, ausdrücklich vorgeschrieben; doch wird ihrer Anwendung, soweit sie dazu geeignet, nichts entgegenstehen; so § 1613 (Anspruch für die Vergangenheit), § 1614 (Verzicht auf Unterhalt für die Zukunft), § 1612 (Geldrente, und zwar gemäß § 760 im voraus, jedoch wohl nicht unter allen Umständen für drei Monate, sondern in angemessenen Zeitabschnitten je nach der zu erwartenden Schwangerschaftsdauer).

5. Der Unterhaltsanspruch gehört nicht wie der Voraus (§ 1932) oder der Dreißigste (§ 1969 Abs 2) zu den sog. gesetzlichen Vermächtnissen. Die besonderen auf Vermächtnisse bezüglichen Vorschriften (§§ 1972, 1991 Abs 4, 1992, 2345) leiden mithin keine An-

wendung. Er bildet vielmehr eine gewöhnliche, den Erben als solchen treffende Nachlaßverbindlichkeit (§ 1967 Abs 2). Der Anspruch ist nicht auf die Einkünfte des Nachlasses beschränkt, auch nicht von dessen Wert abhängig und wohl auch einem überschuldeten Nachlasse gegenüber nicht ausgeschlossen (a. M. Strohal II § 67 unter I; Planck Erl 4a). Im Nachlaßkonkurse bildet er eine gewöhnliche Konkursforderung. Ist der Erbe, dessen Geburt erwartet wird, als Alleinerbe zur Erbschaft berufen, so richtet sich der Anspruch der Mutter **gegen den Nachlaß** und ist gegen einen nach § 1960 bestellten oder nach § 1961 aus diesem Anlasse zu bestellenden Nachlaßpfleger gerichtlich geltend zu machen. Sehr zweifelhaft und bestritten ist aber, wie sich die Sache gestaltet, wenn der zu erwartende Erbe nur als Miterbe neben anderen berufen ist. Das Gesetz sagt, daß in solchem Falle die Mutter Unterhalt **„aus dem Erbteile des Kindes"** verlangen kann. Wollte man das wörtlich nehmen, so würde es ihr unmöglich oder doch sehr erschwert sein, vor der Entbindung Unterhalt zu erlangen, da der Erbteil des Kindes nicht ausgeschieden und bis dahin nicht ausscheidbar ist (§ 2043); sie würde also darauf angewiesen sein, den Erbteil des Kindes zu pfänden (§ 859 Abs 2 ZPO) und zu versuchen, etwa durch Veräußerung, über ihn zu ihrer Befriedigung zu verfügen (§ 2033); erst nach der Entbindung könnte sie, falls ein Erbe geboren wird, auf Grund der Pfändung des Erbteils die Auseinandersetzung betreiben. Wird kein Erbe geboren, so ist überhaupt kein ausscheidbarer Erbteil vorhanden. Als Meinung des Gesetzes muß deshalb wohl angenommen werden, daß auch der Anspruch der Mutter eines zu erwartenden Miterben sich gegen den ganzen Nachlaß richtet und gegen die Gesamtheit der Erben, einschließlich eines für den nasciturus zu bestellenden Pflegers, zu erheben ist; daß aber der Nachlaß nur bis zur Höhe des dem zu erwartenden Erben zufallenden Erbteils nach Maßgabe einer nötigenfalls vorzunehmenden Abschätzung für den Unterhalt haftet (so Binder I, 210; Dernburg 5 § 152 II 3; vgl. auch M 5, 490; P 5, 616; a. M. Planck 3. Aufl., Erl 4b; wie hier jetzt Pl nck-Flad in der 4. Aufl.). — Die Alimentationspflicht kann auch durch einstweilige Verfügung nach § 940 ZPO geregelt und der Nachlaßpfleger oder die Miterben dadurch zu Zahlungen an die Mutter angehalten werden (RG 9, 334; 27, 429). Dadurch, daß der Erbe nicht lebend geboren wird, fällt der rechtliche Grund für den Unterhalt der Mutter nicht fort; wohl aber ist ein solcher nicht vorhanden, wenn sie überhaupt nicht schwanger war oder nicht mit einer zum Erben berufenen Leibesfrucht; in diesen Fällen findet ein Bereicherungsanspruch (§ 812), gegebenenfalls auch ein Schadensersatzanspruch aus unerlaubter Handlung (§ 826) gegen sie statt.

6. Für die Bemessung des Erbteils, aus dem die Mutter eines zu erwartenden Miterben ihren Unterhaltsanspr ch geltend machen kann (vgl. A 5), bleibt nach Satz 2 die Möglichkeit, daß Zwillinge, Drillinge usw. geboren werden und dadurch den Nachgeborenen ein größerer Erbteil zufallen könnte als im Fall einer Einzelgeburt (dieser Fall kann z. B. eintreten, wenn bereits ein Kind der Mutter vorhanden ist), grundsätzlich außer Betracht. Der Höchstbetrag wird unter Zugrundelegung der Annahme bemessen, daß nur ein Kind geboren wird. Auch nachträglich findet nicht etwa eine Erhöhung statt, wenn mehrere Kinder geboren werden.

§ 1964

Wird der Erbe nicht innerhalb einer den Umständen entsprechenden Frist ermittelt[1]), so hat das Nachlaßgericht festzustellen, daß ein anderer Erbe als der Fiskus nicht vorhanden ist[2]).

Die Feststellung begründet die Vermutung, daß der Fiskus gesetzlicher Erbe sei[3]).

E I 2067 Abs 1, 4 II 1841 Abs 1; M 5 555; P 5 670; 6 338, 395.

1. Aus der Vorschrift ergibt sich, daß die Fürsorge des Nachlaßgerichts (§ 1960) bei Unbekanntheit des Erben (§ 1960 A 1 Fall b) sich von Amts wegen auch auf die **Ermittlung des Erben** zu erstrecken hat. Es kann dazu einen Nachlaßpfleger bestellen (§ 1960 Abs 2). Wieweit die Ermittlungen auszudehnen sind und welche Frist den Umständen entspricht, ist dem pflichtmäßigen Ermessen des Nachlaßgerichts überlassen (RJA 9, 217). Einsichtnahme der Ermittlungen § 78 FGG.

2. Steht fest, daß **ein nicht von der Erbschaft ausgeschlossener Verwandter vorhanden** ist, so ist die Feststellung auch dann ausgeschlossen, wenn nicht ermittelt werden kann, ob nähere Verwandte vorhanden sind oder, wenn welche vorhanden waren, ob sie fortgefallen sind (RJA 7, 178). — Gegen die Feststellung steht einem übergangenen Erben und dem Fiskus (KGJ 27 A 49; 29 A 4; 39 A 88) die (nicht befristete) Beschwerde zu; gegen die Ablehnung der Feststellung dem Fiskus (FGG §§ 19ff.). — Ist der Fiskus selbst Erbe kraft Verfügung von Todes wegen, so hat eine Feststellung nicht (wie der Wortlaut annehmen lassen könnte) zu erfolgen; das ergibt sich aus der durch Abs 2 der Feststellung beigelegten Vermutung, daß der Fiskus gesetzlicher Erbe sei. — Der Fiskus kann als gesetzlicher Erbe auch Vorerbe sein (§ 2105 Abs 1). — Fällt auf Grund landesgesetzlicher Vorschriften (§ 1936 A 4) der Nachlaß statt an den Fiskus an eine andere Körperschaft des öffentlichen Rechts, so hat die Feststellung, daß diese gesetzlicher Erbe, in entsprechender Weise zu erfolgen. — Auch bei Anfall von Vereins- oder Stiftungsvermögen an den Fiskus findet ein entsprechendes Feststellungsverfahren statt (§§ 46, vgl. A 1 dazu, 88).

3. Vgl. über das gesetzliche Erbrecht des Fiskus § 1936 und die Anmerkungen dazu. Gegen die **Vermutung** ist der Beweis des Gegenteils zulässig, ZPO § 292. Ebenso beim Erbschein § 2365, der nach § 2353 auf Antrag auch dem Fiskus zu erteilen ist. Die Vermutung des Abs 2 allein gewährt aber Dritten noch nicht den Schutz der §§ 2366, 2367. Sie kann von dem wahren Erben nicht bloß im Prozesse, sondern auch in einem von ihm zu beantragenden Erbscheinverfahren widerlegt werden. Das Nachlaßgericht ist, trotz der zugunsten des Fiskus getroffenen Feststellung, zur Einleitung dieses Verfahrens und nach Befinden zur Erteilung des Erbscheins an den neu ausgewiesenen Erben verpflichtet (KGJ 39 A 88). Auch von Amts wegen kann es die getroffene Feststellung aufheben, falls es sie nachträglich für ungerechtfertigt erachtet (§ 18 Abs 1 FGG).

§ 1965

Der Feststellung hat eine öffentliche Aufforderung zur Anmeldung der Erbrechte unter Bestimmung einer Anmeldungsfrist vorauszugehen; die Art der Bekanntmachung und die Dauer der Anmeldungsfrist bestimmen sich nach den für das Aufgebotsverfahren geltenden Vorschriften[1]). Die Aufforderung darf unterbleiben, wenn die Kosten dem Bestande des Nachlasses gegenüber unverhältnismäßig groß sind[2]).

Ein Erbrecht bleibt unberücksichtigt, wenn nicht dem Nachlaßgerichte binnen drei Monaten nach dem Ablaufe der Anmeldungsfrist nachgewiesen wird, daß das Erbrecht besteht oder daß es gegen den Fiskus im Wege der Klage geltend gemacht ist[3]). Ist eine öffentliche Aufforderung nicht ergangen, so beginnt die dreimonatige Frist mit der gerichtlichen Aufforderung, das Erbrecht oder die Erhebung der Klage nachzuweisen[2]).

E I 2067 Abs 1—3 II 1841 Abs 2, 3; M 5 554—556; P 5 670; 6 338.

1. Bekanntmachung der Aufforderung ZPO §§ 948, 949; Anmeldungsfrist mindestens sechs Wochen (§ 950). Für den Inhalt der Aufforderung ist § 947 nicht maßgebend; doch wird auch hier außer der Aufforderung die Bezeichnung des an die Unterlassung der Anmeldung geknüpften Rechtsnachteils, daß nämlich die in § 1964 bezeichnete Feststellung getroffen werden würde, angemessen sein. Auch wenn nach Ablauf der Anmeldungsfrist, aber vor dem Feststellungsbeschlusse, noch eine Anmeldung erfolgt, ist die dreimonatige Frist des Abs 2 abzuwarten; nicht dagegen, wenn keine Anmeldung erfolgt ist (KGJ 36 A 67; a. M. Planck 3. Aufl. Erl 4 Abs 1; wie hier jetzt Planck-Flad in der 4. Aufl. Erl 3 aα.

2. **Unterbleibt die öffentliche Aufforderung,** so hat, falls eine Anmeldung erfolgt oder dem Nachlaßgericht sonst ein Erbprätendent bekannt geworden ist, an diesen eine gerichtliche Aufforderung zum Nachweise des Erbrechts oder der Klagerhebung zu ergehen, mit welcher die dreimonatige Frist des Abs 2 beginnt (Schlußsatz). Andernfalls kann die Feststellung sofort nach Abschluß der Ermittlungen, ohne Abwarten der Dreimonatsfrist des Abs 2, erfolgen (KGJ 36 A 67; a. M. Planck Erl 3b). — Ähnlich für das Aufgebot der Nachlaßgläubiger bei überschuldetem Nachlasse § 1980 Abs 2 Satz 2 Halbsatz 2.

3. Ist nach öffentlicher Aufforderung ein Erbrecht angemeldet (Abs 1 Satz 1; vgl. A 1) oder ist eine gerichtliche Aufforderung nach Abs 2 Satz 2 ergangen (vgl. A 2), so hat das Nachlaßgericht drei Monate von dem Ablaufe der Anmeldungsfrist bzw. von der Zustellung der Aufforderung ab zu warten. Ist innerhalb dieser Frist **ein Erbrecht,** sei es, daß es vorher angemeldet war oder nicht, ihm **nachgewiesen** (worüber es nach freier Beweiswürdigung, ohne an Anerkenntnisse der Beteiligten, einschließlich des Fiskus, gebunden zu sein, zu entscheiden hat), so hat die Feststellung zu unterbleiben. Auch an ein zwischen einem Erbprätendenten und dem Fiskus ergangenes rechtskräftiges Urteil über die Feststellung des Erbrechts ist das Nachlaßgericht formell nicht gebunden; vgl. § 1922 A 9 und § 2359 A 1. A. M. Planck-Flad, 4. Aufl., Erl 5c; die Frage ist sehr bestritten. Die materielle Bedeutung einer im ordentlichen Rechtswege ergangenen Entscheidung für seine Überzeugung wird das Nachlaßgericht nach Lage des Einzelfalls zu würdigen haben. Sollte es übrigens dazu gelangen, ungeachtet einer das Erbrecht eines anderen feststellenden prozeßgerichtlichen Entscheidung festzustellen, daß der Fiskus der Erbe ist, so würde die dadurch geschaffene

Vermutung (§ 1964 Abs 2, vgl. A 3 dazu) jenen nicht hindern, sich zu ihrer Widerlegung auf die durch das Urteil geschaffene Rechtskraft dem Fiskus gegenüber zu berufen. Wegen der Rechte des Fiskus und der Nachlaßgläubiger in solchem Falle vgl. § 1966 A 2. — Die Feststellung des Erbrechts des Fiskus hat aber auch dann bis auf weiteres zu unterbleiben, wenn innerhalb der Frist dem Nachlaßgerichte nachgewiesen wird, daß das Erbrecht gegen den Fiskus im Wege der Klage geltend gemacht sei; danach wird der Nachweis einer vom Fiskus erhobenen negativen Feststellungsklage nicht genügen, vielmehr positive Feststellungsklage oder Widerklage erforderlich sein. Erachtet das Nachlaßgericht den von ihm versuchten Beweis nicht für ausreichend, so wird es den Erbprätendenten, wenn möglich rechtzeitig, auf den Weg der Klage zu verweisen haben. Ist der Nachweis der Klagerhebung erbracht, so wird es von Amts wegen den Prozeß im Auge zu behalten und bei Säumigkeit des Erbprätendenten ihm eine Frist zur Fortführung zu setzen haben, nach deren fruchtlosem Ablauf die Feststellung erfolgen kann. Feststellung unter Vorbehalt (wie früher nach preuß. Recht, RG 8, 243) wird nach BGB nicht zulässig, das Verfahren vielmehr bis zur Entscheidung des Rechtsstreites auszusetzen sein.

§ 1966

Von dem Fiskus als gesetzlichem Erben und gegen den Fiskus als gesetzlichen Erben[1]) kann ein Recht erst geltend gemacht werden, nachdem von dem Nachlaßgerichte festgestellt worden ist, daß ein anderer Erbe nicht vorhanden ist[2]).

E I 1974 Abs 5 II 1842; M 5 380; P 5 487—490.

1. Der **Fiskus** kommt hier nur als **gesetzlicher Erbe** (§ 1936) in Betracht. Im Falle der gewillkürten Erbfolge kann die Geltendmachung durch ihn ohne weiteres, gegen ihn nach der Annahme (§ 1958) erfolgen. Als Erbschaftsbesitzer (§ 2018) kann er ohne weiteres belangt werden.

2. Feststellung § 1964 Abs 1. Der Nachweis der erfolgten Feststellung liegt dem Kläger ob; er tritt an die Stelle des Beweises der Annahme (§ 1958 A 1). Eine anderweite aktive und passive Legitimation des Fiskus ist ausgeschlossen; lehnt daher das Nachlaßgericht die Feststellung rechtskräftig ab, wozu es ungeachtet eines etwa zugunsten des Fiskus vorliegenden rechtskräftigen Feststellungsurteils befugt ist (vgl. § 1965 A 3), so kann ein Recht weder von ihm als gesetzlichem Erben noch von Nachlaßgläubigern gegen ihn geltend gemacht werden.

Zweiter Titel

Haftung des Erben für die Nachlaßverbindlichkeiten

1. Mit dem Vermögen des Erblassers gehen auch seine Schulden auf den Erben über (§ 1922 A 5). Hierzu kommen neue durch Verfügungen von Todes wegen, durch den Erbfall selbst und durch Abwicklung des Nachlasses entstehende Verbindlichkeiten. Dies alles sind „**Nachlaßverbindlichkeiten**" (Unterabschnitt I; §§ 1967—1969). Ihr Schuldner ist, da es ein von seiner Person losgelöstes Nachlaßvermögen nicht gibt, der Erbe. Daraus folgt, daß alle Nachlaßverbindlichkeiten grundsätzlich gegen den Erben geltend zu machen sind. Ob nach dem System des BGB der Erbe für die Nachlaßverbindlichkeiten grundsätzlich unbeschränkt, d. h. sowohl mit dem ererbten als mit dem eigenen Vermögen haftet, oder ob seine Haftung grundsätzlich auf den Nachlaß beschränkt ist und nur ausnahmsweise auf sein eigenes Vermögen übergreift, ist bestritten; für die erstere Auffassung auf Grund der gesamten Gestaltung der Haftungsbeschränkung, ungeachtet einigermaßen schwankender Ausdrucksweise, durch das Gesetz mit Recht die herrschende Meinung (vgl. Planck vor § 1967 Erl III; a. M. mit eingehender, aber nicht überzeugender Begründung Binder, Rechtsstellung des Erben II § 17 S. 49ff.). Die Frage hat keineswegs, wie behauptet wird, nur theoretische Bedeutung, wird vielmehr praktisch namentlich in dem Falle, wenn der Erbe von den ihm zur Beschränkung seiner Haftung durch das Gesetz gebotenen Mitteln keinen Gebrauch macht; in diesem Falle haftet er nicht etwa nur mit dem Nachlasse (cum viribus hereditatis), sondern auch mit seinem sonstigen Vermögen, also zunächst unbeschränkt, aber, solange er nicht des Beschränkungsrechts verlustig gegangen ist, mit dem Rechte, die Beschränkung herbeizuführen, also beschränkbar (RG Warn 1914 Nr 238; dahingestellt in RG 59, 303).

2. Zur **Herbeiführung der beschränkten Haftung** gibt das Gesetz dem Erben zunächst das Mittel des **Aufgebots der Nachlaßgläubiger** (Unterabschnitt II §§ 1970—1974) mit der Wir-

kung, daß er nach Durchführung des Aufgebots einen dadurch ausgeschlossenen Gläubiger auf dasjenige verweisen kann, was nach Befriedigung der nicht ausgeschlossenen Gläubiger von dem Nachlasse übrigbleibt, eine Wirkung, die auch ohne Aufgebot durch bloßen Zeitablauf einem sich verspätet meldenden Gläubiger gegenüber eintritt (§ 1974). Zur Herbeiführung der beschränkten Haftung gegenüber der Allgemeinheit der Gläubiger dient gemäß Unterabschnitt III zunächst die **Anordnung der Nachlaßverwaltung** und die **Eröffnung des Nachlaßkonkurses,** dessen Wirkungen und Verfahren durch die KO (§§ 214—235) geregelt werden (§§ 1975 bis 1989). In beiden Fällen tritt für die Dauer des Verfahrens eine Absonderung der vermögensrechtlichen Persönlichkeit des Erben und seines Vermögens von dem Nachlasse ein: Nachlaßverbindlichkeiten können gegen ihn überhaupt nicht geltend gemacht werden; zur Empfangnahme von Leistungen, die zum Nachlasse geschuldet werden, ist er nicht berechtigt (KO § 8; BGB § 1984 Abs 1 Satz 3); er kann verlangen, daß Maßregeln der Zwangsvollstreckung, die vorher gegen ihn in sein nicht zum Nachlasse gehöriges Vermögen vorgenommen sind, aufgehoben werden (§ 784 ZPO). Weitere Wirkungen vgl. §§ 1976, 1977. Über die Rechtslage nach Aufhebung der Nachlaßverwaltung und des Nachlaßkonkurses vgl. unten § 1975 A 1. Ist Nachlaßverwaltung oder Nachlaßkonkurs nicht eröffnet, so ist jeder Nachlaßgläubiger berechtigt, gegen den Erben vorerst unbeschränkt vorzugehen und kann abwarten, ob der Erbe im Rechtsstreite sich die Beschränkung der Haftung vorbehalten läßt und sodann auf Grund dieses Vorbehalts in der Zwangsvollstreckung Einwendungen erhebt (§§ 780, 781 ZPO). — Ohne Nachlaßverwaltung oder Nachlaßkonkurs herbeizuführen, darf der Erbe den Gläubiger auf das Nachlaßvermögen verweisen, falls der Nachlaß dürftig oder infolge von Vermächtnissen und Auflagen überschuldet ist (§§ 1990 bis 1992).

3. Die **Inventarerrichtung** (Unterabschnitt IV, §§ 1993—2013) ist nach dem BGB weder notwendig noch für sich allein geeignet, dem Erben die auf den Nachlaß beschränkte Haftung zu sichern. Wohl aber kann er durch Nichterrichtung des Inventars innerhalb der ihm gesetzten Inventarfrist (§ 1994) oder durch ungetreue Inventarerrichtung (§ 2005) der Möglichkeit der Beschränkung seiner Haftung verlustig gehen und hierdurch allen Nachlaßgläubigern gegenüber endgültig unbeschränkt haftbar werden. Damit hat er zugleich das — nunmehr zwecklos gewordene — Recht verwirkt, das Aufgebotsverfahren oder die Anordnung der Nachlaßverwaltung zu beantragen (§ 2013, ZPO § 991 Abs 1).

4. Auch wenn der Erbe im allgemeinen noch berechtigt ist, die Gläubiger auf den Nachlaß zu verweisen, kann er doch einem einzelnen Nachlaßgläubiger gegenüber dieses Recht verlieren und ihm unbeschränkt auch mit dem eigenen Vermögen haftbar werden, wenn er nicht Sorge trägt, daß ihm die Beschränkung der Haftung im Urteile vorbehalten wird (ZPO § 780 Abs 1) und wenn er nicht demnächst in der Zwangsvollstreckung auf Grund dieses Vorbehalts Einwendungen erhebt (ZPO §§ 781, 785). Es sei denn, daß, was zulässig ist, die Frage der Haftungsbeschränkung schon im Prozesse selbst mit entschieden wird (**RG** 69, 292; 77, 245). Ebenso haftet er unbeschränkt gegenüber dem antragstellenden Gläubiger, wenn er nach errichtetem Inventar die Leistung des Offenbarungseides verweigert (§ 2006 Abs 3). Auch durch Verzicht kann der Erbe der Beschränkbarkeit seiner Haftung gegenüber (einzelnen) Nachlaßgläubigern verlustig gehen; es bedarf aber dazu, wie auch sonst nach BGB auf dem Gebiete der Schuldverhältnisse (vgl. § 397 A 1b), eines Vertrags (a. M. Planck Vorbem 6c vor § 1993). Die Vertretungsmacht des Nachlaßpflegers erstreckt sich nicht auf einen Verzicht dieses Inhalts (§ 2012 Abs 1 Satz 3, vgl. A 3).

5. Die in Unterabschnitt V (§§ 2014—2017) dem Erben gewährten **aufschiebenden Einreden** haben mit der Frage der Schuldenhaftung nichts zu tun. Sie sichern ihm nur die Möglichkeit, sich ungestört von den Nachlaßgläubigern über den Bestand des Nachlasses zu vergewissern.

6. Die **Haftung mehrerer Miterben** für die Nachlaßverbindlichkeiten wird erst im vierten Titel Unterabschnitt II (§§ 2058—2063) durch besondere Vorschriften geregelt. Sie haften grundsätzlich als Gesamtschuldner, aber bis zur Teilung nur mit ihrem Anteil am Nachlasse; nach der Teilung haftet der Miterbe, hinsichtlich dessen die in §§ 2060 Nr 1—3, 2061 aufgestellten Voraussetzungen erfüllt sind, hinsichtlich der dabei in Betracht kommenden Nachlaßverbindlichkeiten nur für den seinem Erbteile entsprechenden Teil dieser Verbindlichkeiten (also pro rata partis hereditariae). Näheres vgl. unten bei den genannten Paragraphen.

7. Besondere Vorschriften für die Schuldenhaftung des Nacherben §§ 2144ff., bei Beendigung und Fortsetzung der allgemeinen Gütergemeinschaft §§ 1480, 1489, bei Fortführung eines zum Nachlasse gehörenden Handelsgeschäfts oder einer Handelsgesellschaft HGB §§ 27, 139. Über die Haftung des Erbschaftskäufers § 2382. Wegen des internationalen Privatrechts vgl. Vorbem 1 zu diesem Buche (Art 24 Abs 2 EG). Gerichtsstand der Erbschaft für Nachlaßverbindlichkeiten §§ 27, 28 ZPO.

I. Nachlaßverbindlichkeiten

§ 1967

Der Erbe haftet für die Nachlaßverbindlichkeiten[1]).

Zu den Nachlaßverbindlichkeiten gehören außer den vom Erblasser herrührenden Schulden[2]) die den Erben als solchen treffenden Verbindlichkeiten[3]), insbesondere die Verbindlichkeiten aus Pflichtteilsrechten, Vermächtnissen und Auflagen[4]).

E I 2051 Satz 1, 2092 Abs 2 II 1843; M 5 525—530, 602—604; P 5 649, 650, 731, 740.

1. Grundsätzliche Ausgestaltung der Haftung für die **Nachlaßverbindlichkeiten** s. Vorbem 1 bis 7. — Das Gesetz unterscheidet zwischen den bereits in der Person des Erblassers vorhanden gewesenen und den erst in der Person des Erben entstehenden, den „Erben als solchen treffenden" Verbindlichkeiten. Es spricht ferner von gemeinschaftlichen, im Gegensatz zu den nur einigen Miterben zur Last fallenden Verbindlichkeiten (§§ 2058, 2046 Abs 2). War mit der Erbschaft zugleich eine weitere bereits dem Erblasser angefallene Erbschaft auf den Erben übergegangen (§ 1952 Abs 1), so bilden, wenn er nicht unbeschränkt haftet, beide Nachlässe in Ansehung der Nachlaßverbindlichkeiten getrennte Massen. Verjährung § 207.

2. Über die Frage, ob die vom Erblasser herrührenden Verbindlichkeiten, **Erblasserschulden,** zum Vermögen des Erblassers im Sinne des § 1922 gehören und deshalb bereits auf Grund dieser Bestimmung auf den Erben übergehen, vgl. § 1922 A 5. — Gewisse Verpflichtungen erlöschen mit dem Tode, so im Zweifel die aus dem schenkweisen Versprechen wiederkehrender Leistungen (§ 520), die zur Leistung persönlicher Dienste (§ 613), ferner die gesetzlichen Unterhaltspflichten gegenüber Verwandten (§ 1615), nicht dagegen die gegenüber dem ohne Schuld geschiedenen Ehegatten, die sich im Gegenteil erweitert (§ 1582), ebensowenig die gegenüber dem unehelichen Kinde (§ 1712), die als gewöhnliche Nachlaßverbindlichkeit mit Vorrang vor Pflichtteilsberechtigten auf den Erben übergeht (RG 10. 5. 17, IV 104/17). — Verbindlichkeiten des Erblassers gegen den Erben erlöschen durch Vereinigung von Recht und Verbindlichkeit, leben aber wieder auf, falls Absonderung des Nachlaßvermögens von dem eignen des Erben eintritt. — Zum Übergange einer Verbindlichkeit auf den Erben genügt es, daß bei Lebzeiten des Erblassers der Verpflichtungsgrund (die causa), das Rechtsgeschäft oder die unerlaubte Handlung oder der sonstige die Verpflichtung begründende wesentliche Tatbestand, gegeben war, wenn auch erst nach dem Tode durch Hinzukommen weiterer Umstände (Erfüllung einer Bedingung, Eintritt einer Zeitbestimmung, Entstehung eines Schadens) die Verpflichtung in Kraft tritt. Haftung der Erben des Komplementärs für die Verbindlichkeiten einer mit dem Tode des Erblassers in Liquidation getretenen Kommanditgesellschaft (RG 72, 119). — Auch Verpflichtungen zur Abgabe von Willenserklärungen können Nachlaßverbindlichkeiten sein (RG bei Gruchot 56, 1005). Desgleichen eine Verpflichtung aus einer Kreditbürgschaft, auch für den beim Tode des Erblassers noch nicht in Anspruch genommenen Kredit (RG JW 1911, 447); Verpflichtungen des Erblassers aus einem Unterhalts- oder Leibrentenvertrage mit seinem unehelichen Kinde, vorbehaltlich § 520 (RG im Recht 1915 Nr 1114); doch ist ein Versprechen, daß das Kind „aus dem Vermögen" des Versprechenden eine Unterhaltssumme erhalten solle, dahin ausgelegt worden, daß aus dem Nachlasse nicht zu zahlen sei (RG im Recht 1917 Nr 1223). Eine Nachlaßverbindlichkeit begründet ferner der Anspruch der Fürsorgebehörde gegenüber dem zu Vermögen oder Einkommen gelangten Hilfsbedürftigen auf Ersatz der ihm gemachten Fürsorgeleistungen (VO über die Fürsorgepflicht v. 13. 2. 24, RGBl 100, § 25). Ist eine vom Erblasser herrührende Schuld zugleich persönliche Schuld des Erben, z. B. wenn der Bürge Erbe des Hauptschuldners geworden ist, so kann der Erbe sich wegen dieser Nachlaßverbindlichkeit nicht auf beschränkte Haftung berufen (RG 76, 57).

3. Den **Erben als solchen** treffen die erst nach dem Tode des Erblassers aus Anlaß des Erbfalls und in Beziehung auf den Nachlaß neu entstehenden Verbindlichkeiten, die entweder durch den Willen des Erblassers oder unmittelbar durch das Gesetz dem Erben auferlegt sind. Dazu gehören außer den besonders hervorgehobenen Verbindlichkeiten aus Pflichtteilsrechten, Vermächtnissen und Auflagen (vgl. A 4) auch die sog. gesetzlichen Vermächtnisse: der Voraus des überlebenden Ehegatten (§ 1932), der Dreißigste (§ 1969); ferner der Unterhaltsanspruch der Mutter eines erwarteten Erben (§ 1963). Gewissen Verbindlichkeiten ist durch die Konkursordnung (§ 224) für den Fall des Nachlaßkonkurses eine bevorzugte Stellung in der Weise gegeben, daß sie als Massekosten zur Berichtigung gelangen, wodurch sie zugleich als Nachlaßverbindlichkeiten anerkannt sind. Es sind dies namentlich: die Beerdigungskosten (KO § 224 Nr 2; vgl. auch § 1968);

die Kosten der Todeserklärung des Erblassers (Nr 3; ZPO § 971); ferner (Nr 4) der Eröffnung von Verfügungen des Erblassers von Todes wegen (§§ 2260, 2300), der gerichtlichen Siegelung und der Nachlaßpflegschaft (§§ 1960, 1961) — auch der Nachlaßverwaltung (§§ 1982, 1988; RG JW 06, 114[13]) —, der öffentlichen Aufforderung zur Anmeldung von Erbrechten, sowie des Aufgebots der Nachlaßgläubiger in den Fällen der §§ 1965 u. 1970 — nicht auch des § 2061; vgl. Abs 2 Satz 3 daselbst — und der Inventarerrichtung (§ 1993). Sodann aber gehören dazu auch die dem Nachlaßpfleger, Testamentsvollstrecker und dem vorläufigen Erben, der die Erbschaft ausgeschlagen hat, zustehenden Ansprüche aus ihrer Geschäftsführung, also einschließlich der etwa (vgl. §§ 1960 A 4, 1987, 2221) geschuldeten Vergütung für diese, jedoch für den Fall des Konkurses mit der in KO § 224 Nr 6 hinzugefügten Beschränkung; ferner, falls Nachlaßverwaltung angeordnet oder Nachlaßkonkurs eröffnet ist, auch die dem Erben, der Erbe bleibt, gemäß §§ 1978, 1979 aus dem Nachlasse zu ersetzenden, aus seiner Verwaltung entstandenen Aufwendungen (Nr 1). Auch die Dritten gegenüber aus rechtsgeschäftlichen Handlungen des Testamentsvollstreckers und des Nachlaßpflegers bei der Verwaltung des Nachlasses entstandenen Verbindlichkeiten sind in KO § 224 (Nr 5) als Masseschulden anerkannt; das gilt jedoch nur insoweit, als sie durch eine ordnungsmäßige Verwaltung erforderlich geworden sind, erstreckt sich aber unter dieser Voraussetzung auch auf die entstandenen Prozeßkosten (RG 60, 30). — Keine ausdrückliche Bestimmung enthält dagegen das Gesetz hinsichtlich der aus Rechtsgeschäften des Erben selbst, der Erbe bleibt — wegen des vorläufigen Erben, der später ausschlägt, vgl. § 1959 A 3 — in Beziehung auf den Nachlaß Dritten gegenüber entstandenen Verbindlichkeiten. Es ist deshalb sehr bestritten, ob und inwieweit bei eintretender Absonderung des Nachlaßvermögens von dem eignen Vermögen des Erben solche Verbindlichkeiten gegen das eine oder andere Vermögen oder gegen beide geltend gemacht werden können. Vgl. darüber für das alte Recht RG 35, 419, ferner RG 62, 38 für den Fall eines Schuldanerkenntnisses, RG 72, 121 für die von den Liquidatoren eingegangenen Verbindlichkeiten einer durch den Tod des Erblassers aufgelösten, in Liquidation befindlichen Kommanditgesellschaft; und für den Fall einer vom Erben eingegangenen Darlehensschuld mit ausführlicher Begründung RG 90, 91. Danach ist es begrifflich nicht ausgeschlossen, daß eine solche Verbindlichkeit, nach Art einer Gesamtschuld, zugleich für das Nachlaßvermögen und für das persönliche Vermögen des Erben eingegangen wird; anderseits kann die Haftung auf den Nachlaß dadurch beschränkt werden, daß der Erbe erklärt, in Vertretung des Nachlasses zu handeln; aber auch ohne ausdrückliche Vereinbarung muß eine vom Erben in ordnungsmäßiger Verwaltung des Nachlasses eingegangene Verpflichtung als Nachlaßverbindlichkeit angesehen werden und also auch im Nachlaßkonkurse geltend gemacht werden können, allerdings in Ermanglung einer ausdrücklichen Bestimmung nicht als Masseschuld (RG 62, 44). Nach RG 90, 95 soll es auch nicht entscheidend darauf ankommen, ob die Beziehung zum Nachlasse dem Geschäftsgegner erkennbar gemacht ist, ein Satz, der bedenklich sein dürfte, da er mit den, doch wenigstens entsprechend anwendbaren Vorschriften über das Handeln in fremdem Namen (§ 164) schwerlich zu vereinbaren ist; keinesfalls kann er wohl dazu führen, in solchem Falle die persönliche Haftung des Erben zum Nachteile des Gläubigers auszuschließen. Eine Ausschließung der Haftung des Nachlasses und Beschränkung auf die persönliche Haftung des Erben wird namentlich bei Rechtsgeschäften anzunehmen sein, die der Vorerbe in eignem Namen, wenn auch im Interesse der Vorerbschaft, vornimmt (RG 90, 96). In RG 112, 129 hat das Reichsgericht diese Rechtsgrundsätze bestätigt als maßgebend für die Verpflichtung zur Übertragung des Eigentums (Auflassung) an einem Nachlaßgrundstücke, dabei jedoch die Frage, ob es auf die Erkennbarmachung gegenüber dem Gegner ankomme, offen gelassen. Desgleichen bei Warn 1926 Nr 216 hinsichtlich des Bereicherungsanspruchs, der entstanden ist infolge Hinfälligwerdens eines von den Erben in ordnungsmäßiger Verwaltung des Nachlasses, unter Erkennbarmachung der Beziehung zu diesem, abgeschlossenen Verkaufes eines Nachlaßgrundstücks. — Eigenverbindlichkeiten des Erben sind die Schadensersatzansprüche der Nachlaßgläubiger gegen ihn aus schuldhafter Verwaltung des Nachlasses (§§ 1978—1980); der Erbe haftet für sie mit seinem ganzen Vermögen, ohne sich auf die Beschränkung seiner Erbenhaftung auf den Nachlaß berufen zu können (RG 92, 343); auch in den Fällen der §§ 2313 Abs 2 Satz 2, 2314, 2384 haftet der Erbe dem Berechtigten persönlich. — Nach dem Erbschaftssteuergesetze v. 10. 9. 19 sollte die Nachlaßsteuer nicht als Nachlaßverbindlichkeit gelten (§ 11 Nr 2), jedoch nur in dem Sinne, daß sie bei Berechnung der Steuer von dem Aktivvermögen nicht abgezogen werden darf; im übrigen war sie nach § 17 „aus dem Nachlasse" zu entrichten, also eine Nachlaßverbindlichkeit. Die Nachlaßsteuer ist durch die neuere Erbschaftssteuergesetzgebung weggefallen. Die nach dem jetzt geltenden Erbschaftssteuergesetze (Bek v. 22. 8. 1925, RGBl I 320) allein noch zur Erhebung gelangende Erbschaftssteuer ist als Erbanfallsteuer eine persönliche Verpflichtung des Erben; neben ihm haftet aber auch der Nachlaß (§ 15 Abs 1, 3). Nach § 95 Abs 3 RAbgOrdnung haften Erben für die aus dem Nachlaß zu entrichtenden Steuern „wie für Nachlaßverbindlichkeiten nach bürgerlichem Rechte". — Auf die Kosten eines vom Erblasser begonnenen, vom Erben fortgesetzten Prozesses erstreckt sich die Haftungsbeschränkung, sowohl dem Gegner wie dem Fiskus gegenüber, nur so weit, als die Kosten bereits zu Lebzeiten des Erblassers entstanden sind (RG JW 1912, 46[47]).

4. Die Verbindlichkeiten aus **Pflichtteilsrechten** (§§ 2303ff.), **Vermächtnissen** (§ 2174) einschließlich der sog. gesetzlichen Vermächtnisse (§§ 1932, 1969) und aus **Auflagen** (§ 2192), nehmen in mehrfacher Beziehung eine Sonderstellung als Nachlaßverbindlichkeiten ein. Sie werden einerseits durch das Aufgebot nicht betroffen (§ 1972), anderseits aber gehen auch im Aufgebotsverfahren ausgeschlossene Gläubiger ihnen vor (§ 1973 Abs 1 Satz 2); sie bleiben für die Frage der Überschuldung behufs Eröffnung des Nachlaßkonkurses außer Betracht (§ 1980 Abs 1), werden aber im Konkurse und bei konkursmäßiger Befriedigung der Nachlaßgläubiger durch den Erben erst nach allen übrigen Verbindlichkeiten berichtigt (KO § 226; BGB § 1991 Abs 4); falls die Überschuldung des Nachlasses auf ihnen beruht, kann der Erbe ohne Nachlaßverwaltung oder Nachlaßkonkurs die Befriedigung verweigern, soweit der Nachlaß nicht ausreicht (§ 1992). — Nachlaßgläubiger ist auch der Miterbe, dem ein Vorausvermächtnis zugewendet ist (RG 93, 197); wegen der Geltendmachung gegen Miterben vgl. § 2058.

§ 1968

Der Erbe trägt die Kosten[1]) der standesmäßigen Beerdigung des Erblassers[2]).

E I 2055 II 1844; M 5 535, 536; P 5 654.

1. Das BGB verpflichtet den Erben nicht zur Beerdigung des Erblassers. Hierüber bestimmt das öffentliche Recht. Der Erblasser kann seine Bestattung wirksam einem Dritten auftragen, seine Angehörigen haben hierauf kein unentziehbares Recht (RG JW 1912, 540[19]). Wegen der Erbbegräbnisse s. EG Art 133. Nur die **Kosten** der Beerdigung hat der Erbe zu tragen. Diese Verpflichtung ist damit als Nachlaßverbindlichkeit anerkannt (§ 1967 A 3) und unterliegt als solche bezüglich des Umfangs der Haftung den allgemeinen Grundsätzen. Dies schließt nicht aus, daß der Erbe durch in bezug auf die Beerdigung vorgenommene Rechtsgeschäfte auch eine Eigenverbindlichkeit (§ 1967 A 3) auf sich nimmt. Masseschuld im Konkurse KO § 224 Nr 2. Hat der Erbschaftsbesitzer die Beerdigungskosten getragen, so gehören sie zu den ihm vom Erben zu erstattenden Verwendungen, § 2022 Abs 2. Aushilfsweise Haftung des Unterhaltspflichtigen §§ 1615 Abs 2, 1580 Abs 3, 1360 Abs 3, des unehelichen Vaters § 1713 Abs 2. Ersatzanspruch des Erben im Falle der Tötung § 844 Abs 1, HaftpflG § 3 Abs 1 (EG Art 42). Haftung des Reeders HGB § 554, SeemO § 64.

2. **Standesmäßige Beerdigung.** Hierunter muß auch die Feuerbestattung verstanden werden, soweit deren Kosten der Lebensstellung des Erblassers angemessen sind (so jetzt auch Planck, 4. Aufl., Erl 2; Staudinger, 9. Aufl., Erl 4). Sitte und Gesetz erkennen sie mehr und mehr als eine der Beerdigung gleichstehende Bestattungsart an, es ist deshalb nicht gerechtfertigt, am Buchstaben des Gesetzes zu haften. — Die Standesmäßigkeit der Beerdigung bestimmt sich nach der Lebensstellung des Erblassers (§ 1610 Abs 1) und begreift die landesüblichen kirchlichen und bürgerlichen Leichenfeierlichkeiten, nicht auch die Errichtung oder Instandhaltung eines Grabdenkmals oder die Erhaltung der Grabstätte in sich; so mit Recht Planck, 3. Aufl., Erl 2, a. M. die 4. Aufl.; die Gegenmeinung der zweiten Auflage dieses Kommentars kann nicht aufrechterhalten werden, da es an einer gesetzlichen Bestimmung zur Begründung einer solchen Verpflichtung fehlt; § 23 Abs 4 Nr 1 ErbschStG laut Bek v. 22. 8. 25 (RGBl 320) erklärt, wie die früheren Erbschaftssteuergesetze, die Kosten eines angemessenen Grabdenkmals für abzugsfähig; dadurch wird aber eine Verpflichtung des Erben zur Errichtung nicht begründet. Unter Umständen auch die Überführung der Leiche nach einem entfernteren Orte (RG 66, 308), sowie die Beschaffung von Trauerkleidung für Gesinde oder dürftige Angehörige. Immerhin hat sich der Erbe nach dem Stande des Nachlasses und nach der Volkssitte (Beisetzung der Asche RG JW 09, 410[1]) zu richten und kann sich durch übermäßigen Aufwand den Nachlaßgläubigern aus §§ 1978—1980 ersatzpflichtig machen. Als Erblasser kommt im Falle der Nacherbschaft selbstverständlich nicht der Vorerbe in Betracht. — Letztwillige Anordnungen bezüglich der Beerdigung als Auflagen § 1940 A 4. Auch wenn keine ausdrücklichen Anordnungen des Erblassers vorliegen, haben die Erben die Art der Bestattung, insbesondere die Auswahl der Ruhestätte, unter möglichster Wahrung des Willens des Verstorbenen, soweit dieser zu ermitteln ist, vorzunehmen, unter Zurückstellung ihrer eigenen Interessen und Wünsche (RG in DJZ. 04, 265[19]; RG 100, 172). Für Zeit und Ort der Bestattung ist in erster Linie der Wille des Verstorbenen maßgebend, auch soweit er nicht in einer formgerechten letztwilligen Verfügung ausgedrückt ist (RG 100, 172; 108, 220; Warn 1912 Nr 219; 1925 Nr 203). Fehlt

eine Bestimmung des Erblassers, so liegt die Annahme nahe, daß die Erben, welche die Kosten der Bestattung tragen, auch den Ort zu bestimmen haben, besonders wenn sie zu den nächsten Hinterbliebenen gehören. Zu einer Umbettung sind sie aber nicht nach Belieben, sondern nur wenn ausreichende Gründe vorliegen, berechtigt, z. B. der Wunsch der Witwe, die gleiche Grabstätte mit ihrem verstorbenen Manne zu teilen (OLG 16, 262; RG 71, 20; 108, 220). Der Erbe, insbesondere wenn es die Witwe ist, kann gegen eine Kirchengemeinde, bei der der Verstorbene eingepfarrt war, auf Grund der bestehengebliebenen Bestimmungen des PrALR (§§ 183ff. II 11, Art 133 EG) den Anspruch auf Gewährung eines „ehrlichen", d. h. üblichen und regelmäßigen Begräbnisplatzes „in der Reihe" im ordentlichen Rechtswege geltend machen (RG 106, 188). Der Gewahrsam an einer schon bestatteten Leiche steht nach gemeinem Rechte, das als Landesrecht nach Art 133 EG noch maßgebend ist, nicht den Angehörigen, sondern dem zu, der die Verfügung über den Friedhof hat (RG Warn 1912 Nr 219; RG 108, 219). Bei der Frage der Umbettung einer Leiche kommen öffentliche Interessen in Betracht und sind die darüber erlassenen polizeilichen Vorschriften maßgebend (RG 108, 219). Auch wenn es sich um Ausgrabung einer in ein bereits bestehendes Grab eingegrabenen Aschenurne handelt, ist die Volksanschauung zu beachten, welche die Ruhe der Toten nicht ohne besondere Gründe gestört wissen will (RG Warn 1925 Nr 203). Ein darüber unter den Erben entstehender Streit ist eine bürgerliche Rechtsstreitigkeit, für die der Rechtsweg zulässig ist (RG Warn 1913 Nr 303 und RG 71, 20; 100, 172; 108, 219).

§ 1969

Der Erbe ist verpflichtet[1]), Familienangehörigen des Erblassers, die zur Zeit des Todes des Erblassers zu dessen Hausstande gehört und von ihm Unterhalt bezogen haben[2]), in den ersten dreißig Tagen nach dem Eintritte des Erbfalls[3]) in demselben Umfange, wie der Erblasser es getan hat, Unterhalt zu gewähren[4]) und die Benutzung der Wohnung und der Haushaltsgegenstände zu gestatten[5]). Der Erblasser kann durch letztwillige Verfügung eine abweichende Anordnung treffen[6]).

Die Vorschriften über Vermächtnisse finden entsprechende Anwendung[7]).

KB 310.

1. Das **Recht auf den Dreißigsten** begründet eine Nachlaßverbindlichkeit im Sinne von § 1967 Abs 1, für die der Erbe nach allgemeinen (Vorbem) und den besonderen für Vermächtnisse geltenden Grundsätzen (vgl. § 1967 A 4) die Haftung auf den Nachlaß beschränken kann. Vor Annahme der Erbschaft kann sie nicht gegen den Erben geltend gemacht werden, § 1958. Regelmäßig bedarf es deshalb der Bestellung eines Nachlaßpflegers, § 1961. Die aufschiebenden Einreden der §§ 2014, 2015 sind der Natur der Sache nach ausgeschlossen.

2. Das Gesetz gibt keine Begriffsbestimmung für die **Zugehörigkeit zur Familie**, ebensowenig wie ZPO § 181. Der in StGB § 52 Abs 2 aufgestellte engere Begriff der „Angehörigen" kann nicht maßgebend sein. Als Familienangehörige werden vielmehr alle mit dem Erblasser verwandte und durch Ehe verbundene Personen (Ehegatte, Verschwägerte), außerdem aber alle diejenigen anzusehen sein, die tatsächlich vom Erblasser als zur Familiengemeinschaft gehörig betrachtet und behandelt worden sind, z. B. Pflegekinder, Freunde, sofern sie aus solchem Anlasse in den Hausstand aufgenommen worden sind, auch wenn die Beziehungen vertragsmäßig geregelt sind; nicht dagegen solche, bei denen die Aufnahme in den Hausstand auf rein wirtschaftlichen Verträgen beruht, z. B. auf einem Ernährungsvertrage mit einer dem Erblasser fernstehenden Person oder auf Dienstverträgen „mit Familienanschluß" bei Hauslehrern, Hausdamen, Erzieherinnen usw.; hier sind nur die vertraglichen Rechte maßgebend. — Die Zugehörigkeit zum **Hausstande** (§ 1617) setzt ein auf längere Dauer berechnetes räumliches Zusammenleben mit den übrigen Familiengliedern voraus. Bloß vorübergehende Anwesenheit (zum Besuche) genügt nicht. Umgekehrt hebt vorübergehende Abwesenheit (auf Reisen, zu Studienzwecken) das Zugehörigkeitsverhältnis nicht auf. Inwieweit bei abgesonderter Wohnung (Auszügler) Gemeinsamkeit des Hausstandes zu verneinen sei, ist Tatfrage. — Die Betreffenden müssen tatsächlich **vom Erblasser Unterhalt bezogen** haben. Ob auf Grund gesetzlicher Unterhaltspflicht oder freiwillig oder auf Grund Vertrags, macht keinen Unterschied.

3. Fristberechnung §§ 187 Abs 1, 188 Abs 1. Im Falle der Todeserklärung kann die dreißigtägige Frist von dem als Zeitpunkt des Todes geltenden Tage (§ 18) nicht gewahrt werden und somit, da Unterhalt für die Vergangenheit nicht beansprucht werden kann (vgl. A 4), die Wohltat des Dreißigsten nicht in Frage kommen; § 1974 Abs 1 Satz 2 ist nicht übertragbar.

4. Für das **Maß des Unterhalts** und die Art der Gewährung ist nur die bisherige tatsächliche Übung, nicht der standesmäßige Bedarf (§ 1610 Abs 1) entscheidend. Der Anspruch erlischt durch Ausscheiden aus dem Hausstande, sofern dieser nach dem Tode des Erblassers noch fortgeführt wird. Er ist als gesetzlicher Unterhaltsanspruch nicht übertragbar und unpfändbar (§§ 399, 400; ZPO § 850 Nr 2). Von den Vorschriften über die Unterhaltspflicht der Verwandten werden die §§ 1613, 1614: kein Anspruch für die Vergangenheit, Unverzichtbarkeit für die Zukunft, insbesondere bei Lebzeiten des Erblassers, als auf der Natur der Unterhaltsverbindlichkeiten beruhend entsprechend anwendbar sein (a. M. Planck Erl 4d); die durch die Kürze der Frist aus § 1613 in Verbindung mit § 1958 sich ergebenden Schwierigkeiten lassen sich durch schleunigst erwirkte Bestellung eines Nachlaßpflegers (§ 1961) und, sofern nötig, einstweilige Verfügung überwinden. Keine Anwendung kann § 1612 finden; der Unterhalt ist vielmehr „in demselben Umfange wie der Erblasser es getan hat," also auch in der gleichen Art, und in der Regel sonach in Natur, zu gewähren. Wird jedoch der Haushalt infolge des Todes aufgelöst, so wird der Unterhalt in Geld zu gewähren sein.

5. Auch in der **Benutzung der Wohnung und der Haushaltsgegenstände** liegt die Gewährung eines Vermögensvorteils, die aus dem unzulänglichen Nachlaß nicht gefordert werden kann, §§ 1991 Abs 4. Schadensersatz kann nur gefordert werden, soweit Verzug vorliegt (§§ 286, 284).

6. **Letztwillige Verfügung** s. § 1937 A 1. Der Erblasser kann einen andern als den Erben beschweren (§ 2147), den Dreißigsten ganz ausschließen, ihn nach Umfang und Dauer vermindern oder einen Vorrang anordnen (§ 2189). Insoweit er ihn erweitert, handelt es sich um reines Vermächtnis.

7. Fall des **gesetzlichen Vermächtnisses** § 1939 A 5. Der Berechtigte hat nur ein Forderungsrecht aus § 2174, keinen dinglichen Anspruch und genießt keinen Besitzschutz nach §§ 858ff. (a. M. Dernburg V § 152, III 2). Anfechtung wegen Vermächtnisunwürdigkeit § 2345.

II. Aufgebot der Nachlaßgläubiger

Die öffentliche Aufforderung der Nachlaßgläubiger im Wege des Aufgebotsverfahrens (§ 1970) verschafft dem Erben nicht nur eine zuverlässige Übersicht über den Stand des Nachlasses, sondern sichert ihn auch gegen die Gefahr, mit dem eigenen Vermögen und über den Betrag seiner Bereicherung durch die Erbschaft hinaus für unbekannt gebliebene Nachlaßverbindlichkeiten in Anspruch genommen zu werden, ohne die Beschränkung seiner Haftung nach §§ 1975 ff. herbeiführen zu müssen (§ 1973). In derselben Weise ist er auch ohne Aufgebot sichergestellt, wenn die Nachlaßverbindlichkeiten später als 5 Jahre nach dem Erbfall gegen ihn geltend gemacht werden (§ 1974). Die gleichen Grundsätze gelten, und zwar zugleich mit der Wirkung, die gesamtschuldnerische in eine Teilhaftung zu verwandeln, für die Miterben (§ 2060 Nr 1 u. 2, s. auch § 2045). Vgl. Vorbem. 2 zu diesem Titel.

§ 1970

Die Nachlaßgläubiger[1]) können im Wege des Aufgebotsverfahrens[2]) zur Anmeldung ihrer Forderungen aufgefordert werden[3]).

E I 2120 Abs 1 II 1845; M 5 644, 645; P 5 743, 774—777.

1. Die Aufforderung richtet sich, mit den Ausnahmen der §§ 1971, 1972, an alle **Nachlaßgläubiger** ohne Unterschied, selbst wenn sie gegen den Erblasser oder den Erben bereits einen vollstreckbaren Titel oder ein rechtskräftiges Urteil erlangt haben oder dem Erben bekannt sind. Sie betrifft sowohl diejenigen Gläubiger, deren Forderungen schon gegen den Erblasser entstanden waren (Erblasserschulden), wie diejenigen, die erst nach dem Erbfalle Forderungen gegen den Erben als solchen erlangt haben (§ 1967 A 2, 3). Auch die Gläubiger solcher Forderungen, die zur Zeit des Erlasses des Aufgebots noch bedingt oder betagt oder erst dem Rechtsgrunde nach entstanden sind, z. B. Rückgriffsforderungen des Bürgen. Dagegen werden Gläubiger, deren Forderungen erst nach der öffentlichen Bekanntmachung des Aufgebots durch den Deutschen Reichsanzeiger, mit welcher die Aufgebotsfrist beginnt (§ 950 ZPO), dem Grunde nach entstehen, von dem Aufgebote nicht betroffen werden; eine Anmeldung innerhalb einer schon in Lauf gesetzten Anmeldefrist kann dem Gläubiger nicht „zugemutet" werden (a. M. Planck Erl 3c vor §§ 1971, 1972; Strohal II § 75 II 3 und A 7). Zur Herbeiführung der Anmeldepflicht solcher Forderungen wird es eines neuen Aufgebots bedürfen. Der Erbe, der selbst das Aufgebot beantragt hat, wird seine eignen Forderungen gegen den Nachlaß auch ohne Anmeldung vor den ausgeschlosse-

nen Gläubigern zu befriedigen berechtigt sein; dagegen wird es der Anmeldung bedürfen, wenn das Befriedigungsrecht gegenüber einem anderen Miterben, dem das Aufgebot zugute kommt (ZPO § 997), oder gegenüber einem Nachlaßverwalter oder Testamentsvollstrecker erhalten bleiben soll. Diejenigen Gläubiger, denen der Erbe bereits unbeschränkt haftet (Vorbem 4 vor § 1967), gehen durch Versäumung der Anmeldung ihrer bereits erworbenen Rechte auf Befriedigung auch aus dem persönlichen Vermögen des Erben nicht verlustig. — Aus vertragswidrigem Handeln des Erben bei Erfüllung eines von dem Erblasser abgeschlossenen Vertrags entsteht eine persönliche Verbindlichkeit des Erben; der Gläubiger ist nicht verpflichtet, diesen Anspruch im Aufgebotsverfahren anzumelden (**RG** 92, 341).

2. Das hier in Frage stehende **Aufgebotsverfahren** ist durch die allgemeinen Bestimmungen der ZPO über Aufgebote (§§ 946—959) und durch die besonderen Vorschriften der §§ 989—1000 geregelt. Antragsberechtigt ist jeder Erbe (§ 991 Abs 1), also auch jeder einzelne Miterbe, jedoch erst nach Annahme der Erbschaft, die in dem Antrage nicht ohne weiteres zu finden ist, so daß es, wenn nicht eine anderweite stillschweigende Annahme vorausgegangen ist, einer vorhergehenden ausdrücklichen Annahmeerklärung bedarf. Unter dieser Voraussetzung ist auch der Nacherbe schon vor dem Eintritte der Nacherbfolge zur Antragstellung berechtigt (vgl. § 1946 A 2). Das Antragsrecht des Erben ist ausgeschlossen, wenn er für die Nachlaßverbindlichkeiten bereits allgemein unbeschränkt, d. h. nicht mehr beschränkbar (§§ 1994, 2005), haftet; eine unbeschränkte Haftung gegenüber einzelnen Gläubigern entzieht ihm das Antragsrecht nicht. Doch kann auch der unbeschränkt haftende Miterbe das Aufgebot zum Zwecke der Herbeiführung der Teilhaftung (§ 2059) beantragen (ZPO § 997 Abs 2). Außer dem Erben ist auch der Nachlaßpfleger, einschließlich des Nachlaßverwalters (§§ 1960, 1975), und zwar schon vor Annahme der Erbschaft (ZPO § 991 Abs 2), sowie der Testamentsvollstrecker, dieser aber erst nach Annahme der Erbschaft durch den Erben, antragsberechtigt (ZPO § 991 Abs 2, 3), falls ihnen die Verwaltung zusteht, was beim Nachlaßverwalter stets zutrifft. Zweifelhaft ist, ob der Nachlaßpfleger und der Testamentsvollstrecker auch dann noch berechtigt sind, das Aufgebot zu beantragen, wenn der Erbe unbeschränkt haftet (bejahend Planck Erl 1; auch Kipp § 76 III; OLG 19, 164; verneinend Strohal II § 75 A 2). In diesem Falle kann gemäß § 2013 die an die Durchführung des Aufgebotsverfahrens geknüpfte Folge der Beschränkung der Haftung des Erben gegenüber dem ausgeschlossenen Nachlaßgläubiger auf den Nachlaß (§ 1973) nicht eintreten; demzufolge kann auch die Aufforderung zur Anmeldung nicht den entsprechenden, in § 995 ZPO vorgesehenen Rechtsnachteil androhen. Diesem einen anderen Rechtsnachteil zu substituieren, wie Planck will, erscheint bedenklich. Das Gesetz läßt ein Aufgebotsverfahren nur in ganz bestimmten Fällen mit genau festgesetzten Ausschlußfolgen zu und erklärt ein in Fällen, in welchen es ein Aufgebotsverfahren nicht zuläßt, ergangenes Ausschlußurteil für anfechtbar (ZPO § 957 Abs 2 Nr 1). Dafür, den Nachlaßgläubiger, der sich innerhalb einer durch Aufgebot bestimmten Frist nicht meldet, von der Befriedigung aus dem Nachlasse (statt aus dem persönlichen Vermögen des Erben) auszuschließen, fehlt es an einer gesetzlichen Grundlage. Auch aus der durch § 1980 in Verbindung mit § 1985 dem Nachlaßverwalter gegenüber den Nachlaßgläubigern auferlegten Verantwortlichkeit ist für die gegenteilige Ansicht nichts zu entnehmen, da eine Fahrlässigkeit in der Nichtstellung des Antrags selbstverständlich nicht gefunden werden kann, wenn ein Antragsrecht nicht mehr besteht, es sei denn, daß die Stellung schuldhafterweise verzögert worden ist. Gegen die Ansicht spricht auch die Fassung des § 175 Abs 2 ZVG. — Das von einem Miterben beantragte Aufgebot kommt auch den anderen Miterben, das vom Nacherben beantragte auch dem Vorerben und umgekehrt zugute (ZPO §§ 997, 998). Das vom Nachlaßpfleger oder Testamentsvollstrecker beantragte Aufgebot kommt auch ohne besondere Vorschrift dem Erben zugute, da es ja gerade die Beschränkung von dessen Haftung als Ausschlußfolge bewirkt. — In gewissen Fällen hat auch der Ehemann einer Erbin sowie der Käufer der Erbschaft das Antragsrecht (ZPO §§ 999, 1000). — Das Antragsrecht ist zeitlich nicht beschränkt; doch verliert der Erbe die aufschiebenden Einreden aus § 2015 und ZPO § 782, wenn er den Antrag nicht innerhalb Jahresfrist nach der Annahme gestellt hat. Während der Dauer der Nachlaßverwaltung wird das Antragsrecht des Erben ruhen, da ihm die Verwaltung entzogen ist (§ 1984). Nach § 992 ZPO hat der Antragsteller dem Antrag ein Verzeichnis der ihm bekannten Nachlaßgläubiger beizufügen. Die Nichtaufnahme eines bekannten Gläubigers in dieses Verzeichnis hindert dessen Ausschluß an sich nicht; kann aber, wenn sie durch den Erben zu vertreten ist (§ 276) und die Versäumung der Frist durch den Gläubiger zur Folge hat, im Wege der Herstellungspflicht (§ 249) dazu führen, daß der Erbe sich diesem Gläubiger gegenüber auf den Ausschluß nicht berufen darf (OLG 18, 324).

3. Der Erbe und der Nachlaßverwalter sind nach §§ 1980 Abs 2 und 1985 Abs 2 bei Vermeidung des Schadensersatzes verpflichtet, in den dort vorgesehenen Fällen das Aufgebot zu beantragen. Die Kosten des Verfahrens zählen zu den Nachlaßverbindlichkeiten, die im Falle des Konkurses Masseschulden sind (KO § 224 Nr 4; vgl. § 1967 A 3).

§ 1971

Pfandgläubiger und Gläubiger, die im Konkurse den Pfandgläubigern gleichstehen[1]), sowie Gläubiger, die bei der Zwangsvollstreckung in das unbewegliche Vermögen ein Recht auf Befriedigung aus diesem Vermögen haben[2]), werden, soweit es sich um die Befriedigung aus den ihnen haftenden Gegenständen handelt, durch das Aufgebot nicht betroffen[3]). Das gleiche gilt von Gläubigern, deren Ansprüche durch eine Vormerkung gesichert sind[4]) oder denen im Konkurs ein Aussonderungsrecht zusteht, in Ansehung des Gegenstandes ihres Rechtes[5]).

E I 2125 II 1847; M 5 647, 648; P 5 743, 777—780.

1. Bestehende dingliche Sicherungsrechte der Nachlaßgläubiger an einzelnen Gegenständen des Nachlasses werden durch die Vorschriften über die Beschränkung der Haftung des Erben nicht berührt. Die betreffenden Gläubiger können daher von der Befriedigung aus den ihnen verhafteten Gegenständen durch das Aufgebot nicht ausgeschlossen werden. **Pfandgläubiger** sind diejenigen, welche ein durch Rechtsgeschäft bestelltes Pfandrecht an einer beweglichen Sache oder einem Rechte haben (§§ 1204, 1273; KO § 48). Diesen stehen **für den Fall des Konkurses gleich** die in § 49 KO aufgeführten Gläubiger, also die öffentlichen Kassen hinsichtlich der wegen Abgaben beschlagnahmten Gegenstände (Nr 1; im übrigen werden aber auch fiskalische Steuerforderungen von dem Ausschlusse betroffen, RG 64, 248); ferner die mit gesetzlichen oder durch Pfändung erlangten Pfandrechten (ZPO § 804) oder mit Zurückbehaltungsrecht wegen Verwendungen oder kaufmännischem Zurückbehaltungsrechte (HGB §§ 369—371) ausgestatteten Gläubiger (Nr 2—4). Den so bevorrechteten Gläubigern kann, soweit sie lediglich Befriedigung aus den ihnen verhafteten Gegenständen verlangen, der Erbe die Befriedigung auch während des Aufgebotsverfahrens nicht auf Grund des § 2015 verweigern (§ 2016 Abs 2). Sie werden vom Aufgebot auch dann nicht betroffen, wenn sie das dingliche Sicherungsrecht erst nach dem Erbfall durch ein Rechtsgeschäft mit dem Erben, Nachlaßverwalter oder Testamentsvollstrecker oder durch Zwangsvollstreckung vor oder während des Aufgebots (§ 782 Satz 2 ZPO) erworben haben; doch sind diejenigen, die nach Eintritt des Erbfalles das Sicherungsrecht auf prozessualem Wege erlangt haben, der aufschiebenden Einrede des § 2015 ausgesetzt (§ 2016 Abs 2). Ein nach Erlaß des Ausschlußurteils erlangtes Sicherungsrecht kann jedoch die Wirkungen des Ausschlusses auch hinsichtlich der ihm unterliegenden Nachlaßgegenstände nicht beseitigen, soweit nicht etwa in der Einräumung eines solchen Rechtes durch den Erben ein Verzicht auf die Geltendmachung der Ausschlußwirkung gegenüber diesem Gläubiger zu finden ist.

2. Die **Realberechtigten** aus § 10 ZVG. Ihnen gegenüber kann als Ersatz des Aufgebots, von dem sie als solche gleichfalls nicht betroffen werden, gemäß §§ 175—179 ZVG durch den Antrag auf Zwangsversteigerung des Grundstücks, zu dessen Stellung die gleichen Personen berechtigt sind, wie zur Stellung des Aufgebotsantrags (§ 1970 A 2), festgestellt werden, ob sie aus dem Grundstücke Deckung finden oder der sonstige Nachlaß zu ihrer Befriedigung herangezogen werden muß. Gegen die Heranziehung des sonstigen Nachlasses erwächst dem Erben eine Einrede, wenn der Nachlaßgläubiger es unterläßt, in dem Zwangsversteigerungsverfahren zu verlangen, daß bei Feststellung des geringsten Gebots nur die seinem Anspruche vorgehenden Rechte berücksichtigt werden (§§ 179, 174 ZVG). Die Einrede ist begründet, auch wenn es zu einem Zuschlage nicht gekommen ist. Das Verfahren findet nicht statt, wenn der Erbe dem Gläubiger bereits unbeschränkt haftet oder der Gläubiger wegen seines Ausfalles im Aufgebotsverfahren ausgeschlossen ist oder einem ausgeschlossenen Gläubiger gleichsteht (§ 175 Abs 2 ZVG).

3. Wohl aber werden die dinglich gesicherten Gläubiger betroffen, soweit sie wegen des **Ausfalls** eine persönliche Forderung gegen den Nachlaß geltend zu machen berechtigt sind.

4. Die **Vormerkung** (§§ 883, 884), die schuldrechtliche Ansprüche auf Einräumung von Rechten an Grundstücken sichert, ist den dinglichen Sicherungsrechten an Grundstücken insofern gleichgestellt, als sich der Erbe, soweit der Anspruch durch die Vormerkung gesichert ist, auf die Beschränkung seiner Haftung nicht berufen kann (§ 884); deshalb wird ein so gesicherter Anspruch auch von dem Aufgebote nicht betroffen.

5. **Aussonderungsrecht** im Konkurse KO §§ 43ff.

§ 1972

Pflichtteilsrechte, Vermächtnisse und Auflagen werden durch das Aufgebot nicht betroffen[1]), unbeschadet der Vorschrift des § 2060 Nr 1[2]).

E II 1846; P 5 774, 775.

1. **Pflichtteilsrechte** (§§ 2303 ff.), **Vermächtnisse** (§§ 2147 ff.) und **Auflagen** (§§ 2192 ff.) gehören nach § 1967 zu den Nachlaßverbindlichkeiten, können jedoch nur gegenüber einem nicht durch andere Verbindlichkeiten überschuldeten Nachlaß geltend gemacht werden. Deshalb werden sie auch im Konkurse (KO § 226) und, wenn es hierzu nach § 1990 nicht gekommen ist, durch den Erben gemäß §§ 1991 Abs 3, 1992 erst hinter allen sonstigen Nachlaßverbindlichkeiten befriedigt. Aus dem gleichen Grunde ist die durch den Erben erfolgte Befriedigung sowohl im Falle des Konkurses wie außerhalb eines solchen der Anfechtung ausgesetzt (KO § 222; AnfG § 3a). Auch den im Aufgebotsverfahren ausgeschlossenen Gläubigern stehen die Gläubiger aus solchen Verbindlichkeiten nach (§ 1973 Abs 1 Satz 2; vgl. A 4 dazu). Sie selbst gelten aber zunächst nicht als ausgeschlossene Gläubiger, da sie vom Aufgebote nicht betroffen werden; infolgedessen können sie namentlich Ansprüche gegen den Erben aus dessen Verwaltung gemäß §§ 1978, 1979 erheben, was den ausgeschlossenen Gläubigern versagt ist (vgl. zu § 1973 A 5). Falls sie jedoch ihre Forderungen nicht innerhalb fünf Jahren nach dem Erbfalle geltend machen, werden sie, abweichend von den nach § 1971 vom Aufgebote nicht betroffenen Gläubigern, wie ausgeschlossene Gläubiger behandelt (§ 1974 Abs 1, 3).

2. Auch die Pflichtteilsberechtigten usw. sind zur Anmeldung veranlaßt, wenn sie sich gegen einen Miterben die gesamtschuldnerische Haftung über die Teilung hinaus (§ 2060 Nr 1) sichern wollen.

§ 1973

[1]) Der Erbe[1a]) kann die Befriedigung eines im Aufgebotsverfahren ausgeschlossenen Nachlaßgläubigers insoweit verweigern[2]), als der Nachlaß durch die Befriedigung der nicht ausgeschlossenen Gläubiger erschöpft wird[3]). Der Erbe hat jedoch den ausgeschlossenen Gläubiger vor den Verbindlichkeiten aus Pflichtteilsrechten, Vermächtnissen und Auflagen zu befriedigen[4]), es sei denn, daß der Gläubiger seine Forderung erst nach der Berichtigung dieser Verbindlichkeiten geltend macht[4]).

Einen Überschuß[5]) hat der Erbe zum Zwecke der Befriedigung des Gläubigers im Wege der Zwangsvollstreckung[6]) nach den Vorschriften über die Herausgabe einer ungerechtfertigten Bereicherung[5]) herauszugeben[6]). Er kann die Herausgabe der noch vorhandenen Nachlaßgegenstände durch Zahlung des Wertes abwenden[7]). Die rechtskräftige Verurteilung des Erben zur Befriedigung eines ausgeschlossenen Gläubigers wirkt einem anderen Gläubiger gegenüber wie die Befriedigung[8])[9]).

E I 2127 II 1848; M 5 649—651; P 5 780—783; KB 312.

1. **Rechtswirkungen des Aufgebots im allgemeinen.** Bereits durch die Einleitung des Aufgebots entsteht die Rechtswirkung, daß der Erbe, sofern er den Antrag innerhalb eines Jahres nach der Annahme gestellt hat und sobald der Antrag zugelassen ist, die Berichtigung solcher Nachlaßverbindlichkeiten, die durch das Aufgebot betroffen werden, sowie der Verbindlichkeiten aus Pflichtteilsrechten, Vermächtnissen und Auflagen während der Dauer des Aufgebotsverfahrens verweigern darf (§§ 2015, 2016 und A dazu). — Als Folge der Durchführung des Aufgebotsverfahrens tritt ohne weiteres, insbesondere ohne daß es auch bei nicht dürftigem Nachlaß (§§ 1990, 1991) der Herbeiführung der Nachlaßverwaltung oder des Nachlaßkonkurses (§§ 1975 ff.) bedarf, eine Beschränkung der Haftung des Erben gegenüber den ausgeschlossenen Gläubigern ein, die im Ergebnisse dahin geht, daß der Erbe solchen Gläubigern nur insoweit haftet, als er durch den Nachlaß bereichert ist (Abs 1 Satz 1, Abs 2 Satz 1). Infolge dieser Beschränkung kann der Erbe nach Erlaß des Ausschlußurteils so verfahren, als wenn andere als die angemeldeten und nicht durch das Aufgebot betroffenen Gläubiger nicht vorhanden wären. Erweist sich der Nachlaß als zulänglich für diese Gläubiger, so kann er sie aus seinen eignen oder Mitteln des Nachlasses in beliebiger Reihenfolge befriedigen; andernfalls ist er den nicht ausgeschlossenen Gläubigern gegenüber, nicht aber den ausgeschlossenen, sofern der Nachlaß nicht dürftig ist, verpflichtet, Nachlaßkonkurs zu beantragen. Macht ein aus-

geschlossener Gläubiger seine Forderung geltend, so wird dadurch der Erbe nicht gehindert, auch weiterhin den Nachlaß zur Befriedigung nicht ausgeschlossener oder ausgeschlossener Gläubiger zu verwenden; nur Forderungen aus Pflichtteilsrechten, Vermächtnissen und Auflagen darf er jetzt nicht mehr befriedigen (Abs 1 Satz 2; vgl. A 4). Den ausgeschlossenen Gläubiger kann er auf das verweisen, was danach von dem Nachlasse noch übrig ist (Abs 2 Satz 1; vgl. A 5). Die Beschränkung geht also insofern weiter, als die durch Nachlaßverwaltung oder Nachlaßkonkurs herbeigeführte, als der Erbe dem ausgeschlossenen Gläubiger für die bisherige Verwaltung des Nachlasses nicht, wie im Falle der §§ 1978, 1979, verantwortlich ist, vielmehr eine entsprechende Verantwortlichkeit erst vom Zeitpunkte der Rechtshängigkeit des Anspruchs oder der Kenntnis des Erben von dem Anspruche ab für die Zukunft eintritt (vgl. A 5).

1a. Nur demjenigen Erben stehen die Rechte aus § 1973 zu, der zur Zeit des Erlasses des Ausschlußurteils noch nicht allen Nachlaßgläubigern gegenüber unbeschränkt im Sinne von §§ 1994, 2005, 2006, also unbeschränkbar, haftet (§ 2013 Abs 1 Satz 1); in diesem Falle stehen sie ihm aber einem ausgeschlossenen Gläubiger gegenüber auch weiter noch zu, wenn er später durch Versäumung der Inventarfrist oder ungetreues Inventar den übrigen Nachlaßgläubigern unbeschränkt haftbar wird (ebenda Satz 2).

2. Der Ausschluß bewirkt nicht ein Erlöschen der Forderung des ausgeschlossenen Gläubigers, auch keine Änderung ihrer rechtlichen Natur, sondern nur ein materielles Einrederecht des Erben, das durch Verweigerung der Befriedigung innerhalb oder außerhalb eines Prozesses oder einer Zwangsvollstreckung (vgl. A 6) geltend gemacht werden kann (RG 19. 11. 20, III 216/20). Klagt der ausgeschlossene Gläubiger ohne entsprechende Beschränkung seines Antrags, so kann der Erbe, falls Erschöpfung des Nachlasses vorliegt, die Abweisung der Klage; falls noch etwas vorhanden ist, die Verurteilung nur zur Vermeidung der Zwangsvollstreckung in das noch Vorhandene beantragen, und es ist dann im Prozesse selbst festzustellen, ob und inwieweit noch etwas vorhanden ist, in das die Zwangsvollstreckung erfolgen kann (RG 61, 221). Streitig ist, ob der Erbe sich im Prozesse damit begnügen kann, zu beantragen, daß seine Verurteilung nur unter Vorbehalt der beschränkten Haftung erfolge, wie der Vorbehalt zu lauten hat, und ob er auf Grund eines solchen Vorbehalts noch in der Zwangsvollstreckung die Einwendung der Erschöpfung des Nachlasses erheben kann. Die Rechtslehre (Strohal II § 75 III 4 bei A 29—30; auch Planck in der 3. Aufl., anders jetzt die 4. Aufl.; vgl. auch Dernburg § 166 VI bei A 18) bejaht grundsätzlich die Zulässigkeit des Vorbehalts, nimmt aber an, daß die in § 780 ZPO bestimmte Fassung des Vorbehalts nicht genüge, vielmehr die besondere Beschränkung der Haftung aus § 1973 als einem ausgeschlossenen Gläubiger gegenüber eingetreten darin bereits zum Ausdrucke gekommen sein müsse. RG 61, 222 hat beide Fragen hinsichtlich des Erben dahingestellt gelassen; dem Nachlaßverwalter aber die Verweigerung der Befriedigung noch in der Zwangsvollstreckung gestattet. OLG 9, 385 hält anscheinend einen Vorbehalt gegenüber einem ausgeschlossenen Gläubiger überhaupt nicht für erforderlich. Der richtige Standpunkt dürfte folgender sein: Da es sich auch im Falle des § 1973 um eine Beschränkung der Haftung des Erben handelt (vgl. A 1), wird der Anwendung des § 780 ZPO auch auf diesen Fall nichts entgegenstehen. Für die Annahme, daß der Vorbehalt der beschränkten Haftung nicht genüge, vielmehr im Urteile bereits zum Ausdruck gekommen sein müsse, daß die Beschränkung infolge Ausschlusses durch Aufgebot gemäß § 1973 eingetreten sein soll, ist aus der Fassung des Gesetzes ein Anhaltspunkt nicht zu entnehmen; es dürfte auch sachlich nichts entgegenstehen, die Frage, ob und in welcher Weise eine Beschränkung eingetreten ist, auch in diesem Falle der Begründung der in der Zwangsvollstreckung zu erhebenden Einwendung zu überlassen (RG 83, 330). Anderseits wird (was in RG 83, 330 dahingestellt gelassen ist) auch unbedenklich Abs 2 des § 780 Anwendung finden können, so daß der Fiskus als gesetzlicher Erbe, der Testamentsvollstrecker und der Nachlaßpfleger sich noch in der Zwangsvollstreckung auf § 1973 auch dann berufen können, wenn das Urteil ihnen gegenüber ohne Vorbehalt ergangen ist. Gleiches wird aber auch dem Erben freistehen, wenn aus einem dem Nachlaßpfleger oder dem Testamentsvollstrecker gegenüber ergangenen Urteile gegen ihn im Wege der Zwangsvollstreckung vorgegangen wird. — Ist in einem Vorprozesse der Eintritt des Erben in eine Nachlaßverbindlichkeit (Verpflichtung zu einer Verwaltung) unter Beschränkung des Klägers wegen seines Ausschlusses durch Aufgebot nach § 1973 ausgesprochen, so kann in dem Nachprozesse über diese Verpflichtung der Erbe die Erschöpfung des Nachlasses geltend machen (RG 19. 11. 20, III 216/20). Durch die Ausschließung wird das Recht, die Forderung zur Begründung der Einrede des nicht erfüllten gegenseitigen Vertrags (§§ 320ff.), oder zur Aufrechnung gegen Nachlaßforderungen zu benutzen, nicht berührt; § 390 Satz 1 steht nicht entgegen, da das Aufrechnungsrecht bereits vorher erwachsen war (§ 389, vgl. auch RG 42, 142).

3. Der Einwand kann dahin gehen, daß die Nachlaßaktiva durch Verwendung in irgendwelcher Weise, auch durch Befriedigung ausgeschlossener Gläubiger oder von Pflichtteils-

usw. Berechtigten oder auch durch Untergang, Abhandenkommen usw. der Nachlaßgegenstände, bereits erschöpft seien, oder aber dahin, daß sie durch die noch ausstehende Befriedigung nicht ausgeschlossener Gläubiger **erschöpft werden**. Eine noch nicht erfolgte Befriedigung ausgeschlossener Gläubiger kann die Erschöpfungseinrede nur begründen, falls der Erbe zu ihrer Befriedigung bereits rechtskräftig verurteilt ist (Abs 2 Satz 3; vgl. A 8). Auf eine noch nicht erfolgte Befriedigung von Pflichtteils- usw. Berechtigten kann sich der Erbe überhaupt nicht berufen (Abs 1 Satz 2; vgl. A 4). Dem ausgeschlossenen Gläubiger steht ein Ersatzanspruch gegen ausgeschlossene Gläubiger, die vor ihm befriedigt worden sind, nicht zu (OLG 5, 230).

4. Über die Stellung der **Verbindlichkeiten aus Pflichtteilsrechten, Vermächtnissen und Auflagen** vgl. § 1972 A 1, 2. — Nichteinhaltung dieser Vorschrift macht den Erben auch den ausgeschlossenen Gläubigern gegenüber verantwortlich in der Weise, daß er den dafür verwendeten Betrag oder Vermögenswert nicht als Verringerung seiner Bereicherung aus dem Nachlasse (vgl. A 5) in Abzug bringen darf. Nicht ausgeschlossenen Gläubigern haftet er dafür aus § 1978. Bloße Kenntnis der Forderung des ausgeschlossenen Gläubigers hindert den Erben nicht an der Befriedigung von Pflichtteils- usw. Berechtigten; es bedarf der gerichtlichen oder außergerichtlichen Geltendmachung; also Mahnung genügt. Soweit solche Verbindlichkeiten vorher befriedigt worden sind, steht aber dem ausgeschlossenen Gläubiger das Anfechtungsrecht aus KO § 222, AnfG § 3a gegenüber dem befriedigten Berechtigten zu.

5. Der **„Überschuß"** ist dasjenige, was nach den oben entwickelten Grundsätzen dem Erben noch als Bereicherung aus dem Nachlasse verbleibt. Für die Berechnung des Überschusses sind daher die Vorschriften der §§ 818, 819 maßgebend. Danach sind dem ursprünglichen Aktivbestande des Nachlasses die gezogenen Nutzungen sowie dasjenige zuzurechnen, was der Erbe auf Grund zum Nachlasse gehöriger Rechte oder als Ersatz für die Zerstörung, Beschädigung oder Entziehung von Nachlaßgegenständen erlangt hat (Surrogate). Auch die Verbindlichkeiten und Lasten, die dem Erben gegenüber dem Erblasser oblagen und die durch Vereinigung erloschen sind, müssen dem Nachlasse zugerechnet werden. Anderseits sind abzuziehen die durch Vereinigung erloschenen Forderungen und Rechte des Erben gegenüber dem Erblasser. Ferner die Forderungen der nicht ausgeschlossenen Gläubiger, auch soweit sie noch nicht berichtigt sind, jedoch die Ansprüche aus Pflichtteilsrechten usw. nur, soweit sie bereits vor der Geltendmachung des Anspruchs des ausgeschlossenen Gläubigers berichtigt waren (vgl. A 4); die Ansprüche anderer ausgeschlossener Gläubiger nur, soweit sie bereits berichtigt sind (A 1, 3). Sodann alle Aufwendungen, die der Erbe auf den Nachlaß gemacht hat, ohne Rücksicht auf ihre Notwendigkeit und Nützlichkeit (in letzterem Falle unter Anrechnung der dadurch bewirkten Wertsteigerung), auch etwaige nicht geschuldete Leistungen an vermeintliche Nachlaßgläubiger, in welchem Falle eine etwa entstandene condictio indebiti dem Nachlaßbestande zuzurechnen ist; endlich alles, was der Erbe ohne Gegenleistung, also namentlich auch schenkweise, aus dem Nachlasse fortgegeben hat. Eine Haftung des Erben für sein Gebaren mit dem Nachlasse tritt jedoch mit dem Zeitpunkte ein, in welchem der Anspruch des Gläubigers rechtshängig geworden oder der Erbe auch nur Kenntnis von ihm erlangt hat (§§ 819, 292). Von da ab ist er auch dem ausgeschlossenen Gläubiger gegenüber zur Sorgfalt in bezug auf den Nachlaß verpflichtet; er haftet also für schuldhaft nicht gezogene Nutzungen (§ 987) und für durch seine Schuld eintretende Verschlechterung, Untergang oder sonstige Herausgabeunmöglichkeit der Nachlaßgegenstände (§ 989); weitere Aufwendungen, die durch die anzuwendende Sorgfalt nicht geboten waren, kann er nicht mehr abziehen. Diese Haftung ist eine dem Erben persönlich obliegende Verbindlichkeit, für die er mit seinem eigenen Vermögen einzustehen hat; sie gilt nicht (wie im Falle des § 1978 Abs 2) als zum Nachlasse gehörend. Für die Frage, ob ein Überschuß vorhanden, ist nicht der Zeitpunkt der Rechtshängigkeit des Anspruchs, sondern, wenn sie im Hauptprozesse zur Entscheidung kommt, der Zeitpunkt des in diesem ergehenden Urteils, wenn sie auf Einwendung in der Zwangsvollstreckung zu entscheiden ist (vgl. A 2), der Beginn der Zwangsvollstreckung maßgebend. Der Erbe kann also auch noch nach der Rechtshängigkeit nicht ausgeschlossene und andere ausgeschlossene Gläubiger nach Maßgabe von A 1 befriedigen. — Auch während des Nachlaßkonkurses kann der durch Aufgebot ausgeschlossene Nachlaßgläubiger gegen den Erben auf Herausgabe des „Überschusses" klagen, sofern feststeht, daß ein solcher nach Befriedigung der nicht ausgeschlossenen Nachlaßgläubiger im Konkursverfahren vorhanden ist (**RG** 14. 4. 13, IV 603/12, unter Bezugnahme auf **RG** 29, 73). Hat der Erbe eine ausgeschlossene fiskalische Steuerforderung infolge Androhung der Zwangsvollstreckung aus seinem Vermögen bezahlt, so kann er den bezahlten Betrag, soweit er den „Überschuß" übersteigt, vom Fiskus zurückfordern (**RG** 64, 248).

6. Die **Herausgabe** hat zu erfolgen nicht etwa „im Wege der Zwangsvollstreckung", so daß freiwillige Herausgabe ausgeschlossen wäre (OLG 11, 227), sondern „zum Zwecke der Befriedigung des Gläubigers im Wege der Zwangsvollstreckung", also nicht so, daß der Gläubiger unmittelbar Eigentümer würde und dadurch Befriedigung erlangte, sondern zur Verwertung durch Zwangsvollstreckung. Doch wird bei freiwillig herausgegebenen Geldbeträgen eine Pfändung und Ablieferung durch den Gerichtsvollzieher (ZPO § 815) nicht erforderlich sein. Im übrigen hat der Erbe die Pfändung oder Beschlagnahme durch den Gerichtsvollzieher oder das Vollstreckungsgericht zu dulden und die Nachlaßgegenstände zu diesem Zwecke zur Verfügung zu stellen (vgl. aber A 7).

7. Der Erbe ist nicht verpflichtet, die noch vorhandenen Nachlaßgegenstände in Natur herauszugeben; es steht ihm vielmehr (abweichend von dem Falle des § 1990 Abs 1 Satz 2, aber in Übereinstimmung mit §§ 1992 Satz 2 und 1477 Abs 2) das Recht zu, die Nachlaßgegenstände durch Zahlung ihres Wertes einzulösen. Darin liegt eine Abweichung von der Haftung cum viribus hereditatis. Der Wert ist nach der Zeit zu bemessen, zu welcher das Recht ausgeübt wird, und durch Schätzung zu ermitteln; Angaben in einem etwa errichteten Inventar (§ 2001) können nur als Anhaltspunkte in Betracht kommen. — Streitig ist, ob der Erbe den Nachlaß soweit zurückbehalten kann, als ihm Ersatzforderungen für Aufwendungen zustehen oder ob er ihn ganz zur Zwangsvollstreckung stellen muß und darauf angewiesen ist, aus dem Erlöse Befriedigung vor dem Gläubiger zu verlangen. Für erstere Meinung Planck, für letztere Strohal bei Planck Erl 5c α und Flad ebenda, 4. Aufl., Erl 5c β Abs 2; zweifelnd Staudinger, 9. Aufl., Erl 2c S. 198; vgl. auch Warn 1914 Nr 313. Der Wortlaut, wonach nur der „Überschuß" herauszugeben ist, spricht für die dem Erben günstigere Meinung, die auch der vom Gesetze dem ausgeschlossenen Gläubiger angewiesenen Stellung mehr entsprechen dürfte, derzufolge er nur auf die Bereicherung Anspruch hat.

8. Aus Billigkeitsgründen ist für die Berechnung des Überschusses der bereits erfolgten wirklichen Befriedigung eines ausgeschlossenen Gläubigers (vgl. A 1) die rechtskräftige Verurteilung zur Befriedigung gleichgestellt, da sich ihr der Erbe nicht mehr durch Hinweis auf nachträglichen Wegfall der Bereicherung durch Befriedigung eines anderen Gläubigers entziehen kann. Der Erbe kann deshalb die Forderung eines ausgeschlossenen Gläubigers, zu deren Befriedigung er rechtskräftig verurteilt ist, einem anderen ausgeschlossenen Gläubiger gegenüber so zur Anrechnung bringen, als wenn er sie bereits befriedigt hätte.

9. **Beweislast.** Der Erbe hat die seine Befriedigungsverweigerung begründende Einrede der Erschöpfung des Nachlasses darzutun. Dazu gehört als Grundlage der Berechnung die Feststellung des ursprünglichen Bestandes des Nachlasses. Hat der Erbe rechtzeitig ein Inventar (§ 1993) errichtet, so wird dadurch die Vermutung, daß keine anderen Nachlaßgegenstände vorhanden waren, begründet (§ 2009). Der Gläubiger kann diese Vermutung durch alle Beweismittel widerlegen. Er kann auch seinerseits den Erben zur Errichtung eines Inventars gemäß § 1994 anhalten. Steht der ursprüngliche Bestand des in das Vermögen des Erben gelangten Nachlasses fest, so muß der Erbe ferner beweisen, daß er nicht mehr bereichert ist (§ 818 Abs 3). Er hat also darzutun, was bisher schon aus dem Nachlasse weggegeben ist oder wodurch sich sonst sein ursprünglicher Bestand vermindert hat, und ferner, welche nicht ausgeschlossenen Gläubiger noch zu befriedigen sind. Ist die Verminderung durch Befriedigung von Pflichtteils- usw. Berechtigten herbeigeführt, so hat der Erbe den Zeitpunkt der Befriedigung, der Gläubiger, wenn er die Anrechnung nicht anerkennt, den Zeitpunkt der Geltendmachung seines Anspruchs (Abs 1 Satz 2 Halbsatz 2) zu beweisen. — Behauptete Zugänge oder Surrogate hat der Gläubiger darzutun. Der Erbe ist gemäß § 260 verpflichtet, ein Verzeichnis des Überschusses vorzulegen.

§ 1974

Ein Nachlaßgläubiger[1]), der seine Forderung später als fünf Jahre nach dem Erbfalle dem Erben gegenüber geltend macht[2]), steht einem ausgeschlossenen Gläubiger gleich[3]), es sei denn, daß die Forderung dem Erben vor dem Ablaufe der fünf Jahre bekannt geworden[4]) oder im Aufgebotsverfahren angemeldet worden ist[5]). Wird der Erblasser für tot erklärt, so beginnt die Frist nicht vor der Erlassung des die Todeserklärung aussprechenden Urteils[6]).

Die dem Erben nach § 1973 Abs 1 Satz 2 obliegende Verpflichtung tritt im Verhältnisse von Verbindlichkeiten aus Pflichtteilsrechten, Vermächtnissen und Auflagen zueinander nur insoweit ein, als der Gläubiger im Falle des Nachlaßkonkurses im Range vorgehen würde[7]).

Soweit ein Gläubiger nach § 1971 von dem Aufgebote nicht betroffen wird, finden die Vorschriften des Abs 1 auf ihn keine Anwendung[8])[9]).

E II 1849; P 5 795, 796; RB 312, 313.

1. In gleicher Weise, wie durch die Durchführung eines Aufgebotsverfahrens (§§ 1970 bis 1973), soll der Erbe, ohne ein solches durchführen zu müssen, geschützt werden gegen Ansprüche von Nachlaßgläubigern, die erst lange Zeit nach dem Erbfalle sich melden und ihm bis dahin unbekannt geblieben sind, sog. „**verschwiegene Forderungen**". Hat ein Aufgebotsverfahren stattgefunden, so sind die Ansprüche der in diesem angemeldeten Gläubiger durch die Anmeldung auch gegenüber dem Zeitablaufe gewahrt; gegenüber den durch das Verfahren ausgeschlossenen Gläubigern ist der Erbe durch § 1973 gedeckt; die durch das Aufgebot nicht betroffenen Gläubiger des § 1971 werden auch durch den Zeitablauf gemäß § 1974 nicht betroffen (vgl. Abs 3). Die Vorschrift des § 1974 hat deshalb in diesem Falle nur Bedeutung gegenüber den nach § 1972 von dem Aufgebot nicht betroffenen Gläubigern, also gegenüber Ansprüchen aus Pflichtteilsberechtigungen, Vermächtnissen und Auflagen; ferner aber auch gegenüber solchen Forderungen, die erst nach Beginn der Anmeldefrist in dem Aufgebotsverfahren oder (wenn man der anderen Ansicht folgt, vgl. § 1970 A 1) nach Erlaß des Ausschlußurteils entstanden sind.

2. Auch Forderungen, die bis zum Ablaufe der fünfjährigen Frist nur als bedingte oder betagte bestanden haben oder nur erst nach ihrem Grunde entstanden waren, unterliegen wie dem Aufgebote (vgl. § 1970 A 1), so auch der Beschränkung durch Zeitablauf. Sie können zur Vermeidung dieses Rechtsnachteils außergerichtlich, allerdings wohl nur durch das Verlangen eines Anerkenntnisses, oder auch, wenn dieses verweigert wird, gerichtlich im Wege der Feststellungsklage nach ZPO § 256, für die das erforderliche Feststellungsinteresse durch den drohenden Ablauf der Frist gegeben sein wird, oder durch Klage auf künftige Leistung gemäß §§ 257—259, deren Voraussetzungen gleichfalls vorliegen werden, geltend gemacht werden. Auch die Geltendmachung gegenüber dem Nachlaßpfleger (einschließlich des Nachlaßverwalters), dem verwaltenden Testamentsvollstrecker sowie dem vorläufigen Erben, der später die Erbschaft ausgeschlagen hat (§ 1959 Abs 3), genügt zur Vermeidung des Rechtsnachteils. Nach dem Wortlaute und dem praktischen Zwecke des Gesetzes fallen aber auch solche Forderungen, die erst nach Ablauf der fünf Jahre als Nachlaßforderungen entstehen und deshalb nicht vorher geltend gemacht werden konnten, darunter, selbstverständlich nur soweit sie bloße Nachlaßverbindlichkeiten und nicht Eigenverbindlichkeiten des Erben sind, für die er persönlich haftet (vgl. § 1967 A 2, 3). — Fristberechnung nach §§ 187, 188. Es handelt sich um eine Ausschlußfrist; daher sind die Vorschriften über Hemmung der Verjährung (§§ 203, 206, 207) nicht anwendbar. Für den Fall der Todeserklärung vgl. Abs 1 Satz 2 und A 6.

3. Die **Rechtswirkungen des Fristablaufs** sind die gleichen wie diejenigen des Ausschlusses im Aufgebotsverfahren: die Haftung des Erben wird auf die Bereicherung beschränkt (vgl. § 1973 A 1—9). Wegen der Pflichtteilsrechte, Vermächtnisse und Auflagen vgl. A 7.

4. Auch ohne Geltendmachung der Forderung genügt es zur Vermeidung des Rechtsnachteils, daß sie **dem Erben während der Frist bekannt wird**. Die Kenntnisnahme des Nachlaßverwalters, des verwaltenden Testamentsvollstreckers oder des vorläufigen Erben derjenigen des Erben gleichzustellen (so Planck Erl 5a; Strohal II § 76 II 2), ist nicht unbedenklich, mindestens soweit es sich nicht um von ihnen oder ihnen gegenüber vorgenommene Rechtsgeschäfte handelt. Kennenmüssen (fahrlässiges Nichtkennen) steht dem Kennen nicht gleich. Aus einem solchen kann auch nicht (wie die zweite Auflage dieses Kommentars gegen Planck Erl 5 Abs 2 angenommen hat) ein Gläubiger, der die fünfjährige Frist versäumt hat, eine Schadensersatzpflicht auf Grund des § 1980 Abs 2 herleiten, weil ein solcher Gläubiger einem ausgeschlossenen Gläubiger gleichsteht und einem solchen der Erbe nur nach Maßgabe der Bereicherungsgrundsätze haftet (vgl. § 1973 A 1, 5). Auch aus § 228 Abs 2 KO ist zu entnehmen, daß der nach § 1974 einem ausgeschlossenen gleichstehende Gläubiger einen Anspruch auf Grund des § 1980 nicht erheben kann. Eine erweiterte Bereicherungshaftung aus § 819 (vgl. § 1973 A 5) kann nicht in Frage kommen, da auch sie wirkliche Kenntnis voraussetzt, bei deren Vorhandensein die Beschränkung der Haftung aus § 1974 ohnehin nicht eintritt. — Zum Kennen der Forderung wird hier genügen, daß der Erbe davon Kenntnis hat, daß der Gläubiger den Anspruch erhebt; von dem Begründetsein der Forderung braucht der Erbe nicht überzeugt zu sein.

5. Die **Anmeldung** in einem Aufgebotsverfahren nach § 1970 steht der Geltendmachung innerhalb der fünfjährigen Frist gleich und verhindert deshalb auch den Eintritt des Rechtsnachteils aus § 1974, auch wenn die Anmeldung etwa nicht zur Kenntnis des Erben gelangt sein sollte. Gläubiger aus Pflichtteilsrechten, Vermächtnissen und Auflagen, die zur An-

meldung im Aufgebotsverfahren nicht verpflichtet waren, sind, wenn sie trotzdem angemeldet haben, dadurch gegen die Folgen des Ablaufs der fünfjährigen Frist geschützt.

6. Die **durch § 18 aufgestellte gesetzliche Vermutung**, daß der Erblasser in dem durch das die Todeserklärung aussprechende Urteil festgestellten früheren Zeitpunkte gestorben sei, soll für die Berechnung der Frist des § 1974 nicht zur Anwendung kommen, weil andernfalls diese abgelaufen sein könnte, bevor eine Geltendmachung der Forderung gegenüber dem Erben möglich war. An ihre Stelle tritt der Fristbeginn „nicht vor", also frühestens mit dem Zeitpunkte des Erlasses des die Todeserklärung aussprechenden Urteils, d. h. des Ausschlußurteils in dem Todeserklärungsverfahren (ZPO § 952). Wird nachträglich ermittelt, daß der Verschollene damals noch nicht tot war, aber später gestorben ist, so beginnt die Frist erst mit dem ermittelten Zeitpunkte des wirklichen Todes. Anderseits beginnt, wenn es zu einer Todeserklärung nicht kommt, weil vorher der Zeitpunkt des wirklichen Todes ermittelt ist, die Frist schon mit diesem Zeitpunkte, der möglicherweise länger als fünf Jahre vor dem Bekanntwerden des Todes zurückliegen kann, so daß der Gläubiger nicht in der Lage war, die Frist zu wahren (a. M. Staudinger Erl 3 S. 203).

7. Im Gegensatze zu dem Ausschlusse durch Aufgebot, von welchem die Verbindlichkeiten aus **Pflichtteilsrechten, Vermächtnissen und Auflagen** nicht betroffen werden (§ 1972), steht der Ablauf der Frist des § 1974 auch solchen Nachlaßgläubigern entgegen. Daß der Erbe solche Gläubiger erst nach anderen, die ihre Forderung, wenn auch verspätet, geltend machen, zu befriedigen hat, ergibt bereits die Anwendung des § 1973 Abs 1 Satz 2. Einer besonderen Regelung bedurfte es aber, wie der Erbe sich zu verhalten hat, wenn mehrere derartige Verbindlichkeiten nebeneinander in Betracht kommen. Der Erbe soll in solchem Falle nur dann verpflichtet sein, eine derartige Forderung, die nach Ablauf der Frist geltend gemacht wird, vor anderen noch nicht befriedigten derartigen Forderungen zu berichtigen, wenn jene diesen im Falle des Nachlaßkonkurses vorgehen würde. Nach § 226 Abs 2 Nr 4, 5 und Abs 4 KO gehen im Nachlaßkonkurse Verbindlichkeiten gegenüber Pflichtteilsberechtigten den Verbindlichkeiten aus Vermächtnissen und Auflagen vor und wird hieran auch durch den Fristablauf nichts geändert; der Pflichtteilsberechtigte ist daher ungeachtet des ihm gegenüber eingetretenen Fristablaufs vor einem Vermächtnisnehmer oder einer Auflagenverbindlichkeit zu befriedigen, auch wenn diese Forderungen nicht „verschwiegen" worden sind. Dagegen geht unter mehreren Verbindlichkeiten aus Pflichtteilsrechten untereinander oder unter mehreren Vermächtnis- und Auflageverbindlichkeiten untereinander diejenige, hinsichtlich deren eine Verschweigung nicht eingetreten ist, denjenigen, bei denen das der Fall ist, vor. Eine abweichende Rangordnung kann sich aus § 226 Abs 3 KO ergeben, wenn es sich um ein den Pflichtteil ausschließendes Vermächtnis (§ 2307) handelt oder wenn der Erblasser eine anderweite Rangordnung unter Vermächtnissen und Auflagen angeordnet hat.

8. Die mit **dinglichen Sicherungsrechten an einzelnen Nachlaßgegenständen** ausgestatteten Gläubiger des § 1971 bleiben auch von dem Ablaufe der fünfjährigen Frist unberührt, soweit sie sich auf die Befriedigung aus den ihnen verhafteten Gegenständen beschränken. Soweit sie Ausfallsforderungen geltend machen, stehen sie den übrigen Gläubigern gleich. Handelt es sich um dingliche Sicherungsrechte an Grundstücken, so kann der Erbe gemäß § 175 ZVG die Zwangsversteigerung beantragen und tritt dann im Falle des § 179 schon vor Ablauf der fünfjährigen Frist eine Beschränkung des Berechtigten auf das ihm verhaftete Grundstück ein (vgl. § 1971 A 2).

9. **Beweislast.** Der Gläubiger, der nach Ablauf von fünf Jahren seit dem Erbfall den Erben auf mehr als die Bereicherung (A 3) in Anspruch nehmen will, hat zu beweisen, daß der Anspruch bereits vor Ablauf der fünf Jahre geltend gemacht oder dem Erben sonst bekannt geworden oder daß er im Aufgebotsverfahren angemeldet worden ist. Im übrigen vgl. § 1973 A 9, insbesondere auch für den Fall der Verkürzung durch Befriedigung von Pflichtteilsberechtigten usw. Haftet der Erbe allen oder einzelnen Gläubigern gegenüber „unbeschränkt", so muß er, wenn er sich gegenüber einem Gläubiger, dem er in dieser Weise haftet, auf den Ablauf der fünfjährigen Frist berufen will, nachweisen, daß seine unbeschränkte Haftung erst nach Ablauf der Frist eingetreten ist (§ 2013 Abs 1; vgl. § 1973 A 1 a). — Haftung des Miterben § 2060 Nr 2.

III. Beschränkung der Haftung des Erben

§ 1975

Die Haftung des Erben für die Nachlaßverbindlichkeiten beschränkt sich auf den Nachlaß[1]), wenn eine Nachlaßpflegschaft zum Zwecke der Befriedi-

gung der Nachlaßgläubiger (Nachlaßverwaltung)[2]**) angeordnet oder der Nachlaßkonkurs eröffnet ist**[3]**).**

E I 2110 Abs 1 II 1850; M 5 623—625; P 5 488, 759—762, 807—810.

1. Grundsätzliches über die **Beschränkung der Haftung des Erben** für die Nachlaßverbindlichkeiten auf den Nachlaß vgl. Vorbem 1 vor § 1967. Das regelmäßige Mittel zur Herbeiführung dieser Beschränkung gegenüber der Gesamtheit der Gläubiger ist die Anordnung der Nachlaßverwaltung oder die Eröffnung des Nachlaßkonkurses, erstere im Falle der Zulänglichkeit des Nachlasses, letztere bei Überschuldung. Voraussetzung für den Eintritt der Beschränkung ist, daß der Erbe nicht bereits gegenüber der Gesamtheit der Nachlaßgläubiger infolge von Versäumung der Inventarfrist (§ 1994) oder ungetreuen Inventars (§ 2005) unbeschränkt, d. h. nicht mehr beschränkbar, haftet (Vorbem 3 zu § 1967). Die unbeschränkte Haftung einzelnen Gläubigern gegenüber, wie sie durch Nichtleistung des Offenbarungseides (§ 2006), oder dadurch, daß die Beschränkung im Urteil nicht vorbehalten wird (ZPO § 780), eintritt, hindert den Erben nicht, durch Herbeiführung der genannten Maßnahmen die Beschränkung gegenüber der Gesamtheit zu bewirken (§ 2013 Abs 2); doch bleibt er demjenigen Gläubiger, dem er bereits unbeschränkt haftet, in dieser Weise haftbar, auch wenn der Nachlaßkonkurs eröffnet ist (**RG** 59, 305). Der unbeschränkt haftende Erbe ist nicht mehr zum Antrage auf Nachlaßverwaltung berechtigt (§ 2013); wohl aber noch zum Antrage auf Nachlaßkonkurs (KO §§ 216, 217). — Die durch Nachlaßverwaltung oder Nachlaßkonkurs zugleich eintretende Absonderung des Nachlasses von dem eigenen Vermögen des Erben dient auch dem Interesse der Nachlaßgläubiger; deshalb sind auch diese nicht nur zu dem Antrag auf Nachlaßkonkurs, sondern unter gewissen Voraussetzungen (§ 1981 Abs 2) auch auf Nachlaßverwaltung berechtigt, und zwar auch wenn der Erbe bereits unbeschränkt haftet. Auf die von einem Nachlaßgläubiger herbeigeführte Maßnahme kann sich auch der Erbe berufen, wenn er nicht das Beschränkungsrecht bereits allgemein verloren hatte. — Die Beschränkung tritt ein mit dem Zeitpunkte der Anordnung der Nachlaßverwaltung oder der Eröffnung des Konkurses; doch kann bereits vorher der Erbe den Vorbehalt der Beschränkung im Urteile verlangen (ZPO § 780), da er nur in diesem Falle bei der Zwangsvollstreckung sich auf die eingetretene Beschränkung berufen kann (§ 785). — Die Fassung des Gesetzes muß die Annahme nahelegen, daß durch die Herbeiführung einer der dort bezeichneten Maßnahmen eine endgültige Beschränkung der Haftung des Erben auf den Nachlaß bewirkt werde, sofern er nicht etwa bereits unbeschränkbar haftet; doch ist das nicht unbestritten; vielmehr wird die Meinung vertreten, daß die Anordnung der Nachlaßverwaltung nur für deren Dauer die Wirkung der Beschränkung habe (s. Näheres über diese Streitfrage § 1986 A 4). Wegen der Wirkung des Nachlaßkonkurses nach seiner Beendigung auf die Beschränkung der Haftung s. § 1989 A 1. — Die Beschränkung ist nicht nur bei Verbindlichkeiten zu Geldleistungen, sondern auch zu vermögensrechtlichen Handlungen (Löschungsbewilligung einer Hypothek, **RG** Gruch 56, 1005) oder zur Abgabe von Willenserklärungen (Zession einer Forderung, **RG** 49, 415) von Bedeutung, und es kann deshalb auch in solchen Fällen ein entsprechender Vorbehalt im Urteile verlangt werden; die Vorschrift des § 894 ZPO kann alsdann keine Anwendung finden (**RG** a. a. O.).

2. Die **Nachlaßverwaltung** ist eine Unterart der Nachlaßpflegschaft, aber mit der Besonderheit, daß sie dem Zwecke der Befriedigung der Nachlaßgläubiger dient; der Nachlaßverwalter ist nicht gesetzlicher Vertreter des Erben, sondern hat eine der des Konkursverwalters entsprechende Rechtsstellung; das Armenrecht kann ihm deshalb nicht bewilligt werden (**RG** 65, 287). Im übrigen unterliegt die Nachlaßverwaltung den allgemeinen Vorschriften über die Pflegschaft, soweit nicht Abweichendes bestimmt ist (§ 1960 A 4). An die Stelle des Vormundschaftsgerichts tritt das Nachlaßgericht (§ 1962). Die Nachlaßverwaltung wird dadurch nicht ausgeschlossen, daß ein Testamentsvollstrecker (§ 2205) bestellt ist. Näheres vgl. §§ 1981—1988.

3. Die Regelung des **Nachlaßkonkurses** ist in die KO (§§ 214—235) verwiesen. Daraus sei an dieser Stelle folgendes hervorgehoben: Die Eröffnung setzt die Überschuldung des Nachlasses voraus (§ 215); diese kann auch auf Pflichtteilsrechten, Vermächtnissen und Auflagen beruhen (**RG** Gruch 52, 1084), obwohl solche für die Pflicht des Erben, Konkurs zu beantragen, außer Betracht bleiben (§§ 1980 Abs 1 Satz 2 und 1992). Die Eröffnung kann auch vor der **Annahme der Erbschaft (BGB § 1943) erfolgen** (§ 216). Antragsberechtigt ist außer dem Erben (auch jedem einzelnen Miterben) und jedem Nachlaßgläubiger (vgl. A 1) der verwaltende Testamentsvollstrecker und der Nachlaßverwalter; vgl. §§ 1985 Abs 2 Satz 2, 1980 (KO § 217). In dem Verfahren kann jede Nachlaßverbindlichkeit geltend gemacht werden; doch werden gewisse Arten von solchen erst nach allen übrigen und untereinander wieder in bestimmter Reihenfolge befriedigt, nämlich: 1. die seit der Eröffnung des Verfahrens laufenden Zinsen der Konkursforderungen, die im gewöhn-

lichen Konkurs überhaupt nicht geltend gemacht werden können (KO § 63 Nr 1); 2. die gegen den Erblasser erkannten Geldstrafen; 3. Verbindlichkeiten aus Freigebigkeiten des Erblassers unter Lebenden; 4. gegenüber Pflichtteilsberechtigten; 5. aus Vermächtnissen und Auflagen (KO § 226). Vgl. hinsichtlich Nr 4 u. 5 auch §§ 1973 A 4, 1974 A 7. — Masseschulden: KO § 224; vgl. § 1967 A 3. — Die vor Eröffnung des Verfahrens erfolgte Befriedigung von Pflichtteilsrechten, Vermächtnissen und Auflagen ist in gleicher Weise wie eine unentgeltliche Verfügung des Erben anfechtbar, also wenn sie innerhalb eines Jahres vor der Eröffnung des Verfahrens oder innerhalb zwei Jahren zugunsten seines Ehegatten erfolgt ist (KO §§ 222, 32); vgl. auch § 1979 A 1. Im übrigen vgl. noch § 1976 A 1. Der Erbe ist während des Konkurses über den Nachlaß als Gemeinschuldner anzusehen; Konkursforderungen können deshalb gegen ihn in dieser Zeit nicht geltend gemacht werden; der Anspruch auf Erteilung von Auskunft über den Nachlaß (§ 2314) wird dadurch nicht berührt (RG 9. 10. 19, IV 130/19).

§ 1976

Ist die Nachlaßverwaltung angeordnet oder der Nachlaßkonkurs eröffnet, so gelten die infolge des Erbfalls durch Vereinigung von Recht und Verbindlichkeit oder von Recht und Belastung erloschenen Rechtsverhältnisse als nicht erloschen[1]).

E I 2114 II 1851; M 5 631; P 5 768, 813.

1. Soweit mit dem Tode des Erblassers durch Vereinigung von Recht und Verbindlichkeit oder von Recht und Belastung ein Erlöschen eingetreten ist (vgl. § 1922 A 7), wird dieses Erlöschen mit rückwirkender Kraft (ex tunc) wieder rückgängig gemacht. Diese Rückgängigmachung tritt auch ein, wenn der Erbe unbeschränkt haftet (in § 2013 Abs 1 ist § 1976 absichtlich nicht mit angezogen, da die Absonderungswirkungen auch im Interesse der Nachlaßgläubiger bestimmt sind). Damit leben auch die Nebenrechte der untergegangenen Forderung (Pfand, Bürgschaft) wieder auf. Der Erbe kann seine Ansprüche gegen den Erblasser als Konkursgläubiger geltend machen (§ 225 Abs 1 KO). Gleiche Bestimmung, aber nur im Verhältnisse zwischen den Beteiligten, bei der Unzulänglichkeitseinrede (§§ 1991 Abs 2) und beim Erbschaftskaufe (§ 2377); ferner bei Eintritt der Nacherbfolge (§ 2143) und bei dem Vermächtnisse des § 2175.]

§ 1977

Hat ein Nachlaßgläubiger vor der Anordnung der Nachlaßverwaltung oder vor der Eröffnung des Nachlaßkonkurses[1]) seine Forderung gegen eine nicht zum Nachlasse gehörende Forderung des Erben ohne dessen Zustimmung aufgerechnet[2]), so ist nach der Anordnung der Nachlaßverwaltung oder der Eröffnung des Nachlaßkonkurses die Aufrechnung als nicht erfolgt anzusehen[3]).

Das gleiche gilt, wenn ein Gläubiger, der nicht Nachlaßgläubiger ist, die ihm gegen den Erben zustehende Forderung gegen eine zum Nachlasse gehörende Forderung aufgerechnet hat[4])[5]).

E I 2116 II 1852; M 5 634—636; P 5 769, 792—794, 813.

1. **Aufrechnung.** Es stehen sich gegenüber in Abs 1: Forderung gegen den Nachlaß, private Schuld des Nachlaßgläubigers an den Erben. In Abs 2: Schuld an den Nachlaß und private Forderung des Nachlaßschuldners gegen den Erben. In beiden Fällen steht der Aufrechnung nach dem Erbfalle zunächst nichts im Wege; denn die Nachlaßforderungen sind auf den Erben übergegangen (§ 1922 A 5) und er ist Schuldner der Nachlaßverbindlichkeiten geworden (§ 1967 A 2). Erst die mit Anordnung der Nachlaßverwaltung oder Eröffnung des Nachlaßkonkurses erfolgende Trennung des Nachlaß- und des Privatvermögens des Erben erfordert zu ihrer Durchführung die Beseitigung der eingetretenen Aufrechnungswirkung. Die Beseitigung ist aber in der Regel (vgl. jedoch A 4) gegenstandslos, wenn der Erbe allen Nachlaßgläubigern unbeschränkt haftet; daher schließt § 2013 Abs 1 Satz 1 für diesen Fall die Anwendung des § 1977 aus. Auf den Fall, daß der Erbe nur dem Aufrechnungsgegner gegenüber unbeschränkt haftet, erstreckt sich die Ausschließung nicht (§ 2013 Abs 2) und es kann hier die Trennung, wenigstens im Falle des § 1977 Abs 2, wegen der eingetretenen Verkürzung der übrigen Nachlaßgläubiger einen guten Sinn haben. Freilich bleibt die in A 4 noch hervorzuhebende Unstimmigkeit für den Fall der allgemein unbeschränkten Haftung des Erben bestehen.

2. Macht sich der **Nachlaßgläubiger** gegenüber dem Erben durch einseitige Aufrechnung mit seiner Privatschuld an den Erben bezahlt, so würde der Erbe, wenn diese Verwendung seiner Privatforderung auch im Falle der Nachlaßverwaltung oder des Nachlaßkonkurses bestehen bliebe, der durch diese Maßnahmen bewirkten Beschränkung seiner Haftung auf den Nachlaß insoweit verlustig gehen. Deshalb werden die beiderseitigen Forderungen wiederhergestellt. Anders, wenn die Aufrechnungserklärung vom Erben selbst ausging oder wenn er der gegnerischen Aufrechnung zugestimmt hatte (Aufrechnungsvertrag). In beiden Fällen bleibt er an die darin enthaltene Verfügung über seine Privatforderung gebunden, die Nachlaßschuld bleibt getilgt, der Erbe hat aber wegen der aus seinem eigenen Vermögen gemachten Aufwendung den Ersatzanspruch des § 1978 Abs 3, falls dessen Voraussetzungen vorliegen; andernfalls hat er einen Bereicherungsanspruch, und im Konkurse tritt die Surrogation in die Forderung des Nachlaßgläubigers gemäß KO § 225 Abs 2 (vgl. § 1979 A 1) ein.

3. Die **Aufrechnung gilt als nicht erfolgt,** die Aufrechnungswirkung ipso jure als aufgehoben. Mit den erloschenen Forderungen leben auch ihre Nebenrechte (Pfand, Bürgschaft) wieder auf. Auf die Zeit, zu welcher Schuld und Forderung entstanden sind, ob vor oder nach dem Erbfalle, kommt nichts an. Dagegen ist es selbstverständlich, daß die Aufrechnung nach dem Erbfall erklärt sein muß, da vorher die Forderungen sich nicht als aufrechnungsfähig unter denselben Personen (§ 387) gegenüberstanden und eine bedingte oder betagte Aufrechnungserklärung nicht zulässig ist (§ 388; a. M. anscheinend die zweite Auflage dieses Kommentars).

4. Geht im Falle des Abs 2 die Aufrechnung **vom Nachlaßschuldner aus,** so tilgt er damit seine Schuld an den Nachlaß, ohne daß deren Wert dem Nachlasse zugeführt wird. Dadurch werden die Nachlaßgläubiger verkürzt und in deren Interesse (vgl. § 1975 A 1) ist die Aufrechnung auch in diesem Falle für wirkungslos erklärt. Anders auch hier, wenn die Aufrechnung vom Erben erklärt wird; dann verfügt er in seinem Interesse über die Nachlaßforderung, wozu er rechtlich befugt ist, und es verbleibt bei der Aufrechnung; der Erbe ist aber den Nachlaßgläubigern nach § 1978 Abs 1 ersatzpflichtig; ist er freilich zahlungsunfähig, so bleiben sie geschädigt. Das wird sinngemäß auch auf den Fall einer vom Erben erklärten Zustimmung zu einer vom Nachlaßschuldner ausgehenden Aufrechnung anzuwenden sein (**RG** LZ 1916 Sp. 1364; a. M. Staudinger Erl 2 zu b), obwohl Planck (Erl 2) nicht zugegeben werden kann, daß der Wortlaut („Das gleiche gilt") ohne weiteres dazu berechtige. — Eine Unstimmigkeit liegt darin, daß die Aufrechnung, durch welche die Nachlaßgläubiger verkürzt werden, gemäß § 2013 Abs 1 Satz 1 (vgl. A 1) aufrechterhalten bleibt, wenn der Erbe ihnen allgemein unbeschränkt haftet, so daß eine zu ihren Gunsten eingetretene Rechtslage sie benachteiligt (vgl. Strohal II § 78 A 6).

5. **Nach Anordnung der Nachlaßverwaltung oder Eröffnung des Konkurses** kann ein Nachlaßgläubiger seine Forderung nicht mehr gegen eine Privatforderung des Erben an ihn aufrechnen (§§ 1975, 1984 Abs 1 Satz 3); ebensowenig ein Nachlaßschuldner eine ihm gegen den Erben zustehende Privatforderung gegen die Nachlaßforderung (§ 1984 Abs 2). Der Erbe seinerseits kann nicht mehr eine Nachlaßforderung gegen eine Privatschuld aufrechnen (§ 1984 Abs 1 Satz 1), wohl aber (wie jeder Dritte) eine Nachlaßschuld durch Aufrechnung einer ihm zustehenden Privatforderung tilgen. Im letzteren Falle hat er aber nicht den Ersatzanspruch nach den Grundsätzen des Auftrags, sondern nur nach denjenigen von der Geschäftsführung ohne Auftrag, also in der Regel nur auf die Bereicherung (§§ 1978 Abs 3, 683, 684). — Die Bestimmungen über Aufrechnung im Konkurse (§§ 53 bis 56) bleiben im übrigen unberührt. — Mehrheit von Erben § 2040 Abs 2.

§ 1978

Ist die Nachlaßverwaltung angeordnet oder der Nachlaßkonkurs eröffnet, so ist der Erbe den Nachlaßgläubigern für die bisherige Verwaltung des Nachlasses so verantwortlich[1]), wie wenn er von der Annahme der Erbschaft an die Verwaltung für sie als Beauftragter zu führen gehabt hätte[2]). Auf die vor der Annahme der Erbschaft von dem Erben besorgten erbschaftlichen Geschäfte finden die Vorschriften über die Geschäftsführung ohne Auftrag entsprechende Anwendung[3]).

Die den Nachlaßgläubigern nach Abs 1 zustehenden Ansprüche gelten als zum Nachlasse gehörend[4]).

Aufwendungen sind dem Erben aus dem Nachlasse zu ersetzen, soweit

er nach den Vorschriften über den Auftrag oder über die Geschäftsführung ohne Auftrag Ersatz verlangen könnte[5]).

E I 2112 Satz 1, 2 II 1853; M 5 626—628; P 5 765, 766, 813, 814.

1. **Verantwortlichkeit des Erben für die bisherige Verwaltung.** Der Erbe ist grundsätzlich in der Verfügung über den Nachlaß ebensowenig beschränkt wie in derjenigen über sein eignes Vermögen. Er haftet daher an sich für sein Gebaren mit jenem den Nachlaßgläubigern ebensowenig wie seinen eignen Gläubigern für sein Gebaren mit diesem. Durch vorsätzliche oder fahrlässige Schädigung des Nachlasses verliert er auch nicht die rechtliche Möglichkeit der Beschränkung seiner Haftung. Ist aber Nachlaßverwaltung angeordnet oder Nachlaßkonkurs eröffnet, sei es auf Antrag des Erben oder eines sonstigen Antragsberechtigten, so tritt nachträglich eine Verantwortlichkeit des Erben gegenüber den Nachlaßgläubigern für die vor dieser Zeit liegende Behandlung des Nachlasses ein. Er haftet in diesem Falle wie ein Verwalter fremden Gutes, und zwar für die Zeit nach der Annahme der Erbschaft nach den Grundsätzen vom Auftrag, für die vorherliegende Zeit seit dem Erbanfalle nach denen von der Geschäftsführung ohne Auftrag. Daß der Erbe auch für eine vor Eintritt des Erbfalls über ein Recht des Erblassers getroffene Verfügung, die gemäß § 185 Abs 2 wirksam geworden ist, den Nachlaßgläubigern in gleicher Weise verantwortlich wäre, als wenn er nach Eintritt des Erbfalls verfügt hätte (Mot V S. 632), kann nicht zugegeben werden (so auch Planck Erl 2a Abs 2). — Die gleiche Verantwortlichkeit tritt ein, wenn er unter den Voraussetzungen der §§ 1990—1992 von den dort gewährten Einreden ohne Nachlaßverwaltung oder Nachlaßkonkurs Gebrauch macht (§ 1991). Haftet der Erbe unbeschränkt, so findet § 1978 keine Anwendung (§ 2013 Abs 1 Satz 1), obwohl auch dann noch Nachlaßverwaltung und Nachlaßkonkurs möglich sind (§ 1975 A 1). — Besondere Verantwortlichkeit des Erben § 1980, des Nachlaßverwalters § 1985 Abs 2 wegen nicht rechtzeitigen Konkursantrags.

2. Eine **Pflicht zur Verwaltung des Nachlasses** wird für den Erben durch die Annahme der Erbschaft begründet für den Fall, daß später Nachlaßverwaltung oder Konkurs eintritt. Nur nachdem dieser Fall oder der Fall der §§ 1990, 1992 eingetreten ist, können die Nachlaßgläubiger aus der nicht gehörigen Erfüllung dieser Verwaltungspflicht Schadensersatzansprüche erheben. Für die Verantwortlichkeit kommen die Vorschriften über den Auftrag (§§ 662—676) zu „entsprechender" Anwendung, also nur insoweit, als sie zur Anwendung geeignet sind. Und zwar hat der Erbe Vorsatz und Fahrlässigkeit zu vertreten (§ 276), also für die im Verkehr erforderliche Sorgfalt, nicht nur für diligentia quam suis, einzustehen. In dieser Weise haftet er dafür, daß er den Nachlaß ordnungsmäßig in Besitz und Verwahr genommen, für seine Erhaltung gesorgt und die ordnungsmäßig daraus zu ziehenden Nutzungen gezogen hat, insbesondere auch durch Weiterführung eines Geschäfts oder einer Landwirtschaft. Es wird angenommen werden können, daß er berechtigt ist, die Verwaltung einem Dritten zu übertragen (entgegen der in § 664 aufgestellten Vermutung) und daß er in diesem Falle nur für Sorgfalt bei der Auswahl haftbar ist (§ 664 Abs 1 Satz 2). Besonderen Weisungen einzelner Nachlaßgläubiger (§ 665) braucht er nicht Folge zu leisten. Nach Eintritt der Nachlaßverwaltung oder des Konkurses ist er zur Auskunft und Rechnungslegung, sowie zur Herausgabe des Nachlasses und des aus Anlaß der Verwaltung Erhaltenen, einschließlich des aus ihm Gewonnenen (auch eines Losgewinnes) und der Surrogate für nicht mehr vorhandene Nachlaßgegenstände, verpflichtet (§§ 666, 667). Jedoch tritt nicht, wie in den Fällen des Erbschaftsbesitzers (§ 2019 Abs 1) und des Vorerben (§ 2111) eine (auch nicht gewollte) dingliche Surrogation des mit Mitteln der Erbschaft Erlangten ein, sondern nur schuldrechtliche Ersatzverpflichtung (RG Warn 1913 Nr 427; OLG 19, 231). Empfangenes Geld hat er zu verzinsen, wenn er es für sich verwendet hat (§ 668; einschränkend Staudinger Erl 2). — Inwieweit der Erbe zur Berichtigung von Nachlaßverbindlichkeiten berechtigt ist, bestimmt sich nach § 1979. Insoweit ist er auch zur Berichtigung verpflichtet, soweit Nachlaßmittel vorhanden sind und Verzugsfolge oder Prozeßkosten dadurch vermieden werden. Stehen ihm aber aufschiebende Einreden (§§ 2014, 2015) gegen Nachlaßforderungen zu, so muß er davon Gebrauch machen und die Einschränkung der **Zwangsvollstreckung gemäß §§ 782, 783 ZPO gegenüber den Nachlaßgläubigern und seinen eignen Gläubigern, wenn diese in Nachlaßgegenstände vollstrecken wollen, herbeiführen.** Er kann jedoch nicht seine Verurteilung zur Befriedigung eines Nachlaßgläubigers schon damit abwenden, daß er im allgemeinen die Befürchtung erhebt, es möchten noch andere ungedeckte Verbindlichkeiten vorhanden sein (RG 28. 11. 07, IV 146/07). Daß der Erbe für Annahme oder Ausschlagung einer dem Nachlasse zugefallenen Erbschaft den Nachlaßgläubigern nicht verantwortlich ist, dürfte aus § 9 KO zu folgern sein (vgl. § 1942 A 1).

3. **Vor der Annahme der Erbschaft** ist der Erbe den Nachlaßgläubigern zu positivem Handeln in bezug auf den Nachlaß nicht verpflichtet. Mischt er sich aber durch Besorgung

erbschaftlicher Geschäfte in den Nachlaß ein, ohne daß darin eine Annahme zu finden ist, so haftet er im Falle der Nachlaßverwaltung oder des Nachlaßkonkurses den Nachlaßgläubigern unter entsprechender Anwendung der Vorschriften über die **Geschäftsführung ohne Auftrag** (§§ 677—682), wobei jedoch nicht der „mutmaßliche Wille“ einzelner Nachlaßgläubiger, sondern die objektive Wahrung der Interessen des Nachlasses maßgebend sein muß (vgl. auch § 1959 A 2). — Ist ein Nachlaßpfleger nach §§ 1960, 1961 bestellt, so haftet der Erbe für dessen Handlungen wie für die eines gesetzlichen Vertreters nach § 278, jedoch mit der Möglichkeit der Beschränkung auf den Nachlaß; der Nachlaßpfleger selbst haftet nicht unmittelbar den Nachlaßgläubigern (beide Fragen streitig; vgl. § 1960 A 4).]

4. Die auf Grund des Abs 1 entstandenen Verpflichtungen sind Eigenverbindlichkeiten des Erben (§ 1967 A 3), für die er mit seinem Vermögen aufzukommen hat, auch wenn seine Haftung im übrigen auf den Nachlaß beschränkt ist (OLG 24, 64; **RG** Recht 1913 Nr 362). Die Ansprüche gegen ihn gelten als **zum Nachlasse gehörend** und können deshalb während der Dauer von Nachlaßverwaltung oder Nachlaßkonkurs nur vom Verwalter geltend gemacht werden (§ 1985). Nach Aufhebung des Konkurses infolge Masseverteilung oder Zwangsvergleich werden ausgefallene Gläubiger eine etwa noch nicht liquidierte Forderung gegen den Erben aus § 1978 pfänden und sich überweisen lassen können (vgl. § 1989 A 1). Ebenso, auch wenn man der zu § 1975 A 1 und § 1986 A 4 vertretenen Ansicht über die Fortdauer der Haftungsbeschränkung folgt, nach Aufhebung der Nachlaßverwaltung. Die Zugehörigkeit zum Nachlasse hat weiter die Folge, daß die Forderungen bei den Fragen der Überschuldung des Nachlasses (§ 1980) und des Vorhandenseins zulänglicher Masse (§§ 1988 Abs 2, 1990) zu berücksichtigen sind. — Der Nachlaß- oder Nachlaßkonkursverwalter kann den Anspruch schon vor der Auseinandersetzung gegen die Miterben als Gesamtschuldner (§ 427) geltend machen (**RG** 10. 7. 16, IV 64/15; OLG 24, 64). Auch ein einzelner Miterbe ist, ungeachtet der Vorschrift des § 2059 Abs 1 Satz 1 (vgl. A 1 dazu), verpflichtet, das aus dem noch ungeteilten Nachlasse vorläufig Empfangene, soweit es zur Berichtigung von Nachlaßverbindlichkeiten erforderlich ist, zum Nachlasse zurückzugewähren (**RG** 89, 408). Verletzt der Erbe durch positive Handlungen, die den Vertragszweck vereiteln, schuldhaft eine dem Erblasser gegenüber einem andern obliegende Vertragsverpflichtung, so macht er sich diesem für seine Person aus dem Vertrage schadensersatzpflichtig und gehört der andere Teil wegen dieses Anspruchs nicht lediglich zu den Nachlaßgläubigern; der Erbe kann deshalb ihm gegenüber nicht einen Ausschluß wegen Nichtanmeldung im Aufgebotsverfahren (§ 1970) oder eine Haftungsbeschränkung geltend machen (**RG** 92, 343). Ein solcher Anspruch kann daher auch während der Nachlaßverwaltung oder des Nachlaßkonkurses durch den Gläubiger persönlich geltend gemacht werden. Im übrigen vgl. über die Verpflichtung des Erben aus Rechtsgeschäften, die er in Ausübung der Verwaltung des Nachlasses vorgenommen hat, § 1967 A 3.

5. Ersatzanspruch für Aufwendungen: für nach der Erbschaftsannahme gemachte nach entsprechender Maßgabe der Vorschriften über den Auftrag (§ 670), also soweit der Erbe sie den Umständen nach für erforderlich halten durfte; für vorher gemachte Aufwendungen nach den Vorschriften über Geschäftsführung ohne Auftrag (§§ 683, 684), gleichfalls in entsprechender Anwendung, demnach nur soweit, als die Übernahme der Geschäftsführung dem Interesse der Nachlaßbeteiligten wirklich entsprochen hat, andernfalls nur auf die Bereicherung. Verzinsung der Aufwendungen (§ 256); Befreiung von Verbindlichkeiten (§ 257); Masseschuld (KO § 224 Nr 1). Ein Zurückbehaltungsrecht (§ 273 Abs 2) ist für den Fall des Konkurses dem Erben versagt (KO § 223). Diese Vorschrift auch auf den Fall der Nachlaßverwaltung auszudehnen (so Planck Erl 5 und die zweite Auflage dieses Kommentars; a. M. Dernburg 5 § 169 IV; teilweise auch Kipp § 78 bei A 20—22), ist bedenklich, da der in jenem Falle durch die Eigenschaft der Forderung als Masseschuld gewährte Schutz in diesem Falle fehlt. Dagegen auch OLG 35, 18; vgl. auch Warn 1910 Nr 141.

§ 1979

Die Berichtigung einer Nachlaßverbindlichkeit durch den Erben müssen die Nachlaßgläubiger als für Rechnung des Nachlasses erfolgt gelten lassen[1]), wenn der Erbe den Umständen nach annehmen durfte, daß der Nachlaß zur Berichtigung aller Nachlaßverbindlichkeiten ausreiche[2]) [3]).

E II 1854 Abs 1; P 5 742, 766.

1. Das Rechtsverhältnis zwischen dem Erben und den Nachlaßgläubigern im Falle von Nachlaßverwaltung oder Nachlaßkonkurs, das seine allgemeine Regelung in § 1978 gefunden hat, ist in § 1979 besonders geregelt hinsichtlich der vor der Herbeiführung dieser Maßnahmen erfolgten **Berichtigung von Nachlaßverbindlichkeiten**

durch den Erben. Ob der Erbe nach den Grundsätzen vom Auftrage, die gemäß § 1978 für die Zeit nach der Annahme der Erbschaft, und von der Geschäftsführung ohne Auftrag, die für die Zeit vor der Annahme zur Anwendung kommen, überhaupt befugt sein würde, Nachlaßverbindlichkeiten für Rechnung des Nachlasses zu berichtigen und ob er nicht vielmehr, wenn sich nachträglich die Überschuldung herausstellte, unter allen Umständen auf den Eintritt in die Rechte des befriedigten Gläubigers und damit auf die Konkursdividende (§ 225 Abs 2 KO) angewiesen sein würde, konnte nach der Fassung des ersten Entwurfs zweifelhaft sein (vgl. M 5, 633). Um Härten und Unbilligkeiten gegen den Erben zu vermeiden, stellt deshalb die von der zweiten Kommission eingefügte Bestimmung des § 1979, und zwar einheitlich für die Zeit vor und nach der Annahme, darauf ab, ob der Erbe annehmen durfte, daß der Nachlaß zur Befriedigung aller Gläubiger ausreichen würde. Liegt diese Voraussetzung vor, so kann er, wenn er die Nachlaßgläubiger aus Nachlaßmitteln befriedigt hat, die dadurch entstandene Minderung des Nachlasses bei der Herausgabe (§ 1985 A 2) in Anrechnung bringen, und wenn er aus eignen Mitteln gezahlt hat, steht ihm ein Ersatzanspruch für die Aufwendung zu, der eine Masseschuld im Konkurse bildet (§ 224 Nr 1 KO). Erforderlich ist, daß die Verbindlichkeit wirklich berichtigt worden ist; die rechtskräftige Verurteilung (§§ 1973 Abs 2 Satz 3, 1989, 1991 Abs 3) genügt hier nicht. Der Ersatzanspruch geht nur auf den wirklich aufgewendeten Betrag, also wenn der Gläubiger mit einem geringeren als dem wirklichen Forderungsbetrage abgefunden ist, nicht auf den Mehrbetrag (anders im Falle des § 225 Abs 2 KO). — Liegt die Voraussetzung nicht vor, so tritt der Erbe, wenn er aus eignen Mitteln bezahlt hat, im Konkurse an die Stelle des befriedigten Gläubigers und hat nur Anspruch auf eine dem wirklich geschuldeten Betrage der berichtigten Forderung (jedoch ohne Rücksicht auf den etwa zur Befriedigung aufgewendeten niederen Betrag) entsprechende Konkursdividende (§ 225 Abs 2 KO); mit der Forderung verbundene Hypotheken- oder Pfandrechte sowie Rechte aus einer Bürgschaft gehen gemäß §§ 412, 401 auf ihn über (RG 55, 158) und begründen für ihn Absonderungsrechte nach Maßgabe der KO. Außerhalb des Konkurses wird er einen Ersatzanspruch nur soweit haben, als die Masse bereichert ist. — Hat der Erbe aus Nachlaßmitteln bezahlt, ohne daß die Voraussetzung des § 1979 vorliegt, so ist er nach Maßgabe des § 1978 den Nachlaßgläubigern zum Ersatze verpflichtet. — Besonderes Anfechtungsrecht der Nachlaßgläubiger gegen Berichtigung von Pflichtteilsrechten, Vermächtnissen und Auflagen im Konkurse KO §§ 222, 32; vgl. § 1975 A 3; außerhalb des Konkurses § 3a AnfG. Die Berichtigung anderer Nachlaßverbindlichkeiten ist nach Maßgabe der gewöhnlichen Anfechtungsgrundsätze (KO § 30; AnfG § 3) anfechtbar. Durch den Nachlaßverwalter kann das Anfechtungsrecht nicht ausgeübt werden, da es nicht (wie die Ersatzforderung gegen den Erben, § 1978 Abs 2) als zum Nachlasse gehörend gilt; zur Ausübung wird daher, auch wenn Nachlaßverwaltung besteht, jeder einzelne durch die Berichtigung verkürzte Nachlaßgläubiger berechtigt sein. — Haftet der Erbe unbeschränkt, so kommt § 1979 ebensowenig wie § 1978 (vgl. A 1 dazu) zur Anwendung. — Entsprechende Anwendung auf den Nachlaßverwalter § 1985 Abs 2 Satz 2; auf den Fall des dürftigen Nachlasses § 1991.

2. Zu der **Annahme, der Nachlaß werde ausreichen,** wird der Erbe regelmäßig nur dann berechtigt sein, wenn er alle Mittel zur Feststellung des Aktiv- und Passivstandes erschöpft, insbesondere Inventar errichtet (§§ 1993, 2009) und im Falle des § 1980 Abs 2 Satz 2 das Aufgebot der Gläubiger beantragt hat. Auf das Vorhandensein von Vermächtnisnehmern oder zu erfüllenden Auflagen braucht er hierbei keine Rücksicht zu nehmen (§ 1980 Abs 1 Satz 2). Sie kommen überhaupt nur in Betracht, wenn sich ein Nachlaßüberschuß ergibt. Auch auf das Vorhandensein ausgeschlossener oder ihnen gleichstehender Gläubiger (§§ 1973, 1974) braucht der Erbe bei Bemessung der Zulänglichkeit des Nachlasses keine Rücksicht zu nehmen.

3. Die **Beweislast** dafür, daß er die Zulänglichkeit des Nachlasses annehmen durfte, trifft den Erben, der als ersatzpflichtig in Anspruch genommen wird. Die Frage ist im Prozesse selbst auszutragen, da es sich hierbei um eine eigne Schuld des Erben handelt. §§ 780 ff. ZPO kommen nicht in Frage.

§ 1980

Beantragt der Erbe nicht unverzüglich, nachdem er von der Überschuldung des Nachlasses Kenntnis erlangt hat[1]), die Eröffnung des Nachlaßkonkurses[2]), so ist er den Gläubigern für den daraus entstehenden Schaden verantwortlich[3]). Bei der Bemessung der Zulänglichkeit des Nachlasses bleiben die Verbindlichkeiten aus Vermächtnissen und Auflagen außer Betracht[4]).

Der Kenntnis der Überschuldung steht die auf Fahrlässigkeit beruhende Unkenntnis gleich[1])[5]). Als Fahrlässigkeit gilt es insbesondere, wenn der Erbe das Aufgebot der Nachlaßgläubiger nicht beantragt, obwohl er Grund hat, das Vorhandensein unbekannter Nachlaßverbindlichkeiten anzunehmen[6]); das Aufgebot ist nicht erforderlich, wenn die Kosten des Verfahrens dem Bestande des Nachlasses gegenüber unverhältnismäßig groß sind[7])[8]).

E II 1854 Abs 2, 3; P 5 765, 766.

1. § 1980 legt dem Erben, neben der aus § 1978 sich ergebenden allgemeinen Verwaltungspflicht, noch eine besondere Verpflichtung auf unter der in Abs 1 Satz 1 und Abs 2 Satz 1 ausgesprochenen Voraussetzung, daß er **von der Überschuldung des Nachlasses** entweder positive **Kenntnis erlangt** oder **aus Fahrlässigkeit keine Kenntnis** erlangt hat. Überschuldung ist objektiv vorhanden, wenn der Wert der Nachlaßaktiva hinter dem Werte der Nachlaßpassiva zurückbleibt, so daß der Nachlaß zur Befriedigung aller Nachlaßgläubiger nicht hinreicht; dann ist die gesetzliche Voraussetzung für die Eröffnung des Konkurses gegeben, auch wenn nur Vermächtnisse oder Auflagen nicht erfüllt werden können (§ 215 KO; **RG** Gruch 52, 1084). Die Verpflichtung des Erben, Konkurs zu beantragen, tritt aber nur ein, wenn andere Nachlaßverbindlichkeiten, als die zuletzt genannten, nicht erfüllt werden können (Satz 2 und A 4). Subjektiv genügt zur Kenntnis von der Überschuldung nicht das Wissen von dem tatsächlichen Vorhandensein der einzelnen Aktiven und Passiven, vielmehr ist erforderlich Kenntnis des Verhältnisses ihrer beiderseitigen Gesamtwerte zueinander, die durch Prüfung der Einzelwerte und Vergleichung des Ergebnisses gewonnen werden muß; doch wird in der Regel die Unterlassung einer solchen Prüfung und Vergleichung bei Kenntnis der Tatsachen Fahrlässigkeit darstellen, und die durch diese verursachte Unkenntnis ist der Kenntnis gleichgestellt. Der Umstand, daß der Erbe die Zahlungen eingestellt hat, kann als Anzeichen für sein Bewußtsein von der Überschuldung in Betracht kommen, ist jedoch nicht unbedingt ausschlaggebend, da die Einstellung auch aus Vorsicht (vgl. § 1979) erfolgt sein kann. Auch eine Forderung, für die ein rechtskräftiges Urteil vorliegt, darf der Erbe nicht befriedigen, wenn er Anlaß hat, die Unzulänglichkeit des Nachlasses anzunehmen, muß vielmehr in diesem Falle Konkurs beantragen. — Unverzüglich, d. h. ohne schuldhafte Verzögerung (vgl. § 121); ob eine solche vorliegt, ist Tatfrage, nicht übermäßig langes Zögern kann unter Umständen entschuldigt sein durch die begründete Erwartung, unter Vermeidung schädigender Zugriffe einzelner Gläubiger ohne Konkurseröffnung zu einer Einigung mit ihnen zu gelangen. — Über die Anwendbarkeit des § 1980 im Falle des § 1990 (bei Dürftigkeit des Nachlasses) vgl. § 1991 A 1.

2. Zu dem **Antrag auf Konkurseröffnung** ist der Erbe nur nach Annahme der Erbschaft verpflichtet. Vorher ist der Erbe hierzu nur berechtigt (KO § 216) und kann für die Unterlassung nur haftbar werden, wenn er durch Einmischung in die Geschäfte des Nachlasses, insbesondere Befriedigung einzelner Gläubiger, die Stellung des Konkursantrags erforderlich gemacht hat. Jeder Miterbe, dem die Kenntnis innewohnt und der zugleich die Überschuldung glaubhaft zu machen vermag (KO § 217 Abs 2), ist hierzu selbständig verpflichtet. Mit Anordnung der Nachlaßverwaltung geht auch die Pflicht zur Stellung des Konkursantrags auf den Verwalter über (§ 1985 Abs 2); a. M. Staudinger, 9. Aufl., Erl 2 Abs 3. Neben ihm bleibt der Erbe nur in besonderen Fällen (z. B. wegen mangelhafter Information des Verwalters) verantwortlich. Im Verhältnis zu ausgeschlossenen oder ihnen gleichstehenden Gläubigern ist der Erbe zur Antragstellung nicht verpflichtet (§ 1973 A 1).

3. **Schadensersatz** §§ 249ff. Er besteht in dem Unterschiede zwischen dem, was die Gläubiger bei rechtzeitiger Konkurseröffnung aus dem Nachlaß erlangt haben würden, und dem, was sie tatsächlich erlangen. Der Ersatzanspruch gehört im Nachlaßkonkurs zur Masse (KO § 228 Abs 2), kann demnach nur vom Konkursverwalter geltend gemacht werden. Als „zum Nachlasse gehörend" gilt er nach § 1978 Abs 2, da er nur eine besondere Wirkung der daselbst in Abs 1 dem Erben auferlegten Verwaltungspflicht darstellt (vgl. über seine Geltendmachung §§ 1978 A 4 und 1991 A 1). Schaden kann durch die Unterlassung der Konkursherbeiführung insbesondere in der Richtung entstehen, daß einzelne Nachlaßgläubiger durch Zwangsvollstreckung vor anderen zur Befriedigung gelangen; durch Verzögerung auch in der Richtung, daß unnötige Prozeß- oder Zwangsvollstreckungskosten verursacht werden. Der Anspruch ist gegenstandslos, wenn der Erbe unbeschränkt haftet (§ 2013).

4. **Vermächtnisse und Auflagen** gelangen auch im Konkurse nur zur Befriedigung, wenn alle übrigen Nachlaßverbindlichkeiten, auch die aus Pflichtteilsrechten, berichtigt sind und noch ein Überschuß vorhanden ist (KO § 226 Abs 2). Deshalb ist dem Erben nicht zur Pflicht gemacht, den Konkurs zu beantragen, wenn der Nachlaß zur Befriedigung der sonstigen Verbindlichkeiten ausreicht oder er das ohne Fahrlässigkeit annehmen kann. Dagegen ist

er verpflichtet, Konkurs zu beantragen, wenn die Überschuldung auch nur auf Pflichtteilsrechten beruht.

5. Die Unkenntnis von der Überschuldung muß **auf Fahrlässigkeit beruhen,** hierdurch verursacht sein. Es muß mithin die Möglichkeit bestanden haben, durch Anwendung der im Verkehr erforderlichen Sorgfalt (§ 276) von der Überschuldung, z. B. von Uneinbringlichkeit bekannter Außenstände, vom Vorhandensein unbekannter Schulden usw. sich zu vergewissern.

6. **Unterlassen des Aufgebots** (§§ 1970ff.) ist immer Fahrlässigkeit, wenn Veranlassung vorlag, das Vorhandensein unbekannter Nachlaßverbindlichkeiten anzunehmen und der Nachlaß nicht zu dürftig ist. Das Aufgebot allein ist aber nicht immer für sich allein genügend. Insbesondere wird regelmäßig Inventarerrichtung geboten sein (§ 1979 A 2).

7. Aus dem gleichen Grunde kann im Falle des § 1965 die öffentliche Aufforderung unterbleiben (vgl. auch §§ 1982, 1990 Abs 1; KO § 107). Doch wird der Erbe in solchem Falle, wenn im übrigen die Voraussetzungen vorliegen, wenigstens zum Erlasse eines Privataufgebots, etwa in der Form des § 2061, verpflichtet sein. Daß der Nachlaß zur Bestreitung der Kosten des Aufgebots unzulänglich sein würde, ist nicht erforderlich, um die Unterlassung zu rechtfertigen.

8. **Beweislast.** Im Gegensatz zu § 1979 (vgl. A. 3 dazu) müssen hier die Gläubiger nachweisen, daß der Nachlaß überschuldet war und daß der Erbe davon Kenntnis hatte oder daß seine **Unkenntnis auf Fahrlässigkeit beruhte,** daß er also durch geeignete Maßregeln sich von der Überschuldung hätte Kenntnis verschaffen können. Ist aber das Aufgebot unterblieben, so wird sowohl die Fahrlässigkeit als auch (was der Wortlaut allerdings nicht deutlich hervortreten läßt) das Beruhen der Unkenntnis auf der Unterlassung vermutet, falls nur der Erbe Grund hatte, das Vorhandensein unbekannter Nachlaßverbindlichkeiten anzunehmen; die Gläubiger brauchen also nur hierfür Beweis zu erbringen, und es ist dann Sache des Erben, darzulegen, daß er auch durch ein Aufgebot keine Kenntnis von dem Vorhandensein von Gläubigern erlangt haben würde, welche den Nachlaß als überschuldet hätten erscheinen lassen (so auch Planck Erl 1 c). Wendet der Erbe Unverhältnismäßigkeit der Kosten ein (A 7), so hat er diese nachzuweisen. — Die Gläubiger haben Entstehung und Höhe des Schadens darzutun. Mehrere schuldige Miterben haften als Gesamtschuldner (§§ 1978, 662, 427).

§ 1981

Die Nachlaßverwaltung ist von dem Nachlaßgericht anzuordnen, wenn der Erbe die Anordnung beantragt[1]).

Auf Antrag eines Nachlaßgläubigers ist die Nachlaßverwaltung anzuordnen[2]), wenn Grund zu der Annahme besteht, daß die Befriedigung der Nachlaßgläubiger aus dem Nachlasse durch das Verhalten oder die Vermögenslage des Erben gefährdet wird[3]). Der Antrag kann nicht mehr gestellt werden, wenn seit der Annahme der Erbschaft zwei Jahre verstrichen sind[4]).

Die Vorschriften des § 1785 finden keine Anwendung[5]).

E II 1855; P 5 810, 872.

1. Der **Antrag des Erben** ist zeitlich nicht beschränkt, kann also auch noch nach Ablauf der fünf Jahre des § 1974 gestellt werden (anders der Antrag der Nachlaßgläubiger, Abs 2 Satz 2). Auch schon vor Annahme der Erbschaft; daß diese in der Regel in dem Antrage zu finden sei (so Planck Erl 4 a und die zweite Auflage dieses Kommentars), kann nicht anerkannt werden, da der Erbe dabei recht wohl nur aus Vorsicht behufs Wahrung seiner Rechte für alle Fälle bis zur Entschließung über Annahme oder Ablehnung gehandelt haben kann, sonach eine unzweideutige pro herede gestio darin nicht liegt (vgl. § 1943 A 1 und die dort angeführten Entscheidungen). — Daß der Nachlaß bereits mit dem eignen Vermögen des Erben vermischt oder vom Erben versilbert ist, steht dem Antrage nicht entgegen, da die an die Stelle der ursprünglichen Nachlaßgegenstände getretenen Ersatzansprüche gegen den Erben zum Nachlasse gehören (§ 1978 Abs 2). Im Falle der Erschöpfung des Nachlasses ohne Ersatzansprüche kann der Antrag gemäß § 1982 abgelehnt werden. Miterben sind nur gemeinsam und nur, solange die Teilung nicht erfolgt ist, antragsberechtigt (§ 2062). Ausgeschlossen ist der Antrag, wenn der Erbe den Nachlaßgläubigern allgemein unbeschränkt (nicht mehr beschränkbar) haftet (§ 2013), anders für den Konkursantrag (KO § 216 Abs 1). Das Nachlaßgericht wird die Frage der unbeschränkten Haftung von Amts wegen (FGG § 12) zu prüfen Anlaß haben, wenn es selbst dem Erben eine Inventarfrist gesetzt hat und diese unbenutzt verstrichen ist (§ 1994). Hat es gleichwohl die Nachlaßverwaltung angeordnet, so kann dieser Beschluß eine Beschränkung der Haftung des Erben

(§ 1975) nicht herbeiführen; im übrigen ist er wirksam, solange er nicht aufgehoben ist; die Aufhebung kann in diesem Falle von Amts wegen (FGG § 18) durch das Nachlaßgericht erfolgen, nicht aber durch das Beschwerdegericht, da Beschwerde nicht zulässig (FGG § 76 Abs 1); durch die Aufhebung wird die Wirksamkeit der inzwischen von dem Verwalter und ihm gegenüber vorgenommenen Rechtsgeschäfte nicht berührt (FGG § 32). Im übrigen vgl. wegen Aufhebung der Nachlaßverwaltung § 1988 A 2, 3. Daß der Nachlaß überschuldet, ist kein Grund zur Zurückweisung des Antrags; doch muß der ernannte Verwalter in solchem Falle „unverzüglich" Konkurs beantragen, wodurch die Nachlaßverwaltung gleich wieder endigt (§§ 1980, 1985 Abs 2, 1988; RJA 8, 32). — Außer dem Erben ist antragsberechtigt der Ehemann der Erbin, wenn der Nachlaß zum eingebrachten Gute oder zum Gesamtgute gehört, kraft seines Verwaltungsrechts (§ 1374; vgl. auch § 218 KO); dagegen wird die Vorschrift der KO (§ 218), wonach auch die Erbin selbst in solchem Falle den Antrag ohne Zustimmung des Ehemanns stellen kann, auf die Nachlaßverwaltung nicht ausgedehnt werden können, da § 1406 Nr 1 nur das Recht zur Annahme oder Ausschlagung, aber nicht das Recht zur Verwaltnng einer ihr zufallenden Erbschaft der Ehefrau vorbehält. Ferner ist antragsberechtigt der Erbschaftskäufer (§ 2383); neben ihm auch der Erbe, der verkauft hat, nach Maßgabe der entsprechend anwendbaren Vorschrift des § 232 Abs 2 KO (vgl. P II 5, 826; Denkschr zur KO 51) wie ein Nachlaßgläubiger, also wenn eine Nachlaßverbindlichkeit, für die er fortdauernd haftet (§ 2382), gefährdet ist (A 3), und zwar, falls eine solche in Frage steht, zu deren Berichtigung der Käufer ihm gegenüber verpflichtet ist (was nach § 2378 die Regel bildet), auch im Falle unbeschränkter Haftung; andernfalls nur, wenn er seine Haftung noch beschränken kann. Auch der Testamentsvollstrecker wird, wenn er die Verwaltung des Nachlasses hat, zu dem Antrage befugt sein (a. M. Planck § 1981 A 1 und Vorbem 5 cγ zu §§ 2197ff.), wie andererseits durch das Vorhandensein eines Testamentsvollstreckers die Anordnung der Nachlaßverwaltung auf Antrag des Erben nicht ausgeschlossen wird (RG LZ 1919, 875; OLG 18, 316; 39, 12). — Der Nachlaßpfleger der §§ 1960, 1961 ist nicht antragsberechtigt, da er weder für die Beschränkung der Haftung des Erben Sorge zu tragen hat, noch zu den Nachlaßgläubigern in rechtlichen Beziehungen steht (vgl. § 1960 A 4; a. M. Dernburg § 130 A 3). — Zuständigkeit des Nachlaßgerichts an Stelle des Vormundschaftsgerichts FGG §§ 73, 75.

2. Der **Nachlaßgläubiger** (§ 1967 Abs 2, nicht also auch der Privatgläubiger des Erben) ist auch dann antragsberechtigt, wenn der Erbe unbeschränkt haftet (§ 2013); an der unbeschränkten Haftung wird dadurch nichts geändert. Er hat seine Forderung und deren Gefährdung (vgl. A 3) glaubhaft zu machen. Der Nachweis, daß der Erbe angenommen habe, wird vom Gesetz nicht gefordert. Auch dem ausgeschlossenen und dem ihm gleichstehenden Gläubiger (§§ 1973, 1974) ist das Antragsrecht nicht versagt. Der Gläubiger hat gegen Ablehnung des Antrags die einfache Beschwerde aus FGG §§ 19, 20. Gegen die Anordnung steht nur dem Erben, jedem Miterben und dem Testamentsvollstrecker die sofortige Beschwerde zu (FGG §§ 76 Abs 2, 22). Ein persönlicher Gläubiger des Erben, der in Nachlaßgegenstände Zwangsvollstreckung erwirkt hat, kann den Antrag des Erben auf Anordnung der Nachlaßverwaltung nicht anfechten, da von einer Gläubigerbenachteiligung keine Rede sein kann, wenn der Schuldner gerichtliche Mitwirkung behufs Befriedigung seiner Gläubiger nach Maßgabe des Gesetzes anruft (RG 27. 9. 07 VII 504/06).

3. Der **Grund zur Annahme einer Gefährdung** kann subjektiv gegeben sein in dem Verhalten des Erben (Gleichgültigkeit, Unwirtschaftlichkeit, ungetreue Verwaltung § 1978 Abs 1) oder objektiv in der schlechten Vermögenslage des Erben, die einen Zugriff seiner eigenen Gläubiger besorgen läßt. Es genügt, daß diese Voraussetzungen auch nur bei einem Miterben zutreffen. Bloße Säumnis in der Befriedigung der Gläubiger genügt nicht (RJA 8, 179). Ob auch das Verhalten des verwaltenden Testamentsvollstreckers Anlaß geben kann, ist bestritten; bejahend OLG 18, 316; 39, 12 und Planck Erl 3a § 1981 und Vorbem 5c vor §§ 2197ff.; da der Testamentsvollstrecker nicht Vertreter des Erben ist (vgl. Vorbem vor § 2197) werden seine Handlungen oder Unterlassungen nicht ohne weiteres dem Erben zugerechnet werden können; anders wenn den Erben ein Verschulden dabei trifft (so auch Staudinger § 1981 Erl II B 4 letzter Abs). — Die Tatsachen, welche die Gefährdung begründen sollen, sind glaubhaft zu machen; nötigenfalls hat das Nachlaßgericht nach § 12 FGG weitere Ermittlungen anzustellen. Mehr als Glaubhaftmachung kann hier nicht verlangt werden, da nicht eine tatsächliche Gefährdung, sondern nur „Grund für die Annahme" einer solchen die Voraussetzung der Vorschrift bildet (a. M. Planck Erl 3d). Andererseits dürfte das Offizialprinzip des § 12 FGG nicht so weit gehen, daß das Nachlaßgericht zu umfangreichen Ermittlungen schreiten müßte, wenn der Antragsteller seine Legitimation zum Antrage und die Tatsachen zu seiner Begründung dem Gerichte nicht wenigstens einigermaßen glaubhaft gemacht hat, wozu unter Umständen schon die Sachdarstellung und die Angabe der Beweismittel genügen kann. Daß die Gesamtheit der Nachlaßgläubiger gefährdet sein müßte (so

KGJ 43 A 79), läßt sich aus dem Gebrauche der Mehrzahl wohl nicht ohne weiteres herleiten; ein zureichender sachlicher Grund, dem einzelnen gefährdeten Gläubiger die Antragsbefugnis zu versagen, dürfte nicht gegeben sein. Die Gefährdung kann vom Erben durch Sicherheitsleistung beseitigt werden, nicht aber durch bloßes Erbieten dazu (RJA 7, 18). Ähnlich § 1391.

4. **Zweijährige Ausschlußfrist,** laufend seit Annahme der Erbschaft (§ 1943 A 1). Die **Frist** (§ 187) läuft nur den Nachlaßgläubigern, nicht dem Erben. Im Falle der Erbenmehrheit ist die zuletzt erklärte Annahme maßgebend. Ebenso KO § 220.

5. Auch die Nachlaßverwaltung ist **Nachlaßpflegschaft** (§ 1975 A 2). Der Verwalter ist aber nicht wie der Pfleger (§§ 1915, 1785) zur Übernahme des Amtes verpflichtet. Dagegen hat er Anspruch auf Vergütung (§ 1987). Der Erbe kann wegen der vorhandenen Interessenkollision nicht selbst zum Verwalter bestellt werden. Wohl aber der Testamentsvollstrecker; vgl. A 1. Auch mehrere Verwalter können bestellt werden (§§ 1797, 1915).

§ 1982

Die Anordnung der Nachlaßverwaltung kann abgelehnt werden, wenn eine den Kosten entsprechende Masse nicht vorhanden ist[1]).

E II 1856; P 5 810.

1. Vgl. auch §§ 1965 Abs 1 Satz 2, 1980 a. E. Die Masse entspricht nicht den Kosten, wenn ihre Verwertung einen die Kosten übersteigenden Betrag nicht ergeben würde; nicht schon (wie in OLG 11, 227 angenommen), wenn durch die Kosten das Befriedigungsobjekt für die Gläubiger unverhältnismäßig geringer werden würde. Vgl. die entsprechende Vorschrift in § 107 Abs 1 KO, wo aus der in Satz 2 vorgesehenen Abwendung der Abweisung des Konkurseröffnungsantrags durch Hinterlegung eines zur Deckung der Verfahrenskosten (§ 58 Nr 1, 2) hinreichenden Betrags sich mit Sicherheit ergibt, daß nur ein die Kosten deckender Wert der Masse für die Eröffnung erfordert wird. Entsprechend in § 204 KO für die Eröffnung erfordert wird. Entsprechend in § 204 KO für die Abwendung der Einstellung. Diese Vorschriften werden unbedenklich auf die Nachlaßverwaltung entsprechend angewendet werden können. Ein für die Verfahrenskosten ausreichender Vorschuß ersetzt daher auch hier die Unzulänglichkeit der Masse. — Der Erbe hat in diesem Falle die Unzulänglichkeitseinrede aus §§ 1990, 1991 zur Beschränkung seiner Haftung. Als zur Masse gehörig gelten auch die nach §§ 1978—1980 gegen den Erben bestehenden Ansprüche. Aufhebung der angeordneten Verwaltung aus dem gleichen Grunde § 1988 Abs 2.

§ 1983

Das Nachlaßgericht hat die Anordnung der Nachlaßverwaltung durch das für seine Bekanntmachungen bestimmte Blatt zu veröffentlichen[1]).

E II 1857; P 5 808.

1. Entsprechend § 76 KO. — Der Nachlaßverwalter ist auch verpflichtet, die Anordnung der Nachlaßverwaltung, sofern zu dem Nachlasse Grundstücke oder Rechte an solchen gehören, unverzüglich **in das Grundbuch eintragen zu lassen,** um dadurch die sonst gemäß §§ 892, 893 in Verb. mit § 1984 Abs 1 Satz 2, KO § 7 zugunsten gutgläubiger Dritter eintretenden Wirkungen von Verfügungen des Erben auszuschließen (vgl. Predari, GBO S. 95, 98). Ein Vorgehen des Nachlaßgerichts von Amts wegen zur Herbeiführung der Eintragung ist durch das Gesetz nicht vorgeschrieben; die entsprechende Anwendung der für das Konkursgericht bestehenden Vorschrift (KO § 113) erscheint bedenklich, da die Stellung des Nachlaßgerichts wesentlich verschieden von der des Konkursgerichts ist, das nicht nur das Verfahren zu eröffnen, sondern auch bei der Durchführung mitzuwirken hat (so Dernburg § 130 A 15; a. M. die zweite Auflage dieses Kommentars und Planck 3. Aufl, wie hier die 4. Aufl. Danach wird das Grundbuchamt auch nicht befugt sein, die Eintragung auf Grund eines Ersuchens des Nachlaßgerichts (§ 39 GBO) zu vollziehen. Das Nachlaßgericht kann aber den Nachlaßverwalter zur Herbeiführung der Eintragung anhalten. Die öffentliche Bekanntmachung ist für die Beweislast bei nach Anordnung der Nachlaßverwaltung erfolgten Leistungen an den Erben von Bedeutung (vgl. § 1984 A 3).

§ 1984

Mit der Anordnung der Nachlaßverwaltung[1]) verliert der Erbe die Befugnis, den Nachlaß zu verwalten und über ihn zu verfügen[2]). Die Vorschriften der §§ 6, 7 der Konkursordnung finden entsprechende Anwendung[3]).

Ein Anspruch, der sich gegen den Nachlaß richtet, kann nur gegen den Nachlaßverwalter geltend gemacht werden[4]).

Zwangsvollstreckungen und Arreste in den Nachlaß zugunsten eines Gläubigers, der nicht Nachlaßgläubiger ist, sind ausgeschlossen[5]).

E II 1858; P 5 811, 812.

1. Die **Anordnung der Nachlaßverwaltung tritt** als gerichtliche Verfügung gemäß § 16 FGG mit der Bekanntmachung an denjenigen **in Kraft,** für den sie ihrem Inhalte nach bestimmt ist. Als solcher wird der Erbe zu gelten haben, da dessen Verfügungsbefugnis und Verwaltungspflicht durch die Anordnung betroffen wird. In dem rechtsähnlichen Falle der Anordnung einer Fideikommißverwaltung ist die Bekanntmachung an den Fideikommißbesitzer maßgebend (RG 21.2.21, IV 388/20, unvollständig abgedruckt Warn 1921, Nr 92). Die für den Fall der Eröffnung des Konkursverfahrens in § 108 KO gegebene Sonderbestimmung, derzufolge die Wirksamkeit mit dem Erlasse des gerichtlichen Beschlusses eintritt, kann in Ermangelung einer gesetzlichen Grundlage auf die Nachlaßverwaltung, die vom Gesetze, wenn auch mit gewissen Besonderheiten, als Pflegschaft gestaltet ist, nicht angewendet werden. So Dernburg § 130 A 21; Kipp § 78 A 8; a. M. die zweite Auflage dieses Kommentars und Planck 3. Aufl Erl 1, wie hier die 4. Aufl. — Mit der Bekanntmachung an den Erben wird auch die Befugnis des Nachlaßverwalters zu Rechtshandlungen für den Nachlaß eintreten; seine Verwaltungspflicht kann aber erst beginnen, wenn er von seiner Bestellung Kenntnis erhalten hat. — Für die Bekanntmachung ist Zustellung nach den Vorschriften der ZPO nur erforderlich, wenn der Antrag von einem Nachlaßgläubiger gestellt ist, da in diesem Falle die Frist zur sofortigen Beschwerde mit der Bekanntmachung beginnt (FGG § 76 Abs 2 Satz 1, § 22; vgl. § 1981 A 2). Hatte der Erbe selbst den Antrag gestellt, so kann die Bekanntmachung auch formlos erfolgen, unter entsprechendem Vermerk in den Akten (FGG § 16 Abs 2 Satz 2); die der Landesjustizverwaltung vorbehaltenen näheren Anordnungen kommen für die Rechtswirksamkeit der Bekanntmachung nicht in Betracht. — Wegen der Wirkung der öffentlichen Bekanntmachung vgl. A 3.

2. Mit der **Befugnis, den Nachlaß zu verwalten,** erlischt auch die in § 1978 (A 2) dem Erben auferlegte Verwaltungspflicht und seine daraus fließende Verantwortlichkeit. Hat er von der Anordnung ohne sein Verschulden keine Kenntnis erhalten (was trotz der an ihn geschehenen „Bekanntmachung" — A 1 — der Fall sein kann), so gilt der Auftrag zur Verwaltung zu seinen Gunsten als fortbestehend (§ 674). — Mit der Anordnung verliert der Erbe auch die **Befugnis** (Legitimation) **zu Verfügungen über den Nachlaß** sowie zur Führung von Rechtsstreitigkeiten über zum Nachlasse gehörige Ansprüche (Aktivlegitimation); die von ihm nach diesem Zeitpunkte vorgenommenen Rechtshandlungen sind unwirksam, allerdings nach dem gemäß Satz 2 anwendbaren § 7 (früher § 6) KO nur gegenüber den Nachlaßgläubigern. Das bedeutet aber nicht, daß lediglich ein nur den Schutz bestimmter Personen bezweckendes Veräußerungsverbot (§ 135) vorläge, bei dem derjenige, gegen den das Verbot sich richtet, verfügungsberechtigt bleibt, wenn auch unbeschadet des gesetzlich geschützten Rechtes des anderen; vielmehr ist dem Erben das Verfügungsrecht entzogen, er ist nicht mehr zur Ausübung des Verfügungsrechts berechtigt. Daher können auf Grund von Eintragungs- oder Löschungsbewilligungen, die von ihm, wenn auch noch vor der Anordnung, erklärt, aber erst nachher dem Grundbuchamte eingereicht sind (§ 878), keine Eintragungen im Grundbuch erfolgen (vgl. für den gleichliegenden Fall des Konkurses RG 71, 40); auch kann der Schuldner einer vom Erben nach der Anordnung abgetretenen Forderung sich gegenüber dem Erwerber auf die Unwirksamkeit der Abtretung berufen (RG LZ 1913 Sp. 398; RG 83, 189; Busch, KO, 12. Aufl., zu § 7 A 2). — Ein Miterbe ist an der Verfügung über seinen Anteil am Nachlasse (§ 2033 Abs 1) durch die Anordnung nicht gehindert. — Keine Verfügung soll nach einem Beschlusse der Grundbuch- und Aufwertungsrichter Groß-Berlins (DJZ 1926 Sp 445) in der Anmeldung und dem Einspruche im Falle des § 16 AufwGes liegen; deshalb ist dazu auch der Erbe während bestehender Nachlaßverwaltung für befugt erklärt. Dem wird, da es sich um lediglich schadenvorbeugende Maßnahmen handelt, beizustimmen sein.

3. Die **entsprechende Anwendung der §§ 6, 7 — jetzt §§ 7, 8 — KO** bedeutet zunächst die schon aus Satz 1 (entsprechend dem jetzigen § 6 KO) sich ergebende Unwirksamkeit der nach der Anordnung der Nachlaßverwaltung in bezug auf den Nachlaß vom Erben vorgenommenen Rechtshandlungen mit der Einschränkung, daß sie nur gegenüber den Nachlaßgläubigern unwirksam sind (A 2), ferner aber mit dem (durch die Novelle zur KO hinzugefügten) Vorbehalte, daß die den öffentlichen Glauben des Grundbuchs betreffenden §§ 892, 893 „unberührt bleiben", also (was früher streitig war) zur Anwendung gelangen können **(§ 7 KO).** Demgemäß erwirbt, ungeachtet der durch die Nachlaßverwaltung

eingetretenen Verfügungsbeschränkung des Erben, gemäß § 892 Abs 1 Satz 2, falls die Anordnung im Grundbuche nicht eingetragen ist (§ 1983 A 1) und auch nicht nachgewiesen wird, daß sie dem Erwerber bekannt war, der Erwerber eines Rechtes an einem zum Nachlasse gehörigen Grundstücke oder eines zum Nachlasse gehörigen Rechtes an einem Grundstücke das Recht von dem Erben mit Wirksamkeit auch gegenüber den Nachlaßgläubigern. Dagegen sind die sonstigen Vorschriften zugunsten derjenigen, welche Rechte von einem Nichtberechtigten herleiten, auf den Erwerb von dem in der Verfügung über den Nachlaß beschränkten Erben, der aber Subjekt der Nachlaßrechte bleibt, nicht ohne weiteres anwendbar und auch, und zwar absichtlich (vgl. Begr der Novelle zur KO § 10), nicht für entsprechend anwendbar erklärt. Der Erwerb des Eigentums an beweglichen Sachen und an Rechten, die mit dem Besitze beweglicher Sachen verbunden sind (§§ 932—936, 1032, 1207 in Verbindung mit 135 Abs 2 BGB), ist deshalb den Nachlaßgläubigern gegenüber auch dann unwirksam, wenn die Sache von dem Erben übergeben ist und der Erwerber die Anordnung der Nachlaßverwaltung nicht gekannt hat. Dagegen werden die Vorschriften zur Anwendung zu kommen haben, wenn dem Erwerber die Zugehörigkeit zum Nachlasse ohne grobe Fahrlässigkeit unbekannt geblieben ist, da der Erwerb von dem nicht verfügungsberechtigten Eigentümer dem Erwerbe vom Nichteigentümer zum mindesten gleichstehen muß. So Strohal § 79 A 19a; Planck 4. Aufl Erl 2a; a. M. Busch zu KO § 7 A 3. — Rückgabe der Gegenleistung, soweit die Nachlaßverwaltungsmasse bereichert ist (KO § 7 Abs 2). — Vermutung, daß die am Tage des Wirksamwerdens der Anordnung (A 1) vorgenommenen Rechtshandlungen nach der Anordnung vorgenommen worden sind (KO § 7 Abs 3). — **Entsprechende Anwendbarkeit des § 8 KO:** Leistungen auf Nachlaßforderungen, die nach dem Wirksamwerden der Anordnung (A 1) erfolgt sind, befreien den Schuldner unbedingt, soweit das Geleistete in die Masse der Nachlaßverwaltung gelangt ist (also, da Bereicherung nicht verlangt wird, auch wenn es ihr nachträglich wieder verlorengegangen ist); doch tritt auch darüber hinaus Befreiung ein, falls die Leistung auf ein im Grundbuch eingetragenes Recht ohne Kenntnis der im Grundbuche nicht eingetragenen Anordnung der Nachlaßverwaltung erfolgt ist (§ 893); im übrigen auch, wenn dem Leistenden bei der Leistung die Anordnung nicht bekannt war, jedoch unter verschiedener Regelung der Beweislast, je nachdem die Leistung vor oder nach der öffentlichen Bekanntmachung (§ 1983) erfolgt ist (KO § 8 Abs 2, 3). Die Befreiung wird nur durch die wirkliche Kenntnis, nicht, wie in andern Fällen (§§ 1070 Abs 2, 1275, 2129 Abs 2 BGB), auch schon durch die Zustellung einer Mitteilung von der Anordnung an den Schuldner ausgeschlossen (**RG** 87, 417; 21. 2. 21 IV 388/20). — Aufrechnung nach Anordnung der Nachlaßverwaltung § 1977 A 5.

4. Wie die Aktivlegitimation (A 2), so verliert der Erbe auch die **Passivlegitimation.** Eine nach der Anordnung erhobene Klage gegen den Erben ist von Amts wegen abzuweisen, wenn sich die Anordnung aus den Parteierklärungen des Klägers oder des Beklagten ergibt. Der vorher vom Erben oder gegen ihn anhängig gemachte Rechtsstreit wird unterbrochen, soweit nicht Vertretung durch einen Prozeßbevollmächtigten besteht (ZPO §§ 241 Abs 2, 246). Der Anspruch des Pflichtteilsberechtigten auf Auskunfterteilung über den Nachlaß (§ 2314) kann auch während der Nachlaßverwaltung gegen den Erben geltend gemacht werden (vgl. für den gleichliegenden Fall des Konkurses **RG** 9. 10. 19 IV 130/19 und § 1975 A 3). Der Erbe kann die Aufhebung von Zwangsvollstreckungsmaßregeln verlangen, die zugunsten eines Nachlaßgläubigers in sein nicht zum Nachlasse gehöriges Vermögen erfolgt sind (ZPO § 784). Diese Vorschriften finden aber keine Anwendung, wenn der Erbe bereits allgemein unbeschränkbar haftet; in diesem Falle sind Rechtsverfolgung und Zwangsvollstreckung gegen ihn in sein persönliches Vermögen auch weiter zulässig. — Das vorher wegen einer Nachlaßverbindlichkeit gegen den Erben ergangene Urteil kann, ohne daß es einer Vollstreckungsklausel gegen den Nachlaßverwalter (§ 727 ZPO) bedarf, in den Nachlaß vollstreckt werden. Vorher durch Zwangsvollstreckung in den Nachlaß erlangte Pfändungspfandrechte bleiben wirksam (anders im Konkursfalle § 221 KO). Wird aus einem gegen den Nachlaßverwalter ergangenen Urteile nach Aufhebung der Nachlaßverwaltung die Zwangsvollstreckung gegen den Erben betrieben, so kann dieser die Beschränkung seiner Haftung geltend machen, auch wenn sie ihm im Urteile nicht vorbehalten ist (ZPO § 780 Abs 2).

5. Entsprechend KO § 14. — Durch die Anordnung der Nachlaßverwaltung wird den **Privatgläubigern des Erben** die ihnen durch die Annahme der Erbschaft (ZPO § 778 Abs 2) gewährte Möglichkeit, sich aus dem Nachlasse zu befriedigen, wieder entzogen. Sie können nur noch im Wege der Pfändung des Anspruchs des Erben gegen den Nachlaßverwalter auf Herausgabe des künftigen Nachlaßüberschusses (§ 1986) mittelbar Befriedigung aus dem Nachlasse zu erlangen suchen. Vor Anordnung der Nachlaßverwaltung erfolgte Vollstreckungshandlungen von Privatgläubigern des Erben in den Nachlaß werden durch § 1984 nicht betroffen; der Nachlaßverwalter kann aber auf Grund des § 789 Abs 2 ZPO ihre Aufhebung verlangen (**RG** 27. 9. 07 VII 504/06).

§ 1985

Der Nachlaßverwalter[1]) hat den Nachlaß zu verwalten und die Nachlaßverbindlichkeiten aus dem Nachlasse zu berichtigen[2]).

Der Nachlaßverwalter ist für die Verwaltung des Nachlasses auch den Nachlaßgläubigern verantwortlich[3]). Die Vorschriften des § 1978 Abs 2 und der §§ 1979, 1980 finden entsprechende Anwendung[3]).

E II 1859, 1861; P 5 813—819.

1. Die Rechtsstellung des **Nachlaßverwalters** ist der des Konkursverwalters ähnlich. Gleich diesem ist er weder gesetzlicher Vertreter des Erben noch der Nachlaßgläubiger, noch der Erbschaft, sondern Organ für Durchführung der Zwecke der Verwaltung mit eigener Parteistellung (RG 65, 287, deshalb kein Anspruch auf Armenrecht). Auf die Stellung des Nachlaßverwalters finden die Vorschriften über die Stellung des Pflegers, und mittelbar also des Vormundes (§ 1915), Anwendung, soweit nicht Sonderbestimmungen (§§ 1981 Abs 3, 1987; vgl. § 1960 A 4) bestehen. Aus der Anwendung dieser Vorschriften ergibt sich insbesondere, daß der Verwalter ein Verzeichnis des Nachlaßvermögens aufzustellen und dem Nachlaßgericht einzureichen (§ 1802), daß er während der Dauer der Nachlaßverwaltung dem Gerichte und nach ihrer Beendigung dem Erben Rechnung zu legen (§§ 1840, 1841, 1890), aus besonderen Gründen auch Sicherheit zu leisten hat (§ 1844), daß er in den Fällen der §§ 1821, 1822 der Genehmigung des Nachlaßgerichts bedarf (so RG 12. 1. 17 II 390/16), daß er der Aufsicht des Gerichts untersteht (§ 137) und nötigenfalls von ihm entlassen werden kann (§ 1886). Dem Verwalter kann eine Inventarfrist nicht bestimmt werden, er ist aber den Nachlaßgläubigern zur Auskunft verpflichtet (§ 2012 Abs 2).

2. Das nach § 1984 (A 2) dem Erben verlorengehende **Verwaltungs- und Verfügungsrecht** geht nebst der Aktiv- und Passivlegitimation im Prozesse auf den Verwalter über; auch die Ansprüche der Nachlaßgläubiger gegen den Erben aus § 1978, die nach Abs 2 daselbst zum Nachlasse gehören (vgl. § 1978 A 4), kann er während der Dauer der Nachlaßverwaltung ausschließlich geltend machen. Er hat den Nachlaß zu diesem Zwecke in Besitz zu nehmen; weigert sich der Erbe, so wird es dazu der Erhebung einer Klage bedürfen, da der Anordnungsbeschluß einen vollstreckbaren Titel gemäß § 794 Nr 3 ZPO nicht bildet (so Kipp § 78 bei A 19; a. M. für den Fall des Konkurseröffnungsbeschlusses RG 37, 399; Busch, KO zu § 117 A 2). Der Erbe ist verpflichtet, den Nachlaß herauszugeben und ein Bestandsverzeichnis vorzulegen (§ 260). Er kann dem Herausgabeanspruche des auf Antrag eines durch Erbschein legitimierten gesetzlichen Erben ernannten Verwalters nicht mit Berufung darauf entgegentreten, daß er Testamentserbe sei; doch kann er in solchem Falle die Aufhebung der Nachlaßverwaltung erwirken (RG Recht 09, 2127; vgl. § 1988 A 3). Der Nachlaßverwalter hat auch für die Eintragung der erforderlichen Vermerke im Grundbuche zu sorgen (s. § 1983 A 1). Er hat sodann den Nachlaß insoweit zu versilbern, als es zur Berichtigung der Nachlaßverbindlichkeiten erforderlich ist, und zu diesem Zwecke die Nachlaßforderungen einzuziehen, insbesondere auch vom Erben, einschließlich der den Nachlaßgläubigern gegen diesen gemäß § 1978 zustehenden Ansprüche. Der Erbe kann ihm im Prozesse nicht entgegenhalten, daß die Einziehung unnötig oder unzweckmäßig sei (RG 72, 262). Im übrigen ist aber der Nachlaßverwalter verpflichtet, soweit es mit seiner Aufgabe, für die Berichtigung der Nachlaßverbindlichkeiten zu sorgen, vereinbar ist, auch die Interessen des Erben wahrzunehmen und seine Wünsche zu berücksichtigen, und der Erbe kann sich, um das zu erreichen, an das Nachlaßgericht wenden (RG a. a. O.). Die Verteilung des Nachlasses unter die Miterben ist nicht Aufgabe des Nachlaßverwalters (RG 72, 260); gerichtliche Auseinandersetzung ist während der Dauer der Nachlaßverwaltung ausgeschlossen (RJA 15, 279; KGJ 49 A 84); ebenso ein Antrag auf Leistung des Offenbarungseides nach § 2006 gegen den Erben (RJA 4, 201). — Zur Verfügung über Nachlaßgegenstände bedarf der Nachlaßverwalter der gerichtlichen Genehmigung in gleichem Umfange wie der Vormund (§§ 1821, 1822; RG Recht 1917 Nr 422), also insbesondere auch zur Veräußerung eines Erwerbsgeschäfts (RJA 6, 119); auch den Vorschriften über Anlegung und Hinterlegung von Geld und Wertpapieren (§§ 1806, 1814) wird er, soweit es der Zweck der Nachlaßverwaltung zuläßt, unterworfen sein (so jetzt auch Planck 4. Aufl Erl 1a Abs 2 gegen die 3. Aufl). Der Nachlaßrichter ist verpflichtet, ihn, falls erforderlich, dazu anzuhalten und die Anlage zu überwachen, und zwar auch für solche Beträge, die zur Ausschüttung an die Nachlaßgläubiger bestimmt sind, sofern die Ausschüttung nicht alsbald erfolgen kann; das Flüssighalten des Geldes ist nicht unvereinbar mit mündelsicherer Anlage (RG 88, 266). — Für die Dauer der Nachlaßverwaltung ist auch das unmittelbare Verwaltungsrecht des Testamentsvollstreckers ausgeschaltet, vgl. § 2205 A 1; nach Aufhebung der Nachlaßverwaltung tritt es wieder in Kraft (RG in LZ 1919, 875). Doch steht ihm auch während der Dauer der

Nachlaßverwaltung, ebenso wie dem Erben (RG 72, 263), eine Kontrolle in der Weise zu, daß er durch geeignete Anträge bei dem Nachlaßgerichte auf Abstellung von Mängeln in der Nachlaßverwaltung dringen kann (RG 13. 1. 19 IV 299/18).

3. Der Verwalter ist gleich dem Vormunde (§ 1833) dem Erben, aber abweichend vom Nachlaßpfleger (§ 1960 A 5), auch unmittelbar **den Nachlaßgläubigern verantwortlich,** und zwar auf Grund eines vertragsähnlichen Verhältnisses, das durch seine Bestellung begründet wird und auf Grund dessen er (entsprechend der Haftung des Erben aus § 1978 Abs 1) wie ein Beauftragter für jede Fahrlässigkeit haftet (KG DJZ 05, 652). Die sich hieraus ergebenden Ansprüche gegen ihn **gehören zum Nachlasse (§ 1978 Abs 2**; vgl. A 4 dazu). Auch die besondere Verpflichtung des Erben, falls sich Überschuldung herausstellt, **Konkurs zu beantragen (§ 1980)** und die daraus sich ergebende Verantwortlichkeit ist ihm auferlegt. Um diese Verantwortlichkeit auszuschließen, muß er auch gegebenenfalls das Aufgebot der Nachlaßgläubiger beantragen. Anderseits ist auch er bei sich später ergebender Überschuldung zur **Anrechnung berichtigter Verbindlichkeiten** auf den Nachlaß berechtigt, wenn er nach den Umständen die Zulänglichkeit annehmen durfte **(§ 1979).** Unter dieser Voraussetzung ist er nicht verpflichtet, eine bestimmte Reihenfolge bei der Berichtigung von Verbindlichkeiten einzuhalten und kann er auch solche aus Pflichtteilsrechten, Vermächtnissen oder Auflagen berichtigen. Nach durchgeführtem Aufgebot kann er einem ausgeschlossenen und ohne solches einem verspäteten Gläubiger (§ 1974) gegenüber gemäß § 1973 verfahren, und zwar auch noch in der Zwangsvollstreckung (RG 61, 221, wo dahingestellt gelassen ist, ob es dazu eines besonderen Vorbehalts im Urteile bedürfe). — Ist die Konkurseröffnung wegen Mangels an Masse nicht tunlich, so wird der Nachlaßverwalter nicht, wie der Erbe, nach §§ 1990, 1991 verfahren dürfen, da diese Paragraphen nicht, wie § 1978 Abs 2 und §§ 1979, 1980, für entsprechend anwendbar erklärt sind; vielmehr wird er in solchem Falle gemäß § 1988 Abs 2 die Aufhebung der Nachlaßverwaltung zu beantragen haben. Auch § 1992 ist nicht für entsprechend anwendbar erklärt; der Nachlaßverwalter wird deshalb die Konkurseröffnung auch beantragen müssen, wenn die Überschuldung auf Vermächtnissen oder Auflagen beruht (a. M. Planck Erl 1b und die zweite Auflage dieses Kommentars). — Der Nachlaßrichter ist wegen schuldhafter Amtspflichtverletzung bei der Beaufsichtigung des Nachlaßverwalters sowohl dem Erben wie auch den Nachlaßgläubigern verantwortlich (RG 88, 264); anders beim Nachlaßpfleger der §§ 1960, 1961 (§ 1960 A 2).

§ 1986

Der Nachlaßverwalter darf den Nachlaß dem Erben erst ausantworten, wenn die bekannten Nachlaßverbindlichkeiten berichtigt sind[1]).

Ist die Berichtigung einer Verbindlichkeit zur Zeit nicht ausführbar oder ist eine Verbindlichkeit streitig, so darf die Ausantwortung des Nachlasses nur erfolgen, wenn dem Gläubiger Sicherheit geleistet wird[2]). **Für eine bedingte Forderung ist Sicherheitsleistung nicht erforderlich, wenn die Möglichkeit des Eintritts der Bedingung eine so entfernte ist, daß die Forderung einen gegenwärtigen Vermögenswert nicht hat**[3])[4]).

E II 1860; P 5 816—819.

1. Die **Ausantwortung des Nachlasses** an den Erben darf nicht erfolgen, bevor der Zweck der Nachlaßverwaltung, die Berichtigung der Nachlaßverbindlichkeiten, erreicht ist, also keinenfalls, solange die bekannten Nachlaßverbindlichkeiten noch nicht sämtlich berichtigt sind. Besteht aber Grund zu der Annahme, daß unbekannte Nachlaßverbindlichkeiten vorhanden sein könnten, so wird der Nachlaßverwalter gegenüber dem Erben berechtigt sein, den Nachlaß solange zurückzubehalten, bis das zu seiner Deckung gegenüber den Nachlaßgläubigern (§ 1985 A 3) erforderliche Aufgebot (§§ 1970ff.) durchgeführt ist. Mehreren Miterben ist der Nachlaß gemeinschaftlich auszuhändigen oder auf Verlangen eines von ihnen für alle zu hinterlegen (§ 2039). Wegen der Vornahme der Teilung s. § 1985 A 2.

2. **Sicherheitsleistung** §§ 232ff. Ebenso § 52 Abs 1. Die Hinterlegung gemäß §§ 372ff. ist damit nicht ausgeschlossen.

3. **Bedingte Forderung.** Ebenso beim Arrest ZPO § 916 Abs 2 und bei der Verteilung im Konkurse KO §§ 154, 171.

4. Die Nachlaßverwaltung bleibt trotz Ausantwortung des Nachlasses bestehen, bis sie gemäß § 1919 vom Nachlaßgericht aufgehoben ist. Meldet sich vor der Aufhebung noch ein Gläubiger, so kann der Verwalter vom Erben entsprechende Wiederaushändigung des

Nachlasses fordern. **Nach Aufhebung der Nachlaßverwaltung** haftet, wenn ein Aufgebot (§§ 1970ff.) stattgefunden hat oder die in § 1974 vorgeschriebene „Verschweigungsfrist" abgelaufen ist, der Erbe einem ausgeschlossenen oder einem solchen gleichstehenden Gläubiger nur nach Maßgabe des § 1973 (A 1), also auf die Bereicherung. Ist der Nachlaß nur noch so gering, daß keine zur Deckung der Kosten der Verwaltung oder des Konkurses ausreichende Masse vorhanden ist (§ 1990) oder ist der Nachlaß infolge von Vermächtnissen und Auflagen unzulänglich (§ 1992), so kann der Erbe gegenüber sich meldenden Gläubigern nach § 1990 verfahren, vgl. A 1 dazu. Bestritten ist aber, wie sich die Haftung gestaltet, wenn (was allerdings nicht häufig vorkommen wird) ein Aufgebot in der Nachlaßverwaltung oder sonst nicht stattgefunden hat und der Nachlaß noch zur Deckung der Kosten einer Verwaltung oder eines Konkurses ausreicht, also weder der Fall des § 1973 noch der des § 1990 vorliegt. Es wird die Meinung vertreten, daß in diesem Falle der Erbe zunächst wieder nach allgemeinen Grundsätzen, also unbeschränkt, haftet und daß nur durch eine neue Nachlaßverwaltung oder einen Konkurs wieder die Beschränkung der Haftung herbeigeführt werden könne (so Strohal II § 79 A 33 und bei Planck, 3. u. 4. Aufl, Erl 3d, im Gegensatze zu Planck in den früheren Auflagen; vgl. auch Planck DJZ 4, 366). Diese Auffassung findet im Gesetze keine Stütze, da § 1975 als Wirkung der Nachlaßverwaltung die Beschränkung der Haftung ohne Einschränkung auf die Dauer der Verwaltung ausspricht. Der Erbe haftet also, wenn er nicht vorher schon unbeschränkbar gehaftet hat (§ 1994), auch nach aufgehobener Verwaltung zunächst weiter nur mit dem Nachlasse (cum viribus hereditatis); er kann eine Zwangsvollstreckung in sein eigenes Vermögen, falls ihm die Beschränkung in dem Urteile vorbehalten ist, gemäß ZPO §§ 780, 781, 785, also im Wege der Widerspruchsklage des § 767, abwehren. So im wesentlichen Dernburg V § 169 bei A 2, 3, der jedoch die Beweislast bei der Zwangsvollstreckung zu verkennen scheint; Kipp § 78 XI 2. Die Bemerkung in den ziemlich unklaren Verhandlungen der zweiten Kommission (5, 817), daß der Erbe in solchem Falle haften solle, „wie wenn die Pflegschaft nicht bestellt gewesen wäre", auf die Strohal besonderen Wert legt, kann nicht maßgebend sein. Um eine Anwendung des § 1990 auf einen Fall, für den er nicht gegeben ist (so Strohal bei Planck a. a. O.), handelt es sich dabei nicht; auch nicht um eine entsprechende Anwendung, deren Zulässigkeit bedenklich sein würde. Eine etwa gewollte Einschränkung hätte im Gesetze (§ 1975) Ausdruck finden müssen, zumal sie sachlich keineswegs gerechtfertigt ist, vielmehr das ohnehin schon verwickelte Haftungssystem des BGB noch weiter verwickeln würde. Doch ist die Bestimmung einer Inventarfrist nach Beendigung der Nachlaßverwaltung nicht, wie nach Durchführung des Nachlaßkonkurses, durch § 2000 (vgl. A 3 dazu) ausgeschlossen. Auf diese Weise kann daher auch nach durchgeführter Nachlaßverwaltung die unbeschränkte, d. h. nicht mehr beschränkbare Haftung gegebenenfalls eintreten. Doch kann sich der Erbe auf ein von dem Nachlaßverwalter errichtetes Inventar berufen, wenn es den Vorschriften der §§ 2002, 2003 entspricht (§ 2004). Daß der Erbe nach durchgeführter Nachlaßverwaltung ein für allemal, also unabänderlich, nur beschränkt hafte, will Staudinger 9. Aufl mit Unrecht aus den Ausführungen an dieser Stelle in der 5. Aufl herauslesen. — Anderseits findet auch § 1973 nicht, wie nach durchgeführtem Konkurse (§ 1989), Anwendung. Vielmehr ist die Stellung des Erben zu den Nachlaßgläubigern hinsichtlich der Verantwortlichkeit für den ihm wieder ausgeantworteten Nachlaß wiederum die eines Beauftragten und sind die §§ 1978—1980, jedenfalls entsprechend, unbedenklich anwendbar. Der Erbe darf daher auch jetzt wieder Nachlaßverbindlichkeiten nur solange berichtigen, als er die Zulänglichkeit des Nachlasses annehmen kann (§ 1979); hat er Anlaß zu der Annahme des Vorhandenseins unbekannter Verbindlichkeiten, so muß er Aufgebot und bei Kenntnis der Überschuldung, der fahrlässige Unkenntnis gleichsteht, Konkurs beantragen (§ 1980); andernfalls ist er den Gläubigern schadensersatzpflichtig. Eine nochmalige Nachlaßverwaltung zu beantragen, ist er zwar berechtigt (§ 1981), aber nicht verpflichtet; auch ein nicht befriedigter oder ausgeschlossener Nachlaßgläubiger kann von neuem Nachlaßverwaltung beantragen. — Ist die Anordnung als nicht gerechtfertigt aufgehoben (FGG §§ 18, 76 Abs 2), so muß die Beschränkung der Haftung als nicht eingetreten gelten. Ist die Aufhebung wegen Mangels einer den Kosten entsprechenden Masse erfolgt (§ 1988 Abs 2), so kann nunmehr der Erbe nach § 1990, dessen entsprechende Anwendung auf diesen Fall (vgl. dagegen oben) keinen Bedenken unterliegen wird, verfahren. Kommt aber der Nachlaß wieder zu Kräften, so wird die Anordnung einer neuen Nachlaßverwaltung erforderlich sein.

§ 1987

Der Nachlaßverwalter kann für die Führung seines Amtes eine angemessene Vergütung verlangen[1]).

E II 1862; P 5 820.

1. Der Verwalter, der zur Übernahme des Amtes nicht wie ein Vormund oder sonstiger Pfleger kraft Gesetzes verpflichtet ist (§ 1981 Abs 3), hat, ebenso wie der Konkursverwalter (KO § 85) und mangels abweichender Bestimmung des Erblassers der Testamentsvollstrecker (§ 2221), einen **Rechtsanspruch auf Vergütung.** Nicht so der Nachlaßpfleger, § 1960 A 4. Sie wird vom Nachlaßgericht mit Rücksicht auf den Umfang der Mühewaltungen und den Bestand der Masse festgesetzt. Der Anspruch auf Vergütung und Ersatz der Aufwendungen § 1835) ist im Konkurse Masseschuld, KO § 224 Nr 4, 6.

§ 1988

Die Nachlaßverwaltung endigt mit der Eröffnung des Nachlaßkonkurses[1]).

Die Nachlaßverwaltung kann aufgehoben werden, wenn sich ergibt, daß eine den Kosten entsprechende Masse nicht vorhanden ist[2])[3]).

E II 1863; P 5 819, 820.

1. **Die Nachlaßverwaltung endigt** im Konkursfalle ohne weiteres kraft Gesetzes. Vom Nachlaßverwalter nach dieser Zeit vorgenommene Rechtshandlungen sind in Ermanglung einer Vertretungsmacht unwirksam (§§ 177ff.); die §§ 7, 8 KO, die sich nur auf Verfügungen des Gemeinschuldners beziehen, können auf den Nachlaßverwalter, der nicht gesetzlicher Vertreter des Erben ist (vgl. § 1985 A 1), keine Anwendung finden (a. M. Planck Erl 1a). Doch kann der Verwalter, falls er ohne sein Verschulden von der Erledigung keine Kenntnis hatte, zu seinen Gunsten die Vorschrift des § 674 anrufen. Dagegen dauert die Nachlaßpflegschaft auch nach der Konkurseröffnung fort (§ 1960 A 4). Der Pfleger vertritt den nunmehrigen Gemeinschuldner.

2. Wie KO § 204 und entsprechend § 1982. Vgl. § 1982 A 1. Hinterlegung eines Kostenvorschusses wendet auch hier die Aufhebung ab. Dem Erben wie den Nachlaßgläubigern steht gegen den Aufhebungsbeschluß einfache Beschwerde zu, FGG §§ 19, 20.

3. Abgesehen von Abs 1 dauert die Verwaltung fort, bis sie gemäß § 1919 durch Beschluß des Nachlaßgerichts **aufgehoben** ist (**RG** 72, 263). Die Aufhebung hat zu erfolgen, sobald der Zweck der Nachlaßverwaltung erreicht ist (§ 1919). Zurücknahme des vom Erben selbst gestellten Antrags hindert die Durchführung der Verwaltung nicht (RJA 12, 108). Gleiches muß gelten, wenn der von einem Nachlaßgläubiger gestellte Antrag zurückgenommen wird, nachdem die Verwaltung angeordnet ist. Dagegen ist die Anordnung aufzuheben, wenn sie ungerechtfertigt war (FGG §§ 18, 76 Abs 2). Über die Wirkung der erfolgten Aufhebung auf die Haftung des Erben s. § 1986 A 4. Der Verwalter hat den Nachlaß an den Erben herauszugeben und Schlußrechnung zu legen (§ 1890). Hierbei — nicht auch im Konkurse (KO § 223) — kann er wegen seiner Aufwendungen das Zurückbehaltungsrecht ausüben. Die im Grundbuch eingetragenen Verfügungsbeschränkungen sind auf Antrag des Erben zu löschen (GBO § 22). Der Tod des Erben ist auf die Fortführung der Verwaltung ohne Einfluß. Wohl aber ist sie aufzuheben nach dem Tode des Vorerben, wenn damit der Fall der Nacherbfolge eintritt, da der Nacherbe zunächst unbeschränkt, wenn auch beschränkbar, haftet und es zur Beschränkung seiner Haftung der Anordnung einer neuen Nachlaßverwaltung bedarf, wobei an die Stelle des Nachlasses dasjenige tritt, was der Nacherbe aus der Erbschaft erlangt (§ 2144). — Bekanntmachung des Aufhebungsbeschlusses ist reichsgesetzlich nicht vorgeschrieben.

§ 1989

[1]) Ist der Nachlaßkonkurs durch Verteilung der Masse[2]) oder durch Zwangsvergleich beendigt[3]), so finden auf die Haftung des Erben die Vorschriften des § 1973 entsprechende Anwendung[4]).

E I 2118 II 1864; M 5 640, 641; P 5 771—774.

1. **Beendigung des Nachlaßkonkurses.** Die durch Eröffnung des Nachlaßkonkurses eingetretene Beschränkung der Haftung des Erben auf den Nachlaß muß nach der hier vertretenen Ansicht (§ 1975 A 1) auch nach Beendigung des Nachlaßkonkurses, wie der Nachlaßverwaltung (§ 1986 A 4), fortdauern. Wird aber der Nachlaßkonkurs durch Verteilung der Masse oder Zwangsvergleich beendet, so tritt nach § 1989 eine noch weitergehende Beschränkung ein in der Weise, daß der Erbe nunmehr allgemein nur noch wie nach § 1973 einem durch Aufgebot ausgeschlossenen Gläubiger haftet; die im Konkursverfahren erfolgte Aufforderung zur Anmeldung und der Ablauf der Ausschlußfrist (KO §§ 110, 111, 152), im Falle des Zwangsvergleichs statt der Ausschlußfrist die öffentliche Bekanntmachung des Vergleichstermins (§ 179 KO), ersetzen das in §§ 1970ff.

vorgesehene Aufgebot. Ist ein Ausschlußurteil in einem Aufgebotsverfahren ergangen, so ist den dadurch betroffenen Gläubigern gegenüber § 1973 unmittelbar anwendbar. § 1974 steht auch nach beendigtem Konkursverfahren dem Erben ohne weiteres zur Seite. Eine entsprechende Anwendung des § 1973 ist ausgeschlossen, wenn der Erbe für die Nachlaßverbindlichkeiten bereits bei Eröffnung des Konkurses allgemein unbeschränkbar haftete (§ 2013). Nach Beendigung des Konkurses durch Verteilung oder Zwangsvergleich kann dem Erben eine Inventarfrist nicht mehr gesetzt, also seine unbeschränkbare Haftung nicht mehr herbeigeführt werden (§ 2000 Satz 3). — Wird das Konkursverfahren auf andere Weise beendet, insbesondere durch Einstellung mit Zustimmung aller Konkursgläubiger (Gantverzicht, KO § 202), so kann § 1989 keine Anwendung finden. Erfolgt die Einstellung wegen Mangels an Masse (KO § 204), so kann der Erbe nach § 1990 vorgehen (s. § 1986 A 4). — Sind mehrere Miterben vorhanden und ist der Nachlaß geteilt, so haftet nach Beendigung des Konkurses durch Verteilung oder Zwangsvergleich jeder Miterbe nur nach Verhältnis seines Erbanteils (§ 2060 Nr 3). — Schon vor Beendigung des Konkurses ist die Klage eines Nachlaßgläubigers, der infolge Versäumung der Ausschlußfrist von dem Verfahren ausgeschlossen ist (KO §§ 152, 161), gegen den Erben zuzulassen, soweit sie nur auf Befriedigung nach Beendigung des Konkurses aus dem Überschusse gemäß § 1973 gerichtet ist (**RG** IV 603/12, 14. 4. 13).

2. Beendigung durch Verteilung der Masse. Schlußverteilung, KO §§ 161—163. Sobald das Verfahren nach erfolgter Schlußverteilung und Abhaltung des Schlußtermins aufgehoben ist, können die Konkursgläubiger gemäß KO § 164 ihre Forderungen gegen den Schuldner „unbeschränkt" geltend machen, das heißt ohne die sich aus der Eröffnung des Konkursverfahrens allgemein ergebenden Beschränkungen, hat aber mit der Fortdauer der beschränkten Haftung des Erben (A 1) nichts zu tun. Die Eintragung in die Tabelle (§ 164 Abs 2 KO) im Nachlaßkonkurse gewährt einen vollstreckbaren Titel nur gegen den Nachlaß; der Erbe kann also, ohne daß es eines Vorbehalts bedarf, eine auf Grund dieser Eintragung betriebene Zwangsvollstreckung in sein eigenes Vermögen gemäß ZPO §§ 781, 785 abwehren. Er ist aber ferner berechtigt, sowohl gegenüber Gläubigern, die im Konkurse angemeldet haben, aber nicht befriedigt worden sind, wie gegenüber solchen, die sich neu melden, in der gleichen Weise zu verfahren wie gegenüber einem durch Aufgebot ausgeschlossenen Gläubiger. Das gilt aber nicht gegenüber solchen Gläubigern, denen er bereits unbeschränkt, d. h. unbeschränkbar, haftet (§§ 2006 BGB, 780 ZPO; vgl. § 1975 A 1). Auch nicht, wenn er bereits allgemein in dieser Weise haftet (§ 2013 Abs 1). Näheres s. A 4.

3. Beendigung durch Zwangsvergleich. Für die Haftung des Erben nach Beendigung des Nachlaßkonkurses durch Zwangsvergleich kommen für diejenigen Gläubiger, die durch den Zwangsvergleich betroffen werden, in erster Linie die Bestimmungen des Vergleichs in Betracht und kann daher für diese Gläubiger § 1989, insoweit als der Vergleich abweichende Bestimmungen enthält, keine Anwendung finden. Hat der Erbe in dem Vergleiche persönliche Verbindlichkeiten übernommen, so haftet er für sie unbeschränkt mit seinem ganzen Vermögen. Ob dieser Fall vorliegt, ist eine Frage der Auslegung; häufig werden die Gläubiger nur unter dieser Voraussetzung dem Erben den Nachlaß zur freien Verfügung (KO § 192) überlassen. Im Zweifel wird aber nicht angenommen werden können, daß der Erbe sich persönlich verbindlich gemacht hat, ebensowenig wie bei der Eingehung sonstiger Verbindlichkeiten für den Nachlaß (vgl. § 1967 A 3 und die dort angeführte Rechtsprechung, namentlich **RG** 90, 95; so auch Kipp § 79 VII 2 b; a. M. die zweite Auflage dieses Kommentars und Planck Erl 8a). Nach § 193 KO wirkt der Zwangsvergleich auch für und gegen solche nicht bevorrechtigte Konkursgläubiger, die am Konkursverfahren oder an der Beschlußfassung über den Vergleich nicht teilgenommen haben. Danach muß angenommen werden, daß auch diejenigen Gläubiger, die im Konkursverfahren nicht angemeldet hatten, die von dem Erben übernommene persönliche Verpflichtung für sich geltend machen können (a. M. Planck-Strohal Erl 3; Jaeger, KO § 230 A 18; Kipp a. a. O.; wie hier Staudinger Erl 3). Die entgegengesetzte Meinung findet im Gesetze keine Stütze und führt auch zu nicht annehmbaren Ergebnissen, da man diese Gläubiger nicht einerseits an den Zwangsvergleich, insbesondere den darin vereinbarten Erlaß eines Teiles der Forderungen, binden und anderseits ihnen die als Gegenleistung dafür übernommene persönliche Verpflichtung des Erben vorenthalten kann. Für die noch weitergehende Meinung, daß durch § 1989 eine durch § 3 Abs 1 EGKO gedeckte Ausnahmevorschrift gegenüber § 193 KO geschaffen worden und die Gläubiger, die nicht angemeldet haben, im Nachlaßkonkurse an den Zwangsvergleich überhaupt nicht gebunden seien — so Planck-Flad 4. Aufl Erl 3d —, ist noch weniger Anhalt im Gesetze zu finden. Die weitere Folgerung aus dieser Meinung müßte übrigens sein, daß auch die Gläubiger, die angemeldet, aber an der Beschlußfassung über den Zwangsvergleich nicht teilgenommen oder gegen den Vergleich gestimmt haben, nicht wie § 193 KO vorschreibt, von dem Zwangsvergleiche betroffen würden, so daß dieser im Nachlaßkonkurse seine ihm wesentliche zwingende Bedeutung zu einem erheblichen Teile verlieren müßte. — Die Gläubiger minderen Rechtes, das sind diejenigen, die nach § 226 Abs 2 Nr 2—5, Abs 4 KO im Konkurse erst nach anderen Forderungen befriedigt werden, nehmen zwar, falls sie angemeldet haben, am Konkurse, aber nicht am Zwangsvergleiche teil (§ 230 Abs 2), d. h. sie werden von dem Vergleiche nicht betroffen (im Unterschiede von denjenigen, die nur an der Beschlußfassung über den Zwangsvergleich nicht teilgenommen haben, § 193); sie können daher ohne Rücksicht auf den Zwangsvergleich ihre Forderungen in ganzer Höhe geltend machen, aber nur gegen den Nachlaß und mit den aus § 1973 sich ergebenden Beschränkungen. — Massegläubiger und bevorrechtigte Konkursgläubiger werden gleichfalls vom Zwangsvergleiche nicht betroffen (KO § 193); die ersteren sind vor Aufhebung des Konkursverfahrens durch den Verwalter zu befriedigen oder, falls ihre Forderungen bestritten sind, sicherzustellen; ebenso die letzteren, soweit ihre Forderungen festgestellt oder glaubhaft gemacht sind (§ 191). Hat eine Berichtigung oder Sicherstellung nicht stattgefunden, so haftet der Erbe auch ihnen nur mit dem Nachlaßüberschuß gemäß § 1973. — Hat der Erbe die Verpflichtungen im Zwangsvergleiche nur für den Nachlaß übernommen, so haftet er den vom Zwangsvergleiche betroffenen Gläubigern nur mit diesem, aber auf Grund der besonders übernommenen Verpflichtung; § 1989 und demzufolge § 1973 sind deshalb nicht anwendbar, wohl aber entsprechend die §§ 1978—1980.

4. **Die entsprechende Anwendung des § 1973** bedeutet, daß der Erbe die Befriedigung eines Gläubigers insoweit verweigern kann, als der noch vorhandene Nachlaßüberschuß durch Befriedigung anderer Gläubiger erschöpft wird; er kann also die Gläubiger befriedigen ohne Einhaltung einer bestimmten Reihenfolge (auch nicht nach Maßgabe der Meldung) und ohne Rücksicht auf die dadurch etwa eintretende Unzulänglichkeit des Nachlasses zur Befriedigung aller noch vorhandenen Nachlaßgläubiger, und zwar kann er in dieser Weise auch Ansprüche aus Pflichtteilsrechten, Vermächtnissen und Auflagen berichtigen, diese jedoch nicht mehr zuungunsten eines andern Gläubigers der seine Forderung bereits geltend gemacht hatte (vgl. § 1973 A 4). Konkurrieren mehrere Pflichtteils- usw. Berechtigte miteinander, so wird auch § 1974 Abs 2 (A 7 zu § 1974) entsprechende Anwendung zu finden haben. Den Überschuß hat der Erbe, soweit er dadurch bereichert ist, an den Gläubiger zum Zwecke der Befriedigung im Wege der Zwangsvollstreckung herauszugeben, kann aber die Herausgabe in Natur durch Zahlung des Wertes abwenden (§ 1973 A 6, 7). Der Befriedigung eines Gläubigers steht die rechtskräftige Verurteilung zur Befriedigung auch hier gleich (§ 1973 A 8). Diese Haftungsbeschränkungen treten ein gegenüber allen Nachlaßgläubigern, denen der Erbe nicht bereits unbeschränkt, d. h. unbeschränkbar (vgl. § 780 ZPO, § 2006 Abs 2 BGB) haftet.

§ 1990

[1]) Ist die Anordnung der Nachlaßverwaltung oder die Eröffnung des Nachlaßkonkurses wegen Mangels einer den Kosten entsprechenden Masse nicht tunlich oder wird aus diesem Grunde die Nachlaßverwaltung aufgehoben oder das Konkursverfahren eingestellt[2]), so kann der Erbe die Befriedigung eines Nachlaßgläubigers insoweit verweigern, als der Nachlaß nicht ausreicht[3]). Der Erbe ist in diesem Falle verpflichtet, den Nachlaß zum Zwecke der Befriedigung des Gläubigers im Wege der Zwangsvollstreckung herauszugeben[4]).

Das Recht des Erben wird nicht dadurch ausgeschlossen, daß der Gläubiger nach dem Eintritte des Erbfalls im Wege der Zwangsvollstreckung oder der Arrestvollziehung ein Pfandrecht oder eine Hypothek[5]) oder im Wege der einstweiligen Verfügung eine Vormerkung erlangt hat[6]) [7]) [8]).

E I 2133 II 1865; M 5 654—657; P 5 745, 796—802.

1. Auch wenn die Aktiva des Nachlasses so gering sind, daß sie die Kosten einer Nachlaßverwaltung oder eines Nachlaßkonkurses nicht decken (vgl. § 1982 A 1) muß dem Erben ein Mittel zur Beschränkung seiner Haftung auf den Nachlaß gegeben sein. Diesen Zweck verfolgen die §§ 1990, 1991, deren freilich recht unklare Fassung dem doch wesentlich verschiedenen Falle des § 1973 nachgebildet ist (vgl. Dernburg V § 170 III). Durch sie wird dem Erben in solchem Falle das Recht verliehen, ohne Nachlaßverwaltung oder Nachlaßkonkurs herbeiführen zu müssen, die Gläubiger einzeln auf den Nachlaß zu verweisen und, soweit dieser zu ihrer Befriedigung nicht ausreicht, die Befriedigung zu verweigern. Voraussetzung für die Verweisung auf den Nachlaß ist also nur die „Dürftigkeit" des Nach-

lasses (A 2); durch den Nachweis, daß diese vorliegt, kann der Erbe ohne weiteres den Zugriff eines Gläubigers auf sein eigenes Vermögen wegen einer Nachlaßverbindlichkeit abwehren; des Nachweises der Überschuldung bedarf es dazu nicht. Behauptet aber der Erbe, daß der Nachlaß zur Befriedigung des Befriedigung aus ihm verlangenden Gläubigers nicht ausreichend sei (A 3), so muß er außerdem die Unzulänglichkeit, also „Überschuldung" in diesem Sinne, nachweisen (RG 28. 11. 07 IV 146/07). Die Einreden der Dürftigkeit und der Unzulänglichkeit bei Dürftigkeit können schon im Prozesse erhoben und darüber entschieden werden (OLG 34, 375); der Erbe kann aber auch sich darauf beschränken, im Prozesse den nach ZPO § 780 erforderlichen Vorbehalt zu erwirken und dann im Zwangsvollstreckungsverfahren durch Vollstreckungsgegenklage die Einwendung zu erheben (RG 69, 291; 77, 245; Warn 1913 Nr 377 und 2. 5. 18 IV 70/18). Die Entscheidung darüber gehört in das Verfahren über den Grund des Anspruchs (RG 61, 294; 104, 340). Doch kann das Prozeßgericht sich mit dem Vorbehalte gemäß § 780 ZPO begnügen und die Entscheidung, ob dem Beklagten wirklich die Beschränkung zur Seite steht und in welchem Umfange, in das Zwangsvollstreckungsverfahren verweisen (RG 54, 413; 69, 291; 77, 245; RG 2. 5. 18 IV 70/18). Ist der Erbe ohne Vorbehalt verurteilt, so muß er die Zwangsvollstreckung auch in sein eigenes Vermögen dulden (§ 780; vgl. A 3). Das Verweigerungsrecht aus den §§ 1990, 1992 steht auch dem Nachlaßpfleger und dem Testamentsvollstrecker, im Falle des § 1992 auch dem Nachlaßverwalter (der im Falle des § 1990 nicht in Frage kommt) zu (RG Warn 1918 Nr 122; OLG 35, 373; Prot II 5 S. 816 zu 6). Des Vorbehalts im Urteile bedarf es in diesen Fällen nicht (§ 780 Abs 2 ZPO).

2. Um die **Untunlichkeit der Nachlaßverwaltung oder Konkurseröffnung** zu erweisen, ist nicht erforderlich, daß die betreffenden Anträge gestellt und nach § 1982 oder KO § 107 abgelehnt sind. Auch die erfolgte Ablehnung schließt das Prüfungsrecht des Prozeßgerichts darüber, ob die bezeichneten Maßregeln zu dem in Betracht kommenden Zeitpunkte tunlich waren, nicht aus; a. M. OLG 11, 228; ZBlFG 6, 414; Planck 3. Aufl, aber wie hier in der 4. Aufl. Ist aber das eingeleitete Verfahren wegen Mangels einer den Kosten entsprechenden Masse aufgehoben bzw. eingestellt (§ 1988 Abs 2; KO § 204), so ist eine Nachprüfung im Prozesse ausgeschlossen. Gleichgültig ist, ob die Dürftigkeit des Nachlasses schon zur Zeit des Erbfalls vorlag oder ob sie erst im Laufe der Abwicklung, sei es auch durch Befriedigung von Nachlaßgläubigern, eingetreten ist, vorausgesetzt, daß die Befriedigung ordnungsmäßig erfolgen durfte (§ 1991 A 1; RG Warn 1913 Nr 232), während, wenn der Erbe sich dadurch den Nachlaßgläubigern verantwortlich gemacht hat, die Ersatzansprüche gegen ihn zum Nachlasse gehören und dessen Dürftigkeit ausschließen, falls sie nicht etwa unbeibringlich sind. Grundsätzlich ist hierfür, falls sich die Unzulänglichkeit nicht schon früher ergeben hat, der Zeitpunkt der Erhebung des Anspruchs maßgebend (RG Warn 1913 Nr 232). RG in DJZ 1907 Sp 881 läßt jedoch nach der Teilung (§ 2059) die Einrede nur dann noch zu, wenn der Nachlaß bereits zur Zeit der Teilung unzulänglich war, wobei jedoch vorausgesetzt werden muß, daß die Miterben ein von ihnen nach § 1978, 1980 zu vertretendes Verschulden an der nachträglich eingetretenen Minderwertigkeit des Nachlasses trifft (so mit Recht Staudinger Erl II A 5 Abs 2).

3. Die Dürftigkeits- und Unzulänglichkeitseinreden (A 1) stehen dem Erben nicht zu, wenn er bereits, sei es allen oder auch nur dem Befriedigung heischenden Nachlaßgläubiger (diesem z. B. weil er den Vorbehalt des § 780 ZPO nicht erwirkt hat, A 1) **unbeschränkbar haftet** (§ 2013). Für die Frage, ob der Nachlaß zur Befriedigung des Gläubigers unzulänglich ist, ist gleichfalls, wie für die Frage der Dürftigkeit (A 2), der Bestand zur Zeit der Geltendmachung des Anspruchs maßgebend; dabei sind die den Nachlaßgläubigern gegen den Erben aus der Verwaltung des Nachlasses durch diesen zustehenden Ersatzansprüche (§ 1978) dem Nachlasse zuzurechnen; eigene Ersatzansprüche des Erben wegen seiner Aufwendungen (§ 1978 Abs 3) als Passiva abzusetzen. Aufrechnung eines Nachlaßgläubigers mit seiner Forderung gegen eine Privatforderung des Erben an ihn wird durch die Unzulänglichkeitseinrede verhindert; nicht aber (trotz § 390 Satz 1) Aufrechnung der Forderung des Nachlaßgläubigers gegen eine Nachlaßforderung an ihn (s. § 1973 A 2 am Schlusse). Soweit auf Grund des § 1990 der Erbe eines Getöteten zur Verweigerung der Befriedigung eines Nachlaßgläubigers berechtigt ist, ist dem Dritten, dem der Getötete kraft Gesetzes unterhaltspflichtig war, das Recht auf den Unterhalt im Sinne von § 844 Abs 2 auch dann entzogen, wenn die Unterhaltspflicht an sich auf den Erben übergegangen ist (RG 74, 375); vgl. § 844 A 5.

4. Von der **Herausgabeverpflichtung** gilt das zu § 1973 A 6, 7 Gesagte, insofern als es sich auch hier nur um Duldung der Zwangsvollstreckung handelt. Doch steht dem Erben kein Einlösungsrecht zu; er muß die Nachlaßgegenstände in Natur herausgeben. Auch sind die Bereicherungsgrundsätze nicht anwendbar; vielmehr ist alles herauszugeben, was der Erbe aus Anlaß der Verwaltung des Nachlasses erlangt hat (§§ 1991, 667, 668), insbesondere also die gezogenen Nutzungen (für verbrauchte ist Ersatz zu leisten) und das an Stelle weggegebener Nachlaßgegenstände oder sonst aus der Verwaltung des Nachlasses

Erlangte (§ 667); wegen der „Surrogate" anscheinend a. M. **RG** Warn 1913 Nr 427 und die zweite Auflage dieses Kommentars; auch **RG** 12. 6. 13 IV 115/13 hinsichtlich des Vorerben im Falle des § 2111. Wegen seiner eigenen Forderungen an den Nachlaß muß der Erbe einem Gläubiger gleichgestellt werden, der ein rechtskräftiges Urteil gegen den Erben erlangt hat (s. § 1991 Abs 3 A 2). Ebenso der Nachlaßpfleger (OLG 35, 373).

5. Die im Falle des § 1990 eintretende Beschränkung der Haftung des Erben auf den Nachlaß (A 1) läßt die **vorher von Nachlaßgläubigern durch Zwangsvollstreckung in das eigene Vermögen des Erben erwirkten dinglichen Sicherungsrechte** (Pfändungspfandrechte, Sicherungshypotheken, denen hier eine durch einstweilige Verfügung erlangte Vormerkung gleichgestellt ist, ZPO §§ 804, 866, BGB § 885) an diesem Vermögen als nicht mehr gerechtfertigt erscheinen. Deshalb schreibt Abs 2 vor, daß durch sie das Recht des Erben aus Abs 1 nicht berührt wird, was nur dahin verstanden werden kann, daß sie außer Wirksamkeit treten; eine Aufhebung, wie in § 784 ZPO für den Fall der Nachlaßverwaltung oder des Nachlaßkonkurses, ist nicht ausdrücklich vorgeschrieben; doch wird der entsprechenden Anwendung dieser Vorschrift nichts im Wege stehen; die Aufhebung ist im Wege der Vollstreckungsgegenklage (ZPO §§ 785, 767) zu erwirken. Voraussetzung ist auch hier, daß im Urteil der Vorbehalt der Haftungsbeschränkung gemacht war (A 3). Auch **in den Nachlaß** betätigte Zwangsvollstreckungsakte und dadurch an diesem erlangte Sicherungsrechte sind insoweit unwirksam, als sie die Ausübung des dem Erben nach Abs 1 zustehenden Rechtes beeinträchtigen; das kann namentlich der Fall sein, wenn ein Gläubiger aus Pflichtteilsrecht, Vermächtnis oder Auflage dadurch eine ihm nach den Vorschriften über seine Befriedigung im Konkurse (KO § 226 Abs 2 Nr 4, 5; Abs 4) nicht zustehende vorzugsweise Befriedigung erlangen würde (§ 1991 Abs 4) oder wenn und insoweit der Erbe durch die von dem Gläubiger erlangten Sicherungsrechte an der Selbstbefriedigung für eine ihm gegen den Nachlaß zustehende Ersatzforderung (A 4) gehindert sein würde. Das in § 784 Abs 2 ZPO dem Nachlaßverwalter gegebene Recht auf Aufhebung von Zwangsvollstreckungsmaßregeln persönlicher Gläubiger des Erben in den Nachlaß kann dem Erben im Falle des § 1990 nicht zugestanden werden; aber auch nicht den einzelnen Nachlaßgläubigern.

6. Dadurch wird die Behinderung des Erben, sich gegenüber dem durch **Vormerkung** gesicherten Anspruch auf die Beschränkung seiner Haftung zu berufen (§ 884), für den Fall des dürftigen Nachlasses außer Kraft gesetzt, falls die Vormerkung im Wege der einstweiligen Verfügung angeordnet ist. War die Vormerkung infolge Bewilligung des Erben eingetragen, so kommt die Vorschrift nicht zur Anwendung.

7. Verfahren und Beweislast. Die Klage gegen den Erben kann auf Verurteilung ohne Beschränkung, aber auch von vornherein (wenn der Gläubiger die Dürftigkeit des Nachlasses nicht bestreiten will) nur auf Befriedigung aus dem Nachlasse gerichtet sein (SeuffA 62, 337; wegen des Streitwerts in diesem Falle s. **RG** 54, 411). In diesem Falle hat der Erbe nur die Unzulänglichkeit (A 1, 3) darzutun. Ist ein Inventar, freiwillig oder nach Fristsetzung rechtzeitig, errichtet, aus dem sich die Unzulänglichkeit ergibt, so hat der Gläubiger die dadurch geschaffene Vermutung (§ 2009) zu widerlegen. Eine Verminderung gegenüber dem inventarisierten Bestande hat der Erbe darzutun; eine Vermehrung des Bestandes durch Schadensersatzforderungen an den Erben (§ 1987 Abs 2) der Gläubiger. Der Erbe ist aber verpflichtet, ein Verzeichnis des zeitigen Bestandes vorzulegen (§ 260), auch wenn er Inventar errichtet hat.

8. Entsprechende Anwendung auf die Haftung des Übernehmers eines Vermögens (§ 419 Abs 2; **RG** 82, 274), auf die Haftung des an sich nicht persönlich verpflichteten Ehegatten für eine Gesamtgutsschuld (§§ 1480, 1489, 1504; vgl. aber **RG** 75, 297 und § 1480 A 7), auf die Haftung des Käufers eines Erbanteils nach Ausübung des Vorkaufsrechts der Miterben (§ 2036), auf die Haftung des Vorerben nach Eintritt der Nacherbfolge (§ 2145 Abs 2), auf die Haftung des Vermächtnisnehmers für die ihm auferlegten Vermächtnisse und Auflagen, mit der aus § 1992 Satz 2 sich ergebenden Maßgabe (§ 2187 Abs 3; vgl. A 3 zu § 2187). Dürftigkeit der Vermögensmasse, auf die sich die Haftung beschränkt, ist in allen diesen Fällen nicht vorausgesetzt.

§ 1991

Macht der Erbe von dem ihm nach § 1990 zustehenden Rechte Gebrauch, so finden auf seine Verantwortlichkeit und den Ersatz seiner Aufwendungen die Vorschriften der §§ 1978, 1979 Anwendung[1]).

Die infolge des Erbfalls durch Vereinigung von Recht und Verbindlichkeit oder von Recht und Belastung erloschenen Rechtsverhältnisse gelten im Verhältnisse zwischen dem Gläubiger und dem Erben als nicht erloschen[2]).

Die rechtskräftige Verurteilung des Erben zur Befriedigung eines Gläubigers wirkt einem anderen Gläubiger gegenüber wie die Befriedigung[3]).

Die Verbindlichkeiten aus Pflichtteilsrechten, Vermächtnissen und Auflagen hat der Erbe so zu berichtigen, wie sie im Falle des Konkurses zur Berichtigung kommen würden[4])[5]).

E I 2133 II 1866; M 5 654—657; P 5 745, 796—802; KB 314.

1. Die **Verantwortlichkeit des Erben** tritt rückwirkend ein, sobald er auf Grund des § 1990 die Befriedigung des Gläubigers, sei es auch nur außergerichtlich, verweigert hat. Sie erstreckt sich vorwärts auf die Zeit bis zur Herausgabe des Nachlasses zur Zwangsvollstreckung (§ 1990 A 4). Sie bestimmt sich rückwärts für die Zeit vor der Annahme der Erbschaft entsprechend den Vorschriften über die Geschäftsführung ohne Auftrag, für die Zeit nachher entsprechend denjenigen über den Auftrag (§ 1978 A 1—4). Als Geschäftsherr bzw. Auftraggeber kann aber nicht der einzelne Nachlaßgläubiger, sondern nur die Gesamtheit der Nachlaßbeteiligten in Betracht kommen; deren Interessen sind von dem Erben zu wahren (§ 1978 A 3, 4). Für die daraus entspringenden Verbindlichkeiten haftet er mit seinem eigenen Vermögen, kann sie also nicht unter Berufung auf § 1990 ablehnen (RG 10. 5. 06 IV 551/05). Auch die besondere Verantwortlichkeit aus § 1980 wird, obwohl die Reichstagskommission die Anführung dieses Paragraphen in § 1991 irrtümlich als gegenstandslos gestrichen hat, den Erben des dürftigen Nachlasses treffen, wenn der Nachlaß zur Zeit, als er die Überschuldung erkannte oder erkennen mußte, noch nicht dürftig war (RG 2. 12. 12 VI 266/12; Planck Erl 1a Abs 2). In diesem Falle kann ihm auch die Unterlassung des Aufgebots der Nachlaßgläubiger als Fahrlässigkeit angerechnet werden (§ 1980 Abs 2 Satz 2), nicht aber, wenn der Nachlaß damals bereits dürftig war. — Solange der Erbe den Nachlaß ohne Verschulden als zulänglich erachten kann, darf er Nachlaßverbindlichkeiten aller Art, auch solche aus Pflichtteilsrechten, Vermächtnissen und Auflagen (Abs 4), in beliebiger Reihenfolge berichtigen (§ 1979). Erst von da ab, wo er mit der Unzulänglichkeit zur Befriedigung aller Nachlaßgläubiger rechnen muß, ist er den anderen Nachlaßgläubigern gegenüber verpflichtet, falls Nachlaßverwaltung oder Konkurseröffnung nicht herbeigeführt werden kann (vgl. § 1990 A 2), von dem Verweigerungsrechte gegenüber einem Befriedigung verlangenden Gläubiger Gebrauch zu machen, und macht sich verantwortlich, wenn er das nicht tut. Er darf daher nicht mehr einen Gläubiger, dessen Titel noch nicht rechtskräftig ist, befriedigen oder seine Befriedigung im Wege der Zwangsvollstreckung dulden zuungunsten eines andern, der, wie ihm bekannt, bereits einen rechtskräftigen Titel gegen ihn erlangt hat (Abs 3 A 3), und ebensowenig einen Pflichtteils- usw. Gläubiger vor einem ihm im Konkurse vorgehenden Gläubiger, auch wenn jener bereits einen rechtskräftigen Titel gegen ihn erlangt hat (Abs 4 A 4). Im übrigen aber muß und darf er, auch nachdem ihm die Unzulänglichkeit des Nachlasses für alle Gläubiger bekannt geworden, die einzelnen Gläubiger, solange der Nachlaß ausreicht, so befriedigen, wie sie sich melden, da ihm das Verweigerungsrecht aus § 1990 nur soweit zusteht, als der Nachlaß für den einzelnen, gerade Befriedigung verlangenden Gläubiger nicht mehr ausreicht. Auch für seine eigenen Forderungen gegen den Nachlaß darf er sich auch jetzt noch befriedigen (A 2). Zu einer konkursmäßigen Verteilung ist er, abgesehen von dem Falle des Abs 4, weder berechtigt noch verpflichtet. Die Befriedigung der Gläubiger kann nicht nur im Wege der Duldung ihrer Zwangsvollstreckung, sondern auch freiwillig erfolgen; für schuldhafte Berichtigung nicht bestehender oder dem Betrage nach nicht gerechtfertigter Forderungen ist er aber nach § 1978 verantwortlich. Die Sonderbestimmung des § 225 Abs 2 KO, wonach der Erbe an die Stelle eines von ihm befriedigten Gläubigers tritt, wenn die Berichtigung nicht nach § 1979 als für Rechnung des Nachlasses erfolgt zu gelten hat, kann hier keine Anwendung finden.

2. Als **nicht erloschen gelten Rechte und Verbindlichkeiten** nicht allgemein (§ 1976), sondern nur im Verhältnis zu dem betreffenden, die Befriedigung fordernden Nachlaßgläubiger. Bezüglich der eigenen Forderungen an den Nachlaß, sowohl der bereits gegen den Erblasser begründeten, wie der Ersatzforderungen für Aufwendungen (§ 1978 A 5) muß der Erbe, da er selbst nicht klagen kann, von vornherein einem Gläubiger gleichstehen, der ein rechtskräftiges Urteil gegen ihn erlangt hat (Abs 3; vgl. A 3). Er darf deshalb, falls eine der Voraussetzungen des § 1990 vorliegt, die Befriedigung eines Gläubigers und die Herausgabe der Nachlaßgegenstände an ihn insoweit verweigern, als diese zu seiner eigenen Befriedigung erforderlich sind, und zwar auch gegenüber einem Gläubiger, der selbst bereits gegen ihn ein rechtskräftiges Urteil erlangt hat (RG 82, 278; Warn 1914 Nr 213). In letzterem Falle wird allerdings zu erfordern sein, daß dem Erben die Beschränkung seiner Haftung in dem Urteile vorbehalten war (§ 780 ZPO). — Eine vom Erblasser herrührende Forderung des Nachlasses an den Erben gilt gegenüber dem Befriedigung verlangenden Gläubiger als nicht erloschen und ist daher bei der Frage der „Dürftigkeit" des Nachlasses als Nachlaßaktivum

in Rechnung zu setzen; ist der Nachlaß trotzdem dürftig, so darf dennoch der Erbe, soweit die Forderung besteht, die Befriedigung des Gläubigers nicht verweigern, da insoweit der Nachlaß nicht unzulänglich ist; einer Pfändung oder Überweisung der Forderung bedarf es nicht. — Ähnlich §§ 2175, 2377.

3. Wie § 1973 Abs 2 Satz 3; vgl. A 8 dazu. Der Erbe darf mithin dem andern Gläubiger gegenüber die Herausgabe derjenigen Nachlaßgegenstände verweigern (§ 1990 A 3), welche zur tatsächlichen Befriedigung des mit **rechtskräftigem Urteil** ausgestatteten Gläubigers erforderlich sind. Geht die rechtskräftige Forderung auf einen bestimmten Leistungsgegenstand, so kann der Erbe der Zwangsvollstreckung in diesen Gegenstand durch den andern Gläubiger widersprechen; im übrigen kann er der Zwangsvollstreckung in einen bestimmten Nachlaßgegenstand sich nur insoweit widersetzen, als er nachweist, daß die übrigen Nachlaßgegenstände zur Befriedigung der rechtskräftigen Forderung nicht hinreichen würden; eine Auswahl der zur Zwangsvollstreckung zu stellenden Gegenstände dürfte ihm nicht zustehen (a. M. zweite Auflage dieses Kommentars). Dem Verweigerungsrechte entspricht auch die **Verpflichtung** des Erben, den mit rechtskräftigem Urteile versehenen Gläubiger vor den übrigen, und, wenn mehrere rechtskräftige Urteile ergangen sind, den älteren Titel vor dem späteren zu befriedigen. Ein Zuwiderhandeln macht den Erben nach Abs 1 persönlich verantwortlich (A 1), würde evtl. auch einen Bereicherungsanspruch des geschädigten gegen den ungerechtfertigterweise befriedigten Gläubiger begründen.

4. Die Verpflichtung des Erben, die **Verbindlichkeiten aus Pflichtteilsrechten** usw. konkursmäßig, d. h. nach allen übrigen Verbindlichkeiten, unter sich aber in der durch KO §§ 226, 227 bestimmten Rangordnung zu befriedigen, entsteht erst mit dem Augenblicke, wo er die Unzulänglichkeit des Nachlasses zur Befriedigung der eigentlichen Nachlaßgläubiger zu übersehen vermag (oben A 1). Läßt er trotzdem die Pflichtteilsberechtigten usw. zum Zuge kommen, so wird er den benachteiligten Gläubigern persönlich verantwortlich. Zugleich steht diesen das Anfechtungsrecht aus § 3a AnfG zu, nicht aber ohne weiteres auch ein Herausgabeanspruch gegen den befriedigten Vermächtnisnehmer (**RG** JW 08, 487[21]). Doch kann ein Bereicherungsanspruch (§ 812) in Frage kommen; vgl. A 3. Auch einen mit rechtskräftigem Urteil (Abs 3) ausgestatteten Pflichtteils- usw. Berechtigten darf der Erbe nicht befriedigen, sobald er mit Unzulänglichkeit des Nachlasses rechnen muß, solange nicht alle vorgehenden Nachlaßgläubiger befriedigt sind (A 1). Hat der Erblasser gemäß § 2189 einem Vermächtnis oder einer Auflage den Vorrang vor den übrigen Beschwerungen eingeräumt, so bleibt die sich hieraus ergebende und nicht die konkursmäßige Rangordnung für den Erben maßgebend (**RG** 20. 1. 13 IV 399/12).

5. Beweislast § 1990 A 7. Der Gläubiger ist, falls der Erbe den ihm danach obliegenden Beweis führt, seinerseits dafür beweispflichtig, daß und inwieweit ihm der Erbe persönlich verantwortlich sei. Der Erbe hat zu beweisen die Aufwendungen, wegen deren er Ersatz oder nach § 257 Befreiung fordert oder das Bestehen sonstiger eigener Forderungen an den Nachlaß (A 2) oder gegen ihn ergangener rechtskräftiger Urteile (A 3). Den Pflichtteilsberechtigten usw. gegenüber hat der Erbe das Vorhandensein anderer ihnen vorgehender Nachlaßgläubiger zu beweisen, durch deren Befriedigung der Nachlaß für sie unzulänglich wird, wogegen ihnen der Beweis der Befriedigung dieser Gläubiger offensteht.

§ 1992

Beruht die Überschuldung des Nachlasses auf Vermächtnissen und Auflagen¹), so ist der Erbe, auch wenn die Voraussetzungen des § 1990 nicht vorliegen²), berechtigt, die Berichtigung dieser Verbindlichkeiten nach den Vorschriften der §§ 1990, 1991 zu bewirken³). Er kann die Herausgabe der noch vorhandenen Nachlaßgegenstände durch Zahlung des Wertes abwenden⁴).

E II 1867; P 5 762, 763, 802—804, 816.

1. Auch wenn der Nachlaß nicht „dürftig" (§ 1990 A 1, 2), aber überschuldet ist und deshalb die Eröffnung des Nachlaßkonkurses „tunlich" wäre, soll der Erbe zwar berechtigt (KO § 215), aber nicht genötigt sein, Konkurs zu beantragen, um seine beschränkte Haftung herbeizuführen, sofern die Überschuldung **auf Vermächtnissen und Auflagen beruht**, weil es als nicht dem Willen des Erblassers entsprechend angesehen werden muß, daß seine letztwilligen Verfügungen zu einem ohne sie vermeidlichen Konkursverfahren über seinen Nachlaß Veranlassung geben. Deshalb ist in solchem Falle dem Erben das Recht gegeben, diese Verbindlichkeiten ohne Konkurs nach den Vorschriften der §§ 1990, 1991 zu berichtigen. Voraussetzung ist aber, daß die Überschuldung „nur" auf Vermächtnissen und Auflagen beruht, daß also, abgesehen von ihnen, die Nachlaßaktiva zur Berichtigung der Nachlaßverbindlichkeiten ausreichen würden (**RG** Warn 1912 Nr 33). Doch werden ausgeschlossene oder ihnen gleichgestellte Gläubiger (§§ 1973, 1974) für die Frage, ob die Überschuldung auf Vermächtnissen und Auflagen beruht, nicht in Betracht kommen, soweit sie ihre Forderungen noch nicht geltend gemacht haben (§ 1973 Abs 1 Satz 2). Beruht die Überschuldung auf Pflichtteilsrechten, so muß Konkurs beantragt werden. Die Vermächtnisnehmer und Auflageberechtigten haben ihrerseits das Recht, Konkurs zu beantragen, falls über das eigene Vermögen des Erben Konkurs eröffnet ist (KO § 219); andernfalls können sie, wenn ihre Ansprüche durch das Verhalten oder die Vermögenslage des Erben gefährdet wird, Nachlaßverwaltung beantragen (§ 1981 Abs 2), die dann, wenn der Nachlaßverwalter Konkursantrag stellt, wozu er berechtigt aber nicht verpflichtet ist (§§ 1985 Abs 2 Satz 2, 1980 Abs 1 Satz 2) zum Nachlaßkonkurse führt.

2. D. h. wenn eine **den Kosten der Nachlaßverwaltung oder des Nachlaßkonkurses entsprechende Masse** vorhanden ist, und zwar selbst dann, wenn nach Berichtigung der übrigen Nachlaßverbindlichkeiten noch eine solche Masse verbleibt.

3. Der Erbe kann gegenüber der Zwangsvollstreckung eines Vermächtnisgläubigers oder Auflageberechtigten von dem in § 1992 gewährten Rechte nur Gebrauch machen, wenn ihm im Urteile die beschränkte Haftung gemäß § 780 ZPO vorbehalten ist, obwohl er nicht als „Erbe des Schuldners“ verurteilt ist, da es sich nicht um eine Schuld handelt, die vom Erblasser herrührt (RG Warn 1913 Nr 377). Er kann aber, wie im Falle des § 1990 (vgl. A 1 dazu), auch schon im Prozesse selbst die Befriedigung insoweit verweigern, als er nachweist, daß der Nachlaß nach Befriedigung der nicht aus Vermächtnissen und Auflagen herrührenden Verbindlichkeiten, einschließlich der Pflichtteilsrechte, zur Befriedigung des klagenden Gläubigers oder, wenn mehrere Vermächtnisgläubiger oder Auflageberechtigte vorhanden sind, zu ihrer gleichmäßigen Befriedigung nicht hinreichen würde (§ 1990 A 1). In diesem Falle hat er dem Gläubiger den nach Befriedigung der diesem vorgehenden und verhältnismäßiger Berücksichtigung der ihm gleichstehenden Verbindlichkeiten verbleibenden Nachlaßrest zur Zwangsvollstreckung herauszugeben (vgl. § 1990 A 4; aber auch § 1992 A 4). Wegen seiner eigenen Forderungen an den Nachlaß kann er sich vorher befriedigen (§ 1991 A 2). Für die Behandlung des Nachlasses ist er dem Gläubiger nach Maßgabe der §§ 1978, 1979 verantwortlich (§ 1991 A 1). Er hat dafür Sorge zu tragen, daß mehrere Vermächtnisnehmer oder Auflageberechtigte in der konkursmäßigen Weise befriedigt werden, auch wenn einer von ihnen bereits ein rechtskräftiges Urteil erstritten hat (§ 1991 A 3, 4). Haftet der Erbe unbeschränkt, so ist § 1992 nicht anwendbar (§ 2013 Abs 1). Die gleichen Rechte und Pflichten sind auch dem überschwerten Vermächtnisnehmer gegeben (§ 2187).

4. Dem Erben steht, wie im Falle des § 1973 Abs 2 (vgl. A 7 dazu) das **Einlösungsrecht** zu. Auch hier ist der für die Zeit der Ausübung dieses Rechts zu ermittelnde Schätzungswert der Nachlaßgegenstände maßgebend. Die Unzulänglichkeitseinrede verwandelt sich damit in eine reine Abzugseinrede, die Haftung cum viribus in eine solche pro viribus hereditatis. Sie führt zur entsprechenden Kürzung aller in Betracht kommenden Beschwerungen des Nachlasses.

IV. Inventarerrichtung Unbeschränkte Haftung des Erben

Die Inventarerrichtung kann vom Erben jederzeit freiwillig vorgenommen werden (§ 1993). Sie ist an sich kein Mittel, die Beschränkung der Haftung auf den Nachlaß herbeizuführen; auch nach errichtetem Inventar haftet er zunächst noch unbeschränkt, aber beschränkbar (RG Warn 1914 Nr 238). Die rechtzeitige Inventarerrichtung erhält ihm nur die rechtliche Möglichkeit, durch eines der dazu bestimmten Mittel (Aufgebot der Nachlaßgläubiger, §§ 1970ff., Nachlaßverwaltung oder Nachlaßkonkurs, 1975ff., Unzulänglichkeitseinrede, 1990ff.) seine Haftung auf den Nachlaß zu beschränken. Anderseits tritt der Verlust dieser Möglichkeit ein, wenn er die ihm gesetzte Inventarfrist versäumt (§ 1994) oder wenn er ein ungetreues Inventar errichtet (§ 2005). In diesen beiden Fällen wird er allen Nachlaßgläubigern gegenüber unbeschränkt haftbar, während er im Falle der Verweigerung des Offenbarungseides nur dem betreffenden, den Eid verlangenden einzelnen Gläubiger unbeschränkt haftet (§ 2006).

§ 1993

Der Erbe ist berechtigt, ein Verzeichnis des Nachlasses (Inventar) bei dem Nachlaßgericht einzureichen (Inventarerrichtung)[1].

E I 2095 Abs 1 II 1868 Abs 1; M 5 608; P 5 731—733; 6 395.

1. Durch **freiwillige Inventarerrichtung** sichert sich der Erbe die Vermutung des § 2009, vergewissert sich in Verbindung mit dem Aufgebot über den Bestand des Nachlasses (§ 1980) und erleichtert sich die ihm obliegenden Nachweisungen, um die Haftung auf den Nachlaß zu beschränken (§§ 1973 A 9, 1990 A 7). Auch beseitigt er dadurch die Möglichkeit, daß ihm

eine Frist zur Errichtung des Inventars mit der aus ihrer Versäumung sich ergebenden Wirkung der unbeschränkten (nicht mehr beschränkbaren) Haftung gesetzt werden kann. So zutreffend Planck Erl 1 im Anschluß an Hachenburg (S. 666); § 2004 steht nicht entgegen, da er ein von einem anderen als dem Erben eingereichtes Inventar voraussetzt. Dagegen verliert der Erbe mit der Errichtung die aufschiebende Einrede des § 2014. Inhalt des Inventars § 2001, Aufnahme §§ 2002—2004, getreue Errichtung § 2005. Das Inventar ist erst mit der Einreichung (§ 2003 Abs 3) errichtet. Die Kosten der Inventarerrichtung gehören zu den Nachlaßverbindlichkeiten (§ 1967 A 3) und sind im Konkurse Masseschulden (KO § 224 Nr 4). Das vom Nachlaßpfleger als dem gesetzlichen Vertreter des Erben (§ 1960 A 4) errichtete Inventar ist vom Erben errichtet. Das vom Nachlaßverwalter oder Testamentsvollstrecker (§ 2215) eingereichte Inventar kann er gemäß § 2004 für sein Inventar erklären. Inventar des Ehemanns der Erbin § 2008, des Miterben § 2063, des Vorerben § 2144, des Erbschaftskäufers oder Verkäufers § 2383. — Einreichung eines versiegelten Inventars wird nur wirksam sein, wenn das Nachlaßgericht ermächtigt wird, es zu eröffnen, sobald ein Berechtigter Einsicht verlangt (§ 2010). Das Inventar kann auch durch einen Bevollmächtigten errichtet und eingereicht werden; Miteinreichung einer Vollmachtsurkunde oder Nachbringung innerhalb der Frist ist nicht (wie bei der Erbschaftsausschlagung, § 1945 A 4) vorgeschrieben. Das Nachlaßgericht kann das Inventar nicht wegen fehlender Vollmacht zurückweisen; § 174 findet keine Anwendung. Der Erbe, der sich auf die Wirksamkeit des eingereichten Inventars beruft, muß aber nachweisen, daß der Einreicher von ihm bevollmächtigt war. Die Errichtung durch einen Geschäftsführer ohne Auftrag ist unwirksam (§ 180), kann aber wirksam werden, wenn der Erbe innerhalb der Inventarfrist das Inventar für das seinige erklärt (§ 2004). — Der Testamentsvollstrecker ist verpflichtet, dem Erben bei der Errichtung des Inventars Hilfe zu leisten, insbesondere auch bei der Wertsermittlung (§ 2215; RG 17. 2. 16 IV 370/15).

§ 1994

Das Nachlaßgericht hat dem Erben auf Antrag eines Nachlaßgläubigers[1]) zur Errichtung des Inventars eine Frist (Inventarfrist) zu bestimmen[2]). Nach dem Ablaufe der Frist haftet der Erbe für die Nachlaßverbindlichkeiten unbeschränkt, wenn nicht vorher das Inventar errichtet wird[3]).

Der Antragsteller hat seine Forderung glaubhaft zu machen[4]). Auf die Wirksamkeit der Fristbestimmung ist es ohne Einfluß, wenn die Forderung nicht besteht[5]).

E I 2095, 2096 II 1868 Abs 1, 1869; M 5 608—610; P 5 732—734, 740; 6 395.

1. **Nachlaßgläubiger** einschließlich der Pflichtteilsberechtigten, Vermächtnisnehmer und Auflageberechtigten (§ 1967); den Pflichtteilsberechtigten ist der Erbe überdies zur Auskunfterteilung verpflichtet (§ 2314). Darin, daß der Erbe auf Verlangen eines angeblich Pflichtteilsberechtigten dem Nachlaßgerichte ein Inventar einreicht und es auf dessen weiteres Verlangen durch Leistung des Offenbarungseides (§ 2006) bekräftigt, soll unter Umständen eine Anerkennung des Pflichtteilsanspruchs gefunden werden können (RG 113, 239). Im Zweifel wird das jedoch nicht ohne weiteres angenommen werden können, da die Vornahme der bezeichneten Handlungen sich auch dadurch erklären läßt, daß der Erbe sie vorsorglicherweise vorgenommen hat, um nicht das Recht zur Haftungsbeschränkung zu verlieren, namentlich wenn ihm das Nachlaßgericht eine Inventarfrist gesetzt hat. Hat der Erbe den Anspruch allerdings ohne Vorbehalt in das Inventar oder die erteilte Auskunft als Nachlaßverbindlichkeit aufgenommen (wie vom RG a. a. O. weiterhin unterstellt wird), so wird insoweit darin eher ein Anerkenntnis gefunden werden können. Für andere Nachlaßverbindlichkeiten wird die Frage in gleicher Weise zu entscheiden sein. — Ob, wie die herrschende Meinung annimmt (Planck Erl 2 zu diesem Paragraphen und 8 zu § 1973; zweite Auflage dieses Kommentars; a. M. Hachenburg, Vorträge, 691) auch der ausgeschlossene und der diesem gleichstehende Gläubiger (§§ 1973, 1974) zu dem Antrage berechtigt ist, erscheint mindestens zweifelhaft; der Redaktionsausschuß der zweiten Kommission stand auf dem Standpunkte, daß auf den Antrag eines solchen Gläubigers das Nachlaßgericht keine Frist setzen solle. Das erscheint auch, ungeachtet des nicht eingeschränkten Ausdrucks „Nachlaßgläubiger", als das Richtigere. Eine im Rechtswege erzwingbare Verpflichtung des Erben zur Errichtung des Inventars ist im Gesetze überhaupt nicht aufgestellt (OLG 34, 276); vielmehr ist nur an die Nichterrichtung nach Setzung der Frist der Rechtsnachteil der unbeschränkten Haftung geknüpft; diese Folge kann einem bereits ausgeschlossenen Gläubiger gegenüber nicht eintreten, da der Erbe sich ihm gegenüber auf die Vorschriften der §§ 1973, 1974 berufen kann, wenn er später den andern Gläubigern durch Versäumung der Inventarfrist (§ 1994 Satz 2) oder ungetreues Inventar

(§ 2005 Abs 1) unbeschränkbar haftbar wird (§ 2013 Abs 1 Satz 2). Es dürfte aber nicht dem Sinne des Gesetzes entsprechen, wie Planck will, dem ausgeschlossenen Gläubiger die Möglichkeit zu verleihen, den Erben indirekt zur Errichtung des Inventars dadurch zu zwingen, daß er den anderen Gläubigern unbeschränkt haftbar wird, wenn er die auf Antrag des ausgeschlossenen Gläubigers gesetzte Frist versäumt. Folgerichtig wird aber auch (was der Redaktionsausschuß verkannt hat) durch die dennoch auf Antrag eines ausgeschlossenen Gläubigers erfolgte Fristsetzung eine Frist auch den andern Gläubigern gegenüber für den Erben nicht zu laufen beginnen. — Aus ähnlichen Gründen wird auch einem Miterben, der Nachlaßgläubiger ist, nicht das Recht zugebilligt werden können, seinen Miterben eine Inventarfrist setzen zu lassen, da diese, auch wenn sie andern Gläubigern unbeschränkbar haften, ihm gegenüber immer noch die Beschränkung ihrer Haftung herbeiführen können, § 2063 Abs 2 (so Kretzschmar § 78 A 10; a. M. Planck Erl 2 und zweite Auflage dieses Kommentars). — Der Antrag kann schriftlich oder zu Protokoll des Gerichtsschreibers eines Amtsgerichts gestellt werden (FGG § 11); an eine Frist ist er an sich nicht gebunden, doch kann nach der oben vertretenen Ansicht ein Gläubiger, der wegen Ablaufs der fünfjährigen Verschweigungsfrist einem ausgeschlossenen Gläubiger gleichsteht (§ 1974), ihn nicht mehr stellen. Wenn der Erbe oder der ihn vertretende Nachlaßpfleger des § 1960 bereits ein formgerechtes Inventar eingereicht oder der Erbe ein vom Nachlaßverwalter oder Testamentsvollstrecker eingereichtes für das seinige erklärt hat (§ 2004), so wird das Nachlaßgericht den Antrag des Gläubigers auf Bestimmung einer Inventarfrist ablehnen müssen (RJA 8, 185); vgl. § 1993 A 1. Gegen den die Frist setzenden Beschluß steht dem Erben die sofortige Beschwerde zu, mit der er geltend machen kann, daß bereits ein Inventar eingereicht oder daß er nicht Erbe oder daß die Frist zu kurz bemessen sei; ebenso jedem Nachlaßgläubiger, wenn die Frist zu lang bemessen ist; die Beschwerdefrist beginnt für jeden Gläubiger mit der Zustellung an den Antragsteller (FGG § 77). Gegen die Ablehnung steht dem antragstellenden Gläubiger die einfache Beschwerde zu (FGG § 20).

2. Inventarfrist als technische Bezeichnung. Daß der Erbe bereits angenommen habe, ist nicht erforderlich (§ 1995 Abs 2). Doch darf er nicht bereits wirksam ausgeschlagen haben. Herrscht Streit darüber, ob ausgeschlagen sei, so kann Aussetzung der Inventaraufnahme nicht verlangt werden (RJA 8, 176). Schlägt er hinterher aus, so wird die Fristbestimmung von selbst wirkungslos. Auch dem geschäftsunfähigen oder in der Geschäftsfähigkeit beschränkten Erben kann die Frist bestimmt werden; doch läuft die Frist nur nach Maßgabe des § 206 ab (§ 1997) und ist die in § 1999 bestimmte Vorsichtsmaßregel zu beobachten. Nicht aber dem Fiskus (§ 2011), dem Nachlaßpfleger oder Nachlaßverwalter (§ 2012) oder dem Erben während der Dauer der Nachlaßverwaltung und des Nachlaßkonkurses (§ 2000). Die Frist ist eine richterliche; Beginn, Dauer und Verlängerung § 1995. Sie braucht mehreren Erben gegenüber nicht einheitlich festgesetzt zu werden. Sie wird gewahrt durch Einreichung des Inventars, aber auch durch Stellung des Antrags nach § 2003 Abs 1 oder durch Erklärung nach § 2004, wobei dem Inventarpflichtigen nach §§ 2008, 2063, 2144, 2383 auch das von gewissen andern Personen errichtete Inventar zustatten kommt.

3. Die unbeschränkte Haftung tritt durch Nichteinhaltung der Frist ipso jure gegenüber allen Nachlaßgläubigern ein, auch wenn sie an der Antragstellung nicht beteiligt waren. Nicht jedoch gegenüber einem bereits ausgeschlossenen oder einem solchen gleichstehenden Gläubiger (§ 2013 Abs 1 Satz 2, vgl. § 1993 A 1); auch nicht zuungunsten eines Miterben gegenüber den übrigen Erben, die Nachlaßgläubiger sind (§ 2063 Abs 2, vgl. § 1993 A 1); ebensowenig zuungunsten eines Nacherben gegenüber dem Vorerben als Nachlaßgläubiger (§ 2144 Abs 3). — Darauf, ob die Versäumnis vom Erben verschuldet war oder nicht, kommt nichts an (s. jedoch § 1996). Wirkungen der unbeschränkten Haftung § 2013 A 2. Auch wenn eine aktive Nachlaßmasse (Nachlaßgegenstände) überhaupt nicht vorhanden, bedarf es zur Erhaltung der Beschränkbarkeit der Haftung einer Inventarserrichtung in der vorgeschriebenen Form (ZBlFG 5, 797). — Wegen der Beweislast vgl. § 2013 A 4.

4. Glaubhaftmachung der Forderung FGG § 15 Abs 2. Die Vorschriften der ZPO (§ 294) sind nicht, wie für die durch FGG § 15 Abs 1 geregelten Verfahrensakte, allgemein als entsprechend anwendbar erklärt, insbesondere also nicht die Unzulässigkeit einer nicht sofort möglichen Beweisaufnahme; nur die Zulassung zur Versicherung an Eides Statt ist herübergenommen. — Die Vorschrift enthält eine Ausnahme von der dem Nachlaßgerichte obliegenden Pflicht zur Ermittlung von Amts wegen (§ 12); sie kann deshalb nicht auf die Feststellung der Erbeigenschaft desjenigen, dem die Inventarfrist bestimmt werden soll, ausgedehnt werden; die hierzu etwa erforderlich erscheinenden Ermittlungen hat vielmehr das Nachlaßgericht von Amts wegen anzustellen (RJA 11, 89). Dazu wird es den Antragsteller und den angeblichen Erben hören können; bleibt die Erbeigenschaft zweifelhaft, so wird der Antrag abzulehnen sein. Hat derjenige, dem die Inventarfrist gesetzt werden soll, die Erbschaft ausgeschlagen, so hat das Nachlaßgericht auch zu entscheiden, ob die

Ausschlagung rechtswirksam ist; Einwendungen im Prozesse werden aber dadurch nicht abgeschnitten (RJA 3, 176).

5. Der säumige Erbe wird auch, wenn die **Forderung des antragstellenden Gläubigers nicht besteht,** durch Versäumung der Nachlaßfrist den Nachlaßgläubigern allgemein unbeschränkt haftbar. Das Nachlaßgericht kann die Fristbestimmung nicht zurücknehmen, auch wenn es nachträglich ihre Voraussetzungen für nicht gegeben erachtet (FGG § 18 Abs 2).

§ 1995

Die Inventarfrist soll mindestens einen Monat, höchstens drei Monate betragen[1]). Sie beginnt mit der Zustellung des Beschlusses, durch den die Frist bestimmt wird[2]).

Wird die Frist vor der Annahme der Erbschaft bestimmt, so beginnt sie erst mit der Annahme der Erbschaft[3]).

Auf Antrag des Erben kann das Nachlaßgericht die Frist nach seinem Ermessen verlängern[4]).

E I 2097 II 1870; M 5 610, 611; P 5 734.

1. **Dauer der Frist.** Eine Verletzung der Sollvorschrift macht die Fristbestimmung nicht unwirksam, sondern begründet nur ein Beschwerderecht (§ 1994 A 1); das wird gelten müssen auch wenn die einmonatige Mindestfrist unterschritten ist (a. M. die 5. Aufl). Fristberechnung §§ 186—193.

2. Die **Zustellung** erfolgt nach FGG § 16 Abs 2, ZPO §§ 208—213. Sie setzt für jeden der mehreren Erben eine besondere Frist in Lauf. Für den Fall unverschuldeter Unkenntnis von der Zustellung gewährt § 1996 Hilfe. Zustellung an den gesetzlichen Vertreter des Erben ZPO § 171, Mitteilung an das Vormundschaftsgericht § 1999. Dem Antragsteller gegenüber genügt Bekanntmachung zu Protokoll, FGG § 16 Abs 3.

3. **Annahme der Erbschaft** § 1943 A 1 u. § 1957 A 1. Die Fristbestimmung kann vorher erfolgen; der Lauf der Frist beginnt aber erst mit der Annahme.

4. **Fristverlängerung** § 190. Sie kann nur in Frage kommen, wenn der Antrag gestellt wird, solange die bestimmte Frist noch nicht abgelaufen ist. Gegen die auf den Verlängerungsantrag ergehende Verfügung *sofortige Beschwerde* des Erben wie des Gläubigers (FGG § 77 Abs 2, 3). Wiederholte Verlängerung ist nicht ausgeschlossen. Für die verlängerte Frist bestehen keine Grenzen. Verkürzung der einmal bestimmten Frist ist weder bei der ersten noch bei einer späteren Fristbestimmung zulässig.

§ 1996

Ist der Erbe durch höhere Gewalt verhindert worden, das Inventar rechtzeitig zu errichten oder die nach den Umständen gerechtfertigte Verlängerung der Inventarfrist zu beantragen, so hat ihm auf seinen Antrag das Nachlaßgericht eine neue Inventarfrist zu bestimmen[1]). Das gleiche gilt, wenn der Erbe von der Zustellung des Beschlusses, durch den die Inventarfrist bestimmt worden ist, ohne sein Verschulden Kenntnis nicht erlangt hat[2]).

Der Antrag muß binnen zwei Wochen nach der Beseitigung des Hindernisses und spätestens vor dem Ablauf eines Jahres nach dem Ende der zuerst bestimmten Frist gestellt werden[3]).

Vor der Entscheidung soll der Nachlaßgläubiger, auf dessen Antrag die erste Frist bestimmt worden ist, wenn tunlich gehört werden[4]).

E I 2098 II 1871; M 5 611, 612; P 5 734.

1. Begriff der **höheren Gewalt** s. § 203 A 2; doch ist für den Fall des Stillstandes der Rechtspflege (§ 203 Abs 1) besondere Regelung durch § 1997 getroffen (s. A 1 dazu). In anderen Fällen der höheren Gewalt wird der Lauf der Frist nicht gehemmt, aber Abhilfe nach *Art einer Wiedereinsetzung in den vorigen Stand* (**RG** 54, 151) durch Bestimmung *einer neuen Inventarfrist* gewährt. Für diese gelten die Bestimmungen des § 1995; sie soll also wiederum mindestens einen Monat betragen und kann gleichfalls verlängert werden. Die Bestimmung einer neuen Frist kann wiederholt erfolgen, jedoch nur innerhalb der durch Abs 2 gegebenen Jahresfrist vom Ende der zuerst bestimmten Frist. — *Die Verhinderung* muß entweder die Errichtung des Inventars innerhalb der Frist oder auch nur die rechtzeitige Stellung des Antrags auf Verlängerung der Frist (§ 1995 Abs 3;

f. A 4 dazu) unmöglich gemacht haben, letzteres z. B. durch Postsperre oder Verkehrsstockung, wobei jedoch in letzterem Falle weiter erforderlich ist, daß der Verlängerungsantrag den Umständen nach gerechtfertigt gewesen wäre, eine Frage, über die das Nachlaßgericht nachträglich nach Ermessen zu entscheiden hat.

2. Entsprechend ZPO § 233 Abs 2. So besonders im Falle der Ersatzzustellung nach ZPO §§ 181, 182 oder der öffentlichen Zustellung nach ZPO § 203 oder auch der Zustellung an einen militärischen Vorgesetzten nach § 172. Das Verschulden des gesetzlichen Vertreters oder des Generalbevollmächtigten (ZPO §§ 171, 173) ist vom Erben zu vertreten.

3. Entsprechend ZPO § 234. Hemmung der Antragsfrist § 1997, Tod des Erben § 1998.

4. Anhörung des antragstellenden Nachlaßgläubigers vor der Entscheidung „wenn tunlich". Sofortige Beschwerde des Erben oder des Nachlaßgläubigers gegen die ablehnende bzw. stattgebende Verfügung FGG § 77 Abs 2. Die rechtskräftige Entscheidung des Nachlaßgerichts kann auch im Prozesse nicht wieder in Frage gestellt werden. — Neue Frist zur Ergänzung des Inventars § 2005 Abs 2.

§ 1997

Auf den Lauf der Inventarfrist und der im § 1996 Abs 2 bestimmten Frist von zwei Wochen finden die für die Verjährung geltenden Vorschriften des § 203 Abs 1 und des § 206 entsprechende Anwendung[1]).

E I 2100 II 1872; M 5 613, 614; P 5 734, 741.

1. Der **Lauf** und somit auch der Ablauf der ursprünglichen, der verlängerten und der neu bestimmten **Inventarfrist** sowie der zweiwöchigen Antragsfrist (§§ 1995, 1996) wird gehemmt durch Stillstand der Rechtspflege (§ 203 Abs 1). Andere Fälle der höheren Gewalt § 1996. Hemmung tritt ferner ein, wenn während des Laufes der Fristen der Erbe geschäftsunfähig wird oder sein gesetzlicher Vertreter wegfällt, bis zum Eintritt bzw. Wiedereintritt eines gesetzlichen Vertreters (§ 206). Besteht dieser Mangel schon, bevor die Fristen zu laufen begonnen haben, so können sie überhaupt nicht in Lauf gesetzt werden, bevor der Mangel behoben ist, da die Zustellung (§ 1995 Abs 2) an einen gesetzlichen Vertreter nicht erfolgen kann. Waren die Fristen bereits im Laufe, als der Mangel eintrat, so laufen sie von seiner Behebung durch Eintritt bzw. Wiedereintritt der Geschäftsfähigkeit des Erben oder eines gesetzlichen Vertreters ab weiter, unter Ausschaltung des zwischen dem Eintritt und der Behebung des Mangels liegenden Zeitraums (§ 205). Ihr Lauf vollendet sich, falls sie sechs Monate oder mehr betragen, nicht vor dem Ablaufe von sechs Monaten von der Behebung des Mangels ab (§ 206 Abs 1 Satz 1); falls sie aber weniger betragen, nicht vor dem Ablaufe ihrer vollen Dauer von dem gleichen Zeitpunkte ab, ohne Einrechnung des vor dem Eintritt des Mangels abgelaufenen Zeitraums (§ 206 Abs 1 Satz 2). Der Ablauf der Frist tritt auch ein, wenn der geschäftsfähig gewordene Erbe oder der neu eingetretene gesetzliche Vertreter von der Fristsetzung keine Kenntnis erhalten hat (vgl. § 1944 A 4); doch kann in diesem Falle Abhilfe durch Bestimmung einer neuen Inventarfrist nach § 1996 Abs 1 Satz 2 geschaffen werden.

§ 1998

Stirbt der Erbe vor dem Ablaufe der Inventarfrist oder der im § 1996 Abs 2 bestimmten Frist von zwei Wochen, so endigt die Frist nicht vor dem Ablaufe der für die Erbschaft des Erben vorgeschriebenen Ausschlagungsfrist[1]).

E I 2099 II 1873; M 5 612, 613; P 5 734.

1. Die Vorschrift des § 1952 Abs 2 ist auf die Inventarfrist und die Frist zum Verlängerungsantrage (§ 1996 Abs 2) übertragen. Das Ende der Fristen wird in diesem Falle so lange hinausgeschoben, bis die Ausschlagungsfrist für die dem Erbeserben angefallene Erbschaft des unmittelbaren Erben abgelaufen ist (§ 1944). Auch hier (vgl. § 1997 A 1) kann die einmal in Lauf gesetzte Inventar- usw. Frist ablaufen, ohne daß der Erbeserbe davon Kenntnis erhält, daß eine Frist bestimmt ist; alsdann ist gegebenenfalls § 1996 Abs 1 Satz 2 anwendbar. — Fällt die Erbschaft des Erben an mehrere Erben, so ist jeder Miterbe zur Errichtung des Inventars über die ganze dem ersten Erben angefallene Erbschaft verpflichtet. Die Frist kann für jeden verschieden laufen (§ 1944 A 2). Wahrung der Frist durch einen Miterben kommt auch den andern nicht schon unbeschränkt haftbar gewordenen Miterben zustatten (§ 2063). Auch der Erbeserbe kann Verlängerung (§ 1995 Abs 3) und neue Fristbestimmung (§ 1996) beantragen.

§ 1999

Steht der Erbe unter elterlicher Gewalt oder unter Vormundschaft, so soll das Nachlaßgericht dem Vormundschaftsgerichte von der Bestimmung der Inventarfrist Mitteilung machen[1]).

E I 2101 II 1874; M 5 614; P 5 734.

1. Das Vormundschaftsgericht soll damit in den Stand gesetzt werden, von Aufsichts wegen (§§ 1837, 1667ff.) über Einhaltung der Inventarfrist durch Vormund (Pfleger § 1915) oder Gewalthaber zu wachen; vgl. § 1994 A 2. Für den Fristablauf selbst ist die Mitteilung ohne Bedeutung.

§ 2000

Die Bestimmung einer Inventarfrist wird unwirksam, wenn eine Nachlaßverwaltung angeordnet oder der Nachlaßkonkurs eröffnet wird[1]). Während der Dauer der Nachlaßverwaltung oder des Nachlaßkonkurses kann eine Inventarfrist nicht bestimmt werden[2]). Ist der Nachlaßkonkurs durch Verteilung der Masse oder durch Zwangsvergleich beendigt, so bedarf es zur Abwendung der unbeschränkten Haftung der Inventarerrichtung nicht[3]).

E I 2095 Abs 2 II 1868 Abs 3; M 5 609; P 5 733, 741.

1. **Nachlaßverwaltung** und **Nachlaßkonkurs** sichern dem Erben ohnedies die beschränkte Haftung (§ 1975), den Nachlaßgläubigern aber die ordnungsmäßige Befriedigung. Pflicht des Verwalters, ein Verzeichnis des Nachlasses aufzustellen § 1985 A 1; des Erben, ihm Auskunft zu erteilen und ein Nachlaßverzeichnis vorzulegen §§ 1978, 666, 260.

2. Die **Inventarfrist** kann während dieser Zeit weder dem Erben, noch dem Nachlaßverwalter (§ 2012), noch dem Konkursverwalter, dem schon das Gesetz Anfertigung des Inventars und der Bilanz auferlegt (KO § 124), bestimmt werden. Auch die Beeidigung eines vom Erben bereits errichteten Inventars (§ 2006) mit der dort für den Verweigerungsfall angedrohten Folge der unbeschränkten Haftung kann jetzt nicht mehr in Frage kommen, wohl aber kann der Erbe zur Leistung des Offenbarungseides als Gemeinschuldner gemäß KO § 125 angehalten werden.

3. Ist der **Nachlaßkonkurs durch Schlußverteilung oder durch Zwangsvergleich beendet**, so haftet der Erbe nach § 1989 (vgl. A 4 dazu) allen Gläubigern gegenüber nur so, wie er den gemäß § 1973 ausgeschlossenen Gläubigern nach Aufgebot haften würde. Ein Verlust der einmal auf Grund von § 1973 eingetretenen Haftungsbeschränkung gegenüber ausgeschlossenen Gläubigern tritt auch durch spätere Versäumung der Inventarfrist nach § 2013 Abs 1 Satz 2; vgl. A 2 zu § 2013, nicht ein. Im Falle des § 1989 haben, ohne daß es eines Aufgebots bedarf, alle Gläubiger mit Ausnahme derjenigen, denen der Erbe bereits unbeschränkt haftet, die Stellung ausgeschlossener Gläubiger (vgl. § 1989 A 4). Deshalb kann in diesem Falle der Verlust der Haftungsbeschränkung durch Versäumung einer Inventarfrist keinem Gläubiger gegenüber mehr eintreten und ist folgerichtig auch die Bestimmung einer solchen durch § 2000 ausgeschlossen. Dagegen ist dem Erben auf Antrag neue Frist zu bestimmen, wenn der Konkurs auf andere Weise beendet worden ist (§ 1989 A 1). Da es an einer gleichen Bestimmung für den Fall der durchgeführten Nachlaßverwaltung (vgl. § 1986 A 4) fehlt, wird man annehmen müssen, daß nach Aufhebung einer solchen dem Erben wieder eine Inventarfrist bestimmt werden kann, bei deren Nichtbeachtung er auch jetzt noch unbeschränkbar haftbar wird. Doch kann er sich auf ein vom Nachlaßverwalter formgerecht errichtetes und dem Nachlaßgerichte eingereichtes Inventar berufen (§ 2004).

§ 2001

In dem Inventar sollen[3]) die bei dem Eintritte des Erbfalls vorhandenen Nachlaßgegenstände und die Nachlaßverbindlichkeiten vollständig angegeben werden[1]).

Das Inventar soll[3]) außerdem eine Beschreibung der Nachlaßgegenstände, soweit eine solche zur Bestimmung des Wertes erforderlich ist, und die Angabe des Wertes enthalten[2]).

E I 2105 II 1875; M 5 618; P 5 735—737.

1. Für die **Nachlaßgegenstände** (Sachen und Rechte, vgl. § 90 A 3) ist lediglich die Zeit des Erbfalls maßgebend. Ebenso für die Wertsangabe. Seit dem Tode des Erblassers eingetretene Veränderungen bleiben außer Betracht. Es sind also auch diejenigen Nachlaß-

gegenstände aufzuführen, die zur Zeit der Errichtung nicht mehr vorhanden sind; anderseits nicht die nach dem Erbfalle dem Nachlasse erworbenen Gegenstände, insbesondere nicht die Ersatzforderungen gegen den Erben (§ 1978 Abs 2). Dagegen entscheidet für die **Nachlaßverbindlichkeiten** (§ 1967 Abs 2) der Zeitpunkt der Errichtung. Hierzu gehören auch die Kosten des Inventars (im Konkurse als Masseschuld KO § 224 Nr 4). Dies schließt nicht aus, daß sich der Erbe zu Zwecken der Inventarerrichtung durch Rechtsgeschäft auch persönlich verpflichtet (§ 1967 A 3). Aus dem Zwecke der Inventarerrichtung ist zu entnehmen, daß die durch Konfusion erloschenen Rechte und Verbindlichkeiten aufzuführen sind, da sie wiederaufleben können (§§ 1976, 1991 Abs 2). Vergleichung und Ermittelung des Bestands- oder Schuldenüberschusses ist zweckmäßig, aber nicht vorgeschrieben. Auch das von einem Miterben errichtete Inventar (vgl. RJA 8, 100) muß sich über den ganzen Nachlaß verhalten. Ausgleichungsposten (§ 2057) gehören nicht herein.

2. Die **Beschreibung und Wertsangabe** liegt im Falle des § 2002 dem Erben, im Falle des § 2003 dem aufnehmenden Beamten, dem der Erbe, soweit erforderlich, Auskunft zu erteilen hat, ob. Vgl. die Verhandlungen der 2. Komm. (Prot a. a. O.). Vgl. auch § 2002 A 1. Abschätzung durch Sachverständige ist nicht erforderlich.

3. Die Vorschriften des Paragraphen sind nur **Ordnungsvorschriften („soll")**; von ihrer Beobachtung ist die Wirksamkeit der Inventarerrichtung nicht abhängig. Doch muß das eingereichte Schriftstück sich wenigstens als ein „Inventar", d. h. als eine Bestandsaufnahme des Nachlasses, darstellen. Über den Einfluß von Unrichtigkeiten und Unvollständigkeiten bestimmt im übrigen § 2005.

§ 2002

Der Erbe muß zu der Aufnahme des Inventars eine zuständige Behörde oder einen zuständigen Beamten oder Notar zuziehen[1]).

E I 2102 II 1876; M 5 615, 616; P 5 734, 737.

1. Ein vom Erben selbst ohne Zuziehung einer Amtsperson aufgenommenes Inventar ist unwirksam, selbst wenn es öffentlich beglaubigt wäre (anders bei dem vom Vorerben nach § 2121 oder vom Testamentsvollstrecker nach § 2215 mitzuteilenden Verzeichnis). Er bedarf in jedem Falle, auch wenn kein Nachlaß vorhanden ist, der **amtlichen Mitwirkung** gemäß § 2002 oder § 2003. Anderseits ist auch ein von der Amtsperson selbst aufgenommenes Inventar kein solches nach § 2002; vielmehr müssen Erbe und Amtsperson zur Aufnahme zusammenwirken, insbesondere ist die Unterschrift des Erben erforderlich (RG 77, 247). Die zugezogene Amtsperson hat nur die Stellung eines Beistandes und ist zur Prüfung der Vollständigkeit und Richtigkeit des Inventars, insbesondere auch der Wertangaben (§ 2001 Abs 2), nicht verpflichtet. Doch wird es ihr nicht verwehrt werden können, ihrer von der des Erben abweichenden Meinung Ausdruck zu geben, da sie andernfalls ja nur als Statist erscheinen würde. Eine solche Äußerung kann auf die Wirksamkeit der Inventarserrichtung keinen unmittelbaren Einfluß haben, aber unter Umständen für die Frage erheblich sein, ob dem Erben eine Pflichtverletzung nach § 2005 zur Last fällt. In welcher Weise die Mitwirkung der Amtsperson zu beurkunden, ist nicht vorgeschrieben; Mit-Unterschrift wird genügen, aber nicht zur Wirksamkeit erforderlich sein (a. M. anscheinend Planck Erl 3). Die **Zuständigkeit** der Behörde, des Beamten oder Notars bestimmt sich nach Landesrecht, das auch die sachliche Zuständigkeit der Notare ausschließen kann (a. M. Planck Erl 2). Nach preußischem Rechte ist ein Gerichtsvollzieher nur zuständig, wenn er vom Gerichte beauftragt ist (§ 74 Nr 3 PrAGGVG; RG 77, 246). Ein unter Zuziehung einer „unzuständigen" Amtsperson aufgenommenes Inventar ist unwirksam. Doch wird dabei nur die sachliche Zuständigkeit in Frage kommen, wie sich wohl aus dem Gebrauche des unbestimmten Artikels („eine zuständige Behörde usw.") entnehmen läßt (a. M. anscheinend Planck Erl 2). Der Erbe hat selbst für rechtzeitige Einreichung zu sorgen (§ 1994 A 2). Die Frist wird im Falle des § 2002 nur durch die Einreichung, nicht durch die Zuziehung einer Amtsperson (wie im Falle des § 2003 durch den Antrag auf Aufnahme) gewahrt. Der Erbe kann sich bei der Aufnahme durch einen Bevollmächtigten vertreten lassen; Einreichung der Vollmacht mit dem Inventar oder innerhalb der Frist ist nicht (wie bei der Erbschaftsausschlagung, § 1945 Abs 2) vorgeschrieben. Die Einreichung des Inventars durch einen Geschäftsführer ohne Auftrag ist unwirksam (§ 180); doch wird sie wirksam, wenn der Erbe innerhalb der Frist auf das eingereichte Inventar gemäß § 2004 Bezug nimmt.

§ 2003

Auf Antrag des Erben hat das Nachlaßgericht entweder das Inventar selbst aufzunehmen oder die Aufnahme einer zuständigen Behörde oder einem

zuständigen Beamten oder Notar zu übertragen[1]). Durch die Stellung des Antrags wird die Inventarfrist gewahrt[2]).

Der Erbe ist verpflichtet, die zur Aufnahme des Inventars erforderliche Auskunft zu erteilen[3]).

Das Inventar ist von der Behörde, dem Beamten oder dem Notar bei dem Nachlaßgericht einzureichen[4]).

E I 2103 II 1877; M 5 616, 617; P 5 734, 741.

1. **Nachlaßgericht** FGG §§ 72ff. Seine Zuständigkeit kann durch Landesgesetz überhaupt (EG Art 147) oder doch soweit es sich um Aufnahme des Inventars handelt (Art 148) ausgeschlossen werden; in diesem Falle ist der Antrag an die danach zuständige andere Behörde zu richten. Ist keine andere Behörde als zuständig erklärt, so kann die Inventarerrichtung nur im Wege des § 2002 erfolgen. In Preußen sind zur Aufnahme der Inventare für zuständig erklärt die Amtsgerichte und Notare, unter Umständen auch die Gerichtsschreiber bei den Amtsgerichten, die Gerichtsvollzieher (diese aber nur kraft Auftrags des Gerichts, vgl. § 2002 A 1), Dorfgerichte (vgl. § 2004 A 1), Ortsgerichte (PrFGG vom 21. 9. 99 Art. 31, 32, 38, 108, 111ff., 122ff., 131; AGGVG v. 24. 4. 78, §§ 70, 74); in Sachsen die Amtsgerichte und Notare, Ortsgerichtspersonen, kraft Übertragung auch Gerichtsschreiber und Gerichtsvollzieher (Ges v. 15. 6. 00, §§ 37, 39, 97, 100, 101); in Württemberg Amtsgerichte und öffentliche Notare (AGBGB Art 125ff.); in Baden ausschließlich die Notare unter Mitwirkung der Ortsgerichte (FGG v. 13. 10. 25, § 31); in Hessen die Amtsgerichte und Notare, kraft Übertragung auch die Gerichtsvollzieher und Ortsgerichte (AGBGB Art 117, AGFGG Art 1, 2, NotGes v. 15. 3. 99 Art 10). Die Übertragung kann nur an eine zuständige Behörde usw. erfolgen; die Zuständigkeit bestimmt sich auch hier nach Landesrecht. Auch hier wird die Wirksamkeit des Inventars nur von der sachlichen Zuständigkeit abhängen (vgl. § 2002 A 1). Das Nachlaßgericht kann auch im Wege der Rechtshilfe ein anderes Nachlaßgericht oder eine andere landesgesetzlich an Stelle des Nachlaßgerichts bestimmte Behörde (in Baden die Notare) um Aufnahme des Inventars ersuchen (**RG** 106, 287). Der Erbe darf den Beamten nicht mit Übergehung des Nachlaßgerichts selbst beauftragen (**RG** 77, 246). Der Antrag kann auch von einem Miterben wirksam gestellt werden (RJA 8, 100).

2. **Inventarfrist** § 1995, verlängerte und neu bestimmte Frist §§ 1995 Abs 3, 1996. Der von einem Miterben gestellte Antrag wahrt die Frist auch für die übrigen Erben (§ 2063 Abs 1, OLG 10, 296). Er kann darauf gerichtet werden, das Inventar bei dem im Besitze des Nachlasses befindlichen Miterben aufzunehmen (OLG 5, 342).

3. Die **Aufnahme** liegt abweichend von § 2002 nicht dem Erben, sondern dem amtlichen Organe ob. Nach RJA 12, 111 soll dieses im Interesse der Aufklärung auch dritte Personen, sogar einen Nachlaßgläubiger zuziehen dürfen. Der Erbe ist zur Mitwirkung nur durch Erteilung von Auskunft verpflichtet. An seine Angaben ist aber das amtliche Organ nicht gebunden. Unmittelbare Zwangsmittel zur Erwirkung der Auskunfterteilung bestehen nicht. Ihre Verweigerung oder absichtliche Verzögerung, sowie die absichtliche Unrichtigkeit der Auskunft sind aber mit dem Verluste der beschränkten Haftung bedroht (§ 2005 Abs 1). Aus der Auskunftspflicht wird auch die Pflicht zur Vorlegung eines Verzeichnisses (§ 260) zu folgern sein. Kostenlast bei unzulänglichem Nachlasse nach preußischem Recht OLG 26, 291.

4. Die Amtspersonen sind zur **Einreichung** nicht bloß (wie die Notare in FGG §§ 71, 129, GBO § 15) ermächtigt, sondern verpflichtet. Gegen Verzögerungen ist die Aufsichtsbeschwerde gegeben.

§ 2004

Befindet sich bei dem Nachlaßgerichte schon ein den Vorschriften der §§ 2002, 2003 entsprechendes Inventar[1]), so genügt es, wenn der Erbe vor dem Ablaufe der Inventarfrist[2]) dem Nachlaßgerichte gegenüber erklärt, daß das Inventar als von ihm eingereicht gelten soll[3]).

E I 2104 II 1878; M 5 617, 618; P 5 735.

1. Das **bei dem Nachlaßgericht befindliche Inventar** darf nicht bloß als Privatinventar errichtet worden sein. War vorschriftsmäßiges Inventar vom Erben oder mit Wirkung für den Erben (§§ 2008, 2063, 2144, 2383) von einem andern, auch von einem Nachlaßpfleger (§ 1960 Abs 2), errichtet, so kommt § 2004 nicht in Frage. Die Frist darf ihm in diesem Falle überhaupt nicht bestimmt werden (§ 1994 A 1). Das in Bezug zu nehmende Inventar kann vom Nachlaß- oder Konkursverwalter, vom Testamentsvollstrecker, Erbschaftsbesitzer, auch von einem nicht ausgewiesenen Bevollmächtigten oder einem auftragslosen Geschäftsführer des

Erben errichtet und dem Nachlaßgericht von vornherein eingereicht oder von ihm herbeigezogen sein. Es kann auch vom Nachlaßgericht selbst gemäß § 1960 Abs 2 errichtet sein. Die Bezugnahme auf ein von einem preußischen Dorfgerichte auf Grund des Art 104 PrAG aufgenommenes Nachlaßinventar ist ausgeschlossen (Art 104 Abs 2 a. a. O.).

2. Vor Ablauf der ersten oder der verlängerten oder der neu bestimmten **Inventarfrist** (§§ 1995, 1996).

3. Die **Erklärung** ist an keine Form oder Formel gebunden. Sie kann auch durch einen Bevollmächtigten erfolgen; doch wird sie in diesem Falle vom Nachlaßgerichte gemäß § 174 zurückgewiesen werden können, wenn Vollmachtsurkunde nicht vorgelegt wird, da eine den § 174 ausschließende Bestimmung, wie in § 1945 Abs 2 Satz 2 für die Ausschließung, hier nicht getroffen ist. Beglaubigung oder Nachbringen der Vollmacht innerhalb der Frist (so bei der Ausschlagung § 1945 Abs 2) ist nicht vorgeschrieben (vgl. § 1993 A 1). Auch durch Bezugnahme auf ein fremdes Inventar kann ungetreue Errichtung im Sinne von § 2005 (A 1) begangen werden.

§ 2005

Führt der Erbe¹) absichtlich eine erhebliche Unvollständigkeit der im Inventar enthaltenen Angabe der Nachlaßgegenstände herbei¹ᵃ) oder bewirkt er in der Absicht, die Nachlaßgläubiger zu benachteiligen, die Aufnahme einer nicht bestehenden Nachlaßverbindlichkeit²), so haftet er für die Nachlaßverbindlichkeiten unbeschränkt³). Das gleiche gilt, wenn er im Falle des § 2003 die Erteilung der Auskunft verweigert oder absichtlich in erheblichem Maße verzögert⁴).

Ist die Angabe der Nachlaßgegenstände unvollständig, ohne daß ein Fall des Abs 1 vorliegt⁵), so kann dem Erben zur Ergänzung eine neue Inventarfrist bestimmt werden⁶)⁷).

E I 2106 II 1879; M 5 618—621; P 5 738—741, 754—756.

1. **Der Erbe** haftet auch für Verfehlungen seines gesetzlichen Vertreters oder Bevollmächtigten bei Errichtung des Inventars, da es sich dabei um die Erfüllung einer bestehenden schuldrechtlichen Verbindlichkeit handelt (§ 278), auch wenn eine Inventarfrist noch nicht bestimmt ist. Dagegen können Verfehlungen solcher Personen, deren Inventarerrichtung ihm nur „zustatten kommt" (§§ 2008, 2063, 2144, 2383), seine unbeschränkte Haftung gemäß § 2005 nicht bewirken; sie können aber, wenn ihm eine Inventarfrist bestimmt ist und er nicht selbst ein Inventar errichtet hat, dazu führen, daß diese als versäumt gilt (§ 1994 Abs 1 Satz 2), da die Errichtung eines ungetreuen Inventars zur Wahrung der Frist nicht geeignet ist. Näheres § 2008 A 5.

1a. Das Gesetz unterscheidet beim ungetreuen Inventar zwischen den auf die Aktiven und den auf die Passiven des Nachlasses (§ 2001 Abs 1) bezüglichen Angaben. Es macht aber zwischen dem freiwilligen (§ 1993) und dem erzwungenen Inventar (§§ 1994ff.) keinen Unterschied. Bezüglich der **Nachlaßgegenstände** (vgl. § 2001 A 1) ist Vollständigkeit der Angaben erfordert. Mängel der Beschreibung und der Wertangabe (§ 2001 Abs 2) bleiben außer acht. Der Erbe kann die Unvollständigkeit, wenn er das Inventar selbst errichtet (§ 2002), unmittelbar, wenn er die amtliche Errichtung veranlaßt, mittelbar durch die Art der von ihm erteilten Auskunft (§ 2003 Abs 2), im Falle des § 2004 dadurch, daß er auf ein ihm als unvollständig hinsichtlich der Nachlaßgegenstände oder nicht bestehende Nachlaßverbindlichkeiten enthaltend bekanntes Inventar Bezug nimmt, **herbeiführen.** Mit der **Strafe der unbeschränkten Haftung** bedroht ist aber nur **absichtliches** Handeln oder Unterlassen im Gegensatze zur bloßen Fahrlässigkeit. Gleichgültig ist, welchen Zweck er damit verfolgt, insbesondere ob er damit jemand zu benachteiligen sucht. Die Unvollständigkeit muß aber eine **erhebliche,** je nach dem Umfange des Nachlasses auch für die Interessen der Gläubiger ins Gewicht fallende sein. Auch dessen muß sich der Erbe bewußt sein.

2. Bezüglich der **Nachlaßverbindlichkeiten** genügt dagegen die bloße Absicht, d. h. die wissentlich falsche Aufnahme einer nicht oder nicht in der angegebenen Höhe bestehenden Schuld nicht. Es muß vielmehr die **Benachteiligungsabsicht** in bezug auf die Nachlaßgläubiger hinzukommen. In der Regel die Absicht, ihnen die Überschuldung des Nachlasses vorzuspiegeln und sie hierdurch zur Ermäßigung ihrer Forderungen zu bewegen oder auch ihnen Nachlaßgegenstände durch Anrechnung auf die nicht bestehenden Nachlaßverbindlichkeiten, sei es zum Vorteile der angeblichen Gläubiger dieser Verbindlichkeiten oder zu eigenem Vorteile, zu entziehen (vgl. auch KO § 239 Nr 2). Das Weglassen bestehender Verbindlichkeiten ist

unschädlich. Da das Inventar mit der Einreichung errichtet ist (§§ 1993, 2003 Abs 3), so kommt es darauf an, ob die Inventarpflicht in diesem Augenblicke verletzt ist, sei es auch, daß die Frist noch nicht abgelaufen oder im Falle des § 2003 bereits durch den Antrag gewahrt war, oder daß, wie im Falle des § 1993, eine Frist überhaupt nicht läuft. Der Erbe kann deshalb zwar bis zur Einreichung, nicht aber bis zum Fristablauf, durch Berichtigung der ungetreuen Angaben die Folgen abwenden (a. M. Staudinger Erl 4). Denn auch vor Fristablauf kann das Vorhandensein eines ungetreuen Inventars bereits eine Schädigung der Nachlaßgläubiger in der Richtung der Absicht des Erben herbeiführen.

3. Er haftet **unbeschränkt** gegenüber allen Nachlaßgläubigern, nicht bloß wie im Falle des § 2006 Abs 3 dem Antragsteller. Ausnahmen §§ 2013 Abs 1 Satz 2, 2063 Abs 2, 2144 Abs 3.

4. **Verweigerung** und **Verzögerung** der Auskunft, zu der der Erbe nach § 2003 Abs 2 verpflichtet ist, setzen voraus, daß er durch das das Inventar aufnehmende Amtsorgan zur Erteilung der Auskunft aufgefordert worden ist. Die Verweigerung bedeutet eine ausdrückliche Ablehnung, enthält also ohne weiteres die Absicht (den Vorsatz), die Auskunft nicht zu erteilen, während die Verzögerung, die an sich auch auf Fahrlässigkeit beruhen kann, nur in Betracht kommt, wenn sie die Absicht, die Inventaraufnahme hinauszuziehen, erkennen läßt. Nicht die Verweigerung oder Verzögerung der Auskunft über eine einzelne Tatsache, sondern nur die Verletzung der einheitlichen Auskunftspflicht in bezug auf die gesamte Tätigkeit des Amtsorgans oder doch einen wesentlichen Teil dieser Tätigkeit soll nach den Kommissionsprotokollen (5, 756) den Rechtsnachteil zur Folge haben. Die Vorschrift des Abs 1 Satz 2, die als zu streng in der zweiten Kommission ohne Erfolg bekämpft wurde, bezweckt zu verhindern, daß der Erbe, der die ihm bestimmte Inventarfrist durch Antrag gemäß § 2003 Abs 1 gewahrt hat, die ordnungsmäßige Errichtung des Inventars durch das amtliche Organ dadurch hindert, daß er die dazu erforderliche Auskunft verweigert oder verzögert; in solchem Falle soll er sich so behandeln lassen müssen, wie wenn er die Errichtung des Inventars innerhalb der Frist unterlassen hat (Prot 5, 756). Aus dieser Zweckbestimmung, die auch im Gesetze hinreichenden Ausdruck gefunden hat, ist zu entnehmen, daß die Vorschrift keine Anwendung finden kann, wenn dem Erben eine Inventarfrist noch nicht bestimmt war (§ 1993); aber auch nicht, wenn die Behörde ungeachtet der Verweigerung das Inventar errichtet hat, sei es, weil sie die Auskunft von anderer Seite erhalten oder sie für nicht erforderlich gehalten hat. Ist das Inventar infolgedessen unvollständig hinsichtlich der Aktiva geworden (eine betrügerische Aufnahme von Passiven kommt hier nicht in Frage), so haftet der Erbe, wenn er die Unvollständigkeit durch Auskunftsverweigerung absichtlich herbeigeführt hat, gemäß Abs 1 Satz 1 unbeschränkt. Andernfalls kann ihm nur eine neue Inventarfrist zur Ergänzung bestimmt werden (Abs 2). Kann dann diese Ergänzung nicht erfolgen, weil der Erbe wiederum die Auskunft verweigert, so haftet er nunmehr nach Abs 1 Satz 2 unbeschränkt. Abweichend Planck, 3. Aufl., Erl 2, der die unbeschränkte Haftung dann eintreten lassen will, wenn infolge der Verweigerung oder Verzögerung der Auskunft die Inventarfrist verstrichen ist, wobei aber nicht beachtet zu sein scheint, daß die Inventarfrist bereits durch den Antrag nach § 2003 gewahrt ist, also nicht mehr verstreichen kann; richtiggestellt jetzt in der 4. Aufl. Erl 2c.

5. So wenn die **Unvollständigkeit** durch unverschuldete Unkenntnis oder durch Fahrlässigkeit des Erben herbeigeführt worden ist. Keine Nachfrist zur Berichtigung der Angaben bezüglich der Nachlaßverbindlichkeiten.

6. **Die neue Inventarfrist** ist im technischen Sinne verstanden (§ 1994 A 2), sie kann deshalb dem Erben nur auf Antrag eines Nachlaßgläubigers, nicht des Erben selbst oder von Amts wegen bestimmt werden (a. M. Staudinger Erl 3). Die Bestimmung kann auch erstmalig erfolgen, wenn das Inventar freiwillig eingereicht war (§ 1993). Der Antrag ist an keine Frist gebunden; grundsätzlich wird auch ihm gegenüber die Offizialermittlungspflicht des Gerichts (FGG § 12) Platz greifen; doch wird das Gericht keinen Anlaß haben, besondere Ermittlungen anzustellen, wenn der Antrag nicht irgendwelche Anhaltspunkte dafür gibt, daß und in welcher Richtung das Inventar unvollständig sein soll. Er ist vom Nachlaßgericht abzulehnen, wenn es den Fall des Abs 1 gegeben findet. Gegen die darauf ergehende Entscheidung sofortige Beschwerde nach FGG § 77 Abs 2. Die neue Frist kann auch wiederholt bestimmt werden und unterliegt den allgemeinen Vorschriften der §§ 1994 bis 2000. Die Ergänzung hat in den Formen der §§ 2002—2004 zu geschehen. Selbstverständlich kann der Erbe durch getreue und fristgemäße Vervollständigung die einmal eingebüßte Beschränkbarkeit seiner Haftung nicht zurückgewinnen.

7. **Beweislast.** Daß die Voraussetzungen des § 2005 Abs 1 gegeben sind, ist von dem Gläubiger zu beweisen, der unbeschränkte Haftung des Erben geltend macht. Die Annahme des Nachlaßgerichts, daß Abs 1 nicht vorliege, bindet den Prozeßrichter nicht.

§ 2006

Der Erbe hat auf Verlangen eines Nachlaßgläubigers[1]) vor dem Nachlaßgerichte[2]) den Offenbarungseid dahin zu leisten:

daß er nach bestem Wissen die Nachlaßgegenstände so vollständig angegeben habe, als er dazu imstande sei[3]).

Der Erbe kann vor der Leistung des Eides das Inventar vervollständigen[4]).

Verweigert der Erbe die Leistung des Eides, so haftet er dem Gläubiger, der den Antrag gestellt hat, unbeschränkt[5]). Das gleiche gilt, wenn er weder in dem Termine noch in einem auf Antrag des Gläubigers bestimmten neuen Termin erscheint, es sei denn, daß ein Grund vorliegt, durch den das Nichterscheinen in diesem Termine genügend entschuldigt wird[6]).

Eine wiederholte Leistung des Eides kann derselbe Gläubiger oder ein anderer Gläubiger nur verlangen, wenn Grund zu der Annahme besteht, daß dem Erben nach der Eidesleistung weitere Nachlaßgegenstände bekannt geworden sind[7])[8]).

E I 2142 II 1880; M 5 620, 669—672; P 5 741, 757, 758.

1. Die Eidesabnahme ist ein Akt der freiwilligen Gerichtsbarkeit, FGG §§ 79, 15 Abs 1; ZPO §§ 478—484. Es ist ausgeschlossen, im Klagewege eine Verurteilung des Erben zur Eidesleistung (ZPO § 889) herbeizuführen (**RG** Warn 1912 Nr 116). Anders, wenn der Erbe auf Grund des § 1978 (A 2) zur Leistung des Offenbarungseides aus §§ 259—261 angehalten werden soll. Voraussetzung ist, daß ein Inventar, sei es ohne (§ 1993) oder nach Bestimmung einer Inventarfrist (§ 1994), von dem Erben oder für ihn durch einen Bevollmächtigten oder gesetzlichen Vertreter (auch den Nachlaßpfleger, vgl. § 2004 A 1) oder nach § 2003 Abs 3 durch die aufnehmende Amtsstelle eingereicht oder von dem Nachlaßgerichte selbst aufgenommen ist (§ 2003 Abs 1) oder daß er ein bei dem Nachlaßgerichte befindliches Inventar sich durch Erklärung angeeignet hat (§ 2004); vgl. KGJ 28 A 27. Der Antrag eines **Nachlaßgläubigers**, der mit dem Antragsteller aus § 1994 nicht identisch zu sein braucht, genügt. Soweit nicht bereits geschehen, hat er seine Gläubigereigenschaft bei Stellung des Antrags glaubhaft zu machen (§ 1994 Abs 2 [A 4]). Auch einem ausgeschlossenen Gläubiger gegenüber kann der Erbe durch Nichtleistung des Offenbarungseides auf dessen Antrag hin unbeschränkt haftbar werden (§ 2013 A 2); deshalb muß auch ein solcher Gläubiger berechtigt sein, die Beeidigung eines eingereichten Inventars zu verlangen.

2. **Nachlaßgericht** ist, auch wenn seine Verrichtungen landesgesetzlich einer besonderen Behörde übertragen sind, für die Eidesabnahme immer das zuständige Amtsgericht, EG Art 147 Abs 2.

3. Der **Offenbarungseid** bezieht sich nur auf die Nachlaßgegenstände (vgl. § 2001 A 1), und zwar so, wie sie bei Eintritt des Erbfalls vorhanden waren, nicht auch auf die Nachlaßverbindlichkeiten, die Beschreibung und die Wertsangabe (§ 2001). Im Unterschiede von §§ 260, 261 ist nicht Voraussetzung, daß Verdacht unsorgfältiger Aufstellung des Inventars begründet sei. Eine etwas abweichende Eidesform wird unter Umständen erforderlich sein, namentlich wenn der Erbe ein von einem gesetzlichen Vertreter oder Bevollmächtigten für ihn eingereichtes (§ 1993 A 1) oder ihm zustatten kommendes Inventar (§§ 2008, 2063, 2144, 2383) oder ein solches, auf das er Bezug genommen hat (§ 2004), beschwören soll. Im Falle des § 2003 wird eine Änderung nicht erforderlich, die „Angabe" vielmehr ohne weiteres auf die dem aufnehmenden Amtsorgane erteilte Auskunft zu beziehen sein. Soweit eine Änderung erforderlich, wird das Gericht auch ohne besondere Vorschrift (wie in § 261 Abs 2) dazu befugt sein (a. M. Planck Erl 3; vgl. auch ZBlFG 1916, 629 Nr 459). Der Erbe hat nur sein bestes Wissen zur Zeit der Eidesleistung zu beschwören, er wird deshalb durch den Eid nicht zu besonderen Nachforschungen verpflichtet. Nur der Erbe selbst, im Falle des § 2008 also nur die Frau, nicht auch ihr Mann, ist eidespflichtig.

4. Die **Vervollständigung** soll den Erben nur in die Lage bringen, den Eid ohne Gewissensverletzung zu schwören. Die nach § 2005 einmal verlorene beschränkte Haftung erlangt er damit nicht zurück. Die Vervollständigung kann im Eidestermine oder bis zu einem auf Antrag des Erben vertagten Termine erfolgen. Der Gläubiger kann aber hierzu auch neue Inventarfrist bestimmen lassen, § 2005 A 6. Trotz geschehener Eidesleistung ist der Gläubiger nicht an dem Nachweise gehindert, daß das Inventar unvollständig und daß nach § 2005 die unbeschränkte Haftung eingetreten sei; § 463 ZPO findet keine Anwendung.

5. Die Eidesleistung kann ebensowenig wie die Errichtung des Inventars (§ 1994 A 1) durch zivilprozessuale Zwangsmittel (Haft, ZPO §§ 901ff.) erzwungen werden; ihre Unterlassung hat nur den Rechtsnachteil der unbeschränkten Haftung zur Folge; einer Androhung dieses Nachteils bedarf es nicht. Durch Auszahlung des die Eidesleistung betreibenden Gläubigers kann sich der Erbe von der Eidespflicht ihm gegenüber befreien, da mit der Gläubigereigenschaft auch das Antragsrecht des Abs 1 erlischt. Der betreibende Gläubiger kann als solcher nur mit derjenigen Forderung in Betracht kommen, welche er im Offenbarungseidesverfahren geltend macht und nach A 1 glaubhaft gemacht hat. Nur bezüglich dieser Forderung, nicht auch wegen aller sonstigen oder gar erst künftigen Ansprüche des betreibenden Gläubigers tritt die unbeschränkte Haftung ein. Sie wirkt im Gegensatz zu §§ 1994, 2002 nicht allen, sondern nur dem betreffenden **einzelnen Gläubiger gegenüber.** Diesem gegenüber aber auch, wenn er bereits ausgeschlossen war oder einem ausgeschlossenen gleichstand (§ 2013 A 2). Hat der Erbe einem Gläubiger gegenüber die Eidesleistung verweigert, so kann er von andern Gläubigern dazu geladen und durch neue Verweigerungen auch diesen unbeschränkt haftbar werden.

6. Darüber, ob das **Nichterscheinen** des Erben in dem auf Antrag des Gläubigers bestimmten zweiten Termine **genügend entschuldigt** — hierfür ist der Erbe beweispflichtig — und ob damit die unbeschränkte Haftung von ihm abgewendet ist, kann nur in dem Prozesse zwischen Gläubiger und Erben entschieden werden (OLG 4, 118). Dieser Entscheidung wird dadurch nicht vorgegriffen, daß der Nachlaßrichter das Nichterscheinen für entschuldigt angesehen und den Erben in einem dritten oder späteren Termine zum Eide gelassen hat (a. M. Planck, 3. Aufl., A 4b, Crome § 722 A 110, Kretzschmar § 79 A 34; wie hier, Planck 4. Aufl.).

7. Wiederholte Eidesleistung nur, wenn Bekanntwerden weiterer Nachlaßgegenstände (§ 2001 A 1) anzunehmen, entsprechend § 903 ZPO, jedoch ohne Zeitbeschränkung. Daß Grund zu der Annahme bestehe, ist vom Antragsteller glaubhaft zu machen. Gegen die darauf ergehende ablehnende oder stattgebende Entscheidung Beschwerde des Gläubigers oder des Erben aus § 20 FGG.

8. Die **Kosten** der Eidesabnahme treffen den Gläubiger entsprechend § 261 Abs 3 BGB. Einsicht des Eidesprotokolls, FGG § 78. Offenbarungseidespflicht des Erben, der als Gemeinschuldner gilt, im Nachlaßkonkurse KO § 125. Dem Nachlaßverwalter steht das Antragsrecht nicht zu, doch kann er auf Grund von § 1985 (A 2) vom Erben die Leistung des Eides nach § 260 im Klagewege fordern. Während der Dauer der Nachlaßverwaltung kann die Eidesleistung auch nicht von einem Gläubiger verlangt werden (RJA 4, 201; KGJ 28 A 27).

§ 2007

Ist ein Erbe zu mehreren Erbteilen berufen[1]), so bestimmt sich seine Haftung für die Nachlaßverbindlichkeiten in Ansehung eines jeden der Erbteile so, wie wenn die Erbteile verschiedenen Erben gehörten[2]). In den Fällen der Anwachsung und des § 1935 gilt dies nur dann, wenn die Erbteile verschieden beschwert sind[3]).

E I 2147 II 1881; M 5 677, 678; P 5 747, 805, 806.

1. Berufung zu mehreren Erbteilen (s. § 1951 A 1). Echte Fälle einer solchen Berufung liegen vor bei mehrfacher Verwandtschaft (§ 1927) oder Zusammentreffen von Verwandtschaft und Ehe (§ 1934) mit dem Erblasser; bei Zuweisung mehrerer gesonderter Bruchteile der Erbschaft durch Verfügung des Erblassers von Todes wegen an den gleichen Erben oder Zuweisung eines Bruchteils und Anfall eines andern Bruchteils auf Grund gesetzlicher Erbfolge (§§ 2088, 1924 A 1). Daß die Berufung zu den mehreren Erbteilen auf verschiedenen Berufungsgründen beruhe (§ 1951 A 2), ist für die Anwendung des § 2007 nicht erforderlich. Außerdem gibt es noch sog. unechte Fälle der Berufung zu mehreren Erbteilen, insofern nämlich erstens die Erhöhung des ursprünglichen gesetzlichen Erbteils durch Wegfall eines andern gesetzlichen Erben (§ 1935 A 5) und zweitens die Anwachsung infolge Wegfalls eines eingesetzten Erben (§§ 2094, 2095) in beschränktem Sinne, und zwar nur in Ansehung der Vermächtnisse und Auflagen (die in § 2095 noch genannte Ausgleichungspflicht kommt hier nicht in Frage, da sie keine Nachlaßverbindlichkeit begründet), als besondere Erbteile gelten. Von diesen unechten Fällen handelt Satz 2 des Paragraphen.

2. Im Falle der Berufung zu mehreren Erbteilen (echte Fälle, A 1) soll der Erbe, der zunächst nur zu einem Erbteile unbedingt berufen war oder nur von der Berufung zu diesem Erbteile Kenntnis hatte, wenn er in dieser Lage die Beschränkbarkeit der Haftung durch Versäumung der Inventarfrist (§ 1994), ungetreues Inventar (§ 2005) oder Verweigerung des Offenbarungseides (§ 2006, in diesem Falle nur gegenüber dem antragstellenden Gläubiger) verloren hat, nicht gehindert sein, wenn ihm nach diesem Verluste ein weiterer Erbteil angefallen oder der Anfall ihm bekannt geworden ist, nunmehr in Ansehung dieses Erbteils die Beschränkung seiner Haftung auf den Nachlaß durch eines der dafür gegebenen Mittel (Nachlaßverwaltung oder Konkurs § 1975, bei dürftigem Nachlasse Vorgehen nach § 1990, auch Aufgebot der Nachlaßgläubiger § 1973) herbeizuführen. Die mehreren Erbteile sollen in diesem Falle hinsichtlich der Haftung für die Nachlaßverbindlichkeiten so behandelt werden, als wenn sie verschiedenen Erben gehörten. Nach der herrschenden Lehre würde freilich die Vorschrift keine praktische Bedeutung für den Erben haben, wenn die mehreren ihm angefallenen Erbteile die ganze Erbschaft erschöpfen, es sei denn, daß einer der mehreren Erbteile nicht mit Vermächtnissen oder Auflagen beschwert ist, die auf dem andern lasten. Denn es wird angenommen, daß in diesem Falle der Erbe schon wegen seiner schlechthin unbeschränkten Haftung in Ansehung des einen Erbteils mit seinem eigenen Vermögen für die gesamten Nachlaßverbindlichkeiten in vollem Umfang einzutreten hat und daher die gegen sein eigenes Vermögen gerichtete Zwangsvollstreckung eines Nachlaßgläubigers für den ganzen Betrag der Nachlaßverbindlichkeit dulden muß, ohne Rücksicht darauf, daß ihm noch ein weiterer Erbteil angefallen ist. Ist dagegen noch ein anderer Erbe (Miterbe) vorhanden, dem ein Erbteil angefallen ist, so soll auch nach der herrschenden Lehre § 2059 Abs 1 Satz 2 zur Anwendung kommen und deshalb die unbeschränkte Haftung nur für einen dem Erbteil, in Ansehung dessen der Erbe unbeschränkt haftet, entsprechenden Teil (Quote) einer jeden einzelnen Nachlaßverbindlichkeit eintreten, während für den andern Teil der Nachlaßverbindlichkeit die Haftung noch auf den Nachlaß beschränkt werden kann. So Planck, 3. Aufl., Erl 2a, anders anscheinend die 4. Aufl.; Kretzschmar § 79 IV 1; Kipp § 75 VII A 25; anscheinend auch die zweite Auflage dieses Kommentars. Betrüge also der Erbteil, in Ansehung dessen der Erbe unbeschränkt haftet, $^1/_2$, der ihm nachträglich angefallene $^1/_4$ und der Erbteil eines Miterben $^1/_4$, so würde der Erbe die Zwangsvollstreckung in sein eigenes Vermögen nur wegen $^1/_2$ einer jeden Nachlaßverbindlichkeit zu dulden haben, während, wenn der ursprüngliche Erbteil $^1/_2$ und der ihm später angefallene $^1/_2$ betrüge, er für die ganzen Nachlaßverbindlichkeiten mit seinem Vermögen eintreten müßte. Dieses Ergebnis erscheint wenig einleuchtend und wird auch wohl der Vorschrift des § 2007 nicht voll gerecht, wonach es, wenn ein Erbe zu mehreren Erbteilen berufen ist, hinsichtlich der Haftung für die Nachlaßverbindlichkeiten so angesehen werden soll, als wenn die mehreren Erbteile verschiedenen Erben gehörten. Diese Rechtsfiktion muß zur entsprechenden Anwendung des § 2059 Abs 1 Satz 2 führen, auch wenn in Wirklichkeit nur noch ein Erbe vorhanden ist; die Voraussetzung, daß mehrere Miterben beteiligt sind, wird eben durch die Vorstellung ersetzt, daß die einzelnen Erbteile verschiedenen Personen gehören. Da eine Teilung des Nachlasses (§ 2059 Abs 1 Satz 1) in solchem Falle nicht stattfindet, wird man folgern müssen, daß der durch den Anfall mehrerer Erbteile Alleinerbe gewordene Erbe, solange er hinsichtlich eines Erbteils seine Haftung noch auf den Nachlaß beschränken kann, die Befriedigung eines Nachlaßgläubigers aus seinem eigenen Vermögen für denjenigen Teil der Nachlaßverbindlichkeit verweigern darf, der den Erbteil, in Ansehung dessen er bereits unbeschränkbar haftet, übersteigt, in obigem Beispiele also für $^1/_2$ der Forderung. — Sind die mehreren Erbteile verschieden belastet, ist insbesondere der Erbteil, in Ansehung dessen der Erbe unbeschränkt haftet, von einem Vermächtnisse oder einer Auflage oder einer sonstigen nicht allen Erbteilen gemeinschaftlichen Nachlaßverbindlichkeit (§ 2058 A 1) frei, so kann der Erbe die gegen sein eigenes Vermögen gerichtete Zwangsvollstreckung des betreffenden Gläubigers dadurch abwehren, daß er von einem der Mittel zur Beschränkung seiner Haftung in Ansehung des beschwerten Erbteils Gebrauch macht.

3. In den unechten Fällen der Berufung zu mehreren Erbteilen (A 1) kann die Beschränkung der Haftung in Ansehung der eingetretenen **Erhöhung** oder **Anwachsung**, wenn der Erbe in Ansehung seines ursprünglichen Erbteils bereits unbeschränkt haftet, nur noch gegenüber Vermächtnisnehmern und Auflageberechtigten herbeigeführt werden, und zwar nur unter der Voraussetzung, daß der ursprüngliche Erbteil einerseits und die Erhöhung oder Anwachsung anderseits verschieden beschwert sind, also nur gegenüber solchen Vermächtnisnehmern und Auflageberechtigten, deren Rechte allein auf der Erhöhung oder Anwachsung lasten, während der ursprüngliche Erbteil davon frei ist. Andern Nachlaßgläubigern gegenüber gilt die Erhöhung oder Anwachsung nicht als besonderer Erbteil und kann deshalb § 2007, der die Berufung zu mehreren Erbteilen auch in Satz 2 voraussetzt, nicht zur Anwendung kommen, ohne daß man (wie Planck, 3. Aufl., Erl 3, anders die 4. Aufl.) ein Redaktionsversehen annehmen müßte. Die unbeschränkte Haftung des Erben, die hinsichtlich des ursprünglichen Erbteils eingetreten ist, erstreckt sich deshalb auf die nachträglich hinzugekommene Erhöhung oder Anwachsung auch dann, wenn lediglich diese mit der Nachlaßverbindlichkeit belastet war (§ 2058 A 1).'

§ 2008

Ist eine Ehefrau die Erbin[1]) und gehört die Erbschaft zum eingebrachten Gute oder zum Gesamtgute[2]), so ist die Bestimmung der Inventarfrist nur wirksam, wenn sie auch dem Manne gegenüber erfolgt[3]). Solange nicht die Frist dem Manne gegenüber verstrichen ist, endigt sie auch nicht der Frau gegenüber[4]). Die Errichtung des Inventars durch den Mann kommt der Frau zustatten[5]).

Gehört die Erbschaft zum Gesamtgute, so gelten diese Vorschriften auch nach der Beendigung der Gütergemeinschaft[6]).

E I 2148 Nr 2, 4, 2149 II 1882; M 5 679—681; P 5 747, 806, 807.

1. Ist eine **Ehefrau Erbin,** so kommt ihre Eigenschaft als Ehefrau für die Inventarerrichtung über eine ihr angefallene Erbschaft nicht in Betracht, wenn Gütertrennung (§§ 1426—1431, 1436) besteht oder wenn die Erbschaft zum Vorbehaltsgute der Frau gehört. Vorbehaltsgut ist die Erbschaft, wenn sie im Ehevertrag als Vorbehaltsgut erklärt ist, was auch hinsichtlich einer erst in Zukunft anfallenden Erbschaft geschehen kann (§ 1368 A 1), oder wenn sie nach Eingehung der Ehe angefallen ist und der Erblasser durch letztwillige Verfügung bestimmt hat, daß sie Vorbehaltsgut sein soll; dagegen kann durch eine solche Bestimmung des Erblassers für eine bereits vor der Ehe angefallene Erbschaft die Eigenschaft als Vorbehaltsgut nicht begründet werden (§§ 1369 A 2, 1440, 1526 Abs 1, 1549; RG 65, 367).

2. Gehört die Erbschaft zum **eingebrachten Gute,** so können die Nachlaßgläubiger, wenn die Haftung der Frau nicht auf den Nachlaß beschränkt wird, auch aus dem nicht zum Nachlasse gehörigen Teile des eingebrachten Gutes ohne Rücksicht auf die Rechte des Mannes an diesem Befriedigung verlangen (§§ 1411, 1412, 1406 Nr 1 A 1, 2, 1525 Abs 2, 1550 Abs 2); gehört sie zum **Gesamtgute,** so haftet im gleichen Falle der Mann unbeschränkt auch mit seinem eigenen Vermögen für die Nachlaßverbindlichkeiten als Gesamtgutsverbindlichkeiten (§§ 1459, 1460 A 4, 1453 A 1). Deshalb muß dem Manne die Möglichkeit gewährt werden, seinerseits selbständig sowohl die Beschränkung der Haftung der Frau auf den Nachlaß durch Anwendung der dafür vom Gesetze gegebenen Mittel herbeizuführen (vgl. darüber § 1406 A 2), wie auch die Möglichkeit der Beschränkung durch Errichtung des Inventars innerhalb der Inventarfrist zu erhalten. Diesem letzteren Zweck dient die Vorschrift des § 2008, durch die ausgeschlossen wird, daß die Frau ohne aktive oder passive Beteiligung des Mannes durch Versäumung der Inventarfrist (§ 1994), ungetreues Inventar (§ 2005) oder auch Nichtleistung des Offenbarungseides (§ 2006; vgl. A 5) der Beschränkbarkeit ihrer Haftung auf den Nachlaß verlustig geht. — Die Frau ihrerseits kann, wenn sie Ehefrau ist, unter allen Güterrechtssystemen das Inventar wirksam ohne Zustimmung des Mannes errichten (§§ 1406 Nr 1, 1453 Abs 2, 1519 Abs 2, 1549).

3. Die **Wirksamkeit** der Bestimmung ist auch der Frau gegenüber davon abhängig, daß die Bestimmung **auch gegenüber dem Manne** erfolgt. Der die Frist bestimmende Beschluß muß zum Ausdruck bringen, daß er auch dem Manne gegenüber ergeht. Daß die Frist gegenüber der Frau und dem Manne verschieden lang bemessen wird, ist nicht ausgeschlossen und kann in Ausnahmefällen sich als zweckmäßig erweisen. Hat der Gläubiger nur Fristbestimmung gegenüber der Frau beantragt, so hat sie von Amts wegen auch gegenüber dem Manne zu erfolgen, wenn dem Nachlaßgerichte bekannt ist oder durch die von ihm anzustellenden Ermittlungen (FGG § 12) bekannt wird, daß die Erbschaft zum eingebrachten Gute oder zum Gesamtgute gehört. Der Beschluß ist sowohl dem Manne wie auch der Frau zuzustellen (§ 1995 A 2); die Frist beginnt für jeden von ihnen mit der Zustellung an ihn, wegen der Beendigung s. Abs 1 Satz 2 und A 4. — § 2008 findet schon seinem Wortlaute nach auch dann Anwendung, wenn erst nach Anfall der Erbschaft die Frau Ehefrau oder die Erbschaft durch Ehevertrag Bestandteil des eingebrachten oder Gesamtgutes geworden ist. Tritt die Zugehörigkeit der Erbschaft zum eingebrachten oder Gesamtgute während des Laufes der gegenüber der Frau bestimmten Frist ein (durch Eheschließung oder Ehevertrag), so bedarf es einer nachträglichen Fristbestimmung gegenüber dem Manne, durch die auch der Ablauf der Frist gegenüber der Frau gemäß Abs 1 Satz 2 (s. A 4) hinausgeschoben wird. Endigt die Zugehörigkeit zum eingebrachten oder Gesamtgute während des Laufes der beiden Eheleuten gegenüber bestimmten Frist durch Auflösung der Ehe oder Ehevertrag, durch den die Erbschaft als Vorbehaltsgut erklärt oder Gütertrennung eingeführt wird, so bleibt die Fristbestimmung der Frau gegenüber wirksam. Hinsichtlich des Mannes wird sie, wenn die Erbschaft eingebrachtes Gut war, gegenstandslos, da seine Rechte an diesem erlöschen und er persönlich für die Nachlaßverbindlichkeiten nicht haftet. War die Erbschaft Gesamtgut, so findet

Abs 3 Anwendung (vgl. A 6). — War, obwohl die Erbschaft bereits zum eingebrachten oder Gesamtgute gehörte, die Frist nur der Frau gegenüber bestimmt worden, so wird die Fristbestimmung nicht dadurch wirksam, daß später diese Zugehörigkeit aufhört.

4. War die Frist für den Mann schon ursprünglich länger bemessen als für die Frau (A 3) oder ist sie für ihn später verlängert (§ 1995 Abs 3) oder ist die Zustellung an ihn später erfolgt (A 3) oder ist ihm wegen Verhinderung eine neue Frist bestimmt worden (§ 1996) oder war die Frist ihm gegenüber gehemmt (§ 1997), so kommen diese Umstände auch der Frau zugute: die Frist **endigt für die Frau nicht früher als für den Mann.** Durch Schluß auf das Gegenteil wird man folgern müssen, daß nicht umgekehrt diese Umstände, wenn sie in der Person der Frau eintreten, auch dem Manne zugute kommen; doch werden die praktischen Konsequenzen dieser Folgerung im wesentlichen beseitigt durch Satz 3 (A 5), da auch ein nach Ablauf der Frist für den Mann von diesem innerhalb der für die Frau noch laufenden Frist errichtetes Inventar die Möglichkeit der Beschränkung der Haftung der Frau wahrt und davon auch der Mann noch weiter Gebrauch machen kann. Haftet die Frau unbeschränkt, so muß der Mann die Zwangsvollstreckung auch in das nicht zum Nachlasse gehörige eingebrachte Gut bzw. in das übrige Gesamtgut und in sein eigenes Vermögen (§ 1459 Abs 2) wegen Nachlaßverbindlichkeiten dulden, sobald ein Urteil gemäß §§ 739, 740 ZPO gegen ihn ergangen ist.

5. Ebenso unter Miterben § 2063, beim Inventar des Vorerben § 2144 und beim Erbschaftskaufe § 2383. Daß sich die Frau auf das vom Manne errichtete Inventar berufe (§ 2004), ist nicht erforderlich. Auch das freiwillige (§ 1993) **Inventar des Mannes kommt der Frau zustatten** und verhindert, daß ihr aus § 1994 Frist bestimmt werden kann. Auch ein Inventar, das nach Ablauf der Frist für den Mann von diesem innerhalb der für die Frau laufenden Frist errichtet wird, kommt der Frau noch zustatten. — Die Eheleute können das Inventar gemeinschaftlich oder jeder besonders errichten; dabei kann sich jeder von ihnen des ungetreuen Inventars im Sinne von § 2005 schuldig machen. Haben sich beide Eheleute in dieser Weise verfehlt oder hat die Frau ungetreues Inventar errichtet, der Mann aber die Frist ohne eigene Tätigkeit verstreichen lassen, so haftet die Frau unbeschränkt. Haben beide gemeinschaftlich oder jeder gesondert Inventar errichtet und hat dabei nur die Frau sich verfehlt, so wird man annehmen müssen, daß das getreue Inventar des Mannes den Eintritt des Rechtsnachteils hindert, da der Wortlaut der Vorschrift auch hier zutrifft und andernfalls der vom Gesetze gewollte Schutz des Mannes (A 2) versagen würde (str.; wie hier Planck Erl 4bβ). Ebenso wenn der Mann vor Ablauf der Frist gutgläubig auf das von der Frau ungetreu errichtete Inventar Bezug nimmt oder es berichtigt oder die von der Frau verweigerte Auskunft erteilt. — Hat der Mann allein sich verfehlt, so wird dadurch die Frau der Beschränkbarkeit ihrer Haftung nicht verlustig; auch nicht, wenn sie das ungetreue Inventar des Mannes gutgläubig zu dem ihrigen gemacht hat. Sie kann auch, solange die Inventarfrist für sie noch läuft, immer noch das Inventar des Mannes berichtigen, die verlangte Auskunft erteilen oder ein eigenes Inventar errichten. — Über die Leistung des Offenbarungseides in dem von § 2008 vorausgesetzten Falle fehlt es an einer ausdrücklichen Bestimmung. Von manchen wird angenommen, daß nur „der Erbe", also die Frau, durch Leistung des Offenbarungseides die unbeschränkte Haftung abwenden kann (so die zweite Auflage dieses Kommentars). Diese Meinung dürfte indessen dem Rechtsgedanken des § 2008 nicht gerecht werden; der dem Manne zu gewährende Schutz (A 2) würde versagen, wenn die Frau durch Verweigerung der Eidesleistung über ein von ihr oder dem Manne errichtetes Inventar selbständig die unbeschränkte Haftung herbeiführen könnte. Es wird deshalb angenommen werden müssen, daß, ebenso wie die Bestimmung der Inventarfrist, auch die Ladung zur Leistung des Offenbarungseides nur gegenüber beiden Ehegatten erfolgen kann, sei es, daß der eine oder der andere das Inventar errichtet hat, und daß der Eid des Mannes auch der Frau zustatten kommt. Wegen der Eidesformel vgl. § 2006 A 3. Daß in § 2006 nur von dem „Erben" die Rede ist, dürfte nicht entgegenstehen (vgl. auch § 2383). Dazu, jeden Ehegatten nur zur Beeidigung des von ihm errichteten Inventars zuzulassen (wie Planck Erl 4c will), dürfte im Hinblick darauf, daß jeder sich das Inventar des andern aneignen kann (§ 2004), kein Grund bestehen.

6. **Beendigung der Gütergemeinschaft** durch Aufhebung §§ 1468ff., Auflösung der Ehe § 1482, Beendigung der fortgesetzten Gütergemeinschaft §§ 1492ff., 1542ff., 1549, 1557. Gehörte die Erbschaft zum Gesamtgute, so finden die Vorschriften des Abs 1 **auch nach der Aufhebung der Gemeinschaft** Anwendung in gleicher Weise, als wenn diese noch bestünde, sei es, daß die Gemeinschaft vor oder nach Bestimmung der Inventarfrist aufgehoben wird, und zwar auch noch über die Auseinandersetzung hinaus, da der Mann auch weiter noch für die Nachlaßverbindlichkeiten als Gesamtschuldner persönlich haftet, wenn nicht die Haftung der Frau auf den Nachlaß beschränkt wird (§§ 1459 Abs 2 Satz 1 und A 10; 1463 A 1). Ist die Ehe durch den Tod des Mannes aufgelöst, so ist die Inventarfrist an seiner Stelle auch seinen Erben gegenüber zu bestimmen, bzw. läuft diesen gegenüber weiter, wenn

sie schon dem Manne gegenüber bestimmt war; doch findet zu ihren Gunsten § 1998 Anwendung. Bei der fortgesetzten Gütergemeinschaft kann den Abkömmlingen des Mannes eine Inventarfrist nicht bestimmt werden, da sie nicht an Stelle des Mannes stehen (§ 1487 Abs 1 Halbsatz 2) und nicht persönlich für die Nachlaßverbindlichkeiten haften § 1489 Abs 3).

§ 2009

Ist das Inventar rechtzeitig errichtet worden[1]), so wird im Verhältnisse zwischen dem Erben und den Nachlaßgläubigern vermutet[2]), daß zur Zeit des Erbfalls weitere Nachlaßgegenstände als die angegebenen nicht vorhanden gewesen seien[3]).

E II 1883; P 5 741, 757.

1. Das **Inventar** muß, um als solches gelten zu können, sich als eine Aufzeichnung des Nachlaßbestandes darstellen und in den Formen der §§ 2002, 2003 errichtet sein. Im übrigen sind die in § 2001 erforderten Angaben nicht unbedingt wesentliches Erfordernis (Sollvorschriften; das Erfordernis der Vorschriftsmäßigkeit ist von der zweiten Kommission, Prot 5, 757, gestrichen worden). Insbesondere wird durch etwaige Unvollständigkeit der Angaben die Eigenschaft des Inventars als solchen nicht aufgehoben und dadurch nicht ohne weiteres der Verlust der Haftungsbeschränkung begründet (§ 2005 Abs 2). Ob hiernach noch ein Inventar vorliegt, ist „nach den Zwecken, die mit der Inventarerrichtung verfolgt werden, an der Hand des einzelnen Falles" zu beurteilen (Prot a. a. O.). Ist das zu bejahen, so greift die Vermutung Platz. — Das Inventar ist rechtzeitig errichtet, wenn es vor Bestimmung der Inventarfrist, wiewohl lange Zeit nach dem Erbfalle, freiwillig (§ 1993) oder wenn es vor Ablauf der in den §§ 1994—1998 geordneten Fristen eingereicht ist.

2. Die Vermutung ist eine gesetzliche Vermutung, die durch einfachen Gegenbeweis entkräftet werden kann (ZPO § 292). Der **Gegenbeweis** ist auf das Vorhandensein bestimmter, nicht aufgeführter Nachlaßgegenstände zu richten und entkräftet im übrigen die Vermutung der Vollständigkeit nicht. — Die Vermutung gilt nur **im Verhältnis zu den Nachlaßgläubigern** (§ 1967), also nicht im Verhältnis zu Miterben (soweit sie nicht zugleich als Nachlaßgläubiger auftreten), zwischen Erben und Erbschaftsbesitzer (§ 2027), Vor- und Nacherben (§ 2127), Erbschaftskäufer und Verkäufer (§ 2374). Auch nicht im Verhältnis zu den persönlichen Gläubigern des Erben, soweit sie aus dem Nachlaß Befriedigung suchen (ZPO § 778 Abs 2). Das Inventar bildet die Grundlage für die Rechenschaftspflicht des Erben (§ 1978 A 2) und für Begrenzung seiner Herausgabeverpflichtung aus §§ 1973, 1974, 1990, 1992. Durch Verweigerung des Offenbarungseides einem Gläubiger gegenüber (§ 2006 A 5) wird die Vermutung gegenüber andern Gläubigern nicht entkräftet, wie umgekehrt auch die Eidesleistung den Gegenbeweis nicht ausschließt.

3. Die Vermutung erstreckt sich nur darauf, daß **weitere Nachlaßgegenstände als die angegebenen** zur Zeit des Erbfalls **nicht vorhanden** gewesen sind. Sie bezieht sich nicht auf die Nachlaßverbindlichkeiten und die Wertangaben (§ 2001), auch nicht darauf, daß die angegebenen Aktiven wirklich zum Nachlaß gehören. Soweit sie nicht Platz greift, unterliegt es der freien Beweiswürdigung des Richters, welcher Beweiswert den Angaben des Inventars beizumessen ist.

§ 2010

Das Nachlaßgericht hat die Einsicht des Inventars jedem zu gestatten, der ein rechtliches Interesse glaubhaft macht[1]).

E I 2107 II 1884; M 5 621; P 5 756.

1. Das **rechtliche Interesse** im Gegensatz zu dem bloß „berechtigten" (FGG § 34 Satz 1) ist bei Nachlaßgläubigern, Nachlaßverwaltern und Testamentsvollstreckern stets gegeben (OLG 9, 385). Das Interesse ist glaubhaft zu machen (FGG § 15 Abs 2). War das Inventar versiegelt eingereicht, so ist es nunmehr zu eröffnen (§ 1993 A 1). Demjenigen, der nur ein berechtigtes Interesse hat, „kann" das Nachlaßgericht nach pflichtmäßigem Ermessen die Einsicht gestatten, auch Abschriften erteilen (FGG § 34 Satz 2); doch wird zu diesem Zwecke die Eröffnung eines verschlossen eingereichten Inventars nicht statthaft sein. Ein unbedingtes Recht auf Abschriften besteht auch bei rechtlichem Interesse nicht. Beschwerde nach FGG §§ 19, 20 kann sich auch gegen unrichtige Ausübung des pflichtmäßigen Ermessens richten, sofern ein Recht dadurch beeinträchtigt wird. — Ähnlich §§ 1342, 1953, 1957, 2081, 2146, 2228, 2384.

§ 2011

Dem Fiskus als gesetzlichem Erben kann eine Inventarfrist nicht bestimmt werden[1]. Der Fiskus ist den Nachlaßgläubigern gegenüber verpflichtet, über den Bestand des Nachlasses Auskunft zu erteilen[2][3].

E I 1974 Abs 3, 4 II 1885; M 5 380, 381; P 5 488—490.

1. Gesetzliches Erbrecht des **Fiskus** ohne Ausschlagungsrecht §§ 1936, 1942 Abs 2, Feststellung §§ 1964—1966. Er kann die beschränkte Haftung auf dem Wege des § 1994 nicht einbüßen, muß sich aber, wenn er sie geltend machen will, hierzu derselben Rechtsbehelfe wie andere Erben bedienen (Vorbem 2 vor § 1967). Doch bedarf er nicht des Vorbehalts im Urteile (ZPO § 780 Abs 2). Dagegen könnte durch (allerdings kaum anzunehmende) freiwillige Einreichung eines ungetreuen Inventars (§ 2005), aber auch durch Verweigerung der Eidesleistung über ein freiwillig eingereichtes Inventar (§ 2006, vgl. A 1 dazu) die unbeschränkte Haftung des Fiskus als gesetzlichen Erben eintreten (a. M. hinsichtlich des § 2006 Planck Erl 1). Von der Notwendigkeit, gegen die Zwangsvollstreckung Einwendungen zu erheben (ZPO § 781), kann er durch Landesgesetz befreit werden (EGZPO § 15 Nr 3).

2. Die **Auskunft** kann erst nach geschehener Feststellung (§ 1966) verlangt werden; der Anspruch ist nötigenfalls im ordentlichen Rechtswege geltend zu machen. Sie begreift nach § 260 die Vorlegung eines Verzeichnisses in sich, und es ist wenigstens denkbar, daß ein Vertreter des Fiskus nach § 216 zum Offenbarungseide angehalten werde. Abweichend von § 2001 betrifft die Auskunft den gegenwärtigen Nachlaßbestand. Die Verantwortlichkeit aus § 1978 und die daraus sich ergebende Rechenschaftspflicht trifft auch den Fiskus neben der hier geregelten Auskunftspflicht, falls die Voraussetzungen dafür vorliegen; da er nicht ausschlagen kann, wird von der rechtskräftigen Feststellung ab die Rechnung zu legen sein.

3. Die nach EG § 138 als gesetzliche Erben an die Stelle des Fiskus tretenden Stiftungen und Anstalten sind von der Inventarpflicht gleichfalls befreit. Auch wenn der Fiskus auf Grund landesgesetzlicher Bestimmung gemäß Art 139 EG Erbe ist, wird § 2011 Anwendung finden, sofern nicht, was zulässig sein dürfte, das Landesgesetz etwas anderes vorschreibt. — Ist der Fiskus Erbe auf Grund einer Verfügung von Todes wegen, so kann ihm wie andern Erben eine Inventarfrist gesetzt werden und er durch deren Versäumung der Haftungsbeschränkung verlustig gehen.

§ 2012

Einem nach den §§ 1960, 1961 bestellten Nachlaßpfleger kann eine Inventarfrist nicht bestimmt werden[1]. Der Nachlaßpfleger ist den Nachlaßgläubigern gegenüber verpflichtet, über den Bestand des Nachlasses Auskunft zu erteilen[2]. Der Nachlaßpfleger kann nicht auf die Beschränkung der Haftung des Erben verzichten[3].

Diese Vorschriften gelten auch für den Nachlaßverwalter[4].

E I 2063, 2065 Abs 2 II 1866; M 5 550—552; P 5 667—669.

1. Gleiche Vorschrift wie für den Fiskus, vgl. § 2011 und A 1 dazu. Es ist nicht ausgeschlossen, auch während des Bestehens der **Nachlaßpflegschaft** dem Erben die Inventarfrist zu bestimmen. Doch beginnt sie erst mit der Annahme der Erbschaft zu laufen (§ 1995 Abs 2). Die Annahme führt aber zur Aufhebung der Pflegschaft (§ 1960 A 4).

2. Auch hier wie für den Fiskus, vgl. § 2011 und A 2 dazu. Die **Auskunftspflicht** begreift nach Befinden (§ 260) auch die Pflicht zur Leistung des Offenbarungseides in sich, der im Rechtswege erzwingbar ist (§§ 889, 888 ZPO), dessen Verweigerung aber, falls er sich nicht auf ein dem Nachlaßgerichte eingereichtes Inventar bezieht, nicht die unbeschränkte Haftung des Erben (§ 2006) herbeiführen kann. Der Pfleger macht sich durch Verletzung der ihm für seine Person auferlegten Auskunftspflicht den Nachlaßgläubigern auch persönlich haftbar (Prot 5, 669 im Gegensatze zu Mot 5, 552; angesichts der Fassung des § 2012 Satz 2 wird angenommen werden müssen, daß es sich hier um eine persönliche Verpflichtung des Nachlaßpflegers den Nachlaßgläubigern gegenüber handelt, woraus aber ein Entscheidungsgrund für die Stellung des Nachlaßpflegers gegenüber den Nachlaßgläubigern im übrigen nicht, eher ein Gegengrund entnommen werden kann; vgl. § 1960 Erl 4; a. M. Staudinger Erl 2). Gegenüber dem Nachlaßgericht ist er durch §§ 1802, 1915 zur Aufstellung eines Verzeichnisses verpflichtet.

3. Die Möglichkeit des **Verzichts auf die Beschränkung der Haftung** ist hier nur negativ erwähnt, im übrigen ist vom Gesetz als selbstverständlich angenommen, daß der Erbe der

beschränkten Haftung auch durch Verzicht verlustig geht. Vgl. Vorbem 4 vor § 1967 am Schlusse. Da der Nachlaßpfleger, auch der Nachlaßverwalter, nicht auf die Beschränkung der Haftung des Erben verzichten können, ist auch der Vorbehalt der Beschränkung in einem ihnen gegenüber ergehenden Urteile nicht erforderlich (ZPO § 780 Abs 2).

4. Während der Dauer der **Nachlaßverwaltung** und des Nachlaßkonkurses kann auch dem Erben keine Inventarfrist gesetzt werden; eine ihm vorher gesetzte Frist wird mit Anordnung der Nachlaßverwaltung unwirksam (§ 2000).

§ 2013

Haftet der Erbe für die Nachlaßverbindlichkeiten unbeschränkt[1]), so finden die Vorschriften der §§ 1973 bis 1975, 1977 bis 1980, 1989 bis 1992 keine Anwendung; der Erbe ist nicht berechtigt, die Anordnung einer Nachlaßverwaltung zu beantragen[2]). Auf eine nach § 1973 oder nach § 1974 eingetretene Beschränkung der Haftung kann sich der Erbe jedoch berufen, wenn später der Fall des § 1994 Abs 1 Satz 2 oder des § 2005 Abs 1 eintritt[2]).

Die Vorschriften der §§ 1977 bis 1980 und das Recht des Erben, die Anordnung einer Nachlaßverwaltung zu beantragen, werden nicht dadurch ausgeschlossen, daß der Erbe einzelnen Nachlaßgläubigern gegenüber unbeschränkt haftet[3])[4]).

E I 2110 Abs 2, 2125 Satz 3 II 1868 Abs 2, 1887; M 5 625, 648; P 5 765, 778; 6, 395 ff; RB 384.

1. **Der Erbe haftet für die Nachlaßverbindlichkeiten unbeschränkt,** wenn er seine Haftung nicht mehr auf den Nachlaß beschränken kann (vgl. Vorbem 1 zu § 1967). Das ist der Fall, wenn er der Beschränkbarkeit seiner Haftung, sei es allen Nachlaßgläubigern gegenüber durch Versäumung der Inventarfrist (§ 1994), ungetreues Inventar (§ 2005) oder gegenüber einzelnen Gläubigern durch Verweigerung des Offenbarungseides (§ 2006), Nichtgeltendmachen des Vorbehalts im Prozesse (ZPO § 780) oder Verzicht (Vorbem 4 vor § 1967 am Schlusse, § 2012 A 3) verlustig gegangen ist. Er kann, wenn einer dieser Fälle eingetreten ist, von den Rechtsmitteln keinen Gebrauch mehr machen, die vom Gesetze zur Herbeiführung der beschränkten Haftung sonst gegeben sind. Die hierdurch eintretende Rechtslage wird in § 2013 im einzelnen klargestellt durch Aufzählung der in Betracht kommenden Bestimmungen, deren Anwendung ausgeschlossen ist (Abs 1 Satz 1), und derjenigen, die noch anwendbar sind (Abs 1 Satz 2 und, soweit die unbeschränkte Haftung gegenüber einzelnen Nachlaßgläubigern in Frage steht, Abs 2).

2. **Die Nichtanwendbarkeit der aufgezählten Vorschriften,** falls der Erbe allgemein unbeschränkt haftet (Abs 1), hat folgende Bedeutung: a) Daß der unbeschränkt haftende Erbe das Aufgebot der Nachlaßgläubiger (§§ 1970 ff.) nicht mehr beantragen kann, ist in ZPO § 991 Abs 1 bestimmt. Wegen des Antragsrechts des Nachlaßpflegers und des Testamentsvollstreckers, wenn der Erbe unbeschränkt haftet, vgl. § 1970 A 2. Aus der in § 2013 angeordneten Nichtanwendbarkeit des **§ 1973** ergibt sich, daß der Erbe auch nicht das Recht hat, die Befriedigung eines Gläubigers zu verweigern, der in einem vor Eintritt der unbeschränkten Haftung durch den Erben oder (falls man dies für zulässig halten würde) nachher durch einen Nachlaßpfleger oder Testamentsvollstrecker eingeleiteten Verfahren ausgeschlossen ist, sofern das Ausschlußurteil erst nach Eintritt der unbeschränkten Haftung ergangen ist. Gleiches gilt, wenn der Erbe vor Ablauf der fünfjährigen Verschweigungsfrist (**§ 1974**) unbeschränkt haftbar geworden ist. Dagegen kann der Erbe, wenn seine unbeschränkte Haftung erst nach Erlaß des Ausschlußurteils oder Ablauf der Verschweigungsfrist durch Versäumung der Inventarfrist (**§ 1994 Abs 1 Satz 2**) oder ungetreues Inventar (**§ 2005 Abs 1**) eingetreten ist, sich einem ausgeschlossenen oder einem solchen gleichstehenden Gläubiger gegenüber auf die durch das Ausschlußurteil oder den Fristablauf bereits eingetretene Haftungsbeschränkung auch nachher noch berufen (Abs 1 Satz 2; vgl. **RG** in SeuffArchiv 78, 65). Ist die unbeschränkte Haftung durch Verweigerung des Offenbarungseides (§ 2006) eingetreten, so kann sich der Erbe auch einem bereits vorher ausgeschlossenen Gläubiger gegenüber nicht auf die nach §§ 1973 oder 1974 eingetretene Beschränkung seiner Haftung berufen (§ 2006 ist in § 2013 Abs 1 Satz 2 absichtlich — vgl. Prot 6 S. 395, 396 — nicht angeführt). Ein Miterbe kann, auch wenn er unbeschränkt haftet, behufs Herbeiführung der Teilhaftung (§ 2060) den Antrag auf Aufgebot stellen (§ 997 Abs 2 ZPO; vgl. § 1970 A 2). Auch zu dem Antrage auf Zwangsversteigerung des Grundstücks im Falle des § 175 ZVG (vgl. § 1971 A 2) ist der unbeschränkt haftende Erbe nicht berechtigt (§ 175 a. a. O. Abs 2). — b) Der unbeschränkt haftende Erbe kann nicht mehr auf Grund des § 1981 Abs 1 **Nachlaßverwaltung** beantragen (§ 2013 Abs 1 Satz 1 Halbsatz 2), wohl aber Nachlaßkonkurs (KO §§ 216 Abs 1, 217).

Auch Nachlaßverwaltung kann auf Antrag eines Nachlaßgläubigers noch angeordnet werden (§ 1981 Abs 2 ist nicht für unanwendbar erklärt). Eine Beschränkung der Haftung des Erben auf den Nachlaß (§ 1975) wird aber durch keine dieser Maßregeln mehr herbeigeführt, wenn er bereits unbeschränkt haftet. Jeder Nachlaßgläubiger kann auch während der Dauer der Nachlaßverwaltung oder des Nachlaßkonkurses seine Ansprüche in das persönliche Vermögen des Erben verfolgen; § 1984 Abs 1 Satz 3 betrifft nur das Vorgehen gegen den Nachlaß; § 14 Abs 1 KO findet auf den Nachlaßkonkurs, wenn der Erbe unbeschränkt haftet, keine Anwendung; doch werden die Nachlaßgläubiger, falls auch über das Vermögen des Erben Konkurs eröffnet ist, in diesem Konkurse wie absonderungsberechtigte Gläubiger behandelt (KO §§ 234, 64). — Dem unbeschränkt haftenden Erben ist auch das Recht versagt, die Aufhebung von Zwangsvollstreckungsmaßregeln zu verlangen, die vor Anordnung der Nachlaßverwaltung oder Eröffnung des Nachlaßkonkurses in sein persönliches Vermögen erwirkt worden sind (ZPO § 784 Abs 1), während der Nachlaßverwalter, auch wenn der Erbe unbeschränkt haftet, Zwangsvollstreckungsmaßregeln seiner Privatgläubiger in den Nachlaß zur Aufhebung bringen kann (ebenda Abs 2) und im Falle des Konkurses solche Maßregeln kein Absonderungsrecht begründen (KO § 221). — c) Da § 1976 nicht für unanwendbar erklärt ist, bleibt es bei der durch Nachlaßverwaltung oder Nachlaßkonkurs eingetretenen Rückgängigmachung des Erlöschens der durch Konfusion oder Konsolidation erloschenen Rechtsverhältnisse, und auch durch eine nach Eintritt der unbeschränkten Haftung noch erfolgende Herbeiführung einer dieser Maßregeln wird das Erlöschen rückgängig gemacht; auch der unbeschränkt haftende Erbe kann also in solchem Falle seine Forderungen an den Erblasser gegen den Nachlaß geltend machen (vgl. auch KO § 225 Abs 1). Dagegen ist die Anwendung des **§ 1977** ausgeschlossen; die vorher erfolgte Aufrechnung von Forderungen der Nachlaßgläubiger gegen Privatforderungen des Erben, aber auch von Forderungen der Privatgläubiger des Erben gegen Nachlaßforderungen bleibt also, auch wenn jetzt noch Nachlaßverwaltung oder Nachlaßkonkurs herbeigeführt wird, in Kraft, bzw. tritt, soweit sie vorher herbeigeführt waren, wieder in Kraft (§ 1977 A 1, 4). — d) Die in **§§ 1978, 1980** bestimmte Verantwortlichkeit des Erben im Falle von Nachlaßverwaltung oder Nachlaßkonkurs für die bisherige Verwaltung des Nachlasses und für die Nichtbeantragung des Konkurses im Falle der Überschuldung findet nicht statt, wenn der Erbe allgemein unbeschränkt haftet; es entstehen also auch keine Ansprüche der Nachlaßgläubiger gegen den Erben auf Schadensersatz; ebensowenig aber Ansprüche des Erben auf Ersatz seiner Aufwendungen (§ 1978 Abs 3) oder Anrechnung von ihm berichtigter Nachlaßverbindlichkeiten (§ 1979); auch tritt der Erbe im Nachlaßkonkurse nicht an die Stelle eines von ihm befriedigten Gläubigers (KO § 225 Abs 2). Diese Regelung erklärt sich daraus, daß den Nachlaßgläubigern der Zugriff auf das gesamte Vermögen des Erben freisteht, so daß weder sie noch der Erbe Interesse daran haben, daß der Nachlaß und das eigene Vermögen des Erben durch Ersatzansprüche des einen gegen das andere im Verhältnis zueinander vergrößert oder verringert werden. — e) Nach Beendigung des Nachlaßkonkurses durch Verteilung oder Zwangsvergleich (**§ 1989** A 1), sowie im Falle des dürftigen Nachlasses (**§ 1990**) und der nur auf Vermächtnissen oder Auflagen beruhenden Überschuldung (**§ 1992**) kann der unbeschränkt haftende Erbe die Unzulänglichkeitseinrede mit den in **§§ 1990, 1991** bezeichneten Folgen nicht geltend machen. — Außerdem stehen dem unbeschränkt haftenden Erben auch die aufschiebenden Einreden aus §§ 2014, 2015 nicht zu (§ 2016 A 1).

3. Haftet der Erbe nur **einzelnen Nachlaßgläubigern** unbeschränkt (A 1), so wird dadurch die Beschränkbarkeit seiner Haftung gegenüber den übrigen Nachlaßgläubigern durch Nachlaßverwaltung oder Nachlaßkonkurs (§ 1975) nicht beeinträchtigt; das ist als selbstverständlich in Abs 2 nicht besonders hervorgehoben, sondern nur ausgesprochen, daß er in diesem Falle nicht gehindert sein soll, Nachlaßverwaltung zu beantragen (vgl. A 2) und daß die Anwendbarkeit der §§ 1977—1980 nicht ausgeschlossen ist. Demgemäß greifen den übrigen Nachlaßgläubigern gegenüber die Aufrechnungseinschränkungen (§ 1977) Platz und ist der Erbe ihnen gegenüber nach Maßgabe der §§ 1978—1980 verantwortlich und ersatzberechtigt. Aber auch die sonstigen, nach Abs 1 nicht anwendbaren Vorschriften über die Haftungsbeschränkung finden selbstverständlich im Verhältnisse zu den übrigen Gläubigern Anwendung; insbesondere bleibt der Erbe berechtigt, das Aufgebot der Nachlaßgläubiger (§ 1970) zu beantragen und gegenüber einem ausgeschlossenen oder einem solchen gleichstehenden (§ 1974) Gläubiger (nur nicht demjenigen, dem er unbeschränkt haftet) nach § 1973 zu verfahren; ebenso die Unzulänglichkeitseinrede nach Maßgabe der §§ 1990—1992 geltend zu machen.

4. Beweislast. Dem Erben, der geltend macht, daß er nur beschränkt hafte, liegt es zunächst ob, darzutun, daß und durch welche Mittel er die Beschränkung der Haftung herbeigeführt hat (vgl. Vorbem 1 zu § 1967; §§ 1973 A 9, 1974 A 9, 1979 A 3, 1980 A 8, 1990 A 7, 1991 A 5). Demgegenüber hat der Gläubiger, wenn er den Erben trotzdem als unbeschränkt haftend in Anspruch nimmt, zu behaupten und zu beweisen, daß und wodurch dieser der Beschränkbarkeit seiner Haftung verlustig gegangen ist, also Bestimmung und Ablauf der Inventarfrist (§ 1994; die Wahrung der Frist wird der Erbe zu beweisen haben), Untreue bei der Inventarerrichtung (§ 2005 A 7), Eidesverweigerung ihm gegenüber (§ 2006 A 6). — Diesen Beweis kann der Gläubiger, wenn der Erbe den Vorbehalt der Haftungsbeschränkung verlangt (ZPO § 780), schon im Prozesse führen und dadurch die vorbehaltlose Verurteilung erreichen. Ist im Prozesse der Vorbehalt gemacht, aber über die beschränkte oder unbeschränkte Haftung selbst noch nicht entschieden oder war der Vorbehalt zur Erhaltung der Haftungsbeschränkung nicht erforderlich (§ 780 Abs 2 ZPO), so ist darüber im Zwangsvollstreckungsverfahren auf die Einwendung des Erben hin zu entscheiden (§§ 785, 767 ZPO).

V. Aufschiebende Einreden

Die aufschiebenden Einreden, in ihrer Wirkung durch ZPO §§ 305 Abs 1, 782, 783 stark beschränkt, sollen dem Erben und ebenso dem Nachlaßpfleger, Verwalter und Testamentsvollstrecker ermöglichen, sich, ohne dem vorzeitigen Zugriffe der Nachlaßgläubiger ausgesetzt zu sein, über den Bestand des Nachlasses zu vergewissern, um danach nötigenfalls von dem Rechte der Haftungsbeschränkung wirksam Gebrauch machen zu können. Dem bereits unbeschränkt haftenden Erben sind sie deshalb ganz versagt (§ 2016).

§ 2014

Der Erbe ist berechtigt[1]), die Berichtigung einer Nachlaßverbindlichkeit bis zum Ablaufe der ersten drei Monate nach der Annahme der Erbschaft[2]), jedoch nicht über die Errichtung des Inventars hinaus[3]), zu verweigern[4])[5]).

E I 2057 Abs 1, 2143 Abs 1, 2 II 1888; M 5 539, 540, 672, 673; P 5 660—664, 784—791, 805.

1. Die Einrede steht zu dem **Erben,** wenn er nicht unbeschränkt haftet (§ 2016 Abs 1). Ebenso dem verwaltenden Testamentsvollstrecker (§ 2213 A 2; ZPO § 748), dem nach §§ 1960, 1961 bestellten Nachlaßpfleger (§ 2017) und, da die Einrede auch im Interesse der Nachlaßgläubiger gegeben ist, dem Nachlaßverwalter. Vgl. § 2017 (A 1, 2). Dabei macht es keinen Unterschied, ob der Anspruch bereits gegen den Erblasser erhoben war oder ob von vornherein der Erbe verklagt ist. Der Erbe ist nicht nur berechtigt, sondern im Hinblick auf seine unter Umständen eintretende Verantwortlichkeit aus § 1978 (A 2) den Nachlaßgläubigern gegenüber verpflichtet, von der Einrede Gebrauch zu machen, sofern bei in Aussicht stehender Unzulänglichkeit des Nachlasses es im Interesse der Gesamtheit der Nachlaßgläubiger liegt, die vorzeitige Befriedigung eines einzelnen Gläubigers abzuwehren (vgl. aber auch A 4). Der nach ZPO §§ 739, 740 verklagte Ehemann der Erbin kann sich selbständig der Einreden bedienen. Wegen der fortgesetzten Gütergemeinschaft vgl. ZPO § 305 Abs 2.

2. Berechnung der **Dreimonatsfrist** §§ 187, 188 Abs 2. Verlängerung im Falle des Aufgebots § 2015. Bis zur **Annahme** der Erbschaft (§ 1943) ist der Erbe durch § 1958 gegen jede gerichtliche Geltendmachung eines Nachlaßanspruchs ihm gegenüber geschützt; doch kann die Verfolgung des Anspruchs gegenüber einem Nachlaßpfleger (§ 1961) und die Zwangsvollstreckung in Nachlaßgegenstände diesem gegenüber (§ 778 Abs 1 ZPO) stattfinden.

3. Die Schutzfrist endet spätestens mit **Einreichung des Inventars** als dem maßgebenden Zeitpunkt der Errichtung, gleichviel, ob es hierzu freiwillig oder infolge Bestimmung der Inventarfrist gekommen ist (§§ 1993, 1994).

4. Das **Verweigerungsrecht** ist prozessual in der Weise gestaltet, daß der Erbe nicht die Abweisung der Klage, sondern nur den Vorbehalt der beschränkten Haftung beantragen kann und dementsprechend zu verurteilen ist (ZPO § 305) und daß er auch der Zwangsvollstreckung an sich nicht entgegentreten, sondern nur ihre Beschränkung auf Sicherungsmaßregeln, wie sie zur Vollziehung eines Arrestes zulässig sind, also bei beweglichen körperlichen Sachen Pfändung (ZPO § 930), bei Grundstücken Eintragung einer Sicherungshypothek (§ 932), herbeiführen kann (§ 782 ZPO). Es geht aber zu weit, wenn um deswillen die Bedeutung der Einrede als eines materiellen Leistungsverweigerungsrechts geleugnet wird (so Strohal bei Planck Vorbem 6 vor § 2014 gegen Strohal Erbrecht II § 74 Nr III und die zweite Auflage dieses Kommentars). Der Erbe kann zur Leistung nicht angehalten werden, da eine Versteigerung der gepfändeten Sachen, Überweisung der Forderung, Zwangsversteigerung des Grundstücks unstatthaft sind und nur Sicherung der künftigen Leistung in Frage kommt. Ist er aber zur Leistung zur Zeit noch nicht verpflichtet, so erscheint es bedenklich anzunehmen, daß er durch Geltendmachen der Einrede in Leistungsverzug geraten könne (so mit der herrschenden Meinung RG 79, 204; a. M. Kipp § 81 IV bei A 3; Planck noch in der 3. Aufl. seines Kommentars gegen

Strohal a. a. O., ebenso Planck-Flad in der 4. Aufl.; KG in OLG 26, 294 (unter Aufgabe von 18, 318); 30, 203; KGBl 1917, 3. Verzug setzt nach § 284 Fälligkeit und nach § 285 schuldhaftes Unterbleiben der Leistung wegen eines vom Schuldner zu vertretenden Umstandes voraus, das nicht vorliegen dürfte, wenn er von einem ihm gesetzlich zustehenden Rechte Gebrauch macht (vgl. § 284 A 2; RG JW 1911, 486[4]). Der Vorteil, den das Gesetz dem Erben und den Nachlaßgläubigern durch die Vorschriften gewähren will, würde übrigens nicht verwirklicht werden, wenn (zwar nicht der Erbe persönlich, aber doch) der Nachlaß die Verzugsfolgen (Zinsen, Schadensersatz usw.) auf sich nehmen müßte. Daß dem Gläubiger durch die Verzögerung Schaden entstehen kann, ist eine Folge des Todes seines Schuldners und der Gestaltung des Vermögensübergangs auf den Erben, die er als kasuelles Ereignis zu tragen haben wird. Auch die Verhandlungen der zweiten Kommission (Prot 5, 744; Art 2130 der damaligen Vorlage und S. 790) zeigen deutlich, daß das Berechtigtsein zur Verweigerung der Berichtigung gerade den Nichteintritt des Verzugs zum Ausdruck bringen sollte. Nach ausdrücklicher Vorschrift in § 202 Abs 2 (vgl. A 3), deren es nicht bedurft hätte, wenn die Einreden nicht ein Leistungsverweigerungsrecht im Sinne des Abs 1 begründen würden, tritt eine Hemmung der Verjährung durch das Bestehen des Einrederechts nicht ein. — Die aufschiebende Einrede ist der Natur der Sache nach ausgeschlossen gegenüber den besonderen Unterhaltsansprüchen der Mutter des zu erwartenden Erben und der zum Bezuge des Dreißigsten berechtigten Angehörigen (§§ 1963 A 5, 1969 A 1). Sie geht verloren, wenn der Erbe nicht den Vorbehalt der beschränkten Haftung im Urteile erwirkt hat und dadurch dem klagenden Gläubiger gegenüber unbeschränkt haftbar geworden ist (§§ 305, 780 ZPO). Dagegen bedarf es des Vorbehalts nicht, wenn die Vollstreckung aus einem bereits gegen den Erblasser erlangten Schuldtitel gegen den Erben begonnen oder fortgesetzt wird (ZPO § 779).

5. **Beweislast.** Der Gläubiger hat zur Begründung der sog. Passivlegitimation des Erben zunächst die Annahme der Erbschaft zu beweisen, sonach, wenn diese durch Ablauf der Ausschlagungsfrist erfolgt sein soll, auch den Zeitpunkt, in dem der Erbe von dem Erbanfalle Kenntnis erhalten und somit die Ausschlagungsfrist zu laufen begonnen hat (§§ 1958 A 1, 1943 A 4). Aus diesem Nachweise wird sich dann ohne weiteres ergeben, ob die dreimonatige Frist noch läuft. Behauptet der Gläubiger, daß der Erbe bereits Inventar errichtet habe oder daß er unbeschränkt haftbar geworden sei (§ 2016), so muß er auch dies beweisen. Behauptet der Erbe, daß er innerhalb der Ausschlagungsfrist ausgeschlagen habe, so muß er den Nachweis dafür erbringen (§ 1943 A 4).

§ 2015

Hat der Erbe den Antrag auf Erlassung des Aufgebots der Nachlaßgläubiger innerhalb eines Jahres nach der Annahme der Erbschaft gestellt und ist der Antrag zugelassen, so ist der Erbe berechtigt, die Berichtigung einer Nachlaßverbindlichkeit bis zur Beendigung des Aufgebotsverfahrens zu verweigern[1]).

Der Beendigung des Aufgebotsverfahrens steht es gleich, wenn der Erbe in dem Aufgebotstermine nicht erschienen ist und nicht binnen zwei Wochen die Bestimmung eines neuen Termins beantragt oder wenn er auch in dem neuen Termine nicht erscheint[2]).

Wird das Ausschlußurteil erlassen oder der Antrag auf Erlassung des Urteils zurückgewiesen, so ist das Verfahren nicht vor dem Ablauf einer mit der Verkündung der Entscheidung beginnenden Frist von zwei Wochen und nicht vor der Erledigung einer rechtzeitig eingelegten Beschwerde als beendigt anzusehen[3])[4]).

E I 2130 Abs 1, 2131, 2132 II 1889; M 5 653, 654; P 5 744, 784—787.

1. Die Dreimonatsfrist des § 2014 verlängert sich, wenn das **Aufgebotsverfahren** (§§ 1970ff.; ZPO §§ 989ff.) innerhalb eines Jahres nach der Annahme der Erbschaft eingeleitet worden ist, bis zu dessen Beendigung. Durch Stellung des Antrags wahrt der Miterbe die Frist auch für die andern Erben, soweit sie nicht unbeschränkt haften (ZPO § 997), der Nachlaßpfleger, Nachlaßverwalter, Testamentsvollstrecker (§ 1970 A 2) auch für die andern Beteiligten. Um von der Einrede Gebrauch machen zu können, muß der Antrag nicht bloß gestellt, sondern auch, evtl. im Wege der Beschwerde nach ZPO § 567, zugelassen, d. h. der Erlaß des Aufgebots muß angeordnet sein (ZPO § 947 Abs 2).

2. Das Aufgebotsverfahren endet normalerweise mit Erlaß des (unanfechtbaren) Aus-

schlußurteils (ZPO §§ 952, 957 Abs 1) oder mit Rechtskraft des den Antrag zurückweisenden Beschlusses (§ 952 Abs 4). Versäumt der Erbe oder sonstige Antragsteller den Aufgebotstermin, so kann er innerhalb einer Frist von sechs Monaten die Bestimmung eines neuen Termins beantragen (§ 954 ZPO). Das Ende der Verweigerungsfrist soll aber nicht so lange hinausgeschoben werden; vielmehr ist im Sinne des § 2015 Abs 1 das Verfahren schon dann als beendigt anzusehen, wenn er nicht innerhalb von zwei Wochen den Antrag auf Bestimmung eines neuen Termins gestellt hat oder in diesem nicht erschienen ist. Dem Erscheinen im Termine wird (in Ergänzung des Wortlauts mit Rücksicht auf den zur Zeit des Erlasses der Vorschrift bestehenden Rechtszustand, § 829 Abs 1 ZPO a. F.) nunmehr der Fall gleichzustellen sein, daß der Antrag auf Erlaß des Ausschlußurteils vor dem Termine nach Vorschrift des § 952 Abs 2 ZPO gestellt worden ist. In diesem Falle bedarf es auch keiner Wiederholung des Antrags im Termine, falls der Erbe in diesem erschienen ist. Hat er aber vorher den Antrag nicht gestellt, so steht es dem Nichterscheinen gleich, wenn er erscheint, aber keinen Antrag stellt (ZPO § 333).

3. Wird der Antrag auf Erlaß des Ausschlußurteils durch Beschluß zurückgewiesen oder das Ausschlußurteil nur mit Beschränkungen oder Vorbehalten erlassen, so steht dem Erben oder sonstigen Antragsteller (A 1) die sofortige Beschwerde zu (ZPO § 952 Abs 4). Daß in solchem Falle das Verfahren nicht vor Ablauf der zweiwöchigen Beschwerdefrist (§ 577 ZPO) und nicht vor Erledigung einer rechtzeitig eingelegten Beschwerde beendigt ist, hätte kaum einer Hervorhebung bedurft. Die Bedeutung der Vorschrift besteht aber darin, daß im Sinne des Abs 1 das Verfahren auch dann nicht vor Ablauf einer zweiwöchigen Frist von der Verkündung ab als beendigt anzusehen ist, wenn das Ausschlußurteil ohne Vorbehalte oder Einschränkungen ergangen und deshalb ein Rechtsmittel nicht stattfindet (§ 957 Abs 1 ZPO). Durch Einlegung einer unzulässigen Beschwerde wird die Beendigung des Verfahrens nicht hinausgeschoben. — Das Verfahren endet auch mit der Zurücknahme des Aufgebotsantrags, der Einstellung im Falle nachträglich sich ergebender Unzulässigkeit und der Eröffnung des Nachlaßkonkurses (§ 993 Abs 2 ZPO).

4. Die **Wirkung der Einrede** ist dieselbe wie im Falle des § 2014 A 4. Ist das Ausschlußurteil erlassen, so steht dem Erben nunmehr auch die Beschränkungseinrede aus § 1973 zu. Durch Inventarerrichtung geht, abweichend von § 2014, die Einrede nicht verloren.

§ 2016

Die Vorschriften der §§ 2014, 2015 finden keine Anwendung, wenn der Erbe unbeschränkt haftet[1]).

Das gleiche gilt, soweit ein Gläubiger nach § 1971 von dem Aufgebote der Nachlaßgläubiger nicht betroffen wird[2]), mit der Maßgabe, daß ein erst nach dem Eintritte des Erbfalls im Wege der Zwangsvollstreckung oder der Arrestvollziehung erlangtes Recht sowie eine erst nach diesem Zeitpunkt im Wege der einstweiligen Verfügung erlangte Vormerkung außer Betracht bleibt[3])[4]).

E I 2130 Abs 1, 2143 Abs 3 II 1890; M 5 653, 673; P 5 784—787.

1. **Unbeschränkte Haftung** § 2013 A 1. Ist sie nur einzelnen Gläubigern gegenüber eingetreten, so gehen dem Erben die Einreden gegenüber den übrigen Gläubigern nicht verloren.

2. Pfandgläubiger und andere **dinglich berechtigte Nachlaßgläubiger** sind in der Rechtsverfolgung gegen den Erben, soweit sie sich auf den dinglichen Anspruch beschränken, ebensowenig durch die aufschiebenden Einreden der §§ 2014, 2015 beschränkt, wie durch die Einrede der beschränkten Haftung aus § 1973 (§ 1971 A 1). Der Erbe kann also der Befriedigung dieser Gläubiger aus den ihnen verhafteten Nachlaßgegenständen weder während der dreimonatigen Frist nach Annahme der Erbschaft noch während eines eingeleiteten Aufgebotsverfahrens widersprechen.

3. Auch diejenigen Gläubiger, welche ein dingliches Recht an Nachlaßgegenständen durch **Pfändung** im Wege der Zwangsvollstreckung oder Arrestvollziehung erlangt haben, werden durch das Aufgebot nicht betroffen, da sie für den Fall des Konkurses den Pfandgläubigern gleichstehen (KO § 49 Nr 2; § 1971 A 1). Ist aber das **Pfandrecht erst nach dem Erbfalle** erlangt worden, so bleibt es für die Anwendung der §§ 2014, 2015 **außer Betracht,** d. h. der Erbe kann der Zwangsvollstreckung in die gepfändeten Gegenstände in der gleichen Weise entgegentreten, als wenn es sich um Gläubiger handelte, die von dem Aufgebote betroffen werden, nämlich durch Einschränkung der Zwangsvollstreckung auf Sicherungsmaßnahmen (§ 2014 A 4) während der ersten drei Monate nach der Annahme, sofern er nicht vorher

Inventar errichtet hat, und während der Dauer eines eingeleiteten Aufgebotsverfahrens. Das entspricht der Vorschrift des § 221 Abs 1 KO, derzufolge solche Gläubiger abgesonderte Befriedigung im Nachlaßkonkurse nicht verlangen können. Ähnlich § 1990 Abs 2 (A 5).

4. Auch Gläubiger, deren Ansprüche durch eine **Vormerkung** (§ 883) gesichert sind, werden von dem Aufgebote nicht betroffen (§ 1971 Satz 2). Ist aber die dingliche Sicherung durch Eintragung der Vormerkung nach dem Erbfalle durch einstweilige Verfügung (§ 885) erlangt, so bleibt sie gleichfalls außer Betracht (A 3). Erfolgte die Eintragung nach dem Erbfalle auf Grund einer Bewilligung des Erben (§ 885), so kann dieser sich nach Entstehung des gesicherten Rechtes gegenüber der Zwangsvollstreckung in das Grundstück nicht auf die Einreden aus §§ 2014, 2015 berufen; er muß die Zwangsversteigerung des Grundstücks ohne Aufschub dulden. Ähnlich auch in diesem Punkte § 1990 Abs 2 (A 6).

§ 2017

Wird vor der Annahme der Erbschaft zur Verwaltung des Nachlasses ein Nachlaßpfleger bestellt[1]), so beginnen die im § 2014 und im § 2015 Abs 1 bestimmten Fristen mit der Bestellung[2]).

E I 2143 Abs 2 II 1891; M 5 673; P 5 785, 786, 820—831; 6 340.

1. Durch Bestellung eines zur Verwaltung des Nachlasses berufenen **Nachlaßpflegers** nach §§ 1960, 1961 wird die Verfolgung von Ansprüchen gegen den Nachlaß schon vor Annahme der Erbschaft durch den Erben ermöglicht; auch ein Nachlaßverwalter kann vor Annahme der Erbschaft bestellt (§ 1981 A 1) und es können dann Ansprüche gegen den Nachlaß ihm gegenüber bereits erhoben werden. Doch soll auch ihnen die Möglichkeit gegeben werden, im Interesse des Erben und der Nachlaßgläubiger die Befriedigung eines einzelnen Gläubigers hinauszuschieben, bis der Nachlaßbestand ermittelt und dadurch die Grundlage für die Entschließung des Erben über Herbeiführung der Haftungsbeschränkung geschaffen werden kann. Deshalb können auch sie von den Einreden der §§ 2014, 2015 Gebrauch machen (§ 2014 A 1). — Ob der nach § 1960 bestellte Nachlaßpfleger die Verwaltung des Nachlasses zu führen hat, regelt sich nach der Bestimmung des Nachlaßgerichts (§ 1960 A 4); ist er nur zur Sicherung des Nachlasses bestellt, so findet § 2017, wie sein Wortlaut ergibt, auf ihn keine Anwendung (vgl. A 2).

2. Da durch die Nachlaßpflegschaft, sofern der Pfleger zur Verwaltung berufen ist (A 1), und durch die Nachlaßverwaltung bereits vor der Annahme der Erbschaft die Möglichkeit geschaffen ist, den Nachlaßbestand, nötigenfalls auch durch Aufgebot der Nachlaßgläubiger (§ 991 ZPO; § 1970 A 2), zu ermitteln, so können die Fristen, innerhalb deren die aufschiebenden Einreden erhoben werden können, für sie schon vor der Annahme, und zwar mit der **Bestellung** (die nach § 16 FGG mit der Bekanntmachung an den Pfleger wirksam wird) beginnen. Sowohl die dreimonatige Frist des § 2014 wie die einjährige des § 2015 ist sonach statt von der Annahme der Erbschaft von der Bestellung des Nachlaßpflegers ab zu berechnen. Der Erbe wird durch den Nachlaßpfleger gesetzlich vertreten und auch die Handlungen und Unterlassungen des Nachlaßverwalters in bezug auf den Nachlaß sind für ihn wirksam. Der Erbe muß sich deshalb den jenen gegenüber abgelaufenen Zeitraum auf die Fristen anrechnen lassen; sie können sonach schon abgelaufen sein, wenn er annimmt. Ist der Nachlaßpfleger des § 1960 nicht zur Verwaltung des Nachlasses berufen (A 1), so beginnen auch für ihn die Fristen erst mit der Annahme der Erbschaft; er kann also vorher ohne zeitliche Beschränkung die Einreden aus §§ 2014, 2015 geltend machen, wenn ihm gegenüber Ansprüche gegen den Nachlaß erhoben werden; jedoch die Einrede aus § 2014 nicht mehr, wenn er bereits Inventar errichtet hat. — Wird der Nachlaßverwalter nach der Annahme der Erbschaft bestellt, so muß auch er sich den seit der Annahme für den Erben abgelaufenen Zeitraum anrechnen lassen.

Dritter Titel

Erbschaftsanspruch

Der Erbe tritt mit dem Erbfalle in die Erbschaft als Ganzes, zugleich aber ohne besondere Rechtsakte in die einzelnen, zum Vermögen des Erblassers gehörigen Rechte an Stelle des Erblassers ein (§ 1922 A 7). Er kann diese einzelnen Rechte (auch Rechtslagen Besitz usw.; vgl. § 1922 A 5) mit den gewöhnlichen dafür gegebenen dinglichen oder persönlichen Rechtsschutzmitteln im Wege der Leistungs- und gegebenenfalls der Feststellungsklage gegen denjenigen geltend machen, der sie ihm vorenthält oder bestreitet, sei es, daß dieser ein eigenes (nicht vom Erblasser herrührendes) Recht zur Vorenthaltung in Anspruch nimmt oder daß er selbst Erbe zu sein behauptet. In letzterem Falle kann der Erbe auch sein Erbrecht als solches durch Feststellungsklage zur Geltung bringen. Außer diesen Rechtsbehelfen hat aber das Gesetz, im Anschlusse an die gemeinrechtliche **hereditatis petitio**, dem Erben noch ein besonderes, erbrechtliches Rechtsschutzmittel verliehen, den **Erbschaftsanspruch**. Dieser Anspruch richtet sich gegen denjenigen, der seinerseits ein Erbrecht beansprucht und diesen Anspruch dadurch betätigt hat, daß er etwas aus der Erbschaft erlangt hat (Erbschaftsbesitzer), und geht auf Herausgabe des Erlangten als Gesamtheit (§ 2018). Der mit der Gewährung dieses Anspruchs vom Gesetze verfolgte Zweck war darauf gerichtet, dem wahren Erben es zu erleichtern, daß er in den Besitz der Erbschaft gelange, ohne auf die Einzelklagen angewiesen zu sein (M 5, 575ff.). Diesem Zweck entsprechend ist der Anspruch im einzelnen ausgestaltet. Der Anspruch ist ein quasi-dinglicher, entsprechend dem Eigentumsanspruche auf Herausgabe der Sache. Die Herausgabepflicht erstreckt sich aber nicht nur auf die gezogenen Nutzungen (§ 2020), sondern auch auf dasjenige, was an Stelle von ursprünglichen Nachlaßgegenständen mit Mitteln der Erbschaft erlangt ist (Surrogate, § 2019). Anderseits haftet der Erbschaftsbesitzer im Falle des Unvermögens zur Herausgabe der Regel nach nur nach Bereicherungsgrundsätzen (§ 2021) und hat Anspruch auf Ersatz von Verwendungen, der durch ein Zurückbehaltungsrecht geschützt ist (§ 2022). Doch tritt strengere Haftung unter gewissen Umständen (Rechtshängigkeit, böser Glaube, verbotene Eigenmacht) ein (§§ 2023—2025). Ersitzung der zur Erbschaft gehörigen Sachen durch den Erbschaftsbesitzer als solchen kann gegenüber dem Erbschaftsanspruche nicht geltend gemacht werden (§ 2026). Von besonderer Wichtigkeit ist die dem Erbschaftsbesitzer auferlegte Auskunftspflicht (§ 2027). In einzelnen Beziehungen sind die für den Erbschaftsanspruch geltenden Grundsätze über dessen eigentliches Gebiet hinaus erstreckt, so die Auskunftspflicht auf denjenigen, der von einzelnen Nachlaßgegenständen vor Besitznahme der Erbschaft durch den Erben Besitz ergriffen hat (§ 2027 Abs 2), sowie auf Hausgenossen des Erblassers (§ 2028); ferner die Grundsätze über die Haftung des Erbschaftsbesitzers auf die Einzelansprüche des Erben hinsichtlich der Erbschaftsgegenstände (§ 2029); dem Erbschaftsbesitzer ist derjenige gleichgestellt, der von diesem die Erbschaft erworben hat (§ 2030); endlich ist die Berechtigung zur Erhebung eines dem Erbschaftsanspruche entsprechenden Anspruchs auch dem irrtümlich für tot Erklärten oder als tot Angesehenen verliehen (§ 2031). — Besonderer Gerichtsstand für den Erbschaftsanspruch nach § 27 ZPO.

§ 2018

Der Erbe[1]) kann von jedem, der auf Grund eines ihm in Wirklichkeit nicht zustehenden Erbrechts[2]) etwas aus der Erbschaft erlangt hat (Erbschaftsbesitzer)[3]), die Herausgabe des Erlangten verlangen[4])[5]).

E I 2080 II 1892; M 5 578—580; P 5 696—710.

1. Der Erbschaftsanspruch steht zu dem **Erben**, sowohl dem alleinigen Erben als (mit der durch § 2039 gebotenen Einschränkung) auch dem Miterben, und zwar als **hereditatis petitio partiaria** auch gegen einen Miterben, der die Erbschaft für sich allein oder der daran einen höheren als den ihm zukommenden Erbteil in Anspruch nimmt (**RG** JW 08 Beil 64[148] und 81, 293). Die Erbschaftsklage hat jedoch in letzterem Falle regelmäßig die Natur einer Erbteilungsklage (**RG** 11. 12. 16 IV 316/16). Der Miterbe kann mit ihr Feststellung seines Miterbenrechts und dessen Quote, sowie Auseinandersetzung verlangen; außerdem regelmäßig nur die Einräumung eines entsprechenden Mitbesitzes an der Erbschaft, nicht die Zahlung bestimmter Beträge; ist aber vom Erblasser eine Teilungsanordnung dahin getroffen, daß ein Miterbe durch Zahlung einer bestimmten Summe abzufinden ist (vgl. § 2048 A 1), so kann dieser unmittelbar auf Zahlung der Abfindungssumme klagen, da eine weitere Auseinandersetzung mit ihm in diesem Falle nicht erforderlich ist (**RG** 24. 10. 21 IV 147/21; 2. 3. 22 IV 516/21). Der abzufindende Miterbe kann in solchem Falle, ebenso wie ein Miterbe, der Nachlaßgläubiger ist (§ 2046 A 1), die Auszahlung der Abfindungssumme vor der Auseinandersetzung der übrigen Miterben verlangen, sofern nicht besondere Schwierigkeiten entgegenstehen (**RG** 2. 3. 22 IV 516/21). — Der Erbschaftsanspruch steht ferner zu dem Rechtsnachfolger des Miterben im Falle des § 2033, dem Nacherben nach Eintritt der Nacherbfolge (§ 2139; OLG 21, 310), auch gegenüber dem Vorerben, dem Erbschaftskäufer dagegen nur nach geschehener Abtretung, zu der der Verkäufer nach § 2374 verpflichtet ist. Obwohl durch Anerkenntnis der Beteiligten eine in einem nichtigen Testamente eingesetzte Person nicht Erbe werden kann (vgl. § 1922 A 9), so kann sich doch der wahre (gesetzliche oder Testaments-) Erbe, der die Gültigkeit des Testaments in der für Veräußerung der Erbschaft vorgeschriebenen Form (§§ 2371, 2385 Abs 1) anerkannt hat, gegenüber dem Erbschaftsanspruche des Eingesetzten auf die Nichtigkeit des Testaments nicht mehr berufen (**RG**

72, 209). — Während der Dauer einer Nachlaßverwaltung kann nur der Nachlaßverwalter den Erbschaftsanspruch geltend machen, da er zum Nachlasse gehört (§ 1984 A 2); ebenso während des Nachlaßkonkurses der Nachlaßkonkursverwalter (KO § 6); auch dem verwaltenden Testamentsvollstrecker steht er zu. Dagegen erscheint es bedenklich, mit der herrschenden Meinung (Planck Erl 1 b α und die zweite Auflage dieses Kommentars; jetzt auch Staudinger Erl III A) auch dem Nachlaßpfleger des § 1960 die Befugnis zuzuerkennen; handelt es sich doch dabei (wenn auch nur als Präjudizialpunkt) um die Frage, ob dem einen oder dem andern Erbprätendenten das Erbrecht zusteht; der Nachlaßpfleger aber, der nicht für eine bestimmte Person, sondern „für den, der Erbe wird", bestellt ist (§ 1960 A 4), ist nicht dazu berufen, diese Frage zur Entscheidung zu bringen. Die von Planck unterstellte Sachlage, daß der Erbschaftsbesitzer als Erbe zweifellos nicht in Betracht kommen könne, greift dem Ergebnisse des Rechtsstreits, in dem beide Parteien das Erbrecht beanspruchen, in unzulässiger Weise vor. Der Nachlaßpfleger kann auf Grund seines Rechtes zum Besitze und zur Verwaltung (§ 1960 A 4) die Herausgabe der Nachlaßgegenstände auch von dem Erbschaftsbesitzer verlangen; das ist aber kein Erbschaftsanspruch, auf den die Vorschriften dieses Titels Anwendung finden könnten (vgl. die Vorbem zu diesem Titel). Vgl. auch OLG 26, 288; 30, 174.

2. Der Anspruch geht nur gegen denjenigen (sog. Passivlegitimation), der **auf Grund eines ihm in Wirklichkeit nicht zustehenden Erbrechts** oder Miterbrechts, also durch Anmaßung eines solchen, indem er, in gutem oder bösem Glauben, Erbe oder Miterbe zu sein behauptete, etwas aus der Erbschaft erlangt hat. Ihm steht derjenige gleich (pro herede possidet), der aus anderm Rechtstitel oder ohne Rechtstitel etwas aus der Erbschaft erlangt hat, es aber nunmehr auf Grund eines angeblichen Erbrechts behalten will. Dagegen geht der Erbschaftsanspruch nicht gegen denjenigen, der nur auf Grund eines behaupteten Einzelrechtstitels oder (insoweit abweichend vom gemeinen Rechte) ohne einen Rechtstitel zu behaupten (pro possessore), den Besitz von Erbschaftsgegenständen erlangt hat oder ausübt. Doch wird auch in diesem Falle eine Auskunftspflicht begründet (§ 2027 Abs 2). Gibt derjenige, der Erbschaftssachen in Besitz genommen hat, keine Auskunft über seine damit verbundenen Absichten, so wird es Sache der Beweiswürdigung sein, ob er ein Erbrecht in Anspruch nimmt (nach den Mot V, 579 soll das „die mildeste Auslegung" seines Verhaltens sein). — Der Anspruch geht nicht gegen den vorläufigen Erben, der die Erbschaft ausgeschlagen hat; gegen ihn können nur Ansprüche aus Geschäftsführung ohne Auftrag geltend gemacht werden (§ 1959). Gegen denjenigen, der auf Grund eines anfechtbaren Erbrechtstitels (Verfügung von Todes wegen, gesetzliche Erbfolge im Falle der Erbunwürdigkeit) besitzt, kann der Erbschaftsanspruch erst nach erfolgter Anfechtung oder zugleich mit dieser geltend gemacht werden; wegen des Beginnes der Verjährung s. aber § 2026 A 2. — Wer die streitige Erbschaft für einen angeblichen Erben, der in Wirklichkeit nicht Erbe ist, als Testamentsvollstrecker besitzt, kann als solcher (anders, wenn er zugleich für sich ein Miterbrecht in Anspruch nimmt) nicht mit der Erbschaftsklage belangt werden (RG 81, 151). Ebensowenig der Nachlaßpfleger (A 1) oder der Nachlaßverwalter. Doch kann sowohl gegen den Testamentsvollstrecker (RG JW 09, 52[18]; Warn 1912 Nr 174[3]; Gruchot 62, 631) wie gegen den Nachlaßpfleger (RG 106, 46) Klage auf Feststellung des Erbrechts erhoben werden, wenn die Voraussetzungen des § 256 ZPO vorliegen. Dem Erlangen aus der Erbschaft steht es gleich, wenn etwas vor dem Erbfalle aus dem Vermögen des Erblassers erlangt ist, das nunmehr auf Grund des beanspruchten Erbrechts zurückbehalten wird (RG 81, 293). Anderseits stellt sich, wenn der Beklagte das Erlangte seinerzeit zwar auf Grund eines beanspruchten Erbrechts erlangt hat, sich aber der Klage gegenüber nur noch durch Inanspruchnahme eines Singularrechts oder ohne Berufung auf einen Rechtsgrund verteidigt, der Anspruch nicht mehr als Erbschaftsanspruch dar. Der Anspruch geht auch gegen den Vorerben, wenn dieser die Herausgabe von Nachlaßgegenständen verweigert, weil er den Eintritt des Falles der Nacherbfolge nicht anerkennt; nicht aber, wenn er wegen Verwendungen Nachlaßgegenstände zurückbehalten will.

3. Der zu Verklagende muß **etwas aus der Erbschaft erlangt** haben. Die Fassung entspricht insoweit dem Bereicherungsanspruche des § 812. Doch besteht ein wesentlicher Unterschied insofern, als dort in der Regel eine Vermögensverschiebung in Gestalt einer eingetretenen formalen Rechtsänderung vorausgesetzt wird, obwohl freilich auch schon die Erlangung des Besitzes sich als Bereicherung darstellen kann (§ 812 A 4), während hier regelmäßig nur eine tatsächliche Vorteilserlangung, ohne Veränderung der sonstigen Rechtslage, in Frage steht. Das gilt namentlich für körperliche Sachen, von denen der Erbprätendent Besitz ergriffen hat, ohne dadurch ein Recht an der Sache erwerben zu können; hier geht der Anspruch dinglich (§ 985) auf Herausgabe der Sache und ist im Konkursfalle ein Aussonderungsanspruch begründet. Der Besitz braucht nicht Eigenbesitz, kann vielmehr auch Besitz für einen andern (§ 868) sein, wenn der Erblasser die Sache als Nutznießer, Pächter usw. besessen hat und der Besitzwille des Erbprätendenten ein dementsprechender ist.

Der Erbprätendent kann auch nur den mittelbaren Besitz erlangt haben, wenn z. B. die Sache hinterlegt ist und der unmittelbare Besitzer den Willen hat, für ihn zu besitzen (RG 81, 296). — Bei Grundstücken kann der Erbprätendent, wenn er auf Grund eines ihm erteilten unrichtigen Erbscheins als Erbe eingetragen ist, das sog. Buchеigentum erlangt haben; ebenso bei Rechten an Grundstücken die entsprechende grundbücherliche Rechtsposition; dann geht der Anspruch auf Berichtigung des Grundbuchs (§§ 891 A 5, 894; RG SächsA 14, 66). — Das Erlangen kann durch unmittelbare Besitzergreifung oder durch Leistung von seiten eines Dritten (auch des Erben, wenn dieser den andern für den richtigen Erben gehalten hat) erfolgt sein, insbesondere auch durch Einziehung von Nachlaßforderungen; soweit dadurch (namentlich wenn sie auf Grund einer Legitimation des Erbprätendenten durch Erbschein erfolgt ist) der Schuldner befreit ist, tritt an die Stelle der untergegangenen Forderung nach dem Surrogationsprinzip (§ 2019) der dafür erlangte Gegenstand; soweit dieser (insbesondere Geld) nicht mehr in Natur vorhanden, der Ersatzanspruch nach §§ 2021 ff. Darin, daß der Erbprätendent sich „berühmt", daß eine Nachlaßforderung ihm zustehe oder daß er ohne Erfolg sie einzuziehen versucht hat, kann ein Erlangen noch nicht gefunden werden; wohl aber, wenn der Schuldner die Gläubigerschaft des (durch Erbschein legitimierten) Erbprätendenten anerkannt, insbesondere die Schuld auf dessen Namen umgeschrieben hat (so bei Eintragungen im Reichs- oder Staatsschuldbuch). Hat der Erbprätendent Beweismittel (Schuldschein) oder auch die die Forderung verkörpernde Schuldurkunde (Wechsel, Inhaberpapier) in seinen Besitz gebracht, so sind diese „erlangt". — Als **Erbschaftsbesitzer** bezeichnet das Gesetz jeden, der nach den vorstehend entwickelten Grundsätzen etwas aus der Erbschaft als Erbprätendent erlangt hat, auch wenn es sich nicht um Besitz im Sinne des BGB (an körperlichen Sachen, § 854 A 2) handelt. Ihm ist derjenige gleichgestellt, der die Erbschaft durch Vertrag von einem Erbschaftsbesitzer erworben hat (§ 2030); auch gegen diesen kann also der Erbschaftsanspruch erhoben werden. — Das Erlangen kann ferner in der Aufrechnung einer Schuld des Erbschaftsbesitzers gegen eine Forderung des Nachlasses gegenüber dem Nachlaßschuldner bestehen; ist hierdurch die Nachlaßforderung untergegangen, so muß der Erbschaftsbesitzer die dafür erlangte Befreiung von seiner Schuld dem Erben „herausgeben", die Schuld also an ihn zahlen. Als erlangt hat auch die tatsächliche Nichtberichtigung einer dem Erbschaftsbesitzer gegen den Nachlaß obliegenden Verbindlichkeit infolge der Erbrechtsanmaßung zu gelten (str.; wie hier Planck Erl 3). — Ein Erlangen aus der Erbschaft liegt auch vor, wenn jemand vor dem Erbfalle als mittelbarer Besitzer den Besitz für den Erblasser ausgeübt hat und nach dem Erbfalle durch Geltendmachung eines angeblichen Erbrechts diesen Besitz in Eigenbesitz verwandelt (RG 81, 294 für den Miterben, der ein größeres als das ihm zustehende Erbrecht geltend macht, vgl. oben A 1; gleiches wird aber auch für den Nichtmiterben als Erbprätendenten zu gelten haben). Gleiches soll aber (wie a. O. weiter entschieden) auch gelten, wenn ein Miterbe (oder Fremder) „mit oder ohne Einverständnis des Erblassers", bereits vor dem Erbfalle Gegenstände, die zur Erbschaft gehören, in Besitz genommen hat in der Absicht, sich dann unter Vereitelung des Rechts der Miterben (Erben) den Alleinbesitz (Besitz) zu sichern und in Ausführung dieser Absicht nach Eintritt des Erbfalles den Miterben (Erben) den Alleinbesitz (Besitz), unter Beanspruchung eines Alleinerbrechts (Erbrechts), vorenthält. Doch dürfte hierbei in Betracht kommen, ob nicht, wenn die Besitzergreifung mit Einverständnis des Erblassers geschehen ist, darin eine durch Übergabe vollzogene Schenkung auf den Todesfall (§§ 2301 Abs 2, 518 Abs 2) gefunden werden müßte. Ein Erlangen aus der Erbschaft wird aber (was vom RG a. a. O. offengelassen ist) unbedenklich auch angenommen werden können, wenn jemand ein Darlehen vom Erblasser bei Lebzeiten erhalten hat und nach dem Tode unter Berufung auf ein angebliches Erbrecht oder Miterbenrecht die Rückzahlung ganz oder teilweise verweigert.

4. Der Anspruch geht auf **Herausgabe des Erlangten.** Die Art der Herausgabe bestimmt sich nach der Art des Erlangten (A 3). Das Erlangte ist als Ganzes herauszugeben (Vorbem vor § 2018) und hierauf kann der Klagantrag zunächst gerichtet werden, unter Vorbehalt der Bezeichnung der einzelnen herauszugebenden Erbschaftsgegenstände, bis der Beklagte die mit der Klage gleichfalls zu verlangende Auskunft (§ 2027) erteilt hat (ZPO § 254). Die Verurteilung bewirkt Rechtskraft nur für den Herausgabeanspruch hinsichtlich der darin bezeichneten Erbschaftsgegenstände; zur rechtskräftigen Feststellung des Erbrechts bedarf es eines besonderen darauf gerichteten Feststellungsantrags und eines ihm entsprechenden Ausspruchs. Die Verurteilung zur Herausgabe bewirkt Rechtskraft ferner nur unter den als Parteien bei dem Rechtsstreite beteiligten Erbprätendenten. Miterben sind, auch wenn sie unter sich über das Erbrecht streiten (A 1), keine notwendigen Streitgenossen (RG 11. 7. 05 IV 282/05; auch JW 05, 146[23] und RG 95, 97). — Besondere Rechtsmittel zur Erlangung des vorläufigen Erbschaftsbesitzes (missio in bona) gewährt das BGB nicht; doch können erforderlichenfalls einstweilige Verfügungen (ZPO § 940) erlassen werden. — Besonderer Gerichtsstand ZPO § 27. Ein Dritter, der eine zum Nachlasse gehörige

bewegliche Sache vom Erbschaftsbesitzer ohne Vorlegung eines Erbscheines (§ 2366) erworben hat, ist (anders wie beim Erwerb vom vorläufigen Erben, § 1959 A 4), sofern es sich nicht um Geld oder Inhaberpapiere handelt, nach § 935 durch guten Glauben nicht geschützt, falls die Sache ohne Willen des Erben in den Besitz des Erbschaftsbesitzers gelangt, also jenem, der nach § 857 Besitzer war, abhanden gekommen ist.

5. **Beweislast.** Kläger hat zu beweisen sein Erbrecht: den Erbfall und den ihm zur Seite stehenden Berufungsgrund, im Falle der gesetzlichen Erbfolge auch den Wegfall ihm vorgehender Erbberechtigter, falls solche vorhanden waren (was Beklagter mindestens konkret zu behaupten haben wird): OLG 30, 185; vgl. auch 32, 49. An Stelle des Nachweises der Erbberechtigung genügt die die Vermutung, daß er Erbe sei, begründende Vorlage eines ihm erteilten Erbscheins (§ 2365; vgl. RG Warn 1913 Nr 300). Behauptet der Beklagte, daß ihm ein besseres Erbrecht wegen Ausschließung, Erbunwürdigkeit, Verzicht des Klägers oder seiner Rechtsvorgänger oder wegen letztwilliger Berufung zustehe, so hat er diese besonderen Umstände nachzuweisen. Doch genügt zur Klagabweisung das Mißlingen des dem Kläger obliegenden Erbenbeweises, auch wenn der Beklagte ein eigenes Erbrecht nicht dartun kann. Kläger hat weiter zu beweisen den Erbschaftsbesitz des Beklagten, also daß dieser einen Erbschaftsgegenstand mit dem Willen, Erbe zu sein, erlangt hat, nicht daß er ihn jetzt noch hat. Zur Begründung des Herausgabeanspruchs im einzelnen hat Kläger, soweit ihm nicht das nach § 260 vorzulegende Verzeichnis zustatten kommt, die Zugehörigkeit der einzelnen herausverlangten Gegenstände zum Nachlaß, sofern sie bestritten wird, zu beweisen. Bestreitet der Beklagte die Zugehörigkeit der Sache zum Nachlasse mit der Behauptung, daß er sie durch einen Rechtstitel unter Lebenden erworben habe, so hat der Kläger zu beweisen, daß jener die Sache als Erbschaftsprätendent erlangt hat (a. M. für das gemeine Recht RG 10, 165). Dazu ist bei beweglichen Sachen erforderlich, daß er die dem Beklagten zur Seite stehende Eigentumsvermutung aus § 1006 Abs 1 ausräumt, was nach Satz 2 daselbst dadurch geschehen kann, daß er nachweist, die Sache sei dem Erblasser oder nach dem Erbfalle ihm als damaligem Besitzer (§ 857) abhanden gekommen, insbesondere in der Weise, daß der Beklagte sich gegen seinen Willen in den Besitz der bis zum Tode des Erblassers in dessen Besitz gewesenen Sache gesetzt hat. Führt der Kläger diesen Nachweis, so hat der Beklagte etwaige besondere Erwerbstitel oder den Wegfall seiner Herausgabepflicht nach §§ 2021 ff. zu beweisen (Prot 5, 700 ff.).

§ 2019

Als aus der Erbschaft erlangt gilt auch[1]), was der Erbschaftsbesitzer durch Rechtsgeschäft mit Mitteln der Erbschaft erwirbt[2]).

Die Zugehörigkeit einer in solcher Weise erworbenen Forderung zur Erbschaft hat der Schuldner erst dann gegen sich gelten zu lassen, wenn er von der Zugehörigkeit Kenntnis erlangt; die Vorschriften der §§ 406 bis 408 finden entsprechende Anwendung[3]).

E I 2081 Nr 3 II 1893; M 5 583—585; P 5 710—714, 719, 720; 6 168, 316, 324—326.

1. Abs 1 des Paragraphen spricht den Grundsatz der **dinglichen Surrogation** aus. Das von dem Erbschaftsbesitzer durch Rechtsgeschäft mit Mitteln der Erbschaft Erlangte **gilt als aus der Erbschaft erlangt,** d. h. es wird in bezug auf die in § 2018 bestimmte Herausgabepflicht als Erbschaftsgegenstand, als zur Erbschaft gehörig behandelt. Das mit Mitteln der Erbschaft erworbene Eigentum, Forderungsrecht, Recht an fremder Sache usw. steht sonach nicht dem Erbschaftsbesitzer, sondern unmittelbar dem wahren Erben zu; es bedarf keiner Übertragung oder Abtretung von seiten des Erbschaftsbesitzers. Ist dieser als Berechtigter im Grundbuche eingetragen worden, so geht der Herausgabeanspruch auf Berichtigung des Grundbuchs. Hat der Erbschaftsbesitzer das mit Mitteln der Erbschaft Erlangte wiederum rechtsgeschäftlich veräußert gegen anderes, so tritt dieses in der gleichen Weise an die Stelle des ersteren, so daß sich die Surrogation mehrmals wiederholen kann, z. B. wenn ein Erbschaftsgrundstück verkauft und der Erlös in einer Hypothek angelegt worden ist. Erfolgt der Erwerb teils mit Mitteln der Erbschaft, teils mit eigenen Mitteln des Erbschaftsbesitzers, so tritt Miteigentum ein. Ausgeschlossen ist die dingliche Surrogation bei dem Erwerbe höchstpersönlicher Rechte (Nießbrauch, beschränkte persönliche Dienstbarkeit) oder solcher Rechte, die Bestandteile eines dem Erbschaftsbesitzer gehörigen Grundstücks werden (Grunddienstbarkeiten, § 96); vgl. § 2021 A 1. Dagegen gilt, wenn durch Verbindung oder Vermischung beweglicher Sachen Miteigentum entsteht, dieses als aus der Erbschaft erlangt und unterliegt deshalb dem Herausgabeanspruche. Die Surrogationswirkungen treten aber nur ein, wenn die Verfügung des Erbschaftsbesitzers über die Erbschaftsmittel dem Erben gegenüber wirksam geworden ist. Das ist der Fall, wenn der Dritte, an den die Erbschaftsgegenstände veräußert sind, sie rechtswirksam erworben hat, also bei beweg-

lichen Sachen durch gutgläubigen Erwerb mittels Übergabe (§§ 929ff.; vgl. aber § 2018 A 4), bei Rechten an Grundstücken auf Grund des Grundbuchs (§ 982), im übrigen, namentlich bei Forderungsübertragungen und Leistungen auf Forderungen durch den Schuldner, wenn der Erbschaftsbesitzer durch Erbschein legitimiert war (§§ 2366, 2367). Die Verfügung wird auch wirksam, wenn der Erbe sie genehmigt (§ 185); die Genehmigung kann schon in der Erhebung des Erbschaftsanspruchs auf Herausgabe des Gegenstandes gefunden werden. Liegt keiner dieser Fälle vor, so kann der Erbe den Anspruch auf Herausgabe des vom Erbschaftsbesitzer weggegebenen Erbschaftsgegenstandes gegen den Dritten mit den gewöhnlichen Singularklagen geltend machen.

2. **Mit Mitteln der Erbschaft durch Rechtsgeschäft erworben** ist dasjenige, was als Gegenleistung gegen die Hingabe eines Erbschaftsgegenstandes von dem Erbschaftsbesitzer erlangt ist. Es genügt daher nicht (wie in §§ 1370, 2041, 2374), daß das den Erwerb vermittelnde Rechtsgeschäft sich auf die Erbschaft bezieht; es muß vielmehr eine Aufopferung von Erbschaftsgegenständen dabei erfolgt sein; vgl. für andere Fälle von Sondervermögen RG 72, 166; 87, 439. Deshalb erstreckt sich der Erbschaftsanspruch nicht auf Gegenstände, die der Erbschaftsbesitzer für die Erbschaft, z. B. um als Zubehör eines Erbschaftsgrundstücks zu dienen, aber mit eigenen Mitteln erworben hat. Dagegen ist es unerheblich, ob er die Gegenstände für sich persönlich hat erwerben wollen, etwa um sie dem wahren Erben oder den Nachlaßgläubigern zu entziehen; seine Willensrichtung ist nicht, wie in §§ 1381, 1646, entscheidend. — Wegen der Nutzungen vgl. § 2020 A 1. — Mit Mitteln der Erbschaft ist auch erlangt, was ein Nachlaßschuldner zur Tilgung seiner Schuld an den Erbschaftsbesitzer gezahlt hat; ferner die Forderungen, die durch Ausleihen von Erbschaftskapital entstanden sind (Gruchot 51, 919); ebenso Forderungen aus Versicherungsverträgen, für welche die Prämien aus Erbschaftsmitteln bezahlt sind; auch ein Rückforderungsanspruch wegen einer aus Mitteln der Erbschaft bezahlten Nichtschuld (§§ 812, 813, 814). — Soweit dingliche Surrogation stattfindet, hat der Erbe im Konkurse des Erbschaftsbesitzers ein Aussonderungsrecht (KO § 43). — Was ohne Vermittlung eines Rechtsgeschäfts auf Grund eines zur Erbschaft gehörigen Rechtes erworben wird, fällt (ohne daß es einer ausdrücklichen Vorschrift bedurfte) kraft Gesetzes dem wahren Erben zu, so die Hälfte des auf einem Erbschaftsgrundstück gefundenen Schatzes (§ 984) und eine zur Eigentümergrundschuld gewordene Hypothek (§ 1163); hat der Erbschaftsbesitzer es „erlangt", so steht dem Erben der Erbschaftsanspruch auf Herausgabe zu. Auch die Ansprüche wegen Zerstörung, Beschädigung oder Entziehung eines Erbschaftsgegenstandes gehören zur Erbschaft und es findet deshalb, wenn die Entschädigungssumme rechtswirksam an den Erbschaftsbesitzer bezahlt ist, der Herausgabeanspruch des Erben auf Grund dinglicher Surrogation statt. Einer ausdrücklichen Bestimmung wie in §§ 1370, 2041, 2111, 2374 bedurfte es dazu nicht.

3. Entsprechend §§ 720, 1473 Abs 2, 1524 Abs 2, 2111 Abs 1 Satz 2. — Die Vorschrift bezweckt den Schutz des gutgläubigen Schuldners einer von dem Erbschaftsbesitzer mit Mitteln der Erbschaft in eigenem Namen begründeten Forderung gegenüber der in Abs 1 bestimmten dinglichen Surrogation, derzufolge die Forderung zur Erbschaft gehört. Solange der Schuldner davon keine Kenntnis hat, daß die Forderung mit Mitteln der Erbschaft begründet ist und daß der Erbschaftsbesitzer nicht der wahre Erbe, kann er jenen als Gläubiger ansehen. Zugleich ist aber damit ausgesprochen, daß der Schuldner, sobald er die bezeichnete Kenntnis erlangt, nunmehr die Zugehörigkeit der Forderung zur Erbschaft auch gegen sich gelten lassen, also den wahren Erben als seinen Gläubiger behandeln muß, gleich als hätte der Erbschaftsbesitzer diesem die Forderung abgetreten. Diese Rechtslage tritt mit der Kenntnis des Schuldners ein, nicht etwa erst mit der Geltendmachung des Erbschaftsanspruchs durch den Erben. — Ohne weiteres folgt aus der Bestimmung, daß der Schuldner dem Erben alle Einwendungen entgegensetzen kann, die gegenüber dem Erbschaftsbesitzer zur Zeit, als der Schuldner Kenntnis erhielt, entstanden waren, wenn auch nur dem Rechtsgrunde nach (§ 404 A 2). Im übrigen sind zum Schutze des Schuldners die **§§ 406—408 für entsprechend anwendbar erklärt.** Die entsprechende Anwendung bedeutet, daß der Schuldner eine ihm gegen den Erbschaftsbesitzer zustehende Forderung auch gegenüber dem Erben aufrechnen kann, sofern er nicht von der Zugehörigkeit zur Erbschaft beim Erwerbe der Forderung Kenntnis hatte oder die Forderung erst nach Erlangung der Kenntnis und später als die Erbschaftsforderung fällig geworden ist (§ 406 A 1); ferner daß der Erbe Leistungen an und Rechtsgeschäfte mit dem Erbschaftsbesitzer in Ansehung der Forderung gegen sich gelten lassen muß, sofern nicht der Schuldner dabei die Kenntnis gehabt hat (§ 407); endlich, daß Gleiches auch für Leistungen und Rechtsgeschäfte des Schuldners mit einem Zessionar des Erbschaftsbesitzers gilt (§ 408). Dagegen findet die besondere Vorschrift des § 405 keine Anwendung; der Schuldner kann also auch gegenüber einer von ihm ausgestellten Urkunde den Einwand des Scheingeschäfts gegen den Anspruch des Erben erheben.

§ 2020

Der Erbschaftsbesitzer hat dem Erben die gezogenen Nutzungen herauszugeben[1]); die Verpflichtung zur Herausgabe erstreckt sich auch auf Früchte, an denen er das Eigentum erworben hat[2]).

E I 2081 Nr 4 II 1894; M 5 585, 586; P 5 710, 714, 715.

1. **Begriff der Nutzungen** § 100. — Nach §§ 987—993 würde der Erbschaftsbesitzer die aus zur Erbschaft gehörigen körperlichen Sachen **gezogenen Nutzungen** nur in dem dort bestimmten beschränkten Umfange herauszugeben haben, während er Nutzungen von zur Erbschaft gehörigen Rechten unbeschränkt nach den Vorschriften über Bereicherung herausgeben müßte (§ 987 A 1). Diesen Unterschied will § 2020 für den Erbschaftsanspruch beseitigen, indem er auch für die Nutzungen körperlicher Sachen die Herausgabepflicht als Regel einführt (M 5, 585). Der Herausgabeanspruch ist, soweit die Nutzungen noch in Natur vorhanden und nicht mit der Trennung Eigentum des Erbschaftsbesitzers geworden sind (A 2), ein dinglicher, da die Nutzungen insoweit zur Erbschaft gehören und also aus der Erbschaft erlangt sind (§ 2018). Gleiches muß gelten, wenn die Nutzungen von Erbschaftsgegenständen durch Vermittlung von Rechtsgeschäften, also mit Mitteln der Erbschaft erlangt sind (§ 2019), z. B. durch Vermietung oder Verpachtung von Nachlaßgrundstücken. So Leonhard Erl II; a. M. Planck in der 1. u. 2. sowie wiederum (Flad) in der 4. Aufl. Erl 2a—c (wo wohl ohne zureichenden Grund angenommen ist, daß die „bürgerlichen Früchte" unter allen Umständen durch den Übertragungsakt Eigentum des Erbschaftsbesitzers werden) und die 2. Aufl. dieses Kommentars. Freilich ergibt sich aus Halbsatz 2, daß der Eigentumserwerb des gutgläubigen Besitzers an den Früchten nach § 955 auch für den Erbschaftsbesitzer nicht ausgeschlossen sein soll; aber das dürfte kein Grund sein, auch im übrigen die dingliche Surrogation der §§ 2018, 2019 auf die Herausgabe der Nutzungen für nicht anwendbar zu erklären. Handelt es sich um nicht herausgabefähige Nutzungen, z. B. bloße tatsächliche Vorteile, die der Erbschaftsbesitzer aus dem Besitze gehabt hat (§ 100 A 3), oder sind die Nutzungen nicht mehr in Natur vorhanden, so tritt der Bereicherungsanspruch des § 2021 ein. So auch Strohal bei Planck, 3. Aufl., Erl 2a—c. — Steigerung der Herausgabepflicht im Falle der Rechtshängigkeit und des bösen Glaubens §§ 2023, 2024.

2. Begriff der **Früchte** § 99. — Auch auf solche Früchte erstreckt sich die Herausgabepflicht, an denen der Erbschaftsbesitzer **mit der Trennung Eigentum erworben hat.** Das ist der Fall bei Erzeugnissen und sonstigen zu den Früchten der Sache gehörigen Bestandteilen, wenn der Erbschaftsbesitzer bei Erwerb des Erbschaftsbesitzes in gutem Glauben, Erbe zu sein, gewesen ist und nicht vor der Trennung von dem Mangel seines Rechtes erfahren hat (§ 955 Abs 1). Der Unterschied von dem Falle des Halbsatzes 1 besteht darin, daß hier nur ein schuldrechtlicher Anspruch auf Herausgabe in Betracht kommen kann. Doch hat auch hier die Herausgabe, soweit die Früchte noch vorhanden sind, in Natur, und zwar durch Eigentumsübertragung an den Erben, zu erfolgen; andernfalls tritt § 2021 ein. Bei bösgläubigem Erwerb des Erbschaftsbesitzers tritt dinglicher Erwerb der Früchte für den Erben ein.

§ 2021

Soweit der Erbschaftsbesitzer zur Herausgabe außerstande ist[1]), bestimmt sich seine Verpflichtung nach den Vorschriften über die Herausgabe einer ungerechtfertigten Bereicherung[2]).

E I 2083 II 1895; M 5 587, 588; P 5 696ff., 710, 716.

1. Die einzelnen Nachlaßgegenstände sowie die an deren Stelle getretenen Surrogate (§ 2019 A 1), die noch vorhandenen Nutzungen (§ 2020), überhaupt die gesamte Erbschaft ist dem Erben grundsätzlich in Natur herauszugeben. Wegen der Früchte vgl. § 2020 A 2. Nur soweit **der Erbschaftsbesitzer zur Herausgabe außerstande** und auch ein Surrogat, das herausgegeben werden kann, nicht an die Stelle getreten ist, greift der Bereicherungsanspruch Platz. Die Unmöglichkeit der Herausgabe kann ihren Grund darin haben, daß die Nachlaßgegenstände oder ihre Surrogate untergegangen oder verbraucht oder daß sie dem Erbschaftsbesitzer höchstpersönlich erworben sind (Leibrenten usw. § 2019 A 1) oder daß ein Recht für ein Grundstück des Erbschaftsbesitzers (Grunddienstbarkeit, § 96) erworben ist. Aber auch darin, daß die Erbschaft Nutzungen abgeworfen hat, die nur in Gebrauchsvorteilen (Bewohnen des Nachlaßgrundstücks) bestanden (§ 2020 A 1). Die Bereicherung besteht dann in der Ersparnis der sonst erforderlich gewesenen Aufwendungen. Gemäß § 951 kann die Herausgabe auch nicht verlangt werden, wenn das Erlangte wesentlicher Bestandteil (§ 98) eines dem Erbschaftsbesitzer gehörigen Grundstücks geworden ist, z. B. eine dem

Grundstücke fest eingefügte Sache (§ 94); ebenso wenn eine bewegliche Erbschaftssache mit einer beweglichen Sache des Erbschaftsbesitzers dergestalt verbunden ist, daß diese als die Hauptsache erscheint (§ 947 Abs 2). Entsteht dagegen durch Verbindung oder Vermischung Miteigentum (§§ 947 Abs 1, 948), so ist dieses herauszugeben (vgl. § 2019 A 1).

2. Der **Bereicherungsanspruch** bestimmt sich nach §§ 818ff. Er geht also auf Ersatz des Wertes des Erlangten in Geld (§ 818 Abs 2); er fällt fort, wenn der Erbschaftsbesitzer nicht mehr bereichert ist (§ 818 Abs 3), also auch wenn er das Erlangte unentgeltlich weggegeben hat; in diesem Falle geht aber der Bereicherungsanspruch gegen den Dritten, dem die Zuwendung gemacht ist (§ 822). — Für die Frage, ob eine Bereicherung vorliegt, kommt die durch die Erbschaft als Ganzes dem Vermögen des Erbschaftsbesitzers zugeflossene und noch vorhandene Vermögensvermehrung unter Abzug der ihm dadurch entstandenen Vermögensverminderungen in Betracht. Auf die Erbschaft gemachte Verwendungen sind auf die Bereicherung anzurechnen (§ 2022 A 2). — Die Frage, ob er auch Ausgaben, die er nur mit Rücksicht auf den vermeintlichen Erbschaftsanfall aus seinem Vermögen gemacht hat, z. B. Kosten einer Vergnügungsreise, in Abzug bringen kann, dürfte zu bejahen sein; dafür auf Grund der Prot 5, 717 Planck Erl 5b; auch in RG 83, 163 sind die Ausgaben für „bessere Lebenshaltung" als Wegfall der Bereicherung bezeichnet; a. M. Kipp § 68 III. Verzinsungspflicht nach § 291 von der Rechtshängigkeit ab. Erweiterte Haftung bei nach Rechtshängigkeit eingetretener Unmöglichkeit der Herausgabe § 2023, bei Bösgläubigkeit und Verzug § 2024.

§ 2022

Der Erbschaftsbesitzer ist zur Herausgabe der zur Erbschaft gehörenden Sachen[1]) nur gegen Ersatz[3]) aller Verwendungen[2]) verpflichtet, soweit nicht die Verwendungen durch Anrechnung auf die nach § 2021 herauszugebende Bereicherung gedeckt werden[2]). Die für den Eigentumsanspruch geltenden Vorschriften der §§ 1000 bis 1003 finden Anwendung[3]).

Zu den Verwendungen gehören auch die Aufwendungen, die der Erbschaftsbesitzer zur Bestreitung von Lasten der Erbschaft oder zur Berichtigung von Nachlaßverbindlichkeiten macht[4]).

Soweit der Erbe für Aufwendungen, die nicht auf einzelne Sachen gemacht worden sind, insbesondere für die im Abs 2 bezeichneten Aufwendungen, nach den allgemeinen Vorschriften in weiterem Umfang Ersatz zu leisten hat, bleibt der Anspruch des Erbschaftsbesitzers unberührt[5])[6]).

E I 2084 II 1896; M 5 589, 590; P 5 716—718.

1. § 2022 betrifft den dinglichen Herausgabeanspruch, der sich auf die noch in Natur vorhandenen **körperlichen Erbschaftssachen** (§ 2018 A 2), desgleichen Surrogate (§ 2019 A 1, 2) und herausgabefähige Nutzungen, soweit diese nicht als Früchte Eigentum des Erbschaftsbesitzers geworden sind (§ 2020 A 1), erstreckt; doch wird sinngemäß das gleiche für den allerdings nur schuldrechtlichen Anspruch auf Herausgabe der Eigentum des Erbschaftsbesitzers gewordenen Früchte (§ 2020 A 2) zu gelten haben, obwohl es an einer ausdrücklichen Bestimmung für sie hier (anders § 2023 Abs 2) fehlt; a. M. Planck Erl 1a γ. Soweit dagegen nur ein Ersatzanspruch auf Bereicherung besteht, ergibt sich schon aus § 2021 (A 2), daß die Verwendungen als Minderung der Bereicherung abgezogen werden können. — Auf den Anspruch auf Berichtigung des Grundbuchs bei erlangter grundbücherlicher Rechtsposition (§ 2018 A 3) wird die Vorschrift entsprechende Anwendung zu finden haben; demnach der Erbschaftsbesitzer berechtigt sein, die Zustimmung zur Umschreibung, z. B. einer auf seinen Namen eingetragenen Hypothek, bis zur Erstattung aller Verwendungen (A 3) zu verweigern (so Strohal II, 400 und bei Planck Erl 3).

2. **Alle Verwendungen** sind zu ersetzen, also nicht nur wie dem Besitzer einzelner Sachen (§§ 994ff.) die notwendigen und werterhöhenden und ohne Beschränkung hinsichtlich der Erhaltungskosten und der Lasten, da dem Erbschaftsbesitzer ja für keinen Zeitraum die Nutzungen verbleiben (§ 2021). Es kommen aber nur die bis zur Rechtshängigkeit des Erbschaftsanspruchs und vor der Kenntnis des Erbschaftsbesitzers, daß er nicht Erbe sei, gemachten Verwendungen in Betracht; für die nachher gemachten greifen §§ 2023 Abs 2, 2024 Platz. Ist eine auf Erbschaftssachen gemachte Verwendung bereits als Minderung der Bereicherung in Ansatz gebracht (§ 2021 A 2), so kann sie nicht mehr zur Verweigerung der Herausgabe geltend gemacht werden. — Abtrennungsrecht nach § 997. — Einschränkungen mit Eintritt der Rechtshängigkeit § 2023 Abs 2 (A 4), im Falle der Bösgläubigkeit § 2024 (A 2).

3. Die Herausgabepflicht besteht nur **gegen Ersatz** aller Verwendungen. Der Erbschaftsbesitzer kann daher die Herausgabe der von dem Erben beanspruchten Erbschaftssachen verweigern, bis er wegen aller auf die Erbschaft gemachten Verwendungen, auch der auf andere Erbschaftssachen und der für die Erbschaft im allgemeinen (Abs 2) gemachten, befriedigt ist (RG Warn 1913 Nr 283). — Die in Abs 1 Satz 2 vorgeschriebene **Anwendung der §§ 1000—1003** kann nur eine entsprechende sein. Das Verweigerungsrecht (Zurückbehaltungsrecht) besteht danach nicht, wenn der Erbschaftsbesitzer den Erbschaftsbesitz durch eine vorsätzlich begangene unerlaubte Handlung (§§ 823ff.) erlangt hat (§ 1000 Satz 2); der bösgläubige Erwerb wird sich in aller Regel ohne weiteres als eine solche vorsätzliche Verletzung des Erbrechts des Erben — das kein bloßes Forderungsrecht ist, § 823 Abs 1 [A 9] —) darstellen. Der Erbschaftsbesitzer hat im übrigen über das Zurückbehaltungsrecht hinaus einen im Wege der Klage verfolgbaren Ersatzanspruch, der jedoch davon abhängig ist, daß der Erbe die „Sache" wiedererlangt (sei es durch Herausgabe von den Erbschaftsbesitzer oder auf andere Weise) oder die Verwendungen genehmigt (§ 1001). Als Sache wird hier diejenige Sache in Betracht kommen, auf welche die Verwendungen gemacht sind; dem Zurückerlangen der Sache wird das Erlangen eines Surrogats (§ 2019) oder Herausgabeersatzes (§ 2021) gleichstehen. Handelt es sich um Verwendungen auf die Erbschaft im allgemeinen (§ 2022 Abs 2, vgl. A 4), so wird der Anspruch nur geltend gemacht werden können, wenn die Erbschaft als Ganzes, soweit noch vorhanden, herausgegeben und für das nicht mehr Vorhandene der Herausgabeersatz geleistet ist. Die Klage ist an eine kurze Erlöschungsfrist gebunden (§ 1002). Hinsichtlich des Laufes und der Berechnung der Frist wird die entsprechende Anwendung des § 1002 dahin führen, daß bei Verwendungen auf einzelne Erbschaftssachen die Frist mit der Herausgabe dieser Sachen beginnt und einen Monat oder, wenn die Sache ein Grundstück ist, sechs Monate beträgt; während, wenn Verwendungen auf die Erbschaft als Ganzes (Abs 2) in Frage stehen, die Frist erst mit der Herausgabe sämtlicher in den Besitz des Erbschaftsbesitzers gelangter Sachen beginnt und einen Monat, sofern aber Grundstücke darin enthalten sind, sechs Monate beträgt (abweichend für den letzteren Fall Planck Erl 2 Abs 2).

4. Entsprechend § 995 Satz 1. Zu den öffentlichen oder privatrechtlichen **Lasten der Erbschaft** gehört auch die vom Erbschaftsbesitzer gezahlte Erbschaftssteuer, die übrigens auch eine Nachlaßverbindlichkeit darstellt. Soweit der wirkliche Erbe zu einem geringeren Satze steuerpflichtig ist, hat der Erbschaftsbesitzer ihm seinen Rückforderungsanspruch an den Fiskus abzutreten. Bezüglich der **berichtigten Nachlaßverbindlichkeiten** (§ 1967) ist der gutgläubige Erbschaftsbesitzer unbeschränkt ersatzberechtigt, auch wenn er sich dabei nicht im Rahmen der durch §§ 1978—1980, 1991 dem Erben auferlegten Verantwortlichkeit gehalten hat.

5. In Frage kommt namentlich der **Bereicherungsanspruch** (§§ 812ff.); für Ansprüche aus Geschäftsführung ohne Auftrag ist kein Raum (§ 687).

6. **Beweislast.** Der Erbschaftsbesitzer hat die nach Abs 1, 2 auf einzelne Nachlaßsachen oder auf den ganzen Nachlaß gemachten Verwendungen zu beweisen, insbesondere auch, daß die berichtigten Nachlaßverbindlichkeiten wirklich als solche bestanden haben; vgl. aber A 4. Der Erbe hat zu beweisen, daß der Erbschaftsbesitzer hierfür schon durch Anrechnung auf die nach § 2021 herauszugebende Bereicherung gedeckt ist. Zu Abs 3 hat der Erbschaftsbesitzer, der im weiteren Umfang Ersatz fordert, die besonderen dies rechtfertigenden Tatbestände zu beweisen.

§ 2023

Hat der Erbschaftsbesitzer zur Erbschaft gehörende Sachen herauszugeben[1]), so bestimmt sich von dem Eintritte der Rechtshängigkeit an der Anspruch des Erben auf Schadensersatz wegen Verschlechterung, Unterganges oder einer aus einem anderen Grunde eintretenden Unmöglichkeit der Herausgabe nach den Vorschriften, die für das Verhältnis zwischen dem Eigentümer und dem Besitzer von dem Eintritte der Rechtshängigkeit des Eigentumsanspruchs an gelten[2]).

Das gleiche gilt von dem Anspruche des Erben auf Herausgabe oder Vergütung von Nutzungen[3]) und von dem Anspruche des Erbschaftsbesitzers auf Ersatz von Verwendungen[4]).

E I 2085 II 1897; M 5 591; P 5 718, 719.

1. **Erweiterung des Herausgabeanspruchs durch Rechtshängigkeit.** § 2023 Abs 1 betrifft den dinglichen Herausgabeanspruch wegen der **zur Erbschaft gehörigen** Sachen (§§ 2018, 2019) einschließlich der Surrogate; wegen der Nutzungen ist gleiches bestimmt in Abs 2, das sonach auch gilt, wenn sie nur schuldrechtlich herauszugeben oder zu vergüten

sind (§ 2020 A 1). Daneben besteht der Bereicherungsanspruch des Erben aus § 2921. Inwieweit dieser Anspruch durch die Rechtshängigkeit beeinflußt wird, bestimmt sich nach § 818 Abs 4; es gelten also die allgemeinen Vorschriften über Schuldverhältnisse (Verzinsungspflicht bei Geldschulden nach § 291, keine Beschränkung durch Wegfall der Bereicherung).

2. **Rechtshängigkeit** ZPO §§ 263, 281. Die entsprechende Anwendung der **für den Eigentumsanspruch geltenden Vorschriften §§ (989—993)** bedeutet nach § 989, daß der Erbschaftsbesitzer für den Schaden verantwortlich ist, der durch Verschlechterung, Untergang oder Unmöglichkeit der Herausgabe von Erbschaftssachen dem Erben entsteht, wenn diese Umstände nach der Rechtshängigkeit des Erbschaftsanspruchs infolge Verschuldens (§ 276) des Erbschaftsbesitzers eintreten. Er haftet danach nicht ohne weiteres für den durch den Verzug entstehenden Schaden (vgl. § 989 A 1); anders im Falle der §§ 2024 (vgl. A 4 dazu) und 2025 (vgl. A 4 dazu). Der Inhalt des Schadensersatzanspruchs selbst ergibt sich aus §§ 249—255. Ähnliche verweisende Bestimmungen in §§ 292, 347.

3. Demgemäß hat von der Rechtshängigkeit ab der Erbschaftsbesitzer nicht nur die gezogenen **Nutzungen** (§ 2020 A 1) herauszugeben, sondern auch Ersatz zu leisten für diejenigen Nutzungen, die zu ziehen er schuldhaft versäumt hat (§ 987 Abs 2). Auch sofern der Erbschaftsbesitzer vorher gezogene Nutzungen noch herauszugeben oder zu vergüten hat, haftet er nach Eintritt der Rechtshängigkeit auf Schadensersatz wie für ursprüngliche Erbschaftssachen (A 2).

4. Der Anspruch auf **Ersatz der Verwendungen (§§ 994—1003)** beschränkt sich von der Rechtshängigkeit ab auf notwendige Verwendungen im Rahmen der Geschäftsführung ohne Auftrag (§ 994 Abs 2). Soweit sie in der Berichtigung von Nachlaßverbindlichkeiten bestehen, ist der Ersatzanspruch davon abhängig, daß sich der Erbschaftsbesitzer dabei an die Vorschriften der §§ 1978—1980, 1991 gehalten hat. Das Abtrennungsrecht gemäß § 997 kann er im übrigen nur noch für die vor der Rechtshängigkeit verbundenen Sachen geltend machen (§ 997 Abs 2); den Anspruch aus § 998 nur für die vorher zur Fruchterzielung aufgewendeten Kosten; auch Ersatz von Verwendungen eines Vorbesitzers, insbesondere im Falle des § 2030, nur soweit diese vor der Rechtshängigkeit erfolgt sind (§§ 999, 994 Abs 2).

§ 2024

Ist der Erbschaftsbesitzer bei dem Beginne des Erbschaftsbesitzes[1]) nicht in gutem Glauben, so haftet er so, wie wenn der Anspruch des Erben zu dieser Zeit rechtshängig geworden wäre[2]). Erfährt der Erbschaftsbesitzer später, daß er nicht Erbe ist, so haftet er in gleicher Weise von der Erlangung der Kenntnis an[3]). Eine weitergehende Haftung wegen Verzugs bleibt unberührt[4])[5]).

E I 2085, 2086 II 1898; M 5 591, 592; P 5 718, 719.

1. **Beginn des Erbschaftsbesitzes** mit dem Zeitpunkte, wo der Besitzer mit Erbenwillen etwas aus der Erbschaft erlangt hat, § 2018 A 3.

2. **Haftung des bösgläubigen Erbschaftsbesitzers.** Die Vorschriften betreffen sowohl den dinglichen und schuldrechtlichen Herausgabeanspruch (§§ 2018 A 3, 4; 2019 A 1; 2020 A 1), wie den Bereicherungsanspruch (§ 2021 A 2). Für den ersten kommen sonach gemäß § 2023 (vgl. A 1, 2 dazu) die Vorschriften der §§ 989ff. bereits von den in § 2024 Satz 1 und 2 als maßgebend bezeichneten Zeitpunkten ab zur Anwendung; für den Bereicherungsanspruch (vgl. § 2023 A 2) von den gleichen Zeitpunkten ab der § 818 Abs 4, also Haftung nach allgemeinen Vorschriften, d. h. ohne Beschränkung durch den Wegfall der Bereicherung sowie gemäß § 291 Verzinsung auch ohne Verzug. Nicht in gutem Glauben ist der Erbschaftsbesitzer, wenn er weiß oder aber infolge grober Fahrlässigkeit nicht weiß, daß er nicht Erbe ist (§ 932 Abs 2). Positive Kenntnis des Rechtsmangels wird also hier (anders im Falle von Satz 2, vgl. A 3) nicht gefordert (RG 56, 317). Das gilt sowohl für den Herausgabeanspruch (§§ 2018, 2019, 2020) wie für den Bereicherungsanspruch (§ 2021), während nach § 819 Abs 1 für letzteren sonst positive Kenntnis des Rechtsmangels auch beim Empfange der Bereicherung für die verstärkte Haftung erfordert wird. — Hinsichtlich des Inhalts der Haftung ist auf die Vorschriften über die Rechtshängigkeit verwiesen; er bestimmt sich also für den Herausgabeanspruch nach § 2023 (A 2), für den Bereicherungsanspruch nach § 818 Abs 4 (vgl. § 2023 A 1).

3. **Zur später erlangten Kenntnis** genügt nicht der bloße Mangel des guten Glaubens, der Zweifel am eigenen Erbrecht. Das Gesetz verlangt vielmehr (übereinstimmend mit §§ 819, 937, 955, 957, 990) „Erfahren", also die positive Kenntnis des Erbschaftsbesitzers davon, daß ihm kein Erbrecht zusteht (§ 1944 A 2; RG 56, 317).

4. Die Rechtslage des gutgläubigen Erbschaftsbesitzers wird dadurch, daß er in **Verzug**

gerät (§§ 284, 285), für sich allein nicht verschlechtert; vgl. § 2023 A 2. Auch beim Eigentumsanspruch kommt eine Steigerung der Haftung durch Verzug nur gegenüber dem unredlichen Besitzer in Frage (§ 990 A 4). Sie besteht nach §§ 286, 287 in der Haftung für Schadensersatz auch ohne weiteres Verschulden und unter Umständen für die durch Zufall eintretende Unmöglichkeit der Leistung.

5. **Beweislast.** Der Erbe hat das Nichtvorhandensein des guten Glaubens zur Zeit des Besitzbeginns oder die spätere Kenntniserlangung und deren Zeitpunkt, ebenso die Verzugstatsachen nachzuweisen.

§ 2025

Hat der Erbschaftsbesitzer einen Erbschaftsgegenstand[1]) durch eine strafbare Handlung[2]) oder eine zur Erbschaft gehörende Sache durch verbotene Eigenmacht erlangt[3]), so haftet er nach den Vorschriften über den Schadensersatz wegen unerlaubter Handlungen[4]). Ein gutgläubiger Erbschaftsbesitzer haftet jedoch wegen verbotener Eigenmacht nach diesen Vorschriften nur, wenn der Erbe den Besitz der Sache bereits tatsächlich ergriffen hatte[5]).

E I 2086 II 1899; M 5 591, 592; P 5 720—723.

1. **Erbschaftsgegenstand** sind sowohl die ursprünglich zur Erbschaft gehörigen Sachen und Rechte (§ 2018) wie die Surrogate (§ 2019) und die herauszugebenden Nutzungen (§ 2020). Daß auch die Surrogate darunter fallen sollen, ergibt sich daraus, daß diese nach § 2019 Abs 2 zur Erbschaft gehören und daß nach der Absicht der zweiten Kommission (Prot 5, 720) namentlich auch der Fall der Einziehung einer Nachlaßforderung ins Auge gefaßt war. Dagegen trifft § 2025 nicht den Fall, daß nicht ein Erbschaftsgegenstand, sondern in anderer Weise auf Kosten der Erbschaft ein Vorteil erlangt ist, z. B. Nichtzahlung einer Schuld infolge Aufrechnung einer Nachlaßforderung (§ 2018 A 3) oder nicht herausgabefähige Nutzungen (§ 2020 A 1).

2. **Strafbare Handlungen,** eine Unterart der unerlaubten Handlungen (§§ 823ff.), sind solche, die mit öffentlicher Strafe bedroht sind, sei es, daß Vorsatz oder (wie z. B. bei Falscheid oder Abgabe falscher eidesstattlicher Versicherungen, StGB § 163) nur Fahrlässigkeit zum gesetzlichen Tatbestande erfordert wird. In Betracht kommen wird namentlich die Aneignung von Erbschaftssachen in rechtswidriger Absicht (Diebstahl, Unterschlagung, §§ 242, 246), für die erforderlich ist, daß der Täter weiß, daß er nicht Erbe ist; ferner Betrug, Urkundenfälschung (§§ 263, 267), die zur Erlangung von Erbschaftsgegenständen, sei es gegenüber dem Erben selbst oder gegenüber dem Nachlaßgerichte, einem Nachlaßpfleger oder Testamentsvollstrecker, begangen sein können oder auch (etwa durch Vorlegung eines gefälschten Erbscheins) gegenüber einem Nachlaßschuldner; bei diesen Delikten ist es denkbar, daß der Täter hinsichtlich seines Erbrechts in gutem Glauben war und die strafbaren Handlungen lediglich zur Erleichterung des Nachweises dieses vermeintlichen Erbrechts begangen hat.

3. **Verbotene Eigenmacht** (§ 858), Eingriff in den Besitz, sei es des Erben oder eines Dritten, durch Entziehung oder Störung, daher nur bei körperlichen Erbschaftsgegenständen (Sachen) und nur gegen den unmittelbaren Besitzer (RG 15. 3. 20 IV 473/19) denkbar. Beschränkung in Satz 2 (A 5).

4. Die Haftung ist gesteigert durch Bestimmung einer **Schadensersatzpflicht nach den Vorschriften über unerlaubte Handlungen** (§§ 823ff.). Sie geht also auf Herstellung des früheren Zustandes (§§ 823, 249). Der Erbschaftsbesitzer ist auch für zufälligen Untergang oder sonstige zufällige Unmöglichkeit der Herausgabe, ohne Rücksicht auf Bereicherung (§ 2021), verantwortlich (§ 848), zur Zinszahlung für geschuldeten Werterfatz verpflichtet (§ 849) und kann nicht Ersatz aller Verwendungen (§ 2022), sondern nur der notwendigen und nützlichen beanspruchen (§§ 850, 994—996), auch wenn er hinsichtlich seines Erbrechts in gutem Glauben war (vgl. A 2). Der Schadensersatzanspruch unterliegt der dreijährigen Verjährung (§ 852). Der Herausgabeanspruch wird dadurch nicht berührt.

5. Da der **Besitz** nach § 857 von Gesetzes wegen auf den Erben übergeht, so enthält an sich jede Besitznahme von Erbschaftssachen, die beim Tode des Erblassers in dessen Besitz waren, durch einen andern als den Erben, auch wenn dieser die tatsächliche Gewalt über sie noch nicht erlangt hatte, einen Eingriff in seinen Besitz und deshalb verbotene Eigenmacht im Sinne des § 858; deshalb würde auch in solchem Falle neben den gewöhnlichen Besitzschutzmitteln der Schadensersatzanspruch des § 2025 Satz 1 Platz greifen. Diese Folge schließt Satz 2 gegenüber dem gutgläubigen Erbschaftsbesitzer (§ 2024 A 2) für den Fall aus, daß der Erbe den Besitz noch nicht **tatsächlich ergriffen,** also die tatsächliche Gewalt über die Sache noch nicht mit Besitzwillen erlangt hatte. Ist dies aber der Fall gewesen, so haftet der Erbschaftsbesitzer wegen der eigenmächtigen Besitzentziehung auf Schadensersatz, auch wenn er hinsichtlich seines Erbrechts in gutem Glauben war.

§ 2026

Der Erbschaftsbesitzer kann sich dem Erben gegenüber[1]), solange nicht der Erbschaftsanspruch verjährt ist[2]), nicht auf die Ersitzung einer Sache berufen, die er als zur Erbschaft gehörend im Besitze hat[3])[4]).

E I 888 II 1900; M 3 856; P 3 236, 237; 6 234, 235.

1. Der gutgläubige Erbschaftsbesitzer (§ 2024 A 2) ist Eigenbesitzer der von Anfang an oder durch Surrogation (§ 2019) oder als Nutzungen (§ 2020) zur Erbschaft gehörigen beweglichen Sachen. Er erwirbt mithin das Eigentum an ihnen durch zehnjährigen Besitz, sofern er nicht vorher erfährt, daß er nicht Erbe ist (§ 937). Das so erworbene Eigentum kann er Dritten gegenüber zunächst unbeschränkt geltend machen, insbesondere durch Vindikation oder Abwehrklage (§§ 985, 1004), während der Erbe dazu nicht mehr legitimiert ist. Der Erbe kann aber den noch nicht verjährten Erbschaftsanspruch gegen den Erbschaftsbesitzer erheben und dieser kann sich **ihm gegenüber auf die Ersitzung nicht berufen,** muß ihm also die Sachen herausgeben. Der Herausgabeanspruch des Erben kann nur ein schuldrechtlicher sein, da das BGB ein geteiltes Eigentum nicht kennt (vgl. § 903 A 1). Durch die Herausgabe erlischt das Eigentum des Erbschaftsbesitzers und der Erbe wird auch Dritten gegenüber wieder zur Geltendmachung von Eigentumsansprüchen legitimiert.

2. Dadurch ist eine **Verjährung des Erbschaftsanspruchs** als eines Gesamtanspruchs anerkannt. Sie ergreift die Erbschaft als Ganzes und beginnt deshalb nach § 198 einheitlich mit dem Zeitpunkte, in welchem der Erbschaftsbesitzer „etwas" aus der Erbschaft erlangt hat, wenn auch die Sache, um deren Ersitzung es sich handelt, erst später in seinen Besitz gelangt ist. — Steht dem Erbschaftsbesitzer ein Erbrecht zu, das aber anfechtbar ist (§§ 2078, 2340; vgl. § 2018 A 2), so beginnt die Verjährung nach § 200 nicht erst mit der Ausübung des Anfechtungsrechts, also der Anfechtungserklärung, sondern schon mit der Zulässigkeit der Anfechtung, also sobald derjenige, gegen den sich die Anfechtung richtet, etwas aus der Erbschaft erlangt hat; die Kenntnis des Anfechtungsberechtigten von dem Anfechtungsgrunde ist zum Beginne der Verjährung nicht erforderlich. Die Unterbrechung der Verjährung wirkt hinsichtlich des gesamten Anspruchs, wenn der Klageantrag auf Herausgabe der Erbschaft als Ganzes gerichtet war, sonst nur hinsichtlich der in dem Klageantrage bestimmt bezeichneten Sachen (vgl. § 2018 A 4). Ist die Unterbrechung nur von einem einzelnen Miterben herbeigeführt, so kommt sie nur diesem zustatten (§ 2039 A 2). Vgl. auch § 2027 A 1. — Die Dauer der Verjährungsfrist ist, abgesehen von dem Schadensersatzanspruche des § 2025 (A 4), der der dreijährigen Verjährung des § 852 unterliegt, die gewöhnliche dreißigjährige (§ 195). Nach § 221 kommt die gegenüber dem Erbschaftsbesitzer verstrichene Verjährungsfrist auch seinem Rechtsnachfolger (§ 2030) zustatten. — Auch durch den Ablauf der Verjährungsfrist erlangt der Erbschaftsbesitzer nicht die rechtliche Stellung des Erben; er haftet daher nicht für die Nachlaßverbindlichkeiten; der wirkliche Erbe bleibt für sie verhaftet.

3. Als **zur Erbschaft gehörend** hat der Erbschaftsbesitzer auch solche Sachen im Besitze, die in fremdem Eigentume stehen, von denen er aber glaubt, daß sie zur Erbschaft gehören. Auch an diesen Sachen erwirbt durch die Ersitzung zunächst der Erbschaftsbesitzer das Eigentum, muß sie aber dem Erben herausgeben, wenn dieser den unverjährten Erbschaftsanspruch geltend macht; der Erbe wird dann auf Grund der von dem Erbschaftsbesitzer vollendeten Ersitzung Eigentümer, auch wenn er selbst nicht in gutem Glauben hinsichtlich der Zugehörigkeit der Sache zur Erbschaft war. Erfolgt die Herausgabe während des Laufes der Ersitzungszeit, so kommt die zugunsten des Erbschaftsbesitzers abgelaufene Ersitzungszeit dem Erben zustatten (§ 944); dieser kann die Ersitzung aber nur vollenden, wenn er guten Glaubens ist und bleibt (§ 937 Abs 2). — Für die Ersitzung des Grundstückseigentums auf Grund der Eintragung im Grundbuche kommt § 2025 nicht in Betracht, da ihr Lauf und ihre Vollendung regelmäßig mit der Verjährung des Erbschaftsanspruchs zusammenfallen wird (§ 900). — Eine Ersitzung der Erbschaft als solcher oder des Erbrechts ist dem BGB unbekannt.

4. **Beweislast.** Der sich auf Ersitzung berufende Erbschaftsbesitzer hat außer dieser auch die Verjährung des Erbschaftsanspruchs zu beweisen.

§ 2027

Der Erbschaftsbesitzer ist verpflichtet, dem Erben[1]) über den Bestand der Erbschaft und über den Verbleib der Erbschaftsgegenstände Auskunft zu erteilen[2]).

Die gleiche Verpflichtung hat, wer, ohne Erbschaftsbesitzer zu sein, eine

Sache aus dem Nachlaß in Besitz nimmt, bevor der Erbe den Besitz tatsächlich ergriffen hat[3]).

E I 2082 II 1901; M 5 586, 587; P 5 697—699, 704, 707, 708, 715, 716.

1. Die Auskunftspflicht besteht auch gegenüber dem Nachlaßpfleger (§ 1960), dem Nachlaßverwalter (§ 1985), dem verwaltenden Testamentsvollstrecker und dem Nachlaßkonkursverwalter; nach Eintritt der Nacherbfolge auch gegenüber dem Nacherben (OLG 21, 310). Der Ehemann im gesetzlichen Güterstand kann wegen einer der Frau anerfallenen Erbschaft das Recht auf Auskunft geltend machen entweder mit Zustimmung der Frau oder in der Weise, daß er Leistung an die Frau verlangt (RG 77, 34; 92, 157). Auskunftspflicht des Erben gegenüber dem Pflichtteilsberechtigten § 2314. Durch die Klage auf Auskunftserteilung wird nach RG 115, 28 die Verjährung des Pflichtteilsanspruchs nicht unterbrochen; gleiches wird für die Unterbrechung der Verjährung des Erbschaftsanspruchs (§ 2026 A 2) durch die Klage auf Auskunftserteilung nach §§ 2027, 2028 zu gelten haben.

2. Der Erbschaftsbesitzer hat, weil er zur Herausgabe nach §§ 2018ff. verpflichtet ist, dem Erben schon nach § 260 ein Verzeichnis des **Bestandes der Erbschaft** vorzulegen und, wenn die Voraussetzungen des § 260 Abs 2 vorliegen, den Offenbarungseid zu leisten. Das Verzeichnis hat den Bestand zur Zeit seiner Aufstellung zu ergeben einschließlich der herauszugebenden Surrogate (§ 2019) und Nutzungen (§ 2020). Darüber hinaus hat aber der Erbschaftsbesitzer auch Auskunft über den **Verbleib der Erbschaftsgegenstände** zu erteilen, also derjenigen Gegenstände, deren Zugehörigkeit zur Erbschaft (infolge eines früher etwa aufgestellten Nachlaßverzeichnisses oder auf sonstige Weise) festgestellt ist, die aber nicht mehr in der Erbschaft vorhanden sind oder deren Aufbewahrungsort nicht bekannt ist. Vgl. über den Begriff des Verbleibes im übrigen § 2028 A 2. Der Erbschaftsbesitzer hat anzugeben, was ihm darüber bekannt geworden ist; weiter erstreckt sich seine Auskunftspflicht nicht. Er wird sonach Rechenschaft abzulegen haben über die Veränderungen, die der Erbschaftsbestand, soweit er in seinen Besitz gelangt ist, durch Veräußerungen, Untergang, Verschlechterung erlitten hat. Wertangabe der Aktiva und Angabe der Nachlaßverbindlichkeiten (§ 2001) ist nicht erforderlich (OLG 18, 337; 20, 428; 26, 297). — Darüber, ob durch eine nach erfolgter Verurteilung erteilte Auskunft der Auskunftspflicht genügt ist, ist im Zwangsvollstreckungsverfahren auf Vollstreckungsgegenklage (§ 767) zu entscheiden. Hat aber der Verpflichtete eine formell genügende Auskunft erteilt, so kann eine Vervollständigung in der Regel nur durch Anhalten zum Offenbarungseide erzielt werden; eine Verurteilung zu weiterer Auskunftserteilung ist regelmäßig ausgeschlossen und nur dann ausnahmsweise zulässig, wenn ein ganzer selbständiger Vermögensteil, z. B. der Anteil an einem Geschäfte, in die Auskunft nicht aufgenommen war (RG 84, 44; 20. 11. 19 IV 246/19). — Die Auskunftspflicht liegt nur dem Erbschaftsbesitzer im technischen Sinne (§ 2018 A 2) ob, wird also durch das bloße Berühmen mit dem Erbrechte, auch wenn deswegen Feststellungsklage erhoben ist, nicht begründet. Ein Miterbe wird nicht dadurch Erbschaftsbesitzer und daher gemäß Abs 1 auskunftspflichtig, daß er von Erbschaftsgegenständen für die Gesamtheit der Erben Besitz ergriffen hat, wohl aber, wenn er ein über seinen Erbteil hinausgehendes Erbrecht für sich in Anspruch genommen hat (§ 2018 A 2; RG 81, 32 und 295); im übrigen vgl. Abs 2 (A 3). Darüber, inwieweit Miterben als solche untereinander auskunftspflichtig sind, vgl. § 2038 A 7. Der Anspruch auf Auskunftserteilung gehört zum Nachlasse und unterliegt deshalb den Vorschriften des § 2039; die Mitteilung eines einzigen Verzeichnisses für alle Erben wird in der Regel genügen (OLG 30, 186; vgl. RG in LZ 1919, 1239[17]). Der Anspruch kann im Gerichtsstande des § 27 ZPO erhoben werden. — Auskunftspflicht im Falle unrichtigen Erbscheins § 2362 Abs 2.

3. Wer Erbschaftsgegenstände auf Grund behaupteten Einzeltitels oder ohne jeden Titel (pro possessore) besitzt, ist nicht Erbschaftsbesitzer und dem Erbschaftsanspruche, sowie der aus diesem sich ergebenden Auskunftspflicht (Abs 1) nicht ausgesetzt (§ 2018 A 2). Ausnahmsweise kann er jedoch auf **Auskunftserteilung,** und zwar in dem vollen Umfange des Abs 1, belangt werden, wenn er eine Sache **aus dem Nachlasse,** d. h. nach eingetretenem Erbfalle und (wie wohl angenommen werden muß) in Kenntnis von diesem, **in Besitz genommen hat,** solange der Erbe, auf den der Besitz kraft der Fiktion des § 857 rechtlich übergegangen ist (§ 1922 A 5), den Besitz **tatsächlich noch nicht ergriffen hat,** also die tatsächliche Gewalt weder selbst noch durch einen Besitzdiener ausübt (§§ 854, 855), noch zu dem unmittelbaren Besitzer in ein Verhältnis gemäß § 868 (A 5) getreten ist. Die Auskunftspflicht besteht ohne Rücksicht darauf, ob die Besitznahme bösgläubig in rechtswidriger Absicht oder gutgläubig in der Meinung, zum Besitze berechtigt zu sein, z. B. als Eigentümer oder als Pächter oder Mieter des Erbschaftsbesitzers oder auch als Geschäftsführer des angeblichen Erben, erfolgt ist. Auch derjenige, dem ein Recht auf den Besitz wirklich zusteht, z. B. wer noch vom Erblasser die Sache gemietet oder gepachtet, aber noch nicht

übergeben erhalten hatte, macht sich auskunftspflichtig, wenn er sie in der in Frage stehenden Zeit eigenmächtig in Besitz nimmt. Eine gegen den bereits tatsächlich besitzenden Erben begangene Eigenmacht macht nur auskunftspflichtig, wenn dadurch Erbschaftsbesitz begründet wird. Gleiches gilt für den Miterben, der ohne ein über seinen Erbteil hinausgehendes Erbrecht in Anspruch zu nehmen (vgl. A 2), Nachlaßgegenstände behufs ordnungsmäßiger Verwaltung des Nachlasses (§ 2038 Abs 1 Satz 2) ohne Einverständnis der übrigen Miterben in Besitz nimmt und darüber durch Verkauf verfügt (RG Gruch 48, 973; 22. 11. 06 IV 186/06, 26. 2. 23 IV 289/22, Recht 1923 Nr 1177). — Der Gerichtsstand des § 27 ZPO ist im Falle des Abs 2 nicht gegeben.

§ 2028

Wer sich zur Zeit des Erbfalls mit dem Erblasser in häuslicher Gemeinschaft befunden hat,[1]) ist verpflichtet, dem Erben auf Verlangen Auskunft darüber zu erteilen, welche erbschaftliche Geschäfte er geführt hat und was ihm über den Verbleib der Erbschaftsgegenstände bekannt ist[2]).

Besteht Grund zu der Annahme, daß die Auskunft nicht mit der erforderlichen Sorgfalt erteilt worden ist, so hat der Verpflichtete auf Verlangen des Erben den Offenbarungseid dahin zu leisten:

daß er seine Angaben nach bestem Wissen so vollständig gemacht habe, als er dazu imstande sei[3]).

Die Vorschriften des § 259 Abs 3 und des § 261 finden Anwendung[4]).

E II 1902; P 5 715, 716.

1. Auch ohne daß Erbschaftsbesitz oder ein Eingriff in den Nachlaß vorliegt (§ 2027), begründet schon die Tatsache **häuslicher Gemeinschaft mit dem Erblasser zur Zeit seines Todes** die Verpflichtung zu gewissen Auskünften. Dabei ist nicht vorausgesetzt Zugehörigkeit zum Hausstande (§ 1617), oder gar, wie in § 1969, Familienangehörigkeit und Bezug des Unterhalts. Unter Umständen genügt es z. B., daß ein auswärts wohnendes Familienglied aus Anlaß der letzten Krankheit des Erblassers besuchsweise seine Wohnung geteilt hat (RG 80, 285). Überhaupt erscheint auskunftspflichtig jeder, der zu dem Erblasser und zu den ihm gehörigen Sachen zur Zeit des Todes in eine derart enge räumliche Beziehung getreten war, daß ihm jederzeit die Möglichkeit offenstand, „sich eine mehr oder weniger genaue Kenntnis von dem Verbleib der Erbschaftsgegenstände zu verschaffen und sich an diesen zu vergreifen"; so RG Warn 1922 Nr 75. Ob diese Ausdehnung des Begriffs der häuslichen Gemeinschaft nicht zu weit geht, muß als zweifelhaft bezeichnet werden. Hierher gehören auch Personen, die auf Grund eines Vertragsverhältnisses nicht bloß vorübergehend den Hausstand geteilt haben, z. B. Dienstboten. Auch der Miterbe, wenn er Hausgenosse des Erblassers war, ist zur Auskunft nach § 2028 verpflichtet (RG 58, 89; 80, 287).

2. Begriff der **erbschaftlichen Geschäfte** § 1959 A 1, 2. Auch hier ist vorausgesetzt, daß es sich nicht um pro herede gestio handelt, da sonst regelmäßig Erbschaftsbesitz im Sinne von § 2018 anzunehmen sein wird. Der Hausgenosse hat sich vor allem darüber zu äußern, ob er solche Geschäfte geführt hat. Insoweit dies geschehen, ist die Auskunftspflicht ohnedies aus §§ 681, 666, 259, 260 begründet. Darüber hinaus hat er aber auch mitzuteilen, was ihm sonst über den **Verbleib der Erbschaftsgegenstände** bekannt ist, d. h. über den Verwahrungsort und das Schicksal derjenigen Gegenstände, deren Zugehörigkeit zur Erbschaft feststeht, die aber verschwunden sind. Dagegen ist er zur Auskunft über den Bestand der Erbschaft als Inbegriff, d. h. darüber, was zur Erbschaft gehört (§ 2027 A 2) und demgemäß auch zur Vorlegung eines Verzeichnisses (§ 260) oder zur Rechnungslegung über andere als die von ihm geführten einzelnen Geschäfte, nicht verpflichtet (RG JW 02 Beil 266[197]; RG Warn 1920 Nr 171; 1922 Nr 75). Unter die Auskunftspflicht des Hausgenossen fallen auch Gegenstände, die schon vor dem Erbfalle beiseite geschafft worden sind (RG 28. 11. 12 IV 265/12; vgl. RG 81, 296); nicht aber Schenkungen, die der Erblasser bei Lebzeiten dem Hausgenossen gemacht hat (RG 84, 206; 73, 371; 9. 10. 19 IV 130/19). Sie auf körperliche Sachen, einschließlich der Urkunden über Rechte, zu beschränken (so die zweite Auflage dieses Kommentars), dürfte der Ausdruck „Verbleib" nicht nötigen, da auch bei Rechten von einem „Verbleib" gesprochen werden kann, z. B. wenn eine Forderung eingezogen worden ist, ohne daß feststeht, wer sie eingezogen hat. Unter dem „Verbleibe" ist nicht nur der örtliche, sondern auch der wirtschaftliche Verbleib zu verstehen (Prot 5, 715), d. h. Auskunft darüber, ob und welcher Werterſatz für die verschwundenen Gegenstände in den Nachlaß gelangt ist. Die Auskunftspflicht geht nur so weit, als das Wissen des Hausgenossen sich erstreckt.

3. Der **Offenbarungseid** unterscheidet sich von § 260 dadurch, daß nicht die Vollständig-

keit des „Bestandes", sondern nur der nach Abs 1 zu machenden „Angaben" zu beschwören ist. Er kann, wenn der Eidespflichtige hierzu bereit ist, als Akt der freiwilligen Gerichtsbarkeit vor dem Nachlaßgerichte geleistet werden (FGG §§ 163, 79). Wird der Eid verweigert, so kann er nur im Klagewege erzwungen werden und ist dann vor dem Prozeßgerichte zu schwören (ZPO § 889). Die Verurteilung zur Leistung des Offenbarungseids kann erst verlangt werden, nachdem die Auskunft erteilt worden ist; die Weigerung der Erteilung oder der Verdacht, sie werde unsorgfältig erteilt werden, genügt nicht (**RG** Warn 1922 Nr 75; **RG** 73, 243; Warn 1920 Nr 171). Eine ausdehnende Auslegung des Wortlautes auf den Fall, daß mit Sicherheit vorauszusehen ist, die Auskunft werde nicht mit der erforderlichen Sorgfalt erteilt werden, lehnt das Reichsgericht ab. Der Offenbarungseid wird danach bei Weigerung des Auskunftspflichtigen, die Auskunft zu erteilen, nur auf dem Umwege erzwungen werden können, daß zunächst auf Erteilung der Auskunft geklagt und auf Grund der rechtskräftigen Verurteilung zu dieser die Zwangsmaßnahmen aus § 888 ZPO zur Anwendung gebracht werden; führen diese nicht dazu, daß die Auskunft erteilt wird, so ist auch die Klage auf Verurteilung zur Leistung des Offenbarungseids nicht durchführbar.

4. § 259 Abs 3: keine Eidespflicht in Angelegenheiten von geringer Bedeutung. § 261: Zuständigkeit, Abänderungsmöglichkeit, Kostenlast.

§ 2029

Die Haftung des Erbschaftsbesitzers[1]) bestimmt sich auch gegenüber den Ansprüchen, die dem Erben in Ansehung der einzelnen Erbschaftsgegenstände zustehen[1]), nach den Vorschriften über den Erbschaftsanspruch[2]).

E I 2088 II 1903; M 5 592, 593; P 5 722, 723.

1. Der Erbe kann auch gegen denjenigen, der mit der Behauptung, Erbe zu sein (pro herede), besitzt und gegen den deshalb der Erbschaftsanspruch geht, die gewöhnlichen dinglichen und schuldrechtlichen **Ansprüche in Ansehung der einzelnen Erbschaftsgegenstände** erheben, also die Herausgabe einer Sache mittels der Eigentumsklage (§ 985) verlangen, Bereicherungsansprüche (§§ 812ff.), insbesondere auf Ersatz für eine vom Erbschaftsbesitzer eingezogene Nachlaßforderung, und Schadensersatzansprüche wegen unerlaubter Handlung (§§ 823ff.) erheben. Es bedarf hierzu des Nachweises, daß der Gegenstand zum Vermögen des Erblassers gehört hat und daß der Kläger Erbe geworden ist. Nach dem ersten Entwurf (§ 2088) sollte diesen Singularklagen gegenüber der Erbschaftsbesitzer im Wege der Einrede verlangen können, daß seine Verpflichtung nach den Vorschriften über den Erbschaftsanspruch beurteilt werde. Nach der jetzigen, auf Beschlüssen der zweiten Kommission (Prot 5, 722) beruhenden Fassung hat das Gericht, auch wenn ein solcher Einwand nicht erhoben wird, die Haftung des Erbschaftsbesitzers nach diesen Vorschriften zu beurteilen; es hat sie also insoweit von Amts wegen anzuwenden. Doch wird die Anwendung nach den prozessualen Verhandlungsgrundsätzen voraussetzen, daß aus dem Vortrage der Parteien, sei es des Klägers oder des Beklagten, sich ergibt, daß der Beklagte ein Erbrecht in Anspruch nimmt; eine Ermittlung darüber von Amts wegen dürfte über die Aufgabe des Gerichts (§ 139 ZPO) hinausgehen. Liegen die Voraussetzungen für die Anwendung vor, so sind die Vorschriften anzuwenden ohne Rücksicht darauf, ob sie dem Erbschaftsbesitzer zum Vorteile oder zum Nachteile gereichen. Insbesondere hat demgemäß auch die die Haftung des Erbschaftsbesitzers im Verhältnisse zu dem gewöhnlichen Bereicherungsanspruche verschärfende Vorschrift über die Voraussetzungen der Bösgläubigkeit (§ 2024 A 2) Anwendung zu finden. Als Vorschriften über die **Haftung des Erbschaftsbesitzers** werden alle Vorschriften anzusehen sein, welche die Art und den Umfang seiner Leistungspflicht betreffen; dazu gehören aber die Vorschriften über die Herausgabe der Surrogate und Nutzungen (§§ 2019, 2020), über den Ersatz von Verwendungen (§ 2022 A 2, 3), über die Wirkungen der Rechtshängigkeit (§ 2023), sowie über die Voraussetzungen (vgl. oben) und Folgen der Bösgläubigkeit (§ 2026); auch über die Verjährung und den Einwand der Ersitzung (§ 2026 A 2), so mit Recht Planck-Flad Erl 1 Abs 2 u. Erl 2; a. M. die fünfte Auflage dieses Kommentars. Die Vorschrift über den besonderen Gerichtsstand des Erbschaftsanspruchs (§ 27 ZPO) findet auf die Singularklagen keine Anwendung.

2. Die **Anwendung der Vorschriften über den Erbschaftsanspruch** führt dazu, daß der gutgläubige Erbschaftsbesitzer (§ 2024 A 2), der zur Herausgabe eines erlangten Erbschaftsgegenstandes nicht imstande ist, nur soweit haftet, als er durch den Besitz der Erbschaft im ganzen bereichert ist (§ 2021 A 2) und daß die Herausgabe nur verlangt werden kann gegen Ersatz aller (nicht nur der notwendigen und nützlichen) Verwendungen und auch solcher, die nicht auf den mit der Singularklage verlangten Erbschaftsgegenstand, sondern auf andere Erbschaftsgegenstände oder auf die Erbschaft als Ganzes gemacht sind (§ 2022 A 2, 3). Das Zurückbehaltungsrecht wegen solcher Verwendungen kann der Erbschaftsbesitzer, ungeachtet § 863, auch gegenüber Singularklagen aus dem Besitze (§§ 861, 862) insoweit geltend machen, als es gegenüber dem Erbschaftsanspruche begründet sein würde, demnach aber nur, wenn er gutgläubig ist und der Erbe den Besitz der Sache noch nicht tatsächlich ergriffen hatte, da andernfalls auch dem Erbschaftsanspruche gegenüber dem Zurückbehaltungsrechtseinwande die Replik der Haftung auf Schadensersatz durch Herstellung des früheren Zustandes (§ 249) wegen verbotener Eigenmacht entgegenstehen würde (§ 2025).— Der Rechtsnachfolger des Erbschaftsbesitzers im Besitze einzelner Sachen (wegen des Rechtsnachfolgers im Besitze der Erbschaft als Ganzen vgl. § 2030) kann nur für die von dem Erbschaftsbesitzer auf die einzelne Sache gemachten Verwendungen nach Maßgabe des § 999 Ersatz verlangen; auf ihn bezieht sich § 2029 nicht. — Rechtskraft hinsichtlich des Erbrechts wird durch Zusprechungo der Abweisung der Singularklage ebensowenig erzeugt wie bei dem Erbschaftsanspruche (§ 2018 A 4); doch kann der Erbschaftsbesitzer durch Erhebung einer Inzidentfeststellungswiderklage (§ 280 ZPO) rechtskräftige Entscheidung darüber herbeiführen.

§ 2030

Wer die Erbschaft durch Vertrag von einem Erbschaftsbesitzer erwirbt[1]), steht im Verhältnisse zu dem Erben einem Erbschaftsbesitzer gleich[2]).

E II 1904; P 5 723, 724.

1. Durch den Verkauf oder einen anderweitigen auf Veräußerung gerichteten **Vertrag** über eine ganze Erbschaft (§§ 2371, 2384) entsteht zunächst nur eine schuldrechtliche Verpflichtung des Verkäufers auf Herausgabe der zur Erbschaft gehörigen Gegenstände an den Käufer (§ 2374). Von einem **Erwerbe der Erbschaft** durch den Käufer kann erst die Rede sein, wenn ihm auf Grund des Veräußerungsvertrags Erbschaftsgegenstände übereignet worden sind; erst dann hat er etwas „aus der Erbschaft erlangt", und zwar auf Grund des von seinem Verkäufer beanspruchten, aber nicht bestehenden Erbrechts, und wird deshalb im Verhältnisse zum Erben einem Erbschaftsbesitzer gleichgestellt (A 2). Die Veräußerung des Anteils eines Miterben (§ 2033), der gleichfalls unter den Begriff der Erbschaft fällt (§ 1922 Abs 2), durch den „Besitzer" dieses Anteils (Erbschaftsbesitzer im Sinne des § 2018) ist zwar als dingliche Verfügung möglich (§ 2033), aber als Verfügung eines Nichtberechtigten unwirksam (§ 185); auch hier kann daher von einem „**Erwerbe**" der Erbschaft erst die Rede sein, wenn der Erwerber tatsächlich etwas aus der Erbschaft erlangt hat (§ 2018 A 3). Ist dieser Fall eingetreten, so kann der Erbe den Erbschaftsanspruch unmittelbar gegen den Erwerber richten. Er kann aber auch das von dem Veräußerer für die Veräußerung erhaltene Entgelt (Kaufpreis) als Surrogat gemäß § 2019 von dem Veräußerer herausverlangen. Daß es dazu einer Genehmigung der Veräußerung durch den Erben bedürfte (so Planck Erl 2) und daß diese deshalb regelmäßig in der Erhebung des Anspruchs gegen den Veräußerer gefunden werden müsse, wodurch der Erbe jeden Anspruch gegen den Erwerber verliere (so die zweite Auflage dieses Kommentars), kann nicht zugegeben werden; auch das, was der Veräußerer auf Grund der rechtlich unwirksamen, aber tatsächlich erfolgten Weggabe von Erbschaftsgegenständen als Entgelt erhalten hat, ist „mit Mitteln der Erbschaft" erlangt und unterliegt deshalb als Surrogat dem Herausgabeanspruche des Erben, dessen Rechte erheblich gefährdet sein würden, wenn er, um diesen Anspruch gegen den Veräußerer geltend zu machen, auf den Anspruch gegen den Erwerber verzichten müßte. Der Erbe wird vielmehr bis zu seiner vollen Befriedigung sowohl den Anspruch auf das vom Veräußerer erlangte Entgelt, wie den auf die vom Erwerber erlangten Erbschaftsgegenstände geltend machen können; nur wenn der eine Verpflichtete ihn befriedigt, wird er verpflichtet sein, diesem die Rechte gegen den andern Verpflichteten abzutreten (Näheres s. bei Kipp § 71 III 1 u. 2). Wegen der Anrechnung des vom Erwerber bezahlten Entgelts durch diesen s. A 2. — Die Vorschriften des Paragraphen werden über den Wortlaut hinaus entsprechend auch auf den Erwerb der Erbschaft Anwendung finden können, der nicht auf Grund Vertrags (unter Lebenden oder Erbvertrag), sondern auf Grund letztwilliger Verfügung, und zwar Vermächtnisses der Erbschaft durch den Erbschaftsbesitzer an einen Dritten, erfolgt ist; daß der (gesetzliche oder eingesetzte) Erbe des Erbschaftsbesitzers wie dieser zur Herausgabe verpflichtet ist, ergibt sich schon aus allgemeinen Grundsätzen.

2. Den **dritten Erwerber**, gleichviel, ob er die Erbschaft gegen oder ohne Entgelt erlangt hat, trifft in demselben Umfange **wie den Erbschaftsbesitzer** die Pflicht zur Herausgabe auch der Surrogate (§ 2019), der Nutzungen (§ 2020) und gegebenenfalls der Bereicherung (§ 2021). Den gezahlten Kaufpreis kann der gutgläubige Erwerber der Erbschaft (§ 2024 A 2) sowohl gegenüber dem Herausgabeanspruch als Verwendung (§ 2022; a. M. die zweite Auflage dieses Kommentars; auch Planck Erl 1), wie auch als Minderung der Be-

reicherung gegenüber dem Bereicherungsanspruchs (§ 2021) in Anrechnung bringen, jedenfalls soweit er nicht durch den ihm gegen den Veräußerer zustehenden Gewährleistungsanspruch (§ 2376) gedeckt ist. Die Ansicht, welche den Anspruch auf Erstattung des gezahlten Kaufpreises gegenüber dem Herausgabeanspruch nicht zulassen will, berücksichtigt wohl nicht genügend, daß nach § 2022 Abs 1, 2 alle Verwendungen, d. h. alle dem Erbschaftsbesitzer durch den Erbschaftsbesitz erwachsenen Aufwendungen ohne Rücksicht auf Notwendigkeit oder Nützlichkeit (§ 2022 A 2, 4), wozu im Falle des Erbschaftserwerbs auch die Aufwendungen für den Erwerb gehören, zu erstatten sind; sie dürfte auch mit dem Schutze gegen Benachteiligung, den das Gesetz dem gutgläubigen Erbschaftserwerber, wie Erbschaftsbesitzer, gewähren will, kaum in Einklang zu bringen sein. — Auch im übrigen gelten die Bestimmungen der §§ 2022—2027 Abs 1, 2029 auch für den Erwerber der Erbschaft. Insbesondere kann er als Rechtsnachfolger des Erbschaftsbesitzers (entsprechend § 999) auch die von diesem gemachten Verwendungen vom Erben ersetzt verlangen und gemäß § 943 sich auch auf dessen Ersitzungszeit berufen. Der Erbschaftsanspruch gegen den Erwerber der Erbschaft wird durch dessen Gutgläubigkeit nicht ausgeschlossen; die Vorschriften über den Erwerb im guten Glauben vom Nichtberechtigten finden nur auf den Erwerb einzelner Erbschaftssachen Anwendung. Die verschärfte Haftung gemäß §§ 2024, 2025 tritt aber nur ein, soweit die Voraussetzungen dafür (böser Glaube, strafbare Handlung, verbotene Eigenmacht) in der Person des Erwerbers gegeben sind.

§ 2031

Überlebt eine für tot erklärte Person den Zeitpunkt, der als Zeitpunkt ihres Todes gilt[1]), so kann sie die Herausgabe ihres Vermögens nach den für den Erbschaftsanspruch geltenden Vorschriften verlangen[2]). Solange der für tot Erklärte noch lebt, wird die Verjährung seines Anspruchs nicht vor dem Ablauf eines Jahres nach dem Zeitpunkte vollendet, in welchem er von der Todeserklärung Kenntnis erlangt[3]).

Das gleiche gilt, wenn der Tod einer Person ohne Todeserklärung mit Unrecht angenommen worden ist[4]).

E I 2089 II 1905; M 5 597—599; P 5 725, 726; 6 316, 317.

1. Der **Zeitpunkt des Todes im Falle der Todeserklärung** ist nach BGB § 18 Abs 1, ZPO § 970 im Ausschlußurteile festzustellen.

2. Die **Anwendung der Vorschriften über den Erbschaftsanspruch** kann nur eine entsprechende sein. Der für tot Erklärte hat dabei die Stellung des Erben; derjenige, der infolge der Todeserklärung auf Grund des vermeintlichen Erbfalls etwas aus dem Vermögen des für tot Erklärten erlangt hat, die Stellung des Erbschaftsbesitzers (§ 2018), und zwar ohne Rücksicht darauf, ob im Falle wirklich eingetretenen Todes er oder ein anderer als Erbe berufen, er also dann wirklicher Erbe oder auch nur Erbschaftsbesitzer geworden sein würde. Auch sein Rechtsnachfolger gemäß § 2030 steht dem Erbschaftsbesitzer gleich. — Den aus § 2031 sich ergebenden, dem Erbschaftsanspruche entsprechenden Gesamtanspruch (Vorbem zu § 2018) auch einem verschollen Gewesenen gegen denjenigen zu gewähren, der sich als der Verschollene ausgegeben und dadurch in den Besitz seines Vermögens gesetzt hat (wie Strohal II 881 will), dürfte in Ermanglung einer dazu berechtigenden Gesetzesvorschrift bedenklich sein; der Zurückgekehrte wird in solchem Falle sich mit den gewöhnlichen Singularklagen begnügen müssen. — Wird festgestellt, daß der für tot Erklärte vor dem im Ausschlußurteile bezeichneten Zeitpunkte gestorben ist, so ist für denjenigen, der demzufolge zur Erbschaft berufen ist, gegen denjenigen, der die Erbschaft auf der Grundlage des nach Maßgabe des Ausschlußurteils angenommenen Zeitpunktes des Erbfalls erhalten hat, der gewöhnliche Erbschaftsanspruch begründet. Stirbt der für tot Erklärte später als in dem Ausschlußurteile angenommen, so geht der für ihn bereits begründete Anspruch aus § 2031 auf seinen Erben über; doch verliert er seine besondere Natur und stellt sich als ein wirklicher Erbschaftsanspruch eines Erben gegen einen Erbschaftsbesitzer dar; a. M. Kipp § 66 A 22; Planck Erl 1 Abs 2. Ein praktischer Unterschied wird sich daraus nicht ergeben, da auch auf den aus § 2031 begründeten Anspruch von vornherein die Vorschriften über den Erbschaftsanspruch Anwendung zu finden hatten.

3. Satz 2 beugt dem vor, daß zum Schaden des vermeintlichen Erblassers die 30jährige **Verjährung** des Erbschaftsanspruchs abgelaufen oder dem Ablaufen nahe ist (§§ 195, 198), wenn er von seiner Todeserklärung oder davon, daß er als gestorben gilt (Abs 2), Kenntnis erlangt. Der Zeitpunkt erlangter Kenntnis ist vom Anspruchsgegner zu beweisen. Stirbt der für tot Erklärte nach Ablauf der gewöhnlichen Verjährungsfrist von 30 Jahren, aber früher als ein Jahr nach erlangter Kenntnis, so ist die Verjährung vollendet; seine nunmehr zur Erbschaft berufenen Erben können sich auf die Verlängerung der Frist nicht berufen.

4. Die **irrtümliche Annahme des Todes** kann z. B. auf dem Grunde unrichtiger Sterbeurkunden beruhen. Sie liegt auch vor, wenn das Ausschlußurteil mit Erfolg angefochten worden ist (ZPO §§ 975 Abs 2, 973). Ähnlich beim Erbschein § 2370. Ist die Annahme des Todes hinfällig, so kann der Anspruch aus § 2031 auch von einem bestellten Abwesenheitspfleger (§ 1911) verfolgt werden.

Vierter Titel

Mehrheit von Erben

Der vierte Titel regelt die Besonderheiten, die dadurch entstehen, daß durch den Erbfall die Erbschaft als Ganzes (§ 1922 A 7) nicht auf einen, sondern auf **mehrere Erben** übergeht, was in der Wirklichkeit der häufigste Fall ist. Dieser Fall ist schon in § 1922 Abs 1 („eine oder mehrere Personen") und Abs 2 („Anteil eines Miterben", A 10) ausdrücklich vorgesehen, während im übrigen der erste Abschnitt und die drei ersten Titel des zweiten Abschnitts, wohl lediglich aus Rücksichten sprachlicher Vereinfachung, von „dem Erben" in Einzelform sprechen, was aber nicht bedeutet, daß nicht ihre Vorschriften, soweit der vierte Titel nicht Abweichungen bringt, auch auf den Fall einer Mehrheit von Erben Anwendung zu finden hätten. — Innerhalb des vierten Titels ist zunächst das Rechtsverhältnis der Miterben untereinander geordnet (I §§ 2032—2057), sodann (II §§ 2058—2063) ihr Verhältnis zu den Nachlaßgläubigern, dieses soweit durch das Vorhandensein mehrerer Erben Besonderheiten gegenüber der im zweiten Titel erfolgten allgemeinen Regelung des Verhältnisses des Erben zu den Nachlaßgläubigern bedingt werden. In beiden Richtungen beruht die Regelung auf dem Grundsatze der Gemeinschaft zur gesamten Hand, der von der zweiten Kommission (Prot 5, 835ff.) im Anschlusse an das preußische Recht (RG 49, 406; 79, 394) eingeführt ist, im Gegensatze zu dem ersten Entwurfe (§ 2151), der in Anknüpfung an das gemeine Recht die Vorschriften der Gemeinschaft nach Bruchteilen angewendet wissen wollte (Näheres s. § 2032 A 2). — Die Vorschriften über das Rechtsverhältnis unter den Miterben gliedern sich in der Weise, daß die §§ 2032—2041 das Verhältnis bis zur Auseinandersetzung betreffen, die §§ 2042—2049 die Auseinandersetzung selbst und die §§ 2050—2057 die dabei stattfindende Ausgleichung von Zuwendungen des Erblassers an Abkömmlinge.

I. Rechtsverhältnis der Erben untereinander

§ 2032

Hinterläßt der Erblasser mehrere Erben[1]), so wird der Nachlaß gemeinschaftliches Vermögen der Erben[2]).

Bis zur Auseinandersetzung gelten die Vorschriften der §§ 2033 bis 2041[3])[4]).

[E I 2051 Abs 2, 2151 II 1906; M 5 526—530, 687, 688; P 5 650, 835—837; 6 346, 347.

1. Die **mehreren Erben** können durch das Gesetz (§§ 1924ff.) oder durch Verfügung von Todes wegen (§§ 1937ff., 2087ff.) oder teils in der einen, teils in der andern Weise berufen sein (§ 2088). Ein nach einem andern oder an Stelle eines andern Berufener (Ersatzerbe, § 2096, solange der zunächst Berufene nicht weggefallen ist, Nacherbe, § 2100, vor Eintritt der Nacherbfolge) ist im Verhältnis zu jenem nicht Miterbe im Sinne des Gesetzes. Die Frage, welche Personen als Erben berufen sind und wie groß der Anteil eines jeden von ihnen ist, bedarf nicht der einheitlichen Entscheidung unter den Beteiligten; daher kann auch der Erbschaftsanspruch eines Miterben (**hereditatis petitio partiaria**, § 2018 A 1) gegen einzelne der übrigen Miterben gerichtet werden; die Einrede der mehreren Streitgenossen ist nicht begründet und es besteht zwischen den gemeinschaftlich verklagten keine notwendige Streitgenossenschaft (so RG 8. 6. 05 IV 207/05; 11. 7. 05 IV 282/05 und RG 95, 97). Freilich lassen sich die Schwierigkeiten nicht verkennen, die dadurch für die Berechnung der Erbquoten, bei der gemeinschaftlichen Verwaltung und Benutzung der Erbschaft (§§ 2038, 743, 745) und bei der Auseinandersetzung wie auch gegenüber den Nachlaßgläubigern (§ 2060) entstehen können. Dagegen besteht regelmäßig Notwendigkeit einheitlicher Entscheidung und deshalb exceptio plurium und notwendige Streitgenossenschaft bei der Klage des Nachlaßgläubigers gemäß § 2059 Abs 2; nicht aber wiederum bei der Klage aus dem Gesamtschuldverhältnis nach § 2058 (RG 71, 369). Notwendige Streitgenossenschaft auch für die Nichtigkeitsklage gegen ein auf gemeinschaftliche Klage aller Miterben ergangenes Urteil über eine Nachlaßforderung (RG 96, 52).

2. **Gemeinschaftliches Vermögen der Erben.** Dadurch ist zum Ausdrucke gebracht,

daß die Erbschaft auch nach dem Übergange auf mehrere Erben ein Ganzes, ein Vermögensinbegriff (§ 1922 A 7), bleibt. Die Gemeinschaftlichkeit ist nach den Grundsätzen der Gemeinschaft zur gesamten Hand gestaltet (RG 57, 434) wie bei der Gesellschaft (§ 718 A 1) und der ehelichen Gütergemeinschaft (§ 1438 A 1). Über die begriffliche Natur dieser deutschrechtlichen Gemeinschaftsform herrscht in der Wissenschaft Streit; sie ist wohl im wesentlichen in der dinglichen Bindung eines Vermögens für die gemeinschaftlichen Zwecke zu finden in der Weise, daß nicht eine besondere Rechtspersönlichkeit geschaffen oder fingiert wird, vielmehr die Gemeinschaftsteilhaber selbst (Genossen) die Träger der Rechtspersönlichkeit, aber in der Ausübung ihrer Rechte durch den Gemeinschaftszweck beschränkt sind, insbesondere über ihre Anteile an den einzelnen Vermögensbestandteilen nicht verfügen können (§ 2033 Abs 2). Im übrigen sind die Fälle der Gemeinschaft zur gesamten Hand im BGB verschieden ausgestaltet; bei der Erbengemeinschaft ist die Bindung eine weniger strenge mit Rücksicht darauf, daß sie ohne einen darauf gerichteten Willen der Beteiligten entsteht und von vornherein nicht auf Fortdauer, sondern auf Beendigung durch Auseinandersetzung gerichtet ist. Dementsprechend ist namentlich, anders wie bei der Gesellschaft, § 719, und der ehelichen Gütergemeinschaft, § 1442, jedem einzelnen Miterben das Recht zugestanden, über seinen Anteil am Nachlasse zu verfügen (§ 2033 Abs 1; s. A 1 dazu). Auch treten die Individualrechte der einzelnen Gemeinschaftsgenossen stärker hervor; so bei der Verwaltung, Nutzung und Fruchtziehung, wofür die Vorschriften über die Gemeinschaft nach Bruchteilen gelten (§ 2038 A 4), ferner bei der Geltendmachung von Ansprüchen für den Nachlaß (§ 2039) und bei der Berechtigung, grundsätzlich zu jeder Zeit die Auseinandersetzung zu verlangen (§ 2042). — Die Gemeinschaft erstreckt sich auch auf die Nachlaßforderungen; der Satz: „nomina ipso iure divisa sunt" ist für die Miterben ausgeschlossen (§ 2039 Satz 1). In die Gemeinschaft treten auch die Surrogate ein (§ 2041). Auch Nachlaßverwaltung kann nur gemeinschaftlich beantragt werden (§ 2062; anders beim Nachlaßkonkurs, KO § 217); Zwangsvergleich im Konkurse nur auf Vorschlag aller Erben (KO § 230); über einen Erbteil findet ein Konkursverfahren nicht statt (KO § 235). — Gemeinschaftlicher Erbschein auf Antrag jedes Erben (§ 2357). Bei Eintragungen im Grundbuche soll das Erbengemeinschaftsverhältnis bezeichnet werden (GBO § 48). Sind im Grundbuche mehrere Personen mit der Bezeichnung „als Miterben zu gleichen Teilen" als Eigentümer eingetragen, so ist hinreichend erkennbar gemacht, daß es sich um eine Miterbengemeinschaft zur gesamten Hand, nicht um ein Miteigentum nach Bruchteilen handelt, und ist deshalb eine an dem Anteile eines einzelnen Miterben bestellte Hypothek nichtig (§ 1114), kann auch nicht auf Grund guten Glaubens an die Richtigkeit des Grundbuchs (§ 892) rechtswirksam von einem Dritten erworben werden (RG 88, 22; vgl. die A dazu in JW 1916, 480[4]; ferner 23. 3. 18 V 371/17). — Die Miterben können die Erbengemeinschaft sowohl hinsichtlich der ganzen Erbschaft wie hinsichtlich einzelner Nachlaßgegenstände in eine Gemeinschaft nach Bruchteilen umwandeln; doch hat eine solche Vereinbarung nur schuldrechtliche Bedeutung und bedarf, soweit Grundstücke in Frage kommen, der Form des § 313; zur dinglichen Wirkung muß bei Grundstücken die Auflassung hinzukommen (RG 57, 432; 67, 62; 105, 251; a. M. früher Dernburg, richtig 3. Aufl § 176 A 7). Ist ein Minderjähriger beteiligt, so bedarf die Vereinbarung, soweit Grundstücke in Betracht kommen, und die Auflassung der vormundschaftlichen Genehmigung (RG 6. 6. 07 IV 527/06); sind dabei mehrere Minderjährige beteiligt, so muß jeder von ihnen durch einen besonderen Pfleger vertreten sein wegen § 181 (RG 67, 61). Ein Erlöschen von Rechten und Verbindlichkeiten, die zwischen dem Erblasser und einem Miterben bestanden haben, tritt durch den Erbfall nicht ein; eine Bürgschaft erlischt auch nicht teilweise, wenn der Gläubiger und der Bürge Miterben des Hauptschuldners werden (RG 76, 58). Ebensowenig wird eine vor dem Erbfall getroffene Verfügung eines Nichtberechtigten über einen zum Vermögen des Erblassers gehörigen Gegenstand dadurch, daß der Verfügende Miterbe wird, ganz oder teilweise wirksam (§ 185 Abs 2 Satz 1). Anderseits wird eine Verfügung des Erblassers über eine Sache oder ein Recht des Miterben wirksam, wenn dieser auch nur für einen seinem Erbteile entsprechenden Teil der Nachlaßverbindlichkeiten unbeschränkt haftet (§ 185 Abs 2 Satz 1). Aufrechnung eines Nachlaßschuldners mit einer Forderung gegen einen einzelnen Miterben ist ausgeschlossen (§ 2040 Abs 2). Die Miterben werden durch den Erbfall auch Mitbesitzer der Nachlaßsachen (§§ 857, 866).

3. Die Erbengemeinschaft des BGB entsteht unmittelbar **kraft Gesetzes**. Sie kann nicht durch Vertrag der Beteiligten geschaffen werden. Wohl aber wird sie unter den übrigen Erben fortgesetzt, nachdem eine oder einige Erben durch Abfindung u. dgl. aus ihr ausgeschieden sind. Darüber, ob und wann die Erbengemeinschaft durch die fortschreitende Aufteilung des Nachlasses beendigt wird, vgl. § 2059 A 2.

4. **Übergangsrecht.** Die Erbengemeinschaft des BGB entsteht nur, wenn der Erbfall am 1. 1. 00 oder später eingetreten ist (EG Art 213; RG JW 02 Beil 268[203]). Anwendbarkeit des neuen Rechtes auf Grund EG Art 173 (Verpfändung eines gemeinrechtlichen Erbteils) RG Gruch 49, 967 und JW 02 Beil 268[203].

§ 2033

[1]) **Jeder Miterbe[2]) kann über seinen Anteil an dem Nachlasse verfügen[3]). Der Vertrag, durch den ein Miterbe über seinen Anteil verfügt, bedarf der gerichtlichen oder notariellen Beurkundung[4]).**

Über seinen Anteil an den einzelnen Nachlaßgegenständen kann ein Miterbe nicht verfügen[5]).

E II 1907; P 5 837—839.

1. Abweichend von den andern Fällen der Gemeinschaft zur gesamten Hand: Gesellschaft § 719, eheliche Gütergemeinschaft § 1442 (vgl. § 2032 A 2; **RG** 60, 128), kann der Miterbe über seinen **Anteil an dem Nachlasse** als Ganzem, d. h. über die Gesamtheit der ihm als Teilhaber der Erbengemeinschaft zustehenden Rechte, verfügen, d. h. sie in der Weise auf einen andern übertragen, daß dieser in die Rechtsstellung des Miterben als Teilhabers der Gemeinschaft eintritt (**RG** 60, 131; 83, 30); die Frage, ob der Erwerber des Erbteils dadurch an Stelle des Veräußerers „Erbe" (Miterbe) im Rechtssinne wird, ist in **RG** 83, 30 und 88, 117 offen gelassen, aber wohl sicherlich zu verneinen, da durch Privatwillkür (abgesehen von der Erbeinsetzung) das Erbrecht als solches nicht entstehen oder aufhören kann (§§ 1922 A 9; 2032 A 3); der veräußernde Miterbe bleibt vielmehr Erbe (**RG** 64, 175) und es tritt daher auch nicht Nacherbfolge ein. Deshalb ist auch zur Fortführung einer Handelsfirma die Einwilligung sämtlicher Miterben erforderlich, auch wenn einer von ihnen alle Erbteile erworben hat (RJA 5, 185). Ein Erbschein kann nur auf den Namen des veräußernden Miterben, nicht auf den des Erwerbers gestellt werden (**RG** 64, 173). **A. M.** in allen diesen Beziehungen Leonhard Erl zu § 2033 III C. — Die durch eine solche Verfügung erfolgende Übertragung des Erbteils ist zu unterscheiden von der Abtretung des Anspruchs auf dasjenige, was dem Miterben bei der Auseinandersetzung zukommt; eine solche Abtretung soll nach **RG** 60, 126, anders wie bei der Gesellschaft (§ 717 Satz 2), nicht mit dinglicher Wirkung (§ 398) erfolgen können, so daß eine nach der Abtretung erfolgende Verfügung über den Erbteil (auch dessen Pfändung, s. A 3) der vorher erfolgten Abtretung der Forderung auf das Auseinandersetzungsergebnis vorgehen würde (im Ergebnisse zustimmend Planck 3. Aufl Erl 2 f, auch Leonhard Erl IV; a. M. Pringsheim, Abtretung und Pfändung des Erbteils, 1906). Die Entscheidung ist nicht unbedenklich; der Umstand, daß die Forderung ein Bestandteil des Erbteils, und zwar ein sehr wesentlicher ist, dürfte nicht zu dem Schlusse zwingen, daß sie nicht aus diesem ausgeschieden und nach allgemeinen Grundsätzen (§ 398) mit dinglicher Wirkung auf einen andern übertragen werden könne; ihre Veräußerung erscheint gegenüber der des Erbteils als das geringere. Der nachher pfändende Gläubiger kann dann ein Pfandrecht an dem Erbteile nur mit dem Inhalte erwerben, den dieser zur Zeit der Pfändung noch hatte (A 3), also ohne den vorher abgetretenen Anspruch auf das Auseinandersetzungsergebnis. Die Abtretung dieses Anspruchs kann unter Umständen (ebensogut wie dessen Pfändung A 3) auch als Übertragung des Erbteils ausgelegt werden (vgl. Prot II 5, 839). — Die für die Übertragung einzelner Erbschaftsgegenstände erforderlichen Formen (insbesondere bei Grundstücken die Auflassung) kommen für die Übertragung des Erbteils nicht in Betracht, da dieser von dem Anteil an einzelnen Nachlaßgegenständen verschieden ist (A 5). Ist der Miterbe als Teilhaber der Erbengemeinschaft im Grundbuch eingetragen (GBO § 48; § 2032 A 2), so wird durch die Übertragung das Grundbuch unrichtig und kann daher der Erwerber von dem Veräußerer die Berichtigung fordern (§ 894, **RG** 90, 235). — Der Verfügung kann ein entgeltliches (Kauf) oder sonstiges schuldrechtliches Geschäft zugrunde liegen; ist es ein Kauf, so tritt das **Vorkaufsrecht der Miterben** (§§ 2034 ff.) in Kraft. Ob der als „Verkauf" bezeichnete Veräußerungsvertrag zugleich die dingliche Übertragung des Erbteils enthält, ist Sache der Auslegung (**RG** Warn 1915 Nr 264). — Die Veräußerlichkeit des Erbteils kann auch durch Verfügung des Erblassers nicht ausgeschlossen oder beschränkt, insbesondere an die Zustimmung eines Testamentsvollstreckers geknüpft werden (**RG** Warn 1915 Nr 292). — Der „Erbteil" ist zwar keine Forderung, kann aber in eine solche übergehen (durch Auseinandersetzung) und es kann deshalb zu seiner Sicherung eine Höchstbetragshypothek (§ 1190) bestellt werden (**RG** 65, 366 für gemeines Recht; a. M. KGJ 40, 260). Der Bestellung einer Grundschuld zum Zwecke der Sicherung künftiger Erbansprüche stehen keinesfalls Bedenken entgegen, da die Grundschuld keine Forderung voraussetzt (**RG** 22. 12. 19 IV 303/19).

2. Nur dem **Miterben** und seinem Rechtsnachfolger (§ 2037) ist die dingliche Verfügungsmacht eingeräumt, nicht dem Alleinerben, auch nicht über einen Bruchteil der Erbschaft. Dadurch, daß ein Miterbe sämtliche Erbanteile erwirbt, wird er zwar nicht Alleinerbe im Rechtssinne (A 1); aber eine Erbengemeinschaft besteht nun nicht mehr und er ist deshalb zur dinglichen Verfügung über einzelne Erbteile nach § 2033 nicht mehr in der Lage;

eine dingliche Verfügung über die ihm nunmehr zustehende ganze Erbschaft oder über einen Bruchteil davon ist auch in diesem Falle ausgeschlossen (KGJ 46 A. 181, 187; RG 88, 116). Die Übertragung der ganzen Erbschaft oder eines Bruchteils davon kann nur durch schuldrechtliche Verpflichtung (§§ 2371, 2385) und in Erfüllung dieser Verpflichtung durch Übertragung der einzelnen Erbschaftsgegenstände (§ 2374) erfolgen. — Auch zugunsten eines andern Miterben kann ein Miterbe über seinen Erbteil verfügen; jener kommt aber dann nicht als Dritter im Sinne des § 2034 (A 1) in Betracht. — Der Miterbe kann auch einen Bruchteil seines Erbteils an eine andere Person oder seinen Erbteil nach Bruchteilen an mehrere andere übertragen; der oder die Erwerber stehen dann zu dem veräußernden Miterben bzw. untereinander in Bruchteilsgemeinschaft (RG Warn 1913 Nr 234). Mehrere Erben eines Miterben bilden eine besondere gesamthänderische Untergruppe innerhalb der Erbengemeinschaft. — Auch der nur bedingt oder betagt zu einem Erbteile berufene Erbe kann nach Eintritt des Erbfalls über den Erbteil verfügen; insbesondere der Vor-Miterbe auf Grund seines auflösend bedingten oder mit Endtermin befristeten Miterbrechts, unbeschadet des Bestehenbleibens der Belastung seines Erbteils mit der Nacherbfolge (vgl. A 3). — Die Anwartschaft des Nacherben ist nach dem Eintritte des Vorerbfalls ein unentziehbares Vermögensrecht und deshalb nicht nur vererblich (§ 2108 Abs 2), sondern auch, jedenfalls wenn sie sich auf einen Erbteil bezieht, dinglich veräußerlich, insbesondere auch verpfändbar (RG Gruch 52, 680; 80, 384; 83, 434). Das soll aber nicht nur von dem Rechte des Mit-, sondern auch von dem des Allein-Nacherben gelten, da die Gründe, die für den gesetzlichen Ausschluß der dinglichen Übertragung des Vollrechts an einer ganzen Erbschaft maßgebend gewesen, für die Anwartschaft des Nacherben nicht zutreffend seien, vielmehr eine entsprechende Anwendung des § 2033 Abs 1 Satz 1 wegen Gleichheit des gesetzgeberischen Grundes (Erleichterung der wirtschaftlichen Verwertung des Rechtes) geboten sei. Auch der Rechtsnachfolger des Allein-Nacherben soll alsdann unmittelbar mit dem Eintritt der Nacherbfolge in den Gesamtbesitz der Erbschaft treten. So mit eingehender Begründung RG 101, 186 (ebenso RG 1. 3. 23 IV 358/22). Die Entscheidung, die sich, wie das Reichsgericht ausdrücklich hervorhebt, in Widerspruch zu der überwiegenden Meinung in der Literatur setzt, ist nicht unbedenklich, da sie dem bloßen Anwartschaftsrechte des Nacherben weitergehende Befugnisse verleiht, als sie dem Vollerben zustehen; freilich ist zuzugeben, daß die wirtschaftliche Lage des Alleinnacherben in bezug auf die Verwertung seines Rechtes derjenigen des Miterben insofern ähnlich ist, als beide über einzelne Erbschaftsgegenstände nicht verfügen können; doch kann dieser Gesichtspunkt schwerlich entscheidend sein. Übrigens beruft sich das Urteil mit Unrecht auf RG 83, 436, wo es sich um ein Nacherbrecht an einem Erbteile gehandelt hat, und auf RG 90, 235, wo nur auf RG 83, 434 Bezug genommen ist, also gleichfalls nur ein Pfandrecht an einem Nacherbenanteilsrechte gemeint sein kann. Tritt man der Entscheidung bei, so wird jedenfalls auch die Formvorschrift in Satz 2 entsprechend angewendet werden müssen. — In der Verfügung über den Erbteil wird in der Regel die Annahme der Erbschaft zu finden sein (§ 1943 A 1).

3. **Verfügung** (§ 185) s. A 1. — Verfügung ist auch die Verpfändung (§ 1274; RG 84, 396; 87, 324; 90, 234) und die Bestellung eines Nießbrauchs (§ 1068) an dem Erbteile. Der rechtsgeschäftlichen Verfügung steht die Zwangsvollstreckung gegen den verfügungsberechtigten Miterben gleich; durch § 859 Abs 2 ZPO ist anerkannt, daß der Erbteil, im Gegensatze zu den einzelnen Nachlaßgegenständen, der Pfändung unterworfen ist (RG 59, 180). Bei der Zwangsvollstreckung in den Erbteil (§§ 829, 857 ZPO) sind die Miterben als Drittschuldner anzusehen (RG 42, 327; 49, 107; 74, 54; 75, 180); in dem Pfändungsbeschlusse müssen daher sämtliche Miterben erkennbar, wenn auch nicht mit Namen bezeichnet sein (RG 42, 330); auch muß er das an die Miterben gerichtete Leistungsverbot enthalten; ein Pfändungsbeschluß, der nur das Verfügungsverbot an den Schuldner enthält, ist unwirksam, da ein Fall des § 857 Abs 2 ZPO nicht vorliegt (RG 21. 1. 14 V 414/13). Der Ehemann einer in gesetzlichem Güterstande lebenden Miterbin ist nicht Drittschuldner (RG 74, 51). Der Wortlaut des Pfändungsbeschlusses und der darin enthaltenen Verbote ist nicht wesentlich; auch wenn ungenauerweise der Anspruch auf Auseinandersetzung oder Auszahlung des Erbteils als gepfändet bezeichnet ist, kann darin durch Auslegung eine Pfändung des Erbteils gefunden werden (RG 49, 408; RG Warn 1911 Nr 139). Durch die Pfändung des Erbteils wird die Wirksamkeit späterer Verfügungen des Schuldners über diesen dem pfändenden Gläubiger gegenüber verhindert (§§ 135, 136); ebenso sind gemeinschaftliche Verfügungen der Miterben über einzelne Nachlaßgegenstände ohne Zuziehung des Gläubigers diesem gegenüber unwirksam. Der gepfändete Erbteil ist dem Gläubiger zur Einziehung zu überweisen (Überweisung an Zahlungs Statt zum Nennwerte ist ausgeschlossen, da ein solcher nicht besteht); doch kann das Vollstreckungsgericht auch die Veräußerung (Versteigerung) anordnen (ZPO § 857 Abs 5); ein vorgehender Pfandgläubiger kann einer solchen Anordnung nicht widersprechen (RG 87, 325). — Durch die Verfügung erlangt der Erwerber, obwohl er nicht Erbe im Rechtssinne wird (A 1), die Befugnis zur Ausübung der

dem Miterben als Teilhaber der Erbengemeinschaft zustehenden Rechte, soweit sie nicht höchst persönlicher Natur sind, insbesondere des Verwaltungs-, Benutzungs- und Fruchtziehungsrechts (§ 2032 A 2), sowie des Rechtes, die Auseinandersetzung zu verlangen und den Antrag auf gerichtliche Vermittlung der Auseinandersetzung zu stellen (FGG § 86 Abs 2); ferner zur Auseinandersetzung zugezogen zu werden (§ 2042); auch das Recht auf den Überschuß (§ 2047), RG 83, 30. Der Miterbe bleibt für die Nachlaßverbindlichkeiten verpflichtet; doch haftet auch der Erwerber des Erbteils für sie, wenn der Übertragung auf ihn ein Erbschaftskauf oder ein anderes auf Veräußerung gerichtetes Rechtsgeschäft zugrunde liegt (§§ 2383, 2385; RG 60, 131). Der Erbteil geht mit dem Inhalte, mit dem die darin begriffenen Rechte zur Zeit der Verfügung dem Miterben noch zustanden, auf den Erwerber über (vgl. wegen einer vorher erfolgten Abtretung des Anspruchs auf das Auseinandersetzungsergebnis A 1). Die Rechte des Nutznießers bestimmen sich nach §§ 1085ff., diejenigen des Pfandgläubigers nach § 1258. Vgl. § 1258 A 1—7. Dem rechtsgeschäftlichen oder Pfändungspfandgläubiger „gebührt das Pfandrecht" an den Gegenständen, die bei der Auseinandersetzung auf den Erbteil fallen (§ 1258 Abs 3); aus dieser Ausdrucksweise wird in RG 84, 397 (abweichend von RG 60, 126) gefolgert, daß der Gläubiger dieses Pfandrecht nicht ohne weiteres von Gesetzes wegen erwirbt, sondern nur einen Anspruch darauf hat, daß ihm ein solches bestellt werde (vgl. auch § 1258 A 5). Doch kann das verpfändete Miterbrecht nicht ohne Zustimmung des Pfandgläubigers durch Auseinandersetzung aufgehoben werden (§ 1276; RG 83, 31; 84, 399; 90, 236). Haben die Miterben von der Verpfändung Kenntnis erhalten, so sind sie dem Pfandgläubiger schadensersatzpflichtig, wenn sie ohne seine Zustimmung ein zum Nachlasse gehöriges Grundstück an einen gutgläubigen Dritten veräußern und auflassen (RG 83, 31). Es bedarf zur Entstehung des Pfandrechts an dem Erbteile nicht der in § 1280 für die Verpfändung von „Forderungen" geforderten Anzeige an den Schuldner (RG 83 S. 28, 29). Auch im übrigen sind die Bestimmungen über das Pfandrecht an Forderungen (§§ 1279ff.) auf das Pfandrecht an einem Erbteile nicht anwendbar (RG 84, 397). Ebensowenig kommt § 399 in Frage (RG JW 1915, 245; Warn 1915 Nr 292). Das rechtsgeschäftlich oder durch Pfändung erlangte Pfandrecht an dem Anteile eines Miterben kann in das Grundbuch eines zum Nachlasse gehörigen Grundstücks eingetragen werden mit der Wirkung, daß eine gemeinschaftliche Verfügung der Miterben über das Grundstück nur mit Zustimmung des Pfandgläubigers erfolgen kann; die Eintragung hat in der für Verfügungsbeschränkungen des Eigentümers bestimmten Rubrik zu erfolgen (RG 90, 233; a. M. Achilles-Strecker, GBO § 48 Erl 2). Auch die Veräußerung des Miterbenanteils wird auf Antrag des Erwerbers — falls die Miterben schon eingetragen sind, im Wege der Grundbuchberichtigung — einzutragen sein mit der Wirkung, daß es zur gemeinschaftlichen Verfügung der Miterben über das Grundstück (§ 2040) statt der Mitwirkung des Miterben, der veräußert hat, nunmehr derjenigen des Erwerbers bedarf (RG 60, 131; OLG 5, 426; 4, 189).

4. Gerichtliche oder notarielle Beurkundung des Vertrags § 128, EG Art 141, FGG §§ 168—182. Nichtbeobachtung der Form wirkt Nichtigkeit § 125, wenn nicht in dem Vertrage Übertragung des Rechtes auf künftige Auszahlung der Nachlaßdividende gefunden werden kann (vgl. unten und A 1). Stand bereits das Grundrechtsgeschäft unter dem gleichen Formzwange (§§ 2371, 2385) und war die Beobachtung der Form dabei unterblieben, so kann zwar nicht (wie in § 313 Satz 2) die formgerechte Verfügung den Mangel heilen (a. M. Strohal § 64 bei A 17, Kretzschmar § 89 A 8). Doch wird hierin unter Umständen formgerechte Bestätigung des Grundgeschäfts zu erblicken sein (§ 141). Der Berufung einer Vertragspartei auf Nichtigkeit wegen Formmangels kann die andere Vertragspartei unter Umständen den Einwand (Replik) der Arglist (exceptio doli praesentis) entgegenhalten, wenn diejenige Partei, die sich auf die Nichtigkeit beruft, obschon nicht vorsätzlich, die andere in den Irrtum versetzt hat, daß die Form nicht erforderlich sei (RG Warn 1925 Nr 162 in Anwendung der in RG 107, 361 [vgl. §§ 242 A 4, 313 A 5]) ausgesprochenen Rechtsgrundsätze. In den Fällen der §§ 2371, 2383 (Erbschaftsverkauf) bedarf auch das Verpflichtungsgeschäft der gerichtlichen oder notariellen Beurkundung. Wie in den Fällen des § 313 (vgl. A 2 dazu) ist ein solches Geschäft nichtig, wenn in der notariellen oder gerichtlichen Urkunde der Kaufpreis unrichtig angegeben ist (RG Warn 1925 Nr 162). Dadurch wird aber das dingliche Verfügungsgeschäft nicht nichtig, auch nicht, wenn es in der gleichen Urkunde beurkundet ist, wie das schuldrechtliche Geschäft, entsprechend den für die in Grundstückskaufverträgen mitbeurkundete Auflassung und Auflassungsvollmacht vom Reichsgericht (vgl. § 313 A 6 Abs 4) aufgestellten Rechtsgrundsätzen (RG Warn a. a. O.). Die dingliche Verfügung kann jedoch in diesem Falle im Wege des Bereicherungsanspruchs (§§ 812ff.) zurückgefordert werden, sofern nicht § 817 Satz 2 entgegensteht (RG Warn ebenda). — Der Formmangel eines Versprechens der schenkungsweisen Übereignung des Erbanteils wird durch die formgerechte dingliche Verfügung geheilt (§ 518 Abs 2). In einer als solche unwirksamen Verfügung über den Erbanteil kann eine wirksame schuldrechtliche Verpflichtung zur

Übereignung desjenigen, was dem sich Verpflichtenden bei der Auseinandersetzung zukommt, gefunden werden (**RG** 26. 9. 07 IV 37/07). Genehmigung des Vormundschaftsgerichts §§ 1822 Nr 1, 1643 Abs 1, 1686.

5. Ob man bei der Erbengemeinschaft des BGB von einem **Anteile des Miterben an einzelnen Nachlaßgegenständen** überhaupt sprechen kann, ist fraglich (verneinend **RG** 61, 78; dahingestellt 88, 26). § 2033 Abs 2 scheint allerdings vorauszusetzen, daß solche Anteile bestehen (bejahend auch Kipp § 82 VI 1). Auf alle Fälle aber ist der Anteil durch das Gesamthandverhältnis in der Weise gebunden, daß weder der einzelne Miterbe noch die Gesamtheit der Miterben über ihn verfügen kann. Deshalb ist die Belastung des Anteils eines Miterben an einem zum Nachlasse gehörigen Grundstücke mit einer Hypothek oder Grundschuld rechtlich unmöglich (**RG** 88, 26) und eine dahingehende Vormerkung unzulässig (RJA 4, 253). Auch ein Wirksamwerden einer solchen Belastung gemäß § 185 Abs 2 dadurch, daß der Miterbe bei der Auseinandersetzung das Grundstück erwirbt, soll nach **RG** 88, 27 wegen § 1114 ausgeschlossen sein (anders für das preußische Recht: **RG** 79, 395). Auch eine schuldrechtliche Verpflichtung zur Übertragung der dem Veräußerer zustehenden „Erbansprüche an dem gesamten Grundbesitz" wird (**RG** 61, 76) wegen Fehlens eines Verpflichtungsgegenstandes für nichtig erklärt; doch dürfte hier eine Auslegung dahin, daß als Gegenstand der dem Verpflichteten bei der Auseinandersetzung zufallende Grundbesitz gemeint war, die Aufrechterhaltung ermöglicht haben (so Leonhard Erl VII S. 176 bei A 3). Daß für den Fall der Nichtigkeit einer Verfügung über den Anteil an einzelnen Nachlaßgegenständen eine wirksame schuldrechtliche Verpflichtung zur Übertragung dieser Gegenstände oder des Erlöses aus ihnen (richtiger wohl: eines entsprechenden Anteils an diesen Gegenständen oder dem Erlöse aus ihnen), soweit die Gegenstände oder der Erlös bei der Auseinandersetzung dem sich Verpflichtenden zufallen, durch Auslegung festgestellt werden kann, ist vom **RG** JW 09, 20[14] anerkannt. — Aus einem zum Nachlasse gehörigen Geschäfte soll ein einzelner Miterbe nicht ohne Zustimmung der andern ausscheiden können, weil darin eine Verfügung über seinen Anteil an einem einzelnen Nachlaßgegenstande liegen würde (RJA 13, 226). — Wegen der Verfügung über einzelne Nachlaßgegenstände durch sämtliche Miterben s. § 2040 A 1.

§ 2034

[1]) **Verkauft ein Miterbe seinen Anteil an einen Dritten**[2])**, so sind die übrigen Miterben zum Vorkaufe berechtigt**[3]).

Die Frist für die Ausübung des Vorkaufsrechts beträgt zwei Monate[4]). **Das Vorkaufsrecht ist vererblich**[5]).

E II 1908; P 5 839—841; 6 318, 319.

1. Das **Vorkaufsrecht** ist den Miterben gegeben, um das durch die Zulässigkeit von Verfügungen jedes einzelnen Miterben über seinen Erbteil (§ 2033 Abs 1) ermöglichte Eindringen Fremder in die Erbengemeinschaft einigermaßen einzuschränken. Zu dessen gänzlicher Verhinderung sind die Bestimmungen unzulänglich.

2. Das Vorkaufsrecht ist nur für den **Verkaufsfall**, nicht für andere Veräußerungsverträge (Tausch, Schenkung) gegeben. Noch weniger, wenn am Anteil bloß ein Pfand- oder Nießbrauchsrecht bestellt ist. Der Verkauf muß ferner freiwillig vom **Miterben**, darf also nicht im Wege der Zwangsvollstreckung oder durch den Konkursverwalter vorgenommen sein (§ 512). Dem Verkauf durch den Miterben wird aber der Verkauf durch den Erwerber eines Erbteils (§ 2033 Abs 1) gleichzustellen sein. Er muß weiter **an einen Dritten**, d. h. an einen außerhalb der Erbengemeinschaft stehenden Fremden erfolgen. Daher kein Vorkaufsrecht, wenn ein Miterbe an den andern verkauft.

3. Das **Vorkaufsrecht** steht **den übrigen Miterben** zu, nicht aber auch Dritten, an die ein Miterbe seinen Erbteil gemäß § 2033 übertragen hat (A 5). Es wirkt insofern dinglich, als es nach Übertragung des Erbteils auf den Käufer unmittelbar gegen diesen und den weiteren Erwerber des Anteils geltend gemacht werden kann (§§ 2035, 2037). Im übrigen sind die Bestimmungen über das persönliche Vorkaufsrecht (§§ 504—514) ergänzend heranzuziehen. Hervorzuheben ist, daß das Recht mit Abschluß des Kaufvertrags entsteht (§ 504) und durch formlose Erklärung gegenüber dem verkaufenden Miterben (§ 505), nach Übertragung des Anteils gegenüber dem Käufer ausgeübt wird (§ 2035). Mehrere Erben können es nur im ganzen, müssen es aber nicht notwendig alle ausüben. Unter Umständen kann es auch von einem einzigen Miterben geltend gemacht werden (§ 513). Die das Vorkaufsrecht ausübenden Miterben haften für den Kaufpreis als Gesamtschuldner (§ 427). Soweit sich durch den Vorkauf ihr bisheriger Anteil erhöht, sind §§ 1935, 2095 entsprechend anwendbar.

4. Die **Zweimonatsfrist** beginnt mit der Mitteilung des Vertragsinhalts an die einzelnen Vorkaufsberechtigten, zu welcher der Verkäufer gemäß § 510 verpflichtet ist, und

läuft jedem besonders. Sie entspricht der gesetzlichen Frist beim Vorkaufsrecht an Grundstücken (§ 510 Abs. 2). Sie läuft auch im Falle des § 2037 immer nur vom ersten Verkaufsfalle. Berechnung der Frist §§ 187, 188.]

5. Das Vorkaufsrecht ist nicht selbständig übertragbar und geht mit Übertragung des Anteils gemäß § 2033 Abs 1 nur dann auf den Erwerber über, wenn er Miterbe ist (a. M. Planck Erl 2a). Denn die Miterbenschaft, die ein dritter Erwerber des Erbteils nicht zu erlangen vermag (§ 2033 A 1), ist nach Abs 1 für die Ausübung des Vorkaufsrechts wesentlich (OLG 26, 302). Die **Vererblichkeit** ist gegen die Regel des § 514 anerkannt.

§ 2035

Ist der verkaufte Anteil auf den Käufer übertragen, so können die Miterben das ihnen nach § 2034 dem Verkäufer gegenüber zustehende Vorkaufsrecht dem Käufer gegenüber ausüben. Dem Verkäufer gegenüber erlischt das Vorkaufsrecht mit der Übertragung des Anteils[1]).

Der Verkäufer hat die Miterben von der Übertragung unverzüglich zu benachrichtigen[2]).

E II 1909; P 5 839—842; 6 174, 328.

1. Nach der Regel des § 505 wäre das Vorkaufsrecht durch formlose Erklärung gegenüber dem Verpflichteten, d. h. dem verkaufenden Miterben, auszuüben, während es dem Dritten, dem Käufer, gegenüber überhaupt keine Wirkung äußern würde. Hiervon abweichend gewährt das Vorkaufsrecht der Miterben eine dingliche, auch dem Käufer und seinen Rechtsnachfolgern (§ 2037) gegenüber wirksame Sicherung. Deshalb wird unterschieden, ob sich der verkaufende Miterbe durch den Kaufabschluß nur erst schuldrechtlich zur Übertragung des Erbteils verpflichtet hat (§ 433). In diesem Falle bleibt es bei der Regel des § 505. Die übrigen Miterben haben es nur mit dem verkaufenden Miterben zu tun und sind ihm nach den mit dem Dritten vereinbarten Bestimmungen als Käufer verpflichtet. Oder es ist bereits zur Erfüllung des Kaufes, zur **Übertragung des Anteils** mittels der dinglichen Verfügung des § 2033 gekommen. Dann **erlischt** nach Satz 2 **gegenüber dem verkaufenden Miterben** jeder Anspruch. Es bleibt **nur der Anspruch gegen den Käufer.** Er geht auf „Übertragung des Anteils auf die Miterben" (§ 2036). Damit ist zugleich ausgesprochen, daß der verkaufte Anteil kraft Ausübung des Vorkaufsrechts den übrigen Miterben nicht schon ipso iure anfällt (OLG 9, 387; RG Warn 1925 Nr 131; a. M. Dernburg § 193 V). Die Übertragung hat in der Form des § 2033 Abs 1 Satz 2 zu erfolgen; die Kosten tragen nach Treu und Glauben (§ 242) die das Vorkaufsrecht ausübenden Miterben; § 448 Abs 2 ist auf die gesetzliche Verpflichtung des Erbteilskäufers zum Verkaufe an die Miterben nicht anwendbar (RG Warn 1925 Nr 131). Ihrerseits sind die Miterben dem Käufer zur Erstattung des gezahlten Kaufpreises und der etwa auf die Erbschaft gemachten Aufwendungen und zur Befreiung von etwa übernommenen Verbindlichkeiten, und zwar gesamtschuldnerisch (§ 427) verpflichtet (RG Warn a. a. O.).

2. Daß der verkaufende Miterbe zur unverzüglichen Mitteilung (§ 121) des mit dem Dritten geschlossenen schuldrechtlichen Vertrags verpflichtet ist und daß dieser Mitteilungspflicht auch durch den Dritten genügt werden kann, verordnet bereits § 510 Abs 1. Der Empfang dieser Mitteilung ist entscheidend für den Lauf der zweimonatigen Frist zur Ausübung des Vorkaufsrechts (§ 2034 A 4). Die dem Verkäufer des Erbteils ferner auferlegte Verpflichtung, **die Miterben von der geschehenen Übertragung unverzüglich zu benachrichtigen,** soll sie nur darüber aufklären, daß sie von jetzt ab nur noch mit dem Käufer zu tun haben und nur diesem gegenüber die Frist wahren können. Solange sie diese Mitteilung nicht erhalten haben, müssen sie die Frist durch Erklärung gegenüber dem Verkäufer wahren können. Bei der Gleichheit der Formvorschriften in § 2033 Abs 1 und § 2371 wird Vertrag und Verfügung meist zusammenfallen, so daß es nur einer Mitteilung des Verkäufers bedarf.

§ 2036

Mit der Übertragung des Anteils auf die Miterben wird der Käufer von der Haftung für die Nachlaßverbindlichkeiten frei[1]). Seine Haftung bleibt jedoch bestehen, soweit er den Nachlaßgläubigern nach den §§ 1978 bis 1980 verantwortlich ist; die Vorschriften der §§ 1990, 1991 finden entsprechende Anwendung[2]).

E II 1910; P 5 839—842; 6 328.

1. § 2036 schließt sich an § 2035 an und hat den dort geregelten Fall im Auge, daß dem Käufer der Erbteil bereits übertragen war; in diesem Falle wird **der Käufer von der Haftung für die Nachlaßverbindlichkeiten frei,** sobald er den Erbteil auf die das Vorkaufsrecht ihm gegenüber ausübenden Miterben weiter übertragen hat. Der Käufer haftet aber nach § 2382 bereits vom Abschlusse des Kaufes ab, also schon vor Übertragung des Erbteils auf ihn; wird bei dieser Sachlage das Vorkaufsrecht gemäß § 2034 gegenüber dem Verkäufer ausgeübt, so kommt der Kaufvertrag unmittelbar zwischen diesem und den Miterben zustande und tritt der Kaufvertrag mit dem Käufer außer Kraft; deshalb muß auch bereits mit diesem Zeitpunkte die Haftung des Käufers erlöschen (a. M. Planck Erl 2). Auch § 2036 Satz 2 kann in diesem Falle keine Anwendung finden, da der Käufer noch nicht in den Mitbesitz und die Mitverwaltung der Erbschaft gelangt war. — Der Käufer wird, abgesehen von Satz 2, von jeder Haftung befreit, auch wenn er vermöge eines in seiner Person liegenden Umstandes (z. B. nach §§ 1994, 2005, 2006, ZPO § 780 Abs 1) unbeschränkt haftbar geworden sein sollte. Doch geht in diesem Falle die unbeschränkte Haftung in Ansehung des hinzu erworbenen Anteils auf die das Vorkaufsrecht ausübenden Miterben über (§ 2007).

2. Solange der Käufer auf Grund einer Verfügung gemäß § 2033 der Erbengemeinschaft angehört, hat er auch die den Miterben obliegenden Verpflichtungen zu erfüllen. Hierzu gehört ordnungsmäßige Verwaltung, Sorgsamkeit in der Berichtigung der Nachlaßverbindlichkeiten, unter Umständen rechtzeitige Herbeiführung des Nachlaßkonkurses (§§ 1978—1980). Die durch Verletzung dieser Verpflichtung entstehenden **Eigenverbindlichkeiten des Käufers** (§ 1978 A 4) bleiben bestehen, und zwar auch dann, wenn wegen Dürftigkeit des Nachlasses Nachlaßverwaltung oder Nachlaßkonkurs nicht stattgefunden hat, sondern der Käufer des Erbteils gemäß § 1990 vorgegangen und deshalb auf Grund des § 1991 verantwortlich geworden ist. Nur dies will die Verweisung auf §§ 1990, 1991 besagen. Denn von einer Beschränkung der Haftung auf den Nachlaß im Sinne dieser Paragraphen kann bei einem Käufer, der sich des gekauften Anteils bereits wieder entledigt hat, nicht mehr die Rede sein. Soweit der Käufer aus derartigen Eigenverbindlichkeiten haftet, kann er während der Dauer einer Nachlaßverwaltung oder eines Nachlaßkonkurses nur von dem Nachlaß- oder Konkursverwalter (§ 1978), im Falle des § 1990 aber von den Nachlaßgläubigern unmittelbar in Anspruch genommen werden (a. M. Strohal bei Planck 3. Aufl A 1; Leonhard III; wie hier Planck 4. Aufl.). Seine Aufwendungen kann er von den Nachlaßgläubigern nach Maßgabe des § 1978 Abs 3 erstattet verlangen.

§ 2037

Überträgt der Käufer den Anteil auf einen anderen, so finden die Vorschriften der §§ 2033, 2035, 2036 entsprechende Anwendung[1]**.**

E II 1911; P 5 839—841; 6 318, 319, 328.

1. Der Käufer des Erbanteils kann seinerseits wieder hierüber dinglich verfügen (§ 2033), hat aber gleichfalls die Benachrichtigungspflicht aus § 2035 Abs 2. Auch gegenüber dem zweiten und den ferneren Erwerbern sind die Miterben zur Ausübung des Vorkaufsrechts befugt (§ 2035 Abs 1), und zwar ohne Rücksicht darauf, ob dieser Übertragung ein Kauf oder ein anderes schuldrechtliches Geschäft zugrunde liegt. In diesem Falle werden alle vorangehenden Erwerber von der Schuldenhaftung befreit (§ 2036). Die Zweimonatsfrist des § 2034 Abs 2 läuft den Miterben jedoch auch gegenüber allen späteren Erwerbern von dem ersten Verkaufe durch den Miterben ab und das Vorkaufsrecht erlischt ein für allemal durch Nichtausübung innerhalb dieser Frist oder durch Verzicht gegenüber einem Erwerber. — Haben die Miterben die Ausübung des Vorkaufsrechts gegenüber dem verkaufenden Miterben oder einem Erwerber erklärt und der Erklärungsempfänger überträgt den Erbteil statt an sie an einen Dritten, so werden sie gegen diesen einen Anspruch auf Übertragung des Erbteils an sie nicht geltend machen können; die von der zweiten Kommission (Prot 6, 319) beabsichtigte actio in rem scripta hat einen Ausdruck im Gesetze nicht gefunden; sie werden also auf einen Schadensersatzanspruch gegen den Erklärungsempfänger angewiesen sein, sofern sie nicht auch dem neuen Erwerber gegenüber noch in der Lage sind, das Vorkaufsrecht auszuüben (so Planck 3. Aufl Erl 3; a. M. die zweite Auflage dieses Kommentars).

§ 2038

Die Verwaltung des Nachlasses steht den Erben gemeinschaftlich zu[1]**. Jeder Miterbe ist den anderen gegenüber verpflichtet, zu Maßregeln mitzuwirken, die zur ordnungsmäßigen Verwaltung erforderlich sind**[2]**; die zur Erhaltung notwendigen Maßregeln kann jeder Miterbe ohne Mitwirkung der anderen treffen**[3]**.**

Die Vorschriften der §§ 743, 745, 746, 748 finden Anwendung[4]). Die Teilung der Früchte erfolgt erst bei der Auseinandersetzung[5]). Ist die Auseinandersetzung auf längere Zeit als ein Jahr ausgeschlossen, so kann jeder Miterbe am Schlusse jedes Jahres die Teilung des Reinertrags verlangen[6]) [7]).

E II 1912; P 5 861, 862.

1. Die **gemeinschaftliche Verwaltung des Nachlasses** begreift in sich die zur Verwahrung, Sicherung, Erhaltung und Vermehrung sowie zur Gewinnung der Nutzungen erforderlich oder geeignet erscheinenden Maßregeln, wozu auch die Fortführung eines Geschäftsbetriebs gehören kann. Die Art der Verwaltung kann bei Übereinstimmung sämtlicher Miterben von ihnen frei bestimmt werden, vorbehaltlich ihrer Verantwortung gegenüber den Nachlaßgläubigern bei Beschränkung ihrer Haftung (§ 1978). Zur Verwaltung können unter Umständen auch Verfügungshandlungen erforderlich werden, d. h. solche, welche die Substanz des Nachlasses durch Veräußerung oder Belastung von Nachlaßgegenständen dinglich verändern; über diese sind besondere Bestimmungen getroffen (§§ 2033 Abs 2, 2040 Abs 1, 2046 Abs 3). Über die Aufhebung einer mit einem Dritten bestehenden Gemeinschaft vgl. § 2039 A 1. Für die Verwaltungsgemeinschaft der Erben ist nur Raum, wenn die Verwaltung nicht einem Nachlaßverwalter (§ 1984), Konkursverwalter (KO § 6) oder Testamentsvollstrecker (§ 2205) zusteht. Durch letztwillige Verfügung des Erblassers kann in Form einer von diesem den Erben gemachten Auflage (§ 1940, vgl. auch §§ 2044, 2048) die Verwaltung anders geregelt, insbesondere einem oder mehreren einzelnen Miterben übertragen sein. Bei Vorliegen eines wichtigen Grundes zur Abweichung von den Bestimmungen des Erblassers wird § 712 entsprechend angewendet werden können. Der an einzelne Miterben erteilte Verwaltungsauftrag ist jederzeit widerruflich und kündbar (§ 671).

2. Die **Mitwirkung** ist nicht bloß Zustimmung (§ 744), erfordert vielmehr nach Umständen auch tätiges und rechtsgeschäftliches Handeln. Den Nachlaßgläubigern haften daraus die Miterben als Gesamtschuldner mit dem eigenen Vermögen. Untereinander haben sie sich über die geführten Geschäfte Auskunft zu erteilen, nach Befinden Rechenschaft zu legen (§§ 681, 666), sich Treu und Glauben zu halten (s. auch RG 63, 285). Sie haften einander für Verschulden nach §§ 276, 278. Ersatzansprüche an den Nachlaß sind, sobald es der Stand des Nachlasses gestattet, spätestens bei der Auseinandersetzung auszugleichen (§ 2046). Die Mitwirkung kann nur zur ordnungsmäßigen Verwaltung verlangt werden. Diese (vgl. auch §§ 745, 1374, 1472, 2120, 2130, 2206, 2216) besteht insbesondere in der Besitznahme, Verwahrung und Sicherung des Nachlasses, Instandhaltung, Regelung des Gebrauchs und Nutzbarmachung fruchtbringender Sachen, Versicherung der Erbschaftssachen, soweit dies nach den Verhältnissen üblich ist, Klarstellung bestrittener Rechtsverhältnisse, Einziehung gefährdeter Außenstände, Belegung verfügbarer Kapitalien usw. Zur Kündigung einer Nachlaßforderung ist der einzelne Miterbe nicht berechtigt (RG 65, 5). Antrag auf Erbschein § 2357. Wegen Errichtung eines Nachlaßverzeichnisses vgl. A 7.

3. **Erhaltungsmaßregeln** wie bei der Gemeinschaft § 744 Abs 2. Ebenso wenn mehrere Testamentsvollstrecker bestellt sind (§ 2224 Abs 2). Die Zustimmung der Miterben gilt als im voraus erteilt. Der handelnde Miterbe verpflichtet insoweit im Zweifel zugleich die Gemeinschaft. Die Stellung des Antrags auf Bestimmung einer Inventarfrist gegen den Erben des Schuldners einer zum Nachlasse gehörigen Forderung kann nicht durch einen einzelnen Miterben erfolgen, da sie keine zur Erhaltung notwendige, sondern nur eine zur Erlangung des Rechtes auf unbeschränkte Haftung nützliche Maßregel ist (KG in RJA 16, 50).

4. **§ 743**: unentziehbares Recht zum Mitgebrauch der Nachlaßgegenstände (vgl. § 745 Abs 3 Satz 2), wegen der Früchte s. A 5; **§ 745**: Regelung der Verwaltung und Benutzung durch Stimmenmehrheit nach der Größe der Erbteile, somit ohne Rücksicht auf das Ergebnis der Ausgleichungspflicht, §§ 2050ff.; aber immer nur innerhalb der Grenzen einer der Beschaffenheit der Erbschaftsgegenstände entsprechenden ordnungsgemäßen Verwaltung. Die Art der Bestattung des Erblassers wird in Ermangelung einer letztwilligen Anordnung nicht durch Stimmenmehrheit der Miterben, sondern nach Maßgabe des mutmaßlichen Willens des Erblassers im Streitfalle durch das Gericht geregelt (RG 100, 173; vgl. § 1968 A 2). Kein Stimmrecht im Falle widerstreitender Interessen (BayObLG Recht 05, 344 [1579]). Sonst Verwaltung und Benutzung nach billigem Ermessen, nötigenfalls Entscheidung darüber im Rechtswege auf Grund bestimmt zu formulierender Anträge (s. § 745 A 3). Zur Einwilligung in Fortführung eines Handelsgeschäfts wird ein Miterbe wegen der nach HGB §§ 27, 25 für ihn dadurch entstehenden persönlichen Haftung für die Verbindlichkeiten nicht durch Mehrheitsbeschluß genötigt werden können. Auch eine wesentliche Veränderung der Nachlaßgegenstände kann nicht verlangt werden (§ 745 Abs 3 Satz 1). **§ 746**: Wirkung für und gegen den Sondernachfolger (Erwerber eines Erbteils). **§ 748**: Verpflichtung zur

anteiligen Tragung der Lasten und Kosten. Sie beschränkt sich jedoch auf die im Nachlaß vorhandenen bereiten Mittel und begründet keine Vorschußpflicht. Den Gläubigern gegenüber kann ihre Berichtigung als einer Nachlaßverbindlichkeit aus dem eigenen Vermögen bis zur Teilung von jedem Miterben verweigert werden (§ 2059 Abs 1).

5. Abweichend von § 743 Abs 1 ist **Teilung der Früchte** hinausgeschoben bis zur Auseinandersetzung (§§ 2042ff.). Erst dann kann übersehen werden, ob dem einzelnen Miterben mit Rücksicht auf Ausgleichungsposten und Schulden an den Nachlaß überhaupt etwas zukommt. Eine frühere Verteilung kann auch durch Mehrheitsbeschluß nicht ins Werk gesetzt werden, wohl aber durch Vereinbarung sämtlicher Miterben (**RG** 81, 241). Dem ganz unbegründeten Widerspruch eines einzelnen Miterben wird nur etwa mit § 226 begegnet werden können. Ist ein Teil des Nachlasses noch unverteilt geblieben, hat aber einer der Miterben aus der Nachlaßmasse bereits vorschußweise gegen die Verpflichtung zur Anrechnung auf seinen bei der schließlichen Auseinandersetzung sich ergebenden Anteil so viel erhalten, daß dadurch dieser Anteil erschöpft ist, so hat er, obwohl formell noch Miterbe, keinen Anspruch auf Teilnahme an den Nutzungen der unverteilten Masse (**RG** 17. 2. 21 IV 366/20).

6. Vorausgesetzt ist, daß die **Auseinandersetzung** nach §§ 2043, 2044 durch letztwillige Verfügung, wegen der zu erwartenden Geburt eines Miterben oder durch Vereinbarung der Erben **auf länger als ein Jahr ausgeschlossen** ist. Der Teilungsanspruch entsteht nicht schon dadurch, daß sich die Auseinandersetzung über Jahresfrist verzögert (**RG** 81, 244). Ist die Auseinandersetzung ausgeschlossen, so tritt die Regel des § 743 Abs 1 ein, wiewohl unter Beschränkung auf den **Reinertrag**, also der Früchte nach Abzug der Gewinnungskosten.

7. Eine **allgemeine gegenseitige Auskunftspflicht** der Miterben als solcher untereinander über den Nachlaß als Inbegriff (§ 260) ist vom Gesetze nicht anerkannt und vom Reichsgericht wiederholt abgelehnt worden (vgl. besonders **RG** 81, 30 und 21. 2. 21 IV 459/20). In der zweiten Auflage dieses Kommentars ist sie als für die Praxis unentbehrlich bezeichnet und ihre Entwicklung zu einer Rechtsregel befürwortet worden. Ohne eine durch das Gesetz gebotene Handhabe wird es aber nicht angängig sein, den Miterben allgemein eine solche Verpflichtung aufzuerlegen, die mit ihren (namentlich aus § 260 sich ergebenden) Folgen für diejenigen, die dem Nachlasse ganz ferngestanden haben, recht drückend sein kann. Das Gesetz hat dadurch, daß es für die einzelnen Fälle, in denen es eine besondere erbrechtliche Auskunftspflicht, über die aus den allgemeinen Vorschriften über Geschäftsführung und Auftrag (§§ 681, 666) sich ergebende hinaus, für geboten erachtete (§§ 2027 Abs 1, 2, 2028, 2057), ganz bestimmte Voraussetzungen aufstellte, zu erkennen gegeben, daß es die Auskunftspflicht unter Miterben als allgemeine Regel nicht aufstellen wollte. Dem praktischen Bedürfnisse dürfte auch im wesentlichen genügt sein dadurch, daß jeder Miterbe, der sich unter Inanspruchnahme eines größeren als des ihm zustehenden Erbrechts oder auch ohne dies aus dem noch nicht in den tatsächlichen Mitbesitz sämtlicher Miterben übergegangenen Nachlasse in den Besitz von Erbschaftsgegenständen gesetzt hat (§ 2027 Abs 1, 2) oder der auch nur in häuslicher Gemeinschaft mit dem Erblasser gelebt hat (§ 2028) oder ausgleichungspflichtige Zuwendungen erhalten (§ 2057) oder Geschäfte für die Erbschaft geführt hat, sei es mit oder ohne Auftrag (§§ 681, 666), zur Auskunft verpflichtet ist. Auch dafür, eine solche Auskunftspflicht etwa jedem Miterben, der aus irgendeinem Grunde Schuldner einer Nachlaßforderung geworden ist, hinsichtlich dieser seiner Schuld aufzuerlegen, ohne daß sie in dem Schuldverhältnisse an sich begründet wäre, dürfte kein Bedürfnis bestehen. Ein über die allgemein in Rechtsverhältnissen bestehende Pflicht zur Wahrung von Treu und Glauben hinausgehendes besonderes Treueverhältnis unter den Miterben ist auch in **RG** 65, 10 nicht anerkannt. In dem besonderen Falle, wo ein voraussichtlich zum Miterben Berufener, ohne in häuslicher Gemeinschaft mit dem Erblasser zu leben, schon bei dessen Lebzeiten Erbschaftsgegenstände an sich gebracht hat, wird eine die Auskunftspflicht begründende Sachlage jedenfalls dann anzunehmen sein, wenn er diese Erbschaftsgegenstände nach dem Erbfalle unter Beanspruchung eines größeren als des ihm zustehenden Erbrechts für sich zurückbehält (**RG** 81, 295; vgl. auch § 2028 A 2). Eine allgemeine Auskunftspflicht dürfte auch aus der in § 2038 Abs 1 Satz 2 gebotenen Mitwirkung zu Maßregeln der ordnungsgemäßen Verwaltung nicht zu entnehmen sein. Doch wird den älteren Auflagen zugegeben werden müssen, daß zu solchen Maßregeln auch, wie in vielen anderen Fällen, die Errichtung eines Nachlaßverzeichnisses gehört, die die Grundlage einer ordnungsmäßigen Verwaltung fremden oder mit anderen gemeinschaftlichen Vermögens bildet, und daß deshalb die Mitwirkung dazu von den Miterben verlangt werden kann (a. M. anscheinend **RG** 81, 32), woraus zu folgern sein wird, daß der Miterbe bei der Errichtung des Verzeichnisses nach Treu und Glauben anzugeben hat, was ihm über Nachlaßgegenstände bekannt ist; darin liegt aber keine Auskunftspflicht im eigentlichen Sinne mit den aus § 260 sich ergebenden Folgen (selbständige Vorlage eines Verzeichnisses und Offenbarungseid).

§ 2039

Gehört ein Anspruch zum Nachlasse[1]), so kann der Verpflichtete nur an alle Erben gemeinschaftlich leisten und jeder Miterbe nur die Leistung an alle Erben fordern[2]). Jeder Miterbe kann verlangen, daß der Verpflichtete die zu leistende Sache für alle Erben hinterlegt oder, wenn sie sich nicht zur Hinterlegung eignet, an einen gerichtlich zu bestellenden Verwahrer abliefert[3])[4]).

E II 1913; P 5 843, 862—865.

1. Der **zum Nachlasse gehörende Anspruch** (vgl. auch §§ 1978, 1991, 2019, 2041, 2383 Abs 1 Satz 2) kann dinglicher oder persönlicher Art sein. Hierzu gehört auch der Erbschaftsanspruch §§ 2018ff. Immerhin muß es sich um einen Anspruch im Sinne von § 194, somit um Geltendmachung eines Rechtes handeln, von einem andern ein bestimmtes Tun oder Unterlassen zu verlangen. Daran fehlt es, solange sich die Miterben nur erst in einer Rechtslage befinden, kraft deren es noch von ihrer Entschließung abhängt, ob und welche Rechte sie in Anspruch nehmen und ob sie sich dafür unter Umständen auch entsprechenden Verpflichtungen unterwerfen wollen. Eine solche Entschließung enthält eine Verfügung über einen Nachlaßgegenstand (§ 2040 Abs 1). Deshalb können Rücktrittsrechte (**RG** 107, 240; 18. 5. 25 V 426/24), Wahlrechte, Wiederkaufs- und Vorkaufsrechte (außer im Falle des § 2034 A 3), Anfechtungsrechte auf Grund der §§ 119ff. BGB (**RG** 107, 238, anders bei solchen auf Grund des Anfechtungsgesetzes), Rechte auf Wandlung oder Minderung, der Widerruf der Schenkung nur von allen Erben gemeinschaftlich ausgeübt werden. Ist die Fälligkeit einer zum Nachlasse gehörenden Forderung von einer Kündigung abhängig, so ist zu dieser ein einzelner Miterbe nicht befugt, da sie eine Verfügung über die Forderung (§ 2040 Abs 1) enthält (**RG** 65, 5); dagegen ist jeder einzelne Miterbe befugt, den Schuldner einer fälligen Forderung, wie durch Klagerhebung, so auch durch Mahnung zur Leistung an alle oder Hinterlegung in Verzug zu setzen. Zu dem Antrage auf Bestimmung einer Inventarfrist gegen den Erben des Schuldners (§ 1994) soll nach Kammergericht (RJA 16, 50) die Mitwirkung aller Miterben des Gläubigers erforderlich sein; doch dürfte das nicht gerechtfertigt sein, da mit dem Antrage die Inventarerrichtung gefordert wird, die sich als eine „Leistung" darstellt, wenn sie auch nicht direkt erzwungen werden kann (§ 1994 A 1), und da diese Leistung nicht an den einzelnen Miterben, sondern zugunsten des gesamten Nachlasses erfolgen soll, also die wesentlichen Erfordernisse des § 2039 Satz 1 zutreffen. Auch der Anwendung der Vorschrift auf die Erhebung sowohl positiver wie negativer Feststellungsklagen, die auf das Bestehen oder Nichtbestehen eines zum Nachlasse gehörigen Anspruchs gerichtet sind, steht nichts entgegen (**RG** JW 05, 146[28]; LZ 1917, 44[9]; so auch schon für das preußische Recht **RG** 44, 183). Doch wird zum Ausdruck kommen müssen, daß die Feststellung sich auf die Leistungspflicht an alle beziehen soll. Gegen einen Testamentsvollstrecker kann jeder einzelne Miterbe unbeschränkt auf Einhaltung der Grenzen seiner Verwaltungsbefugnisse und ordnungsmäßige Verwaltung klagen (**RG** 73, 26; 29. 10. 17 IV 241/17); es handelt sich dabei nicht um zum Nachlasse gehörige Ansprüche, sondern um persönliche Rechte des einzelnen Miterben. Ob der Antrag auf Aufhebung einer mit einem Dritten bestehenden Gemeinschaft, insbesondere durch Zwangsversteigerung eines Grundstücks, das zu dieser Gemeinschaft gehört, als Geltendmachung eines Anspruchs im Sinne des § 2039 angesehen werden kann, ist streitig; KG (OLG 25, 267) und OLG Naumburg (NaumburgAK 1921, 22) haben die Frage verneint; doch hat das KG (Beschluß vom 24. 2. 22) diese Auffassung ausdrücklich aufgegeben; **RG** 108, 424 hat die Frage bejaht und demgemäß die Zulässigkeit der Stellung eines solchen Antrags durch einen einzelnen Miterben zugunsten aller anerkannt. Die Entscheidung ist nicht unbedenklich, da ein solcher Antrag (anders wie eine Klagerhebung, vgl. oben) doch wohl eine Verfügung über einen Nachlaßgegenstand (§ 2040 Abs 1) enthält. — Ein Anspruch auf Berichtigung des Grundbuchs (insbesondere gegen einen auf Grund durch Anfechtung nichtig gewordener Auflassung als Alleineigentümer eingetragenen Miterben) fällt unter § 2039 (**RG** 28. 2. 25 V 398/24). Ebenso kann der Antrag auf Aufwertung einer zum ungeteilten Nachlasse gehörigen Forderung auf Grund des Aufwertungsgesetzes (vgl. § 242 A 5) von einem einzelnen Miterben bei der Aufwertungsstelle gestellt werden (**RG** 17. 6. 25 V B 14/25). Die Herausgabe des von einem Geschäftsführer ohne Auftrag bei Führung eines Geschäfts für den Nachlaß Erlangten kann ein einzelner Erbe erst verlangen, nachdem die Miterbengemeinschaft die Geschäftsführung genehmigt hat (**RG** 31. 1. 27 IV 567/26).

2. Daß sich der Nachlaßschuldner nur durch **Erfüllung an die Erbengemeinschaft** befreien kann, folgt schon aus §§ 2032, 2033, 2040. Am Erfüllungsort wird durch den Erbfall nichts geändert. Befreiung durch Leistung an den durch Erbschein ausgewiesenen Erben § 2367. Aus dem Grundsatz der gesamten Hand würde an sich auch folgen, daß die Mit-

erben nur gemeinschaftlich die **Leistung zu fordern** berechtigt sind. Dieser Grundsatz ist aber im BGB, im Anschluß an eine im Gebiete des PrALR ausgebildete Praxis, durchbrochen durch Gewährung eines Individualklagerechts an die einzelnen Teilhaber der Erbengemeinschaft. Die Vorschrift entspricht derjenigen des § 432, die für den Fall gegeben ist, daß mehrere (ohne in einem Gesamthandverhältnisse stehen zu müssen) eine unteilbare Leistung zu fordern haben. Sie gilt aber hier auch für teilbare Leistungen. Leistung an ihn selbst kann der Miterbe in der Regel weder ganz noch zu einem seinem Erbteile entsprechenden Teile verlangen, ausgenommen, wenn es sich etwa um einen Rechtseingriff (Eigentumsstörung) handelt, der ihn allein berührt (RG Warn 1916 Nr 248). Ist der Klageantrag nicht entsprechend beschränkt, d. h. auf Leistung an alle gerichtet, so soll das Gericht in Ausübung des Fragerechts (§ 139 ZPO) eine sachgemäße Beschränkung des Antrags herbeiführen (RG Warn 1913 Nr 236d); in IV 503/06 30. 5. 07 ist die Beschränkung sogar von Amts wegen beigefügt. — Widerspruch der übrigen Miterben steht der Geltendmachung des Anspruchs durch einen Miterben nicht entgegen; sind die übrigen nicht zur Empfangnahme der Leistung bereit, so kann er die Hinterlegung erwirken (RG 24. 2. 12 IV 345/11). Klagen sämtliche Miterben auf Leistung an die Erbengemeinschaft, so besteht, da jeder von ihnen auch allein den gleichen Anspruch erheben könnte, keine notwendige Streitgenossenschaft (so Stein, ZPO zu § 62 III 3 bei Note 50; RG Warn 1913 Nr 235; RG 16. 3. 16 IV 378/15; dahingestellt JW 1911, 101[28]); a. M. anscheinend RG 96, 52. Auch ein Arrest kann von einem einzelnen Miterben zugunsten der Gesamtheit, aber nicht zur Sicherung seines Anteils beantragt werden (RG 30. 5. 07 IV 503/06). Klageberechtigt ist ein Miterbe aus einem gegenseitigen Vertrage, auch wenn er die den Erben obliegende Gegenleistung nicht allein beschaffen kann (a. M. Dernburg V § 177 bei A 15); doch kann der Schuldner den Einwand aus § 322 erheben mit der dort bezeichneten Folge. — Das Klagerecht des einzelnen Miterben ist ein ihm zustehendes, von dem Rechte der andern unabhängiges Sonderrecht; er ist nicht Vertreter der andern, sondern klagt nur in eigenem Namen. Aus dem ergangenen Urteile kann nur der Miterbe, der geklagt hat, Zwangsvollstreckung betreiben, deren Vollziehung allerdings auch den andern zugute kommt. Rechtskraft wird nur für und gegen ihn geschaffen; die übrigen Miterben sind dadurch, daß er abgewiesen ist, nicht gehindert, den gleichen Anspruch auch ihrerseits geltend zu machen; anderseits kann der Schuldner, der auf die Klage eines Miterben verurteilt ist, den von den andern erhobenen gleichen Anspruch noch bestreiten (RG Warn 1913 Nr 235; ebenso RG 17. 6. 25 V B 14/25). Durch die Erhebung der Sonderklage eines Miterben wird die Verjährung gegenüber den andern nicht unterbrochen (vgl. auch § 432 Abs 2; a. M. Staudinger Erl 4); deshalb beginnt auch die Frist des § 207 für die Vollendung der Verjährung nicht schon mit dem Zeitpunkte, wo ein Miterbe die Erbschaft angenommen hat. — Wegen dieser beschränkten Wirkungen der Sonderklage hat das Reichsgericht in ständiger Rechtsprechung angenommen, daß der Wert des Streitgegenstandes, obwohl die Klage auf die ganze Leistung gerichtet ist, auch wenn der Gegenstand der Leistung eine bestimmte Sache oder Geldsumme ist, nicht gemäß § 6 nach dem Werte dieser Sache oder dem Betrage der Geldsumme, sondern gemäß § 3 ZPO nach dem Interesse des klagenden Miterben an der zum Nachlasse zu machenden Leistung zu bemessen ist, das einem seinem Anteile an der Erbschaft entsprechenden Bruchteile des Wertes der Leistung gleichkommt. So RG 33, 427; 38, 421 (für älteres Recht); ferner Warn 1912 Nr 274. Daran hat das Reichsgericht auch gegenüber dem in der Rechtslehre hervorgetretenen Widerspruche festgehalten: RG 93, 127; Warn 1917 Nr 184; 1. 11. 20 IV 421/19. Das soll auch bei der Klage eines Miterben gegen einen anderen auf Einwerfung eines Betrags in die Erbmasse gelten (RG 12. 7. 19 IV 104/19). Es läßt sich nicht verkennen, daß diese Rechtsprechung zu einer gewissen Härte gegen den Beklagten führt, der zu der ganzen Leistung verurteilt wird, dem aber die dem Werte dieser Leistung entsprechenden Rechtsmittel (Revision) abgeschnitten werden; eine Härte übrigens, die mit der auch sonst nicht ohne Widerspruch gebliebenen Auffassung des Reichsgerichts auf prozessualem Gebiete zusammenhängt, daß der Wert des Streitgegenstandes niemals höher sein könne als das Interesse des Klägers (vgl. Busch, ZPO zu § 546 A 2). Auch die Anwendung des § 3 ZPO auf den mit der Klage geltend gemachten, auf einen bestimmten Geldanspruch gerichteten Leistungsanspruch dürfte nicht unbedenklich sein. — Bei Klagen gegen einen Miterben auf Anerkennung (Feststellung) des Alleineigentums des klagenden Miterben an einer Sache, deren Zugehörigkeit zum Nachlasse der Beklagte behauptet, bildet dagegen unbedenklich nur eine dem Anteile des beklagten Miterben entsprechende Quote des Wertes der Sache den Streitgegenstand (RG 3. 5. 19 IV 8/19); ebenso ist bei der Klage eines Nachlaßgläubigers, insbesondere wenn er Miterbe ist, gegen einen Miterben auf Feststellung, daß eine vom Kläger geltend gemachte Nachlaßforderung besteht, eine dem Anteil des beklagten Miterben an der Erbschaft entsprechende Quote der Forderung Streitgegenstand (RG 1. 11. 20 IV 421/19). — Auch gegen den Miterben, der Nachlaßschuldner ist, kann grundsätzlich von einem andern Miterben, wenn nicht auf Leistung an alle (da er an sich selbst nicht leisten kann), so doch auf Hinterlegung des ganzen Schuldbetrages aus § 2039 geklagt werden, da ein teilweises Erlöschen durch Konfusion nicht eingetreten ist (§ 2032 A 2), und zwar ohne Rücksicht darauf, ob bei der Auseinandersetzung die Schuld durch Teilung in Natur ausgeglichen werden könnte (**RG** 65, 5). Doch läßt diese Entscheidung (und ebenso Warn 1913 Nr 236a u. b) dem beklagten Miterben den Einwand nach, daß die Einziehung der Forderung zum Nachlasse vor der Auseinandersetzung schikanös sei (§ 226) oder doch gegen Treu und Glauben verstoße, wenn mit Sicherheit zu übersehen ist, daß seine Schuld durch seinen Erbteil gedeckt wird, sofern nicht ein besonderer Grund vorliegt, der dennoch das Verlangen der Hinterlegung rechtfertigt. Gegen einen Miterben, der als Bürge für eine Forderung eines andern Miterben an den Erblasser haftet, kann die ganze Bürgschaftsschuld eingeklagt werden, sofern wegen Überschuldung des Nachlasses anzunehmen ist, daß der Miterbe, der Gläubiger ist, aus dem Nachlasse nichts erhalten würde (**RG** 76, 58). Daß die Einklagung der Forderung gegen einen Miterben nur zulässig wäre, wenn die Einziehung zur Tilgung der Nachlaßverbindlichkeiten erforderlich erscheint, kann nicht anerkannt werden. Auch der Klage des Nachlaßverwalters gegenüber kann der Miterbe, der Nachlaßschuldner ist, sich nicht darauf berufen, daß die Einziehung nicht zum Zwecke der Berichtigung von Nachlaßverbindlichkeiten erfolge (**RG** 72, 260; vgl. § 1985 A 2). — Unter Umständen kann ausnahmsweise die Sache so liegen, daß ein einzelner Miterbe Leistung an ihn selbst verlangen kann; so wenn er dazu von den übrigen Miterben ermächtigt ist (Warn 08 Nr 651); namentlich aber in solchen Fällen, wo das Ergebnis der Auseinandersetzung in zulässiger Weise durch die Klage vorweggenommen und dadurch ein weiteres Auseinandersetzungsverfahren vermieden werden kann. Solche Fälle hat das Reichsgericht als vorliegend angesehen, wenn die eingeklagte Forderung das einzige Nachlaßaktivum bildet, andere Miterben als die Parteien nicht in Betracht kommen, der Nachlaß mit Verbindlichkeiten nicht belastet ist oder doch eine noch bestehende Nachlaßverbindlichkeit unmittelbar zwischen den Parteien ausgeglichen werden kann und der Kläger nur den Anteil an der Forderung verlangt, der ihm bei der Auseinandersetzung zufallen würde, indem er zugleich zu erkennen gibt, daß der Forderungsanteil, der auf den Beklagten bei der Auseinandersetzung entfallen würde, diesem verbleiben und dadurch dessen Schuld an den Nachlaß als getilgt gelten soll. Erforderlich ist aber, daß alle Voraussetzungen für die Durchführung einer Erbauseinandersetzung (§§ 2042ff.) in dieser abgekürzten Form, insbesondere Verfügungsbefugnis der Parteien, vorliegen (vgl. **RG** Warn 1913 Nr 236a, b, c). — Zugelassen ist vom Reichsgericht auch, daß ein einzelner Miterbe den Anspruch auf Rechnungslegung gegen einen Miterben geltend macht, wenn andere Miterben als Berechtigte nicht in Frage kommen oder den Anspruch nicht geltend machen wollen (**RG** Warn 1913 Nr 236d).

3. **Hinterlegung** §§ 372ff. Durch Landesgesetz kann bestimmt werden, daß auch andere als die in § 372 bezeichneten Sachen sich zur Hinterlegung eignen (EG Art 146). Handelt es sich um ein Grundstück, so kann die Herausgabe an einen **gerichtlich zu bestellenden Verwahrer** verlangt werden (**RG** 105, 250). Der Verwahrer wird von dem Amtsgericht bestimmt, in dessen Bezirk sich die Sache befindet (FGG § 165).

4. Die Vorschrift des § 2039 über das Individualklagerecht des einzelnen Miterben wird vom Reichsgerichte, im Anschluß an die ältere preußische Praxis (vgl. auch Prot II 5, 864), in ständiger Rechtsprechung auf die **andern Gesamthandsverhältnisse** des BGB als anwendbar erklärt; so (unter Heranziehung des § 432 Abs 1) auf die Gesellschaft (**RG** 70, 34 und JW 00, 553[5]); ferner auf die eheliche Gütergemeinschaft, wenn die dem Manne zustehende Verfügungsgewalt durch den Tod erloschen und nicht infolge Fortsetzung der Gütergemeinschaft auf die überlebende Witwe übergegangen ist (andernfalls kann nur der zur Verwaltung und Verfügung berufene Ehegatte — §§ 1443, 1487 — die Klage erheben). So **RG** JW 05, 146[28] und für das ältere Recht **RG** 48, 269; ferner 2. 5. 12 IV 468/11 und — unter Zurückweisung der in der Rechtslehre erhobenen Bedenken (Hellwig) — Warn 1913 Nr 150.

§ 2040

Die Erben können über einen Nachlaßgegenstand nur gemeinschaftlich verfügen[1]).

Gegen eine zum Nachlasse gehörende Forderung kann der Schuldner nicht eine ihm gegen einen einzelnen Miterben zustehende Forderung aufrechnen[2]).

E II 1914; P 5 865, 866.

1. **Gemeinschaftliche Verfügung über Nachlaßgegenstände.** Abs 1 ergänzt, übereinstimmend mit dem für Bruchteilsgemeinschaften geltenden § 747 Abs 1 Satz 2 (für die Gesell-

schaft vgl. §§ 709ff.) positiv die negative Bestimmung des § 2033 Abs 2. **Nachlaßgegenstand** begreift Sachen (§ 90) und Rechte. Begriff der **Verfügung** § 2033 A 3. Vgl. auch § 2039 A 1. Hierzu gehört die Kündigung einer Nachlaßforderung (RG 65, 6); ist aber der Nachlaßschuldner Miterbe, so bedarf es seiner Mitwirkung bei der Kündigung nicht (BayObLG 6, 326). Auch ein **Verzicht** auf ein Kündigungs-, Rücktritts- u. dgl. Recht stellt eine Verfügung im Sinne des § 2040 dar (RG SeuffA 79 Nr 180). Ebenso der Widerruf eines **Auftragsverhältnisses** (RG LZ 1926 Sp 228; SeuffA 79 Nr 221), während der Widerruf einer abstrakten **Vollmacht** durch jeden einzelnen Miterben mit Wirkung für ihn erfolgen kann, da er keine Aufgabe eines Rechts enthält. Ferner das **Anerkenntnis** einer Nachlaßverbindlichkeit gegenüber dem aus § 2059 Abs 2 von dem Gläubiger gegen die Gesamthand erhobenen Anspruche auf Befriedigung aus dem ungeteilten Nachlasse; dagegen kann die gesamtschuldnerische Verpflichtung aus § 2058 von jedem einzelnen Miterben mit Wirkung für ihn anerkannt werden (RG JW 02 Beil 208; Gruch 46, 661). Ein **Zwangsvergleich** im Nachlaßkonkurse kann nur auf Vorschlag sämtlicher Miterben zustande kommen (KO § 230). Auch die Ermächtigung an einen Dritten, über Nachlaßgegenstände zu verfügen, muß von allen Erben erteilt sein (RG 67, 27). Die von einem einzelnen Erben getroffene Verfügung kann wirksam werden nach § 185 (a. M. RG 93, 292 mit nicht überzeugender Begründung; das Gesamthandsverhältnis schließt nicht aus, daß eine zunächst von dem nichtberechtigten einzelnen Miterben getroffene Verfügung, die deshalb unwirksam ist, durch Genehmigung der übrigen Miterben zu einer wirksamen Verfügung der Gesamtheit wird; ein Nichtigkeit begründendes gesetzliches Verbot, § 134, enthält § 2040 nicht); vgl. auch (für den Fall der Gesellschaft) RG 92, 398. Durch gutgläubigen Erwerb von einzelnen Miterben kann gemäß §§ 932ff. ein Pfandrecht an Inhaberpapieren erworben werden (RG 67, 27). In der Übertragung des **Aktienbesitzes und der Aktionärrechte** auf einen Treuhänder, der diese Rechte für eine bestimmte Zeit unwiderruflich auszuüben berechtigt sein sollte, ist eine Verfügung im Sinne von § 2040 gefunden worden (RG 111, 405); auch gutgläubiger Erwerb solcher Rechte von einem einzelnen Miterben ist ausgeschlossen (RG a. a. O.); anders wenn es sich um einen bloßen **Verwahrungsvertrag** handelt; dieser kann eine Erhaltungsmaßregel nach § 2038 Satz 2 Halbsatz 2 darstellen (RG ebenda). Auch die **Annahme der geschuldeten Leistung** enthält eine Verfügung; daß sie den Schuldner nur befreit, wenn er an sämtliche Miterben leistet, folgt schon aus § 2039 Satz 1. Auch wenn es sich um eine **gegenüber der Erbengemeinschaft** zu treffende Verfügung handelt (Kündigung, Anfechtung usw.), kann sie nur Wirkung äußern, wenn sie allen Erben gegenüber erfolgt ist. Dagegen ist kein Miterbe daran gehindert, sich in Beziehung auf einen Nachlaßgegenstand **schuldrechtlich** zu verpflichten, ihn z. B. zu verkaufen. Befugnis des Erbeserben, den seinem Erbteil entsprechenden Teil der Erbschaft auszuschlagen, § 1952 Abs 3. Über den **Nachlaß im ganzen** können die Miterben ebensowenig dinglich verfügen wie der Alleinerbe (§ 2033 A 2). Wohl aber kann jeder Miterbe gemäß § 2033 Abs 1 die gleiche Verfügung über seinen Anteil treffen und dadurch derselbe Erfolg herbeigeführt werden. Wegen eines Anspruchs, der auf eine Verfügung über Nachlaßgegenstände gerichtet ist, kann nur gegen alle Miterben gemeinschaftlich Klage erhoben werden, sofern nicht einige oder einer von ihnen sich bereits freiwillig in rechtsverbindlicher Weise zu der Verfügung bereit erklärt hat oder dazu verurteilt ist (RG 93, 292) oder, was dem gleichzustellen, die Bereitwilligkeit der übrigen Miterben in dem gegen einzelne Miterben eingeleiteten Rechtsstreite unstreitig bleibt (RG 28. 9. 22 IV 548/21 und 111, 338; 112, 132; Warn 1926 Nr 93). Daß der Klagantrag nur im Sinne einer Verurteilung zur Mitwirkung bei der von allen Miterben gemeinschaftlich zu vollziehenden Verfügung zu verstehen sei, kann aus der Klagebehauptung, daß die übrigen Erben dazu bereit seien, entnommen werden (RG 111, 338; 112, 132). Zulässig ist die Klage gegen einzelne Miterben auch, wenn nur ein schuldrechtlicher Anspruch auf **Herbeiführung** einer Verfügung in Frage steht; ein solcher kann nach § 2058 gegen jeden einzelnen Erben als Gesamtschuldner gerichtet werden, unter Vorbehalt der Einrede der Haftungsbeschränkung auf den Anteil am Nachlasse (§ 2059 Abs 1; RG 71, 370; Gruch 54, 1064; RG 111, 339). Dabei ist in RG 71, 370 der Antrag auf „Auflassung" als Antrag auf **Herbeiführung** der Auflassung gedeutet worden, während in RG 93, 296 der Antrag auf **Bewilligung einer Löschung** eine gleich wohlwollende Auslegung nicht erfahren hat. Jedenfalls dürfte einem auf Mitwirkung bei der Verfügung gerichteten Antrage gegen einzelne Miterben ein Bedenken nicht entgegenstehen. Dagegen erfordert der Gesamthandsanspruch auf Befriedigung aus dem ungeteilten Nachlasse gemäß § 2059 Abs 2 die Verklagung sämtlicher Miterben. Zur Zwangsvollstreckung in den Nachlaß ist ein gegen alle Erben ergangenes Urteil erforderlich (§ 747 ZPO).

2. Entsprechend bei der Gesellschaft § 719 Abs 2 und der allgemeinen Gütergemeinschaft § 1442 Abs 2. Die **Aufrechnung** wird auch dadurch nicht wirksam, daß ihr der einzelne Miterbe zustimmt, da hierin eine Verfügung über die Nachlaßforderung (vgl. A 1) enthalten wäre (§ 1977 A 4). Dagegen ist der nach § 2039 von einem Miterben belangte Nachlaßschuldner

nicht gehindert, diesem gegenüber mit seiner ganzen Forderung gegen den Nachlaß aufzurechnen. Auch der einzelne Miterbe darf eine Nachlaßschuld dadurch tilgen, daß er gegenüber dem Nachlaßgläubiger mit einer gegen diesen ihm zustehenden Privatforderung aufrechnet (**RG** 11, 119). Dem Nachlaßschuldner ist auch nicht die Ausübung des Zurückbehaltungsrechts an einer gegen einen Miterben ihm zustehenden Forderung gestattet.

§ 2041

Was auf Grund eines zum Nachlasse gehörenden Rechtes oder als Ersatz für die Zerstörung, Beschädigung oder Entziehung eines Nachlaßgegenstandes oder durch ein Rechtsgeschäft erworben wird, das sich auf den Nachlaß bezieht, gehört zum Nachlasse[1]). Auf eine durch ein solches Rechtsgeschäft erworbene Forderung findet die Vorschrift des § 2019 Abs 2 Anwendung[2]).

E II 1915; P 5 866, 867.

1. Vermöge der **dinglichen Surrogation** wird im Verhältnisse unter den Miterben ohne weiteres Bestandteil des Nachlasses oder des gemeinschaftlichen Vermögens der Erben, was a) auf Grund eines Rechtes, z. B. durch Erfüllung einer Schuld an den Nachlaß, oder b) als Ersatz für Nachlaßgegenstände, Sachen und Rechte, oder c) durch Rechtsgeschäft, das sich auf den Nachlaß bezieht, erworben wird. Dieselben Grundsätze gelten für das Gesamtgut (§ 1473) und beim Erbschaftskauf (§ 2374), während beim Erbschaftsanspruch (§ 2019 A 2) und bei der Nacherbschaft (§ 2111) entscheidend ist, ob der rechtsgeschäftliche Erwerb mit Mitteln der Erbschaft erfolgt. Demnach gehört auch zum Nachlasse, was ein Miterbe mit eigenen Mitteln für den Nachlaß erworben hat, sofern sich das den Erwerb vermittelnde Rechtsgeschäft **auf den Nachlaß bezieht.** Anderseits genügt es nicht, daß der Erwerb mit Mitteln der Erbschaft erfolgt ist, wenn das Rechtsgeschäft sich nicht **auf den Nachlaß bezieht.** Ob eine solche Beziehung vorliegt, ist Sache der Beurteilung des Einzelfalles. Regelmäßig hängt es von der Willensrichtung des rechtsgeschäftlich tätig werdenden Miterben ab, nämlich davon, ob er für sich oder für den Nachlaß erwerben will, z. B. bei Anschaffung von Maschinen oder sonstigen Inventarstücken, die im Fortbetriebe der Landwirtschaft oder des Gewerbes für den Nachlaß oder als Zubehör eines Nachlaßgrundstücks Verwendung finden sollen; doch ist weiter erforderlich, daß das Geschäft auch objektiv mit dem Nachlasse in Zusammenhang gebracht werden kann (**RG** 24. 4. 1911, SächsArch 6, 516). Als nicht zum Nachlasse gehörig sind demgemäß solche Vermögensstücke angesehen worden, die nach dem freien Willen der Erben von einem einzelnen Miterben durch Umsatz der den Nachlaß bildenden Vermögensstücke zu Sondereigentum erworben worden und nach außen hin seiner unumschränkten rechtlichen Verfügung unterworfen sind, mag dieser auch im Innenverhältnisse nur die Rechtsstellung eines Treuhänders der übrigen Beteiligten haben (**RG** 5. 7. 21 VII 3/21). Hat er hierzu eigene Mittel verwendet, so ist er nach §§ 1978, 1991 gegenüber den Nachlaßgläubigern und nach §§ 670, 683f. **gegenüber den Miterben ersatzberechtigt. Umgekehrt wird er den Miterben ersatzpflichtig,** wenn er mit Mitteln des Nachlasses (z. B. durch Verkauf eines Nachlaßgegenstandes an einen gutgläubigen Dritten) für sich selbst erworben hat. Auch die Surrogate sind als Nachlaßgegenstände der Verfügungsmacht des einzelnen Erben entzogen (§ 2033) und sind Gegenstände der Verwaltung und Auseinandersetzung. Bedenklich daher die Stempelentscheidung **RG** 3. 7. 21 VII 3/21, die ausspricht, daß ein mit Mitteln des Nachlasses von einem Miterben im Einverständnisse der übrigen zu Alleineigentum erworbenes Grundstück nicht zum Nachlasse gehöre, auch wenn die Miterben noch gemeinschaftlich die Erträge beziehen; daß vielmehr bereits durch den Erwerb des Grundstücks auf den Namen des einen Miterben eine Auseinandersetzung des Nachlasses insoweit erfolgt sei. — Soweit ein Miterbe als Erbschaftsbesitzer in **Betracht kommt** (§ 2018 A 1), bestimmt sich der durch ihn vermittelte rechtsgeschäftliche Surrogatserwerb nach § 2019, wonach lediglich entscheidet, ob hierzu die Mittel des Nachlasses verwendet sind.

2. Zugehörigkeit der Forderung zum Nachlaß mit Wirkung auf den Schuldner, vgl. § 2019 Abs 2 u. A 3. Die Anwendung dieser Vorschrift bedeutet, daß der Schuldner einer Forderung, die von einem Miterben für einen Nachlaß begründet wird, die Zugehörigkeit der Forderung zu diesem Nachlasse erst dann gegen sich gelten lassen muß, wenn er von der Zugehörigkeit (also davon, daß das Rechtsgeschäft sich auf den Nachlaß **bezieht**) Kenntnis erhalten hat; daß er bis dahin sonach an den Miterben, der die Forderung gegen ihn begründet hat oder an einen Dritten, dem dieser sie abgetreten hat, mit befreiender Wirkung leisten, auch mit diesen Personen in Ansehung der Forderung mit Wirkung für den Nachlaß Rechtsgeschäfte vornehmen und Rechtsstreitigkeiten führen (§§ 407, 408); ferner eine ihm gegen den Miterben zustehende Forderung auch dem Nachlasse gegenüber aufrechnen kann (§ 406).

§ 2042

Jeder Miterbe kann jederzeit[2]) die Auseinandersetzung[1]) verlangen[2]), soweit sich nicht aus den §§ 2043 bis 2045 ein anderes ergibt[2]).

Die Vorschriften des § 749 Abs 2, 3[2]) und der §§ 750 bis 758 finden Anwendung[2])[3]).

E II 1916; P 5 881, 882.

1. **Auseinandersetzung** ist die Aufhebung der unter den Miterben bestehenden Gemeinschaft zur gesamten Hand (§ 2032 A 2). Entsprechend bei andern Gesamthandsverhältnissen: Gesellschaft §§ 730ff., eheliche Gütergemeinschaft §§ 1471ff. Soweit das Verhältnis zu den Nachlaßgläubigern in Betracht kommt, spricht das Gesetz von Teilung (§§ 2059, 2060) und versteht darunter die dingliche Überführung der Nachlaßgegenstände oder ihres Erlöses in das Einzelvermögen der Miterben (vgl. das Nähere zu den genannten Paragraphen). — Die Auseinandersetzung kann zunächst durch außergerichtlichen Vertrag unter den Miterben selbst erfolgen; in diesem Falle sind die Erben, soweit nicht bindende Teilungsanordnungen des Erblassers (§ 2048 A 1) vorliegen, weder hinsichtlich des Zeitpunkts, der Art und Weise oder des Inhalts noch hinsichtlich der Form beschränkt, da das Gesetz nach keiner Richtung zwingende Vorschriften aufstellt (RG Warn 09 Nr 512). Insbesondere kann die Erbauseinandersetzung in der Weise erfolgen, daß ohne förmliche Berechnung und Verständigung über den Bestand und den Wert des Nachlasses der gesamte Nachlaßbestand in Bausch und Bogen einem oder mehreren Miterben zugewiesen wird, gegen gewisse an die übrigen Miterben zu zahlende Abfindungen; eine solche Vereinbarung ist nicht etwa als Erbschaftsverkauf wegen Nichtbeobachtung der für diesen bestehenden Formvorschrift (§ 2371) nichtig; sie erzeugt ferner auch ohne Beobachtung der Form für Verfügungen über den Erbanteil (§ 2033 Abs 1 Satz 2) die schuldrechtliche Verpflichtung, keine erbrechtlichen Ansprüche gegenüber den Miterben mehr geltend zu machen (RG Warn 09 Nr 512). Auch eine vergleichsweise Vereinbarung, durch welche Personen, die auf die Eigenschaft als Miterben Anspruch gemacht hatten, deren Erbberechtigung aber bestritten war (Erbprätendenten), gegen gewisse Zuwendungen aus dem Nachlasse sich verpflichten, erbrechtliche Ansprüche nicht weiter geltend zu machen, kann als Erbauseinandersetzungsvertrag angesehen werden (RG a. a. O.). Der Erbauseinandersetzungsvertrag als solcher bedarf keiner Form; soweit jedoch darin die Verpflichtung zur Übereignung von Nachlaßgrundstücken an einen Miterben oder an mehrere Miterben nach Bruchteilen (auch wenn die Bruchteile die gleichen sind wie die bisherigen Erbanteile) begründet wird, ist die Beobachtung der Form des § 313 erforderlich. Auch bedarf die dingliche Übereignung einzelner Nachlaßgegenstände in Ausführung der Auseinandersetzung an einen Miterben der dafür vorgeschriebenen Formen, bei Grundstücken der Auflassung (RG 57, 433). Die Aufhebung der Erbengemeinschaft kann auch gegenständlich beschränkt werden; sie besteht dann als solche an den vorerst ungeteilten Nachlaßgegenständen weiter. Sie kann auch durch Begründung einer Gemeinschaft nach Bruchteilen an dem ganzen Nachlasse oder an einzelnen Nachlaßbestandteilen (z. B. dem Mieterträgnisse eines Hauses, RG 26. 3. 09 VII 450/08) unter den bisherigen Erbgemeinschaftern erfolgen. Nach ihrer Aufhebung kann sie durch Vereinbarung nicht wiederhergestellt werden. — Einem abwesenden Beteiligten kann, wenn die Voraussetzungen der Abwesenheitspflegschaft vorliegen (§ 1911 A 1), durch das Nachlaßgericht für das Auseinandersetzungsverfahren ein Pfleger bestellt werden (§ 88 FGG); ein solcher Pfleger ist auch zur Annahme der Erbschaft für den Abwesenden befugt; die Bestellung kann deshalb schon vor der Annahme der Erbschaft durch diesen erfolgen; auch kann der Pfleger einen Erbschein für den Abwesenden beantragen (OLG Kolmar in RJA 16, 63). Steht ein Miterbe unter Vormundschaft oder Pflegschaft, so bedarf der Auseinandersetzungsvertrag der Genehmigung des Vormundschaftsgerichts (§ 1822 Nr 2), an dessen Stelle im Falle des § 88 FGG im Auseinandersetzungsvermittlungsverfahren das Nachlaßgericht tritt (§ 97 FGG). — Der Vater bedarf nach § 1643 der Genehmigung nur, soweit es sich bei der Auseinandersetzung um Rechtsgeschäfte im Sinne der §§ 1821 Abs 1 Nr 1—3, Abs 2, 1822 Nr 1, 3, 5 handelt. Bei Eheleuten ist im gesetzlichen Güterstande für die Frau die Zustimmung des Mannes erforderlich, wenn der Erbanteil zum eingebrachten Gute gehört (§ 1395); bei der Gütergemeinschaft, wenn der Erbanteil zum Gesamtgute gehört, nicht die Zustimmung der Frau, auch nicht wenn Grundstücke zum Nachlasse gehören, da die Verfügung über den Erbanteil keine Verfügung über die Grundstücke darstellt (RJA 4, 117); gehört die Erbschaft zum Vorbehaltsgute, so bedarf die Frau nicht der Zustimmung des Mannes (RG 29. 10. 17 IV 241/17). — Ist ein oder sind mehrere Testamentsvollstrecker vorhanden, so liegt diesen die Auseinandersetzung ob, sofern nicht anzunehmen ist, daß das Recht dazu ihnen vom Erblasser nicht gewährt werden sollte (§§ 2204, 2208); die Auseinandersetzung durch Vereinbarung unter den Miterben ist dann ausgeschlossen. Der Testamentsvollstrecker hat die Auseinandersetzung

unter Beobachtung der Vorschriften der §§ 2042—2056 vorzunehmen (§ 2204 Abs 1), soweit nicht Teilungsanordnungen des Erblassers vorliegen, insbesondere ihm überlassen ist, nach billigem Ermessen zu verfahren (§ 2048 Satz 2). Doch ist nach RG 108, 289 die durch § 2042 Abs 2 vorgeschriebene Anwendung des § 753, insoweit danach die Aufhebung der Gemeinschaft bei Grundstücken in Ermangelung einer Einigung der Beteiligten durch Zwangsversteigerung erfolgen müßte, auf die Auseinandersetzung durch einen Testamentsvollstrecker, der vom Erblasser ohne Einschränkung der einem solchen kraft Gesetzes zustehenden Befugnisse ernannt ist, ausgeschlossen, da es dem mutmaßlichen Willen des Erblassers nicht entsprechen würde, die dem Testamentsvollstrecker bei der Verwaltung des Nachlasses zustehende freie Verfügungsbefugnis über die Nachlaßgegenstände (§ 2205) bei Veräußerungen zum Zwecke der Auseinandersetzung einzuschränken. — Ist ein Testamentsvollstrecker nicht bestellt oder zur Vornahme der Auseinandersetzung nicht befugt, so hat auf Antrag (landesgesetzlich auch von Amts wegen, FGG § 192) das Nachlaßgericht (oder die sonstige landesgesetzlich dazu berufene Behörde, FGG § 193) in einem durch das FGG (§§ 86—98) geregelten Verfahren der freiwilligen Gerichtsbarkeit die **Vermittlung der Auseinandersetzung** in die Hand zu nehmen, die unter den Beteiligten infolge ausdrücklicher Zustimmung oder eingetretener Versäumnis als zustande gekommen anzusehenden Vereinbarungen zu beurkunden und zu bestätigen; die rechtskräftig bestätigte Auseinandersetzung hat sodann die Wirkung eines rechtsgeschäftlichen Auseinandersetzungsvertrags. — Mehrere minderjährige Miterben müssen, wenn die Auseinandersetzung vertragsmäßig durch Aufhebung der unter ihnen selbst bestehenden Gemeinschaft und unter Abweichung von den gesetzlichen Auseinandersetzungsregeln erfolgen soll, wegen § 181 jeder durch einen besonderen gesetzlichen Vertreter (Inhaber der elterlichen Gewalt, Vormund, Pfleger) vertreten sein (RG 67, 61; 71, 162; 93, 334; vgl. § 1795 A 1). Das soll nach RG 93, 336 auch gelten, wenn die Auseinandersetzung nur eine „rechnerische" ist und daher kein eigentlicher Interessengegensatz unter ihnen besteht. Es gilt nicht, wenn die Minderjährigen den gesamten Nachlaß (also die Summe der Erbteile) an einen großjährigen Miterben gegen bestimmte, an jeden einzelnen von ihnen zu zahlende Abfindungssummen übertragen (§ 2033 Abs 1), vorausgesetzt, daß die dafür vorgeschriebene Form gewahrt ist; wohl aber, wenn die Überlassung einzelner Nachlaßgegenstände an den Miterben in dieser Weise erfolgt (RG 93, 335; a. M. für letzteren Fall BayObLGZ 9, 126). Durch das Vormundschaftsgericht kann die Vertretungsbefugnis eines gesetzlichen Vertreters für mehrere minderjährige Miterben nicht durch Gestattung nach § 181 erweitert werden (RG 71, 162). Erfolgt aber die Auseinandersetzung unter Beobachtung der gesetzlichen Auseinandersetzungsregeln (§§ 2046 ff., 2042 Abs 2, 752 ff.), ohne Abweichung von ihnen, und stellt sich infolgedessen der Auseinandersetzungsvertrag als ein lediglich zur Erfüllung der Auseinandersetzungsverbindlichkeit (§ 2042 Abs 1) geschlossenes Rechtsgeschäft dar, so steht der einheitlichen Vertretung nichts entgegen (RG 67, 64; 93, 336).

2. Das **Verlangen** kann grundsätzlich **jederzeit** gestellt werden, entsprechend § 749 für die Gemeinschaft, aber, abweichend von § 723 Abs 2 für die Gesellschaft, ist es auch ohne wichtigen Grund „zur Unzeit", d. h. wenn es zur Zeit dem Interesse der übrigen Miterben zuwiderläuft, nicht ausgeschlossen; immerhin wird das unter Miterben bestehende, den Regeln von Treu und Glauben unterliegende Verhältnis (s. RG 65, 10) ein schikanöses (§ 226) oder auch nur arglistiges Vorgehen eines Miterben nicht zulassen. — Das Verlangen kann nicht gestellt werden, solange und soweit die **Bestimmungen der §§ 2043—2045** entgegenstehen (vgl. das Nähere zu diesen Paragraphen). Außerdem ist es ausgeschlossen, wenn die Miterben die Ausschließung für immer oder auf Zeit vereinbart haben, und es kann, wenn eine Kündigungsfrist vereinbart ist, nur unter Einhaltung dieser gestellt werden. Jedoch ergibt die **Anwendbarkeit der §§ 749 Abs 2, 3, 750, 751,** daß die Auseinandersetzung gleichwohl verlangt werden kann, wenn ein wichtiger Grund vorliegt und, sofern sie nur auf Zeit ausgeschlossen ist, nach dem Tode eines Miterben; ferner daß die Vereinbarung der Ausschließung auch für und gegen einen Sondernachfolger, insbesondere also den Übertragsnehmer eines Erbanteils (§ 2033) wirkt, nicht aber gegenüber dem Gläubiger eines Miterben, der auf Grund eines nicht nur vorläufig vollstreckbaren Schuldtitels den Erbanteil seines Schuldners gepfändet hat. — Berechtigt, das Verlangen zu stellen, ist außer jedem Miterben auch der Erwerber eines Erbteils (§ 2033 A 3); der Nießbraucher eines Erbteils nur in Gemeinschaft mit dem Miterben, dem der Erbteil gehört (§§ 1066 Abs 2, 1089 A 1); ebenso der Pfandgläubiger bis zum Eintritt der Verkaufsberechtigung (§§ 1258 Abs 2, 1273 Abs 2 Satz 2). Das Verlangen ist grundsätzlich auf Auseinandersetzung der gesamten Erbengemeinschaft zu richten. Das Verlangen einzelner Teilauseinandersetzungen ist in der Regel unzulässig (RG JW 1919, 42[9]; 108, 423); jedoch kann teilweise Auseinandersetzung unter vorläufiger Ausscheidung eines bestimmten Teiles des Nachlasses verlangt werden, wenn besondere Gründe es rechtfertigen und dadurch den Interessen der Erbengemeinschaft kein Eintrag geschieht (RG JW 1910, 846[92]; RG 7. 12. 16 IV 246/16;

RG 95, 326). — Das gerichtliche Verlangen kann auf Feststellung einzelner Streitpunkte zur Vorbereitung der außergerichtlichen oder gerichtlichen Auseinandersetzung beschränkt werden, auch wenn der Erhebung der Auseinandersetzungsklage selbst ein Hindernis nicht entgegensteht (RG JW 09, 223[15]; 1910, 655[14]; Recht 1925 Nr 461). Die Auseinandersetzungsklage selbst ist auf Zustimmung zu der von dem Kläger beantragten Auseinandersetzung, auf Schließung eines Auseinandersetzungsvertrags zu richten (RG JW 1910, 655[14]); durch das rechtskräftige Urteil wird die Zustimmungserklärung ersetzt (§ 894 ZPO). Das auf die Klage ergehende Urteil ist daher nicht, wie bei der gemeinrechtlichen actio familiae erciscundae, ein Gestaltungsurteil, durch welches der Richter nach freiem Ermessen die Nachlaßgegenstände zuteilt und Rechte an ihnen schafft; vielmehr hat das Gericht nur nach Maßgabe der gestellten Anträge, an die es gebunden ist, über deren Berechtigung zu befinden (deklaratorisches Urteil). Der Kläger muß deshalb einen Auseinandersetzungsplan vorlegen und bestimmte Anträge für die Art der Durchführung der Auseinandersetzung stellen (RG 22. 12. 19 IV 303/19; 2. 3. 22 IV 516/21); jedoch soll der Richter besonders sorgfältig durch Ausübung des Fragerechts (§ 139 ZPO) darauf hinwirken, daß klare und sachgemäße Anträge gestellt werden (RG 22. 4. 12 IV 449/11; vgl. auch RG Warn 1918 Nr 236d). Die Klage kann gegen einen oder einzelne Miterben ohne Zuziehung aller oder gegen einen von mehreren Testamentsvollstreckern jedenfalls dann gerichtet werden, wenn es sich nur darum handelt, deren Widerspruch gegen die Vornahme der Auseinandersetzung zu beseitigen (RG 29. 10. 17 IV 241/17). Aber auch die Klage auf Feststellung des Bestandes des Nachlasses behufs Vorbereitung der Auseinandersetzung sowie die Auseinandersetzungsklage selbst (vgl. oben) kann, wie RG 23. 1. 05 IV 298/04 unter Einschränkung der in JW 04, 61[18] aufgestellten Grundsätze ausgesprochen hat, grundsätzlich gegen einzelne Miterben erhoben werden, ungeachtet der, wie nicht verkannt wird, dadurch für die Auseinandersetzung sich möglicherweise ergebenden Schwierigkeiten; die Einrede der mehreren Streitgenossen steht dem verklagten Miterben nur zu, wenn bei besonderer Sachlage die Rechtsverfolgung gegen ihn allein so sehr Treu und Glauben zuwiderlaufen würde, daß ihm die Erzwingung der gemeinsamen Rechtsverfolgung aller Miterben nicht versagt werden könnte (so auch RG 20. 11. 19 IV 246/19); Warn 1919 Nr. 42. Es sind das allerdings reichlich unbestimmte Vorbehalte. Richtiger dürfte es wohl sein, wenigstens für die Auseinandersetzungsklage selbst (wenn auch nicht für die zur Vorbereitung dienenden Feststellungsklagen, RG Recht 1924 Nr 1002), die Heranziehung sämtlicher Miterben zu verlangen. — Besteht der Nachlaß aktiv nur aus einer oder mehreren Forderungen gegen einen Miterben, so kann in der Klage auf Herauszahlung der unter Berücksichtigung der bestehenden Nachlaßverbindlichkeiten den Klägern nach Maßgabe ihrer Erbanteile zukommenden Anteile an diesen Forderungen eine zulässige Klage auf Auseinandersetzung gefunden werden, auch wenn die Kläger das, was auf sie selbst entfällt, in einem einheitlichen Betrage, ohne Auseinandersetzung unter ihnen selbst, verlangen (RG Warn 1913 Nr 236b; s. auch § 2039 A 2). Hat ein Miterbe den gesamten Barüberschuß des mit Verbindlichkeiten nicht oder nicht mehr belasteten Nachlasses in Händen, so können die andern Miterben unmittelbar auf Herauszahlung des ihnen nach Maßgabe ihrer Erbanteile zukommenden Anteils an diesem Barüberschusse klagen, ohne daß es der Darlegung des ursprünglichen Passivbestandes oder des Bestehens oder Nichtbestehens von Ausgleichungspflichten bedarf (RG Warn 1913 Nr 236c). Um so mehr muß das gelten, wenn durch Teilungsanordnung des Erblassers (§ 2048 A 1) einem oder mehreren Miterben eine bestimmte Summe als Erbteil zugewiesen ist; in solchen Fällen können diese, sofern keine besonderen Bedenken bestehen, unmittelbar auf Auszahlung des ihnen zugewiesenen Betrags klagen (RG 2. 3. 22 IV 516/21, in SeuffA 77 Nr 235 auf S. 237). Auf alle Fälle kann, falls die Auseinandersetzung Vorbedingung der Zahlung ist, in dem Verlangen der Zahlung das stillschweigend zum Ausdruck gebrachte Verlangen der Auseinandersetzung gefunden werden; der Vorlegung eines Auseinandersetzungsplans bedarf es angesichts der Teilungsanordnung nicht (RG ebenda S. 235).

3. Wegen Anwendung der §§ 749 Abs 2, 3, 751 s. A 2. — Die weiter angezogenen §§ 752—758 betreffen die Art und Weise der Durchführung der Teilung bei einer Gemeinschaft nach Bruchteilen. Ihre Anwendung auf die Auseinandersetzung der Erbengemeinschaft ergibt in Verbindung mit den §§ 2046, 2047 folgendes: Zunächst sind die Nachlaßverbindlichkeiten, für welche die Miterben als Gesamtschuldner haften (§ 2058 A 2), aus den, soweit erforderlich, in Geld umzusetzenden Nachlaßaktiven zu berichtigen (§§ 755, 2046); ebenso auf Verlangen der beteiligten Miterben die unter den Erben bestehenden Schuldverhältnisse, soweit sich die Forderungen auf die Erbengemeinschaft gründen (§ 756), wozu auch die bereits vor dem Erbfalle zwischen Erblasser und Miterben entstandenen Schuldverhältnisse gehören, so daß sich der Miterbe, der Schuldner des Nachlasses ist, und ebenso seine Konkursgläubiger, sowie der Erwerber seines Erbanteils (§ 2033) seine ganze Schuld auf seinen Erbanteil anrechnen lassen müssen (RG 78, 273; a. M. Planck 3. Aufl Erl 4g, wie hier 4. Aufl Erl 1 und § 2046 Erl 3; die auf einer allerdings erweiterten Auslegung der Worte: „die sich auf die Gemeinschaft gründet" in § 756 beruhende Ansicht des Reichsgerichts

dürfte jedoch durch die aus den Motiven — 2, 886 — in Verbindung mit dem bisherigen Rechtszustande — PrALR I 16 § 491 — zu entnehmende Absicht des Gesetzes hinreichend begründet sein; vgl. näheres § 2046 A 1). Auch Vorempfänge sind vorweg auszugleichen (§ 2050). Sodann erfolgt nach § 752 Teilung der Nachlaßgegenstände (Sachen und Rechte, auch Forderungen), soweit sich der Nachlaß oder die einzelnen Gegenstände in gleichartige, den Erbanteilen entsprechende Teile zerlegen lassen, nötigenfalls Zuteilung der so gebildeten Teile durch das Los (FGG § 94). Auch eine Grundschuld ist in dieser Weise in Natur zu teilen (**RG** 22. 12. 19 IV 303/19). Soweit Teilung in Natur ausgeschlossen, erfolgt nach § 753 **Verkauf nach den Vorschriften über den Pfandverkauf, also durch Versteigerung** (§§ 1235ff.), bei Grundstücken durch Zwangsversteigerung (ZVG §§ 180ff.), die, falls der Erblasser die Veräußerung an einen Fremden untersagt hat, unter den Miterben allein zu erfolgen hat (§ 2048, vgl. auch **RG** 52, 177; vgl. wegen des Testamentsvollstreckers auch A 1), und Teilung des Erlöses. Zuteilung von Bruchteilseigentum an Stelle der Zwangsversteigerung von Grundstücken kann ein einzelner Miterbe nicht beanspruchen; es bedarf dazu eines schuldrechtlichen Vertrags und der Auflassung (**RG** 67, 64; vgl. § 2032 A 2). Der Erblasser kann die Zwangsversteigerung wie auch den freihändigen Verkauf von Grundstücken zum Zwecke der Auseinandersetzung ausschließen (**RG** 16. 3. 25 IV 118/24 in DJZ 1925 Sp. 1265; vgl. auch § 2044 A 1). Jedoch ist nach § 754 der Verkauf von Forderungen ausgeschlossen, wenn sie bereits eingezogen werden können (**RG** 65, 7). Gehört zum Nachlasse ein auf den Namen eines Miterben lautendes Sparkassenguthaben, so kann gegenüber diesem nicht Barzahlung des Betrags, sondern nur Auseinandersetzung und zu diesem Zwecke gemeinschaftliche Einziehung der Forderung, falls solche möglich, andernfalls Verkauf der Forderung und Teilung des Erlöses verlangt werden (**RG** 20. 11. 19 IV 246/19). Gegenseitige Gewährleistungspflicht der Miterben für die zugeteilten Gegenstände (§ 757); ein vor der endgültigen Auseinandersetzung an einem noch zur Gemeinschaft gehörigen Vermögensstücke eingetretener Verlust ist von sämtlichen Miterben zu tragen; dagegen trifft, wenn der Nachlaß bereits nach Erbsträngen auseinandergesetzt ist, ein nach dieser Auseinandersetzung eintretender Verlust nur die an dem Erbstrange, dem der Vermögensgegenstand zugeteilt ist, Beteiligten (**RG** LZ 1918, 159). Über die Aufwertung der auf erbrechtlichen Auseinandersetzungsverträgen beruhenden Geldansprüche vgl. § 242 A 5d γ Abs 3. **Unverjährbarkeit des Auseinandersetzungsanspruchs (§ 758); verjährbar aber ist die Klage gegen einen Miterben als Erbschaftsbesitzer auf Herausgabe des Nachlasses (§ 2018 A 1), und durch den Eintritt dieser Verjährung wird der Auseinandersetzungsanspruch einem solchen Miterben gegenüber, soweit er die Erbschaft besitzt, praktisch wirkungslos; so (für altes preußisches Recht) RG** 11. 12. 16 IV 316/16 und 19. 12. 21 IV 179/21. — Grundbucheintragungen auf Grund der Auseinandersetzung auf Vorlage eines Zeugnisses des Nachlaßgerichts für Hypotheken (GBO § 37), landesgesetzlich auch für Grundstücke (§ 99). — Die Vorschriften über die Art und Weise der Auseinandersetzung sind sämtlich dispositiver Natur (A 1).

§ 2043

Soweit die Erbteile wegen der zu erwartenden Geburt eines Miterben noch unbestimmt sind, ist die Auseinandersetzung bis zur Hebung der Unbestimmtheit ausgeschlossen[1]).

Das gleiche gilt, soweit die Erbteile deshalb noch unbestimmt sind, weil die Entscheidung über eine Ehelichkeitserklärung, über die Bestätigung einer Annahme an Kindes Statt oder über die Genehmigung einer vom Erblasser errichteten Stiftung noch aussteht[2])[3]).

E I 2154 II 1917; M 5 690, 691; P 5 883—885.

1. **Der nasciturus** kann, wenn er zur Zeit des Erbfalls bereits erzeugt war, Erbe werden, § 1923 Abs 2. Nur „soweit" durch die zu erwartende Geburt die Erbteile unbestimmt werden, ist die Auseinandersetzung ausgeschlossen. Es besteht deshalb kein Hindernis, sie im übrigen durchzuführen, wenn von der Geburt z. B. nur die Anzahl und Höhe der Kopfteile eines Erbstamms beeinflußt wird. Dann bleibt die Erbengemeinschaft nur in Ansehung der diesem Stamme zugeteilten Nachlaßgegenstände bestehen (s. § 2042 A 1). Dem nach § 1912 bestellten Pfleger oder dem Gewalthaber des nasciturus steht die Teilnahme an der Verwaltung (§ 2038) zu.

2. **Ehelichkeitserklärung** §§ 1723ff., **Annahme an Kindes Statt** §§ 1741ff. (vgl. § 1922 A 2). In beiden Fällen hat die Verfügung oder Bestätigung, wenn sie nach dem Tode des Vaters oder des Annehmenden erfolgt, rückwirkende Kraft (§§ 1733, 1753). Die Vorschrift gilt auch, wenn der Erblasser die Abkömmlinge eines Dritten als Erben eingesetzt hat

(§ 2070) und die Eigenschaft als Abkömmling des Dritten von der noch ausstehenden Entscheidung über eine Ehelichkeitserklärung oder Annahme an Kindes Statt abhängt. Bezüglich der **Stiftung** ist gleichgültig, ob sie vom Erblasser durch Stiftungsgeschäft unter Lebenden (§ 81) oder durch Verfügung von Todes wegen (§ 83) errichtet ist, sofern nur bis zum Tode des Erblassers die nach §§ 80, 84 erforderliche Genehmigung noch nicht erteilt war; in beiden Fällen gilt die nach dem Tode des Erblassers genehmigte Stiftung hinsichtlich der Erbeinsetzung als vor dessen Tode entstanden (§ 84). Nach EG Artt 86, 87 gilt das gleiche, wenn die Erbeinsetzung juristischer Personen oder der Mitglieder religiöser Orden usw. nach Landesrecht von staatlicher Genehmigung abhängt. Schon vor Erteilung dieser Genehmigung ist Feststellungsklage der betreffenden Bedachten zulässig (**RG** 75, 406).

3. Eine dem Gesetze zuwider vorgenommene Auseinandersetzung hat keine Nichtigkeit aus § 134 zur Folge. Mit Rücksicht auf § 2042 Abs 1 und die Entstehungsgeschichte (E I § 2154, Prot II 5, 883) kann § 2043 nicht als zwingendes Verbot, sondern nur so verstanden werden, daß das jedem Miterben an sich jederzeit zustehende Verlangen bis zur Hebung der Unbestimmtheit nicht gestellt werden darf. Ist trotzdem die Auseinandersetzung erfolgt und wird die Unbestimmtheit später in der Weise gehoben, daß der erwartete Miterbe nicht Miterbe wird, so bleibt die Auseinandersetzung in Kraft; war dabei ein Erbteil für den Erwarteten reserviert, so wird dieser nachträglich zu verteilen sein. Wird der Erwartete wirklich Miterbe, so ist die Auseinandersetzung unwirksam; daran kann auch nichts ändern, daß bei ihr ein etwa für den erwarteten Miterben nach § 1912 bestellter Pfleger mitgewirkt oder ihr zugestimmt hat; denn angesichts der Vorschrift des § 2043 ist ein solcher zur Vertretung des Erwarteten bei einer Auseinandersetzung nicht berufen (a. M. Planck, 3. Aufl., Erl 5 und die 2. Aufl. dieses Kommentars). — Andere Fälle bestehender Unbestimmtheit, z. B. Verschollenheit eines Miterben, noch bestehende Ausschlagungsmöglichkeit eines Miterben, rechtfertigen den Aufschub nicht; dem Bedürfnis nach einer Vertretung ist durch Bestellung eines Abwesenheits- oder Nachlaßpflegers für den Erbteil (§§ 1911, 1960) abzuhelfen. — Wegen Erteilung eines Erbscheins bei bestehender Unbestimmtheit der Erbteile s. § 2353 A 5.

§ 2044

Der Erblasser kann durch letztwillige Verfügung die Auseinandersetzung in Ansehung des Nachlasses oder einzelner Nachlaßgegenstände ausschließen oder von der Einhaltung einer Kündigungsfrist abhängig machen[1]). **Die Vorschriften des § 749 Abs 2, 3, der §§ 750, 751 und des § 1010 Abs 1 finden entsprechende Anwendung**[2]).

Die Verfügung wird unwirksam, wenn dreißig Jahre seit dem Eintritte des Erbfalls verstrichen sind. Der Erblasser kann jedoch anordnen, daß die Verfügung bis zum Eintritt eines bestimmten Ereignisses in der Person eines Miterben oder, falls er eine Nacherbfolge oder ein Vermächtnis anordnet, bis zum Eintritte der Nacherbfolge oder bis zum Anfalle des Vermächtnisses gelten soll. Ist der Miterbe, in dessen Person das Ereignis eintreten soll, eine juristische Person, so bewendet es bei der dreißigjährigen Frist[3]).

E I 2153 II 1918; M 5 688—690; P 5 882, 883.

1. Die **Ausschließung der Auseinandersetzung** kann, außer durch Vereinbarung der Miterben (§ 2042 A 2), auch durch eine in einer **letztwilligen Verfügung** getroffene Anordnung des Erblassers erfolgen. Bestritten ist, ob eine solche Anordnung regelmäßig oder nur in besonderen Fällen eine Auflage (§§ 1940, 2192) enthält (für ersteres Planck-Ritgen in den früheren Auflagen, für letzteres Planck-Strohal, 3. Aufl., Erl 3 und die zweite Auflage dieses Kommentars). Die Bedeutung der Anordnung wird durch Auslegung zu ermitteln sein. Geht ihr Sinn lediglich dahin, daß den einzelnen Miterben das jedem von ihnen zustehende Recht, auch gegen den Willen der andern jederzeit die Auseinandersetzung zu verlangen, entzogen werden soll, so wird sie einer mit Zustimmung sämtlicher Miterben erfolgenden Auseinandersetzung nicht entgegenstehen; in solchem Falle hat die Anordnung den Charakter einer jedem Miterben zu Lasten der übrigen gemachten Zuwendung des Rechtes, die Vornahme der Auseinandersetzung zu verweigern bzw. die Unterlassung der Auseinandersetzung zu fordern, und stellt sich als ein Vermächtnis (§§ 1939, 2147ff.) dar (so Kipp § 84 IV 3a). Die Anordnung kann aber und wird bei obigem Wortlaute in der Regel auch die Bedeutung eines von dem Willen der Erben unabhängigen, selbständigen Willens des Erblassers, daß die Auseinandersetzung unterbleibe, haben; in diesem Falle setzt sich auch eine mit Zustimmung aller Miterben

erfolgte Auseinandersetzung zu ihr in Widerspruch. Dadurch wird freilich ihre dingliche Wirksamkeit hinsichtlich der erfolgten Zuteilung der einzelnen Nachlaßgegenstände nicht beeinträchtigt; denn die Erbteile, die durch die Auseinandersetzung realisiert werden, sind veräußerliche Rechte (§ 2033) und die Verfügung über solche kann durch Rechtsgeschäft nicht ausgeschlossen werden (§ 137). Ein gesetzliches Veräußerungsverbot (§ 134) liegt nicht vor und auch als den guten Sitten widersprechend (§ 138) wird eine dem Willen des Erblassers widersprechende Auseinandersetzung nicht ohne weiteres angesehen werden können. Die Anordnung hat in diesem Falle den Charakter einer Auflage; das Recht, ihre Vollziehung, also die Unterlassung der Auseinandersetzung, zu fordern, steht den einzelnen Miterben nicht im eigenen Vermögensinteresse als durch die Verfügung Bedachten, sondern nur nach § 2194, also behufs Aufrechterhaltung und Durchführung des Willens des Erblassers, zu. Außer ihnen noch demjenigen, der im Falle des Wegfalls der Miterben oder eines von ihnen an ihre Stelle zu treten durch Gesetz oder Verfügung von Todes wegen unmittelbar berufen ist (nächster an die Stelle tretender gesetzlicher Erbe, eingesetzter Ersatzerbe, im Zweifel auch Nacherbe, §§ 2096, 2102); ferner bei bestehendem öffentlichen Interesse, z. B. wenn es sich um Auflösung einer der Öffentlichkeit zugänglichen Kunstsammlung oder einer dem Gemeinwohl dienenden sonstigen Anstalt handelt, auch die zuständige Behörde. Auch das um die Vermittlung der Auseinandersetzung, wenn auch durch Antrag sämtlicher Miterben, angegangene Nachlaßgericht wird zu einer dem Willen des Erblassers widersprechenden Auseinandersetzung seine Mitwirkung zu versagen haben. Um aber die Ausführung seiner Anordnung wirksam zu sichern, wird der Erblasser gut tun, einen Testamentsvollstrecker zu ernennen, wodurch die Auseinandersetzung unter den Erben selbst rechtlich und tatsächlich verhindert wird. Doch soll nach KG RJA 16, 323ff. sowie im Recht 1919 Nr 1524 der Testamentsvollstrecker an die Anordnung nicht gebunden sein, falls ein „wichtiger Grund" vorliege, was jedoch nur zutreffen dürfte, wenn die Anordnung des Erblassers in diesem Sinne ausgelegt werden kann. — Nach dem Wortlaute („letztwillige Verfügung") könnte die Anordnung nur durch Testament oder einseitig in einem Erbvertrage (§ 2299) getroffen werden; doch wird angenommen werden können, daß die Ausdrucksweise ungenau ist und die Anordnung, da sie entweder ein Vermächtnis oder eine Auflage darstellt, auch vertragsmäßig im Erbvertrage getroffen werden kann (§ 2278 Abs 2). — Die Anordnung kann sich auf den gesamten Nachlaß, auf einzelne Erbstränge, aber auch auf einzelne Nachlaßgegenstände oder einen Inbegriff von solchen (§ 260), z. B. den Grundbesitz (RG 110, 271), erstrecken; auch im letzteren Falle bleibt in Ansehung dieser einzelnen Gegenstände die Erbengemeinschaft als solche bestehen und wird nicht zur Bruchteilsgemeinschaft (§ 2042 A 1; a. M. Dernburg 5 § 178 A 13). Aus dem Rechte des Erblassers, die Auseinandersetzung auszuschließen, folgt als minderes das Recht, sie durch Anordnungen zu erschweren, z. B. durch die Bestimmung, daß nicht der einzelne Miterbe, sondern nur die Mehrheit die Auseinandersetzung des Grundbesitzes verlangen könne (RG 110, 273), oder daß nicht die Kinder, sondern nur die miterbende Witwe Teilung der Grundstücke oder Veräußerung zum Zwecke der Auseinandersetzung fordern könne (RG Recht 1917 Nr 69); wegen Erleichterungen vgl. § 2048 A 1. — Die Anordnung ist als beschwerende Teilungsanordnung unwirksam gegenüber einem als Miterbe berufenen Pflichtteilsberechtigten, wenn der ihm hinterlassene Erbteil die Hälfte des gesetzlichen Erbteils nicht übersteigt (§ 2306); ferner gegenüber der Konkursmasse eines Miterben (§ 16 Abs 2 Satz 2 KO).

2. Ebenso wie auf die Vereinbarung der Miterben über Ausschließung der Auseinandersetzung (§ 2042 A 2), sind auch auf die vom Erblasser getroffene Anordnung der Ausschließung die für die Gemeinschaft geltenden Vorschriften der **§§ 749 Abs 2, 3, 750, 751** als anwendbar erklärt. Die Anwendung soll aber hier nur eine **entsprechende** sein, weil nicht eine Vereinbarung, sondern die Anordnung eines Dritten in Frage steht. Danach kann ungeachtet der Anordnung die Auseinandersetzung verlangt werden, wenn ein wichtiger Grund vorliegt (§ 749 Abs 2), eine Voraussetzung, über deren Vorhandensein im Streitfalle das Prozeßgericht zu entscheiden hat, die aber auch von dem um die Vermittlung angegangenen Nachlaßgerichte zu prüfen sein wird, falls die Anordnung eine der Außerkraftsetzung durch Vereinbarung der Erben entzogene Auflage (s. A 1) darstellt (a. M. Planck 3. Aufl. Erl 2a). Eine nur auf Zeit getroffene Anordnung tritt mit dem Tode eines Miterben außer Kraft (§ 750). Die Anordnung wirkt auch für und gegen den „Sondernachfolger", d. h. den Übertragsnehmer des Erbanteils eines Miterben (§ 2033), nicht aber gegenüber dem mit endgültigem Vollstreckungstitel versehenen Gläubiger eines Miterben, der dessen Erbanteil gepfändet hat, auch nicht gegenüber der Konkursmasse eines Miterben (KO § 16 Abs 2). Außer den genannten Paragraphen ist aber hier auch der **§ 1010 Abs 2** für entsprechend anwendbar erklärt, der eine Sondernachfolge in den Anteil an einzelnen Nachlaßgegenständen, und zwar an Grundstücken, voraussetzt, so daß er nur zur Anwendung kommen kann, wenn der Erblasser die Umwandlung der Erbengemeinschaft in Ansehung der in Betracht kommenden

Grundstücke in Bruchteilsgemeinschaft zwar gestattet, die Teilung der letzteren aber ausgeschlossen hat; in diesem Falle wird durch die Anordnung dem Sondernachfolger in den Anteil eines Miterben an dem Grundstücke das Recht, die Teilung zu verlangen, nur dann entzogen, wenn sie als Belastung des Anteils im Grundbuche eingetragen ist.

3. Abs 2 zieht der Wirksamkeit des letztwilligen Teilungsverbots ähnliche **zeitliche Grenzen**, wie für die Nacherbfolge (§ 2109), das bedingte oder betagte Vermächtnis (§§ 2162, 2163) und die Verwaltung eines Testamentsvollstreckers (§ 2210) gesteckt sind. Das bestimmte Ereignis kann irgendwelchen Inhalts sein, wenn es nur die Person eines Miterben betrifft, z. B. Verheiratung, Erreichung eines gewissen Alters, Tod (vgl. § 2109 A 3a). Die dreißigjährige Frist verlängert sich deshalb möglicherweise bis zum Tode des längstlebenden Miterben. Ist aber der Miterbe, in dessen Person das Ereignis eintreten soll, eine juristische Person (z. B. eine Stiftung, bis zu deren Erlöschen die Auseinandersetzung ausgeschlossen sein soll), so bewendet es bei der dreißigjährigen Frist. Das Verbot bleibt ferner über die dreißigjährige Frist hinaus in den Grenzen der §§ 2109, 2162, 2163 wirksam, wenn die Teilung bis zum Eintritt einer Nacherbfolge (§ 2139) oder dem Anfall eines Vermächtnisses (§ 2177) hinausgeschoben ist.

§ 2045

Jeder Miterbe kann verlangen, daß die Auseinandersetzung bis zur Beendigung des nach § 1970 zulässigen Aufgebotsverfahrens oder bis zum Ablaufe der im § 2061 bestimmten Anmeldungsfrist aufgeschoben wird[1]). Ist das Aufgebot noch nicht beantragt oder die öffentliche Aufforderung nach § 2061 noch nicht erlassen, so kann der Aufschub nur verlangt werden, wenn unverzüglich der Antrag gestellt oder die Aufforderung erlassen wird[2]).

E II 1919; B 5 881, 882.

1. Das Recht jedes Miterben, den **Aufschub der Auseinandersetzung** nach Maßgabe des § 2045 zu verlangen, steht in Zusammenhang mit der ihm in den §§ 2060, 2061 gewährten Möglichkeit, durch gerichtliches Aufgebot der Nachlaßgläubiger gemäß § 1970 oder durch private Aufforderung der Gläubiger zur Anmeldung seine Haftung gegenüber den im Aufgebotsverfahren ausgeschlossenen oder auf die Aufforderung hin nicht anmeldenden Gläubigern nach der Teilung auf den seinem Erbanteile entsprechenden Teil jeder einzelnen Nachlaßverbindlichkeit zu beschränken, und zwar auch dann, wenn er unbeschränkt (d. h. nicht mehr beschränkbar mit seinem eigenen Vermögen) haftet (ZPO § 997 Abs 2; vgl. näheres zu §§ 2060, 2061). — Beendigung des Aufgebotsverfahrens § 2015 A 2, 3. Auch der der Beendigung gleichstehende Fall der Versäumnis des Aufgebotstermins und der Frist zur Beantragung eines neuen oder gegebenen Falles auch des neuen Termins (§ 2015 Abs 2) wird das Aufschubsrecht des Miterben ausschließen (a. M. Planck 3. Aufl. Erl; anscheinend auch 4. Aufl. Erl 1).

2. Wird das Verlangen der Auseinandersetzung **vor der Stellung des Antrags auf gerichtliches Aufgebotsverfahren oder vor Erlaß einer Aufforderung zur Anmeldung** gestellt, so kann der Miterbe eine angemessene Frist verlangen, um **unverzüglich**, d. h. ohne schuldhaftes Zögern (§ 121), den Antrag zu stellen oder die Aufforderung zu erlassen. Nach Ablauf der Frist kann er sich der Auseinandersetzung nicht mehr widersetzen. Ist das Verlangen im Wege der Auseinandersetzungsklage gestellt, so wird der Aufschubseinwand, wenn er erst im Laufe des Rechtsstreits erhoben wird, nicht zur Abweisung der Klage als verfrüht, sondern nur zu einer Aussetzung der Verhandlung bis zum Ablauf einer vom Gerichte zu bestimmenden Frist zur Stellung des Antrags oder zum Erlassen der Aufforderung zu führen haben; § 148 ZPO wird wenigstens entsprechende Anwendung finden können (Stein, ZPO zu § 148 I Abs 2).

§ 2046

Aus dem Nachlasse sind zunächst die Nachlaßverbindlichkeiten zu berichtigen[1]). Ist eine Nachlaßverbindlichkeit noch nicht fällig oder ist sie streitig, so ist das zur Berichtigung Erforderliche zurückzubehalten[2]).

Fällt eine Nachlaßverbindlichkeit nur einigen Miterben zur Last, so können diese die Berichtigung nur aus dem verlangen, was ihnen bei der Auseinandersetzung zukommt[3]).

Zur Berichtigung ist der Nachlaß, soweit erforderlich, in Geld umzusetzen[4]).

E II 1920; B 5 885 886

1. **Nachlaßverbindlichkeiten** § 1967 A 1. Die **Berichtigung** der gemeinschaftlichen Nachlaßverbindlichkeiten, für welche die Miterben den Nachlaßgläubigern als Gesamtschuldner haften (§ 2058 A 1), kann nach §§ 755, 2042 Abs 2 bei der Auseinandersetzung aus dem Nachlasse (dem gemeinschaftlichen „Gegenstande" im Sinne des § 755) verlangt werden (vgl. § 2042 A 3). Weitergehend bestimmt § 2046, daß sämtliche Nachlaßverbindlichkeiten (wegen der nicht gemeinschaftlichen vgl. aber Abs 2 A 3) **„zunächst"** zu berichtigen sind, also bevor die Aktiva verteilt werden. Die Vorschrift ist dispositiver Natur (§ 2042 A 3); die Miterben können auch die Verteilung aller oder einzelner Aktiva vor Berichtigung aller oder einzelner Nachlaßverbindlichkeiten vereinbaren. Feststellungsklage wegen einer solchen Vereinbarung RG JW 09, 223[15]. Auch der Erblasser kann Abweichendes anordnen (§ 2048 A 1). Ist das nicht geschehen, so hat der Testamentsvollstrecker die Vorschrift zu beobachten (§ 2204; RG 95, 329). Auch das Nachlaßgericht hat ihr nachzukommen, falls nicht sämtliche Miterben abweichende Anträge stellen. — Die Nachlaßgläubiger haben kein Recht auf Beobachtung der Vorschrift; sie können aber nach § 2059 Abs 2 in den ungeteilten Nachlaß vorgehen und nötigenfalls Sicherungsmaßregeln ergreifen. Für die ordnungsmäßige Berichtigung der Nachlaßverbindlichkeiten sind ihnen außerdem die Miterben, auch wenn sie im übrigen beschränkt haften, im Falle von Nachlaßverwaltung oder Nachlaßkonkurs oder bei dürftigem Nachlasse nach Maßgabe der §§ 1978—1980, 1990—1992 mit ihrem eigenen Vermögen verantwortlich. — Auch die Forderung eines Miterben, der Nachlaßgläubiger ist, muß, da Konfusion nicht eingetreten (§ 2032 A 2), auf sein Verlangen vor der Teilung der Aktiva berichtigt und zu diesem Zwecke der Nachlaß, soweit nötig, in Geld umgesetzt werden (Abs 3); die entgegenstehende Praxis des PrALR (JW 1896, 326[34]; 1897, 356[46]), die den Miterben, der Gläubiger ist, auf Befriedigung bei der Auseinandersetzung verweist, findet im BGB keine Stütze; doch kann unter besonderen Umständen, namentlich wenn keine bereiten Zahlungsmittel vorhanden sind, das Verlangen der Vorwegbefriedigung Treu und Glauben, die unter Miterben zu berücksichtigen sind (vgl. RG 65, 10), widersprechen und deshalb ausgeschlossen sein (RG 93, 197). In diesem Sinne hat das Reichsgericht ausgesprochen, daß ein Miterbe wegen einer Forderung gegen den Nachlaß gegenüber einem auf Eigentum gegründeten Grundbuchsberichtigungs- oder Herausgabeanspruch der Miterben ein Zurückbehaltungsrecht (§ 273) nicht ausüben dürfe, sofern die Berichtigung oder Herausgabe die Miterben erst in den Stand setzen würde, den Nachlaß zur Auseinandersetzung gemäß §§ 2042, 2046, 2047 und dabei auch zur Berichtigung der Nachlaßforderung des Miterben zu verwerten (RG 30. 6. 24 IV 965/23; vgl. auch Warn 1910 Nr 141; 1913 Nr 233). Auch der Miterbe, dem ein Vorausvermächtnis (§ 2150) zugewendet ist, kann grundsätzlich die Vorwegbefriedigung verlangen, sofern nicht ein anderer Wille des Erblassers ersichtlich ist (RG 93, 197). Nach dem gemäß § 2042 Abs 2 anwendbaren § 756 sind auch Forderungen eines Miterben gegen einen andern, die sich auf die Miterbengemeinschaft gründen, bei der Auseinandersetzung zu berichtigen, und zwar aus dem auf den oder die Miterben, die Schuldner sind, entfallenden Überschusse. Dieser Überschuß wird also insoweit dem oder den Miterben, die Gläubiger sind, zuzuweisen sein. Zu diesen Forderungen gehören nicht nur solche, die ausschließlich in der Gemeinschaft ihre Grundlage haben, wie diejenigen, die aus der Verwaltung des Nachlasses einem Miterben gegen einen anderen entstanden sind (vgl. § 2038 A 2), oder Ersatzforderungen eines Miterben, der von einem Nachlaßgläubiger auf Grund des § 2058 (vgl. A 2 dazu) auf mehr als seinem Erbteile entspricht, in Anspruch genommen worden ist, gegen die übrigen Miterben, sondern auch solche Forderungen, die sich auf ein zwischen dem Erblasser und einem Miterben entstandenes Schuldverhältnis gründen; vgl. näheres § 2042 A 3. — Entsprechende Bestimmungen für die Auseinandersetzung des Gesellschaftsvermögens § 733, des Gesamtgutes der ehelichen Gütergemeinschaft § 1475.

2. Es genügt, daß auch nur unter den Erben die **Verbindlichkeit streitig** ist. Der Gläubiger-Miterbe darf schon vor der Teilung gegenüber den anderen Erben die Feststellung der ihm gegen den Nachlaß zustehenden Forderung beanspruchen (RG 18. 5. 05 IV 1/05). Der Gläubiger hat auf die Zurückbehaltung keinen Anspruch, kann deshalb auch nicht (wie im Falle des § 52 Abs 2) Sicherheit verlangen; doch können die Miterben die Zurückbehaltung und Hinterlegung bestimmter Nachlaßbestandteile oder Sicherheitsleistung mit ihm vereinbaren, um ihn von einem Vorgehen in den sonstigen Nachlaß abzuhalten. — In entsprechender Anwendung der Vorschrift wird auch bei Streitigkeiten über eine Ausgleichungspflicht (§§ 2050ff.) das Erforderliche zurückzubehalten sein (OLG 9, 389). An den zurückbehaltenen Gegenständen dauert die Erbengemeinschaft fort (§ 2042 A 1).

3. Eine Nachlaßverbindlichkeit **fällt nur einem oder einigen Miterben zur Last,** wenn der Erblasser bei Anordnung von Vermächtnissen oder Auflagen (§§ 2147, 2148, 2192) nur einen oder einige Miterben damit beschwert hat; in diesem Falle haften auch dem Gläubiger (Vermächtnisnehmer oder Auflageberechtigten) gegenüber nur die beschwerten Miterben. Aber auch Nachlaßverbindlichkeiten, für welche dem Gläubiger gegenüber sämtliche Miterben

gemäß § 2058 als Gesamtschuldner haften, können im Verhältnisse unter den Miterben nur einem oder einigen von ihnen zur Last fallen; so namentlich, wenn der Erblasser eine dahingehende Teilungsanordnung (§ 2048; RG 95, 328) getroffen hat. In beiden Fällen können diejenigen Miterben, welchen die Verbindlichkeit zur Last fällt, ihre Berichtigung nicht aus dem Gesamtnachlasse, sondern nur aus demjenigen verlangen, **was ihnen bei der Auseinandersetzung zukommt**, also aus dem ihnen zuzuweisenden Überschusse (§ 2047 Abs 1). Auch in diesem Falle findet aber § 2046 Abs 1 grundsätzlich Anwendung, da Abs 2 sich nicht auf die Zeit der Berichtigung, sondern nur auf die Mittel bezieht, aus denen sie zu erfolgen hat. Wenn daher einzelnen Miterben durch eine Teilungsanordnung des Erblassers (§ 2048) bestimmte Nachlaßgegenstände, die mit Schulden belastet sind (insbesondere Grundstücke, auf denen Hypotheken lasten, aber auch mit Faustpfandrechten belastete bewegliche Sachen), auf ihren Erbteil zugewiesen sind mit der Maßgabe, daß die darauf lastenden Schulden ihnen allein zur Last fallen sollen, so können sie verlangen, daß vor Zuteilung der Nachlaßgegenstände an sie (insbesondere vor Entgegennahme der Auflassung durch sie) die darauf lastenden Schulden aus den Gegenständen berichtigt, diese also zu diesem Zwecke nötigenfalls in Geld umgesetzt werden; sie brauchen sich nicht darauf verweisen zu lassen, die Schulden selbst zu berichtigen (RG 95, 327). Im übrigen wird die Auseinandersetzung so vorzunehmen sein, daß zunächst der den für die Schuld haftenden Miterben zukommende Überschuß berechnet und, soweit nötig, durch Versilberung von Nachlaßgegenständen, bereitgestellt und dann aus ihm, soweit er reicht, die Schuld berichtigt wird. — Diejenigen Miterben, welchen die einzelne Nachlaßverbindlichkeit im Verhältnisse unter den Miterben nicht zur Last fällt, können ihre Berichtigung gemäß §§ 755, 2042 Abs 2 aus dem Nachlasse nur dann verlangen, wenn sie dem Gläubiger gemäß § 2058 als Gesamtschuldner dafür haften; nicht aber im andern Falle, also bei Vermächtnissen und Auflagen, da sie an deren Berichtigung kein Interesse haben. — Werden bei der Auseinandersetzung einer Gruppe von Miterben, die mit einer Nachlaßverbindlichkeit als Gesamtschuld beschwert sind, einzelne Nachlaßgegenstände unverteilt zur weiteren Teilung unter ihnen zugewiesen, so kann jeder Angehörige dieser Gruppe die Berichtigung der Verbindlichkeit vor der Unterteilung dieser Gegenstände verlangen.

4. Soweit zur Berichtigung von Nachlaßverbindlichkeiten Mittel beschafft werden müssen, unterbleibt die Teilung in Natur (§ 752) und ist der Nachlaß auf dem Wege der §§ 753, 754, also, soweit die Miterben nicht anderes vereinbaren, durch Einziehung der bereits einziehbaren Nachlaßaußenstände, im übrigen durch gerichtlichen Verkauf zu **versilbern**. Welche Gegenstände nach § 753 zunächst zum Verkaufe zu stellen sind, kann, da es sich hierbei nicht um einen Verwaltungsakt handelt (§ 2038), nicht durch Stimmenmehrheit (§ 745), sondern im Streitfalle nur vom Prozeßrichter entschieden werden. Ein Miterbe darf die Versilberung nicht durch Ausübung eines Zurückbehaltungsrechts wegen seiner Ansprüche auf Erstattung von Auslagen für den Nachlaß verhindern (RG Warn 1910 Nr 141).

§ 2047

Der nach der Berichtigung der Nachlaßverbindlichkeiten verbleibende Überschuß[1]) gebührt den Erben nach dem Verhältnisse der Erbteile[2]).

Schriftstücke, die sich auf die persönlichen Verhältnisse des Erblassers, auf dessen Familie oder auf den ganzen Nachlaß beziehen, bleiben gemeinschaftlich[3]).

E I 2155 II 1921; M 5 691, 692; P 5 886, 887.

1. Der **Überschuß** (ebenso bei Auflösung der Gesellschaft § 734 und der Gütergemeinschaft § 1476) besteht in den nach Berichtigung der Nachlaßverbindlichkeiten (§ 2046), einschließlich der Forderungen einzelner Miterben als Nachlaßgläubiger (vgl. § 2046 A 1), übrigbleibenden Nachlaßgegenständen, dem reinen Aktivbestande des Nachlasses, zu welchem rechnerisch gemäß § 2055 Abs 1 Satz 2 der Wert der sämtlichen zur Ausgleichung zu bringenden Zuwendungen hinzuzufügen ist. Der Überschuß ist zunächst noch gemeinschaftliches (Gesamthands-) Vermögen der Miterben und nunmehr nach den Grundsätzen der §§ 752—754, also soweit möglich durch Teilung in Natur, in Sondervermögen der einzelnen Miterben umzuwandeln. Auf Mitwirkung zu dieser Umwandlung durch Vollzug der erforderlichen dinglichen Übereignungsakte (Einigung und Besitzübertragung bei beweglichen Sachen, Auflassung bei Grundstücken, Einigung und Eintragung bei Rechten an solchen, Abtretungsvertrag bei Forderungen) haben die Gemeinschaftsteilhaber (Miterben und Übertragsnehmer von Erbanteilen) gegenseitig einen schuldrechtlichen Anspruch. Wegen der Übertragung des Anspruchs auf das Auseinandersetzungsguthaben und deren Wirkung gegenüber Gläubigern eines Miterben, die dessen Erbanteil gepfändet haben, vgl. RG 60, 126 und dazu § 2033 A 1.

2. Das Beteiligungsverhältnis der einzelnen Miterben an dem Überschusse (A 1) bestimmt sich **nach dem Verhältnisse der Erbteile.** Die Erbteile (vgl. § 1922 A 10, § 1927 A 3, § 1951 A 1) sind die durch Verfügung des Erblassers oder Gesetz bestimmten, in der Regel nach Bruchteilen (Quoten) ausgedrückten Anteilsberechtigungen am Nachlasse (a. M. Planck Erl 1, der hier einen anderen Erbteilsbegriff als den „nominellen Erbteil" zugrunde legen will). Nach diesen Quoten erfolgt die Verteilung des Überschusses, also z. B. bei gesetzlicher Erbfolge erhält A (Sohn) 1/2, B und C (Enkel) je 1/4 des Überschusses. Jedem von ihnen wird der Wert der von ihm zur Ausgleichung zu bringenden Zuwendungen auf seinen Anteil an dem Überschusse angerechnet (§ 2055 Abs 1 Satz 1; vgl. näheres A 1 ff. zu § 2055).

3. Daß die fortdauernde **Gemeinschaftlichkeit der Schriftstücke** keine Erbengemeinschaft, sondern eine Gemeinschaft nach Bruchteilen sei (so Prot II 5, 887 und die zweite Auflage dieses Kommentars), ist im Gesetze nicht zum Ausdruck gekommen. Vielmehr wird anzunehmen sein, daß, falls nicht etwas anderes im Auseinandersetzungsvertrage bestimmt ist, die Gemeinschaft als Gesamthandsverhältnis fortdauert (§ 2032 A 2), zumal da dieses Verhältnis die Erhaltung der Schriftstücke in einer Hand und die Einheitlichkeit der Verfügung über sie, an der ein wesentliches Interesse bestehen kann, am besten verbürgt. Die Vorschrift bedeutet übrigens nur, daß ein Anspruch auf Teilung dieser Schriftstücke (§ 2042 A 3) ausgeschlossen ist; einer Verfügung über sie durch sämtliche Miterben, sei es im Sinne der Begründung einer Bruchteilsgemeinschaft oder der Zuteilung an einen Miterben oder auch der Veräußerung an Dritte, sei es bei der Auseinandersetzung oder nachträglich, steht die Vorschrift nicht entgegen. Sie gilt aber auch von solchen Schriftstücken, die Vermögens- oder Verkehrswert haben, namentlich von persönlichen, nicht zur Veröffentlichung bestimmten Lebenserinnerungen des Erblassers, die literarische oder historische Bedeutung besitzen; zu ihrer Veröffentlichung oder der Abtretung des Urheberrechts an ihnen wird deshalb in der Regel das Einverständnis aller Miterben erforderlich sein. Auch zur Überweisung der Familienpapiere (nicht der Familienbilder, § 2373 Satz 2) an die Familie des Erblassers wird grundsätzlich die Zustimmung sämtlicher Miterben erforderlich sein; ein diese Zustimmung ersetzender Wille des Erblassers (vgl. Planck Erl 2) wird nicht ohne weiteres anzunehmen sein, wenn er die gesetzliche Erbfolge seiner Verwandten ausgeschlossen und Fremde als Erben eingesetzt hat, ohne Bestimmung über die Familienpapiere zu treffen. — Als Schriftstücke, die sich auf den ganzen Nachlaß beziehen, kommen hauptsächlich die Rechnungen und Belege über die Verwaltung des Nachlasses, die Urkunde über die Auseinandersetzung, ferner Urkunden über Verfügungen von Todes wegen und gemeinschaftliche Erbausweise in Betracht.

§ 2048

Der Erblasser kann durch letztwillige Verfügung Anordnungen für die Auseinandersetzung treffen[1]). Er kann insbesondere anordnen, daß die Auseinandersetzung nach dem billigen Ermessen eines Dritten erfolgen soll[2]). Die von dem Dritten auf Grund der Anordnung getroffene Bestimmung ist für die Erben nicht verbindlich, wenn sie offenbar unbillig ist; die Bestimmung erfolgt in diesem Falle durch Urteil[3]).

E I 2152 II 1922; M 5 688; P 5 885.

1. **Teilungsanordnungen** können durch Testament oder einseitig im Erbvertrag (§ 2299), und zwar auch ohne Erbeinsetzung, nicht aber, soweit sie nicht ein Vermächtnis oder eine Auflage enthalten, vertragsmäßig (§ 2278) getroffen werden. Sie können die Art der Verwaltung (§ 2038) wie die eigentliche Auseinandersetzung, insbesondere die Art der Teilung, namentlich die Zuweisung bestimmter Nachlaßgegenstände an einzelne Erben mit der Maßgabe, daß diese sich die Gegenstände nach ihrem Werte oder zu vom Erblasser festgesetzten Preisen auf ihren Erbteil anrechnen lassen sollen, zum Gegenstande haben. Ist die Anrechnung vom Erblasser nicht ausdrücklich vorgeschrieben, so ist es Auslegungsfrage, ob eine Teilungsanordnung oder eine nicht anrechnungspflichtige Zuwendung, also ein Vorausvermächtnis (§ 2150), vorliegt (RG SeuffA 63, 404; RG 13. 6. 18 IV 386/17). Auch eine in Anrechnung auf den Erbteil erfolgte Zuweisung bestimmter Nachlaßgegenstände kann eine Begünstigung entweder desjenigen Miterben, dem die Gegenstände zugewiesen sind, zu Lasten der übrigen oder umgekehrt dieser zu Lasten jenes enthalten, je nachdem der Übernahmepreis zu niedrig oder zu hoch angesetzt ist, und demnach ein Vermächtnis (Zuwendung eines Vermögensvorteils, § 1939 A 3) darstellen (RG SeuffA 63, 404; Warn 1908 Nr 326; 29. 6. 22 IV 766/21; RG 108, 84). Anderseits ist aber daraus, daß ein zu niedriger oder zu hoher Übernahmepreis festgesetzt ist, nicht zu entnehmen, daß es sich um ein Vor-

ausvermächtnis (§ 2150) handelt, also die zugewendeten Gegenstände nicht auf den Erbteil angerechnet werden sollen (RG SeuffA a. a. O.). Der in einer Teilungsanordnung bestimmte Übernahmepreis, insbesondere für ein Grundstück, unterliegt gegebenenfalls der Aufwertung nach den über diese in der Rechtsprechung (vgl. § 242 A 5dγ Abs 3) entwickelten Grundsätzen (RG 108, 85; Warn 1926 Nr 6). Auch die in einer letztwilligen Verfügung getroffene Anordnung, daß eine Zuwendung zur Ausgleichung gebracht werden soll (§ 2050 A 1), hat den Charakter einer Teilungsanordnung. — In der Bestimmung einer letztwilligen Verfügung, daß eine als „Erbe" bezeichnete Person „als Erbteil" einen bestimmten Betrag erhalten soll, kann eine Erbeseinsetzung dieser Person (vgl. § 2087 A 2) und zugleich eine Teilungsanordnung des Inhalts gefunden werden, daß eine Auseinandersetzung mit ihr nicht stattfinden, sie vielmehr den bestimmten Betrag als Abfindung erhalten soll (RG 24. 10. 21 IV 147/21); in diesem Falle ist die Zahlbarkeit der Abfindung regelmäßig nicht von der Durchführung der Auseinandersetzung abhängig (RG 2. 3. 22, IV 516/21). — Die Teilungsanordnung hat in der Regel die Bedeutung, daß jedem Miterben das Recht zustehen soll, von den andern die Vornahme der Auseinandersetzung nach Maßgabe der Anordnung zu verlangen; in diesem Falle können sich die Miterben in allseitigem Einverständnisse über die Anordnung hinwegsetzen, sofern nicht ein Testamentsvollstrecker vorhanden ist, der für ihre Ausführung Sorge zu tragen hat. Aber auch wenn ein Testamentsvollstrecker nicht bestellt ist, kann der Wille des Erblassers dahin gehen, daß die Anordnung unabhängig von dem Willen der Miterben zur Ausführung gelangen soll; in diesem Fall hat die Anordnung den Charakter einer Auflage (§ 1940) und gilt hinsichtlich ihrer Vollziehung das zu § 2044 A 1 hinsichtlich der Ausschließung der Auseinandersetzung durch den Erblasser Gesagte. — Die Teilungsanordnung gilt als nicht erfolgt, soweit durch sie ein pflichtteilsberechtigter Erbe, dem nicht mehr als die Hälfte des gesetzlichen Erbteils hinterlassen ist, beschränkt wird (§§ 2306, 2311 Abs 2 Satz 2). — Sowenig wie durch ein Vermächtnis (§ 1939 A 2), kann durch eine Teilungsanordnung dingliche Wirkung erzielt werden; sie begründet lediglich schuldrechtliche Verpflichtungen der Miterben gegeneinander zur Vornahme der ihr entsprechenden dinglichen Übertragungsakte.

2. **Billiges Ermessen eines Dritten** entsprechend § 317. Mit der Berufung des Dritten kann auch seine Ernennung zum Testamentsvollstrecker unter Beschränkung auf die Aufgaben des § 2204 gewollt sein (§ 2208 Abs 1; vgl. A 4 zu § 2208). Soweit er nicht Vollstrecker ist, kann der Dritte die Teilung nicht selbst vornehmen, sondern nur für die Erben verbindliche Bestimmungen treffen. Die nach billigem Ermessen zu treffende Entscheidung über die Art der Auseinandersetzung, insbesondere auch über die Veräußerung eines Nachlaßgrundstücks auf andere Weise als durch Zwangsversteigerung, kann der Erblasser auch einem Miterben oder der Mehrheit der Miterben übertragen; den übrigen Miterben wird dadurch nicht die dingliche Befugnis zur Teilnahme an der Verfügung über den Nachlaßgegenstand (§ 2040) entzogen; sondern sie werden nur untereinander schuldrechtlich verpflichtet, die Auseinandersetzung in der durch das billige Ermessen der dazu berufenen Miterben bestimmten Weise vorzunehmen, was nach § 137 Satz 2 zulässig ist (RG 110, 273). — Letztwillige Anordnung eines Schiedsgerichts ZPO § 1048; RG 100, 77; vgl. § 1937 A 1.

3. **Offenbar unbillig** (§§ 319, 660) ist die Bestimmung, wenn sie eine handgreifliche, auch dem einfachen Rechtsgefühl ohne verstandesmäßige Erwägung erkennbare Unbilligkeit enthält (**manifesta iniquitas** § 310). Sie braucht, wenn die Erben hierüber einig sind, von ihnen nicht beachtet zu werden. Des Urteils bedarf es nur im Streitfalle. Die Klage ist nicht gegen den Dritten (außer wenn er Testamentsvollstrecker ist), sondern gegen die widersprechenden Miterben zu richten. Ist die Bestimmung des Dritten unverbindlich, so trifft sie das Gericht an Stelle des Dritten durch Urteil, und zwar, entsprechend dem Willen des Erblassers, gleichfalls nach billigem Ermessen (a. M. Planck Erl 1 Abs 2 und die 2. Aufl. dieses Kommentars). Der Fall, daß der Dritte die Bestimmung nicht treffen kann oder will oder sie verzögert, ist hier dem Falle, daß seine Entscheidung offenbar unbillig ist, nicht, wie in § 319 Abs 1 Satz 2, ausdrücklich gleichgestellt; doch wird man nicht anzunehmen brauchen, daß das absichtlich geschehen und deshalb die entsprechende Anwendung dieser Vorschrift hier ausgeschlossen sei; vielmehr wird, um dem Willen des Erblassers im Sinne des Gesetzes möglichst zu entsprechen, auch in diesem Falle die Entscheidung durch das Gericht, und zwar nach billigem Ermessen, zu treffen sein (a. M. die vorige Auflage dieses Kommentars; wie hier Planck Erl 1 Abs 2 anscheinend mit der Abweichung, daß er das billige Ermessen des Gerichts ausschließt, vgl. oben). — Offenbar unbillig ist die durch eine Mehrheit der Erben getroffene Bestimmung auch, wenn den übrigen zugemutet wird, auf Grund einer von jenen mit einem Dritten früher getroffenen Vereinbarung das Grundstück an den Dritten gegen einen gänzlich entwerteten Papiermarkpreis ohne Aufwertung zu verkaufen (RG 110, 274).

§ 2049

Hat der Erblasser angeordnet, daß einer der Miterben das Recht haben soll, ein zum Nachlasse gehörendes Landgut zu übernehmen, so ist im Zweifel anzunehmen, daß das Landgut zu dem Ertragswert angesetzt werden soll[1]).

Der Ertragswert bestimmt sich nach dem Reinertrage, den das Landgut nach seiner bisherigen wirtschaftlichen Bestimmung bei ordnungsmäßiger Bewirtschaftung nachhaltig gewähren kann[2]).

P 5 860, 861; 6 330—335, 448ff.

1. Begriff des **Landguts**, im Gegensatz zum landwirtschaftlichen Grundstücke (§§ 592, 1421, 1663, 2130), s. § 98, auch §§ 1515, 2312. Das Gesetz stellt eine Auslegungsregel auf, „im Zweifel", die durch den Nachweis eines andern Willens des Erblassers entkräftet wird. Sie beruht auf der Vermutung, der Erblasser habe durch die Bestimmung ermöglichen wollen, daß das Landgut, ohne verkauft zu werden, von dem Miterben in der seiner bisherigen wirtschaftlichen Bestimmung entsprechenden Weise weiterbewirtschaftet werde. Die Auslegungsregel wird deshalb nicht zutreffen, wenn, wie es unter den heutigen Verhältnissen vielfach der Fall sein dürfte, der Ertragswert höher ist als der Verkaufswert (Schätzungswert; vgl. § 2312 Abs 1 Satz 3; auch von Hausen in DJZ 1926 Sp. 1489).

2. Der **Ertragswert**, im Gegensatze zum Verkehrs-(Verkaufs-)Werte. Die Art der Ermittlung des Ertragswertes ist nach Art 137 EG in erster Linie den Landesgesetzen überlassen; § 2049 Abs 2 tritt nur hilfsweise ein. Nach PrAGBGB Art 83 wird der Ertragswert durch Kapitalisierung des jährlichen Reinertrags (d. h. des Bruttoertrags unter Abzug der Bewirtschaftungskosten sowie der Lasten und Abgaben, jedoch nicht der Hypothekzinsen) zum verkehrsüblichen Zinsfuße ermittelt. Ähnlich nach bayr. AGBGB Art 103 (Kapitalisierung in der Regel nach dem 25fachen Betrage des jährlichen Reinertrags, sofern nicht durch Verordnung eine andere Verhältniszahl bestimmt wird, was durch VO v. 31. 7. 26 geschehen ist, wonach zur Zeit der 18fache Betrag maßgebend ist); ferner nach badischem AGBG in der Fassung v. 13. 10. 25 Art 38 und AusfVO v. 11. 11. 1899 §§ 38ff.; nach hessischem AGBGB Art 106, 130). — Die bisherige wirtschaftliche Bestimmung des Landguts als solchen ist maßgebend; doch wird anderseits ordnungsmäßige Bewirtschaftung, auch wenn solche bisher nicht stattgefunden hat, unterstellt. Danach können zweckmäßige Änderungen der Bewirtschaftungsweise im einzelnen, die ohne Änderung der wirtschaftlichen Bestimmung des Ganzen durchgeführt werden können, bei der Bemessung des Reinertrags berücksichtigt werden (z. B. Ausübung des Gartenbaues auf dazu geeignetem Boden an Stelle bisherigen Getreidebaues), nicht aber solche, durch welche die wirtschaftliche Bestimmung als Landgut verändert wird, z. B. Ausnutzung einer Fläche als Bauplatz für andere als zum Landgute gehörige Gebäude (RG Warn 09 Nr 411), oder bergmännische Aufschließung. — Die gleichen Grundsätze gelten für die Berechnung des Pflichtteils (§ 2312); ebenso im Falle des § 1515 Abs 2.

§ 2050

[1]) Abkömmlinge, die als gesetzliche Erben zur Erbfolge gelangen[2]), sind verpflichtet, dasjenige, was sie von dem Erblasser bei dessen Lebzeiten als Ausstattung[3]) erhalten haben, bei der Auseinandersetzung untereinander zur Ausgleichung zu bringen, soweit nicht der Erblasser bei der Zuwendung ein anderes angeordnet hat[4]).

Zuschüsse, die zu dem Zwecke gegeben worden sind, als Einkünfte verwendet zu werden[5]), sowie Aufwendungen für die Vorbildung zu einem Berufe[6]) sind insoweit zur Ausgleichung zu bringen, als sie das den Vermögensverhältnissen des Erblassers entsprechende Maß überstiegen haben[6a]).

Andere Zuwendungen unter Lebenden sind zur Ausgleichung zu bringen, wenn der Erblasser bei der Zuwendung die Ausgleichung angeordnet hat[7])[8]).

E I 2157—2159, 2164 Abs 3 II 1923; M 5 698—704, 710, 711; P 5 889—891.

1. Die **Ausgleichungspflicht** beruht auf dem Gedanken, daß bei gewissen Zuwendungen unter Lebenden, die der Erblasser seinen zur Zeit der Zuwendung als voraussichtliche Erben in Betracht kommenden Abkömmlingen gemacht hat, im Zweifel nicht angenommen werden kann, daß er dadurch die gleichheitliche Stammeserbfolge der Abkömmlinge (§§ 1924ff.) habe durchbrechen wollen, vielmehr anzunehmen ist, daß die Zuwendung nur eine durch die Verhältnisse gebotene Vorausgabe auf den künftigen Erbteil enthalten soll. Eine solche

Vermutung stellt das Gesetz auf für Kapitalzuwendungen zur Ausstattung (§ 2050 Abs 1); für Zuschüsse, die zur Verwendung als Einkünfte oder Vorbildung für einen Beruf gegeben sind, im Falle der Übermäßigkeit im Verhältnisse zu dem Vermögen des Erblassers (§ 2050 Abs 2); für andere Zuwendungen bedarf es einer besonderen Anordnung des Erblassers, um sie ausgleichungspflichtig zu machen (§ 2050 Abs 3). Die Vermutung greift in der Regel nur Platz bei gesetzlicher Erbfolge der Abkömmlinge, bei gewillkürter nur unter den besonderen Voraussetzungen des § 2052. Sie gilt nur für Zuwendungen an Abkömmlinge, nicht an andere Verwandte oder an den Ehegatten. — Die Vorschriften über die Ausgleichung sind nicht zwingender Natur und hindern nicht eine anderweite Regelung durch die Miterben bei der Auseinandersetzung in allseitigem Einverständnisse (**RG** 30. 5. 07 IV 524/06); die Ausgleichungspflicht kann auch durch selbständigen Vertrag der Miterben (Anerkenntnisvertrag) begründet werden (**RG** BayZ 08, 19 und 20. 11. 19 IV 246/19). — Die Ausgleichungspflicht ist kein gesetzliches Vermächtnis zugunsten der ausgleichungsberechtigten Miterben; sie begründet daher keine Nachlaßverbindlichkeit (§ 1967), auch nicht, wenn sie durch den Erblasser bei der Zuwendung angeordnet ist. — Die Ausgleichung erfolgt nicht durch Rückgewähr (Rückbringen) des zugewendeten Gegenstandes in Natur oder dem Werte nach in die Erbmasse (Realkollation), sondern lediglich durch Anrechnung und Minderempfang auf den Erbteil (sog. Idealkollation). Die zur Ausgleichung zu bringenden Vorempfänge stehen im freien Vermögen des Zuwendungsempfängers und bilden rechtlich keinen Bestandteil des Nachlasses; ihre Zugehörigkeit zu diesem wird durch die Anordnung der Ausgleichungspflicht von seiten des Erblassers nicht begründet; auch nicht durch den Vollzug der Ausgleichung, der lediglich ein rechnerischer Vorgang ist; eine angeordnete fideikommissarische Substitution in den Nachlaß (Nacherbfolge) erstreckt sich deshalb nicht auf die Vorempfänge und begründet keinen Anspruch auf deren Herausgabe; nur im Wege des Verschaffungsvermächtnisses (§§ 2169 A 1, 2170 A 1) kann der Erblasser den Zuwendungsempfänger oder dessen Erben damit beschweren, das Zugewendete an den Nachlaß herauszugeben. Diese für das gemeine Recht vom **RG** (25. 11. 20 IV 191/20) ausgesprochenen Rechtssätze werden auch für das Recht des BGB zutreffen. Auch nach der Gestalt, welche die Ausgleichungspflicht schließlich in dem Gesetzbuche erhalten hat (vgl. § 2055 A 4), erfolgt kein Einbringen der Vorempfänge in Natur in den Nachlaß, sondern lediglich eine rechnerische Berücksichtigung ihres Wertes bei der Auseinandersetzung. — Die Erbengemeinschaft als solche wird durch das Bestehen von Ausgleichungspflichten nicht berührt, auch nicht, wenn ein Miterbe infolge ihrer aus der Erbschaft nichts zu erhalten hat; er bleibt gleichwohl Teilhaber der Erbengemeinschaft mit den Rechten und Pflichten eines solchen (Anteil an Verwaltung und Benutzung § 2038, sowie an Verfügungsberechtigung § 2040; Schuldenhaftung §§ 2058, 2059 A 4, 2060 A 1, vgl. aber § 2058 A 2). Auch der Erwerber eines Miterbenanteils (§ 2033) tritt in die Rechte und Pflichten auf Ausgleichung ein. Dem Erbschaftskäufer kommt der Vorteil aus der Ausgleichungspflicht eines Miterben zugute (§ 2372), anderseits ist ihm für eine bestehende Ausgleichungspflicht des Verkäufers dieser gewährleistungspflichtig (§ 2376). — Ist der Erbfall nach Inkrafttreten des BGB eingetreten, so sind die Ausgleichungsvorschriften des neuen Rechtes auch dann anzuwenden, wenn die Zuwendung unter früherem Rechte erfolgt ist (**RG** SeuffA 67, 409 a. E. und Warn 1910 Nr 245; vgl. aber A 7 a. E.). — Ausgleichung nach Beendigung der fortgesetzten Gütergemeinschaft § 1503, bei Berechnung des Pflichtteils §§ 2315ff.

2. Nur die **Abkömmlinge** des Erblassers selbst und nur soweit sie **als gesetzliche Erben** (vgl. aber § 2052) zur Erbfolge gelangen, also die gesetzlichen Erben der ersten Ordnung (§ 1924 A 2), sind an der Ausgleichung beteiligt. Nicht also die Abkömmlinge der Eltern, Großeltern, Urgroßeltern und entfernteren Voreltern des Erblassers (§§ 1925ff.), auch nicht der Ehegatte. Abkömmlinge, die wegen Verzichts, Ausschließung, Erbunwürdigkeit oder infolge Ausschlagung nicht zur Erbfolge gelangen, bleiben außer Betracht. Doch sind nach § 2051 die an ihre Stelle tretenden entfernteren Abkömmlinge (s. aber auch § 2053) ausgleichungspflichtig.

3. Die **Ausstattung** ist zu verstehen im Sinne von § 1624, einschließlich der Aussteuer der Tochter (§§ 1620ff.), begreift aber, soweit nicht § 2053 einschlägt, auch die unmittelbar einem entfernteren Abkömmlinge gewährte Ausstattung in sich. Ob der Erblasser zu ihrer Gewährung rechtlich verpflichtet war, wie im Falle des § 1620, ob sie den Verhältnissen entspricht oder übermäßig ist, ob sie bereits gewährt oder nur erst versprochen und demgemäß zugleich als Nachlaßverbindlichkeit einzustellen ist, macht keinen Unterschied. Doch unterliegt der Ausgleichungspflicht ohne Beschränkung nur diejenige Ausstattung, die bestimmt ist, das Kapitalvermögen des Abkömmlings, sei es das Betriebs- oder bloße Nutzungsvermögen, zu vermehren, und die deshalb in Form einmaliger Leistung von Geld oder sonstigen dauernde Nutzung gewährenden Gegenständen gegeben wird; eine in Form von Rente gegebene Ausstattung wird in der Regel als Zuschuß zu den Einkünften bestimmt sein und deshalb unter Abs 2 fallen. Auch Aufwendungen für Berufsvorbildung

fallen unter den Begriff der Ausstattung, unterliegen aber der Ausgleichungspflicht nur unter der Voraussetzung des Abs 2. Näheres in A 6.

4. Wegen des Begriffs der Zuwendung vgl. A 7. — Da die Ausgleichung auf dem zu vermutenden Willen des Erblassers beruht, so findet sie nicht statt, soweit sie der Erblasser durch besondere Anordnungen ganz oder teilweise erlassen oder von Bedingungen abhängig gemacht oder sonst abweichend geregelt hat. Dies kann formlos, auch stillschweigend (vgl. A 7), muß aber schon bei der Zuwendung geschehen sein, kann also durch späteres einseitiges oder vertragsmäßiges Rechtsgeschäft unter Lebenden, auch durch Erlaßvertrag, nicht nachgeholt werden. Wohl aber durch Verfügung von Todes wegen, und zwar einseitig durch Vermächtnis in der Weise, daß die Miterben zugunsten des Abkömmlings, dem die Zuwendung gemacht ist, damit beschwert werden, ihn von der Ausgleichungspflicht freizustellen, oder aber durch einen mit dem Abkömmlinge abzuschließenden Erbvertrag (RG 90, 422). Zum Nachteil von Pflichtteilsberechtigten kann der Erblasser eine der Ausgleichung nach § 2050 Abs 1 oder 2 unterliegende Zuwendung weder bei ihrer Hingabe noch nachträglich von der durch § 2316 gebotenen Berücksichtigung bei Feststellung desjenigen, was auf den gesetzlichen Erbteil eines Abkömmlings fallen würde, behufs Bestimmung seines Pflichtteils ausschließen; § 2316 Abs 3, vgl. A 6 dazu.

5. **Zuschüsse** sind, auch sofern sie zur Begründung oder Erhaltung der Wirtschaft eines verheirateten Kindes oder einer selbständigen Lebensstellung bestimmt waren und deshalb unter den Begriff der Ausstattung fallen (A 3; RG 67, 206), nicht ausgleichungspflichtig, wenn sie als Einkünfte dienen sollen und das den Vermögensverhältnissen des Erblassers entsprechende Maß nicht übersteigen (RG 79, 266). Die Bestimmung als **Einkünfte** setzt voraus, daß sie zur Bestreitung des fortlaufenden Verbrauchs bestimmt sind und daß deshalb eine Wiederholung in gewissen Zeitabschnitten in Aussicht genommen ist, ohne daß aber eine Verpflichtung dazu, insbesondere in Form einer Leibrente (§ 759), übernommen zu sein braucht (vgl. RG im Recht 1910 Nr 2578, 2580). Ein nur als einmalige Zuwendung gedachter Zuschuß zu einer Badereise fällt deshalb nicht darunter (RG Warn 1910 Nr 288; a. M. Leonhard IV C zu § 2050). Auch Zuschüsse, die als Einkünfte dienen sollen, aber keine Ausstattung darstellen, sind ausgleichungspflichtig, wenn sie das bezeichnete Maß übersteigen.

6. Die Aufwendungen müssen für die **Vorbildung zu einem Berufe,** im Gegensatze zu der durch Volksschulen oder höhere Lehranstalten vermittelten allgemeinen Ausbildung, gemacht sein. Hierher gehören Lehrgelder, die Kosten des Besuchs von Fachschulen, Studien- und Promotionskosten, einschließlich der Beschaffung der Lernmittel, nicht aber Aufwendungen für die Berufsausübung selbst (Anschaffung von Instrumenten u. dgl.). Solche Aufwendungen fallen meist unter den Begriff der Ausstattung (A 3), sind aber trotzdem ausgleichungspflichtig nur, soweit sie das bezeichnete Maß übersteigen. Auch Aufwendungen für die Berufsausbildung, die nicht in Erfüllung einer gesetzlichen Unterhaltspflicht erfolgen und deshalb nicht unter § 1610 Abs 2 in Verbindung mit § 1602 fallen (z. B. weil der Abkömmling eigenes Vermögen besitzt, vgl. A 1 zu § 1602), sind nur unter den Voraussetzungen des Abs 2, nicht unbeschränkt als Ausstattung nach Abs 1 zur Ausgleichung zu bringen (RG 114, 53). Die Berufsausbildung ist regelmäßig beendet, wenn durch Ablegung der Prüfungen die Befähigung zur Bekleidung der betreffenden Berufsstellung nachgewiesen ist (RG Warn 1913 Nr 237). Doch ist nicht ausgeschlossen, daß unter Umständen nach Abschluß der ersten Berufsausbildung ein neuer Beruf ergriffen wird, und die Aufwendungen für die Vorbildung zu diesem neuen Berufe fallen alsdann gleichfalls unter Abs 2, nicht unter Abs 1 des § 2050 (RG 114, 54). Der Unterhalt während des Vorbereitungsdienstes fällt unter die Zuwendungen zur Erlangung einer Lebensstellung, ist aber als Zuschuß zu Einkünften, wie auch für die Vorbildung zu einem Berufe, nur nach Abs 2 ausgleichungspflichtig.

6a. Ob das bezeichnete **Übermaß** vorliegt, richtet sich nicht danach, ob die Zuschüsse oder Aufwendungen zur Erreichung des Zweckes erforderlich waren, und auch nicht nach den Standesverhältnissen des Erblassers oder des Abkömmlings, sondern lediglich **nach den Vermögensverhältnissen des Erblassers.** Bei ihrer Beurteilung wird zu berücksichtigen sein, für wieviel Kinder der Erblasser zur Zeit der Zuwendung zu sorgen hatte und mit welchen Veränderungen der Kinderzahl oder seiner Vermögensverhältnisse er als vorsichtiger Familienvater für die Zukunft noch rechnen mußte. Ob der Erblasser die Beträge aus seinen Einkünften oder aus dem Stamme seines Vermögens entnommen hat, ist nicht entscheidend, aber für die Frage des Übermaßes immerhin zu beachten.

7. Der Erblasser kann **Zuwendungen jeder Art durch eine bei der Zuwendung formlos getroffene Anordnung ausgleichungspflichtig** machen. Die Zuwendung (vgl. auch § 1939 A 4) erfordert kein Rechtsgeschäft zwischen dem Erblasser und dem Abkömmling; sie kann in rein wirtschaftlichen Maßnahmen des Erblassers oder Rechtsgeschäften zwischen ihm und Dritten zum Ausdruck gekommen sein, durch die dem Abkömmling bei Lebzeiten des

Erblassers ein Vermögensvorteil aus dessen Vermögen zugeflossen ist; z. B. Zahlung von Schulden des Abkömmlings, Aufwendungen für seine Berufsvorbildung oder Lebensstellung. Rechtsgeschäftliche Zuwendungen können in der Übereignung von Vermögensgegenständen (Eigentumsübertragung an beweglichen Sachen, Geldzahlungen, Auflassung von Grundstücken) oder in sonstigen dinglichen Verfügungen zu seinen Gunsten (Erlaß einer Forderung, Aufgabe eines dinglichen Rechtes) bestanden haben; aber auch schon in der Begründung eines schuldrechtlichen Anspruchs des Abkömmlings gegen den Erblasser (Schenkungsversprechen, § 516, konstitutives Schuldversprechen oder Schuldanerkenntnis, §§ 780, 781) wird der Begriff der Zuwendung erfüllt. Auch Leistungen, durch die einer gesetzlichen Pflicht genügt wird, können unter den Begriff der Zuwendung fallen (RG 73, 377). Nicht erforderlich ist vollständige Unentgeltlichkeit der Leistung (RG 73, 377); auch in der Ausbedingung einer absichtlich zu geringwertig bemessenen Gegenleistung bei einem Kauf- oder sonstigen gegenseitigen Vertrage, ferner in der Zinsfreiheit oder dem geringen Zinsfuße eines Darlehns kann eine Zuwendung liegen (entsprechend der gemischten Schenkung, § 516 A 4). Einigkeit beider Teile über die Unentgeltlichkeit, wie bei der Schenkung (§ 516) ist nicht erforderlich (RG 18. 4. 10 IV 38/10). Soweit eine Leistung aber mit der Verpflichtung zur vollen Rückgewähr (credendi causa) oder zur Erfüllung einer Verbindlichkeit (solvendi causa) gemacht ist, enthält sie keine Zuwendung (RG JW 02 Beil 266 Nr 198 und 13. 6. 10 IV 537/09; RG 67, 308). Auch ein Betrag, der mit der Bestimmung hingegeben wird, daß die Hauptsumme nicht zurückbezahlt, aber Zinsen davon entrichtet werden sollen, kann eine Zuwendung enthalten und ausgleichungspflichtig sein, wenn er als Ausstattung gegeben worden ist (RG 30. 10. 16 IV 193/16). Die bei Hingabe oder später getroffene Bestimmung, daß ein als „Darlehen" hingegebener Betrag nicht zurückgezahlt, sondern nur nach dem Tode des Erblassers von dem Abkömmlinge zur Ausgleichung gebracht werden soll, enthält eine Zuwendung. Es muß sich aber um eine Zuwendung unter Lebenden handeln; ein Vermächtnis, das auf den Erbteil angerechnet werden soll (§ 2048 A 1), fällt nicht darunter; demnach auch nicht eine Anordnung, daß ein als Darlehen geschuldeter Betrag, wenn er bis zum Tode des Erblassers noch nicht zurückbezahlt sei, nunmehr nicht mehr zurückbezahlt, sondern zur Ausgleichung gebracht werden solle; eine solche Anordnung bedarf der Form der letztwilligen Verfügung; sie schließt dann das Verlangen der Rückzahlung des Darlehens vor der Auseinandersetzung aus (§ 2039 A 2). Für Beträge, die ein Abkömmling dem Erblasser schuldet, können die Miterben auch ohne besondere Anordnung des Erblassers statt der Zahlung Ausgleichung bei der Auseinandersetzung nach Maßgabe der Auseinandersetzungsregeln (§§ 2042ff., 756; vgl. § 2042 A 3, § 2046 A 1) fordern (RG JW 02 Beil 266 Nr 198). Die Ausgleichungspflicht setzt ferner voraus, daß aus dem Vermögen des Erblassers in das Vermögen des Abkömmlings etwas in solcher Weise übergeführt ist, daß dadurch der Nachlaß eine Verringerung erfahren hat; sie findet deshalb z. B. nicht statt, wenn der Erblasser zugunsten eines Abkömmlings in einem Gesellschaftsvertrage für diesen ein Eintrittsrecht in eine Gesellschaft bedungen hat, an der seine Teilhaberschaft mit seinem Tode erlosch, weil dadurch die Erbansprüche der übrigen Miterben nicht beeinträchtigt worden sind, es sei denn, daß festgestellt würde, daß der Erblasser für die Ausbedingung des Eintrittsrechts besondere Aufwendungen aus seinem Vermögen gemacht habe (RG 29. 11. 26 IV 137/26). — Die **Anordnung der Ausgleichung** kann nur **bei der Zuwendung** erfolgen, und zwar formlos, sofern nicht die Zuwendung selbst ein formbedürftiges Rechtsgeschäft bildet, dessen Bestandteil die Anordnung ist. Sie wird aber nur von Bedeutung sein können, wenn sie dem Abkömmlinge gegenüber erklärt ist und dieser sich, ausdrücklich oder stillschweigend durch Annahme der Zuwendung, mit ihr einverstanden erklärt hat (RG 67, 308). Sie kann auch auf Vertrag beruhen (RG 20. 11. 19 IV 246/19). Die Anordnung braucht nicht ausdrücklich getroffen zu sein; sie kann sich auch aus den Umständen als stillschweigend gewollt ergeben, z. B. wenn ein Erblasser sein Vermögen in bestimmter Weise unter die Abkömmlinge bei Lebzeiten verteilt hat; auch kann bei einer unter dem alten Rechte gemachten Zuwendung die Absicht des Erblassers, daß sie ausgeglichen werden soll, aus den damals geltenden Ausgleichungsvorschriften gefolgert werden (Warn 1910 Nr 245). — Eine nachträgliche Anordnung der Ausgleichung kann nicht durch Rechtsgeschäft unter Lebenden (OLG 21, 318), sondern nur in der Form einer Verfügung von Todes wegen erfolgen; sie enthält ein Vermächtnis, mit welchem der Abkömmling, der die Zuwendung erhalten hat, zugunsten seiner Miterben beschwert wird, und ist für ihn bindend, ohne daß jedoch sein Pflichtteil dadurch beeinträchtigt wird, weil dieser nur nach dem gesetzlichen Erbteile zu berechnen ist (§ 2316 Abs 1; RG 67, 309; 71, 135). Der Pflichtteil des Abkömmlings kann durch die nachträgliche Anordnung der Ausgleichungspflicht nur dann beeinträchtigt werden, wenn diese in einem zwischen dem Erblasser und dem Abkömmlinge abgeschlossenen Erbverzichtsvertrage (§ 2346) vereinbart ist (RG 67, 307; 71, 136; 90, 422; vgl. auch A 4). — Daß der Erblasser auch bei Zuwendungen an andere voraussichtliche Erben als Abkömmlinge (z. B. an Geschwister) eine

Ausgleichungspflicht gemäß § 2050 anordnen könne, ist aus Abs 3 nicht zu entnehmen (so Planck, 3. Aufl., Erl 4 f; a. M. die 2. Aufl. dieses Kommentars); eine solche Anordnung kann aber, wenn sie in der Form der letztwilligen Verfügung getroffen ist, als Teilungsanordnung (§ 2048) aufrechterhalten werden und es wird eine entsprechende Anwendung der Ausgleichungsvorschriften (§§ 2055, 2056) zulässig sein. Auch im übrigen kann der Erblasser durch letztwillige Verfügung die Ausgleichung von Zuwendungen zugunsten und zu Lasten gesetzlicher oder eingesetzter Erben, die Abkömmlinge sind, wie anderer Erben beliebig anordnen, solange er dadurch den Pflichtteil keines von ihnen verletzt (RG 30. 10. 16 IV 193/16). Mit der gleichen Einschränkung kann er auch entfernteren Abkömmlingen, die er unmittelbar zu Erben beruft, die Anrechnung eines durch den näheren Abkömmling, von dem sie abstammen, ihm geschuldeten Betrags auferlegen (RG 13. 6. 10 IV 537/09). — Ist die Auseinandersetzung ohne Berücksichtigung der Ausgleichungspflicht eines Abkömmlings vorgenommen, so wird im Zweifel ein Bereicherungsanspruch (condictio indebiti) der Miterben gegen ihn begründet sein, falls nämlich nicht erhellt, daß diese in Kenntnis der Ausgleichungspflicht die Auseinandersetzung vollzogen haben (§ 814; RG 20. 11. 19 IV 246/19). — Ausgleichungspflicht nach Beendigung der fortgesetzten Gütergemeinschaft § 1503, bei Berechnung des Pflichtteils §§ 2315 ff. Ist der Erbfall nach 31. 12. 99 eingetreten, so bestimmt sich die Ausgleichung auch bezüglich der unter altem Rechte gemachten Zuwendungen grundsätzlich nach dem Rechte des BGB (RG SeuffA 67 Nr 231 a. E.).

8. Die **Beweislast** für das Bestehen einer Ausgleichungspflicht trifft grundsätzlich den, der Anrechnung der betreffenden Zuwendung auf den Erbteil verlangt. Behauptet der Erbe in den Fällen der Abs 1 u. 2, daß ihm die Ausgleichung durch Anordnung des Erblassers erlassen sei, so ist er für die Einrede beweispflichtig. Gegenseitige Auskunftspflicht der Miterben § 2057.

§ 2051

Fällt ein Abkömmling, der als Erbe zur Ausgleichung verpflichtet sein würde, vor oder nach dem Erbfalle weg¹), so ist wegen der ihm gemachten Zuwendungen der an seine Stelle tretende Abkömmling zur Ausgleichung verpflichtet²).

Hat der Erblasser für den wegfallenden Abkömmling einen Ersatzerben eingesetzt, so ist im Zweifel anzunehmen, daß dieser nicht mehr erhalten soll, als der Abkömmling unter Berücksichtigung der Ausgleichungspflicht erhalten würde³).

E I 2160 II 1924; M 5 704—706; P 5 892, 893; 6 340, 342.

1. **Wegfall eines Abkömmlings** durch Tod vor dem Erbfalle (§ 1924), Ausschließung (§ 1938), Ausschlagung (§ 1953), Erbunwürdigkeit (§ 2344), Erbverzicht (§ 2346).

2. In allen diesen Fällen **treten an Stelle des ausgleichungspflichtigen Abkömmlings**, aber kraft eigenen Erbrechts (§ 1924 A 4) **seine Abkömmlinge** nach Verhältnis ihrer Erbteile, falls sie nicht durch die Ausschließung (§ 1938 A 2) oder den Verzicht (§ 2349) gleichfalls ausgeschlossen sind. Sie treten dann auch in die Ausgleichungspflicht ein, da diese andernfalls durch Ausschlagung oder Verzicht des Empfängers der Zuwendung vereitelt werden könnte. Ist der Abkömmling mit Übergehung seines Vorfahren vom Erblasser durch Verfügung von Todes wegen unmittelbar als Erbe eingesetzt, so ist er nicht an die Stelle eines andern getreten und § 2051 leidet keine Anwendung (RG Warn 1913 Nr 238). Darauf, ob die Abkömmlinge Erben des Weggefallenen geworden sind und ob ihnen der Vorempfang selbst zugute gekommen ist, kommt nichts an. Nicht erforderlich ist, daß der an die Stelle tretende Abkömmling des Erblassers auch Abkömmling des ursprünglich Ausgleichungsverpflichteten ist; fällt z. B. der mit einer Zuwendung bedachte Enkel des Erblassers (der nach § 2053 ausgleichungspflichtig war) weg, ohne Abkömmlinge zu haben, so erhöht sich dadurch der Erbanteil seiner Geschwister; diese treten also auch hinsichtlich der Ausgleichungspflicht an seine Stelle. Ihre Ausgleichungspflicht beschränkt sich aber auf den Erbanteil des Empfängers der Zuwendung; ihr eigener ursprünglicher Erbanteil wird davon nicht berührt (§ 1935). Ist anderseits der Erbanteil eines Abkömmlings des Erblassers mit einer Ausgleichungspflicht belastet und kommt zu ihm der Erbanteil eines andern, weggefallenen Abkömmlings hinzu, so wird dieser durch die auf dem ursprünglichen Erbanteile lastende Ausgleichungspflicht nicht betroffen. Stirbt der ausgleichungspflichtige Abkömmling, nachdem er die Erbschaft angenommen hat, so geht die Ausgleichungspflicht mit der Erbschaft auf seine Erben über, gleichviel, ob sie Abkömmlinge des Erblassers sind oder nicht. Stirbt er vor der Annahme und seine Erben nehmen die Erbschaft an, so trifft sie natürlich gleichfalls die in der Person ihres unmittelbaren Erblassers begründete Ausgleichungspflicht. —

§ 2051 Abs 1 trifft auch zu, wenn an die Stelle des ausgleichungspflichtigen ein anderer Abkömmling des Erblassers nicht als dessen gesetzlicher Erbe, sondern infolge Erbeinsetzung nach Verhältnis der gesetzlichen Erbteile tritt (§ 2052). Ist dagegen der kraft solcher Erbeinsetzung eintretende Erbe nicht ein Abkömmling, so kann nur Abs 2 des § 2051 (vgl. A 2) Platz greifen.

3. **Ersatzerbe** (§§ 2096ff., 2102). Der Ersatzerbe kann eingesetzt sein sowohl für den Fall des Wegfallens eines als gesetzlicher Erbe, wie für den Fall des Wegfallens eines nach dem Verhältnisse der gesetzlichen Erbteile durch Erbeinsetzung (§ 2052) berufenen Abkömmlings. Ein solcher Ersatzerbe soll, auch wenn er nicht Abkömmling des Erblassers ist (andernfalls trifft Abs 1 zu; vgl. A 2), nach dem zu vermutenden Willen des Erblassers („im Zweifel") nicht mehr erhalten, als der weggefallene Abkömmling unter Berücksichtigung der Ausgleichungspflicht erhalten haben würde. Damit ist ausgedrückt, daß bei Berechnung des Erbteils des fremden Ersatzerben einerseits die zu Lasten des weggefallenen Abkömmlings wegen der diesem gemachten Zuwendungen begründet gewesene Ausgleichungspflicht, anderseits aber auch das für ihn begründet gewesene Recht, von andern Abkömmlingen Ausgleichung wegen der diesen gemachten Zuwendungen zu verlangen, Berücksichtigung finden soll; was der Weggefallene danach erhalten haben würde (also das Gesamtergebnis der Auseinandersetzung für ihn), bildet die Höchstgrenze dessen, was der Ersatzerbe erhält. Einen abweichenden Willen des Erblassers nach der einen oder anderen Richtung hat der Ersatzerbe zu beweisen.

§ 2052

Hat der Erblasser[1a]) die Abkömmlinge auf dasjenige als Erben eingesetzt, was sie als gesetzliche Erben erhalten würden, oder hat er ihre Erbteile so bestimmt, daß sie zueinander in demselben Verhältnisse stehen wie die gesetzlichen Erbteile[1]), so ist im Zweifel anzunehmen, daß die Abkömmlinge nach den §§ 2050, 2051 zur Ausgleichung verpflichtet sein sollen[2]).

E II 1925; P 5 891, 892.

1. Die an sich nur für die gesetzliche Erbfolge (§ 2050 A 2) vorgeschriebene Ausgleichung unter den Abkömmlingen soll „im Zweifel" auch eintreten, wenn der Erblasser durch **Erbeinsetzung** entweder den gleichen Erfolg herbeigeführt hat, wie er im Falle der gesetzlichen Erbfolge eingetreten sein würde, indem er die Abkömmlinge **auf dasjenige eingesetzt hat, was sie als gesetzliche Erben erhalten würden** (was auch dadurch geschehen kann, daß er sie ohne nähere Bestimmung einsetzt, § 2066), oder wenn er sie wenigstens durch entsprechende **Bestimmung ihrer Erbteile im Verhältnis zueinander** so gestellt hat, wie sie bei gesetzlicher Erbfolge stehen würden. Im letzteren Falle können die den Abkömmlingen zugewiesenen Erbteile absolut kleiner oder größer sein als die gesetzlichen, indem neben ihnen noch andere, und zwar Nichtabkömmlinge, als Erben berufen oder solche, die als gesetzliche Erben neben ihnen berufen wären (Ehefrau), ausgeschlossen sind. Dagegen wird § 2052 nach Wortlaut („**die** Abkömmlinge") und Sinn keine Anwendung finden können, wenn ein oder mehrere Abkömmlinge von der Erbschaft ausgeschlossen oder einzelnen Abkömmlingen andere als die gesetzlichen Erbteile zugewiesen sind, da in diesem Falle der Wille des Erblassers, die Abkömmlinge gleichzustellen, nicht erhellt (a. M. **RG** 90, 420; Staudinger § 2050 Erl III 3 unter nicht zutreffender Berufung auf Prot II 5, 892). Ist aber einem Abkömmling ein Vorausvermächtnis ausgesetzt, so steht das der Anwendbarkeit des § 2052 nicht entgegen, da das Verhältnis der Erbteile zueinander dadurch nicht berührt wird. auch keineswegs ohne weiteres dadurch der Wille des Erblassers erhellt, daß der durch ein solches, auf den Erbteil nicht anzurechnendes Vermächtnis begünstigte Abkömmling noch weiter dadurch begünstigt werden sollte, daß er auch die ihm unter Lebenden gemachten Zuwendungen nicht zur Ausgleichung zu bringen habe (**RG** 13. 1. 10 IV 150/09 und **RG** 90, 422). Anderseits wird in der Zuwendung eines Vorausvermächtnisses an einen Abkömmling, wenn andere Abkömmlinge an sich ausgleichungspflichtige Zuwendungen unter Lebenden erhalten haben, nach Lage der Sache unter Umständen der Wille des Erblassers gefunden werden können, daß diesen die Ausgleichung erlassen sein soll (**RG** 90, 421).

1a. Obwohl im Regelfalle des § 2269 die in dem gemeinschaftlichen Testamente zu Erben eingesetzten Abkömmlinge grundsätzlich nur als Erben des zuletzt verstorbenen Ehegatten angesehen werden können, so muß doch ihnen gegenüber als **„Erblasser"** im Sinne des § 2052 (und ebenso im Sinne der §§ 2066—2069) auch der zuerst verstorbene Ehegatte gelten; die im Verhältnis der gesetzlichen Erbteile gemäß § 2052 eingesetzten Abkömmlinge haben deshalb die ihnen von dem zuerst verstorbenen Ehegatten oder aus dessen Nachlaß von dem überlebenden gemachten Zuwendungen nach dem Tode des zuletzt verstorbenen bei der Auseinandersetzung von dessen Nachlaß nach Maßgabe der §§ 2050, 2051 zur Ausgleichung zu bringen (**RG** 26. 3. 14 IV 686/13; vgl. auch § 2269 A 2). — Entsprechende Bestimmung für die fortgesetzte Gütergemeinschaft § 2054 Abs 2 (A 3).

2. Liegen die Voraussetzungen des § 2052 vor, so tritt eine gesetzliche Vermutung (**„im Zweifel"**) für den Willen des Erblassers, also eine Auslegungsregel, dahin ein, daß der Erblasser die Ausgleichung unter den Abkömmlingen nach Maßgabe der **§§ 2050, 2051** gewollt habe, nämlich sowohl zu Lasten derjenigen Abkömmlinge, die selbst eine Zuwendung erhalten haben (§ 2050), wie auch derjenigen, die kraft gesetzlicher Erbfolge oder als Ersatzerben an ihre Stelle getreten sind (§ 2051 Abs 1, 2). Im Falle der Erhöhung des Erbteils eines Abkömmlings durch Anwachsung (§ 2095) gilt auch hier das in A 2 zu § 2051 hinsichtlich der Erhöhung des gesetzlichen Erbteils Gesagte. — Die Vermutung kann der Abkömmling, der bei ihrem Zutreffen ausgleichungspflichtig sein würde, durch den Nachweis eines gegenteiligen Willens des Erblassers widerlegen.

§ 2053

Eine Zuwendung, die ein entfernterer Abkömmling vor dem Wegfalle des ihn von der Erbfolge ausschließenden näheren Abkömmlinges[1]) oder ein an die Stelle eines Abkömmlinges als Ersatzerbe tretender Abkömmling[2]) von dem Erblasser erhalten hat, ist nicht zur Ausgleichung zu bringen[1]), es sei denn, daß der Erblasser bei der Zuwendung die Ausgleichung angeordnet hat[3]).

Das gleiche gilt, wenn ein Abkömmling, bevor er die rechtliche Stellung eines solchen erlangt hatte, eine Zuwendung von dem Erblasser erhalten hat[4]).

E I 2161 II 1926; M 5 706, 707; P 5 892, 893.

1. **Wegfall des näheren Abkömmlings** § 2051 A 1, s. auch § 2069. Die Ausgleichungspflicht entspricht dem mutmaßlichen Willen des Erblassers in der Regel nur dann, wenn er sich den mit einer Zuwendung bedachten Abkömmling dabei als seinen unmittelbaren gesetzlichen Erben vorgestellt hat, dem er gewissermaßen einen Teil der Erbschaft vorausgewähre. Diese Absicht ist regelmäßig ausgeschlossen, wenn die **Zuwendung an einen entfernteren Abkömmling** vor Wegfall des näheren, z. B. dem Enkel bei Lebzeiten des Vaters, gemacht wird. Daher sind unter dieser Voraussetzung auch solche Zuwendungen, die nach § 2050 Abs 1, 2 zur Ausgleichung zu bringen sein würden (Ausstattung, übermäßige Zuschüsse und Aufwendungen der dort bezeichneten Art) nicht ausgleichungspflichtig, vorbehaltlich der besonderen Anordnung ihrer Ausgleichungspflicht (A 3). Da hiernach die Vorstellung des Erblassers das Entscheidende ist, so wird die Ausgleichungspflicht auch den mit der Zuwendung bedachten Abkömmling, dessen Vorfahr zu dieser Zeit bereits weggefallen war, dann nicht treffen, wenn der Erblasser den Vorfahren irrig noch am Leben glaubte, obwohl der Wortlaut des Gesetzes diesen Fall nicht trifft. Umgekehrt wird im Zweifel Ausgleichung als gewollt anzunehmen sein, wenn er den Bedachten zur Zeit der Zuwendung irrig schon für seinen gesetzlich berufenen Erben hielt.

2. Die gleiche Erwägung (A 1) trifft auch zu, wenn ein vom Erblasser als **Ersatzerbe** (§§ 2096ff., 2102) **eingesetzter Abkömmling**, und zwar (wie in Ergänzung des Wortlauts des Gesetzes hinzugefügt werden muß) zu einer Zeit, zu der sein als gesetzlicher oder gemäß § 2052 eingesetzter Erbe in erster Linie berufener Vormann noch nicht weggefallen war, eine Zuwendung erhalten hat. Bei einem Ersatzerben, der nicht Abkömmling ist, kommt eine Ausgleichungspflicht wegen von ihm persönlich erhaltener Zuwendungen (wegen der seinem Vormanne gemachten Zuwendungen vgl. § 2051 Abs 2 u. A 3) überhaupt nicht in Frage.

3. Abweichend von § 2050 bedarf es in den Fällen des § 2053 auch für sonst ausgleichungspflichtige Zuwendungen einer besonderen **Anordnung des Erblassers**, die **bei der Zuwendung** erfolgt sein muß. Näheres vgl. § 2050 A 7. Die Beweislast, daß eine solche Anordnung erfolgt sei, trifft die Miterben, welche die Ausgleichung des Vorempfangs verlangen.

4. Abs 2 bezieht sich auf die Legitimation durch nachfolgende Ehe (§ 1719), durch Ehelichkeitserklärung (§§ 1723ff.) und auf die Annahme an Kindes Statt (§§ 1741ff., 1762).

§ 2054

Eine Zuwendung, die aus dem Gesamtgute der allgemeinen Gütergemeinschaft, der Errungenschaftsgemeinschaft oder der Fahrnisgemeinschaft er-

folgt, gilt als von jedem der Ehegatten zur Hälfte gemacht[1]). Die Zuwendung gilt jedoch, wenn sie an einen Abkömmling erfolgt, der nur von einem der Ehegatten abstammt, oder wenn einer der Ehegatten wegen der Zuwendung zu dem Gesamtgut Ersatz zu leisten hat, als von diesem Ehegatten gemacht[2]).

Diese Vorschriften finden auf eine Zuwendung aus dem Gesamtgute der fortgesetzten Gütergemeinschaft entsprechende Anwendung[3]).

E I 2162 II 1927; M 5 707, 708; P 5 893.

1. Nach der Regel der §§ 1443, 1519, 1549 empfangen Abkömmlinge **Zuwendungen aus dem Gesamtgute** vom Manne als dem Verfügungsberechtigten, auch wenn die Frau zu Schenkungen ihre Zustimmung erteilt (§ 1446) oder wenn sie in Vertretung des Mannes handelt (§ 1450). An sich würden daher die Abkömmlinge nur gegenüber dem Nachlasse des Mannes ausgleichungspflichtig sein. Da dieses Ergebnis dem Wesen der Gütergemeinschaft und dem Gedanken der Ausgleichungspflicht nicht entsprechen würde, so schreibt das Gesetz die Ausgleichung der an gemeinschaftliche Abkömmlinge gemachten Zuwendungen gegenüber den Nachlässen beider Ehegatten je zur Hälfte vor. Die Ausgleichung hat deshalb, wenn sie nicht bis zur Beendigung der fortgesetzten Gütergemeinschaft hinausgeschoben ist (§§ 1483, 1557, 1497), regelmäßig zweimal, je zur Hälfte, stattzufinden.

2. Die Zuwendung an einen **Abkömmling, der nur von einem der Ehegatten abstammt,** gilt als nur von diesem Ehegatten; ebenso eine Zuwendung, für die einer der Ehegatten **dem Gesamtgute Ersatz zu leisten hat, als nur von diesem Ehegatten gemacht.** Entscheidend ist nicht, welcher Ehegatte die Zuwendung gemacht hat, sondern die Abstammung bzw. die Ersatzpflicht. **RG** 94, 262 legt die Vorschrift — und ebenso die gleichlautende des § 2331 — unter Einschränkung ihres Wortlauts, aber wohl in zutreffender Begrenzung ihres Sinnes und Zweckes dahin aus, daß die Zuwendung nur insoweit als von dem betreffenden Ehegatten gemacht gilt, als die auf ihn treffende Hälfte des Gesamtgutes reicht, wobei nicht der Zeitpunkt der Zuwendung, sondern derjenige der Beendigung der Gütergemeinschaft maßgebend sein soll (vgl. auch § 2331 A 1). Die Ersatzpflicht besteht für den Mann, soweit er eine Ausstattung verspricht oder gewährt, die das dem Gesamtgut entsprechende Maß übersteigt (§§ 1465, 1467, 1476 Abs 2, 1538, 1549). Bei Zuwendungen anderer Art (§ 2050 Abs 2, 3) kann er ersatzpflichtig werden durch Vornahme in böslicher Absicht oder ohne Zustimmung der Frau (§§ 1456, 1446) oder durch in bezug auf sein Vorbehaltsgut eingegangene, aber demnächst aus dem Gesamtgute berichtigte Verbindlichkeiten (§ 1466). Die Frau wird ersatzpflichtig, soweit sie in Vertretung des Mannes handelt (§ 1450) oder sonst das Gesamtgut wirksam verpflichtet (§ 1460), nach Maßgabe der Vorschriften über Geschäftsführung oder Auftrag. Soweit es nach §§ 2050—2053 für die Ausgleichungspflicht auf Anordnungen oder auf den Willen des Erblassers ankommt, ist die Person des Ehegatten maßgebend, der als Geber der Zuwendung zu gelten hat.

3. **Fortgesetzte Gütergemeinschaft** §§ 1483ff., 1557. Der überlebende Ehegatte hat hierbei die rechtliche Stellung des Mannes, die beteiligten Abkömmlinge haben diejenige der Frau, § 1487. Die Ausstattung gemeinschaftlicher Abkömmlinge gilt hiernach als zur Hälfte aus dem Anteile des überlebenden Ehegatten, zur Hälfte aus demjenigen der übrigen Abkömmlinge, soweit aber der Überlebende ersatzpflichtig ist, als nur aus dessen Vermögen gewährt. Der Überlebende ist nach § 1499 Nr 3 ersatzpflichtig, wenn die Ausstattung im Verhältnis zu dem Gesamtgute übermäßig oder einem infolge Verzichts (§ 1491) oder Ausschließung (§ 1511) oder als nicht gemeinschaftlich (§ 1483) nicht anteilsberechtigten Abkömmling gewährt ist. Ist die Zuwendung an einen nicht gemeinschaftlichen Abkömmling gemacht, so kann demnach zweifelhaft sein, ob sie als von demjenigen Ehegatten, von dem der Abkömmling abstammt (vgl. Abs 1 Satz 2 Halbsatz 1 und A 2) oder von dem Überlebenden, der ersatzpflichtig ist (vgl. Abs 1 Satz 2 Halbsatz 2 sowie § 1499 Nr 3) gemacht zu gelten habe. Die Ersatzpflicht wird wohl in erster Linie maßgebend sein müssen. Hat also der überlebende Ehemann einem Abkömmlinge seiner Frau eine Zuwendung aus dem Gesamtgute gemacht, für die er diesem Ersatz leisten muß, so wird die Ausgleichung zum Nachlasse des Mannes zu erfolgen haben. Dasselbe gilt von anderen Zuwendungen (§ 2050 Abs 2, 3), durch die sich der überlebende Ehegatte, wenn die übrigen Abkömmlinge nicht zustimmen, regelmäßig ersatzpflichtig macht, § 1456. — Entsprechende Bestimmungen beim Pflichtteilsergänzungsanspruch § 2331.

§ 2055

Bei der Auseinandersetzung wird jedem Miterben der Wert der Zuwendung, die er zur Ausgleichung zu bringen hat, auf seinen Erbteil angerechnet[1]). Der Wert der sämtlichen Zuwendungen, die zur Ausgleichung zu bringen

sind, wird dem Nachlasse hinzugerechnet, soweit dieser den Miterben zukommt, unter denen die Ausgleichung stattfindet[2]) [4]).

Der Wert bestimmt sich nach der Zeit, zu der die Zuwendung erfolgt ist[3]).

E I 2163 II 1928; M 5 708, 709; P 5 893, 894.

1. § 2055 regelt die Durchführung der Ausgleichung nach den Grundsätzen der **Idealkollation**, unter Ausschluß des Rückbringens in Natur (§ 2050 A 1). Die Ausgleichung vollzieht sich danach erst bei Gelegenheit der Auseinandersetzung, nur rechnerisch und lediglich innerhalb des Kreises der hiervon betroffenen Abkömmlinge. Dieselben Grundsätze gelten für Berechnung des Pflichtteils (§§ 2315, 2316). Der **Wert der Zuwendung** (maßgebender Zeitpunkt Abs 2) bestimmt sich nach Vereinbarung der Beteiligten, sonst nach freier Schätzung. Wer einen höheren als den vom Ausgleichungspflichtigen zugegebenen Wert behauptet, ist hierfür beweispflichtig. Der Wert kann bei der Zuwendung von dem Erblasser formlos, nachher nur im Wege der Verfügung von Todes wegen festgesetzt werden. Die Festsetzung ist für die Beteiligten maßgebend, soweit sie nicht den Pflichtteil der Ausgleichungsberechtigten oder des Ausgleichungsverpflichteten beeinträchtigt (vgl. A 4, 7 zu § 2050).

2. Sind neben den an der Ausgleichung beteiligten Abkömmlingen noch andere gesetzliche oder letztwillig berufene Erben vorhanden (z. B. der überlebende Ehegatte, eingesetzte Fremde), so ist von der ermittelten **Teilungsmasse** zunächst der Betrag der Erbteile zu berechnen, die auf die an der Ausgleichung nicht beteiligten Erben entfallen. Zu dem verbleibenden Reste wird der ziffermäßige Gesamtbetrag der Zuwendungen hinzugerechnet. Von der so gefundenen Masse werden die Erbteile der an der Ausgleichung beteiligten Abkömmlinge berechnet. Von diesem rechnungsmäßigen Erbteil wird jedem ausgleichungspflichtigen Abkömmling der Wert der empfangenen Zuwendung abgezogen. Der Rest bildet den ihm wirklich auszuschüttenden Erbteil. Beispiel: Nachlaß 2000. Erben Witwe W ($^1/_4$), 3 Abkömmlinge X, Y, Z (je $^1/_4$). Vorweg Erbteil der W 500, verbleibt Teilungsmasse für die Abkömmlinge 1500. Es haben vorempfangen und einzuwerfen X 500, Y 300, Z 100, zusammen 900. Es entfallen mithin von 1500 + 900 = 2400 auf jeden Abkömmling $^1/_3$ = 800. In Wirklichkeit erhalten X 800 — 500 = 300, Y 800 — 300 = 500, Z 800 — 100 = 700, zusammen 1500, womit (zuzüglich der vorweg der W überwiesenen 500) der Nachlaß aufgeht.

3. Die **Zeit der Zuwendung** bleibt maßgebend, auch wenn inzwischen Wertserhöhungen oder Wertsverminderungen stattgefunden haben oder die zugewendeten Gegenstände untergegangen sein sollten. Zinsen, Nutzungen u. dgl. kommen nicht in Betracht. Etwaige abweichende Anordnungen des Erblassers sind nur mit der oben (A 1) angegebenen Beschränkung wirksam. Doch bezieht sich die Maßgeblichkeit der Zeit der Zuwendung nur auf den Sachwert; später eingetretene scheinbare Wertänderungen, die in Wirklichkeit nur Veränderungen des Wertmessers, in welchem der Sachwert ausgedrückt ist, nämlich des Geldes, bedeuten, sind wie bei sonstigen Ansprüchen auf Ersatz des Sachwertes, z. B. bei der Enteignung (vgl. § 242 A 5 d δ ββ), so auch bei der Ausgleichungspflicht zu berücksichtigen (RG 108, 340). — Die Vorschriften des Gesetzes sind nicht zwingenden Rechtes, die Beteiligten können deshalb die Ausgleichung auch in anderer Weise (so durch Einbringen in Natur) durchführen (vgl. § 2050 A 1). Ist die Ausgleichung bei der Auseinandersetzung unterblieben, so ist unter den Voraussetzungen der §§ 812 ff. der Bereicherungsanspruch gegeben (vgl. § 2050 A 7)

4. Sehr bestritten ist die Frage, in welcher Art eine bestehende Ausgleichungspflicht auf die **Stellung des ausgleichungspflichtigen und der ausgleichungsberechtigten Miterben in der Erbengemeinschaft** und die sich aus ihr ergebenden rechtlichen Beziehungen einwirkt. Nach dem E I zum BGB (§§ 2157, 2163) sollte die Ausgleichungspflicht von der Auseinandersetzung losgelöste, rein schuldrechtliche Beziehungen unter den beteiligten Miterben erzeugen, für die dingliche Gestaltung des Miterbenrechts aber nicht in Betracht kommen. Dieser Standpunkt hat eine von der zweiten Kommission (Prot 5, 893) ausdrücklich als grundsätzlich bezeichnete Änderung erfahren dadurch, daß die Ausgleichung in die Auseinandersetzung eingegliedert worden ist in der Weise, daß die Anteilsberechtigung an der Teilungsmasse durch sie eine von dem Verhältnisse der Erbschaftsquoten (Erbteile, § 1922 A 10) abweichende Gestaltung erhält. Diese Wirkung tritt aber erst bei der Auseinandersetzung ein. Bis zur Auseinandersetzung hat die Ausgleichungspflicht grundsätzlich keinen Einfluß auf die Gestaltung der Erbengemeinschaft, weder im inneren Verhältnisse noch nach außen: die Miterben sind nur nach Maßgabe der den einzelnen zustehenden Erbschaftsquoten an der Verwaltung und Verfügung über die Erbschaft beteiligt und dabei stimmberechtigt (§ 2038 A 4); auch ein durch ausgleichungspflichtige Zuwendungen bereits vollständig gedeckter Miterbe ist von der Teilnahme nicht ausgeschlossen; nur im Falle eintretender Gefährdung der bei der späteren Auseinandersetzung zu berücksichtigenden Ausgleichungspflicht werden im Wege der einstweiligen Verfügung Sicherungsmaßnahmen er-

griffen werden können (so Planck-Strohal Erl 3; a. M. Dernburg 5 § 182 II; Leonhard zu § 2055 IV C, der so weit geht, ein „Erbrecht ohne reellen Anteil" für ein Unding zu erklären). Die Teilung der Früchte erfolgt nach § 2038 Abs 2 Satz 2 erst bei der Auseinandersetzung; etwa dennoch schon vorher nach Maßgabe der Erbquoten erfolgte Früchteverteilungen werden bei dieser in der Weise zu berücksichtigen sein, daß der ausgleichungspflichtige Miterbe die nach Maßgabe seiner Ausgleichungspflicht zuviel bezogenen Früchte zu erstatten hat (so Planck a. a. O.). — Den Nachlaßgläubigern gegenüber bewirkt die Ausgleichungspflicht vor der Auseinandersetzung keine Änderung der gesamtschuldnerischen Haftung nach Maßgabe der §§ 2058, 2059 (vgl. A 4 zu § 2059). Nach der Auseinandersetzung haften die Miterben untereinander für etwa noch nicht berichtigte Nachlaßverbindlichkeiten, die bei der Auseinandersetzung nicht berücksichtigt sind, nach Maßgabe der Bereicherungsgrundsätze unter Berücksichtigung der Ausgleichungspflicht. Den Nachlaßgläubigern gegenüber haften sie auch jetzt grundsätzlich als Gesamtschuldner, jedoch, falls sie das Beschränkungsrecht nicht verloren haben, unter Vorbehalt der Beschränkung auf das, was sie wirklich, unter Berücksichtigung der Ausgleichungspflicht, aus dem Nachlasse erhalten haben. Wegen der Berücksichtigung der Ausgleichungspflicht bei der in den Ausnahmefällen des § 2060 eintretenden anteiligen Haftung vgl. § 2060 A 1. — Der Erwerber des Anteils eines Miterben (§ 2033) und der Gläubiger eines Miterben, der dessen Anteil am Nachlasse pfändet, sowie der Nachlaßgläubiger, der die Zwangsvollstreckung in den Anteil des Miterben vor der Teilung betreibt (§ 2059 Abs 1 Satz 1) erlangen dadurch hinsichtlich der Ausgleichungspflicht die gleiche Stellung wie der Miterbe selbst.

§ 2056

Hat ein Miterbe durch die Zuwendung mehr erhalten, als ihm bei der Auseinandersetzung zukommen würde, so ist er zur Herauszahlung des Mehrbetrags nicht verpflichtet[1]). Der Nachlaß wird in einem solchen Falle unter die übrigen Erben in der Weise geteilt, daß der Wert der Zuwendung und der Erbteil des Miterben außer Ansatz bleiben[2]).

E I 2164 II 1929; M 5 709, 710; P 5 893.

1. Der Ausgleichungspflichtige ist nicht oder doch nur rechnungsmäßig Schuldner des Nachlasses. Die **Zuwendung verbleibt dem Abkömmling** ganz, auch wenn sie rechnerisch den Betrag des auf ihn entfallenden Auseinandersetzungsguthabens übersteigt. Auch ein pflichtteilsberechtigter Abkömmling hat auf Grund der bei Berechnung seines Pflichtteils zu berücksichtigenden Ausgleichungspflicht (§ 2316) keinen Anspruch auf Herauszahlung einer ausgleichungspflichtigen Zuwendung (RG 77, 282). Der Pflichtteilsergänzungsanspruch (§ 2325) erstreckt sich nur auf eigentliche Schenkungen; andere ausgleichungspflichtige Zuwendungen (so eine Ausstattung, soweit sie nicht als Schenkung gilt, § 1624) sind bei Berechnung der Pflichtteilsergänzung dem Nachlasse nicht hinzuzurechnen (RG 77, 282). Der Ausgleichungspflichtige geht somit schlimmstenfalls bei der Auseinandersetzung leer aus, ohne daß dadurch übrigens seine Erbeneigenschaft beeinträchtigt wird (vgl. § 2055 A 4). Schuldenhaftung s. § 2058 A 2.

2. Der hierdurch entstehende **Ausfall** läßt zwar die ideellen Erbteile der ausgleichungsberechtigten Miterben unberührt, führt aber zu einer Verringerung des auf sie entfallenden realen Erbteils. Der leer ausgehende Miterbe scheidet sowohl mit der ihn treffenden Einwerfungspost, als auch mit dem Erbteile für die Auseinandersetzung aus. Es mindert sich mithin die Teilungsmasse (durch Streichung der Einwerfungspost), es ändert sich aber auch (infolge Wegfalls eines Bruchteils) der Teilungsquotient, indem die Bruchteile auf einen andern Nenner zu bringen sind. Dabei müssen jedoch die Bruchteile der bei der Auseinandersetzung beteiligt bleibenden Miterben zueinander in dem gleichen Verhältnisse verbleiben wie vorher, da sich sonst große Unbilligkeiten ergeben würden. Der Wortlaut des Gesetzes, demzufolge der **Erbteil des Miterben außer Ansatz bleibt,** trägt dem allerdings nicht vollständig Rechnung. Beispiel: Nachlaß 2000, Erben 3 Abkömmlinge X mit $^1/_2$, Y und Z mit je $^1/_4$. Es haben vorempfangen und einzuwerfen X 400, Y nichts, Z 1000, zusammen 1400. Es würden sonach an sich entfallen von 2000 + 1400 = 3400 auf X $^1/_2$ = 1700 — 400 = 1300, auf Y $^1/_4$ = 850 — 0 = 850, auf Z 850 — 1000 = 0, da er den Mehrempfang von 150 nicht herauszuzahlen hat. Es bleibt deshalb Z sowohl mit seinem $^1/_4$ Erbteil als mit seinem Vorempfang von 1000 außer Ansatz. Bleiben bei der Auseinandersetzung beteiligt X mit $^1/_2$ = $^2/_4$, Y mit $^1/_4$ oder im Verhältnis ihrer Erbteile zueinander X mit $^2/_3$, Y mit $^1/_3$ von 2000 Nachlaß + 400 Einwerfungspost des X = 2400. Hiervon erhalten X $^2/_3$ = 1600 — 400 = 1200, Y $^1/_3$ = 800, womit der Nachlaß aufgeht. Auch bei Berechnung des Pflichtteils eines Abkömmlings (§ 2316 Abs 1 Satz 1) darf die Zuwendung, die einem

wegen zu hohen Vorempfangs für die Auseinandersetzung ausscheidenden Miterben gemacht ist, dem Nachlasse nicht hinzugerechnet werden; der Pflichtteil ist vielmehr nur von dem wirklich vorhandenen Nachlasse zu berechnen, zuzüglich des Wertes von ausgleichungspflichtigen Zuwendungen, die an die beteiligt bleibenden Miterben gemacht sind (RG 3. 7. 11 IV 619/10). Infolge Verminderung der Teilungsmasse kann sich das Ausscheiden von Miterben, die mehr als ihren rechnungsmäßigen Erbteil zugewendet erhalten haben, und erneute Berechnung der wirklichen Erbteile wiederholt notwendig machen. Darüber, daß im Falle der Erhöhung des gesetzlichen Erbteils durch Wegfall eines gesetzlichen Erben (§ 1935) die den einen Erbteil überschwerende Ausgleichung von dem andern Erbteil nicht zu tragen ist, s. § 1935 A 5. Dasselbe gilt von dem Falle der Anwachsung (§ 2095) und von der Berufung zu mehreren Erbteilen durch mehrfache Verwandtschaft (§ 1927 oder Testament (§ 2066).

§ 2057

Jeder Miterbe ist verpflichtet, den übrigen Erben auf Verlangen Auskunft über die Zuwendungen zu erteilen, die er nach den §§ 2050 bis 2053 zur Ausgleichung zu bringen hat[1]). Die Vorschriften der §§ 260, 261 über die Verpflichtung zur Leistung des Offenbarungseids finden entsprechende Anwendung[2]).

E II 1930; P 5 8

1. Das **Auskunftsverlangen** ist kein zum Nachlasse gehörender Anspruch (§ 2039), kann vielmehr von den „übrigen Erben" (vgl. auch § 2034) und somit, da die gebrauchte Mehrheitsform dem nicht entgegensteht, von jedem Miterben für sich gegen einen andern Miterben gestellt und weiter bis zur Eidesleistung durchgeführt werden. Das Auskunftsrecht aus § 2057 steht grundsätzlich nur den Miterben zu; doch erstreckt sich das dem Pflichtteilsberechtigten, der nicht Erbe ist, in § 2314 gegebene Recht auf Auskunft über den Bestand des Nachlasses auch auf die bei Lebzeiten des Erblassers gemachten ausgleichungspflichtigen Zuwendungen sowie auf die an Dritte gemachten Schenkungen, wegen deren ein Pflichtteilsergänzungsanspruch (§ 2325) geltend gemacht werden kann (RG 73, 371, 2. ZS), während RG 73, 374, 4. ZS, den § 2057 sinngemäß auch auf den Pflichtteilsberechtigten, der nicht Erbe ist, anwenden will. Das Recht auf Auskunft muß neben den Erben auch dem mit der Auseinandersetzung beauftragten Testamentsvollstrecker (§ 2204) zustehen; a. M. Staudinger Erl 2. Der Nachlaß- und Nachlaßkonkursverwalter wird das Verlangen nur beim Nachweis eines besonderen Interesses stellen dürfen. Bezüglich des **Auskunftspflichtigen** muß feststehen, daß er zu den von der Ausgleichungspflicht nach §§ 2050—2053 betroffenen Personen gehört, insbesondere also, daß die gesetzliche Erbfolge oder § 2052 Platz greift. **Gegenstand der Auskunftspflicht** sind nur die ausgleichungspflichtigen Zuwendungen; der Auskunftspflichtige braucht deshalb nicht (wie RG 58, 91 ausgeführt hatte) alle Zuwendungen anzugeben, die er jemals von dem Erblasser empfangen hat, zum Zwecke der auf Grund dieser Angaben zu treffenden Feststellung, ob sie ausgleichungspflichtig sind (RG 73, 376; a. M. anscheinend Staudinger Erl 3). Wegen der dementsprechenden Formel des Offenbarungseides vgl. A 2. — Handelt es sich um ein bereits feststehendes Rechtsgeschäft, das sich äußerlich nicht als Zuwendung darstellt, so hat der die Auskunft verlangende Miterbe nachzuweisen, daß es, ganz oder zum Teile, eine Zuwendung (§ 2050 A 7) enthält (RG JW 06, 358[20]). Durch die Angabe, daß er keine ausgleichungspflichtigen Zuwendungen erhalten habe, genügt der Auskunftspflichtige zunächst seiner Auskunftspflicht, vorbehaltlich des Offenbarungseides (A 2). Nötigenfalls ist der Auskunftspflichtige im Prozeßwege und durch Zwangsvollstreckung (§ 888 ZPO) zur Erteilung der Auskunft anzuhalten. — Wegen der Auskunftspflicht der Miterben als solcher untereinander im Übrigen s. § 2038 A 7.

2. Nach **§ 260** ist ein **Bestandsverzeichnis** jedenfalls dann vorzulegen, wenn die Zuwendung einen Inbegriff von Gegenständen umfaßt hat. Im übrigen ist für die Auskunft die Form des Verzeichnisses nicht vorgeschrieben; doch wird sie in ordnungsmäßiger Form, regelmäßig schriftlich und unter Angabe der für die Feststellung der Art und des Wertes sowie der Ausgleichungspflicht erforderlichen Einzelheiten zu erteilen sein. Der Mangel solcher Form wird ohne weiteres den Verdacht, daß die Auskunft nicht mit der erforderlichen Sorgfalt erteilt, und damit gemäß § 260 Abs 2 **die Verpflichtung zur Leistung des Offenbarungseides** begründen. Die Vorschrift des § 259 Abs 3 ist nicht für anwendbar erklärt und wird daher nicht anzuerkennen sein, daß der Offenbarungseid nicht verlangt werden könnte, wenn es sich um Zuwendungen von geringer Bedeutung handelt (a. M. die zweite Auflage dieses Kommentars). Nach **§ 261** ist der Offenbarungseid, falls der Miterbe im Prozeßwege dazu verurteilt ist, vor dem Prozeßgericht erster Instanz (§ 889 ZPO), andernfalls vor dem Amtsgerichte des Wohnsitzes des schwurpflichtigen Miterben,

der für die Verpflichtung Erfüllungsort ist (§ 269), zu leisten. Über die Form der Eidesleistung bestimmen die §§ 163, 79 FGG. Der **Inhalt** des Eides wird, entsprechend dem Inhalte der Auskunftspflicht (A 1), nur dahin zu gehen haben, daß der Schwurpflichtige die zur Ausgleichung zu bringenden Zuwendungen so vollständig angegeben habe, als er dazu imstande sei, wobei es sich nach **RG** 73, 377 (vgl. 374) empfiehlt, die Fassung an die zur Bezeichnung der Ausgleichungsfälle vom Gesetze (§§ 2050—2053) gebrauchten Ausdrücke anzuschließen, um auch rechtsunkundige Schwurpflichtige über die Bedeutung des Eides möglichst aufzuklären. Im übrigen muß es dem Schwurpflichtigen unter eigener Verantwortung überlassen bleiben, sich zu erkundigen, welche Zuwendungen er anzugeben hat, und im Zweifel zur Wahrung seines Gewissens eine Zuwendung unter Vorbehalt als empfangen zu benennen. Eine den Umständen entsprechende Änderung der Eidesform (**§ 261** Abs 2) wird namentlich etwaige Behauptungen des Auskunftsberechtigten über bestimmte Zuwendungen zu berücksichtigen haben. Die Kosten fallen nach **§ 261 Abs 3** dem die Eidesleistung verlangenden Auskunftsberechtigten zur Last. — Liegt der Erbfall vor 1. 1. 00, so ist auch für die Verpflichtung zur Leistung des Offenbarungseides das frühere Recht maßgebend (EG Art 213; **RG** JW 04, 57[11] und 29. 2. 04 IV 326/03).

II. Rechtsverhältnis zwischen den Erben und den Nachlaßgläubigern

1. Soweit nicht die **§§ 2058—2063** Abweichungen enthalten, kommen auch bei Vorhandensein mehrerer Erben die Vorschriften des zweiten Titels über die **Haftung des Erben für die Nachlaßverbindlichkeiten** (§§ 1967—2017) zur Anwendung; ebenso die ergänzenden Verfahrensvorschriften der ZPO (§§ 780—785). Auch ein Miterbe kann nicht verklagt werden, bevor er die Erbschaft angenommen hat (§ 1958). Nach der Annahme stehen jedem Miterben die aufschiebenden Einreden der §§ 2014, 2015 zur Seite. Nachlaßverwaltung und Nachlaßkonkurs, von denen jedoch jene nur gemeinschaftlich von allen Miterben und nur bis zur Teilung beantragt werden kann (§ 2062; wegen des Nachlaßkonkurses vgl. KO § 217), sichern auch den Miterben die beschränkte Haftung (§§ 1975ff.). Auf Antrag jedes noch nicht unbeschränkt haftenden Miterben (ZPO § 991) kann das Aufgebot der Nachlaßgläubiger durchgeführt und dadurch die Haftung der Miterben gegenüber ausgeschlossenen Gläubigern beschränkt werden (§§ 1970ff.); auch die Verspätung gemäß § 1974 kann jeder Miterbe geltend machen. Die Unzulänglichkeitseinrede der §§ 1990ff. ohne amtliche Nachlaßabsonderung steht jedem nicht unbeschränkt haftenden Miterben zu, und zwar bis zur Teilung auch dann, wenn die Voraussetzungen dieser Paragraphen (Dürftigkeit des Nachlasses oder Beruhen der Überschuldung auf Vermächtnissen und Auflagen) nicht vorliegen (§ 2059 Abs 1 Satz 1). Der Verlust der Beschränkbarkeit der Haftung durch Versäumung der ihm gesetzten Inventarfrist, ungetreues Inventar und Nichtleistung des Offenbarungseides (§§ 1994 Abs 1, 2005 Abs 1, 2006 Abs 3) sowie durch Nichtvorbehalt im Prozesse (§ 780 Abs 1 ZPO) allen oder einzelnen Nachlaßgläubigern gegenüber tritt für diejenigen Miterben ein, in deren Person die Voraussetzungen dafür vorliegen, jedoch vorbehaltlich der Vorschrift des § 2063 Abs 1 (A 1 dazu) Gegenüber einem Miterben, der Nachlaßgläubiger ist, tritt unbeschränkte Haftung der übrigen Miterben nicht ein (§ 2063 Abs 2 u. A 2).

2. Unabhängig davon, ob die mehreren Erben beschränkt oder unbeschränkt haften, d. h. mit welchen Mitteln — ob nur mit dem ererbten oder auch mit dem eigenen Vermögen — sie für die Nachlaßverbindlichkeiten aufzukommen haben, ist die Frage, ob jeder von ihnen den Gläubigern für den ganzen Schuldbetrag (gesamtschuldnerisch) haftet oder ob die Schuld nach Verhältnis ihrer Erbquoten geteilt ist **(anteilige Haftung).** Sowohl die gesamtschuldnerische wie die anteilige Haftung kann sich auf den Nachlaß beschränken oder auch auf das eigene Vermögen des Miterben erstrecken. Das Gesetz stellt die gesamtschuldnerische Haftung als Regel auf (§ 2058), es durchbricht aber diesen Grundsatz zugunsten der anteiligen Haftung nach der Teilung unter den besonderen Voraussetzungen der §§ 2060, 2061, für die unbeschränkte Haftung eines Miterben schon vorher (§ 2059 Abs 1 Satz 2). Hiernach ist, wie Planck hervorhebt, eine vierfach verschiedene Haftung der Miterben denkbar: a) anteilig und beschränkbar, b) gesamtschuldnerisch, aber beschränkbar, c) anteilig, aber unbeschränkt, d) gesamtschuldnerisch und unbeschränkt. — Haftung bei der fortgesetzten Gütergemeinschaft § 1489. Für Schulden des Handelsgeschäfts HGB §§ 27, 139.

§ 2058

Die Erben haften für die gemeinschaftlichen Nachlaßverbindlichkeiten[1]) als Gesamtschuldner[2]).

E I 2051 Satz 2 II 1932; M 5 526—530; P 5 867—871.

1. Nachlaßverbindlichkeiten § 1967 A 1. — **Gemeinschaftliche Nachlaßverbindlichkeiten** sind zunächst diejenigen, die im Verhältnisse zu den Nachlaßgläubigern allen Miterben zur Last fallen (vgl. § 2046 A 3); nicht gemeinschaftlich unter allen also diejenigen aus Vermächtnissen und Auflagen, mit denen nur einer oder mehrere einzelne Miterben beschwert sind, ferner die Verbindlichkeit der Miterben eines Pflichtteilsberechtigten diesem gegenüber zur Vervollständigung oder Ergänzung des Pflichtteils (§§ 2305, 2326); für solche Verbindlichkeiten haben die nicht beschwerten Miterben überhaupt nicht einzustehen. Sind zwar nicht alle, aber mehrere Miterben mit einer Nachlaßverbindlichkeit belastet, so ist sie unter diesen gemeinschaftlich, und es wird nichts im Wege stehen, den § 2058 auf sie in der Weise zur Anwendung zu bringen, daß die mit ihr belasteten Miterben für sie als Gesamtschuldner haften. So mit Recht Planck-Strohal Erl 1; Leonhard Erl III; a. M. die früheren Auflagen von Planck und die zweite Auflage dieses Kommentars unter Berufung auf § 2046 Abs 2, der jedoch nur das innere Verhältnis unter den Erben betrifft. Es ist nicht abzusehen, aus welchem Grunde das Gesetz, das die gesamtschuldnerische Haftung der Miterben als Regel aufstellt, eine nur anteilsmäßige Haftung gemäß § 420 gewollt haben sollte, wenn nicht alle, sondern nur einige Miterben für sie als Haftpflichtige in Betracht kommen; auch der Wortlaut nötigt keineswegs zu einer solchen Annahme. — Die Ansprüche der Nachlaßgläubiger gegen alle oder einzelne Miterben wegen schuldhaften Gebarens mit dem Nachlasse im Falle eintretender Nachlaßabsonderung (§§ 1978ff.) sind keine Nachlaßverbindlichkeiten, sondern persönliche Verbindlichkeiten der Miterben; sie gelten als zum Nachlaß gehörig und sind also Nachlaßaktiva (vgl. A 4 zu § 1978); § 2058 kann daher auf sie keine Anwendung finden; doch kann eine gesamtschuldnerische Haftung aus der gemeinschaftlichen Führung der Verwaltung, die einer Auftragsübernahme gleichsteht (§§ 1978, 427), oder aus gemeinschaftlicher unerlaubter Handlung (§ 830) begründet sein.

2. Die **gesamtschuldnerische Haftung** entsteht mit der Erbengemeinschaft (§ 2032 A 2) und dauert grundsätzlich auch nach deren Beendigung fort. Nur im Falle des § 2059 Abs 1 Satz 2 (A 4 dazu) und nach der Teilung unter den besonderen Voraussetzungen der §§ 2060, 2061 verwandelt sich die gesamtschuldnerische in eine bloß anteilige Haftung. — Die Nachlaßgläubiger können die gesamtschuldnerische Haftung schon vor der Auseinandersetzung gegenüber den Miterben geltend machen, jedoch nur mit der aus § 2059 Abs 1 Satz 1 sich ergebenden Haftungsbeschränkung. Auch der Gläubiger, der Miterbe ist, ist hieran in der Regel (vgl. aber § 2046 A 1) nicht gehindert. **RG** 93, 197 will freilich die Gesamtschuldklage eines Miterben als Gläubigers gegen seine Miterben überhaupt ausschließen, weil im Innenverhältnis unter den Miterben keine gesamtschuldnerische Haftung stattfinde; doch ist die Begründung nicht überzeugend, da der Miterbe, der den Anspruch erhebt, nicht als Miterbe, sondern als Gläubiger in Betracht kommt. Den auf den Gläubiger nach dem Verhältnisse seines Erbteils als Miterbe entfallenden Anteil an der Verbindlichkeit muß er sich abziehen lassen; auch werden im Falle bestehender Ausgleichungspflicht des Gläubigers als Miterben die übrigen Miterben berechtigt sein, einen entsprechenden Betrag bis zur Auseinandersetzung zurückzubehalten (vgl. § 2055 A 4). Die Gesamtschuldklage braucht nicht gegen sämtliche Miterben erhoben zu werden und es besteht keine notwendige Streitgenossenschaft (ZPO § 62) unter den als Gesamtschuldner verklagten Miterben (**RG** 25. 1. 09 IV 297/08 und 29. 9. 19 IV 156/19; LZ 1915, 1100[30]; **RG** 68, 222; 71, 370; Warn 1926 Nr 216); anders bei der Gesamthandklage aus § 2059 Abs 2 (A 5), die gegen sämtliche Miterben gerichtet werden muß (**RG** 71, 370). Doch kann der Gläubiger das Klagbegehren, daß ein Miterbe sich die Befriedigung des Klägers aus dem ungeteilten Nachlasse gefallen zu lassen habe, gegen diesen im Wege der Einzelklage richten (**RG** Gruchot 57, 158). Auch die Feststellung der Forderung kann der Gläubiger gegenüber einzelnen Miterben, die sie bestreiten, betreiben (**RG** 29. 9. 19 IV 156/19), denn das Urteil erzeugt nur Wirkung unter den Prozeßparteien (**RG** Warn 08 Nr 487). Zur Vollstreckung in den ungeteilten Nachlaß bedarf aber der Gläubiger eines gegen alle Miterben, wenn auch auf Einzelklagen, ergangenen Urteils; andernfalls kann er nur die Anteile der verurteilten Miterben in Anspruch nehmen (ZPO § 747; **RG** 68, 221; 71, 371). — Der Erwerber des Erbteils (§ 2033) tritt, und zwar neben dem veräußernden Miterben, in die gesamtschuldnerische Haftung ein (A 1 zu § 2033). — Die Miterben untereinander sind zunächst nur verpflichtet, zu der Berichtigung der Forderung eines Nachlaßgläubigers, der Befriedigung vor der Auseinandersetzung verlangt, mitzuwirken und bei der Auseinandersetzung für die Berichtigung der Nachlaßverbindlichkeiten aus dem Nachlasse Sorge zu tragen (§§ 2038 Abs 1 Satz 2, 2046). Ist die Berichtigung einer Nachlaßverbindlichkeit bei der Auseinandersetzung unterblieben und sie nachträglich von dem Gläubiger gegen einen Miterben auf Grund der gesamtschuldnerischen Haftung beigetrieben worden, so kann dieser von den übrigen Miterben anteilsmäßige Erstattung, aber nicht nach gleichen Anteilen (§ 426), sondern nach dem Verhältnisse der Erbanteile verlangen. Handelt es sich dabei um ausgleichungspflichtige Miterben (§§ 2050ff.), so kommen für den Erstattungsanspruch nicht die quotenmäßigen Erbteile, sondern das-

jenige, was unter Berücksichtigung der Ausgleichungspflicht bei der Auseinandersetzung den einzelnen Miterben zugeflossen ist (ihr reeller Erwerb aus der Erbschaft), in Betracht (vgl. § 2055 A 4). — Besonderer Gerichtsstand der Erbschaft nach ZPO § 28 auch wegen anderer als der in § 27 aufgezählten Nachlaßverbindlichkeiten, solange die mehreren Erben noch als Gesamtschuldner haften.

§ 2059

[1]) Bis zur Teilung des Nachlasses[2]) kann jeder Miterbe die Berichtigung der Nachlaßverbindlichkeiten aus dem Vermögen, das er außer seinem Anteil an dem Nachlasse hat, verweigern[3]). Haftet er für eine Nachlaßverbindlichkeit unbeschränkt, so steht ihm dieses Recht in Ansehung des seinem Erbteil entsprechenden Teiles der Verbindlichkeit nicht zu[4]).

Das Recht der Nachlaßgläubiger, die Befriedigung aus dem ungeteilten Nachlasse von sämtlichen Miterben zu verlangen, bleibt unberührt[5])[6]).

E II 1933; P 5 868—875.

1. Die gesamtschuldnerische Haftung der mehreren Erben (§ 2058) entsteht zwar, vorbehaltlich § 1958, schon mit dem Erbfall. Sie ist aber dadurch gemildert, daß die Nachlaßgläubiger, wenn sie Befriedigung aus dem noch ungeteilten Nachlasse verlangen, gleichzeitig oder nacheinander (RG 68, 222) gegen sämtliche Miterben vorgehen müssen (Abs 2) und die Zwangsvollstreckung in den Nachlaß nur auf Grund eines gegen alle Erben erlangten Urteils betreiben können (ZPO § 747). Der Gläubiger des Erblassers, der selbst zur Erbengemeinschaft gehört, braucht die Klage nur gegen die übrigen Miterben zu richten (RG Warn 08 Nr 221; vgl. auch A 5). Wenden sich die Nachlaßgläubiger gegen einen einzelnen Miterben, so steht ihnen nur der Zugriff in seinen Anteil am Nachlaß offen (Abs 1 Satz 1). In dem einen wie dem andern Falle sind die Miterben berechtigt, bis zur Teilung die Befriedigung aus ihrem Privatvermögen zu verweigern, und zwar ohne daß, auch wenn der Nachlaß nicht dürftig (§§ 1990, 1992) ist, der Miterbe eine Haftungsbeschränkung durch Nachlaßverwaltung oder Nachlaßkonkurs herbeizuführen braucht. Solange durch das Bestehen der gesamthandlich gebundenen Erbengemeinschaft (§ 2032 A 2) die Zusammengehörigkeit des Nachlasses als eines Ganzen und die Trennung von dem eigenen Vermögen der Miterben gewahrt ist, erschien die Beschränkung der Haftung auf den Anteil am Nachlasse auch ohne amtliche Nachlaßabsonderung für die Interessen der Nachlaßgläubiger unbedenklich (Planck Erl 2a; Prot II 5 S. 871). Und selbst wenn ein Miterbe unbeschränkt haftet, braucht er vor der Teilung dem Nachlaßgläubiger aus seinem Privatvermögen zunächst nicht gesamtschuldnerisch, sondern nur für die seinem Erbteil entsprechende Quote der Nachlaßverbindlichkeit aufzukommen (Abs 1 Satz 2). Die Nachlaßgläubiger sind sonach, falls sie nicht nach Abs 2 in den ungeteilten Nachlaß vorgehen wollen, darauf angewiesen, den ungeteilten Anteil des Miterben an dem Nachlasse zu pfänden und sich überweisen zu lassen oder im Zwangswege zu veräußern (§§ 859, 857 Abs 5 ZPO; vgl. aber auch A 2). — Haftung nach der Teilung § 2060.

2. Die **Teilung des Nachlasses** ist vollzogen, wenn durch Vereinbarung der Erben oder deklarative Entscheidung des Richters die Erbengemeinschaft des § 2032 aufgehoben und die Nachlaßgegenstände den einzelnen Miterben überwiesen sind. Gleichgültig ist, ob nach Vorschrift des § 2046 Abs 1 zuvor die Nachlaßverbindlichkeiten berichtigt sind. Der Nachlaß ist im Sinne des Gesetzes auch dann geteilt, wenn die Erbengemeinschaft nur in Ansehung einzelner Nachlaßgegenstände (Grundstück, Handelsgeschäft), sei es nach Vereinbarung der Erben (§ 2042 A 1 a. E.) oder auf Anordnung des Erblassers (§ 2044 A 1), fortgeführt wird. Anderseits bedeutet die Verteilung einzelner, auch wertvoller Nachlaßgegenstände noch nicht ohne weiteres die Teilung des Nachlasses **als solchen** (RG 89, 407). Entscheidend wird nicht sowohl die subjektive Auffassung der Beteiligten (so die zweite Auflage dieses Kommentars), als vielmehr der Umstand sein, ob bereits ein so erheblicher Teil der Nachlaßgegenstände aus der Erbengemeinschaft in das Einzelvermögen der Miterben übergeführt ist, daß die Erbengemeinschaft in ihren wesentlichen Bestandteilen als Ganzes aufgelöst erscheint und das, was in ihr zurückgeblieben ist, sich als etwas von dem ursprünglichen Gemeinschaftsvermögen Verschiedenes darstellt. Wann das der Fall, wird eine nicht immer leicht zu entscheidende Tatfrage sein. Bedenklich erscheint es aber, wenn RG 89, 408 (gegen Hagen in JheringsJ 42, 135 A 95 und Kretschmar ZBlFG 15, 337) die vor der endgültigen Nachlaßteilung einzelnen Miterben zugewiesenen Nachlaßgegenstände dem unmittelbaren Zugriffe der Gläubiger entziehen will, weil sie nicht zu dem „Anteile des Miterben am Nachlasse", sondern zu dem Vermögen gehörten, das der Miterbe außer seinem Anteile am Nachlasse habe. Wenn das Gesetz von dem „Anteile am Nachlasse" vor der Teilung spricht, so denkt es dabei wohl zunächst an den Regelfall, daß der gesamte Nachlaß noch in der Ge-

meinschaft der Miterben steht und das Recht der Miterben sich in einem Anteile an dieser Gemeinschaft erschöpft. Soweit aber bereits einzelne Nachlaßgegenstände aus der Erbengemeinschaft ausgeschieden und Sonderrechte einzelner Miterben an ihnen begründet sind, müssen diese Sonderrechte, also im Falle des Eigentums die Gegenstände selbst, an die Stelle des Anteils am Nachlasse treten und dem Zugriffe der Gläubiger auch vor der endgültigen Teilung des Nachlasses unterworfen sein. Zu dem Eigenvermögen des Miterben, das vor dem Zugriffe der Gläubiger geschützt werden soll, gehören sie nicht, zumal, wie die angeführte Reichsgerichtsentscheidung selbst annimmt, gemäß §§ 1978 Abs 2, 1991 Abs 1 eine Verpflichtung des Miterben besteht, sie auf Verlangen der Gläubiger zum Nachlasse zurückzugewähren. Die Gläubiger auf diesen Anspruch, dessen Begründung und Durchsetzung nicht unzweifelhaft erscheint (vgl. A 5), zu verweisen, würde eine erhebliche Gefährdung ihrer Forderungen durch derartige Vorausteilungen bedeuten. — Die Teilung kann auch in der Überlassung des ganzen Nachlasses an einen Miterben gegen Abfindung der übrigen durch Zuweisung von Nachlaßgegenständen bestehen. Dagegen ist es nicht Teilung, wenn ein Miterbe die Anteile der sämtlichen übrigen Miterben gegen ein nicht aus dem Nachlasse entnommenes Entgelt erwirbt und dadurch die Erbschaft als Ganzes in seiner Hand vereinigt (RG 27. 9. 07 VII 504/06). In diesem Falle wird aber weder dem Erwerber der sämtlichen Anteile noch den übrigen Miterben das Verweigerungsrecht aus § 2059 Abs 1 noch zustehen, da die Voraussetzung dafür, das Bestehen einer Erbengemeinschaft (A 1), weggefallen ist. Ebenso liegt die Sache, wenn infolge Ausgleichung bei der Auseinandersetzung der gesamte Aktivnachlaß einem Miterben zugefallen oder wenn er zur Tilgung von Schulden verbraucht worden ist. Wegen der Art der Haftung in diesen Fällen (ob gesamtschuldnerisch oder anteilig) vgl. § 2060 A 1; wegen der Zulässigkeit der Nachlaßverwaltung § 2062 A 2. Wirkung der Teilung auf die Pflichtteilslast § 2319.

3. **Verweigerungsrecht** entsprechend §§ 1990 Abs 1, 1992, aber nur mit aufschiebender Wirkung bis zur Teilung. Die Verurteilung des Miterben als Gesamtschuldner wird dadurch nicht gehindert. Das Verweigerungsrecht stellt ein Mittel zur Beschränkung der Haftung des Erben auf den Nachlaß (hier: Nachlaßanteil) dar und kann daher in der Zwangsvollstreckung nur geltend gemacht werden, wenn es dem als solcher verurteilten Miterben in dem Urteile vorbehalten ist (ZPO § 780; ein diese Bestimmung einschränkender Zusatz, den die zweite Kommission — Prot 5, 875 — beschlossen hatte, ist vom Bundesrat gestrichen worden). Der allgemeine Vorbehalt der Haftungsbeschränkung genügt; es bedarf nicht des besonderen Ausspruchs, daß die Beschränkung auf den Anteil, und zwar bis zur Teilung, vorbehalten wird (RG 71, 371). Ist nur auf Leistung „aus dem Erbteile" geklagt und verurteilt, so kann auch ohne Vorbehalt nur in diesen vollstreckt werden. Im übrigen hat der Miterbe auf Grund des Vorbehalts gegen eine in sein Eigenvermögen gerichtete Zwangsvollstreckung im Wege der §§ 781, 785, 767, ZPO Einwendung zu erheben. Erfolgt die Zwangsvollstreckung auf Grund der vollstreckbaren Ausfertigung eines gegen den Erblasser ergangenen Urteils, die gemäß § 727 ZPO erteilt ist, so bedarf es zur Erhebung der Einwendung eines Vorbehalts im Urteile nicht.

4. Der **unbeschränkt haftende Miterbe** hätte an sich als Gesamtschuldner (§ 2058) dem Nachlaßgläubiger für dessen ganze Forderung schon vor der Teilung mit seinem Privatvermögen aufzukommen. Zur Milderung der hierin liegenden Härte gibt ihm aber das Gesetz bis zur Teilung das beneficium divisionis: er braucht bis dahin die Befriedigung des Gläubigers aus seinem Privatvermögen nur für einen seinem Erbteil entsprechenden Bruchteil der Forderung zu dulden. Und zwar ist hierfür die ideelle Erbquote, nicht der reale Erbteil maßgebend, der sich aus einer etwaigen Ausgleichungspflicht ergibt, die vor der Teilung noch gar nicht durchgeführt sein kann (vgl. §§ 2055 A 4, 2060 A 1). Es handelt sich auch hier, ungeachtet der im übrigen bereits bestehenden Unbeschränkbarkeit, um eine, freilich eigenartige, Beschränkung der Haftung des Erben (§ 780 ZPO) in der Form des Verweigerungsrechts ohne Herbeiführung amtlicher Nachlaßabsonderung (A 1, 3). Die Verurteilung des Miterben als Gesamtschuldner zur Zahlung des ganzen Betrags wird dadurch nicht gehindert. Der allgemeine Vorbehalt des § 780 genügt auch in diesem Falle; doch wird, wenn die im übrigen unbeschränkte Haftung bereits feststeht, auf Antrag des Gläubigers der Vorbehalt entsprechend einzuschränken sein, also z. B. wenn die Forderung 3000, der Erbteil $1/3$ beträgt, dahin, daß dem Beklagten bis zur Teilung die Beschränkung der Haftung für mehr als 1000 M. auf seinen Anteil am Nachlasse vorbehalten wird. Hat der Miterbe überhaupt keinen Vorbehalt im Urteile erwirkt, so wird er, auch wenn er im allgemeinen noch nicht unbeschränkt haftet, gegenüber der Zwangsvollstreckung desjenigen Gläubigers, der das Urteil erwirkt hat, auch die Haftungsbeschränkung aus § 2059 Abs 1 Satz 2 nicht mehr geltend machen können (a. M. die zweite Auflage dieses Kommentars). — Eine auf eine unteilbare Leistung (§ 431) gerichtete Nachlaßverbindlichkeit wird für die Beitreibung aus dem eigenen Vermögen des Miterben nur ihrem Geldwerte nach in Betracht kommen können und in dieser Gestalt der Teilung nach Maßgabe des Erbanteils unterworfen sein.

5. Die Nachlaßgläubiger können vor der Teilung statt gegen die einzelnen Miterben als Gesamtschuldner (§§ 2058, 2059 Abs 1 Satz 1 u. 2) auch gegen den **ungeteilten Nachlaß** vorgehen. Das Recht zu diesem Vorgehen wird, wie Abs 2 ausdrücklich hervorhebt, durch die in Abs 1 Satz 1 u. 2 vorgesehenen Beschränkungen des Vorgehens gegen die einzelnen Miterben nicht berührt. Erforderlich und genügend dazu ist das Vorhandensein von vollstreckbaren Titeln gegen sämtliche Miterben (§ 747 ZPO). Als solche können die gegen die einzelnen Miterben als Gesamtschuldner in einem oder mehreren Prozessen erwirkten Urteile dienen, sofern nicht etwa die Verurteilung ausdrücklich nur auf Leistung aus dem Erbteile lautet; der Vorbehalt der Haftungsbeschränkung steht nicht entgegen. Der Gläubiger kann aber auch zum Zwecke des Vorgehens gegen den ungeteilten Nachlaß die gegen die Erbengemeinschaft als solche gerichtete **Gesamthandklage** erheben. Diese Klage muß gegen sämtliche Teilnehmer der Erbengemeinschaft (Miterben, Übertragsnehmer von Erbteilen) einheitlich gerichtet werden und begründet unter ihnen notwendige Streitgenossenschaft (ZPO § 62; **RG** 71, 371 und 28. 6. 20 V 353/19). Ob die eine oder die andere Klage erhoben ist, wird, wenn es nicht ausdrücklich gesagt ist, im Wege der Auslegung zu ermitteln sein. Nach **RG** 7. 11. 16 III 208/16 soll die Klage eines Nachlaßgläubigers, auch wenn sie gegen sämtliche Miterben erhoben ist, als Gesamthandklage nur angesehen werden können, wenn sie unzweideutig auf Befriedigung nur aus dem ungeteilten Nachlaß, ihr Antrag dementsprechend auf Verurteilung zur Zahlung zur Vermeidung der Zwangsvollstreckung in diesen gerichtet ist. Nicht genügend für die Annahme einer Gesamthandklage soll die Klagebehauptung sein, daß der Nachlaß noch ungeteilt sei, da auch bei ungeteiltem Nachlaß eine Gesamtschuldklage gegen sämtliche Miterben erhoben werden kann. Doch dürfte bei ungeteiltem Nachlaß keine Vermutung für eine Gesamtschuldklage sprechen, vielmehr die Annahme, daß aus dem Nachlaß Befriedigung verlangt werde, näher liegen. Ein Übergang von der Gesamtschuldklage zur Gesamthandklage soll nicht als Klageänderung, sondern als Einschränkung des Klageantrags (§ 268 Nr 2 ZPO) gelten: **RG** 93, 198. Auch der Miterbe, der Gläubiger ist, kann die Gesamthandklage erheben; er braucht sie nur gegen die anderen Miterben zu richten und kann sodann nach § 747 ZPO in den Nachlaß vollstrecken (**RG** Gruch 57, 158; **RG** 13. 6. 18 IV 386/17). — Ist ein Testamentsvollstrecker bestellt, so kann die Zwangsvollstreckung in Nachlaßbestandteile, die seiner Verwaltung unterstellt sind, nur auf Grund eines gegen ihn ergangenen Urteils erfolgen. Auch gegenüber der Gesamthandklage können die Miterben, sofern sie nicht ausdrücklich nur auf Leistung aus dem Nachlasse gerichtet ist, den Vorbehalt der Haftungsbeschränkung verlangen, da andernfalls auch das auf eine solche Klage ergangene Urteil zum Vorgehen gegen ihre Anteile am Nachlasse und gegen ihr Eigenvermögen dienen könnte. Wenn Nachlaßverwaltung oder Nachlaßkonkurs herbeigeführt ist, kann während ihrer Dauer weder die Klage auf Grund des Gesamtschuldverhältnisses noch die Gesamthandklage gegen die Miterben erhoben werden. Zum ungeteilten Nachlasse gehören auch die Forderungen gegen die Miterben aus der von ihnen geführten Verwaltung des Nachlasses, falls amtliche Nachlaßabsonderung herbeigeführt ist (§ 1978) oder ein Miterbe von dem Rechte aus § 1991 Gebrauch gemacht hat. Daß solche Ansprüche auch geltend gemacht werden könnten, wenn ohne amtliche Nachlaßabsonderung und ohne Vorliegen der Voraussetzungen der §§ 1990, 1992 die Miterben nur das Verweigerungsrecht aus § 2059 Abs 1 geltend gemacht haben (so anscheinend **RG** 89, 408), kann in Ermanglung einer gesetzlichen Grundlage nicht anerkannt werden.

6. **Beweislast.** Steht fest, daß die von dem Nachlaßgläubiger in Anspruch genommenen Personen Miterben sind, so stellt sich die Klage gegen sie als Gesamtschuldner zunächst als begründet dar (§§ 1967, 2058); deshalb wird der Miterbe, der das Verweigerungsrecht aus § 2059 Abs 1 geltend machen will, dessen Voraussetzungen darzutun, also zu beweisen haben, daß eine Teilung noch nicht stattgefunden hat (**RG** Warn 1914 Nr 300; dahingestellt **RG** 13. 1. 12 V 276/11, wo jedoch anerkannt ist, daß der Miterbe die Ungeteiltheit behaupten muß; a. M. Planck Erl 3 zu § 2058 und die dort Angeführten). Ist im Urteil der allgemeine Vorbehalt des § 780 ZPO erfolgt, so kann der Beweis der besonderen Voraussetzungen des Verweigerungsrechts nach § 2159 Abs 1 noch in der Zwangsvollstreckungsinstanz geführt werden. Behauptet der Gläubiger, daß der Miterbe unbeschränkt hafte und deshalb nur Satz 2 zur Anwendung kommen könne, so hat er den Eintritt der Unbeschränkbarkeit der Haftung nachzuweisen. Die Höhe der Erbquote, die nach Satz 2 in Betracht kommt, wird, wenn sie bestritten ist, der Miterbe zur Darlegung des Umfangs seines Verweigerungsrechts gleichfalls zu beweisen haben (a. M. Jaeger, Erbenhaftung 26).

§ 2060

Nach der Teilung des Nachlasses haftet jeder Miterbe nur für den seinem Erbteil entsprechenden Teil einer Nachlaßverbindlichkeit[1]):

1. wenn der Gläubiger im Aufgebotsverfahren ausgeschlossen ist[2]); das

Aufgebot erstreckt sich insoweit auch auf die im § 1972 bezeichneten Gläubiger sowie auf die Gläubiger, denen der Miterbe unbeschränkt haftet[3]);

2. wenn der Gläubiger seine Forderung später als fünf Jahre nach dem im § 1974 Abs 1 bestimmten Zeitpunkte geltend macht, es sei denn, daß die Forderung vor dem Ablaufe der fünf Jahre dem Miterben bekannt geworden oder im Aufgebotsverfahren angemeldet worden ist[4]); die Vorschrift findet keine Anwendung, soweit der Gläubiger nach § 1971 von dem Aufgebote nicht betroffen wird[5]);

3. wenn der Nachlaßkonkurs eröffnet und durch Verteilung der Masse oder durch Zwangsvergleich beendigt worden ist[6])[7]).

E II 1934; P 5 875—879.

1. Der Grundsatz gesamtschuldnerischer Haftung mehrerer Erben (§ 2058) bleibt auch nach vollzogener Teilung des Nachlasses (§ 2059 A 2) in Kraft. Er wird nur in den Ausnahmefällen der Nr 1—3 des § 2060 und des § 2061 insofern durchbrochen, als der einzelne Erbe nicht für den ganzen Betrag der Nachlaßverbindlichkeit, sondern nur **für den seinem Erbteil entsprechenden Bruchteil der Schuld haftet.** Der in den §§ 2059 Abs 1 Satz 2 (vgl. A 4), 2060 und 2061 gleichlautend wiederkehrende Ausdruck kann nicht verschieden gemeint sein. Auch hier ist deshalb im Verhältnis zu den Nachlaßgläubigern wie in § 2059 (A 4) die ideelle Erbquote, nicht der durch etwaige Ausgleichungen verschobene reale Erbteil maßgebend; nur im Verhältnisse der Miterben untereinander kommt das Ergebnis der Ausgleichung in Betracht (vgl. § 2055 A 4). A. M. auch in dieser Beziehung Leonhard § 2055 III C 2a. Freilich wird dadurch das Ergebnis geschaffen, daß, wenn die Miterben ihre Haftung noch auf den Nachlaß beschränken können, der Gläubiger, hinsichtlich dessen die Voraussetzungen der §§ 2060, 2061 zutreffen, von dem Miterben, der infolge der Ausgleichung aus dem Nachlasse nichts erhalten hat, nichts und von den Miterben, die den ganzen Nachlaß erhalten haben, nur einen ihren ideellen Erbanteilen entsprechenden Bruchteil seiner Forderung erlangen kann, so daß er mit dem Bruchteile, der dem Erbteile des leer ausgegangenen Miterben entspricht, ungeachtet vorhandener Zulänglichkeit des Nachlasses ausfällt. Beispiel: Nachlaß 3000, Miterben A, B, C je zu $^1/_3$; C hat bei der Auseinandersetzung infolge Ausgleichung nichts, A und B je 1500 erhalten. Ein ausgeschlossener Gläubiger, der 1500 zu fordern hat, kann von C nichts, von A und B nur je $^1/_3$= 500, zusammen 1000, erlangen, fällt also mit 500 aus. Dieses Ergebnis suchen Planck und Strohal (bei Planck 3. Aufl zu § 2061 Erl 6) auf zwei verschiedenen Wegen zu vermeiden, die beide nicht zum Ziele führen können: Planck, indem er annimmt, daß wegen des im inneren Verhältnisse der Miterben zu berücksichtigenden Ergebnisses der Ausgleichungspflicht der leer ausgegangene Miterbe den Erstattungsanspruch, den er gegen seine Miterben haben würde, falls er an den Gläubiger einen seinem ideellen Erbteile entsprechenden Betrag zahlen müßte (den er aber in Wirklichkeit nicht hat, da er dem Gläubiger nichts zu zahlen hat!), dem Gläubiger abzutreten verpflichtet sei; Strohal, indem er die Grundsätze von der Haftung des Übernehmers eines Vermögens für die Schulden (§§ 419, 1086 usw.) auf die Haftung der Miterben, die den Nachlaß erhalten haben, entsprechend anwenden will, obwohl diese nicht von dem leer ausgegangenen Miterben dessen Erbteil übernommen, sondern nur das, was ihnen zustand, aus dem Nachlasse erhalten haben. Es wird richtiger sein, sich mit dem Ergebnisse abzufinden, das übrigens nicht mit Leonhard a. a. O. als durchaus „unannehmbar" bezeichnet werden kann, wenn man bedenkt, daß es sich bei Zulänglichkeit des Nachlasses nur um solche Gläubiger handeln kann, die ihre ungünstige Stellung der Versäumung rechtzeitiger Meldung zuzuschreiben haben (§§ 2060 Nr 1 u. 2, 2061). Die Frage der Teilhaft, d. h. der Haftung mehrerer Erben je nur für einen Bruchteil der Nachlaßverbindlichkeiten (pro rata crediti), ist von der Frage der beschränkten Haftung, d. h. der Haftung nur mit den Mitteln des Nachlasses (cum viribus hereditatis) streng zu sondern (Vorbem 2 zu § 2058). — Neben dem Erwerber eines Erbteils bleibt auch der veräußernde Miterbe im Falle der §§ 2060, 2061 anteilig haftbar, und zwar sind beide für den dem Erbteile entsprechenden Bruchteil der Forderung Gesamtschuldner (§ 421). — Hat ein Miterbe den ganzen Nachlaß erhalten, ohne daß Teilung stattgefunden hat (vgl. § 2059 A 2), so wird dieser jedenfalls auch ausgeschlossenen und verspäteten Gläubigern (§§ 2060, 2061) gesamtschuldnerisch für die ganze Forderung haften müssen, während bei den übrigen Miterben, obwohl der Wortlaut des Gesetzes („nach der Teilung") nicht zutrifft, nur anteilige Haftung anzunehmen sein wird, da sie nicht schlechter gestellt werden können, als wenn sie etwas aus dem Nachlasse erhalten hätten (für nur anteilige Haftung aller Miterben wegen § 2007 Planck Erl 6). Praktisch kommt allerdings die Haftung der-

jenigen Miterben, die aus dem Nachlasse nichts erhalten, nur in Betracht, wenn sie nicht mehr in der Lage sind, sie auf den Nachlaß zu beschränken.

2. **Aufgebot der Nachlaßgläubiger** §§ 1970—1974; entsprechende Wirkung des Privataufgebots § 2061. Der von einem Erben gestellte Antrag und das von ihm erwirkte Ausschlußurteil kommen mit dem nach ZPO § 997 Abs 1 Satz 2 dem Gläubiger besonders anzudrohenden Rechtsnachteil der anteiligen Haftung auch den übrigen Erben zustatten, vorbehaltlich der Vorschriften des BGB über die unbeschränkte Haftung, denen zufolge das Verweigerungsrecht gegenüber einem ausgeschlossenen Gläubiger (§ 1973) einem Miterben, der unbeschränkt haftet, nicht zusteht (§ 2013). Der Antrag begründet zugleich die aufschiebende Einrede aus § 2015. Aufschub der Auseinandersetzung (§ 2045) kommt hier „nach Teilung des Nachlasses" nicht mehr in Frage. Ob der Miterbe die Forderung des ausgeschlossenen Gläubigers gekannt hat oder nicht, ist hier ebenso gleichgültig wie nach § 1973 (A 4 dazu). Anders unten A 4. Daß das Aufgebot vor der Teilung durchgeführt sein müßte, ist weder in § 2060 Nr 1 noch in § 997 ZPO gesagt, und es wird daher angenommen werden müssen, daß die Miterben, auch wenn sie bereits geteilt haben, doch noch nachträglich die bloß anteilige Haftung durch das Aufgebot herbeiführen können (a. M. Leonhard II A). Vgl. auch A 6.

3. **Pflichtteilsrechte, Vermächtnisse und Auflagen** werden, was das Verweigerungsrecht aus § 1973 und die damit verbundene Beschränkung der Erbenhaftung auf den Nachlaß angeht, nach **§ 1972**, Gläubiger, denen der Erbe unbeschränkt haftet, nach § 2013 von dem Aufgebote der §§ 1970 ff. nicht betroffen. Dagegen kann die Teilhaftung der Miterben auch solchen Gläubigern gegenüber durch ein derartiges Aufgebot herbeigeführt werden. Zu diesem Zwecke ist auch der unbeschränkt haftende Miterbe zu dem Antrage auf Erlaß des entsprechenden Aufgebots (A 2) berechtigt (ZPO § 997 Abs 2). — Nur den in § 1971 genannten dinglich berechtigten Gläubigern kann, auch wenn sie im übrigen durch Ausschlußurteil im Aufgebotsverfahren ausgeschlossen sind, soweit sie sich auf die Befriedigung aus den ihnen verhafteten Gegenständen beschränken, die Teilhaftung ebensowenig wie die Haftungsbeschränkung aus § 1973 entgegengehalten werden, was wohl als selbstverständlich hier (anders im Falle der Nr 2, vgl. A 5) nicht besonders hervorgehoben ist.

4. Dem Ausschlusse eines Gläubigers im Aufgebotsverfahren (Nr 1, A 2) steht, wie für die Begründung der Erschöpfungseinrede nach §§ 1973, 1974, so auch für den Eintritt der nur anteiligen Haftung des Miterben die **verspätete Geltendmachung der Forderung** gleich. Sie gilt als verspätet und der Miterbe haftet daher nur noch anteilig, wenn sie später als fünf Jahre nach dem Erbfalle (§ 1922 A 2, 4) erfolgt, jedoch mit der Abweichung, daß im Falle der Todeserklärung die Frist zur Geltendmachung nicht mit dem Zeitpunkte beginnt, der in dem die Todeserklärung aussprechenden Urteil als Zeitpunkt des Todes festgestellt ist (§ 18), sondern frühestens mit dem Erlasse dieses Urteils (§ 1974 A 6). Die die Frist wahrende Geltendmachung kann auch außergerichtlich, durch Mahnung usw., erfolgen. Die gesamtschuldnerische Haftung bleibt aber, auch wenn keine Geltendmachung innerhalb der Frist erfolgt ist, bestehen, wenn der Miterbe innerhalb der Frist von der Forderung **Kenntnis erhalten hat** oder die Forderung in einem von einem der Miterben veranlaßten **Aufgebotsverfahren angemeldet war**; in letzterem Falle kommt es auf die persönliche Kenntnis des in Frage stehenden Miterben nicht an (§ 1974 A 4, 5). Im übrigen ist aber persönliche Kenntnis des Miterben erforderlich und kann deshalb für die gleiche Forderung ein Miterbe gesamtschuldnerisch, der andere nur noch anteilig haften. — Die Anmeldung auf eine nach § 2061 ergangene Aufforderung hin steht der Anmeldung in einem Aufgebotsverfahren nicht gleich; über ihre Wirkung vgl. § 2061 A 2.

5. Daß den **in § 1971 genannten dinglich Berechtigten,** soweit sie sich auf die Befriedigung aus den ihnen verhafteten Gegenständen beschränken, wie der Ausschluß im Aufgebotsverfahren (vgl. A 3), so auch die verspätete Geltendmachung ihrer Forderungen nicht entgegengehalten werden kann, um eine Teilhaftung der Miterben zu begründen, ist vom Gesetze hier (anders wie in jenem Falle) besonders hervorgehoben. — Dagegen wird gegenüber **Pflichtteils-, Vermächtnis- und Auflageberechtigten** dadurch, daß sie erst nach Ablauf der in § 1974 Abs 1 bestimmten Frist ihre Forderungen geltend machen, wie gegenüber andern Nachlaßgläubigern (vgl. A 4), die Teilhaftung der Miterben nach der Teilung begründet; eine der Nr 1 Halbsatz 2 (vgl. A 3) entsprechende, dies ausschließende Bestimmung hätte besonderer Hervorhebung in Nr 2 bedurft. Gleiches muß gegenüber den Nachlaßgläubigern gelten, denen der Erbe unbeschränkt haftet, in Ermangelung einer dem § 2013 entsprechenden Vorschrift.

6. Das Gesetz läßt die **Eröffnung des Nachlaßkonkurses** (im Gegensatze zur Nachlaßverwaltung, § 2062 Halbsatz 2) auch nach der Teilung des Nachlasses zu (KO § 216 Abs 2) und gewährt sogar dem unbeschränkt haftenden Miterben das Recht, die Konkurseröffnung zu beantragen (KO § 217 Abs 1). **§ 2060 Nr 3** muß deshalb auch diesen nachträglichen Nach-

laßkonkurs im Auge haben. Da das Gesetz selbst nicht unterscheidet, ist es unzulässig, die Teilhaftung nur für den Fall eintreten zu lassen, daß der Konkurs bereits vor der Teilung eröffnet worden ist (anders die herrschende Meinung; vgl. Planck 3. Aufl Erl 2c; Staudinger Erl 5c und die dort Angeführten). Es wäre auch unbillig, wenn bei einem infolge nachträglich bekannt gewordener Forderungen nach der Teilung eintretenden Konkurse die Miterben die aus dem Nachlasse empfangenen Überschüsse herausgeben müßten, aber der Rechtswohltat der anteiligen Haftung verlustig gingen, die sogar dem unbeschränkt haftenden Miterben zusteht, wenn der Konkurs vor der Teilung eröffnet worden ist. Für Verzögerungen des Eröffnungsantrags bleiben die Erben aus § 1980 daneben verantwortlich. Ob die Masse unter die Gläubiger aufgeteilt oder ob hiervon etwas für die Erben übriggeblieben ist, macht keinen Unterschied. Auch im ersteren Falle liegt „Teilung des Nachlasses" vor (§ 2059 A 2). Die Teilhaftung tritt im Falle des Zwangsvergleichs (KO § 230) nur ein, soweit der Vergleich selbst nichts anderes bestimmt.

7. **Beweislast.** Wird ein Miterbe als Gesamtschuldner auf die ganze Forderung verklagt, so hat er, wenn er geltend macht, daß er nach §§ 2060, 2061 nur anteilig hafte, zunächst zu beweisen, daß die Teilung erfolgt ist (entsprechend im Falle des § 2059, A 6). Sodann hat er darzutun, zu Nr 1: daß der Gläubiger ausgeschlossen ist, zu Nr 2: daß die Fünfjahrefrist verstrichen ist, wogegen dem Gläubiger der Nachweis früher erlangter Kenntnis des Miterben oder Anmeldung offensteht, zu Nr 3: Beendigung des Nachlaßkonkurses in der dort angegebenen Weise. Sind die Umstände, welche die nur anteilige Haftung begründen, zur Zeit der Verhandlung des Rechtsstreits bereits eingetreten, so ist der Miterbe auf seine Einwendung hin nur zur Zahlung eines seinem Erbteile entsprechenden Teiles der Forderung zu verurteilen. Ist er als Gesamtschuldner verurteilt, so kann er, falls nachträglich solche Umstände eintreten, die nur anteilige Haftung noch im Zwangsvollstreckungsverfahren im Wege des § 767 (Abs 2) ZPO geltend machen. Wegen vorher eingetretener Umstände ist eine solche Einwendung im Zwangsvollstreckungsverfahren ausgeschlossen. Der Vorbehalt der Haftungsbeschränkung im Urteile (§ 780 ZPO, s. § 2059 A 8) greift hier nicht durch, da es sich nicht um Absonderung des Eigenvermögens vom Nachlasse handelt.

§ 2061

Jeder Miterbe kann die Nachlaßgläubiger öffentlich auffordern, ihre Forderungen binnen sechs Monaten bei ihm oder bei dem Nachlaßgericht anzumelden[1]). Ist die Aufforderung erfolgt, so haftet nach der Teilung jeder Miterbe nur für den seinem Erbteil entsprechenden Teil einer Forderung, soweit nicht vor dem Ablaufe der Frist die Anmeldung erfolgt oder die Forderung ihm zur Zeit der Teilung bekannt ist[2]).

Die Aufforderung ist durch den Deutschen Reichsanzeiger und durch das für die Bekanntmachungen des Nachlaßgerichts bestimmte Blatt zu veröffentlichen. Die Frist beginnt mit der letzten Einrückung[3]). Die Kosten fallen dem Erben zur Last, der die Aufforderung erläßt[3])[4]).

E II 1985; P 5 877—879.

1. Durch das **Privataufgebot** sichert der einzelne Miterbe sich und zugleich den übrigen Erben die Teilhaftung. Für die davon verschiedene Frage der Haftungsbeschränkung (Vorbem 2 vor § 2058) ist dagegen nur das förmliche Aufgebotsverfahren (§§ 1970ff.) von Bedeutung. Auch der unbeschränkt haftende Erbe ist zum Privataufgebot berechtigt. Der Androhung eines Rechtsnachteils, wie in ZPO § 997, bedarf es nicht. — Aufschub der Auseinandersetzung § 2045.

2. Aufforderung, Fristablauf und Teilung (§ 2059 A 2) zusammen erst bewirken den Eintritt der **Teilhaftung** (§§ 2059 A 4, 2060 A 1), auch zugunsten der unbeschränkt haftenden Erben. War die Teilung schon vor Fristablauf vorgenommen, so tritt der Erfolg erst mit dem Fristablauf ein. Daß die Aufforderung vor der Teilung erfolgen müsse, ist auch hier nicht gesagt und wird deshalb nicht angenommen werden können (vgl. § 2060 A 2, 6; a. M. Leonhard III und die zweite Auflage dieses Kommentars; auch Staudinger Erl 5d). Es verbleibt bei der gesamtschuldnerischen Haftung der Erben (§ 2058), wenn der Nachlaßgläubiger seine Forderung bei dem das Aufgebot erlassenden Miterben oder bei dem Nachlaßgericht — nicht bei einem beliebigen Miterben — anmeldet. Die ordnungsmäßige Anmeldung wirkt gegen alle Erben. Dagegen macht Kenntnis der Forderung nur denjenigen Erben der Teilhaftung verlustig, in dessen Person sie, und zwar zur Zeit der Teilung, vorhanden war. Dieser Zeitpunkt bleibt entscheidend, wenn die Teilung auch erst geraume Zeit nach Ablauf der Frist vollzogen wird. Dagegen kann die verfrühte

Teilung dem Erben nicht zugute kommen, wenn er noch vor Fristablauf Kenntnis erlangt. So abweichend vom gerichtlichen Aufgebotsverfahren, bei dem die Kenntnis oder Unkenntnis des Erben bedeutungslos ist (§ 2060 A 2). Das Privataufgebot wirkt auch gegen die Pflichtteilsberechtigten usw. (§ 1972), läßt aber die dinglich Berechtigten (§ 1971) hinsichtlich der Befriedigung aus den ihnen verhafteten Gegenständen selbstverständlich unberührt, obgleich das hier nicht, wie in § 2060 Nr 2 (vgl. A 5 und 3 zu § 2060) ausdrücklich gesagt ist. Wegen der Fälle, in denen eine Teilung überhaupt nicht stattfindet, vgl. § 2060 A 1.

3. **Fristberechnung** §§ 187, 188, 193. Nur die **Kosten** des gerichtlichen Aufgebotsverfahrens sind von vornherein Nachlaßverbindlichkeiten (§ 1967 A 3), nicht auch diejenigen des privaten Aufgebots. Ein Erstattungsanspruch des Miterben, der das Privataufgebot erlassen hat, kann jedoch nach den Grundsätzen der Geschäftsführung (§ 683) gegeben sein.

4. **Beweislast.** Vgl. § 2060 A 7. Der nach erfolgter Teilung auf Teilhaftung aus § 2061 sich berufende Erbe hat außer der Teilung den ordnungsmäßigen Erlaß der Aufforderung, der Gläubiger seine rechtzeitige Anmeldung oder die Kenntnis des betreffenden Erben zur Zeit der Teilung zu beweisen.

§ 2062

Die Anordnung einer Nachlaßverwaltung kann von den Erben nur gemeinschaftlich beantragt werden[1]); sie ist ausgeschlossen, wenn der Nachlaß geteilt ist[2]).

P 6 342—344.

1. Der **Antrag auf Anordnung der Nachlaßverwaltung** (§ 1981) steht den Miterben **nur gemeinschaftlich,** nicht, wie der Antrag auf Eröffnung des Nachlaßkonkurses (KO § 217) jedem Miterben zu. Der Antrag ist deshalb unzulässig, wenn auch nur ein Miterbe allen (nicht bloß einzelnen) Nachlaßgläubigern gegenüber unbeschränkt haftbar geworden ist und dadurch das Antragsrecht nach § 2013 verloren hat. Ein Mehrheitsbeschluß ist nicht bindend, da es sich nicht um einen Akt der Verwaltung handelt (§ 2038 A 3). Die hiernach unzulässig erfolgte Anordnung kann von den widersprechenden Miterben trotz FGG § 76 Abs 1 mit Beschwerde angefochten werden (Denkschrift zum FGG S. 45, 46). Zu einem Antrage der Nachlaßgläubiger gemäß § 1981 Abs 2 kann schon das Verhalten eines einzelnen Miterben Anlaß geben.

2. **Sie ist ausgeschlossen nach Teilung des Nachlasses** (§ 2059 A 2), abweichend von § 1981, der für den Alleinerben keine zeitliche Schranke enthält und von KO § 216 Abs 2, der auch nach der Teilung den Nachlaßkonkurs zuläßt. Die Nachlaßverwaltung kann jetzt auch von einem Nachlaßgläubiger nicht mehr beantragt werden. Ist die Erbengemeinschaft ohne Teilung aufgehoben, z. B. durch Vereinigung sämtlicher Erbteile in der Hand eines Miterben (§ 2059 A 2), so ist die Nachlaßverwaltung nicht ausgeschlossen (RG 27. 9. 07 VII 504/06). Über einen Erbteil kann weder Nachlaßverwaltnng angeordnet noch Nachlaßkonkurs eröffnet werden (KO § 235). Wohl aber ist Pfändung des Erbteils zulässig (§ 2033 A 3). Nach der Teilung können hiernach die Miterben die beschränkte Haftung nur durch Vorgehen nach §§ 1970ff., Herbeiführung des Nachlaßkonkurses oder mit der Unzulänglichkeitseinrede aus §§ 1990—1992 verwirklichen. Wegen Herbeiführung der nur anteiligen Haftung nach der Teilung vgl. §§ 2060 A 2, 4, 6, 2061 A 2.

§ 2063

Die Errichtung des Inventars durch einen Miterben kommt auch den übrigen Erben zustatten, soweit nicht ihre Haftung für die Nachlaßverbindlichkeiten unbeschränkt ist[1]).

Ein Miterbe kann sich den übrigen Erben gegenüber auf die Beschränkung seiner Haftung auch dann berufen, wenn er den anderen Nachlaßgläubigern gegenüber unbeschränkt haftet[2]).

E I 2146 II 1936; M 5 676, 677; P 5 741, 747, 805.

1. **Inventarerrichtung** § 1993ff. Ebenso im Verhältnis zwischen Ehegatten § 2008 Abs 1 Satz 3, Vor- und Nacherben § 2144 Abs 2, Erbschaftskäufer und Verkäufer § 2383 Abs 2, beim Antrag auf Erlaß des Aufgebots ZPO § 997. Die Bestimmung der Inventarfrist muß gegenüber jedem Miterben besonders und braucht nicht einheitlich zu erfolgen. Das auch nur von einem Erben, jedoch über den ganzen Nachlaß (§ 2001 A 1) rechtzeitig und getreu errichtete Inventar wendet, ohne daß es erst noch der Bezugnahme gemäß § 2004 bedarf, von allen Miterben die unbeschränkte Haftung ab, soweit sie nicht dem einen oder dem andern durch Fristablauf (§ 1994) oder ungetreue Errichtung (§ 2005) oder Eides-

verweigerung (§ 2006 Abs 3) oder endlich durch vorbehaltslose Verurteilung (ZPO § 780) bereits verlorengegangen ist.

2. Der unklar gefaßte Abs 2 betrifft den Fall, daß ein Miterbe oder mehrere von ihnen (als **„die übrigen Erben"** bezeichnet) eine Forderung gegen den Nachlaß haben, sei es eine vor dem Erbfalle gegen den Erblasser oder eine nachher entstandene, z. B. einen Ersatzanspruch wegen Aufwendungen für den Nachlaß (§ 1978 Abs 3). Ein wegen einer solchen Nachlaßverbindlichkeit in Anspruch genommener **Miterbe** soll sich demgegenüber **auf die Beschränkung seiner Haftung auf den Nachlaß auch dann berufen können,** wenn er die Möglichkeit dazu gegenüber der Gesamtheit der Gläubiger **(„den anderen Nachlaßgläubigern")** bereits durch Versäumung der ihm gesetzten Inventarfrist oder ungetreues Inventar (§§ 1994, 2005) verloren hat. Das bedeutet nicht, daß er einem Miterben, der Nachlaßgläubiger ist, ohne weiteres nur mit dem Nachlasse hafte; sondern nur, daß der eingetretene Verlust der Beschränkungsmöglichkeit diesem gegenüber nicht in Betracht kommt. Somit hat er, solange der Nachlaß noch ungeteilt ist, gegenüber einem Miterben, der wegen einer Nachlaßforderung in sein Eigenvermögen vorgeht, die Verweigerungseinrede aus § 2059 Abs 1, und zwar nicht nur für den seinen Erbteil übersteigenden Teil (ebenda Satz 2), sondern für die ganze Forderung; er kann jedoch in der Zwangsvollstreckung von dieser Einrede nur Gebrauch machen, wenn sie ihm im Urteile vorbehalten ist, da § 780 ZPO durch § 2063 Abs 2 nicht berührt wird. Nach der Teilung kann er, wenn der Nachlaß zur Zeit der Teilung (§ 1990 A 2) dürftig oder unzulänglich war, von den Einreden aus §§ 1990, 1992 Gebrauch machen, auch sich auf ein vorher durchgeführtes Aufgebotsverfahren, bei dem der Miterbe als Gläubiger ausgeschlossen worden (§§ 1973, 1974), eine vorher angeordnete Nachlaßverwaltung oder durchgeführten Nachlaßkonkurs (§§ 1975 A 1, 1989 A 1) berufen. Er kann aber auch jetzt noch Konkurseröffnung über den Nachlaß (KO § 216 Abs 2) nicht mehr dagegen Nachlaßverwaltung (§ 2062 A 2) herbeiführen; ferner Antrag auf Aufgebot der Nachlaßgläubiger (§§ 1970ff.) stellen, der aber nur zum Ziele führt, wenn der Gläubiger sich in dem Aufgebotsverfahren nicht meldet. Macht er von keinem dieser Beschränkungsmittel Gebrauch, so haftet er auch dem Gläubiger, der Miterbe ist, mit seinem eigenen Vermögen. Ob gesamtschuldnerisch oder anteilig, bestimmt sich nach §§ 2060, 2061. Haftet er als Gesamtschuldner, so kann er dem Gläubiger, der Miterbe ist, den nach Maßgabe der Auseinandersetzung, unter Berücksichtigung etwaiger Ausgleichungspflichten, auf diesen entfallenden Anteil an der Nachlaßverbindlichkeit abziehen, auch von den übrigen Miterben Erstattung des nach dieser Maßgabe zu viel Geleisteten verlangen (§ 2058 A 2). In **RG** 110, 96 ist freilich angenommen, daß die Haftung der Miterben untereinander von vornherein und endgültig eine beschränkte sei; ebenso anscheinend schon **RG** 93, 197. Hat der Erblasser über einen Gegenstand, hinsichtlich dessen einer oder mehrere oder auch sämtliche Miterben verfügungsberechtigt sind, unberechtigterweise zugunsten eines Miterben verfügt, so tritt danach durch die Beerbung eine Konvaleszenz der unwirksamen Verfügung auf Grund des § 185 Abs 2 nicht ein, da keine unbeschränkte Haftung der Miterben untereinander und infolgedessen keine Vereinigung von Recht und Pflicht stattfindet; der oder die verfügungsberechtigten Miterben können deshalb den Gegenstand aus dem Nachlasse dinglich zurückfordern (**RG** 110, 94). Das gilt auch dann, wenn der Erblasser als Vorerbe unentgeltlich über einen Erbschaftsgegenstand in solcher Weise verfügt hat, in welchem Falle die Verfügung zwar zunächst wirksam ist, aber mit dem Eintritt des Falles der Nacherbschaft gemäß § 2113 unwirksam wird (**RG** a. a. O.).

Dritter Abschnitt

Testament

Erster Titel

Allgemeine Vorschriften

Das Testament oder die letztwillige Verfügung ist im Gegensatz zum Erbvertrag (§ 1941) einseitige Verfügung von Todes wegen, § 1937. Sein möglicher Inhalt ist zu §§ 1937—1940 erörtert. Daß es eine Erbeinsetzung enthalte, ist nicht notwendig. Von den verschiedenen Arten des Testaments, den Voraussetzungen und Formen der Errichtung und Aufhebung handeln §§ 2229—2264, von den gemeinschaftlichen Testamenten §§ 2265—2273. Hier beschränkt sich das BGB darauf, die streng persönliche Natur der letztwilligen Erklärungen hervorzuheben (§§ 2064, 2065), eine Reihe von Vorschriften, meist Auslegungsregeln, zur Bestimmung der Person des Bedachten (§§ 2066—2073) und für gewisse bedingte Zuwendungen aufzustellen (§§ 2074—2076). Eine besondere sich auf Zuwendungen an den Ehegatten oder

Verlobten beziehende Bestimmung enthält § 2077. Die Anfechtung der letztwilligen Verfügung wegen Irrtums oder Drohung ist in §§ 2078—2083 geregelt. § 2084 nimmt den Grundsatz der wohlwollenden Auslegung des Testaments auf; §§ 2085, 2086 beschäftigen sich mit der teilweisen Unwirksamkeit oder der möglichen Unvollständigkeit letztwilliger Verfügungen.

Die auf dem Gebiete des Familienrechts zugelassenen letztwilligen Verfügungen betreffen das eheliche Güterrecht (§§ 1369, 1509, 1511ff.), das Elternrecht (§§ 1598, 1638—1640, 1651, 1687f.) und das Vormundschaftsrecht (§§ 1777, 1782, 1792, 1797, 1803, 1856, 1868, 1880, 1909, 1917).

§ 2064

Der Erblasser kann ein Testament nur persönlich errichten[1]).

E I 1911 II 1937; M 5 246, 247; P 5 317.

1. Die gleiche Bestimmung gilt auch für den Erbvertrag (§ 2274) und den Erbverzicht (§ 2347). Die Notwendigkeit **persönlicher Errichtung des Testaments** besagt, daß der Erblasser die von ihm gewollten letztwilligen Verfügungen schlechterdings nur mit eigenem Mund oder eigener Hand erklären, daß er sich hierbei weder im Willen selbst noch in der Erklärung des Willens von anderen (Boten oder irgendwelchen Mittelspersonen, auch nicht von seinem gesetzlichen Vertreter) vertreten lassen kann. Er kann deshalb den Erben nicht wirksam ermächtigen, seinerseits ein das Erbvermögen belastendes Vermächtnis anzuordnen (RG Warn 1911 Nr 42). Dies schließt nicht aus, daß er sich bei seinen letztwilligen Verfügungen beraten läßt (FGG § 13) und daß er sich insbesondere zur Beurkundung oder zur vorbereitenden Niederschrift der letztwilligen Erklärungen (§ 2238 Abs 1) fremder Hilfe bedient. Durch § 2064 ist das Pupillar- und Quasipupillartestament des gemeinen Rechts und der §§ 521ff. II 2 PrALR beseitigt; ein solches früher errichtetes Testament ist unwirksam, wenn das testierunfähige Kind nach dem 31. 12. 99 stirbt (RG 88, 152; 106, 392; LZ 1922, 465[11] mit Folgerungen für die Auslegung eines Testaments gegen § 2102 Abs 2 im Sinne der Anordnung nicht nur der Ersatz-, sondern auch der Nacherbfolge).

§ 2065

[1]) **Der Erblasser kann eine letztwillige Verfügung nicht in der Weise treffen, daß ein anderer zu bestimmen hat, ob sie gelten oder nicht gelten soll[2]).**

Der Erblasser kann die Bestimmung der Person, die eine Zuwendung erhalten soll, sowie die Bestimmung des Gegenstandes der Zuwendung nicht einem anderen überlassen[3]).

E I 1765, 1770 Satz 1, 1777 Satz 1 II 1938; M 5 30, 34—36, 41, 42; P 5 15—21, 23, 34, 30, 39, 40.

1. Abs 1 setzt eine in sich vollständige Willenserklärung voraus, deren Gültigkeit aber von der Bestimmung eines Dritten abhängig gemacht wird. Abs 2 handelt von der Ergänzung einer an sich unvollständigen Willenserklärung durch Dritte. In beiden Fällen ist die letztwillige Verfügung, ohne daß es einer Anfechtung bedarf, unwirksam. Als der **„andere"** (im Gegensatze zum Erblasser) kommt insbesondere auch der Beschwerte in Betracht.

2. **Bestimmung eines andern über Geltung der letztwilligen Verfügung.** Hierunter fällt die in das nackte Wollen (si voluerit) oder auch das verständige Wollen oder das billige Ermessen eines andern gesetzte Bedingung. Ebenso der Vorbehalt der Zustimmung, z. B. des Gewalthabers, oder die Anordnung einer Testamentsvollstreckung für den Fall, daß sie von einem Dritten verlangt werden sollte (KGJ 42, 223). Der überlebende Ehegatte kann im gemeinschaftlichen Testamente nicht wirksam ermächtigt werden, letztwillige Anordnungen des Zuerstverstorbenen, die sich auf dessen Nachlaß beziehen, zu ändern oder zu widerrufen (RG 79, 32). Um eine unzulässige Vertretung im Willen des Erblassers handelt es sich auch, wenn dieser dem Testamentsvollstrecker oder sonst einem andern die für die Beteiligten und den Richter maßgebende Auslegung des letzten Willens überträgt (RG 66, 103). Grundsätzlich ist hiervon, trotzdem die Abgrenzung in der Praxis Schwierigkeiten machen kann, der Fall zu unterscheiden, daß im Testament zur Entscheidung von Streitigkeiten über die Auslegung des Testaments ein Schiedsgericht angeordnet wird, das nicht an die Stelle des Erblassers, sondern des ordentlichen Richters tritt (ZPO §§ 1048, 1040). Einer solchen Anordnung steht § 2065 nicht entgegen; zum Schiedsrichter kann auch ein Testamentsvollstrecker bestellt werden (RG 100, 76). Es ist ferner möglich, die Gültigkeit der Verfügung von dem Handeln oder Unterlassen eines Dritten abhängig zu machen, auch wenn es in seine Willkür gestellt ist (Potestativbedingung); es sei denn, daß das Handeln nur auf eine Vertretung des Erblassers im reinen Wollen hinauslaufen soll. So kann ein Nacherbe unter der aufschiebenden oder auflösenden Bedingung, daß der Vorerbe nicht anders über den Nachlaß von Todes wegen

verfüge, eingesetzt oder dem Nacherben unter einer derartigen Bedingung ein Vermächtnis auferlegt werden (RG 95, 278 = JW 1920, 286[2] mit zustimmender Anmerkung von Kipp; JW 1910, 820[42]; 1925, 2121[11] mit zustimmender Anmerkung von Siber; Recht 1916 Nr 253; SeuffA 76 Nr 163; BayObLG 17 A 18; 22 A 275; dagegen Maenner LZ 1925, 572—574). Ebensowenig ist es zu beanstanden, wenn dem Dritten bloß die Entscheidung darüber übertragen ist, ob eine vom Erblasser gesetzte Bedingung der Gültigkeit eingetreten ist (RG JW 00, 765[43]), z. B. ob der bedingt Bedachte sich wohlverhalten habe (OLG 43, 394). So ist an sich auch ein Vermächtnis gültig, wenn der Erbe nur für einen bestimmten nicht eingetretenen Fall, dessen nähere Voraussetzungen der Erblasser selbst bestimmt hatte, nach seinem Gutbefinden von der Auszahlungspflicht entbunden war (RG 6. 6. 07 IV 529/06). Nicht hierher gehört, wenn dem Testamentsvollstrecker für gewisse Zuwendungen ein gewisser Spielraum gelassen ist (RG Warn 1912 Nr 174).

3. **Bestimmung eines anderen rücksichtlich der Zuwendung.** Die Zuwendung von Todes wegen umfaßt die Erbeinsetzung, das Vermächtnis und das Schenkungsversprechen (§ 2301 Abs 1). Die Vorschrift des § 2065 ist durch § 2192 auch auf die Auflage übertragen. Sie greift auch dann ein, wenn der Erblasser einen andern, z. B. den Testamentsvollstrecker über seinen Willen mündlich unterrichtet hat (JW 1925, 2147[5]). Nicht hierher gehört der Fall, daß nach dem Willen des Erblassers die Person des Bedachten erst durch den Eintritt gewisser Umstände (Geburt eines Sohnes, vgl. auch § 2105) bestimmt werden soll oder wenn die Bestimmung erst im Wege der Auslegung zu ermitteln ist. Ausnahmsweise **kann bei Vermächtnissen und gemäß §§ 2192, 2193 bei Auflagen die Bestimmung der Person des Bedachten oder doch die Auswahl unter gewissen mehreren Bedachten (§§ 2151—2153, auch § 2072) und ebenso unter gewissen Voraussetzungen die Bestimmung des Gegenstandes der Zuwendung (§§ 2154—2156) gewissen Dritten überlassen sein.** Während daher die Erbeinsetzung „irgendeiner" für Kriegsbeschädigte gegründeten Stiftung als gegen § 2065 Abs 2 verstoßend nichtig ist (RJA 16, 257), könnte ein Vermächtnis an eine so bezeichnete Stiftung gemäß § 2152 gültig sein. Bestimmung der Person des Testamentsvollstreckers §§ 2198 bis 2200. Erbauseinandersetzung nach billigem Ermessen eines Dritten § 2048.

§ 2066

Hat der Erblasser seine gesetzlichen Erben ohne nähere Bestimmung bedacht, so sind diejenigen, welche zur Zeit des Erbfalls seine gesetzlichen Erben sein würden, nach dem Verhältnis ihrer gesetzlichen Erbteile bedacht[1]). Ist die Zuwendung unter einer aufschiebenden Bedingung oder unter Bestimmung eines Anfangstermins gemacht und tritt die Bedingung oder der Termin erst nach dem Erbfall ein, so sind im Zweifel diejenigen als bedacht anzusehen, welche die gesetzlichen Erben sein würden, wenn der Erblasser zur Zeit des Eintritts der Bedingung oder des Termins gestorben wäre[2]).

E I 1771 Abs 2 II 1939; M 5 37; P 5 32, 33.

1. Vorausgesetzt ist, daß der Erblasser die Personen der Bedachten als **„seine gesetzlichen Erben"** oder doch mit einem gleichwertigen Ausdruck (Intestaterben, Erben schlechthin, falls er überhaupt noch keine Erben berufen hat) bezeichnet. Sie sind **ohne nähere Bestimmung** bedacht (so auch in den folgenden Paragraphen), wenn es an jeder Angabe des Namens, Wohnorts oder sonstiger Merkmale bestimmter Personen oder an einem Anhalte für Bemessung der Erbteile fehlt. Dann gelten nach positiver, den Willen des Erblassers ergänzender Vorschrift diejenigen Personen, und zwar als Testamentserben berufen, die ohne Testament nach der gesetzlichen Erbfolge gemäß §§ 1924ff. berufen sein würden, vgl. aber auch § 2078 A 7. Die Zeit des Erbfalls — nicht der Testamentserrichtung — ist schon nach § 1923 maßgebend. Ähnlich bei der Ausgleichungspflicht § 2052. Bei Änderung der gesetzlichen Erbfolge zwischen Testamentserrichtung und Erbfall bestimmt sich der Kreis der vom Erblasser bedachten „gesetzlichen Erben" nach neuem Recht, es sei denn, daß das Testament eine, auch durch Auslegung ermittelbare, „nähere Bestimmung" enthält, die den Willen des Erblassers kundgibt, die von ihm eingesetzten gesetzlichen Erben seien nach dem zur Zeit der Testamentserrichtung geltenden Rechte zu bestimmen (RG LZ 1917, 746[10]; Recht 1923 Nr 53).

2. In Übereinstimmung mit §§ 158 Abs 1, 163, 2074 gilt bei **bedingter oder befristeter Erbeinsetzung** als mutmaßlicher und bis zum Beweise des Gegenteils („im Zweifel") maßgeblicher Wille des Erblassers, daß für die Erbfolge die künftige Gestaltung der Verhältnisse zur Zeit des Eintritts der Bedingung oder des Anfangstermins maßgebend sein soll. So auch bei der Nacherbfolge § 2104. — Sind die gesetzlichen Erben eines Dritten bedacht, so entscheidet freie Auslegung.

§ 2067

Hat der Erblasser seine Verwandten oder seine nächsten Verwandten ohne nähere Bestimmung bedacht, so sind im Zweifel diejenigen Verwandten, welche zur Zeit des Erbfalls seine gesetzlichen Erben sein würden, als nach dem Verhältnis ihrer gesetzlichen Erbteile bedacht anzusehen[1]). Die Vorschrift des § 2066 Satz 2 findet Anwendung[2]).

E I 1771 II 1940; M 5 36, 37; P 5 32, 33.

1. Gesetzliche Erbfolge der **Verwandten** §§ 1924—1930. Der überlebende Ehegatte und die Verschwägerten sind somit „im Zweifel" nicht bedacht. Auch die Bezeichnung „nächste Verwandte" schließt die Verwandten der entfernteren Ordnungen an sich nicht aus. Doch ist Auslegungsfrage, ob und inwieweit der Kreis der Bedachten mit Rücksicht auf Gradesnähe etwa enger gezogen werden sollte. Sind gewisse Verwandtengruppen genannt (Geschwister, Vettern), so entscheidet freie Auslegung, insbesondere auch, ob und wie halbbürtige Geschwister und Geschwisterkinder bedacht sind. Ebenso, wenn den Verwandten eines Dritten etwas zugewendet ist. § 2067 will für diesen Fall keine Bestimmung treffen (RG Gruch 50, 386). Ohne nähere Bestimmung s. § 2066 A 1.

2. Maßgebend Zeit des Eintritts der Bedingung oder des Anfangstermins.

§ 2068

Hat der Erblasser seine Kinder ohne nähere Bestimmung[1]) bedacht und ist ein Kind vor der Errichtung des Testaments mit Hinterlassung von Abkömmlingen gestorben, so ist im Zweifel anzunehmen, daß die Abkömmlinge insoweit bedacht sind, als sie bei der gesetzlichen Erbfolge an die Stelle des Kindes treten würden[2]).

E I 1772 II 1941; M 5 37, 38; P 5 33—35.

1. Ohne nähere Bestimmung § 2066 A 1.

2. Es handelt sich im Gegensatze zu § 2070 um die **eigenen Kinder** des Erblassers und im Gegensatze zu § 2069 darum, daß das Kind vor der Testamentserrichtung, und zwar durch den Tod weggefallen ist. Ob der Erblasser hierbei den Tod des betreffenden Kindes gekannt hat oder nicht, macht keinen Unterschied. „Im Zweifel" (Auslegungsregel) denkt der Erblasser, wenn er von Kindern spricht, nicht bloß an Söhne und Töchter, sondern an Abkömmlinge schlechthin. An Stelle des verstorbenen Kindes treten dann seine Abkömmlinge nach Stämmen (§ 1924 Abs 3). Uneheliche Abkömmlinge des Erblassers kommen bei der Erbfolge nach dem Vater nicht in Betracht. Sind die Kinder eines Dritten bedacht, so ist nach allgemeinen Auslegungsregeln zu entscheiden, ob hiermit auch deren Abkömmlinge gemeint sind (RG Gruch 50, 386; § 2069 A 1). Die Vorschrift gilt nicht, wenn das Erbrecht eines Kindes vor der Testamentserrichtung in anderer Weise als durch den Tod erledigt ist (Ausschließung § 1938, Erbverzicht § 2349). Anfechtungsrecht übergangener pflichtteilsberechtigter Abkömmlinge § 2079.

§ 2069

Hat der Erblasser einen seiner Abkömmlinge bedacht[1]) und fällt dieser nach der Errichtung des Testaments weg[2]), so ist im Zweifel anzunehmen, daß dessen Abkömmlinge insoweit bedacht sind, als sie bei der gesetzlichen Erbfolge an dessen Stelle treten würden.

E I 1773 II 1942; M 5 37, 38; P 5 33—35

1. Der **eigene Abkömmling des Erblassers** kann namentlich bedacht sein oder durch Auslegung (§ 2068) als bedacht ermittelt werden. Für diesen Fall wird eine Auslegungsregel (RG 99, 86; LZ 1923, 451[5]) des Inhalts gegeben, daß der Erblasser stillschweigend eine Ersatzberufung (§§ 2069, 2190) zugunsten derjenigen Abkömmlinge des Bedachten erklärt habe, welche nach § 1924 Abs 3 gesetzlich an dessen Stelle berufen wären, mögen sie auch zur Zeit der Testamentserrichtung noch nicht geboren, ihr im Testament bedachter Elternteil damals vielleicht noch gar nicht verheiratet gewesen sein (RG SeuffA 77 Nr 191). Bei einer Nacherbfolge gilt die Regel in dem Sinne, daß, wenn der als Nacherbe eingesetzte Abkömmling wegfällt, diejenigen seiner Abkömmlinge Ersatznacherben werden, welche zur Zeit des Nacherbfalls (nicht des Erbfalls) nach § 1924 Abs 3 an seine Stelle treten würden (JFG 1, 154 gegen KGJ 31 A 124). Auch wenn die Abkömmlinge eines Dritten, ins-

besondere eines nahen Angehörigen, bedacht sind, kann in der Einsetzung dieser Personen die Grundlage gefunden werden, von der aus im Wege der Auslegung unter Zuhilfenahme anderweitiger, außerhalb des Testaments liegender Umstände ein weitergehender, auf Ersatzberufung der Abkömmlinge der Bedachten gerichteter Wille des Erblassers als im Testament enthalten ermittelt wird (RG JW 1911, 544[24]; Gruch 61, 324; SeuffA 75 Nr 37); dies selbst dann, wenn der Erblasser an die Möglichkeit des Wegfalls des Bedachten nicht gedacht hat (RG 99, 82; vgl. § 2084 A 2).

2. Im Gegensatz zu § 2068 ist vorausgesetzt, daß der unmittelbar Bedachte erst **nach der Testamentserrichtung,** vielleicht erst nach dem Erbfall **wegfällt,** sei es durch Tod (wie in § 2068), Erbverzicht oder auf eine der andern in § 2094 A 1 (RG 95, 98f.) bezeichneten Arten (JFG 2, 166f.: Eintritt des Falles einer Verwirkungsklausel § 2074 A 1). Die Vorschrift ist auch anwendbar, wenn der näher bezeichnete Abkömmling zwar schon vor der Testamentserrichtung gestorben ist, aber wenigstens nach der Vorstellung des Erblassers noch gelebt hat (§ 2053 A 1, § 2107). Sie gilt auch beim Erbvertrag (§ 2279) und dem gemeinschaftlichen Testament, auch wenn es sich um Abkömmlinge des zuerst versterbenden Ehegatten handelt (RJA 4, 27; KGJ 51, 101). Ein nach § 2069 Berufener ist nicht übergangen und daher nicht nach § 2079 anfechtungsberechtigt (RG SeuffA 77 Nr 191; JW 1925, 2756[7]).

§ 2070

Hat der Erblasser die Abkömmlinge eines Dritten ohne nähere Bestimmung bedacht[1]), so ist im Zweifel anzunehmen, daß diejenigen Abkömmlinge nicht bedacht sind, welche zur Zeit des Erbfalls oder, wenn die Zuwendung unter einer aufschiebenden Bedingung oder unter Bestimmung eines Anfangstermins gemacht ist und die Bedingung oder der Termin erst nach dem Erbfall eintritt, zur Zeit des Eintritts der Bedingung oder des Termins noch nicht erzeugt sind[2]).

E I 1774 II 1943; M 5 38, 39; P 5 35.

1. Ohne nähere Bestimmung § 2066 A 1. **Abkömmlinge eines Dritten** im Gegensatze zu eigenen Abkömmlingen in §§ 2068, 2069. Letzterenfalls kann es dem durch freie Auslegung zu ermittelnden Willen des Erblassers entsprechen, die zu den betreffenden Zeitpunkten noch nicht erzeugten Abkömmlinge wenigstens zu Nacherben zu berufen (§ 2101 A 1).

2. Die Auslegungsregel des Gesetzes („im Zweifel") geht davon aus, daß die Absicht des Erblassers, der Abkömmlinge eines Fremden bedenkt, nicht auf Begründung einer Nacherbfolge oder eines Nachvermächtnisses (§ 2191) gerichtet ist, wenn solche Abkömmlinge zu den betreffenden Zeitpunkten nicht mindestens erzeugt waren (§ 1923 Abs 2). Die Hinausschiebung bis zur Zeit des Eintritts der Bedingung oder des Anfangstermins entspricht § 2066 A 2.

§ 2071

Hat der Erblasser ohne nähere Bestimmung eine Klasse von Personen oder Personen bedacht, die zu ihm in einem Dienst- oder Geschäftsverhältnisse stehen[1]), so ist im Zweifel anzunehmen, daß diejenigen bedacht sind, welche zur Zeit des Erbfalls der bezeichneten Klasse angehören oder in dem bezeichneten Verhältnisse stehen[2]).

E I 1775 II 1944; M 5 39, 42; P 5 35, 36.

1. **Personenklasse,** z. B. die Schüler einer von dem Erblasser als Lehrer geleiteten Klasse oder die Mitglieder eines Vereins. Solche Mitglieder können im Wege der Auslegung, insbesondere bei fehlender Rechtsfähigkeit des Vereins, auch dann als bedacht angesehen werden, wenn die Zuwendung auf den Verein selbst lautet (§ 2084; RG JW 1911, 115[53]). Als Personen, die zu dem Erblasser in einem **Dienst- oder Geschäftsverhältnisse** stehen, kommen Hausgehilfen, Gewerbegehilfen, Privatbeamte u. dgl. in Betracht. Ohne nähere Bestimmung § 2066 A 1. Immerhin muß der Kreis der Bedachten so fest umgrenzt sein, daß die Einordnung bestimmter Personen möglich ist.

2. Die **Zeit des Erbfalls** gilt, und zwar in Abweichung von den Fällen §§ 2066 A 2, 2070 A 2 auch bei bedingter oder befristeter Zuwendung, als der maßgebende **Zeitpunkt** (Auslegungsregel „im Zweifel"), wenn nicht ein anderer z. B. auf frühere Angestellte hinweisender Wille des Erblassers bewiesen werden kann.

§ 2072

Hat der Erblasser die Armen ohne nähere Bestimmung bedacht, so ist im Zweifel anzunehmen, daß die öffentliche Armenkasse der Gemeinde, in deren Bezirk er seinen letzten Wohnsitz gehabt hat, unter der Auflage bedacht ist, das Zugewendete unter Arme zu verteilen[1].

E I 1776 II 1945; M 5 39, 40; P 5 36, 37.

1. Erbeinsetzung und Vermächtnis zugunsten der „**Armen**" schlechthin werden umgedeutet in die Zuwendung an eine bestimmte öffentliche Kasse (VO über die Fürsorgepflicht v. 13. 2. 24, RGBl I 100, § 1 Abs 2, §§ 2, 3, 5) mit der Auflage, das Zugewendete nach ihrem Ermessen unter beliebige Arme — nicht bloß der letzten Wohnsitzgemeinde — zu verteilen, § 2193. Eigene verfolgbare Rechte erwachsen daher den Armen nicht, die Vollziehung kann nur gemäß § 2194 verlangt werden. Ohne nähere Bestimmung § 2066 A 1. Wohnsitz §§ 7—11. Auch wenn die Armen nur auf die Zinsen angewiesen sind, kann das Kapital selbst als der Armenkasse zugewendet gelten (RG 52, 283).

§ 2073

Hat der Erblasser den Bedachten in einer Weise bezeichnet, die auf mehrere Personen paßt, und läßt sich nicht ermitteln, wer von ihnen bedacht werden sollte, so gelten sie als zu gleichen Teilen bedacht[1].

E I 1768 II 1946; M 5 32, 33; P 5 22.

1. Vorausgesetzt ist, daß der Erblasser einen bestimmten Bedachten im Auge gehabt, ihn auch unter irgendeiner näheren Bestimmung (§ 2066 A 1) an sich genügend bezeichnet hat, daß aber, weil die Merkmale auf mehrere Personen passen, eine **Ungewißheit des Bedachten** bestehenbleibt, z. B. mein Enkel Karl, die Luisenstiftung, wenn mehrere Enkel, mehrere Stiftungen dieses Namens bestehen. Die Bezeichnung „paßt" nur dann auf mehrere, wenn für sie die gleichen, nicht bloß ähnliche Voraussetzungen zutreffen (RG 1. 10. 06 IV 80/06). Zunächst sind die gewöhnlichen Auslegungsmittel zu erschöpfen (§ 133). Erst wenn sie versagen, greift das Gesetz im Widerspruch mit der wahren Absicht des Erblassers mit der Fiktion ein, daß Teilung der Zuwendung unter die mehreren gewollt sei. Verschieden hiervon der Fall, daß der Erblasser von vornherein mehrere wahlweise bedacht hat, §§ 2151, 2152. Ist der Bedachte so unvollkommen bezeichnet, daß seine Persönlichkeit schlechterdings nicht zu ermitteln ist, so ist die Zuwendung wirkungslos (KGJ 42, 136).

§ 2074

[1] **Hat der Erblasser eine letztwillige Zuwendung unter einer aufschiebenden Bedingung gemacht, so ist im Zweifel anzunehmen, daß die Zuwendung nur gelten soll, wenn der Bedachte den Eintritt der Bedingung erlebt**[2].

E I 1761 II 1947; M 5 24, 25; P 5 11—13.

1. Die allgemeinen Vorschriften über **Bedingung und Zeitbestimmung** (§§ 158—163) gelten grundsätzlich auch für Verfügungen von Todes wegen. Insbesondere sind Erbeinsetzungen und Vermächtnisse unter aufschiebenden wie auflösenden Bedingungen, unter Bestimmung eines Anfangs- wie eines Endtermins zulässig. Bei Erbeinsetzungen kommt dann Nacherbfolge in Frage (§§ 2103—2105, 2139), Anfall des Vermächtnisses §§ 2174, 2176, 2177. Über gewisse Arten von Bedingungen enthält das Gesetz auch für das Erbrecht keine besonderen Vorschriften (M 5, 16—23). So nicht über uneigentliche Bedingungen (notwendige, weil auf Gegenwart oder Vergangenheit abgestellte oder condiciones juris) oder unmögliche, widersinnige und unerlaubte Bedingungen. Eine unerlaubte Bedingung wird, mag sie als aufschiebende oder auflösende gesetzt sein, nach §§ 134, 138 regelmäßig die ganze letztwillige Verfügung, wiewohl unter Vorbehalt des § 2085 nichtig machen. Über die vom nackten Wollen oder vom Handeln eines Dritten abhängig gemachten Zuwendungen vgl. § 2065 A 2. Endlich sind Zuwendungen unter der Bedingung, daß der Bedachte dem Erblasser von Todes wegen oder unter Lebenden etwas zuwende (**kaptatorische Verfügungen**) an sich nicht verboten. Die **Verwirkungsklausel** (Entziehung des Zugewendeten oder Beschränkung auf den Pflichtteil, falls die Verfügung angegriffen werde) ist zulässig. Wie im allgemeinen durch freie richterliche Auslegung zu ermitteln ist, ob überhaupt eine Bedingung gesetzt ist und welche Wirkung ihr nach dem Willen des Erblassers zukommen soll, so gilt dies auch für die Frage, welche Handlungen durch die Verwirkungsklausel getroffen werden sollen (RG JW 1924, 1717[9]); insbesondere dafür, ob die Klausel nur auf Fälle zu beziehen

ist, in denen der Bedachte einen Nichtigkeitsgrund (§ 2078 A 1) oder Anfechtungsgrund (§ 2078 A 2, 4) geltend macht oder ob sie auch solche Fälle treffen soll, in denen er die Bestimmungen des Testaments zwar formell unangetastet läßt, ihnen aber materiell zuwiderhandelt (RG LZ 1922, 197[7]), z. B. dadurch, daß er das Zugewendete oder einen Teil davon auf einen vom Erblasser Ausgeschlossenen überträgt. Der Streit über die Echtheit oder (RG 10. 7. 22 IV 692/21) den Sinn des Testaments oder den Bestand des Nachlasses (RG JW 1924, 1718: Klage gegen einen Miterben auf Leistung des Offenbarungseides hinsichtlich des Nachlaßverzeichnisses) fällt nicht ohne weiteres unter die Klausel. Regelmäßig ist bewußter Ungehorsam gegen den letzten Willen zu erfordern; solcher liegt nicht vor, wenn ein mit der Klage gegen die Miterben aus einem andern Grunde beauftragter Rechtsanwalt die Anfechtung ohne Wissen und Willen des unter der Verwirkungsklausel stehenden Erben erklärt (RG JW 1916, 1193[12]). Dagegen macht es regelmäßig keinen Unterschied, ob die gegen den Bestand der Verfügung gerichteten Angriffe im Wege der Klage oder zur Entkräftung eines auf das Testament gestützten Anspruchs im Wege der Einrede erhoben werden (RG Recht 1916 Nr 1549). Auslegungsfrage ist es auch, ob der Erblasser durch eine Verwirkungsklausel nur den unzufriedenen Erben selbst oder auch dessen Stamm von der Erbfolge hat ausschließen wollen (RG Warn 1917 Nr 181). Wird durch eine Anfechtung die Verwirkungsklausel selbst vernichtet, was nach § 2085 auch eine Folgeerscheinung der Anfechtung anderer Verfügungen des Testaments sein kann, so kann die Klausel selbstverständlich keine Wirksamkeit entfalten. Über die Verwirkungsklausel im gemeinschaftlichen Testament vgl. § 2271 A 4 a. E.

2. **Aufschiebende Bedingung** § 158 Abs 1. Daß der Erbe jedenfalls den Erbfall erlebt haben muß, bestimmt schon das Gesetz (§ 1923 Abs 1). Ist er zu diesem Zeitpunkt nur aufschiebend bedingt berufen, so würde sich die ihm hierdurch eröffnete Anwartschaft, Erbe oder doch Nacherbe zu werden (§ 2105 Abs 1), gemäß § 1952 auf seine Erben vererben. Da dies regelmäßig nicht dem Willen des Erblassers entspricht, so legt ihn das Gesetz dahin aus („im Zweifel"), daß der Bedachte, um Erbe zu werden, nicht bloß den Erbfall, sondern auch den Eintritt der Bedingung erlebt haben müsse. Erst damit vollzieht sich der Anfall der Erbschaft im Sinne von § 1942. Stirbt er vor diesem Zeitpunkte, so gilt die Bedingung als ausgefallen und von einem Übergang der erloschenen Anwartschaft auf seine Erben kann nicht mehr die Rede sein. Auch der nur bedingt eingesetzte Erbe kann unerwartet des Eintritts der Bedingung annehmen oder ausschlagen, sobald der Erbfall eingetreten ist (§ 1946). Unter einer aufschiebenden Bedingung: Wegfall des Bedachten ist an sich auch der Ersatzerbe berufen (§ 2096). Allein daß der zuerst Bedachte wegfällt, ist ein gesetzliches Begriffserfordernis jeder Ersatzberufung, die ja gerade für den Weggefallenen einen Ersatz schaffen will. Der Wegfall des zuerst Bedachten kann deshalb nicht als aufschiebende Bedingung im Sinne des § 2074 aufgefaßt werden. Hierzu kommt, daß im Falle der Ausschlagung oder Erbunwürdigkeit des erstberufenen Erben der Anfall an den Ersatzerben auf die Zeit des Todes des Erblassers zurückbezogen wird (§§ 1953 Abs 2, 2344 Abs 2). Der Ersatzerbe braucht mithin nicht notwendig den Wegfall des zuerst Bedachten erlebt zu haben, vielmehr genügt es — wenn kein anderer Wille des Erblassers erhellt —, daß er den Erbfall erlebt hat (hierzu RJA 12, 23). Stirbt er, während die Ersatzerbfolge noch ungewiß ist, so gehen seine bedingten Erbrechte im Zweifel auf seine Erben über. Die Auslegungsregel des § 2074 gilt auch für den unter einer aufschiebenden Bedingung eingesetzten Nacherben (§ 2108 Abs 2). Auch das Ersatzvermächtnis (§ 2190) gilt entgegen der Regel des § 2177 als dem Ersatzvermächtnisnehmer schon mit dem Zeitpunkte angefallen, wo es der zunächst Bedachte, wenn er nicht ausgeschlagen hätte, erworben haben würde (§ 2180 Abs 3). Jedenfalls muß der Vermächtnisnehmer den Erbfall erlebt haben (§ 2160). — Ist für die Zuwendung ein Anfangstermin bestimmt (§ 163), so handelt es sich bei der Erbeinsetzung immer um den Fall der Nacherbfolge (§ 2105 Abs 1). Das Erbrecht geht dann im Falle des § 2108 Abs 2 Satz 1 regelmäßig auf die Erben des Berufenen über. Bei Vermächtnissen ist damit nach § 2177 (A 2) auch der Anfall hinausgeschoben. Ob der dies incertus der Bedingung gleichzustellen sei, ist Tatfrage.

§ 2075

Hat der Erblasser eine letztwillige Zuwendung unter der Bedingung gemacht, daß der Bedachte während eines Zeitraums von unbestimmter Dauer etwas unterläßt oder fortgesetzt tut[1]), so ist, wenn das Unterlassen oder das Tun lediglich in der Willkür des Bedachten liegt, im Zweifel anzunehmen, daß die Zuwendung von der auflösenden Bedingung abhängig sein soll, daß der Bedachte die Handlung vornimmt oder das Tun unterläßt[2]).

E I 1764 II 1948; M 5 28, 29; P 5 14, 15.

1. Ist das **Unterlassen oder Tun als Bedingung der Zuwendung** für bestimmte Dauer vorgeschrieben (drei Jahre nicht Alkohol trinken), so ist der Fall des § 2074 gegeben. Bei **unbestimmter Dauer** (wenn der Bedachte sich nicht scheiden läßt, sich nicht verheiratet, allsonntäglich zur Kirche geht, dem Testamente nicht zuwiderhandelt) wäre die Zuwendung nach § 2074 auf unabsehbare Zeit, vielfach bis zum Tode des Bedachten hinausgeschoben. Dies entspricht regelmäßig nicht dem Willen des Erblassers.

2. Das Gesetz deutet deshalb mittels einer Auslegungsregel („im Zweifel") die aufschiebende in eine **auflösende Bedingung entgegengesetzten Inhalts** um, jedoch nur, wenn die Erfüllung der Bedingung in die **Willkür** des Bedachten gestellt ist (Potestativbedingung). Die Zuwendung fällt nach § 2075 dem Bedachten sogleich mit dem Erbfall an, ihre Wirkung endigt aber gemäß § 158 Abs 2 mit dem Eintritte der auflösenden Bedingung, d. h. mit dem Augenblicke des Zuwiderhandelns oder des Nichtmehrhandelns. Unter § 2075 kann auch der Fall zu bringen sein, daß der Erblasser seine Kinder zu Erben ernannt, sie bei einer Zuwiderhandlung gegen das Testament aber auf den Pflichtteil gesetzt hat. Die Kinder haben dann, trotz § 2306 Abs 1 Satz 2 auch nach der Annahme der Erbschaft, die Wahl, ob sie unter den angeordneten Beschwerungen Erben bleiben oder durch Herbeiführung des Eintritts der auflösenden Bedingung ihre Erbeneigenschaft beseitigen und sich mit dem Pflichtteil begnügen wollen (RG SeuffA 70 Nr 18). Sicherheit für Wiederherstellung des früheren Zustandes, Herausgabe der Zuwendung (cautio Muciana) hat der Bedachte nicht zu leisten. Darüber, ob der Bedachte auch die in der Zwischenzeit gezogenen Nutzungen herauszugeben hat (§ 159), entscheidet der zu ermittelnde Wille des Erblassers.

§ 2076

Bezweckt die Bedingung, unter der eine letztwillige Zuwendung gemacht ist, den Vorteil eines Dritten, so gilt sie im Zweifel als eingetreten, wenn der Dritte die zum Eintritte der Bedingung erforderliche Mitwirkung verweigert[1]).

E I 1763 II 1949; M 5 27, 28; P 5 13, 14.

1. **Bedingung zum Vorteil eines Dritten.** Der allgemeine Grundsatz des § 162, wonach böswillige Vereitelung der Bedingung als Eintritt der Bedingung gilt, findet auch bei den Verfügungen von Todes wegen Anwendung. Im übrigen wird der wirkliche Eintritt der Bedingung durch bloße Erfüllungsbereitschaft des Bedachten nicht ersetzt, wenn sie nicht nach freier Auslegung vom Erblasser als genügend erachtet worden ist. Eine den Willen des Erblassers ergänzende, aber widerlegbare Vorschrift gibt § 2076 nur für den Fall, daß die Zuwendung nicht bloß wie jede Zuwendung unmittelbar den Vorteil des Bedachten, sondern zugleich mittelbar den Vorteil eines Dritten bezweckt (X soll 100 erhalten, wenn er dem Z die Benutzung seiner Giebelmauer gestattet). Dieser Zweck darf regelmäßig als gewollt gelten, wenn der Vorteil selbst außer Zweifel steht. Verschieden von dem hier vorausgesetzten Tatbestand ist die Zuwendung an X unter einer Auflage zugunsten des Z (§§ 1940, 2195). Die an den Dritten zur Erfüllung einer Bedingung gemachte Leistung ist nicht selbst Zuwendung (§ 1939 A 4). Ist sie als Vermächtnis gewollt (§ 1939), so geht der hiermit beschwerte zunächst Bedachte dadurch, daß der Dritte das Vermächtnis ablehnt, der ihm gemachten Zuwendung überhaupt nicht verlustig (§ 2085).

§ 2077

Eine letztwillige Verfügung, durch die der Erblasser seinen Ehegatten bedacht hat, ist unwirksam, wenn die Ehe nichtig oder wenn sie vor dem Tode des Erblassers aufgelöst worden ist[1]). Der Auflösung der Ehe steht es gleich, wenn der Erblasser zur Zeit seines Todes auf Scheidung wegen Verschuldens des Ehegatten zu klagen berechtigt war und die Klage auf Scheidung oder auf Aufhebung der ehelichen Gemeinschaft erhoben hatte[2]).

Eine letztwillige Verfügung, durch die der Erblasser seinen Verlobten bedacht hat, ist unwirksam, wenn das Verlöbnis vor dem Tode des Erblassers aufgelöst worden ist[3]).

Die Verfügung ist nicht unwirksam, wenn anzunehmen ist, daß der Erblasser sie auch für einen solchen Fall getroffen haben würde[4]).

E I 1783 II 1950; M 5 53—55; P 5 58, 59.

1. Die **Unwirksamkeit der Verfügung zugunsten des Ehegatten** wird auf den mutmaßlichen Willen des Erblassers zurückgeführt, bedarf deshalb nicht der Anfechtung, tritt aber nach Abs 3 nicht ein, wenn ein gegenteiliger Wille erhellt. Der Ehegatte oder Verlobte braucht nicht ausdrücklich in dieser Eigenschaft bedacht zu sein. Auch muß es genügen, wenn er in Erwartung des Zustandekommens der Ehe bedacht und die Zuwendung nach Eheschließung nicht widerrufen ist. **Nichtigkeit** der Ehe nach §§ 1323—1328 oder infolge wirksamer Anfechtung nach § 1343 Abs 1. Geltendmachung der Nichtigkeit § 1329, der Anfechtung §§ 1341, 1342. **Auflösung** der Ehe infolge von Scheidung § 1564, der Aufhebung der ehelichen Gemeinschaft gleichsteht (§§ 1575, 1586), oder durch Wiederverheiratung nach vorausgegangener Todeserklärung (§ 1348). Ist die Ehe oder das Verlöbnis bereits vor dem Erbfall durch Tod des Bedachten aufgelöst, so werden die ihm gemachten Zuwendungen schon nach §§ 1923, 2108, 2160 hinfällig. Entziehung des Pflichtteils § 2335.

2. Satz 2 entspricht wörtlich dem § 1933, wonach unter den gleichen Voraussetzungen das gesetzliche Erbrecht des überlebenden Ehegatten ausgeschlossen ist.

3. **Verlöbnis** §§ 1297 ff. Auch der ungerechtfertigte Rücktritt bewirkt Auflösung. Für die hierdurch vereitelten Erbaussichten ist nur im Rahmen des § 1298 Ersatz möglich. Hat das Verlöbnis zur Ehe geführt, so bleibt A 1 anwendbar. — Auf „eheähnliche" oder Freundschaftsverhältnisse ist § 2077 auch nicht entsprechend anzuwenden (RG JW 1927, 1202[16]).

4. Die **Beweislast** trifft den früheren Ehegatten oder Verlobten, der behauptet, die Aufrechterhaltung der Zuwendung entspreche dem Willen des Erblassers. War der Ehegatte ausdrücklich auch für den Fall der Scheidung mit geringen und bedingten Zuwendungen bedacht, so ist Tatfrage, ob der Erblasser nur die bei Errichtung der Verfügung ihm bekannten oder allgemein auch spätere Eheverfehlungen verzeihen wollte (RG 14. 6. 06 IV 532/05). — Ähnliche Bestimmungen beim gemeinschaftlichen Testament § 2268 und beim Erbvertrag § 2279.

§ 2078

[1]) Eine letztwillige Verfügung[5]) kann angefochten werden, soweit der Erblasser über den Inhalt seiner Erklärung im Irrtume war oder eine Erklärung dieses Inhalts überhaupt nicht abgeben wollte[2]) und anzunehmen ist, daß er die Erklärung bei Kenntnis der Sachlage nicht abgegeben haben würde[3]).

Das gleiche gilt, soweit der Erblasser zu der Verfügung[5]) durch die irrige Annahme oder Erwartung des Eintritts oder Nichteintritts eines Umstandes oder widerrechtlich durch Drohung bestimmt worden ist[4]).

Die Vorschriften des § 122 finden keine Anwendung[6]) [7]).

E I 1779—1781 II 1951; M 5 45—50; P 5 44—52, 62, 63.

1. Von der Anfechtbarkeit zu unterscheiden ist die **Nichtigkeit letztwilliger Verfügungen.** Sie kann darauf beruhen, daß der Erblasser der Testierfähigkeit ermangelt (§§ 2229, 2230; vgl. über die Nichtigkeit eines im Zustande vorübergehender Störung der Geistestätigkeit auf Grund falscher Vorstellungen errichteten Testaments RG LZ 1920, 299[5]), daß die gesetzliche Form nicht beobachtet ist (§ 125), daß die Verfügung ihrem Inhalte nach etwas völlig Unbestimmtes, Widersinniges, rechtlich oder tatsächlich Unmögliches, Unerlaubtes oder Unsittliches (§ 2171 A 1) anordnet. Auch der Mangel der Ernstlichkeit der Verfügung (das fertige Testament bedeutet nur eine Schreibübung, ist einem Dritten nur erst zur Begutachtung vorgelegt, § 118) bewirkt Nichtigkeit, während die Nichtigkeitsgründe des § 116 Satz 2 (Vorbehalt) und des § 117 (Scheingeschäft) nicht in Frage kommen, weil bei der letztwilligen Verfügung kein Erklärungsempfänger vorhanden ist (RG 104, 322). In allen diesen Fällen tritt die Nichtigkeit ohne weiteres ein und kann jederzeit von jedem Beteiligten, so auch in Form der Feststellungsklage (§ 256 ZPO), geltend gemacht werden. Durch Vergleich der Beteiligten können nichtige Verfügungen nicht mit erbrechtlicher Wirkung in Kraft gesetzt oder durch andere dergleichen ersetzt, sondern nur schuldrechtliche Verbindlichkeiten begründet werden (RG 72, 210; auch JW 1911, 804[5]: Wirkung eines Anerkenntnisvertrags, § 781, auf solche nichtige letztwillige Verfügungen, die, wie die Teilungsanordnung, dem Erben nur eine schuldrechtliche Verpflichtung auferlegen).

2. Die Willensmängel des Irrtums und der Drohung führen nur zur **Anfechtbarkeit** und erst im Erfolge (§ 142 Abs 1) zur Nichtigkeit der letztwilligen Verfügung. In wörtlicher Übereinstimmung mit § 119 Abs 1 unterscheidet das Gesetz beim **Irrtum** — dem Unkenntnis gleichsteht — zwischen Irrtum über den Inhalt der Erklärung, insbesondere über das Wesen der Erklärung als einer Verfügung von Todes wegen (der Erblasser kleidet unverbindliche briefliche Wünsche in die Form des Privattestaments) und Irrtum, der zur Abgabe einer Erklärung anderen als des gewollten Inhalts veranlaßt (sich Verschreiben, Versprechen). Wegen

Irrtums über den Inhalt der Erklärung läßt RG LZ 1920, 340[6] die Anfechtung eines notariellen Testaments zu, in dem ein Nießbrauchvermächtnis statt der gewollten Vorerbfolge angeordnet war, RG 6. 11. 05 IV 229/05 die Anfechtung eines unter Zuziehung eines Dolmetschers aufgenommenen gerichtlichen Testaments, in dem nur die gesetzlichen Erben des Mannes als Nacherben berufen waren, während Erblasserin die beiderseitigen Verwandten als solche einsetzen wollte. Für Anfechtung ist jedoch kein Raum, wenn es sich lediglich um eine ungenaue oder unrichtige, aber im Wege der Auslegung richtigzustellende Ausdrucksweise des Erblassers handelt (falsa demonstratio non nocet); Auslegung geht der Anfechtung vor (RG SeuffA 76 Nr 145; JW 1925, 359[12]; 1927, 1203[17]). Dagegen ist es für die Anwendung des § 2078, namentlich auch in den Fällen des Abs 2, ohne Bedeutung, wodurch der Erblasser, insbesondere ob er durch Täuschung in den Irrtum versetzt worden (RG 59, 40: Verhältnis zu § 2339 Nr 3) und ob der Irrtum dem tatsächlichen oder dem Rechtsgebiet angehört (RG Gruch 67, 667: irrige Vorstellung eines rechtlichen Erfolgs). Immer wird die letztwillige Verfügung durch Anfechtung nur beseitigt, **soweit** sie vom Irrtum oder von der Drohung beeinflußt war. Es ist deshalb zugleich in Hinblick auf § 2085 von Amts wegen zu prüfen, ob die Tragweite einer gegen die ganze Verfügung gerichteten Anfechtung nicht auf einzelne darin enthaltene Sonderverfügungen zu beschränken ist (RG Gruch 48, 982). Eine auf § 2079 gegründete Anfechtung schließt nicht zugleich auch die Anfechtung wegen Irrtums aus § 2078 in sich (RG JW 1911, 656[31]; Recht 07 Nr 1171; 28. 3. 23 IV 239/22); über die Möglichkeit der Verbindung der beiden Anfechtungsgründe s. § 2079 A 1 a. E.

3. Abweichend von § 119 Abs 1 ist die irrtümlich getroffene Verfügung nicht darauf zu prüfen, ob sie der Erblasser „bei verständiger Würdigung des Falles" abgegeben haben würde. Das Gesetz läßt keinen objektiven Maßstab, sondern nur die **subjektive Denk- und Anschauungsweise des Erblassers** entscheiden. Daß ihm ein Irrtum in der Person des Bedachten gleichgültig gewesen sei, wird nicht leicht nachzuweisen sein. Unbedeutende Irrungen in der Summe und dem Gegenstande der Zuwendung, bei Teilungs- und anderen Anordnungen, werden die Wirksamkeit der Verfügung kaum beeinträchtigen. Hierbei kann das Verhalten des Erblassers selbst, der von dem Anfechtungsgrunde noch Kenntnis erhalten hat, von Bedeutung sein (RG 77, 170). Daß er den Widerruf der Verfügung unterlassen hat, schließt jedoch die Anfechtung nicht aus.

4. Als Anfechtungsgrund läßt das Gesetz auch den **Irrtum im Beweggrund** gelten, dem es sonst grundsätzlich die Anerkennung versagt. Es ist gleichgültig, ob der Irrtum von selbst aufgetreten oder von einem Dritten durch arglistige Täuschung hervorgerufen ist (A 2). Er kann den Erblasser dazu verleitet haben, einen vermeintlich der Vergangenheit oder Gegenwart angehörenden Umstand zur Zeit der Verfügung als eingetreten anzunehmen (Tod eines früher eingesetzten Erben, besondere Bedürftigkeit des Bedachten). Oder einen Umstand als künftig, sei es noch zu seinen Lebzeiten oder später (RG 86, 210 Abs 2; LZ 1923, 603[6]), eintretend oder nicht eintretend in Betracht zu ziehen, der sich wider sein Erwarten demnächst nicht verwirklicht oder verwirklicht, vielleicht, ohne daß er hiervon weiß, sich schon zur Zeit der Errichtung der Verfügung verwirklicht oder nicht verwirklicht hatte (daß sich der Bedachte mit der X verheiraten oder nicht verheiraten werde; daß die von dem Vater oder Ehemann auf den Nießbrauch oder ein Vorerbrecht an ihren Erbteilen beschränkten Kinder oder die Witwe von den Erträgnissen dieses Vermögens allein oder in Verbindung mit ihren sonstigen Einkünften ihren standesmäßigen Unterhalt würden bestreiten können, vgl. Neukirch in JW 1922, 19). Dabei kommen nur Umstände in Betracht, die unabhängig vom Willen des Erblassers eintreten, nicht dagegen solche, die, wie seine Heirat, in seinem Belieben stehen (RG Recht 1910 Nr 1270; JW 1927, 1203[17]). Daß der Erblasser sich hinsichtlich derjenigen Sachlage, die entgegen seiner Erwartung später tatsächlich eingetreten ist, eine bestimmte Vorstellung gemacht habe, ist nicht erforderlich (RG JW 1925, 356[10]). Hat er den später eingetretenen Umstand überhaupt nicht bedacht, so steht dies der irrigen Annahme, d. h. der positiven Vorstellung von dem Nichteintritte des Umstandes nicht gleich (RG 86, 206 gegen 77, 174). Deswegen läßt sich aber nicht sagen, daß die vom Erblasser nicht vorausgesehene Geldentwertung die Anfechtung nicht zu begründen vermöchte. Denn im allgemeinen muß davon ausgegangen werden, daß jemand, der in der Zeit vor merkbarer Inflation für die Zukunft Anordnungen vermögensrechtlicher Art traf, mit dem Fortbestehen der bisherigen Wertverhältnisse rechnete, also den Nichteintritt einer wesentlichen Veränderung in dieser Hinsicht erwartete (RG LZ 1923, 603[6]; vgl. § 242 A 5 d γ Abs 3). Irrtum im Beweggrund (Abs 2, falsche Vorstellung über die Höhe des Nachlasses) kann zugleich einen Irrtum über den Inhalt (Abs 1) herbeiführen (RG Warn 1912 Nr 88). Vorausgesetzt ist, daß der Erblasser durch derartige irrtümliche Gründe zur letztwilligen Verfügung überhaupt oder zu einzelnen darin getroffenen Anordnungen bestimmt oder doch wesentlich mitbestimmt ist, daß also zwischen Irrtum und Verfügung ein ursächlicher Zusammenhang besteht (RG 50, 240, bes. 59, 33; ferner Warn 1914 Nr 125: Mitberufung eines zu erwartenden, später totgeborenen Kindes; JFG 3, 144: Irrtum über die Fortdauer der Vermögenslage; RG JW 1927, 1203[17];

Irrtum über den Fortbestand der Währung). Der Beweis für den ursächlichen Zusammenhang wird erleichtert, wenn der Erblasser in der Verfügung selbst seinen Beweggrund, etwa in der Form der Voraussetzung angegeben hat (expressa causa nocet). Er kann aber auch, wenn dies nicht geschehen, durch andere Umstände erbracht werden. Die Anfechtbarkeit der durch **Drohung** erzwungenen letztwilligen Verfügung entspricht den allgemeinen Grundsätzen (§ 123 Abs 1). Erbunwürdigkeit des Drohenden § 2339 Nr 3. Widerrechtlichkeit des mit der Drohung verfolgten Zweckes genügt, so die Drohung der Haushälterin, den hilfsbedürftigen Erblasser zu verlassen, wenn er nicht testiere (**RG** JW 02, 286[242]).

5. Als anfechtbare letztwillige Verfügung kommt auch der Widerruf einer letztwilligen Verfügung in Betracht, mag er durch Testament (§ 2254) oder in anderer Weise (§§ 2255, 2256) vorgenommen sein (**RG** 102, 69; **RG** RJA 11, 180f.; dagegen für andere Fälle als die des § 2254 Maenner LZ 1925, 509).

6. Kein Anspruch des Bedachten, der infolge der Anfechtung die ihm gemachte Zuwendung verliert, auf Ersatz des negativen Interesses.

7. **Die Wirkung der Anfechtung** erschöpft sich in der Nichtigkeit der angefochtenen Verfügung (§ 142 Abs 1). Die Anfechtung kann deshalb nicht dem wahren, nicht erklärten Willen des Erblassers zur Wirksamkeit verhelfen (**RG** LZ 1920, 340[6]). Sie kann insbesondere nicht demjenigen, welchen der Erblasser aus Irrtum zu bedenken unterlassen und deshalb gar nicht erwähnt oder ausgeschlossen hat, nachträglich die ihm eigentlich zugedachte Zuwendung verschaffen (**RG** 15. 10. 06 IV 111/06). Er könnte nur kraft gesetzlicher Erbfolge Erbe werden und auch diese ist ausgeschlossen, wenn der ganze Nachlaß gültig vergeben bleibt (**RG** BayZ 06, 15). Doch kann die vom Erblasser gebrauchte zu allgemeine Bezeichnung der Erben („meine gesetzlichen Erben") auf den wirklich gewollten engeren Kreis dieser Erben (nur die vollbürtigen, nicht auch die halbbürtigen Geschwister) beschränkt und die Erbeinsetzung insoweit aufrechterhalten werden (**RG** 70, 391). Ebenso wird gegenüber der Geldentwertung häufig durch die der Anfechtung vorgehende Auslegung geholfen werden können (**RG** JW 1925, 359[12]; 1927, 1203[17]; vgl. A 2 und § 2084 A 2). Eine Bestätigung der anfechtbaren Verfügung (§ 144) durch den Erblasser, der selbst nicht Anfechtungsberechtigter ist, kommt nicht in Frage. Doch kann er sich in einer neuen letztwilligen Verfügung darauf beschränken, die ältere trotz ihrer Anfechtbarkeit aufrechtzuerhalten. Der Anfechtungsberechtigte kann auf die Anfechtung verzichten; ob der Verzicht nur zugunsten eines oder aller Anfechtungsgegner gilt, ist Tatfrage. Vergleich und Urteil wirken nach allgemeinen Grundsätzen nur unter den Parteien. — Person des Anfechtungsberechtigten § 2080 Abs 1, 2. Anfechtung des Erbvertrags §§ 2281ff. Der dort vorgesehene Verlust des Anfechtungsrechts (§ 2285) gilt auch für Anfechtung gemeinschaftlicher Testamente (**RG** 77, 165).

§ 2079

Eine letztwillige Verfügung kann angefochten werden, wenn der Erblasser einen zur Zeit des Erbfalls vorhandenen Pflichtteilsberechtigten übergangen hat[1]), dessen Vorhandensein ihm bei der Errichtung der Verfügung nicht bekannt war oder der erst nach der Errichtung geboren oder pflichtteilsberechtigt geworden ist[2]). Die Anfechtung ist ausgeschlossen, soweit anzunehmen ist, daß der Erblasser auch bei Kenntnis der Sachlage die Verfügung getroffen haben würde[3]).

E I 1782 II 1952; M 5 50—53; P 5 52—58.

1. **Übergehung des Pflichtteilsberechtigten** (§ 2303) liegt vor, wenn ihm im Testament, und zwar unabsichtlich, keine Zuwendung gemacht wird (**RG** LZ 1923, 451[5]). Die Übergehung steht im Gegensatz zur Ausschließung (§ 1938). Die Ausschließung setzt die Absicht des Erblassers voraus, dem Pflichtteilsberechtigten nichts zuzuwenden. Bei der Übergehung fehlt es an dieser Absicht, der Übergangene geht aber infolge anderweiter Vergebung des Nachlasses tatsächlich leer aus und behält nur den Pflichtteilsanspruch (**RG** 59, 62). Dieser Erfolg pflegt gegenüber nahen Angehörigen dem Willen des Erblassers nicht zu entsprechen. Das Gesetz gewährt deshalb mit dem Anfechtungsrecht dem Übergangenen ein Mittel, sich mehr als den Pflichtteil, regelmäßig den vollen gesetzlichen Erbteil zu verschaffen. Er muß jedoch zur Zeit des Erbfalls, wenn auch nur als Erzeugter, und zwar als Pflichtteilsberechtigter (bezüglich der entfernteren Abkömmlinge und der Eltern vgl. § 2309) vorhanden gewesen sein. Ist er zu dieser Zeit wieder verstorben oder noch nicht einmal erzeugt, so stehen ihm oder seinen Erben nach §§ 1923, 2303 weder Erb- noch Pflichtteilsrechte zu. Ist ein Abkömmling erst infolge Wegfalls eines Vorfahren pflichtteilsberechtigt geworden, so wird er meist nach § 2069 als bedacht und

deshalb nicht übergangen zu gelten haben (§ 2069 A 2 a. E.). Nicht übergangen ist nach RG 50, 238 sowie JW 1925, 2756[7] eine Ehefrau, die bereits vor der Verheiratung mit dem Erblasser seine Wirtschafterin und während dieser Zeit von ihm mit einer letztwilligen Zuwendung bedacht worden war. Ebensowenig das Kind des vorverstorbenen Sohnes, wenn der Erblasser dem ganzen Sohnesstamm nur den Pflichtteil zugewendet hatte (RG 2. 7. 06 IV 40/06). § 2079 schließt übrigens das Recht des Pflichtteilsberechtigten nicht aus, eine letztwillige Verfügung auch aus § 2078 anzufechten, wenn dessen besondere Voraussetzungen gegeben sind (KGJ 38 A 121; RG JW 1925, 2756[7]).

2. Das Anfechtungsrecht ist weiter davon abhängig, daß der **Pflichtteilsberechtigte, aus Irrtum oder Unkenntnis des Erblassers** übergangen, nicht bedacht ist. Sonst könnte nur **bewußte Übergehung, d. h. Ausschließung (A 1) in Frage kommen. Die Unkenntnis kann darauf beruhen, daß der Erblasser vom Vorhandensein des Pflichtteilsberechtigten überhaupt nichts gewußt oder ihn bereits verstorben geglaubt hat. Daß der Erblasser von einer bestimmten Vorstellung hierüber beherrscht gewesen sei, ist nicht nötig. Die Bemerkung „da mein Ehemann vor 25 Jahren nach Amerika ausgewandert und voraussichtlich nicht mehr am Leben ist" schließt als bloße Mutmaßung die Unkenntnis der Erblasserin davon, daß er** noch am Leben war, nicht aus (RG JW 07, 203[9]). Die Anfechtung ist auch möglich, wenn der Erblasser zwar die Person des Pflichtteilsberechtigten, vielleicht sogar seine das Pflichtteilsrecht begründenden verwandtschaftlichen Beziehungen zu ihm gekannt, aber aus tatsächlichem oder aus Rechtsirrtum (OLG 34, 313; RG Warn 1927 Nr 35) sein Pflichtteilsrecht als nicht bestehend oder, z. B. infolge der Annahme eines Verzichts (§ 2346), als wieder erloschen angesehen hat. Unkenntnis wird vom Gesetz immer vermutet, wenn das Pflichtteilsrecht des Übergangenen erst **nach Errichtung der letztwilligen Verfügung entstanden** ist. So insbesondere, wenn er erst nach dieser Zeit geboren oder legitimiert (§§ 1719, 1723, 1736), oder an Kindes Statt angenommen (§§ 1741, 1757), oder Ehegatte des Erblassers geworden ist (§ 2303 Abs 2). Läßt der Erblasser in Kenntnis der neuen Sachlage das nunmehr anfechtbar gewordene Testament auch jetzt noch bei Kräften, so kann nach Satz 2 die Anfechtung ausgeschlossen sein (RG 77, 170 u. Warn 1918 Nr 212).

3. **Beweislast.** Der Tatbestand des Satz 1 ist vom Anfechtungskläger (§ 2080 Abs 3) zu beweisen. Hiergegen steht dem Anfechtungsgegner nicht nur der Gegenbeweis offen, daß der Erblasser nicht geirrt, sondern den Pflichtteilsberechtigten habe ausschließen wollen. Vielmehr kann er, auch wenn er die Unkenntnis zugeben muß, die Anfechtungsklage schon durch den Nachweis zu Falle bringen, daß der Erblasser auch **bei Kenntnis der Sachlage nicht anders verfügt hätte.** Für Feststellung dieser allein maßgebenden Willensmeinung des Erblassers kommen alle begleitenden oder nachfolgenden Umstände in Betracht, die für die Vorstellungen des Erblassers in Beziehung auf den Pflichtteilsberechtigten erheblich sind, dagegen nicht sonstige Veränderungen der Sachlage, die etwa auf seinen Willen eingewirkt haben möchten (RG Warn 1912 Nr 117; JFG 1, 168). Dabei ist zu prüfen, ob der unterrichtete und alle Möglichkeiten bedenkende Erblasser die angefochtene Verfügung vollinhaltlich ebenso oder nur in einem zugunsten des Pflichtteilsberechtigten beschränkten Umfange („**soweit**") getroffen haben würde; je nach der Sachlage kann es deshalb genügen, die den Pflichtteilsberechtigten verkürzenden Anordnungen nicht ganz zu streichen, sondern nur entsprechend zu mindern (RG 59, 63; KG Recht 1923 Nr 1247). — Die Anfechtungsgrundsätze des BGB gelten nicht bloß hinsichtlich der Formen und Fristen, sondern auch hinsichtlich der materiellrechtlichen Wirkung der Anfechtung auch gegenüber letztwilligen Verfügungen (gemeinschaftlichen Testamenten), die **vor 1. 1. 00** errichtet worden sind, wenn der Anfechtungsgrund unter dem neuen Recht entstanden oder bekannt geworden ist (RG 77, 173; Vorbem 3 vor § 1922). Pflichtteilsrecht der Witwe s. § 1931 A 5.

§ 2080

Zur Anfechtung ist derjenige berechtigt, welchem die Aufhebung der letztwilligen Verfügung unmittelbar zustatten kommen würde[1]).

Bezieht sich in den Fällen des § 2078 der Irrtum nur auf eine bestimmte Person und ist diese anfechtungsberechtigt oder würde sie anfechtungsberechtigt sein, wenn sie zur Zeit des Erbfalls gelebt hätte, so ist ein anderer zur Anfechtung nicht berechtigt[2]).

Im Falle des § 2079 steht das Anfechtungsrecht nur dem Pflichtteilsberechtigten zu[3]).

E I 1784 II 1953; M 5 55—57; P 5 59—66.

1. **Anfechtungsberechtigte.** Der Erblasser selbst bedarf bei der freien Widerruflichkeit letztwilliger Verfügungen (§ 2253) der Anfechtung nicht. Dritte sind hierzu nur berechtigt,

soweit ihnen die Aufhebung **unmittelbar,** also nicht erst „beim Wegfall eines anderen" (§ 2341) **zustatten kommt.** Hiernach sind — in Ansehung der ganzen oder nur eines Teiles der letztwilligen Verfügung (§§ 2078 A 2, 2079 A 3) — anfechtungsberechtigt: die gesetzlichen Erben, soweit Fremde; der frühere Berufene, soweit ein später eingesetzter Erbe; der Ersatzerbe, soweit der Haupterbe; der Alleinerbe und die Miterben, soweit Miterben überhaupt oder soweit sie zu höheren Anteilen anfechtbar berufen sind. Bei Vermächtnissen kommt die Aufhebung dem Beschwerten, bei anfechtbarem Widerruf dem Bedachten zustatten. Die durch Verbot der Auseinandersetzung (§ 2044), durch Teilungsanordnungen (§ 2048), durch Bestellung eines Testamentsvollstreckers Beschwerten, die im Pflichtteil Beschränkten (§§ 2305, 2336) sind an der Beseitigung solcher anfechtbaren Beschränkungen, der bestellte Testamentsvollstrecker ist an der Aufhebung des Widerrufs seiner Bestellung unmittelbar interessiert. Die nächsten Interessenten an den in familienrechtlicher Beziehung getroffenen Anordnungen (Vorbem vor § 2064) ergeben sich von selbst. Maßgebend für das Interesse ist die Zeit des Erbfalls. Da aber die Wirkung der Ausschlagung auf diesen Zeitpunkt zurückverlegt wird (§ 1953 A 1), so muß bezüglich der Erbeinsetzung und des Vermächtnisses (§ 2180 Abs 3), wenn der eigentlich Anfechtungsberechtigte ausschlägt, auch der statt seiner Berufene als unmittelbar beteiligt und deshalb anfechtungsberechtigt gelten. Ob der zunächst Berechtigte sogleich ausgeschlagen oder erst angefochten und dann ausgeschlagen hat (soweit die Anfechtung nicht als Annahme zu gelten hat, § 1943 oder soweit die hierin zu findende Annahme nicht mit Erfolg angefochten ist, § 1954), macht keinen Unterschied. Jedenfalls bricht mit der Ausschlagung auch seine Legitimation zur Anfechtung nachträglich, aber mit Rückbeziehung auf die Zeit des Erbfalls zusammen. Das gleiche hat zu gelten, wenn der Nächstberechtigte für erbunwürdig erklärt wird (§ 2344). Die Anfechtung der letztwilligen Verfügung kann dem hierdurch Benachteiligten nur dann zustatten kommen, wenn sie den erlittenen Nachteil auch wirklich auszugleichen vermag. Dies ist nicht der Fall, wenn der Erblasser zwar dem Fremden X eine Zuwendung machen wollte, sich aber durch Irrtum oder Drohung hiervon hat abhalten lassen. Die Anfechtung (des X) kann niemals den Erfolg haben, einem zwar gehegten, aber überhaupt nicht erklärten Willen des Erblassers Geltung zu verschaffen (**RG** LZ 1920, 340[6]).

2. Wenn der Erblasser aus **Irrtum** seinen Bruder A nur deshalb nicht bedacht hat, weil er ihn verstorben glaubte, so ist nur A und wenn er nach dem Erblasser stirbt, so sind nur A's Kinder und Erben aus § 2078 anfechtungsberechtigt. Sie sind es aber nicht, wenn A schon vor dem Erblasser verstorben ist, obwohl sie im Falle erfolgreicher Anfechtung unmittelbar als gesetzliche Erben in Betracht kämen. Denn auf die Kinder hatte sich der Irrtum des Erblassers nicht bezogen. Im Fall der **Drohung** gilt die Beschränkung des Abs 2 nicht. Doch ist nach Abs 1 nur anfechtungsberechtigt, wem die Anfechtung zustatten kommt (A 1 a. E.).

3. Daß **nur der Pflichtteilsberechtigte** als anfechtungsberechtigt erklärt ist, will besagen, daß im Falle des § 2079 lediglich Pflichtteilsberechtigte, nicht auch sonstige Dritte als Personen in Betracht kommen, denen nach Abs 1 die Aufhebung unmittelbar zustatten kommen würde. Das eigene Anfechtungsrecht des Erblassers gegenüber einem für ihn bindend gewordenen gemeinschaftlichen Testamente wird hierdurch nicht ausgeschlossen (§ 2271 A 6). Das einmal entstandene Anfechtungsrecht ist Vermögensrecht und deshalb **vererblich.** Dagegen ist das nackte Recht unter Lebenden **nicht übertragbar,** da die Entscheidung darüber, ob hiervon Gebrauch zu machen sei, nur demjenigen zusteht, auf dessen Person die Voraussetzungen des § 2080 zutreffen. Nur nach seiner Person bestimmt sich auch der Fristenlauf. Wohl aber kann es der Ausübung nach einem Dritten überlassen werden. Hat der Berechtigte das im Wege der Anfechtung erst zu verwirklichende Recht (das Recht auf den Nachlaßanteil § 2033, die Vermächtnisforderung) übertragen, so muß auch das hierzu dienende Anfechtungsrecht als mit übertragen gelten. Umgekehrt kann mit Abtretung des Anfechtungsrechts zugleich die Abtretung des damit erst zu erstreitenden Rechtes gemeint sein. Zusammen mit diesem Recht ist das Anfechtungsrecht auch pfändbar. Doch kann der Schuldner nicht wider seinen Willen zur Anfechtungserklärung genötigt werden. — Von mehreren Berechtigten ist jeder für sich zur Ausübung des Anfechtungsrechts befugt, soweit die Voraussetzung des Abs 1 auf ihn zutrifft.

§ 2081

Die Anfechtung einer letztwilligen Verfügung, durch die ein Erbe eingesetzt, ein gesetzlicher Erbe von der Erbfolge ausgeschlossen, ein Testamentsvollstrecker ernannt oder eine Verfügung solcher Art aufgehoben wird, erfolgt durch Erklärung gegenüber dem Nachlaßgerichte[1]).

Das Nachlaßgericht soll die Anfechtungserklärung demjenigen mitteilen, welchem die angefochtene Verfügung unmittelbar zustatten kommt. Es

hat die Einsicht der Erklärung jedem zu gestatten, der ein rechtliches Interesse glaubhaft macht[2]).

Die Vorschrift des Abs 1 gilt auch für die Anfechtung einer letztwilligen Verfügung, durch die ein Recht für einen anderen nicht begründet wird, insbesondere für die Anfechtung einer Auflage[3]).

E II 1954; P 5 66—68, 70—72; 6 344.

1. Abweichend von der Regel des § 143 Abs 1, wonach die Anfechtung dem jeweiligen Anfechtungsgegner gegenüber zu erklären ist, schreibt das Gesetz in den Fällen des Abs 1 u. 3 **Erklärung gegenüber dem Nachlaßgericht** vor (so auch § 1955). Daß der Grund der Anfechtung angegeben werde, fordert das Gesetz weder in dem Sinne, daß abstrakt die einzelnen Fälle der §§ 2078, 2079 unterschieden, noch in dem Sinne, daß die konkreten Tatsachen, auf die die Anfechtung gegründet wird, angegeben werden müssen (vgl. RG 65, 88); es ist deshalb auch, wenn in der Erklärung nur ein Grund oder nur ein „Umstand" (§ 2078 Abs 2) vorgebracht wird, das Vorbringen weiterer Gründe oder Umstände im Prozeß nicht ausgeschlossen (RG 25. 2. 24 IV 100/23). Die Erklärung bedarf keiner besonderen Form, muß aber, um wirksam zu werden, dem Nachlaßgericht zugegangen sein (§ 130). Erbeinsetzung §§ 2087ff. einschließlich der Einsetzung eines Nacherben § 2100, Ausschließung § 1938, Ernennung eines Testamentsvollstreckers und Bestimmung seines Wirkungskreises §§ 2197ff., Aufhebung solcher Verfügungen §§ 2253ff. (RG Gruch 65, 480: Anwendung des § 2081 auf den Fall des § 2255).

2. **Mitteilungspflicht** übereinstimmend mit §§ 1953, 1957 u. a. Die Wirksamkeit der Anfechtung selbst ist hiervon nicht abhängig. Die Mitteilung an den Antragsgegner kann aber eine Anfechtung ersetzen, die nach der Regel des § 143 unmittelbar diesem Gegner gegenüber abzugeben gewesen wäre.

3. Nur Verpflichtungen, **keine Rechte werden begründet** durch die Auflage (§ 1940), durch das Verbot der Auseinandersetzung (§ 2044) und durch familienrechtliche Anordnungen (Vorbem vor § 2064). Auch durch die Aufhebung derartiger Verfügungen wird kein Recht begründet. Dasselbe gilt von Beschränkungen und Entziehung des Pflichtteils (§§ 2305, 2336). Auch hier geschieht in Ermangelung eines Berechtigten die Anfechtung gegenüber dem Nachlaßgerichte. Die Regel des § 143 Abs 1 bleibt deshalb in der Hauptsache nur bestehen, wenn es sich um die Anfechtung von Vermächtnis- und (Rechte begründenden) Teilungsanordnungen (§ 2048) oder um Aufhebung solcher Anordnungen handelt.

§ 2082

Die Anfechtung kann nur binnen Jahresfrist erfolgen[1]).

Die Frist beginnt mit dem Zeitpunkt, in welchem der Anfechtungsberechtigte von dem Anfechtungsgrunde Kenntnis erlangt. Auf den Lauf der Frist finden die für die Verjährung geltenden Vorschriften der §§ 203, 206, 207 entsprechende Anwendung[2]).

Die Anfechtung ist ausgeschlossen, wenn seit dem Erbfalle dreißig Jahre verstrichen sind[3]).

E I 1785 II 1955; M 5 68, 69; 6 396

1. Die (abweichend von § 121 Abs 1 bestimmte) **Jahresfrist** ist als gesetzliche Ausschlußfrist sowohl dem Anfechtungsgegner im Falle des § 143 als dem Nachlaßgerichte gegenüber (§ 2081) maßgebend. Fristberechnung §§ 187, 188.

2. **Kenntnis erlangen,** wie im Falle des § 1944 Abs 2. Der Anfechtungsgrund ist mit dem Erbfall, dem Vorhandensein und dem Inhalt der letztwilligen Verfügung in Verbindung mit den einen Irrtum des Erblassers oder einen gegen ihn ausgeübten Zwang und seine Bestimmung durch den Irrtum oder Zwang ergebenden Tatumständen der §§ 2078, 2079 entstanden. Von allen diesen Umständen muß der Anfechtungsberechtigte ausreichende Kenntnis erlangt, d. h. sie in zuverlässiger Weise erfahren haben (RG Gruch 59, 481; 65, 480). Im Falle des § 2079 fehlt es an der Kenntnis des Anfechtungsgrundes, solange der Anfechtungsberechtigte ein späteres, ihn berücksichtigendes Testament, wenn auch aus Rechtsirrtum, für rechtswirksam (KGJ 40, 47) oder das ihn übergehende Testament für ungültig hält (RG 107, 192; 115, 30) Kenntnis vom Anfechtungsrecht und von der Notwendigkeit der Anfechtung ist zum Fristbeginn nicht erforderlich (RG 107, 194; a. M. Dresden JFG 1, 163 für die entsprechende Vorschrift in § 2283 Abs 2). Der Fristbeginn ist nicht wie in § 1944 Abs 2 auf die Verkündung der Verfügung abgestellt. Es genügt, daß der Anfechtungsberechtigte irgendwie von ihrem Inhalt unterrichtet worden ist (RG 66, 31). § 203: Stillstand der

Rechtspflege und höhere Gewalt, § 206: Mangel der Vertretung des Geschäftsunfähigen usw., § 207: wenn das Anfechtungsrecht zu einem Nachlasse gehört oder gegen den Nachlaß des Anfechtungsgegners zusteht.

3. Die **dreißigjährige Frist** (entsprechend § 195) greift ohne Rücksicht auf erlangte Kenntnis durch. Den Beweis, daß er die Jahresfrist eingehalten habe, hat der Anfechtende zu führen. Dem Gegner steht der Gegenbeweis schon früher erlangter Kenntnis offen. — Geltendmachung nach Fristablauf § 2083.

§ 2083

Ist eine letztwillige Verfügung, durch die eine Verpflichtung zu einer Leistung begründet wird, anfechtbar, so kann der Beschwerte die Leistung verweigern, auch wenn die Anfechtung nach § 2082 ausgeschlossen ist[1]).

E II 1956; P 5 70.

1. Der wegen Fristablaufs nicht mehr verfolgbare Anfechtungsanspruch kann zeitlich unbeschränkt noch durch **Einrede** geltend gemacht werden, wenn dem Berechtigten durch anfechtbare Verfügung eine Leistung (Vermächtnis, Auflage, Einwerfung eines Vorempfangs) auferlegt ist (ähnlich §§ 821, 853). Einer besonderen Anfechtungserklärung nach §§ 2081, 143 bedarf es in diesem Falle nicht. Auf Erbeinsetzungen oder Teilungsanordnungen ist die Vorschrift nicht anwendbar, da es sich hierbei nicht um Leistungen handelt. — Übertragen auf den Fall der Erbunwürdigkeit § 2345.

§ 2084

Läßt der Inhalt einer letztwilligen Verfügung verschiedene Auslegungen zu, so ist im Zweifel diejenige Auslegung vorzuziehen, bei welcher die Verfügung Erfolg haben kann[1])[2])[3]).

E I 1778 II 1957; M 5 43—45; P 5 43, 44.

1. **Wohlwollende Auslegung.** § 2084 gibt die allgemeine Auslegungsregel des § 133 in besonderer Beziehung auf das Erbrecht wieder. Er gilt nur für den Zweifelsfall, also nicht, wenn den Richter zulässige Willenserforschung (A 2) in den Stand setzt, die eine von zwei sich darbietenden Auslegungen für zutreffend oder unzutreffend zu erklären (RG Recht 1919 Nr 1527; vgl. auch RG Warn 1916 Nr 111: einer ihrem Wortlaute nach für einen bestimmten, nicht eingetretenen Fall getroffenen Verfügung wird nach dem Gesamtinhalte des Testaments weitergehende Bedeutung beigelegt). Die Vorschrift geht nicht darauf aus, den Bedachten zu begünstigen, sondern hat den Sinn, daß, wenn einerseits eine Auslegung möglich ist, nach der die letztwillige Verfügung hinfällig werden würde, anderseits eine Auslegung, nach der sie aufrechterhalten werden könnte, der zweiten Auslegung der Vorzug zu geben sei (RG Gruch 53, 97; Warn 1919 Nr 198); für die Anwendung der Vorschrift ist deshalb kein Raum, wenn die Verfügung sowohl nach der einen als auch nach der andern Auslegung einen, nur mehr oder minder weitgehenden Erfolg hat (RG SeuffA 75 Nr 107: Streit über die Erstreckung des Vermächtnisses eines „Schreibtischs mit Inhalt" auf die Brief- und Buchhypotheken, über die die Hypothekenbriefe und Eintragungsbenachrichtigungen im Schreibtisch aufbewahrt wurden; RG 13. 11. 24 IV 70/24: Streit über die Einsetzung des überlebenden Ehegatten zum Vollerben oder bloßen Vorerben). § 2084 kann entsprechend auch dann angewendet werden, wenn die rechtliche Natur der Verfügung selber zweifelhaft ist (RG Recht 1919 Nr 602, 603; LZ 1924, 161[2]: Privatschenkungsurkunde oder eigenhändiges Testament). Er gibt aber keinen Anhalt für die Auslegung, wenn darüber Streit besteht, ob eine Erklärung des Erblassers eine Verfügung oder nur einen unverbindlichen Wunsch enthält (RG LZ 1927, 523[7]). Daneben kommt der Grundsatz der **Umgestaltung,** § 140, in Betracht (§ 140 A 2). Je nach der Lage des Falles kann die eine oder die andere dieser beiden Vorschriften die Grundlage dafür geben, die Anordnung einer gesetzlich nicht zulässigen Pflegschaft in die Bestellung eines Testamentsvollstreckers (RG Warn 1913 Nr 239 und 24. 10. 21 IV 147/21), die Anordnung einer nach § 137 unwirksamen dinglichen Verfügungsbeschränkung in die Anordnung einer Vor- und Nacherbfolge oder einer Testamentsvollstreckung (RG SeuffA 78 Nr 3), die Zuwendung an einen nicht rechtsfähigen Verein in eine Zuwendung an dessen einzelne Mitglieder umzudeuten (RG JW 1911, 115[53]).

2. **Sonstige Auslegungsgrundsätze.** Im allgemeinen ist die Auslegung vom Gesetze nicht eingeengt. Sie findet nur darin ihre Grenze, daß sie einmal an der vorliegenden Willenserklärung irgendeinen, wenn auch noch so geringen Anhalt finden muß, anderseits dem völlig unzweideutig ausgedrückten Willen nicht geradezu zuwiderlaufen darf. Innerhalb dieser Grenzen können auch sonstige formlose, sogar wegen Formmangels oder aus anderen Gründen nichtige Äußerungen des Erblassers und andere außerhalb des Testaments liegende

Umstände für die Willenserforschung verwertet werden (RG JW 1913, 991[20]; 1918, 172[8]; Recht 1920 Nr 419, 422; 1925 Nr 900), unter Umständen selbst Bestimmungen eines früheren, aufgehobenen Testaments (RG LZ 1916, 1295[13]). Besondere Fälle: RG Warn 1927 Nr 35 (durch Auslegung ermittelte Anordnung im Sinne des § 2324) und 531[5] (eigenhändiges Testament in Briefform ohne namentliche Bezeichnung des Empfängers, aber mit einem Hinweis auf ihn, der durch Umstände außerhalb der Urkunde ergänzt werden kann). Auch in einem formgerechten Testament mitenthaltene stillschweigende Willenserklärungen sind wirksam, und zwar unabhängig davon, ob der Wille des Erblassers dem das Testament beurkundenden Richter oder Notar erkennbar war und ihm bewußt geworden ist; immerhin kann die Auffassung, die die Urkundsperson von der Willensrichtung des Erblassers gewonnen hat, für den Beweis dieser Willensrichtung bedeutungsvoll sein (RG JW 1910, 61[4]; 27. 10. 24 IV 713/23). Der Rücksicht auf Treu und Glauben und Verkehrssitte (§ 157) kommt bei Auslegung von Testamenten neben § 133 keine selbständige Bedeutung zu (RG JW 1912, 344[8] und BayZ 1920, 208). Da die letztwillige Verfügung nicht vor dem Erbfalle wirksam wird, können in der Zwischenzeit hinsichtlich des Personenkreises der Bedachten oder hinsichtlich eines vermachten Gegenstandes Änderungen vorkommen. Das Gesetz gibt für einzelne solche Fälle Auslegungsregeln (§§ 2067—2071, 2169 Abs 3, 2172 Abs 2, 2173). In den durch diese Regeln gewiesenen Richtungen ist auch in anderen Fällen sachlicher oder persönlicher Veränderung durch Auslegung zu ermitteln, was nach der Willensrichtung des Erblassers zu der Zeit, als die Verfügung von ihm getroffen wurde, als von ihm gewollt anzusehen ist, sofern er vorausschauend das spätere Ereignis bedacht haben würde (RG 99, 82; 110, 306; Gruch 62, 250; 4. 1. 23 IV 100/22). Unter diesem Gesichtspunkt kann auch der Geldentwertung (§ 242 A 5 d γ Abs 3) durch Auslegung Rechnung getragen werden, insbesondere wenn in einer Teilungsanordnung (§§ 2048, 2049) einem Miterben das Recht eingeräumt ist, einen Nachlaßgegenstand zu einem in Mark bestimmten Preise zu übernehmen (RG 108, 83; JW 1925, 359[12]), oder wenn ein Summen- oder Rentenvermächtnis in Mark ausgesetzt ist (§ 2174 A 3); vgl. auch § 2134 A 3, § 2192 A 2. Beim Vorhandensein mehrerer, nebeneinander geltender Testamente (vgl. § 2258) läßt sich die Frage, ob und welche Rechte bestimmten Personen am Nachlasse zustehen, nur auf Grund sämtlicher Testamente beurteilen, die in ihrer Gesamtheit den letzten Willen enthalten; bei der Ermittlung des letzten Willens ist der Richter in diesem wie in sonstigen Fällen an die Auffassung der einen oder der andern Partei nicht gebunden (RG JW 1916, 405[9]; 8. 3. 20 IV 432/19). Auch die Auslegung durch Testamentsvollstrecker ist für den Richter nicht maßgebend (§ 2065 A 2).

3. Die Auslegungsregeln des BGB gelten, wenn der Erbfall unter seiner Herrschaft eingetreten ist, auch für die Auslegung der **vor 1. 1. 00 errichteten Testamente.** Doch ist auf die dem Erblasser etwa bekannten Auslegungsregeln und die Sprachweise des älteren Rechtes insofern Bedacht zu nehmen, als er sich dem anpassen und den Inhalt jenes Rechtes zum Bestandteil seines Willens machen wollte (RG 59, 83; 79, 33; JRdsch 1927 Nr 482; vgl. für gemeinschaftliche Testamente § 2269 A 3 a. E.). Ist der Erblasser bereits vor 1. 1. 00 verstorben, so bleibt für die Testamentsauslegung ausschließlich das ältere Recht maßgebend (RG 76, 20). Bei Auslegung einer von einem Deutschen **im Ausland errichteten** Verfügung von Todes wegen kommen, obwohl hierfür nach EG Art 24 an sich deutsches Recht gilt, doch die Besonderheiten der ausländischen Sprache und des ausländischen Rechtsgebrauchs in Betracht (RG LZ 1924, 741[9]; 24. 5. 16 IV 38/16).

§ 2085

Die Unwirksamkeit einer von mehreren in einem Testament enthaltenen Verfügungen hat die Unwirksamkeit der übrigen Verfügungen nur zur Folge, wenn anzunehmen ist, daß der Erblasser diese ohne die unwirksame Verfügung nicht getroffen haben würde[1]).

E I 1787 II 1958; M 5 60; P 5 69.

1. Der Grundsatz des § 139, daß teilweise Nichtigkeit in der Regel das ganze Rechtsgeschäft nichtig mache, ist für das Verhältnis der mehreren in einem Testament getroffenen Verfügungen in das Gegenteil verkehrt: grundsätzliche **Selbständigkeit der Einzelverfügungen.** Steht hiernach die Unwirksamkeit der einen Verfügung fest, so ist derjenige, welcher die Unwirksamkeit auch der übrigen Verfügungen behauptet, beweispflichtig dafür, daß sie der Erblasser ohne die unwirksame Verfügung nicht getroffen haben würde (RG 63, 29; 116, 151). Besondere Anwendung des Grundsatzes beim Vermächtnis § 2161, bei der unter einer Auflage gemachten Zuwendung § 2195, bei Zuwendungen an Urkundspersonen § 2235, bei Beurteilung der Tragweite des Widerrufs § 2258. Zuwendung und Auflage sind im Verhältnis zueinander selbständige Verfügungen. Teilweise Unwirksamkeit der Zuwendung hat deshalb nicht notwendig den

Wegfall der damit verknüpften Auflage zur Folge, wenn nicht vom Erblasser die Abhängigkeit der Auflage vom Bestande der Zuwendung gewollt war (RG Gruch 52, 1087). Ein Nachtragstestament kann trotz Nichtigkeit des ersten Testaments bei Kräften bleiben (RG Warn 08 Nr 74). Die **Unwirksamkeit** begreift in sich nicht bloß die Nichtigkeit, z. B. wegen Formmangels (RG 63, 23: von fremder Hand, oder RG Recht 1921 Nr 582: mit der Maschine geschriebene Verfügung in einem sonst eigenhändigen Testament), sondern auch das Hinfälligwerden der Verfügung aus andern Gründen: Ausschlagung, Ausfall der Bedingung usw. (testamentum destitutum). Handelt es sich nicht um mehrere Verfügungen oder Anordnungen, sondern um die mehreren Bestandteile, aus denen sich eine Verfügung zusammensetzt, so ist § 2085 nicht anwendbar, möglicherweise aber § 139. Aus diesem Gesichtspunkt kann unter Umständen ein mehreren Erben auferlegtes Vermächtnis (§ 2148), das einem Teile der Belasteten gegenüber unwirksam ist, den anderen gegenüber teilweise aufrechterhalten werden (RG SeuffA 75 Nr 36). Anderseits hat die vom Erblasser gewollte, aber anders als eigenhändig bewirkte Niederschrift einzelner Worte oder Zahlen in einer in einem Privattestament getroffenen Verfügung regelmäßig die Nichtigkeit dieser Verfügung zur Folge (RG SeuffBl 78, 210). — Wegen der wechselbezüglichen Verfügungen in einem gemeinschaftlichen Testament s. § 2270, wegen der beiderseitigen vertragsmäßigen Verfügungen § 2298.

§ 2086

Ist einer letztwilligen Verfügung der Vorbehalt einer Ergänzung beigefügt, die Ergänzung aber unterblieben, so ist die Verfügung wirksam, sofern nicht anzunehmen ist, daß die Wirksamkeit von der Ergänzung abhängig sein sollte[1]).

E I 1767 II 1859; M 5 31, 32; P 5 21.

1. Während Unvollständigkeit der Einigung im Zweifel das Zustandekommen des Vertrags hindert (§ 154), gilt im Gegenteil die letztwillige Verfügung als jetzt schon wirksam, obgleich der Erblasser durch einen **Vorbehalt** in der Verfügung selbst angedeutet hat, daß sie in der vorliegenden Gestalt seinen endgültigen letzten Willen noch nicht enthalte. Dies gilt auch dann, wenn der Erblasser den Vorbehalt nicht ausdrücklich gemacht, aber in seinem eigenhändigen Testament Raum freigelassen hat, um ergänzende Anordnungen später hineinzuschreiben (RG LZ 1914, 1116[17]). Unter Umständen kann bloßen Unvollständigkeiten der Verfügung durch Auslegung nachgeholfen werden (Offenlassen der Summe bei einem Vermächtnis RG JW 1912, 39[33]). Der Beweis, daß die letztwillige Verfügung als jetzt schon wirksam nicht gewollt sei, liegt demjenigen ob, welcher sich auf die Unwirksamkeit beruft. — Der Vorbehalt von Nachzetteln (Kodizillarklausel) ist für das BGB bedeutungslos, da auch die „Ergänzung" immer an die Formen der letztwilligen Verfügung gebunden ist. Dasselbe gilt von den im Testament in Bezug genommenen Urkunden, soweit sie das Testament ergänzende Willenserklärungen, nicht bloß genauere Bezeichnungen und Erläuterungen des Erklärten enthalten (testamentum mysticum).

Zweiter Titel

Erbeinsetzung

§ 2087

Hat der Erblasser sein Vermögen oder einen Bruchteil seines Vermögens dem Bedachten zugewendet, so ist die Verfügung als Erbeinsetzung anzusehen, auch wenn der Bedachte nicht als Erbe bezeichnet ist[1]).

Sind dem Bedachten nur einzelne Gegenstände zugewendet, so ist im Zweifel nicht anzunehmen, daß er Erbe sein soll, auch wenn er als Erbe bezeichnet ist[2]).

E I 1788 II 1960; M 5 61; P 5 72, 73; 6 347, 348.

1. Es kommt lediglich auf den gemäß § 2084 (s. dort) zu ermittelnden, sachlichen und rechtlichen Inhalt der letztwilligen Verfügung, nicht auf die gesetzestechnische Bezeichnung oder auf sakramentale Worte an (§ 133). Für die **Erbeinsetzung** (§ 1937) ist deshalb entscheidend, ob nach dem Willen des Erblassers sein Vermögen als Ganzes oder nach Bruchteilen des Ganzen auf eine oder mehrere andere Personen übergehen soll (§ 1922). Eine unter der Herrschaft des code civil im Rheinland errichtete Verfügung, daß dem Ehegatten alles, was ihm gesetzlich geschenkt und vermacht werden könne, dem Eigentume wie der Nutznießung

nach geschenkt und vermacht werde, kann danach, bei Eintritt des Erbfalls nach dem 31. 12. 99, im Sinne der Einsetzung des Ehegatten zum Alleinerben ausgelegt werden, wenn sich aus den Umständen (§ 2084 A 2) ergibt, daß der Erblasser dem Gatten alles das hat zuwenden wollen, was er ihm nach dem zur Zeit seines Todes geltenden Rechte nur irgend zuwenden könnte (KG RJA 16, 70 und RheinNotZ 1926, 42; **RG** 23. 9. 20 IV 126/20). Über die im früheren Gebiet des Bayerischen Landrechts in Erbverträgen zwischen gütergemeinschaftlichen Eheleuten häufige Bestimmung, daß der Überlebende den Kindern das Vater- oder Muttergut auszuzeigen habe, vgl. BayObLG 22 A 255; 23 A 17. Bedingte und befristete Erbeinsetzung § 2074. Ob und mit welchem Inhalt eine alternative Erbeinsetzung (die Einsetzung mehrerer Personen in der Weise, daß nur die eine oder die andere Erbe werden soll) wirksam ist, unterliegt freier Auslegung. Die Erbeinsetzung kann als unbedingt gewollt auch in einen Bedingungssatz eingekleidet sein (positus in condicione). Daß sie die ganze Erbschaft vergebe, ist nicht erforderlich (§ 2088).

2. Mit **Zuwendung einzelner Gegenstände** (Sachen oder Rechte § 90) oder mit Zuwendung des **Pflichtteils** (**RG** 61, 15) will der Erblasser, wenn er sich über die rechtliche Bedeutung seiner Verfügung klar ist, nur Forderungen an seinen Nachlaß begründen (§§ 1939, 2174, 2304, 2317). So legt das Gesetz seinen Willen „im Zweifel" sogar dann aus, wenn er sich hierbei der technischen Bezeichnung „Erbe" bedient hat. Es kann sich aber hinter dem ungenauen nur einzelne Gegenstände hervorhebenden Ausdruck auch wahrer Erbeinsetzungswille verbergen. So wenn das ganze Vermögen nur nach besonders wichtigen Vermögensstücken bezeichnet wird (mein Hof, mein Geschäft, meine Wertpapiere, OLG 44, 88) oder wenn das Vermögen nach Gruppen von Gegenständen ganz oder doch vermeintlich ganz aufgeteilt wird (bewegliches, unbewegliches Vermögen), BayObLG 11, 172. Auch die Zuwendung einer Summe kann unter Umständen als Bruchteil der zu einem gewissen Wert veranschlagten Erbschaft gemeint sein. Insoweit ist auch nach BGB Erbeinsetzung ex re certa möglich. Gegebenenfalls sind dann die Bruchteile nach dem Wertsverhältnis der einzelnen Gegenstände zu bestimmen (**RG** Warn 1913 Nr 240; KGJ 52, 65); es kann auch Erbeinsetzung unter gegenseitiger Beschwerung mit Vermächtnissen oder Teilungsanordnungen gewollt sein. Hat der Erblasser den Erbteil eines Miterben im Wege der Teilungsanordnung auf eine bestimmte Summe beschränkt, soll dieser Miterbe also durch Zahlung der Summe abgefunden werden, so ist die Fälligkeit dieser Abfindung regelmäßig nicht von der Durchführung der Auseinandersetzung abhängig (**RG** 24. 10. 21 IV 147/21 und SeuffA 77 Nr 149). Zuwendung einer dem Erblasser selbst angefallenen Erbschaft oder des Bruchteils einer solchen Erbschaft oder des Anteils an einer fortgesetzten Gütergemeinschaft ist regelmäßig Vermächtnis (**RG** Warn 1917 Nr 122); Erbeinsetzung kann aber z. B. dann gewollt sein, wenn der Erblasser außer dem Gegenstande der Zuwendung kein weiteres Vermögen hinterläßt oder diesen Gegenstand doch bei Errichtung des Testaments im wesentlichen als seinen voraussichtlichen ganzen Nachlaß betrachtet hat (**RG** 1. 7. 20 IV 82/20; BayObLG 19 A 146). Auch die Zuwendung eines Bruchteils vom Reinertrage des Nachlasses stellt sich als ein Vermächtnis dar (legatum partitionis). Dagegen ist es Nacherbfolge, wenn dem Erben auferlegt ist, die ganze Erbschaft an einen Dritten herauszugeben, § 2103.

§ 2088

Hat der Erblasser nur einen Erben eingesetzt und die Einsetzung auf einen Bruchteil der Erbschaft beschränkt, so tritt in Ansehung des übrigen Teiles die gesetzliche Erbfolge ein.

Das gleiche gilt, wenn der Erblasser mehrere Erben unter Beschränkung eines jeden auf einen Bruchteil eingesetzt hat und die Bruchteile das Ganze nicht erschöpfen[1]).

E I 1790 II 1961; M 5 63, 64; P 5 73, 74.

1. Das BGB lehnt hiermit den Satz ab: nemo pro parte testatus pro parte intestatus decedere potest. Vorausgesetzt ist, daß der oder die mehreren eingesetzten Erben auf — für jeden besonders oder gemeinschaftlich — ausgeworfene **Bruchteile beschränkt** sind, die den Nachlaß nicht erschöpfen und nach der Ansicht des Erblassers nicht erschöpfen sollten. Sonst schlägt § 2089 ein. Gehört der eingesetzte zugleich zu den gesetzlichen Erben, so ist es Auslegungsfrage, ob und wieweit er in letzterer Eigenschaft nochmals zur Erbfolge gelangen soll.

§ 2089

Sollen die eingesetzten Erben nach dem Willen des Erblassers die alleinigen Erben sein, so tritt, wenn jeder von ihnen auf einen Bruchteil der Erb-

schaft eingesetzt ist und die Bruchteile das Ganze nicht erschöpfen, eine verhältnismäßige Erhöhung der Bruchteile ein[1]).

E I 1794 II 1964; M 5 65, 66; P 5 74.

1. Die Berufenen sind die **alleinigen Erben,** wenn sie nach dem Willen des Erblassers nicht, wie im Falle des § 2088 auf Bruchteile beschränkt sind. Das **Verhältnis** der bestimmten Bruchteile zueinander, nicht Kopfteile sind maßgebend. Es sind eingesetzt A zu $^1/_3$, B zu $^1/_4$, C zu $^1/_8$ oder auf den gemeinschaftlichen niedrigsten Nenner gebracht A zu $^8/_{24}$, B zu $^6/_{24}$, C zu $^3/_{24}$. Sie erben (8+6+3=17) je $^8/_{17}$, $^6/_{17}$ und $^3/_{17}$. Ebenso beim Vermächtnis § 2157. Gemeinschaftlicher Erbteil § 2093.

§ 2090

Ist jeder der eingesetzten Erben auf einen Bruchteil der Erbschaft eingesetzt und übersteigen die Bruchteile das Ganze, so tritt eine verhältnismäßige Minderung der Bruchteile ein[1]).

E I 1793 II 1963; M 5 65; P 5 74.

1. Es sind A zu $^1/_2$, B zu $^1/_3$, C zu $^1/_4$ eingesetzt oder auf den gemeinschaftlichen niedrigsten Nenner gebracht A zu $^6/_{12}$, B zu $^4/_{12}$, C zu $^3/_{12}$. Sie erben (6 + 4 + 3 = 13) je $^6/_{13}$, $^4/_{13}$ und $^3/_{13}$. Ebenso beim Vermächtnis § 2157. Gemeinschaftlicher Erbteil § 2093. S. auch § 2092 Abs 2. Daß die Auslegung zu einem andern Ergebnis führt, ist nicht ausgeschlossen. Wird der Nachlaß nach und nach in aufeinander folgenden Testamenten vergeben, so kommt auch § 2258 in Betracht.

§ 2091

Sind mehrere Erben eingesetzt, ohne daß die Erbteile bestimmt sind, so sind sie zu gleichen Teilen eingesetzt, soweit sich nicht aus den §§ 2066 bis 2069 ein anderes ergibt[1]).

E I 1792 II 1962; M 5 64, 65; P 5 74.

1. Sind die **Erbteile unbestimmt** gelassen und kann durch Auslegung ein anderer Wille des Erblassers nicht ermittelt werden (so insbesondere aus der Gruppierung der Erben nach Stämmen, **RG** Warn 1918 Nr 123, „Frau und Kinder" oder anderen auf das gesetzliche Erbrecht deutenden Bezeichnungen), so ergänzt ihn das Gesetz dahin, daß Teilung nach *Köpfen* gewollt sei (so insbesondere, wenn die Erben hintereinander namentlich aufgeführt sind). Hat der Erblasser mehrere Erben ohne Angabe von Bruchteilen eingesetzt, aber den Nachlaß erschöpfend unter sie verteilt, so ist § 2091 unanwendbar; die Erbteile bestimmen sich vielmehr nach dem Verhältnisse der Werte der den einzelnen Erben zugewiesenen Vermögensstücke zum Werte des Gesamtnachlasses (KGJ 52, 65; § 2087 A 2). Es behandeln § 2066: Einsetzung der „gesetzlichen Erben", § 2067: der „Verwandten", § 2068: der „Kinder", § 2069: der „eigenen Abkömmlinge". Für Einsetzung der Enkel stellt das BGB keine Regel auf. Ebenso beim Vermächtnis § 2157. Gemeinschaftlicher Erbteil § 2093. Unbestimmtheit infolge eines nicht ergänzten Vorbehalts § 2086.

§ 2092

Sind von mehreren Erben die einen auf Bruchteile, die anderen ohne Bruchteile eingesetzt, so erhalten die letzteren den freigebliebenen Teil der Erbschaft[1]).

Erschöpfen die bestimmten Bruchteile die Erbschaft, so tritt eine verhältnismäßige Minderung der Bruchteile in der Weise ein, daß jeder der ohne Bruchteile eingesetzten Erben so viel erhält wie der mit dem geringsten Bruchteile bedachte Erbe[2]).

E I 1795 II 1965; M 5 66—68; P 5 74, 75.

1. Eingesetzt sind A zu $^1/_3$, B zu $^1/_4$, C und D ohne Bruchteile. Es erhalten C und D die freigebliebenen $^5/_{12}$, und zwar gemäß § 2091 zu gleichen Teilen, somit jeder $^5/_{24}$ der Erbschaft.

2. Eingesetzt sind A zu $^3/_4$, B zu $^1/_3$, C und D ohne Bruchteile. Es erhalten zunächst C und D jeder soviel wie B, also je $^1/_3$. Gemäß § 2090 sind sodann die auf $^3/_4$, $^1/_3$, $^1/_3$ und $^1/_3$ anzunehmenden Erbteile in $^9/_{12}$, $^4/_{12}$, $^4/_{12}$, $^4/_{12}$ oder $^9/_{21}$, $^4/_{21}$, $^4/_{21}$, $^4/_{21}$ = $^{21}/_{21}$ umzuwandeln. Sind die Erben ausdrücklich auf den nach Abzug der bestimmten Bruchteile verbleibenden Überrest eingesetzt, so ist die Erbeinsetzung im Falle des Abs 2 widersinnig und könnte nur

gehalten werden, wenn damit Ersatz- oder Nacherbenberufung gewollt ist. Ebenso beim Vermächtnis § 2157. Das Vorausvermächtnis gilt für den damit bedachten Erben als reines Vermächtnis (§ 2150) und erleidet deshalb keine Minderung. Gemeinschaftlicher Erbteil § 2093.

§ 2093

Sind einige von mehreren Erben auf einen und denselben Bruchteil der Erbschaft eingesetzt (gemeinschaftlicher Erbteil)[1]), so finden in Ansehung des gemeinschaftlichen Erbteils die Vorschriften der §§ 2089 bis 2092 entsprechende Anwendung[2]).

E I 1796 II 1966; M 5 68, 69; P 5 75.

1. Der **gemeinschaftliche Erbteil,** dessen Begriffsbestimmung hier gegeben wird, begründet nach dem mutmaßlichen Willen des Erblassers eine besondere Gemeinschaft der darauf berufenen Erbengruppen oder Untergruppen, die vermöge des Anwachsungsrechts (§§ 2094, 2095) und der Bevorzugung in der Ersatzerbfolge (§ 2098 Abs 2) auch beim Wegfall einzelner daran beteiligter Erben aufrechterhalten bleibt. Ob der Erblasser die mehreren Erben auf einen und denselben Erbteil berufen wollte, ist durch freie Auslegung zu ermitteln. Die bloße Zusammenfassung mehrerer in einem Satze (A, B und C sollen 1/6 erben) oder unter einer Gesamtbezeichnung (meine Brüder sollen die Hälfte erben) wird in der Regel nicht genügen (verbis conjuncti). Eher wird die Zusammenfassung verschiedener Erbengruppen unter gemeinsamen laufenden Ziffern einen Anhalt bieten. Dagegen wird gemeinschaftlicher Erbteil anzunehmen sein, wenn mehrere als wahre Erben (§ 2087 A 2) auf denselben Gegenstand (A und B auf das Gut, C und D auf das Kapitalvermögen) berufen sind (re et verbis conjuncti). Gemeinschaftlichkeit des Erbteils kann auch beabsichtigt sein, wenn der Erblasser daneben noch die auf die einzelnen entfallenden Unterbruchteile bestimmt hat (A, B und C sollen zusammen ein Drittel, und zwar A 2/9, B und C je 1/18 erben).

2. Die **Unterbruchteile** der mehreren auf denselben Bruchteil eingesetzten Erben sind, wenn der Erblasser nicht anders verfügt hat, oder wenn nicht §§ 2066—2069 eingreifen, unter sich gleich (§ 2091). In den besonderen Fällen der §§ 2089, 2090, 2092 bestimmen sie sich nach den dort gegebenen Vorschriften. — Gemeinschaftliches Vermächtnis § 2157.

§ 2094

Sind mehrere Erben in der Weise eingesetzt, daß sie die gesetzliche Erbfolge ausschließen, und fällt einer der Erben vor oder nach dem Eintritte des Erbfalls weg[1]), so wächst dessen Erbteil den übrigen Erben nach dem Verhältnis ihrer Erbteile an[2]). Sind einige der Erben auf einen gemeinschaftlichen Erbteil eingesetzt, so tritt die Anwachsung zunächst unter ihnen ein[3]).

Ist durch die Erbeinsetzung nur über einen Teil der Erbschaft verfügt und findet in Ansehung des übrigen Teiles die gesetzliche Erbfolge statt, so tritt die Anwachsung unter den eingesetzten Erben nur ein, soweit sie auf einen gemeinschaftlichen Erbteil eingesetzt sind[4]).

Der Erblasser kann die Anwachsung ausschließen[5]).

E I 1797, 1798 Abs 1 II 1967; M 5 69—72; P 5 75, 76.

1. Das BGB spricht von **Anwachsung** im technischen Sinne nur bei der gewillkürten Erbfolge, wendet aber den Grundsatz des § 2094 auch auf den Fall der Erhöhung des Erbteils bei der gesetzlichen Erbfolge an (§ 1935). Voraussetzung ist, daß die **gesetzliche Erbfolge ausgeschlossen** ist (§ 1938), sei es, daß der Erblasser die Erbschaft ganz vergeben oder bei nicht erschöpfender Vergebung doch so viel zu erkennen gegeben hat, daß die eingesetzten seine alleinigen Erben sein sollten (§ 2089). Ferner daß **einer der eingesetzten Erben** vor dem Erbfall (durch Tod § 1923, auch Totgeburt eines erwarteten Kindes **RG** Warn 1914 Nr 125, Erbverzicht § 2352) oder nach dem Erbfall (durch Ausschlagung § 1953, Erbunwürdigkeitserklärung § 2344, Nichterleben der aufschiebenden Bedingung § 2074 oder Nichterteilnng der nach Art 86, 87 EG erforderlichen staatlichen Genehmigung, **RG** 95, 98f.) **weggefallen** ist. Wegfall durch Eintritt der auflösenden Bedingung s. § 2104 A 1. Auch Wegfall infolge durchgeführter Anfechtung §§ 2078ff. gehört hierher (**RG** a. a. O.), während eine von vornherein, z. B. nach § 2235 Abs 2, nichtige Erbeinsetzung (gegen OLG 43, 394) als nicht geschrieben zu behandeln ist. Ist dieser Wegfall vom Erblasser nicht bereits vorgesehen, so ergänzt das Gesetz seinen mutmaßlichen Willen dahin, daß auch

in den Erbteil des Weggefallenen die gesetzliche Erbfolge ausgeschlossen, dieser freigewordene Erbteil vielmehr den übrigen eingesetzten Erben zugewendet sein solle. Der in dieser Weise anwachsende Erbteil gilt nach § 1953 Abs 2 als bereits mit dem Erbfall angefallen und geht, wenn einer der eingesetzten Erben nach dem Erblasser verstirbt, zusammen mit dem ursprünglichen Erbteil auf dessen Erben über (§ 1952). Beide Erbteile, der ursprüngliche und der angewachsene bilden, abgesehen von den Sondervorschriften der §§ 2007, 2095, zusammen einen einheitlichen Erbteil: portio portioni accrescit. Die Annahme oder Ausschlagung des ursprünglichen ergreift mit Notwendigkeit auch den erst später anwachsenden Erbteil (§ 1951 Abs 2).

2. **Verhältnis der Erbteile.** Es sind eingesetzt A zu $^1/_2$, B zu $^1/_3$, C zu $^1/_6$. A fällt weg. Von seinem Erbteil ($^1/_2$) wachsen an $^2/_3$ (oder $^1/_3$ der ganzen Erbschaft) dem B, $^1/_3$ (oder $^1/_6$ der ganzen Erbschaft) dem C. Es erben somit B $^1/_3 + ^1/_3 = ^2/_3$, C $^1/_6 + ^1/_6 = ^1/_3$ der Erbschaft. B und C teilen mithin die Erbschaft, wie wenn A überhaupt nicht bedacht wäre (§ 2089).

3. **Gemeinschaftlicher Erbteil** § 2093. Es sind eingesetzt A zu $^1/_3$, B zu $^1/_4$, C und D gemeinschaftlich auf $^5/_{12}$. Es fallen weg erst D, sodann C. Der Anteil des D ($^5/_{24}$) wächst zunächst an dem C, dessen Erbteil sich hierdurch auf $^5/_{12}$ der Erbschaft erhöht. Diese $^5/_{12}$ wachsen demnächst mit $^5/_{12} \times ^4/_7 = ^5/_{21}$ dem A, mit $^5/_{12} \times ^3/_7 = ^5/_{28}$ dem B an. Es erben somit A $^1/_3 + ^5/_{21} = ^4/_7$, B $^1/_4 + ^5/_{28} = ^3/_7$ der Erbschaft.

4. Im Falle des Abs 2 (§ 2088 Abs 2) **Zusammentreffen der gewillkürten und der gesetzlichen Erbfolge** gilt die Anwachsung in der Regel nicht als gewollt. Der durch Wegfall eines eingesetzten Erben frei werdende Erbteil vererbt sich weiter nach der gesetzlichen Erbfolge. Nur innerhalb der auf einen gemeinschaftlichen Erbteil (§ 2093) berufenen Erbengruppe findet Anwachsung statt. Ob und inwieweit schon in der Beschränkung der eingesetzten Erben auf einen Teil der Erbschaft die Berufung dieser Erben auf einen gemeinschaftlichen Erbteil zu finden sei, ist Auslegungsfrage.

5. Der Erblasser kann die **Anwachsung ausschließen** nur durch letztwillige Verfügung, es muß aber nicht mit ausdrücklichen Worten geschehen (**RG** Warn 1914 Nr 125). Sie ist immer ausgeschlossen im Falle der Berufung von Ersatzerben (§ 2099), zu denen nach § 2069 A 2 auch die nachrückenden Abkömmlinge gehören, oder eines Nacherben (§ 2102) Die Anwachsung kann auch nur bezüglich eines einzelnen Miterben ausgeschlossen sein. Sei es, daß er ausdrücklich auf den ihm zugewendeten Erbteil beschränkt oder, was dem regelmäßig gleichzustellen sein wird, nur auf den Pflichtteil eingesetzt ist (§ 2304). Oder daß sein Erbteil ausdrücklich von der Anwachsung ausgenommen und damit für den Fall des Freiwerdens den gesetzlichen Erben zugewendet ist. — Der anwachsende Erbteil ist auch Bestandteil der Nacherbschaft (§ 2110), gilt aber beim Erbschaftskauf im Zweifel als nicht mit veräußert (§ 2373). Anwachsung bei Vermächtnissen §§ 2158, 2159, beim Erbvertrag § 2279 A 1.

§ 2095

Der durch Anwachsung einem Erben anfallende Erbteil gilt in Ansehung der Vermächtnisse und Auflagen, mit denen dieser Erbe oder der wegfallende Erbe beschwert ist¹), sowie in Ansehung der Ausgleichungspflicht²) als besonderer Erbteil³).

E I 1799 II 1968; M 5 73, 74; P 5 76; 6 90.

1. Wörtlich übereinstimmend mit § 1935 (Erhöhung des gesetzlichen Erbteils). Der Grundsatz der Einheitlichkeit beider Erbteile (§ 2094 A 1) ist insofern streng durchgeführt, als die Annahme oder Ausschlagung des einen stets auch den andern Erbteil ergreift und als der Erbe für die Nachlaßverbindlichkeiten im allgemeinen unterschiedslos mit beiden Erbteilen haftet (§ 1935 A 4). Es würde aber zu unbilliger Beschwerung des Erben führen, wenn er genötigt wäre, zur Tilgung der nur auf dem einen Erbteil ruhenden, diesen überschwerenden Verbindlichkeiten auch den andern freien Erbteil mit zu verwenden. Dies verhütet § 2095, wiewohl **nur in Beziehung auf Vermächtnisse und Auflagen,** die nach §§ 2161, 2192 auch bei Wegfall des damit zunächst Beschwerten wirksam bleiben. Voraussetzung ist nach § 2007 ferner, daß die mehreren Erbteile verschieden beschwert sind (Sonderfall bei Planck A 1). Die besonderen Haftungsgrundsätze bei Vermächtnissen und Auflagen s. § 1992. Die Vorschrift ist namentlich dann von Bedeutung, wenn der Erbe mit beiden Erbteilen nur beschränkt oder mit dem einen beschränkt, mit dem andern unbeschränkt haftet. Aber auch der schlechthin unbeschränkt haftende Erbe kann in den Fällen des § 2060 vermöge des beneficium divisionis wenigstens so viel erreichen, daß sich nach der Teilung seine Leistungspflicht bezüglich der auf dem ursprünglichen und dem anwachsenden Erbteil ruhenden Vermächtnisse und Auflagen nur auf einen nach der Quote eines jeden dieser Erbteile zu bemessenden Betrag

beschränkt. Nur in Höhe dieser Quote haftet er sodann unbeschränkt auch mit dem eigenen Vermögen (§ 2060 A 1).

2. Das Anwachsungsrecht gilt nur für die gewillkürte, die **Ausgleichungspflicht** nur für die gesetzliche Erbfolge. Es kann sich deshalb hier nur um die letztwillige Berufung von Abkömmlingen nach § 2052 handeln. Daß zugleich mit dem Erbteile des Wegfallenden auch seine Ausgleichungspflicht dem andern Erben anwächst, ergibt § 2051. Aus § 2056 folgt, daß ungeachtet der Vereinigung beider Erbteile in einer Hand bei der Auseinandersetzung sowohl der mit der Ausgleichungspflicht überschwerte (ursprüngliche oder anwachsende) Erbteil, wie auch die darauf lastenden Vorempfängnisse ganz außer Betracht zu bleiben haben.

3. Der Erblasser kann **abweichende Anordnungen** treffen. Er kann zugunsten von Vermächtnissen und Auflagen bestimmen, daß sie nicht bloß von dem ursprünglichen, sondern auch von dem durch etwaige Anwachsung vergrößerten Erbteile zu tragen seien. Ebenso bezüglich der Ausgleichungspflicht. Der Erbe darf jedoch hierdurch nicht im Pflichtteil verkürzt werden (§§ 2306 Abs 1, 2318, 2316) und kann selbstverständlich die Beschränkung seiner Haftung dagegen geltend machen (§ 2007). — Gleiche Grundsätze beim Vermächtnis § 2159. Entsprechende Anwendbarkeit beim Verkauf unter Miterben § 2034 Abs 1.

§ 2096

Der Erblasser kann für den Fall, daß ein Erbe vor oder nach dem Eintritte des Erbfalls wegfällt, einen anderen als Erben einsetzen (Ersatzerbe)[1]**.**

E I 1800 II 1969; M 5 74, 75, 77—79; P 5 76.

1. Die Einsetzung eines **Ersatzerben** ist an sich Erbeinsetzung unter der aufschiebenden Bedingung des Wegfalls des zunächst Berufenen (§ 2094 A 1), würde also nach § 2074 an sich voraussetzen, daß der Ersatzerbe den Wegfall erlebt. Allein um eine eigentliche, d. h. um eine willkürlich und rechtsgeschäftlich vom Erblasser gesetzte Bedingung handelt es sich bei der Berufung eines Ersatzerben überhaupt nicht (vgl. § 2074 A 2). Da überdies die Wirkung des Anfalls auf die Zeit des Erbfalls zurückbezogen wird (s. unten), so genügt, daß der Ersatzerbe den Erbfall wenigstens als Erzeugter erlebt hat (§ 1923). Stirbt er erst nach dem Erbfall, aber vor Wegfall des zunächst Berufenen, so geht das Ersatzerbrecht auf die Erben des Ersatzerben über (§ 1952), wenn nicht ein gegenteiliger Wille des Erblassers anzunehmen ist. Dagegen ist kein Raum für die Ersatzerbfolge, wenn der zunächst Berufene nach dem Erblasser, aber vor Ablauf der Ausschlagungsfrist verstirbt. Die Erbschaft (das Ausschlagungsrecht) geht dann auf die Erben des zunächst Berufenen über, § 1952. Erst wenn diese ausschlagen, tritt die Ersatzberufung in Kraft. Kraft gesetzlicher Vermutung gelten die Abkömmlinge eines vom Erblasser eingesetzten eigenen Abkömmlings, falls dieser nach der Testamentserrichtung wegfällt, stets als Ersatzerben berufen, § 2069. Ebenso gilt der Nacherbe zugleich zum Ersatzerben für den Vorerben berufen, § 2102. Der Erblasser kann mehrere Ersatzerben neben- oder hintereinander berufen. Der an zweiter oder späterer Stelle berufene Ersatzerbe rückt auch dann ein, wenn seine nächsten Vordermänner schon vor dem zuerst Berufenen weggefallen waren (substitutus substituto est substitutus instituto). Der Ersatzerbe kann Fremder oder Miterbe, er kann auf den ganzen Nachlaß oder einen Nachlaßanteil, an Stelle eines gewillkürten oder eines gesetzlichen Erben (§ 2051 Abs 2) berufen sein. Es kann unter Umständen auch nur gewollt sein, daß der Substitut an Stelle eines Pflichtteilsberechtigten in den diesem zugewendeten Pflichtteil einrücken solle (RG 2. 7. 06 IV 40/06). Die Erbschaft fällt ihm an mit dem Wegfall des Erben, jedoch nicht vor Eintritt des Erbfalls. Fällt der Erbe erst später weg, sei es infolge Ausschlagung § 1953, Erbunwürdigkeitserklärung § 2344, Todes vor Eintritt der mit der Wirkung der Unvererblichkeit des Erbrechts gesetzten Bedingung § 2074, erfolgreicher Anfechtung der Erbeinsetzung § 2078 A 2 oder Nichterteilung der nach Artt 86, 87 EG erforderlichen staatlichen Genehmigung, so wird doch der Verlust des Erbrechts auf den Zeitpunkt des Erbfalls zurückbezogen; es wird in allen diesen Fällen so angesehen, als ob der zunächst Berufene bereits vor dem Erbfalle gestorben wäre (RG 95, 98). Die Ersatzberufung kann auch auf den Fall beschränkt sein, daß der zunächst Berufene nur aus einem bestimmten Grunde wegfällt. Dann kann es sich um eine echte Bedingung mit der Wirkung aus § 2074 handeln. Die dem zunächst Berufenen auferlegten Beschwerungen gehen auf den Ersatzerben über (§§ 2161, 2192). Ebenso die Ausgleichungspflicht (§ 2051 Abs 2). Auch an Teilungsanordnungen (§ 2048) ist er gebunden. Ob seine Berufung von derselben Bedingung abhängig sein soll, die dem zunächst Berufenen gesetzt war, ist Auslegungsfrage. Das Vorausvermächtnis (§ 2150) fällt dem Ersatzerben an, wenn es vom zunächst Bedachten nicht schon erworben war und nach § 2190 als dem Ersatzerben zugewendet anzusehen ist (s. auch §§ 2110 Abs 2, 2373). Auf den Voraus des überlebenden Ehegatten (§ 1932) hat der an seiner Statt berufene Erbe mangels des hierfür

vorausgesetzten persönlichen Verhältnisses zum Erblasser im Zweifel keinen Anspruch. — Ersatznacherbe § 2108 A 3, Ersatzerbe beim Erbvertrag § 2279. Ersatzvermächtnis § 2190. Über das Verhältnis des § 2096 zu § 2108 Abs 2 s. § 2108 A 2.

§ 2097

Ist jemand für den Fall, daß der zunächst berufene Erbe nicht Erbe sein kann, oder für den Fall, daß er nicht Erbe sein will, als Ersatzerbe eingesetzt, so ist im Zweifel anzunehmen, daß er für beide Fälle eingesetzt ist[1]).

E I 1801 II 1970; M 5 75; P 5 76.

1. Auslegungsregel. Ebenso beim Ersatzvermächtnis § 2190.

§ 2098

Sind die Erben gegenseitig oder sind für einen von ihnen die übrigen als Ersatzerben eingesetzt, so ist im Zweifel anzunehmen, daß sie nach dem Verhältnis ihrer Erbteile als Ersatzerben eingesetzt sind[1]).

Sind die Erben gegenseitig als Ersatzerben eingesetzt, so gehen Erben, die auf einen gemeinschaftlichen Erbteil eingesetzt sind, im Zweifel als Ersatzerben für diesen Erbteil den anderen vor[2]).

E I 1803 II 1971; M 5 76, 77; P 5 77.

1. **Erben als Ersatzerben.** A, B, C sind zu $^1/_2$, $^1/_3$ und $^1/_6$ eingesetzt und gegenseitig, oder es sind B und C für A als Ersatzerben berufen. A fällt weg. B und C rücken (wie im Falle der Anwachsung § 2094) in die Hälfte des A nach Verhältnis ihrer eigenen Erbteile (2 : 1) ein. Sie erben deshalb B $^1/_3$ + ($^2/_3$ von $^1/_2$ =) $^1/_3$ = $^2/_3$, C $^1/_6$ + ($^1/_3$ von $^1/_2$ =) $^1/_6$ = $^1/_3$ der Erbschaft. Sind nur einige der übrigen Miterben für einen oder mehrere Miterben als Ersatzerben eingesetzt (A und B für C und D), so rücken A und B gemäß § 2091 zu gleichen Teilen in die freiwerdenden Erbteile des C oder D ein. Das Gesetz gibt nur eine Auslegungsregel (im Zweifel). Wären z. B. für A seine Miterben B und C sowie der Fremde X berufen, so käme in Frage, ob alle drei nach Kopfteilen, oder ob A und B nach Verhältnis ihrer Erbteile in den einen, X in den andern Kopfteil einrücken sollen.

2. **Gemeinschaftlicher Erbteil** § 2093. A ist zu $^1/_2$, B, C und D sind zusammen auf $^1/_2$, alle vier sind gegenseitig als Ersatzerben eingesetzt. B fällt weg. Dann rücken (wie im Falle der Anwachsung § 2094) nur C und D in den freiwerdenden Erbteil des B ein. A ist nicht beteiligt. Seine Ersatzberufung wird erst wirksam, wenn auch C und D weggefallen sind. — Den Erbteil anzunehmen, den Ersatzerbteil aber auszuschlagen oder umgekehrt ist nur gestattet, wenn beide Berufungen auf verschiedenen Gründen (z. B. Testament und Erbvertrag) beruhen oder wenn der Erblasser eine verschiedenartige Erklärung zugelassen hat (§ 1951 Abs 1, 2 u. 3). Abweichend vom Anwachsungsrecht (§ 2095) gilt der Ersatzerbteil in allen Stücken, nicht bloß bezüglich der Vermächtnisse, Auflagen und der Ausgleichungspflicht als besonderer Erbteil (§ 2007). Ersatzvermächtnis § 2190.

§ 2099

Das Recht des Ersatzerben geht dem Anwachsungsrechte vor[1]).

E I 1798 Abs 2 II 1972; M 5 73; P 5 76.

1. **Ersatzerbe** § 2096, **Anwachsungsrecht** § 2094. Die Einsetzung eines Ersatzerben bedeutet deshalb immer Ausschließung der Anwachsung (§ 2094 Abs 3). Ob der für mehrere Erben berufene Ersatzerbe bei Wegfall schon eines oder erst aller Miterben einrücken soll, ist Auslegungsfrage. Ersatzvermächtnis § 2190.

Dritter Titel

Einsetzung eines Nacherben

Dem BGB ist der Satz: semel heres, semper heres unbekannt. Es läßt deshalb geschehen, daß mehrere Personen, Vorerbe und Nacherbe, hintereinander Erben einer und derselben Erbschaft werden, §§ 2100, 2139. Diese Gestaltung der Erbfolge kann nur durch den Willen des

Erblassers geschaffen werden, die §§ 2101—2107, 2110 helfen, soweit dieser Wille unvollkommen ausgedrückt ist, mit ergänzenden und auslegenden Bestimmungen nach. Das Gesetz zieht aber der Wirksamkeit der Nacherbeinsetzung zugleich gewisse zeitliche Grenzen (§ 2109). Dem Nacherben wird schon mit dem Erbfalle eine Anwartschaft auf die Nacherbfolge eröffnet, die ein Vermögensrecht darstellt und regelmäßig veräußerlich und vererblich ist (§ 2108). In die wirkliche Erbenstellung rückt er dagegen erst mit „Eintritt des Falles der Nacherbfolge" ein (§ 2139). Bis dahin ist der Vorerbe Herr der Erbschaft, diesem steht daher grundsätzlich die freie Verfügung über die Erbschaftsgegenstände zu (§ 2112). Seine Verfügungsmacht ist aber mit Rücksicht auf das Recht des Nacherben in wichtigen Beziehungen eingeschränkt, §§ 2113—2115. Aus demselben Grunde sind ihm eine Reihe von Einzelpflichten auferlegt, die in der Verpflichtung zur ordnungsmäßigen Verwaltung des Nachlasses gipfeln (§ 2130). Dem Nacherben sind schon vor Eintritt seiner Erbfolge gewisse Kontrollrechte eingeräumt, so insbesondere in den §§ 2121—2123, 2127—2130, anderseits ist er nach § 2120 auch zur Einwilligung in notwendig werdende Verfügungen des Vorerben verpflichtet. Das Gesetz kennt eine befreite Vorerbschaft und die Einsetzung des Nacherben auf den Überrest (§§ 2136—2138).

§ 2100

[1]) Der Erblasser kann einen Erben in der Weise einsetzen, daß dieser erst Erbe wird, nachdem zunächst ein anderer Erbe geworden ist (Nacherbe)[2]).

E I 1804 Satz 1 II 1973; M 5 81—83; P 5 78.

1. **Vorerbe und Nacherbe** sind in zeitlicher Aufeinanderfolge wahre Erben, Gesamtrechtsnachfolger (§ 1922) einer und derselben Erbschaft. Der Nacherbe ist nicht etwa Erbe des Vorerben. Die Erteilung einer Vollmacht durch den Vorerben ist deshalb unwirksam, wenn sie erst nach Eintritt der Nacherbfolge zur Geltung kommen soll (KGJ 50, 159). Vorerbe und Nacherbe haften für die Nachlaßverbindlichkeiten (§§ 2144, 2145). Der Vorerbe ist nicht bloß Nutzungsberechtigter am Nachlaß (§§ 2111 A 3, 2133), wie beim Nießbrauch an der Erbschaft (§ 1089). Er hat vielmehr das Verfügungsrecht über die Erbschaftsgegenstände (§§ 2112, 2129, 2140), soweit er darin nicht zugunsten des Nacherben dinglich (§§ 2113ff.) oder schuldrechtlich (§§ 2116ff.) beschränkt ist. Ist er Miterbe, so steht ihm die Verfügung über seinen Anteil an der Vorerbschaft zu und auch die Pfändung dieses Anteils ist zulässig (§ 2033 A 3), wiewohl unvorgreiflich dem Rechte des Nacherben (§ 2115, ZPO § 773). Der pfändende Gläubiger bleibt deshalb praktisch auf die Nutzungen des Erbteils oder, wenn der Vorerbe Alleinerbe ist, des gepfändeten Erbschaftsgegenstandes beschränkt (ZPO §§ 857 Abs 4, 863; über die str. Anwendbarkeit von § 850 Abs 1 Nr 3 vgl. JW 1919, 119[5] mit A). Der Nacherbe wird erst Erbe mit Eintritt des „Falles der Nacherbfolge" (§ 2139); stirbt der Vorerbe vor dem Nacherbfall, so geht sein Recht auf seinen Erben über, bleibt diesem aber nur bis zum Eintritt des Nacherbfalls (RG 24. 11. 27 IV 211/27). In der Zwischenzeit steht dem Nacherben aber bereits eine Anwartschaft auf die Erbschaft, ein „Recht" zu, das auch schon vor dem Eintritt der Nacherbfolge gewisse Wirkungen äußert (RG 65, 145), auf seine Erben übergeht und Gegenstand rechtsgeschäftlicher Verfügungen und der Pfändung sein kann (§ 2108 A 2).

2. Die **Einsetzung des Nacherben** kann, wie die Einsetzung jedes Erben, nur durch Verfügung von Todes wegen erfolgen (§§ 1937, 1941). Bleibt danach unklar, ob es sich um Vor- und Nacherbschaft, oder um Zuwendung des bloßen Nießbrauchs am Erbteil, z. B. der eingesetzten Kinder handelt, so ist entscheidend, ob der in der Form des Nießbrauchs Bedachte, wenn auch unter weitgehenden Verfügungsbeschränkungen, nicht dennoch Herr des Nachlasses und ein anderer erst nach ihm Erbe sein soll (RG JW 1911, 283[15]; 1918, 434[3] mit A; Warn 1927 Nr 57; Dresden JFG 3, 156). Über Auslegungszweifel beim gemeinschaftlichen Testament vgl. § 2269 A 2. Auch im Falle des § 2104 wird die Einsetzung der gesetzlichen Erben vom Gesetze wenigstens fingiert. Der Nacherbe kann auf das Ganze oder nur auf einen Bruchteil der Erbschaft berufen sein (§ 2087). Mehrere Erben können, wiewohl mit der zeitlichen Grenze des § 2109, als sich nacheinander folgend bestimmt werden. Der erste Nacherbe steht dann nach Eintritt des ersten Falles der Nacherbfolge dem folgenden Nacherben wieder als Vorerbe gegenüber usw. Ersatznacherbe § 2096. Auslegungsfrage ist, ob in dem an den Erben gerichteten Verbote, letztwillig zu verfügen, eine Nacherbeneinsetzung seiner gesetzlichen Erben enthalten ist (§ 2103 A 1). Die Auferlegung der Verpflichtung, einen Bruchteil der reinen Erbschaft herauszugeben, ist regelmäßig nicht als Anordnung einer Nacherbschaft, sondern eines Vermächtnisses zu verstehen (§ 2087 A 2). Kommt es nicht zur Erbfolge des Vorerben, weil er vor dem Erblasser verstorben ist, oder weil das sein Erbrecht beendigende Ereignis schon vor dem Erbfall eintrat, so kommt es auch nicht zur Nacherbfolge. Wohl aber wird der Nacherbe dann regelmäßig als Ersatzerbe eintreten (§ 2102).

§ 2101

Ist eine zur Zeit des Erbfalls noch nicht erzeugte Person als Erbe eingesetzt, so ist im Zweifel anzunehmen, daß sie als Nacherbe eingesetzt ist. Entspricht es nicht dem Willen des Erblassers, daß der Eingesetzte Nacherbe werden soll, so ist die Einsetzung unwirksam[1]).

Das gleiche gilt von der Einsetzung einer juristischen Person, die erst nach dem Erbfalle zur Entstehung gelangt; die Vorschrift des § 84 bleibt unberührt[2])[3]).

E I 1758 Abs 2 II 1974; M 5 12, 13; P 5 7—10; 6 90; KB 317.

1. Nach § 1923 kann nicht Erbe werden, wer zur Zeit des Erbfalls nicht wenigstens **erzeugt** war (anders beim Vermächtnis § 2178). Die Berufung einer solchen Person als Erbe (oder Ersatzerbe) muß deshalb unwirksam bleiben, wenn sie schlechterdings nur als Erbeinsetzung gewollt ist. Das Gesetz wandelt aber durch Auslegungsvorschrift („im Zweifel") die äußerlich unwirksame Erklärung in eine wirksame um (§ 140), indem sie in eine Nacherbeinsetzung umgedeutet wird, für deren Bestand Leben oder Erzeugtsein des Bedachten zur Zeit des Erbfalls nicht Voraussetzung ist (§ 2108 A 1). Der Fall der Nacherbfolge, gegebenenfalls auch einer zweiten Nacherbfolge (**RG** Warn 09 Nr 30), tritt mit der Geburt des oder der mehreren solchergestalt Bedachten ein (§ 2106 Abs 2). Die Frage der Nacherbfolge ist mithin erst dann erledigt, der Kreis der in Betracht kommenden Personen erst dann geschlossen, wenn gewiß ist, daß eine Geburt nicht mehr zu erwarten steht. Pflegschaft für die noch unbekannten Nacherben § 1913, Testamentsvollstrecker § 2222. „Die Xsche Nachkommenschaft" kann hiernach als Nacherbe berufen sein, auch die Eintragung oder Umschreibung einer Hypothek auf ihren Namen ist zulässig (**RG** 61, 355; 65, 277; JW 1911, 362[10]).

2. Entstehung einer **juristischen Person**, d. h. Erlangung der Rechtsfähigkeit beim Verein §§ 21—23, bei der Stiftung § 80. Mit der Entstehung tritt der Anfall der Nacherbschaft ein (§ 2106 Abs 2). Bei einer Stiftung, die vom Erblasser in der Verfügung von Todes wegen selbst begründet, aber erst nach seinem Tode genehmigt ist, fingiert das Gesetz, sie sei schon vor dem Tode entstanden (§§ 83, 84). Da bis zur Genehmigung eine Stiftung, von der die Erbschaft angenommen werden könnte, nicht vorhanden ist, auch ein Vorerbe nicht eintritt, so muß die Verwaltung des Nachlasses bis dahin gemäß §§ 1960ff. von einem Nachlaßpfleger geführt werden. — Halbs 1 des Abs 2 hat von Stiftungen nur solche im Auge, die auch vom Stifter noch nicht begründet oder die von anderen Personen als dem Stifter in Erwartung des Entstehens eingesetzt sind.

3. **Beweispflichtig** dafür, daß eine Nacherbeinsetzung nicht beabsichtigt war, ist derjenige, welcher die Unwirksamkeit der Einsetzung behauptet. Dieser Beweis ist durch § 2084 noch erschwert. Kein Beschwerderecht des Vorerben gegen Anordnung der Pflegschaft (A 1) OLG 8, 323.

§ 2102

Die Einsetzung als Nacherbe enthält im Zweifel auch die Einsetzung als Ersatzerbe[1]).

Ist zweifelhaft, ob jemand als Ersatzerbe oder als Nacherbe eingesetzt ist, so gilt er als Ersatzerbe[2]).

E I 1802 II 1975; M 5 75, 76; P 5 76, 77.

1. Die Auslegungsregel („im Zweifel") gibt der erklärten Berufung des Z zum **Nacherben** nach dem X als Vorerben den nicht erklärten Inhalt: Z werde zugleich zum **Ersatzerben** für den etwa wegfallenden Erben X berufen. Diese Ersatzberufung ist nur wirksam, wenn Z zur Zeit des Erbfalls mindestens erzeugt ist (§ 2096 A 1). Trifft dies nicht zu, so könnte er nur Nacherbe werden, und zwar gemäß § 2106 Abs 2 mit seiner Geburt. Bis dahin oder bis zum Eintritt eines sonstigen die Nacherbfolge eröffnenden Ereignisses wären (da der Vorerbe X weggefallen ist) die gesetzlichen Erben die Vorerben (§ 2105). Lebte Z bereits zur Zeit des Erbfalls, so wird er, wenn der Vorerbe X wegfällt, unmittelbar gewöhnlicher Erbe. War er als (Nach- und nunmehr) Ersatzerbe eines Miterben berufen, so schließt er das Anwachsungsrecht der übrigen Miterben aus (§ 2099). Die Ersatzberufung enthält niemals umgekehrt auch eine Nacherbeinsetzung.

2. Der einmal zur Erbfolge kommende Erbe soll **im Zweifel nicht mit einer Nacherbschaft beschwert** sein. Hat z. B. der Erblasser als Erben berufen den X und „an Stelle des X oder nach ihm" die sämtlichen Kinder des Z, so rücken, wenn X weggefallen ist, nur die lebenden oder doch bereits erzeugten Kinder des Z als Ersatzerben ein. Die noch nicht erzeugten gelten

hier nicht (wie nach § 2101 Abs 1) als Nacherben, sondern nur als Ersatzerben berufen, und diese ihre Berufung ist nach § 1923 unwirksam. Ist X wirklich Erbe geworden, so ist er, da die Kinder des Z nicht als Nacherben zu gelten haben, gewöhnlicher, unbeschwerter Erbe, während die Ersatzberufung der Zschen Kinder durch den Erbantritt des X hinfällig geworden ist. Über einen Fall, in dem eine „Substitution" gegen die für Zweifelsfälle gegebene Regel aus dem Zusammenhange des Testaments im Sinne der Anordnung nicht nur der Ersatz-, sondern auch der Nacherbfolge auszulegen war, weil sich nur so der vom Erblasser verfolgte Zweck erreichen ließ, s. **RG** LZ 1922, 465[11]. — Entsprechende Anwendung von Abs 1 u. 2 beim Nachvermächtnis § 2191.

§ 2103

Hat der Erblasser angeordnet, daß der Erbe mit dem Eintritt eines bestimmten Zeitpunkts oder Ereignisses die Erbschaft einem anderen herauszugeben soll, so ist anzunehmen, daß der andere als Nacherbe eingesetzt ist[1]).

E I 1805 II 1976; M 5 83, 84; P 5 78.

1. Die **Anordnung, die Erbschaft** oder einen Teil der Erbschaft (§ 1922) **einem andern herauszugeben** (§ 2130), enthält nach ergänzender Bestimmung des Gesetzes eine Nacherbeinsetzung. Doch kann Auslegung im einzelnen Falle, insbesondere dann, wenn nach dem wahren Willen des Erblassers nur ein Wertanteil der Erbschaft herauszugeben ist, zu der Annahme einer bloßen Vermächtnisanordnung führen (§ 2087 A 2, BayObLG 22 A 94). Die Herausgabe kann einem gewillkürten oder einem gesetzlichen Erben auferlegt sein. Immerhin muß erkennbar sein, daß der hiermit Beschwerte wenigstens vorübergehend Erbe (Vorerbe) sein soll (**RG** LZ 1923, 321[10]). Die Anordnung, A solle Erbe sein, habe aber die Erbschaft sofort an X herauszugeben, verneint damit zugleich das angebliche Erbrecht des A und ist nichtig, wenn sie nicht als unmittelbare Erbeinsetzung des X, möglicherweise in Verbindung mit der Ernennung des A zum Testamentsvollstrecker, gehalten werden kann. Es ist Auslegungsfrage, ob in dem Verbot, über die Erbschaft letztwillig zu verfügen oder in dem Gebot, einen bestimmten Dritten als Erben zu ernennen, eine Herausgabeverpflichtung und damit eine Nacherbschaft zugunsten der gesetzlichen Erben oder des Dritten gefunden werden kann (§ 2100 A 2).

§ 2104

Hat der Erblasser angeordnet, daß der Erbe nur bis zu dem Eintritt eines bestimmten Zeitpunkts oder Ereignisses Erbe sein soll, ohne zu bestimmen, wer alsdann die Erbschaft erhalten soll, so ist anzunehmen, daß als Nacherben diejenigen eingesetzt sind, welche die gesetzlichen Erben des Erblassers sein würden, wenn er zur Zeit des Eintritts des Zeitpunkts oder des Ereignisses gestorben wäre[1]). Der Fiskus gehört nicht zu den gesetzlichen Erben im Sinne dieser Vorschrift[2]).

E I 1807 II 1917; M 5 86, 87; P 5 79, 80.

1. Beschränkt sich der Erblasser darauf, das Erbrecht des eingesetzten Erben durch Bestimmung eines Anfangs- oder Endtermins, einer aufschiebenden oder auflösenden Bedingung zeitlich zu begrenzen, so will er jedenfalls eine Vor- und Nacherbfolge. Seine Verfügung ist aber unvollständig, wenn er entweder a) die Nacherben (§ 2104) oder b) die Vorerben (§ 2105) weder ausdrücklich noch in sonstiger durch Auslegung (§ 2084 A 2; OLG 43, 398) zu ermittelnder Weise bezeichnet hat. Das Gesetz ergänzt für beide Fälle (a und b) seinen Willen dahin, daß damit die **gesetzlichen Erben** gemeint seien (konstruktive Nacherbfolge). Kommen sie als **Nacherben** in Betracht, so bestimmen sich ihre Personen und ihre Erbteile nicht nach dem sonst für die gesetzliche Erbfolge maßgebenden Zeitpunkt des Todes des Erblassers (§ 1922), sondern auf Grund der Fiktion, daß der Erblasser selbst den Eintritt der Nacherbfolge (§ 2139) erlebt hätte. So auch im Falle des § 2066. Es können mithin schließlich ganz andere, als die eigentlichen gesetzlichen Erben des Erblassers Nacherben werden. Sie bleiben während der Schwebezeit unbekannt und können deshalb ihre mit der Nacherbeneigenschaft verbundenen Rechte und Pflichten nur durch einen Pfleger (§ 1913) oder Testamentsvollstrecker (§ 2222) ausüben. Die Benennung eines Nacherben schließt die Anwendung des § 2104 auch dann aus, wenn der Benannte schon vor dem Erblasser verstorben ist (**RG** JW 07, 259[20]). Sind zur Zeit des Eintritts der Nacherbfolge gesetzliche Erben überhaupt nicht vorhanden, oder ist ihr Erbrecht durch Ausschließung, Erbverzicht, Erbunwürdigkeit weggefallen, so verbleibt, da der Fiskus nicht in Frage kommt (A 2), die Erbschaft dem Vorerben oder seinen Erben. Dagegen ist der gesetzliche Erbe, der den Anteil an der Erbschaft ausgeschlagen hat, dadurch nicht gehindert,

demnächst den Anteil an der Nacherbschaft anzunehmen (§ 1951 Abs 1). Sind von mehreren anwachsungsberechtigten Miterben einer oder einige nur auf Zeit oder auflösend bedingt als Erben eingesetzt, so wird sowohl die entsprechende Anwendung des § 2094 wie die Auslegung des letzten Willens regelmäßig dazu führen, daß der erledigte Erbteil den übrigen Miterben als Nacherben anwachsen und nicht den gesetzlichen Erben zukommen soll. Haben sich Ehegatten in einem gemeinschaftlichen Testament als Vorerben eingesetzt, aber nur für den Fall, daß aus der Ehe Kinder hervorgehen, bestimmt, daß die Kinder Nacherben sein sollen, so kommt § 2104 nur in Betracht, wenn aus dem Testament der Wille der Erblasser hervorgeht, daß der überlebende Ehegatte auf jeden Fall, also gleichviel ob Kinder aus der Ehe hervorgehen oder nicht, die Erbschaft nur bis zum festgesetzten Zeitpunkt behalten soll (JFG 2, 151).

2. Kein Nacherbrecht des **Fiskus** (§ 1936). Wohl aber kann er nach § 2105 Vorerbe werden. Vgl. für das Vermächtnis § 2149.

§ 2105

Hat der Erblasser angeordnet, daß der eingesetzte Erbe die Erbschaft erst mit dem Eintritt eines bestimmten Zeitpunkts oder Ereignisses erhalten soll, ohne zu bestimmen, wer bis dahin Erbe sein soll, so sind die gesetzlichen Erben des Erblassers die Vorerben[1]).

Das gleiche gilt, wenn die Persönlichkeit des Erben durch ein erst nach dem Erbfall eintretendes Ereignis bestimmt werden soll[2]) oder wenn die Einsetzung einer zur Zeit des Erbfalls noch nicht erzeugten Person oder einer zu dieser Zeit noch nicht entstandenen juristischen Person als Erbe nach § 2101 als Nacherbeinsetzung anzusehen ist[3]).

E I 1808 II 1978; M 5 87, 88; P 5 80.

1. Das Gesetz ergänzt die unterbliebene Bestimmung der **Vorerben,** wie § 2104 diejenige der Nacherben, indem es die **gesetzlichen Erben,** aber abweichend von § 2104 nach dem hierfür allgemein geltenden Zeitpunkte des Erbfalls (§ 1922) als berufen ansieht. Hierzu gehört auch der Fiskus § 1936. Der Fall des Abs 1 ist namentlich gegeben, wenn der Erbe unter einer aufschiebenden Bedingung eingesetzt ist (§ 2074). Fehlt es für die Zeit des Schwebens der Bedingung an einem Erben, so treten die gesetzlichen Erben inzwischen als Vorerben ein (§ 1942 A 2).

2. Durch ein **künftiges Ereignis bestimmt** ist z. B. der künftige Ehemann der X. Tritt das Ereignis schon vor dem Erbfall ein, so kommt es sogleich zur gewöhnlichen Erbfolge. Dasselbe gilt, wenn der Erblasser bei der Erbeinsetzung eine bestimmte, ihm jedoch unbekannt gebliebene Person im Auge hatte und diese nur nach einem der Vergangenheit angehörigen Ereignis bestimmt hat, z. B. seinen Lebensretter (§ 1960 Abs 1). Ist von mehreren eingesetzten Erben der X unter einer aufschiebenden Bedingung oder von einem Anfangstermin ab als Erbe eingesetzt, so kann als Wille des Erblassers auch ermittelt werden, daß nicht die gesetzlichen, sondern die übrigen eingesetzten Miterben Vorerben auf den Erbteil des X sein sollen.

3. Die bereits **erzeugte Person** wird mit der Geburt (§ 1923 Abs 2), die vom Erblasser selbst errichtete **Stiftung** mit der Genehmigung (§ 84) unter Rückbeziehung auf den Erbfall sogleich gewöhnlicher Erbe.

§ 2106

Hat der Erblasser einen Nacherben eingesetzt, ohne den Zeitpunkt oder das Ereignis zu bestimmen, mit dem die Nacherbfolge eintreten soll, so fällt die Erbschaft dem Nacherben mit dem Tode des Vorerben an[1]).

Ist die Einsetzung einer noch nicht erzeugten Person als Erbe nach § 2101 Abs 1 als Nacherbeinsetzung anzusehen, so fällt die Erbschaft dem Nacherben mit dessen Geburt an. Im Falle des § 2101 Abs 2 tritt der Anfall mit der Entstehung der juristischen Person ein[2]).

E I 1809 II 1979; M 5 88, 89; P 5 80, 81.

1. Innerhalb der Grenzen des § 2109 steht dem Erblasser frei, den **Zeitpunkt des Anfalls der Erbschaft an den Nacherben** nach seinem Belieben zu bestimmen. Ist dies unterblieben, so bestimmt ergänzend das Gesetz den Tod des Vorerben als den regelmäßigen Fall des Eintritts der Nacherbfolge (§ 2139). Dasselbe gilt, wenn die Zeit der Herausgabe an den eingesetzten Nacherben dem freien Belieben des Vorerben überlassen ist (§ 2181). Ist zur Zeit des Todes des Vorerben der Fall der Nacherbfolge noch nicht eingetreten, so geht die Erbschaft, belastet mit der Pflicht zur künftigen Herausgabe an den Nacherben, zunächst auf

die Erben des Vorerben über. Das Erleben eines Zeitpunkts oder der Eintritt eines Ereignisses kann aber auch in dem Sinne als Bedingung der Nacherbfolge bestimmt sein, daß hiervon zwar die Berufung als Nacherbe, nicht aber zugleich auch der Anfall der Nacherbschaft abhängig sein soll, z. B. X soll Nacherbe werden, wenn er bis . . . ein Amt erlangt (aber — selbstverständlich — die Erbschaft erst nach dem Tode des Vorerben erhalten). Vererblichkeit des Anwartschaftsrechts schon vor dem Anfall § 2108 Abs 2.

2. Abs 2 ergänzt den Willen des Erblassers nur für den Fall, daß er die **noch nicht erzeugte** Person oder die noch nicht entstandene **juristische Person** schlechthin als Erben eingesetzt hat. Diese Einsetzung wird nach § 2101 in eine Nacherbeinsetzung umgedeutet. Ist der noch nicht erzeugte Z ausdrücklich als Nacherbe nach dem X berufen, so ist nach Abs 1 als Wille des Erblassers zu vermuten, daß Z erst nach dem Tode des X Nacherbe werden solle. Sicherungsrechte der noch nicht erzeugten Nacherben schon vor der Geburt RG 65, 283. Diese Rechte können nur im Rechtswege gegen den Vorerben, nicht durch Verwaltungsanordnungen des Vormundschaftsgerichts gewahrt werden (OLG 32, 55). Vgl. auch § 2101 A 1.

§ 2107

Hat der Erblasser einem Abkömmlinge, der zur Zeit der Errichtung der letztwilligen Verfügung keinen Abkömmling hat oder von dem der Erblasser zu dieser Zeit nicht weiß, daß er einen Abkömmling hat[1]), für die Zeit nach dessen Tode einen Nacherben bestimmt[2]), so ist anzunehmen, daß der Nacherbe nur für den Fall eingesetzt ist, daß der Abkömmling ohne Nachkommenschaft stirbt[3]).

E I 1811 II 1980; M 5 89, 90; P 5 82, 83.

1. Das Gesetz vermutet, ähnlich wie bei der unwissentlichen Übergehung eines Pflichtteilsberechtigten (§ 2079, s. auch § 2069), der Erblasser wolle seine **entfernteren Abkömmlinge** nicht hinter einem Fremden zurücksetzen. Es deutet deshalb die unbedingt erklärte in eine bloß bedingte Nacherbeinsetzung um. Begriff des Abkömmlings § 1924 A 2. Maßgebend ist die Zeit der Errichtung der letztwilligen Verfügung. Daraus allein, daß der Erblasser nach erlangter Kenntnis vom Vorhandensein entfernterer Abkömmlinge seine Verfügung nicht geändert hat, kann mithin nicht der Wille gefolgert werden, die Nacherbeinsetzung aufrechtzuerhalten. Auch formlose Erklärungen dieses Inhalts reichen hierzu nicht aus, wenn sie nicht einen Rückschluß auf die Zeit der Testamentserrichtung zulassen. Unkenntnis vom Vorhandensein eines Abkömmlings § 2079 A 2. Ob sie dadurch ausgeschlossen wird, daß der Erblasser von der Schwangerschaft eines weiblichen Abkömmlings weiß, ist Tatfrage (RG 9. 6. 04 IV 504/03).

2. Der Nacherbe muß ausdrücklich oder stillschweigend (§ 2106 Abs 1) **für die Zeit nach dem Tode des Vorerben** bestimmt sein. Die „Annahme" greift deshalb nicht Platz, wenn der Nacherbe für einen andern Zeitpunkt oder für den Fall des Eintritts eines bestimmten Ereignisses (§ 2105) oder wenn eine noch nicht erzeugte Person oder eine noch nicht entstandene juristische Person als Nacherbe eingesetzt ist, da dann der Zeitpunkt der Geburt des Nacherben usw. entscheidet (§ 2106 Abs 2). In diesen Fällen gilt als genügend deutlich ausgedrückt, daß der etwa nachgeborene oder der unbekannte Abkömmling — unbeschadet natürlich seines Pflichtteilsrechts — ganz von der Erbschaft ausgeschlossen sein soll.

3. **„Ist anzunehmen"** bedeutet nicht, daß der eingesetzte Nacherbe mit dem Gegenbeweis ausgeschlossen sein solle, seine Berufung sei vom Erblasser (zur Zeit der Testamentserrichtung A 1) unbedingt gewollt. Hinterläßt der als Vorerbe eingesetzte Abkömmling **Nachkommen,** sei es auch, daß sie nur erst erzeugt sind (§ 1923), so kommt darauf nichts an, ob sie auch seine Erben werden oder ob sie die Erbschaft des Vorerben ausschlagen, hiervon ausgeschlossen sind, darauf verzichtet haben oder für erbunwürdig erklärt sind. Die Berufung des fremden Nacherben wird vielmehr ipso jure und ohne daß es einer Anfechtung bedarf, unwirksam. Trotz der scheinbar entgegenstehenden Fassung ist der eingesetzte Nacherbe nicht aufschiebend, sondern auflösend bedingt berufen. § 2074 kommt deshalb nicht in Frage. Jener erwirbt vielmehr das „Nacherbenrecht" schon mit dem Erbfall als vererbliches Recht (§ 2108 A 2), geht aber, wenn der als Vorerbe eingesetzte Abkömmling Nachkommenschaft hinterläßt, seiner Nacherbenstellung wieder verlustig und ist, wenn er die Erbschaft angenommen hat, dem Erbschaftsanspruch der Erben des Vorerben ausgesetzt.

§ 2108

Die Vorschriften des § 1923 finden auf die Nacherbfolge entsprechende Anwendung[1]).

Stirbt der eingesetzte Nacherbe vor dem Eintritte des Falles der Nacherbfolge, aber nach dem Eintritte des Erbfalls, so geht sein Recht auf seine Erben über, sofern nicht ein anderer Wille des Erblassers anzunehmen ist²). Ist der Nacherbe unter einer aufschiebenden Bedingung eingesetzt, so bewendet es bei der Vorschrift des § 2074³).

E I 1810, 2026 Abs 2 II 1981; M 5 89, 489; P 5 81, 82, 614.

1. Die entsprechende Anwendung des § 1923 führt dazu, daß Nacherbe nur werden kann, wer **zur Zeit des Eintritts der Nacherbfolge** (§ 2139), also beim Eintritt des hierfür bestimmten Zeitpunkts oder Ereignisses (§§ 2103—2105) oder beim Tode des Vorerben (§ 2106) **lebt oder** doch mindestens **erzeugt ist,** wenn er demnächst lebend geboren wird. Nicht erforderlich ist dagegen, daß er bereits zur Zeit des Erbfalls gelebt hat (§ 2101). Abs 2 läßt es indessen vermöge der Vererblichkeit des erlangten Rechtes auch dann zur Nacherbfolge — zwar nicht des Nacherben selbst, wohl aber seiner Erben — kommen, wenn der Nacherbe zur Zeit des Eintritts der Nacherbfolge **nicht mehr lebt,** jedoch nach dem Erbfall gelebt und die Anwartschaft auf die Nacherbfolge bereits erworben hatte. Entsprechend § 1923 Abs 2 gilt der zur Zeit des Eintritts der Nacherbfolge nur erst erzeugte Nacherbe schon als vor diesem Zeitpunkte geboren. Dagegen kommt eine Rückbeziehung nicht in Frage, wenn in dem Falle des § 2101 nach § 2106 Abs 2 gerade mit der Geburt der Eintritt der Nacherbfolge begründet wird (Ebbecke, Recht 1914, 182 gegen Planck A 4 b γ). S. auch § 2109 A 3 b.

2. Stirbt der eingesetzte Nacherbe vor dem Erblasser, so wird seine Berufung von selbst hinfällig; der eingesetzte Erbe tritt nunmehr als Erbe zu vollem Rechte in die Erbfolge ein (**RG** JW 07, 259[20]). Hat er dagegen, gleichviel ob er als erster oder späterer Nacherbe eingesetzt ist, den Erblasser überlebt, so hat er damit unentziehbare Rechte erworben, die vermöge des Grundsatzes der **Vererblichkeit dieser Anwartschaft** als Bestandteil seines Nachlasses auf seine Erben übergehen (**RG** 65, 144; 103, 354, wo hieraus gefolgert ist, daß der Nacherbe seine Erben auch in Ansehung des ihnen beim Eintritte des Nacherbfolgefalls anfallenden Vermögens durch die Anordnung einer weiteren Nacherbfolge oder einer verwaltenden Testamentsvollstreckung beschränken kann). Die Vererblichkeit ist jedoch ausgeschlossen, wenn ein gegenteiliger Wille des Erblassers besonders erklärt ist oder aus den Umständen erhellt. Abs 2 stellt danach keinen ergänzenden Rechtssatz, sondern eine bloße Auslegungsregel auf (**RG** 106, 355). Wer die Unübertragbarkeit der Anwartschaft behauptet, ist für den darauf gerichteten Willen des Erblassers beweispflichtig. Der Übergang wird nicht ohne weiteres dadurch ausgeschlossen, daß der Erblasser für den Nacherben durch besondere Anordnung (§ 2096) oder stillschweigend (§ 2069) einen Ersatzerben ernannt hat; es ist vielmehr nach dem übrigen Inhalte der Verfügung und auf Grund sonstiger zur Auslegung geeigneter Umstände zu prüfen, ob der Erblasser durch die Ersatzberufung hat zum Ausdrucke bringen wollen, daß die Erbanwartschaft nicht auf die Erben des Nacherben, sondern auf den Ersatzerben übergehen soll (**RG** 95, 97 und 19. 2. 20 IV 446/19; a. M. in Übereinstimmung mit der 2. Aufl. KG 1. ZS RJA 16, 249, gekürzt JW 1919, 513¹ mit zustimmenden Bemerkungen von Herzfelder. Die Streitfrage ist von keiner großen praktischen Bedeutung. Das Reichsgericht ist sowohl in den beiden angeführten Urteilen als auch in zwei Beschlüssen vom 11. 7. 21, SeuffA 77 Nr 39 und Recht 1922 Nr 1429, in denen es die vom Kammergericht auf Grund FGG § 28 Abs 2 nachgesuchte neue grundsätzliche Stellungnahme abgelehnt hat, dazu gelangt, daß Auslegung des Testaments die Vererblichkeit als nicht vom Erblasser gewollt ergebe). Entsprechendes gilt für das Verhältnis des Nacherbenrechts zum Anwachsungsrechte von Mitnacherben (§ 2094); die Vererblichkeit geht, soweit kein entgegengesetzter Wille des Erblassers erhellt (**RG** 106, 357), der Anwachsung vor (vgl. KG 3. ZS JW 1919, 836¹ für preußisches Recht und v. Blume das.). Im Falle des § 2104 kann die Vererblichkeit begriffsmäßig nicht in Frage kommen, da die Person des Nacherben erst mit dem Eintritt der Nacherbfolge feststeht. Mit der Möglichkeit eines Übergangs der Anwartschaft von Todes wegen ist zugleich anerkannt, daß sie auch durch Rechtsgeschäft unter Lebenden übertragen (oder verpfändet) werden kann; die Verfügung bedarf der Form des auch bei Vorhandensein nur eines Nacherben sinngemäß anzuwendenden § 2033 Abs 1 (**RG** 101, 185 und 103, 358; Gruch 52, 680; KG RJA 16, 235 f.). Überträgt der Nacherbe sein Recht dem Vorerben, so wird dieser Vollerbe (KG a. a. O., **RG** SeuffA 78 Nr 141). Für schuldrechtliche Verträge gelten die §§ 2371, 2385, für die Pfändung ZPO §§ 851, 857 (hierzu KGJ 42 S. 234 u. 242; OLG 26, 332). Ist das Nacherbenrecht im Grundbuch eingetragen (GBO § 52), so ist auch das daran durch Verpfändung oder Pfändung begründete Pfandrecht eintragbar (**RG** 83, 434).

3. Unter der **aufschiebenden Bedingung** ist nicht die gesetzliche Bedingung jeder Nacherbeinsetzung: Erleben des Eintritts der Nacherbfolge, sondern der Fall verstanden, daß das Nacherbewerden außerdem vom Eintritt oder Nichteintritt irgendeines Ereignisses abhängig

gemacht ist. Deshalb läßt sich auch die Berufung eines Ersatznacherben nicht im technischen Sinne als Einsetzung eines Nacherben unter einer aufschiebenden Bedingung (Wegfall des zunächst berufenen Nacherben) bezeichnen. (Vgl. § 2074 A 2, § 2096 A 1.) Vielmehr hat auch der Ersatznacherbe, gleich dem Nacherben (A 2), im Zweifel schon mit dem Erbfall eine Anwartschaft auf die Nacherbschaft erworben, die sich auf seine Erben vererbt, wenn er vor Wegfall des zunächst berufenen Nacherben verstirbt (RJA 11, 147; 12, 22; OLG 32, 87 mit Folgerungen aus dieser Rechtsstellung). Handelt es sich dagegen um eine eigentliche, d. h. eine vom Erblasser willkürlich und rechtsgeschäftlich gesetzte Bedingung, so fällt gemäß § 2074 die Nacherbschaft nur an, wenn die Bedingung bei Lebzeiten des Nacherben oder Ersatznacherben eingetreten ist. Der Anfall kann deshalb unter Umständen bis zum Tode des berufenen Nacherben in der Schwebe bleiben. So namentlich, wenn es sich um Potestativbedingungen handelt, z. B. Berufung des X für den Fall, daß er die Z heirate oder nicht heirate. Im Falle der Einsetzung eines Nacherben unter der aufschiebenden Bedingung, daß der Vorerbe nicht anders über den Nachlaß verfügt (§ 2065 A 2), bleibt der Anfall in der Schwebe, bis mit dem Tode des Vorerben gewiß wird, ob er eine die Nacherbschaft beseitigende Verfügung von Todes wegen getroffen hat. Während dieses Schwebezustandes kann die Anwartschaft, doppelt bedingt durch die gesetzliche wie durch die eigentliche Bedingung, zwar nicht Gegenstand der Vererbung sein; denn der Tod des Berufenen vor Eintritt der Bedingung macht ja sein Recht nach § 2074 hinfällig. Wohl aber kann er hierüber unter Lebenden für den Fall seiner Nacherbfolge wirksam verfügen. — Ist eine **juristische Person** als Nacherbe eingestellt, so muß sie spätestens zur Zeit des Eintritts der Nacherbfolge bestanden haben und noch bestehen. Doch genügt, daß die Stiftung erst nach diesem Zeitpunkt staatlich genehmigt wird, wenn sie vom Erblasser selbst errichtet ist, § 84.

§ 2109

Die Einsetzung eines Nacherben wird mit dem Ablaufe von dreißig Jahren nach dem Erbfall unwirksam, wenn nicht vorher der Fall der Nacherbfolge eingetreten ist[1]). Sie bleibt auch nach dieser Zeit wirksam[2]):

1. **wenn die Nacherbfolge für den Fall angeordnet ist, daß in der Person des Vorerben oder des Nacherben ein bestimmtes Ereignis eintritt, und derjenige, in dessen Person das Ereignis eintreten soll, zur Zeit des Erbfalls lebt[3]);**
2. **wenn dem Vorerben oder einem Nacherben für den Fall, daß ihm ein Bruder oder eine Schwester geboren wird, der Bruder oder die Schwester als Nacherbe bestimmt ist[4]).**

Ist der Vorerbe oder der Nacherbe, in dessen Person das Ereignis eintreten soll, eine juristische Person, so bewendet es bei der dreißigjährigen Frist[5]).

E I 1818 II 1982; M 5 90—92; P 5 83—89, 214, 215, 237—240; 6 91, 92.

1. Dem Willen des Erblassers ist grundsätzlich die Kraft abgesprochen, durch Einsetzung eines Nacherben wirksam Verfügungen zu treffen für den Fall des Eintritts von Umständen, die sich nicht längstens ein Menschenalter, **dreißig Jahre nach seinem Tode** verwirklicht haben. Ebenso bei Anordnung von Vermächtnissen §§ 2162, 2163, bei Bestellung eines Testamentsvollstreckers § 2210, beim Erlaß von Teilungsanordnungen § 2044 (vgl. auch §§ 567, 1202). In allen Fällen des § 2109 ist gleichgültig, wie oft innerhalb des zulässigen Zeitraums der Fall der Nacherbfolge eintritt. Der einrückende Nacherbe tritt dann dem hinter ihm berufenen Nacherben als Vorerbe gegenüber. Haben sich die vorgesehenen Umstände innerhalb des dreißigjährigen oder des in den Fällen der Nr 1 u. 2 zulässigen längeren Zeitraums nicht verwirklicht, so verbleibt der Nachlaß dem berufenen (oder letztberufenen) Vorerben zu vollem unbeschränkten Erbrecht und vererbt sich nach ihm auf seine Erben weiter. Die für einen späteren als den gesetzlich zulässigen äußersten Zeitpunkt angeordnete Nacherbeinsetzung ist von vornherein unwirksam. Es müßte denn im Wege der Auslegung (§ 2084) gelingen, eine Verkürzung der Frist auf das zulässige Maß als aushilfsweise vom Erblasser gewollt zu ermitteln. — Fristberechnung §§ 187, 188. Die landesrechtlichen Vorschriften über Familienfideikommisse sind durch EG Art 59 aufrechterhalten; nach RV v. 11. 8. 19 Art 155 Abs 2 sind die Fideikommisse aufzulösen. Über die Rechtsgestaltung in Preußen, insbesondere über die Möglichkeit der Anordnung einer Vor- und Nacherbschaft in dem das Fideikommiß auflösenden Familienschluß s. Stahl und Zwehl in JW 1921 S. 193, 199, 200.

2. Die Voraussetzungen der in Nr 1 u. 2 getroffenen **Ausnahmebestimmungen** von

der Regel des Satz 1 sind von demjenigen zu beweisen, welcher sich auf die **Wirksamkeit** der Nacherbeinsetzung beruft.

3. Nr 1 stellt zwei Erfordernisse auf, die beide zusammentreffen müssen. a) **Die Nacherbfolge muß auf ein in der Person** des jeweils in Betracht kommenden **Vorerben oder Nacherben eintretendes Ereignis** abgestellt sein. Dies trifft zu, wenn das Ereignis in einem Tun oder Unterlassen oder Erleiden des Betreffenden besteht. So vor allem Tod des Vorerben und Potestativbedingungen (Z soll Nacherbe sein, wenn er die N heiratet, wenn der Vorerbe X sich wieder verheiratet). Jedenfalls muß das Ereignis die Person des Vor- oder Nacherben in irgendwelchen rechtlichen oder wirtschaftlichen, z. B. in Familienbeziehungen zu beeinflussen geeignet sein (Geburt eines Kindes). Die rein äußerliche Verbindung eines für den Betreffenden völlig gleichgültigen Ereignisses mit seiner Person (Z soll Nacherbe sein, wenn er den Ausbruch des Ätna erlebt) kann dem Gesetze nicht genügen (ähnlich Kipp § 91 III 2, a. M. Staudinger A 3 zu a und dort Angeführte). Das Ereignis braucht den Eintritt der Nacherfolge nicht unmittelbar herbeizuführen, es genügt, daß der Nacherbe damit nur die Anwartschaft auf den künftigen (z. B. bis zum Tode des Vorerben hinausgeschobenen) Anfall der Erbschaft erlangen soll. b) Der betreffende Vor- oder Nacherbe muß zugleich **zur Zeit des Erbfalls gelebt haben.** Nach § 1923 genügt jedoch, daß er beim Tode des Erblassers bereits erzeugt war. Unter dieser zweiten Voraussetzung ist gleichgültig, ob das als Bedingung der Nacherbfolge gesetzte Ereignis (a) sich vor oder erst nach Ablauf von dreißig Jahren nach dem Erbfall verwirklicht. Daß der erste Vorerbe den Erbfall erlebt haben muß, folgt schon aus § 1923. Sind mehrere Nacherben hintereinander berufen, so kann geschehen, daß der für den betreffenden Nacherbfolgefall in Betracht kommende zweite oder spätere Vorerbe (früherer Nacherbe) erst nach dem Tode des Erblassers erzeugt ist (so § 2101). Dies ist innerhalb von dreißig Jahren jedenfalls kein Hindernis dafür, daß er Nacherbe wird. Aber auch nach ihm (als nunmehrigem Vorerben) kann es zu einer weiteren Nacherbfolge kommen. Und zwar selbst dann, wenn sich das maßgebende Ereignis auch erst nach Ablauf von dreißig Jahren in der Person des jetzt einrückenden Nacherben verwirklicht, falls nur dieser neue Nacherbe schon zur Zeit des Erbfalls gelebt hat. Die Grundsätze der Nr 1 treffen auch zu, wenn eine Ersatznacherbfolge angeordnet ist (§ 2096).

4. Nr 2 sieht in dem behandelten Falle von jeder Fristsetzung und auch davon ab, daß (außer dem ersten Vorerben) irgend eine der sonst in Betracht kommenden Personen (Nacherben, Nacherbengeschwister) schon zur Zeit des Erbfalls gelebt haben müsse (A 3 b). Die **Geschwister des Vorerben oder Nacherben** müssen mit ihm durch (eheliche oder uneheliche) Geburt verbunden sein. Dies trifft auch zu auf Halbgeschwister und Legitimierte (§§ 1719, 1736), nicht aber auf angenommene Kinder (§ 1763). Der Wille des Erblassers ist dafür maßgebend, ob die als Nacherben bestimmten Geschwister sogleich mit der Geburt des betreffenden Geschwisterteils (§ 2106 Abs 2) einrücken sollen oder nacheinander (je nach dem Tode des älteren Geschwisterteils) oder erst mit dem Eintritte eines bestimmten Ereignisses (Erreichung eines gewissen Lebensalters). Regelmäßig werden die lebenden Geschwister den nachgeborenen nur den auf sie entfallenden Anteil der Erbschaft als Nacherben herauszugeben haben.

5. Für die Zeit bis zu dreißig Jahren können auch **juristische Personen** bedingt oder unbedingt als Nacherben eingesetzt werden, soweit nicht landesgesetzliche Vorschriften entgegenstehen, EG Art 86.

§ 2110

Das Recht des Nacherben erstreckt sich im Zweifel auf einen Erbteil, der dem Vorerben infolge des Wegfalls eines Miterben anfällt[1]).

Das Recht des Nacherben erstreckt sich im Zweifel nicht auf ein dem Vorerben zugewendetes Vorausvermächtnis[2]).

E I 1814 II 1983; M 5 92, 93; P 5 89, 90.

1. Der Nacherbe rückt in den gesamten Erbteil des Vorerben ein, auch insoweit er sich infolge **Wegfalls eines Miterben** durch Erhöhung des gesetzlichen Erbteils (§ 1935) oder durch Anwachsung (§ 2094) oder durch Berufung des Vorerben zum Ersatzerben eines Miterben (§ 2096) erweitert hat. Ob der Miterbe vor oder nach Eintritt des Falles der Nacherbfolge (§ 2139) weggefallen ist, macht keinen Unterschied. Rückbeziehende Wirkung der Ausschlagung § 1953, der Erbunwürdigkeitserklärung § 2344, des Nichterlebens der aufschiebenden Bedingung § 2074 sowie in den Fällen des § 2078 und des EG Art 86 Satz 2 Halbs 2, Art 87 Abs 2 Satz 2 (§ 2096 A 1; RG 95, 98f.).

2. Vorausvermächtnis § 2150. — Abs 1 u. 2 geben nur Auslegungsregeln („im Zweifel"). Ein gegenteiliger Wille des Erblassers ist von dem zu beweisen, der hieraus Rechte ableitet. Zum Teil abweichend beim Erbschaftskauf § 2373.

§ 2111

Zur Erbschaft gehört[1]), was der Vorerbe auf Grund eines zur Erbschaft gehörenden Rechtes oder als Ersatz für die Zerstörung, Beschädigung oder Entziehung eines Erbschaftsgegenstandes oder durch Rechtsgeschäft mit Mitteln der Erbschaft erwirbt[2]), sofern nicht der Erwerb ihm als Nutzung gebührt[3]). Die Zugehörigkeit einer durch Rechtsgeschäft erworbenen Forderung zur Erbschaft hat der Schuldner erst dann gegen sich gelten zu lassen, wenn er von der Zugehörigkeit Kenntnis erlangt; die Vorschriften der §§ 406 bis 408 finden entsprechende Anwendung[4]).

Zur Erbschaft gehört auch, was der Vorerbe dem Inventar eines erbschaftlichen Grundstücks einverleibt[5]).

E I 1825 II 1984; M 5 109—111; P 5 100, 114, 115; 6 168, 319, 324—326.

1. **Dingliche Surrogation** wie beim Erbschaftsanspruch (§ 2019) und bei der Erbengemeinschaft (§ 2041). Die näher bezeichneten Erwerbungen werden, auch im Falle befreiter Vorerbschaft (**RG** Warn 1920 Nr 203), ohne weiteres Bestandteile der Erbschaftsmasse, unterliegen je nach ihrer Art aus den §§ 2112ff. sich ergebenden Verfügungsbeschränkungen, sowie gegebenenfalls der Eintragungspflicht nach GBO § 52 und gehen seinerzeit mit auf den Nacherben über (**RG** Warn 1913 Nr 427). Dagegen kann der Vorerbe nicht Gegenstände seines freien Vermögens mit dinglicher Wirkung der Erbschaft zuweisen (KGJ 40, 183; vgl. **RG** 92, 142 zu § 1370 und 25. 10. 20 IV 116/20 für preußisches Recht).

2. Von den **drei Gruppen der Surrogate** stimmen die beiden ersten überein mit § 2041. Zum Erwerb auf Grund eines Rechtes gehört Verbindung, Vermischung (§§ 946ff.), die Schatzhälfte (§ 984), die Anlandung (EG Art 65), die Ersitzung vermöge des zur Erbschaft gehörigen Besitzes (§§ 857, 937ff.), die Annahme einer dem Erblasser angefallenen Erbschaft (§ 1952), nicht aber Erwerb des Eigentums am Grundstücke des Erblassers auf Grund eines Ausschlußurteils nach § 927 (**RG** 76, 360). Erwerb durch Rechtsgeschäft mit Mitteln der Erbschaft wie § 2019 A 2. Um ein Surrogat dieser Gruppe handelt es sich, wenn eine Eigentümergrundschuld dadurch entsteht, daß eine auf dem Nachlaßgrundstück ruhende Hypothek mit Erbschaftsmitteln bezahlt wird. Erfolgt die Zahlung aus eigenen Mitteln des Vorerben, so fällt die Eigentümergrundschuld dann als ein Surrogat der ersten Gruppe in den Nachlaß, wenn ihr Erwerb durch den Vorerben wesentlich darauf beruht, daß er infolge der Vorerbfolge Eigentümer des Grundstücks geworden ist; die erforderlich gewesene Aufwendung hat ihm der Nacherbe zu ersetzen (Planck § 2126 A 2; a. M. KG RJA 16, 118 mit der in JFG 2, 159 festgehaltenen, nicht zu billigenden Begründung, daß auf Grund eines zur Erbschaft gehörenden Rechts nur ein Erwerb gemacht sei, der auf Grund des Rechts ohne vermittelndes Rechtsgeschäft des Vorerben erzielt worden sei; desgl. Hamburg JFG 2, 431). Wird ein Erwerb teilweise mit Mitteln der Erbschaft gemacht (z. B. dem Vorerben bei der Auseinandersetzung mit seinen Miterben auf seinen Erbteil ein Nachlaßgrundstück mit der Bestimmung zugeteilt, daß er die auf dem Grundstücke lastenden Hypotheken als Selbstschuldner übernimmt), so gehört der Erwerb zu dem entsprechenden Teile zur Erbschaft (**RG** 89, 53; 90, 97). Werden Erbschaftsgegenstände in eine Gesellschaft eingebracht, so fällt ein entsprechender Anteil an dem Anspruch auf das künftige Auseinandersetzungsguthaben in den Nachlaß (**RG** Warn 1920 Nr 203). Nicht erforderlich ist es, daß sich das Rechtsgeschäft „auf den Nachlaß bezieht" (§ 2041 A 1). Der Vorerbe kann mithin, sobald er ursprüngliche Erbschaftsgegenstände oder deren Surrogate, auch verbrauchbare Sachen zum Zwecke des Erwerbs aufwendet, die Zugehörigkeit des Erworbenen zur Erbschaft durch seinen Willen überhaupt nicht hindern. Dies trifft auch auf bedingte Erwerbungen zu. Hierzu gehört der Versicherungsanspruch, wenn die Prämie aus Mitteln der Erbschaft bezahlt ist. Auch wenn dies nicht geschieht, wird die Versicherung von Erbschaftssachen als zugunsten auch des Nacherben genommen zu gelten haben. Ersatzfrage s. § 2124. Fällige Versicherungsansprüche gehören zu dem als Ersatz für die Zerstörung usw. gemachten Erwerbe.

3. Im Gegensatze zum Erbschaftsbesitzer (§ 2020) gebührt dem Vorerben als wahrem Erben und Träger der zur Erbschaft gehörigen Rechte endgültig der Bezug der **Nutzungen** (§ 100). Dem entspricht, daß er auch die gewöhnlichen Erhaltungskosten zu tragen hat (§ 2124). Nutzung eines Waldes § 2123, ordnungswidriger und übermäßiger Fruchtbezug § 2133. Das Recht auf die Nutzungen beginnt mit dem Erbfall und endet mit Eintritt der Nacherbfolge. Es verbleibt dem Vorerben, auch wenn ihm durch Bestellung eines Testamentsvollstreckers die Verwaltung entzogen ist (§ 2209). Der Erblasser kann jedoch durch Anordnung von Vermächtnissen zugunsten des Nacherben oder durch Auflagen den Vorerben — unbeschadet seines Pflichtteilsrechts — schuldrechtlich verpflichten, dem Nacherben schon vor Eintritt der Nacherbfolge die

Nutzungen herauszugeben (**RG** Warn 1912 Nr 174). Für eine etwaige Verteilung ist § 101 maßgebend, soweit nicht ein anderer Wille des Erblassers erhellt. So bei Dividenden und Gewinnanteilen **RG** Warn 08 Nr 71. Darüber, ob Bezugsrechte bei Kapitalerhöhungen einer Aktiengesellschaft oder Gesellschaft m. b. H. zu den Nutzungen gehören, vgl. § 99 A 10, § 100 A 5, § 1068 A 3; JFG 2, 159. Obwohl freies Eigentum des Vorerben, gelten die Früchte den Nachlaßgläubigern gegenüber doch als Bestandteile des Nachlasses.

4. Wörtlich übereinstimmend mit § 2019, s. dort A 3. Vgl. auch §§ 2129 A 3, 2140 A 1.

5. Entsprechend bei der Pacht § 588, beim Nießbrauch § 1048 und bei der Nutznießung des Mannes § 1378. Dabei ist vorausgesetzt, daß der Vorerbe die **Einverleibung in das Inventar** aus eigenen Mitteln vornimmt, da sonst schon Abs 1 einschlägt. Inwieweit er Ersatz verlangen kann, bestimmen §§ 2124, 2125. Eine „Einrichtung" und damit das Recht der Wegnahme kommen nicht in Frage, da es sich hier nur um den Ersatz oder die Vermehrung eines bereits vorhandenen Inventars handelt.

§ 2112

Der Vorerbe kann über die zur Erbschaft gehörenden Gegenstände verfügen, soweit sich nicht aus den Vorschriften der §§ 2113 bis 2115 ein anderes ergibt[1]).

E I 1815, 1828 Abs 1, 2 II 1985; M 5 93, 94, 114—116; P 5 97—99.

1. Der Vorerbe ist wahrer Erbe. Er kann deshalb grundsätzlich gleich dem gewöhnlichen Erben über die Erbschaftsgegenstände verfügen. Doch sind ihm dabei im Interesse des hierdurch gefährdeten Nacherben dingliche (§§ 2113—2115) und schuldrechtliche (§§ 2116ff., 2130) Beschränkungen auferlegt. Zwischen Vor- und Nacherben besteht insoweit ein gesetzliches Schuldverhältnis (**RG** 59, 202). Von den meisten dieser Beschränkungen kann ihn der Erblasser befreien (§ 2136). Anderseits kann ihm die Verwaltung und damit die Verfügungsmacht durch gerichtliche Anordnung auch ganz entzogen werden (§ 2129). **Verfügung** im Sinne von § 185 im Gegensatz zur Begründung eines bloß schuldrechtlichen Verhältnisses. Der Vorerbe behält mithin die Befugnis, sich in bezug auf die seiner Verfügung entzogenen Gegenstände z. B. durch Abschluß von Kaufverträgen wirksam zu verpflichten (**RG** JW 1912, 188[3] und Recht 1921 Nr 1631). Bloß tatsächliche Verfügungen (Zerstörungen, Beschädigungen) machen den Vorerben nach § 2130 ersatzpflichtig. Seine Verfügungsmacht ist nur beschränkt in Ansehung einzelner **zur Erbschaft gehörender Gegenstände**, Sachen und Rechte (§ 90). Nicht also, wenn er Miterbe ist, in Ansehung des Vorerbteils selbst, das er vielmehr gemäß § 2033 frei veräußern kann, jedoch unbeschadet des Rechtes des Nacherben, mit dem es auch in der Hand des Erwerbers belastet bleibt (§ 2100 A 1; s. auch § 2376 Abs 1). Als Miterbe kann er, gleichviel ob er allein oder ob auch andere Miterben mit der Nacherbschaft belastet sind, jederzeit Auseinandersetzung verlangen (§ 2042). Vgl. hierzu **RG** 75, 366. Nur soweit bei der Durchführung der Auseinandersetzung Verfügungen im Sinne von §§ 2113ff. nötig werden, bedarf er der Mitwirkung des Nacherben. Ihm allein steht unbeschadet seiner Verantwortung aus § 2130 die Entschließung zu über Annahme einer dem Erblasser angefallenen Erbschaft (§ 1952). Ebenso über Fortführung eines Handelsgeschäfts (HGB §§ 22, 31, OLG 4, 456). Auch durch Verfügung von Todes wegen kann der Vorerbe die Erbschaft und damit die Vorerbenstellung für sich allein oder zusammen mit seinem eigenen Vermögen einem Dritten zuwenden. Diese Verfügung wird gegenstandslos, wenn der Eintritt der Nacherbfolge mit dem Tode des Vorerben zusammentrifft. Sie bleibt jedoch unbeschadet aller Rechte des Nacherben in der Zwischenzeit auf so lange wirksam, als der Anfall der Nacherbschaft noch weiter hinausgeschoben ist (§ 2106 A 1). Die Prozeßführung ist an sich und abgesehen von der verfügenden Wirkung gewisser Urteile, die zur Abgabe von Willenserklärungen verpflichten (ZPO §§ 894, 895), nicht Verfügung, der Vorerbe ist an sich hierin nicht beschränkt (**RG** JW 1918, 434[3]). Das ergangene rechtskräftige Urteil kommt nach ZPO § 326 auch dem Nacherben zugute, wenn es zu seinen Gunsten ausgefallen ist und über eine Nachlaßverbindlichkeit oder über einen der Nacherbfolge unterliegenden Gegenstand ergeht. Nur wenn der Vorerbe über einen solchen Gegenstand ohne Zustimmung des Nacherben zu verfügen befugt ist, wirkt es auch gegen den Nacherben (vgl. auch § 1380). Unterbrechung des Verfahrens bei Eintritt der Nacherbfolge ZPO §§ 242, 246 (hierzu **RG** 75, 363), vollstreckbare Ausfertigung § 728 Abs 1. — Verfügungsbeschränkungen des Vorerben infolge der Bestellung eines verwaltenden Testamentsvollstreckers §§ 2211ff. (s. auch § 2222). Eintragungen im Grundbuch GBO § 52 (§ 2113 A 2).

§ 2113

Die Verfügung des Vorerben über ein zur Erbschaft gehörendes Grundstück oder über ein zur Erbschaft gehörendes Recht an einem Grundstück[1])

ist im Falle des Eintritts der Nacherbfolge insoweit unwirksam, als sie das Recht des Nacherben vereiteln oder beeinträchtigen würde²).

Das gleiche gilt von der Verfügung über einen Erbschaftsgegenstand, die unentgeltlich oder zum Zwecke der Erfüllung eines von dem Vorerben erteilten Schenkungsversprechens erfolgt³). Ausgenommen sind Schenkungen, durch die einer sittlichen Pflicht oder einer auf den Anstand zu nehmenden Rücksicht entsprochen wird⁴).

Die Vorschriften zugunsten derjenigen, welche Rechte von einem Nichtberechtigten herleiten, finden entsprechende Anwendung⁵).

E I 1828, 1839 II 1986; M 5 114—116, 129, 130; P 5 97—104, 109—112, 130; 6 129, 130.

Zu Abs 1 Befreiung zulässig § 2136.

¹1. Den **Grundstücken** sind gleichgestellt Erbbaurechte (VO v. 15. 1. 19 § 11) und die EG Artt 63, 196 erwähnten Rechte. **Rechte an Grundstücken** § 873 A 6. Wegen der Hypothekenforderungen, Grundschulden und Rentenschulden s. auch § 2114 A 1. Gleichgültig ist, ob das Grundstück usw. schon von Anfang an zur Erbschaft gehört oder erst im Wege der Surrogation (§ 2111) Bestandteil geworden ist. **Verfügung** über ein Grundstück (vgl. auch §§ 1445, 1821 Nr 1) ist Übertragung des Eigentums, Dereliktion (§ 928) und Belastung mit einem Rechte (§ 873); Verfügung über ein Recht am Grundstück ist Aufhebung des Rechtes, Übertragung, Belastung mit einem Rechte, Änderung des Rechtsinhalts (§§ 873—877), nicht aber Vermietung und Verpachtung (§ 2135).

2. Die **Unwirksamkeit der Verfügung** beruht nicht auf einem gesetzlichen Veräußerungsverbot (§ 135). Sie ist bedingt (durch den Fall des Eintritts der Nacherbfolge) und zugleich ihrem Umfang nach begrenzt (soweit sie das Recht des Nacherben vereiteln oder beeinträchtigen würde). Die Verfügung ist deshalb von Anfang an wirksam, wenn sie auf die Dauer des Rechtes des Vorerben beschränkt ist. Sie wird ferner voll wirksam, sobald feststeht, daß es überhaupt nicht zur Nacherbfolge kommen wird. Auch Zustimmung des Nacherben macht die Verfügung voll wirksam (§ 185; RG 65, 219; Warn 1914 Nr 126). Derselbe Erfolg tritt ein, wenn der Vorerbe das mit dem Rechte des Nacherben belastete Grundstück oder Recht zum freien Eigentum erwirbt oder, wenn der Nacherbe unbeschränkter Erbe des Vorerben wird (§ 185 Abs 2); hat der Vorerbe die Verfügung indessen zugunsten eines der mehreren Mitnacherben getroffen und wird er von allen diesen beerbt, so wird die Verfügung nach § 185 Abs 2 Satz 1 Halbsatz 3 nicht wirksam, weil dann im Verhältnis der Miterben untereinander die unbeschränkte Haftung ausgeschlossen ist (RG 110, 94). Zur Einwilligung kann der Nacherbe unter Umständen gezwungen werden (§ 2120). Der Nacherbe kann die Unwirksamkeit der ihn benachteiligenden Verfügung unter Umständen schon vor Eintritt der Nacherbfolge durch Feststellungsklage gegen den Vorerben geltend machen. So in einem landrechtlichen Falle anerkannt RG 24. 6. 07 IV 551/06. Die Vereitelung oder Beeinträchtigung des Nacherbenrechts (§§ 161 Abs 1, 883 Abs 2) wird im Falle der Veräußerung oder Belastung eines Grundstücks immer gegeben sein, wenn sie nicht in Erfüllung einer bereits vom Erblasser eingegangenen Verbindlichkeit (Auflassung eines von ihm verkauften Hauses) vorgenommen wird. Ebenso bei der Verfügung über ein Recht am Grundstück, es müßte denn damit eine bloß formale Rechtsänderung (Verwandlung der Buchhypothek in Briefhypothek) oder sogar eine Besserung z. B. in der Rangstellung (§ 880) herbeigeführt werden. Jedenfalls wird die Beeinträchtigung dadurch nicht beseitigt, daß wirtschaftlich angesehen die Lage des Nacherben durch die Verfügung nicht verschlechtert wird, daß z. B. der Vorerbe für das veräußerte Grundstück den vollen Geldwert gezahlt erhält. Immerhin geht ihm das ihm zugedachte Grundstück dadurch verloren. Nur für die Fälle des Abs 2 kommt die Entgeltlichkeit in Betracht. Mit dem Eintritt der Nacherbfolge endigt die Wirkung der dem Abs 1 zuwiderlaufenden Verfügung und tritt der frühere Rechtszustand wieder ein (§§ 163, 158). Mit diesem Zeitpunkt kann deshalb die Unwirksamkeit von jedem, nicht bloß vom Nacherben geltend gemacht werden (RG Warn 1914 Nr 126; a. M. Dernburg V § 58 A 2), jedoch unbeschadet der während der Schwebezeit von Dritten erlangten Rechte (Abs 3). Das Recht des Nacherben und, soweit der Vorerbe von Beschränkung seines Verfügungsrechts befreit ist, auch die Befreiung sind, wenn der Nacherbe nicht hierauf verzichtet hat (RG 61, 232), von Amts wegen im Grundbuch einzutragen (GBO § 52). Verzicht des Nacherben auf die Eintragung oder die von ihm bewilligte Löschung der Eintragung des Nacherbenrechts hat nicht den Verlust dieses Rechtes zur Folge, sondern nur, daß er den sich aus der Eintragung nach § 892 Abs 1 Satz 2 ergebenden Schutz gegen beeinträchtigende Verfügungen des Vorerben gegenüber einem gutgläubigen Erwerber einbüßt (RG 26. 5. 21 IV 574/20; KG RJA 17, 64). Durch die Eintragung des Nacherbenrechts entsteht kein Recht am Grundstück oder an dem zur Erbschaft gehörenden Rechte am Grundstück (RG 83, 436), auch keine dingliche Belastung im Sinne von ZPO § 24

(RG 102, 103). Ist das Nacherbenrecht eingetragen, so steht der grundbücherlichen Eintragung von Verfügungen des Vorerben, da eine Sperre des Grundbuchs nicht eintritt (§ 892), nichts entgegen (SeuffA 69 Nr 253); ausgenommen wenn es sich um Löschungen auf Grund einer Verfügung des Vorerben handelt (RG 65, 219; 102, 338; dagegen Maenner LZ 1925, 13ff.). Ist die Eintragung nicht geschehen, so darf das Grundbuchamt auf Grund einer Verfügung auch des **befreiten Vorerben** keine Rechtsänderung in das Grundbuch eintragen, es sei denn, daß die Einwilligung des Nacherben in die Verfügung gemäß GBO § 29 ihm nachgewiesen oder offenkundig oder daß ihre Notwendigkeit durch die ganze Sachlage ausgeschlossen ist. So geeignetenfalls auch, wenn es sich um eine Löschungsbewilligung des befreiten Vorerben handelt (RG 69, 260; über die Notwendigkeit der Zustimmung des Nacherben zur Löschung im Falle nichtbefreiter Vorerbschaft s. KG RJA 16, 145). Von den im vorletzten Satze angeführten Fällen abgesehen, läßt sich mit den im Grundbuchverfahren zulässigen Beweismitteln, außer durch eine beglaubigte Erklärung des Nacherben, nicht mit Sicherheit feststellen, ob die Verfügung des Vorerben eine entgeltliche oder unentgeltliche und ob sie deshalb nach Abs 2 auch dem befreiten Vorerben verboten ist. So ausführlich RG 61, 228; 65, 214 u. 70, 333; dagegen Planck § 2136 A 3. Die neuere Rechtsprechung sieht die Unentgeltlichkeit einer Verfügung des befreiten Vorerben regelmäßig als durch die Sachlage ausgeschlossen an, wenn die Eintragungsbewilligung des Vorerben Bestandteil eines zweiseitigen entgeltlichen Geschäfts ist (KGJ 38 A 223; 40, 174) oder die von ihm erklärte Auflassung auf einem zweiseitigen entgeltlichen Geschäfte beruht (RJA 11, 123; 16, 330; RG SeuffA 78 Nr 192), läßt auch eine einseitige Erklärung eines solchen Vorerben zum Nachweise der Entgeltlichkeit genügen, wenn die Richtigkeit dieser Erklärung durch andere in der Form von GBO § 29 nachgewiesene Umstände bestätigt wird (KGJ 40, 180; 41, 176; OLG 30, 201; noch weitergehend BayObLG JW 1923, 1036[1]: der Grundbuchrichter werde einer Erklärung des Vorerben, daß die Verfügung entgeltlich sei, Vertrauen schenken dürfen, wenn nicht besondere Anhaltspunkte für die Unrichtigkeit der Erklärung gegeben seien). Die Frage ist gegenstandslos, wenn der Nacherbe, sei es auch vertreten durch den Vorerben, die Veräußerung des Grundstücks selbst mit vorgenommen hat (RG Warn 1912 Nr 399). Aufhebung einer Eigentümergrundschuld durch den befreiten Vorerben KGJ 43, 263; JFG 2, 431.

3. **Die unentgeltliche Verfügung** über Erbschaftsgegenstände jeder Art, Sachen und Rechte (§ 90), nicht bloß Grundstücke, ist auch dem befreiten Vorerben nicht gestattet (A 2) und macht ihn nach § 2138 Abs 2 gegenüber dem Nacherben schadensersatzpflichtig. Sie wird stets **eine Vereitelung des Rechtes des Nacherben enthalten und kann deshalb nur Wirksamkeit behalten, wenn der Nacherbe einwilligt oder wenn es überhaupt nicht zur Nacherbfolge kommt. Sie ist nicht notwendig Schenkung (§ 516). Es genügt, daß ohne Gegenleistung, vielleicht nur** in Erwartung einer solchen verfügt ist. Die Verfügung ist indessen nicht schon dann ganz oder teilweise unentgeltlich, wenn der Vorerbe für das, was er aus der Erbschaft opfert, bei objektiver Betrachtung kein oder kein volles Entgelt erhält, sondern es muß hinzukommen entweder, daß er auch nach seiner eigenen Einschätzung kein oder kein volles Entgelt erhält, oder daß er unter dem für ihn (wie für den Testamentsvollstrecker § 2216 Abs 1, § 2205 A 4) maßgebenden Gesichtspunkt der ordnungsmäßigen Verwaltung (§§ 2120, 2130) bei Rücksichtnahme auf seine künftige Herausgabepflicht das von der andern Seite Geleistete nicht als entsprechenden Gegenwert hätte ansehen dürfen (RG 81, 364; 105, 248; KG JW 1925, 375[1]). Von diesem Standpunkt aus ist auch der Verkauf eines Hauses zu einem den niedrigen Grundstückspreisen der Inflationszeit entsprechenden Preise (RG JRdsch 1926 Nr 940; KG JW 1925, 379[7] und JFG 3, 278) sowie der in zahlreichen Entscheidungen (so JW 1924, 2043[1]; 1925, 396[11] u. 503[9]; OLG 44, 56; JFG 2 S. 388, 433, 436) behandelte Fall zu beurteilen, daß der Vorerbe (oder Testamentsvollstrecker) in der Inflationszeit über eine Hypothek gegen Auszahlung in Papiermark durch vorbehaltlose Quittung, Löschungsbewilligung oder Abtretung verfügt; vgl. auch RG 117, 97. Dem an die Anforderungen einer ordnungsmäßigen Verwaltung gebundenen Ermessen des Vorerben kommt aber nur für die Einschätzung einer Leistung als Gegenwert einer andern Leistung Bedeutung zu. Dagegen wird eine Leistung, für die der Leistende gar keine Gegenleistung erhält, nicht dadurch entgeltlich, daß sie in dem irrigen Glauben an eine Gegenleistung bewirkt wird (RG 105, 246; Gruch 68, 67: Erfüllung einer vermeintlichen Nachlaßverbindlichkeit). Keine unentgeltliche Verfügung ist die Versäumnis eines Erwerbs, Ausschlagung einer dem Erblasser angefallenen Erbschaft, Duldung der Verjährung.

4. Erlaubte Schenkungen s. § 534 (auch §§ 1446, 1641, 1804, 2205, 2330). Der Satz bezieht sich nur auf Verfügungen unter Lebenden (BayObLG 25 A 4). Keine sittliche oder Anstandspflicht des zum Vorerben berufenen überlebenden Elternteils, eine Ausgleichung unter den Kindern wegen ihrer bereits empfangenen Ausstattungen (vgl. §§ 2050, 2052) schon durch Rechtsgeschäft unter Lebenden vorzunehmen (RG LZ 1922, 410[7]).

5. Übereinstimmend mit § 161 Abs 3, dort A 3 und ZPO § 325 Abs 2. Der **gutgläubige**

Erwerber muß darüber in Unkenntnis sein, daß der vom Vorerben veräußerte Gegenstand zur Erbschaft gehört oder den Vorerben irrig für befreit gehalten haben. Der Schutz kommt auch dem Empfänger der unentgeltlichen Leistung zugute (A 3), doch bleibt er dem Bereicherungsanspruch aus § 816 Abs 1 ausgesetzt. Noch weitergehender Schutz des Erwerbers bei Erteilung eines Erbscheins an den Vorerben, worin die Nacherbfolge unerwähnt geblieben ist, §§ 2366, 2363.

§ 2114

Gehört zur Erbschaft eine Hypothekenforderung, eine Grundschuld oder eine Rentenschuld, so steht die Kündigung und die Einziehung dem Vorerben zu[1]). Der Vorerbe kann jedoch nur verlangen, daß das Kapital an ihn nach Beibringung der Einwilligung des Nacherben gezahlt oder daß es für ihn und den Nacherben hinterlegt wird[2]). Auf andere Verfügungen über die Hypothekenforderung, die Grundschuld oder die Rentenschuld finden die Vorschriften des § 2113 Anwendung[3]).

E I 1818—1821, 1828 II 1987; M 5 96—98, 114—116; P 5 104.

Befreiung zulässig § 2136.

1. **Hypothek** §§ 1113ff., **Grundschuld** §§ 1191ff., **Rentenschuld** §§ 1199ff. sind Rechte am Grundstück. Die Verfügung hierüber, wozu auch Kündigung und Einziehung gehören, unterliegt deshalb an sich den Beschränkungen des § 2113. Der Vorerbe ist jedoch (in weiterem Maße als der Nießbraucher §§ 1077, 1080) insofern freier gestellt, als ihm die **Kündigung** unter der aus § 2131 sich ergebenden Verantwortung selbständig überlassen ist. Demgemäß ist auch die vom Schuldner dem Vorerben gegenüber erklärte Kündigung voll wirksam.

2. Auch die **Einziehung** ist nicht (wie beim Nießbrauche § 1078) von der Mitwirkung des Nacherben abhängig. Das Zahlungsverlangen ist aber inhaltlich in der Weise beschränkt, daß den Rechten des Nacherben kein Abbruch geschehen kann. Seine Einwilligung, d. h. vorherige Zustimmung (§ 183) ist auf Verlangen und regelmäßig schon im Hinblick auf GBO § 29 in öffentlich beglaubigter Form zu erteilen, § 2120. Sie kann zum Zwecke der Befreiung auch vom Schuldner beansprucht werden. Hinterlegung § 372. Der hinterlegte Betrag wird im Falle des § 378 Surrogat der Erbschaft (§ 2111); zur Verfügung hierüber ist die Zustimmung des Nacherben erforderlich (§ 2116 Abs 2). Die Vorschrift trifft auch gegenüber dem persönlichen Schuldner zu, der nicht Eigentümer ist (§ 1143) und findet auch Anwendung, wenn der Schuldner freiwillig leistet (hierzu KGJ 50, 217). Dagegen ist der Vorerbe in Ansehung anderer Forderungen, insbesondere auf Zinsrückstände nach § 2112 nicht beschränkt.

3. **Andere Verfügungen** als Kündigung und Einziehung § 2113 A 1. Hierzu gehört auch die Aufrechnung, wenn sie vom Vorerben erklärt wird.

§ 2115

Eine Verfügung über einen Erbschaftsgegenstand, die im Wege der Zwangsvollstreckung oder der Arrestvollziehung[1]) oder durch den Konkursverwalter erfolgt[2]), ist im Falle des Eintritts der Nacherbfolge insoweit unwirksam, als sie das Recht des Nacherben vereiteln oder beeinträchtigen würde[3]). Die Verfügung ist unbeschränkt wirksam, wenn der Anspruch eines Nachlaßgläubigers oder ein an einem Erbschaftsgegenstande bestehendes Recht geltend gemacht wird, das im Falle des Eintritts der Nacherbfolge dem Nacherben gegenüber wirksam ist[4]).

E I 1829 II 1988; M 5 117; P 5 112—114; 6 92, 93.

1. Wie die vom Vorerben vorgenommenen Verfügungen im Falle des § 2113, so sind auch die gegen ihn ergehenden Verfügungen unwirksam, wenn sie im Wege der **Zwangsvollstreckung oder Arrestvollziehung** stattfinden. Und zwar auch wenn der Vorerbe nach §§ 2136, 2137 befreit ist, sowie rücksichtlich aller Arten von Erbschaftsgegenständen, also auch beweglicher Sachen und Rechte, die zur Erbschaft gehören. ZPO § 773 verbietet demgemäß die Veräußerung und Überweisung der zu einer Vorerbschaft gehörenden Gegenstände und gibt dem Nacherben ein Widerspruchsrecht. Nur um Verwirklichung einer rechtsgeschäftlichen (urteilsmäßigen), nicht um eine im Wege der Zwangsvollstreckung ergehende Verfügung handelt es sich in den Fällen der Verurteilung zur Abgabe einer Willenserklärung nach ZPO §§ 894, 895 u. 897. Der Zwangsvollstreckung muß folgerichtig auch die Aufrechnung

als eine Form der Selbstbefriedigung gleichgestellt werden. In Fortbildung des § 394 ist deshalb dem Nachlaßschuldner, der zugleich persönlicher Gläubiger des Vorerben ist, verwehrt, mit dieser Forderung gegen seine Nachlaßschuld aufzurechnen (RG 80, 32).

2. Im Konkurs über das Vermögen des Vorerben ist das dem Konkursverwalter zustehende Verfügungsrecht (KO § 6 Abs 2) mit Bezug auf die Erbschaftsgegenstände beschränkt. Freie Verfügung ist ihm auch nicht zur Erfüllung eines zweiseitigen Vertrags (KO § 17) eingeräumt. **Die Veräußerung der Erbschaftsgegenstände** ist ihm durch KO § 128 noch besonders untersagt. Der Nacherbe kann hiergegen den Schutz des Konkursgerichts anrufen (KO § 83), hat aber kein Aussonderungsrecht aus KO § 43, da der Erbschaftsgegenstand immerhin bis zum Eintritt der Nacherbfolge dem Gemeinschuldner als wahrem Erben gehört (a. M. Dernburg V § 58 A 11).

3. Die **Unwirksamkeit der Verfügung** ist eine bedingte und begrenzte wie § 2113 A 2. Jedenfalls ist die Vornahme der Zwangsvollstreckung zulässig und steht auch dem Nacherben insoweit kein Widerspruchsrecht zu, als es sich um die Begründung von Pfandrechten gemäß ZPO §§ 804, 829, 846ff., 857ff., 930 oder um Eintragung einer Sicherungshypothek nach §§ 866ff. (RJA 4, 59) oder nur um Beschlagnahme des Grundstücks nach ZVG §§ 20ff. handelt. Nicht betroffen durch § 2115 sind Vollstreckungshandlungen, die sich auf die dem Vorerben zustehenden Nutzungen (§ 2111 A 3) beschränken (RG 80, 7). S. jedoch ZPO § 863. So auch die Zwangsverwaltung nach ZVG §§ 146ff. Nur die Veräußerung und Überweisung ist ausgeschlossen (ZPO § 773). Erst wenn es zur Nacherbfolge kommt, kann der Nacherbe Beseitigung aller Vollstreckungsmaßregeln verlangen. Vorher hat er nach § 2128 gegebenenfalls das Recht auf Sicherheitsleistung.

4. Das Recht des Nacherben wie jedes andern Erben muß unbedingt den **Ansprüchen der Nachlaßgläubiger** weichen (§ 1967). Auch dann ist ohne Rücksicht auf den Nacherben die völlige Durchführung der Zwangsvollstreckung zulässig, wenn sie auf Grund eines **Rechtes an einem Erbschaftsgegenstande** vorgenommen wird, das entweder bereits vom Erblasser (somit zugunsten eines Nachlaßgläubigers) oder auch erst vom Vorerben begründet worden ist, vorausgesetzt, daß das Recht auch gegenüber dem Nacherben wirksam ist. So bei allen Verfügungen, zu denen der Nacherbe eingewilligt hat (§ 2120) oder die der Vorerbe in Beziehung auf Grundstücke oder Rechte an Grundstücken ohne Benachteiligung des Nacherben (§ 2113 Abs 1) oder in Beziehung auf andere Gegenstände entgeltlich vorgenommen hat (§ 2113 Abs 2). Ebenso bei Hypothekenzinsen und Reallasten, die der Vorerbe unbefriedigt gelassen hat (§§ 1107, 1108, 1118). Ist das Recht am Erbschaftsgegenstand erst im Wege der Zwangsvollstreckung gegen den Vorerben erlangt (Pfandrecht), so ist seine fernere Geltendmachung durch Satz 1 (A 3) ausgeschlossen. Unter den gleichen Voraussetzungen sind die Verfügungen des **Konkursverwalters** unbeschränkt wirksam. — Die Vorschrift zum Schutze der Nichtberechtigten (§ 2113 A 5) ist hier nicht aufgenommen. Hiernach erlangt auch der gutgläubig, d. h. ohne Kenntnis des Nacherbenrechts mit der Zwangsvollstreckung vorgehende Gläubiger oder mit dem Konkursverwalter verhandelnde Dritte durch die betreffenden Verfügungen keine gegen den Nacherben wirksamen Rechte. Kommt es jedoch zu einer wirklichen Veräußerung, so wird der Erwerber nach §§ 1244, 932ff., 892 geschützt. Bei der Zwangsversteigerung gilt dies sogar dann, wenn dem Ersteher das Nacherbenrecht bekannt war, sofern es nicht eingetragen oder rechtzeitig angemeldet war (ZVG § 37 Nr 4, 5, §§ 44f., 52, 90f.). — Ähnliche Vorschriften in §§ 135, 161, 184, 353, 499, 883.

§ 2116

Der Vorerbe hat auf Verlangen des Nacherben die zur Erbschaft gehörenden Inhaberpapiere nebst den Erneuerungsscheinen bei einer Hinterlegungsstelle oder bei der Reichsbank mit der Bestimmung zu hinterlegen, daß die Herausgabe nur mit Zustimmung des Nacherben verlangt werden kann[1]). Die Hinterlegung von Inhaberpapieren, die nach § 92 zu den verbrauchbaren Sachen gehören, sowie von Zins-, Renten- oder Gewinnanteilscheinen kann nicht verlangt werden[2]). Den Inhaberpapieren stehen Orderpapiere gleich, die mit Blankoindossament versehen sind[3]).

Über die hinterlegten Papiere kann der Vorerbe nur mit Zustimmung des Nacherben verfügen[4]).

E I 1822 II 1989; M 5 98—100; P 5 99, 106—109; 6 93, 94.

Befreiung zulässig § 2136.

1. Der Vorerbe ist bezüglich der **Inhaberpapiere** (§§ 793ff., 1195; Inhaberaktien HGB §§ 179, 320) und Erneuerungsscheine (§ 805) nur schuldrechtlich und nur insoweit gebunden, als der Nacherbe das Verlangen nach Hinterlegung gestellt hat. Schadensersatzpflicht

nach § 2130. Legitimationspapiere (§ 808), z. B. Sparkassenbücher gehören nicht zu den Inhaberpapieren. Hinterlegungsstellen nach Landesgesetz EG Artt 144—146. Die gleiche Art der Hinterlegung ist vorgeschrieben beim Nießbrauch § 1082, gesetzlichen Güterrecht § 1392 und für die vormundschaftliche Verwaltung § 1814.

2. Die Inhaberpapiere sind **verbrauchbare Sachen**, wenn ihr bestimmungsmäßiger Gebrauch in dem Verbrauch oder in der Veräußerung besteht, z. B. Banknoten, das Betriebskapital eines Bankgeschäfts (s. auch § 1084).

3. **Orderpapiere** HGB § 363, Blankoindossament WO Art 12. Der Vorerbe kann sich mithin der Hinterlegungspflicht dadurch entziehen, daß er das Papier an Order indossiert, WO Art 13.

4. Ist es einmal zur Hinterlegung gekommen, so ist, solange sie dauert, jede ohne **Zustimmung des Nacherben** (§§ 182—184) vorgenommene Verfügung von Anfang an und nicht bloß wie im Falle der §§ 2113 A 2, 2115 A 3 bedingungsweise unwirksam. Verpflichtung des Nacherben zur Zustimmung § 2120.

§ 2117

Der Vorerbe kann die Inhaberpapiere, statt sie nach § 2116 zu hinterlegen, auf seinen Namen mit der Bestimmung umschreiben lassen, daß er über sie nur mit Zustimmung des Nacherben verfügen kann. Sind die Papiere von dem Reiche oder einem Bundesstaat ausgestellt, so kann er sie mit der gleichen Bestimmung in Buchforderungen gegen das Reich oder den Bundesstaat umwandeln lassen[1]).

E I 1822 Abs 1 II 1990; M 5 99, 106—108; 6 93, 94.

Befreiung zulässig § 2136.

1. **Umschreibung** auf den Namen § 806, EG Art 101. RSchuldbG v. 31. 5. 10 §§ 1, 4, 10, 18; Staatsschuldbuch EG Art 97. Gleiche Vorschriften für die Verwaltung des Mannes und des Vormundes §§ 1393, 1815.

§ 2118

Gehören zur Erbschaft Buchforderungen gegen das Reich oder einen Bundesstaat, so ist der Vorerbe auf Verlangen des Nacherben verpflichtet, in das Schuldbuch den Vermerk eintragen zu lassen, daß er über die Forderungen nur mit Zustimmung des Nacherben verfügen kann[1]).

E II 1991; P 5 99, 106—108; 6 93, 94.

Befreiung zulässig § 2136.

1. Wie beim Vormund § 1816. RSchuldbG v. 31. 5. 10 §§ 3, 10, 18. Trifft auch zu, wenn die **Buchforderungen** erst nachträglich zur Erbschaft erworben sind (§ 2111).

§ 2119

Geld, das nach den Regeln einer ordnungsmäßigen Wirtschaft dauernd anzulegen ist, darf der Vorerbe nur nach den für die Anlegung von Mündelgeld geltenden Vorschriften anlegen[1]).

E II 1992; P 5 104, 105.

Befreiung zulässig § 2136.

1. Der Vorerbe ist etwas freier gestellt als der Mann, der Vater oder der Vormund (§§ 1377, 1642, 1806), indem er nicht verpflichtet ist, **Geld dauernd anzulegen**, soweit es nicht zur Bestreitung von Ausgaben bereitzuhalten ist. Immerhin sind hierfür nicht seine eigenen Gepflogenheiten (§ 2131), sondern die Regeln einer ordnungsmäßigen Wirtschaft (§ 2038 A 2) maßgebend. Jedenfalls aber hat er, wenn er einmal eine dauernde Anlage vornimmt, hierbei auf mündelmäßige Sicherheit (§§ 1807, 1808, EG Artt 144, 212) Bedacht zu nehmen, hierzu **RG** 73, 4. Die Genehmigung des Nacherben zur Erhebung des Geldes wie in § 1809 braucht er bei der Anlegung nicht auszubedingen. Auch seine Zustimmung zur Anlegung wie in § 1810 braucht er nicht einzuholen (s. jedoch § 2128). In der Anlegung von Geldern zu bloß vorübergehenden Zwecken (Bankguthaben, Ansammlung von Betriebsmitteln) ist er nur nach Maßgabe der §§ 2131, 277 beschränkt. Keinesfalls ist er genötigt, vom Erblasser überkommene unsichere Anlagen in mündelmäßige umzuwandeln. — Ähnlich beim Nießbrauch § 1079 und beim Pfandrecht an Forderungen § 1288.

§ 2120

Ist zur ordnungsmäßigen Verwaltung, insbesondere zur Berichtigung von Nachlaßverbindlichkeiten, eine Verfügung erforderlich, die der Vorerbe nicht mit Wirkung gegen den Nacherben vornehmen kann, so ist der Nacherbe dem Vorerben gegenüber verpflichtet, seine Einwilligung zu der Verfügung zu erteilen[1]). Die Einwilligung ist auf Verlangen in öffentlich beglaubigter Form zu erklären[2]). Die Kosten der Beglaubigung fallen dem Vorerben zur Last[3]).

E I 1823, 1828 Abs 3, 1831 II 1993; M 5 107, 108, 116, 117, 120; P 5 109, 112; 6 94.

1. Ordnungsmäßige Verwaltung § 2038 A 2. Gedacht ist vorzugsweise an die Notwendigkeit einer Versilberung von Nachlaßgegenständen, um Mittel zur Bezahlung von Nachlaßschulden zu gewinnen. Diese Versilberung ist mit Wirkung gegen den Nacherben dem Vorerben allein nicht gestattet, wenn es sich handelt um Grundstücke oder Rechte an Grundstücken (§§ 2113 Abs 1, 2114) oder um die Verfügung über Papiere oder Buchforderungen, die gemäß §§ 2116—2118 hinterlegt oder umgeschrieben sind. Die **Einwilligung des Nacherben** oder des für ihn bestellten Testamentsvollstreckers (§ 2222), die gemäß §§ 183 im voraus zu erklären ist, aber auch als Genehmigung (§ 184) die Verfügung nachträglich wirksam macht, ist in solchen Fällen unentbehrlich und darf nicht verweigert werden; anders auch im Falle befreiter Vorerbschaft, wenn die Maßregel (Einziehung einer Hypothek) erweislich zur Vereitelung des Nacherbenrechts erfolgt (RG 70, 332). Besteht die Nachlaßverbindlichkeit unmittelbar in der Vornahme einer Verfügung nach § 2113 Abs 1, z. B. in der Auflassung eines bereits vom Erblasser veräußerten Grundstücks, so bedarf es zwar materiell der Einwilligung des Nacherben nicht, immerhin muß sie formell dem Grundbuchamte nachgewiesen werden (§ 2113 A 2). Die Verpflichtung besteht nur gegenüber dem Vorerben, nicht also auch gegenüber dem Dritten, der an der Wirksamkeit der Verfügung interessiert ist. Der Vorerbe ist aber an der Abtretung seines Anspruchs auf Einwilligung nicht gehindert. Macht der Nacherbe gegen den dritten Erwerber eines Erbschaftsgegenstandes die Unwirksamkeit geltend, so darf ihm der Dritte, falls er nicht ohnedies durch § 2113 Abs 3 in seinem Erwerbe geschützt ist, mit der Einrede (exceptio doli) begegnen, daß er gemäß § 2120 die Verfügung nachträglich zu genehmigen habe (a. M. Leonhard IV). Ebenso kann, wer ein Grundstück vom befreiten Vorerben entgeltlich erworben hat und geltend machen will, daß der Nacherbenvermerk (§ 52 GBO) dadurch gegenstandslos geworden sei, gegen den einen gegenteiligen Standpunkt vertretenden Nacherben unmittelbar auf Einwilligung in die Löschung klagen (RG JRdsch 1926 Nr 939). Der Beweis, daß der Nacherbe zur Einwilligung verpflichtet sei, ist vom Vorerben (oder gegebenenfalls dem dritten Erwerber) zu führen. — Die Vorschrift gilt in dem RG 90, 96 dargelegten Sinne entsprechend, wenn zur ordnungsmäßigen Verwaltung die Eingehung einer Nachlaßverbindlichkeit erforderlich ist.

2. **Beglaubigung** § 129, FGG §§ 167, 18 , 191.

3. Die **Kosten** gehören also nicht zu den Nachlaßverbindlichkeiten § 1967, sondern zählen zu den Erhaltungskosten § 2124 Abs 1.

§ 2121

Der Vorerbe hat dem Nacherben auf Verlangen ein Verzeichnis der zur Erbschaft gehörenden Gegenstände mitzuteilen. Das Verzeichnis ist mit der Angabe des Tages der Aufnahme zu versehen und von dem Vorerben zu unterzeichnen; der Vorerbe hat auf Verlangen die Unterzeichnung öffentlich beglaubigen zu lassen[1]).

Der Nacherbe kann verlangen, daß er bei der Aufnahme des Verzeichnisses zugezogen wird[2]).

Der Vorerbe ist berechtigt und auf Verlangen des Nacherben verpflichtet, das Verzeichnis durch die zuständige Behörde oder durch einen zuständigen Beamten oder Notar aufnehmen zu lassen[3]).

Die Kosten der Aufnahme und der Beglaubigung fallen der Erbschaft zur Last[4]).

E I 1815, 993, 1042 II 1994; M 5 103; P 5 93, 94, 98; 3 394—396.

1. Befreiung nach § 2136 nicht zulässig. Das **Verzeichnis der Erbschaftsgegenstände** (so auch beim Nießbrauche § 1035 und gesetzlichen Güterrechte § 1372) umfaßt nur die Aktiven der Erbschaft, Sachen und Rechte (§ 90) nach dem Bestande zur Zeit des Erbfalls (OLG 32, 57)

und braucht nicht, wie das Inventar (§ 2001 Abs 2) eine Beschreibung und Wertsangabe zu enthalten. Seine Beweiskraft ist, da die Vermutung des § 2009 hier nicht gilt, nach allgemeinen Grundsätzen zu beurteilen. Es ist mitzuteilen, nur auf Verlangen des Nacherben, das im Prozeßwege durchzusetzen ist (OLG 8, 274) und nur während der Dauer der Vorerbschaft, nicht mehr nach Eintritt des Nacherbfalls gestellt werden kann (**RG** 98, 25). Sind mehrere Nacherben nebeneinander oder nacheinander eingesetzt, so kann jeder einzelne dieses Recht, wie die Rechte aus §§ 2127, 2128, selbständig geltend machen (so für den ersten Fall **RG** 98, 26 und SeuffA 74 Nr 34). Ist der Vorerbe zugleich Gewalthaber des Nacherben, so ist er schon nach §§ 1640, 1686 zur Aufnahme und Einreichung des Verzeichnisses an das Vormundschaftsgericht verpflichtet (**RG** 65, 142). Das Verzeichnis braucht nur einmal aufgestellt zu werden. Über spätere Veränderungen im Bestande der Erbschaft (Anfall eines Miterbenanteils § 2110, Surrogation § 2111) hat der Vorerbe nur im Falle des § 2127 Auskunft zu erteilen und nur insoweit ist er nach § 260 zum Offenbarungseide verpflichtet (OLG 21, 325; 26, 337; 32, 57). Beglaubigung § 129, FGG §§ 167, 183, 193.

2. Der **Nacherbe** ist zur **Anwesenheit** nur berechtigt, nicht aber, auch auf Verlangen des Vorerben nicht, dazu verpflichtet. Ebensowenig zur Mitwirkung oder auch nur zur Äußerung über die Richtigkeit und zur Mitunterzeichnung.

3. Die **Zuständigkeit** bestimmt sich nach Landesrecht. Der Nacherbe kann sich auch damit begnügen, daß der Vorerbe die Behörde nur zuzieht (§ 2002).

4. Die **Kosten** sind Nachlaßverbindlichkeit § 1967. Dies schließt nicht aus, daß sie den Vorerben im Verhältnis zu Dritten als eigene Verbindlichkeit treffen. Hat der Vorerbe das Verzeichnis aus eigener Bewegung aufgestellt, so können die Kosten als Verwendungen nach §§ 2124, 2125 in Betracht kommen.

§ 2122

Der Vorerbe kann den Zustand der zur Erbschaft gehörenden Sachen auf seine Kosten durch Sachverständige feststellen lassen. Das gleiche Recht steht dem Nacherben zu[1]).

E I 1815, 992 II 1995; M 5 103; P 5 94, 99.

1. Befreiung nach § 2136 nicht zulässig. Wie beim Nießbrauch § 1034, dem gesetzlichen Güterstande § 1372 und der Errungenschaftsgemeinschaft § 1528. Die **Feststellung des Zustandes** der Sachen (§ 2111) kann (aber immer nur während der Dauer der Vorerbschaft, **RG** 98, 26) auch wiederholt und ohne die Voraussetzungen der §§ 2127, 2128 verlangt werden, solange das Verlangen nicht in Schikane ausartet (§ 226). Vorzeigungspflicht des Vorerben § 809. Verfahren FGG §§ 15, 164.

§ 2123

Gehört ein Wald zur Erbschaft, so kann sowohl der Vorerbe als der Nacherbe verlangen, daß das Maß der Nutzung und die Art der wirtschaftlichen Behandlung durch einen Wirtschaftsplan festgestellt werden. Tritt eine erhebliche Änderung der Umstände ein, so kann jeder Teil eine entsprechende Änderung des Wirtschaftsplans verlangen. Die Kosten fallen der Erbschaft zur Last.

Das gleiche gilt, wenn ein Bergwerk oder eine andere auf Gewinnung von Bodenbestandteilen gerichtete Anlage zur Erbschaft gehört[1]).

E II 1996; P 5 127, 128; 6 344.

Befreiung zulässig § 2136.

1. **Wald- und Bergwerksnutzung** wie beim Nießbrauch vgl. § 1038. Die Kosten sind Nachlaßverbindlichkeit § 1967.

§ 2124

Der Vorerbe trägt dem Nacherben gegenüber die gewöhnlichen Erhaltungskosten[1]).

Andere Aufwendungen, die der Vorerbe zum Zwecke der Erhaltung von Erbschaftsgegenständen den Umständen nach für erforderlich halten darf, kann er aus der Erbschaft bestreiten[2]). **Bestreitet er sie aus seinem Vermögen, so ist der Nacherbe im Falle des Eintritts der Nacherbfolge zum Ersatze verpflichtet**[3]).

E I 1815, 997—999 II 1997; M 5 103, 104; P 5 100, 115—121.

1. Die **gewöhnlichen Erhaltungskosten** sind in Gegensatz gestellt zu anderen Aufwendungen zum Zwecke der Erhaltung (Abs 2), zu Verwendungen (§ 2125) und zu den außerordentlichen Lasten (§ 2126). Es fallen deshalb darunter, obschon nicht eigentlich der Erhaltung, sondern der Verwaltung der Erbschaft dienend (Prot 5, 119), die gewöhnlichen Lasten wie Abgaben, Renten, Zinsen der Nachlaßschulden, die üblichen Versicherungsprämien usw. Eigentliche Erhaltungskosten sind Aufwendungen für Erhaltung der Sache in ihrem wirtschaftlichen Bestande einschließlich der zur gewöhnlichen Unterhaltung gehörenden Ausbesserungen und Erneuerungen (§ 1041, auch §§ 582, 601), somit auch die zur Fortführung eines gewerblichen oder landwirtschaftlichen Betriebs im bisherigen Umfange notwendigen Ausgaben. Der Vorerbe hat diese Kosten als Gegensatz für die ihm gebührenden Nutzungen (§ 2111 A 3) — jedoch regelmäßig ohne Rücksicht darauf, ob er hierin volle Deckung findet oder nicht — auf die Dauer seines Rechts selbst zu tragen (§ 103). Immerhin kann im Einzelfall auch der Umstand, ob Erhaltungskosten aus den regelmäßigen jährlichen Nutzungen bestritten werden können, für ihre Unterordnung unter die gewöhnlichen oder die außerordentlichen Erhaltungskosten erheblich sein; so können Kosten der Ausbesserung einer Hausfassade als außerordentliche Aufwendungen angesehen werden, wenn infolge der Zwangswirtschaft die Hauserträgnisse für diese Kosten auch bei Zugrundelegung eines mehrjährigen Bewirtschaftungszeitraums nicht ausreichen (OLG Frankfurt und Herzfelder, JW 1924, 987). Daß der Vorerbe die Kosten dem Nacherben gegenüber zu tragen hat, bedeutet, daß er hierfür nicht Ersatz oder Befreiung nach § 257 verlangen kann und daß er auch nach Eintritt der Nacherbfolge dafür aufzukommen hat (§ 2145 Abs 1), soweit nicht nach §§ 2130, 592, 593 für das letzte Jahr ein Ausgleich stattfindet. Vernachlässigt er die Erhaltung der Erbschaft, so macht er sich gemäß §§ 2130, 2131 schadensersatzpflichtig. Der Erblasser kann ihn von der Verpflichtung nach Abs 1 nicht befreien (§ 2136). Dagegen kann er sich vom Nacherben ermächtigen lassen, Aufwendungen, die nicht unter Abs 2 fallen, aus der Erbschaft zu bestreiten (BayObLG 21 A 5).

2. Zu den **anderen Aufwendungen** gehören außergewöhnliche Ausbesserungen und Erneuerung von Erbschaftsgegenständen (§§ 1042, 1043), wobei auch an Sachinbegriffe (Landgut, Herde, Handelsgeschäft) zu denken ist. Auch die Kosten des im Interesse der Erbschaft über einen Erbschaftsgegenstand nicht leichtfertig geführten Rechtsstreits fallen (abweichend § 1387 Nr 1) der Erbschaft zur Last. Über Notwendigkeit und Umfang der Aufwendungen zu entscheiden, steht wie beim Beauftragten (§ 670) in dem gutgläubig ausgeübten Ermessen des Vorerben. Er kann die Aufwendungen aus der Erbschaft oder ihren Surrogaten (§ 2111) bestreiten, somit auch Erbschaftsgegenstände hierzu in Geld umsetzen und in den Fällen des § 2120 die erforderliche Einwilligung des Vorerben erzwingen.

3. Aus seinem Vermögen bestreitet der Vorerbe die Aufwendungen auch dann, wenn er hierzu die Nutzungen der Erbschaft verwendet (§ 2111 A 3). Die **Ersatzpflicht des Nacherben** entsteht erst **mit der Nacherbfolge** (§ 2139). Bis dahin verbleiben dem Vorerben die Nutzungen der Erbschaft, er kann deshalb auch erst von diesem Zeitpunkt ab Verzinsung verlangen (§ 256). Anspruch auf Befreiung von Verbindlichkeiten § 257. Der Ersatzanspruch ist nicht wie gegenüber dem Eigentumsanspruch (§ 1001) davon abhängig, daß der Nacherbe den betreffenden Erbschaftsgegenstand erlangt. Auch Verwendungen auf untergegangene Gegenstände sind zu ersetzen (s. jedoch § 2138 A 2). Die Ersatzpflicht ist aber Nachlaßverbindlichkeit und unterliegt deshalb in jedem Falle der Beschränkung der Haftung, auch wenn der Nacherbe sonst unbeschränkt haftet, § 2144 Abs 3. Zurückbehaltungsrecht des Vorerben § 273.

§ 2125

Macht der Vorerbe Verwendungen auf die Erbschaft, die nicht unter die Vorschrift des § 2124 fallen[1]), so ist der Nacherbe im Falle des Eintritts der Nacherbfolge nach den Vorschriften über die Geschäftsführung ohne Auftrag zum Ersatze verpflichtet[2]).

Der Vorerbe ist berechtigt, eine Einrichtung, mit der er eine zur Erbschaft gehörende Sache versehen hat, wegzunehmen[3]).

E I 1815, 1010 II 1998; M 5 103, 104; P 5 100, 115—121.

1. Die **Verwendungen** sind hier in Gegensatz gestellt zu den gewöhnlichen und außergewöhnlichen Erhaltungskosten des § 2124. Im übrigen ist die Bestimmung dem Nießbrauch nachgebildet § 1049. Es handelt sich somit a) um Ausgaben im Interesse der Erbschaft, die über den Erhaltungszweck hinausgehen, z. B. Verbesserungen in der Kulturart, Um- und Erweiterungsbauten, Vermehrung des Betriebskapitals, oder b) um Ausgaben, die zwar dem Erhaltungszwecke dienen, aber (wie die Ausbesserung einer veralteten Maschinenanlage) vom Vorerben nicht hätten für erforderlich erachtet werden dürfen. Die Verwendungen können

auf einzelne Gegenstände, aber auch auf die Erbschaft im ganzen gemacht sein, z. B. die Kosten eines Rechtsstreits, der zur Feststellung des Erbrechts geführt wird.

2. Der Nacherbe ist, wie nach § 2124 Abs 2 nicht vor Eintritt der Nacherbfolge, jedoch nicht gleich dem Auftraggeber, sondern nach den Vorschriften über die **Geschäftsführung ohne Auftrag** ersatzpflichtig. Danach steht dem Vorerben wie nach § 2124 Abs 2 bei den Verwendungen zu Erhaltungszwecken der volle Ersatzanspruch aus §§ 683, 670 zu, soweit die Verwendungen dem Interesse und dem wirklichen oder dem mutmaßlichen Willen des Nacherben entsprechen oder soweit dem Vorerben § 679 zur Seite steht. Trifft dies nicht zu, so haftet der Nacherbe nach § 684 jedenfalls soweit er bereichert ist. Im übrigen gilt von dem Ersatzanspruch das § 2124 A 3 Gesagte.

3. Das **Wegnahmerecht** (§ 258) steht dem Geschäftsführer an sich nicht zu, ist deshalb dem Vorerben besonders eingeräumt. Der Vorerbe ist zur Wegnahme nur berechtigt, nicht verpflichtet.

§ 2126

Der Vorerbe hat im Verhältnisse zu dem Nacherben nicht die außerordentlichen Lasten zu tragen, die als auf den Stammwert der Erbschaftsgegenstände gelegt anzusehen sind[1]). Auf diese Lasten finden die Vorschriften des § 2124 Abs 2 Anwendung.[2])

E I 1815, 1003 Nr 1 II 1999; M 5 103, 104; P 5 100, 115—120

1. Indem der Vorerbe von Tragung der **außerordentlichen Lasten** (§§ 995, 1047, 1385 Nr 1) befreit wird, ist mittelbar zugleich seine Verpflichtung anerkannt, die ordentlichen öffentlichen oder privatrechtlichen Lasten (§ 103) als Gegensatz für die ihm zufließenden Nutzungen selbst zu tragen (§ 2124 A 1). Dies gilt auch von den außerordentlichen Lasten, soweit sie, wie z. B. die Einquartierungslast, nicht auf den Stammwert gelegt sind. Dagegen kommen als solche den Stammwert ergreifende Lasten (M 3, 516) in Betracht: a) fällig werdende Hypotheken und Grundschulden, Zwangsaufwendungen für Neu- und Umbauten, Adjazentenbeiträge u. dgl.; b) die der Erbschaft als Ganzem — nicht dem Vorerben für seine Person — auferlegten Vermächtnisse und Auflagen (RG Recht 09 Nr 694: Auslegungsfrage, ob ein Rentenvermächtnis im Verhältnisse zwischen dem Vorerben und dem Nacherben nur die Einkünfte oder das Stammvermögen belasten soll); c) die Besitzsteuer nach dem BesStG v. 3. 7. 13; der Wehrbeitrag nach dem WehrbG v. 3. 7. 13 und die außerordentlichen Kriegsabgaben, soweit sie vom Vermögen und nicht vom Einkommen erhoben wurden (KG und Herzfelder JW 1920, 564[2]); das Reichsnotopfer nach dem Ges v. 31. 12. 19 § 54; der Zuschlag zur Vermögensteuer nach dem Ges v. 8. 4. 22 § 32, jetzt die Vermögensteuer nach dem Ges v. 10. 8. 25 § 19; die Industriebelastung nach dem Ges v. 30. 8. 24; die Erbschaftsteuer nach dem ErbschStG in der Fassung v. 22. 8. 25 §§ 7, 15 Abs 4 (über das frühere Recht vgl. Hirschwald und Kretzschmar JW 1921 S. 73, 569, 570). Die Abgaben nach den Gesetzen über die Besteuerung der Betriebe und über die Erhebung einer Rhein-Ruhr-Abgabe v. 11. 8. 23 sollten vom Ertrag erhoben werden und gehören deshalb nicht hierher (BayObLG 22 A 324).

2. Der Vorerbe kann derartige Lasten aus der Erbschaft bestreiten und hat, insoweit er sie aus seinem Vermögen bestreitet, den Ersatzanspruch (§ 2124 A 2/3).

§ 2127

Der Nacherbe ist berechtigt, von dem Vorerben Auskunft über den Bestand der Erbschaft zu verlangen[1]), wenn Grund zu der Annahme besteht, daß der Vorerbe durch seine Verwaltung die Rechte des Nacherben erheblich verletzt[2]).

E II 2000; P 5 96, 97.

Befreiung zulässig § 2136.

1. Das Recht, **Auskunft zu verlangen,** schließt nach § 260 das Recht in sich, Vorlegung eines (privatschriftlichen) Verzeichnisses des derzeitigen Bestandes und gegebenenfalls den Offenbarungseid zu verlangen. Hat der Vorerbe bereits nach § 2121 Verzeichnis gelegt, so genügt Angabe der seitdem eingetretenen Veränderungen. Die Auskunft kann, wenn ein neuer Grund gegeben ist, wiederholt verlangt werden. Von mehreren, auch nacheinander berufenen Nacherben steht das Recht jedem besonders zu (§ 2121 A 1). Für den noch unbekannten Nacherben hat sein nach § 1913 bestellter Pfleger zu sorgen. Ist nach § 2222 ein Testamentsvollstrecker bestellt, so ist dieser zu dem Auskunftsverlangen ausschließlich berechtigt.

2. Das Recht des Nacherben besteht in dem Anspruch auf Herausgabe der Erbschaft in

der § 2130 vorausgesetzten Beschaffenheit. Daraus folgt, daß **nicht ordnungsmäßige Verwaltung**, auch wenn sie nicht böswillig ist, das Verlangen rechtfertigt, wenn sie zugleich eine erhebliche Verletzung der Rechte des Nacherben (auf sorgsame Verwaltung) enthält. Immerhin muß die Besorgnis durch die Art der Verwaltung begründet sein. Ungünstige Vermögenslage des Vorerben (§ 2128 A 1) reicht für sich allein nicht aus. — Das Verlangen ist nötigenfalls im Klagewege geltend zu machen. Es kann nur während der Dauer der Vorerbschaft gestellt werden, nach deren Beendigung dem Nacherben das Recht aus § 260 ohne weiteres zusteht (**RG** 98, 26). Für die Voraussetzungen ist der Nacherbe beweispflichtig.

§ 2128

Wird durch das Verhalten des Vorerben oder durch seine ungünstige Vermögenslage die Besorgnis einer erheblichen Verletzung der Rechte des Nacherben begründet[1]), so kann der Nacherbe Sicherheitsleistung verlangen[2]).

Die für die Verpflichtung des Nießbrauchers zur Sicherheitsleistung geltenden Vorschriften des § 1052 finden entsprechende Anwendung[3]).

E I 1815, 1005, 1006 II 2001; M 5 104; P 5 100, 121—125.

Befreiung zulässig § 2136.

1. Der Vorerbe ist, wie der Nießbraucher (§ 1051) oder der Ehemann (§ 1391, hierzu **RG** 60, 182 und Warn 1916 Nr 228) nicht allgemein, sondern nur unter den besonderen Voraussetzungen des § 2128 zur Sicherheitsleistung verpflichtet. Ähnlich § 1981 Abs 2. Daneben bleibt das Recht des Nacherben bestehen, auf Befolgung des § 2119 zu dringen (**RG** 73, 7). Das **Verhalten des Vorerben** braucht weder arglistig noch überhaupt pflichtwidrig zu sein (**RG** SeuffA 74 Nr 34), muß aber objektiv die vom Gesetz erforderte Besorgnis rechtfertigen. So insbesondere bei unordentlicher Verwaltung des der Nacherbschaft unterliegenden Vermögens (§§ 2127, 2130), bei unrichtigen Angaben in einem Nachlaßverzeichnisse, das der Vorerbe mit oder ohne gesetzlichen Zwang aufgestellt hat (**RG** Recht 1922 Nr 86), oder bei eigenmächtiger Vornahme der durch §§ 2113ff. ihm untersagten Verfügungen; unter Umständen aber auch bei schlechter Verwaltung eines anderen Vermögens, das der Vorerbe in Händen hat, insbesondere seines eigenen freien Vermögens (**RG JW 1920, 880[10]** und Warn 1922 Nr 17). Ob die **ungünstige Vermögenslage** schon bei Anfall der Erbschaft vorhanden war oder erst später eintritt, ist gleichgültig. Sie allein genügt aber nicht. Es muß auch hier dazukommen, daß, etwa wegen drohenden Zugriffs der Gläubiger des Vorerben oder zu befürchtender Veräußerung von Nachlaßgegenständen eine, und zwar erhebliche Verletzung der Nacherbenrechte zu besorgen steht.

2. Das Verlangen kann (bei einer Mehrheit von Nacherben von jedem einzelnen, § 2121 A 1) unmittelbar auf **Sicherheitsleistung** gemäß §§ 232ff. gerichtet werden und setzt nicht voraus, daß der Vorerbe hierzu bereits rechtskräftig verurteilt oder daß ihm zuvor nach § 2129 die Verwaltung entzogen ist (**RG** 59, 200). Die Sicherheit ist vom Vorerben nicht bloß mit der Erbschaft, sondern auch mit dem eigenen Vermögen zu leisten.

3. Der Anspruch gegen den Vorerben steigert sich gemäß § 1052 bis zur **Entziehung der Verwaltung** und Bestellung eines Verwalters mit den weiteren Folgen des § 2129, wenn es zur rechtskräftigen Verurteilung dazu gekommen ist, die Sicherheit zu leisten, und wenn die ihm hierfür zu bestimmende Frist (ZPO § 255 Abs 2) verstrichen ist. Die Entziehung der Verwaltung erfolgt im Klagewege, die Bestellung des Verwalters durch das Prozeßgericht. Die Entziehung ist aufzuheben, wenn die Sicherheit nachträglich geleistet wird. — Allgemeine Sicherungsmaßregeln zugunsten des Nacherben im Wege des Arrestes oder der einstweiligen Verfügung sind durch § 2128 nicht ausgeschlossen. Sie können sich bis zur vorläufigen Entziehung der Verwaltung steigern, und zwar selbst dann, wenn der Erblasser Befreiung angeordnet oder den Nacherben nur auf den Überrest eingesetzt hat (§§ 2136, 2137).

§ 2129

Wird dem Vorerben die Verwaltung nach den Vorschriften des § 1052 entzogen, so verliert er das Recht, über Erbschaftsgegenstände zu verfügen[1]).

Die Vorschriften zugunsten derjenigen, welche Rechte von einem Nichtberechtigten herleiten, finden entsprechende Anwendung[2]). Für die zur Erbschaft gehörenden Forderungen ist die Entziehung der Verwaltung dem Schuldner gegenüber erst wirksam, wenn er von der getroffenen Anord-

nung Kenntnis erlangt oder wenn ihm eine Mitteilung von der Anordnung zugestellt wird[3]). **Das gleiche gilt von der Aufhebung der Entziehung**[4]).

E II 2002; P 5 124, 126; 6 319.

Befreiung zulässig § 2136.

1. Die Entziehung der Verwaltung (§ 2128 A 3) hat schlechthin den **Verlust des Verfügungsrechts** zur Folge. Zugleich ist der Vorerbe dem bestellten Verwalter zur Herausgabe der Erbschaft verpflichtet, behält aber den Anspruch auf die Nutzungen (§ 2111 A 3). Die erforderlichen Verfügungen, wo nötig mit Zustimmung des Nacherben, sind vom Verwalter zu treffen. Doch erlangt auch eine vom Vorerben getroffene Verfügung durch Genehmigung des hieran allein interessierten Nacherben Wirksamkeit (§ 185 Abs 2). Die Entziehung tritt ein mit der Vollstreckbarkeit der sie anordnenden Entscheidung. Die Verfügungsbeschränkung ist, wenn auch nicht von Amts wegen wie GBO § 52, so doch auf Antrag des Nacherben oder des bestellten Verwalters im Grundbuch einzutragen (GBO §§ 22, 13).

2. Vgl. § 2113 A 5.

3. Entsprechend dem Nießbrauch § 1070 Abs 2 und dem Pfandrecht an Rechten § 1275. Die regelmäßig vom Verwalter oder vom Nacherben ausgehende **Mitteilung an den Schuldner** ist, wenn sie erfolgt in Form der Zustellung, auch der Ersatzzustellung (ZPO §§ 181—184), ohne Rücksicht auf erlangte Kenntnis wirksam. Nicht geschützt ist der Dritte, der vom Vorerben eine Forderung durch Abtretung erwirbt, soweit ihm nicht §§ 892, 893 zustatten kommen. Auch auf Erbschein kann er sich nicht berufen (§ 2366), da der Erbschein über das Fortbestehen des Verfügungsrechts nicht Auskunft zu erteilen bestimmt ist.

4. Entsprechend § 1070 Schlußsatz. Die Entziehung der Verwaltung ist **aufzuheben**, wenn der Vorerbe nachträglich Sicherheit leistet, § 1052 Abs 3.

§ 2130

Der Vorerbe ist nach dem Eintritte der Nacherbfolge verpflichtet, dem Nacherben die Erbschaft in dem Zustande herauszugeben, der sich bei einer bis zur Herausgabe fortgesetzten ordnungsmäßigen Verwaltung ergibt[1]). **Auf die Herausgabe eines landwirtschaftlichen Grundstücks findet die Vorschrift des § 592, auf die Herausgabe eines Landguts finden die Vorschriften der §§ 592, 593 entsprechende Anwendung**[2]).

Der Vorerbe hat auf Verlangen Rechenschaft abzulegen[3]).

E I 1815, 1007 II 2003; M 5 101, 102; P 5 95, 96, 100, 128.

Befreiung zulässig § 2136.

1. Die **Herausgabepflicht** ist wie bei der Pacht (§ 591) nach Inhalt und Umfang durch einen objektiven Maßstab bestimmt: das Ergebnis einer bis zur Herausgabe fortgesetzten ordnungsmäßigen Verwaltung. Was dem Vorerben hiernach im einzelnen obliegt (§ 2038 A 2), bestimmt sich nach allgemeinen Lebensanschauungen. Jedenfalls kann der Nacherbe nicht eine einzelne Verwaltungshandlung des Vorerben herausgreifen, sondern muß auf das Gesamtergebnis der Verwaltung sehen (Prot 5, 96). Anderseits kann sich der Vorerbe von der objektiv gegen ihn begründeten Haftung durch den Nachweis befreien, daß er auch in eigenen Angelegenheiten nicht sorgfältiger zu verfahren pflege (§ 2131), wenn ihm nicht grobe Fahrlässigkeit zur Last fällt (§ 277). Der Herausgabeanspruch umfaßt auch die Surrogate der Erbschaft (§ 2111), ist aber seiner Natur nach schuldrechtlich und entsteht erst mit Eintritt der Nacherbfolge (§ 2139). Nimmt der Vorerbe darüber hinaus die Erbenstellung in Anspruch, so ist er nunmehr auch dem Erbschaftsanspruch des Nacherben ausgesetzt (§§ 2018ff.). Auch im Falle der Befreiung (§ 2136) kann der Vorerbe von der Herausgabeverpflichtung selbstverständlich nicht ganz entbunden werden. Sie beschränkt sich nach § 2138 nur auf die noch vorhandenen Erbschaftsgegenstände. Die Prüfung der Empfangsberechtigung ist Sache des bisherigen Vorerben. Gibt er die Erbschaft einem Nichtberechtigten heraus, so kann er sich dem wahren Nacherben gegenüber nicht etwa auf § 2140 berufen (RG Warn 1918 Nr 213). Ersatzanspruch des Vorerben wegen seiner Verwendungen §§ 2124, 2125, Zurückbehaltungsrecht § 273, Verpflichtung zum Wertsersatz § 2134, Verteilung der Früchte und Lasten §§ 101—103. Schutz des Vorerben gegen ordnungswidrige Verwaltung vor Eintritt der Nacherbfolge §§ 2127—2129. Tritt die Nacherbfolge durch den Tod des Vorerben ein, so trifft die Herausgabepflicht an seiner Stelle seinen Erben (RG Recht 1920 Nr 421).

2. Entsprechend dem Nießbrauch, vgl. § 1055 Abs 2.

3. Die **Rechenschaftspflicht** umfaßt nach § 259 und ebenso die Herausgabepflicht nach § 260 gegebenenfalls die Pflicht zur Leistung des Offenbarungseides. Bei der Rechnungslegung scheiden die Einnahmen aus, soweit sie Nutzungen sind (§ 2111 A 3). Ebensowenig

kommen unter den Ausgaben die vom Vorerben zu tragenden gewöhnlichen Erhaltungskosten in Frage (§ 2124 Abs 1). Überhaupt dürfen an die Rechnung des Vorerben, der Herr der Erbschaft ist und nur nach Art eines Verwalters beurteilt wird, nicht gleich strenge Anforderungen wie an den eigentlichen Verwalter fremden Gutes gestellt werden.

§ 2131

Der Vorerbe hat dem Nacherben gegenüber in Ansehung der Verwaltung nur für diejenige Sorgfalt einzustehen, welche er in eigenen Angelegenheiten anzuwenden pflegt[1]).

E I 1815, 991 II 2004; M 5 102; P 5 96, 99.

Befreiung zulässig § 2136.

1. Der subjektive Maßstab der **Sorgfalt in eigenen Angelegenheiten** (vgl. auch §§ 690, 708, 1359, 1664) kommt von vornherein nicht in Betracht, soweit das Gesetz dem Vorerben bestimmte Verhaltungsmaßregeln vorschreibt (§§ 2116—2119, 2123, 2133, auch RG 73, 6), oder ihn schlechthin zum Wertersatz verpflichtet (§ 2134). Ferner nicht, wenn es sich um ein grobfahrlässiges (§ 277) oder gar um ein arglistiges, auf Benachteiligung des Nacherben abzielendes Verhalten handelt. Für letzteren Fall kann ihm auch vom Erblasser die Haftung nicht erlassen werden (§ 2138 Abs 2). Im übrigen steht dem aus § 2130 an sich haftpflichtigen Vorerben der Gegenbeweis offen, daß er auch in eigenen Angelegenheiten nicht anders zu verfahren pflege.

§ 2132

Veränderungen oder Verschlechterungen von Erbschaftssachen, die durch ordnungsmäßige Benutzung herbeigeführt werden, hat der Vorerbe nicht zu vertreten[1]).

E I 1815, 1007 Ab 1 II 2006 Abs 2; M 5 93; P 5 101, 128.

1. Übereinstimmend mit dem Grundsatze des § 2130, auch bei der Miete § 548, der Leihe § 602 und dem Nießbrauch § 1050. Damit ist zugleich anerkannt, daß der Vorerbe für **Veränderungen und Verschlechterungen** einzustehen hat, soweit er den Beweis nicht führen kann, daß sie durch ordnungsmäßige oder doch mindestens seinen sonstigen Gepflogenheiten entsprechende Benutzung (§ 2131) verursacht sind. Für den befreiten Vorerben (§ 2136) entfällt jede Beweispflicht.

§ 2133

Zieht der Vorerbe Früchte den Regeln einer ordnungsmäßigen Wirtschaft zuwider oder zieht er Früchte deshalb im Übermaße, weil dies infolge eines besonderen Ereignisses notwendig geworden ist[1]), **so gebührt ihm der Wert der Früchte nur insoweit, als durch den ordnungswidrigen oder den übermäßigen Fruchtbezug die ihm gebührenden Nutzungen beeinträchtigt werden und nicht der Wert der Früchte nach den Regeln einer ordnungsmäßigen Wirtschaft zur Wiederherstellung der Sache zu verwenden ist**[2]).

E I 1815, 988 Abs 2 II 2005; M 5 101; P 5 127, 128.

Befreiung zulässig § 2136.

1. Der entsprechenden Bestimmung beim Nießbrauch (§ 1039) nachgebildet. Daß dem Vorerben die bei ordnungsmäßiger Verwaltung (§ 2130 A 1) gezogenen Nutzungen eigentümlich gehören, ergibt § 2111 (A 3). Hier ist vorausgesetzt, daß im Vergleich zu den gewöhnlichen Nutzungen ein **Übermaß von Früchten** gezogen wird, entweder infolge ordnungswidriger Bewirtschaftung (Raubbau, Verkauf des zur Fortführung der Wirtschaft nötigen Strohes usw.) oder notgedrungen infolge eines besonderen zufälligen Ereignisses (Windbruch usw.). Auch diese übermäßigen Früchte würden nach §§ 100, 953 an sich dem Vorerben gebühren, wenn das Gesetz nicht einen Ausgleich träfe.

2. Der Vorerbe bleibt auf die tatsächlich im Übermaß gezogenen Früchte nur insoweit berechtigt, als sie dem Ergebnis der gewöhnlichen, ordnungsmäßigen Bewirtschaftung entsprechen. Den **Mehrertrag** hat er bei Eintritt der Nacherbfolge mit der Erbschaft grundsätzlich an den Nacherben **herauszugeben** oder zu ersetzen. Hiervon **kürzt sich** jedoch der **Ausfall an Früchten**, den er infolge ordnungswidrigen oder übermäßigen Fruchtbezugs erleidet. (Der Morgen Wald trägt normal 100, hat infolge Windbruchs getragen im 1. Jahre 1000, im

2., 3. und 4. Jahre nur 25. Dem Vorerben gebühren auf 4 Jahre 400, er hat gezogen 1075 und hat dem Nacherben deshalb herauszugeben 675.) Diese Kürzung ist jedoch („und nicht") insoweit ausgeschlossen, d. h. der übermäßige Fruchtbezug (1000 infolge Windbruchs) ist an den Nacherben insoweit unverkürzt herauszugeben, als er zur **Wiederherstellung der Sache** zu verwenden ist. Beträgt somit der Aufforstungsaufwand 900, so hat der Vorerbe ohne Anspruch auf Ersatz wegen des Fruchtausfalls im 2. bis 4. Jahre dem Nacherben die vollen 900 herauszugeben. Hat der Vorerbe die Wiederherstellung selbst vorgenommen, so hat er insoweit, als er durch die mehr gezogenen Früchte nicht gedeckt ist, den Ersatzanspruch wegen Verwendungen aus §§ 2124, 2125. Beruht der übermäßige Fruchtbezug auf einem nach §§ 2130 bis 2132 vom Vorerben zu vertretenden Verschulden, so ist er dem Nacherben (wie in § 2134) für den hiernach nicht ausgeglichenen Schaden ersatzpflichtig. Zur Sicherheitsleistung (wie in § 1039) ist er nicht verbunden, wenn nicht § 2128 einschlägt.

§ 2134

Hat der Vorerbe einen Erbschaftsgegenstand für sich verwendet, so ist er nach dem Eintritte der Nacherbfolge dem Nacherben gegenüber zum Ersatze des Wertes verpflichtet[1]). Eine weitergehende Haftung wegen Verschuldens bleibt unberührt[2])[3]).

E I 1815, 1007 Abs 1 II 2006 Abs 1; M 5 93; P 5 100, 128, 129.

Befreiung zulässig § 2136.

1. Vorausgesetzt ist die **Verwendung eines Erbschaftsgegenstandes** (oder eines dafür erlangten Surrogats § 2111), die dem Vorerben die ihm durch § 2130 auferlegte Verpflichtung zur Herausgabe des Gegenstandes unmöglich macht. An die Stelle des Gegenstandes tritt in diesem Falle, wie bei der Surrogation eine Forderung gegen den Vorerben auf Wertsersatz. Der Erbschaftsgegenstand kann auch in einem z. B. vom Vorerben zur Aufrechnung mit einer eigenen Schuld benutzten Rechte (§ 90) bestehen. Hauptfall ist die Verwendung von Geld und anderen verbrauchbaren Sachen (§§ 92, 1377 Abs 2). Auch andere Sachen können durch Verbindung oder Vermischung mit eigenen Sachen des Vorerben oder durch eine von ihm vorgenommene Verarbeitung (§§ 946, 948, 950) vom Vorerben verwendet und dadurch untergegangen sein. Maßgebend für die Höhe des **Wertsersatzes** ist die Zeit der Verwendung. Er kann nicht vor Eintritt der Nacherbfolge gefordert werden.

2. Die **Schadensersatzpflicht wegen Verschuldens** im Umfange der §§ 280, 249ff. ist schon durch die Tatsache der Verwendung begründet, wenn hierin ein Akt ordnungswidriger Verwaltung zu finden ist, § 2130, und der Erbe sich auch nicht mit der Einrede aus § 2131 befreien kann. Böswillige Verminderung der Erbschaft § 2138 Abs 2. Auch die Art der Verwendung kann eine schuldhafte sein, z. B. Schädigung des Nachlaßgrundstücks durch Herausnahme und Verwendung eines Balkens.

3. Ist ein nichtbefreiter Vorerbe, insbesondere die Witwe des Erblassers, durch die von diesem nicht vorhergesehene Wirtschaftskatastrophe **(Geldentwertung)** in Not geraten, so kann ergänzende Testamentsauslegung (§ 2084 A 2) den Vorerben unter Umständen trotz §§ 2130, 2134 berechtigt erscheinen lassen, das Kapital anzugreifen oder von dem es verwaltenden Testamentsvollstrecker die zur Abwendung der Notlage erforderlichen Zuschüsse zu fordern; es kommt für die Auslegungsfrage darauf an, ob der Erblasser in erster Linie den Vorerben sicherstellen oder dem Nacherben das Kapital erhalten wollte (vgl. einerseits ZBlFG 22, 346, auch JW 1922, 1343[16] u. 1346[1], anderseits SeuffA 78 Nr 38).

§ 2135

Hat der Vorerbe ein zur Erbschaft gehörendes Grundstück vermietet oder verpachtet, so finden, wenn das Miet- oder Pachtverhältnis bei dem Eintritte der Nacherbfolge noch besteht, die Vorschriften des § 1056 entsprechende Anwendung[1]).

E I 1815, 1008 II 2007; M 5 104, 105; P 5 101, 129.

1. Ebenso bei der ehemännlichen und väterlichen Nutznießung §§ 1423, 1663. Danach tritt der Nacherbe mit Eintritt der Nacherbfolge an Stelle des Vorerben in die aus dem **Miet- oder Pachtverhältnis** sich ergebenden Pflichten des Vermieters oder Verpächters ein, der Vorerbe bleibt aber innerhalb der Grenzen des § 571 als Bürge haftbar. Dem Nacherben kommt die vom Mieter oder Pächter geleistete Sicherheit zugute, § 572. Verfügungen des Vorerben über den Miet- oder Pachtzins sind im Umfange des § 573 Satz 1, Rechtsgeschäfte

zwischen Mieter oder Pächter und dem Vorerben und Aufrechnung gegen die Miet- oder Pachtzinsforderung des Nacherben mit einer dem Mieter oder Pächter gegen den Vorerben zustehenden Forderung nach Vorschrift der §§ 574, 575 wirksam. Die Anzeige des Vorerben an den Mieter oder Pächter, daß die Nacherbfolge eingetreten sei, ist für den Vorerben bindend, § 576. Die gleichen Wirkungen treten in Beziehung auf den Nacherben ein, der das vermietete Grundstück einem folgenden Nacherben herauszugeben hat, § 579. Kündigungsrecht des Nacherben gegenüber dem Mieter oder Pächter §§ 1056 Abs 2, 565, 566, Recht des Mieters oder Pächters, den Nacherben hierüber zur Erklärung aufzufordern § 1056 Abs 3. — Nach § 2120 kann der Nacherbe dazu angehalten werden, in eine über den Eintritt der Nacherbfolge hinaus wirksame Verlängerung des Pacht- oder Mietvertrags einzuwilligen, wenn sie durch die Umstände geboten ist.

§ 2136

Der Erblasser kann den Vorerben von den Beschränkungen und Verpflichtungen des § 2113 Abs 1 und der §§ 2114, 2116 bis 2119, 2123, 2127 bis 2131, 2133, 2134 befreien[1]).

E I 1824 II 2008; M 5 103, 109; P 5 109.

1. Die Zulässigkeit einer **Befreiung des Vorerben** von den hier erwähnten Beschränkungen und Verpflichtungen, die nicht ausdrücklich erklärt zu sein braucht (RG 69, 259; OLG 26, 338), ist bereits bei den einzelnen Paragraphen hervorgehoben und erläutert. S. auch § 2137. Daraus ergibt sich, daß auch bei weitestgehender Befreiung der Vorerbe nicht unentgeltlich über Erbschaftsgegenstände verfügen darf (§ 2113 Abs 2), daß der Erblasser Verfügungen im Wege der Zwangsvollstreckung oder durch den Konkursverwalter nicht für wirksam erklären kann (§ 2115), den Vorerben nicht von der Inventarpflicht (§§ 2121, 2122), nicht von der Verpflichtung zur Tragung der gewöhnlichen Erhaltungskosten (§ 2124 Abs 1) befreien kann. Doch kann er ihm in letzterer Beziehung die aus §§ 2130, 2131, 2134 sich ergebende Vertretungspflicht erlassen. Völlige Befreiung des Vorerben von allen Schranken ist auch dadurch nicht zu erreichen, daß er unzulässigerweise zum Testamentsvollstrecker für den Nacherben (§ 2222) oder vom Erblasser für sich und seine Erben zum Bevollmächtigten in allen seinen Angelegenheiten bestellt wird (RG 77, 177; KGJ 43, 157; 52, 78; § 2222 A 1). Daß dem Vorerben die Haftung für Arglist nicht erlassen werden kann, ist in § 2131 A 1 schon erwähnt, vgl. auch § 2138 Abs 2. Die Befreiung kann sich auf alle (§ 2137 Abs 1) oder nur auf einzelne Beschränkungen und Verpflichtungen erstrecken. Umgekehrt ist der Erblasser nicht gehindert, durch Anordnung von Vermächtnissen und Auflagen die gesetzlichen Verpflichtungen des Vorerben, insbesondere den Umfang seiner Herausgabepflicht (§ 2130) z. B. durch Erstreckung auf gezogene Nutzungen und gemachte Ersparnisse noch über die gesetzlichen Vorschriften hinaus zu steigern. Er kann auch die Verwaltung ganz einem Testamentsvollstrecker übertragen (§§ 2205, 2209, 2338 Abs 1). — Im Grundbuch ist neben dem Rechte des Nacherben auch die Befreiung des Vorerben von Amts wegen einzutragen, GBO § 52 (§ 2118 A 2). Im Erbschein ist nicht nur völlige Befreiung des Vorerben, sondern auch eine Teilbefreiung zu beurkunden (§ 2363 A 4).

§ 2137

Hat der Erblasser den Nacherben auf dasjenige eingesetzt, was von der Erbschaft bei dem Eintritte der Nacherbfolge übrig sein wird, so gilt die Befreiung von allen im § 2136 bezeichneten Beschränkungen und Verpflichtungen als angeordnet[1]).

Das gleiche ist im Zweifel anzunehmen, wenn der Erblasser bestimmt hat, daß der Vorerbe zur freien Verfügung über die Erbschaft berechtigt sein soll[2]).

E I 1839, 1841 II 2009; M 5 129, 130, 132; P 5 150—158.

1. **Einsetzung auf den Überrest** (fideicommissum ejus quod supererit). Ist sie erklärt, so ist kraft ergänzender, aber eine andere Auslegung nicht zulassender Bestimmung des Gesetzes vom Erblasser auch Befreiung von allen Beschränkungen und Verpflichtungen gewollt. Soweit jedoch dem Erblasser die Möglichkeit einer Befreiung des Vorerben überhaupt entzogen ist (§ 2136 A 1), bleibt er auch bei der Einsetzung auf den Überrest gebunden. Ebenso verbleibt es bei dem Grundsatze der Surrogation nach § 2111 (s. § 2138 A 1).

2. Räumt der Erblasser dem Vorerben **„freie Verfügung"** ein (s. über diesen Begriff KGJ 44, 77), so stellt das Gesetz nur eine Auslegungsregel auf. Der Wille des Erblassers

kann insbesondere auf Befreiung bloß von den eigentlichen Verfügungsbeschränkungen (§§ 2113 Abs 1, 2114) gerichtet sein. — Eintragung im Grundbuch GBO § 52, Angabe im Erbschein § 2363.

§ 2138

Die Herausgabepflicht des Vorerben beschränkt sich in den Fällen des § 2137 auf die bei ihm noch vorhandenen Erbschaftsgegenstände[1]. Für Verwendungen auf Gegenstände, die er infolge dieser Beschränkung nicht herauszugeben hat, kann er nicht Ersatz verlangen[2].

Hat der Vorerbe der Vorschrift des § 2113 Abs 2 zuwider über einen Erbschaftsgegenstand verfügt oder hat er die Erbschaft in der Absicht, den Nacherben zu benachteiligen, vermindert[3], so ist er dem Nacherben zum Schadensersatze verpflichtet[4].

E I 1840 II 2010; M 5 130—132; P 5 150—158.

1. Für den **Umfang der Herausgabepflicht** mit den aus § 260 sich ergebenden weiteren Verpflichtungen ist nicht, wie nach § 2130 der bei ordnungsmäßiger Verwaltung sich ergebende, sondern der tatsächliche Zustand der Erbschaft, der „Überrest" in der Hand des Vorerben bei Eintritt der Nacherbfolge maßgebend. Selbstverständlich sind auch die nach § 2111 an Stelle der ursprünglichen Erbschaftsgegenstände getretenen und noch vorhandenen Surrogate herauszugeben. Ein gesetzliches Recht des Vorerben, irgend etwas von der Erbschaft für sich zurückzubehalten (quarta Falcidia), besteht nicht.

2. Der **Ersatzanspruch wegen Verwendungen** (§§ 2124 Abs 2, 2125) steht dem Vorerben nur zu, soweit es wirklich zur Herausgabe der Erbschaft (wenn hierauf im ganzen Verwendungen erfolgt sind, § 2125 A 1) oder der einzelnen von der Verwendung betroffenen Erbschaftsgegenstände kommt. Sein Ersatzanspruch bleibt jedoch bestehen, soweit die Gegenstände etwa durch Zufall untergegangen sind („infolge dieser Beschränkung"). Für Gegenstände, die der Vorerbe, sei es auch schuldvoll (jedoch nicht arglistig Abs 2) für sich verwendet hat, braucht er vermöge der Befreiung von § 2134 nicht aufzukommen.

3. Auch der auf den Überrest eingesetzte Vorerbe ist nicht zu **unentgeltlichen Verfügungen** oder zu Verfügungen ermächtigt, die zum Zwecke der Erfüllung eines selbst erteilten Schenkungsversprechens erfolgen, § 2113 Abs 2. Ebensowenig kann ihm die Haftung für **Arglist** erlassen werden (§§ 276 Abs 2, 226; ebenso bei der Gütergemeinschaft § 1456).

4. **Schadensersatz** §§ 249ff., 280. Schon vor Eintritt der Erbfolge besteht unter Umständen der Anspruch auf Sicherheitsleistung, § 2128 A 1, auch ist der Schutz durch einstweilige Verfügungen (§ 2128 A 3) und selbst die Erhebung der Feststellungsklage (§ 2113 A 2) nicht ausgeschlossen. Der Schadensersatzanspruch, für dessen Umfang die Zeit des Eintritts der Nacherbfolge maßgebend ist, steht nicht bloß aushilfsweise zu. Soweit der Nacherbe die Unwirksamkeit der unentgeltlichen Verfügung auch gegen den dritten Erwerber geltend machen kann, ist er nicht gehindert, bis zum völligen Ausgleich des Schadens (§ 251) neben- oder nacheinander sowohl gegen den Dritten als gegen den Vorerben vorzugehen.

§ 2139

Mit dem Eintritte des Falles der Nacherbfolge[1] hört der Vorerbe auf, Erbe zu sein, und fällt die Erbschaft dem Nacherben an[2].

E I 1804 Satz 2 II 2011; M 5 82, 83; P 5 78.

1. Darüber, wann der **Fall der Nacherbfolge eintritt**, oder die Erbschaft dem Nacherben „anfällt", bestimmt zunächst der Wille des Erblassers (§ 2100), aushilfsweise das Gesetz (Tod des Vorerben, Geburt des Nacherben oder Entstehung der juristischen Person, § 2106). Einsetzung des Nacherben unter einer aufschiebenden Bedingung § 2108 A 3. Vorausgesetzt ist, daß der Nacherbe oder daß doch seine Erben den Eintritt der Nacherbfolge erlebt (§ 2108 A 1) und die Nacherbschaft nicht bereits ausgeschlagen haben (§ 2142).

2. Der **Anfall der Erbschaft** tritt wie im Falle der gewöhnlichen Erbfolge (§§ 1922 A 2, 1942 A 1) unmittelbar kraft des Gesetzes ein, d. h. das Vermögen des Erblassers — nicht des Vorerben — geht nunmehr mit einem Rechtsakt als Ganzes (**RG** 65, 144) auf den Nacherben über. Er erwirbt damit also, vorbehaltlich des Ausschlagungsrechts, schon vor der Herausgabe (§ 2130 A 1) das Eigentum an den zur Erbschaft gehörigen Sachen, die damit verbundenen Gläubigerrechte und tritt in die Nachlaßverbindlichkeiten ein (§ 2144). Auch der Besitz geht nach § 857 grundsätzlich ohne weiteres auf den Nacherben über. Soweit jedoch der Vorerbe den Besitz schon tatsächlich ausgeübt hatte, ist hierzu Besitzübertragung durch den

Vorerben oder seine Erben erforderlich. Vor Eintritt der Nacherbfolge kann sich der Vorerbe seiner Erbenstellung und damit der Schuldenhaftung (§ 2145) auch nicht durch Rechtsgeschäft mit dem Nacherben zu dessen Gunsten entäußern (RFinH JW 1923, 138[2]). Doch kann er dem Nacherben gegenüber auf die Ausübung des Vorerbrechts verzichten und ihm den Nachlaß herausgeben (**RG** Recht 1916 Nr 831). Auch ist ihm die schuldrechtliche Veräußerung an den Nacherben durch Erbschaftskauf §§ 2371 ff. oder die dingliche Übertragung seines Nachlaßanteils (§ 2033) nicht verwehrt. Dagegen kann nicht nur der Mitnacherbe, sondern auch der Alleinnacherbe seine Anwartschaft vor Eintritt der Nacherbfolge mit dinglicher Wirkung veräußern, und zwar auch an den Vorerben (§ 2108 A 2). — Prozessual bewirkt der Eintritt der Nacherbfolge Unterbrechung des zwischen dem Vorerben und einem Dritten anhängigen Rechtsstreits, ZPO §§ 242, 246. Der Nacherbe kann den Rechtsstreit aufnehmen, ist aber vor der Annahme zur Fortsetzung nicht verpflichtet, ZPO § 239 Abs 5. Wirksamkeit des ergangenen Urteils ZPO §§ 326, 728. Vgl. hierzu § 2112 A 1. Im Nachlaßkonkurse KO § 231. Anspruch des Nacherben auf Herausgabe des dem Vorerben erteilten Erbscheins § 2363 Abs 2.

§ 2140

Der Vorerbe ist auch nach dem Eintritte des Falles der Nacherbfolge zur Verfügung über Nachlaßgegenstände in dem gleichen Umfange wie vorher berechtigt, bis er von dem Eintritte Kenntnis erlangt oder ihn kennen muß. Ein Dritter kann sich auf diese Berechtigung nicht berufen, wenn er bei der Vornahme eines Rechtsgeschäfts den Eintritt kennt oder kennen muß[1]).

KB 817.

1. Die Vorschrift ist dem ehelichen Güterrecht (§§ 1424, 1472, 1497, 1546, 1549), der elterlichen (§ 1682) und vormundschaftlichen Verwaltung (§ 1893) entlehnt. Ähnlich bei der Vollmacht § 169, dem Auftrage § 674, der Gesellschaft § 729. Das **Verfügungsrecht** des gutgläubigen Vorerben (§§ 2112 ff.) bleibt auch **nach Eintritt der Nacherbfolge** zu seinen eigenen Gunsten (in Ansehung der Verantwortlichkeit gegenüber dem Nacherben) und bei gutem Glauben des Dritten auch zu dessen Gunsten (Wirksamkeit der Verfügung) bestehen. Kenntnis erlangen § 1944 A 2, Kennenmüssen § 122. Ist der Vorerbe in bösem Glauben, so ist auch der gutgläubige Erwerber nicht geschützt, es sei denn, daß er sich auf den öffentlichen Glauben des Grundbuchs (§§ 892, 893), bei beweglichen Sachen auf § 932 oder auf einen die Vorerbeneigenschaft nicht kennzeichnenden Erbschein (§ 2366) berufen kann. Augenscheinlich hat das Gesetz nicht bloß dingliche Verfügungen im technischen Sinne (§ 2112 A 1), sondern (vgl. Satz 2) auch rechtsgeschäftliche, bloß schuldrechtliche Verpflichtungen im Auge. Dies führt zur entsprechenden Anwendbarkeit auch der zum Schutze des Schuldners getroffenen Bestimmungen der §§ 406—408, 412. Jedoch wird insoweit (mit Planck A 2) überall das Kennenmüssen des Schuldners der Kenntnis gleichzustellen sein. Verfügt, nachdem mit dem Tode des Vorerben der Fall der Nacherbfolge eingetreten ist, sein Erbe über einen Gegenstand, ohne zu wissen, daß dieser zu einer Nacherbschaft gehört, so ist § 2140 auch nicht entsprechend anwendbar (**RG** Warn 1918 Nr 213); s. auch § 2130 A 1.

§ 2141

Ist bei dem Eintritte des Falles der Nacherbfolge die Geburt eines Nacherben zu erwarten, so finden auf den Unterhaltsanspruch der Mutter die Vorschriften des § 1963 entsprechende Anwendung[1]).

E I 2027 II 2014; M 5 489, 490; P 5 618.

1. Ist eine noch nicht erzeugte Person als Erbe eingesetzt, so ist, strenggenommen, der Fall der Nacherbfolge nicht vor ihrer Geburt eingetreten (§ 2106 Abs 2). Augenscheinlich will aber das Gesetz den **Unterhaltsanspruch der Mutter** schon zulassen, wenn der berufene Nacherbe auch nur als Erzeugter vorhanden ist. Im übrigen vgl. § 1963.

§ 2142

Der Nacherbe kann die Erbschaft ausschlagen, sobald der Erbfall eingetreten ist[1]).

Schlägt der Nacherbe die Erbschaft aus, so verbleibt sie dem Vorerben[2]), soweit nicht der Erblasser ein anderes bestimmt hat[3]).

E I 1832 II 2012; M 5 120—123; P 5 131.

1. Was Abs 1 für **die Ausschlagung** besonders ausspricht, folgt für diese **und die Annahme** bereits aus § 1946. Der Nacherbe kann danach **vom Erbfall an** (§ 1922 A 4), schon bevor die Erbschaft ihm angefallen ist (§ 2139), Ausschlagung oder Annahme mit bindender Wirkung erklären. Ist die Gleichstellung beider nach der Fassung des Gesetzes auch zweifelhaft, so sprechen für sie doch überwiegende Gründe, insbesondere der Billigkeit und des Verkehrs, so das Bedürfnis, denjenigen, welchem der Nacherbe seine Anwartschaft veräußert oder verpfändet hat (§ 2108 A 2), gegen eine spätere Ausschlagung des Nacherben zu sichern (RG 80, 377; dagegen 2. Aufl. und Mantey, Gruch 60, 937; gegen diesen Predari ebenda 959). Auch der unter aufschiebender Befristung oder Bedingung (§§ 2105, 2108) oder der erst an zweiter und fernerer Stelle berufene Nacherbe kann sogleich nach dem Erbfall ausschlagen oder annehmen. Die Annahme kann nach allgemeinen Grundsätzen (§ 1943 A 1) auch durch pro herede gestio erfolgen. Eine solche liegt in der Veräußerung oder Verpfändung der Anwartschaft durch den Nacherben, dagegen für sich allein noch nicht in der Wahrnehmung von Rechten und Pflichten, die unabhängig davon, ob der Nacherbe die Erbschaft bereits angenommen hat, während der Dauer der Vorerbschaft zwischen dem Nacherben und dem Vorerben bestehen, §§ 2116ff., 2127f., 2120 (RG 80 S. 383, 385). Die Ausschlagungsfrist beginnt nach § 1944 mit dem Zeitpunkte, zu welchem der Nacherbe von dem Anfall und dem Grunde der Berufung Kenntnis erlangt hat, also nicht früher als der Fall der Nacherbfolge eingetreten ist; in dem besonderen Falle des § 2306 ist der Fristbeginn zugunsten des Pflichtteilsberechtigten, der als Nacherbe eingesetzt ist, sogar noch weiter hinausgeschoben (RG 59, 341; LZ 1925, 1071[10]). Für den Fristenlauf bleibt gemäß § 1944 Abs 3 der **letzte** Wohnsitz des Erblassers, nicht etwa des Vorerben maßgebend. Ob der Nacherbe von dem Rechte der Ausschlagung schon nach Eintritt des Erbfalls Gebrauch machen will, steht bei ihm. Doch kann er durch § 2306 und die ihm drohende dreijährige Verjährung des Pflichtteilsanspruchs (§ 2332) als Pflichtteilsberechtigter genötigt sein, schon vor Eintritt der Nacherbfolge auszuschlagen (RG 59, 346). Da RG 66, 30 den Beginn der Verjährung nicht von der amtlichen Verkündung der beeinträchtigenden Verfügung abhängig sein läßt, kann der Pflichtteilsberechtigte der Regel des § 1944 Abs 2 zuwider sogar schon vor der Verkündung sich zur Ausschlagung gezwungen sehen.

2. Die Ausschlagung des Nacherben macht die **Nacherbfolge hinfällig**, wie wenn sie nicht angeordnet wäre. Dasselbe gilt, wenn der Nacherbe schon vor dem Erbfall durch Tod (§ 2108 A 2) oder Erbverzicht (§ 2352) oder nach dem Erbfall, sei es vor oder nach Eintritt der Nacherbfolge, durch Erbunwürdigkeitserklärung (§§ 2340 Abs 2, 2344) oder sonst mit rückbeziehender Wirkung (§ 2110 A 1) weggefallen ist. Unter mehreren Nacherben greift in den Fällen des § 2094 das Anwachsungsrecht Platz. Vertragsmäßiger Verzicht auf die Nacherbschaft zwischen Vor- und Nacherben ist nur schuldrechtlich wirksam; s. aber über die Möglichkeit und die Wirkung der Übertragung der Anwartschaft des Alleinnacherben auf den Vorerben § 2139 A 2, § 2108 A 2.

3. Eine **anderweitige Bestimmung des Erblassers** liegt insbesondere in der Berufung eines Ersatznacherben (§ 2096), auch in der stillschweigenden Berufung der Abkömmlinge eines weggefallenen Abkömmlings (§ 2069; RG Warn 1913 Nr 241). Sind die Nacherben im Falle des § 2104 durch das Gesetz bestimmt, so rücken im Falle der Ausschlagung der zunächst Berufenen gemäß § 1953 die entfernteren gesetzlichen Erben nach. Erst wenn alle ausgeschlagen haben, ist die Nacherbfolge vereitelt, da der Fiskus als Nacherbe nicht in Frage kommt. Ist ein bestimmter Nacherbe eingesetzt, aber bereits vor dem Erblasser verstorben, so kommt § 2104 überhaupt nicht in Frage (RG JW 07, 259[20]).

§ 2143

Tritt die Nacherbfolge ein, so gelten die infolge des Erbfalls durch Vereinigung von Recht und Verbindlichkeit oder von Recht und Belastung erloschenen Rechtsverhältnisse als nicht erloschen[1]).

E I 1833 II 2013; M 5 107, 123; P 5 131.

1. Der Vorerbe erlangt mit dem Aufhören seines Erbrechts (§ 2139) seine frühere Rechtsstellung als Gläubiger oder Schuldner des Erblassers gegenüber der nun in der Hand des Nacherben befindlichen Erbschaft, und zwar ohne weiteres zurück (§§ 158 Abs 2, 163). Auch die damit verbunden gewesenen Nebenrechte (Pfand, Bürgschaft) leben im vollen Umfange wieder auf. Die Verjährung der in Betracht kommenden Ansprüche ist während der Dauer des Vorerbenverhältnisses nach § 202 Abs 1 gehemmt. Dies gilt auch dann, wenn der Vorerbe dem Nacherben nur einen Bruchteil der Erbschaft herauszugeben hat. Denn die damit entstehende Erbengemeinschaft hat zur Folge, daß sich Erbschaft und eigenes Vermögen des Vorerben nun gesondert gegenüberstehen, § 2032 A 2. Vgl. auch §§ 1976, 1991, 2175, 2377.

§ 2144

Die Vorschriften über die Beschränkung der Haftung des Erben für die Nachlaßverbindlichkeiten gelten auch für den Nacherben[1]); an die Stelle des Nachlasses tritt dasjenige, was der Nacherbe aus der Erbschaft erlangt, mit Einschluß der ihm gegen den Vorerben als solchen zustehenden Ansprüche[2]).

Das von dem Vorerben errichtete Inventar kommt auch dem Nacherben zustatten[3]).

Der Nacherbe kann sich dem Vorerben gegenüber auf die Beschränkung seiner Haftung auch dann berufen, wenn er den übrigen Nachlaßgläubigern gegenüber unbeschränkt haftet[4]).

E I 1836 II 2015; M 5 126; P 5 149, 829.

1. **Haftung des Nacherben für die Nachlaßverbindlichkeiten.** Da Vorerbe und Nacherbe beide wahre Erben sind, so haften beide für die Nachlaßverbindlichkeiten. Die Grundsätze über Beschränkung der Haftung des Erben (§§ 1975—1992) leiden daher, soweit nicht §§ 2144, 2145 Abweichendes bestimmen, auf beide unmittelbare Anwendung. Insbesondere ist der Nacherbe berechtigt, auch seinerseits das Aufgebotsverfahren zu beantragen (§ 1970 A 2) und die vom Vorerben daraus bereits erlangten Rechte geltend zu machen (ZPO §§ 998, 997). Die Fünfjahrsfrist des § 1974 beginnt jedoch auch hier mit dem Erbfall. Der Nachlaßkonkurs kann jetzt nicht mehr vom Vorerben, der aufgehört hat Erbe zu sein (KO § 217), aber jederzeit vom Nacherben, von einem Nachlaßgläubiger nur innerhalb zweier Jahre seit dem endgültigen Erwerbe der Erbschaft durch den Nacherben beantragt werden (KO § 220; a. M. Jaeger, KO[5] §§ 217—220 A 23, der die Frist schlechthin mit der Annahme der Erbschaft durch den Vorerben beginnen läßt). Befand sich bei Eintritt der Nacherbfolge die Erbschaft unter Nachlaßverwaltung, so dauert sie fort, wenn sie von einem Nachlaßgläubiger beantragt war und die Gründe des § 1981 A 3 auch für den Nacherben zutreffen. Sie ist dagegen aufzuheben, wenn der Antrag vom Vorerben gestellt war (§ 1988 A 3). Seinerseits kann der Nacherbe die Anordnung der Verwaltung jederzeit auch von neuem (§ 1981 A 1), die Nachlaßgläubiger können sie innerhalb zweier Jahre seit dem endgültigen Erwerbe der Erbschaft durch den Nacherben beantragen (§ 1981 A 4). Bei Geltendmachung der Unzulänglichkeitseinrede (§§ 1990—1992) bleiben die dem Vorerben nur für seine Person oder aus den Nutzungen der Erbschaft auferlegten Beschwerungen ganz außer Betracht. Sie sind im Verhältnis zum Nacherben überhaupt nicht Nachlaßverbindlichkeiten. Ebensowenig gehören hierzu die Kosten der Beerdigung des Vorerben und der seinen Angehörigen gebührende Dreißigste (§§ 1968, 1969), die vielmehr den Erben des Vorerben zur Last fallen. Im übrigen hat der Nacherbe alle Nachlaßverbindlichkeiten im Sinne des § 1967, und zwar in dem durch etwaige Säumnis oder durch Verschulden des Vorerben gesteigerten Umfange (Zinsen, Vertragsstrafen) vorbehaltlich seines Rückgriffs aus §§ 2130, 2131 zu vertreten. Beschränkte Wirkung des gegen den Vorerben ergangenen Urteils ZPO § 326 (2112 A 1).

2. Der Nacherbe haftet nicht mit dem ursprünglichen, sondern **nur mit dem gemäß § 2130 ihm herauszugebenden Nachlasse.** Als aus der Erbschaft erlangt gelten dieser Herausgabeanspruch selbst (s. auch § 2383 A 3) sowie etwaige gegen den Vorerben aus §§ 2130—2134, 2138 Abs 2 zu erhebende Schadensersatzansprüche, gegebenenfalls gekürzt durch die Ersatzansprüche des Vorerben wegen Verwendungen aus §§ 2124, 2125. Nur derartige Ansprüche stehen dem Nacherben gegen den Vorerben „als solchen" zu. Sonstige zwischen beiden bestehende Schuldverhältnisse kommen den Nachlaßgläubigern gegenüber nicht in Betracht.

3. Das **Inventar des Vorerben** kann dem Nacherben in Wahrheit nur dann „zustatten kommen", wenn seine Inventarpflicht mit derjenigen des Vorerben inhaltlich identisch ist. So auch im Falle des § 2008 A 5. Schon hieraus ergibt sich, daß das vom Nacherben zu legende Inventar in Übereinstimmung mit § 2001 die beim Eintritt des Erbfalls vorhandenen Nachlaßgegenstände, nicht das aus der Erbschaft Erlangte (A 2) anzugeben hat (str.; vgl. Planck A 5b, Staudinger II 2). Für diese Angaben gewährt das nach § 2121 vom Vorerben mitzuteilende Verzeichnis einen guten Anhalt. Dem berechtigten Interesse der Nachlaßgläubiger, von den seitdem vorgekommenen Änderungen und dem dermaligen Stande des Nachlasses Kenntnis zu erhalten, wird durch die nach §§ 1978 A 2, 1991 A 1 dem Nacherben obliegende Auskunftspflicht genügt. Die Unterlagen hierfür stehen ihm in der vom Vorerben gelegten Rechenschaft (§ 2130 A 3) oder, wenn dieser befreit war, in der von ihm nach § 260 zu erteilenden Auskunft (§ 2138 A 1) zu Gebote. Hat der Vorerbe ordnungsmäßiges Inventar errichtet, so darf dem Nacherben die Inventarfrist aus § 1994 überhaupt nicht bestimmt werden. Nur die neue Inventarfrist aus § 2005 Abs 2 könnte in Frage kommen,

sie kann aber damit allein, daß sich der Bestand der Erbschaft seit dem Erbfall verändert habe, nicht begründet werden. Hatte der Vorerbe durch ungetreue Inventarerrichtung nach § 2005 Abs 1 die Haftungsbeschränkung verwirkt, so kann das nicht einmal dem Vorerben nützende Inventar auch dem Nacherben nicht „zustatten kommen". Da der Nacherbe nicht wissen kann, ob nicht das Inventar des Vorerben an dem Mangel des § 2005 Abs 1 leidet und deshalb für ihn nutzlos ist, so gebietet die Vorsicht, sich nicht auf das Inventar des Vorerben zu verlassen, vielmehr eigenes Inventar zu errichten oder sich mindestens auf das Inventar des Vorerben zu berufen, und damit, sofern er gutgläubig ist, der Inventarpflicht gemäß § 2004 zu genügen. Hatte der Vorerbe überhaupt kein Inventar gelegt, so ist die selbständige Inventarpflicht des Nacherben aus § 1994 begründet.

4. Auch die dem **Vorerben gegenüber dem Nacherben** aus §§ 2124 Abs 2 bis 2126, 2121 Abs 4 zustehenden Ersatzansprüche sind Nachlaßverbindlichkeiten. Ebenso die gemäß § 2143 wieder aufgelebten Forderungen des Vorerben gegen den Nachlaß. Insoweit kann der Nacherbe, gleich dem Miterben, der beschränkten Haftung niemals verloren gehen. Immerhin hat er sie besonders geltend zu machen und den Vorbehalt im Urteil nach ZPO § 780 zu erwirken (§ 2063 A 2).

§ 2145

Der Vorerbe haftet nach dem Eintritte der Nacherbfolge für die Nachlaßverbindlichkeiten noch insoweit, als der Nacherbe nicht haftet[1]). Die Haftung bleibt auch für diejenigen Nachlaßverbindlichkeiten bestehen, welche im Verhältnisse zwischen dem Vorerben und dem Nacherben dem Vorerben zur Last fallen[2]).

Der Vorerbe kann nach dem Eintritte der Nacherbfolge die Berichtigung der Nachlaßverbindlichkeiten, sofern nicht seine Haftung unbeschränkt ist, insoweit verweigern, als dasjenige nicht ausreicht, was ihm von der Erbschaft gebührt[3]). Die Vorschriften der §§ 1990, 1991 finden entsprechende Anwendung[4]).

E I 1837 Abs 1 II 2016; M 5 126, 127; P 5 149, 150, 829.

1. Die **Haftung des Vorerben** ist mit dem Aufhören seiner Vorerbeneigenschaft (§ 2139) grundsätzlich erloschen. Er verliert damit für die gegen den Nachlaß zu erhebenden Ansprüche die Passivlegitimation und kann noch im Zwangsvollstreckungsverfahren geltend machen, daß sie nicht mehr vorhanden ist (ZPO §§ 767, 769). Die Haftung bleibt ausnahmsweise auf ihm liegen, soweit sie nicht gemäß § 2144 auf den Nacherben übergegangen ist. Daß und inwieweit der Nacherbe nicht haftet, ist von dem gegen den Vorerben klagenden Gläubiger zu beweisen. Der Nacherbe haftet nicht a) für Eigenverbindlichkeiten des Vorerben, wofür dieser von vornherein nur mit seinem Vermögen haftet. Hierher gehören die Ansprüche wegen Verletzung der Verwaltungspflicht nach § 1978 (A 4). Ferner die dem Nacherben aus Verschulden des Vorerben (§§ 2131, 2134, 2138) entstandenen Ansprüche. Endlich rechtsgeschäftliche Verpflichtungen, die der Vorerbe, wenn auch in Beziehung auf den Nachlaß, so doch als persönlicher Schuldner eingegangen ist (§ 1967 A 3), ohne daß der Nachlaß auch nur mit der Verpflichtung, ihn hiervon zu befreien, belastet wäre (so z. B. aus Rechtsgeschäften zu Zwecken der gewöhnlichen Erhaltung § 2121 Abs 1, Beglaubigungskosten § 2120, Sachverständigenkosten § 2122). Die Haftung des Nacherben kann b) ausgeschlossen sein, weil der Nacherbe nur beschränkt haftet und der Nachlaßgläubiger infolge der Erschöpfung des Nachlasses in der Hand des Nacherben ganz oder teilweise leer ausgeht. „Insoweit" dies der Fall ist, kann der Vorerbe auch nach vollständiger Herausgabe des Nachlasses mit dem Betrage der hiervon gezogenen Nutzungen (§ 2111 A 3) haftbar gemacht werden (A 3). Haftete der Vorerbe selbst unbeschränkt, so erstreckt sich seine Haftung, ohne daß hieran durch den Eintritt der Nacherbfolge etwas geändert würde, nach wie vor auf die ganze betreffende Nachlaßschuld, also ohne Rücksicht darauf, wieviel davon aus der Erbschaft in der Hand des Nacherben beizutreiben wäre. Sie mindert sich nur um dasjenige, was tatsächlich vom Nacherben erlangt ist. Ganz dasselbe hat aber auch dann zu gelten, wenn außer dem Vorerben auch der Nacherbe unbeschränkt haftbar geworden ist. So unter näherer Begründung Planck A 3; a. M. Dernburg V § 60, IVa, Staudinger II 4, Kipp § 96 A 11. Gegenüber den Ersatzansprüchen des Vorerben kommt dem Nacherben auch in diesem Falle die Ausnahmevorschrift des § 2144 Abs 3 zustatten. c) Endlich kommt eine Haftung des Nacherben von vornherein nicht in Frage, soweit es sich um letztwillige Beschwerungen lediglich des Vorerben handelt (§ 2144 A 1).

2. Es muß sich auch hierbei um **Nachlaßverbindlichkeiten** handeln (§ 1967). Eigenverbindlichkeiten des Vorerben im Sinne von A 1 a kommen von vornherein für den Nacherben nicht

in Frage. **Im Verhältnisse zwischen Vorerben und Nacherben** hat der Vorerbe allein, als Gegensatz für die ihm gebührenden Nutzungen, für Zinsen, Lasten als gewöhnliche Erhaltungskosten aufzukommen (§ 2124 A 1). Sie können aber, soweit sie rückständig gelassen sind, auch vom Nacherben, je nachdem unter seiner beschränkten oder unbeschränkten Haftung beigetrieben werden. Die Vorschrift ergibt, daß sich die betreffenden Nachlaßgläubiger auch nach Eintritt der Nacherbfolge unmittelbar an den Vorerben halten dürfen. Hat der Nacherbe geleistet, so bleibt sein Erstattungsanspruch an den Vorerben unberührt.

3. Der **Vorerbe** hat nach Eintritt der Nacherbfolge den Nachlaß an den Nacherben herauszugeben und kann deshalb, soweit er für Nachlaßverbindlichkeiten noch in Anspruch genommen werden darf, seine **Haftungsbeschränkung** nicht mehr dadurch geltend machen, daß er die Gläubiger auf den Nachlaß und damit auf den Nacherben verweist. Statt dessen haftet er mit dem, was ihm von der Erbschaft gebührt. Dies sind vor allem die von der Erbschaft gezogenen und die etwa noch vorhandenen Nutzungen (§ 2111) und im Falle der befreiten Vorerbschaft Verwendungen, die er aus der Erbschaft seinem eigenen Vermögen zugeführt hat (§ 2134).

4. Bei **Geltendmachung der beschränkten Haftung** ist der Vorerbe, da für ihn Nachlaßkonkurs und Nachlaßverwaltung nicht mehr in Frage kommen (§ 2144 A 1), ohne Rücksicht auf den Umfang des Nachlasses auf die Unzulänglichkeitseinrede der §§ 1990, 1991 beschränkt. Die Bezugnahme auf § 1991 und damit §§ 1978, 1979 ergibt zugleich, daß der Vorerbe, selbst der befreite Vorerbe auch insoweit für die Nachlaßverbindlichkeiten, und zwar aus eigenem Vermögen aufzukommen hat, als er für ordnungswidrige Verwaltung, insbesondere für Verschleuderung des Nachlasses verantwortlich geworden ist (§ 1978 A 2). Diese Ansprüche werden zugunsten der Gläubiger als ein noch bei dem Vorerben vorhandenes Aktivum des Nachlasses behandelt (§ 1978 A 4). Damit identische Ansprüche können unter den Gesichtspunkten der §§ 2130—2134, 2138 Abs 2 auch dem Nacherben gegen den Vorerben zustehen und insofern auch Bestandteile des in der Hand des Nacherben befindlichen Nachlasses bilden. Die Nachlaßgläubiger sind aber nicht genötigt, sich auf dem Umwege der Pfändung beim Nacherben an diese Ansprüche zu halten, sondern können sich, soweit ihnen der Vorerbe überhaupt haftet und bis zum Belaufe dieser Haftung, auch unmittelbar an seinem Vermögen erholen. Auch der Vorerbe hat sich die Geltendmachung der beschränkten Haftung gemäß ZPO § 780 zu sichern, wenn er den Nachweis seiner Befreiung nicht schon im Prozesse führen will — Haftung des Vorerben für die Verbindlichkeiten eines von ihm fortgeführten Handelsgeschäfts HGB § 27.

§ 2146

Der Vorerbe ist den Nachlaßgläubigern gegenüber verpflichtet, den Eintritt der Nacherbfolge unverzüglich dem Nachlaßgericht anzuzeigen. Die Anzeige des Vorerben wird durch die Anzeige des Nacherben ersetzt[1]).

Das Nachlaßgericht hat die Einsicht der Anzeige jedem zu gestatten, der ein rechtliches Interesse glaubhaft macht[2]).

E II 2017; P 5 149, 150.

1. Die **Anzeigepflicht** ist dem Vorerben, nach seinem Tode seinen Erben auferlegt. Verstoß hiergegen macht ihn den Nachlaßgläubigern schadensersatzpflichtig. Unverzüglich § 121. Nachlaßgericht FGG §§ 72, 73, EG Art 147.

2. Das Nachlaßgericht ist nicht wie in § 1953 Abs 3 zur Mitteilung an die Interessenten verpflichtet. Zu diesen gehören die Nachlaßgläubiger, aber mit Rücksicht auf §§ 2111, 2129 auch die Nachlaßschuldner und Dritte (§ 2140). Ähnlich § 2010 und die dort A 1 angeführten Vorschriften.

Vierter Titel

Vermächtnis

§ 2147

Mit einem Vermächtnisse[1]) kann der Erbe oder ein Vermächtnisnehmer beschwert werden[2]). Soweit nicht der Erblasser ein anderes bestimmt hat, ist der Erbe beschwert[3]).

E I 1756 Abs 2, 1842 II 2018; M 5 10, 136, 137; P 5 6, 160, 161.

Entsprechend anwendbar auf die Auflage § 2192.

1. **Die Anordnung des Vermächtnisses** (Begriff § 1939) kann nur durch Testament oder Erbvertrag erfolgen. Im Erbvertrage sowohl durch vertragsmäßige Verfügung, die sich auch auf das Vermächtnis beschränken kann, Vermächtnisvertrag (§ 2278), als durch einseitige

Verfügung (§ 2299). Auch die nicht sogleich vollzogene Schenkung von Todes wegen wird als Vermächtnis behandelt, § 2301.

Über die Aufwertung von Geldansprüchen aus Vermächtnissen s. § 2174 A 3.

2. Der **Beschwerte** ist Schuldner, der Bedachte Gläubiger in dem durch das Vermächtnis begründeten Schuldverhältnis, § 2174. Es entsteht hiermit eine Nachlaßverbindlichkeit, § 1967 A 4. Nur der Erbe oder der Vermächtnisnehmer kann beschwert werden. Der **Erbe,** gleichviel ob gewöhnlicher, gesetzlicher oder gewillkürter, Testaments- oder Vertragserbe (s. jedoch § 2289 Abs 1), Ersatzerbe, Vor- oder Nacherbe — jeder für seine Person oder schlechthin die Erbschaft (RG 14. 4. 21 IV 562/20) mit der Wirkung, daß der das Vermächtnis erfüllende Vorerbe dieserhalb dem Nacherben einen Abzug machen kann (§ 2126 A 1). Sind dem Nacherben Leistungen auferlegt, die er schon vor Eintritt der Nacherbfolge bewirken soll, so kann es sich nur um die Setzung einer Bedingung für das Nacherbrecht oder um einen unverbindlichen Wunsch des Erblassers handeln (RG a. a. O.). Nicht beschwert werden kann der Erbeserbe, obschon er in die Lage kommen kann, ein erst beim Tode des Erben fällig gewordenes Vermächtnis aus der ihm angefallenen Erbschaft zu entrichten (§ 2181 A 1, RG Warn 1919 Nr 198). Beschwerung des als Erbe berufenen Pflichtteilsberechtigten § 2306. Ist der **Vermächtnisnehmer** selbst wiederum mit einem Vermächtnis beschwert (§§ 2186 bis 2188), so spricht man von einem Untervermächtnis. Nachvermächtnis § 2191, sog. gesetzliche Vermächtnisse § 1939 A 5. Der von Todes wegen Beschenkte kann nur, soweit er als Vermächtnisnehmer zu gelten hat, mit einem Vermächtnis beschwert werden, also nicht der Empfänger einer bereits vollzogenen, wenn auch unter Vorbehalt des Widerrufs erklärten Schenkung (§ 2301). Hier kann nur eine Auflage im Sinne von § 525 in Frage kommen. Ferner kann mit einem Vermächtnis nicht beschwert werden, wer nur mittelbar aus der Erbschaft etwas erlangt. So der Empfänger einer Leistung, die condicionis implendae causa bewirkt ist (§ 1939 A 4), oder der Ehemann oder Gewalthaber, dem die Nutznießung an den der Frau oder den Gewaltunterworfenen gemachten Zuwendungen zusteht. Im Falle des § 331 kann der Versprechensempfänger die für den Dritten ausbedungene Leistung zwar vertragsmäßig von anderweiten erst durch den Dritten zu erfüllenden Leistungen abhängig machen. Dies kann nach § 332 auf Grund vertragsmäßigen Vorbehalts auch einseitig in einer Verfügung von Todes wegen geschehen. Eine eigentliche Beschwerung des Dritten mit einem Vermächtnis liegt aber auch hierin nicht.

3. Der **Erbe** ist **beschwert** kraft verfügender, den Willen des Erblassers ergänzender Bestimmung. Der abweichende Wille braucht jedoch nicht ausdrücklich erklärt zu sein. Das Vermächtnis bleibt regelmäßig auch nach Wegfall des Beschwerten wirksam, § 2161

§ 2148

Sind mehrere Erben oder mehrere Vermächtnisnehmer mit demselben Vermächtnisse beschwert, so sind im Zweifel die Erben nach dem Verhältnisse der Erbteile, die Vermächtnisnehmer nach dem Verhältnisse des Wertes der Vermächtnisse beschwert[1]**).**

E I 1843 II 2019; M 5 137; P 5 161.

Entsprechend anwendbar auf die Auflage § 2192.

1. Gegenüber der gesetzlichen Auslegungsregel steht der Nachweis offen, daß der Erblasser insbesondere mit Rücksicht auf die Art der Vermächtnisleistung und die persönlichen Verhältnisse der **mehreren Beschwerten** eine andere Verteilung gewollt habe. Ob er bei der Anordnung die mehreren Beschwerten namentlich oder nur in ihrer Erben- usw. Eigenschaft bezeichnet hat, macht keinen Unterschied. Die mehreren Erben sind, wenn sie sämtlich beschwert sind, dem Bedachten gegenüber Gesamtschuldner, §§ 2058ff. Die Erbteile sind nur im Verhältnisse der Miterben zueinander maßgebend (§ 426). Sind nur einige von mehreren Miterben (§ 2046 Abs 2) oder sind mehrere Vermächtnisnehmer beschwert, so sind sie im Zweifel (aber §§ 421, 431) dem Bedachten von vornherein nur anteilig verpflichtet (§ 420). Für Ermittlung des Wertes der Vermächtnisse ist die Zeit des Erbfalls, gegebenenfalls unter Berücksichtigung der Zwischenzinsen (§§ 272, 813 Abs 2) maßgebend. Die alternative Beschwerung (A oder B soll zahlen) wird in der Regel als Auferlegung eines gesamtschuldnerischen Vermächtnisses aufzufassen sein (§ 421). Über die Möglichkeit, ein Vermächtnis, das gegenüber einem Teile der mehreren Belasteten unwirksam ist, teilweise aufrechtzuerhalten, s. § 2085 A 1.

§ 2149

Hat der Erblasser bestimmt, daß dem eingesetzten Erben ein Erbschaftsgegenstand nicht zufallen soll, so gilt der Gegenstand als den gesetzlichen

Erben vermacht[1]). Der Fiskus gehört nicht zu den gesetzlichen Erben im Sinne dieser Vorschrift[2]).

E I 1791 II 2020; M 5 64; P 5 74, 79, 80.

1. Der nur verneinend ausgedrückte Wille des Erblassers wird zu einer **Zuwendung an die gesetzlichen Erben** (§§ 1924ff.), und zwar nach Verhältnis ihrer Erbteile ergänzt. Ähnlich, wenn es sich um unvollständige Vergebung des Nachlasses (§ 2088) oder um die unterbliebene Bezeichnung der Nach- oder Vorerben handelt (§§ 2104, 2105). Die so gefaßte Bestimmung ist unwirksam, wenn die gesetzlichen Erben selbst eingesetzt sind (§ 2066). — Ein Verbot des Erblassers, über einen Nachlaßgegenstand unter Lebenden oder von Todes wegen zu verfügen, ist regelmäßig unwirksam, wenn es nicht als Nachvermächtnis aus §§ 2191, 2338 aufrechtzuerhalten ist. Ebensowenig steht es in der Macht des Erblassers, eine Zuwendung an den Bedachten dem Zugriffe der Gläubiger des Bedachten zu entziehen, wenn der Bedachte nicht zugleich selbst in der Verfügung wirksam beschränkt ist. Ein durch Pfändung, z. B. der vermachten Rente, auflösend bedingtes Vermächtnis ist zulässig (**RG** LZ 1915, 1097[17]).

2. **Ausschluß des Fiskus** (§ 1936) wie bei der Nacherbfolge § 2104 a. E. Beim Mangel gesetzlicher Erben verbleibt mithin der ausgenommene Gegenstand dem eingesetzten Erben.

§ 2150

Das einem Erben zugewendete Vermächtnis (Vorausvermächtnis) gilt als Vermächtnis auch insoweit, als der Erbe selbst beschwert ist[1]).

E I 1845 Abs 1, 2 II 2021; M 5 139, 140; P 5 162, 163.

1. **Vorausvermächtnis** (Prälegat). Handelt es sich um einen Alleinerben, so ist die Anordnung, er solle einen Erbschaftsgegenstand im voraus als Vermächtnis erhalten, an sich bedeutungslos. Sie ist aber wirksam, insofern sie dem Erben in der Eigenschaft als Vermächtnisnehmer eine günstigere Stellung gewährt (**RG** ZBlFG 14, 236; Warn 1913 Nr 428). So hat die Unwirksamkeit der Erbeinsetzung regelmäßig nicht auch die Unwirksamkeit des Vermächtnisses zur Folge (§ 2085). Schlägt er die Erbschaft aus, so kann er doch das Vermächtnis annehmen, wenn er nicht mit diesem nur unter der Bedingung, daß er Erbe werde, bedacht ist. Im Falle der Nacherbfolge verbleibt das Vorausvermächtnis dem Vorerben, § 2110, beim Erbschaftskaufe gilt es als nicht mitverkauft, § 2373. In allen Fällen, wo auch sonst die durch Vereinigung von Rechten und Verbindlichkeiten erlöschenden Rechtsverhältnisse nicht erlöschen, kann der Bedachte seine Rechtsstellung als Nachlaßgläubiger (§ 1967) unbeschränkt geltend machen. So im Falle der Nachlaßverwaltung und des Nachlaßkonkurses (§§ 1976, 1984; KO § 226 Nr 5), der Unzulänglichkeitseinrede (§ 1991 Abs 2), beim Erbschaftskauf (§ 2377). Ebenso gegen den Testamentsvollstrecker (§ 2213). Dies tritt besonders hervor, wenn einer von mehreren Erben im voraus bedacht und zugleich selbst mit beschwert ist. Er kann seine Vermächtnisforderung gegen die Miterben, wie jeder andere Miterbengläubiger, mit der Gesamthandsklage aus § 2059 Abs 2 geltend machen, muß sich aber unter Umständen, § 2046 A 1, darauf verweisen lassen, seine Befriedigung bei der Auseinandersetzung zu suchen (**RG** 93, 196). Ist mehreren Miterben dasselbe Vorausvermächtnis vermacht, so gelten sie nach §§ 2157, 2091 im Zweifel nicht als nach Verhältnis ihrer Erbteile, sondern nach gleichen Teilen bedacht. Anrechnung des Vorausvermächtnisses auf den Pflichtteil § 2307. Ist der mit dem Vermächtnis bedachte Miterbe selbst nicht mit beschwert, ist es vielmehr lediglich den anderen Miterben auferlegt, so gelten die allgemeinen Grundsätze (§ 2046 A 3). So namentlich auch dann, wenn sich hinter einer Teilungsanordnung eine Bevorzugung des einen Erben auf Kosten der übrigen Erben verbirgt und in Wahrheit damit ein Vermächtnis gewollt ist (vgl. § 2048 A 1). Gegenstand eines Vorausvermächtnisses kann auch ein einem Miterben an einem Nachlaßgrundstück zu bestellendes dingliches Vorkaufsrecht sein (**RG** 108, 84). Die letztwillige Anordnung über die Ausgleichung einer Schenkung kann als ein den Gegenstand der Schenkung betreffendes Vorausvermächtnis ausgelegt werden, wenn die Schenkung unter Lebenden unwirksam war (**RG** 82, 149). — Ob in der Einsetzung als Ersatzerbe zugleich eine Ersatzberufung auf das Vorausvermächtnis (§ 2190) liegt, ist eine (nicht aus den §§ 2110 Abs 2, 2373 zu entscheidende) Auslegungsfrage (OLG 34, 283).

§ 2151

Der Erblasser kann mehrere mit einem Vermächtnis in der Weise bedenken, daß der Beschwerte oder ein Dritter zu bestimmen hat, wer von den mehreren das Vermächtnis erhalten soll[1]).

Die Bestimmung des Beschwerten erfolgt durch Erklärung gegenüber demjenigen, welcher das Vermächtnis erhalten soll; die Bestimmung des Dritten erfolgt durch Erklärung gegenüber dem Beschwerten[2]).

Kann der Beschwerte oder der Dritte die Bestimmung nicht treffen, so sind die Bedachten Gesamtgläubiger[3]). Das gleiche gilt, wenn das Nachlaßgericht dem Beschwerten oder dem Dritten auf Antrag eines der Beteiligten eine Frist zur Abgabe der Erklärung bestimmt hat und die Frist verstrichen ist, sofern nicht vorher die Erklärung erfolgt[4]). Der Bedachte, der das Vermächtnis erhält, ist im Zweifel nicht zur Teilung verpflichtet[3])[5]).

E I 1770 Satz 2, 1769 Abs 2 II 2022; M 5 33—36; P 5 23—30, 42, 43.

1. **Mehrere Bedachte.** Abweichung von dem Grundsatze des § 2065 Abs 2, wonach der Erblasser die Bestimmung einer Person, die eine Zuwendung erhalten soll, nicht einem andern überlassen darf. Vorausgesetzt ist, daß der Kreis der mehreren — mindestens zwei — Personen, unter denen zu wählen ist, vom Erblasser wenigstens so weit umgrenzt ist, daß es nicht an einem Anhalt für Bestimmung des Bedachten fehlt. Wo die Grenze liegt, ist Tatfrage. **RG** 96, 15 hat die nach dieser Stelle erforderliche Umgrenzung bei einer Verfügung vermißt, nach der eine bestimmte Geldsumme „an verschiedene Vereine und wohltätige oder gemeinnützige Anstalten sowie bedürftige Personen" einer Stadt verteilt werden sollte, die Verfügung aber als die Anordnung einer Auflage nach § 2193 gelten lassen; s. auch JW 1925, 2147[5].

2. Die **Auswahl** kann **dem Beschwerten** (§ 2147) **oder einem Dritten,** insbesondere dem Testamentsvollstrecker, auch mehreren Personen gemeinsam übertragen sein. Sie sind in ihrer Entscheidung nicht, auch nicht, wie in den Fällen der §§ 2155 Abs 3, 2156 oder § 319 durch Verweisung auf Billigkeit beschränkt. Ihre Bestimmung ist deshalb, selbst wenn der Erblasser für die Auswahl gewisse Weisungen erteilt hätte und hiergegen verstoßen wäre, jeder Anfechtung entzogen (a. M. Dernburg § 67 III c), es müßte denn arglistig verfahren sein. Die Bestimmung ist eine einem andern gegenüber abzugebende Willenserklärung und unwiderruflich (§§ 130—132). Ist sie mehreren übertragen, so gilt § 317 Abs 2, bei mehreren Testamentsvollstreckern § 2224.

3. **Die Bedachten sind Gesamtgläubiger** §§ 428ff. abweichend von § 2157, wonach die mehreren regelmäßig nach Bruchteilen bedacht sind. Der Schlußsatz des § 2151 schließt die aus § 430 folgende Verpflichtung eines Berechtigten aus, das ausgezahlte Vermächtnis den Mitberechtigten anteilig zukommen zu lassen. Vielmehr sichert ihm der erste Zugriff das ganze Vermächtnis. Anderseits kann der Beschwerte gemäß § 428 nach seinem Belieben an jeden Berechtigten leisten. Gegenüber einer mehrfachen Verurteilung ist er durch ZPO § 767 mit dem Nachweise geschützt, daß er inzwischen die Bestimmung getroffen oder geleistet habe.

4. Im Falle der **Verzögerung durch die Wahlberechtigten** steht den möglichen Bedachten kein Klagerecht zu, vielmehr setzt auf ihren Antrag das Nachlaßgericht Frist nach FGG § 80. Als Beteiligter kommt, wenn die Bestimmung einem Dritten übertragen ist, auch der Beschwerte in Betracht. Die sofortige Beschwerde des § 80 kann rügen, daß der Aufgeforderte überhaupt nicht zur Erklärung verpflichtet sei oder daß er sich bereits erklärt habe, oder sie kann die Art der Fristsetzung betreffen. Gegen Ablehnung der Verfügung einfache Beschwerde nach FGG §§ 19ff. Hat der Dritte die Frist verstreichen lassen, so kann der Beschwerte nach seinem Belieben leisten (A 3). Eine nach Fristablauf, sei es auch vor der Leistung abgegebene Erklärung des Dritten bindet ihn nicht.

5. **Beweislast.** Wer das Vermächtnis fordert, hat zu beweisen, daß er als Berechtigter bestimmt ist. Klagt er als Gesamtgläubiger, so hat er zu beweisen, daß die Bestimmung (z. B. wegen Todes oder Geschäftsunfähigkeit des hierzu Berufenen) nicht erfolgen kann oder daß die Frist bestimmt und verstrichen ist. Der Beschwerte kann einwenden, daß die Frist gewahrt sei, oder, wenn er selbst wahlberechtigt ist, jetzt noch die Wahl treffen (Kosten ZPO § 93).

§ 2152

Hat der Erblasser mehrere mit einem Vermächtnis in der Weise bedacht, daß nur der eine oder der andere das Vermächtnis erhalten soll, so ist anzunehmen, daß der Beschwerte bestimmen soll, wer von ihnen das Vermächtnis erhält[1]).

E I 1769 Abs 2 II 2023; M 5 34; P 5 23—26, 42, 43.

1. Sind (zwei oder) **mehrere alternativ bedacht,** so ergänzt das Gesetz in Übereinstimmung mit § 262 den Willen des Erblassers dahin, daß die Bestimmung gemäß § 2151 Abs 2, 3 durch den Beschwerten erfolgen soll. — Alternative Beschwerung § 2148 A 1.

§ 2153

Der Erblasser kann mehrere mit einem Vermächtnis in der Weise bedenken, daß der Beschwerte oder ein Dritter zu bestimmen hat, was jeder von dem vermachten Gegenstand erhalten soll. Die Bestimmung erfolgt nach § 2151 Abs 2[1]).

Kann der Beschwerte oder der Dritte die Bestimmung nicht treffen, so sind die Bedachten zu gleichen Teilen berechtigt. Die Vorschrift des § 2151 Abs 3 Satz 2 findet entsprechende Anwendung[2]).

E I 1777 Satz 2 II 2024; M 5 41, 42; P 5 39—42.

1. Abweichend von dem Grundsatze des § 2065 Abs 2 läßt das Gesetz zu, die **Bestimmung der Anteile an einem vermachten Gegenstande** (Summe, Sache, Recht § 90) einem andern zu überlassen. Die Anteile können körperlich, oder, so bei unteilbaren Sachen (Landgut), nach ideellen Bruchteilen bestimmt werden. Nach § 2151 Abs 2 erklärt der Beschwerte die Bestimmung gegenüber dem, der das Vermächtnis erhalten soll, der Dritte gegenüber dem Beschwerten. Der Bestimmungsberechtigte kann nach dem Willen des Erblassers auch als ermächtigt gelten, ungleich zu teilen, sogar einen der Bedachten ganz zu übergehen. Die Bestimmung braucht nicht gleichzeitig, sie kann aber, weil einen Teilungsausspruch enthaltend, nur einheitlich in dem Sinne erfolgen, daß sie für die Beteiligten erst dann verbindlich wird, wenn die völlige Aufteilung des Gegenstandes durchgeführt ist (a. M. Strohal I § 29 A 24; Dernburg V § 67 A 7; Leonhard, II). Verzögerungen wird durch Fristsetzung nach § 2151 Abs 3 Satz 2 abgeholfen. Ist die vollzogene Aufteilung in sich widerspruchsvoll, sind z. B. mehr Teile vergeben als das Ganze hergibt, so ist sie im vollen Umfange nichtig. Nach Abs 2 Satz 1 sind dann die Bedachten nach gleichen Teilen berechtigt.

2. Die einmal vollzogene **Verteilung** ist für den Bestimmenden unwiderruflich und für die Bedachten, außer im Falle der Arglist unanfechtbar (§ 2151 A 2). Kommt es nicht zur Verteilung, so werden die mehreren Bedachten abweichend von § 2151 A 3 nicht als Gesamtgläubiger, sondern als Bruchteilsgläubiger zu gleichen Teilen auf den Gegenstand des Vermächtnisses berechtigt. § 2151 Abs 3 Satz 2 behandelt die Fristsetzung durch das Nachlaßgericht. Die §§ 2151 u. 2153 können verbunden anwendbar werden, wenn der Erblasser es dem Beschwerten oder einem Dritten überlassen hat, sowohl die Empfänger aus einem Kreise mehrerer Personen als auch die ihnen zuzuwendenden Vermächtnisanteile zu bestimmen (**RG** 96, 17). Kommt es in diesem Falle nicht zur Bestimmung, so kann jeder Angehörige des bedachten Personenkreises den Gegenstand als Gesamtgläubiger fordern (§ 2151 A 3), muß aber jedem Mitbedachten den ihm gebührenden gleichen Anteil zukommen lassen.

§ 2154

Der Erblasser kann ein Vermächtnis in der Art anordnen, daß der Bedachte von mehreren Gegenständen nur den einen oder den anderen erhalten soll[1]). Ist in einem solchen Falle die Wahl einem Dritten übertragen, so erfolgt sie durch Erklärung gegenüber dem Beschwerten[2]).

Kann der Dritte die Wahl nicht treffen, so geht das Wahlrecht auf den Beschwerten über. Die Vorschrift des § 2151 Abs 3 Satz 2 findet entsprechende Anwendung[3]).

E I 1862 II 2025; M 5 170—172; P 5 193—196.

Entsprechend anwendbar auf die Auflage § 2192.

1. **Wahlvermächtnis.** Gleichgültig ist, ob die mehreren Gegenstände individuell oder nur der Gattung nach (§ 2155) bestimmt sind, ob sie bereits zur Erbschaft gehören oder dem Bedachten erst noch zu verschaffen sind (§§ 2169, 2170). Die Voraussetzung des Gesetzes ist auch gegeben, wenn der Erblasser das Vermächtnis in einer Weise bezeichnet hat, die auf mehrere in der Erbschaft vorhandene Gegenstände zutrifft. Dagegen handelt es sich um ein bedingtes Vermächtnis, wenn die Bestimmung des Gegenstandes von einem Ereignis abhängig gemacht ist (Losziehung, das gewinnende Pferd).

2. Für das durch das Wahlvermächtnis entstehende **alternative Schuldverhältnis** (§ 2174) gelten, soweit nicht ein anderer Wille des Erblassers erhellt, die Vorschriften der §§ 262—265. Danach steht die Wahl im Zweifel dem Beschwerten zu. Sie kann auch dem Bedachten oder einem Dritten übertragen sein. Erklärung des Dritten gegenüber dem Beschwerten wie § 2151 A 2.

3. **Wird die Wahl durch den Dritten unmöglich,** so wird die Regel des § 262, Wahlrecht des Schuldners wiederhergestellt. Wird sie **verzögert,** so greift die Fristsetzung durch das Nachlaßgericht (§ 2151 A 4), nach verstrichener Frist wiederum das Wahlrecht des Beschwerten ein. Wird die Wahl durch den Beschwerten oder den Bedachten verzögert, so findet § 264 Anwendung. Sind hüben oder drüben mehrere Wahlberechtigte vorhanden, so können sie regelmäßig (§ 747, bei beschwerten Miterben auch § 2040 Abs 1) die Wahl nur gemeinschaftlich vornehmen. Ist in verschiedenen letztwilligen Verfügungen das Wahlrecht nacheinander verschiedenen Personen übertragen, ohne daß die jüngere die ältere Verfügung aufhebt, so sind alle wahlberechtigt und die zuerst ausgeübte Wahl entscheidet. Die Pflicht zur Vorzeigung der für die Wahl in Betracht kommenden Gegenstände liegt dem Beschwerten nach §§ 242, 809 ob.

§ 2155

Hat der Erblasser die vermachte Sache nur der Gattung nach bestimmt, so ist eine den Verhältnissen des Bedachten entsprechende Sache zu leisten[1]).

Ist die Bestimmung der Sache dem Bedachten oder einem Dritten übertragen, so finden die nach § 2154 für die Wahl des Dritten geltenden Vorschriften Anwendung[2]).

Entspricht die von dem Bedachten oder dem Dritten getroffene Bestimmung den Verhältnissen des Bedachten offenbar nicht, so hat der Beschwerte so zu leisten, wie wenn der Erblasser über die Bestimmung der Sache keine Anordnung getroffen hätte[3])[4]).

EI 1863 II 2026; M 5 173, 174; P 5 193—201.

Entsprechend anwendbar auf die Auflage § 2192.

1. **Gattungsvermächtnis.** Die vermachte (körperliche) Sache kann schlechthin nur der Gattung nach bestimmt (§ 243), das Vermächtnis kann aber auch auf eine im Nachlaß vorhandene Gattungssache beschränkt sein (gemischtes Gattungsvermächtnis). Im letzteren Falle kann es sich auch um ein Wahlvermächtnis nach § 2154 handeln. Die individuelle Sachleistung bestimmt sich nach den Verhältnissen (nicht den Bedürfnissen) des Bedachten. Ist z. B. dem X und dem Z je ein Pferd vermacht und sind im Nachlasse ein Reit- und ein Wagenpferd vorhanden, so gebührt dem Kavalleristen X das Reitpferd, dem lahmen Z das Wagenpferd. Wenn dieser Maßstab versagt, hat der Beschwerte nach § 243 Sachen von mittlerer Art und Güte zu leisten. Hat der Erblasser dem Bedachten eine Sache der vermachten Art in der Absicht, das Vermächtnis im voraus zu erfüllen, schon unter Lebenden zugewendet, so wird das Gattungsvermächtnis dadurch allein noch nicht hinfällig (RG Gruch 63, 476f.; §§ 2174 A 1, 2253 A 1).

2. Die **Bestimmung der Sache** liegt nach § 243 grundsätzlich dem Beschwerten ob. Ist sie dem **Bedachten oder einem Dritten übertragen,** so hat sich der Bestimmungsberechtigte nach § 2154, gegebenenfalls nachdem ihm auf Antrag des Beschwerten gemäß § 2151 A 4 Frist gesetzt ist, gegenüber dem Beschwerten zu erklären. Im Falle der Unmöglichkeit einer Erklärung oder des Verstreichens der Frist fällt das Bestimmungsrecht an den Beschwerten zurück.

3. **Offenbare Unbilligkeit.** Auch für die von dem Bedachten oder dem Dritten zu treffende Bestimmung sind nach Abs 1 die Verhältnisse des Bedachten maßgebend. Die von ihnen getroffene Bestimmung ist zwar unwiderruflich, aber abweichend von §§ 2151 A 2, 2153 A 2, 2154 A 2 nicht unanfechtbar. Offenbare Unbilligkeit der getroffenen Bestimmung (§ 319 A 1, vgl. auch §§ 2048, 2217), gemessen wiederum an den Verhältnissen des Bedachten, hat vielmehr den Rückfall des Bestimmungsrechts an den Beschwerten zur Folge (der mit einem Pferde bedachte Gutsverwalter wählt aus dem auch mit Gebrauchspferden besetzten Stalle das teuerste Rennpferd). Gewährleistungspflicht §§ 2182 Abs 1, 2183.

4. **Beweislast.** Der Bedachte hat zu beweisen, daß die von ihm beanspruchte Sache seinen Verhältnissen entspricht oder nach Abs 2 vom Dritten bestimmt ist. Will der Beschwerte hiervon abweichen, so hat er die offenbare Unbilligkeit der getroffenen Bestimmung zu beweisen.

§ 2156

Der Erblasser kann bei der Anordnung eines Vermächtnisses, dessen Zweck er bestimmt hat, die Bestimmung der Leistung dem billigen Ermessen des Beschwerten oder eines Dritten überlassen[1]). Auf ein solches Ver-

mächtnis finden die Vorschriften der §§ 315 bis 319 entsprechende Anwendung[2]).

E I 1777 Satz 1 II 2037; M 5 41; P 5 39, 43.

Entsprechend anwendbar auf die Auflage § 2192.

1. **Zweckbestimmung.** Vorausgesetzt ist, daß der Erblasser die Vermächtnisanordnung selbst getroffen (nicht bloß einen Dritten hierzu ermächtigt hat, **RG** Warn 1911 Nr 42), daß die Person des Bedachten bestimmt oder doch nach §§ 2151, 2152 bestimmbar ist (weitergehend bei Auflagen § 2193), daß aber der Gegenstand der Leistung nur aus dem angegebenen Zwecke ermittelt werden kann. Inwieweit diese Zweckangabe ausreicht, ist Tatfrage (Vermächtnis an X zur Bestreitung seiner Studienkosten, zu einer Reise nach Indien).

2. **Billiges Ermessen** des Beschwerten § 315, eines Dritten §§ 317, 319. Bei Wegfall des Dritten kann die Billigkeit schlechthin entscheidend sein (**RG** JW 01, 856[48]). Bestimmung durch den Beschwerten gegenüber dem Bedachten (§ 315 Abs 2), durch den Dritten gegenüber dem Beschwerten oder dem Bedachten (§ 318 Abs 1). Anfechtung der Bestimmung § 318 Abs 2, offenbare Unbilligkeit, Unmöglichkeit oder Verzögerung der Bestimmung durch den Dritten § 319 Abs 1 (Abs 2 kommt nicht in Frage).

§ 2157

Ist mehreren derselbe Gegenstand vermacht, so finden die Vorschriften der §§ 2089 bis 2093 entsprechende Anwendung[1]).

E I 1846 II 2028; M 5 140, 141; P 5 163.

1. **Gemeinschaftliches Vermächtnis.** Derselbe Gegenstand kann den mehreren in derselben oder in mehreren nacheinander errichteten Verfügungen (s. jedoch § 2258) vermacht sein. Nach den für die Einsetzung mehrerer Erben geltenden Vorschriften sind die mehreren Vermächtnisnehmer, soweit sich nicht aus §§ 2066, 2069 (gesetzliche Erben, Abkömmlinge) ein anderes ergibt, zu gleichen Teilen bedacht (§§ 2091, 2093). Es entsteht mithin unter ihnen Gemeinschaft nach Bruchteilen, §§ 741 ff. Sind die Bruchteile oder Summen bestimmt und übersteigen sie das den mehreren zugewendete Ganze oder erschöpfen sie das Ganze nicht, so tritt entsprechende Verminderung oder Erhöhung der Teile ein (§§ 2089, 2090). Zuwendung teils nach Bruchteilen, teils ohne Bruchteile § 2092. Ob beim Vermächtnis einer teilbaren Leistung, insbesondere beim Summenvermächtnis, ein gemeinschaftliches oder ob mehrere Vermächtnisse anzunehmen sind (§ 420), ist Auslegungsfrage.

§ 2158

Ist mehreren derselbe Gegenstand vermacht, so wächst, wenn einer von ihnen vor oder nach dem Erbfalle wegfällt, dessen Anteil den übrigen Bedachten nach dem Verhältnis ihrer Anteile an. Dies gilt auch dann, wenn der Erblasser die Anteile der Bedachten bestimmt hat[1]). Sind einige der Bedachten zu demselben Anteile berufen, so tritt die Anwachsung zunächst unter ihnen ein[2]).

Der Erblasser kann die Anwachsung ausschließen[3]).

E I 1870, 1871 II 2029; M 5 184—186; P 5 215, 216.

1. Das **Anwachsungsrecht beim Vermächtnis** entspricht der Anwachsung der Erbteile in §§ 2094, 2095. Voraussetzung ist a) ein gemeinschaftliches Vermächtnis im Sinne von § 2157. Es ist immer gegeben bei Unteilbarkeit der Leistung. Es ist aber bei teilbaren Leistungen auch dann nicht ohne weiteres ausgeschlossen, wenn der Erblasser die Anteile nach Bruchteilen oder Summen bestimmt hat. Sind 1000 oder ist eine Forderung von 1000 dem A, B, C mit $^5/_{10}$, $^3/_{10}$, $^2/_{10}$ oder auch mit 500, 300, 200 vermacht, so ist es Auslegungsfrage, ob ein Vermächtnis zu 1000 oder ob drei Einzelvermächtnisse zu 500, 300 und 200 vorliegen. b) Wegfall eines Mitbedachten, sei es vor dem Erbfalle durch Tod, Verzicht (§§ 2160, 2352) oder nach dem Erbfalle, aber mit Rückbeziehung auf den Zeitpunkt des Erbfalls durch Ausschlagung, Unwürdigkeit (§§ 2180, 2345), Unwirksamwerden der Zuwendung infolge Anfechtung (§ 2078 A 2), Ausfalls der Bedingung (§§ 2074, 2177), insbesondere auch nach §§ 2162, 2163 oder infolge Nichterteilung der nach Artt 86, 87 EG erforderlichen staatlichen Genehmigung. Fällt der Mitbedachte erst nach der Annahme durch Eintritt einer auflösenden Bedingung weg, so wird mit Planck A 5 gegen Strohal § 29 A 27 anzunehmen sein, daß die übrigen Bedachten für diesen Fall aufschiebend mitbedacht sind. Über die sonstigen Wirkungen der Anwachsung vgl. § 2094 A 1.

2. **Engere Gruppe** der gemeinschaftlich Bedachten wie § 2094 A 3.

3. **Ausschließung der Anwachsung** wie § 2094 A 5, sei es durch Berufung eines Ersatzvermächtnisnehmers (§§ 2190, 2099) oder dadurch, daß der Erblasser zu erkennen gibt, das Vermächtnis solle beim Wegfall des Bedachten hinfällig werden, d. h. dem Beschwerten zugute kommen.

§ 2159

Der durch Anwachsung einem Vermächtnisnehmer anfallende Anteil gilt in Ansehung der Vermächtnisse und Auflagen, mit denen dieser oder der wegfallende Vermächtnisnehmer beschwert ist, als besonderes Vermächtnis[1]).

E I 1872 II 2030; M 5 186; P 5 215, 216.

1. **Selbständigkeit der Vermächtnisanteile.** Wörtlich übereinstimmend (bis auf die hier nicht in Betracht kommende Ausgleichungspflicht) mit § 1935, Erhöhung des gesetzlichen Erbteils und § 2095, Anwachsung der Erbteile. Der Vermächtnisnehmer, dem durch Anwachsung ein Anteil anfällt, kann deshalb von dem Unterbedachten nur bis zum Werte des beschwerten Anteils in Anspruch genommen werden (§ 2187). Kommt der Wegfall des Bedachten infolge Ausschließung der Anwachsung dem Erben oder sonstigen Beschwerten zustatten (§ 2158 A 3), so haftet auch dieser für das auf dem frei gewordenen Anteil ruhende Untervermächtnis oder die Auflage nur mit der gleichen Beschränkung (§ 2187 Abs 2).

§ 2160

Ein Vermächtnis ist unwirksam, wenn der Bedachte zur Zeit des Erbfalls nicht mehr lebt[1]).

E I 1868 II 2031; M 5 181; P 5 212.

1. **Erleben des Vermächtnisanfalls** (§§ 2176, 2177) ist für den Bedachten (so gut wie für den Erben §§ 1923 Abs 1, 2074) Bedingung der Wirksamkeit der Zuwendung. Im Gegensatze zum Erben (§ 1923 Abs 2), aber entsprechend der Nacherbfolge (§§ 2101 A 1, 2108 A 1), braucht jedoch der Vermächtnisnehmer zur Zeit des Erbfalls nicht bereits erzeugt oder sonst bestimmt zu sein (§ 2178). Die Unwirksamkeit tritt nur ein, wenn kein Ersatzvermächtnisnehmer (§ 2190, auch nicht stillschweigend § 2069 A 1) berufen ist und keine Anwachsung (§ 2158) stattfindet. Sie kommt dem Beschwerten zugute, nicht etwa dem gesetzlichen Erben (vgl. § 2149) oder beim Untervermächtnisse dem eingesetzten Erben.

§ 2161

Ein Vermächtnis bleibt, sofern nicht ein anderer Wille des Erblassers anzunehmen ist, wirksam, wenn der Beschwerte nicht Erbe oder Vermächtnisnehmer wird[1]). Beschwert ist in diesem Falle derjenige, welchem der Wegfall des zunächst Beschwerten unmittelbar zustatten kommt[2]).

E I 1876 II 2032; M 5 189—191; P 5 221.

Entsprechend anwendbar auf die Auflage § 2192.

1. **Wegfall des Beschwerten.** Entsprechend dem Gedanken des § 2085 bleibt die Wirksamkeit des Vermächtnisses von dem Wegfall des damit beschwerten Erben oder Vermächtnisnehmers grundsätzlich unberührt. Dies gilt auch dann, wenn infolge Wegfalls des beschwerten Erben der mit dem Vermächtnisse Bedachte gesetzlicher Miterbe wird (§ 2150; **RG** Recht 1913 Nr 1615). Ein anderer Wille des Erblassers braucht nicht notwendig in der letztwilligen Verfügung erklärt zu sein, er kann sich auch aus den Umständen, insbesondere aus einem Inhalt des Vermächtnisses ergeben, der nur von dem eigentlich Beschwerten geleistet werden kann (Erteilung von Unterricht).

2. Der Wegfall des zunächst Beschwerten **kommt zustatten** (rechtlich, wenn auch nicht notwendig wirtschaftlich), je nachdem an Stelle des Erben oder Vermächtnisnehmers, dem Ersatzberufenen, dem Anwachsungsberechtigten, an Stelle des eingesetzten Erben dem gesetzlichen, an Stelle des nächstberufenen dem entfernteren gesetzlichen Erben, wie dem Fiskus. Der Bedachte soll aber aus dem Wegfall auch keinen Vorteil haben. Der nachrückende Vermächtnisnehmer haftet deshalb nach § 2187 Abs 2 nicht weiter, als der Weggefallene gehaftet haben würde.

§ 2162

Ein Vermächtnis, das unter einer aufschiebenden Bedingung oder unter Bestimmung eines Anfangstermins angeordnet ist, wird mit dem Ablaufe von dreißig Jahren nach dem Erbfall unwirksam, wenn nicht vorher die Bedingung oder der Termin eingetreten ist[1]).

Ist der Bedachte zur Zeit des Erbfalls noch nicht erzeugt oder wird seine Persönlichkeit durch ein erst nach dem Erbfall eintretendes Ereignis bestimmt, so wird das Vermächtnis mit dem Ablaufe von dreißig Jahren nach dem Erbfall unwirksam, wenn nicht vorher der Bedachte erzeugt oder das Ereignis eingetreten ist, durch das seine Persönlichkeit bestimmt wird[2]).

E I 1869 II 2033; M 5 182, 183; P 5 212—215.

1. §§ 2162, 2163 beschränken die **zeitliche Wirksamkeit der Vermächtnisse** in demselben Maße, wie § 2109 diejenige der Nacherbschaft. Bedingtes und betagtes Vermächtnis §§ 2177, 2074. Auch das Untervermächtnis (§ 2186) und das Nachvermächtnis (§ 2191) fallen hierunter.

2. Nach § 2178 fällt in den Fällen des Abs 2 das Vermächtnis an mit der Geburt des Bedachten oder mit Eintritt des maßgebenden Ereignisses. Die dreißigjährige Frist kann sich deshalb noch um die Empfängniszeit verlängern.

§ 2163

Das Vermächtnis bleibt in den Fällen des § 2162 auch nach dem Ablaufe von dreißig Jahren wirksam:

1. **wenn es für den Fall angeordnet ist, daß in der Person des Beschwerten oder des Bedachten ein bestimmtes Ereignis eintritt, und derjenige, in dessen Person das Ereignis eintreten soll, zur Zeit des Erbfalls lebt;**
2. **wenn ein Erbe, ein Nacherbe oder ein Vermächtnisnehmer für den Fall, daß ihm ein Bruder oder eine Schwester geboren wird, mit einem Vermächtnisse zugunsten des Bruders oder der Schwester beschwert ist.**

Ist der Beschwerte oder der Bedachte, in dessen Person das Ereignis eintreten soll, eine juristische Person, so bewendet es bei der dreißigjährigen Frist[1]).

E II 2034; P 5 212—215, 225, 23:—240; 6 91, 92.

1. Die beiden hier zugelassenen **Ausnahmen** von der Regel des § 2162 entsprechen wörtlich den für die Nacherbschaft gegebenen Vorschriften des § 2109, s. dort.

§ 2164

Das Vermächtnis einer Sache erstreckt sich im Zweifel auf das zur Zeit des Erbfalls vorhandene Zubehör[1]).

Hat der Erblasser wegen einer nach der Anordnung des Vermächtnisses erfolgten Beschädigung der Sache einen Anspruch auf Ersatz der Minderung des Wertes, so erstreckt sich im Zweifel das Vermächtnis auf diesen Anspruch[2]).

E I 1859 II 2035; M 5 163, 164; P 5 179, 180.

1. **Zubehör** §§ 97, 98, auch §§ 314, 926. Die Vorschrift enthält nur eine Auslegungsregel. Danach ist maßgebend für den Umfang der Leistung der tatsächliche Zustand zur Zeit des Erbfalls. Hinsichtlich des Zubehörs auch dann, wenn im Falle des bedingten oder betagten Vermächtnisses der Anfall hinausgeschoben ist, § 2177 (a. M. Planck A 1, Leonhard, II, C). Der Wortlaut des Abs 1 ist unzweideutig, § 2177 stellt den Anfall ausdrücklich in Gegensatz zum Erbfall, ein Übersehen scheint deshalb ausgeschlossen. Auch innere Gründe sprechen dafür, hinsichtlich des Zubehörs den bedingt Beschwerten schon vom Erbfall ab als gebunden zu behandeln (vgl. auch §§ 160 Abs 1 u. 2179). Was Zubehör ist, entscheidet das Gesetz, nicht die Meinung des Erblassers (a. M. Dernburg V § 76 A 5), es sei denn, daß die An-

ordnung des Vermächtnisses eine über das Gesetz hinausgehende Tragweite enthalten soll. Gleichgültig ist, ob die tatsächlich vorhandenen wirklichen Zubehörstücke zur Erbschaft gehören (§ 2170) oder ob sie vorübergehend von der Hauptsache getrennt sind (§ 97 Abs 2).

2. **Ersatzansprüche wegen Beschädigung.** Sie können hervorgehen aus schon bestehenden Schuldverhältnissen (gegen den Mieter) oder sonstwie aus Rechtsgeschäft (Versicherung) oder aus unerlaubter Handlung. Ersatzansprüche wegen Untergangs oder Entziehung der Sache §§ 2169, 2172. Zu beachten ist, daß der Entschädigungsanspruch (§§ 249ff.) bereits bei Lebzeiten des Erblassers, aber erst nach Anordnung des Vermächtnisses entstanden sein muß, wenn die Auslegungsregel Platz greifen soll. Nach § 2174 steht ferner dem Bedachten der Anspruch auf Abtretung des Ersatzanspruchs nur dem Beschwerten gegenüber zu. Er kann ihn nicht ohne weiteres gegen den Dritten geltend machen. Im Sinne des Gesetzes dürfte liegen, auch die Gewährleistungsansprüche wegen Mängel der Sache (§§ 459ff.) zu den hier gemeinten Ansprüchen zu zählen. Nur der Wandlungsanspruch ist, weil nicht auf Ersatz einer Wertminderung gerichtet, hiervon auszunehmen. Ersatzanspruch des Beschwerten wegen Verwendungen § 2185.

§ 2165

Ist ein zur Erbschaft gehörender Gegenstand vermacht, so kann der Vermächtnisnehmer im Zweifel nicht die Beseitigung der Rechte verlangen, mit denen der Gegenstand belastet ist[1]). Steht dem Erblasser ein Anspruch auf die Beseitigung zu, so erstreckt sich im Zweifel das Vermächtnis auf diesen Anspruch[2]).

Ruht auf einem vermachten Grundstück eine Hypothek, Grundschuld oder Rentenschuld, die dem Erblasser selbst zusteht, so ist aus den Umständen zu entnehmen, ob die Hypothek, Grundschuld oder Rentenschuld als mitvermacht zu gelten hat[3])[4]).

E I 1861 II 2036; M 5 165—169; P 5 181—188.

1. Im Zweifel (Auslegungsregel) kein Anspruch des Vermächtnisnehmers auf **Beseitigung dinglicher Rechte.** Vorausgesetzt ist Zugehörigkeit des Vermächtnisgegenstandes (Sache oder Recht § 90) zur Erbschaft. Die Vorschrift ist daher nicht anwendbar auf das Verschaffungsvermächtnis § 2170. Die Zuwendung des Erbschaftsgegenstandes muß ferner unmittelbar den Inhalt des Vermächtnisses bilden. Wäre nur das Recht vermacht, einen solchen Gegenstand aus der Erbschaft zu kaufen, so käme die Gewährleistung des Beschwerten nach §§ 434ff. in Frage (**RG** Warn 1913 Nr 242). Als Grundsatz gilt, daß der Gegenstand auf den Vermächtnisnehmer übergeht in derjenigen nicht bloß tatsächlichen (§ 2164 A 1), sondern auch rechtlichen Beschaffenheit, in welcher er sich zur Zeit des Anfalls befindet, also auch mit den dem Erblasser etwa entstandenen Einreden (§§ 1137, 1211, 1254): res transit cum suo onere. In Betracht kommen nur dingliche Belastungen, bei denen auch der Beschwerte der Berechtigte sein kann, § 2175. Handelt es sich um Rückstände von wiederkehrenden dinglichen Leistungen, so wird meist Befreiung des Bedachten von der nachträglichen Erfüllung gewollt sein. Gleichgültig ist, ob der Erblasser die Belastung gekannt hat. Trifft dies zu, so ist um so mehr anzunehmen, daß der Bedachte die Belastung tragen solle (Wegen Hypotheken und Grundschulden vgl. auch §§ 2166—2168.) Zu den dinglichen Belastungen gehört nicht das Miet- und Pachtrecht. Der Vermächtnisnehmer tritt vielmehr regelmäßig in den Vertrag ein (§ 571) und muß die Verfügungen des Erblassers gegen sich gelten lassen (§ 573).

2. Im Falle des Satz 2 (wenn z. B. der Erblasser die Last selbst abgelöst, den Pfandschilling gezahlt hatte) gilt die entgegengesetzte Vermutung: zugleich mit dem Vermächtnisgegenstand **geht auch der Beseitigungsanspruch auf den Bedachten über.** Er selbst hat ihn deshalb durch Klage oder Einrede geltend zu machen und kann die Beseitigung regelmäßig nicht vom Beschwerten verlangen.

3. Für den Fall der Belastung eines vermachten Grundstücks mit einer **Eigentümerhypothek** oder **Eigentümergrundschuld** (§§ 1163, 1177, 1196 u. a.) stellt das Gesetz überhaupt keine Regel auf, sondern läßt lediglich die Umstände entscheiden.

4. **Beweislast.** Der Vermächtnisnehmer ist dafür beweispflichtig, daß der Erblasser seine Befreiung von den Lasten gewollt habe. Beweist er, daß der Beseitigungsanspruch bereits dem Erblasser erwachsen war (A 2), so trifft den Beschwerten der Gegenbeweis, daß dieser Anspruch gleichwohl nicht mit vermacht sei. Der Bedachte ist auch dafür beweispflichtig, daß ihm die Eigentümergrundschuld vermacht sei (A 3).

§ 2166

Ist ein vermachtes Grundstück, das zur Erbschaft gehört, mit einer Hypothek für eine Schuld des Erblassers oder für eine Schuld belastet, zu deren Berichtigung der Erblasser dem Schuldner gegenüber verpflichtet ist, so ist der Vermächtnisnehmer im Zweifel dem Erben gegenüber zur rechtzeitigen Befriedigung des Gläubigers insoweit verpflichtet, als die Schuld durch den Wert des Grundstücks gedeckt wird[1]). Der Wert bestimmt sich nach der Zeit, zu welcher das Eigentum auf den Vermächtnisnehmer übergeht; er wird unter Abzug der Belastungen berechnet, die der Hypothek im Range vorgehen[2]).

Ist dem Erblasser gegenüber ein Dritter zur Berichtigung der Schuld verpflichtet, so besteht die Verpflichtung des Vermächtnisnehmers im Zweifel nur insoweit, als der Erbe die Berichtigung nicht von dem Dritten erlangen kann[3]).

Auf eine Hypothek der im § 1190 bezeichneten Art finden diese Vorschriften keine Anwendung[4]).

E II 2037; P 5 182, 183, 188—192; 6 396.

1. Auslegungsregeln betreffend die **Verpflichtung des Vermächtnisnehmers zur Befriedigung von Hypothekengläubigern.** Sie beziehen sich nicht auf das Verschaffungsvermächtnis § 2170, das vermachte Grundstück muß vielmehr (wie in § 2165) zur Erbschaft gehören. Die Verpflichtung, im Zweifel die Geltendmachung dinglicher Rechte in das vermachte Grundstück geschehen zu lassen, ergibt sich schon aus § 2165 A 1. Diese Verpflichtung **steigert sich** bis zu einem persönlichen Schuldverhältnis des Vermächtnisnehmers gegenüber dem Erben (auch wenn er nicht der Beschwerte ist) des Inhalts, daß er rechtzeitig für Befriedigung des Gläubigers zu sorgen hat und dem Erben aus der Verzögerung schadensersatzpflichtig wird. Der Gläubiger erwirbt dadurch (so auch § 329) keine unmittelbaren Rechte. Die gesteigerte Verpflichtung tritt jedoch nur unter der Voraussetzung ein, daß der Erblasser entweder persönlicher Schuldner der durch die Hypothek gesicherten Forderung war oder daß er, wenn die Hypothek für eine fremde Schuld bestellt war (§ 1113), dem Schuldner persönlich aufzukommen hatte. Nicht also, wenn der Erblasser überhaupt nur mit dem Grundstück haftete. Zugleich **vermindert sich** die Haftung des Vermächtnisnehmers insofern, als sie durch den Wert des Grundstücks nach oben begrenzt ist. Mit dem überschießenden Betrage — aber auch nur mit diesem (§ 1143) — geht deshalb die Forderung gegen den Erben auf den Vermächtnisnehmer über, wenn er den Gläubiger voll befriedigt. Umgekehrt kann der Erbe, wenn er den Gläubiger befriedigt, vom Vermächtnisnehmer nur Ersatz bis zur Höhe des Grundstückswerts verlangen, und nur insoweit geht die Hypothek auf ihn über (§ 1164).

2. Für die **Wertsbestimmung** ist nicht die Zeit des Vermächtnisanfalls (§§ 2176—2178), sondern der zufällige Zeitpunkt entscheidend, wo das vermachte Grundstück dem Bedachten aufgelassen worden ist (§§ 873, 925). Gemäß Abs 3 bleiben Höchstbetragshypotheken auch bei Anrechnung der Belastungen außer Betracht. Der hiernach festgestellte Grundstückswert bleibt im Verhältnis zwischen Erben und Vermächtnisnehmer maßgebend, auch wenn sich bei der späteren Zwangsversteigerung ein höherer oder geringerer Wert herausstellen sollte.

3. Im Falle des Abs 2 ist der Vermächtnisnehmer **nur hilfsweise verhaftet** und kann, wenn er den Hypothekengläubiger voll befriedigt, vom Erben insoweit Abtretung seiner Rückgriffsansprüche an den Dritten verlangen. Der Erbe ist jedoch nicht genötigt, bevor er den Vermächtnisnehmer in Anspruch nimmt, den Dritten auszuklagen, wenn er sonst seine Zahlungsunfähigkeit nachweisen kann.

4. § 1190: Höchstbetragshypothek A 2. — Die Beweispflicht liegt demjenigen ob, welcher aus der letztwilligen Anordnung des Erblassers weitergehende Rechte für sich ableitet. — Sind bewegliche Sachen vermacht, so kann der Vermächtnisnehmer zwar nicht Beseitigung des Pfandrechts verlangen (§ 2165), ist aber auch nicht, wie bei der Hypothek zur Befriedigung des Gläubigers verpflichtet. Tut er es doch, so erwirbt er gemäß §§ 1249, 268 Abs 3 dessen Forderung gegen den Erben.

§ 2167

Sind neben dem vermachten Grundstück andere zur Erbschaft gehörende Grundstücke mit der Hypothek belastet, so beschränkt sich die im § 2166 bestimmte Verpflichtung des Vermächtnisnehmers im Zweifel auf den Teil

der Schuld, der dem Verhältnisse des Wertes des vermachten Grundstücks zu dem Werte der sämtlichen Grundstücke entspricht. Der Wert wird nach § 2166 Abs 1 Satz 2 berechnet[1]**).**

E II 2038; P 5 182, 183, 188—193; 6 396.

1. Die Auslegungsvorschrift des § 2166 ist für den Fall näher ergänzt, daß eine **Gesamthypothek** sowohl auf dem vermachten, als auch auf anderen Nachlaßgrundstücken eingetragen ist. Der Vermächtnisnehmer ist dem Gläubiger der Gesamthypothek selbstverständlich mit dem Grundstück unbeschränkt verhaftet (§ 1132 Abs 1). Im Verhältnis zum Erben beschränkt sich aber seine Haftung auf den zu ermittelnden verhältnismäßigen Teilbetrag (vgl. auch § 1172 Abs 2). Der Wert sämtlicher hierbei in Betracht kommender Grundstücke ist gemäß § 2166 Abs 1 Satz 2 nach dem Zeitpunkt einzustellen, in dem das Eigentum an dem vermachten Grundstück übergeht. Haftet die Hypothek noch auf anderen nicht zur Erbschaft gehörenden Grundstücken, so kommen für das Rechtsverhältnis zwischen Erben und Vermächtnisnehmer diese Grundsätze überhaupt nicht in Betracht. Es verbleibt bei der Regel des § 2166.

§ 2168

Besteht an mehreren zur Erbschaft gehörenden Grundstücken eine Gesamtgrundschuld oder eine Gesamtrentenschuld und ist eines dieser Grundstücke vermacht, so ist der Vermächtnisnehmer im Zweifel dem Erben gegenüber zur Befriedigung des Gläubigers in Höhe des Teiles der Grundschuld oder der Rentenschuld verpflichtet, der dem Verhältnisse des Wertes des vermachten Grundstücks zu dem Werte der sämtlichen Grundstücke entspricht. Der Wert wird nach § 2166 Abs 1 Satz 2 berechnet[1]**).**

Ist neben dem vermachten Grundstück ein nicht zur Erbschaft gehörendes Grundstück mit einer Gesamtgrundschuld oder einer Gesamtrentenschuld belastet, so finden, wenn der Erblasser zur Zeit des Erbfalls gegenüber dem Eigentümer des anderen Grundstücks oder einem Rechtsvorgänger des Eigentümers zur Befriedigung des Gläubigers verpflichtet ist, die Vorschriften des § 2166 Abs 1 und des § 2167 entsprechende Anwendung[2]**).**

E II 2039; P 5 182, 183, 188—193; 6 396.

1. Die Auslegungsgrundsätze der §§ 2166, 2167 sind weiter ergänzt für den Fall, daß auf dem vermachten Grundstück eine **Gesamtgrundschuld oder Gesamtrentenschuld** eingetragen ist (§§ 1132, 1192, 1199). Abs 1 setzt voraus, daß **nur Nachlaßgrundstücke** damit belastet sind. In diesem Falle tritt der Vermächtnisnehmer, falls er nicht Beseitigung der Grundschuld verlangen kann (§ 2165 A 1), zu dem Erben in ein persönliches Schuldverhältnis, kraft dessen er dem Erben gegenüber — unbeschadet seiner vollen Haftung gegenüber dem Gläubiger — nur auf den verhältnismäßigen Teilbetrag der Grundschuld (§ 2167), sowie selbstverständlich nur mit dem nach § 2166 Abs 1 Satz 2 zu bestimmenden Werte des Grundstücks als verhaftet gilt. Nur innerhalb der hierdurch gezogenen Grenzen leidet § 1173 in Verb. mit § 1192 Anwendung.

2. Sind neben dem vermachten **noch andere nicht zur Erbschaft gehörende Grundstücke** belastet, so kommt es darauf an, ob der Erblasser zur Zeit des Erbfalls gegenüber dem Eigentümer des andern Grundstücks oder einem Rechtsvorgänger des Eigentümers zur Befriedigung des Gesamtgrundschuldgläubigers verpflichtet war (z. B. aus der Schuldübernahme im Falle des § 415 Abs 3, vgl. auch § 1173). Trifft dies zu, so wird, wie die Verweisungen ergeben, der Vermächtnisnehmer dem Erben bis zum Werte des ihm zugewendeten Grundstücks verpflichtet, wenn nur dieses allein mit der Gesamtgrundschuld belastet ist (§ 2166 Abs 1). Sind daneben noch andere Nachlaßgrundstücke belastet, so vermindert sich seine Verpflichtung weiter bis zu dem auf das vermachte Grundstück entfallenden Teilbetrag (§ 2167). Bestand auf seiten des Erblassers keine Befriedigungsverpflichtung gegenüber den sonstigen, dermaligen oder früheren Grundschuldnern, so entstehen zwischen Erben und Vermächtnisnehmer überhaupt keine besonderen Verpflichtungen, der Bedachte ist vielmehr von der Auflassung ab Gesamtgrundschuldner neben den anderen Eigentümern

§ 2169

Das Vermächtnis eines bestimmten Gegenstandes ist unwirksam, soweit der Gegenstand zur Zeit des Erbfalls nicht zur Erbschaft gehört, es sei

denn, daß der Gegenstand dem Bedachten auch für den Fall zugewendet sein soll, daß er nicht zur Erbschaft gehört[1]).

Hat der Erblasser nur den Besitz der vermachten Sache, so gilt im Zweifel der Besitz als vermacht, es sei denn, daß er dem Bedachten keinen rechtlichen Vorteil gewährt[2]).

Steht dem Erblasser ein Anspruch auf Leistung des vermachten Gegenstandes oder, falls der Gegenstand nach der Anordnung des Vermächtnisses untergegangen oder dem Erblasser entzogen worden ist, ein Anspruch auf Ersatz des Wertes zu, so gilt im Zweifel der Anspruch als vermacht[3]).

Zur Erbschaft gehört im Sinne des Abs 1 ein Gegenstand nicht, wenn der Erblasser zu dessen Veräußerung verpflichtet ist[4]).

E I 1848 II 2040; M 5 142—148; P 5 165—170.

1. Zur **Wirksamkeit eines Vermächtnisses** ist grundsätzlich erforderlich, daß der vermachte Gegenstand, Sache oder Recht (§ 90), oder der Gegenstand, an dem durch Vermächtnis ein Recht begründet werden soll, wenn auch nicht zur Zeit der Anordnung, so doch zur Zeit des Erbfalls sich im Vermögen des Erblassers befindet. Diese Zugehörigkeit kommt jedoch von vornherein nicht in Frage beim Gattungsvermächtnis (§ 2155). Aber auch das Vermächtnis eines individuell bestimmten Gegenstandes kann trotz der Nichtzugehörigkeit zur Erbschaft ausnahmsweise wirksam sein, wenn die Anordnung dahin auszulegen ist, daß sie auch für diesen Fall in Kraft treten solle (Begründung eines Insitzrechts oder Nutzungsrechts an einem nicht zum Nachlasse gehörigen Hause oder landwirtschaftlichen Grundstücke, **RG** Warn 1911 Nr 278, SeuffA 80 Nr 14). Es handelt sich dann um das Verschaffungsvermächtnis des § 2170. Rechtlich gleichgültig, aber regelmäßig von Bedeutung für die Auslegung der Vermächtnisanordnung ist es, ob der Erblasser die Nichtzugehörigkeit gekannt hat oder nicht. Es macht ferner keinen Unterschied, ob der Gegenstand dem Beschwerten, dem Bedachten oder einem Dritten gehört. Der Beweis, daß der Gegenstand nicht zur Erbschaft gehört, ist vom Beschwerten, der Gegenbeweis, daß die Zuwendung auch für diesen Fall gewollt war, vom Bedachten zu führen (**RG** SeuffA 80 Nr 14). Sind nur Teile des vermachten Gegenstandes vorhanden, so bleibt das Vermächtnis „soweit" in Kraft. Gehört der vermachte Gegenstand zu dem noch ungeteilten Nachlaß eines Dritten, an dem der Erblasser als Miterbe beteiligt ist, so gehört der Gegenstand auch nicht zu einem Bruchteile zur Erbschaft dieses Erblassers; ob das Vermächtnis des Gegenstandes in das Vermächtnis eines Teiles des Anteils des Erblassers an dem Nachlasse des Dritten umzudeuten ist, ist Auslegungsfrage (**RG** 105, 246). Ist die in der Erbschaft steckende Erbschaft eines Dritten selbst vermacht, so betrifft das Vermächtnis eine Rechtsgesamtheit, nicht bestimmte einzelne Gegenstände im Sinne der §§ 2169, 2170 (**RG** Warn 1917 Nr 122). — Hatte der Erblasser den Gegenstand des Vermächtnisses bereits vor Errichtung des Testaments durch Vertrag mit einem nichtbevollmächtigten Vertreter des Dritten veräußert, so ist das Vermächtnis nach der Regel des Abs 1 auch dann unwirksam, wenn der Vertrag durch den Dritten erst nach dem Tode des Erblassers genehmigt wird; insbesondere kann die das Vermächtnis enthaltende letztwillige Verfügung nicht aus § 184 Abs 2 aufrechterhalten werden, da diese Vorschrift eine vor der Genehmigung von dem Genehmigungsberechtigten selbst oder aus dessen Recht zugunsten eines Dritten vorgenommene Verfügung voraussetzt (§ 184 A 2; **RG** 25. 4. 21 IV 549/20).

2. Auch der bloße **Besitz** kann als Vermögensvorteil (§ 1939) vermacht werden. Ein auf Zuwendung des Gegenstandes selbst (des Hauses, des Pferdes) lautendes Vermächtnis soll deshalb nach der Auslegungsregel des Gesetzes in eine Zuwendung des Besitzes am Gegenstande umgedeutet werden, wenn der Erblasser selbst hieran nur den — mittelbaren oder unmittelbaren — Besitz gehabt hat (der Erblasser hatte das Haus nur mietweise inne, das Pferd nur in Verwahrung). Auch hier kommt es auf die Vorstellung des Erblassers über sein Recht an der besessenen Sache nicht an. Der Beschwerte kann sich mit dem Gegenbeweis befreien, daß der Besitz dem Bedachten keinen rechtlichen Vorteil gewähre. Dies kann jedoch nur bei dem wissentlich unrechtmäßigen Besitz zutreffen, da sonst schon die Tatsache des Besitzes Rechte erzeugt (Besitzschutz §§ 858ff., Ersitzung §§ 937ff., Nutzungsrechte §§ 987ff., Ersatz wegen Verwendungen §§ 994ff., Vermutung des Eigentums § 1006).

3. **Ersatzansprüche.** Auch hier ist Voraussetzung, daß die Vermächtnisanordnung auf einen bestimmten, zur Zeit des Erbfalls aber noch nicht oder nicht mehr im Nachlaß vorhandenen Gegenstand lautet. Die Anordnung wird dann (ähnliche Surrogationsgrundsätze §§ 2041, 2111, 2164, 2374) in das Vermächtnis des betreffenden Ersatzanspruchs umgedeutet. Dies hat auch zu gelten, wenn der Ersatzanspruch bereits vor Anordnung des Vermächtnisses entstanden, dem Erblasser aber hiervon nichts bekannt geworden war. War der Wertsersatz schon vor Eintritt des Erbfalls geleistet, so gilt nach § 2173 im Zweifel der geleistete Gegenstand

als zugewendet. Zu den Ersatzansprüchen gehört auch der Bereicherungsanspruch, wie für den besonderen Fall des § 951 in § 2172 A 3 anerkannt ist. Hat der Erblasser für den in der Vermächtnisanordnung bezeichneten bestimmten Gegenstand (Zuchthengst „Jupiter") nachher selbst Ersatz beschafft (Zuchthengst „Exzelsior"), so ist es reine Auslegungsfrage, ob der Ersatzgegenstand als zugewendet gelten darf.

4. Die hinsichtlich eines Gegenstandes bestehende **Veräußerungspflicht** hebt seine Zugehörigkeit zur Erbschaft an sich nicht auf, hat aber trotzdem die Unwirksamkeit des den Gegenstand betreffenden Vermächtnisses grundsätzlich zur Folge. Das Vermächtnis wird auch dadurch nicht wirksam, daß die Veräußerungspflicht nach dem Erbfall wieder wegfällt. Nach Abs 2 kann auch an einer solchen Sache der Besitz bis zur Herausgabe vermacht sein und entsprechend Abs. 3 kann die dem Erblasser für die Veräußerung gebührende Gegenleistung als vermacht gelten.

§ 2170

Ist das Vermächtnis eines Gegenstandes, der zur Zeit des Erbfalls nicht zur Erbschaft gehört, nach § 2169 Abs 1 wirksam, so hat der Beschwerte den Gegenstand dem Bedachten zu verschaffen[1]).

Ist der Beschwerte zur Verschaffung außerstande, so hat er den Wert zu entrichten. Ist die Verschaffung nur mit unverhältnismäßigen Aufwendungen möglich, so kann sich der Beschwerte durch Entrichtung des Wertes befreien[2]).

E I 1849 II 2041; M 5 148, 149; P 5 170, 171.

1. **Verschaffungsvermächtnis.** Gehört der individuell bestimmte Gegenstand, der selbst oder an welchem ein noch zu begründendes Recht vermacht ist (§ 2169 A 1; RG LZ 1923, 454[7]), einem Dritten, so hat ihn der Beschwerte vom Dritten zu erwerben und nebst dem Zubehör (§ 2164) auf den Bedachten zu übertragen oder ihm das Recht vom Dritten zu verschaffen. Gehört er dem Beschwerten, so ist dieser kraft § 2174 dem Bedachten unmittelbar zur Leistung verpflichtet. Seine Gewährleistungspflicht bestimmt sich nach § 2182 Abs 2, 3. Gehörte er bereits dem Bedachten, so erledigt sich das Vermächtnis als gegenstandslos, es müßte denn dahin umzudeuten sein, daß der vom Erblasser daran ausgeübte Besitz vermacht sei (§ 2169 A 2) oder daß der Beschwerte die darauf ruhenden Belastungen zu beseitigen habe, unter Umständen, daß er dem Bedachten seine etwaigen Anschaffungskosten, vielleicht auch den Wert des Gegenstandes zu vergüten habe. War der Bedachte dem Erblasser zur Herausgabe verpflichtet, so liegt Befreiungsvermächtnis vor. — Da zur Ausgleichung zu bringende Vorempfänge (§§ 2050, 2052) keinen Bestandteil des Nachlasses bilden und sich eine vom Erblasser angeordnete Nacherbfolge daher nicht auf sie erstreckt, so kann ein dem Nacherben zugedachtes Recht auf diese Gegenstände nur im Wege des Verschaffungsvermächtnisses begründet werden (RG 25. 11. 20 IV 191/20).

2. Wird dem Beschwerten die Verschaffung nach Eintritt des Erbfalls (zur Zeit des Erbfalls s. § 2171 A 1) und bevor seine Verpflichtung zur Entrichtung des Wertes entstanden ist (Abs 2 Satz 1) **objektiv unmöglich**, z. B. durch Untergang der Sache, so wird er schon nach allgemeinen Grundsätzen von der Leistung völlig befreit, § 275 Abs 1, und kann nur mit einem etwa erlangten Ersatz oder Ersatzanspruch herausgabepflichtig werden, § 281. Hier ist nur der Fall der **subjektiven Unmöglichkeit** behandelt, z. B. weil der Dritte die Hergabe der Sache schlechterdings verweigert. Steht dies fest, so verwandelt sich damit der ursprüngliche Vermächtnisanspruch in eine Forderung auf Wertsersatz. Die spätere Bereitwilligkeit des Dritten zur Hergabe der Sache ändert hieran nichts. Der subjektiven Unmöglichkeit wird vom Gesetze die Notwendigkeit unverhältnismäßiger Aufwendungen gleichgestellt (der Dritte fordert einen übermäßig hohen Preis). In diesem Falle bleibt jedoch der ursprüngliche Verschaffungsanspruch bestehen, bis sich der Beschwerte durch die Wertsentrichtung davon befreit (vgl. auch §§ 251 Abs 2, 633 Abs 2). Zum Teil a. M. Planck A 2. Der Wert ist nach objektivem durch die Verkehrsanschauungen bestimmten Maßstabe für die Zeit des Entstehens der Ersatzverpflichtung abzuschätzen. — Böswillige Vereitelung des Vermächtnisses beim Erbvertrag § 2288.

§ 2171

Ein Vermächtnis, das auf eine zur Zeit des Erbfalls unmögliche Leistung gerichtet ist oder gegen ein zu dieser Zeit bestehendes gesetzliches Verbot verstößt, ist unwirksam. Die Vorschriften des § 308 finden entsprechende Anwendung[1]).

E I 1853 II 2042; M 5 154—156; P 5 172, 173.

Entsprechend anwendbar auf die Auflage § 2192.

1. Das Vermächtnis ist Rechtsgeschäft. § 138 Abs 1 ergibt deshalb ohne weiteres, daß ein **gegen die guten Sitten verstoßendes Vermächtnis** nichtig ist. Für die Beurteilung der Sittenwidrigkeit ist an und für sich die Zeit der Vornahme des Geschäfts, hier also der Anordnung des Vermächtnisses maßgebend. Im Streitfalle hat aber der Richter lediglich die zur Zeit des Urteilserlasses herrschende Anschauung des vir bonus zugrunde zu legen und darf den hiernach als unsittlich erkannten Vermächtnisanspruch nicht verwirklichen helfen. **RG** LZ 1922, 556[2] billigt die Nichtigerklärung einer letztwilligen Zuwendung, die von einem Manne einem andern Manne nur deshalb gemacht war, um ihm für geleistete Dienste widernatürlicher Unzucht ein Entgelt und eine Belohnung zu gewähren; **RG** JW 1910, 6[6] u. 1911, 29[6] die Nichtigerklärung eines Vermächtnisses, das von einem Ehemann einer Frauensperson zur Belohnung für Geschlechtsverkehr und um sie zu dessen Fortsetzung zu bestimmen ausgesetzt war. **RG** LZ 1927, 531[5] erklärt ein Vermächtnis zur Belohnung ehebrecherischen Verkehrs auch für den Fall, daß es nicht zugleich bestimmt war, die Bedachte zur Fortsetzung des Verkehrs geneigt zu machen, mindestens dann für sittenwidrig, wenn der Erblasser die Auszahlung des Vermächtnisses seinen Kindern zumutet (vgl. **RG** 111, 153f.). Anderseits ist nach **RG** Warn 1910 Nr 371 die Zuwendung eines Erblassers an die Mutter seiner im Ehebruch erzeugten Kinder nur unter besonderen Umständen (z. B. bei gröblicher Benachteiligung der eigenen Angehörigen) sittenwidrig. Ebenso folgt schon aus § 134 die Nichtigkeit des **gegen ein gesetzliches Verbot verstoßenden Vermächtnisses.** Hier ist nur hinzugefügt, daß für die Beurteilung der Gesetzwidrigkeit (entgegen der regula Catoniana) nicht die Zeit der Testamentserrichtung, sondern die Zeit des Erbfalls maßgebend sein soll. Derselbe Grundsatz gilt in Übereinstimmung mit den für den Vertrag getroffenen Vorschriften § 306 bei dem auf eine **unmögliche Leistung** gerichteten Vermächtnis. Ist jedoch der Vermächtnisanfall über die Zeit des Erbfalls hinausgeschoben (§ 2177), so ist, wie die Bezugnahme auf § 308 (und § 309) ergibt, das Vermächtnis wirksam, wenn die Gesetzwidrigkeit oder Unmöglichkeit wenigstens zur Zeit des Anfalls gehoben und das Vermächtnis für diesen Fall angeordnet ist. Vorausgesetzt ist objektive, schon vor dem Erbfall vorhandene Unmöglichkeit der Leistung, gleichviel ob aus natürlichen oder aus Rechtsgründen (Untergang der Sache, Verkehrsverbot, Unübertragbarkeit des vermachten Rechtes § 399). Doch kann nach § 2169 A 3 ein dem Erblasser zustehender Ersatzanspruch als vermacht gelten. Die Folgen einer erst nach dem Erbfall eintretenden, auch der bloß subjektiven Unmöglichkeit der Leistung sind in §§ 275, 2170 A 2, 2179 geregelt. Ist das Vermächtnis aufschiebend oder auflösend unter einer unmöglichen Bedingung (Verheiratung mit der Schwester) angeordnet, so ist nach allgemeinen Grundsätzen im ersteren Falle die Zuwendung als unwirksam, die auflösende Bedingung dagegen als nicht beigefügt zu behandeln.

§ 2172

Die Leistung einer vermachten Sache gilt auch dann als unmöglich, wenn die Sache mit einer anderen Sache in solcher Weise verbunden, vermischt oder vermengt worden ist, daß nach den §§ 946 bis 948 das Eigentum an der anderen Sache sich auf sie erstreckt oder Miteigentum eingetreten ist, oder wenn sie in solcher Weise verarbeitet oder umgebildet worden ist, daß nach § 950 derjenige, welcher die neue Sache hergestellt hat, Eigentümer geworden ist[1]).

Ist die Verbindung, Vermischung oder Vermengung durch einen anderen als den Erblasser erfolgt und hat der Erblasser dadurch Miteigentum erworben, so gilt im Zweifel das Miteigentum als vermacht; steht dem Erblasser ein Recht zur Wegnahme der verbundenen Sache zu, so gilt im Zweifel dieses Recht als vermacht[2]). Im Falle der Verarbeitung oder Umbildung durch einen anderen als den Erblasser bewendet es bei der Vorschrift des § 2169 Abs 3[3]).

E I 1854 II 2043; M 5 173, 174; 6 396.

1. Die **Verbindung** beweglicher Sachen mit einem Grundstück (§ 946) oder mit anderen beweglichen Sachen (§ 947) oder die **Vermischung** beweglicher Sachen miteinander (§ 948) bewirkt Untergang der Sache im Rechtssinn und deshalb Unmöglichkeit der Leistung. Das gleiche gilt, wenn die vermachte Sache im Wege der **Verarbeitung oder Umbildung** als Stoff zur Herstellung einer neuen Sache benutzt worden ist und der Wert des Stoffes nicht überwiegt (§ 950). Hat der Erblasser selbst oder hat mit seinem Willen ein Dritter nach An-

ordnung des Vermächtnisses die Verbindungen vorgenommen, so gilt das Vermächtnis als erledigt. Doch kann unter Umständen der Vermächtniswille auch dahin ausgelegt werden, daß die neugebildete Sache oder daß Wertsersatz für die untergegangene Sache vermacht sein sollte. Auch Miteigentum oder ein Wegnahmeanspruch gegen den Beschwerten im Sinne von Abs 2 kann als vermacht gelten, obwohl bei einer vom Erblasser selbst vorgenommenen Umgestaltung einer eigenen Sachen von Rechten solchen Inhalts, die schon in seiner Person entstanden wären, nicht eigentlich gesprochen werden kann.

2. Ist die Verbindung **durch einen andern als den Erblasser** und ohne seinen Willen erfolgt, so verbleibt es zwar bei der Unmöglichkeit der Leistung und infolgedessen der Unwirksamkeit dieses Vermächtnisses. Es wird aber nach gesetzlicher Auslegungsregel („im Zweifel" bis zum Gegenbeweis des Beschwerten) dahin umgedeutet, daß an Stelle des ursprünglichen Gegenstandes die dem Erblasser aus §§ 947, 948, 951 Abs 2 entstandenen Miteigentums- und Wegnahmerechte als vermacht gelten.

3. Soweit dem Erblasser, wie insbesondere **im Falle der Verarbeitung und Umbildung** der Bereicherungsanspruch aus § 951 Abs 1 zustand, gilt nunmehr dieser als vermacht (§ 2169 A 3).

§ 2173

Hat der Erblasser eine ihm zustehende Forderung vermacht, so ist, wenn vor dem Erbfalle die Leistung erfolgt und der geleistete Gegenstand noch in der Erbschaft vorhanden ist, im Zweifel anzunehmen, daß dem Bedachten dieser Gegenstand zugewendet sein soll. War die Forderung auf die Zahlung einer Geldsumme gerichtet, so gilt im Zweifel die entsprechende Geldsumme als vermacht, auch wenn sich eine solche in der Erbschaft nicht vorfindet[1])[2]).

E I 1855 II 2044; M 5 157, 158; P 5 174—176.

1. **Forderungsvermächtnis.** Ist die vermachte dem Erblasser zustehende Forderung durch Leistung an den Gläubiger erloschen, so kann sie auch nicht mehr Gegenstand des Vermächtnisses sein und das Vermächtnis wäre insoweit nach § 2171 unwirksam. Es wird aber, ähnlich wie in § 2169 Abs 3 in ein Vermächtnis auf Leistung des Forderungsgegenstandes umgedeutet, falls dieser zur Zeit des Erbfalls noch in Natur in der Erbschaft vorhanden ist. Beim **Geldforderungsvermächtnis** — nicht auch beim Vermächtnis einer Forderung auf Leistung verbrauchbarer oder vertretbarer Sachen — wird auch von diesem Erfordernis abgesehen. Das Gesetz erteilt jedoch nur Auslegungsregeln, läßt mithin dem Beschwerten den Gegenbeweis nach, daß das Vermächtnis nur auf die Forderung in dem zur Zeit des Erbfalls bestehenden Betrage gerichtet war. Ist der Forderungsgegenstand nicht mehr vorhanden, hat ihn namentlich der Erblasser selbst schon weiterveräußert, so wird das Vermächtnis nur schwer als Verschaffungsvermächtnis (§ 2170) aufrechtzuerhalten sein. Ob die Forderung dem Erblasser schon bei Anordnung des Vermächtnisses zustand, oder ob sie ihm surrogationsweise erst später entstanden ist (§§ 2164 Abs 2, 2169 Abs 3), macht keinen Unterschied. Ebensowenig, ob der Erblasser die Forderung eingezogen hat oder ob sie freiwillig vom Schuldner erfüllt ist. Aufrechnung steht der Leistung gleich. Wenn der Beschwerte nach dem Erbfall über die Forderung verfügt, so wird er dem Bedachten ersatzpflichtig. Erlischt sie durch Aufrechnung von seiten des Schuldners, so haftet er dem Bedachten auf Bereicherung. Stand die Forderung nicht dem Erblasser, sondern dem Beschwerten oder einem Dritten zu und war ein Verschaffungsvermächtnis gemeint, so ist es Sache freier Auslegung, ob der vor dem Erbfall an den Gläubiger geleistete Gegenstand als vermacht zu gelten hat. — Im übrigen kann das Forderungsvermächtnis auch durch das Vermächtnis der Schuldurkunde, des Sparkassenbuchs usw. ausgedrückt sein (s. aber auch RG SeuffA 75 Nr 107: Das Vermächtnis eines „Schreibtisches mit Inhalt" braucht nicht auf die Brief- und Buchhypotheken bezogen zu werden, über die die Hypothekenbriefe und Eintragungsbenachrichtigungen im Schreibtisch aufbewahrt wurden, § 2084 A 1). Bestehende Nebenrechte der Forderung (Pfand, Bürgschaft) gelten im Zweifel als mitvermacht. Aus § 2174 hat der Bedachte gegen den Beschwerten den Anspruch auf Übertragung der Forderung nach §§ 398ff. mit Zinsen seit Anfall des Vermächtnisses (§ 2184). Sind verkehrsfähige Schuldverschreibungen auf den Inhaber vermacht und hat der Erblasser durch Verkauf darüber verfügt, so bildet im Zweifel der erzielte Erlös den nunmehrigen Gegenstand des Vermächtnisses (OLG 10, 302).

2. Nicht besonders geregelt, aber auch nach BGB zulässig ist a) das **Befreiungsvermächtnis:** Zuwendung der Befreiung von einer dem Bedachten gegen den Erblasser, den Beschwerten oder einen Dritten obliegenden Schuld. Sie kann, wenn der Bedachte Schuldner des Erblassers ist, auch in dem Vermächtnis der Forderung an den Bedachten ausgedrückt sein. Sie verpflichtet den Beschwerten in den beiden ersten Fällen zum Schulderlaß, zu Quittungs-

leistung und Rückgabe des Schuldscheins (§§ 368, 371), Freigabe der bestellten Sicherheiten und gewährt dem Bedachten eine Einrede, wenn er vom Beschwerten auf Erfüllung belangt wird. Ist der Gläubiger ein Dritter, so hat der Beschwerte die Befreiung herbeizuführen (RG LZ 1914, 760[3]). Ist die Schuld schon vor dem Erbfall von dem Bedachten zurückgezahlt, so kann die Auslegung zu der Annahme führen, daß ein Vermächtnis der Schuldsumme gewollt ist. So RG Gruch 62, 248 für einen Fall, in dem die Schuld des Bedachten an den Erblasser nicht von diesem selbst, sondern von dessen Pfleger ohne Kenntnis des Befreiungsvermächtnisses eingezogen worden war. b) Das **Schuldvermächtnis** (legatum debiti): Vermächtnis dessen, was der Erblasser dem Bedachten schuldet oder schuldig zu sein erklärt. Darin kann die Bestätigung eines schon bestehenden, wenn auch vielleicht unwirksamen Schuldverhältnisses (gleich dem Schuldanerkenntnis § 781) oder die selbständige Begründung eines solchen (gleich dem Schuldversprechen § 780) enthalten sein. Bestätigung einer unwirksamen Schenkung RG 82, 149 (§ 2150 A 1). Im ersten der beiden Fälle ist, wenn die Schuld nicht bestand, gegebenenfalls Anfechtung wegen Irrtums aus § 2078 möglich. War die Schuld zur Zeit des Erbfalls schon getilgt, so ist das Vermächtnis nach § 2171 unwirksam. Hat ein in allgemeiner Gütergemeinschaft lebender Ehemann verfügt, daß dem Gläubiger einer das Gesamtgut belastenden Forderung das ihm Zukommende ausgezahlt werden solle, so kann dies dahin verstanden werden, daß die Schuld im Verhältnisse zwischen den Ehegatten bei Auseinandersetzung der Gütergemeinschaft nicht dem Gesamtgute, sondern dem persönlichen Nachlasse des Mannes zur Last fallen solle (RG 21. 11. 21 IV 264/21). — Sind sonstige Rechte Gegenstand des Vermächtnisses, so bestimmt sich sein Inhalt nach den besonderen hierfür geltenden Vorschriften (Inbegriff, Leibrente, Nießbrauch, Ausstattung usw.).

§ 2174

Durch das Vermächtnis wird für den Bedachten das Recht begründet, von dem Beschwerten die Leistung des vermachten Gegenstandes zu fordern[1]) [2]) [3]).

E I 1865 II 2045; M 5 176; P 5 201—210; 6 344—346.

1. Durch das Vermächtnis wird, wie auch beim Pflichtteil § 2303, nur ein **Forderungsrecht des Bedachten gegen den Beschwerten** begründet. Der zugewendete Gegenstand geht daher nicht, wie beim Vindikationslegat des gemeinen Rechtes unmittelbar kraft Gesetzes auf den Bedachten über. Vielmehr liegt dem Beschwerten ob, die zur Verwirklichung der Vermächtnisanordnung erforderlichen Rechtsakte vorzunehmen (Eigentumsübertragung, Abtretung, Neubegründung von Rechten, Erlaß der Schuld beim Befreiungsvermächtnis § 2173 A 2 a usw.). Im übrigen bestimmen sich die gegenseitigen Rechte und Pflichten der Beschwerten und Bedachten nach den allgemeinen Vorschriften über Schuldverhältnisse. So insbesondere in der Frage der Vertretung eigenen und fremden Verschuldens (§§ 276ff.) und der Verzugsfolgen (§§ 286ff.). Demgemäß sind Zinsen von einem Geldvermächtnis regelmäßig nur als Verzugs- oder Prozeßzinsen nach §§ 288, 291 zu entrichten (RG LZ 1917, 191[8]; Warn 1927 Nr 35). Die Bewirkung der Leistung auf die Vermächtnisschuld untersteht auch den Anforderungen des § 242 (RG 11. 11. 20 IV 231/20; A 3). Auch schon vor Annahme der Erbschaft oder des mit einem Untervermächtnis belasteten Vermächtnisses darf der Beschwerte der Verwirklichung des Vermächtnisanspruchs nicht entgegenhandeln. Beim hinausgeschobenen Vermächtnisanfall §§ 2179, 160. Besondere Vorschriften für die Erfüllung §§ 2181—2189. Die durch die Erfüllung entstehenden Kosten sind vom Beschwerten zu tragen (RFinH 1 A 126). Für die den Vermächtnisnehmer treffende Erbschaftsteuer haftet der Erbe oder Testamentsvollstrecker nach Maßgabe des § 15 ErbschStG in der Fassung v. 22. 8. 25 und der §§ 87 Abs 2, 90, 95 RAbgO; er darf deshalb ein Geldvermächtnis um den Steuerbetrag kürzen; bei andern Vermächtnissen hat er bis zur Entrichtung oder Sicherstellung der Steuer durch den Vermächtnisnehmer ein Zurückbehaltungsrecht. Die in der 5. Aufl angeführten Bestimmungen des Reichsnotopfergesetzes v. 31. 12. 19 § 52 und des ErbschStG v. 10. 9. 19 § 7 Abs 4 haben inzwischen ihre Bedeutung verloren. Als Leistungsort wird regelmäßig der letzte Wohnort des Erblassers in Frage kommen (§ 269). Auch wenn dies gegebenenfalls nicht zuträfe, ist für Klagen, welche Ansprüche aus Vermächtnissen betreffen, das Gericht der Erbschaft (ZPO § 27) zuständig. Ein gesetzlicher Anspruch auf Sicherstellung steht dem Vermächtnisnehmer nicht zu. Doch kann sich ein solcher Anspruch für ihn unter Umständen aus der Vermächtnisanordnung ergeben (RG JRdsch 1925 Nr 1526). Unter den Voraussetzungen des § 1981 Abs 2 kann er als Nachlaßgläubiger die Nachlaßverwaltung beantragen. Ferner kann er sich gegebenenfalls durch Arrest oder einstweilige Verfügung, insbesondere durch Eintragung einer Vormerkung (§ 885) schützen lassen. Einen Anspruch auf Auskunfterteilung hat er gegen den Beschwerten nur, wenn ihm der Anspruch mitvermacht ist, was als stillschweigend geschehen z. B. angenommen werden kann, wenn Gegenstand des Vermächtnisses „der halbe

Wert des Nachlasses" oder ein bestimmter Teil des sich „bei günstiger Verwertung der Immobilien" ergebenden Erlöses ist (OLG 26, 340; 42, 136). Hat der Erblasser dem Bedachten den Vermächtnisgegenstand bereits unter Lebenden zugewendet (vgl. über die Möglichkeit der Rechtsnatur einer solchen Zuwendung als Schenkung RG 95, 12), so ist das Vermächtnis, wenn es sich um eine Einzelsache handelt, nach § 2169 Abs 1 unwirksam. Das Gattungsvermächtnis (§ 2155) bleibt an sich in Kraft. Doch ist Tatfrage, ob das Vermächtnis nicht unter der stillschweigenden Bedingung angeordnet ist, daß der Erblasser den Bedachten nicht selbst noch befriedigen werde (RG Gruch 63, 476f.). Der in der Annahme der Zuwendung unter Lebenden regelmäßig enthaltene Verzicht des Bedachten auf das Vermächtnis bedarf, um wirksam zu sein, der Form des § 2348 (§ 2352).

2. Die Vermächtnisschuld ist, wenn der Erbe damit beschwert ist, **Nachlaßverbindlichkeit** (§ 1967). Sie unterscheidet sich aber von anderen Verbindlichkeiten dadurch, daß sie — gleich dem Pflichtteil — zur Voraussetzung hat, daß nach Tilgung der eigentlichen Nachlaßschulden ein Nachlaßüberschuß vorhanden ist. Anderseits hat der Erbe keinen Anspruch darauf, daß ihm irgend etwas (Falzidische Quart) vom Nachlaß verbleibe. Hierauf und auf der Tatsache, daß dem Erben das Vermächtnis regelmäßig aus den letztwilligen Verfügungen des Erblassers bekannt ist, beruhen folgende Besonderheiten: Das Vermächtnis wird, außer nach Teilung des Nachlasses unter Miterben (§ 2060 A 3) durch das Aufgebot nicht betroffen, § 1972, hat aber sogar hinter den ausgeschlossenen Gläubigern zurückzutreten (§§ 1973 A 4, 1974 A 7). Im Verhältnis von Pflichtteilsrechten, Vermächtnissen und Auflagen zueinander haben die Pflichteilsrechte den Vorrang, § 1974 A 7; KO § 226. Im übrigen kann der Erblasser den Rang ordnen, § 2189. In diesem Verhältnis hat der Erbe auch im Falle der Unzulänglichkeitseinrede für die Berichtigung Sorge zu tragen, § 1991 A 4, aber auch § 1979. Beruht die Überschuldung des Nachlasses auf Vermächtnissen, so ist der Erbe deshalb allein nicht zum Antrag auf Eröffnung des Nachlaßkonkurses verpflichtet, §§ 1980, 1992. Inwieweit im übrigen Vermächtnisse vom Pflichtteilsrechte beeinflußt werden, ergeben §§ 2306, 2318, 2321—2323. Besonderheiten im Nachlaßkonkurse KO §§ 219, 222, 226, 227, 230. Haftung des Vorerben § 2145. Fälligkeit des Untervermächtnisses, mit dem ein Vermächtnisnehmer beschwert ist und Beschränkung seiner Haftung §§ 2186—2188, Anfechtung des Vermächtnisses wegen Erbunwürdigkeit des Bedachten § 2345.

3. **Aufwertung.** a) Darüber, ob ein in Mark ausgesetztes Summen- oder Rentenvermächtnis aufzuwerten ist, entscheidet in erster Linie der im Testament kundgegebene Wille des Erblassers. So kann sich ergeben, daß jede Aufwertung zu unterbleiben hat (RG 7. 2. 27 IV 702/26: Ein Hamburger Kaufmann hatte in seinem Testament vom 29. 6. 22 einer Person eine Jahresrente von 60000 ℳ, dann in einem Nachtrage vom 21. 2. 23, ohne dieses Markvermächtnis zu streichen, eine Jahresrente von 4 Contos de reis, brasilianischem Rechnungsgeld, und schließlich in einem Nachtrage vom 11. 11. 23 noch von 4 weiteren Contos de reis vermacht). In der Regel wird, insbesondere bei Markvermächtnissen aus der Zeit vor merkbarer Inflation, Aufwertung geboten sein; und zwar, namentlich bei einem zum Unterhalt bestimmten Rentenvermächtnis (wie in dem Falle RG 15. 12. 27 IV 215/27), auch dann, wenn der Erblasser noch längere Zeit während der Inflation gelebt hat, ohne sein Testament zu ändern. Es muß in diesen Fällen im Wege ergänzender Testamentsauslegung (§ 2084 A 2) festzustellen versucht werden, wie der Erblasser selbst nach seiner aus dem Testament, gegebenenfalls unter Mitberücksichtigung von Umständen außerhalb des Testaments, zu entnehmenden Willensrichtung die Aufwertungsfrage gelöst haben würde, wenn er mit der Geldentwertung gerechnet hätte. Versagt dieses Hilfsmittel, so ist über die Frage an der Hand des § 242 zu entscheiden (A 1; § 242 A 5d γ Abs 3). Unter dem einen wie unter dem andern Gesichtspunkt wird im allgemeinen nur in dem Maße aufzuwerten sein, wie der Nachlaß bei der nach der Testamentserrichtung eingetretenen Entwicklung der wirtschaftlichen Verhältnisse seinen Wert behalten hat. Für die Bestimmung dieses Wertverhältnisses ist grundsätzlich nicht der Zeitpunkt des Erbfalls (so KG JW 1926, 1589[1]), sondern der Zeitpunkt maßgebend, in dem der Bedachte das ihm Zugewendete in die Hand bekommt; beruht eine Hinausschiebung dieses Zeitpunkts auf vertretbaren Handlungen des einen oder des andern Beteiligten, so kann ein früherer Zeitpunkt in Betracht kommen (RG 108, 86 Abs 3; JW 1925, 360[12]; vgl. auch Bamberg BayZ 1925, 294 über die Berechnung eines Quotenvermächtnisses). Eine über das angegebene Maß hinausgehende Aufwertung bedarf der Begründung aus den besonderen Umständen des Falles (RG Warn 1927 Nr 35: Testament, aus dem der Wille des Erblassers erhellte, hinsichtlich der Erhaltung des Wertes der Zuwendungen den Vermächtnisnehmer vor dem Erben zu bevorzugen; KG JW 1926, 1846[2]: Vermächtnis einer zum Unterhalt bestimmten Rente an den Stiefbruder zu Lasten der als Erbin eingesetzten Stadtgemeinde; RG Warn 1926 Nr 6: Vermächtnis einer zum Unterhalt bestimmten Rente an die zweite Ehefrau gegen deren Verzicht auf ihr gesetzliches Erbrecht, nachdem der mit dem Vermächtnis als gesetzlicher Erbe beschwerte Sohn erster Ehe schon vorher durch die Überlassung des väterlichen

Geschäfts versorgt worden war; RG Warn 1927 Nr 85: Vermächtnis einer Pension durch die Mutter eines damaligen Landesherrn an die Witwe ihres früheren Hofmarschalls). Der Fall eines Rentenvermächtnisses kann auch so liegen, daß es für die Aufwertung nicht sowohl auf das Maß der Erhaltung des Wertes der Substanz als vielmehr auf das Maß der Erhaltung der Erträge des Nachlasses ankommt (JW 1925, 2668[3]; 1926, 835[2]; vgl. auch RG LZ 1926, 1192[2] betreffend eine in einem Erbauseinandersetzungsvertrage zur Abfindung eines Miterben festgesetzte Rente). Bei der Aufwertung eines Summen- oder Rentenvermächtnisses gegenüber einem Erben, der sich den Nachlaß in seinem ursprünglichen Wert erhalten hat, braucht der sog. Verarmungsfaktor (§ 242 A 5 d α Abs 2) auf seiten des Vermächtnisnehmers jedenfalls dann nicht berücksichtigt zu werden, wenn das Vermächtnis nach dem Willen des Erblassers in einem bestimmten Verhältnisse zum Werte des Nachlasses stehen sollte (RG JW 1927, 1833[14]). Ob eine während der Inflation, wenn auch vor Mitte August 1922 (RG 113, 136), auf ein Geldvermächtnis geleistete Zahlung noch als Vollzahlung oder nur als ein durch einen Aufwertungsanspruch auszugleichende Teilzahlung zu gelten hat, hängt von den nach Treu und Glauben zu beurteilenden Umständen des einzelnen Falles ab (RG 114, 404; 115, 205; JW 1927, 1833[14]).

b) In die Anwendung dieser „allgemeinen Vorschriften" greift das Aufwertungsgesetz v. 16. 7. 25 grundsätzlich nicht ein (§ 62). Es bestimmt in § 63 Abs 2 Nr 2 sogar ausdrücklich, daß als Vermögensanlagen, deren Aufwertung 25 v. H. des Goldmarkbetrags nicht übersteigen darf, Ansprüche nicht gelten, die auf den Beziehungen zwischen Erben und Vermächtnisnehmern beruhen. Diese Bestimmung erstreckt sich auch auf den Fall, daß eine Vermächtnisforderung nach § 607 Abs 2 BGB in ein Darlehn umgewandelt oder zum Gegenstand eines Vergleichs gemacht ist (RG JW 1926, 1143[1]; 1927, 1833[14]). Nach § 63 Abs 4 kann das Gericht über die Fälligkeit und die Verzinsung des Aufwertungsbetrags nach billigem Ermessen entscheiden; es darf jedoch über das aus §§ 25, 26, 28 AufwG ersichtliche Maß hinaus ohne Zustimmung des Vermächtnisnehmers Stundung oder Zinsermäßigung nicht gewähren. Ist die Vermächtnisforderung durch eine Hypothek gesichert, so bestimmt sich die Aufwertung der Hypothek nach §§ 4 ff. und diejenige der persönlichen Forderung, mit den sich aus §§ 11, 12 ergebenden Einschränkungen, nach § 10 Abs 1 Nr 2 AufwG. Hat der Bedachte auf das Vermächtnis eine zum Nachlaß gehörige Hypothekenforderung an Erfüllungs Statt angenommen, so ist die Berechnung des der Aufwertung zugrunde zu legenden Goldmarkbetrags nach § 3 Nr 2 AufwG, also ebenso vorzunehmen, wie wenn die Hypothekenforderung vermacht worden wäre (KG JW 1926, 2693[2]; BayObLG 25 A 402).

§ 2175

Hat der Erblasser eine ihm gegen den Erben zustehende Forderung oder hat er ein Recht vermacht, mit dem eine Sache oder ein Recht des Erben belastet ist, so gelten die infolge des Erbfalls durch Vereinigung von Recht und Verbindlichkeit oder von Recht und Belastung erloschenen Rechtsverhältnisse in Ansehung des Vermächtnisses als nicht erloschen[1]).

E I 1866 II 2046; M 5 176, 177; P 5 203, 210.

1. Ist eine zur Zeit des Erbfalls bereits bestehende **Forderung gegen den Erben** oder ein gegen ihn zustehendes **dingliches Recht** Gegenstand des Vermächtnisses, so würde nach dem vom BGB stillschweigend angenommenen Grundsatz der Konfusion oder Konsolidation (Vorbem 2 vor § 241) das Recht mit dem Erbfall erlöschen und das Vermächtnis nach § 2169 A 1 unwirksam werden. Dieser Erfolg ist unvermeidlich, wenn es sich um nicht übertragbare (§§ 399 f., 1059, 1092) oder um mit dem Tode des Erblassers erlöschende Rechte handelt (§§ 1061, 1090). Das Gesetz verhindert aber im übrigen die Unwirksamkeit dadurch, daß es (übereinstimmend mit §§ 1976, 1991, 2143, 2377, für Grundstücke vgl. § 889) das vermachte Recht weiter bestehen läßt. Damit sind zugleich die hiermit verbundenen Neben- und Sicherungsrechte mit Wirkung auch gegen Dritte aufrechterhalten. Die Vereinigung gilt nur in Ansehung des Vermächtnisses als nicht erfolgt. Die Privatgläubiger des Erben können sich deshalb nicht darauf berufen, um zum Schaden des Vermächtnisnehmers die ererbte (und zugleich vermachte) Forderung für sich mit Beschlag zu belegen. Im übrigen tritt die Vereinigung ein, so daß sich die Nachlaßgläubiger nur unter den Voraussetzungen der §§ 1976, 1991 an die Forderung oder das gegen den Erben bestehende Recht halten könnten. Bestand die vermachte Forderung überhaupt nicht, so kann gleichwohl ein Verschaffungsvermächtnis gewollt sein (§ 2170). Ist umgekehrt der vermachte Gegenstand mit einem dem Erben gegen den Erblasser zustehenden Rechte, z. B. einem Pfandrechte belastet, so folgt aus § 2165 A 1, daß der Bedachte die Beseitigung dieses Rechtes im Zweifel nicht verlangen kann und daß schon deshalb die Vereinigung als ausgeschlossen zu gelten hat (§ 1256).

§ 2176

Die Forderung des Vermächtnisnehmers kommt, unbeschadet des Rechtes, das Vermächtnis auszuschlagen, zur Entstehung (Anfall des Vermächtnisses) mit dem Erbfalle[1]).

E I 1867 Abs 1 II 2047 Satz 1; M 5 177, 178; P 5 210, 211.

1. **Anfall des Vermächtnisses.** Wie die Erbschaft mit dem Tode des Erblassers, dem Erbfall auf den Erben übergeht (§§ 1922, 1942), so entsteht mit demselben Zeitpunkt, gleichfalls unmittelbar kraft des Gesetzes, auch der Vermächtnisanspruch des § 2174 als ein zum Vermögen des Bedachten gehöriger veräußerlicher und vererblicher Bestandteil. Es sei denn, daß der Anfall gemäß §§ 2177ff. hinausgeschoben ist. Dabei ist zwischen dem Anfall des Vermächtnisses und der nach dem Testament, geeignetenfalls unter Berücksichtigung der Verkehrssitte, zu bestimmenden Fälligkeit des Vermächtnisanspruchs (§ 2181) wohl zu unterscheiden (SeuffA 72 Nr 55). Der Anfall ist nicht davon abhängig, daß der Erbe die Erbschaft angenommen hat. Doch besteht vorher kein Klagerecht, § 1958. Ebenso ist der mit einem Untervermächtnis beschwerte Bedachte nicht vor Fälligkeit des Hauptvermächtnisses zur Erfüllung verpflichtet, § 2186. Fallen Erbfall und Vermächtnisanfall zusammen, so muß der Vermächtnisnehmer (wie der Erbe) den Erbfall erlebt haben, § 2160. Ist der Vermächtnisanfall auf einen späteren Zeitpunkt hinausgeschoben (§§ 2177ff.), so genügt, daß der Vermächtnisnehmer wenigstens zu diesem Zeitpunkt gelebt hat, während die Erbeinsetzung des postumus im gleichen Falle nur als Nacherbfolge gehalten werden kann (§§ 2101 A 1). Dem Erleben steht jedoch bei der Erbfolge wie beim Vermächtnis gleich, daß der Bedachte wenigstens als Erzeugter vorhanden ist (§§ 1923 Abs 2, 2178). Wegen der Rechte in der Zwischenzeit zwischen Erbfall und Anfall vgl. § 2179. Der Anfall des Vermächtnisses hat ebenso wie der Erbschaftsanfall (§ 1942 A 2) den vorläufigen Erwerb des Vermächtnisanspruchs vorbehaltlich des Ausschlagungsrechts zur Folge. Doch ist abweichend von der Erbschaft die Möglichkeit der Ausschlagung regelmäßig an keine Frist und keine Form gebunden, § 2180 A 1/2. Recht des Bedachten auf den Fruchtgenuß vom Anfall ab § 2184. Unwirksamkeit des Vermächtnisses durch Zeitablauf §§ 2162, 2163.

§ 2177

Ist das Vermächtnis unter einer aufschiebenden Bedingung oder unter Bestimmung eines Anfangstermins angeordnet und tritt die Bedingung oder der Termin erst nach dem Erbfall ein, so erfolgt der Anfall des Vermächtnisses mit dem Eintritte der Bedingung[1]) oder des Termins[2]).

E I 1867 Nr 1 II 2047 Satz 2; M 5 178—181; P 5 210—212.

1. Handelt es sich um ein **aufschiebend bedingtes Vermächtnis,** so ist zunächst zu untersuchen, ob die Zuwendung nach dem Willen des Erblassers nur gelten soll, wenn der Bedachte den Eintritt der Bedingung erlebt. a) Ist diese Frage nach der Regel des § 2074 zu bejahen, was insbesondere dann zutrifft, wenn das als Bedingung gesetzte Ereignis zu der Person des Bedachten in Beziehung steht, so ist die Zuwendung doppelt bedingt durch den Eintritt des Ereignisses und sein Erleben durch den Bedachten. b) Ist die Frage zu verneinen, so erhellt zugleich als wahrer Wille des Erblassers, daß die Zuwendung für den Fall des Eintritts der Bedingung entweder dem Bedachten selbst oder wenn er zu diesem Zeitpunkte nicht mehr lebt, seinen Erben gemacht sein soll. Der Bedachte erwirbt aber nicht nur in diesem Falle, sondern auch im Falle a (anders 2. Aufl.) mit dem Erbfall eine Anwartschaft, die gleich anderen bedingten Rechten (§ 2179) einen Bestandteil seines Vermögens bildet, zum Gegenstand einer rechtsgeschäftlichen Verfügung gemacht und gepfändet werden kann (RG RJA 16, 208 und Warn 1920 Nr 202). Der Vermächtnisanspruch kommt jedoch nach der allgemeinen Vorschrift des § 158 Abs 1 erst mit Eintritt der Bedingung zur Entstehung. Dies bringt das Gesetz dadurch zum Ausdruck, daß es bis dahin den Anfall des Vermächtnisses hinausschiebt.

2. Handelt es sich um eine Zuwendung **unter Bestimmung eines Anfangstermins,** so kommt § 2074 von vornherein nicht in Frage; die Zuwendung ist (falls freie Auslegung nicht etwa ergibt, daß sie nach dem wahren Willen des Erblassers unter der Bedingung des Erlebens des bestimmten Zeitpunkts durch den Bedachten gemacht ist) als vererbliche Anwartschaft erworben (**RG** Warn 1919 Nr 99; 1920 Nr 202). Aber auch hier soll der Vermächtnisanspruch als künftiges Recht erst mit dem Anfangstermin zur Entstehung kommen (§ 163). Insbesondere ist nicht bloß die Fälligkeit des Anspruchs (§ 2181), sondern der Anfall selbst hinausgeschoben. Dies hat namentlich zur Folge, daß der Bedachte erst vom Eintritte des Termins ab auf die Früchte Anspruch hat (§ 2184). Doch ist zuzusehen, ob nach dem wahren

Willen des Erblassers nicht sofortiger Anfall und nur Aufschub der Fälligkeit gewollt ist. So insbesondere, wenn dem X 1000, zahlbar 10 Jahre nach dem Tode des Erblassers, mit der Bestimmung vermacht sind, daß der Beschwerte bis dahin die Zinsen zu zahlen habe (ähnliche Fälle OLG 30, 206; **RG** Recht 1913 Nr 2883). Auch beim Vermächtnis wiederkehrender Leistungen ist Tatfrage, ob das Bezugsrecht als sofort anfallendes einheitliches Recht, oder ob eine Reihe einzelner nach § 2177 zu beurteilender Vermächtnisse zugewendet ist. So kann eine Jahresrente auf die Lebenszeit des Sohnes und Erben diesem als Vorausvermächtnis, zugleich von seinem Tode ab aber dem Enkel vermacht sein (**RG** Recht 07 Nr 1128). Bei der Leibrente (§ 759) wird es sich nach **RG** 67, 210 immer um ein derartiges in sich geschlossenes einheitliches Recht handeln. In den Fällen des § 2177 ist das Vermächtnis nur wirksam, wenn und soweit der Anfall innerhalb der zeitlichen Grenzen der §§ 2162, 2163 stattfindet. Hinausschiebung des Vermächtnisanfalls beim gemeinschaftlichen Testamente (§ 2269 Abs 2) und beim Erbvertrag (§ 2280). Der Fall, daß der Gegenstand der Zuwendung selbst in einem bedingten oder betagten Rechte besteht, hat nichts Besonderes. Nur darauf kommt es an, ob die Zuwendung bedingt oder betagt gewollt ist.

§ 2178

Ist der Bedachte zur Zeit des Erbfalls noch nicht erzeugt oder wird seine Persönlichkeit durch ein erst nach dem Erbfall eintretendes Ereignis bestimmt, so erfolgt der Anfall des Vermächtnisses im ersteren Falle mit der Geburt, im letzteren Falle mit dem Eintritte des Ereignisses[1]).

E I 1867 Nr 2, 3 II 2048; M 5 180, 181; P 5 210—212.

1. Abweichend von der Erbfolge (§ 1923), aber übereinstimmend mit der Nacherbfolge (§§ 2101, 2105) läßt das Gesetz ein Vermächtnis wirksam werden, das einem bei Eintritt des Erbfalls **noch nicht einmal erzeugten** oder **noch nicht bestimmten Bedachten** zugewendet ist, vorausgesetzt, daß die zeitlichen Grenzen der §§ 2162, 2163 innegehalten sind. Der Anfall wird aber in diesen Fällen bis zur Hebung der Unbestimmtheit hinausgeschoben (§ 2106 Abs 2). War der Bedachte bei Eintritt des Erbfalls bereits erzeugt, so wird der Anfall nach der entsprechend anzuwendenden Regel des § 1923 Abs 2 von der Geburt auf den Zeitpunkt des Erbfalls zurückbezogen. Es bleibt mithin bei der Regel des § 2176. Der Wortlaut des Gesetzes deckt auch den Fall, daß eine noch nicht entstandene **juristische Person** bedacht ist. Ist der Erblasser zugleich deren Stifter, so gilt sie nach § 84 im Falle späterer Genehmigung als schon mit seinem Tode entstanden und auch hier bleibt es bei der Regel des § 2176.

§ 2179

Für die Zeit zwischen dem Erbfall und dem Anfalle des Vermächtnisses finden in den Fällen der §§ 2177, 2178 die Vorschriften Anwendung, die für den Fall gelten, daß eine Leistung unter einer aufschiebenden Bedingung geschuldet wird[1]).

E I 1867 Abs 3 II 2049; M 5 179—181; P 5 211, 212.

1. Wenn auch während des Schwebens der Bedingung, vor Eintritt des Anfangstermins und solange die Unbestimmtheit des Bedachten andauert (§§ 2177, 2178) ein Schuldverhältnis im Sinne von § 2174 noch nicht besteht, so sind doch nach Maßgabe der §§ 158—163 bereits für die **Zwischenzeit Pflichten des Beschwerten** vorhanden. Insbesondere macht er sich nach § 160 Abs 1 durch schuldhafte Vereitelung oder Beeinträchtigung des Vermächtnisses dem Bedachten schadensersatzpflichtig und muß nach § 162 Abs 1, wenn er den Eintritt der Bedingung arglistig verhindert, die Bedingung als eingetreten gelten lassen. Der Bedachte kann die ihm aus Verschulden des Beschwerten entstandenen Schadensersatz- und Surrogatsansprüche (§ 281) erst nach Anfall des Vermächtnisses geltend machen. Schon vorher ist aber nicht ausgeschlossen, daß er sich durch einstweilige Verfügung sichert oder im Konkurse Sicherung beansprucht (ZPO §§ 916 Abs 2, 936, KO § 67). Geeignetenfalls sind die Rechte des Bedachten durch einen Pfleger wahrzunehmen (§ 1913). Auch wenn er vor Annahme der Erbschaft oder des mit einem Untervermächtnis beschwerten Vermächtnisses der Zuwendung arglistig entgegenhandelt, macht sich der Beschwerte haftbar (§ 2174 A 1). Entsprechende Verpflichtungen entstehen nach § 160 Abs 2 auf seiten des Bedachten, wenn ihm das Vermächtnis unter einer auflösenden Bedingung zugewendet war. Nach § 159 endlich kann der Erblasser, innerhalb der Zeitgrenzen der §§ 2161, 2162 die Rückbeziehung des Anfalls auf einen früheren Zeitpunkt und damit zugleich die Herausgabe der Früchte von diesem Zeitpunkt ab anordnen (§ 2184).

§ 2180

Der Vermächtnisnehmer kann das Vermächtnis nicht mehr ausschlagen, wenn er es angenommen hat[1]).

Die Annahme sowie die Ausschlagung des Vermächtnisses erfolgt durch Erklärung gegenüber dem Beschwerten[2]). Die Erklärung kann erst nach dem Eintritte des Erbfalls abgegeben werden; sie ist unwirksam, wenn sie unter einer Bedingung oder einer Zeitbestimmung abgegeben wird[3]).

Die für die Annahme und die Ausschlagung einer Erbschaft geltenden Vorschriften des § 1950, des § 1952 Abs 1, 3 und des § 1953 Abs 1, 2 finden entsprechende Anwendung[4]).

E I 1873 II 2050; M 5 186—189; P 5 216—220.

1. Zum Erwerbe des Vermächtnisses bedarf es an sich (wie auch bei der Erbschaft § 1943 A 1) keiner **Annahme**. Der Vermächtnisanspruch entsteht vielmehr unmittelbar kraft des Gesetzes (§ 2176 A 1). Hat der Bedachte aber die Annahme (zu unterscheiden von der Annahme des geleisteten Vermächtnisgegenstandes) einmal erklärt, so ist sie und ebenso ist die einmal erklärte Ausschlagung (wie bei der Erbschaft §§ 1943 A 1, 1945 A 1) unwiderruflich. Abweichend von der Erbschaft (§ 1944 A 1) besteht jedoch für das Vermächtnis keine Ausschlagungsfrist. Das — noch nicht angenommene — Vermächtnis kann mithin jederzeit, auch von den Erben des Bedachten (Abs 3) noch ausgeschlagen werden. Nur in dem besonderen Falle des § 2307 Abs 2 darf der mit einem Vermächtnisse beschwerte Erbe dem bedachten Pflichtteilsberechtigten zur Erklärung Frist setzen.

2. Weder die **Annahme**, noch (abweichend von der Erbschaft § 1945) die **Ausschlagungserklärung** ist an eine Form gebunden. Beide können somit auch stillschweigend abgegeben werden. So insbesondere die Annahme durch Annahme der Vermächtnisleistung, die Ausschlagung durch deren Verweigerung oder dadurch, daß der Bedachte eine anderweite Verfügung über den Vermächtnisgegenstand geschehen läßt. Beide können wirksam nur **gegenüber dem Beschwerten** (§§ 130—132), nicht also, wie für Ausschlagung der Erbschaft vorgeschrieben (§ 1945 A 2), gegenüber dem Nachlaßgericht abgegeben werden. Doch ist die Ausschlagung wirksam, wenn sie dem Nachlaßgericht zugegangen und von diesem dem vermutlichen Willen des Erklärenden gemäß dem Beschwerten übermittelt ist (RG 113, 237; 19. 3. 06 IV 496/05). Die Erklärung gegenüber dem Nachlaßpfleger oder dem Testamentsvollstrecker (auch gegenüber einem nach § 2223 zur Fürsorge für die Ausführung eines Unter- oder Nachvermächtnisses bestellten Testamentsvollstrecker (RG DJZ 1924, 475) ist wirksam, sofern der Vermächtnisanspruch gegen diese Personen geltend gemacht werden kann (§§ 1960 A 4, 1961 A 2; § 2213).

3. Die vor **Eintritt des Erbfalls** (§ 1922) abgegebene Annahme- oder Ausschlagungserklärung bindet den Bedachten nicht. Nur der Verzicht durch Vertrag mit dem Erblasser ist sogleich wirksam, § 2352. Wohl aber können die Erklärungen schon vor Anfall des Vermächtnisses erfolgen, wenn der Anfall über den Zeitpunkt des Erbfalls hinausgeschoben ist (§ 2176 A 1), insbesondere also schon vor Eintritt der Bedingung oder des Anfangstermins (§ 2177). Das Verbot der Bedingung und Zeitbestimmung entspricht dem § 1947.

4. Gemäß **§ 1950** können Annahme und Ausschlagung nicht wirksam auf einen Teil des Vermächtnisses beschränkt werden. Wohl aber kann grundsätzlich der mit mehreren Vermächtnissen Bedachte das eine annehmen und das andere ausschlagen. Nach **§ 1952** Abs 1 ist das Annahme- und Ausschlagungsrecht vererblich, nach Abs 3 kann von mehreren Erben des Bedachten jeder den seinem Erbteil entsprechenden Teil des Vermächtnisses ausschlagen. Nach **§ 1953** Abs 1, 2 wird die Wirkung der Ausschlagung auf den Zeitpunkt des Vermächtnisanfalls zurückbezogen. Das Vermächtnis gilt in diesem Falle, soweit nicht Anwachsung eintritt (§§ 2158, 2159), als sogleich dem Ersatzbedachten (§ 2190) angefallen. Von der einmal erklärten Annahme oder Ausschlagung wird zugleich auch das erst künftig anwachsende Vermächtnis mitergriffen. Der Ersatzbedachte braucht nicht, wie der Ersatzerbe, im Falle des § 1953 Abs 2 schon zur Zeit des Erbfalls gelebt zu haben (§ 2160 A 1). Er muß aber auch nicht notwendig den Vermächtnisanfall selbst erlebt haben, wenn dessen Zeitpunkt nach §§ 2176—2178 hinausgeschoben war. Fällt vielmehr der zunächst Bedachte weg, nachdem er bereits eine Anwartschaft auf das Vermächtnis erworben hatte (§ 2177 A 1), so rückt der Ersatzbedachte in dieses Anwartschaftsrecht ein und vererbt es an seine Erben, wenn er selbst vor dem eigentlichen Vermächtnisanfall verstirbt. Das Untervermächtnis wird durch Ausschlagung des beschwerten Hauptvermächtnisses nicht berührt (§ 2161). — Im übrigen unterliegen Annahme und Ausschlagung den allgemeinen Vorschriften über Willenserklärungen §§ 116ff., so insbesondere über Vertretung und Vollmacht §§ 164ff., Einwilligung und Ge-

nehmigung §§ 182ff. Die Frau bedarf nicht der Zustimmung des Mannes (§§ 1406 Nr 1, 1453, 1519, 1549). Das Erfordernis vormundschaftsgerichtlicher Genehmigung für Gewalthaber und Vormund ist in §§ 1643 Abs 2, 1822 Nr 2 geregelt. Die Anfechtung unterliegt, außer in dem Sonderfalle des Pflichtteilsberechtigten (§ 2308), nicht den für die Erbschaft gegebenen (§§ 1954—1957), sondern den allgemeinen Vorschriften der §§ 142ff. Die Ausschlagung ist nicht Schenkung (§ 517). Im Konkurs ist nur der Gemeinschuldner zur Annahme oder Ausschlagung des vor Eröffnung des Verfahrens angefallenen Vermächtnisses befugt, KO § 9.

§ 2181

Ist die Zeit der Erfüllung eines Vermächtnisses dem freien Belieben des Beschwerten überlassen, so wird die Leistung im Zweifel mit dem Tode des Beschwerten fällig[1]).

E I 1766 II 2051; M 5 31; P 5 21.

Entsprechend anwendbar auf die Auflage § 2192.

1. Die Vorschrift läßt den nach §§ 2176ff. sich bestimmenden Zeitpunkt des Vermächtnisanfalls unberührt, sie schiebt nur wie in § 2186 „im Zweifel" die **Fälligkeit** des bereits entstandenen Anspruchs hinaus (§ 271). Ob dem Bedachten die Früchte bis zum Tode des Beschwerten gebühren sollen (§ 2184), ist Sache freier Auslegung. — Die Zulässigkeit der Anordnung, daß der mit einem Vermächtnisse Bedachte dieses erst beim Tode des Beschwerten erhalten solle, wird in § 2181 vorausgesetzt. Wenn in solchem Falle die Entrichtung des Vermächtnisses auch erst durch die Erben des beschwerten Erben oder Vermächtnisnehmers erfolgen kann, so werden diese doch nicht selbst mit dem Vermächtnisse beschwert, was nach § 2147 (A 2) unzulässig wäre; gegenüber dem Beschwerten kann seine lediglich befristete Verpflichtung auch durch Urteil festgestellt werden (RG Warn 1919 Nr 198). Die Anordnung enthält begrifflich nur eine Zeitbestimmung. Ob damit zugleich die Bedingung gesetzt sein sollte, daß der Bedachte den Zeitpunkt erlebe, ist Auslegungsfrage (RG JW 1918, 502[2]).

§ 2182

Ist eine nur der Gattung nach bestimmte Sache vermacht, so hat der Beschwerte die gleichen Verpflichtungen wie ein Verkäufer nach den Vorschriften des § 433 Abs 1, der §§ 434 bis 437, des § 440 Abs 2 bis 4 und der §§ 441 bis 444[1]).

Dasselbe gilt im Zweifel, wenn ein bestimmter nicht zur Erbschaft gehörender Gegenstand vermacht ist, unbeschadet der sich aus dem § 2170 ergebenden Beschränkung der Haftung[2]).

Ist ein Grundstück Gegenstand des Vermächtnisses, so haftet der Beschwerte im Zweifel nicht für die Freiheit des Grundstücks von Grunddienstbarkeiten, beschränkten persönlichen Dienstbarkeiten und Reallasten[3]).

E I 1879 II 2052; M 5 196—198; P 5 226—230.

1. **Gewährleistung beim Gattungsvermächtnis** (§ 2155). Sie bestimmt sich beim Fehlen anderer Bestimmungen des Erblassers nach den ergänzend anzuwendenden Vorschriften **für Rechtsmängel** (Sachmängel vgl. § 2183) wie folgt. § 433 Abs 1: Der Beschwerte hat dem Bedachten die Sache zu übergeben und ihm daran das Eigentum zu verschaffen, und zwar nach § 434 frei von Rechten Dritter, nach § 435 unter kostenfreier Löschung nicht bestehender, im Grundbuch oder Schiffsregister eingetragener Rechte, jedoch gemäß § 436 ohne Haftung für Freiheit des Grundstücks von öffentlichen Abgaben und anderen nicht eintragungsfähigen öffentlichen Lasten; § 437 Abs 2 (Abs 1 kommt nur für das Verschaffungsvermächtnis A 2 in Frage): beim Vermächtnis von Wertpapieren haftet der Beschwerte dafür, daß sie nicht zum Zwecke der Kraftloserklärung aufgeboten sind. § 440 Abs 2—4 macht den Beschwerten, wenn er die vermachte bewegliche Sache dem Bedachten übergeben hat, unter gewissen Voraussetzungen wegen Entwährung schadensersatzpflichtig, § 441 ebenso, wenn Besitzrechte vermacht sind. § 442 erklärt den Bedachten für Mängel im Rechte beweispflichtig, § 443 spricht im Falle der Arglist des Beschwerten einer auf Erlaß oder Beschränkung der Gewährleistungspflicht gerichteten Vereinbarung die Wirksamkeit ab, § 444 endlich begründet eine Verpflichtung des Beschwerten zur Auskunftserteilung und zur Herausgabe von Beweisurkunden.

2. Beim **Verschaffungsvermächtnis** (§ 2170) gelten „im Zweifel", somit nur als Auslegungsregel dieselben Grundsätze, gleichviel ob es sich um das Vermächtnis einer körper-

lichen Sache oder eines Rechtes handelt (§ 90). Im letzteren Falle hat der Beschwerte, wenn das vermachte Recht zum Besitz der Sache berechtigt, dem Bedachten auch die Sache zu übergeben (§ 433 Abs 1). Im übrigen haftet er nur für den rechtlichen Bestand des Rechtes (§ 437 Abs 1), hat deshalb auch etwaige Mängel des verschafften Rechtes zu beseitigen. Jede Haftung entfällt, wenn der Beschwerte gemäß § 2170 Abs 2 den Wert entrichtet hat.

3. Beim **Vermächtnis eines zu verschaffenden Grundstücks** wird die aus § 434 sich ergebende Verpflichtung des Beschwerten, das Grundstück frei von Rechten Dritter zu verschaffen, außer durch § 436 noch dahin eingeschränkt, daß der Beschwerte nicht für die Freiheit von Grunddienstbarkeiten (§§ 1018ff.), beschränkten persönlichen Dienstbarkeiten (§§ 1090 ff.) und Reallasten (§§ 1105ff.) einzustehen hat. Wohl aber ist er abweichend von § 2165 A 1 beim Verschaffungsvermächtnis im Zweifel zur Beseitigung der darauf ruhenden Grundschulden und Hypotheken usw. verpflichtet. — Aus dem Gesagten ergibt sich für die Haftung des Beschwerten im übrigen, daß er für Sachmängel, außer beim Gattungsvermächtnis in den Grenzen des § 2183, überhaupt nicht, und daß er, wenn eine zur Erbschaft gehörende Einzelsache vermacht ist, auch nicht für Mängel im Rechte einzustehen hat (§ 2165 A 1). Beim Wahlvermächtnis (§ 2154) bestimmt sich der Umfang der Haftung nach der Natur des gewählten Gegenstandes. — Soweit der gutgläubige Vermächtnisnehmer durch § 932 geschützt ist, hat er gegen den Beschwerten keinen Gewährleistungsanspruch, auch nicht insoweit er nach § 816 Abs 1 Satz 2 zur Herausgabe der Bereicherung genötigt worden ist.

§ 2183

Ist eine nur der Gattung nach bestimmte Sache vermacht, so kann der Vermächtnisnehmer, wenn die geleistete Sache mangelhaft ist, verlangen, daß ihm an Stelle der mangelhaften Sache eine mangelfreie geliefert wird. Hat der Beschwerte einen Fehler arglistig verschwiegen, so kann der Vermächtnisnehmer statt der Lieferung einer mangelfreien Sache Schadensersatz wegen Nichterfüllung verlangen[1]. Auf diese Ansprüche finden die für die Gewährleistung wegen Mängel einer verkauften Sache geltenden Vorschriften entsprechende Anwendung[2].

E I 1879 II 2053; M 5 196—198; P 5 226—230.

1. Eine **Gewährleistung für Sachmängel** (Rechtsmängel § 2182) findet nur beim Gattungsvermächtnis (§ 2155) statt. Der Bedachte ist aber von den drei im Falle des Gattungskaufs ihm zur Verfügung gestellten Ansprüchen des § 480 Abs 1 nur auf den dritten: Lieferung einer mangelfreien Sache und entsprechend § 480 Abs 2 auf Schadensersatz wegen arglistiger Verschweigung eines Fehlers beschränkt. Die Ansprüche auf Minderung und Wandlung kommen der Natur der Sache nach hier nicht in Frage.

2. Die **entsprechende Anwendung der Kaufvorschriften** §§ 459ff. ergibt insbesondere, daß Kenntnis des Mangels auf seiten des Bedachten grundsätzlich die Haftung ausschließt (§§ 460, 464) und daß die Ansprüche bei beweglichen Sachen in 6 Monaten verjähren (§ 477). Viehmängel §§ 481ff.

§ 2184

Ist ein bestimmter zur Erbschaft gehörender Gegenstand vermacht[1], so hat der Beschwerte dem Vermächtnisnehmer auch die seit dem Anfalle des Vermächtnisses gezogenen Früchte[2] sowie das sonst auf Grund des vermachten Rechtes Erlangte herauszugeben[3]. Für Nutzungen, die nicht zu den Früchten gehören, hat der Beschwerte nicht Ersatz zu leisten[4][5].

E I 1878 II 2054 Abs 1; M 5 194—196; P 5 221—225, 230—232.

1. **Herausgabe der Früchte** kommt nur in Frage, wenn ein bestimmter zur Erbschaft gehörender Gegenstand, Sache oder Recht (§ 90), vermacht ist. Also nicht beim Gattungsvermächtnis (§ 2155), wo es sich nur um Verzugsfolgen nach §§ 286ff. handeln kann (§ 2174 A 1). Beim Wahlvermächtnis (§ 2154) ist vorgängige Bestimmung des Gegenstandes durch Vollziehung der Wahl vorausgesetzt. Die Vorschriften des § 2184 sind übrigens nur ergänzender Natur.

2. Herauszugeben sind die natürlichen oder bürgerlichen Früchte (§ 99), die der Beschwerte **seit Anfall des Vermächtnisses** (§§ 2176—2178) wirklich aus dem Gegenstande des Vermächtnisses gezogen hat, gleichviel ob auch der Bedachte bei sofortiger Erfüllung die

Früchte gezogen haben würde. Ist ein Wohnungsrecht Gegenstand des Vermächtnisses, so kommt Fruchtbezug aus diesem Rechte nicht in Frage (OLG 6, 313).

3. **Auf Grund des vermachten Rechtes** können **erlangt** sein die Schatzhälfte (§ 984), die Anlandung (EG Art 65), durch Verbindung der vermachten Sache hinzugefügte Bestandteile (§§ 946, 947 Abs 2), während der infolge Untergangs des Vermächtnisgegenstandes erlangte Ersatz oder Ersatzanspruch schon durch § 281 von der Herausgabepflicht betroffen wird.

4. Dagegen verbleiben dem Beschwerten die **Nutzungen**, soweit sie bloß in den Vorteilen bestehen, welche der Gebrauch der Sache oder des Rechtes gewährt (§ 100, z. B. Gartengenuß, Wohnen in dem vermachten Hause), auf so lange, als er mit Erfüllung des Vermächtnisanspruchs nicht in Verzug gerät.

5. Nach **allgemeinen Grundsätzen** haftet der Beschwerte für die Früchte nur unter Abzug der Gewinnungskosten (§ 102), gegebenenfalls nach den Teilungsgrundsätzen des § 101 und soweit die Früchte in Natur nicht mehr vorhanden sind, auf Bereicherung. Anderseits steigert sich seine Herausgabepflicht durch Eintritt des Verzugs nach §§ 286ff. und von der Rechtshängigkeit ab nach den § 292 in Bezug genommenen Grundsätzen. Nach § 990 ist die Kenntnis des Beschwerten von seiner Erfüllungspflicht der Rechtshängigkeit gleichgestellt. Insbesondere sind von da ab auch die Nutzungen herauszugeben und ist für versäumte Nutzungen Ersatz zu leisten (§ 987).

§ 2185

Ist eine bestimmte zur Erbschaft gehörende Sache vermacht[1]), so kann der Beschwerte für die nach dem Erbfall auf die Sache gemachten Verwendungen sowie für Aufwendungen, die er nach dem Erbfalle zur Bestreitung von Lasten der Sache gemacht hat, Ersatz nach den Vorschriften verlangen, die für das Verhältnis zwischen dem Besitzer und dem Eigentümer gelten[2]).

E I 1880 II 2055; M 5 199—204; P 5 233—236.

1. Wie in § 2184 ist vorausgesetzt, daß es sich um einen **bestimmten zur Erbschaft gehörenden Gegenstand** handelt. Hier kommt aber nur eine **Sache** (§ 90), nicht ein Recht in Betracht. Beim Wahl-, Gattungs- und Verschaffungsvermächtnis (§§ 2154, 2155, 2170) kann es sich nur fragen, ob nach allgemeinen Grundsätzen ein Bereicherungsanspruch des Beschwerten gegeben ist.

2. Der **Ersatzanspruch des Beschwerten wegen Verwendungen und Aufwendungen** regelt sich nach Vorschrift der §§ 994—1003. Er besteht grundsätzlich schon wegen der vom Erbfall (§ 2176), nicht erst von dem etwa hinausgeschobenen Vermächtnisanfall ab (§§ 2177, 2178) gemachten Verwendungen. Hierzu gehören nach Befinden auch die in Ansehung des Vermächtnisgegenstandes entstandenen Rechtsstreitskosten. Hinsichtlich der Lasten der Sache ist nicht unterschieden zwischen öffentlichen und privatrechtlichen, gewöhnlichen und außerordentlichen Lasten (so §§ 103, 1047, 2126). Doch ist insoweit gemäß §§ 994 Abs 1 Satz 2, 995 Satz 2 der Ersatzanspruch eingeschränkt für die Zeit, für welche dem Beschwerten die Nutzungen der Sache verbleiben. Dies trifft nach § 2184 regelmäßig zu für die Zeit vom Erbfall bis zum Vermächtnisanfall. Da aber nach § 2184 A 4 dem Beschwerten die Nutzungen, soweit sie in Gebrauchsvorteilen bestehen, noch darüber hinaus zukommen können, so hat er auch für diejenigen Verwendungen keinen Ersatzanspruch, welche er zu eben diesen Gebrauchszwecken gemacht hat (Fütterung des von ihm benutzten Zug- oder Reitpferdes). In demselben Umfange ist nach § 256 auch der Zinsanspruch des Beschwerten eingeschränkt. Anspruch auf Befreiung von Verbindlichkeiten § 257. — Im einzelnen genügt hervorzuheben: Der Beschwerte kann notwendige Verwendungen immer, jedoch soweit sie nach erlangter Kenntnis vom eingetretenen oder für einen bestimmten Zeitpunkt bevorstehenden Vermächtnisanfall gemacht sind (§ 990), nur nach den Vorschriften über auftragslose Geschäftsführung ersetzt verlangen, §§ 994, 995. Insoweit der beschwerte Erbe gegen den Willen des Bedachten, aber in Ausübung seiner Verwaltungspflicht Aufwendungen vornimmt, steht ihm nach § 1978 Abs 3 der Ersatzanspruch nur gegen den Nachlaß, nicht gegen den Bedachten zu (§ 683; a. M. Strohal I § 33 A 27[1]). Wegen anderer als notwendiger Aufwendungen besteht der Ersatzanspruch nur, soweit sie vor Kenntnis des Vermächtnisanfalls gemacht sind und der Wert der Sache hierdurch erhöht bleibt, § 996. Der Beschwerte kann auch die Ersatzansprüche eines Rechtsvorgängers (Vorerben, Vorvermächtnisnehmers) geltend machen, § 999, die von ihm verbundene Sache abtrennen, § 997 und seinen Ersatzanspruch sowohl klageweise als durch Ausübung des Zurückbehaltungsrechts verfolgen, §§ 1000—1003, 273. Der Bedachte kann sich vom Ersatzanspruch durch Zurückgabe befreien, § 1001.

§ 2186

Ist ein Vermächtnisnehmer mit einem Vermächtnis oder einer Auflage beschwert, so ist er zur Erfüllung erst dann verpflichtet, wenn er die Erfüllung des ihm zugewendeten Vermächtnisses zu verlangen berechtigt ist[1])[2]).

E I 1877 II 2056; M 5 192, 193; P 5 221.

1. **Fälligkeit des Untervermächtnisses** (§ 2147 A 2). Ist das damit beschwerte Hauptvermächtnis selbst noch nicht angefallen (§§ 2176—2178), so kann von Geltendmachung des Untervermächtnisses regelmäßig nicht die Rede sein. Vorausgesetzt ist vielmehr, daß beide Vermächtnisse angefallen sind, daß aber die Fälligkeit des Untervermächtnisses vor derjenigen des Hauptvermächtnisses eintritt, sei es infolge letztwilliger Anordnung (X soll zu ihm beliebender Zeit dem Y 1000, Y aber der Z bei ihrer Verheiratung 500 auszahlen, § 2181), sei es weil sich die Erfüllung des Hauptvermächtnisses wegen Verzögerung der Erbschaftsannahme (§ 1958) oder durch Geltendmachung der aufschiebenden Einreden hinauszieht (§§ 2014, 2015). In diesen Fällen wird auch die Fälligkeit des Untervermächtnisses entsprechend hinausgeschoben. — Fürsorge für Ausführung der auferlegten Beschwerungen durch einen Testamentsvollstrecker § 2223.

2. **Beweislast.** Der Untervermächtnisnehmer hat im Bestreitungsfalle die Fälligkeit beider Vermächtnisse nachzuweisen. Dagegen gehört nicht zur Klagebegründung, daß das Hauptvermächtnis von dem damit Bedachten angenommen oder gar, daß es schon erfüllt sei. Es genügt, daß er es „zu verlangen berechtigt ist". Behauptet der Beschwerte das Hauptvermächtnis ausgeschlagen zu haben (§ 2180), so ist er damit beweispflichtig. Schlägt er erst nach der Klageerhebung aus, so wird die Klage hinfällig, der Untervermächtnisnehmer trägt die Kosten und wird nur ausnahmsweise aus § 826 Schadloshaltung fordern dürfen.

§ 2187

Ein Vermächtnisnehmer, der mit einem Vermächtnis oder einer Auflage beschwert ist, kann die Erfüllung auch nach der Annahme des ihm zugewendeten Vermächtnisses insoweit verweigern, als dasjenige, was er aus dem Vermächtnis erhält, zur Erfüllung nicht ausreicht[1]).

Tritt nach § 2161 ein anderer an die Stelle des beschwerten Vermächtnisnehmers, so haftet er nicht weiter, als der Vermächtnisnehmer haften würde[2]).

Die für die Haftung des Erben geltenden Vorschriften des § 1992 finden entsprechende Anwendung[3]).

E I 1876 Abs 2, 1881 II 2057; M 5 190, 191, 206, 207; P 5 221, 227, 834, 835.

1. Entsprechend der beschränkten Haftung des Erben (ähnlich auch bei der Schenkung § 526) reicht die **Haftung des mit einem Untervermächtnis beschwerten Hauptvermächtnisnehmers** nicht weiter als auf dasjenige, was er selbst aus dem Hauptvermächtnis erhält. Ob er das letztere schon angenommen hat oder nicht, ist gleichgültig. Sind dem X 100 vermacht und ist er zugunsten des Z mit 1000 beschwert, so hat Z nur auf 100 Anspruch. Der Beschwerte kann deshalb einwenden und hat gegebenenfalls zu beweisen, daß das Hauptvermächtnis von vornherein oder z. B. weil er es nur zum Teil habe beitreiben können, zur Erfüllung des Untervermächtnisses nicht ausreiche. Er bleibt jedoch durch das nach § 2174 begründete Schuldverhältnis dem Untervermächtnisnehmer zur Sorgfalt in Geltendmachung seines eigenen Vermächtnisses verpflichtet und kann ihm aus Verschulden mit dem eigenen Vermögen haftbar werden. Keinesfalls ist er genötigt, den Zweitbedachten vorschußweise zu befriedigen. — Weiteres Kürzungsrecht § 2188.

2. Auch wenn der durch Wegfall des Hauptvermächtnisses frei werdende Erbe oder wenn ein Anwachsungsberechtigter oder der vielleicht auch ohnedies bedachte Ersatzvermächtnisnehmer (§§ 2159, 2161) zur Erfüllung des Untervermächtnisses aus den ihm sonst gewordenen Zuwendungen an sich imstande wäre oder wenn der Erbe unbeschränkt haftete, bleibt auch seine, **des andern Haftung in gleichem Umfange beschränkt** wie nach Abs 1.

3. Es gelten die **Grundsätze der Unzulänglichkeitseinrede,** wobei der Wert des Hauptvermächtnisses dem Nachlaß im Sinne von §§ 1990—1992 entspricht. Hiernach hat der Beschwerte, wenn er die Unzulänglichkeit nicht schon im Prozesse nachweist, nach ZPO § 786 den Vorbehalt der beschränkten Haftung im Urteile zu erwirken und demnächst in der Zwangsvollstreckung seine Einwendungen geltend zu machen. Er hat das aus dem Hauptvermächtnis Erlangte dem Zweitbedachten zum Zwecke der Befriedigung im Wege der Zwangsvollstreckung

herauszugeben und kann sich durch Abtretung des eigenen Vermächtnisanspruchs (§ 1990 Abs 1), aber auch durch Auszahlung des Wertes des Hauptvermächtnisses (§ 1992 Satz 2) von jedem Anspruch des Zweitbedachten befreien. Nach §§ 1991, 1978, 1979 ist er ihm für Vereitelung seiner Befriedigung verantwortlich, anderseits zu Ersatzansprüchen noch über § 2185 hinaus berechtigt. Die Wirkung der Konfusion tritt nicht ein (§ 1991 Abs 2), die rechtskräftige Verurteilung des Beschwerten zur Leistung eines Untervermächtnisses wirkt anderen Zweitbedachten gegenüber wie Befriedigung (§ 1991 Abs 3). Mehrere Untervermächtnisse hat er in der Reihenfolge des § 1991 Abs 4 (vgl. aber auch § 2189) zu erfüllen.

§ 2188

Wird die einem Vermächtnisnehmer gebührende Leistung auf Grund der Beschränkung der Haftung des Erben, wegen eines Pflichtteilsanspruchs oder in Gemäßheit des § 2187 gekürzt, so kann der Vermächtnisnehmer, sofern nicht ein anderer Wille des Erblassers anzunehmen ist, die ihm auferlegten Beschwerungen verhältnismäßig kürzen[1]).

E I 1882 II 2058; M 5 207; P 5 237.

1. **Verhältnismäßige Kürzung der Beschwerungen.** Zu einer Kürzung des beschwerten Hauptvermächtnisses kann es kommen a) auf Grund der Haftungsbeschränkung des Erben, soweit das Vermächtnis im Nachlaßkonkurs (KO § 226) oder infolge Geltendmachung der Unzulänglichkeitseinrede (§§ 1990—1992) ausfällt; b) wegen eines Pflichtteilsanspruchs §§ 2318, 2322—2324; c) gemäß § 2187, wenn der Beschwerte selbst schon als Untervermächtnisnehmer eine Kürzung erfahren hatte und nun einem Drittbedachten gegenübersteht. In diesen Fällen ist er nach der zu vermutenden, aber durch den Bedachten widerlegbaren Absicht des Erblassers auch dann berechtigt, die erlittene Einbuße verhältnismäßig auf den Bedachten zu übertragen, wenn das Vermächtnis trotz der Kürzung an sich zur vollen Befriedigung des Bedachten ausreichen würde. Sind ihm von 1000 Hauptvermächtnis 250 = $^1/_4$ gekürzt, so kann er von 200 Untervermächtnis gleichfalls $^1/_4$ = 50 abziehen. Ist die Kürzung wegen Unteilbarkeit der Zuwendung ausgeschlossen und versteht sich der Nächstbedachte nicht zur Abfindung, so braucht der Beschwerte nur den entsprechend gekürzten Wert der Zuwendung zu leisten

§ 2189

Der Erblasser kann für den Fall, daß die dem Erben oder einem Vermächtnisnehmer auferlegten Vermächtnisse und Auflagen auf Grund der Beschränkung der Haftung des Erben, wegen eines Pflichtteilsanspruchs oder in Gemäßheit der §§ 2187, 2188 gekürzt werden, durch Verfügung von Todes wegen anordnen, daß ein Vermächtnis oder eine Auflage den Vorrang vor den übrigen Beschwerungen haben soll[1]).

E I 2117 Abs 2 Nr 4 II 2059; M 5 638; P 5 770; 6 319.

1. Hat X von den ihm zugewendeten 1200 an A, B und C je 100, 400 und 1000 zu entrichten und ist angeordnet, daß C den **Vorrang** haben soll, so empfängt C volle 1000, in den Rest von 200 teilen sich A und B nach dem Verhältnis von 1 : 4, es empfangen somit A 40, B 160. Eine derartige Ranganordnung bleibt auch im Nachlaßkonkurse wirksam, das dem Pflichtteil gleichkommende Vermächtnis rangiert jedoch vor den übrigen Beschwerungen (KO § 226 Abs 3).

§ 2190

Hat der Erblasser für den Fall, daß der zunächst Bedachte das Vermächtnis nicht erwirbt, den Gegenstand des Vermächtnisses einem anderen zugewendet, so finden die für die Einsetzung eines Ersatzerben geltenden Vorschriften der §§ 2097 bis 2099 entsprechende Anwendung[1]).

E I 1871 Abs 2 Satz 2, 1883 II 2060; M 5 186, 207, 208; P 5 216, 237.

1. **Ersatzvermächtnis** entsprechend der Berufung eines Ersatzerben § 2096. Die entsprechend anwendbaren Vorschriften ergeben nach § 2097: es macht keinen Unterschied, ob der Ersatzbedachte für den Fall berufen ist, daß der Erstbedachte das Vermächtnis nicht annehmen kann oder nicht annehmen will. § 2098: Die Gleichartigkeit mit der Erbeinsetzung ist nur dann gegeben, wenn die mehreren Bedachten zu Bruchteilen auf denselben Vermächt-

nisgegenstand berufen sind. Sind sie sich in diesem Falle zugleich gegenseitig oder sind für einen die übrigen nacheingesetzt, so rücken sie nach Verhältnis des einem jeden zugewendeten Vermächtnisses ein. Sind mehrere mit selbständigen Vermächtnissen Bedachte sich gegenseitig nacheingesetzt, so rücken sie nach Kopfteilen ein. § 2098 Abs 2 ergibt den Vorrang der zu einer Untergruppe vereinigten vor den übrigen Ersatzbedachten, § 2099 den Vorrang der Ersatzberufung vor dem Anwachsungsrecht (§ 2158). Der Nachvermächtnisnehmer gilt zugleich als Ersatzbedachter, §§ 2191 Abs 2, 2102. Die Abkömmlinge eines bedachten eigenen Abkömmlings gelten immer zugleich als Ersatzbedachte, § 2069. Darüber, ob der Ersatzbedachte den Erbfall oder den Vermächtnisanfall erlebt haben müsse, vgl. § 2180 A 4.

§ 2191

Hat der Erblasser den vermachten Gegenstand von einem nach dem Anfalle des Vermächtnisses eintretenden bestimmten Zeitpunkt oder Ereignis an einem Dritten zugewendet, so gilt der erste Vermächtnisnehmer als beschwert[1]).

Auf das Vermächtnis finden die für die Einsetzung eines Nacherben geltenden Vorschriften des § 2102, des § 2106 Abs 1, des § 2107 und des § 2110 Abs 1 entsprechende Anwendung[2]).

E I 1884, 1885 II 2061; M 5 208—211; P 5 237.

1. **Nachvermächtnis.** Der Nachvermächtnisnehmer erwirbt den Anspruch auf den Vermächtnisgegenstand (Einzelsache oder vertretbare Sache, Geld), nachdem zuvor ein anderer, der Vorvermächtnisnehmer, denselben Gegenstand gehabt hat (§ 2100). Beschwerter und somit Schuldner des durch § 2174 begründeten Anspruchs ist der erste Vermächtnisnehmer. Gegen diesen und nicht gegen den Erben ist daher auch eine Klage auf Feststellung des Nachvermächtnisses zu richten (RG Warn 1916 Nr 54). Schlägt der Berufene das Nachvermächtnis aus, so verbleibt es dem ersten Vermächtnisnehmer, es sei denn, daß ein Anwachsungsberechtigter (§ 2158) oder Ersatzbedachter (§ 2190) vorhanden ist (RG a. a. O.).

2. § 2102: Das Nachvermächtnis gilt im Zweifel zugleich, eine ihrer Art nach zweifelhafte Berufung nur als Ersatzvermächtnis. § 2106 Abs 1: In Ermanglung anderer Bestimmungen fällt das Nachvermächtnis den späteren Bedachten mit dem Tode des Vorvermächtnisnehmers an. § 2107: Ist ein Abkömmling, der zur Zeit der Vermächtnisanordnung keinen Abkömmling hatte oder von dem der Erblasser zu dieser Zeit nicht wußte, daß er einen Abkömmling habe, für die Zeit nach seinem Tode mit einem Nachvermächtnisse belastet, so ist anzunehmen, daß das Nachvermächtnis nur für den Fall angeordnet ist, daß der zunächst Bedachte ohne Nachkommenschaft stirbt. § 2110 Abs 1: Das Nachvermächtnis erstreckt sich im Zweifel auf das dem Vorvermächtnisnehmer infolge Wegfalls eines Mitbedachten angefallene Vermächtnis. — Von den auf das Nachvermächtnis nicht übertragenen Vorschriften ist hervorzuheben: Das Nachvermächtnis bewirkt keinen Übergang des Vermächtnisgegenstandes kraft Gesetzes (§ 2139), sondern erzeugt nur den schuldrechtlichen Anspruch des § 2174. Der Vorvermächtnisnehmer ist nicht wie der Vorerbe (§§ 2112ff.) in der Verfügung über den Vermächtnisgegenstand dinglich beschränkt, ist aber dem Nachbedachten schon vorher schuldrechtlich verhaftet und kann deshalb nach Maßgabe der prozeß- und konkursrechtlichen Vorschriften unter Umständen auch zur Sicherung angehalten werden (§ 2179 A 1), ist jedoch nicht, entsprechend dem nicht mit angezogenen § 2128, kraft bürgerlichen Rechtes zur Sicherheitsleistung verpflichtet (RG Warn 1910 Nr 157). Die Surrogationsgrundsätze (§ 2111) kommen nur beschränkt zur Anwendung (§§ 2164 A 2, 2169 A 3). Das Nachvermächtnis kann nacheinander beliebig vielen Bedachten anfallen, unterliegt aber der zeitlichen Beschränkung der §§ 2162, 2163.

Fünfter Titel

Auflage

Die Begriffsbestimmung der Auflage ist in § 1940 gegeben. Vorausgesetzt ist ein Beschwerter wie beim Vermächtnis, dagegen ist kein Bedachter vorhanden, da demjenigen, welchem die Erfüllung der Auflage zustatten kommt, dem Begünstigten, keinerlei Rechte zustehen. Soweit der Erbe beschwert ist, gehören die Verbindlichkeiten aus Auflagen zu den Nachlaßverbindlichkeiten, § 1967. Gerichtsstand ZPO § 27.

§ 2192

Auf eine Auflage finden die für letztwillige Zuwendungen geltenden Vorschriften der §§ 2065, 2147, 2148, 2154 bis 2156, 2161, 2171, 2181 entsprechende Anwendung[1])[2]).

E I 1886 II 2062; M 5 211, 212; P 5 240—243, 305, 308.

1. Die hier angezogenen Bestimmungen über das **Vermächtnis** sind bereits bei den einzelnen Paragraphen als auf die Auflage **entsprechend anwendbar** kenntlich gemacht. Sie betreffen: § 2065 die Unwirksamkeit einer Auflage, bei der die Entscheidung über die Gültigkeit, den Gegenstand oder die Person des Begünstigten einem andern überlassen ist (s. jedoch §§ 2156, 2193), §§ 2147, 2148 die Person und den Verhältnisanteil des Beschwerten, §§ 2154 bis 2156 die Bestimmung des Gegenstandes der Auflage nach Wahl des Beschwerten oder eines Dritten, der Gattung nach, nach billigem Ermessen, § 2161 fortdauernde Wirksamkeit der Auflage bei Wegfall des Beschwerten, § 2171 Unwirksamkeit der auf eine unmögliche oder verbotene Leistung gerichteten Auflage, § 2181 Fälligkeit der Auflage spätestens beim Tode des Beschwerten. Sowohl vom Vermächtnis als von der Auflage handeln § 2159 (Fall der Anwachsung) und §§ 2186—2189 (Hinausschiebung der Fälligkeit der Auflage, beschränkte Haftung, Kürzungsrecht des Beschwerten, Rangverhältnis mehrerer Auflagen). Nicht anwendbar sind die auf den Bedachten bezüglichen Bestimmungen, da ein mit Forderungsrecht ausgestatteter Begünstigter bei der Auflage nicht denkbar ist (s. jedoch § 2193). Auch § 2307 ist auf Auflagen nicht entsprechend anwendbar (RG 5. 12. 27 IV 299/27). Zeitlich ist der Wirksamkeit der Auflage, wie die Nichtübernahme der §§ 2162, 2163 ergibt, keine Grenze gezogen.

2. **Geldentwertung.** Besteht die Leistung, zu der der Erblasser den Erben oder Vermächtnisnehmer durch die Auflage verpflichtet hat, in einer in Mark festgesetzten Zahlung, so gilt für die Frage, ob und in welchem Maße eine Aufwertung stattzufinden hat, das für die Aufwertung von Geldvermächtnissen § 2174 A 3a Ausgeführte sinngemäß. Anderseits kann, wenn Gegenstand der Auflage ein Veräußerungsverbot (§ 1940 A 4) ist und dieses Verbot durch die vom Erblasser nicht vorhergesehene Wirtschaftskatastrophe den ihm vom Erblasser beigelegten Sinn verloren hat, ergänzende Testamentsauslegung unter Umständen zur Beseitigung oder Einschränkung der Auflage führen (vgl. § 2134 A 3). Hat die Geldentwertung das dem Beschwerten vermachte oder auf ihn vererbte Kapital in dem Maße betroffen, daß ihn die Vollziehung der ihm auferlegten Sachleistung ärmer machen würde, als er ohne die letztwillige Zuwendung gewesen wäre, so haftet er nach § 2187 und dem in § 526 zu findenden allgemeinen Rechtsgedanken (RG 112, 213) nicht über den Wert des Empfangenen hinaus. Im Wege ergänzender Testamentsauslegung (§ 2184 A 2) kann möglicherweise das nachträglich entstandene Mißverhältnis zwischen der entwerteten Zuwendung und der wertbeständigen Auflage noch in weitergehendem Maße ausgeglichen werden.

§ 2193

Der Erblasser kann bei der Anordnung einer Auflage, deren Zweck er bestimmt hat, die Bestimmung der Person, an welche die Leistung erfolgen soll, dem Beschwerten oder einem Dritten überlassen[1]).

Steht die Bestimmung dem Beschwerten zu, so kann ihm, wenn er zur Vollziehung der Auflage rechtskräftig verurteilt ist, von dem Kläger eine angemessene Frist zur Vollziehung bestimmt werden; nach dem Ablaufe der Frist ist der Kläger berechtigt, die Bestimmung zu treffen, wenn nicht die Vollziehung rechtzeitig erfolgt[2]).

Steht die Bestimmung einem Dritten zu, so erfolgt sie durch Erklärung gegenüber dem Beschwerten. Kann der Dritte die Bestimmung nicht treffen, so geht das Bestimmungsrecht auf den Beschwerten über[3]). Die Vorschrift des § 2151 Abs 3 Satz 2 findet entsprechende Anwendung; zu den Beteiligten im Sinne dieser Vorschrift gehören der Beschwerte und diejenigen, welche die Vollziehung der Auflage zu verlangen berechtigt sind[4]).

E II 2063; P 5 30—32.

1. Der Grundsatz des § 2065 Abs 2 ist beim Vermächtnis schon hinsichtlich des Gegenstandes der Leistung durchbrochen (§ 2156) und wird bei der Auflage noch weiter abgeschwächt, insofern auch die **Person des Begünstigten nicht vom Erblasser selbst bestimmt zu sein**

braucht. Nur die Zweckbestimmung der Auflage muß von diesem selbst ausgehen und zugleich genügend deutlich sein, um danach dem Beschwerten oder dem Dritten die Auswahl des Leistungsempfängers zu ermöglichen (10000 dem akademischen Senat zu X zu Reisestipendien für Xsche Künstler; vgl. auch RG 96, 15 — § 2151 A 1 —, ferner RG Recht 1920 Nr 1531, wonach die nach der Aussetzung von Vermächtnissen getroffene Anordnung, daß der Rest des Vermögens zu Wohltätigkeitszwecken nach dem Ermessen des Testamentsvollstreckers Verwendung finden soll, dem § 2193 genügt). Die Bestimmungen der §§ 2151 Abs 1, 2, 2152, 2153 Abs 1 — nur insoweit könnten sie bei der Auflage in Frage kommen — sind, weil durch § 2193 ersetzt, auch nicht entsprechend anwendbar (a. M. Dernburg V § 87 A 2, Leonhard, II). Für die Bestimmung ist, wenn feststeht, daß die Voraussetzungen des Abs 1 gegeben sind, freies, auch nicht durch Billigkeit beschränktes Ermessen maßgebend, eine Anfechtung deshalb wie im Falle des § 2151 A 2 nur wegen Arglist statthaft.

2. **Bestimmung durch den Beschwerten.** Vorausgesetzt ist, daß einer der nach § 2194 Berechtigten oder daß der Testamentsvollstrecker (§§ 2208 Abs 2, 2223) die Vollziehung der Auflage betrieben hat und daß die Frist entweder im Urteile (ZPO § 255) oder daß sie nachmals vom Kläger selbst bestimmt ist. Letzterenfalls ist der Streit über Angemessenheit der Frist nach ZPO § 766 vor dem Vollstreckungsgericht auszutragen. Die rechtzeitige Vollziehung der Auflage muß vor Fristablauf erfolgt sein. Nachträgliche Vollziehung befreit den Beschwerten nicht, wenn er an eine andere als die nunmehr vom Kläger bezeichnete Person leistet.

3. **Bestimmung durch einen Dritten.** Unwiderrufliche Erklärung gegenüber dem Beschwerten wie in § 2151 Abs 2, Übergang des Bestimmungsrechts wie beim Wahlvermächtnis § 2154 Abs 2, entweder sogleich, wenn die Bestimmung durch den Dritten unmöglich ist oder wenn er sie verzögert oder verweigert und die ihm vom Nachlaßgericht gesetzte Frist verstrichen ist.

4. Das **Nachlaßgericht** kann nur dem Dritten, nicht auch dem Beschwerten (hierüber A 2) die Frist nach § 80 FGG bestimmen. Beschwerderecht § 2151 A 4. Beteiligte sind der Beschwerte, der Dritte sowie die nach §§ 2194, 2208 Abs 2, 2223 zu dem Verlangen auf Vollziehung der Auflage Berechtigten, nicht aber diejenigen, welchen die Erfüllung der Auflage zugunsten gereichen würde (die Xschen Künstler).

§ 2194

Die Vollziehung einer Auflage können der Erbe, der Miterbe und derjenige verlangen, welchem der Wegfall des mit der Auflage zunächst Beschwerten unmittelbar zustatten kommen würde[1]). Liegt die Vollziehung im öffentlichen Interesse, so kann auch die zuständige Behörde die Vollziehung verlangen[2]).

E I 1888 II 2064; M 5 214—216; P 5 244—246.

1. Ein anderer, dem ein Recht auf die Leistung zustünde, ist bei der Auflage nach § 1940 nicht vorhanden. Insbesondere hat derjenige, welchem die Erfüllung zugunsten gereichen würde, kein Klagerecht, z. B. nicht der Z, wenn dem X 100 mit der Auflage vermacht sind, davon 50 dem Z zu schenken, es sei denn, daß sich hinter der gewählten Form eine Vermächtnisanordnung (von 50 zugunsten des Z) verbirgt. Das Gesetz verleiht deshalb ein **Klagerecht auf Vollziehung der Auflage** jedenfalls dem Erben (gegen den beschwerten Vermächtnisnehmer), jedem Miterben (gegen den beschwerten Miterben oder Vermächtnisnehmer), ferner dem Testamentsvollstrecker (§§ 2208 Abs 2, 2223), endlich jedem, dem der Wegfall des zunächst Beschwerten unmittelbar zugute kommen würde, da er nach §§ 2161, 2192 in diesem Falle selbst zur Erfüllung der Auflage gehalten sein würde. In Frage kommen die § 2161 A 2 bezeichneten Personen.

2. In zweiter Linie ist das **Klagerecht der zuständigen Behörde** verliehen, wenn die Vollziehung im öffentlichen Interesse liegt. Ein solches Interesse kann auf wirtschaftlichem, religiösem oder ideellem Gebiete (Kunst und Wissenschaft) liegen und steht im Gegensatz zum reinen Privatinteresse. Welche Behörden zuständig sind, bestimmt sich nach Landesrecht. Ähnlich bei der Schenkung § 525 Abs 2. — Das Klagerecht enthält keine Klagepflicht. Es wird von dem Berechtigten im eigenen Namen ausgeübt, er ist Partei im Prozesse, Gläubiger im Konkurse sowohl des Nachlasses (KO § 226 Nr 5) als des Beschwerten, kann aber die Leistung nicht an sich selbst beanspruchen und an ihrer Stelle nicht Schadensersatz wegen Nichterfüllung fordern. Das Recht ist vererblich, soweit es sich um Privatpersonen handelt (a. M. Kipp § 113 III), aber mangels eines Vermögenswerts nicht pfändbar. Von mehreren Berechtigten kann jeder die Vollziehung der ganzen Auflage selbständig fordern, aber er verlangt die Leistung nicht für sich; die mehreren sind deshalb nicht Gesamtgläubiger im Sinne der §§ 428ff.

§ 2195

Die Unwirksamkeit einer Auflage hat die Unwirksamkeit der unter der Auflage gemachten Zuwendung nur zur Folge, wenn anzunehmen ist, daß der Erblasser die Zuwendung nicht ohne die Auflage gemacht haben würde[1]).

E I 1887 II 2065; M 5 243, 245; 6 95.

1. **Selbständigkeit von Auflage und Zuwendung.** Die Vorschrift enthält einen besonderen Anwendungsfall des in § 2085 aufgestellten Grundsatzes der Unabhängigkeit mehrerer in einem Testament aufgestellter letztwilliger Verfügungen (RG 28. 5. 06 IV 565/05). Die Wirksamkeit der Auflage bleibt ganz unberührt, wenn sie ohne jede Rücksicht auf eine Zuwendung angeordnet ist. An Stelle des wegfallenden rückt dann einfach ein anderer Beschwerter ein (§§ 2161, 2192). Aber auch wenn zwischen Zuwendung und Auflage ein Zusammenhang besteht, kommt mit der Unwirksamkeit der Auflage nicht notwendig auch die Zuwendung zu Falle. Entscheidend ist die frei zu ermittelnde Willensmeinung des Erblassers. Sie wird in der Regel nur dann zur Unwirksamkeit der Zuwendung führen, wenn die Auflage als Zweck der Zuwendung erscheint, so daß der Beschwerte, ähnlich dem Verhältnis von Leistung und Gegenleistung, durch die Zuwendung in den Stand gesetzt oder doch dazu bewogen werden soll, die Auflage zu erfüllen. Der Beweis, daß eine derartige Abhängigkeit der Zuwendung von Erfüllung der Auflage gewollt sei, ist von demjenigen zu führen, welcher die Unwirksamkeit der Zuwendung behauptet. Umgekehrt fällt auch nicht notwendig die Auflage weg, wenn sich die Zuwendung (zu einem Teile) als unwirksam erweist (RG Gruch 52, 1087). Es macht keinen Unterschied, ob die Unwirksamkeit der Auflage schon von vornherein vorhanden war (z. B. Unmöglichkeit, Willensmängel der betreffenden Anordnung) oder ob sie erst nachträglich eintritt (Ausfall der Bedingung, Verweigerung der zur Vollziehung notwendigen Mitwirkung eines Dritten, wobei § 2076 nicht anwendbar). Die Auflage ist nicht schon dann unwirksam, wenn es sich bloß um eine durch die veränderten Umstände gebotene andere Art der Vollziehung handelt (RG 29. 4. 07 IV 506/06). Unmöglichkeit der Vollziehung s. auch § 2196.

§ 2196

Wird die Vollziehung einer Auflage infolge eines von dem Beschwerten zu vertretenden Umstandes unmöglich[1]), so kann derjenige, welchem der Wegfall des zunächst Beschwerten unmittelbar zustatten kommen würde, die Herausgabe der Zuwendung nach den Vorschriften über die Herausgabe einer ungerechtfertigten Bereicherung insoweit fordern, als die Zuwendung zur Vollziehung der Auflage hätte verwendet werden müssen[2]).

Das gleiche gilt, wenn der Beschwerte zur Vollziehung einer Auflage, die nicht durch einen Dritten vollzogen werden kann, rechtskräftig verurteilt ist und die zulässigen Zwangsmittel erfolglos gegen ihn angewendet worden sind[3]).

E II 2066; P 5 246, 247; 6 95.

1. **Unmöglichkeit der Vollziehung der Auflage** kann nach § 2195 Unwirksamkeit auch der Zuwendung zur Folge haben. Bleibt die Zuwendung bei Kräften, so kommt die Unmöglichkeit der Vollziehung dem Beschwerten zustatten (§ 275). Er soll sich jedoch nicht dadurch bereichern dürfen, daß er die Erfüllung schuldvoll unterläßt (§§ 276ff.).

2. **Bereicherungsanspruch.** Ein Gläubiger, der wegen Nichterfüllung der Auflage aus §§ 280ff. Schadensersatz beanspruchen könnte, ist bei der Auflage nicht vorhanden, § 1940. Das Gesetz gibt statt dessen den gegebenenfalls nachrückenden Beschwerten (§ 2161 A 2) — nicht aber auch dem Testamentsvollstrecker und nicht den nach § 2194 A 2 klageberechtigten Behörden — den Bereicherungsanspruch insoweit, als der Beschwerte durch schuldvolle Nichterfüllung der Auflage einen ungerechtfertigten Gewinn machen würde. Der Betrag der Bereicherung wird regelmäßig dem Betrage des ersparten Erfüllungsaufwandes gleichkommen und bemißt sich im übrigen nach § 818. Mehrere Beschwerte haften, soweit jeder bereichert ist. Entsprechender Anspruch des Schenkers § 527.

3. **Fruchtlose Zwangsvollstreckung gegen den Beschwerten** steht der verschuldeten Unmöglichkeit der Erfüllung gleich, wenn es sich bei der Auflage um unvertretbare Handlungen oder um Unterlassungen handelt. Klageberechtigte § 2194. Die zulässigen Zwangsmittel ergeben sich aus ZPO §§ 888, 890. § 887 (vertretbare Handlungen) kommt nicht in Frage. Erfordert die Erfüllung der Auflage überhaupt keine Aufwendungen (jährlicher Besuch des Grabes), so ist nach Erschöpfung der Zwangsmittel auch kein Bereicherungsanspruch gegeben.

Sechster Titel

Testamentsvollstrecker

Der Testamentsvollstrecker des BGB ist im eigentlichen Sinne weder Vertreter des Erblassers noch des Nachlasses noch des Erben (**RG** 56, 330; 76, 125, wenn auch Vertreter des Nachlasses in dem weiteren Sinne des § 207, **RG** 100, 281, und gesetzlicher Vertreter im Sinne gewisser Prozeßvorschriften, § 2212 A 1), vielmehr Träger eines Amtes (§ 2202 Abs 1), das seinen hauptsächlichen Inhalt zwar durch die Anordnungen des Erblassers empfängt (**RG** 75, 302), aber vom Gesetze mit selbständigen, auch gegen den Erben und Dritte wirksamen Befugnissen (§§ 2208 Abs 2, 2211, 2214), insbesondere mit einem weitgehenden Verwaltungs- und Verfügungsrecht ausgestattet ist. §§ 2203—2205 stellen als die drei Hauptaufgaben des Testamentsvollstreckers nebeneinander: die Ausführung der letztwilligen Verfügungen, die Erbauseinandersetzung unter mehreren Erben und die Verwaltung des Nachlasses, in deren Gefolge aber die beschränkte oder unbeschränkte Ermächtigung, Verbindlichkeiten für den Nachlaß einzugehen (§§ 2206, 2207) und die aktive wie passive Prozeßlegitimation (§§ 2212, 2213). Die Aufgaben und Befugnisse des Testamentsvollstreckers können vom Erblasser eingeschränkt, namentlich auf bloße Verwaltungsaufgaben beschränkt werden (§§ 2208, 2209) und unterliegen der zeitlichen Begrenzung des § 2210. Eine Erweiterung über das in den §§ 2203—2210 zugelassene Höchstmaß ist unzulässig (§ 2208 A 4). Die Rechtsverhältnisse zwischen dem Testamentsvollstrecker und dem Erben sind unter Heranziehung gewisser Auftragsgrundsätze (§ 2218) und Anerkennung einer Schadensersatzpflicht des Testamentsvollstreckers im Falle der Verletzung der ihm obliegenden Verpflichtungen (§ 2219) näher ausgestaltet (§§ 2215—2220).

§ 2197

Der Erblasser kann durch Testament einen oder mehrere Testamentsvollstrecker ernennen[1]).

Der Erblasser kann für den Fall, daß der ernannte Testamentsvollstrecker vor oder nach der Annahme des Amtes wegfällt, einen anderen Testamentsvollstrecker ernennen[2]).

E I 1889 II 2067; M 5 217—219; P 5243.

1. Die **Ernennung des Testamentsvollstreckers** muß durch **Testament** erfolgen, das keine Erbeinsetzung zu enthalten braucht (§ 1938), sich vielleicht sogar auf die Ernennung beschränkt. Anfechtung der Verfügung § 2081 Abs 1, selbständige Wirksamkeit § 2085. Dem Testament steht einseitige Verfügung im Erbvertrage gleich (§ 2299), dagegen ist eine erbvertragsmäßige Ernennung unstatthaft (§ 2278 Abs 2). Eine Bestellung des Testamentsvollstreckers durch Vertrag mit dem Erblasser würde nur als Auftrag wirksam sein und könnte nach § 671 vom Erblasser wie vom Erben jederzeit widerrufen werden. Wohl aber kann sich der Testamentsvollstrecker durch Vertrag mit dem Erblasser zur Annahme des Amtes wirksam verpflichten (§ 2202 A 2). Die Testamentsvollstreckung braucht nicht mit feierlichen Worten angeordnet zu werden, wenn nur über den Willen des Erblassers kein Zweifel besteht. Dieser Wille kann in die Form einer Hoffnung oder eines Wunsches gekleidet sein; der Anordnung steht auch die Angabe des Beweggrundes einer Hilfe für den Erben oder die Bezeichnung als Pfleger nicht entgegen (**RG** 92, 72). Über die Möglichkeit, die Anordnung einer gesetzlich nicht zulässigen Pflegschaft in die Bestellung eines Testamentsvollstreckers umzudeuten, s. § 2084 A 1. Wer Verwaltungsbefugnisse im Testament ausschließlich im eigenen Interesse übertragen erhält, ist nicht Testamentsvollstrecker, möglicherweise aber Vorerbe (BayObLG BayZ 1923, 20; vgl. § 2100 A 2). Hinsichtlich der Person des Vollstreckers bestehen außer nach § 2201 keine Beschränkungen. Auch Frauen, Ausländer, juristische Personen (wiewohl mit der zeitlichen Grenze des § 2210) können bestellt werden. Ebenso Miterben (**RG** 61, 139); der alleinige Erbe oder Vorerbe kann zwar, von dem Falle des § 2223 abgesehen, da der Testamentsvollstrecker den Erben in seinen Befugnissen beschränken soll und eine solche Anordnung eine Mehrheit von Personen voraussetzt, nicht zum alleinigen Testamentsvollstrecker bestellt werden (**RG** 77, 177; KG RJA 17, 60), wohl aber zu einem von mehreren ihr Amt gemeinschaftlich oder in Kollegialverfassung, § 2224 A 1 u. 4, führenden Testamentsvollstreckern (BayObLG 20 A 242). Es ist auch zulässig, den Nacherben als Testamentsvollstrecker einzusetzen, sofern er als solcher nur den Vorerben beschränken soll (KGJ 52, 77); s. ferner § 2222 A 1. Inwiefern eine Behörde als solche (im Gegensatz zu dem jeweiligen Inhaber eines Amtes, z. B. eines bayrischen Notariats, BayObLG RJA 17, 55) bestellt werden kann, ist nach ihrer landesrechtlichen Verfassung zu beurteilen. Jedenfalls ist das neben und über dem Testamentsvollstrecker amtierende Nachlaßgericht hiervon ausgeschlossen. Die Ernennung kann auch bloß

für einen bestimmten Erbteil oder ein Vermächtnis, oder nur einem bestimmten Erben gegenüber erfolgen, weiter unter der Bestimmung eines Anfangs- oder Endtermins, unter einer auflösenden oder (Abs 2) einer aufschiebenden Bedingung, so in einem gemeinschaftlichen Testament durch den erstversterbenden Ehegatten für seinen Nachlaß unter der Bedingung, daß der überlebende Ehegatte für seinen eigenen Nachlaß einen Vollstrecker ernenne (RG LZ 1921, 457[7]). Mehrere Testamentsvollstrecker § 2224, Ernennung durch andere als den Erblasser §§ 2198—2200.

2. Die **Ersatzernennung** gilt auch für den Fall, daß der Ernannte das Amt ablehnt. Es können mehrere Ersatzmänner nacheinander bestellt sein. — Miteintragung der Anordnung der Testamentsvollstreckung bei der Eintragung des Erben im Grundbuch (GBO § 53) und im Schiffsregister (FGG § 118). Zeugnis über die Ernennung § 2368, Angabe im Erbschein § 2364, Nachweis vor dem Grundbuchamt GBO § 36 und zum Schiffsregister FGG § 107. — Die Ernennung eines Testamentsvollstreckers zu dem Zwecke, daß dieser das Gesamtgut der fortgesetzten Gütergemeinschaft in Besitz und Verwaltung nehme, ist unwirksam (§ 1518; RG LZ 1916, 476[11]).

§ 2198

Der Erblasser kann die Bestimmung der Person des Testamentsvollstreckers einem Dritten überlassen[1]). Die Bestimmung erfolgt durch Erklärung gegenüber dem Nachlaßgerichte; die Erklärung ist in öffentlich beglaubigter Form abzugeben[2]).

Das Bestimmungsrecht des Dritten erlischt mit dem Ablauf einer ihm auf Antrag eines der Beteiligten von dem Nachlaßgerichte bestimmten Frist[3]).

E I 1890 II 2068; M 5 219; P 5 248—250; 6 95, 96.

1. Die **Bestimmung des Testamentsvollstreckers durch einen Dritten** durchbricht wie beim Vermächtnis (§§ 2151 ff.) den Grundsatz des § 2065. Die Ermächtigung des Dritten kann wie in § 2197 Abs 1 nur durch Testament ausgesprochen werden. In der Auswahl des Dritten, der jedoch selbstverständlich geschäftsfähig sein muß, ist der Erblasser nicht beschränkt, er kann die Bestimmung auch mehreren Dritten oder einer Körperschaft, sogar (RG 92, 68) dem Erben selbst überlassen. Der Dritte bestimmt den Testamentsvollstrecker nach freiem Belieben, ist im allgemeinen nicht gehindert, sich auch selbst zu bestimmen und haftet außer im Falle der Arglist nicht für schuldhafte Auswahl. Bei offenbaren Mißgriffen hilft das Entlassungsrecht des Nachlaßgerichts aus (§ 2227). Die Bestimmung darüber, ob überhaupt eine Testamentsvollstreckung stattfinden soll, kann einem Dritten nicht überlassen werden (RJA 12, 63).

2. Die Bestimmung erfolgt (wie bei der Ausschlagung § 1945 Abs 1) durch unwiderrufliche **Erklärung gegenüber dem Nachlaßgericht** (§§ 130 ff.). Beglaubigung § 129, FGG §§ 167, 183, 184, 191, 200. Die Einsicht der Erklärung ist jedem Interessenten zu gestatten.

3. **Fristsetzung** wie beim Vermächtnis und der Auflage (§§ 2151 Abs 3, 2193 Abs 2). Beteiligte sind, wie in §§ 2202 Abs 3, 2216 Abs 2, 2227 Abs 1 außer dem Erben, Nacherben, Pflichtteilsberechtigten, Vermächtnisnehmer, Auflageberechtigten (§ 2194) auch die sonstigen Nachlaßgläubiger (§ 2213, ZPO § 748) und die Mitvollstrecker. Hat der Erblasser eine Frist gesetzt, so erlischt das Bestimmungsrecht des Dritten jedenfalls mit dem Ablaufe dieser Frist; die Setzung einer kürzeren Frist durch das Nachlaßgericht wird dadurch aber nicht ausgeschlossen. Die Fristbemessung durch das Nachlaßgericht unterliegt der sofortigen Beschwerde nach FGG § 80, die Ablehnung einfacher Beschwerde nach FGG §§ 19, 20. Eine Verlängerung der Frist ist nicht statthaft (FGG § 18 Abs 2). Unterläßt der Dritte die Bestimmung innerhalb der Frist, so wird die Bestellung eines Testamentsvollstreckers überhaupt hinfällig.

§ 2199

Der Erblasser kann den Testamentsvollstrecker ermächtigen, einen oder mehrere Mitvollstrecker zu ernennen[1]).

Der Erblasser kann den Testamentsvollstrecker ermächtigen, einen Nachfolger zu ernennen[2]).

Die Ernennung erfolgt nach § 2198 Abs 1 Satz 2[3]).

E I 2069; P 5 248—250.

1. Die **Ermächtigung des Testamentsvollstreckers zur Ernennung von Mitvollstreckern** kann wie die Ernennung des Testamentsvollstreckers selbst nur durch Testament erfolgen (§ 2197). Sie kann jedem der gemäß §§ 2197, 2198, 2200 ernannten Vollstrecker, auch mehreren gemein-

sam (Zuwahl) entweder so, daß nur der übereinstimmende Wille der bisherigen Vollstrecker zur Ernennung eines Mitvollstreckers führt (OLG 44, 96) oder mit Stichentscheid des Nachlaßgerichts (§ 2224 A 2) beigelegt werden. Der Testamentsvollstrecker kann vom Erblasser in der Auswahl beschränkt, aber zur Wahl auch förmlich verpflichtet sein. Jedenfalls ist er dem Erben für sorgfältige Wahl durch §§ 2218, 2219 verhaftet. Aus eigener Machtvollkommenheit kann er eine Wahl nicht vornehmen. Es ist auch ausgeschlossen, daß der Erblasser, statt die Ermächtigung selbst zu erteilen, einem andern das Recht einräumt, den ernannten Testamentsvollstrecker zur Ernennung eines Mitvollstreckers zu ermächtigen (OLG 44, 100).

2. Die **Ernennung des Nachfolgers** kann der Testamentsvollstrecker regelmäßig nur vornehmen, solange er selbst noch im Amte ist und nur für den Fall der Beendigung seines Amtes gemäß §§ 2225—2227, nicht indem er das Amt unmittelbar auf einen Dritten überträgt (a. M. Planck A 4). Das Kammergericht (RJA 12, 112) gestattet ihm auch die Ernennung eines Nachfolgers mit abgegrenztem Wirkungskreise, während er im übrigen das Amt weiterführt, falls sich ein dementsprechender Wille des Erblassers ermitteln läßt. Inwieweit er sich in Ausübung des Amtes vertreten lassen darf s. § 2218 A 1. Die Ernennung setzt die Bezeichnung einer bestimmten Person voraus, der Testamentsvollstrecker kann mithin nicht schlechthin seine Erben zu Nachfolgern berufen (§ 2225 A 2). Durch Auslegung des Testaments ist zu ermitteln, ob dem ernannten Nachfolger wiederum das Recht zur Ernennung seines Nachfolgers zustehen soll.

3. **Öffentlich** beglaubigte **Erklärung gegenüber dem Nachlaßgericht,** wenn der Erblasser nicht ein Mehr, z. B. Beurkundung nach § 128 vorgeschrieben hat. Akteneinsicht § 2228.

§ 2200

Hat der Erblasser in dem Testamente das Nachlaßgericht ersucht, einen Testamentsvollstrecker zu ernennen, so kann das Nachlaßgericht die Ernennung vornehmen[1]).

Das Nachlaßgericht soll vor der Ernennung die Beteiligten hören, wenn es ohne erhebliche Verzögerung und ohne unverhältnismäßige Kosten geschehen kann[2]).

E II 2070; P 5 250—252.

1. Die **Ernennung durch das Nachlaßgericht** ist in das pflichtmäßige Ermessen des Gerichts gestellt; sie kann nicht nur aus dienstgeschäftlichen Gründen, sondern auch deswegen abgelehnt werden, weil eine Testamentsvollstreckung mit Rücksicht auf die Lage des Nachlasses und berechtigte Interessen der Nachlaßbeteiligten nicht zweckmäßig erscheint (KGJ 45, 114). Sie kann niemals von Amts wegen erfolgen, setzt vielmehr ein Ersuchen des Erblassers voraus, das im Testamente gestellt sein muß, aber durch freie Auslegung daraus ermittelt werden kann (vgl. OLG 40, 132; 42 S. 128 u. 139; 43, 401 A 1b). Ob ein die Ernennung rechtfertigendes Ersuchen vorliegt, ist nur vom Nachlaßgericht und den ihm übergeordneten Beschwerdeinstanzen (A 2) zu prüfen; hat das Nachlaßgericht den Testamentsvollstrecker ernannt, so kann dessen Legitimation nicht im Prozeßwege mit der Begründung angefochten werden, daß kein Ersuchen vorliege (Planck A 10, KG Recht 1925 Nr 2438; a. M. Leonhard I D, Schlegelberger FGG § 81 A 4 und für das frühere preußische Recht KGJ 31 A 86; vgl. § 2227 A 2 a. E.). Das Ersuchen kann bedingungsweise gestellt, auf Ernennung eines Mitvollstreckers gerichtet sein, begreift regelmäßig auch die Bestellung eines etwaigen Nachfolgers in sich und bleibt jedenfalls in Kraft, bis ein zur Annahme bereiter Testamentsvollstrecker gefunden oder der Versuch der Bestellung mißlungen ist. Das Gericht hat völlig freie Wahl und kann auch ohne besonderes Ersuchen mehrere Vollstrecker ernennen.

2. **Beteiligte** § 2198 A 3. Sofortige Beschwerde gegen die Ernennung FGG § 81, deren jedoch der nach § 2202 Abs 2 ablehnungsberechtigte Testamentsvollstrecker selbst nicht bedarf. Wird die Ernennung auf Beschwerde aufgehoben, so bleiben doch die inzwischen vom Testamentsvollstrecker oder ihm gegenüber vorgenommenen Rechtsgeschäfte wirksam, FGG § 32. Gegen die Ablehnung der Ernennung ist einfache Beschwerde nach FGG §§ 19, 20 Abs 1 gegeben. Beschwerdeberechtigt sind die Erben, und zwar jeder einzelne Miterbe, auch in Ansehung einer vom Erblasser für den Erbteil eines andern Erben angeordneten Testamentsvollstreckung (RJA 11, 15), der Mitvollstrecker und die Nachlaßgläubiger, insbesondere auch Vermächtnisnehmer (RJA 8, 189) und Pflichtteilsberechtigte (OLG 40, 132 A 1b). Hat das Nachlaßgericht einen Testamentsvollstrecker ernannt und dieser das Amt angenommen, das Beschwerdegericht aber die Ernennung aufgehoben, so hat der Ernannte die weitere Beschwerde gegen die Aufhebung (KGJ 40, 42). Recht der Beteiligten auf Akteneinsicht und Ausfertigungen FGG §§ 78, 85.

§ 2201

Die Ernennung des Testamentsvollstreckers ist unwirksam[1]), wenn er zu der Zeit, zu welcher er das Amt anzutreten hat[2]), geschäftsunfähig oder in der Geschäftsfähigkeit beschränkt ist[3]) oder nach § 1910 zur Besorgung seiner Vermögensangelegenheiten einen Pfleger erhalten hat[4]).

E I 1891 II 2071; M 5 219, 220; P 5 252.

1. **Unwirksamkeit der Ernennung.** Die Ernennung verliert in allen Fällen (§§ 2197 bis 2200) durch Mängel der Geschäftsfähigkeit, die bis zu dem in A 2 angegebenen Zeitpunkt eintreten, von selbst ihre Kraft, ohne daß sie, auch im Falle des § 2200, noch besonders aufgehoben zu werden braucht.

2. Maßgebend ist der **Zeitpunkt, zu welchem er das Amt anzutreten hat,** d. h. wo er, abgesehen von der Geschäftsfähigkeit, sich über Annahme des Amtes nach § 2202 Abs 2 zu erklären in der Lage ist (RJA 11, 92). Ist die Ernennung unter Bestimmung eines Anfangstermins oder unter einer aufschiebenden Bedingung erfolgt (§ 2197 A 1), so ist, wenn die Annahme schon vorher erklärt war (§ 2202 A 3), der Eintritt des Termins oder der Bedingung entscheidend. Erfolgt die Aufhebung der Entmündigung oder der vorläufigen Vormundschaft erst nach dem hiernach maßgebenden Zeitpunkte, so hat sie (abweichend von dem Grundsatze des § 115 und FGG § 61) keine rückwirkende Kraft. Erlöschen des Amtes infolge später eintretender Unfähigkeit § 2225.

3. **Geschäftsunfähigkeit** § 104, **beschränkte Geschäftsfähigkeit** des Minderjährigen § 106, des wegen Geistesschwäche, Verschwendung oder Trunksucht Entmündigten oder nach § 1906 unter vorläufige Vormundschaft Gestellten § 114.

4. § 1910: **Pflegschaft** wegen geistiger oder körperlicher Gebrechen. Doch ist der Testamentsvollstrecker nicht unfähig, dem ein Pfleger nur für seine Person oder für einzelne Vermögensangelegenheiten bestellt ist. — Der Gemeinschuldner ist an sich nicht unfähig zum Testamentsvollstrecker. Doch kann die Konkurseröffnung, und zwar schon vor Antritt des Amtes einen Grund zur Entlassung bilden (§ 2227). Dasselbe gilt vom Ehrverlust. — Die Ernennung kann übrigens, wie jede letztwillige Verfügung, nach allgemeinen Grundsätzen angefochten werden, § 2078.

§ 2202

Das Amt des Testamentsvollstreckers beginnt mit dem Zeitpunkt, in welchem der Ernannte das Amt annimmt[1]).

Die Annahme sowie die Ablehnung des Amtes erfolgt durch Erklärung gegenüber dem Nachlaßgerichte[2]). Die Erklärung kann erst nach dem Eintritte des Erbfalls abgegeben werden; sie ist unwirksam, wenn sie unter einer Bedingung oder einer Zeitbestimmung abgegeben wird[3]).

Das Nachlaßgericht kann dem Ernannten auf Antrag eines der Beteiligten eine Frist zur Erklärung über die Annahme bestimmen. Mit dem Ablaufe der Frist gilt das Amt als abgelehnt, wenn nicht die Annahme vorher erklärt wird[4]).

E I 1892 II 2072; M 5 220—222; P 5 252, 253.

1. Der **Beginn des Amtes** fällt mit der Annahmeerklärung nur der Regel nach zusammen. Ausnahme s. A 3. Rechtsgeschäfte, die der Testamentsvollstrecker vor Amtsantritt vornimmt, sind unwirksam und können auch durch den bloßen Amtsantritt nicht wirksam werden. Wohl aber dadurch, daß der Testamentsvollstrecker den von ihm geschlossenen Vertrag oder das vorgenommene einseitige Rechtsgeschäft gemäß §§ 177, 180 nach dem Amtsantritt genehmigt. Denn er kann hierbei nur als Vertreter des künftigen Testamentsvollstreckers — allerdings seiner selbst — gehandelt haben. Nimmt er Verfügungen vor, so sind es Verfügungen eines Nichtberechtigten, die gemäß § 185 Abs 2 dadurch wirksam werden, daß er sie nach Amtsantritt als nunmehr Berechtigter genehmigt.

2. Die **Annahme oder Ablehnung** ist nur wirksam, wenn sie **dem Nachlaßgericht gegenüber** abgegeben wird (§ 130 Abs 3). Eine Annahme durch schlüssige Handlungen, entsprechend der pro herede gestio (§ 1943 A 1) ist deshalb ausgeschlossen. Immerhin ist die Erklärung an keine Form gebunden, kann privatschriftlich (**RG** JW 1910, 803[9]), auch durch Bevollmächtigte abgegeben werden und in anderen an die Behörde gerichteten Anträgen oder Äußerungen stillschweigend enthalten sein (**RG** 81, 171; Warn 1914 Nr 63). Annahme und Ablehnung sind unwiderruflich, doch verbleibt dem Annehmenden das Kündigungsrecht. Die Frau bedarf zur

Annahme nicht der Zustimmung des Mannes (§ 1399 Abs 1). Da es sich bei der Amtsübernahme nicht um die Verpflichtung zu einer Leistung im Sinne des § 1358 handelt, ist das Kündigungsrecht des Mannes ausgeschlossen (a. M. Planck A 10, Crome § 674 A 37, Leonhard, VII). Hatte sich der Ernannte durch Vertrag mit dem Erblasser zur künftigen Annahme des Amtes verpflichtet, so kann er hierauf oder auf Zahlung einer etwa bedungenen Vertragsstrafe oder wegen Nichterfüllung auf Schadensersatz verklagt werden. Der Zwangsvollstreckung aus dem auf Annahme oder Wahrnehmung des Amtes lautenden Urteil könnte der widerstrebende Schuldner jederzeit mit der Kündigung begegnen (§ 2226). Ist dem in Aussicht genommenen Testamentsvollstrecker eine Zuwendung mit der Auflage gemacht, das Amt zu übernehmen, so entscheiden §§ 2194, 2195. Die unter einer Bedingung gleichen Inhalts gemachte Zuwendung wird mit der Ablehnung ohne weiteres hinfällig. — Zeugnis über die Ernennung des Testamentsvollstreckers § 2368. Es dient dem Grundbuchamt gegenüber zugleich als Nachweis der geschehenen Annahme (RG JW 06, 132[3]). Angabe im Erbschein § 2364, Akteneinsicht § 2228, Vergütung § 2221.

3. Wenn die Annahme oder Ablehnung auch **nicht vor dem Erbfall**, oder falls es sich um Testamentsvollstrecker für die Nacherbschaft handelt, nicht vor Eintritt der Nacherbfolge (§ 2139) erklärt werden kann, so ist doch der Ernannte nicht notwendig schon von diesem Zeitpunkte ab verpflichtet sich zu erklären. Insbesondere kann er, wenn er unter Bestimmung eines späteren Anfangstermins oder unter einer aufschiebenden Bedingung ernannt ist, nicht vor Eintritt des Termins oder der Bedingung durch Fristsetzung (Abs 3) zur Erklärung angehalten werden. Keinesfalls kann in diesem Falle die etwa schon vorher erklärte Annahme den Beginn des Amtes (Abs 1) zur Folge haben. Die Unwirksamkeit der bedingten oder betagten Erklärung der Annahme oder Ablehnung selbst (wie §§ 1947, 2180) ist kein Hindernis, sich sogleich nach dem Erbfall endgültig über Annahme oder Ablehnung des nur erst bedingt oder befristet angetragenen Amtes zu erklären. Ist der Ernannte zur Zeit dieser Erklärung in der Geschäftsfähigkeit beschränkt, so kann er die Annahme nach allgemeinen Grundsätzen (§§ 107, 114) unter Einwilligung seines gesetzlichen Vertreters erklären. § 2201 fordert Geschäftsfähigkeit nur für die Zeit des Amtsantritts (a. M. Planck A 10).

4. Von der **Fristbestimmung durch das Nachlaßgericht** und dem Beschwerderecht gilt das § 2198 A 3 Gesagte. Die Frist läuft auch gegen den über seine Ernennung in Rechtsirrtum befindlichen Testamentsvollstrecker und ungeachtet der gegen die Fristbestimmung eingelegten Beschwerde (KGJ 43, 86). Ablehnung der Fristbestimmung im Falle befristeter oder bedingter Ernennung. s. oben A 3.

§ 2203

Der Testamentsvollstrecker hat die letztwilligen Verfügungen des Erblassers zur Ausführung zu bringen[1]).

E I 1897 Abs 1 II 2078; M 5 226—228; P 5 261—272, 283.

1. Die **Ausführung der letztwilligen Verfügungen** ist die vornehmste, wenn auch nicht die einzige Aufgabe des Testamentsvollstreckers (§§ 2204ff.). Die Aufgabe liegt grundsätzlich auch dem zum Testamentsvollstrecker bestellten Miterben ob (RG 61, 142) und betrifft Verfügungen aller Art, auch familienrechtlichen Inhalts, sofern der Testamentsvollstrecker rechtlich und tatsächlich zu der Ausführung imstande und nicht vom Erblasser selbst beschränkt ist. Auch mit der Ausführung einer Bestattungsanordnung, selbst als einziger Aufgabe, kann ein Testamentsvollstrecker betraut werden (RG JW 1912, 540[10]; Josef in Gruch 65 S. 308—310 gegen Kipp § 113 A 5). Wenn der Testamentsvollstrecker Verfügungen nicht unmittelbar ausführen kann, kann er im Zweifel die Ausführung, insbesondere die Erfüllung einer Auflage vom Erben verlangen (§ 2208 Abs 2). Er kann auch zur Fürsorge für Ausführung der einem Vermächtnisnehmer auferlegten Beschwerungen berufen sein (§ 2223). Nach § 83 hat er die Genehmigung einer vom Erblasser errichteten Stiftung nachzusuchen. Der Testamentsvollstrecker handelt bei der Ausführung kraft eigenen, ihm vom Erblasser übertragenen Rechtes (RG 56, 330; 59, 365), ist deshalb von den Weisungen des Erben unabhängig und kann auch durch den übereinstimmenden Willen der Miterben nicht gebunden oder zur Vornahme ihm untersagter Handlungen, z. B. unentgeltlicher Verfügungen ermächtigt werden (RG 74, 215; 105, 249f.). So insbesondere bei der Enterbung in guter Absicht (§ 2338 Abs 1). Das Rechtsverhältnis zwischen Testamentsvollstrecker und Erben regelt im übrigen § 2218. Der Erbe kann auch seinerseits den Testamentsvollstrecker auf Ausführung der letztwilligen Verfügungen, z. B. Auszahlung von Vermächtnissen in Anspruch nehmen. Entsteht Streit über Gültigkeit oder Tragweite einzelner Verfügungen, z. B. einer Vermächtnisanordnung, so steht beiden gegeneinander die Feststellungsklage zu. Das rechtliche Interesse des Erben besteht darin, daß er Träger der Verpflichtungen bleibt, dasjenige des Testamentsvollstreckers in der nach § 2219 ihn treffenden Verantwortlichkeit (hierzu RG Warn 1912 Nr 174, 8). Die Erfüllung einer Verbindlichkeit muß der Erbe zwar gelten lassen,

doch steht ihm unter Umständen nach § 812 der Bereicherungsanspruch, z. B. gegen den Empfänger eines diesem nicht gebührenden Vermächtnisses zu (RG 1. 10. 06 IV 80/06). Geeignetenfalls kann der Erbe einstweilige Verfügungen gegen den Testamentsvollstrecker ausbringen. Über Bestehen oder Nichtbestehen eines Erbrechts kann zwischen einem Erbansprecher und dem Testamentsvollstrecker grundsätzlich nicht gestritten werden; es folgt dies daraus, daß der Testamentsvollstrecker weder einen bestimmten Erben vertritt, noch die Rechte der Erben am Nachlasse, sondern gegebenenfalls (§ 2205) den Nachlaß selbst für den wahren Erben zu verwalten hat (RG Warn 1919 Nr 136). Besondere Umstände können eine Ausnahme von dem Grundsatze begründen; so, wenn von der mit der Klage begehrten Feststellung, daß ein unter der Verwirkungsklausel (§ 2074 A 1) zugewendetes Erbrecht verwirkt oder nicht verwirkt sei, die Art der vom Testamentsvollstrecker vorzunehmenden Erbteilung oder sonst die Vollziehung einer letztwilligen Verfügung abhängt (RG 106, 47 f.; Gruch 62, 631; LZ 1922, 197[7]). Die Frage des Erbrechts kann auch, wenn der Testamentsvollstrecker aus Anlaß der ihm obliegenden Geschäftsführung klagt oder verklagt wird, als bloße Vorfrage in den Urteilsgründen oder gemäß ZPO § 280 zur Entscheidung kommen (RG JW 09, 52[18]; 13. 11. 19 IV 218/19). Daß in dem Prozesse mit dem Testamentsvollstrecker insbesondere die Gültigkeit des seine Ernennung enthaltenden Testaments zu prüfen ist, ergibt sich aus der Bedeutung dieses Punktes für seine Sachbefugnis (RG JW 1919, 724[11]; vgl. auch RG LZ 1922, 518[3]). Das Anfechtungsrecht (§ 2078) hat der Testamentsvollstrecker nur gegenüber Verfügungen, die seine Rechte aufheben oder beschränken. Gegen den dritten Erbschaftsbesitzer steht auch dem Testamentsvollstrecker der Erbschaftsanspruch zu (§ 2018 A 1/2). Im übrigen s. wegen der Prozeßführung §§ 2212, 2213. Antrag auf Erteilung des Erbscheins § 2353 A 3, auf Einziehung des unrichtigen Erbscheins § 2364 Abs 2. — Darüber, daß der Testamentsvollstrecker vom Erblasser nicht zur authentischen Auslegung des letzten Willens ermächtigt werden, dagegen zum Schiedsrichter bestellt werden kann, s. § 2065 A 2.

§ 220

Der Testamentsvollstrecker hat, wenn mehrere Erben vorhanden sind, die Auseinandersetzung unter ihnen nach Maßgabe der §§ 2042 bis 2056 zu bewirken[1]).

Der Testamentsvollstrecker hat die Erben über den Auseinandersetzungsplan vor der Ausführung zu hören[2]).

E I 1898, 2156 II 2074; M 5 228—231; P 5 272—276; 6 96—98, 348, 349.

1. Die **Auseinandersetzung unter Miterben** gehört ohne weiteres zu den Aufgaben des Testamentsvollstreckers, wenn sie ihm nicht nach §§ 2208, 2209 entzogen ist. Eine gerichtliche Auseinandersetzung findet deshalb überhaupt nicht, auch auf übereinstimmenden Antrag aller Beteiligten nicht statt, wenn ein hierzu berechtigter Testamentsvollstrecker vorhanden ist, FGG § 86 Abs 1. Wie die in Bezug genommenen Bestimmungen ergeben, hat sich der Testamentsvollstrecker der Auseinandersetzung zu enthalten, solange der Vornahme einer der Gründe der §§ 2043—2045 entgegensteht; ihn bindet auch eine Vereinbarung der Erben, die Erbengemeinschaft fortzusetzen (§§ 2042, 749 ff.). Jedoch haben diese Beschränkungen nur schuldrechtliche Bedeutung, eine im Widerspruche mit ihnen vorgenommene Verfügung des Testamentsvollstreckers ist wirksam (KGJ 52, 113). Für die Auseinandersetzung selbst sind zunächst die Anordnungen des Erblassers bindend. Wenn sie dem billigen Ermessen des Testamentsvollstreckers anheimgestellt ist (§ 2048), ist dieses Ermessen, sonst sind die gesetzlichen Vorschriften der angezogenen §§ 2042 ff. maßgebend (vgl. für einen Fall der Anwendung des § 2046 RG 95, 325). Kraft seiner Verfügungsmacht über den Nachlaß (§ 2205) kann er den Erben einzelne Erbschaftsgegenstände unmittelbar übertragen, z. B. Nachlaßgrundstücke an sie auflassen, und Rechte für sie begründen. Er muß auch trotz § 753 zum freihändigen Verkauf zu Zwecken der Teilung als berechtigt gelten, und zwar nicht nur nach außen hin, sondern auch im schuldrechtlichen Innenverhältnisse zu den Erben (RG 108, 289; zustimmend Endemann JW 1925, 785 zu 38; vgl. KGJ 52, 119). Ist der Testamentsvollstrecker zugleich Miterbe, so kann er regelmäßig das zu teilende Nachlaßgrundstück zu dem ihm zukommenden Bruchteil auch an sich selbst auflassen (RG 61, 142). Der Testamentsvollstrecker hat auch die Ausgleichung der Miterben herbeizuführen, bleibt aber bei der nachgiebigen Natur der §§ 2050—2056 an eine etwaige abweichende Regelung der Ausgleichungspflicht durch Vertrag der Erben gebunden. Das Auskunftsverlangen des (nicht mit angezogenen) § 2057 steht ihm außer in Vollmacht eines Erben nicht zu. Im übrigen braucht der Testamentsvollstrecker Vereinbarungen der Erben über eine von den Anordnungen des Erblassers oder den gesetzlichen Vorschriften abweichende Auseinandersetzung nicht zu berücksichtigen (RG 61, 145). Vielmehr bindet *seine* Auseinandersetzung die Erben. Vormundschaftsgerichtlicher

Genehmigung gemäß § 1822 Nr 2 bedarf sie nicht, da es sich dabei nicht um einen Vertrag handelt. Der nur für einen Erbteil oder einen bestimmten Erben ernannte Testamentsvollstrecker kann die Auseinandersetzung betreiben und vertritt hierbei den Erben, er kann sie aber nicht selbst vornehmen.

2. Ein **Auseinandersetzungsplan** ist zwar im allgemeinen nicht erforderlich, aber durch Abs 2 ist dem Testamentsvollstrecker (wie nach § 93 FGG dem Nachlaßgericht) die Anfertigung stillschweigend vorgeschrieben. Sie ist erst dann geboten, wenn die Nachlaßverbindlichkeiten getilgt sind und der Überschuß (§ 2047 A 1) zur Verteilung reif ist. Der Plan bedarf nicht der Genehmigung der Erben, die nur zu hören sind. Die Planfeststellung hat keine dingliche Wirkung. Sie verpflichtet die Erben, einander die ihnen zugeteilten Nachlaßgegenstände zu übertragen. Kraft seiner Verfügungsmacht (A 1) kann der Testamentsvollstrecker diese Verpflichtung trotz eines etwaigen Widerspruchs der Verpflichteten erfüllen; zur Übertragung auf den berechtigten Miterben ist aber dessen Mitwirkung erforderlich (**RG** JW 1916, 1586[5]). Der Nachweis, daß die Erben gehört sind, braucht gegenüber dem Grundbuchamt nicht erbracht zu werden (KGJ 31 A 299). Die Erben bleiben berechtigt, die Ausführung des Planes durch einstweilige Verfügung zu hemmen und klagend anderweite Auseinandersetzung zu verlangen, wenn sie Verletzung der letztwilligen oder gesetzlichen Teilungsvorschriften oder im Falle des § 2048 A 2/3 offenbare Unbilligkeit nachweisen können.

§ 2205

Der Testamentsvollstrecker hat den Nachlaß zu verwalten[1]). Er ist insbesondere berechtigt, den Nachlaß in Besitz zu nehmen[2]) und über die Nachlaßgegenstände zu verfügen[3]). Zu unentgeltlichen Verfügungen ist er nur berechtigt, soweit sie einer sittlichen Pflicht oder einer auf den Anstand zu nehmenden Rücksicht entsprechen[4]).

E I 1899 Abs 1 Satz 1, 1900 II 2075; M 5 231—233; P 5 276—282, 527, 258.

1. Zur ordnungsmäßigen **Verwaltung des Nachlasses** (§ 2038 A 1/2) ist der Testamentsvollstrecker kraft seines Amtes ohne weiteres sowohl berechtigt als verpflichtet (§ 2216). Sie endet, wenn mehrere Erben vorhanden sind, regelmäßig mit Vollzug der Auseinandersetzung (§ 2204). Wie lange sie sonst zu dauern hat, bestimmt sich nach den Anordnungen des Erblassers. Sie ist regelmäßig nicht als Selbstzweck, sondern als Mittel zur Ausführung der letztwilligen Verfügungen und zur Auseinandersetzung sowie zur Erfüllung sonstiger dem Testamentsvollstrecker zugewiesenen Aufgaben (§ 2209 A 2) gedacht, kann ihm aber auch als einzige Aufgabe übertragen sein, §§ 2209, 2210. Sie besteht vor allem in der Besitzergreifung (A 2) und Sicherung des Nachlasses, in der Aufstellung des Nachlaßverzeichnisses (§ 2215), ferner in der Instandhaltung der Erbschaftsgegenstände, Bewirtschaftung, Fruchtziehung usw. Der Testamentsvollstrecker ist zur Entgegennahme empfangsbedürftiger Willenserklärungen, die der Durchführung oder Vorbereitung der Auseinandersetzung dienen, befugt (**RG** IV 283/23, in JW 1924, 970[14] mit unrichtigem Aktenzeichen). Er kann Prokuristen für das zum Nachlasse gehörige Handelsgeschäft bestellen (RJA 11, 271). Berichtigung der Nachlaßverbindlichkeiten ist nicht (wie bei der Nachlaßverwaltung § 1985 Abs 1) Ziel der Verwaltung. Diese bringt aber von selbst mit sich, daß fällige Schulden bezahlt und lästige abgestoßen werden. Jedenfalls darf die Auseinandersetzung nicht vor Berichtigung oder Sicherung der Verbindlichkeiten vorgenommen werden (§ 2046 Abs 1). Auch für die Berichtigung der Steuern, die der Erblasser schuldig geblieben ist, und der aus dem Nachlaß als solchem zu entrichtenden Steuern hat der Testamentsvollstrecker unter persönlicher Verantwortung zu sorgen (RAbgO §§ 84, 85, 87, 90 in Verbindung mit ErbschStG v. 10. 9. 19 §§ 17, 19, 30 Abs 3, in der Fassung v. 7. 8. 22 § 18 Abs 4, 6 und in der Fassung v. 22. 8. 25 § 15 Abs 3, 5; vgl. auch RErbschStG v. 3. 6. 06 § 32). Die Vertretung des Erben im Steuerprozeß gehört nicht zu den regelmäßig einem Testamentsvollstrecker obliegenden Aufgaben (RFinH JW 1923, 622[4]). Klagerecht auch des einzelnen Miterben gegen den Testamentsvollstrecker auf Erfüllung seiner Obliegenheiten **RG** 73, 26. Für die Dauer der Nachlaßverwaltung geht das Verwaltungsrecht im vollen Umfange auf den Nachlaßverwalter über (§ 1985 Abs 1). Der Testamentsvollstrecker kann aber selbst zum Verwalter bestellt werden (§ 1981 A 5). Beschränkung und Ausdehnung der Verwaltungsbefugnisse §§ 2208—2210, Unübertragbarkeit § 2218 A 1, Prozeßführung §§ 2212, 2213 (s. auch § 2203 A 1), Verantwortlichkeit § 2219. Der Testamentsvollstrecker kann die Eröffnung des Nachlaßkonkurses (KO § 217), das Aufgebot der Nachlaßgläubiger (§ 1970 A 2), die Zwangsversteigerung der Nachlaßgrundstücke beantragen (ZVG § 175), sich auch für den Erben den Erbschein (§ 2353 A 3) und für sich selbst ein besonderes Zeugnis des Nachlaßgerichts erteilen lassen (§ 2368).

2. Der **Besitz** geht nach § 857 nur auf den Erben, nicht auf den Testamentsvollstrecker über. Hat der Erbe vom Nachlasse bereits tatsächlich Besitz ergriffen, so kann der Testamentsvollstrecker von ihm wie von jedem Dritten Übertragung des Besitzes und Auskunft nach § 260 verlangen, soweit er dem Erben nicht einzelne Gegenstände gemäß § 2217 zu überlassen hat. Der Erbe ist, wenn der Testamentsvollstrecker den tatsächlichen Besitz erlangt, mittelbarer Besitzer (§ 868).

3. Die **Verfügungsmacht** ist dem Testamentsvollstrecker zwar nur zur Verwirklichung seiner Aufgaben eingeräumt, sie steht ihm aber (abgesehen von Satz 3) unbeschränkt und ausschließlich zu (§ 2211) mit der Wirkung, daß die von ihm (und ihm gegenüber) vorgenommenen dinglichen und rechtsgeschäftlichen Akte im Bereiche des Nachlaßvermögens für (und gegen) den Erben oder die Erbengemeinschaft rechtlich wirksam sind (**RG** 59, 366; 68, 259). Dies gilt von dem zum Testamentsvollstrecker bestellten Miterben auch dann, wenn die Verfügungen zugleich seinem eigenen Interesse dienen (Auflassung zu Bruchteilen an sich selbst); § 181 steht nicht entgegen (**RG** 61 S. 139, 145). Liegt ein Widerstreit der persönlichen Interessen des Testamentsvollstreckers mit denen seines Amtes vor, wie in der Regel beim Verkauf eines Nachlaßgegenstandes an ihn, so kann er nicht verfügen, gleichviel ob er Miterbe ist oder nicht (**RG** 61, 143); das Verfügungsrecht steht dann (wenn nicht etwa Mitvollstrecker vorhanden sind, s. hierüber § 2224 A 3/4) dem oder den Erben zu (KG RJA 16, 139; § 2225 A 1 a. E.). Rechtsgeschäfte, die der Testamentsvollstrecker mit Dritten unter Mißbrauch seines Amtes abschließt, sind für die Erben nicht verbindlich, wenn der Dritte den Mißbrauch erkannte oder infolge von Fahrlässigkeit nicht erkannte (**RG** 75, 301; 83, 348). Ein für den Nachlaß gemachter Erwerb kommt zwar dem Erben zu, unterliegt aber sogleich wieder der Verwaltung des Testamentsvollstreckers. Sein guter Glaube ist hierbei entscheidend. Das Verfügungsrecht (Inhalt Vorbem 7 vor § 104) erstreckt sich auf alle Nachlaßgegenstände, Sachen und Rechte (§ 90), soweit sie dem Erben nicht als höchstpersönliche zustehen. Der Testamentsvollstrecker kann deshalb das in § 1477 Abs 2 bestimmte Übernahmerecht ausüben (**RG** 85, 1). Dagegen kann er eine Schenkung des Erblassers nicht widerrufen (§ 530 Abs 2), sich nicht über Annahme oder Ausschlagung einer dem Erblasser vererbten Erbschaft erklären (§ 1952), nicht wegen Erbunwürdigkeit anfechten (§ 2340). A. M. Strohal I § 40a A 14; Leonhard, III C 3. Das Recht am Namen (§ 12) kann er auch dann, wenn es vom Erblasser zum Gegenstand einer vertraglichen Abrede gemacht ist, wegen der auch dann fortbestehenden höchstpersönlichen Natur des Rechtes nicht wahrnehmen (**RG** Recht 1921 Nr 2319). Ist der Erbe minderjährig, so steht dem Vormund oder Gewalthaber keine Anteilnahme an der Verwaltung, nur die Vertretung des Erben gegenüber dem Testamentsvollstrecker zu; die Bestimmungen, welche die gesetzlichen Vertreter Minderjähriger an die Genehmigung des Vormundschaftsgerichts binden, greifen gegenüber dem Testamentsvollstrecker nicht Platz (SeuffA 78 Nr 142). In der Verfügung über Nachlaßgrundstücke und grundbücherlich oder im Schiffsregister eingetragene Rechte ist er, auch beim Vorhandensein eines Nacherben (LZ 1916, 962[5]), gleichfalls nur durch Satz 3 beschränkt. Seine Eintragungsbewilligung genügt ohne Zwischeneintrag des Erben (GBO § 41 Abs 2, FGG § 111 Abs 2). Über die Miteintragung der Anordnung der Testamentsvollstreckung bei Eintragung des Erben und den Nachweis der Befugnisse des Testamentsvollstreckers s. § 2197 A 2. Das Recht, über seinen Anteil am Nachlasse zu verfügen (§ 2033), verbleibt dem Miterben, ändert aber nichts an dem Umfange des dem Testamentsvollstrecker zustehenden Verfügungsrechts (vgl. § 2208 A 4).

4. Nur **unentgeltliche Verfügungen** (mit der dem § 534 entsprechenden Ausnahme) sind dem Testamentsvollstrecker verwehrt und, wenn sie dennoch vorgenommen sind, ohne Rücksicht auf die Kenntnis des Empfängers und selbst mit Zustimmung des Erben (**RG** 74, 218; 105, 249f.) unwirksam. Das Grundbuchamt kann sich jedoch hier, wo es sich anders als beim Vorerben (§ 2113 A 2) lediglich um eine Frage der Legitimationsprüfung des Verwalters eines fremden Vermögens handelt, bei den Erklärungen der Beteiligten begnügen, daß die Verfügung keine unentgeltliche sei, es sei denn, daß besondere Umstände einen bestimmten Anhalt für die Annahme des Gegenteils bieten (**RG** 65, 223). Der Satz ist für normale wirtschaftliche Verhältnisse aufgestellt und gilt deshalb nicht für die Inflationszeit mit ihrer erfahrungsmäßigen Wertverschleuderung (JFG 3, 280). Begriff der unentgeltlichen Verfügung § 2113 A 3.

§ 2206

Der Testamentsvollstrecker ist berechtigt, Verbindlichkeiten für den Nachlaß einzugehen, soweit die Eingehung zur ordnungsmäßigen Verwaltung erforderlich ist[1]). Die Verbindlichkeit zu einer Verfügung über einen Nachlaßgegenstand kann der Testamentsvollstrecker für den Nachlaß auch dann eingehen, wenn er zu der Verfügung berechtigt ist[2]).

Der Erbe ist verpflichtet, zur Eingehung solcher Verbindlichkeiten seine Einwilligung zu erteilen[3]), unbeschadet des Rechtes, die Beschränkung seiner Haftung für die Nachlaßverbindlichkeiten geltend zu machen[4]).

E I 1902 II 2076; M 5 234, 235; P 5 528—530, 544, 545.

1. Die Befugnis des Testamentsvollstreckers zur **Eingehung von Verbindlichkeiten für den Nachlaß** besteht nicht wie seine Verfügungsmacht nach § 2205 unbeschränkt. Sie reicht nur so weit, als zur ordnungsmäßigen Verwaltung (vgl. § 2216 A 1) erforderlich ist. Auch Wechselverbindlichkeiten können in diesen Rahmen fallen (RG 60, 30). Das Erfordernis ist nicht in objektivem Sinne zu verstehen; es genügt vielmehr, wenn der Gläubiger die Übernahme der Verbindlichkeit nach den Umständen ohne Fahrlässigkeit als geboten angesehen hat (RG 83, 348; a. M. Staudinger A 1). Soweit die Grenze weder objektiv noch nach der entschuldbaren Auffassung des Gläubigers eingehalten ist, erwirbt dieser gegen den Nachlaß keine Rechte, er kann sich gemäß § 179 nur an den Testamentsvollstrecker halten. Dafür, daß die Grenze eingehalten sei, ist der Gläubiger beweispflichtig. Die Befugnis kann dem Testamentsvollstrecker vom Erblasser entzogen, inhaltlich oder gegenständlich beschränkt (§ 2208), er kann auch umgekehrt von jeder Beschränkung entbunden sein (§§ 2207, 2209 A 3).

2. Die Beschränkung der A 1 entfällt auch dann, wenn der Testamentsvollstrecker zur Verfügung über einen Nachlaßgegenstand berechtigt ist und eine **Verbindlichkeit zu eben dieser Verfügung eingeht.** Da die Verfügungsmacht des Testamentsvollstreckers grundsätzlich und abgesehen von § 2205 A 4 und § 2208 A 1 unbeschränkt ist, so braucht der Gläubiger, der z. B. mit dem Testamentsvollstrecker einen Kaufvertrag über einen Nachlaßgegenstand abschließt, nicht zu prüfen, ob das Rechtsgeschäft zur ordnungsmäßigen Verwaltung erforderlich sei, sondern nur, ob dem Testamentsvollstrecker hierüber die Verfügung zusteht (KGJ 27 A 192, vgl. auch §§ 1445, 1821 Nr 3, 1822 Nr 1).

3. Die im Rahmen des Abs 1 eingegangenen („solche") Verbindlichkeiten verpflichten zwar den Erben ohne weiteres („für den Nachlaß"). Die **Einwilligung des Erben** (§ 183) schützt aber den Testamentsvollstrecker vor Schadensersatzansprüchen aus § 2219, den Vertragsgegner vor Einwendungen des Erben aus Abs 1. Sie entbindet ihn jedoch nicht von der Verpflichtung, die letztwilligen Verfügungen zur Ausführung zu bringen (§ 2203) und deckt nicht unentgeltliche (§ 2205) oder zu eigenem Nutzen vorgenommene Verfügungen des Testamentsvollstreckers (RG 74, 215). Die Einwilligung kann ferner notwendig werden, wenn der Erbe z. B. durch Eintragungen im Grundbuche als alleiniger Verfügungsberechtigter ausgewiesen ist. Der Testamentsvollstrecker (nicht auch der Dritte) kann gleich dem Vorerben (§ 2120) die Einwilligung des Erben im Klagewege herbeiführen. Umgekehrt steht dem Erben frei, gegen den Testamentsvollstrecker oder den Dritten auf Unverbindlichkeit des Geschäfts Feststellungsklage zu erheben.

4. Die vom Testamentsvollstrecker eingegangenen Verbindlichkeiten sind, weil den Erben als solchen treffend, Nachlaßverbindlichkeiten, § 1967. Im Nachlaßkonkurse gehören sie zu den Masseschulden, KO § 224 Nr 5. Sie unterliegen deshalb auch den Grundsätzen von der **Beschränkung der Haftung des Erben.** Darf er sich hierauf nicht berufen (Vorbem 3, 4 vor § 1967), so haftet er auch für die hier fraglichen Verbindlichkeiten unbeschränkt. Doch bedarf das wegen einer Nachlaßverbindlichkeit gegen den verwaltenden Testamentsvollstrecker ergehende Urteil keines Vorbehalts (ZPO § 780 Abs 2).

§ 2207

Der Erblasser kann anordnen, daß der Testamentsvollstrecker in der Eingehung von Verbindlichkeiten für den Nachlaß nicht beschränkt sein soll[1]). Der Testamentsvollstrecker ist auch in einem solchen Falle zu einem Schenkungsversprechen nur nach Maßgabe des § 2205 Satz 3 berechtigt[2]).

E I 1902 II 2077; M 5 234, 235; P 5 528—530, 542, 543.

1. **Befreiung von den Beschränkungen des § 2206** durch letztwillige Anordnung, wie sie in § 2136 auch gegenüber den Beschränkungen des Vorerben zugelassen ist. Sie gilt im Falle des § 2209 als stillschweigend ausgesprochen. Der Testamentsvollstrecker bleibt gleichwohl zur ordnungsmäßigen Verwaltung verpflichtet (§§ 2220, 2216), kann deshalb auch in diesem Falle zu seiner Entlastung die Einwilligung des Erben nach § 2206 Abs 2 verlangen (a. M. Staudinger).

2. Zu **Schenkungsversprechen** kann der Testamentsvollstrecker (ebensowenig wie der Vorerbe §§ 2136, 2113 Abs 2) allgemein auch vom Erblasser nicht ermächtigt werden. Vgl. auch § 2205 A 4.

§ 2208

Der Testamentsvollstrecker hat die in den §§ 2203 bis 2206 bestimmten Rechte nicht, soweit anzunehmen ist, daß sie ihm nach dem Willen des Erblassers nicht zustehen sollen[1]). Unterliegen der Verwaltung des Testamentsvollstreckers nur einzelne Nachlaßgegenstände, so stehen ihm die im § 2205 Satz 2 bestimmten Befugnisse nur in Ansehung dieser Gegenstände zu[2]).

Hat der Testamentsvollstrecker Verfügungen des Erblassers nicht selbst zur Ausführung zu bringen, so kann er die Ausführung von dem Erben verlangen, sofern nicht ein anderer Wille des Erblassers anzunehmen ist[3]) [4]).

E I 1905 II 2078; M 5 241; P 5 302, 309, 310, 528, 542, 543, 545.

1. Die **Beschränkung der Rechte** des Testamentsvollstreckers oder die völlige Entziehung einzelner Rechte braucht nicht ausdrücklich angeordnet zu sein, kann sich vielmehr auch aus den Umständen ergeben. Daß sie als Ausnahme von der Regel der §§ 2203—2206 gewollt sei, hat zu beweisen, wer sich hierauf beruft (RG 61, 142). Die Beschränkung ist auch gegen Dritte wirksam. Sie ist in dem Zeugnis des § 2368 anzugeben, soweit sie sich auf das Verwaltungsrecht des Testamentsvollstreckers bezieht. Ist dies unterblieben, so ist der Dritte gemäß § 2366 durch den öffentlichen Glauben des Zeugnisses geschützt. Hiervon abgesehen kann er sich auf Unkenntnis der Beschränkung nicht berufen.

2. Ist das Verwaltungsrecht des Testamentsvollstreckers **gegenständlich beschränkt**, so hat er nur in Ansehung der einzelnen Nachlaßgegenstände (Sachen, Rechte, auch Inbegriffe von Gegenständen, z. B. Handelsgeschäft) das Recht auf Besitzergreifung und das Verfügungsrecht, jedoch inhaltlich im vollen Umfange des § 2205. Insbesondere ist er ermächtigt, in Beziehung auf diesen Gegenstand nach § 2206 für den Nachlaß Verbindlichkeiten einzugehen. Die nur in Beziehung auf einen Erbteil angeordnete Vollstreckung berechtigt den Testamentsvollstrecker nicht zur Verfügung nach § 2033 (vgl. die folgende A 4), sondern nur zur Vertretung dieses Miterben und Mitwirkung bei der Auseinandersetzung. Ob ihm auch die Verwaltung an den dem Miterben zugeteilten Gegenständen zustehen soll, ist Auslegungsfrage.

3. Dem Testamentsvollstrecker verbleibt das **Aufsichtsrecht über Ausführung der letztwilligen Verfügungen**, wenn ihm, gegen § 2203, die Ausführung selbst nicht zusteht. Kraft dessen kann er gegen den Erben oder nach § 2223 gegen den beschwerten Vermächtnisnehmer im Klagewege vorgehen, wenn der Beschwerte nicht einen andern Willen des Erblassers nachweist. Ein Testamentsvollstrecker kann auch mit der Bestimmung ernannt werden, daß lediglich seine Zustimmung zu Verfügungen des Erben über Nachlaßgegenstände erforderlich sein soll (KGJ 44, 81).

4. Eine **Erweiterung der Machtbefugnisse** des Testamentsvollstreckers über die Grenzen der §§ 2203—2210 hinaus, insbesondere die allgemeine Ermächtigung zu Schenkungen ist ungültig (§ 2207 A 2). Auch die Befugnis, über einen Erbteil zu verfügen oder bei einer solchen Verfügung des Miterben (§ 2033) mitzuwirken, kann ihm nicht mit dinglicher Wirkung eingeräumt werden (RG JW 1915, 245[7]). Ebenso kann zur Eingehung einer persönlichen Verpflichtung durch den Erben, mag sich diese Verpflichtung auch auf einen Nachlaßgegenstand beziehen, die Zustimmung des Testamentsvollstreckers nicht mit Wirkung gegenüber dem anderen Vertragsteile für erforderlich erklärt werden (KGJ 44, 86). Keine authentische Auslegung des Testaments durch den Testamentsvollstrecker § 2065 A 2. Überall da, wo einem Dritten vom Erblasser gewisse Befugnisse übertragen werden dürfen (so §§ 2048, 2151, 2153—2156, 2193), kann auch der Testamentsvollstrecker als dieser Dritte bestimmt werden. Soweit dem Testamentsvollstrecker „sonstige Aufgaben" zugewiesen sind (§ 2209 A 2), erwachsen ihm daraus keine selbständigen Befugnisse.

§ 2209

Der Erblasser kann einem Testamentsvollstrecker die Verwaltung des Nachlasses übertragen, ohne ihm andere Aufgaben als die Verwaltung zuzuweisen[1]); er kann auch anordnen, daß der Testamentsvollstrecker die Verwaltung nach der Erledigung der ihm sonst zugewiesenen Aufgaben fortzuführen hat[2]). Im Zweifel ist anzunehmen, daß einem solchen Testamentsvollstrecker die im § 2207 bezeichnete Ermächtigung erteilt ist[3]).

E II 2079; P 5 302, 303, 305—307, 529, 530, 543, 546.

1. Ist dem Testamentsvollstrecker **nur die Verwaltung** als einzige oder doch die beiden anderen Hauptaufgaben (§§ 2203, 2204) überdauernde Verrichtung zugewiesen, so ist die Wirk-

samkeit einer solchen Anordnung nach § 2210 zeitlich begrenzt. Die Verwaltung kann sich auf den ganzen Nachlaß erstrecken (§ 2205) und wird dann regelmäßig ein Teilungsverbot in sich begreifen (§ 2044). Sie kann nach § 2208 auch inhaltlich oder gegenständlich beschränkt sein. Die Anordnung ermöglicht dem Erblasser, den Erben auf geraume Zeit, insbesondere über die Volljährigkeit hinaus von der Verfügung über den Nachlaß auszuschließen, § 2211 Abs 1, so insbesondere bei der Enterbung in guter Absicht, § 2338 A 4, und zugleich den Zugriff der Gläubiger des Erben auf den Nachlaß zu verhindern, § 2214. Sie ist ferner ein Mittel, das gesetzliche Verwaltungsrecht des elterlichen Gewalthabers oder des Vormundes (§§ 1638, 1686, 1794) auszuschließen. Die Bestellung eines Pflegers nach § 1909 Abs 1 Satz 2, die von Amts wegen zu erfolgen hat, wird allerdings durch die Anordnung nicht entbehrlich gemacht (KGJ 38 A 73). Diese kann auch dazu dienen, dem Gewalthaber (z. B. der Witwe) die Verwaltung in der Eigenschaft als Testamentsvollstrecker und deshalb frei von den sonst bestehenden gesetzlichen Beschränkungen zu übertragen. Von den hierin liegenden Beschränkungen seines Erbrechts kann sich der Erbe nur gemäß § 2306 (Pflichtteil) frei machen. Für das Rechtsverhältnis zwischen Testamentsvollstrecker und Erben bleiben während der Dauer der Verwaltung die §§ 2215—2219 maßgebend.

2. Der Kreis der dem Testamentsvollstrecker zuzuweisenden **sonstigen Aufgaben** (z. B. Erziehung der Kinder, Herausgabe des literarischen Nachlasses, Leistung von Rechtsbeistand) ist vermöge der Testierfreiheit an sich unbeschränkt, der Erblasser kann sich hierzu auch der Auflage (§ 1940) oder der bedingten Zuwendung an den Testamentsvollstrecker bedienen. Die gesetzlichen Befugnisse des Testamentsvollstreckers vermag er aber hierdurch nicht zu erweitern (§ 2208 A 4).

3. Unbeschränkte **Ermächtigung zur Eingehung von Nachlaßverbindlichkeiten**, in Beziehung sei es auf den ganzen Nachlaß (§ 2207) oder auf einzelne seiner Verwaltung zugewiesene Nachlaßgegenstände (§ 2208 A 2).

§ 2210

Eine nach § 2209 getroffene Anordnung wird unwirksam, wenn seit dem Erbfalle dreißig Jahre verstrichen sind. Der Erblasser kann jedoch anordnen, daß die Verwaltung bis zum Tode des Erben oder des Testamentsvollstreckers oder bis zum Eintritt eines anderen Ereignisses in der Person des einen oder des anderen fortdauern soll[1]. Die Vorschrift des § 2163 Abs 2 findet entsprechende Anwendung[2].

E II 2080; P 5 303, 305, 308; 6 91, 92.

1. Nur die **besondere Verwaltung** des § 2209 ist, wie die Nacherbschaft (§ 2109), das Vermächtnis (§ 2162) und das Teilungsverbot (§ 2044), **zeitlich begrenzt**. Die zur Erfüllung der nach §§ 2203, 2204 dem Testamentsvollstrecker obliegenden oder der ihm sonst zugewiesenen Aufgaben (§ 2209 A 2) erforderliche Verwaltungsbefugnis unterliegt diesen Grenzen nicht. Ein Wechsel in der Person des Testamentsvollstreckers während dieses Zeitraums ist ohne Bedeutung, wenn die Verwaltungsdauer nicht auf Lebenszeit des Testamentsvollstreckers abgestellt ist. Dem Erblasser ist eine **Verlängerung des Zeitraums** unter den gleichen Voraussetzungen wie in §§ 2109 Nr 1, 2163 Nr 1 (s. dort) gestattet. Soll die Verwaltung bis zum Tode eines Nachfolgers des Testamentsvollstreckers (§ 2199 A 2) oder bis zum Eintritt eines Ereignisses in der Person dieses Nachfolgers dauern, so muß der betreffende Nachfolger, wenn eine Umgehung des Gesetzes verhütet werden soll, vor Ablauf von 30 Jahren mindestens ernannt sein. — Lebenszeit des Abkömmlings als Zeitgrenze im Falle des § 2338 (A 2).

2. Ist der Testamentsvollstrecker eine **juristische Person**, so bewendet es bei der 30jährigen Frist.

§ 2211

Über einen der Verwaltung des Testamentsvollstreckers unterliegenden Nachlaßgegenstand kann der Erbe nicht verfügen[1].

Die Vorschriften zugunsten derjenigen, welche Rechte von einem Nichtberechtigten herleiten, finden entsprechende Anwendung[2].

E I 1901 II 2081 Abs 1 Satz 1, Abs 2; M 5 233, 234; P 5 286, 287, 531, 532; 6 129, 130.

1. **Kein Verfügungsrecht des Erben.** Das durch § 2205 dem Testamentsvollstrecker übertragene und nicht gemäß § 2208 entzogene Verfügungsrecht über die Nachlaßgegenstände schließt, solange der Nachlaß im ganzen oder ein einzelner Nachlaßgegenstand der Verwaltung des Testamentsvollstreckers unterliegt (§§ 2205 A 1, 2209, 2217 A 1; vgl. auch § 2225 A 1 a. E.), das Verfügungsrecht des Erben gänzlich aus. Und zwar sogleich vom Erbfall, nicht erst vom

Amtsantritte des Testamentsvollstreckers ab (§ 2202; KGJ 40, 196). So ist der Erbe des Mieters nicht berechtigt, das Mietverhältnis zu kündigen (RG JW 1910, 820[43]). Zum Schutze des Testamentsvollstreckers dient die Eintragung im Grundbuche und Schiffsregister (GBO § 53, FGG § 118). Nicht gehindert ist der Erbe, gemäß § 2033 über seinen Anteil am Nachlasse zu verfügen, ohne daß jedoch die Fortdauer der dem Testamentsvollstrecker zustehenden Rechte hierdurch beeinträchtigt wird (§ 2208 A 2). Verfügung ist gemeint als dingliche im Gegensatze zur tatsächlichen Verfügung und zur bloß schuldrechtlichen Verpflichtung (Vorbem 7 vor § 104). Der Erbe ist daher durch das Verfügungsrecht des Testamentsvollstreckers an der Eingehung von Schuldverhältnissen in Beziehung auf einen Nachlaßgegenstand (RG Recht 1921 Nr 1394), auch am Abschluß des Erbschaftskaufs (§ 2376 A 3) nicht gehindert, kann aber nicht erfüllen, solange ihm das Verfügungsrecht des Testamentsvollstreckers entgegensteht oder wenn der Testamentsvollstrecker anderweit verfügt hat. Die dennoch vorgenommene Verfügung des Erben ist nicht, wie bei einem Veräußerungsverbote im Sinne des § 135, nur relativ, d. h. nur gegenüber dem Testamentsvollstrecker selbst und denjenigen Personen, in deren Interesse die Testamentsvollstreckung angeordnet ist (so Planck A 4 und 2. Aufl. dieses Werkes sowie beiläufig RG Warn 1919 Nr 71), sondern, da die Beschränkungen des Erben bei vorhandener Testamentsvollstreckung über den Mangel der Veräußerungsbefugnis hinausgehen, schlechthin unwirksam; sie kann aber nach § 185 Abs 2 dadurch wirksam werden, daß der Testamentsvollstrecker sie genehmigt oder daß sein Recht wegfällt (RG 87, 432). Eine bedingt oder betagt — für den Fall der Erlangung des freien Verfügungsrechts — vom Erben vorgenommene Verfügung wird mit Eintritt der Bedingung oder des Termins ohne weiteres wirksam und erzeugt gemäß § 160 schon vorher eine Bindung der Beteiligten. — Gebührt ein Nachlaßgegenstand auf Grund der letztwilligen Verfügung dem Testamentsvollstrecker für seine Person (z. B. ein ihm vermachtes Grundstück), so kann er gegen den Erben auf die Leistung (Auflassung) klagen. Er begibt sich damit in Ansehung dieser Leistung der eigenen Verfügung über den Gegenstand und überläßt ihn zum Zwecke der Erfüllung der Verbindlichkeit dem Erben (RG 82, 149). Er kann aber auch die Verbindlichkeit an sich selbst erfüllen (vgl. RG 61, 139; § 2205 A 3).

2. **Der Schutz des guten Glaubens** steht dem Erwerber eines Grundstücks oder eines eingetragenen Rechtes (§§ 892, 893), einer beweglichen Sache (§§ 932 ff.), eines Nießbrauchs oder Pfandrechts (§§ 1032, 1207) dann zur Seite, wenn er sich unverschuldet in Unkenntnis darüber befindet, daß die Sache überhaupt zum Nachlaß gehört oder daß ein Testamentsvollstrecker bestellt ist oder wenn er irrig glaubt, daß die Sache der Verwaltung des Testamentsvollstreckers nicht unterliege. Dagegen ist Irrtum über die allgemeinen Schranken, die den Verwaltungsbefugnissen des Testamentsvollstreckers gezogen sind, für den Dritten kein Entschuldigungsgrund (RG 74, 219).

§ 2212

Ein der Verwaltung des Testamentsvollstreckers unterliegendes Recht kann nur von dem Testamentsvollstrecker gerichtlich geltend gemacht werden¹).

E I 1903 Abs 1 II 2082; M 5 235, 236; P 5 287—291, 532.

1. **Die gerichtliche Geltendmachung** eines Rechtes ist dem Testamentsvollstrecker ebenso ausschließlich vorbehalten wie das Verfügungsrecht (§§ 2205, 2211), wenn und insoweit das betreffende Recht seiner Verwaltung unterliegt (§§ 2205 A 1, 2208, 2209, 2217 A 1), gleichviel ob die Geltendmachung vor den ordentlichen oder vor Verwaltungsgerichten, im Schiedsverfahren, im Wege der Klage, Einrede, Widerklage oder durch Aufrechnung im Prozesse oder im Verfahren der freiwilligen Gerichtsbarkeit, z. B. mit dem Antrag auf Berichtigung des Grundbuchs durch Eintragung des Erben als Berechtigten, erfolgt (RG 61, 145; KG RJA 16, 282). Der Erbe ist von der Geltendmachung gänzlich ausgeschlossen, nur der Testamentsvollstrecker ist Partei (RG JW 1912, 147[26]). Da dieser für die Kosten eines Prozesses nur mit dem Nachlasse haftet, kann ihm mangels der Voraussetzungen des § 114 ZPO das Armenrecht nicht bewilligt werden (RG 81, 292; a. M. OLG München JW 1925, 2155[14] u. Sternberg das. zu 14). Die Eigenart seiner Parteistellung kraft Amtes bringt es mit sich, daß vielfach und insbesondere da, wo die materiellen Wirkungen entscheiden, nicht die für Parteien, sondern die für gesetzliche Vertreter geltenden Prozeßvorschriften, so bei dem Wechsel der Person des Testamentsvollstreckers (ZPO § 241) sinngemäß anzuwenden sind (RG Warn 1918 Nr 330; 1915 Nr 84). Er ist mit Bezug auf einen Nachlaßanspruch, der nur von ihm geltend gemacht werden kann, auch Vertreter des Nachlasses in dem weiteren Sinne des § 207; die Verjährung eines solchen Anspruchs vollendet sich deshalb nicht vor Ablauf von sechs Monaten oder des für die Verjährung bestimmten kürzeren Zeitraums von dem Zeitpunkt an, in dem er sein Amt gemäß § 2202 angenommen hat (RG 100, 279). Lehnt der Testamentsvollstrecker die Führung eines Prozesses ab, so kann der Erbe nur seine Entlassung beantragen (§ 2227) oder ihn nach § 2218 im Klagewege dazu anhalten (RG Gruch 50, 387). Da jedoch das Urteil für

und gegen den Erben wirkt (ZPO § 327), so kann er als Nebenintervenient beitreten und gilt dann als Streitgenosse des Testamentsvollstreckers (ZPO §§ 66, 69). Durch §§ 2216 Abs 1, 2219 kann der Testamentsvollstrecker auch verpflichtet sein, ihm den Streit zu verkünden (ZPO §§ 72ff.). Hauptintervention des Erben (ZPO § 64) ist denkbar, wenn er dem Testamentsvollstrecker seine Vollstreckereigenschaft oder wenn er bestreitet, daß das betreffende Recht seiner Verwaltung unterliege. Aufnahme des durch den Tod des Erblassers unterbrochenen Verfahrens ZPO § 243. Erledigung der Testamentsvollstreckung während des Prozesses bewirkt, im Gegensatze zum Wechsel der Person des Vollstreckers, keine Unterbrechung. Vollstreckbare Ausfertigung für und gegen den Erben ZPO § 728. Auch zur Erhebung des Erbschaftsanspruchs gegen den dritten Erbschaftsbesitzer ist der Testamentsvollstrecker ausschließlich legitimiert (§ 2018 A 1), ebenso zur Erhebung der erbschaftlichen Einzelansprüche nach § 2029; desgleichen zur Geltendmachung eines zum Nachlasse gehörigen Erbanspruchs an dem Nachlaß eines vor dem Erblasser gestorbenen Dritten (RG Warn 1919 Nr 136). Dagegen ist es ausgeschlossen, daß der Testamentsvollstrecker gegen den durch Verfügung von Todes wegen ernannten Erben unter der Behauptung, daß er nicht Erbe sei, den Erbschaftsanspruch erhebt (§ 2203 A 1). Wird in einem Prozesse mit dem Testamentsvollstrecker, was gemäß § 2203 A 1 unter Umständen allerdings möglich ist, das Bestehen oder Nichtbestehen eines Erbrechts festgestellt, so schafft diese nicht unter ZPO § 327 fallende Entscheidung keine Rechtskraft unter den mehreren Erbansprechern (RG JW 09, 52[18]; 1919, 724[11]). Anderseits bindet auch eine unter den Erbansprechern ergehende Entscheidung den Testamentsvollstrecker nicht; die Leistung an die siegreiche Partei wird ihn aber regelmäßig befreien. — Der verwaltende Testamentsvollstrecker ist berechtigt, das Aufgebot (ZPO § 991), die Eröffnung des Nachlaßkonkurses (KO § 217) und die Anordnung der Nachlaßverwaltung zu beantragen (§ 1981 A 1). Passivprozeß § 2213.

§ 2213

Ein Anspruch, der sich gegen den Nachlaß richtet, kann sowohl gegen den Erben als gegen den Testamentsvollstrecker gerichtlich geltend gemacht werden[1]). Steht dem Testamentsvollstrecker nicht die Verwaltung des Nachlasses zu, so ist die Geltendmachung nur gegen den Erben zulässig[2]). Ein Pflichtteilsanspruch kann, auch wenn dem Testamentsvollstrecker die Verwaltung des Nachlasses zusteht, nur gegen den Erben geltend gemacht werden[3]).

Die Vorschrift des § 1958 findet auf den Testamentsvollstrecker keine Anwendung[4]).

Ein Nachlaßgläubiger, der seinen Anspruch gegen den Erben geltend macht, kann den Anspruch auch gegen den Testamentsvollstrecker dahin geltend machen, daß dieser die Zwangsvollstreckung in die seiner Verwaltung unterliegenden Nachlaßgegenstände dulde[5]).

E I 1903 Abs 2, 1904 II 2083 Abs 1, 2; M 5 236, 237; P 5 287—289, 291—301, 532—539, 541, 542; 6 349, 350, 396, 397.

1. **Passivlegitimation** des Testamentsvollstreckers. Während im Aktivprozesse die Prozeßlegitimation dem verwaltenden Testamentsvollstrecker ausschließlich zusteht (§ 2212), ist als Beklagter im Passivprozesse regelmäßig sowohl der Erbe, als Schuldner der betreffenden dinglichen oder persönlichen Nachlaßverbindlichkeit, wie der Testamentsvollstrecker, dieser mit Rücksicht auf sein Verfügungsrecht über den Nachlaß (§ 2205 A 3) legitimiert. Dies gilt auch dann, wenn es sich um einen bloßen Feststellungsanspruch handelt. Auch der Anspruch auf Herausgabe eines Gegenstandes, der sich in dem vom Testamentsvollstrecker gemäß § 2205 A 2 in Besitz genommenen Nachlasse befindet, kann gegen den Erben geltend gemacht werden; ZPO § 748 steht nur der Zwangsvollstreckung in den Nachlaß entgegen, solange die Verwaltungsbefugnis des Testamentsvollstreckers dauert (RG Recht 1921 Nr 1395). Anderseits kann z. B. der Anspruch auf Leistung eines vermachten Gegenstandes auch dann gegen den Testamentsvollstrecker erhoben werden, wenn dieser den Nachlaß noch nicht in Besitz genommen hat (HansGZ 1920 Beibl 190). Das gegenüber dem Testamentsvollstrecker allein ergehende Urteil wirkt nach ZPO § 327 auch (für und) gegen den Erben, selbst wenn dieser unbeschränkt haftet. Dagegen wirkt das gegen den Erben allein ergehende Urteil nicht gegen den Testamentsvollstrecker; zur Zwangsvollstreckung in den von ihm verwalteten Nachlaß ist nach ZPO § 748 ein gegen ihn ergehendes Urteil erforderlich. Aus einem nur gegen den Erben erlassenen Schiedsspruch kann daher auch das die Zwangsvollstreckung erst ermöglichende Vollstreckungsurteil des § 1042 ZPO nicht ergehen (RG 56, 327). Ist die Klage

nur gegen den Testamentsvollstrecker oder nur gegen den Erben erhoben, so kann jeder dem andern als Nebenintervenient beitreten (ZPO §§ 66ff.), der Erbe wird dadurch Streitgenosse des verklagten Testamentsvollstreckers, nicht aber umgekehrt der Testamentsvollstrecker Streitgenosse des verklagten Erben (ZPO § 69). Die Streitverkündung an den andern steht dem Testamentsvollstrecker immer, gegebenenfalls auch dem Erben zu (ZPO § 72). Ist ein gegen den Erblasser anhängig gewesener Rechtsstreit durch dessen Tod unterbrochen, so kann das Verfahren gemäß ZPO § 243 durch den Testamentsvollstrecker oder gegen ihn, nach Beginn seines Amtes (§ 2202), aufgenommen werden. Neben der so herbeigeführten Beendigung der Unterbrechung, aber auch ohnedies kann das Verfahren gemäß ZPO § 239 von dem Erben aufgenommen oder die Aufnahme gegen ihn vom Gegner erzwungen werden; der Testamentsvollstrecker und der Erbe sind, wenn beide freiwillig oder gezwungen den Prozeß fortsetzen, Streitgenossen. Wegfall der Testamentsvollstreckung während des Rechtsstreits bewirkt keine Unterbrechung. Bei einem Wechsel in der Person des Vollstreckers wird das ihm gegenüber anhängige Verfahren gemäß ZPO § 241 unterbrochen (§ 2212 A 1). Vollstreckbare Ausfertigung des gegenüber dem Testamentsvollstrecker ergangenen Urteils für und gegen den Erben ZPO § 728 Abs 2, desgleichen des gegen den Erblasser ergangenen Urteils für und gegen den Testamentsvollstrecker ZPO § 749, s. auch § 779 Abs 2. Das gegen den Testamentsvollstrecker erlassene Urteil bedarf nicht des Vorbehalts, ZPO § 780 Abs 2. Neben dem Gerichtsstande der Erbschaft (ZPO §§ 27, 28) kommt, da der Testamentsvollstrecker selbst Partei ist (§ 2212 A 1), auch sein allgemeiner Gerichtsstand nach ZPO §§ 13ff. in Betracht. — Der Testamentsvollstrecker ist gegen den Erbschaftsanspruch passiv nicht legitimiert (**RG** 81, 151).

2. Voraussetzung für die Passivlegitimation des Testamentsvollstreckers ist, daß ihm die **Verwaltung des ganzen Nachlasses zusteht** (§ 2205 A 1), mag er auch einzelne Nachlaßgegenstände dem Erben nach § 2217 zur freien Verfügung überlassen haben. Es sei denn, daß sich gerade hierauf der Rechtsstreit bezieht. Der Testamentsvollstrecker ist überhaupt nicht legitimiert, wenn ihm die Verwaltung völlig entzogen ist, er kann dann auch der Zwangsvollstreckung nicht widersprechen. Ist die Verwaltung auf einzelne Nachlaßgegenstände beschränkt (§ 2208 A 2), so ist der Anspruch selbst dann gegen den Erben zu verfolgen, wenn er sich, wie z. B. bei den dinglichen Klagen des § 24 ZPO, auf eben diesen Gegenstand bezieht. Doch ist nach ZPO § 748 Abs 2 die Zwangsvollstreckung in den Gegenstand nur zulässig, wenn zugleich der Testamentsvollstrecker zur Duldung verurteilt ist. Es genügt deshalb nicht, die Hypothekenklage auf Zahlung aus dem Grundstück (§§ 1113, 1191) nur gegen den Testamentsvollstrecker zu richten, obwohl die Urteilsformel in diesem Falle der Fassung des Abs 3 zu entsprechen pflegt.

3. Der **Pflichtteilsanspruch** §§ 2303ff., einschließlich des Verlangens auf Auskunftserteilung nach § 2314 (so **RG** 50, 224), kann zwar **nur gegen den Erben** geltend gemacht werden, doch bedarf es nach ZPO § 748 Abs 3 auch in diesem Falle, soweit der Berechtigte sich an den der Testamentsvollstreckung unterliegenden Nachlaß oder die einzelnen vom Testamentsvollstrecker verwalteten Nachlaßgegenstände halten will, des Urteils gegen den Testamentsvollstrecker auf Duldung der Zwangsvollstreckung (A 5). Nicht hierher gehört der Fall, daß der Pflichtteilsberechtigte auf Grund von § 2306 die Unwirksamkeit einer ihn beschränkenden Testamentsvollstreckung behauptet und deshalb negative Feststellungsklage gegen den Testamentsvollstrecker erhebt, sowie der Fall, daß über den Bestand des Pflichtteilsrechts nur als eine Voraussetzung eines andern Anspruchs gestritten wird.

4. **Der Anspruch** kann **vor Annahme der Erbschaft** nach § 1958 nicht gegen den Erben, wohl aber gegen den Testamentsvollstrecker, soweit er passiv legitimiert ist, erhoben werden. Vorausgesetzt ist, daß sein Amt nach § 2202 begonnen hat. Entsprechend beim Nachlaßpfleger § 1960 Abs 3.

5. Steht dem Testamentsvollstrecker die Verwaltung zu (A 2) und handelt es sich nicht um einen Pflichtteilsanspruch (A 3), so steht es im Belieben des Nachlaßgläubigers, ob er Erben und Testamentsvollstrecker — als Streitgenossen oder in besonderen Prozessen — beide auf Leistung (a. M. OLG 3, 12), oder ob er nur den Erben auf Leistung, den Testamentsvollstrecker auf **Duldung der Zwangsvollstreckung** verklagen will. Auf diesen Anspruch ist er beschränkt, wenn das Verwaltungsrecht des Testamentsvollstreckers sich nur auf einzelne Nachlaßgegenstände bezieht oder wenn der Pflichtteil verlangt wird. Ist der Klageantrag gegen den Testamentsvollstrecker gleichwohl auf Leistung gerichtet, so ist doch darin der Anspruch auf Duldung der Zwangsvollstreckung als das Mindere mit enthalten und dementsprechend sogar in der Revisionsinstanz zu erkennen (**RG** 24. 6. 07 IV 121/07). Ohne ein Urteil dieses Inhalts kann der Kläger nach ZPO § 748 Abs 2, 3 die Zwangsvollstreckung nicht betreiben. Daraus folgt aber nicht, daß die Klage gegen den Testamentsvollstrecker mit derjenigen gegen den Erben verbunden werden muß, oder daß der Testamentsvollstrecker nur verurteilt werden kann, wenn vorher der Erbe zur Leistung verurteilt ist (**RG** 109, 166; vgl. für den ähnlichen Fall von ZPO § 739: **RG** 59, 234; JW 1919, 319[22]). Der auf Duldung belangte Testamentsvollstrecker ist nicht gehindert, gegen den geltend gemachten Anspruch, auch den Pflichtteils-

anspruch, alle dem Erben zustehenden materiellen Einreden geltend zu machen. Daß gegen den Erben bereits rechtskräftiges Leistungsurteil ergangen ist, steht ihm ebensowenig entgegen, wie dem Erben ein gegen den Testamentsvollstrecker ergangenes rechtskräftiges Duldungsurteil. Wohl aber kann der Testamentsvollstrecker sich auf die Rechtskraft eines den Anspruch gegen den Erben abweisenden Urteils berufen.

§ 2214

Gläubiger des Erben, die nicht zu den Nachlaßgläubigern gehören, können sich nicht an die der Verwaltung des Testamentsvollstreckers unterliegenden Nachlaßgegenstände halten[1].

E II 2083 Abs 3; P 5 297, 298, 542; 6 398.

1. Die Stellung der Nachlaßgläubiger regelt § 2213. Durch Bestellung eines verwaltenden Testamentsvollstreckers (§§ 2205, 2209) und auf die Dauer dieser Verwaltung (§ 2210) werden die **Privatgläubiger des Erben ausgeschlossen** vom Zugriff auf den Nachlaß überhaupt oder doch, wenn die Verwaltung des Testamentsvollstreckers gegenständlich beschränkt ist (§ 2208 A 2), vom Zugriff auf die ihr unterliegenden Gegenstände. Eine Zwangsvollstreckung in diese Gegenstände zu ihren Gunsten ist nicht statthaft (**RG** LZ 1916, 1473[8]). Dieser Rechtszustand ist eine Folge der dem Testamentsvollstrecker eingeräumten ausschließlichen Verfügungsmacht und tritt (wie § 2211 A 1) sogleich mit dem Erbfall, nicht erst mit dem Amtsbeginn des Testamentsvollstreckers ein. Er wirkt praktisch wie eine zugunsten der Nachlaßgläubiger eintretende Absonderung des Nachlasses vom Privatvermögen des Erben, verhindert aber mangels einer positiven dem § 1976 entsprechenden Vorschrift nicht das Erlöschen durch Vereinigung von Recht und Verbindlichkeit (a. M. Strohal § 40a A 44). Wer ein dingliches Recht an einem Erbschaftsgegenstande hat, kann den Gegenstand trotz des Verwaltungsrechts des Testamentsvollstreckers in Anspruch nehmen; auch der Inhaber der elterlichen Gewalt über den Erben kann die ihm auf Grund seines gesetzlichen Nutznießungsrechts zustehenden Ansprüche gegen den Testamentsvollstrecker erheben (**RG** JW 1913, 740[10]). — Die Vorschrift des § 2214 gehört dem materiellen Recht an, sie kommt deshalb trotz KO § 13 auch im Konkurse des Erben voll zur Wirkung. Sie ist von Amts wegen zu beachten und wo nötig auf dem Wege des § 766 ZPO zur Geltung zu bringen. Die Pfändung des Anteils eines Miterben (§ 2033 A 3) ist dem Privatgläubiger des Miterben nicht verwehrt.

§ 2215

Der Testamentsvollstrecker hat dem Erben unverzüglich nach der Annahme des Amtes ein Verzeichnis der seiner Verwaltung unterliegenden Nachlaßgegenstände und der bekannten Nachlaßverbindlichkeiten mitzuteilen[1]) und ihm die zur Aufnahme des Inventars sonst erforderliche Beihilfe zu leisten[2]).

Das Verzeichnis ist mit der Angabe des Tages der Aufnahme zu versehen und von dem Testamentsvollstrecker zu unterzeichnen; der Testamentsvollstrecker hat auf Verlangen die Unterzeichnung öffentlich beglaubigen zu lassen[3]).

Der Erbe kann verlangen, daß er bei der Aufnahme des Verzeichnisses zugezogen wird[4]).

Der Testamentsvollstrecker ist berechtigt und auf Verlangen des Erben verpflichtet, das Verzeichnis durch die zuständige Behörde oder durch einen zuständigen Beamten oder Notar aufnehmen zu lassen[5]).

Die Kosten der Aufnahme und der Beglaubigung fallen dem Nachlasse zur Last[6]).

E I 1906 II 2084; M 5 241, 242; P 5 310—312.

Befreiung unzulässig § 2220.

1. Der Testamentsvollstrecker hat dem Erben das **Nachlaßverzeichnis** unverzüglich (§ 121) nach Annahme des Amtes (§ 2202) und unverlangt mitzuteilen. Doch kann ihm der Erbe — nicht auch der Erblasser — die Mitteilung erlassen (LZ 1924, 239[2]). Die Verpflichtung besteht nur gegenüber dem Erben, erstreckt sich aber, wenn mehrere Erben vorhanden sind, jedem gegenüber auf den ganzen Nachlaß. Der Vermächtnisnehmer hat als

solcher darauf keinen Anspruch. Ist er jedoch mit dem Nießbrauche am Nachlasse bedacht, so ergibt sich die Pflicht des Testamentsvollstreckers zur Mitwirkung und Auskunft aus §§ 1035, 1068 (RG JW 04, 338[7]). Gegebenenfalls hat der Testamentsvollstrecker nach § 260 Abs 1 den Offenbarungseid zu leisten. Das Verzeichnis dient als Grundlage der dem Testamentsvollstrecker obliegenden ordnungsmäßigen Verwaltung (§ 2216 Abs 1) und ist für seine Schadensersatzpflicht von Bedeutung (§ 2219).

2. Die Pflicht zur **Beihilfe des Testamentsvollstreckers bei Aufnahme des Inventars** besteht selbständig neben der Verzeichnispflicht des Testamentsvollstreckers, wenn der Erbe freiwillig (§ 1993) oder weil ihm Inventarfrist bestimmt ist (§ 1994), damit vorgeht. Dem Testamentsvollstrecker selbst kann die Frist nicht bestimmt werden. Die Beihilfe besteht insbesondere in Auskunftserteilung über die Nachlaßschulden, die in seinem Besitze befindlichen Nachlaßgegenstände und in deren Vorzeigung. Die für das Inventar erforderliche Beschreibung und Wertsangabe (§ 2001 Abs 2) ist zweckmäßig, aber für das Verzeichnis des Testamentsvollstreckers nicht vorgeschrieben. Hat der Erbe gemäß § 2314 auf Verlangen eines Pflichtteilsberechtigten ein Verzeichnis der Nachlaßgegenstände unter Zuziehung des Pflichtteilsberechtigten herzustellen und dabei auch den Wert der Gegenstände ermitteln zu lassen, so hat der Testamentsvollstrecker seinerseits entsprechende Verpflichtungen gegenüber dem Erben. Dies folgt aus der Beihilfepflicht nach § 2215 Abs 1, auch aus § 2218 mit § 666 (RG JW 1916, 673[4]). Genügt das Verzeichnis des Testamentsvollstreckers den Anforderungen des Inventars, so kann sich der Erbe nach § 2004 hierauf berufen. Der Erbe ist seinerseits dem Testamentsvollstrecker nur im Umfange des § 2205 A 2 auskunftspflichtig.

3. Das privatschriftliche Verzeichnis genügt wie beim Vorerben (§ 2121). **Beglaubigung** (§ 129) kann vom Erben verlangt werden.

4. Verlangen der **Zuziehung** wie beim Nacherben § 2121 A 2. Ein Verzicht auf die Vorlegung eines amtlichen Verzeichnisses kann nicht ohne weiteres daraus gefolgert werden, daß der Erbe sich jahrelang bei dem ihm mitgeteilten Privatverzeichnisse beruhigt hat (RG JW 1916, 673[4]).

5. Entsprechend den Vorschriften beim Inventar § 2002.

6. Die **Kosten** sind im Konkurse Masseschulden, KO § 224 Nr 5. Entsprechend § 2121 Abs 4. — Zur Sicherheitsleistung ist der Testamentsvollstrecker durch das Gesetz nicht verpflichtet. Schadensersatzpflicht § 2219.

§ 2216

Der Testamentsvollstrecker ist zur ordnungsmäßigen Verwaltung des Nachlasses verpflichtet[1]).

Anordnungen, die der Erblasser für die Verwaltung durch letztwillige Verfügung getroffen hat, sind von dem Testamentsvollstrecker zu befolgen[2]). Sie können jedoch auf Antrag des Testamentsvollstreckers oder eines anderen Beteiligten von dem Nachlaßgericht außer Kraft gesetzt werden, wenn ihre Befolgung den Nachlaß erheblich gefährden würde[3]). Das Gericht soll vor der Entscheidung soweit tunlich die Beteiligten hören[4]).

E I 1899 Abs 1 Satz 1 II 2085; M 5 231; P 5 276—279, 283, 284, 531.

Befreiung unzulässig § 2220.

1. Begriff der **ordnungsmäßigen Verwaltung** §§ 2038, 276. Der Inhalt der Verwaltungspflicht bestimmt sich näher danach, ob dem Testamentsvollstrecker die Verwaltung nur als Mittel zur Ausführung der letztwilligen Verfügungen und zur Erbauseinandersetzung (§§ 2203, 2204), oder ob sie ihm für längere Dauer, in größerem oder geringerem Umfange, als Selbstzweck oder zur Erfüllung sonstiger Aufgaben übertragen ist (§§ 2205, 2208, 2209). Zur ordnungsmäßigen Führung einer solchen Verwaltung kann es gehören, daß nicht nur dem Erben selbst die Bestreitung eines standesmäßigen Unterhalts ermöglicht (RG Recht 1922 Nr 615), sondern er auch in den Stand gesetzt wird, seinen Unterhaltspflichten zu genügen (RG LZ 1918, 1268[15]). Für die Behandlung von Nachlaßgeldern und Wertpapieren durch den Testamentsvollstrecker gelten die §§ 2116ff. auch dann nicht, wenn ein Nacherbe vorhanden ist (KGJ 44, 87). Eingehung von Verbindlichkeiten aus Anlaß der Verwaltung §§ 2206, 2207. Der Testamentsvollstrecker ist für seine Verwaltung den Erben, von denen die Vornahme einer pflichtmäßigen Verwaltungshandlung auch durch Klage erzwungen werden kann (RG a. a. O. und insbes. RG 73, 26) und etwaigen Vermächtnisnehmern (§ 2219), nicht aber, wie der Nachlaßverwalter (§ 1985 A 3) unmittelbar auch sonstigen Nachlaßgläubigern verantwortlich. Doch versteht sich von selbst, daß er ihre Interessen gleich dem Erben selbst (§ 1978 A 2) vorzugsweise mit im Auge zu behalten hat. Grobe Pflichtverletzung und Unfähigkeit als Entlassungsgrund § 2227 Abs 1

2. **Anordnungen des Erblassers** verpflichten den Testamentsvollstrecker nur, wenn sie letztwillig getroffen sind, dann aber derart, daß er auch bei Einigkeit der sämtlichen Beteiligten über ihre Nichtbefolgung nicht von ihnen abgehen darf. Der Wirksamkeit von Verfügungen, die er ihnen zuwider vorgenommen hat, stehen sie nicht entgegen (RJA 10, 114). Weisungen, die ihm im Wege eines Auftrags unter Lebenden erteilt sein sollten, können vom Erben jederzeit widerrufen werden (§ 2197 A 1). Soweit letztwillige Anordnungen seine Rechte aufheben oder beschränken, ist er gegebenenfalls zur Anfechtung berechtigt (§ 2203 A 1). Der Dritte, dem die Anordnung zustatten kommt, kann aus ihr kein Recht für sich herleiten, so auch in dem Falle, daß dem Testamentsvollstrecker aufgegeben ist, dem zu seiner Unterstützung anzunehmenden Rechtsanwalt eine bestimmte Vergütung zu zahlen (RG Recht 07 Nr 2334).

3. **Außerkraftsetzung durch das Nachlaßgericht** setzt einen Antrag des Testamentsvollstreckers oder anderer Beteiligter (wie in § 2198 A 3, aber mit Ausschluß einfacher Nachlaßgläubiger) und die Besorgnis einer erheblichen Gefährdung des Nachlasses voraus (ähnlich bei der Verwaltung des Vormundes und des Gewalthabers, §§ 1803 Abs 2, 1639 Abs 2). Hierher gehörte in der Zeit fortschreitender Geldentwertung z. B. der Fall, daß der Erblasser die Anlegung des Nachlasses in mündelsicheren Staatspapieren angeordnet hatte (HansGZ 1923 Bbl 61). Eine Anordnung kann nicht mehr außer Kraft gesetzt werden, wenn eine Gefährdung des Nachlasses durch sie bereits dadurch beseitigt ist, daß der Testamentsvollstrecker ihr eigenmächtig zuwidergehandelt hat (RJA 10, 114; a. M. Kipp § 123 A 6). Bloße Unzweckmäßigkeit genügt nicht, auch die Abänderung wird möglichst im Sinne des Erblassers zu erfolgen haben. Teilungsanordnungen (§ 2048) kann das Nachlaßgericht nur aufheben, soweit sie mit Verwaltungsanordnungen zusammenfallen, z. B. die übertrieben hohe Preisfestsetzung für ein zu veräußerndes Grundstück.

4. **Gehör der Beteiligten,** insbesondere auch des Testamentsvollstreckers selbst (wie in §§ 1826, 1827, 2200, 2227, 2360), soweit dies tunlich, d. h. ohne übermäßigen Aufwand an Zeit und Kosten ausführbar ist. Gegen die Entscheidung ist die einfache Beschwerde gegeben; beschwerdeberechtigt ist im Falle der Zurückweisung des Antrags nur der Antragsteller, sonst jeder in seinem Rechte Beeinträchtigte, von mehreren ihr Amt gemeinschaftlich führenden Testamentsvollstreckern jeder einzelne (FGG §§ 19, 20, 82). — Der Erblasser kann den Testamentsvollstrecker von der Pflicht zur ordnungsmäßigen Verwaltung weder befreien noch das Maß der von ihm zu vertretenden Sorgfalt (§ 276) herabmindern (a. M. Strohal § 40a A 37), noch die Unabänderlichkeit seiner Anordnungen bestimmen.

§ 2217

Der Testamentsvollstrecker hat Nachlaßgegenstände, deren er zur Erfüllung seiner Obliegenheiten offenbar nicht bedarf, dem Erben auf Verlangen zur freien Verfügung zu überlassen[1]). Mit der Überlassung erlischt sein Recht zur Verwaltung der Gegenstände[2]).

Wegen Nachlaßverbindlichkeiten, die nicht auf einem Vermächtnis oder einer Auflage beruhen, sowie wegen bedingter und betagter Vermächtnisse oder Auflagen kann der Testamentsvollstrecker die Überlassung der Gegenstände nicht verweigern, wenn der Erbe für die Berichtigung der Verbindlichkeiten oder für die Vollziehung der Vermächtnisse oder Auflagen Sicherheit leistet[3]).

E I 1907 II 2086; M 5 242, 243; P 5 312—314, 543.

1. Der Testamentsvollstrecker hat schon vor Beendigung seines Amtes **Nachlaßgegenstände dem Erben zu überlassen,** soweit offenbar, d. h. ohne weitläufige Beweiserhebungen (Prot 5, 313, s. auch §§ 319, 1591, 1717, 2048) erhellt, daß er ihrer nicht bedarf. Beschränken sich die Obliegenheiten des Testamentsvollstreckers auf Ausführung letztwilliger Verfügungen und Auseinandersetzung (§§ 2203, 2204), so bedarf er der Nachlaßgegenstände nur insoweit, als er sie Dritten herauszugeben, oder, um Mittel zur Tilgung der Nachlaßverbindlichkeiten zu gewinnen, zu versilbern hat. Ist er dagegen schlechthin und auf längere Dauer mit der Verwaltung beauftragt (§ 2209), so werden hiervon regelmäßig alle Nachlaßgegenstände betroffen, an denen fremde Verwaltung möglich ist (§ 2205 A 3); für die Anwendung des § 2217 ist dann kein Raum (RG 19. 3. 23 IV 313/22). Ist die Verwaltung auf einzelne Nachlaßgegenstände beschränkt (§ 2208 A 2), z. B. auf ein Landgut, Handelsgeschäft, so ist Tatfrage, welche einzelne Gegenstände dem Testamentsvollstrecker hierfür entbehrlich sind. Er ist nur auf das nötigenfalls im Klagewege geltend zu machende Verlangen des Erben (bei mehreren Erben der Gesamtheit der Erben, RG 2. 3. 22 IV 516/21)

zur Überlassung verpflichtet. Dies schließt nicht aus, daß er, unter seiner Verantwortung aus § 2219, die Gegenstände auch unverlangt dem Erben überläßt (KGJ 40, 210). Jedenfalls hat er ihm, wenn er die Gegenstände herauszugeben oder von vornherein im Besitze des Erben zu belassen hat (§ 2205 A 2), die freie Verfügung darüber zu verschaffen, sonach ihn beschränkende Eintragungen (GBO § 53, FGG § 118) löschen zu lassen.

2. Mit der Überlassung **erlischt das Verwaltungsrecht,** zugleich aber das hiervon unzertrennliche Verfügungsrecht des Testamentsvollstreckers (§§ 2205 A 3, 2211 A 1), ebenso das Recht, in Beziehung auf diese Gegenstände Nachlaßverbindlichkeiten einzugehen (§ 2206 A 1) und darüber Prozeß zu führen (§§ 2212 A 1, 2213 A 2). Ist der Gegenstand einmal dem Erben zur freien Verfügung überlassen, so kann ihn der Testamentsvollstrecker nicht mehr, auch wegen Irrtums nicht zurückfordern.

3. Durch **Sicherheitsleistung** nach §§ 232ff. kann der Erbe die Herausgabe immer dann erzwingen, wenn der Testamentsvollstrecker die Nachlaßgegenstände zurückhalten will, um sie zum Zwecke der Tilgung gewöhnlicher Nachlaßverbindlichkeiten einschließlich der Pflichtteilsansprüche zu versilbern, oder wenn er bestimmte Gegenstände beim Eintritt einer Bedingung oder eines Termins an bestimmte Bedachte oder Auflageberechtigte auszuhändigen hat. Nicht dagegen kann er die Überlassung von Gegenständen fordern, die zur Vollziehung bereits fälliger Vermächtnisse und Auflagen bestimmt sind. Die Sicherheit ist dem Testamentsvollstrecker zu bestellen und kann von dem beteiligten Gläubiger nur in Anspruch genommen werden, wenn sie ihm abgetreten oder im Wege der Zwangsvollstreckung überwiesen ist. — Der Testamentsvollstrecker kann durch den Erblasser von der Überlassungspflicht befreit werden, in § 2220 ist § 2217 nicht mit angezogen. Haftung des Testamentsvollstreckers bei vorzeitiger Ausantwortung von Nachlaßgegenständen gegenüber dem Steuerfiskus gemäß den § 2205 A 1 angeführten Steuergesetzen.

§ 2218

Auf das Rechtsverhältnis zwischen dem Testamentsvollstrecker und dem Erben finden die für den Auftrag geltenden Vorschriften der §§ 664, 666 bis 668, 670, des § 673 Satz 2 und des § 674 entsprechende Anwendung[1]).

Bei einer länger dauernden Verwaltung kann der Erbe jährlich Rechnungslegung verlangen[2]).

E I 1908 Abs 1, 2 II 2087; M 5 244; P 5 263, 314—316.

Befreiung unzulässig § 2220.

1. Das **Rechtsverhältnis zwischen Testamentsvollstrecker und Erben** ist nicht selbst Auftrag, sondern nur in gewissen Beziehungen dem Auftrage nachgebildet. Es ergeben § 664: Der Testamentsvollstrecker kann sein Amt zwar jederzeit niederlegen (§ 2226), auch im Falle des § 2199 Abs 2 einen Nachfolger ernennen, darf es aber, auch nicht mit Zustimmung des Erben, im ganzen nicht einem Dritten übertragen (RG 81, 170), auch nicht in dem Sinne einen Dritten oder einen Mitvollstrecker zum Generalbevollmächtigten bestellen, daß er diesen frei schalten läßt. Die Bestellung von Prokuristen für das zum Nachlaß gehörige Handelsgeschäft ist als Verwaltungsmaßregel (§ 2216 A 1) nicht ausgeschlossen (RJA 11, 271). Überträgt er dem Dritten einzelne Verrichtungen, wozu er regelmäßig als ermächtigt gelten darf, im Falle der Verhinderung sogar verpflichtet sein kann, so haftet er für Verschulden in der Auswahl sowie für Verschulden eines Gehilfen. Umgekehrt kann auch der Erbe seine ihm aus §§ 2215—2217 gegen den Testamentsvollstrecker zustehenden Ansprüche selbst nicht übertragen, wohl aber die auf diesem Grunde entstandenen Herausgabe- und Ersatzansprüche. Der Testamentsvollstrecker tritt jedoch im Falle der Veräußerung des Erbanteils (§ 2033) zu dem Erwerber ohne weiteres in Beziehungen. Die Auskunftspflicht besteht bloß gegenüber dem Vorerben, gegenüber dem Nacherben nur unter den besonderen Voraussetzungen des § 2127 (RG Recht 1913 Nr 221). § 666: Benachrichtigungs- und Auskunftspflicht (vgl. § 2215 A 2). Rechenschaftsablegung, sobald der Testamentsvollstrecker die ihm obliegende Aufgabe im wesentlichen erfüllt hat; s. auch Abs 2 und § 259 (Erstreckung des Offenbarungseids darauf, daß der Nachlaßbestand nicht durch die Ansetzung von Ausgaben, die nicht zu Nachlaßzwecken gemacht worden sind, als zu niedrig hingestellt wird, RG JW 1913, 1150[7]). Unter Umständen auch schon vor der Durchführung des Amtes einerseits Anspruch gegen den Testamentsvollstrecker auf Schlußrechnung, z. B. dann, wenn die zur Ausführung des letzten Willens dienende Verwaltungstätigkeit im Sinne des § 2205 beendigt ist und eine selbständige Verwaltungstätigkeit im Sinne des § 2209 beginnt (RG LZ 1919, 1243[10]); anderseits Anspruch des Testamentsvollstreckers auf Entlastung wegen eines einzelnen Geschäfts (RG Warn 09 Nr 245) oder Klage auf Feststellung eines künftigen Empfangsberechtigten (RG Warn 1912 Nr 174, 3). § 667: Herausgabe der Erbschaft nach, im Falle des § 2217 schon vor Endigung des Amtes. § 668: Verzinsung vom Testamentsvollstrecker

für sich verwendeten Geldes. § 670: Ersatzpflicht des Erben für Aufwendungen des Testamentsvollstreckers innerhalb der Grenzen seiner Haftung für Nachlaßverbindlichkeiten (s. auch KO § 224 Nr 6). Zurückbehaltungsrecht des Testamentsvollstreckers § 273, aber kein Recht auf Vorschuß (§ 669 nicht anwendbar). § 673 Satz 2: Anzeige- und vorläufige Besorgungspflicht der Erben des Testamentsvollstreckers, wenn das Amt nach § 2225 durch seinen Tod endete. § 674: Das ohne Wissen des Testamentsvollstreckers, z. B. durch Eintritt einer auflösenden Bedingung (Verheiratung des Erben) oder gemäß § 2210 Satz 2 erlöschende Amt gilt zugunsten des Testamentsvollstreckers als fortbestehend, bis er vom Erlöschen Kenntnis erlangt oder das Erlöschen kennen muß. Unter diesen Voraussetzungen ist auch der vom Testamentsvollstrecker abgeleitete Erwerb des gutgläubigen Dritten geschützt (§ 169). Nicht aber, wenn der Testamentsvollstrecker in bösem oder wenn er fahrlässigerweise in falschem Glauben war. Auch der Vorweis des Zeugnisses deckt in diesem Falle den Dritten nicht (§ 2368 A 7). Nur der öffentliche Glaube des Grundbuchs (§§ 892, 893) kann ihm aufhelfen.

2. Abweichung von § 666 in besonderem Hinblick auf §§ 2209, 2210. Das Recht des Erben auf Rechnungslegung ist ein vermögensrechtlicher Anspruch, der bei Pfändung des Erbteils auf den Pfändungsgläubiger mit übergeht; einer Erschwerung der Verpflichtung des Testamentsvollstreckers bei dem Vorhandensein mehrerer Pfändungsgläubiger ist durch entsprechende Anwendung des § 432 zu begegnen (**RG** LZ 1916, 1473[9]). — Zu anderen Beteiligten als dem Erben steht der Testamentsvollstrecker von § 2219 A 2 abgesehen überhaupt in keinem Rechtsverhältnis. Insbesondere ist er dem Pflichtteilsberechtigten und regelmäßig auch dem Vermächtnisnehmer nicht zur Auskunft verpflichtet (**RG** 50, 224 und JW 04, 338[7]). In den besonderen Fällen, in denen ein Anspruch auf Auskunftserteilung als mitvermacht anzusehen ist (§ 2174 A 1), kann dieser Anspruch aber gemäß § 2213 auch gegen den verwaltenden Testamentsvollstrecker geltend gemacht werden.

§ 2219

Verletzt der Testamentsvollstrecker die ihm obliegenden Verpflichtungen, so ist er, wenn ihm ein Verschulden zur Last fällt, für den daraus entstehenden Schaden dem Erben[1]) und, soweit ein Vermächtnis zu vollziehen ist, auch dem Vermächtnisnehmer verantwortlich[2]).

Mehrere Testamentsvollstrecker, denen ein Verschulden zur Last fällt, haften als Gesamtschuldner[3]).

E I 1908 Abs 1 II 2088; M 5 244; P 5 263, 315.

Befreiung unzulässig § 2220.

1. Der Testamentsvollstrecker steht nur zum Erben, gegebenenfalls auch dem Vor- oder Nacherben, in einem gesetzlichen Schuldverhältnis (§ 2218) und ist deshalb grundsätzlich **nur dem Erben schadensersatzpflichtig,** ausnahmsweise auch dem Vermächtnisnehmer. Sämtliche dem Testamentsvollstrecker obliegende Verrichtungen (§§ 2203—2209, 2212—2218, 2226 Satz 3) unterstehen danach dem Grundsatze des § 276, wonach er Vorsatz und Fahrlässigkeit zu vertreten hat. Hat er das in seiner Verwaltung befindliche, von ihm nach den bisher maßgebenden Grundsätzen angelegte Vermögen in der Inflationszeit der Entwertung verfallen lassen, so kann ihm dies nicht ohne weiteres zum Verschulden angerechnet werden (**RG** 11. 11. 26 IV 216/26; vgl. AufwG § 79). Klagerecht des einzelnen Miterben gegen den Testamentsvollstrecker auf Einhaltung der Grenzen seiner Verwaltungsbefugnis und Vornahme einer pflichtmäßigen Verwaltungshandlung **RG** 73, 28 (§ 2216 A 1). Ist, wie bei der Auskunftspflicht oder der Herausgabepflicht (§ 2218 A 1), eine Leistung an den Erben zu bewirken, so bestimmt sich beim Vorhandensein einer Erbengemeinschaft das Klagerecht des einzelnen Miterben zwar, da der Anspruch nicht zum Nachlasse gehört, sondern erst in der Person der Erben entsteht, nicht nach § 2039, wohl aber nach der entsprechenden Vorschrift des § 432 (vgl. **RG** 86, 68; Herzfelder in JW 1925, 2147 zu 5). Soweit der Erblasser den Testamentsvollstrecker von der Erfüllung seiner Obliegenheiten nicht befreien kann (§ 2220), kann er auch das Maß seiner Vertretungspflicht nicht herabmindern (a. M. Strohal § 40a A 36). Seine Haftung für Vertreter und Gehilfen ergibt § 664 (§ 2218 A 1). Steht ihm die Ernennung eines Mitvollstreckers oder des Nachfolgers zu (§ 2199), so hat er ein bei der Auswahl ihn treffendes Verschulden gleichfalls zu vertreten. Ebenso haftet im Falle des § 2200 nach § 839 der Nachlaßrichter. Schadensersatz §§ 249ff. Strafrechtliche Verantwortung des Testamentsvollstreckers StGB § 266 Nr 1, Haftung für die Erbschaftssteuer und für Steuern, die der Erblasser schuldig geblieben ist, § 2205 A 1. Die Haftung des Erben für Handlungen des Testamentsvollstreckers erstreckt sich soweit, als dadurch Nachlaßverbindlichkeiten begründet werden (§ 1967). Dies trifft zu, soweit der Testamentsvollstrecker innerhalb des durch die letztwillige Verfügung des Erblassers und die gesetzlichen Vorschriften bestimmten Rechtskreises tätig wird, nicht aber

soweit er aus Veranlassung seines Amtes Dritten Schaden zufügt (Streitfrage, vom **RG** Warn 1914 Nr 127 dahingestellt gelassen).

2. Die Haftung des Testamentsvollstreckers ist durch positive Vorschrift auch **gegenüber dem Vermächtnisnehmer** begründet, und zwar auch wenn es sich, wie im Falle des § 2223, um ein Untervermächtnis handelt. Die Schadensersatzpflicht tritt nur ein, soweit der Bedachte vom Beschwerten Befriedigung nicht erlangen kann. Überdies, wenn der Erbe beschwert ist, nur in dem Umfange, in dem dieser nach §§ 1991 Abs 4, 1992 zur Entrichtung des Vermächtnisses verbunden war

3. Die **gesamtschuldnerische Haftung mehrerer Vollstrecker** (§§ 421 ff.) — vorausgesetzt, daß jeden ein Mitverschulden trifft — entspricht der Haftung mehrerer Vorstandsmitglieder und Liquidatoren (§§ 42, 53) oder mehrerer Vormünder (§ 1833). Sie **besteht nur**, soweit sie das Amt gemeinschaftlich führen (§ 2224). Ist jedem ein besonderer Wirkungskreis zugewiesen, so haftet er für sich allein, wenn den übrigen auch kein Aufsichtsrecht zusteht. Im **Verhältnis zueinander** sind sie nach § 426 zu gleichen Teilen ersatzpflichtig. Der bloß aufsichtsführende Testamentsvollstrecker (§ 2208 A 3) kann jedoch entsprechend § 1833 Abs 2 von den übrigen nicht mit in Anspruch genommen werden. Verjährung § 195. Haftung aus unerlaubter Handlung §§ 840, 852.

§ 2220

Der Erblasser kann den Testamentsvollstrecker nicht von den ihm nach den §§ 2215, 2216, 2218, 2219 obliegenden Verpflichtungen befreien.

E I 1906 Abs 1, 1908 Abs 3 II 2089; M 5 241, 242, 244; P 5 263, 310, 314, 316; 6 98.

Bei den betreffenden Vorschriften bereits berücksichtigt.

§ 2221

Der Testamentsvollstrecker kann für die Führung seines Amtes eine angemessene Vergütung verlangen, sofern nicht der Erblasser ein anderes bestimmt hat[1]).

E I 1909 Satz 1 II 2090; M 5 244, 245; P 5 316, 317.

1. **Vergütung.** Hat der Erblasser letztwillig selbst eine Vergütung ausgeworfen oder hat er jede Vergütung ausgeschlossen, so bleibt diese Bestimmung maßgebend, wenn sie nicht durch Vertrag mit dem Erben geändert wird. Ob darin, daß dem Testamentsvollstrecker eine Zuwendung gemacht ist, der Ausschluß eines besonderen Vergütungsanspruchs liegt, ist Auslegungsfrage. Die Vergütung ist, auch wenn sie letztwillig zugesprochen ist, kein Vermächtnis, sondern eine gewöhnliche Nachlaßverbindlichkeit. Es sei denn, daß aus der unangemessenen Höhe der zugebilligten Vergütung ein Vermächtniswille erhellt (§ 1939). Die Vergütung ist im Nachlaßkonkurse Masseschuld (KO § 224 Nr 6) und selbst dann aus dem ganzen Nachlasse zu entrichten, wenn der Testamentsvollstrecker nur für einen Erbteil bestellt ist. Dem Nachlaßgericht steht (anders beim Nachlaßpfleger §§ 1960 A 4, 1836) die Festsetzung nicht zu (RJA 4, 140). Es kann die Befugnis, da seine Zuständigkeit gesetzlich umgrenzt ist, auch nicht durch eine letztwillige Verfügung erhalten; eine solche Verfügung kann aber unter Umständen dahin ausgelegt werden, daß die mit den Verrichtungen des Nachlaßgerichts betraute Person die Vergütung entsprechend den §§ 317, 2156 festsetzen solle; die Festsetzung kann dann, wenn sie der Billigkeit nicht entspricht, auf Klage geändert werden (SeuffA 78 Nr 143). Im allgemeinen hat der Testamentsvollstrecker den Vergütungsanspruch, nötigenfalls im Prozesse, gegen den Erben geltend zu machen, der die beschränkte Haftung vorschützen kann. Es kann auch zu einer negativen Feststellungsklage des Erben gegen den Testamentsvollstrecker darüber kommen, daß dieser nicht mehr als den vom Kläger bezeichneten Betrag als Vergütung verlangen dürfe. Zur Führung eines solchen Prozesses bedarf eine Ehefrau als Erbin nicht der Zustimmung ihres Mannes, wenn ihr die Erbschaft gemäß § 1369 als Vorbehaltsgut zugewendet ist (**RG** 29. 10. 17 IV 241/17). Der Richter kann die Vergütung in Hundertteilen der Nachlaßmasse oder als runde Summe festsetzen; er braucht dabei, unter gebotener Würdigung der besonderen Verhältnisse des Einzelfalls, nur den Wert der Gesamtarbeit, nicht den jeder einzelnen Arbeit des Testamentsvollstreckers zu berücksichtigen (**RG** 1. 11. 18 VII 219/18). Neben der Vergütung hat der Testamentsvollstrecker Anspruch auf Ersatz seiner Auslagen (§§ 2218, 670) sowie auf Bezahlung der berufsmäßigen, regelmäßig nur gegen Entgelt geleisteten Dienste (Rechtsanwalt), soweit auch der Laien-Testamentsvollstrecker derartige Dienste innerhalb seines Amtes nicht selbst verrichtet haben würde (§ 1835 Abs 2). OLG 25, 16 will ihm nicht Ersatz der Kosten gestatten, die er für Aufstellung des Teilungsplans durch einen Rechnungsverständigen gezahlt hat. Leistung von

Vorschüssen (§ 669, in § 2218 nicht mitangezogen) kann er vom Erben nicht verlangen, um so weniger, als er gewöhnlich über den Nachlaß verfügen und sich daraus wegen seiner Aufwendungen und der ihm zustehenden Vergütung selbst befriedigen kann (SeuffA 75 Nr 227). Die Vergütung ist regelmäßig nach Beendigung des Amtes (über abweichende Übung in Hamburg vgl. HansGZ 1918 Beibl 82), bei länger andauernder Verwaltung periodisch (§ 2218 Abs 2) zu entrichten. Im Falle vorzeitiger Beendigung des Amtes ist der an sich angemessene Satz entsprechend zu mindern (vgl. auch § 628). Verjährung § 195 (JW 1918, 741[5]).

§ 2222

Der Erblasser kann einen Testamentsvollstrecker auch zu dem Zwecke ernennen, daß dieser bis zu dem Eintritt einer angeordneten Nacherbfolge die Rechte des Nacherben ausübt und dessen Pflichten erfüllt[1]).

E II 2091; P 5 309; 6 99.

1. **Testamentsvollstrecker im Interesse des Nacherben.** Der Wirkungskreis des Testamentsvollstreckers erstreckt sich regelmäßig auf eine durch Erbfall oder Eintritt der Nacherbfolge bereits eröffnete Erbschaft. § 2222 gestattet, für die Zeit vor Anfall der Nacherbschaft (§ 2139) zur Wahrnehmung der Rechte des Nacherben (§§ 2116—2119, 2121—2123, 2127—2129, ZPO § 773) und zur Erfüllung seiner Pflichten (§§ 2120, 2123) einen Testamentsvollstrecker zu bestellen. Innerhalb der hierdurch gezogenen Grenzen gelten für den Testamentsvollstrecker die allgemeinen Grundsätze, insbesondere seine ausschließliche Verfügungsmacht und Prozeßlegitimation (§§ 2211—2213). Die hierin liegende Beschränkung der Rechte des Nacherben macht es notwendig, auch in der Eintragung nach GBO § 52 die Bestellung des Testamentsvollstreckers mit zu erwähnen (KGJ 40, 198). Vermerk im Erbschein § 2363 A 3. Durch die Ernennung eines solchen Testamentsvollstreckers kann sich die sonst nach §§ 1912, 1913 gebotene Bestellung eines Pflegers für den Nacherben erledigen. Ist dem Vorerben ein Testamentsvollstrecker bestellt, so steht an und für sich nichts im Wege, demselben Testamentsvollstrecker auch die Fürsorge für den Nacherben zu übertragen. So insbesondere im Falle des § 2338. Denn mit der Bestellung einer gemeinschaftlichen Vertrauensperson für Vor- und Nacherben ist nicht notwendig ein Interessenwiderstreit geschaffen (a. M. OLG 10, 305; Dernburg V § 142 A 1). Dies wäre nur dann der Fall, wenn der Vorerbe selbst zum Testamentsvollstrecker für den Nacherben bestellt würde. Eine solche Bestellung hat deshalb als unwirksam zu gelten (RG 77, 177; KGJ 52, 78; a. M. Kipp § 95 VI, § 126 II), außer wenn der Vorerbe und Testamentsvollstrecker nur Miterbe oder wenn er nur einer von mehreren ihr Amt gemeinschaftlich oder in Kollegialverfassung führenden Testamentsvollstreckern ist (vgl. § 2197 A 1). Das Amt des gemäß § 2222 bestellten Testamentsvollstreckers erledigt sich durch Ausschlagung des Vor- oder Nacherben und endigt mit Eintritt der Nacherbfolge. Eine hiermit erst wirksam werdende Testamentsvollstreckung für den Nacherben unterliegt den allgemeinen Vorschriften.

§ 2223

Der Erblasser kann einen Testamentsvollstrecker auch zu dem Zwecke ernennen, daß dieser für die Ausführung der einem Vermächtnisnehmer auferlegten Beschwerungen sorgt[1]).

E I 1910 II 2092; M 5 245, 246; P 5 317.

1. Dem Testamentsvollstrecker ist zwar durch § 2203 allgemein die Ausführung letztwilliger Verfügungen übertragen. Da er jedoch grundsätzlich nur zum Erben in einem Rechtsverhältnis steht (§§ 2218 A 2, 2208 A 3), so bedurfte es einer besonderen Vorschrift, um ihn auch dem beschwerten Vermächtnisnehmer gegenüber zur **Fürsorge für Untervermächtnisse und Auflagen,** auch Nachvermächtnisse (§ 2191) zu ermächtigen. Der hierfür maßgebende Wille des Erblassers kann durch Auslegung aus der allgemeinen Bestellung des Testamentsvollstreckers ermittelt werden. Die Fürsorge kann ihm aber auch als einzige Aufgabe übertragen sein. Auch für die so beschränkte Testamentsvollstreckung gelten, soweit anwendbar, die allgemeinen Vorschriften, wobei der Erbschaft das beschwerte Vermächtnis gleichzustellen ist. Daraus folgt insbesondere, daß der Vermächtnisnehmer, soweit die Verwaltung dem Testamentsvollstrecker zusteht, von der Verfügung über den Vermächtnisgegenstand und dessen gerichtlicher Einforderung ausgeschlossen ist (§§ 2211, 2212) und daß der Testamentsvollstrecker gegen die Klage des Zweitbedachten und der Auflageberechtigten (§ 2194) im Umfange des § 2213 passiv legitimiert ist (RG DJZ 1924, 475). Anderseits steht dem Testamentsvollstrecker, soweit er die Beschwerung nicht selbst ausführen kann, nach § 2208 Abs 2 die Klage gegen den Beschwerten zu.

§ 2224

Mehrere Testamentsvollstrecker führen das Amt gemeinschaftlich[1]); bei einer Meinungsverschiedenheit entscheidet das Nachlaßgericht[2]). Fällt einer von ihnen weg, so führen die übrigen das Amt allein[3]). Der Erblasser kann abweichende Anordnungen treffen[4]).

Jeder Testamentsvollstrecker ist berechtigt, ohne Zustimmung der anderen Testamentsvollstrecker diejenigen Maßregeln zu treffen, welche zur Erhaltung eines der gemeinschaftlichen Verwaltung unterliegenden Nachlaßgegenstandes notwendig sind[5]).

E I 1893 II 2093; M 5 222, 223; P 5 255—257.

1. **Mehrere Testamentsvollstrecker** (§§ 2197, 2199, 2200 A 1) führen das Amt gemeinschaftlich sowohl nach innen, indem sie ihre Beschlüsse nur einstimmig fassen können, wie nach außen, indem sie (abweichend von HGB § 115 Abs 1) grundsätzlich sämtlich bei einem Rechtsgeschäfte tätig zu werden haben. Doch können sie unbeschadet ihrer Haftung nach §§ 2218 A 1, 664 die Ausführung einem aus ihrer Mitte oder einem Dritten übertragen. Insoweit mehreren von ihnen ein Verschulden zur Last fällt, haften sie als Gesamtschuldner, § 2219 Abs 2. Eigenmächtige Teilung des Wirkungskreises entbindet sie nicht von der gemeinschaftlichen Verantwortung, s. aber A 4 u. 5. Das Auskunfts- und Rechenschaftsverlangen kann auch gegen einen einzelnen Testamentsvollstrecker geltend gemacht werden (**RG** JW 1913, 495[17]). Die Steuerbehörde (§ 2205 A 1) kann bis zur Höhe des von mehreren Testamentsvollstreckern verwalteten Nachlasses jeden von ihnen in Anspruch nehmen und es ihm überlassen, die nach dem bürgerlichen Recht etwa erforderliche Mitwirkung des oder der Mitvollstrecker seinerseits herbeizuführen (RFinH JW 1925, 2038[7]).

2. Das **Nachlaßgericht** ist zur **Entscheidung von Meinungsverschiedenheiten** wie im Falle des § 1797 Abs 1 das Vormundschaftsgericht berufen. Die Entscheidung kann nicht nur von jedem Testamentsvollstrecker, sondern auch von sonstigen Beteiligten beantragt werden (RJA 13, 94). Der Prozeßweg unter den Testamentsvollstreckern zur Schlichtung einer Meinungsverschiedenheit über eine gemeinschaftlich auszuführende Amtshandlung ist ausgeschlossen (OLG 1, 196). Steht aber nicht fest, daß die in Rede stehende Amtshandlung den mehreren Vollstreckern gemeinschaftlich obliegt, besteht vielmehr Streit darüber, wer von ihnen sie vorzunehmen hat oder ob sie gemeinschaftlich vorzunehmen ist, so entscheidet hierüber das Prozeßgericht (OLG 26, 357). Eine Meinungsverschiedenheit im Sinne des § 2224 liegt auch nicht vor, wenn unter zwei Testamentsvollstreckern, von denen der eine zugleich Nachlaßschuldner ist, Streit darüber besteht, ob dieser auf Grund seiner Schuld eine Leistung an den Nachlaß zu bewirken hat. In solchem Falle ist der zweite Testamentsvollstrecker gemäß A 3, unter Umständen auch A 5 für sich allein zur gerichtlichen Geltendmachung der Nachlaßforderung befugt (**RG** 98, 173; KGJ 46, 134). Die auf Vornahme eines Rechtsgeschäfts lautende Entscheidung des Nachlaßgerichts tritt nach FGG §§ 82 Abs 2, 53 Abs 1, vorbehaltlich § 53 Abs 2 erst mit der Rechtskraft in Wirksamkeit. Die Beschwerde steht, und zwar als sofortige jedem Testamentsvollstrecker selbständig, überdies aber den sonstigen Beteiligten, Erben, Bedachten und Auflageberechtigten aus § 2194 zu (FGG §§ 60 Nr 6, 20, 82 Abs 1). Das Nachlaßgericht darf sich nicht insofern an die Stelle der Testamentsvollstrecker setzen, als es eine von keinem derselben vertretene Meinung zur Geltung bringt. Anderseits kann es nicht gezwungen werden, einer der Meinungen beizutreten, wenn es sämtliche Meinungen verwirft. Es hat deshalb, wenn es ihm nicht gelingt, einen der Testamentsvollstrecker zur entsprechenden Antragstellung zu bestimmen, die Entscheidung abzulehnen und in wichtigen Angelegenheiten den Beteiligten zu überlassen, die Entlassung des oder der widerspenstigen Testamentsvollstrecker nach § 2227 herbeizuführen (so Schaub in DJZ 08, 700; a. M. Dernburg V § 138 A 2).

3. Der **Wegfall** eines Testamentsvollstreckers kann in der Ablehnung des Amtes oder in der Beendigung nach §§ 2225, 2227, aber auch darin seinen Grund haben, daß er im einzelnen Falle durch *rechtliche in seiner Person liegende Gründe* an der Mitwirkung an einem Rechtsgeschäfte (**RG** 58, 300; 61, 139) oder an einer Prozeßhandlung (**RG** 98, 173) dauernd verhindert ist. Vorübergehende Verhinderung durch Krankheit u. dgl. ist kein Wegfall.

4. Der Erblasser kann letztwillig **abweichende Anordnungen** insofern treffen, als er jedem der mehreren Testamentsvollstrecker einen besonderen Wirkungskreis mit eigener Verantwortung anweist, jeden nach außen zur vollen Vertretung ermächtigt (A 1), Mehrheitsbeschlüsse zuläßt (Kollegialverfassung), die Entscheidung des Nachlaßgerichts ausschließt, sie einem Dritten oder auch einem der Testamentsvollstrecker überträgt (A 2), mit Wegfall des einen auch das Amt der anderen erlöschen läßt oder nach § 2197 Abs 2 für Ersatz sorgt (A 3) u. dgl. Die abweichenden Anordnungen sind im Vollstreckerzeugnis (§ 2368) mit anzugeben. Unzulässig ist, die Wirksamkeit von Rechtshandlungen des Testamentsvollstreckers von der Genehmigung

des Nachlaßgerichts abhängig zu machen, da der Erblasser über den Wirkungskreis von Behörden nicht bestimmen kann.

5. **Ohne Zustimmung der anderen** zu handeln ist der Testamentsvollstrecker, wie bei der Gemeinschaft (§ 744 Abs 2) und der Erbengemeinschaft (§ 2038 Abs 1) nur unter der Voraussetzung ermächtigt, daß es sich um dringliche Erhaltungsmaßregeln handelt. Dazu kann auch die Klage auf Feststellung einer Nachlaßforderung oder ihre gerichtliche Beitreibung gehören (**RG** 98, 173; JW 02 Beil 244[135]). Nimmt ein Testamentsvollstrecker ein Rechtsgeschäft oder eine dingliche Verfügung vor, ohne durch Abs 2 gedeckt zu sein, so kann die Handlung nach §§ 177 ff., 185 nur durch Genehmigung der übrigen oder durch beifällige Entscheidung des Nachlaßgerichts (A 2) wirksam werden. Abweichende Anordnungen des Erblassers sind auch in dieser Hinsicht zulässig (A 4; a. M. Planck A 10).

§ 2225

Das Amt des Testamentsvollstreckers erlischt[1]), wenn er stirbt[2]) oder wenn ein Fall eintritt, in welchem die Ernennung nach § 2201 unwirksam sein würde[3]).

E I 1894 II 2094; M 5 223; P 5 257—259.

1. Die **Beendigung des Amtes** des Testamentsvollstreckers tritt immer von selbst ein, ohne daß es (wie bei der Nachlaßpflegschaft § 1960 A 4) einer förmlichen Aufhebung oder einer Anzeige der Amtsniederlegung an das Nachlaßgericht bedarf. So durch Erledigung aller dem Testamentsvollstrecker zugewiesenen Aufgaben (**RG** 81, 166). Ebenso durch Eintritt der auflösenden Bedingung oder des Endtermins, so insbesondere im Falle des § 2210. Das dem Testamentsvollstrecker erteilte Zeugnis wird mit Beendigung des Amtes von selbst kraftlos, § 2368 Abs 3, die Vermerke im Grundbuch und Schiffsregister (GBO § 53, FGG § 118) sind auf Antrag des Erben zu löschen. Herausgabe- und Rechenschaftspflicht §§ 2218 A 1, 666, 667, Wirksamkeit einer nach Beendigung des Amtes vorgenommenen Verfügung § 674. Eine vom Testamentsvollstrecker erteilte Vollmacht erlischt mit Beendigung des Amtes (KGJ 41, 79). Auf den Gang eines schwebenden Prozesses ist die Beendigung des Amtes ohne Einfluß (§§ 2212 A 1, 2213 A 1). Nicht beendet wird das Amt des Testamentsvollstreckers dadurch, daß er zum Vormunde des Alleinerben bestellt wird (KGJ 48, 141). Auch nicht durch Eröffnung des Nachlaßkonkurses oder der Nachlaßverwaltung (**RG** Gruch 63, 617). Konkurseröffnung über das Vermögen des Testamentsvollstreckers kann nur einen Entlassungsgrund nach § 2227 bilden. — Der Wegfall der Testamentsvollstreckung hat zur Folge, daß die Ausschließung des Erben von dem Verfügungsrechte (§ 2211 A 1) aufhört. Diese Folge tritt auch dann ein, wenn der Testamentsvollstrecker durch rechtliche, in seiner Person liegende Gründe an einer bestimmten Verfügung über einen Nachlaßgegenstand verhindert ist (vgl. § 2224 A 3). Auch in einem solchen Falle steht das Verfügungsrecht dem Erben zu (KG RJA 16, 139).

2. **Tod** des Testamentsvollstreckers. Das Amt geht nicht auf seine Erben über, soweit nicht der Erblasser einen bestimmten Erben nach § 2197 Abs 2 als Nachfolger ernannt hat. Die Berufung des oder der Erben schlechthin ist keine „Ernennung". Anzeigepflicht und vorläufige Fortführung des Amtes durch die Erben des Testamentsvollstreckers §§ 2218 A 1, 673 Satz 2.

3. **Eintritt der Geschäftsunfähigkeit** oder der beschränkten Geschäftsfähigkeit, Bestellung eines Pflegers nach § 1910 zur Besorgung der Vermögensangelegenheiten. Eine Wiederaufhebung der Entmündigung oder der Pflegschaft läßt das einmal erloschene Amt nicht wieder aufleben.

§ 2226

Der Testamentsvollstrecker kann das Amt jederzeit kündigen[1]). Die Kündigung erfolgt durch Erklärung gegenüber dem Nachlaßgerichte[2]). Die Vorschriften des § 671 Abs 2, 3 finden entsprechende Anwendung[1]).

E I 1895 II 2095; M 5 223, 224; P 5 259, 260.

1. Das **Kündigungsrecht** steht dem Testamentsvollstrecker gleich dem Beauftragten (§ 671 Abs 1) jederzeit zu, und zwar ohne daß er dabei über den Grund Rechenschaft zu geben hätte. Doch darf er, außer wenn ein wichtiger Grund vorliegt, nicht zur Unzeit kündigen (§ 671 Abs 2). Hatte er durch Vertrag mit dem Erblasser oder dem Erben auf das Kündigungsrecht verzichtet, so darf er nur aus wichtigen Gründen kündigen (§ 671 Abs 3). Aber auch die unzeitige oder grundlose Kündigung bringt das Amt zum Erlöschen und kann den Testamentsvollstrecker nur schadensersatzpflichtig machen. RJA 12, 112 (§ 2199 A 2) läßt die Beschrän-

kung der Kündigung auf einen Teil des Amtes zu, wenn sich ein entsprechender Wille des Erblassers feststellen läßt. Dem Ehemann steht aus § 1358 kein Kündigungsrecht zu (§ 2202 A 2).

2. **Erklärung gegenüber dem Nachlaßgericht**, jedoch ohne Formzwang wie § 2202 A 2. Wirksamkeit § 130. Einsicht der Akten § 2228.

§ 2227

Das Nachlaßgericht kann den Testamentsvollstrecker auf Antrag eines der Beteiligten entlassen[1]), wenn ein wichtiger Grund vorliegt; ein solcher Grund ist insbesondere grobe Pflichtverletzung oder Unfähigkeit zur ordnungsmäßigen Geschäftsführung[2]).

Der Testamentsvollstrecker soll vor der Entlassung wenn tunlich gehört werden[3]).

E I 1896 II 2096; M 5 224—226; P 5 260, 261.

1. Die **Entlassung** des Testamentsvollstreckers kann nicht von Amts wegen, sondern nur auf Antrag, auch schon vor Beginn des Amtes (§ 2202) erfolgen. Hierzu sind die Beteiligten im Sinne von § 2198 A 3, also einschließlich der Nachlaßgläubiger und Mitvollstrecker berechtigt, dagegen nicht der Testamentsvollstrecker selbst, dem vielmehr nach § 2226 das Kündigungsrecht zusteht. Die nach Dienstordnungen zur Versagung der Erlaubnis berechtigte Behörde (§ 1888) hat kein eigenes Antragsrecht, sie kann den Beamten nur zur Kündigung anhalten. Das Nachlaßgericht wird im Wege der freiwilligen Gerichtsbarkeit tätig, der Prozeßweg ist damit ausgeschlossen. Eigentliche Aufsichtsrechte stehen dem Nachlaßgerichte nicht zu, auch nicht bei darauf gerichteten Anordnungen des Erblassers (OLG 40, 136 A 1). Eine zeitweilige Entlassung ist unstatthaft; desgleichen eine einstweilige Anordnung des Nachlaßgerichts auf vorläufige Amtsenthebung (JFG 3, 172).

2. Was als **wichtiger Grund** zu gelten habe, ist dem pflichtmäßigen Ermessen des Nachlaßgerichts anheimgestellt. Pflichtverletzung (grober Art, z. B. durch eine von den Umständen nicht gebotene Bevorzugung der eigenen geldlichen Interessen vor denen der Erben, OLG 44, 98) und Unfähigkeit sind (wie in § 27 Abs 2) nur beispielsweise aufgeführt. Verschulden des Testamentsvollstreckers ist nicht vorausgesetzt (KGJ 36 A 74); es genügt, daß er durch sein persönliches Verhalten oder die bei ihm tatsächlich bestehenden Verhältnisse begründeten Anlaß zu der Annahme gibt, sein Verbleiben im Amte werde die Ausführung des letzten Willens beeinträchtigen oder die berechtigten Interessen der Beteiligten gefährden (OLG 30, 210). Unter diesem Gesichtspunkte sind auch Feindschaft zwischen dem Vollstrecker und dem Erben (OLG 26 S. 357 u. 358; 40, 137) oder zwischen Mitvollstreckern (RJA 14, 25) und längere Abwesenheit des Vollstreckers (KGJ 47, 92) als Entlassungsgründe zu würdigen. Die Verhinderung des Vollstreckers, bei einer einzelnen Nachlaßangelegenheit, z. B. infolge seiner Eigenschaft als Nachlaßschuldner, mitzuwirken, ist an sich und vorbehaltlich einer besonderen Sachlage (wie in dem Falle JFG 3, 169) noch kein wichtiger Grund zu seiner Entlassung (RG 98, 174; vgl. §§ 2224 A 2/3, 2225 A 1 a. E.). Dagegen wird die Klarstellung des Umstandes, daß das Nachlaßgericht den Testamentsvollstrecker ohne ein die Ernennung rechtfertigendes Ersuchen des Erblassers ernannt habe (§ 2200 A 1), als ein wichtiger Grund für die Entlastung angesehen werden müssen, die aber auch in diesem Falle nur auf Antrag erfolgen darf (Recht 1925 Nr 2438).

3. **Gehör** wie § 2216 A 4. Dem Testamentsvollstrecker steht gegen seine Entlassung sofortige Beschwerde (FGG § 81 Abs 2), den Beteiligten gegen die Ablehnung einfache Beschwerde zu (FGG §§ 19ff.). Akteneinsicht und Ausfertigungen FGG §§ 78, 85. — Anwendbarkeit des älteren Rechtes RG 46, 70.

§ 2228

Das Nachlaßgericht hat die Einsicht der nach § 2198 Abs 1 Satz 2, § 2199 Abs 3, § 2202 Abs 2, § 2226 Satz 2 abgegebenen Erklärungen jedem zu gestatten, der ein rechtliches Interesse glaubhaft macht[1]).

P 6 338, 339

1. **Akteneinsicht** wie § 1953 A 5. Es betreffen § 2198: Die Bestimmung des Testamentsvollstreckers durch einen Dritten, § 2199: Bestimmung des Mitvollstreckers oder Nachfolgers durch den Testamentsvollstrecker, § 2202: Annahme- oder Ablehnungserklärung, § 2226: Kündigung. Vgl. auch FGG §§ 34, 78, 85.

Siebenter Titel

Errichtung und Aufhebung eines Testaments

Das BGB unterscheidet zwischen der ordentlichen und außerordentlichen Testamentsform. Als ordentliche Testamente kennt es das vor Richter oder Notar errichtete (§§ 2231 Nr 1, 2232—2246) und das eigenhändige Privattestament (§§ 2231 Nr 2, 2247, 2248). Als außerordentliche Testamentsformen das Gemeinde-, Seuchen- und Seetestament (§§ 2249 bis 2252). Daneben kommt das privilegierte Militärtestament in Betracht. Es war früher in § 44 RMilG v. 2. 5. 74 mit § 20 EGMStGO v. 1. 12. 98 geregelt; diese Bestimmungen waren nach EG Art 44 auf das Marinetestament entsprechend anwendbar (vgl. über diesen früheren Rechtszustand: Schlegelberger, Gruch 59 S. 240—243, 245f. und Leonhard, JW 1919 S. 479—482; ferner zu § 44 Nr 1 Abs 1 RMilG: RG JW 1920, 784[11] und zu Nr 2b das.: RJA 16, 214). Jetzt hat das Militärtestament, von dem das Marinetestament dem Namen nach nicht mehr unterschieden wird, in § 38 RWehrG v. 20. 3. 21 eine mit dem früheren Recht im wesentlichen übereinstimmende Regelung gefunden. Es kann in Kriegszeiten oder in Friedenszeiten in solchen Bezirken, in denen Maßnahmen gemäß RVerf Art 48 unter Heranziehung der Wehrmacht getroffen sind, von Angehörigen der Wehrmacht und den nach dem Militärstrafgesetz den Militärgesetzen unterworfenen Personen, auch von Kriegsgefangenen und Geiseln, solange sie sich in der Gewalt des Feindes befinden, in den in § 38 Nr 3a bis c angegebenen Formen errichtet werden. Dieselben erleichterten Formen stehen Personen der Besatzung eines in Dienst gestellten Fahrzeugs der Reichsmarine sowie andern an Bord genommenen und dort befindlichen Personen auch zu anderen Zeiten als denen eines Krieges oder einer Maßnahme nach RVerf Art 48 so lange offen, als sich das Fahrzeug außerhalb eines inländischen Hafens befindet. Als Nottestament verliert das Militärtestament mit dem Ablaufe eines Jahres nach dem Aufhören des die erleichterte Form zulassenden Zustandes seine Gültigkeit (§ 38 Nr 3g). Ein ordentliches öffentliches Testament mit unbeschränkter Gültigkeitsdauer kann im Felde oder während des Aufenthalts eines Fahrzeugs der Reichsmarine außerhalb eines inländischen Hafens vor militärischen Urkundspersonen (Kriegs- oder Oberkriegsgerichtsrat mit dem jetzt als Urkundsbeamter der Geschäftsstelle des Militärgerichts bezeichneten Militärgerichtsschreiber) errichtet werden nach Maßgabe des MilFGG v. 28. 5. 01, §§ 1, 2; FGG § 184; Bek v. 4. 1. 15, RGBl 18, §§ 1, 2, 6 (Schlegelberger a. a. O. 243f., 246ff.) und Bek v. 8. 3. 17, RGBl 29, §§ 1, 3 (Ortsangabe in den Protokollen militärischer Urkundspersonen mit rückwirkender Kraft v. 1. 8. 14 an für entbehrlich erklärt). Testamente vor Reichskonsuln in den Konsulargerichtsbezirken KonsGG v. 7. 4. 00 §§ 2, 7 Nr 2, 19 Nr 1 (vgl. auch § 38), in den sonstigen Konsularbezirken KonsOG v. 8. 11. 67 § 16 und EG Art 38; in den Schutzgebieten vor den zur Ausübung der Gerichtsbarkeit ermächtigten Beamten mit Ausschluß von Notaren (SchutzgebG v. 10. 9. 00 §§ 2, 3; VO v. 9. 11. 00 § 11). Besonderheiten wegen des Anerbenrechts EG Art 64, der Hausverfassungen der ehemals souveränen Häuser und des hohen Adels EG Art 57, 58 (durch RVerf Art 109 nicht beseitigt RG 101, 185; 103, 192f.). — Internationales Recht über die Testierfähigkeit EG Artt 7, 24 Abs 3, die Testamentsform Art 11 Abs 1. Übergangsvorschriften EG Artt 214, 215.

§ 2229

[1]) Wer in der Geschäftsfähigkeit beschränkt ist, bedarf zur Errichtung eines Testaments nicht der Zustimmung seines gesetzlichen Vertreters[2]).

Ein Minderjähriger kann ein Testament erst errichten, wenn er das sechzehnte Lebensjahr vollendet hat[3]).

Wer wegen Geistesschwäche, Verschwendung oder Trunksucht entmündigt ist, kann ein Testament nicht errichten[4]). Die Unfähigkeit tritt schon mit der Stellung des Antrags ein, auf Grund dessen die Entmündigung erfolgt[5])[6]).

E I 1912 II 2097; M 5 247—253; P 5 317—325; 6 73.

1. Nach den allgemeinen Vorschriften über die Wirksamkeit der Rechtsgeschäfte sind **von der Testamentserrichtung** schlechthin **ausgeschlossen:** a) Geschäftsunfähige, d. h. nach § 104 Nr 1 Personen unter 7 Jahren, Nr 2 dauernd Unzurechnungsfähige (RG DJZ 1921, 78 über den Unterschied zwischen einem die freie Willensbestimmung ausschließenden Zustande der Geistesstörung und einem auf bloßer Willensschwäche beruhenden Zustande leichter Beeinflußbarkeit), Nr 3 wegen Geisteskrankheit Entmündigte, solange die Entmündigung formell

zu Recht besteht. Ist der Krankheitszustand der § 104 unter Nr 2 Genannten in lichten Zwischenräumen behoben, so sind sie, falls sie nicht entmündigt sind (Nr 3), während dieser Zeit auch geschäftsfähig und können wirksam testieren (RG 8. 3. 06 IV 420/05, 18. 5. 08 IV 367/07). Auch die Entmündigung (Nr 3) steht unter den besonderen Voraussetzungen des § 2230 der Gültigkeit des Testaments nicht entgegen; b) Personen, die sich während der Errichtung im Zustande der Bewußtlosigkeit oder vorübergehenden Störung der Geistestätigkeit befinden, § 105 Abs 2. Der vorliegende Paragraph entzieht die Testierfähigkeit: c) den Minderjährigen unter 16 Jahren Abs 2, d) den wegen Geistesschwäche, Verschwendung oder Trunksucht Entmündigten Abs 3, s. jedoch §§ 2230, 2253 Abs 2. Daß der Testierunfähige auch nicht durch seinen gesetzlichen Vertreter testieren kann, folgt aus § 2064, wonach der Erblasser ein Testament nur persönlich errichten kann. Nachträglicher Erwerb der Testierfähigkeit macht das Testament nicht gültig (JW 1916, 607[1]; RG 111, 252; vgl. aber § 2231 A 7).

2. Von den **in der Geschäftsfähigkeit Beschränkten** (§§ 106, 114) scheiden die A 1 unter c und d Genannten aus. Die vorläufige Bevormundung nach § 1906 ist an sich kein Hindernis der Testamentserrichtung. Ebensowenig die Pflegschaft wegen Gebrechlichkeit nach § 1910. S. jedoch beim Erbvertrag §§ 2290 Abs 3, 2292. Auch wenn die vorläufige Bevormundung auf Grund eines Entmündigungsantrags wegen Geisteskrankheit erfolgt, bleibt für die Frage der Testierfähigkeit maßgebend, ob der Bevormundete im Augenblicke der Testamentserrichtung nach § 104 Nr 2 wirklich unzurechnungsfähig war. Nur in den Fällen des Abs 3 (Geistesschwäche usw.) hat die Antragstellung zurückbeziehende Wirkung (RG JW 1919, 724[10]). Jedenfalls entfällt, soweit der beschränkt Geschäftsfähige überhaupt testierfähig ist, die sonst durch § 107 gebotene Zustimmung des gesetzlichen Vertreters.

3. Der **Minderjährige** unter 16 Jahren (Berechnung des Lebensalters § 187 Abs 2) ist schlechthin testierunfähig (A 1). Von da ab steht er nach Abs 1 dem Volljährigen gleich, ausgenommen, daß er während der ganzen Dauer der Minderjährigkeit sich des eigenhändigen Testaments nicht bedienen (§ 2247) und das öffentliche Testament nur durch mündliche Erklärung errichten (§ 2238 Abs 2), also, wenn er stumm oder sonst am Sprechen verhindert ist, überhaupt nicht testieren kann. Für den Erbvertrag s. §§ 2275, 2290, 2292. Die §§ 2238 Abs 2, 2247 enthalten sachlich eine Beschränkung der persönlichen Fähigkeit zur Testamentserrichtung (vgl. RG 111, 252), werden aber im Zusammenhange des Gesetzes, anders als die dem § 2238 Abs 2 entsprechende Vorschrift des PrALR I 12 § 17, als Formvorschriften behandelt. Daraus wird gemäß EG Art 11 Abs 1 Satz 2 zu folgern sein, daß das von einem minderjährigen Deutschen über 16 Jahre im Ausland durch Übergabe einer Schrift oder privatschriftlich errichtete Testament gültig ist, wenn ihm das dortige Recht solche Errichtung gestattet. Um nichts anderes als um eine **Beschränkung der Testierfähigkeit** handelt es sich bei der durch EG Art 200, PrAG Art 48 aufrechterhaltenen Bestimmung des PrGes v. 16. 4. 60 § 6, wonach Eheleute in westfälischer Gütergemeinschaft bei bestehender beerbter Ehe über das gemeinschaftliche Vermögen nur gemeinschaftlich von Todes wegen verfügen können, also von einseitigen letztwilligen Verfügungen ausgeschlossen sind (RG 2. 6. 21 IV 622/20; vgl. auch RG 111, 249ff. und dagegen Endemann JW 1926, 543, der die Gültigkeit einer einseitigen letztwilligen Verfügung eines westfälischen Ehegatten nur nach der Rechtslage entschieden sehen will, die zur Zeit seines Todes bestanden habe, damit aber dem in den Mot zu § 6 des Münsterschen Entwurfs ausgesprochenen, dem § 6 des Ges von 1860 zugrunde liegenden Gedanken nicht gerecht wird, daß in einer für den Zusammenhalt der Familie so wichtigen Angelegenheit ein Zusammenwirken beider Ehegatten zu fordern sei).

4. **Geistesschwäche, Verschwendung oder Trunksucht** für sich allein heben die Geschäftsfähigkeit und damit die Testierfähigkeit nicht auf. Nur die deshalb ausgesprochene Entmündigung, obwohl sie nach § 114 nur zur beschränkten Geschäftsfähigkeit führt, hat zugleich den Verlust der Testierfähigkeit zur Folge (A 1). Doch bleibt der Entmündigte nach § 2253 Abs 2 auch jetzt noch zum Widerruf eines vor der Entmündigung errichteten Testaments befugt. S. auch § 2230.

5. Kommt es überhaupt nicht zur Entmündigung, so bleibt das während des Verfahrens errichtete Testament wirksam, auch wenn eine vorläufige Vormundschaft nach § 1906 angeordnet war. Dagegen wird die Wirkung der einmal ausgesprochenen Entmündigung (ZPO §§ 661, 683) **zurückbezogen auf den Zeitpunkt der Antragstellung** (ZPO §§ 647, 680). Nicht aber auch im Falle der Entmündigung wegen Geisteskrankheit (A 2)

6. **Beweislast.** Der Mangel der Testierfähigkeit ist gegenüber einem ordnungsmäßig errichteten Testamente für die Zeit der Testamentserrichtung von demjenigen zu beweisen, welcher Nichtigkeit des Testaments behauptet (RG Warn 1913 Nr 243). Im Falle des § 104 Nr 2 genügt nicht der Nachweis, daß sich der Erblasser „um" diese Zeit in dem dort vorausgesetzten Zustande befunden hat (RG Warn 1919 Nr 179; anders 2. Aufl.). Ist die Geschäftsfähigkeit für den Zeitpunkt der Testamentserrichtung durch öffentliche Urkunde bezeugt, so trifft nach ZPO § 418 die Beweislast für die Unrichtigkeit der bezeugten Tatsache, wenn der

Beweis landesgesetzlich überhaupt zulässig ist, unter allen Umständen den dies Behauptenden (RG 18. 5. 08 IV 367/07). Im Falle des Abs 3 braucht der Beweis nur darauf gerichtet zu werden, daß das Testament nach der Antragstellung errichtet ist (s. jedoch § 2230). — Sonstige Beschränkungen der Testierfähigkeit sind dem BGB unbekannt. Gütergemeinschaftliche Ehegatten § 1516.

§ 2230

Hat ein Entmündigter ein Testament errichtet, bevor der die Entmündigung aussprechende Beschluß unanfechtbar geworden ist, so steht die Entmündigung der Gültigkeit des Testaments nicht entgegen, wenn der Entmündigte noch vor dem Eintritte der Unanfechtbarkeit stirbt[1]).

Das gleiche gilt, wenn der Entmündigte nach der Stellung des Antrags auf Wiederaufhebung der Entmündigung ein Testament errichtet und die Entmündigung dem Antrage gemäß wiederaufgehoben wird[2]).

E II 2098; P 5 320, 321, 326.

1. Die **Testierunfähigkeit des Entmündigten** (§§ 104 Nr 3, 2229 Abs 3) tritt nach ZPO §§ 661, 683 mit Zustellung des Entmündigungsbeschlusses in Wirksamkeit und wird in den Fällen des § 2229 Abs 3 sogar auf den Zeitpunkt der Antragstellung zurückbezogen. Der Beschluß wird unanfechtbar, wenn die Monatsfrist der §§ 664, 684 ZPO abgelaufen oder wenn die rechtzeitig erhobene Klage rechtskräftig abgewiesen oder wenn sie zurückgenommen ist. Solange hiernach die Anfechtung möglich oder ein Erfolg der unternommenen Anfechtung nicht ausgeschlossen ist, bildet die Tatsache der Entmündigung für sich allein kein Hindernis wirksamer Testamentserrichtung, wenn der Entmündigte innerhalb dieses Zeitraums stirbt. Vielmehr hat derjenige, welcher Unwirksamkeit des vom Entmündigten errichteten Testaments behauptet, nach allgemeinen Grundsätzen den Mangel der Geschäftsfähigkeit aus § 104 Nr 2 oder § 105 (andere Fälle können hier nicht in Frage kommen) für die Zeit der Testamentserrichtung zu beweisen.

2. Selbst Unanfechtbarkeit der Entmündigung steht der Testamentserrichtung nicht entgegen, wenn sie in die Zeit nach Stellung des Wiederaufhebungsantrags fällt (ZPO §§ 675, 685) und wenn es demnächst wirklich zur **Wiederaufhebung der Entmündigung** kommt (ZPO §§ 672, 679 Abs 4, 686 Abs 4). Damit ist zugleich ausgesprochen, daß zur Zeit des die Wiederaufhebung anordnenden Beschlusses oder Urteils ein Grund zur Entmündigung nach § 6 nicht mehr vorgelegen habe. Demjenigen, welcher die Ungültigkeit des Testaments behauptet, ist jedoch der Beweis nicht abgeschnitten, daß der Erblasser gleichwohl zur Zeit der Testamentserrichtung willensunfrei im Sinne von §§ 104 Nr 2, 105 gewesen sei. Dagegen ist nach Abs 2 der Beweisantritt ausgeschlossen, daß der Erblasser wegen Geistesschwäche, Verschwendung oder Trunksucht damals noch mit Recht entmündigt gewesen sei. Das in der Zeit nach Zustellung des unangefochtenen oder erfolglos angefochtenen Entmündigungsbeschlusses bis zur Stellung des Wiederaufhebungsantrags errichtete Testament ist und bleibt dagegen nichtig. — Übergangsbestimmung EG Art 215 Abs 2.

§ 2231

Ein Testament kann in ordentlicher Form[1]) errichtet werden:

1. vor einem Richter oder vor einem Notar[2]);

2. durch eine von dem Erblasser[3]) unter Angabe des Ortes und Tages[5]) eigenhändig geschriebene[4]) und unterschriebene[6]) Erklärung[7]).

E I 1914, 1915 Abs 1 Satz 1 II 2099 Abs 1; M 5 261; P 5 326—330; KB 318—321; RTVerh 726—741.

1. Als **ordentliche Testamentsformen** kennt das BGB das (vorzugsweise so genannte) öffentliche Testament (Nr 1) und das Privattestament (Nr 2), das vom Gesetz im allgemeinen, aber doch nicht in jeder Hinsicht (s. A 7 a. E.) als dem öffentlichen Testamente gleichwertig behandelt wird. Dem stehen als außerordentliche Formen mit beschränkter Gültigkeitsdauer (§ 2252) gegenüber das Gemeinde-, Seuchen- und Seetestament der §§ 2249—2251. Über sonstige neben dem BGB in Kraft gebliebene Testamentsformen s. Vorbem vor § 2229.

2. Zur Beurkundung des **öffentlichen Testaments** (§§ 2232—2246) können landesgesetzlich entweder nur die Gerichte oder nur die Notare für zuständig erklärt werden (EG Art 141). Zur Aufnahme des richterlichen Testaments ist nur der verfassungsmäßig (GVG §§ 2ff.) bestellte Einzelrichter („vor einem Richter"), sonach der Amtsrichter befugt (FGG § 167

Abs 1). Inwieweit der Richter hierbei durch einen im Vorbereitungsdienst stehenden Rechtskundigen vertreten werden kann, bestimmen die Landesgesetze. Nach dem durch FGG § 2 für anwendbar erklärten § 167 GVG darf zwar der Richter Amtshandlungen außerhalb seines Bezirks ohne Zustimmung des Amtsgerichts des Ortes nur vornehmen, wenn Gefahr im Verzug obwaltet, und er hat in diesem Falle dem zuständigen Amtsgericht nachträglich hiervon Anzeige zu machen. In ähnlicher Weise ist landesgesetzlich die Zuständigkeit der Notare abgegrenzt. Allein die Gültigkeit eines Testaments kann wegen Verletzung dieser örtlichen Zuständigkeitsvorschriften niemals in Frage gestellt werden. Selbst dann nicht, wenn Richter oder Notar außerhalb der einzelstaatlichen Landesgrenzen tätig geworden wären (FGG § 7). **Denn das Gesetz erklärt ohne jede Einschränkung „einen Richter oder einen Notar" für zuständig,** wobei als selbstverständlich nur so viel vorausgesetzt ist, daß es sich um innerhalb des Deutschen Reichs tätig werdende, gemäß EG Art 141 sachlich zuständige deutsche Richter oder Notare handelt (a. M. Planck A 3 a).

3. **Privattestament.** Die vom Gesetz erforderten Formen sind so einfach **und leicht erfüllbar, daß kein Erblasser Nichtigkeit aus § 125 zu besorgen hat, wenn er seinen letzten Willen** so, wie er ihn im Augenblicke der Errichtung wirklich hegt, ohne Benutzung eines Vordrucks **mindestens mit der Sorgfalt niederschreibt,** die jedermann an einen Brief geschäftlichen Inhalts zu wenden pflegt. Läßt er sich auf Absonderlichkeiten in der Wahl der Schriftzeichen, des Schreibmaterials, im Gebrauche von Abkürzungen, in der räumlichen Anordnung des Schriftstücks usw. ein, so setzt er die Gültigkeit **des Testaments in einer mit dem Ernst des** Aktes nicht verträglichen Weise aufs Spiel. Die Form eines an einen Bedachten, einen Beschwerten, einen Testamentsvollstrecker oder eine sonstige Vertrauensperson gerichteten Briefes genügt. Ist die Person des Bedachten im Texte des Briefes nicht genannt, enthält der Brief aber Anhaltspunkte zur Bestimmung seiner Persönlichkeit, so können auch äußere Umstände, insbesondere die auf dem Umschlage des Briefes stehende Anschrift zu seiner näheren Kennzeichnung herangezogen werden (§ 2084 A 2; **RG** LZ 1927, 531[5]; wegen der Unterschrift eines in Briefform errichteten Testaments vgl. A 6, wegen der Möglichkeit der Verbindung des Testaments mit anderen brieflichen Mitteilungen A 4). Ist der Verfasser eines den Erfordernissen des Privattestaments entsprechenden Schriftstücks der Überzeugung, daß auf diese Weise kein rechtsgültiges Testament zustande gekommen sei, so kann der Inhalt des Schriftstücks nicht als rechtsgeschäftliche Willenserklärung aufgefaßt werden; bloße Zweifel an der Gültigkeit schaden jedoch nicht (**RG** LZ 1922, 293[5]). Ebenso ist zu entscheiden, wenn der Erblasser die Möglichkeit, ein Testament in mehreren Urschriften herzustellen (A 4 gegen E.), nicht kennt und deshalb eine von ihm nach der Urschrift gefertigte, überall den Erfordernissen des eigenhändigen Testaments genügende Abschrift für kein gültiges Testament hält (**RG** LZ 1923, 322[11]).

4. Haupterfordernis ist **eigenhändige Niederschrift** des Testaments in seinem gesamten Wortlaute, also einschließlich der Angabe des Ortes und Tages. Der Erblasser muß sich (wenn er nicht als Krüppel auf den Gebrauch eines andern Körperteils angewiesen ist) zum Schreiben unmittelbar der Hand bedienen. **Deshalb** ist mechanische Herstellung mit Hilfe von Typen (Druck, Maschinenschrift) oder durch mittelbare Kraftanwendung (Durchpausen) ausgeschlossen. Schreiben mit fremder Unterstützung (geführter Feder) ist so lange eigenhändiges Schreiben, als der Schreibende dabei selbst noch die Gestalt der Schriftzüge bestimmt; nicht wenn die Hand des Erblassers bei der Niederschrift, sei es auch nur einzelner Worte oder Zahlen, völlig unter fremder Herrschaft und Leitung steht (**RG** Warn 09 Nr 31; 1911 Nr 336; KGJ 48, 82; BayObLG JW 1921, 276[1]). Der Stoff, auf welchem (Papier, Holz, Metall, Stein) und mittels dessen (Tinte, Bleistift, Pinsel, Griffel, Meißel) die Niederschrift bewirkt wird, ist gleichgültig. In **RG** JW 1910, 291[30] ist die Niederschrift mittels Griffels auf der Schiefertafel für einfache ländliche Verhältnisse nicht beanstandet, aber hervorgehoben, daß die Benutzung besonders rasch vergänglicher Stoffe dem Wesen des Testaments widerspricht und seine Ernstlichkeit in Frage stellen kann. Die Wahl der Sprache — einer toten oder lebendigen — steht dem Erblasser frei, falls er sich darin genügend verständlich machen kann. Ebenso die Wahl der Schriftzeichen (der benutzten oder einer andern Sprache), insbesondere der Stenographie, wenn die Möglichkeit der Entzifferung nicht bloß auf einen engen Kreis von Sachkennern beschränkt ist. War der Erblasser selbst nicht imstande, **das von ihm Geschriebene zu lesen,** so ist das Testament nach § 2247 nichtig. Der Zusatz einzelner Verfügungen, den der Erblasser bei der Abfassung des Testaments von fremder Hand fertigen läßt oder in Maschinenschrift fertigt, macht nicht notwendig das ganze Testament nichtig, vielmehr ist hierüber nach § 2085 zu entscheiden (**RG** 63, 28 und Recht 1921 Nr 582). Nicht erforderlich ist, daß die Niederschrift eine in sich geschlossene selbständige Urkunde bildet, dafern sie nur nach dem Willen des Erblassers eine sogleich wirksame Verfügung von Todes wegen (nicht bloß ein Entwurf, die Mitteilung des Vorhabens zu testieren u. dgl.) sein soll. Das Testament kann deshalb auch einem Brief (**RG** JW 07,

148[25]; A 3) oder dem Antrag an eine Behörde (RWirtschG JW 1923, 197[2]) einverleibt sein. Ebenso kann es mehrere lose Blätter umfassen, wenn deren Zusammengehörigkeit feststeht. Es kann endlich auch in mehreren urschriftlichen Exemplaren hergestellt werden, wozu besonderer Anlaß vorliegt, wenn (z. B. bei einer Errichtung im Felde) der Verlust einer Testamentsschrift zu befürchten ist (RG LZ 1923, 322[11]). Unzulässig ist die Verweisung auf eine Urkunde, die ihrerseits der Testamentsform entbehrt, testamentum mysticum (RG Warn 1915 Nr 210; 1917 Nr 59, 1925 Nr 29; vgl. aber A 7 über den Fall, daß die frühere Erklärung zum Bestandteil einer neuen formgerechten Verfügung gemacht ist).

5. Die **Angabe des Ortes und Tages** ist Bestandteil der Testamentserklärung und muß deshalb gleichfalls eigenhändig geschrieben sein. Die Benutzung eines Vordrucks oder eines Stempelaufdrucks oder der Maschinenschrift für die Orts- oder Zeitangabe genügt nicht (RG 115, 113; JW 08, 336[21]; 1915, 448[7]; 1920, 785[11]; s. aber auch KG RJA 10, 172 und Dresden LZ 1920, 723[3], wonach die Beschaffenheit der Testamentsurkunde und damit auch ein auf ihr befindlicher Vordruck zwar nicht zum Ersatz einer fehlenden, wohl aber zu Erläuterung einer unklaren eigenhändigen Ortsangabe „Nürnberger Straße 21" oder selbst „in meiner Wohnung" dienen kann). Das Datum muß sich ferner auf der Testamentsurkunde selbst, sei es auch auf der aufgeklebten Stempelmarke (RG JW 1910, 237[19]) befinden. Steht es nur auf dem das Testament enthaltenden Umschlag, so ist Tatfrage, ob die Aufschrift auf dem Umschlag in Vollziehung des Testamentsakts oder zu einem andern Zwecke (Hinweis auf den Inhalt des Umschlags) bewirkt worden ist (RG a. a. O. und JW 02 Beil 286[243]; vgl. A 6). Ein bestimmter Platz auf der Testamentsurkunde — am Kopfe, im Text oder am Ende — ist dem Datum nicht zugewiesen. Wenn nach Beschaffenheit des Falles an der Zugehörigkeit des Datums zur Verfügung kein Zweifel ist, kann es räumlich auch unter der Unterschrift Platz finden (RG 52, 277; Warn 1919 Nr 70). In beständiger Rechtsprechung hält das Reichsgericht an dem Erfordernis des wahrheitsgetreuen Datums fest. So RG 51, 166; 52, 282; 64, 423; 109, 372; JW 02 Beil 232; 07, 366[16]; 1914, 592[10]; 1923, 594[3]; dagegen Planck A II 4f und die dort Zitierten. Das Datum ist im Unterschied von der eigentlichen testamentarischen Verfügung nicht Willenserklärung, sondern Zeugnis („Angabe"). Und zwar ein Zeugnis, dessen Erteilung — mit Beweiskraft bis zum Nachweise des Gegenteils — zugleich mit der Ermächtigung, einen gesetzlichen Formalakt zu vollziehen, ausnahmsweise dem Aussteller einer Privaturkunde übertragen ist. Sowenig den sonst hierzu berufenen öffentlichen Organen freisteht, den von ihnen vorgenommenen Akt willkürlich zu datieren (§ 2241 Nr 1), sowenig steht es auch im Belieben des Errichters eines Privattestaments. Hierzu kommt, daß das Datum für die Beurteilung der Testierfähigkeit, für das Verhältnis zu anderen Verfügungen von Todes wegen und für Auslegung des Testamentsinhalts stets von größter Bedeutung ist. (Beweissicherung für das Datum PrFGG Art 58, 59). Die versehentlich falsche Datierung ist nur dann für den Bestand des Testaments unschädlich, wenn das gewollte Datum ohne weiteres aus dem sonstigen Inhalte des Testaments erkannt werden kann; auch die Verwertung offenkundiger Tatsachen ist hierbei nicht grundsätzlich ausgeschlossen. Dagegen kann dem Formmangel nicht dadurch abgeholfen werden, daß demnächst im Prozesse und mit Hilfe der gewöhnlichen Beweismittel die wirklich gewollte Datierung ermittelt wird. So hat RG 64, 423 ein am 18. April 1904 errichtetes, aber irrtümlich vom 18. April 1804 datiertes Testament als gültig anerkannt, ebenso RG JW 1917, 925[2] ein vom 7. Dezember 1818 statt 1918 datiertes Testament. Von solchen Fällen abgesehen, besteht für den Erblasser die Möglichkeit, ein falsches Datum nachträglich zu berichtigen, nur in demselben Sinne, in dem er auch sonst ein wegen Formmangels nichtiges Testament wirksam machen kann (A 7). Um wahrheitsgetreu zu sein, muß die Datierung grundsätzlich auf den Zeitpunkt der Fertigstellung des Testaments, regelmäßig also der unterschriftlichen Vollziehung abgestellt werden. Jedenfalls enthalten sachlich abändernde Zusätze zu dem bereits abgeschlossenen Testamente, auch spätere Ausfüllung sachlicher Lücken immer einen neuen selbständigen Testamentsakt, der in sich den Erfordernissen des § 2231 genügen muß (RG 71, 302; 111, 262; JW 1917, 925[2]; Warn 1919 Nr 70). Das Gesetz nötigt jedoch nicht dazu, eine sonst im Rechtsleben ungewöhnliche Peinlichkeit der Datierung zu erfordern. Hat z. B. der von Berlin am 12. 12. 26 um 10 Uhr abends im Schnellzug abreisende Erblasser die Niederschrift seines Testaments, das mit dem Datum „Berlin, den 12. 12. 26" überschrieben ist, noch innerhalb oder alsbald nach dem Verlassen des Berliner Weichbildes begonnen und kurz vor Leipzig nach 12 Uhr nachts abgeschlossen, so braucht die Gültigkeit des Testaments nicht beanstandet zu werden. Darüber hinaus kann gesagt werden, daß, wenn sich die Errichtung eines eigenhändigen Testaments in einheitlichem Rechtsgeschäft, z. B. wegen des Umfangs der niederzuschreibenden Anordnungen oder wegen Erschöpfung des Erblassers, über mehrere Tage erstreckt, die Datierung vom ersten dieser Tage eine zwar ungenaue, aber deshalb noch nicht formverletzende Zeitangabe ist (JFG 1, 170). Die richtige Begrenzung ist wesentlich Sache tatsächlicher Beurteilung. Im Falle mehrfacher Datierung schließt das jüngste durch Unterschrift gedeckte Datum das Testament ab (RG 115, 112); wird aber durch die mehrfache

Orts- oder Zeitangabe unkenntlich, an welchem Orte oder zu welcher Zeit das Testament errichtet ist, so steht das dem gänzlichen Fehlen der Angabe gleich (KGJ 37 A 119; RJA 16, 247).

Die Angabe des Ortes erfordert eine nach den Anschauungen des Verkehrs hinlänglich deutliche Bezeichnung des Teiles der Erdoberfläche, auf dem das Testament errichtet wird. Daß der etwa hiervon verschiedene Wohnort des Erblassers im Ortsdatum angegeben wird, genügt grundsätzlich nicht (RG Warn 1925 Nr 29; JW 1923, 594[3] gegen HansGZ 1921 Beiblatt 204). Wieweit in den Anforderungen an Genauigkeit der Ortsbezeichnung zu gehen sei, ist Tatfrage (s. Abs 1 dieser Anmerkung gegen Ende). Es ist klar, daß die Bezeichnung „Deutschland" ungenügend, „Leipzig, Zeitzer Straße 29 III l." dagegen übertrieben peinlich wäre. Die Angabe „Berlin W" bei Errichtung in dem postamtlich zu Berlin gehörigen Teile eines damals noch nicht eingemeindeten westlichen Vororts reicht aus (RG JW 1915, 194[5]; Recht 1923 Nr 757; s. aber auch RG Gruch 63, 100). Verkehrsübliche Abkürzung der Ortsbezeichnung sind nicht unstatthaft („Bln." = Berlin RG JW 07, 143[25]; „Pdb." = Paderborn RG 87, 113; „Rbg." für den „Rummelsburg" genannten Ortsteil der damaligen Stadtgemeinde Berlin-Lichtenberg KGJ 47, 96). Ebensowenig Ortsbezeichnungen, wie Frankfurt, Freiburg, Königsberg, Neustadt, trotz fehlenden Unterscheidungsmerkmals von gleichnamigen Orten (RG JW 07, 143[25]). Dagegen genügt die bloße Angabe von Straße und Hausnummer im Datum nicht, es sei denn, daß aus ihr wegen ihrer Besonderheit oder aus dem sonstigen Inhalte des Testaments oder aus der Beschaffenheit der Testamentsurkunde (vgl. Satz 2 des vorigen Absatzes) die Ortschaft, zu der die Straße gehört, entnommen werden könnte. Wird das Testament während einer See- oder Luftreise errichtet, so genügt eine Ortsangabe, wie die „an Bord des Dampfers Nordland auf der Fahrt von Stettin nach Riga" oder „an Bord des Luftschiffs ZR III auf der Fahrt von Friedrichshafen nach New York".

Die Angabe des Tages muß nicht unbedingt kalendermäßig erfolgen, doch so, daß sich der Kalendertag der Errichtung für die Testamentsbeteiligten aus der Urkunde ergibt. Daher reicht die Angabe „im Juli 1915" nicht aus (RGSt LZ 1916, 246[21]), ebensowenig die keine Jahreszahl enthaltende Angabe „den 15. Juli 7[30] nachm." in dem Testament eines am 16. Juli erhängt Aufgefundenen, auch wenn das Testament auf die Absicht, in den Tod zu gehen, hinweist (RG JW 1923, 604[16]). Dagegen genügt „Palmsonntag 1909" oder die Bezugnahme auf allgemein bekannte oder sich im Leben des Erblassers zeitlich hervorhebende Ereignisse „Kaisers Geburtstag 1910", „am 40. Jahrestage der Schlacht von St. Privat", „1914 am Tage des Kaiserlichen Mobilmachungsbefehls" (vgl. OLG 30, 211) oder „an meinem 70. Geburtstage", „an meinem goldenen Hochzeitstage". Unzweideutige verkehrsübliche Abkürzungen (23. 11. 07) sind zulässig.

6. Die Unterschrift bildet den eigentlichen Abschluß des Testaments, gehört deshalb richtigerweise als unterste Zeile unter die Urkunde und deckt jedenfalls den ganzen darüber stehenden Testamentsinhalt. Doch kann auch eine auf ein voll beschriebenes Blatt oder auf die voll beschriebene Vorderseite eines Blattes quer gesetzte Unterschrift genügen (RG LZ 1920, 161[10]). Auch ist das der Unterschrift erst nachfolgende Datum nicht notwendig ungültig (A 5 Abs 1). Befindet sie sich lediglich auf dem die letztwillige Verfügung enthaltenden verschlossenen Briefumschlag, so kommt es darauf an, ob sie der äußeren Erscheinung nach als Fortsetzung des im Umschlag befindlichen Schriftstücks dessen Inhalt oder ob sie nur einen selbständigen, auf den Umschlag gebrachten Vermerk deckt; der durch Umstände außerhalb der Urkunde, d. h. des Umschlags mit der Einlage, nachweisbare Wille des Erblassers, durch die Unterschrift auf dem Umschlage die letztwillige Verfügung zu vollziehen, ersetzt nicht die Erfüllung des Formerfordernisses, daß die Unterschrift die Verfügung der äußeren Erscheinung nach decken muß (RG 61, 7; 110, 166). Die Unterschrift erfordert eigenhändige Namensunterschrift (§ 126; dahingestellt gelassen RG 87, 110f., ausgesprochen RG 110, 168). Sie wird verständigerweise so geleistet, daß sie in Verbindung mit dem Inhalte des Testaments oder offenkundigen Tatsachen die Identität des Erblassers außer Zweifel stellt. Inwieweit hierzu der bloße Familienname genügt, oder auch Vor- und Zuname oder eine sonstige nähere Bezeichnung nötig ist, ist Tatfrage. Die Formvorschrift wird aber durch die Unterzeichnung mit dem bloßen Familiennamen stets erfüllt. Der Gebrauch eines unrichtigen, aber tatsächlich vom Erblasser geführten Vornamens ist unschädlich (RG Warn 1913 Nr 300), ebenso eine Verstümmelung des Namens, wenn sie dessen Erkennbarkeit nicht ausschließt (s. einerseits KGJ 50, 79, anderseits RGSt 43, 231). Keinesfalls reicht die Bezeichnung des Erblassers mit einer bloßen Eigenschaft, sei es auch einer Familienbeziehung aus, wie z. B. „Euer Vater" (a. M. Dernburg V § 29 A 12), auch dann nicht, wenn die Person des „Vaters" in einer auch für Dritte erkennbaren Weise aus dem Testament, z. B. aus einer genügend deutlichen Bezeichnung der „Kinder" entnommen werden könnte (RJA 16, 220; anders in dieser Hinsicht 2. Aufl.). Bei Testamenten in Briefform genügt die im brieflichen Verkehr übliche Unterschrift mit dem Vornamen (KGJ 48, 85; 50, 80; JW 1916, 973[1] nach dem Vorgange von RG 87, 109, wo diese Unterzeichnung bei Erklärungen an nahe Angehörige mindestens für den Fall zugelassen ist, daß sich aus dem durch die Unterschrift gedeckten Texte die Person des Ausstellers für jeden Dritten mit Sicherheit ergibt; s. auch **RG** Warn 1918 Nr 62 und LZ 1922, 293[5]). Sonst kann der bloße Vorname genügen, wenn sein alleiniger Gebrauch, wie seinerzeit in Deutschland bei fürstlichen Personen oder wie bei kirchlichen Würdenträgern üblich ist. Auch das Pseudonym eines unter diesem Namen bekannten Schriftstellers oder Künstlers. Ebenso die Unterzeichnung eines Einzelkaufmanns mit der ihm zustehenden Firma. Das Handzeichen, auch das beglaubigte (§ 126 Abs 1), kann die Unterschrift nicht ersetzen. Die Mitunterschrift von Zeugen ist nicht notwendig, aber unschädlich.

7. Das Gesetz erfordert keine Einheit der Errichtungshandlung. Es ist deshalb gleichgültig, wann der Text des Testaments und ob er etwa im Zustande der absoluten oder relativen Testierunfähigkeit (§ 2229 A 1, 3) niedergeschrieben ist, wofern nur das Hindernis im Augenblicke des Testamentsabschlusses durch Datum und Unterschrift gehoben war; der Erblasser kann auch das von ihm zu einem anderen Zwecke oder als früheres Testament Niedergeschriebene dazu benutzen, um es durch eigenhändige Ergänzung mit neuer Datierung so zu vollenden, daß es sein nunmehr gewolltes Testament darstellt; ob das frühere Testament gültig oder aus dem schon angegebenen Grunde fehlender Testierfähigkeit oder wegen eines Formverstoßes nichtig war, macht dabei keinen Unterschied (**RG** 111, 247; 115, 111; Warn 1919 Nr 70). Durchstreichungen, Radierungen, Einschaltungen beeinträchtigen an sich und vorbehaltlich der Entscheidung aus ZPO § 419 die Gültigkeit des Testaments nicht. Eine nach Abschluß des Testaments vorgenommene Durchstreichung wirkt regelmäßig als Widerruf (§ 2255). Eine jetzt erst hinzugesetzte sachlich neue Einschaltung erfordert, um als Verfügung (nicht bloße Erläuterung) wirksam zu sein, von neuem Wahrung der Testamentsform (A 5). Über die Deckung eines Randvermerks durch das am Kopfe der Urkunde stehende Datum s. **RG** LZ 1914, 1117[19]. Der Beweis der Formgültigkeit des Testaments ist im Bestreitungsfalle von dem zu führen, der sich auf das Testament beruft (auch gegenüber der Klage auf Feststellung der Nichtigkeit, **RG** SeuffA 74 Nr 141); ebenso steht es mit der Beweislast bei einem Streite darüber, ob eine Urkunde den letzten Willen des Erblassers enthält oder nur einen Entwurf darstellt (**RG** LZ 1922, 466[12]). Zu der Frage, ob sich hierbei der auf Grund des Testaments mit dem Erbschein ausgestattete Erbe auf die Vermutung des § 2365 berufen darf, vgl. dort A 2. Ist die Echtheit der Unterschrift dargetan, so wird bis zum Nachweis des Gegenteils auch vermutet, daß die Orts- und Zeitangabe der Wahrheit entspricht (**RG** 64, 423; Warn 1919 Nr 70; 23. 6. 27 IV 11/27). Dagegen ist mit der Echtheit der Unterschrift nur bewiesen, daß das Darüberstehende vom Erblasser erklärt, nicht aber daß es eigenhändig geschrieben sei. Die Eigenhändigkeit dieser Niederschrift ist vielmehr von dem, der sich auf das Testament beruft, noch besonders zu beweisen (**RG** SeuffA 74 Nr 141; a. M. Dernburg V § 30 A 7). — Minderjährige und Personen, die Geschriebenes nicht zu lesen vermögen, können sich des Privattestaments nicht bedienen, § 2247. Amtliche Verwahrung §§ 2248, 2256 Abs 3, Ablieferungspflicht § 2259. Gemeinschaftliches Privattestament § 2267. In Grundbuchangelegenheiten (GBO § 36), beim Schiffspfandrecht (FGG § 107 Abs 2) und nach RSchuldbG v. 31. 5. 10 § 16 ist das Privattestament als Beweismittel für die Erbfolge und für die Ernennung eines Testamentsvollstreckers nicht zugelassen, so daß dieser Beweis durch einen Erbschein oder ein ihm gleichgestelltes Zeugnis geführt werden muß, anders ZVG § 17 Abs 3.

§ 2232

Für die Errichtung eines Testaments vor einem Richter oder vor einem Notar gelten die Vorschriften der §§ 2233 bis 2246[1]).

KB 321.

1. Neben den hier angezogenen und diese **Vorschriften ergänzend** („unbeschadet“ FGG § 168) kommen die Bestimmungen des FGG §§ 169—182 über gerichtliche und notarielle Urkunden in Betracht, insbesondere § 176 Abs 3 (Feststellung der Personenidentität) und § 182 (Ausfertigungen und Auszüge). Im übrigen besteht zwischen BGB und FGG meist wörtliche Übereinstimmung. Insoweit sie verschieden sind (§§ 2234—2237) ist das BGB maßgebend (KGJ 51, 91). Außerdem greifen ergänzend ein etwaige Vorschriften der Landesgesetze (FGG § 200), doch ist ein Verstoß hiergegen ohne Einfluß auf die Gültigkeit der Verfügung von Todes wegen (EG Art 151, **RG** 53, 152). Nur die Verletzung landesgesetzlicher Vorschriften über die sachliche Zuständigkeit (z. B. der Richter oder Notare EG Art 141, auch Art 57, 58), nicht auch von Vorschriften über die örtliche Zuständigkeit (§ 2231 A 2) hat Nichtigkeit der Beurkundung zur Folge. Haftung für Versehen des Richters oder Notars (§ 839, EG Art 77, RVerf Art 131), insbesondere auch gegenüber denjenigen Personen, zu deren Gunsten das ungültige Testament errichtet wurde (**RG** 58, 296; 95, 219; Warn 1917 Nr 243).

§ 2233

Zur Errichtung des Testaments muß der Richter einen Gerichtsschreiber oder zwei Zeugen[1]), der Notar einen zweiten Notar oder zwei Zeugen[2]) zuziehen[3]).

E I 1915 Abs 1 Satz 2, Abs 2 II 2099 Abs 2; M 5 261—263; P 5 330—332.

1. Der **Gerichtsschreiber** ist identisch mit der durch das Ges. v. 9. 7. 27, RGBl I 175, als Urkundsbeamter der Geschäftsstelle bezeichneten Amtsperson (des Amtsgerichts) in GVG § 153, FGG §§ 11, 21, 169ff. Seine Bestellung erfolgt ausschließlich nach Landesrecht. Ob die Niederschriften von ihm oder vom Richter selbst vorgenommen werden, ist gleichgültig. Die **Zeugen** sind Solennitätszeugen. Sie werden nicht besonders in Pflicht genommen und erfüllen ihr Amt durch bloße Anwesenheit während des Errichtungsaktes (§ 2239) und Mitvollziehung des Protokolls (§ 2242 Abs 3). Unfähigkeitsgründe §§ 2234—2237. An Stelle des Gerichtsschreibers oder der Zeugen kann der Richter (nicht der Notar) nach Landesrecht eine besonders dazu bestellte Urkundsperson zuziehen (EG Art 149, SächsGes. v. 18. 6. 98 § 46).

2. **Notar.** Das Notariat ist nur landesgesetzlich geordnet. Dem nur als Solennitätsperson amtierenden „zweiten Notar" (§ 2236) steht der die Testamentsverhandlung leitende und die Niederschrift besorgende als „beurkundender Notar" (§§ 2236, 2237 Nr 4) gegenüber.

3. Gerichtsschreiber, Zeugen und zweiter Notar müssen vom Richter oder vom beurkundenden Notar (nicht vom Erblasser **RG** ZBlFG 14, 168 mit Folgerungen für die Regreßpflicht des Richters oder Notars) **zugezogen,** d. h. in irgendeiner Form zur Anwesenheit bei der Testamentserrichtung veranlaßt und in die Lage gebracht werden, dabei „mitzuwirken" (§ 2242 Abs 3). Bloß zufällige Anwesenheit genügt nicht.

§ 2234

Als Richter, Notar, Gerichtsschreiber oder Zeuge kann bei der Errichtung des Testaments nicht mitwirken[1]):

1. **der Ehegatte des Erblassers, auch wenn die Ehe nicht mehr besteht[2]);**
2. **wer mit dem Erblasser in gerader Linie oder im zweiten Grade der Seitenlinie verwandt oder verschwägert ist[3]).**

E I 1916 Abs 1 II 2100; M 5 263, 264; P 5 332—334.

1. Die **Ausschließungsgründe** der §§ 2234—2236 sind im Gegensatz zu § 2237 zwingenden Rechtes („kann nicht"). Sie beziehen sich sowohl auf den beurkundenden wie auf den zweiten Notar (§ 2233 A 2). Die trotzdem erfolgende Mitwirkung hat Nichtigkeit des Testaments zur Folge. Entsprechend anwendbar auf den Dolmetscher (§ 2244), die landesgesetzlich zugelassene Urkundsperson (EG Art 149 Abs 2) und bei den außerordentlichen Testamentsformen der §§ 2249—2251, sowie beim Erbvertrag § 2276. Die Ausschließungsgründe für den Richter nach FGG § 6 kommen daneben nicht in Betracht.

2. **Ehegatte** wie FGG § 170 Nr 2, nicht auch der Verlobte.

3. **Verwandte** (§ 1589) **und Verschwägerte** (§ 1590) wie FGG § 170 Nr 3. Die Schwägerschaft dauert auch nach Auflösung der Ehe fort, § 1590 Abs 2. Legitimation und Ehelichkeitserklärung §§ 1719, 1736 ff., Annahme an Kindes Statt §§ 1757, 1762 ff., uneheliche Kinder § 1705.

§ 2235

Als Richter, Notar, Gerichtsschreiber oder Zeuge kann bei der Errichtung des Testaments nicht mitwirken[1]), wer in dem Testamente bedacht wird oder wer zu einem Bedachten in einem Verhältnisse der im § 2234 bezeichneten Art steht[2]).

Die Mitwirkung einer hiernach ausgeschlossenen Person hat nur zur Folge, daß die Zuwendung an den Bedachten nichtig ist[3]).

E I 1916 Abs 2 II 2101; M 5 265, 266; P 5 332—334.

1. Zwingenden Rechtes (§ 2234 A 1) s. aber Abs 2. Bezieht sich sowohl auf den beurkundenden wie auf den zweiten Notar (§ 2233 A 2).

2. **Bedachte** sind der Erbe (auch der Nach- und Ersatzerbe), Vermächtnisnehmer, nicht aber der durch eine Auflage Begünstigte (§ 2192 A 1). Auch nicht der im Testament als Vormund oder Pfleger Benannte (§§ 1776 Abs 1 Nr 1 u. 2, 1777, 1915—1917; RJA 16, 167). Ebensowenig der zum Testamentsvollstrecker Ernannte (§§ 2197ff.; BayObLG 19 A 113),

selbst wenn ihm eine Vergütung nach § 2221 ausgesetzt ist. Übersteigt sie das übliche Maß, so ist sie insoweit nach Abs 2 zu streichen. Die Unfähigkeit mit der Folge des Abs 2 ist auch dann vorhanden, wenn der bedachte Richter, weil das Testament verschlossen übergeben wird, von der Zuwendung keine Kenntnis erlangt (RGJ 51, 93). Sie bleibt aber gültig, wenn das übergebene Testament als Privattestament aufrechterhalten werden kann (§ 2238 A 3). Für den Bestand der Zuwendung ist es unschädlich, wenn der Richter usw. nicht persönlich, sondern nur als gesetzlicher Vertreter (der Gemeinde, **RG** Warn 1911 Nr 279) bedacht ist, oder wenn er zu dem Bedachten erst nach der Testamentserrichtung in ein Verhältnis der bezeichneten Art tritt.

3. Nur **relative Nichtigkeit** im Gegensatz zu der absoluten Wirkung der Unfähigkeitsgründe §§ 2234, 2236. Ob die Nichtigkeit der betreffenden Zuwendung die Unwirksamkeit des ganzen Testaments zur Folge hat, ist nach § 2085 zu beurteilen. — Der Schreiber des übergebenen Testaments (S C Libonianum) kann gültig bedacht werden. Gegebenenfalls Anfechtung aus § 2078.

§ 2236

Als Gerichtsschreiber oder zweiter Notar oder Zeuge kann bei der Errichtung des Testaments nicht mitwirken, wer zu dem Richter oder dem beurkundenden Notar in einem Verhältnisse der im § 2234 bezeichneten Art steht[1]).

E I 1917 Abs 1 II 2102; M 5 266; P 5 334, 335.

1. Zwingenden Rechtes § 2234 A 1. § 2234: Ehe, Verwandtschaft, Schwägerschaft. Ob die Sollennitätspersonen untereinander in einem derartigen Verhältnis stehen, ist ohne Bedeutung. Ebenso FGG § 172.

§ 2237

Als Zeuge soll bei der Errichtung des Testaments nicht mitwirken[1]):

1. **ein Minderjähriger;**
2. **wer der bürgerlichen Ehrenrechte für verlustig erklärt ist, während der Zeit, für welche die Aberkennung der Ehrenrechte erfolgt ist;**
3. **wer nach den Vorschriften der Strafgesetze unfähig ist, als Zeuge eidlich vernommen zu werden;**
4. **wer als Gesinde oder Gehilfe im Dienste des Richters oder des beurkundenden Notars steht.**

E I 1917 Abs 2, 3 II 2103; M 5 266—270; P 5 334—336.

1. Das „Soll" im Gegensatze zu „Muß" (§ 2233) oder „kann nicht" (§§ 2234—2236) will die Untauglichkeitsgründe der Nr 1—4 nur als **Ordnungsvorschriften** kennzeichnen, deren Verletzung Ungültigkeit des Testaments nicht zur Folge hat. Ebenso FGG § 173. Dagegen folgt aus der Natur der Sache, daß als Zeuge nur mitwirken kann, wer die Fähigkeit besitzt, die einzelnen Vorgänge des Testamentsakts wahrzunehmen, sollte er auch in Wahrheit nicht darauf geachtet oder das Gehörte nicht erfaßt und verstanden haben. Hiernach sind selbstverständlich als Zeugen ausgeschlossen Blinde, Taube und (außer im Falle des § 2245) der deutschen Sprache Unkundige (§ 2240). Ebenso dauernd oder auch vorübergehend Geschäftsunfähige (§§ 104, 105). Stumme wenigstens dann, wenn sie sich nicht genügend verständlich machen können. Endlich Zeugen, die nicht wenigstens ihren Namen schreiben können (§ 2242 Abs 3). Die Zuziehung solcher Zeugen macht das ganze Testament nichtig. Frauen und Ausländer sind unbeschränkt zeugenfähig. Ebenso FGG § 173. Weitergehende landesgesetzliche Vorschriften sind auf die Gültigkeit des Testaments ohne Einfluß (EG Art 151).

Zu Nr 1: **Minderjährige** (und nicht für volljährig Erklärte) §§ 2, 3. Dagegen sind die wegen Geistesschwäche, Verschwendung und Trunksucht Entmündigten oder vorläufig Bevormundeten den Minderjährigen nur in Ansehung der Geschäftsfähigkeit gleichgestellt (§ 114), sonach zur Mitwirkung als Sollennitätszeugen an sich nicht untauglich. Beim Feldtestament können auch Minderjährige als Zeugen mitwirken, wenn sie dem aktiven Heere angehören (MilFGG v. 28. 5. 01 § 2). Für das Militärtestament bestehen nach RWehrG § 38 Nr 3 (Vorbem vor § 2229) wie früher nach RMilG v. 2. 5. 74 § 44 Nr 2, 3 überhaupt keine besonderen Anforderungen an die Fähigkeit oder Tauglichkeit der Zeugen.

Zu Nr 2: **Verlust der bürgerlichen Ehrenrechte** StGB §§ 32—38. Die nach § 34 Nr 5 eintretende Unfähigkeit, Zeuge zu sein, ist durch die Sollvorschrift des BGB (EG Art 32) für Testamente entsprechend abgeschwächt.

Zu Nr 3: **Unfähigkeit zum Zeugnis** StGB § 161 als Folge der Verurteilung wegen Meineids.

Zu Nr 4: **Gesinde oder Gehilfe.** Über das Gesindeverhältnis bestimmte das Landesrecht (EG Art 95). Nach der Aufhebung der Gesindeordnungen durch Nr 8 VO v. 12. 11. 18 (RGBl 1303) wird der Begriff lediglich aus den Lebensverhältnissen zu entnehmen und, unter Ausschließung des früheren Landgesindes, auf solche Angestellte zu beschränken sein, welche untergeordnete häusliche oder persönliche Dienste verrichten. Gehilfen im Dienste des Richters können nicht in Betracht kommen, da Richter wie Gehilfe beide im Dienste des Staates stehen. Zu den Gehilfen des Notars gehören nur die zur dauernden Dienstleistung im Berufe, gleichviel ob zu juristischen oder rein mechanischen Verrichtungen angenommenen Hilfspersonen, nicht bloß vorübergehend Beschäftigte (Gepäckträger). Ob die Zeugen zum Erblasser oder zum zweiten Notar (§ 2233 A 2) oder zueinander im Dienst- oder Gehilfenverhältnis stehen, ist gleichgültig — Anwendbarkeit auf den Dolmetscher § 2244, auf das Gemeindetestament § 2249, den Erbvertrag § 2276 und mit Ausnahme von Nr 4 auf das Seuchen- und Seetestament §§ 2250, 2251.

§ 2238

Die Errichtung des Testaments erfolgt in der Weise[1]), daß der Erblasser dem Richter oder dem Notar seinen letzten Willen mündlich erklärt[2]) oder eine Schrift mit der mündlichen Erklärung übergibt, daß die Schrift seinen letzten Willen enthalte[3]). Die Schrift kann offen oder verschlossen übergeben werden[4]). Sie kann von dem Erblasser oder von einer anderen Person geschrieben sein[5]).

Wer minderjährig ist oder Geschriebenes nicht zu lesen vermag, kann das Testament nur durch mündliche Erklärung errichten[6]).

E I 1918, 1922 II 2104; 5 270, 271, 277; P 5 336, 339.

1. Die eigentliche **Errichtung des Testaments** besteht in der mündlichen Erklärung des letzten Willens oder in der Übergabe der Schrift und der sie begleitenden Erklärung (RG 61, 149). Im Sinne des Gesetzes gehört aber zu dem Testamentsakt auch die Herstellung des „über die Errichtung" aufzunehmenden Protokolls (§ 2240), der sich zufolge einer Ordnungsvorschrift (§ 2246) die Versiegelung und Verwahrung des Protokolls anschließen soll. Ein Verstoß gegen die Formvorschriften des § 2238 wirkt immer Nichtigkeit (§ 125). Der Erblasser kann vor Richter oder Notar (§ 2231 Nr 1) in der einen oder der andern Form nur persönlich testieren, § 2064. Testierfähigkeit §§ 2229, 2230 (s. auch unten A 6).

2. **Die mündliche Erklärung des letzten Willens** richtet sich an den amtierenden Richter oder Notar. Sie allein ist maßgebend, darauf ob sie von der Amtsperson richtig verstanden ist, kommt nichts an (RG JW 1910, 61[4]; 27. 10. 24 IV 713/23; § 2084 A 2). Sie kann nur durch das Mittel der Sprache, auch einer fremden Sprache (RG 85, 308), also nur durch die lautliche Bildung von Worten, die von den mitwirkenden Personen (§§ 2233, 2239) müssen verstanden werden können (RG 108, 400f.), niemals durch bloße Zeichen oder Gebärden (Kopfnicken) erfolgen (RG 85, 125f.). Stumme sind deshalb auf schriftliche Übergabe des Testaments beschränkt (§ 2243), wenn sie sich nicht in der Lautsprache verständlich machen können. Der Erblasser braucht sich nicht in ausführlicher oder zusammenhängender Rede zu äußern, die Erklärung kann vielmehr auch im Wege der Rede und Gegenrede, Frage und Antwort zwischen dem verhandelnden Beamten und dem Erblasser zum Ausdruck gelangen (RG Gruch 65, 99). Auch die Benutzung von Niederschriften ist hierbei nicht ausgeschlossen (RG 63, 87). Niemals aber kann das bloße Verlesen des Protokolls und dessen Genehmigung durch den Erblasser (§ 2242) die mündliche Erklärung ersetzen; denn derselbe Vorgang kann nicht die Bedeutung der Abgabe einer Erklärung und gleichzeitig die der Genehmigung einer bereits abgegebenen Erklärung haben (RG 85, 120; 86, 391; JW 1920, 641[7]; Gruch 65, 99). Ebensowenig ist die Bezugnahme auf eine Schrift gemäß FGG § 176 Abs 2 ausreichend, wenn sie nicht von der besonderen hierfür vorgeschriebenen Erklärung (A 3) begleitet ist (FGG § 168; RG 61, 149; Recht 1918 Nr 736). Indessen hat RG (3. ZS) 92, 27 für die Erklärung, daß die übergebene Schrift den letzten Willen enthalte, den Ersatz durch die Genehmigung des Protokolls zugelassen (s. dagegen Herzfelder JW 1918, 368 zu 7).

3. **Übergabe des letzten Willens.** Für die zu übergebende Schrift gilt hinsichtlich des Stoffes, der Sprache, der Schriftzeichen das beim Privattestament Gesagte (§ 2231 A 4). Dagegen ist Eigenhändigkeit der Niederschrift nicht erforderlich (A 5), die Benutzung von Typen (Druck, Maschinenschrift) zulässig, Datierung und Unterschrift ganz entbehrlich. Mehrere gleichzeitig überreichte Willenserklärungen, auch wenn sie verschieden datiert sind, gelten als einheitlich im Augenblicke der Übergabe abgegeben. Insoweit sie sich widersprechen, heben sie sich gegenseitig auf. Erfüllt die übergebene Schrift sämtliche Erfordernisse des § 2231 Nr 2, so bleibt sie als Privattestament in Kraft, auch wenn der öffentliche Errichtungsakt

aus irgendeinem Grunde ungültig sein oder gemäß § 2252 werden sollte (KGJ 50, 81). Es müßte denn bewiesen werden, daß der Erblasser die fertiggestellte Schrift bis zur Übergabe in Amtshand nur als unverbindlichen Entwurf behandelt wissen wollte (vgl. aber § 2086). Die Übergabe erfordert schon zur Beseitigung von Identitätszweifeln, daß der Erblasser selbst die Schrift dem Richter oder Notar körperlich, wenn auch nicht gerade von Hand zu Hand aushändigt. Es genügt deshalb nicht, daß er ein Schriftstück als sein Testament bezeichnet, das sich überhaupt nicht mehr in seinem Besitz, vielleicht bereits in der Hand einer der mitwirkenden Personen befindet (RG 81, 34). Dagegen genügt es, wenn der Richter oder Notar das in seinem Besitze befindliche Schriftstück dem Erblasser in greifbare Nähe hinlegt und dann in Gegenwart der übrigen mitwirkenden Personen mit erklärter Zustimmung des Erblassers an sich nimmt (RG Warn 1914 Nr 88; OLG 44, 99). Die den Übergabeakt begleitende mündliche Erklärung erfordert nicht den Gebrauch feierlicher Worte. Es genügt, wenn der Erblasser die Frage des Testamentsbeamten, ob die übergebene Schrift seinen letzten Willen enthalte, mit „Ja" beantwortet (A 2); es genügt auch, daß der Testamentsbeamte dem Erblasser sagt, wenn er wolle, daß die Schrift als sein Testament gelten solle, so müsse er ihm die Worte „das ist mein Testament" nachsprechen, und daß der Erblasser, der etwa infolge einer Krankheit nur mühsam sprechen kann, darauf die vier ihm einzeln vorgesprochenen Worte einzeln nachspricht; auch auf solche Weise kann, wie durch die Antwort „Ja" auf eine entsprechende Frage, ein auf eigenem Willensentschluß beruhendes Bekenntnis zum Inhalte der Schrift als letztem Willen kundgegeben werden (RG 108, 400). Im übrigen gilt das A 2 Gesagte. Durch die Überreichung und durch Aufnahme des Protokolls wird das überreichte Schriftstück selbst Bestandteil der öffentlichen Urkunde (RG 84, 165f.). Die mündliche Erklärung kann sich zugleich auf Zusätze, Änderungen oder Berichtigungen zu dem sachlichen Inhalt des übergebenen Testaments erstrecken. Gesetzlich besteht kein Hindernis, in dieser Weise beide Formen der Testamentserrichtung zusammenzufassen (RG 82, 149).

4. Das **verschlossen** übergebene Schriftstück darf vom Richter oder Notar nicht geöffnet, das **offen** übergebene nicht gegen den Willen des Erblassers eingesehen werden. Auf offenbare Mängel wird ex officio nobili aufmerksam zu machen sein. Übergabevermerk auf der Urkunde selbst ist zweckmäßig, aber gesetzlich nicht vorgeschrieben.

5. Das übergebene Testament braucht **nicht eigenhändig** geschrieben zu sein (A 3). Derjenige, welcher es niedergeschrieben hat, ist von der Mitwirkung bei der Testamentserrichtung nicht ausgeschlossen. Soweit nicht § 2235 entgegensteht, kann er darin auch wirksam bedacht werden.

6. **Minderjährige,** soweit sie nicht für volljährig erklärt sind (§ 3), sind wie vom Privattestament (§ 2247), so auch vom öffentlichen Testament in Form der Übergabe, auch in den Fällen der §§ 2249, 2250 Abs 1, ausgeschlossen (§ 2229 A 3). Dasselbe gilt von dem, **der Geschriebenes nicht zu lesen vermag,** gleichviel ob er hieran durch dauerndes körperliches Unvermögen wie der Blinde oder in sehr hohem Grade Schwachsichtige (RG 86, 386; JW 03, 130[23]) oder durch vorübergehende Beeinträchtigung der Sehkraft, oder wegen Verstandes- oder Erziehungsmängeln (Analphabet) verhindert ist. Das Lesevermögen muß auch in bezug auf das überreichte Schriftstück wenigstens insoweit vorhanden sein, daß der Erblasser Geschriebenes dieser Art im allgemeinen zu lesen vermag (RG 76, 94, zugleich über die Beweispflicht dessen, der Leseunvermögen behauptet). Das Testament ist deshalb ungültig, wenn der Erblasser die gebrauchten Schriftzeichen (Stenographie usw.) nicht entziffern kann oder die benutzte fremde Sprache nicht versteht. Bloßes Schreibunvermögen ist unschädlich. Stumme sind umgekehrt auf das schriftlich übergebene Testament beschränkt (§ 2243) und deshalb von der Testamentserrichtung ganz ausgeschlossen, solange sie minderjährig oder des Lesens unvermögend sind.

§ 2239

Die bei der Errichtung des Testaments mitwirkenden Personen[1]) müssen während der ganzen Verhandlung zugegen sein[2]).

E I 1915 Abs 3 II 2105; M 5 263; P 5 331, 332.

1. Die **mitwirkenden Personen** sind die in § 2233 Genannten. Der Erblasser gehört dazu nicht, braucht mithin der Vollziehung des Testamentsprotokolls durch die Mitwirkenden (§ 2242 Abs 3) nicht notwendig beizuwohnen (RG 85, 123; JW 05, 24[26]). Er ist vielmehr in §§ 2241 Nr 2, 2242, 2245 zu den Mitwirkenden ausdrücklich in Gegensatz gestellt. Ebensowenig der Dolmetscher (§ 2244 Abs 1, wo § 2239 nicht mit angezogen ist; Näheres § 2244 A 7).

2. Die **ganze Verhandlung** begreift nicht nur die eigentliche Testamentserklärung und den Akt der Schriftübergabe nach § 2238, sondern auch die in §§ 2242—2245 erwähnten Erklärungen und sonstigen Vorgänge, demgemäß auch die Verlesung, Genehmigung und Unterzeichnung des Protokolls in sich. Insbesondere genügt nicht, daß die Zeugen nur diesem letzten

Teile der Testamentsverhandlung beigewohnt haben (RG 63, 86; vgl. § 2238 A 1/2) oder daß der Gerichtsschreiber nur das Diktat des Richters zu hören bekommt (RG JW 09, 461[21]). Abwesenheit eines Mitwirkenden auch nur bei einem dieser Vorgänge macht das ganze Testament nichtig (§ 125). Insofern enthält das BGB eine bewußte Abweichung von FGG § 174. Die **Unterschrift** eines Mitwirkenden kann, soweit das überhaupt noch zulässig ist (§ 2242 A 5), nur in Gegenwart der übrigen Mitwirkenden rechtswirksam nachgeholt werden (RJA 14, 270). **Zugegensein** setzt voraus, daß die Mitwirkenden den Erblasser während der Verhandlung, soweit diese in seiner Gegenwart stattzufinden hat (vgl. A 1), sehen und hören können. Ob die Zeugen der Verhandlung auch tatsächlich gefolgt sind, ist nicht entscheidend. Die Mitwirkung bei der Versiegelung und Verwahrung des Testaments ist nur durch die Ordnungsvorschrift des § 2246 angeordnet. Bei vorbereitenden Gesprächen ist die Anwesenheit der übrigen Mitwirkenden nicht erforderlich, ebensowenig während der Abfassung und Niederschrift des Protokolls, die (als vorbereitender Entwurf) der eigentlichen Testamentsverhandlung sogar vorausgegangen sein darf (RG 85, 124; JW 1915, 581[15]; Gruch 50, 115 und 65, 99). Überhaupt erfordert das Gesetz keine Einheit der Errichtungshandlung. Unterbrechungen selbst von längerer Dauer machen den Akt nicht ungültig, wenn zugleich das Protokoll über etwaige Veränderungen des Ortes und Tages der Verhandlung wahrheitsgetreuen Aufschluß gibt (§ 2241 Nr 1). Zeitweilige Entfernung eines Mitwirkenden ist ohne Bedeutung, wenn in seiner Abwesenheit nicht verhandelt worden ist (RG Warn 1913 Nr 207 u. 244). Ein Wechsel der mitwirkenden Personen vor Abschluß des Testamentsakts ist dagegen schon mit Rücksicht auf § 2242 Abs 3 unzulässig. — § 2239 findet auf die außerordentlichen Testamentsformen (§§ 2249, 2250 Abs 1) und den Erbvertrag Anwendung (§ 2276).

§ 2240

Über die Errichtung des Testaments muß ein Protokoll in deutscher Sprache aufgenommen werden[1]).

E I 1919 Abs 1 II 2106; M 5 271; P 5 336, 337.

1. Das **Protokoll** (§§ 2240—2242) ist wesentlicher Bestandteil des Errichtungsakts, ebenso bei den außerordentlichen Testamentsformen der §§ 2249—2251 und beim Erbvertrag § 2276. Die **deutsche Sprache** ist auch bei Zuziehung eines Dolmetschers (§ 2244), im Falle des § 2245 ist wenigstens deutsche Übersetzung vorgeschrieben. Für sonstige Förmlichkeiten des Protokolls bleiben mit dem Vorbehalt aus EG Art 151 die Landesgesetze maßgebend. Entsprechend FGG § 175.

§ 2241

Das Protokoll muß enthalten[1]):

1. **Ort und Tag der Verhandlung;**
2. **die Bezeichnung des Erblassers und der bei der Verhandlung mitwirkenden Personen;**
3. **die nach § 2238 erforderlichen Erklärungen des Erblassers und im Falle der Übergabe einer Schrift die Feststellung der Übergabe.**

E I 1919 Abs 2 II 2107; M 5 271, 272; P 5 336—338.

1. Die hier und in den folgenden §§ 2242—2245 aufgestellten **Erfordernisse des Testamentsprotokolls** sind wesentlich („muß"), so daß ihre Verletzung Nichtigkeit des Testaments zur Folge hat (§ 125). Zugleich sind sie erschöpfend. Insbesondere bleibt die Verletzung weitergehender landesgesetzlicher Vorschriften auf die Gültigkeit ohne Einfluß (EG Art 151). Die Beweiskraft der danach hergestellten öffentlichen Urkunde ist nach ZPO §§ 415, 418, 419 zu beurteilen.

Zu Nr 1: Die Angaben über **Ort und Tag der Verhandlung** müssen, wie beim Privattestament (§ 2231 A 5) der Wahrheit entsprechen. So RG (4. ZS) 81, 95; JW 1917, 466[11] und RG (5. ZS) 109, 368 gegen RG (3. ZS) 74, 421, wo die Form auch bei versehentlich falscher Datierung als gewahrt und die Gültigkeit des Testaments hierdurch nicht als beeinträchtigt angesehen wird; diesen Standpunkt hat der 3. ZS jetzt aufgegeben (RG 109, 371). Offenbare Versehen sind unschädlich, wenn sie aus dem Protokoll selbst (OLG 44, 99) oder auch, wie der 4. ZS a. a. O. und in RG 84, 163 zuläßt, aus gleichzeitigen mit dem Testamentsakt unmittelbar zusammenhängenden amtlichen Beurkundungen berichtigt werden können; insbesondere kann hierzu die amtliche Aufschrift des Protokolls (§ 2246) verwertet werden. Es genügt, wenn sich Verhandlungsort und -zeit aus dem Texte des Protokolls ergeben (RG JW 1911, 589[36]). Nur die ausgeschriebene kalendermäßige Bezeichnung des Tages entspricht der Bedeutung der öffentlichen Urkunde, wenn auch der Gebrauch üblicher Abkürzungen die Gültigkeit nicht beeinträchtigen mag (RG 53, 152). Für die Ergänzung einer mangelhaften Angabe („Verhandelt in Leipzig am ... Mai 1920") gilt dasselbe, wie für die Berichtigung eines offenbaren Versehens (KGJ 50, 76; s. auch RG Warn 1917 Nr 243). Eine im Protokoll gänzlich fehlende oder nur mit „hier" (ohne Bezug auf eine sonstige Ortsbezeichnung) oder „heute" gemachte Orts- oder Zeitangabe kann aber nicht auf andere Weise ersetzt werden (RG JW 1917, 926[3]). Erstreckt sich die Testamentsverhandlung selbst (im Gegensatz zu vorbereitenden Besprechungen oder einer vorbereitenden Niederschrift § 2239 A 2) über mehrere Tage, so muß das Protokoll hierüber Aufschluß geben. Die für das Privattestament § 2231 A 5 (mit JFG 1, 170) vertretene mildere Auffassung kann auf das öffentliche Testament nicht übertragen werden. Immerhin wird eine bald nach Mitternacht abgeschlossene Testamentsverhandlung wegen fehlender Protokollierung des neuen Kalendertags nicht für nichtig erklärt zu werden brauchen (dahingestellt gelassen RG 109, 369f.).

Zu Nr 2: Die **Bezeichnung** muß nicht notwendig eine namentliche, aber doch so bestimmt sein, daß sie die Personen der Beteiligten ergibt. Bezüglich der Person des Erblassers kann auch ein regelmäßig geführtes Pseudonym genügen (§ 2231 A 6). Eine besondere Aufführung der Mitwirkenden als Richter, beurkundender Notar, zweiter Notar (§ 2233 A 2), Zeugen ist ratsam, aber entbehrlich, wenn hierüber nach dem Gesamtinhalt des Protokolls kein berechtigter Zweifel möglich ist (vgl. zu JW 1925, 387[19] einerseits Herzfelder ebenda andererseits Josef das. 754). Die Personen brauchen nicht feierlich als „bei der Verhandlung mitwirkend" genannt zu werden (RG JW 09, 20[15]). Die Bezeichnung gehört ordnungsmäßig in den Text des Protokolls, es kann aber, falls an der Einheitlichkeit der Beurkundung kein Zweifel besteht, unter Umständen genügen, wenn sich die Bezeichnung am Rande des Protokolls befindet, oder wenn sie (RG 50, 16) erst aus der Unterschrift ersichtlich wird, während im Texte nur von „den unterzeichneten Gerichtspersonen" die Rede ist. Die Aufnahme einer Feststellung über die Identität des Erblassers (FGG § 176 Abs 3) und über seine Geschäftsfähigkeit ist wünschenswert, aber nicht notwendig.

Zu Nr 3: **Erklärung** des Testamentsinhalts selbst oder, bei Übergabe einer Schrift, die Tatsache der Übergabe und der sie begleitenden Erklärung. Die **Feststellung** dieser Tatsache kann auch in der protokollierten Erklärung: „Wir überreichen hiermit..." gefunden werden (RG Warn 08 Nr 74). Ob die Schrift offen oder verschlossen übergeben war, muß nicht notwendig protokolliert werden. — Versiegelung, Aufschrift und Verwahrung § 2246.

§ 2242

Das Protokoll muß vorgelesen, von dem Erblasser genehmigt und von ihm eigenhändig unterschrieben werden[1]). Im Protokolle muß festgestellt werden, daß dies geschehen ist[2]). Das Protokoll soll dem Erblasser auf Verlangen auch zur Durchsicht vorgelegt werden[3]).

Erklärt der Erblasser, daß er nicht schreiben könne, so wird seine Unterschrift durch die Feststellung dieser Erklärung im Protokoll ersetzt[4]).

Das Protokoll muß von den mitwirkenden Personen unterschrieben werden[5]).

E I 1919 Abs 3, 4, 1920 II 2108; M 5 273—275; P 5 336—339.

1. Satz 1 hat nur das **Protokoll** im engeren Sinne, d. h. alle nach § 2241 Nr 1—3 wesentlichen Bestandteile im Auge, nicht die in § 2241 Nr 3 bezeichnete Schrift, auch wenn sie offen übergeben wird (RG 84, 165), ebensowenig die nach Satz 2 (RG 79, 368), nach Abs 2 (RG 68, 31; 86, 391) und nach §§ 2243 Abs 2, 2244 Abs 3, 2245 Abs 2 dem Protokoll einzuverleibenden Feststellungen und Versicherungen. Insbesondere ist auch die Beurkundung über Ort und Tag der Verhandlung vorzulesen und zu genehmigen (RG 50, 215); ebenso die Bezeichnung der bei der Verhandlung mitwirkenden Personen (RG JW 1911, 804[5]). Es ist aber zulässig, daß zunächst der die einleitenden Angaben des § 2241 Nr 1 u. 2 enthaltende Teil des Protokolls vorgelesen, dann erst der nach § 2238 erforderliche eigentliche Errichtungsvorgang vollzogen, gemäß § 2241 Nr 3 protokolliert und darauf dieser Teil des Protokolls vorgelesen wird (RG 108, 403). Die **Vorlesung,** gleichviel von welchem der Mitwirkenden sie vorgenommen wird, ist auch bei Taubheit des Erblassers wesentlich, unverzichtbar und wird weder durch lautes Diktat, noch durch die Durchsicht des Protokolls (A 3), ersetzt. Für die **Genehmigung** ist mündliche Erklärung (§ 2238 A 2) nicht vorgeschrieben, sie kann deshalb auch stillschweigend ausgedrückt werden (Kopfnicken; RG 108, 403), ist aber nicht schon in der Unterschrift enthalten. Über die Unmöglichkeit, die mündliche Erklärung, durch die das Testament errichtet wird, mit der Vorlesung und Genehmigung des Protokolls in einen einzigen Verhandlungsvorgang zusammenzuziehen, s. § 2238 A 2. Die **Unterschrift** muß eine **eigenhändige** sein und den Erfordernissen des § 2231 A 6 ent-

sprechen. Dies ist nicht deshalb ausgeschlossen, weil eine zweite Person mitbestimmend an der Herstellung der Unterschrift mitgewirkt hat (RG Warn 1911 Nr 336; § 2231 A 4). Die Unterschrift kann nicht durch Handzeichen ersetzt werden, muß nicht notwendig mit der im Protokoll enthaltenen Bezeichnung des Erblassers (§ 2241 Nr 2) übereinstimmen und muß räumlich zu dem vorangehenden Protokoll einschließlich des Vermerks über Vorlesung und Genehmigung in einem Verhältnis stehen, daß dessen Inhalt hierdurch als gedeckt angesehen werden kann. Auch der Blinde hat, wenn er dazu imstande ist, zu unterzeichnen; andernfalls muß der Ersatzformvorschrift des Abs 2 genügt werden (RG 86, 385).

2. Die **Feststellung** ist eine von den mitwirkenden Personen ausgehende Bezeugung, die einer besonderen Vorlesung und der Genehmigung des Erblassers nicht bedarf, aber durch seine Unterschrift auch nicht ersetzt wird. Sie muß sich auf alle drei Erfordernisse: Vorlesung, Genehmigung, Unterzeichnung erstrecken (IFG 1, 355; RG JW 04, 208[21]; über die Grenzen der Möglichkeit, etwaige Zweifel oder Unklarheiten der protokollarischen Feststellung aus Vorgängen außerhalb des Protokolls aufzuhellen, s. A 5 a. E.). Der Feststellungsvermerk muß nicht notwendig dem gesamten Protokoll räumlich nachfolgen und kann auch einen nun erst beginnenden, vom Erblasser unterschriebenen Zusatz decken, wenn dem Protokolle zu entnehmen ist, daß sich der Vermerk auch hierauf beziehen soll (RG JW 1911, 766[28]). Der Gebrauch der üblichen Abkürzung: „V. g. u." kann als genügend angesehen werden. (RG 53, 150). Ebenso die Feststellung, „das Testament" (statt Protokolls) sei vorgelesen worden (RG BayZ 08, 19).

3. Die **Vorlegung zur Durchsicht** (für den Fall eines Verlangens des Erblassers durch bloße Ordnungsvorschrift angeordnet) braucht nicht notwendig beurkundet zu werden, kann aber die unterbliebene Vorlesung auch dann nicht ersetzen, wenn sie allen Mitwirkenden gegenüber erfolgt wäre (PrFGG Art 41).

4. Die **Unterschrift ist entbehrlich,** wenn ein Doppeltes vorliegt: Erklärung des Erblassers und Feststellung dieser Erklärung im Protokoll. a) Die **Erklärung des Erblassers** muß dahin gehen, daß er nicht schreiben könne. Die Erklärung, nicht schreiben zu wollen oder nur schlecht schreiben zu können, genügt nicht. Die Erklärung ist die einzige vom Gesetz zugelassene Erkenntnisquelle für die Schreibensunfähigkeit. Darauf, ob sie der Wahrheit entspricht und auf welchen Gründen sie beruht, kommt nichts an. Der beurkundende Beamte darf hierüber gar keine Erörterungen anstellen. Die Erklärung kann deshalb niemals durch das bloß objektive Zeugnis der Urkundspersonen ersetzt werden, der Erblasser sei (weil infolge von Schlaganfällen gelähmt) zur Unterzeichnung außerstande gewesen. Auch durch eine Auslegung, als beruhe das Zeugnis auf der Erklärung des Erblassers, kann in solchen Fällen nicht nachgeholfen werden (RG 69, 79 gegen 65, 375 a. E.; s. aber auch KG IFG 4, 155). Dagegen ist die Erklärung an eine Form nicht gebunden. Sie kann auch in der Genehmigung des eine objektive Feststellung des Schreibunvermögens enthaltenden Protokolltextes (RG 56, 368; 69, 83; 75, 374; JW 09, 314[13]), regelmäßig auch in der Unterkreuzung des Protokolls mit dem Handzeichen gefunden werden (RG 69, 83; JW 08, 556[17]; Warn 1917 Nr 243; KGJ 37 A 126 und KG IRdsch 1925 Nr 1527). b) **Feststellung der Erklärung im Protokoll.** Sie ist auch hier lediglich Zeugnis der Urkundspersonen (A 2) und bildet keinen Bestandteil des vorzulesenden, vom Erblasser zu genehmigenden und zu unterzeichnenden Protokolls (A 1). Eine Vorlesung und Genehmigung dieses Feststellungsvermerks durch den Erblasser ist deshalb überflüssig. Wohl aber ist sie, wie schon unter a bemerkt, eine genügende Grundlage dafür, die in dem Vermerk enthaltene objektive Beurkundung des Schreibunvermögens nun auch als die vom Gesetz erforderte subjektive Erklärung des Erblassers, er könne nicht schreiben, aufzufassen. Im übrigen reicht es aus, wenn die Feststellung irgendwie auf die Erklärung des Erblassers Bezug nimmt, so wenn vermerkt wird: der Erblasser habe nicht unterschrieben, weil er des Schreibens unkundig „sei", oder: er habe, weil des Schreibens unkundig (wegen Schwäche schreibensunfähig), das Protokoll nur mit dem Handzeichen versehen (RG 65, 375; 69, 83; Warn 1917 Nr 243) oder: er habe erklärt, blind zu sein, und mit Rücksicht auf seine Blindheit nicht unterschrieben (RG 86, 385).

5. Die **Unterschrift der mitwirkenden Personen** (§ 2239 A 1) muß sich zu dem Protokoll auch räumlich in einem Verhältnis befinden, daß dadurch sein gesamter Inhalt, einschließlich etwaiger Randvermerke, des Vermerks über Vorlesung und Genehmigung, der Unterschrift des Erblassers und der sonst vorgeschriebenen Feststellungen gedeckt wird. Die Unterschriften brauchen jedoch nicht notwendig die letzten Worte des Protokolls zu bilden (RG 68, 297: Vermerk „unterschrieben" erst unter der Namenszeichnung, vgl. auch KGJ 43, 100). Die Unterzeichnung muß eine eigenhändige sein und kann weder durch Handzeichen noch durch Feststellung des Schreibunvermögens ersetzt werden. Ist sie ganz unterblieben, so wird sie durch einen besonders zu beurkundenden Akt nachgeholt werden dürfen, solange noch res integra, d. h. solange das Testament noch nicht eröffnet ist (KGJ 38 A 141, aber auch RG 79, 366). Nicht wesentlich ist, daß auch der Erblasser, der selbst zu den mitwirkenden Personen nicht gehört, der Unterzeichnung beiwohne (§ 2239 A 1). Es ist deshalb

der Gültigkeit des Testaments unschädlich, wenn der Erblasser stirbt oder geschäftsunfähig wird, nachdem er das verlesene Protokoll genehmigt und unterzeichnet oder die Erklärung abgegeben hat, daß er nicht schreiben könne (a. M. Staudinger A IV; Kipp § 14 bei A 40; Leonhard VI). — Die Beobachtung der wesentlichen Förmlichkeiten muß aus dem Protokolle selbst hervorgehen oder aus Vorgängen, die mit seiner Errichtung in unmittelbarem Zusammenhange stehen (RG 86, 390; 97, 298; JW 1927, 1205[19]; § 2241 A 1 zu Nr 1) und kann nicht anderweitigen Ermittlungen entnommen werden (RG JW 04, 208[21]). Entsprechend FGG § 177.

§ 2243

Wer nach der Überzeugung des Richters oder des Notars stumm oder sonst am Sprechen verhindert ist, kann das Testament nur durch Übergabe einer Schrift errichten[1]). Er muß die Erklärung, daß die Schrift seinen letzten Willen enthalte, bei der Verhandlung eigenhändig in das Protokoll oder auf ein besonderes Blatt schreiben, das dem Protokoll als Anlage beigefügt werden muß[2]).

Das eigenhändige Niederschreiben der Erklärung sowie die Überzeugung des Richters oder des Notars, daß der Erblasser am Sprechen verhindert ist, muß im Protokolle festgestellt werden[3]). Das Protokoll braucht von dem Erblasser nicht besonders genehmigt zu werden[4])[5]).

E I 1921 II 2109; M 5 276, 277; P 5 339.

1. Darüber, wer **stumm oder sonst am Sprechen verhindert sei**, entscheidet lediglich die pflichtmäßige, nach freier Prüfung gewonnene Überzeugung des beurkundenden Beamten (nicht wie in § 2242 A 4 a die Erklärung des Erblassers). Das Testament kann deshalb nicht mit der Behauptung angefochten werden, der Erblasser hätte sprechen können; es könnte nur durch den nach ZPO § 418 Abs 2 zulässigen Beweis entkräftet werden, daß der Beamte jene Überzeugung nicht gehabt habe (RG 108, 402). Kann sich der Stumme in der Lautsprache verständlich machen, so ist er auch zu mündlichen Erklärungen im Sinne von § 2238 befähigt. Dagegen ist die Zeichensprache für Kundgebung des letzten Willens ausgeschlossen. Wer am Sprechen und gleichzeitig am Schreiben (A 2) verhindert ist, kann deshalb überhaupt nicht testieren (RJA 17, 70). Ebenso derjenige am Sprechen Verhinderte, welcher minderjährig oder lesensunvermögend ist (§ 2238 A 6). Ob die Verhinderung am Sprechen dauernd oder nur vorübergehend ist, z. B. auch nur auf einem ärztlichen Verbote beruht, macht keinen Unterschied. Übergabe einer Schrift § 2238 A 3.

2. Die **eigenhändige schriftliche Erklärung** (§ 2231 A 4) ersetzt die mündliche Erklärung nach § 2238 A 3. Sie muß deshalb gleich dieser bei der Verhandlung abgegeben, d. h. vor den Augen der mitwirkenden Personen (§ 2239) niedergeschrieben werden, darf nicht schon vorher hergestellt sein, braucht aber nicht unterschrieben zu werden und dem Gesetze nicht wörtlich zu entsprechen. Da das Protokoll oder ein besonderes als Anlage beizufügendes Blatt vorgeschrieben ist, wird der Umschlag des verschlossen übergebenen Schriftstücks zur Niederschrift nicht benutzt werden dürfen.

3. Neben den hier vorgeschriebenen besonderen **Feststellungen** ist die Feststellung der Schriftübergabe (§ 2241 A 1 zu Nr 3), ferner die Feststellung der Protokollvorlesung und Unterzeichnung, wenn auch nicht der Genehmigung (§ 2242 A 2), gegebenenfalls auch die Feststellung nach § 2244 Abs 3 geboten. Darüber, daß es der Vorlesung dieser Feststellungen nicht bedarf, s. § 2242 A 4 b.

4. Das **Protokoll** bedarf zwar nicht der Genehmigung, die nur schriftlich erfolgen könnte, wohl aber der Vorlesung — einschließlich der niedergeschriebenen Erklärung — und der Unterschrift des Erblassers nach § 2242 A 1, selbst dann, wenn die eigenhändige Erklärung (A 2) von ihm bereits unterschrieben worden wäre. — § 2243 gilt auch für das Gemeindetestament (§ 2249), nicht aber für das Seuchen- und Seetestament vor Zeugen, da hier nur mündliche Erklärung statthaft ist (§§ 2250, 2251). Entsprechend FGG § 178.

5. Blinde sind auf das öffentliche, mündlich erklärte Testament beschränkt (§ 2238 A 6). Taube sind unbeschränkt testierfähig. Zur Kontrolle des Protokolls können sie Durchsicht verlangen (§ 2242 A 3). Taubstumme können, wenn schreibkundig nach § 2243, wenn die Lautsprache beherrschend auch nach § 2238 testieren.

§ 2244

Erklärt der Erblasser, daß er der deutschen Sprache nicht mächtig sei[1]), so muß bei der Errichtung des Testaments ein vereidigter Dolmetscher zu-

gezogen werden[2]**). Auf den Dolmetscher finden die nach den §§ 2234 bis 2237 für einen Zeugen geltenden Vorschriften entsprechende Anwendung**[3]**).**

Das Protokoll muß in die Sprache, in der sich der Erblasser erklärt, übersetzt werden[4]**). Die Übersetzung muß von dem Dolmetscher angefertigt oder beglaubigt und vorgelesen werden; die Übersetzung muß dem Protokoll als Anlage beigefügt werden**[5]**).**

Das Protokoll muß die Erklärung des Erblassers, daß er der deutschen Sprache nicht mächtig sei, sowie den Namen des Dolmetschers und die Feststellung enthalten, daß der Dolmetscher die Übersetzung angefertigt oder beglaubigt und sie vorgelesen hat[6]**). Der Dolmetscher muß das Protokoll unterschreiben**[7]**).**

E I 1928 Abs 1—3 II 2110; M 5 278, 279; P 5 339—342.

1. Dafür, ob der **Erblasser der deutschen Sprache nicht mächtig** sei, ist, wie im Falle des § 2242 A 4 einzige Erkenntnisquelle die Erklärung des Erblassers. Auch dann, wenn sie nach Überzeugung des beurkundenden Beamten wahrheitswidrig ist, darf er die Aufnahme des Testaments nicht ablehnen (a. M. OLG 1, 409). Sie ist auch im Falle des § 2243 an keine Form gebunden. Deutsche ist nicht gleich hochdeutscher Sprache. Versteht der Beamte die vom Erblasser gebrauchte Mundart nicht, so ist er in der Wahl der Mittel, um eine gegenseitige Verständigung herbeizuführen, nicht beschränkt.

2. Der **Dolmetscher** muß **vereidet** sein. Die Beteiligten können hierauf nicht wie nach FGG § 9 verzichten. Ist der Dolmetscher nicht im allgemeinen vereidet, so hat der Richter oder Notar nach Landesrecht, ev. nach GVG § 191 die Vereidung vorzunehmen. Er ist förmlich zuzuziehen, § 2233 A 3, und zwar neben den dort genannten Personen. Der Dolmetscher kann deshalb nicht gleichzeitig als Gerichtsschreiber (RJA 2, 59, abweichend GVG § 192), Notar oder Zeuge mitwirken.

3. § 2234: Ausschließung des Ehegatten, gewisser Verwandter und Verschwägerter des Erblassers, § 2235: Nichtigkeit der dem Dolmetscher oder seinen Angehörigen gemachten Zuwendungen, § 2236: Ausschließung wegen der Beziehungen zum Richter oder beurkundenden Notar, § 2237: Sollvorschriften wegen gewisser Untauglichkeitsgründe.

4. Der eigentlichen Testamentserrichtung nach §§ 2238, 2243, die von seiten des Erblassers in der fremden Sprache erklärt und vom Dolmetscher deutsch wiedergegeben wird, folgt die **Niederschrift des Protokolls in deutscher Sprache,** im Falle des § 2243 zugleich die Entgegennahme der die Übergabe begleitenden fremdsprachlichen Erklärung und deren Übersetzung. Das deutsche Protokoll ist demnächst in die fremde Sprache schriftlich zu übersetzen. Kein Nebenprotokoll in der fremden Sprache, s. jedoch § 2245.

5. Ob die **Übersetzung** vom Dolmetscher selbst oder einer andern, vielleicht gewandteren Person vorgenommen wird, ist gleichgültig. Jedenfalls muß sie vom Dolmetscher selbst vorgelesen und wenn er sie nicht selbst angefertigt hat, mit seiner Namensunterschrift beglaubigt werden (§ 129). Sie bedarf nicht der Genehmigung des Erblassers. Als eigentlicher maßgebender Inhalt der Testamentserklärung gilt das deutsche Protokoll. Die Behandlung der Übersetzung als Anlage (§ 2246) erfordert nicht förmliche Verbindung mit dem Protokoll.

6. Die **Erklärung, der deutschen Sprache nicht mächtig zu sein,** ist unmittelbarer Bestandteil des Protokolls. Sie bedarf deshalb der Vorlesung, Genehmigung und Unterschrift des Erblassers und kann nicht, wie im Falle des § 2242 A 4 b durch eine entsprechende Feststellung ersetzt werden (a. M. Planck A 6). Wohl aber gilt das dort Gesagte von den sonstigen **Feststellungen,** insbesondere von der namentlichen Aufführung oder einer sonst genügenden Bezeichnung des Dolmetschers (KGJ 35 A 83). Wesentlich ist auch, daß der Dolmetscher im Protokoll als derjenige genannt ist, der die Übersetzung angefertigt oder beglaubigt und sie vorgelesen habe (KGJ 39 A 75; **RG** JW 1915, 582[18]; aber auch **RG** 97, 295, wonach in dem Protokoll eine genügende Feststellung der Anfertigung oder Beglaubigung der Übersetzung durch den Dolmetscher gefunden werden kann, wenn darin gesagt ist, daß der Dolmetscher die Verhandlung in der „beigefügten" Übersetzung vorgelesen habe, und wenn diese Übersetzung mit einem vom Dolmetscher unterschriebenen, die Richtigkeit der Übersetzung bezeugenden Vermerk abgeschlossen ist).

7. Geziemenderweise hat der Dolmetscher dem ganzen Errichtungsakte beizuwohnen. Da er jedoch nicht zu den mitwirkenden Personen gehört (§ 2239), so genügt die **Anwesenheit des Dolmetschers,** solange er gebraucht wird. Insbesondere ist sie unerläßlich während der ihm allein obliegenden Vorlesung der Übersetzung. Seine Unterschrift hat er in Gegenwart der Mitwirkenden, nicht notwendig auch des Erblassers, unter das Protokoll zu setzen. Daraus folgt, daß er die Anfertigung der Übersetzung oder deren Beglaubigung sowie ihre

Beifügung als Anlage später nicht nachholen kann. — Nichtigkeit bei Verletzung der Formvorschriften § 125. Sie gelten auch für den Erbvertrag (§ 2276) sowie für das Gemeinde-, nicht aber für das vor Zeugen errichtete Seuchen- und Seetestament (§§ 2249—2251). Entsprechend FGG §§ 179, 180.

§ 2245

Sind sämtliche mitwirkende Personen ihrer Versicherung nach der Sprache, in der sich der Erblasser erklärt, mächtig[1]), so ist die Zuziehung eines Dolmetschers nicht erforderlich[2]).

Unterbleibt die Zuziehung eines Dolmetschers, so muß das Protokoll in der fremden Sprache aufgenommen werden[3]) und die Erklärung des Erblassers, daß er der deutschen Sprache nicht mächtig sei, sowie die Versicherung der mitwirkenden Personen, daß sie der fremden Sprache mächtig seien, enthalten[4]). Eine deutsche Übersetzung soll als Anlage beigefügt werden[5]).

E I 1923 Abs 4 II 2111; M 5 279, 280; P 5 339—342.

1. **Testament in fremder Sprache.** Erste Voraussetzung ist, daß der Erblasser seiner — formlosen — Erklärung zufolge der deutschen Sprache nicht mächtig ist (A 4). Gibt er diese Erklärung nicht ab, so verbleibt es bei der deutschen Geschäftssprache. Ferner müssen sämtliche mitwirkende Personen (§ 2239) der betreffenden fremden Sprache mächtig sein. Hierzu ist ihre Versicherung erforderlich, aber auch genügend, selbst wenn sie der Wahrheit nicht entspräche. Der Erblasser selbst hat die gleiche Versicherung nicht abzugeben.

2. Die Zuziehung des **Dolmetschers** ist „nicht erforderlich", der leitende Beamte ist aber daran nicht gehindert, auch wenn die Voraussetzung des Abs 1 äußerlich gegeben ist, insbesondere, wenn er den abgegebenen Versicherungen mißtraut. Wird der Dolmetscher zugezogen, so sind lediglich die Formvorschriften des § 2244 maßgebend.

3. Im Gegensatz zu § 2244 A 5 ist das **fremdsprachliche Protokoll maßgebend.** Es muß selbstverständlich allen sonstigen für das Protokoll erteilten Formvorschriften entsprechen. Deutsche Übersetzung A 5.

4. Die **Erklärung des Erblassers** ist, wie im Falle des § 2244 A 6, unmittelbar Bestandteil des Protokolls, deshalb vorzulesen, vom Erblasser zu genehmigen und zu unterzeichnen. Dagegen enthält die **Versicherung** der Mitwirkenden lediglich eine Feststellung im Sinne von § 2242 A 4 b. (Nicht unterschieden in RG JW 03 Beil 30[60]).

5. Die Beifügung einer **deutschen Übersetzung** als Anlage (§ 2246) ist nur ordnungshalber vorgeschrieben. Es ist gleichgültig, von wem sie angefertigt ist, sie bedarf auch nicht wie im Falle des § 2244 A 5 der Vorlesung und Beglaubigung. — Anwendbar auf die außerordentlichen Testamentsformen §§ 2249—2251 und den Erbvertrag § 2276. Entsprechend FGG § 179.

§ 2246

Das über die Errichtung des Testaments aufgenommene Protokoll soll nebst Anlagen, insbesondere im Falle der Errichtung durch Übergabe einer Schrift nebst dieser Schrift[1]), von dem Richter oder dem Notar in Gegenwart der übrigen mitwirkenden Personen und des Erblassers[2]) mit dem Amtssiegel verschlossen, mit einer das Testament näher bezeichnenden Aufschrift, die von dem Richter oder dem Notar zu unterschreiben ist, versehen[3]) und in besondere amtliche Verwahrung gebracht werden[4]).

Dem Erblasser soll über das in amtliche Verwahrung genommene Testament ein Hinterlegungsschein erteilt werden[5]).

E I 1932 Abs 1, 2 II 2112; M 2 295, 296; P 5 351.

1. **Amtliche Verwahrung und Verschließung des Testaments.** Der Testamentsakt geht mit Unterzeichnung des Protokolls nach § 2242 Abs 3 zu Ende. Nichtbefolgung der hier erteilten Ordnungsvorschriften ist deshalb auf die Gültigkeit des Testaments ohne Einfluß. Als Anlagen kommen in Frage die übergebene Schrift § 2238 Abs 1, das besondere Blatt § 2243 Abs 1, die Übersetzung §§ 2244, 2245. Die Aufnahme sonstiger Anlagen ist unstatthaft, aber unschädlich.

2. Die zwingende Vorschrift des § 2239 über die **Gegenwart der Mitwirkenden** wird infolge der bloß reglementarischen Natur der Vorschriften über Verschluß und Aufschrift in-

soweit von selbst zur Ordnungsvorschrift. Die Anwesenheit des **Erblassers** ist gleichfalls nicht wesentlich (§ 2242 A 5).

3. Nähere Anweisungen über **Verschluß** usw. nach Landesrecht. Das Amtssiegel wird durch Trocken- oder Farbenstempel, die einen Verschluß nicht herzustellen vermögen, nicht ersetzt. Mitverschluß durch sein Privatsiegel ist dem Erblasser nicht verwehrt.

4. **Besondere amtliche Verwahrung** im Gegensatz zu der gewöhnlichen Aktenverwahrung (RG 48, 99). Nähere Bestimmungen über die Verwahrungsstelle, die mit dem Nachlaßgericht nicht zusammenzufallen braucht (RG 53, 393), insbesondere über die Zuständigkeit der Notare zur eigenen Verwahrung nach Landesrecht. Die Worte „in Gegenwart der übrigen mitwirkenden Personen und des Erblassers" (A 2) sind auf die Verwahrung nicht zu beziehen. Amtliche Verwahrung des Privattestaments § 2248, Rücknahme aus der Verwahrung § 2256, Einsicht § 2264. Anwendbar auf das Gemeindetestament § 2249, im Zweifel auch auf den Erbvertrag § 2277.

5. Der **Hinterlegungsschein** ist von Amts wegen und trotz etwaigen Verzichts zu erteilen. Die Testamentsurschrift darf dem Erblasser niemals überlassen werden.

§ 2247

Wer minderjährig ist oder Geschriebenes nicht zu lesen vermag, kann ein Testament nicht nach § 2231 Nr 2 errichten[1]).

KB 321.

1. **Minderjährige und Lesensunfähige** (§ 2238 A 6) sind nicht bloß **ausgeschlossen vom Privattestament** (§ 2231 Nr 2), sondern nach § 2238 Abs 2 auch vom schriftlich übergebenen Testament, deshalb beschränkt auf das mündlich erklärte Testament vor Richter oder Notar (§ 2238) oder Gemeindevorsteher (§ 2243) oder drei Zeugen (§§ 2250, 2251). Sind sie stumm oder am Sprechen verhindert (§ 2243), so können sie überhaupt nicht testieren. Über die rechtliche Natur der Bestimmung s. § 2229 A 3.

§ 2248

Ein nach § 2231 Nr 2 errichtetes Testament ist auf Verlangen des Erblassers in amtliche Verwahrung zu nehmen[1]). Die Vorschrift des § 2246 Abs 2 findet Anwendung[2]).

KB 321.

1. **Die amtliche Verwahrung des Privattestaments** macht es nicht, wie die Übergabe der Schrift nach § 2238, zum öffentlichen Testament. Sie findet nur auf Verlangen des Erblassers statt, das formlos und regelmäßig auch durch einen Vertreter gestellt werden kann (RJA 1, 146). Rücknahme ist zulässig, sie gilt nicht als Widerruf, § 2256 Abs 3. Ablieferungspflicht nach dem Erbfall § 2259.

2. Hinterlegungsschein.

§ 2249

Ist zu besorgen, daß der Erblasser früher sterben werde, als die Errichtung eines Testaments vor einem Richter oder vor einem Notar möglich ist[1]), so kann er das Testament vor dem Vorsteher der Gemeinde, in der er sich aufhält, oder, falls er sich in dem Bereich eines durch Landesgesetz einer Gemeinde gleichgestellten Verbandes oder Gutsbezirkes aufhält, vor dem Vorsteher dieses Verbandes oder Bezirkes errichten[2]). Der Vorsteher muß zwei Zeugen zuziehen[3]). Die Vorschriften der §§ 2234 bis 2246 finden Anwendung; der Vorsteher tritt an die Stelle des Richters oder des Notars[4]).

Die Besorgnis, daß die Errichtung eines Testaments vor einem Richter oder vor einem Notar nicht mehr möglich sein werde, muß im Protokolle festgestellt werden[5]). Der Gültigkeit des Testaments steht nicht entgegen, daß die Besorgnis nicht begründet war[6]).

E I 1925, 1932 Abs 1, 2 II 2113; M 5 281, 282, 295, 296; P 5 342—345, 351; KB 322.

1. **Gemeindetestament.** Die hier vorausgesetzte Besorgnis, auf deren objektive Begründetheit es nach Abs 2 nicht ankommt, wird regelmäßig nur in Land- oder kleineren Stadtgemeinden gegeben sein. Doch ist die Art der Gemeinde (t. ruri conditum) nicht entscheidend.

Auch wenn ein Amtsgericht oder ein Notar darin seinen Sitz hätte, ist das Gemeindetestament nicht ausgeschlossen. **Weder der Richter noch der Notar** dürfen rechtzeitig erreichbar sein, die Feststellung (A 5) muß sich daher auf **beide** Alternativen erstrecken (**RG** Warn 1917 Nr 243, KG JRdsch 1925 Nr 1639; offengelassen JW 03 Beil 64[149], Unerreichbarkeit des Amtsrichters bei der besonderen Sachlage für genügend erklärt JW 02 Beil 216[65], als Tatfrage behandelt JW 05, 24[26]). Besondere Voraussetzung der Absperrung § 2250 Abs 1.

2. **Aufenthalt des Erblassers** in der Gemeinde, sei es auch bloß vorübergehender Art (Durchreise) genügt. Wohnsitz ist nicht erfordert. Wer als **Vorsteher** der Gemeinde, des Verbandes oder Gutsbezirks und wer als sein Stellvertreter zu gelten habe, bestimmt sich nach Landesrecht. EG Art 150 gestattet dem Landesgesetz, an Stelle des Vorstehers oder neben ihm andere Personen (Orts-, Dorfgerichtspersonen) zu bestellen.

3. **Zuziehung von zwei Zeugen** wie im Falle des § 2233. Ihre Bezeichnung mit einem Amtscharakter ist unschädlich (Schöffen **RG** JW 05, 24[26]). Die Mitwirkung eines Gemeindeschreibers findet nicht oder doch nur in der Eigenschaft eines Zeugen statt (vgl. RJA 14, 278).

4. Die angezogenen §§ 2234—2246 ergeben, daß alle für das **ordentliche öffentliche Testament** erlassenen Vorschriften (Unfähigkeit des Vorstehers oder eines Zeugen, Art der Errichtung durch mündliche Erklärung oder Schriftübergabe, Beschränkung der Minderjährigen und Leseunfähigen auf mündliche Erklärung, ständige Anwesenheit, Inhalt des Protokolls, die besonderen Bestimmungen bei Sprechunvermögen und Unkenntnis der deutschen Sprache, endlich über die Art der Verwahrung) **auf das Gemeindetestament unmittelbar anwendbar** sind, nur daß der Vorsteher an Stelle des Richters oder Notars tritt. Die Verletzung einer dieser Vorschriften bewirkt deshalb Nichtigkeit, soweit dies beim ordentlichen öffentlichen Testament der Fall ist (§ 125). Anderseits hat auch das Gemeindetestament die Eigenschaft einer **öffentlichen Urkunde** (§ 2241 A 1), jedoch unter Beschränkung der Gültigkeitsdauer auf **drei Monate** (§ 2252).

5. Die **Feststellung** erfordert nicht förmliche Wiedergabe der Gesetzesworte, es genügt, daß sie sonst dem Protokollinhalte zuverlässig zu entnehmen ist (**RG** JW 03 Beil 64[149]; OLG 40, 139). Dies ist nicht der Fall, wenn das Protokoll hierzu nicht mehr enthält als die Erklärung des Erblassers, er habe den Gemeindevorsteher mit der Niederschrift seines letzten Willens beauftragt, weil es ihm nicht möglich sei, einen Richter oder Notar nach seinem Aufenthaltsort zu beordern (JFG 3, 164). Vorlesung, Genehmigung und Unterschrift des Erblassers sind nicht erforderlich (RJA 5, 45, § 2242 A 4 b).

6. Über das Vorhandensein der **Besorgnis** entscheidet das pflichtmäßige Ermessen des Vorstehers, so daß dieser die Aufnahme des Testaments abzulehnen hat, wenn er bei gewissenhafter Prüfung zu der Überzeugung gelangt, daß die Besorgnis nicht begründet sei (BayVerwGH JW 1921, 1148[1]). Würde er die Besorgnis feststellen, trotzdem sie von ihm in Wahrheit nicht empfunden wurde, so wäre das Testament nichtig. Die ordnungsmäßige Feststellung der Besorgnis ist (wie nach § 2243 die Feststellung der Überzeugung des Richters, nach § 2244 die Erklärung des Erblassers, nach § 2245 die Versicherung der Beteiligten) ohne Rücksicht auf den wirklichen Sachverhalt maßgebend. Gesetzgeberischer Grund für diese keinen Analogieschluß auf sonstige Urkundserfordernisse zulassende Vorschrift: **RG** 109, 372. — Haftung des Vorstehers oder der Gemeinde für Versehen (**RG** 58, 296; JW 04, 144[15]; Warn 1917 Nr 243; Recht 1924 Nr 1682; § 2232 A 1). Gemeinschaftliches Testament § 2266. Der Erbvertrag kann nur in ordentlicher Form errichtet werden, § 2276 A 1. Unter den Voraussetzungen des § 2249 Errichtung vor drei Zeugen in Konsulargerichtsbezirken und den Schutzgebieten KonsGG v. 7. 4. 00 § 38 und SchutzgebG v. 10. 9. 00 § 3.

§ 2250

Wer sich an einem Orte aufhält[1]), der infolge des Ausbruchs einer Krankheit oder infolge sonstiger außerordentlicher Umstände[2]) dergestalt abgesperrt ist, daß die Errichtung eines Testaments vor einem Richter oder vor einem Notar nicht möglich oder erheblich erschwert ist[3]), kann das Testament in der durch den § 2249 Abs 1 bestimmten Form oder durch mündliche Erklärung vor drei Zeugen errichten[4]).

Wird die mündliche Erklärung vor drei Zeugen gewählt, so muß über die Errichtung des Testaments ein Protokoll aufgenommen werden[5]). Auf die Zeugen finden die Vorschriften der §§ 2234, 2235 und des § 2237 Nr 1 bis 3[6]), auf das Protokoll finden die Vorschriften der §§ 2240 bis 2242, 2245

Anwendung[5]). **Unter Zuziehung eines Dolmetschers kann ein Testament in dieser Form nicht errichtet werden**[7]).

E I 1927 II 2114; M 5 283—286; P 5 346; KB 322.

1. **Seuchentestament.** Unter dem Orte, dessen Absperrung vorausgesetzt ist, wird nicht bloß eine Niederlassung (Gemeinde), sondern im weitesten Sinne jeder Punkt der Erdoberfläche, zu Wasser oder zu Lande, z. B. auch ein Haus, eine Wohnung, Schiff, Stück freies Feld usw. verstanden.

2. Die **Krankheit** braucht keine ansteckende zu sein (t. tempore pestis conditum) und nicht den Erblasser selbst zu betreffen. Auch Tierkrankheiten fallen darunter. Ebenso ist der Kreis der sonstigen **außerordentlichen Umstände** unbeschränkt (polizeiliche, militärische Maßnahmen, Aufruhr, Überschwemmungen, Wegezerstörungen usw.).

3. Die **Absperrung** ist vorhanden, nicht bloß wenn die Möglichkeit des Verkehrs nach allen Seiten aufgehoben ist, sondern auch wenn der Verkehr mit Richter oder Notar (durch die Notwendigkeit beträchtlicher Umwege) erheblich erschwert ist. Zur Gültigkeit des Testaments, die nach § 2252 Abs 1 ohnedies auf drei Monate beschränkt ist, wird jedoch erfordert, daß die gesetzlichen Voraussetzungen auch wirklich vorgelegen haben. Es genügt nicht, daß sie, wie in den Fällen der §§ 2243 A 1, 2249 A 6 als vorhanden angenommen worden sind. Für das Vorhandensein ist beweispflichtig, wer sich auf die Gültigkeit des Seuchentestaments beruft.

4. Das Gesetz stellt zur Wahl des Erblassers die Form des Gemeindetestaments nach § 2249 Abs 1, fordert aber selbstverständlich damit nicht, daß außer den besonderen Umständen der A 1—3 auch noch die dort vorausgesetzte Besorgnis früheren Versterbens gegeben sein müsse. Oder als besondere Form das Testament durch mündliche Erklärung **vor drei Zeugen.**

5. Das **Protokoll** ist wesentlich. Von welchem der drei Zeugen oder ob es von einer vierten Person abgefaßt wird, ist gleichgültig. Es muß grundsätzlich in deutscher Sprache (§ 2240), kann aber im Falle des § 2245 auch in der betreffenden fremden Sprache aufgenommen werden und hat den einzelnen Formvorschriften der §§ 2241, 2242 zu genügen. Das Protokoll braucht eine Feststellung darüber, daß die besonderen Voraussetzungen des Seuchentestaments gegeben gewesen seien, nicht notwendig zu enthalten. Sie ist aber rätlich. Im übrigen ist das Protokoll nur als Privaturkunde nach ZPO §§ 416, 440 beweiskräftig.

6. Für die **Zeugen** gelten die allgemeinen Unfähigkeits- und Untauglichkeitsgründe der §§ 2234, 2237 Nr 1—3. Zuwendungen an die Zeugen und ihre Angehörigen sind nach § 2235 nichtig. Die nicht angezogenen §§ 2236, 2237 Nr 4 kommen der Natur der Sache nach nicht in Betracht. Aus der Nichterwähnung des § 2239 darf nicht gefolgert werden, daß die Anwesenheit der Zeugen nicht während der ganzen Verhandlung nötig wäre. „Vor drei Zeugen" ist nicht gleich „nacheinander vor je einem Zeugen", die Erklärung des Erblassers muß vielmehr gleichzeitig an alle drei gerichtet sein. § 2242 Abs 3 ergibt ferner, daß ihre gemeinschaftliche „Mitwirkung" auch bei Vorlesung, Genehmigung und Unterschrift des Protokolls (oder bei der die Unterschrift ablehnenden Erklärung des Erblassers) nötig ist. Erst mit Unterschrift der Zeugen ist der Testamentsakt beendet. Zutritt der Urkundsperson SeuchenG v. 30. 6. 00 § 14.

7. Das **Seuchentestament ist ausgeschlossen,** wenn die Errichtung durch Übergabe einer Schrift erfolgen soll (§ 2238 A 3) oder (wegen Sprechunvermögens nach § 2243) nur in dieser Form erfolgen kann, ferner wenn die Zuziehung eines Dolmetschers nach § 2244 erforderlich wäre. Für das fremdsprachliche Testament bleibt mithin nur der Weg des § 2245.

§ 2251

Wer sich während einer Seereise[1]) **an Bord eines deutschen, nicht zur Kaiserlichen Marine gehörenden Fahrzeugs außerhalb eines inländischen Hafens befindet**[2]), **kann ein Testament durch mündliche Erklärung vor drei Zeugen nach § 2250 errichten**[3]).

E I 1929 II 2115; M 5 287; P 5 349.

1. **Seetestament.** Die Seereise erfordert kein festes Reiseziel (§ 16 Abs 2), steht aber im Gegensatz zur bloßen Seefahrt zu Zwecken der Fischerei oder zu kurzen Sport- und Vergnügungsfahrten. Die Seereise ist auch angetreten, wenn zur Gewinnung der hohen See vorerst die Benutzung eines Binnengewässers nötig ist. Für die Testamentserrichtung während einer Luftreise bestehen noch keine Sondervorschriften (vgl. Goldmann in DJZ 1925, 101).

2. Das Testament kann nur **an Bord** des Schiffes, nicht während eines vorübergehenden Landaufenthalts und nur auf **deutschen Fahrzeugen** errichtet werden. Dazu gehört grundsätzlich, daß sie im ausschließlichen Eigentum eines Reichsangehörigen stehen (FlaggenG v. 22. 6. 99 §§ 2, 3, aber auch SchutzgebG v. 10. 9. 00 § 10), selbst wenn sie im Schiffsregister

nicht eingetragen sind oder Flaggenzeugnis nicht besitzen (FlaggenG §§ 10—12 und RGes. v. 29. 5. 01). Zu den inländischen Häfen gehören diejenigen der Schutzgebiete nicht. Für die zur Reichsmarine gehörigen Fahrzeuge gilt die Form des Militärtestaments (RWehrG § 38 Nr 2c und Nr 3; Vorbem vor § 2229). Deutsche auf fremden Schiffen EG Art 11 Abs 1.

3. Unter den Zeugen muß sich nicht notwendig der Schiffsführer befinden.

§ 2252

Ein nach § 2249, § 2250 oder § 2251 errichtetes Testament gilt als nicht errichtet, wenn seit der Errichtung drei Monate verstrichen sind und der Erblasser noch lebt[1]).

Beginn und Lauf der Frist sind gehemmt, solange der Erblasser außerstande ist, ein Testament vor einem Richter oder vor einem Notar zu errichten[2]).

Tritt im Falle des § 2251 der Erblasser vor dem Ablaufe der Frist eine neue Seereise an, so wird die Frist dergestalt unterbrochen, daß nach der Beendigung der neuen Reise die volle Frist von neuem zu laufen beginnt[3]).

Wird der Erblasser nach dem Ablaufe der Frist für tot erklärt, so behält das Testament seine Kraft, wenn die Frist zu der Zeit, zu welcher der Erblasser den vorhandenen Nachrichten zufolge noch gelebt hat, noch nicht verstrichen war[4])[5]).

E I 1926, 1928, 1930 II 2116; M 5 282, 283, 286, 288; P 5 345, 346, 349.

1. Die **Gültigkeitsdauer der außerordentlichen Testamente** ist auf drei Monate beschränkt. Fristberechnung §§ 187, 188. Das Testament verliert mit Fristablauf von selbst seine Kraft, und zwar vermöge gesetzlicher Fiktion unter Rückbeziehung auf den Zeitpunkt der Errichtung. Es behält somit auch nicht die Wirkung des Widerrufs (§§ 2254, 2258). Über den Fall, daß eine dem Gemeindevorsteher nach § 2249 Abs 1 oder § 2250 Abs 1 mit § 2238 Abs 1 übergebene Schrift den Erfordernissen des § 2231 Nr 2 entspricht, vgl. § 2238 A 3. Ein eigenhändiges, von dem Gemeindevorsteher beglaubigtes Testament, von dem der Erblasser bei der Errichtung angenommen hat, daß er ein Nottestament im Sinne der §§ 2249, 2252 errichte, ist weder von vornherein nichtig, noch wird seine Fortgeltung dadurch beeinflußt, daß der Erblasser die Vernichtung der Testamentsurkunde (§ 2253) oder die Errichtung eines neuen Testaments (§§ 2254, 2258) nur deshalb unterläßt, weil er des Glaubens ist, das als Nottestament angesehene Testament sei mit Ablauf von drei Monaten seit dem Errichtungstage kraftlos geworden; das Testament kann auch nicht durch Anfechtung (§ 2078) entkräftet werden, falls der Erblasser so, wie geschehen, auch dann verfügt haben würde, wenn er gewußt hätte, daß er ein unbeschränkt gültiges Privattestament errichte (**RG** 104, 320).

2. **Hemmung der Frist** §§ 202—205. Gleichgültig ist, aus welchen Gründen der Erblasser außerstande ist, d. h. sich in der Unmöglichkeit befindet, vor einem (deutschen) Richter oder Notar in der Form des § 2238 zu testieren, ob wegen Fortdauer der Absperrung, der Seereise, oder wegen in seiner Person eingetretener Umstände (schwere Krankheit). Erhebliche Erschwerung für sich allein genügt nicht, wenn sie nicht mit der Fortdauer der Absperrung zusammentrifft (§ 2250 A 3). Anderseits kommt die Möglichkeit, im Auslande (sei es auch vor einem deutschen Konsul, Vorbem vor § 2229) oder durch Privattestament oder in einer der außerordentlichen Testamentsformen zu testieren, überhaupt nicht in Betracht.

3. **Beim Seetestament** kann der Erblasser auf ein und derselben Reise so oft und so lange in deutschen Zwischenhäfen verweilt haben, daß die Dreimonatsfrist noch vor beendeter Reise abgelaufen ist. Dagegen kommt infolge Antritts einer neuen Reise die bis dahin verstrichene und noch nicht abgelaufene Frist überhaupt nicht mehr in Betracht. Ob es sich um Fortsetzung der alten oder Antritt einer neuen Reise handelt, ist Tatfrage.

4. Der nach der **Todeserklärung** maßgebende Zeitpunkt des Todes (§ 18 Abs 2) wird regelmäßig so weit hinausgeschoben, daß die Dreimonatsfrist meist verstrichen, aber keine Gewißheit darüber zu erlangen wäre, ob etwa eine Hemmung eingetreten sei (A 2). Im Interesse der Aufrechterhaltung der außerordentlichen Testamente wird deshalb die Lebensvermutung des § 18 Abs 1 beseitigt und der Tod auf den Zeitpunkt zurückverlegt, an welchem nach den letzten positiven Nachrichten (§§ 14, 16) der Erblasser noch gelebt hat.

5. Die **Beweislast** dafür, daß das Testament aus den besonderen Gründen des Abs 2—4 noch über die Dreimonatsfrist hinaus gegolten habe, trifft denjenigen, welcher aus der Gültigkeit Rechte ableitet.

§ 2253

Ein Testament sowie eine einzelne in einem Testament enthaltene Verfügung kann von dem Erblasser jederzeit widerrufen werden[1]).

Die Entmündigung des Erblassers wegen Geistesschwäche, Verschwendung oder Trunksucht steht dem Widerruf eines vor der Entmündigung errichteten Testaments nicht entgegen[2]).

E I 1753 Abs 2 II 2121 Abs 1; M 5 8; P 5 5, 351—353.

1. Es gehört zum Wesen der einseitigen Verfügung von Todes wegen (§ 1937), daß sie **jederzeit frei widerruflich** ist. Der vertragsmäßige Verzicht hierauf ist nichtig, § 2302 und auch im Testamente selbst kann sich der Erblasser des Widerrufsrechts nicht wirksam begeben oder dafür erschwerte Formen bestimmen (derogatorische Klausel). Der Widerruf ist eine Willenserklärung des Inhalts, daß dasjenige, was vorher erklärt ist, nicht gelten solle; er richtet sich gegen den Inhalt des vorher Erklärten, nicht gegen den Fortbestand der Urkunde über diese Erklärung; danach rechtfertigt sich die folgende Entscheidung: Ein Erblasser hatte in einem teils gültig (eigenhändig geschriebenen), teils ungültig errichteten (mit Maschinenschrift gefertigten) Testament sein früheres Testament in gültiger Form widerrufen, in der irrtümlichen Annahme, daß das neue Testament seinem ganzen Inhalte nach gültig war. Da in dem neuen Testament der Wille zum Ausdruck kam, Bestimmungen des früheren Testaments sachlich aufrechtzuerhalten, diese nur formell ungültig in das neue Testament übernommen waren, ist ein Widerruf insoweit als nicht gewollt und das alte Testament insoweit als in Kraft geblieben angesehen (RG Recht 1921 Nr 584, 585). Hat der Widerruf nicht das ganze Testament, sondern nur eine einzelne Verfügung zum Gegenstande, so ist nach § 2085 zu beurteilen, inwieweit hiervon die Wirksamkeit anderer Verfügungen beeinflußt wird. Auch teilweiser Widerruf einer einzelnen Verfügung (Herabsetzung einer ausgesetzten Zuwendung) und bedingter Widerruf ist zulässig. Er wirkt als Hinzufügung einer auflösenden Bedingung zu einer Zuwendung (Widerruf der dem X vermachten 1000 für den Fall, daß er die Z heirate). Verwirkungsklausel s. § 2074 A 1. Beschränkte Widerruflichkeit des gegenseitigen Testaments § 2271. Auf andere Weise als in den §§ 2253—2258 bestimmt kann eine letztwillige Verfügung nicht aufgehoben werden (RG 104, 323; Gruch 63, 477). Rücktritt vom Erbvertrage §§ 2293—2297. — Der Widerruf eines vor 1. 1. 00 errichteten Testaments kann nur in den Testamentsformen des BGB, demgemäß aber auch durch Privattestament erklärt werden. Dies gilt auch von der Form, in der ein unter PrALR errichtetes wechselseitiges Testament gemäß dem früheren Rechte durch einseitige Verfügung von Todes wegen widerrufen werden kann; die §§ 2271, 2296 sind auf einen solchen Widerruf nicht anwendbar; vgl. Vorbem 3 vor § 1922.

2. Die wegen Geistesschwäche usw. **Entmündigten** sind nach § 2229 Abs 3 nicht testierfähig, jedoch ausnahmsweise, und zwar ohne Zustimmung ihres gesetzlichen Vertreters zum Widerruf in einer der Formen der §§ 2254—2256, insoweit also auch zur Errichtung eines Testaments (§ 2254) befähigt. Nicht aber auch zum stillschweigenden Widerruf gemäß § 2258 Abs 1, da hier ein wirksamer, neuer und abweichender Testamentsinhalt vorausgesetzt ist. Die Möglichkeit zu widerrufen beschränkt sich ferner auf vor der Entmündigung errichtete Testamente. Der Entmündigte kann deshalb zwar ein erstes Testament wirksam machen, indem er einen noch vor der Entmündigung erklärten Widerruf dieses Testaments (§ 2257) oder ein noch vor der Entmündigung errichtetes zweites abweichendes Testament widerruft (§ 2258). (A. M. Strohal § 42 A 3.) Nicht aber kann er den erst nach der Entmündigung erklärten Widerruf durch einen zweiten Widerruf beseitigen und dadurch das einmal widerrufene Testament wieder in Kraft setzen (a. M. Kipp § 21 A 20). Der Eintritt von Geisteskrankheit (§ 104 Nr 2/3) schließt jede Möglichkeit des Widerrufs aus.

§ 2254

Der Widerruf erfolgt durch Testament[1]).

E I 1933 Abs 1 II 2121 Abs 2 Satz 1; M 5 297, 298; P 5 351—353; 6 73.

1. Der Widerruf kann durch **jede Form des Testaments** erfolgen (vgl. § 2253 A 1 a. E.), gleichviel in welcher Form das widerrufene Testament errichtet war. Doch bleibt das widerrufende Testament, wenn sich der Erblasser hierzu der außerordentlichen Form bedient (§§ 2249 bis 2251), gemäß § 2252 nur drei Monate wirksam. Selbstverständlich kann nur ein gültiges Testament die Widerrufswirkung äußern. Bloßer brieflicher Widerruf gegenüber dem Bedachten genügt nicht (RG JW 1910, 22[34]), wenn er sich nicht als ein gültiges Testament in Briefform darstellt (§ 2231 A 3). Anfechtung §§ 2078ff. Widerruf des Widerrufs § 2257, stillschweigender Widerruf durch neues, mit dem früheren inhaltlich in Widerspruch stehendes Testament § 2258. Widerruf im Erbvertrag § 2299 Abs 1, s. auch § 2289.

§ 2255

Ein Testament kann auch dadurch widerrufen werden¹), daß der Erblasser in der Absicht, es aufzuheben²), die Testamentsurkunde vernichtet oder an ihr Veränderungen vornimmt, durch die der Wille, eine schriftliche Willenserklärung aufzuheben, ausgedrückt zu werden pflegt³).

Hat der Erblasser die Testamentsurkunde vernichtet oder in der bezeichneten Weise verändert, so wird vermutet, daß er die Aufhebung des Testaments beabsichtigt habe⁴).

E I 1934 II 2122; M 5 299—302; P 5 353; 6 73.

1. Der **Widerruf durch schlüssige Handlungen** (§§ 2255, 2256) ist sachlich letztwillige Verfügung (RG 102, 69), setzt deshalb Testierfähigkeit (§ 2229 A 1, bezüglich der Entmündigten § 2253 A 2) und persönliches Handeln voraus (§ 2064). Dies schließt nicht aus, daß sich der Erblasser hierzu der Hand eines Dritten als seines Werkzeugs bedient. Nach dem Tode des Erblassers kann aber der Dritte nicht mehr als Werkzeug tätig werden (RG SeuffA 70 Nr 248). Es genügt auch nicht, daß der Erblasser der von einem Dritten eigenmächtig vorgenommenen Vernichtung oder Veränderung nachträglich zustimmt. Da es sich auf seiten des Dritten um eine bloß tatsächliche, nicht rechtsgeschäftliche Verfügung handelt, kommt § 185 überhaupt nicht in Frage. Für Anfechtung der stillschweigenden Widerrufserklärung sind §§ 2078ff. maßgebend (§§ 2078 A 5, 2081 A 1).

2. Nur das Vernichten usw. **in Aufhebungsabsicht** ist als Widerruf wirksam. Korrekturen zur Vorbereitung eines neuen Testaments, aber mit der Absicht, das errichtete Testament vorerst weiter bestehen zu lassen, kommen nicht in Betracht (RG 71, 301). Ebenso ist der Fall zu beurteilen, daß der Erblasser die Summenzahl eines Geldvermächtnisses nachträglich ausstreicht und die doppelte Zahl an den Rand setzt, wenn dies nicht in der Absicht geschieht, das bisherige Vermächtnis aufzuheben, sondern in der Absicht, es bestehen zu lassen und durch ein gleichartiges Vermächtnis von gleicher Höhe zu ergänzen; die beabsichtigte Ergänzung kommt dann zwar nicht zustande (§ 2231 A 5 Abs 1), aber die Vermächtnisanordnung bleibt in ihrer ursprünglichen Fassung gültig (RG 111, 261). Vermutete Absicht Abs 2. Die Absicht muß schon während des Handelns vorgelegen haben. Anders § 2256 A 1. Ob die Absicht einen den Formerfordernissen des Gesetzes (A 3) entsprechenden Ausdruck gefunden hat, unterliegt der freien Beurteilung des Revisionsgerichts (RG 69, 414; 111, 265f.).

3. **Vernichten** ist Zerstörung des Stoffes der Urkunde durch Verbrennen, Zerreißen, Zerschneiden, nicht bloßes Wegwerfen. **Veränderungen** der Testamentsurkunde wirken nur dann als Widerruf, wenn sie nach Verkehrsgewohnheiten („pflegt") zum Ausdrucke des Willens, eine schriftliche Willenserklärung (nicht gerade eine letztwillige Verfügung, RG Warn 1915 Nr 90) aufzuheben, objektiv geeignet sind. Deshalb kommen bloße einschränkende Randbemerkungen überhaupt nicht in Betracht (RG JW 1911, 590[37]). Ebensowenig eine nur auf das Datum beschränkte Durchstreichung mit Bleistift (RG JW 1913, 41[30]) oder bloße unwesentliche Fassungsänderungen (RG 71, 303). In der Regel wird es sich um Durchstreichungen der ganzen Urkunde, der Unterschrift, des Textes oder von Teilen des Textes, sei es auch nur mit Bleistift (RG Warn 1915 Nr 90), Radierungen, Einklammerungen usw. handeln. Über den ungewöhnlichen Fall einer mit Tintenstift nach Art einer Schraffierung bewirkten Durchstrichelung der Unterschrift und eines wichtigen Textwortes s. RG Warn 1928 Nr 15. Einreißen der Urkunde, insbesondere in Verbindung mit der Entfernung eines aufgedrückten Privatsiegels kann genügen (RG 69, 413). Ebenso besonders charakteristische Stichworte und Zeichen, wie ein augenfälliges „annulliert" (RG JW 1911, 545[25]) oder cessat, ℌ (deleatur), wenn der Entwertungsvermerk auf die Testamentsurkunde selbst gesetzt ist, nicht nur auf den Umschlag, in dem sich das in sich abgeschlossene Testament befindet (RG JW 1925, 475[19]). Datierung ist nicht erforderlich. Ob auf solche Weise nur einzelne Verfügungen oder ob der ganze Testamentsinhalt widerrufen werden sollte, ist Tatfrage. Jedenfalls kann sich der Widerruf auch auf einzelne Verfügungen beschränken (§ 2085; RG 71, 302). Sind mehrere Urschriften vorhanden, so ist es, namentlich wenn sie der Erblasser sämtlich in Gewahrsam hat, Sache freier durch die Vermutung des Abs 2 nicht gedeckter Beurteilung, ob er mit der Vernichtung (RG LZ 1923, 322[11]) oder mit der Veränderung (JRdsch 1925 Nr 1529) nur eines oder einiger Exemplare die Aufhebungsabsicht verfolgte, oder ob er z. B. nur die Zahl der Urschriften vermindern wollte. Als selbstverständlich ist vorausgesetzt, daß dem Erblasser die Testamentsurkunde zugänglich ist. Dies trifft regelmäßig zu beim Privattestament (s. aber §§ 2248, 2256 Abs 3), beim Seuchen- und Seetestament §§ 2250 Abs 2, 2251 und beim Militärtestament (Vorbem vor § 2229). Die Anwendung des § 2255 ist aber auch gegenüber dem amtlich verwahrten

Testament (§§ 2246, 2249) nicht grundsätzlich ausgeschlossen. Bei dem in schlüssiger Form erklärten Widerruf verbleibt es endgültig. Wiederzusammensetzen der zerstückelten Urkunde, Unterpunktieren der durchstrichenen Stellen ist kein wirksamer Widerruf des Widerrufs.

4. **Beweislast.** Dafür, daß die Vernichtung usw. vom Erblasser vorgenommen worden sei, besteht keine Vermutung. Sie ist von dem zu beweisen, der hieraus Rechte ableitet (RG JW 1912, 798[16]). Steht dies fest, so hat, wer die fortdauernde Wirksamkeit eines vernichteten oder veränderten Testaments behauptet, die Rechtsvermutung des Abs 2 zu widerlegen (ZPO § 292) und nachzuweisen, daß eine Aufhebungsabsicht nicht bestanden habe (RG JW 1911, 283[16]). Bei mehreren Urschriften s. jedoch A 3. Ist die Urkunde vernichtet, so hat er außerdem mit den gewöhnlichen Beweismitteln den von ihm behaupteten Testamentsinhalt nachzuweisen (RG JW 07, 366[15]; Eid JW 1910, 291[26], auch LZ 1920, 387[5]). Dasselbe gilt auch, wenn die Testamentsurkunde etwa sonst aus Versehen vernichtet oder durch Zufall untergegangen ist.

§ 2256

Ein vor einem Richter oder vor einem Notar oder nach § 2249 errichtetes Testament gilt als widerrufen[1]), wenn die in amtliche Verwahrung genommene Urkunde dem Erblasser zurückgegeben wird[2]).

Der Erblasser kann die Rückgabe jederzeit verlangen[3]). Die Rückgabe darf nur an den Erblasser persönlich erfolgen[4]).

Die Vorschriften des Abs 2 gelten auch für ein nach § 2248 hinterlegtes Testament; die Rückgabe ist auf die Wirksamkeit des Testaments ohne Einfluß[5]).

E I 1935 II 2123; M 5 302, 303; P 5 353, 354; 6 73; KB 322.

1. Der **Widerruf durch Rücknahme** kommt nur bei dem öffentlichen Testament des § 2238 und bei dem Gemeindetestament des § 2249 (und § 2250 Abs 1) in Frage, weil nur bei diesen Testamenten eine amtliche Verwahrung gemäß § 2246 stattfindet. Wegen der übrigen Testamentsformen s. A 5. Das Gesetz legt der Rücknahme (der auf Verlangen des Erblassers erfolgten Rückgabe) die Widerrufswirkung zwingend bei („gilt als widerrufen") ohne Rücksicht darauf, ob sie mit dem Aufhebungswillen erfolgt ist (§ 2255 A 2) oder nicht. Der Widerruf kann also nicht durch die Erklärung ausgeschlossen werden, das Testament solle bestehenbleiben, eine mit diesem Vorbehalt geforderte Rückgabe ist abzulehnen, neue Hinterlegung des einmal zurückgegebenen Testaments kann ihm nicht wieder zu Kräften helfen. Die bloße Vorlegung zur Einsicht ist damit nicht ausgeschlossen. Im übrigen ist auch hier Testierfähigkeit, und zwar im Zeitpunkte der Rückgabe erforderlich (§ 2255 A 1, bezüglich des Entmündigten § 2253 A 2). Anfechtung nach §§ 2078ff. (§ 2078 A 5) ist wegen Mängel im Willen, das Testament zurückzunehmen, möglich, z. B. wenn der Erblasser zu der Rücknahme durch die irrige Annahme der Gültigkeit eines späteren Testaments bestimmt worden ist; auf den bloßen Mangel des Aufhebungswillens kann die Anfechtung aber niemals gestützt werden (M 5, 302; RJA 11, 180f.).

2. Die Tatsache der **Rückgabe an den Erblasser** wirkt unmittelbar kraft Gesetzes als Widerruf, vorausgesetzt, wie aus Abs 2 zu ergänzen, daß sie auf Verlangen des Erblassers und an ihn persönlich erfolgt. Ferner, daß es bereits zur amtlichen Verwahrung nach § 2246 gekommen ist. Hat z. B. der Notar nach Landesrecht das von ihm aufgenommene Testament an das Amtsgericht abzuliefern, so wäre die vorher von ihm bewirkte Aushändigung an den Erblasser kein Widerruf (RG Warn 1918 Nr 245). Gegenstand der Rückgabe sind alle nach § 2246 unter Verschluß gebrachten Schriftstücke, sowohl das übergebene als das mündlich erklärte Testament, das hierüber aufgenommene Protokoll und sonstige Anlagen (§ 2246 A 1). Zur Öffnung des Siegels ist der herausgebende Beamte nicht befugt. Protokollarische Beurkundung der Rückgabe ist nicht wesentlich.

3. Das **Verlangen des Erblassers** bewirkt erst in Verbindung mit der geschehenen Rückgabe den Widerruf. Es ist an keine Form gebunden, bedarf nicht notwendig der Beurkundung und ergibt sich regelmäßig schon aus der Annahme der Schriftstücke. Dem Verlangen ist auch dann stattzugeben, wenn das zurückverlangte Testament bereits anderweit widerrufen (§ 2254) oder aus anderen Gründen, z. B. durch Zeitablauf [nach § 2252 unwirksam geworden ist.

4. Entsprechend dem § 2064 kann auch in Form der Rücknahme der **Erblasser nur persönlich,** also nicht durch Vertreter widerrufen. Er hat mithin dem Verwahrungsbeamten seine Identität nachzuweisen (FGG § 176 Abs 3). Rückgabe des Hinterlegungsscheins (§ 2246 Abs 2) genügt nicht, sie ist aber auch nicht wesentlich. Bei erheblicher Entfernung von der Verwahrungsstelle greift die Rechtshilfe ein, nötigenfalls durch Ersuchen eines deutschen Konsuls (RJA 13, 91).

5. Die Hinterlegung des **Privattestaments** ist in § 2248 nur freigestellt. Dem entspricht es, daß einer Wiederabforderung des Testaments von der Verwahrungsstelle die zwingende Wirkung des Widerrufs nicht beigelegt ist. Hierfür dienen die einfachen Formen des § 2255. Entsprach die nach § 2238 (A 3) übergebene Schrift den Erfordernissen des Privattestaments, so bewirkt die in den Formen der Absätze 1, 2 vollzogene Rückgabe vermöge der vom Gesetz ihnen beigelegten zwingenden Wirkung den endgültigen Widerruf des Testaments auch in der möglichen Eigenschaft eines Privattestaments (a. M. Strohal § 42 A 18; Crome § 649 A 75). Will der Erblasser die Schrift gleichwohl als Privattestament bei Kräften erhalten wissen, so wird er sie mindestens neu zu datieren haben (§ 2231 A 5 u. 7). Keinesfalls genügt hierzu, daß er sie von neuem, nunmehr auf Grund von § 2248 in amtliche Verwahrung bringen läßt. Die Widerrufswirkung als Folge der Rückgabe ist auch bei dem Zeugentestament der §§ 2250 Abs 2, 2251, sowie beim Militärtestament ausgeschlossen, da auch hier die amtliche Verwahrung vom Gesetze nicht vorgeschrieben ist. — Widerruf des gemeinschaftlichen Testaments § 2272.

§ 2257

Wird der durch Testament erfolgte Widerruf einer letztwilligen Verfügung widerrufen[1]), so ist die Verfügung wirksam, wie wenn sie nicht widerrufen worden wäre[2]).

E I 1933 Abs 2 II 2194; M 5 298, 299; P 351—353.

1. Der **Widerruf des Widerrufs** (nicht dessen Anfechtung, § 2078 A 5) ist ausgeschlossen, wenn der erste Widerruf durch Vernichtung oder Veränderung der Testamentsurkunde (§ 2255 A 3) oder durch Rücknahme aus der amtlichen Verwahrung erfolgt war (§ 2256 A 1). In beiden Fällen ist vielmehr zur Wiederherstellung des Testaments Neuerrichtung notwendig. War dagegen der Widerruf nach § 2254 durch Testament erklärt, so kann dieses widerrufende Testament seinerseits in allen drei Formen der §§ 2254—2256 und überdies nach § 2258 widerrufen werden.

2. Die **Wirksamkeit des zweiten Widerrufs** wird auf den Zeitpunkt des ersten Widerrufs **zurückbezogen.** Das erste Testament bleibt somit regelmäßig in Kraft, wie wenn es überhaupt nicht widerrufen wäre. Dies setzt voraus, daß es noch unversehrt vorhanden, namentlich nicht in der Zwischenzeit nach §§ 2255, 2256 vernichtet, verändert oder zurückgenommen ist. Wäre es durch Zufall untergegangen, so müßte sein Inhalt mit den gewöhnlichen Beweismitteln festgestellt werden (§ 2255 A 4). Da der Widerruf Willenserklärung ist, so kann für ihre Tragweite der wahre Wille des Erblassers nicht ohne Bedeutung bleiben. War dieser durch Auslegung ermittelbare Wille beim zweiten Widerrufe darauf gerichtet, daß die ursprüngliche letztwillige Verfügung nicht wieder in Kraft treten sollte, dann bleibt sie trotz des doppelten Widerrufs unwirksam, so wenn der Erblasser im ersten Testamente den A, im zweiten das erste widerrufenden Testamente den B als Alleinerben eingesetzt und in einem dritten Testamente das zweite in der erkennbaren Absicht widerrufen hat, daß die gesetzliche Erbfolge eintreten solle. In den Widerrufsformen des § 2255 oder, wie OLG 20, 431 angenommen hat, des § 2256 kann eine solche Absicht nicht zur Geltung kommen. Der Entmündigte kann den erst nach der Entmündigung erklärten Widerruf nicht zum zweiten Male widerrufen (§ 2253 A 2). Auch teilweiser oder beschränkter Widerruf des Widerrufs ist zulässig (§ 2253 A 1).

§ 2258

Durch die Errichtung eines Testaments wird ein früheres Testament insoweit aufgehoben, als das spätere Testament mit dem früheren in Widerspruch steht[1]).

Wird das spätere Testament widerrufen, so ist das frühere Testament in gleicher Weise wirksam, wie wenn es nicht aufgehoben worden wäre[2]).

E I 1936 II 2125; M 5 303—305; P 5 354, 355.

1. **Stillschweigende Aufhebung** des früheren **durch ein späteres Testament.** Vorausgesetzt ist, daß beim Erbfall mehrere zeitlich aufeinander folgende Testamente des Erblassers vorhanden sind, die an sich gleichmäßig gültig und wirksam sind, inhaltlich aber miteinander in Widerspruch stehen, ohne daß das spätere Testament einen ausdrücklichen Widerruf des früheren Testaments enthielte (§ 2254). Grundsätzlich (vgl. auch § 2085) bleiben die mehreren Testamente nebeneinander in Kraft (RG JW 1916, 405[9] und 8. 3. 20 IV 432/19; § 2084 A 2 gegen Ende). Nur insoweit sie sich widersprechen, legt das Gesetz der späteren Verfügung ausschließliche Wirkung bei. Daraus folgt, daß die bloße Tatsache einer zweiten Testamentserrich-

tung die Wirksamkeit des ersten Testaments nicht beeinträchtigt, daß aber, soweit widersprechend verfügt ist, ein besonderer Aufhebungswille auf seiten des Erblassers nicht vorhanden zu sein braucht. Die Widerrufswirkung tritt ein, auch wenn er z. B. das erste Testament ganz vergessen hätte. Inwieweit sich die mehreren letztwilligen Verfügungen widersprechen, ist in freier Auslegung (§ 133) unter Berücksichtigung auch außerhalb des Testaments liegender Umstände zu ermitteln (**RG** JW 1913, 991[20] in Anwendung auf den Fall, daß in einem älteren und in einem neueren Testamente derselben Person dieselbe Summe vermacht ist). Der durch Auslegung zu ermittelnde Wille des Erblassers kann auch dahin zu verstehen sein, daß das spätere Testament allein und ausschließlich maßgebend sein soll, demnach auch diejenigen älteren Verfügungen aufhebe, die hiermit an sich vereinbar wären. Die aufhebende Wirkung des späteren Testaments bleibt auch dann bestehen, wenn es z. B. infolge Ausfalls der Bedingung, Vorversterbens des eingesetzten Erben, Ausschlagung gegenstandslos (destitut) werden sollte. Dem Entmündigten ist der Widerruf gemäß § 2258 nicht möglich (§ 2253 A 2). Mehrere gleichzeitig errichtete Testamente heben sich, soweit sie sich widersprechen, gegenseitig auf.

2. Der **Widerruf des späteren Testaments** kann in allen Formen der §§ 2254—2256 erfolgen. Damit fallen die darin getroffenen widersprechenden Verfügungen und das ältere, formell überhaupt nicht aufgehobene Testament bleibt auch inhaltlich voll bei Kräften. Die Absicht des Erblassers, die frühere Verfügung nicht wiederherzustellen, es vielmehr bei der Widerrufswirkung des zweiten Testaments zu belassen, kann nur in einem widerrufenden Testamente (§ 2254) erklärt werden. Die Widerrufsformen der §§ 2255, 2256 bieten hierfür keine Möglichkeit. Vgl. § 2257 A 2. — Aufhebung durch späteren Erbvertrag § 2289.

§ 2259

Wer ein Testament, das nicht in amtliche Verwahrung gebracht ist, im Besitze hat[1]), ist verpflichtet, es unverzüglich, nachdem er von dem Tode des Erblassers Kenntnis erlangt hat, an das Nachlaßgericht abzuliefern[2]).

Befindet sich ein Testament bei einer anderen Behörde als einem Gericht[3]) oder befindet es sich bei einem Notar in amtlicher Verwahrung[4]), so ist es nach dem Tode des Erblassers an das Nachlaßgericht abzuliefern[5]). Das Nachlaßgericht hat, wenn es von dem Testamente Kenntnis erlangt, die Ablieferung zu veranlassen[6]).

E I 1937 II 2126; M 5 305, 306; P 5 355, 356.

1. Die **Ablieferungspflicht** liegt **jeder Privatperson** ob, die ein nicht nach §§ 2246, 2248 oder sonst in amtliche Verwahrung gebrachtes Testament, auch dasjenige eines im Inlande verstorbenen Ausländers (KGJ 36 A 85) aus irgendeinem Grunde in Besitz hat In Betracht kommt vor allem das Privattestament, ferner das einer Verwahrung nicht unterliegende Seuchen- oder Seetestament (§§ 2250, 2251), sowie das Militärtestament. Das einmal abgelieferte Privattestament hat mit Rücksicht auf § 2264 urschriftlich beim Nachlaßgericht zu verbleiben, der Erbe kann nicht Rückgabe verlangen (KGJ 38 A 145), auch ein naher Angehöriger selbst dann nicht, wenn es sich um das letzte Andenken an einen Kriegsgefallenen handelt (RJA 15, 118). Es genügt, daß das (offene oder verschlossene) Schriftstück sich äußerlich als Testament kennzeichnet. Ob es Formmängel aufweist, nur eine Erbeinsetzung des Verwahrenden selbst enthält, sachlich gegenstandslos geworden oder widerrufen ist, macht keinen Unterschied. Ist es überhaupt noch vorhanden, so können auch Durchstreichungen usw. (§ 2255) nicht von der Ablieferungspflicht befreien (a. M. Planck A 2 und Zit.; Staudinger A 3).

2. Die **Ablieferung an das Nachlaßgericht** (FGG §§ 72, 73, 83, EG Art 147) ist unverzüglich (§ 121) und unverlangt zu bewirken. Die Unterlassung kann strafbar sein (StGB § 274 Nr 1) und jedenfalls den Interessenten gegenüber schadensersatzpflichtig machen, die Ablieferung kann von ihnen auch mit Klage gefordert werden (**RG** Warn 1913 Nr 246). S. auch A 6.

3. Die **Ablieferungspflicht der Behörden** gilt auch für Gerichtsbehörden, die nicht zur besonderen amtlichen Verwahrung und demgemäß zur Eröffnung des Testaments berechtigt sind (§ 2261), so für die Kollegialgerichte, soweit sie nicht nach EG Art 57 zuständig sind, insbesondere auch für das Prozeßgericht (**RG** 14. 2. 27 IV 766/26). Im übrigen kommen in Betracht die vorgesetzte Militärbehörde beim Militärtestament (RMilG § 44 Nr 4 Abs 3; RWehrG § 38 Nr 3f), der Gemeindevorsteher im Falle des § 2249, Polizeibehörden und Staatsanwaltschaften auf Grund einer Beschlagnahme (a. M. Dernburg § 38 A 12) u. dgl.

4. Die **Notare** haben das Testament (und zwar in der Urschrift) nicht bloß dann abzuliefern,

wenn ihnen landesgesetzlich die „besondere Verwahrung" im Sinne von § 2246 übertragen ist, sondern schlechthin, solange sie es in Verwahrung haben, also auch wenn es zur Zeit des Todes noch nicht in die besondere Verwahrung hat gebracht werden können, oder wenn es nach dem zur Zeit der Testamentserrichtung in Geltung gewesenen Recht einer derartigen Hinterlegung gar nicht bedurft hatte (RG 48, 99). Ob das abgelieferte Testament nach geschehener Eröffnung dem Notar zurückzugeben ist, bestimmt sich nach Landesrecht (RG 53, 390; KGJ 27 A 41; dagegen Planck A 3 sowie LG Rostock und Rausnitz JW 1925, 2161[6]). Im übrigen vgl. A 1. Die Bestimmung ist gegenstandslos, wenn der Notar nach Landesrecht zugleich zur Eröffnung des Testaments berufen ist.

5. Über die **Art der Ablieferung** und deren Beurkundung, Quittungsleistung bestehen reichsgesetzlich keine Vorschriften. Die Kosten gehören, weil den Erben als solchen treffend, zu den Nachlaßverbindlichkeiten, § 1967.

6. Die **Veranlassung** geschieht Behörden gegenüber durch Ersuchen, Privatpersonen können auch im Wege der Rechtshilfe hierüber befragt (RG 69, 271) und gemäß §§ 83, 33 FGG durch Ordnungsstrafen und Abforderung des vor dem Nachlaßgerichte (RJA 11, 95) zu leistenden Offenbarungseides zur Ablieferung angehalten werden. Landesrechtlich (PrFGG Art 17) ist auch gewaltsame Wegnahme zulässig. Gegenüber dem Notar findet ein solches Ordnungsstraf- oder Zwangsverfahren nicht statt (RJA 14, 135). — Ablieferung des Erbvertrags § 2300. Nach EG Art 213 findet § 2259 auch auf früher errichtete Testamente Anwendung, wenn der Erblasser nach 31. 12. 99 verstorben ist (RG 48, 101).

§ 2260

Das Nachlaßgericht hat, sobald es von dem Tode des Erblassers Kenntnis erlangt, zur Eröffnung eines in seiner Verwahrung befindlichen Testaments einen Termin zu bestimmen[1]). Zu dem Termine sollen die gesetzlichen Erben des Erblassers und die sonstigen Beteiligten soweit tunlich geladen werden[2]).

In dem Termin ist das Testament zu öffnen, den Beteiligten zu verkünden und ihnen auf Verlangen vorzulegen. Die Verkündung darf im Falle der Vorlegung unterbleiben[3]).

Über die Eröffnung ist ein Protokoll aufzunehmen. War das Testament verschlossen, so ist in dem Protokolle festzustellen, ob der Verschluß unversehrt war[4]).

E I 1938 Abs 1 II 2127; M 5 306, 307; P 5 356.

1. Die **Eröffnung des Testaments durch das Nachlaßgericht** oder das nach § 2261 hierzu berufene andere Gericht umfaßt die Öffnung und die Verkündung (Abs 2). Sie setzt voraus, daß das Gericht durch eine ihm nach Landesrecht erstattete Todesanzeige oder durch Vorlegung einer Sterbeurkunde oder einer Todeserklärung vom Tode des Erblassers Kenntnis erlangt hat. Auch eine zuverlässige nicht amtliche Nachricht vom Tode eines Kriegsteilnehmers kann ausreichen (RJA 14, 141). Vorausgesetzt wird ferner, daß sich das zu eröffnende Testament, sei es von vornherein, sei es nach geschehener Ablieferung (§ 2259) in Verwahrung des Gerichts befindet. Die Gültigkeit des sich äußerlich als Testament kennzeichnenden Schriftstücks (§ 2259 A 1) ist vor der Eröffnung nicht zu prüfen; diese darf auch nicht wegen vermeintlicher Zwecklosigkeit unterbleiben (RJA 13, 82; auch OLG 40, 141 sowie JFG 1, 174, wonach ein angeblich widerrufenes Testament jedenfalls dann zu eröffnen ist, wenn Zweifel darüber bestehen können, ob ein Widerruf vorliegt). Befindet sich die Urschrift des öffentlichen Testaments eines Deutschen im Ausland und kann ihre Ablieferung mit Rücksicht auf das ausländische Recht nicht durchgesetzt werden, so kann eine Ausfertigung eröffnet werden (RJA 13, 87). Auch sonst kann eine öffentlich beglaubigte Abschrift eröffnet werden, wenn die Urschrift verloren gegangen ist (RJA 15, 25). Die einfache Abschrift eines verloren gegangenen Testaments hat KG (RJA 16, 239 unter Widerspruch von Herzfelder in JW 1919, 586 zu 1) nicht zur Eröffnung zugelassen. Zur Eröffnung des Testaments eines Ausländers sind die deutschen Gerichte zuständig, wenn hinsichtlich irgendwelchen Vermögens, insbesondere Grundvermögens, die Erbfolge nach deutschem Rechte stattfindet (RJA 16, 215).

2. Die Bestimmung des **Termins** und die **Ladung** erfolgen von Amts wegen. Zustellung ist nicht vorgeschrieben, das Erscheinen der Beteiligten kann nicht erzwungen werden (§ 2262). Erscheinen sie freiwillig, so ist nicht ausgeschlossen, auch ohne Ladung und förmliche Terminsbestimmung sogleich die Eröffnung vorzunehmen. Beibringung des Hinterlegungsscheins (§ 2246 Abs 2) ist nicht wesentlich. Weitläufigere Ermittlungen der gesetzlichen Erben

der Terminsbestimmung vorangehen zu lassen, liegt nicht im Sinne des Gesetzes („soweit tunlich"; KGJ 45, 134). Zu den Beteiligten gehören Bedachte, auch bedingt Bedachte, selbst wenn als Bedingung ein vom freien Belieben des Belasteten abhängiges Ereignis gesetzt ist (RG RJA 16, 207 ff.), Auflageberechtigte (§ 2194), Testamentsvollstrecker, Personen, bezüglich deren familienrechtliche Anordnungen getroffen sind (Vormünder, Gewalthaber, Ehegatten), soweit sie aus dem offen vorliegenden Testament oder aus bereits eröffneten Testamenten des Erblassers dem Nachlaßgerichte bekannt sind. Sie können auch durch Vertreter erscheinen. Eröffnung im Wege der Rechtshilfe kann vom Nachlaßgericht, auch auf Ansuchen der Beteiligten, nicht herbeigeführt werden (BayObLG 5, 516; JRdsch 1926 Nr 811).

3. Die **Öffnung** hat sich auf den amtlichen wie auf den vom Erblasser selbst bewirkten Verschluß, die **Verkündung** auf den gesamten Inhalt der zum Testament gehörigen offen (RG 48, 99) oder verschlossen überreichten Schriftstücke einschließlich der Protokolle und deren Anlagen (§ 2246 A 1) zu erstrecken. Es ziemt dem Richter, auch solche Schriftstücke zu verkünden, die nach der Meinung des Erblassers letztwillige Verfügungen enthalten sollten, aber den gesetzlichen Erfordernissen, insbesondere beim Privattestament so wenig genügen, daß sie überhaupt nicht Testamente sind. Auch widerrufene, durch Fristablauf erloschene (§ 2252) und gegenstandslos gewordene Testamente sind zu verkünden (A 1). Die Verkündung besteht regelmäßig in der Verlesung der Schriftstücke, doch ist nach pflichtmäßigem Ermessen des Richters auch inhaltliche Mitteilung genügend. Sie ist wesentlicher Formalakt (§ 1944 A 3) und darf auch dann nicht unterbleiben, wenn im Termin niemand erschienen wäre (vgl. ZPO § 312 Abs 1; JRdsch 1926 Nr 811) oder wenn die Erschienenen auf Verkündung verzichtet hätten (OLG 6, 179). Nur die Vorlegung, wenn sie im Termin verlangt wird (s. auch § 2264), macht die Verkündung entbehrlich. Zu irgendwelchen Erklärungen über die Echtheit des Testaments, Annahme der Erbschaft u. dgl. sind die Beteiligten nicht verpflichtet, der Richter wird im Gegenteil hiervon abzuraten haben.

4. Über die Form des **Protokolls** bestehen reichsgesetzlich keine Vorschriften. Ebensowenig ist Zuziehung eines Gerichtsschreibers vorgeschrieben. Da es sich nicht um Beurkundung eines Rechtsgeschäfts handelt, sind §§ 167 ff. FGG nicht unmittelbar maßgebend. Wesentlich ist mit Rücksicht auf § 1944 A 3 Beurkundung des Tages der Verkündung. Die in Satz 2 vorgeschriebene weitere Feststellung bezieht sich auf alle, den äußeren sowohl (§ 2246 A 3) wie auf etwaige innere Verschlüsse der Urkunden. Beanstanden die Beteiligten die Feststellung, so sind auch ihre Erklärungen zu Protokoll zu nehmen. Ist das Testament versehentlich bei Lebzeiten des Erblassers eröffnet worden, so wird selbstverständlich seine fortdauernde Gültigkeit dadurch nicht beeinträchtigt. Der Verschluß ist dann zweckmäßig unter seiner Mitwirkung wieder herzustellen. Über Eröffnung alter Testamente bestimmen die Landesgesetze. Die Kosten der Testamentseröffnung sind Nachlaßverbindlichkeiten (§ 1967) und im Konkurse Masseschuld (KO § 224 Nr 4). Die Möglichkeit, ein öffentliches Testament mit Eröffnungsprotokoll in Grundbuchangelegenheiten, beim Schiffspfandrecht und beim Reichsschuldbuch zum Nachweise der Erbfolge oder der Ernennung eines Testamentsvollstreckers zu verwenden, regeln GBO § 36, FGG § 107 Abs 2, RSchuldbG v. 31. 5. 10 § 16. — Eröffnung gemeinschaftlicher Testamente § 2273, der Erbverträge § 2300. Ist der Erblasser nach 31. 12. 99 verstorben, so findet § 2260 auch auf früher errichtete Testamente Anwendung, EG Art 213.

§ 2261

Hat ein anderes Gericht als das Nachlaßgericht das Testament in amtlicher Verwahrung, so liegt dem anderen Gerichte die Eröffnung des Testaments ob[1]). Das Testament ist nebst einer beglaubigten Abschrift des über die Eröffnung aufgenommenen Protokolls dem Nachlaßgerichte zu übersenden; eine beglaubigte Abschrift des Testaments ist zurückzubehalten[2]).

E I 1938 Abs 2 II 2128; M 5 307; P 5 356, 357.

1. Das Gericht, das gemäß §§ 2246, 2248 das Testament in (besondere) amtliche Verwahrung genommen hatte, wird mit dem Nachlaßgerichte (FGG §§ 72, 73) vielfach nicht identisch sein. Um eine Übersendung der noch uneröffneten Testamentsurschrift zu vermeiden, ist deshalb diesem **andern Gericht die Eröffnung,** und zwar im vollen Umfange des § 2260 **übertragen.** Dagegen liegt die Benachrichtigung nach § 2262 lediglich dem Nachlaßgericht ob.

2. Die **Urschrift** des Testaments nebst den einen Bestandteil des Errichtungsakts bildenden Protokollen und Anlagen (§ 2246) ist nach Eröffnung dem — in- oder ausländischen — Nachlaßgericht zu übersenden und von diesem offen aufzubewahren. Lehnt das Nachlaßgericht die Annahme ab, so steht dem übersendenden Gerichte hiergegen nicht die Beschwerde zu, da ihm die Sorge dafür, daß das eröffnete Testament von der zuständigen Stelle verwahrt werde, nicht obliegt (RJA 15, 289). — Gemeinschaftliches Testament § 2273. Erbvertrag § 2300.

§ 2262

Das Nachlaßgericht hat die Beteiligten, welche bei der Eröffnung des Testaments nicht zugegen gewesen sind, von dem sie betreffenden Inhalte des Testaments in Kenntnis zu setzen[1]).

E I 1939 Abs 1 II 2129; M 5 307, 308; P 5 357.

1. Die **Benachrichtigung der Beteiligten** (§ 2260 A 2) liegt auch im Falle des § 2261 lediglich dem Nachlaßgericht ob. Die gesetzlichen Erben kommen nicht allgemein, sondern nur soweit in Betracht, als sie ausgeschlossen (§ 1938) oder enterbt (§ 2336) oder augenscheinlich im Pflichtteil verletzt sind. Die Beteiligten sind, soweit sie dem Nachlaßgericht, und zwar nach Einziehung gehöriger Erkundigungen (RG 69, 274) bekannt geworden sind, sämtlich, nicht bloß „soweit tunlich" (§ 2260 A 2) in Kenntnis zu setzen, können aber auf Nachricht wirksam verzichten. Ist eine unvertretene oder zukünftige Nachkommenschaft bedacht, so hat das Nachlaßgericht beim Vormundschaftsgerichte die Bestellung eines Pflegers anzuregen und, wenn ein Pfleger bestellt wird, diesen zu benachrichtigen; gegen die Ablehnung der Anregung steht ihm aber die Beschwerde nicht zu (RJA 15, 26). Die Pflicht zur Benachrichtigung ist von der Rechtswirksamkeit des Testaments im ganzen oder der einzelnen darin getroffenen Verfügungen unabhängig (RG RJA 16, 212). Eine Form der Benachrichtigung ist nicht vorgeschrieben. Regelmäßig genügt einfache Abschrift, nach Umständen auch kurze inhaltliche Mitteilung mit dem Anheimstellen der Einsicht nach § 2264. Bekanntmachung im Wege der Rechtshilfe ist nicht ausgeschlossen (JRdsch 1926 Nr 811). Benachrichtigung der Steuerbehörde ErbschStG in der Fassung v. 22. 8. 25 § 27 Abs 2. Die Kosten gehören zu den Kosten der Eröffnung (§ 2260 A 4).

§ 2263

Eine Anordnung des Erblassers, durch die er verbietet, das Testament alsbald nach seinem Tode zu eröffnen, ist nichtig[1]).

E I 1938 Abs 3 II 2130; M 5 307; P 5 357.

1. Ebenso das Verbot der Benachrichtigung nach § 2262 (RG LZ 1919, 1241[18] und RJA 16, 213) oder der Einsicht nach § 2264. Besonderheiten beim gemeinschaftlichen Testament und beim Erbvertrag §§ 2273, 2300.

§ 2264

Wer ein rechtliches Interesse glaubhaft macht[1]), ist berechtigt, von einem eröffneten Testament Einsicht zu nehmen sowie eine Abschrift des Testaments oder einzelner Teile zu fordern; die Abschrift ist auf Verlangen zu beglaubigen[2]).

E I 1939 Abs 2 II 2131; M 5 308; P 5 357.

1. **Rechtliches Interesse,** wie § 1953 Abs 3 und FGG § 85, im Gegensatz zum berechtigten Interesse FGG §§ 34, 78, GBO § 11, Glaubhaftmachung FGG § 15 Abs 2. Interessiert sind jedenfalls die Beteiligten § 2260 A 2, nach Umständen auch Nachlaßgläubiger und selbst Privatgläubiger des Erben. Wissenschaftliche, historische u. dgl. Interessen können nach § 34 FGG Berücksichtigung finden.

2. Die **Einsicht** an der amtlichen Verwahrungsstelle, auch derjenigen des „andern Gerichts" (§ 2261) darf den Berechtigten nicht verweigert werden. In dem Recht auf Einsicht ist die Befugnis enthalten, sich selbst Aufzeichnungen oder Abschriften anzufertigen; KG (RJA 12, 205) gestattet, wenigstens im allgemeinen, auch die Herstellung einer Photographie. Inwieweit das rechtliche Interesse des Betreffenden die Kenntnisnahme vom ganzen Testament oder nur von einzelnen Teilen rechtfertigt, ist unter Abwägung etwa entgegenstehender anderer rechtlicher Interessen nach den Umständen zu entscheiden. Wem das Testament zu verkünden ist, der darf auch, und zwar vom ganzen Testament Einsicht nehmen und Abschrift fordern (RJA 9, 79). Beschwerde nach FGG §§ 19ff. Das Testament ist auch hier mit Einschluß der Protokolle und Anlagen verstanden (§ 2261 A 2). Beglaubigung der Abschrift nach Landesrecht. Von einem öffentlichen Testament kann gemäß FGG § 182 und den Vorschriften des Landesrechts auch eine Ausfertigung verlangt werden. Die Kosten gehen zu Lasten des betreffenden Interessenten. Recht der Steuerbehörden auf Einsicht RAbgO v. 13. 12. 19 § 191. — Dem Erblasser selbst kann das Recht auf Einsicht in das nach §§ 2246, 2248 in besondere Verwahrung genommene Testament oder auf Abschriftererteilung (auch ohne Glaubhaftmachung eines rechtlichen Interesses KG JFG 4, 159) nicht

versagt werden. Da § 2246 nur Ordnungsvorschrift ist, so muß es genügen, wenn der geöffnete Verschluß unter der bloßen Mitwirkung des Erblassers, unter Umständen selbst ohne solche, wiederhergestellt und hierüber ein Vermerk gemacht wird (OLG 9, 411; JW 1922, 522[9]).

Achter Titel

Gemeinschaftliches Testament

§ 2265

Ein gemeinschaftliches Testament[1]) kann nur von Ehegatten errichtet werden[2]).

E I 1913 II 2132; M 5 253—257; P 5 424—427.

1. Das **Testament ist gemeinschaftlich** (t. mere simultaneum), wenn zwei Erblasser in einer einheitlichen Testamentsurkunde, die aus mehreren Bogen oder Blättern bestehen kann, letztwillige Verfügungen treffen (RG 50, 309; 72, 204; JW 1917, 925[2]). Es ist gegenseitig (t. reciprocum), wenn sich beide darin gegenseitig bedenken oder einer um des andern willen einen Dritten bedenkt. Es ist gegenseitig in dem engeren Sinne des § 2270, wechselbezüglich (t. correspectivum), wenn nach dem Willen beider Erblasser die Wirksamkeit der Verfügungen der einen Seite von der Wirksamkeit der gegnerischen Verfügungen abhängig sein soll. In allen Fällen sind die beiderseitigen Verfügungen grundsätzlich einseitig und abgesehen von dem besondern Falle des § 2271 Abs 2 frei widerruflich. Umgekehrt haben sich mit Abschluß des Erbvertrags beide Erblasser oder der Erblasser und ein Dritter gegenseitig gebunden und dürfen nur in den besondern Fällen der §§ 2293 ff. hiervon einseitig zurücktreten. Das gemeinschaftliche Testament kann in allen vom Gesetz zur Verfügung gestellten ordentlichen und außerordentlichen **Formen** (§§ 2231—2251) errichtet werden. Besonderheiten beim Gemeindetestament § 2266, beim Privattestament § 2267. Bezüglich der Testierfähigkeit gelten die allgemeinen Vorschriften (§ 2229 A 1—5, anders beim Erbvertrag § 2275). Aus der Notwendigkeit einheitlicher Beurkundung folgt, daß sich beide Erblasser derselben Testamentsform bedienen müssen, daß z. B. nicht der eine vor dem Richter oder Gemeindevorsteher, der andere privatschriftlich testieren kann. Beim öffentlichen Testament (§§ 2238, 2249) können beide Teile ihren letzten Willen gemeinschaftlich mündlich erklären oder eine Schrift oder auch je eine Schrift mit der mündlichen Erklärung übergeben, daß die Schrift oder die Schriften ihren gemeinschaftlichen letzten Willen enthalten (LZ 1917, 888[10] u. A). Der letzte Wille kann auch von dem einen Teile durch Übergabe einer Schrift, vom andern mündlich erklärt werden. Dagegen ist unzulässig, daß ein Teil den letzten Willen zu Protokoll erklärt, während der stumme oder am Sprechen verhinderte andere Teil eine dem § 2243 A 2 entsprechende schriftliche Erklärung übergibt, daß dieses Protokoll auch seinen letzten Willen enthalte; die Bezugnahme auf das Protokoll könnte die in § 2243 geforderte Übergabe einer eigenen Testamentsschrift nicht ersetzen (a. M. Strohal § 43 A 8). Ist ferner der eine Teil, weil er minderjährig ist oder Geschriebenes nicht zu lesen vermag, auf mündliche Erklärung des letzten Willens zu Protokoll beschränkt (§§ 2238 Abs 2, 2247), so muß sich notwendig auch der andere Teil dieser Erklärungsform bedienen, da seine schriftliche Erklärung dem leseunkundigen Partner überhaupt nicht, dem minderjährigen wenigstens nach der Annahme des Gesetzes nicht verständlich sein würde. Ist ein Teil an der schriftlichen, der andere an der mündlichen Erklärung verhindert, so können sie gemeinschaftlich überhaupt nicht testieren.

2. **Nur Ehegatten** in stehender Ehe können gemeinschaftlich testieren. Nicht Verlobte, denen jedoch der Erbvertrag offen steht (§§ 2275 Abs 3, 2276 Abs 2) und nicht Ehegatten, deren eheliche Gemeinschaft aufgehoben ist (§§ 1586, 1587). Unwirksamkeit des Testaments im Falle der Nichtigkeit oder Auflösung der Ehe § 2268. Besondere Vorschrift für die allgemeine Gütergemeinschaft § 1516 Abs 3. Das von Nichtehegatten gemeinschaftlich errichtete Testament ist seinem ganzen Inhalte nach nichtig. Die darin enthaltenen Verfügungen können auch dann, wenn sie den für ein Einzeltestament bestehenden Formerfordernissen genügen, nicht als ein oder zwei Einzeltestamente aufrechterhalten werden (RJA 9, 12; RG 87, 33). Immerhin ist zu beachten, daß auch eine bloß äußerliche Vereinigung mehrerer Einzeltestamente auf demselben Blatte Papier möglich ist (RG 72, 205). Wird aber über das Testament zweier Verlobter nur eine Urkunde in einem notariellen Protokoll aufgenommen, das von jedem der beiden, dem Notar und den Zeugen nur einmal unterschrieben wird, so liegt ein gemeinschaftliches, wegen fehlender Ehe nichtiges Testament vor (RG JW 1911, 766[29]). — Gemeinschaftliche unter der Herrschaft des älteren Rechts von Nichtehegatten errichtete Testamente bleiben wirksam (RG JW 1911, 766[29]).

§ 2266

Ein gemeinschaftliches Testament kann nach § 2249 auch dann errichtet werden, wenn die Voraussetzung des § 2249 nur auf seiten eines der Ehegatten vorliegt[1]).

E II 2133; P 5 428, 429.

1. Das gemeinschaftliche **Gemeindetestament** nach § 2249 ist zulässig, wenn auch nur für einen Ehegatten Gefahr im Verzug obwaltet. Es bleibt auch dann in vollem Umfang, also auch hinsichtlich der nicht wechselbezüglichen Bestimmungen, wirksam, wenn nur der lebensgefährlich erkrankte Ehegatte innerhalb der Frist des § 2252 stirbt (RJA 16, 216). Die in den früheren Auflagen vertretene Meinung, daß in Ansehung des § 2252 das gemeinschaftliche Testament für jeden Gatten als selbständiges Testament gelte, wird danach aufgegeben. Beim Seuchen- und Seetestament (§§ 2250, 2251) liegt in der Natur der Sache, daß die dort aufgestellten Erfordernisse immer für beide gleichzeitig testierende Erblasser zutreffen.

§ 2267

Zur Errichtung eines gemeinschaftlichen Testaments nach § 2231 Nr 2 genügt es[1]), wenn einer der Ehegatten das Testament in der dort vorgeschriebenen Form errichtet und der andere Ehegatte die Erklärung beifügt, daß das Testament auch als sein Testament gelten solle[2]). Die Erklärung muß unter Angabe des Ortes und Tages eigenhändig geschrieben und unterschrieben werden[3]).

E II 2134; P 5 425—429.

1. Beim **gemeinschaftlichen Privattestament** entspricht der Regel des § 2231 Nr 2, daß beide Ehegatten ihre letztwilligen Erklärungen, jeder die seine, in einer die beiden Erklärungen zu einer Einheit zusammenfassenden Urkunde (§ 2265 A 1) eigenhändig niederschreiben, datieren und unterschreiben (vgl. die Fälle in OLG 80, 225; 32, 68 A 1; BayZ 1927, 325). Diese Art der Errichtung ist durch § 2267, der die Form nur erleichtern will („genügt es"), nicht ausgeschlossen. Gleichzeitigkeit der Errichtung ist dabei nicht erforderlich, ebensowenig Identität des Errichtungsorts.

2. Die **Formerleichterung** besteht darin, daß sich das Gesetz mit einmaliger eigenhändiger Niederschrift des Testamentsinhalts bloß durch einen Ehegatten begnügt und vom andern Teil nur die der Niederschrift in derselben Urkunde beizufügende Erklärung verlangt, daß das Testament auch als sein Testament gelten solle. Die Einheitlichkeit der Urkunde (§ 2265 A 1) wird dadurch nicht ausgeschlossen, daß die von dem einen Ehegatten niedergeschriebene Verfügung auf einem durch sie nicht voll ausgenutzten Blatte und die Erklärung des andern auf einem besondern Blatte steht, sofern sich nur die Erklärung auf dem zweiten Blatte als eine Fortsetzung der Niederschrift auf dem ersten Blatte darstellt (RJA 17, 58). Der Gebrauch der Gesetzesworte ist für die Erklärung des zweiten Ehegatten nicht wesentlich. Der Vermerk: „einverstanden, genehmigt" kann genügen, wenn der Testamentstext selbst schon die Gemeinschaftlichkeit der Verfügungen andeutet, insbesondere beide Ehegatten als redend aufführt („Wir bestimmen"). Die bloße Mitunterschrift kann jedoch die von dem andern Ehegatten „beizufügende Erklärung" auch in diesem Falle nicht ersetzen (RG 72, 205). Demgemäß sind zwei gleichlautende, eine gegenseitige Erbeinsetzung enthaltende Testamente, von denen das eine vom Ehemann geschrieben und von ihm und der Frau unterschrieben, das andere auf einer besonderen Urkunde von der Frau geschrieben und von ihr und dem Mann unterschrieben ist, als gemeinschaftliches Testament ungültig; sie können aber als Einzeltestamente gültig sein (RG LZ 1927, 1266[7]). Das von dem zuerst testierenden Ehegatten niedergeschriebene Testament ist in der durch § 2231 Nr 2 vorgeschriebenen Form erst dann errichtet, wenn es mit Datum und Unterschrift versehen ist. Die „Erklärung" des andern Ehegatten ist deshalb unwirksam, wenn sie vor Abschluß des Testaments, insbesondere wenn sie unter einem früheren Datum als demjenigen des Testaments erfolgt. Dagegen ist auch hier (wie A 1) nicht wesentlich, daß sie gerade an demselben Orte und Tage abgegeben wird (vgl. RG 72, 206). Sie kann vielmehr, sowohl örtlich als zeitlich nachfolgen, allerdings immer nur bei Lebzeiten des Ausstellers der ersten Erklärung (RJA 16, 224).

3. **Eigenhändigkeit** ist sowohl für die Erklärung als für das Datum und die Unterschrift — die durch Aufführung des Namens im Text der Erklärung nicht ersetzt wird — erforderlich. Das gemeinschaftliche Privattestament muß also auch in der erleichterten Form jedenfalls zwei eigenhändige Angaben des Ortes und Tages enthalten. Im übrigen gilt bezüglich des wahrheitsgetreuen Datums und der sonstigen Erfordernisse das § 2231 A 3 ff. Gesagte. Etwaige

Zusätze und Änderungen müssen gleichfalls den Mindesterfordernissen des § 2267 genügen (§ 2231 A 5). Doch wird für den Fall, daß ein unterschriebener, aber nicht besonders datierter Zusatz zu dem von dem einen Ehegatten geschriebenen ersten Teile des gemeinschaftlichen Testaments zwischen diesem Teile und der von dem gleichen Tage wie der erste Teil datierten Beitrittserklärung des anderen Ehegatten steht, die Gültigkeit des Zusatzes regelmäßig daraus hergeleitet werden können, daß sich das erste Datum auf ihn miterstrecken soll (RG JW 1917, 925[3]). Formfehler in der Niederschrift, Datierung und Unterschrift des vorangehenden Testaments machen das gemeinschaftliche Testament in vollem Umfange, Fehler der Nachschrift regelmäßig nur diese Nachschrift nichtig, wenn sich nicht aus § 2270 Abs 1 auch in diesem Falle Nichtigkeit des ganzen Testaments ergibt. Das gemeinschaftliche Privattestament ist ausgeschlossen, wenn auch nur ein Teil minderjährig oder lesensunvermögend ist (§§ 2247, 2265 A 1).

§ 2268

Ein gemeinschaftliches Testament ist in den Fällen des § 2077 seinem ganzen Inhalte nach unwirksam[1]).

Wird die Ehe vor dem Tode eines der Ehegatten aufgelöst oder liegen die Voraussetzungen des § 2077 Abs 1 Satz 2 vor[2]), so bleiben die Verfügungen insoweit wirksam, als anzunehmen ist, daß sie auch für diesen Fall getroffen sein würden[3]).

E II 2135; P 5 446—448.

1. Die Regel des Abs 1: völlige Unwirksamkeit aller in dem gemeinschaftlichen Testamente getroffenen Verfügungen, gleichviel ob sie wechselbezüglich sind oder überhaupt nicht miteinander in Verbindung stehen, greift nur durch, wenn die Ehe nach §§ 1323—1328 von vornherein oder nach § 1343 Abs 1 infolge wirksamer Anfechtung **nichtig** ist. Im übrigen wird sie durch die Ausnahmebestimmung des Abs 2 durchbrochen.

2. Im Falle der **Auflösung der Ehe** vor dem Tode durch Scheidung, Aufhebung der ehelichen Gemeinschaft, Wiederverheiratung nach vorausgegangener Todeserklärung oder auch nur der **Erhebung begründeter Scheidungsklage** wegen Verschuldens des andern Ehegatten (§ 2077 Abs 1 Satz 2) ist zuzusehen, ob die Verfügungen eines jeden der beiden Erblasser nach seinem zu ermittelnden Willen auch für diesen Fall Geltung behalten sollten (so auch § 2077 Abs 3). Insoweit bleiben sie bei Kräften. Diese Annahme ist bei wechselbezüglichen Verfügungen im Sinne von § 2270 Abs 1 u. 2 regelmäßig ausgeschlossen, wird aber bei anderen mit dem ehelichen Verhältnis der Erblasser nicht im Zusammenhang stehenden Verfügungen regelmäßig begründet sein. Sind sie einmal unwirksam geworden, so lebt das gemeinschaftliche Testament auch durch Wiederverheiratung der Ehegatten oder durch Wiederherstellung der ehelichen Gemeinschaft (§ 1587; a. M. Leonhard, II, B) nicht wieder auf. Dasselbe hat auch zu gelten, wenn der mit begründeter Scheidungsklage verfolgte Ehegatte vor dem klagenden Teile verstirbt. Auch in diesem Falle bleiben insbesondere die wechselbezüglichen Verfügungen beider Teile, wiewohl unbeschadet des gesetzlichen Erbrechts des überlebenden Ehegatten unwirksam (a. M. Strohal § 43 A 23; Dernburg V § 91 A 2; Staudinger A 1; Leonhard, II, C). Handelt es sich in Wahrheit um zwei selbständige Testamente der Ehegatten, so bleibt lediglich § 2077 anwendbar. Beim Erbvertrage § 2279 Abs 2. — Die Beweislast trifft denjenigen, welcher fortdauernde Gültigkeit der gemeinschaftlichen Verfügungen behauptet.

§ 2269

Haben die Ehegatten in einem gemeinschaftlichen Testamente, durch das sie sich gegenseitig als Erben einsetzen, bestimmt, daß nach dem Tode des Überlebenden der beiderseitige Nachlaß an einen Dritten fallen soll[1]), so ist im Zweifel anzunehmen, daß der Dritte für den gesamten Nachlaß als Erbe des zuletzt versterbenden Ehegatten eingesetzt ist[2]).

Haben die Ehegatten in einem solchen Testament ein Vermächtnis angeordnet, das nach dem Tode des Überlebenden erfüllt werden soll, so ist im Zweifel anzunehmen, daß das Vermächtnis dem Bedachten erst mit dem Tode des Überlebenden anfallen soll[3]).

E II 2136; P 5 406, 407, 459.

1. Vorausgesetzt ist ein mindestens reziprokes, wenn auch nicht notwendig korrespektives Testament (§ 2265 A 1), in dem sich die **Ehegatten gegenseitig** jeder den anderen als alleinigen

Erben des Zuerstversterbenden — nicht auch andere Personen neben dem Überlebenden — **einsetzen** (RG BayZ 07, 64; LZ 1919, 1241[18]). Der **Dritte** (oder mehrere Dritte) muß ferner erst nach dem Tode des Überlebenden, nicht schon für den Eintritt eines bestimmten Zeitpunkts oder Ereignisses (§ 2104), und zwar auf den beiderseitigen Nachlaß als Erbe berufen sein (sog. Berliner Testament). Eine Berufung von Dritten auf den beiderseitigen Nachlaß kann in der Bestimmung gefunden werden, daß das Vermögen beider Ehegatten nach dem Tode des Überlebenden in zwei gleiche Teile geteilt werden und die eine Hälfte den Verwandten des Mannes, die andere Hälfte denen der Frau zukommen soll (RG 79, 278; Recht 1923 Nr 757). Dagegen gehört nicht hierher der Fall, daß als beim Tode des überlebenden Ehegatten eintretende Erben die Verwandten des Mannes auf den Nachlaß des Mannes und die Verwandten der Frau auf deren Nachlaß berufen sind (RG 79, 277); anders, wenn das beiderseitige Vermögen kraft Gütergemeinschaft bereits zu einer Einheit verbunden war und jeder Erblasser unter seinem Nachlasse nur die Hälfte des beim Tode des Überlebenden vorhandenen gesamten Vermögens verstanden wissen wollte (RG LZ 1914, 1361[19]).

2. In den von der Voraussetzung des Abs 1 betroffenen Fällen (A 1) ist denkbar, jeder Ehegatte habe den andern in erster Linie zu seinem Erben berufen, aber zugleich den Dritten für den Fall, daß der andere Gatte zuerst sterben sollte, als Ersatzerben und für den Fall, daß der andere Gatte zuletzt sterben sollte, als Nacherben eingesetzt. Der Dritte erhält dann beim Tode des überlebenden Ehegatten den „beiderseitigen Nachlaß" aus verschiedenen Berufungsgründen, nämlich den Nachlaß des Zuerstverstorbenen als dessen Nacherbe und den Nachlaß des Überlebenden als dessen Ersatzerbe. Das Gesetz behandelt diese Gestaltung der Erbfolge als zulässig, stellt aber eine davon abweichende **Auslegungsregel** auf („im Zweifel"), die denjenigen beweispflichtig macht, welcher einen auf Vor- und Nacherbfolge gerichteten Willen der Erblasser behauptet (RG 60, 117). Zufolge der aufgestellten Regel wird, wenn nach Prüfung aller Umstände begründete, auf anderem Wege nicht zu lösende Zweifel über die Willensmeinung der Erblasser bestehenbleiben (RG 59, 85 und RG 10. 7. 22 IV 692/21; Berücksichtigung der Vermögensverhältnisse beider Erblasser RG 79, 278, aber auch Recht 1914 Nr 944), der „beiderseitige Nachlaß" als einheitlicher, als „gesamter Nachlaß" behandelt. Es wird angenommen, jeder Ehegatte habe lediglich für den Fall, daß er zuerst sterben sollte, den andern Gatten und für den Fall, daß er diesen überleben sollte, den Dritten als Erben eingesetzt. Der Überlebende wird demgemäß Vollerbe des Vorverstorbenen. Die beiden Einzelvermögen, das ererbte und das eigene, verschmelzen in seiner Hand zu einem Vermögen. Dieses einheitliche Vermögen erhält der Dritte nur als Erbe des Überlebenden und kraft der von diesem ausgesprochenen Berufung. Die testamentarische Bezeichnung des Dritten als „Nacherbe des zuletzt versterbenden Ehegatten" ist danach in jedem Falle unzutreffend; der Ausdruck steht einer Auslegung des Testaments in dem zuletzt dargelegten Sinne nicht entgegen (RG JRdsch 1925 Nr 1016). Ist das Testament in diesem Sinne auszulegen, so folgt daraus, daß dem Dritten mit dem Tode des Zuerststerbenden im Gegensatze zu § 2108 Abs 2 noch keinerlei vererbliche oder veräußerliche Rechte erwachsen, daß eine ihm gemachte Zuwendung vorbehaltlich des § 2069 hinfällig wird, wenn er vor dem Überlebenden verstirbt, und daß im Rechtssinne nur der Überlebende als Erblasser des Dritten in Betracht kommt. Dies schließt zwar nicht aus, bei Auslegung des Testaments, insbesondere von Anordnungen, die zugunsten der gesetzlichen Erben, der Verwandten oder der Abkömmlinge des Zuerstverstorbenen getroffen sind (§§ 2066 bis 2069), diesem die Stellung eines Erblassers zuzuschreiben. Sind jedoch mehrere Dritte, insbesondere Verwandte beider Erblasser ohne Bestimmung von Anteilen bedacht, so haben sie vermöge der Einheitlichkeit des Nachlasses im Zweifel als gleichmäßig, d. h. ohne Unterschied auf die Herkunft des Vermögens als sämtlich auf den ungetrennten Nachlaß berufen zu gelten. Sind sie am Nachlasse des Zuerstverstorbenen pflichtteilsberechtigt, so sind sie nach dem ersten Erbfall nicht gehindert, den Pflichtteil geltend zu machen (RG 30. 6. 04 IV 516/03). Eine Absicht der Ehegatten, dem Überlebenden die unbeschränkte Verfügung über das gesamte Vermögen zu gewähren, ist daher gegen den Willen Pflichtteilsberechtigter nicht durchführbar; dies darf nicht unbeachtet bleiben, wenn beim Streite darüber, ob das Testament im Sinne des § 2269 oder im Sinne der Berufung des Überlebenden zum Vorerben und der Kinder zu Nacherben auszulegen sei, für die Auslegung im ersten Sinne das Vorhandensein jener Absicht geltend gemacht wird (RG Recht 1923 Nr 1023). Die Pflichtteilsberechtigten sind im Falle des § 2269, weil auf den Nachlaß des Zuerstverstorbenen überhaupt nicht als Erben berufen, zu einer Ausschlagung gemäß § 2306 Abs 1 Satz 2 nicht genötigt (OLG 44, 106; a. M. Dernburg V § 94 A 3). Vielmehr bleiben sie trotz Abforderung des Pflichtteils nach dem zweiten Erbfall auf den gesamten Nachlaß erbberechtigt. Dagegen ist Sache der Auslegung, ob sie nach dem Willen der Erblasser, der auch stillschweigend erklärt sein kann, zur Anrechnung des empfangenen Pflichtteils auf den demnächstigen, tatsächlich aus beiden Nachlässen ihnen zufließenden Erbteil verpflichtet sein sollen. Wäre freilich der Pflichtteils-

berechtigte, sei es von vornherein, sei es vermöge des § 2306 auf den Pflichtteil am Nachlasse des Zuletztverstorbenen beschränkt, so braucht er sich hierauf den aus dem Nachlasse des Zuerstverstorbenen geforderten Pflichtteil nicht anrechnen zu lassen (Kipp § 27 bei A 8, 9). Der Überlebende ist als Vollerbe von den dem Vorerben obliegenden Verfügungsbeschränkungen (§§ 2112ff.) frei; er darf im Falle des § 2270 die Verfügungen des gemeinschaftlichen Testaments nur nicht durch bösliche Schenkungen vereiteln (RG 58, 65; 77, 113; Warn 1926 Nr 188). Es ist indessen möglich, daß mit der im Sinne des § 2269 ausgesprochenen Erbeinsetzung eine bedingte Nacherbeinsetzung, z. B. der Kinder für den Fall der Wiederverheiratung des überlebenden Ehegatten verbunden wird; die Nacherbeinsetzung wird dann regelmäßig nur auf den Überrest (§ 2137) zu beziehen sein (KGJ 42, 109).

Dem § 2269 Abs 1 liegt, wie sich aus Obigem ergibt, der Gedanke zugrunde, daß Ehegatten, die in der dort vorgesehenen Weise gemeinschaftlich testieren, das beiderseitige Vermögen als eine Einheit betrachten und daher regelmäßig sowohl ein verschiedenes Rechtsverhältnis während der Lebensdauer des überlebenden Ehegatten als auch die Möglichkeit einer Trennung der beiden Vermögensmassen bei dessen Tode ausschließen wollen (RG 79, 277; 113, 240). Für die Entscheidung darüber, ob ein einseitiges Testament eines Ehegatten die Einsetzung des andern Ehegatten zum Vollerben oder zum bloßen Vorerben enthält, kann jener Gedanke nicht analog verwertet werden (RG 13. 11. 24 IV 70/24; OLG Düsseldorf und Kipp JW 1925, 2148[6]).

3. Als Folge des in Abs 1 aufgestellten Satzes, wonach die Anordnungen des gemeinschaftlichen Testaments im Zweifel den beiderseitigen, beim Tode des Überlebenden vorhandenen Gesamtnachlaß zum Gegenstand haben, ergibt sich, daß im Zweifel auch eine **Vermächtnisanordnung** erst mit diesem Zeitpunkte wirksam wird. Der Bedachte muß deshalb den Tod beider Ehegatten erlebt haben (§ 2160), die Vermächtnisforderung kommt jetzt erst zur Entstehung (§ 2176), vor dem Tode des Überlebenden stehen ihm, da es sich nicht um einen Fall des § 2177 handelt, auch nicht die Rechte des § 2179 zu. Auch hier handelt es sich jedoch nur um eine Auslegungsregel, der Bedachte kann ihr gegenüber den Nachweis führen, daß ihm das Vermächtnis nach dem Willen der Erblasser schon beim Tode des Zuerststerbenden anfallen sollte. — Ist auch nur ein Ehegatte **vor dem 1. 1. 00** gestorben so kommt § 2269 nicht in Frage, die Wirkungen des gemeinschaftlichen Testaments sind vielmehr nach älterem Recht zu beurteilen (RG 76, 20; JW 1911, 717[19]). Sind beide Ehegatten erst nach dem 31. 12. 99 gestorben, so ist § 2269 auch auf ein früher errichtetes gemeinschaftliches Testament anzuwenden, es sei denn, daß die Erblasser die Bestimmungen des Testaments den Vorschriften des älteren Rechtes angepaßt und dadurch den Willen zu erkennen gegeben haben, daß ihre Bestimmungen im Sinne dieser Vorschriften zu verstehen seien (RG JW 1911, 220[27]; Warn 1913 Nr 331; DJZ 1924, 906 sowie RFH 1 A 121; § 2084 A 3). — Entsprechende Anwendung beim Erbvertrag § 2280. Über die Behandlung des Falles des § 2269 im Erbschaftssteuerrechte s. ErbschStG in der Fassung v. 22. 8. 25 § 9 Abs 3.

§ 2270

Haben die Ehegatten in einem gemeinschaftlichen Testamente Verfügungen getroffen, von denen anzunehmen ist, daß die Verfügung des einen nicht ohne die Verfügung des anderen getroffen sein würde[1]), so hat die Nichtigkeit oder der Widerruf der einen Verfügung die Unwirksamkeit der anderen zur Folge[2]).

Ein solches Verhältnis der Verfügungen zueinander ist im Zweifel anzunehmen, wenn sich die Ehegatten gegenseitig bedenken[3]) oder wenn dem einen Ehegatten von dem anderen eine Zuwendung gemacht und für den Fall des Überlebens des Bedachten eine Verfügung zugunsten einer Person getroffen wird, die mit dem anderen Ehegatten verwandt ist oder ihm sonst nahe steht[4]).

Auf andere Verfügungen als Erbeinsetzungen, Vermächtnisse oder Auflagen findet die Vorschrift des Abs 1 keine Anwendung[5]).

E II 2137; P 5 448—459; 6 397.

1. Als **wechselbezügliche Verfügungen** kommen nach Abs 3 nur Erbeinsetzungen, Vermächtnisse und Auflagen in Betracht. Die Fälle des Abs 2 sind nicht erschöpfend. Wesentlich ist nur, daß zwischen beiden Verfügungen „Zusammenhang des Motivs" (Prot 5, 451) in dem Sinne besteht, daß jeder der beiden Ehegatten eine auf seiner Willensentschließung beruhende Anordnung getroffen hat, die ohne die Verfügung des anderen nicht gewollt sein würde, oder, anders ausgedrückt, daß jede der beiden Verfügungen mit Rücksicht auf die andere getroffen ist und nach dem Willen der Erblasser mit ihr stehen und fallen soll (**RG** 116, 149). Ein solcher Zusammenhang kann auch dann vorliegen, wenn die beiderseitigen Anordnungen in eine sprachlich einheitliche Verfügung zugunsten desselben Dritten zusammengefaßt sind (**RG** 88, 330; Warn 1920 Nr 18). Gleichheit des mit den beiderseitigen Anordnungen verfolgten Zweckes ist weder erforderlich noch für sich allein unbedingt genügend, kann aber einen Anhalt dafür bieten, daß beide Verfügungen nach dem Willen der Erblasser voneinander abhängig sein sollen (**RG** Recht 1921 Nr 1633). Zwischen gleichlautenden Verfügungen wird der Zusammenhang meist ohne weiteres gegeben sein, auch wenn sich die Ehegatten nicht gegenseitig bedenken (§ 2269), vielleicht weil sie insoweit der gesetzlichen Erbfolge nach § 1931 Abs 2 freien Lauf lassen wollen. Er kann auch bei verschiedenartigen Verfügungen vorliegen, z. B. wenn ein Ehegatte seinen Nachlaß nur seinen Verwandten — nicht an Fremde oder einen bestimmten Fremden — zuwendet, weil auch der andere Ehegatte nur seine Verwandten — keine Fremden, keinen bestimmten Fremden bedenkt, oder wenn er sich mit einer Auflage beschweren läßt, weil er auch seinerseits dem andern Teil eine Auflage macht. Dagegen ist das Abhängigkeitsverhältnis für die Zeit nach dem Tode des Zuerststerbenden als verneint anzusehen, wenn ein Erblasser dem anderen ausdrücklich gestattet, spätere abweichende Verfügungen zu treffen (**RG** 79, 34 u. LZ 1920, 705[12]). Voraussetzung ist, daß die Verfügungen **in einem gemeinschaftlichen Testamente** ausgesprochen sind. Stehen die in getrennten Testamenten getroffenen Verfügungen zweier Erblasser, die nicht Ehegatten zu sein brauchen, in dem hier angenommenen gegenseitigen Abhängigkeitsverhältnis, so kann, wenn eine von ihnen unwirksam geworden ist, die andere geeignetenfalls wegen Irrtums im Beweggrunde angefochten werden (§ 2078 Abs 2).

2. **Nichtigkeit** wegen eines materiellen oder formellen Mangels, sei es, daß sie von Anfang an vorliegt oder als Erfolg der Anfechtung eintritt (§ 142 Abs 1). **Widerruf** § 2271 A 1. In beiden Fällen tritt die **Unwirksamkeit der anderen Verfügung** unmittelbar kraft Gesetzes ein. Es ist deshalb gleichgültig, ob der andere Teil die Nichtigkeit oder den Widerruf gekannt, oder dem Widerruf sogar zugestimmt hat. Die Unwirksamkeit beschränkt sich jedoch, wenn der andere Teil mehrere Verfügungen getroffen hatte, auf diejenigen seiner Verfügungen, welche zu der nichtigen oder widerrufenen Verfügung im Abhängigkeitsverhältnis gestanden hatten; ob die so beschränkte Unwirksamkeit demnächst auch Unwirksamkeit der sonstigen Verfügungen des andern Teiles zur Folge hat, ist nach § 2085 zu beurteilen (**RG** 116, 149; Warn 1913 Nr 247). Ist die Verfügung des einen Ehegatten aus anderen Gründen als wegen Nichtigkeit oder Widerrufs unwirksam, z. B. infolge Ausschlagung des von ihm eingesetzten Erben, so bleibt die Wirksamkeit der anderen Verfügung hiervon unberührt (a. M. Dernburg V § 93 VI, 4), wenn sie nicht als durch Verwirklichung der erledigten Verfügung bedingt zu gelten hat. Darüber, ob und inwieweit auch teilweiser Widerruf der einen Verfügung (Herabsetzung eines Vermächtnisses) die Unwirksamkeit der anderen Verfügung nach sich zieht, ist nach dem zu ermittelnden Willen der Erblasser zu entscheiden.

3. Auch für die in Abs 2 hervorgehobenen hauptsächlichsten Fälle stellt das Gesetz nur die **Auslegungsregel** auf, daß die Wechselbezüglichkeit „im Zweifel" gewollt sei. Die Regel kommt nicht zur Anwendung, wenn pflichtmäßige Willenserforschung (§ 133, § 2084 A 2) dazu führt, daß die eine von den beiden sich darbietenden Willensmöglichkeiten, nämlich die von den Erblassern gewollte Abhängigkeit oder die von ihnen gewollte Unabhängigkeit der beiderseitigen Verfügungen, für zutreffend oder unzutreffend erklärt werden kann; für diese Willenserforschung können auch Umstände außerhalb des Testaments, so frühere oder spätere Äußerungen der Erblasser und ihre beiderseitigen Vermögensverhältnisse in Betracht kommen (KGJ 42, 119; **RG** 116, 150). Für gegenseitige Unabhängigkeit der Verfügungen ist in den Fällen des Abs 2, soweit bei der Urkundenauslegung überhaupt von einer Beweispflicht gesprochen werden kann, derjenige beweispflichtig, welcher im Falle der Nichtigkeit oder des Widerrufs der einen die fortdauernde Gültigkeit der andern Verfügung behauptet. Beim Fehlen der Voraussetzungen des Abs 2 gilt nicht etwa eine Vermutung gegen die Wechselbezüglichkeit, vielmehr ist dann über ihr Vorhandensein nach freiem richterlichen Ermessen zu entscheiden (BayObLG 21 A 90). Die Ehegatten können sich **gegenseitig bedenken** nur durch Erbeinsetzungen oder Vermächtnisse. Eine Auflage (§ 1940), die dem andern Teil zugute kommt, genügt nicht. Doch steht der Erbeinsetzung gleich und ist als Zuwendung aufzufassen, wenn die Ehegatten im Testamente der gegenseitigen gesetzlichen Erbfolge (§ 1931) auch nur stillschweigend freien Lauf lassen. In dem häufigen Falle, daß kinderlose Eheleute sich gegenseitig als Erben einsetzen und bestimmen, nach dem Tode des Letztlebenden solle das beiderseitige Vermögen teils an Verwandte des Mannes, teils an Verwandte der Frau fallen, sind regelmäßig wechselbezüglich die Einsetzungen der Gatten im Verhältnisse zueinander, außerdem die Einsetzung jedes Gatten im Verhältnisse zu der von ihm ausgesprochenen Einsetzung der Verwandten des andern Gatten, also, wenn der

Mann zuerst stirbt, die Einsetzung der Frau durch ihn mit der Einsetzung seiner Verwandten durch die Frau, dagegen nicht ohne weiteres mit der von der Frau ausgesprochenen Einsetzung ihrer Verwandten. Möglich ist aber die Erstreckung der Wechselbezüglichkeit auch hierauf, so wenn sich die Ehegatten über die Auswahl der zu bedenkenden beiderseitigen Verwandten, auf deren Bedenkung nicht nur der mit dem einzelnen verwandte Erblasser, sondern beide Gatten Wert legten, verständigt haben (**RG** SchleswHolstAnz 1920, 33; auch BayObLG a. a. O. und Dresden JFG 2, 162).

4. Die Ehegatten bedenken sich nicht gegenseitig. In dem gemeinschaftlichen Testament wird vielmehr **nur dem einen Ehegatten** (A) von dem andern **eine Zuwendung gemacht.** Der andre (B) erlangt aber gewissermaßen als Gegenleistung, daß für den Fall des Überlebens des Bedachten (A) von diesem eine Verfügung zugunsten einer Person getroffen wird, die mit dem andern (B) **verwandt** ist oder ihm **sonst nahesteht,** was auch für einen gemeinschaftlichen Abkömmling der beiden Ehegatten oder eine beiden in gleichem Maße durch Freundschaft oder dergleichen verbundene Person zutrifft (**RG** 116, 149f.). In der Denkschrift (Heymannsche Ausgabe 433) hat der Tatbestand des Gesetzes keinen zutreffenden Ausdruck gefunden. Der dort angeführte Fall, daß die Verfügung zugunsten des Dritten gerade von demjenigen Ehegatten (B) getroffen wird, welcher auch die Zuwendung an den überlebenden Ehegatten macht, wird von der Auslegungsregel nicht getroffen, die nur für Fälle bestimmt ist, in denen sich Verfügungen beider Ehegatten gegenüberstehen (Planck A 4b; s. auch **RG** JW 09, 52[18]; a. M. die früheren Auflagen dieses Kommentars). Verwandtschaft § 1589. Nahestehende Personen: Verschwägerte, Freunde, Hausgenossen usw.

5. Andere Verfügungen, wie familienrechtliche Anordnungen (Vorbem Abs 2 vor § 2064), Ausschließung (§ 1938), Entziehung des Pflichtteils (§ 2336), Teilungsanordnungen (§ 2048), Ernennung eines Testamentsvollstreckers (§ 2197, KGJ 48, 99), werden kraft Gesetzes (A 2) auch dann nicht unwirksam, wenn sie mit der nichtigen oder widerrufenen Verfügung wechselbezüglich sind. Dagegen ist ihre Anfechtung aus § 2078 nicht ausgeschlossen. — Entsprechend dem § 2270 beim Erbvertrag § 2298.

§ 2271

Der Widerruf einer Verfügung, die mit einer Verfügung des anderen Ehegatten in dem im § 2270 bezeichneten Verhältnisse steht, erfolgt bei Lebzeiten der Ehegatten nach den für den Rücktritt von einem Erbvertrage geltenden Vorschriften des § 2296[1]). Durch eine neue Verfügung von Todes wegen kann ein Ehegatte bei Lebzeiten des anderen seine Verfügung nicht einseitig aufheben[2]).

Das Recht zum Widerruf erlischt mit dem Tode des anderen Ehegatten[3]); der Überlebende kann jedoch seine Verfügung aufheben, wenn er das ihm Zugewendete ausschlägt[4]). Auch nach der Annahme der Zuwendung ist der Überlebende zur Aufhebung nach Maßgabe des § 2294 und des § 2336 berechtigt[5]).

Ist ein pflichtteilsberechtigter Abkömmling der Ehegatten oder eines der Ehegatten bedacht, so findet die Vorschrift des § 2289 Abs 2 entsprechende Anwendung[6]).

E II 2138; P 5 451—458.

1. Widerruf. Von selbst versteht sich, daß die Ehegatten gemeinschaftlich jederzeit das gemeinschaftliche Testament in allen Formen der §§ 2253—2258 widerrufen können. Nach § 2289 kann dies auch durch Erbvertrag geschehen. § 2271 hat nur den einseitigen Widerruf eines Ehegatten im Auge. Auch dieser ist unbeschränkt zulässig in allen Formen, auch durch Streichung der eigenen Niederschrift gemäß § 2255, jedoch mit Ausnahme des § 2256 (vgl. § 2272), soweit es sich um nicht wechselbezügliche Verfügungen des gemeinschaftlichen Testaments, insbesondere um andere Verfügungen als Erbeinsetzungen, Vermächtnisse und Auflagen handelt (§ 2270 Abs 3). Und selbst die wechselbezüglichen Verfügungen sind bis zum Tode des Zuerstversterbenden für jeden Teil frei widerruflich, der Widerruf ist jedoch neben dem Erfordernis mindestens beschränkter Geschäftsfähigkeit an die Formvorschrift des § 2296 gebunden: persönlich abgegebene und gerichtlich oder notariell beurkundete Erklärung gegenüber dem anderen Ehegatten. Hat der widerrufende Teil alles getan, was von seiner Seite geschehen muß, damit die Erklärung an den anderen Teil gelangt, so ist der Widerruf wirksam, auch wenn er erst nach dem Tode des Widerrufenden dem anderen Ehegatten zugeht (§ 130 Abs 2; **RG** 65, 270). Der einseitige Widerruf der wechselbezüglichen Verfügung ist deshalb unwirksam (s. jedoch A 4), wenn er erklärt wird durch Testament (§ 2254), durch Vernichtung oder Veränderung der Testamentsurkunde (§ 2255; über den Beweis von Inhalt und Formgültigkeit des vernichteten Testaments vgl. **RG** LZ 1920, 387[5]), durch eine trotz § 2272 etwa doch erfolgte einseitige Rücknahme aus amtlicher Verwahrung (§ 2256) oder durch Errichtung eines neuen (sei es auch nur teilweise, z. B. durch die Hinzufügung von Beschränkungen oder Beschwerungen, **RG** Warn 1920 Nr 18) widersprechenden Testaments (§ 2258 und A 2). Anderseits können in der Form des § 2296 auch nur die wechselbezüglichen, nicht auch die sonstigen Verfügungen des gemeinschaftlichen Testaments widerrufen werden. Der Ehegatte, der sowohl wechselbezügliche als auch andere Verfügungen einseitig widerrufen will, muß sich deshalb sowohl der Form des § 2296 als auch einer der Formen der §§ 2253—2258 bedienen. Wirkung des Widerrufs § 2270 A 2. Der in der Form des § 2296 erklärte Widerruf ist selbst unwiderruflich (§ 2257 kann nicht in Frage kommen). Er hat zur Folge, daß eine vorher errichtete widersprechende letztwillige Verfügung nunmehr Gültigkeit erlangt (**RG** 65, 275).

2. Satz 2 bestätigt die Regel des Satz 1 auch für den Fall des § 2258, der eine förmliche Widerrufserklärung nicht voraussetzt. Er bezieht sich deshalb gleichfalls nur auf wechselbezügliche Verfügungen. Davon abgesehen verbleibt beiden Ehegatten die unbeschränkte Testierfreiheit. Gemeinsam können sie auch das wechselbezügliche Testament durch ein neues Testament beseitigen (A 1). Dagegen reicht die Zustimmung des einen Teiles zu dem einseitigen Testament des anderen Ehegatten hierzu nicht aus (JW 1919, 516[8] mit Anm.). — Widerruf eines unter PrALR errichteten gegenseitigen Testaments § 2253 A 1 a. E.

3. Mit dem Tode des anderen Ehegatten tritt diejenige **Gebundenheit des Überlebenden** an die im gemeinschaftlichen Testament von ihm selbst getroffenen Verfügungen ein, die beim Erbvertrag grundsätzlich von vornherein besteht (§ 2278 A 1) und in § 2298 Abs 2 auch bei Vorbehalt des Rücktritts für den Fall aufrechterhalten wird, daß von dem Rücktrittsrecht bei Lebzeiten der Vertragschließenden kein Gebrauch gemacht worden ist. Diese Gebundenheit hat zur Folge, daß letztwillige Anordnungen des Überlebenden, soweit und solange ihnen die wechselbezüglichen Verfügungen des gemeinschaftlichen Testaments entgegenstehen — außer im Rahmen von Abs 2 Satz 2 und Abs 3 —, nicht wirksam sind. Damit ist zugleich ausgeschlossen, daß der Überlebende die Verfügungen zwar formell bestehen läßt, sie aber durch Hinzufügung von Beschwerungen oder Beschränkungen, z. B. durch die Belastung des eingesetzten Erben mit einem Vermächtnis (SeuffA 78 Nr 145) oder durch die Ernennung eines Testamentsvollstreckers (RJA 12, 18; BayObLG 19 A 171; aber auch RJA 16, 253) wesentlich abändert (vgl. **RG** Warn 1920 Nr 18).

4. Die Gebundenheit des Überlebenden tritt kraft Gesetzes mit dem Tode des Zuerststerbenden ein, nicht, wie nach PrALR II 1 § 492 (**RG** 31, 240) und nach gemeinem Recht (SeuffA 78 Nr 145; JFG 3, 163; vgl. auch **RG** 6, 174; 41, 169) erst mit Annahme der ihm etwa gemachten Zuwendung; sie tritt selbst dann ein, wenn er überhaupt nicht bedacht wäre. Der Überlebende wird von selbst befreit, wenn sich die von ihm zugunsten eines Dritten getroffene wechselbezügliche Verfügung durch Wegfall des Bedachten erledigt (BayObLG 22 A 120). Er kann sich aber auch **von der Gebundenheit befreien** dadurch, daß er das ihm Zugewendete ausschlägt. Er kann dann seine Verfügung aufheben. Die Ausschlagung des ihm Zugewendeten für sich allein macht die übrigen Verfügungen des gemeinschaftlichen Testaments nicht hinfällig (KGJ 48, 99). Das Gesetz erfordert jedoch nicht, daß die Ausschlagung der Aufhebung der Verfügung vorangehe. Der vom Überlebenden schon bei Lebzeiten des andern Ehegatten in den Formen der §§ 2254—2256 erklärte und deshalb an sich unwirksame Widerruf (vgl. A 1), insbesondere ein den wechselbezüglichen Verfügungen widersprechendes Testament (§ 2258) erlangt deshalb nach dem Tode des Zuerstverstorbenen volle Wirksamkeit, sobald die Ausschlagung des Überlebenden hinzutritt (BayObLG 22 A 120; vgl. auch **RG** 65, 275). Die **Aufhebung der Verfügung** begreift den eigentlichen Widerruf (§§ 2254—2256) und die Errichtung eines neuen widersprechenden Testaments (§ 2258) in sich. Sie setzt Testierfähigkeit des Überlebenden voraus, ist mithin ausgeschlossen, wenn er geschäftsunfähig geworden ist (§ 104); s. jedoch § 2253 A 2. In diesem Falle bleibt nur Anfechtung des gemeinschaftlichen Testaments aus § 2078 Abs 2 möglich. Gegenstand der Aufhebung ist unmittelbar nur die eigene vom Überlebenden getroffene oder mitgetroffene Verfügung. Sie hat aber gemäß § 2270 Abs 1 ohne weiteres auch Unwirksamkeit der vom anderen Teil getroffenen (wechselbezüglichen) Verfügungen zur Folge. Die **Ausschlagung des Zugewendeten** setzt voraus, daß der Überlebende im gemeinschaftlichen Testamente vom Zuerstverstorbenen als Erbe oder Vermächtnisnehmer bedacht ist. Dem ist der Fall gleichzustellen, daß beide Ehegatten zwar nur an Dritte Zuwendungen gemacht, im Verhältnis zueinander aber der gesetzlichen Erbfolge bewußt freien Lauf gelassen haben (§ 2270 A 1). Dann befreit sich der Überlebende durch Ausschlagung des ihm anfallenden gesetzlichen Erbteils. Empfinge der Überlebende aus dem Nachlasse des Zuerstversterbenden überhaupt nichts, hätte er sich aber gleichwohl im Sinne der Wechselbezüglichkeit gebunden (z. B. wenn er im Falle des § 2270 A 4 der Überlebende wäre), so könnte er nichts ausschlagen und deshalb auch nicht wirksam widerrufen. Anfechtung der Annahme und Ausschlagung §§ 1954—1956. Hatte der Überlebende die Verfügung aufgehoben, ist er aber vor Ablauf der Ausschlagungsfrist verstorben, so vererbt sich zwar gemäß §§ 1952, 2180 Abs 3 das Ausschlagungsrecht auf seine Erben. Ihre Ausschlagung kann aber die Gebundenheit des Überlebenden nicht mehr beseitigen, wenn sie ihr Erbrecht, wie die Regel bildet, selbst erst aus dem wechselbezüglichen Testamente herleiten. Denn die Ausschlagung wirkt gemäß §§ 1953 Abs 1, 2180 Abs 3 auf die Zeit des ersten Erbfalls zurück, ihr Erbrecht und somit auch das Ausschlagungsrecht hätte mithin als von Anfang an nicht vorhanden gewesen zu gelten. Fällt dagegen der Nachlaß des Überlebenden an seine gesetzlichen Erben, und schlagen diese die darin einbegriffene Erbschaft des Zuerstverstorbenen aus, so sind nunmehr alle gesetzlichen Voraussetzungen erfüllt, um die Gebundenheit zu beseitigen (z. T. a. M. Planck A IV 1 a, Strohal § 43a A 28ff.). Keinesfalls kann jedoch die Ausschlagung des Zugewendeten durch den in einem neuen widersprechenden Testamente eingesetzten Erben diesen Erfolg haben (**RG** 95, 214). Auch nach Annahme der Zuwendung bleibt der Überlebende oder seine Erben berechtigt, die Verfügungen des Zuerstverstorbenen aus den allgemeinen Gründen der §§ 2078, 2079 anzufechten, damit deren Nichtigkeit und als Folge hiervon (§ 2270 Abs 1) auch die Unwirksamkeit der eigenen Verfügungen herbeizuführen (so auch beim Erbvertrag § 2281); vgl. A 6.

Abs 2 Satz 1 enthält **nachgiebiges Recht.** Dem überlebenden Ehegatten kann daher im gemeinschaftlichen Testament die Befugnis eingeräumt werden, seine eigenen, den Charakter der Wechselbezüglichkeit tragenden Verfügungen noch nach dem Tode des Zuerstversterbenden (formell oder sachlich, ganz oder teilweise A 3) zu widerrufen; auch ein derartiger Widerruf zieht nach § 2270 die Unwirksamkeit der entsprechenden Verfügungen des Zuerstverstorbenen nach sich (**RG** SeuffA 76 Nr 163 sowie Recht 1923 Nr 54, wo es gebilligt ist, daß die Einräumung der gedachten Befugnis in der Bestimmung der Erblasser gefunden ist: „Wir behalten uns vor, in betreff unseres Vermögens Abänderungen durch Nachzettel zu treffen"; Rostock SeuffA 78 Nr 145; KG JRdsch 1925 Nr 1640). Bestimmt ein gemeinschaftliches Testament, daß ein als Erbe des letztlebenden Ehegatten bedachtes Kind, wenn es das Testament anfechte, nur den Pflichtteil erhalte, so kann dieser Bestimmung die Bedeutung zukommen, daß, sofern das Kind vom Nachlasse des Erstverstorbenen den Pflichtteil fordere und damit dem Testamente zuwiderhandle, der Überlebende ihm gegenüber an seine Verfügungen nicht mehr gebunden sein solle (OLG 40, 143). Die Wirksamkeit von Abänderungen, die der überlebende Ehegatte nicht an seinen eigenen Verfügungen, sondern auf Grund einer Ermächtigung des andern Ehegatten an dessen Verfügungen vornimmt, richtet sich nicht nach § 2271 Abs 2, sie hängt vielmehr ausschließlich davon ab, ob und inwieweit eine Ermächtigung zu solchen Abänderungen mit § 2065 vereinbar ist (**RG** JW 1925, 2121[11]; § 2065 A 2).

5. Der Überlebende darf nach § 2294 auch **nach Annahme der** ihm selbst im gemeinschaftlichen Testamente gemachten **Zuwendung** seine zugunsten eines Dritten gereichende wechselbezügliche Verfügung aufheben, wenn sich der Bedachte gegen einen der beiden Erblasser einer Verfehlung schuldig gemacht hat, die zur Entziehung des Pflichtteils berechtigen würde. Nach § 2336 kann er dem bloß noch pflichtteilsberechtigten Dritten gegebenenfalls auch diesen Pflichtteil entziehen. Die Gültigkeit der dem Überlebenden selbst gemachten Zuwendung bleibt hiervon, wie auch im Falle des Abs 3, unberührt.

6. § 2289 Abs 2. **Enterbung in guter Absicht** unter den in § 2338 aufgestellten Voraussetzungen. Sie ist sowohl bei Lebzeiten beider Ehegatten, als nach dem Tode des Zuerstverstorbenen zulässig. — Der Überlebende darf, wenn er nicht als Vorerbe eingesetzt ist, unter Lebenden über das von dem Zuerstverstorbenen ihm Zugewendete wie über sein eigenes Vermögen frei verfügen, nur bösliche Schenkungen sind ihm gemäß dem entsprechend anwendbaren § 2287 untersagt (**RG** 58, 64; 77, 113; Warn 1926 Nr 188). Entstehen, wie z. B. im Falle der Wiederverheiratung des Überlebenden, auf dessen Nachlaß **Pflichtteilsberechtigte,** so können sie das gemeinschaftliche Testament gemäß § 2079 auch in seinen wechselbezüglichen Verfügungen jedenfalls insoweit anfechten, daß ihnen der gesetzliche Erbteil am Nachlaß des Überlebenden zukommt. Regelmäßig wird dann infolge Zusammenbruchs aller wechselbezüglichen Verfügungen die gesetzliche Erbfolge nachträglich auch in den Nachlaß des Zuerstverstorbenen Platz greifen. Auch der Überlebende selbst ist in diesem Falle, wie in den Fällen des § 2078, wenn er das ihm Zugewendete nicht ausgeschlagen hat (A 4 Abs 1 a. E.), auf Grund und nach Maßgabe der entsprechend anwendbaren §§ 2281ff. anfechtungsberechtigt; auch § 2285 gilt entsprechend (**RG** 77, 165; 87, 95; Warn 1918 Nr 213 sowie Recht 1920 Nr 424, wonach der Lauf der Anfechtungsfrist gegen den Erblasser dadurch nicht gehindert wird, daß er lediglich aus Rechtsunkenntnis von der Möglichkeit, das gemeinschaftliche Testament aus den §§ 2079, 2281 anzufechten, nichts gewußt hat). Die Anfechtung eines vor dem Inkrafttreten des BGB errichteten gemeinschaftlichen Testaments untersteht, gleichviel ob der erste Erbfall vor oder nach diesem Zeitpunkt eingetreten ist, nicht nur in formeller, sondern auch in materieller Hinsicht dem neuen Rechte, sofern der Anfechtungsgrund erst unter dessen Herrschaft entstanden oder dem Anfechtungsberechtigten bekannt geworden ist (RG 77, 165; KGJ 44, 92; Vorbem 3 vor § 1922).

§ 2272

Ein gemeinschaftliches Testament kann nach § 2256 nur von beiden Ehegatten zurückgenommen werden[1]).

E II 2139; P 5 459.

1. Die Vorschrift bezieht sich auf **Rücknahme** sowohl des öffentlichen als des nach § 2248 hinterlegten Privattestaments, obwohl diese Rücknahme keine Widerrufungswirkung hat. Sie gilt auch nach Scheidung der Ehe, gleichviel inwieweit das Testament nach § 2268 unwirksam geworden ist (RJA 14, 266). Nach dem Tode des Zuerstverstorbenen kann das gemeinschaftliche Testament überhaupt nicht mehr ausgehändigt werden. Durch eine trotz § 2272 geschehene Rückgabe an einen Ehegatten wird die Gültigkeit des Testaments nicht beeinträchtigt. — Über Widerruf gemäß § 2255 s. § 2271 A 1.

§ 2273

Bei der Eröffnung eines gemeinschaftlichen Testaments sind die Verfügungen des überlebenden Ehegatten, soweit sie sich sondern lassen, weder zu verkünden noch sonst zur Kenntnis der Beteiligten zu bringen[1]). Von den Verfügungen des verstorbenen Ehegatten ist eine beglaubigte Abschrift anzufertigen[2]). Das Testament ist wieder zu verschließen und in die besondere amtliche Verwahrung zurückzubringen[3]).

E II 2140; P 5 424, 459.

1. Für **Eröffnung eines gemeinschaftlichen Testaments** gelten, soweit § 2273 nicht anders bestimmt, die allgemeinen Vorschriften der §§ 2260—2264. Sie erfolgt nach dem Tode des Zuerstverstorbenen, beschränkt sich aber grundsätzlich auf die von diesem getroffenen Verfügungen. Voraussetzung ist, daß die beiderseitigen Verfügungen **sich sondern lassen.** Dies ist der Fall, soweit sie in selbständigen, auch äußerlich auseinander gehaltenen Sätzen enthalten sind, dagegen regelmäßig ausgeschlossen, soweit die Ehegatten in der Pluralform gemeinschaftlich verfügen oder ausdrücklich auf Verfügungen des andern Teiles Bezug nehmen. In Zweifelsfällen sind beide Verfügungen zu verkünden. Jedenfalls erstreckt sich die Verkündungspflicht des Richters auf alle von dem betreffenden Erblasser herrührenden oder mitherrührenden Verfügungen, einerlei ob er sie für noch wirksam oder für gegenstandslos geworden erachtet (a. M. KGJ 35 A 109). Er hat deshalb die von dem Erstverstorbenen für den eigenen Überlebensfall getroffenen Verfügungen selbst dann zu verkünden, wenn sie zugleich nicht sonderungsfähige Verfügungen des Überlebenden enthalten (a. M. RJA 1, 45; OLG 16, 56; 11, 250). Wollen die Beteiligten vom Inhalt des Testaments durch Vorlegung Kenntnis nehmen (§ 2260 A 3, § 2264 A 2), so sind die ihnen vorzuenthaltenden Stellen zu verdecken, in der Benachrichtigung nach § 2262 sind diese Stellen nicht zu erwähnen, und in den nach § 2264 zu erteilenden Abschriften sind sie wegzulassen. Liegt nach § 2261 die Eröffnung des Testaments einem anderen Gericht als dem Nachlaßgericht ob, so ist dem Nachlaßgericht, wenn nur eine Teileröffnung stattgefunden hat, nur der eröffnete Teil des Testaments in beglaubigter Abschrift zu übersenden. Doch darf ihm im Falle des Ersuchens die Einsicht des ganzen Testaments nicht vorenthalten werden. Sind für den ersten und zweiten Erbfall verschiedene Nachlaßgerichte zuständig, so ist das zweite Nachlaßgericht nach § 2261 zur endgültigen Aufbewahrung der Urschrift des Testaments berufen (OLG 21, 336; 35, 378; s. aber auch 26, 365). Näheres nach Landesrecht.

2. Die **beglaubigte Abschrift** der (verkündeten) Verfügungen bleibt in gewöhnlicher, nicht besonderer amtlicher Verwahrung.

3. Die **Wiederverschließung** und das Zurückbringen in die besondere amtliche Verwahrung einschließlich Siegelung und entsprechender durch den Verkündungsvermerk vervollständigter Aufschrift usw. vollzieht sich gemäß § 2246, jedoch ist die Mitwirkung von Urkundspersonen reichsgesetzlich hierbei nicht erfordert. Die Erteilung eines neuen Hinterlegungsscheins an den überlebenden Erblasser ist zweckmäßig. Das nach § 2259 an das Nachlaßgericht abgelieferte und von diesem teilweise verkündete gemeinschaftliche Privattestament darf dem Überlebenden keinesfalls zurückgegeben werden und wird auf sein Verlangen in besondere amtliche Verwahrung zu nehmen sein. — Die besonderen Vorschriften des § 2273 erledigen

sich, wenn das gemeinschaftliche Testament für den Fall des Todes des überlebenden Teiles überhaupt keine Bestimmungen trifft. Ebenso wenn der hieran allein interessierte Überlebende der Eröffnung des gemeinschaftlichen Testaments nach seinem ganzen Inhalte zustimmt (a. M. KGJ 35 A 109; Planck A 2 a). Ist in diesem Falle oder weil eine Sonderung der Verfügungen unmöglich war (SeuffA 78 Nr 194 I; JFG 2, 160), das Testament bereits nach dem ersten Erbfall an alle Beteiligten verkündet worden, so ist eine nochmalige Verkündung nach dem Tode des Überlebenden zwecklos und überflüssig, es müßten denn beim zweiten Erbfall andere Beteiligte (so insbesondere gesetzliche Erben des Überlebenden) in Betracht kommen. Das gleiche gilt für ein schon vor 1900 seinem ganzen Inhalte nach verkündetes gemeinschaftliches Testament bei späterem Tode des überlebenden Ehegatten, sofern die altrechtlichen Bestimmungen über die Testamentseröffnung mit dem neuen Rechte im wesentlichen übereinstimmen; trifft dies nicht zu, so ist die nochmalige Eröffnung schlechthin erforderlich (KGJ 53, 82). — Entsprechend anwendbar beim Erbvertrag § 2300.

Vierter Abschnitt

Erbvertrag

Über Begriff und möglichen Inhalt des Erbvertrags s. die Anmerkungen zu § 1941.

§ 2274

Der Erblasser[1]) kann einen Erbvertrag nur persönlich schließen[2]).

E I 1941 II 2141; M 5 314; P 5 374, 377.

1. Das Gesetz unterscheidet zwischen dem **Erblasser** als demjenigen Teile, welcher im Erbvertrag Erbeinsetzungen, Vermächtnisse oder Auflagen aus seinem Vermögen anordnet, und dem „anderen Vertragschließenden", der sich nur auf Annahme der vom Erblasser abgegebenen Erklärungen beschränkt, aber nicht notwendig selbst bedacht zu sein braucht (einseitiger Erbvertrag). Es können aber auch beide Teile als Erblasser auftreten (zweiseitiger Erbvertrag). Endlich können auf der einen Seite mehrere Erblasser (**RG** 67, 65), auf der anderen mehrere Vertragschließende vorhanden sein. Auch das für beide Teile als unwiderruflich erklärte gemeinschaftliche Testament kann in Wahrheit einen Erbvertrag enthalten (**RG** Warn 1913 Nr 248), selbst wenn die Unwiderruflichkeit nicht ausdrücklich erklärt ist (vgl. **RG** LZ 1919, 594[a]).

2. Der Erblasser kann, wie das Testament (§ 2064), so auch den Erbvertrag **nur persönlich** errichten. Dasselbe gilt bei Anfechtung des Erbvertrags, wenn der Erblasser nicht geschäftsunfähig ist (§ 2282), bei Bestätigung (§ 2284), Aufhebung des Vertrags (§ 2290 Abs 2) und bei Erklärung des Rücktritts (§ 2296 Abs 1). Dagegen kann der andere Vertragschließende, wenn er nicht selbst Erblasser ist, auch durch Vertreter handeln. So mit Notwendigkeit, wenn er juristische Person ist.

§ 2275

Einen Erbvertrag kann als Erblasser nur schließen, wer unbeschränkt geschäftsfähig ist[1]).

Ein Ehegatte kann als Erblasser mit seinem Ehegatten einen Erbvertrag schließen, auch wenn er in der Geschäftsfähigkeit beschränkt ist[2]). Er bedarf in diesem Falle der Zustimmung seines gesetzlichen Vertreters; ist der gesetzliche Vertreter ein Vormund, so ist auch die Genehmigung des Vormundschaftsgerichts erforderlich[3]).

Die Vorschriften des Abs 2 gelten auch für Verlobte[4]).

E I 1942 II 2142; M 5 314, 315; P 5 374—378.

1. **Unbeschränkte Geschäftsfähigkeit** ist nur auf seiten **des Erblassers** (§ 2274 A 1) erforderlich. Der andere nur vertragschließende Teil braucht nicht geschäftsfähig zu sein und bedarf, da er durch den Erbvertrag in diesem Falle nur einen rechtlichen Vorteil erlangen kann, nicht einmal der Einwilligung seines gesetzlichen Vertreters (§ 107). Der trotz Mangels unbeschränkter Geschäftsfähigkeit des Erblassers geschlossene Vertrag ist als Erbvertrag nichtig und kann, außer wenn es sich um Ehegatten oder Verlobte handelt (Abs 2, 3) auch nachträglich nicht Bestand erlangen. Nach § 140 ist aber nicht ausgeschlossen, den Erbvertrag, falls den Voraussetzungen des § 2229 Abs 1, 2 genügt ist, als Testament aufrechtzuerhalten.

2. Eine **Ausnahme zugunsten von Ehegatten und Verlobten,** auch ohne daß zugleich ein Ehevertrag geschlossen wird (§ 2276 Abs 2), macht das Gesetz, insofern es auf der Erblasser-

seite auch beschränkte Geschäftsfähigkeit (§§ 106, 114) genügen läßt. Danach können selbst eine noch nicht 16jährige Verlobte oder eine von der Altersschranke befreite Frau (§ 1303) und im Gegensatze zu § 2229 Abs 3 auch ein wegen Geistesschwäche, Verschwendung oder Trunksucht Entmündigter zwar kein Testament errichten, wohl aber mit Zustimmung ihrer gesetzlichen Vertreter als Erblasser Erbverträge schließen. Die Bestätigung ist jedoch ausgeschlossen (§ 2284).

3. Die **Zustimmung des gesetzlichen Vertreters** (Vater, Mutter, Vormund, Pfleger) macht die persönliche Mitwirkung des erblasserischen Teils (§ 2274) nicht entbehrlich. Sie kann als Einwilligung vorher oder als Genehmigung nachträglich erklärt werden (§§ 183, 184). Sie wird dadurch ersetzt, daß der Erblasser nach Erlangung der unbeschränkten Geschäftsfähigkeit den Erbvertrag durch eine wenn auch nur stillschweigende Erklärung gegenüber dem anderen Ehegatten genehmigt (§ 108 Abs 3). Nach dem Tode des anderen ebenfalls als Erblasser aufgetretenen Ehegatten aber kann die Genehmigung nicht mehr erfolgen (KGJ 47, 100). In der Zwischenzeit gilt der Erbvertrag als hinkendes Geschäft im Sinne von §§ 108, 109. Die Zustimmung oder Genehmigung ist an die Beobachtung der für den Erbvertrag vorgeschriebenen Form selbst nicht gebunden (§ 182 Abs 2). Nach alledem ist nicht wesentlich, daß die Zustimmung des gesetzlichen Vertreters schon bei Abschluß des Erbvertrags vorliege (a. M. bei Planck A 2b Angeführte). Genehmigung des Vormundschaftsgerichts §§ 1828ff. Sie ist für den Gewaltinhaber nicht erforderlich.

4. Verlöbnis § 1297.

§ 2276

Ein Erbvertrag kann nur vor einem Richter oder vor einem Notar bei gleichzeitiger Anwesenheit beider Teile geschlossen werden[1]). Die Vorschriften der §§ 2233 bis 2245 finden Anwendung; was nach diesen Vorschriften für den Erblasser gilt, gilt für jeden der Vertragschließenden[2])[3]).

Für einen Erbvertrag zwischen Ehegatten oder zwischen Verlobten, der mit einem Ehevertrag in derselben Urkunde verbunden wird, genügt die für den Ehevertrag vorgeschriebene Form[4]).

E I 1943, 1944 II 2143; M 5 315—319; P 5 379—381.

1. Dadurch, daß die Schließung des Erbvertrags nur **vor Richter oder Notar** — nach Landesgesetz auch nur vor dem einen oder dem anderen (EG Art 141) — gestattet ist, sind die Form des Privattestaments (§ 2231 Nr 2) und die außerordentlichen Testamentsformen der §§ 2249 bis 2251 ausgeschlossen. Das Erfordernis der gleichzeitigen Anwesenheit beider Teile, wie bei der Auflassung § 925, beim Ehevertrag § 1434 und beim Annahmevertrag § 1750 macht ferner die Form des § 128 unanwendbar. Der Erblasserteil muß immer in eigener Person, der bloß vertragschließende Teil kann auch in der Person eines Vertreters anwesend sein (§ 2274 A 2). Dagegen ist die Anwesenheit des bloß zustimmenden gesetzlichen Vertreters nicht erforderlich (§ 2275 A 3). Im übrigen bleiben nach EG Art 151 mit dem dort gemachten Vorbehalte die allgemeinen Vorschriften der Landesgesetze über die Errichtung gerichtlicher oder notarieller Urkunden unberührt.

2. Die (außer im Falle des Abs 2) anzuwendenden **Formvorschriften für das öffentliche Testament** ergeben im einzelnen § 2233: Zuziehung des Gerichtsschreibers oder zweier Zeugen oder eines zweiten Notars. §§ 2234—2237: Gründe der Unfähigkeit oder Untauglichkeit zur Mitwirkung als Richter, Notar, Gerichtsschreiber oder Zeuge. § 2238: Der Erbvertrag kann grundsätzlich sowohl durch mündliche Erklärung als auch durch Übergabe einer offenen oder verschlossenen, von den Vertragschließenden selbst oder von einer anderen Person geschriebenen Schrift geschlossen werden. Nicht ausgeschlossen ist, daß sich der eine Teil mündlich, der andere (wenn er nicht minderjährig oder lesensunvermögend ist) schriftlich erklärt mit dem Hinzufügen, daß die von ihm übergebene Schrift seine Vertragserklärung enthalte. § 2239: Anwesenheit der mitwirkenden Personen während der ganzen Verhandlung. §§ 2240—2242: Form und Inhalt des Protokolls, das auch von dem bloß annehmenden Teile mit zu unterzeichnen ist. § 2243: Die Erklärung des stummen oder am Sprechen verhinderten Teiles kann nur durch Übergabe einer Schrift nebst eigenhändig niedergeschriebener Erklärung erfolgen, während sich der andere Teil nach § 2238 beliebig erklären kann. Ist ein Teil taub, ein Fall, der für die Testamentserrichtung nicht besonders geregelt zu werden brauchte, so ist es Sache des Richters oder Notars, wie er sich im Falle beiderseitiger mündlicher Erklärungen des Einverständnisses des Tauben mit den Erklärungen des anderen Teiles vergewissert (FGG § 169). § 2244: Erklärt auch nur ein Teil, daß er der deutschen Sprache nicht mächtig sei, so ist die Zuziehung eines Dolmetschers nötig. § 2245: Fremdsprachliche Verhandlung ist nur möglich, wenn alle Beteiligten, also auch beide Vertragschließenden, dieser Sprache mächtig sind.

3. Die Erklärung des anderen **lediglich vertragschließenden Teiles** beschränkt sich beim einseitigen Erbvertrag auf die Annahme der gegnerischen Erklärungen. Trotzdem ist er, auch wenn er durch Vertreter handelt, damit an die Form des öffentlichen Testaments gebunden. Nach seiner Person — nicht auch nach der Person des Vertreters (so Strohal § 44 A 17) — sind die Unfähigkeits- und Untauglichkeitsgründe der §§ 2234—2237 zu beurteilen. Dagegen ist selbstverständlich die Person des Vertreters entscheidend, wenn das Gesetz je nach gewissen persönlichen Eigenschaften des Erklärenden (Minderjährigkeit, Sprech-, Leseunvermögen usw.) die Einhaltung besonderer Formen vorschreibt.

4. Die **erleichterte Form des Ehevertrags** fordert nach § 1434 zwar ebenfalls gleichzeitige Anwesenheit beider Teile vor Gericht oder Notar, dagegen ist, außer im Falle des § 169 FGG (Taube, Blinde, Stumme oder sonst am Sprechen Verhinderte), die Zuziehung von Urkundspersonen nicht notwendig. Die Verständigung mit dem Stummen ist auch durch Dolmetscher möglich (FGG § 178). Anderseits ist die Protokollaufnahme nur in deutscher Sprache und, wenn auf eine Schrift Bezug genommen wird, ohne daß im übrigen die Testamentsform eingehalten ist, nur deren offene Übergabe zulässig (FGG §§ 175, 176 Abs 2). Die materiellrechtliche Vorschrift des § 2274, daß der Erblasserteil den Vertrag nur persönlich schließen kann, bleibt auch hier in Kraft. Selbstverständlich muß es sich um einen wahren Ehevertrag im Sinne von § 1432 handeln. Beide Verträge sind in derselben Urkunde verbunden nicht bloß dann, wenn sie in einem Protokoll beurkundet sind. Auch die bloß äußerliche Verbindung genügt (§ 2277 A 4). Sind die Voraussetzungen für die erleichterte Form einmal gegeben, so ist der so beurkundete Vertrag auch Erbvertrag in voller Bedeutung des Wortes. Insbesondere können darin einseitig auch andere, sonst nur durch Testament zu treffende Verfügungen getroffen werden (§ 2299). — Die gleiche Vorschrift gilt für Aufhebung des Erbvertrags (§ 2290 Abs 4).

§ 2277

Die über einen Erbvertrag aufgenommene Urkunde soll nach Maßgabe des § 2246 verschlossen[1]), mit einer Aufschrift versehen[2]) und in besondere amtliche Verwahrung gebracht werden, sofern nicht die Parteien das Gegenteil verlangen[3]). Das Gegenteil gilt im Zweifel als verlangt, wenn der Erbvertrag mit einem anderen Vertrag in derselben Urkunde verbunden wird[4]).

Über einen in besondere amtliche Verwahrung genommenen Erbvertrag soll jedem der Vertragschließenden ein Hinterlegungsschein erteilt werden[5]).

E I 1945 Satz 1, 2 II 2144; M 5 319; P 5 381, 382.

1. **Verschluß** mit dem Amtssiegel, Aufschrift und Verwahrung der über den Erbvertrag, sei es auch in den Formen des Ehevertrags (§ 2276 Abs 2) aufgenommenen Urkunde „nebst Anlagen" — etwaigen Vertreternachweisen, der vormundschaftsgerichtlichen Genehmigung, wenn sie sogleich erteilt ist usw. — geschehen wie beim öffentlichen Testament nach § 2246 in Gegenwart der mitwirkenden Personen und im unmittelbaren Anschluß an den Errichtungsakt. Nachträgliche Hinterlegung ist deshalb nicht statthaft.

2. Die **Aufschrift** soll den Erbvertrag „näher bezeichnen". Dazu gehört die Angabe des Tages der Errichtung und der Personen der Vertragschließenden. Damit für die spätere Eröffnung ein Anhalt gegeben wird, ist auch die Angabe zweckmäßig, ob beide Teile oder wer von ihnen als Erblasser verfügt hat. War der Vertrag nach § 2238 verschlossen übergeben, so kann der Richter oder Notar allerdings nur die ihm hierüber von den Vertragschließenden gemachte Mitteilung wiedergeben.

3. **Besondere amtliche Verwahrung** § 2246 A 4. Wenn die Parteien das Gegenteil verlangen, was sie jedoch sogleich zu erklären haben, so wird der Vertrag nicht verschlossen und nur in gewöhnliche Verwahrung genommen. Auf Antrag ist ihnen in diesem Falle Ausfertigung des Erbvertrags zu erteilen. Einsicht in die in besondere amtliche Verwahrung genommene, zu diesem Zwecke wieder zu öffnende Urkunde oder Abschrifterteilung (§ 2264 A 2 a. E.) kann von jeder der Parteien jederzeit verlangt werden (KG JFG 4, 159; dagegen nicht vom Notar KGJ 38 A 150). Die Rücknahme aus der besonderen amtlichen Verwahrung steht den Parteien nur gemeinschaftlich zu (vgl. § 2272 A 1). Sie wirkt abweichend von § 2256 nicht als Widerruf. Hierfür sind vielmehr die Formen der §§ 2290 bis 2292 ausschließlich maßgebend.

4. Der **andere Vertrag,** mit welchem der Erbvertrag **in derselben Urkunde verbunden** ist, wird regelmäßig, muß aber nicht notwendig ein Ehevertrag sein (§ 2276 Abs 2). Ist

er nicht Ehevertrag, so bestehen für den damit verbundenen Erbvertrag keine Formerleichterungen, es müssen vielmehr insoweit die Formen des öffentlichen Testaments eingehalten sein (§ 2276 Abs 1). Daraus folgt, daß auch eine bloß äußerliche Verbindung der mehreren vielleicht in verschiedenen Formen geschlossenen Verträge genügt (Erbvertrag und Leibrentenvertrag § 2295), wenn sie nur z. B. durch Zusammenheften eine Urkunde geworden sind.

5. Der **Hinterlegungsschein** (§ 2246 Abs 2) ist jedem, also auch dem bloß annehmenden Vertragschließenden zu erteilen.

§ 2278

In einem Erbvertrage kann jeder der Vertragschließenden vertragsmäßige Verfügungen von Todes wegen treffen[1]).

Andere Verfügungen als Erbeinsetzungen, Vermächtnisse und Auflagen können vertragsmäßig nicht getroffen werden[2]).

E I 1940 Abs 3, 1956 Abs 4 II 2145; M 5 313, 333—337; P 5 366, 373, 400—405.

1. Das Gesetz gestattet, im Erbvertrage und unter den Voraussetzungen des § 2276 Abs 2 auch im Ehevertrage nicht bloß vertragsmäßige, sondern auch einseitige Verfügungen zu treffen (§ 2299). Nur bezüglich der **vertragsmäßigen Verfügungen** von Todes wegen tritt Gebundenheit der Vertragschließenden ein. Sie hat indes nur erbrechtliche Wirkungen, läßt das Verfügungsrecht unter Lebenden grundsätzlich unbeschränkt (§ 2286) und hindert auch den Bedachten nicht, die ihm vertragsmäßig gemachten Zuwendungen nach Eintritt des Erbfalls auszuschlagen, selbst wenn er ausdrücklich hierauf verzichtet hätte (§ 2279 A 1). Bei Lebzeiten des anderen Vertragschließenden kann sich jeder Teil durch Aufhebung mit Zustimmung des anderen Teiles (§§ 2290ff.), gegebenenfalls auch durch Anfechtung (§§ 2281ff.) und einseitigen Rücktritt (§§ 2293ff.) von dieser Gebundenheit befreien. Damit wird regelmäßig zugleich der ganze Vertrag hinfällig (§ 2298).

2. Die vertragsmäßigen Verfügungen sind, wie beim wechselbezüglichen Testament (§ 2270 Abs 3) **gegenständlich beschränkt.** Danach können die Ausschließung eines gesetzlichen Erben (§ 1938), die Entziehung des Pflichtteils (§§ 2333ff.), reine Teilungsanordnungen (§ 2048), die Ernennung eines Testamentsvollstreckers (§§ 2197ff.), familienrechtliche Anordnungen aller Art (Vorbem Abs 2 vor § 2064), Widerruf älterer letztwilliger Verfügungen (§ 2254) immer nur einseitig gemäß § 2299 angeordnet werden. Doch steht nichts im Wege, eine vertragsmäßige und insoweit unwirksame Verfügung solchen Inhalts gemäß § 140 als einseitige aufrechtzuerhalten. Anderseits sind Erbeinsetzungen usw. nicht schon deshalb vertragsmäßige Verfügungen von Todes wegen, weil sie in einem Erbvertrage getroffen sind. Vielmehr ist nach dem frei zu ermittelnden Willen der Vertragschließenden zu entscheiden, ob und inwieweit gegenseitige Bindung oder freie Widerruflichkeit der einzelnen Verfügungen beabsichtigt ist (**RG** Warn 1917 Nr 91); bei Zuwendungen eines Erblassers an einen Dritten kommt das Interesse, auch bloß moralische Interesse, das der andere Vertragsteil an der Verfügung hat, als Auslegungsmerkmal in Betracht (**RG** 116, 321). Im Erbeinsetzungsvertrage können sich die Vertragschließenden gegenseitig, oder nur der eine den andern oder auch Dritte (§ 1941 Abs 2; **RG** 67, 65) zu „Vertragserben" — gewöhnlichen Erben, Vor-, Nach- oder Ersatzerben — berufen, sei es auf die ganze Erbschaft oder nur auf einen Bruchteil neben den gesetzlichen oder neben testamentarischen Erben. Stehen sich beide Teile als gesetzliche Erb- oder Pflichtteilsberechtigte gegenüber, so ist Auslegungsfrage, ob der Erbvertrag zugleich den Verzicht auf den gesetzlichen Erbteil oder auf den Pflichtteil enthält. Der nach § 2302 unzulässige Verzicht auf Errichtung eines Testaments kann unter Umständen in vertragsmäßige Einsetzung der gesetzlichen Erben umgedeutet werden. Beim Vermächtnisvertrage können ebensogut die Vertragschließenden wie Dritte als Beschwerte (§ 2147) oder Bedachte in Betracht kommen. Das vertragsmäßig angeordnete Vermächtnis hat gemäß § 2289 den Vorrang, soweit ein einseitig angeordnetes daneben nicht bestehen kann. Kein Vermächtnisvertrag ist es, wenn der Erblasser unter Lebenden eine Verpflichtung übernimmt, deren Erfüllung nur bis nach seinem Tode hinausgeschoben ist (**RG** 8. 4. 07 IV 424/06). Auch die einem Kaufvertrag beigefügte Abrede, Übergabe, Auflassung und Zahlung des Kaufpreises sollten erst nach dem Tode des Verkäufers erfolgen und der Bestand des Vertrags durch das Überleben des Käufers bedingt sein, macht den Vertrag nicht zu einem Geschäft von Todes wegen (**RG** SeuffA 79 Nr 13). Die Vollziehung der im Auflagevertrag gemachten Auflage kann nur von den nach § 2194 Berechtigten verlangt werden, auch wenn sich der andere Teil zu der Leistung vertragsmäßig verpflichtet hätte. Die Grundsätze vom Vertrag zugunsten Dritter (§§ 328ff.) kommen nicht in Betracht (**RG** Warn 1917 Nr 91). — Errichtung einer Stiftung durch Erbvertrag § 83.

§ 2279

Auf vertragsmäßige Zuwendungen und Auflagen finden die für letztwillige Zuwendungen und Auflagen geltenden Vorschriften entsprechende Anwendung[1]).

Die Vorschriften des § 2077 gelten für einen Erbvertrag zwischen Ehegatten oder Verlobten auch insoweit, als ein Dritter bedacht ist[2]).

E I 1946, 1948 Abs 2 II 2146; M 5 320, 321, 323; P 5 373, 382, 383, 386.

1. Die **entsprechende Anwendung der testamentsrechtlichen Vorschriften** auf vertragsmäßige Zuwendungen, d. h. Erbeinsetzungen und Vermächtnisse sowie Auflagen (§ 2278 Abs 2) bezieht sich nach **RG** 67, 66 auf den zulässigen Inhalt, die notwendige Bestimmtheit, die Auslegung solcher Verfügungen, auf Anfall und Erwerb des Zugewendeten und die Verpflichtung zur Erfüllung einer Auflage (§§ 2064—2076, 2087—2093, 2096—2098, 2100—2107, 2147—2156, 2189 bis 2193, ferner 1937—1959, 2094, 2095, 2176—2180), nicht aber auf § 2265, der das gemeinschaftliche Testament nur für Ehegatten zuläßt. Insbesondere ist der Überlebende, selbst wenn er hierauf im Erbvertrage verzichtet hätte, nicht daran gehindert, nach dem Erbfall das ihm Zugewendete auszuschlagen (§ 2278 A 1). Auch die allgemeinen Vorschriften über Willenserklärungen kommen nur in dem für letztwillige Verfügungen geltenden Umfange in Betracht (§ 2078 A 1). Doch wird die Willensübereinstimmung und die daraus hervorgehende gegenseitige Gebundenheit ausgeschlossen, wenn Scheingeschäft oder geheimer Vorbehalt im Sinne von §§ 117, 116 Satz 2 vorliegen. Die Anfechtung des Erbvertrags ist in §§ 2281 ff. besonders geregelt.

2. Haben sich **Ehegatten oder Verlobte** in dem zwischen ihnen geschlossenen Erbvertrage oder hat ein Ehegatte usw. in dem mit einem Dritten geschlossenen Erbvertrage den anderen Ehegatten usw. letztwillig bedacht, so folgt aus Abs 1 verbunden mit § 2077, daß die Zuwendung unwirksam ist, wenn die Ehe nichtig, vor dem Tode des Zuwendenden aufgelöst ist, oder wenn auch nur begründete Scheidungsklage von ihm erhoben war. Handelt es sich um einen zweiseitigen Vertrag der Ehegatten usw. selbst, so hat die Unwirksamkeit der Zuwendung schon nach § 2298 Abs 1 die Unwirksamkeit des ganzen Erbvertrags und damit auch etwaiger an Dritte gemachter Zuwendungen zur Folge. Dies gilt wie im Falle des § 2268 A 2 grundsätzlich auch dann, wenn der schuldige mit der Scheidungsklage verfolgte Teil bereits vor dem klagenden Teile verstorben ist. Abs 2 hat dagegen den einseitigen Erbvertrag im Auge, bei dem nur ein Ehegatte usw. als Erblasser auftritt, während sich der andere auf die Annahme der an Dritte gemachten Zuwendungen beschränkt. Auch derartige **Zuwendungen an Dritte** werden in den Fällen des § 2077 nach positiver Vorschrift des Abs 2 den Zuwendungen an den Ehegatten usw. gleichgestellt. Da jedoch in dem hier vorausgesetzten Falle auf seiten des bloß annehmenden Teiles keine Verfügungen in Frage kommen, deren Unwirksamkeit auch die Unwirksamkeit der Verfügungen des anderen Erblassers zur Folge haben könnte, so ist es abweichend von § 2268 A 2 dem Dritten unschädlich, wenn der mit der Scheidungsklage belangte schuldige Vertragschließende vor dem Erblasser verstirbt (a. M. Planck A 3, Kretzschmar § 52 A 1, Crome § 659 A 13). Eheverfehlungen des Erblasserteils können im Falle des einseitigen Erbvertrags dem bedachten Dritten niemals schädlich werden. Zu beachten ist jedoch, daß es sich hierbei überall nur um gesetzliche Auslegungsregeln handelt (§§ 2077 Abs 3, 2085, 2298 Abs 3). Stehen die dem Dritten gemachten Zuwendungen mit dem ehelichen oder Verlobtenverhältnis der Vertragschließenden in keinerlei Zusammenhange, so werden sie sowohl im Falle des zweiseitigen wie des einseitigen Erbvertrags auch bei Nichtigkeit usw. der Ehe leicht aufrechtzuerhalten sein.

§ 2280

Haben Ehegatten in einem Erbvertrage, durch den sie sich gegenseitig als Erben einsetzen, bestimmt, daß nach dem Tode des Überlebenden der beiderseitige Nachlaß an einen Dritten fallen soll, oder ein Vermächtnis angeordnet, das nach dem Tode des Überlebenden zu erfüllen ist, so finden die Vorschriften des § 2269 entsprechende Anwendung[1]).

E II 2147; P 5 406, 407.

1. Vgl. § 2269 A 1—3.

§ 2281

[1]) Der Erbvertrag kann auf Grund der §§ 2078, 2079 auch von dem Erblasser angefochten werden[2]); zur Anfechtung auf Grund des § 2079 ist er-

forderlich, daß der Pflichtteilsberechtigte zur Zeit der Anfechtung vorhanden ist[3]).

Soll nach dem Tode des anderen Vertragschließenden eine zugunsten eines Dritten getroffene Verfügung von dem Erblasser angefochten werden, so ist die Anfechtung dem Nachlaßgerichte gegenüber zu erklären[4]). Das Nachlaßgericht soll die Erklärung dem Dritten mitteilen[5]).

E I 1948 Abs 1 II 2148 Abs 1, 3; M 5 322, 323; P 5 585, 586, 395—397, 418—420.

1. Die **Nichtigkeit des Erbvertrags,** z. B. wegen Formmangels, kann ohne weiteres von jedermann geltend gemacht werden. Beruht sie nur auf dem Mangel der Willensübereinstimmung, so lassen sich die vermeintlich vertragsmäßigen Verfügungen unter Umständen als einseitige aufrechterhalten (§ 2299). Nichtigkeit der einzelnen Verfügung hat, wenn sie eine vertragsmäßige ist, im Zweifel Unwirksamkeit des ganzen Vertrags (§ 2298), wenn sie einseitig getroffen war, im Zweifel nur Unwirksamkeit eben dieser Verfügung zur Folge (§ 2085).

2. Daß die **Anfechtung des Erbvertrags** mit dem Erfolge der Nichtigkeit aus § 142 Abs 1 wegen Irrtums und Drohung oder wegen Übergehung eines Pflichtteilsberechtigten (§§ 2078, 2079) jedem zusteht, dem die Aufhebung des Vertrags unmittelbar zustatten kommen würde (§ 2080 s. aber auch § 2285), folgt schon aus § 2279 Abs 1. § 2281 dehnt das Anfechtungsrecht unter den gleichen Voraussetzungen auch auf denjenigen Vertragsteil aus, der als **Erblasser** in Betracht kommt (§ 2274 A 1). Damit ist ihm ein Mittel zur Wiederbeseitigung seiner Gebundenheit gewährt, dessen der gewöhnliche Erblasser vermöge der freien Widerruflichkeit einseitiger Verfügungen von Todes wegen nicht bedarf. Form und Frist §§ 2282, 2283. Widerruf beim gemeinschaftlichen Testament § 2271. Der andere bloß annehmende Vertragschließende könnte sich der Anfechtung, an der er regelmäßig kein Interesse hat, nur nach den allgemeinen Grundsätzen über Willenserklärungen bedienen (§§ 119ff.). Die an der Aufrechterhaltung des Erbvertrags „Interessierten" können nach erklärter Anfechtung unter Umständen Feststellungsklage auf Unwirksamkeit der Anfechtung erheben (RG 13. 10. 04 IV 172/04).

3. Das Anfechtungsrecht wegen **Übergehung eines Pflichtteilsberechtigten** ist nach § 2079 A 3 von vornherein ausgeschlossen, wenn der Erblasser auch bei Kenntnis der Sachlage zu dessen Nachteil verfügt haben würde. Auf das Anfechtungsrecht aus diesem Grunde kann deshalb im Erbvertrage selbst wirksam verzichtet werden. Hat der Erblasser dem Pflichtteilsberechtigten im Erbvertrag den Pflichtteil entzogen, so erwächst ihm dadurch kein Anfechtungsrecht, daß das Entziehungsrecht gemäß §§ 2336, 2337 nachträglich wieder erloschen ist (Prot 5, 412). Das Anfechtungsrecht besteht nur, solange der übergangene Pflichtteilsberechtigte als solcher vorhanden ist. Die einmal erklärte Anfechtung bleibt jedoch wirksam, auch wenn demnächst der Pflichtteilsberechtigte vor dem Erbfall weggefallen, ein eigenes Anfechtungsrecht des Übergangenen aus § 2079 somit gar nicht entstanden ist. Über den Fall, daß ein Kindesannahmevertrag lediglich zu dem Zwecke geschlossen ist, die Anfechtung eines Erbvertrags zu ermöglichen, vgl. § 1741 A 3 (RG JW 1917, 536[2]).

4. Bei Lebzeiten der Vertragschließenden erfolgt die Anfechtung nach der Regel des § 143 gegenüber dem anderen Teile, wiewohl unter Beobachtung der in § 2282 Abs 3 erteilten Formvorschrift. Mit dem **Tode des einen Vertragsteils** ist sein höchstpersönliches Anfechtungsrecht erloschen, kann daher von seinen Erben nur insoweit, als sie zu den in § 2080 bezeichneten Personen gehören und nur kraft eigenen Rechtes geltend gemacht werden. Auf seiten des überlebenden Teiles kommt eine Anfechtung der zu seinen Gunsten getroffenen Verfügungen des Zuerstverstorbenen nicht in Frage. Seine eigenen Verfügungen zugunsten des anderen Teiles haben sich durch dessen Tod erledigt. Es kann sich also nur noch um die Anfechtung vertragsmäßiger Erbeinsetzungen, Vermächtnisse und Auflagen (§ 2278 Abs 2) **zugunsten Dritter** handeln, gleichviel ob diese Verfügungen von ihm selbst oder von dem anderen Teile herrühren. In diesem Falle hat der Überlebende (wie nach § 2081) die Anfechtung **dem Nachlaßgerichte gegenüber,** d. h. dem für den Todesfall des Zuerstverstorbenen zuständigen Gerichte zu erklären.

5. Die **Mitteilungspflicht** des Nachlaßgerichts gilt nur gegenüber dem Dritten, nicht auch gegenüber den sonstigen Interessenten, insbesondere den Erben des Vertragsgegners (vgl. § 2081 A 2).

§ 2282

Die Anfechtung kann nicht durch einen Vertreter des Erblassers erfolgen[1]). Ist der Erblasser in der Geschäftsfähigkeit beschränkt, so bedarf er zur Anfechtung nicht der Zustimmung seines gesetzlichen Vertreters[2]).

Für einen geschäftsunfähigen Erblasser kann sein gesetzlicher Vertreter mit Genehmigung des Vormundschaftsgerichts den Erbvertrag anfechten[3]).

Die Anfechtungserklärung bedarf der gerichtlichen oder notariellen Beurkundung[4]).

E I 1948 Abs 4 II 2148 Abs 2, 2149 Abs 1, 2; M 5 324; P 5 385, 386.

1. Das **Anfechtungsrecht** ist **höchstpersönlich,** wie auch die Schließung (§ 2274), die Bestätigung (§ 2284), die Aufhebung des Erbvertrags (§ 2290 Abs 2) und der Rücktritt (§ 2296 Abs 1) dem Erblasser nur persönlich zusteht.

2. Auch der in der **Geschäftsfähigkeit beschränkte** Erblasserteil (§§ 106, 114) muß persönlich anfechten. Er kann aber nicht bestätigen (§ 2284) und ist, abweichend von der ihm ausnahmsweise nachgelassenen Schließung des Erbvertrags (§ 2275 A 2) bei der Anfechtung nicht an die Zustimmung des gesetzlichen Vertreters und die Genehmigung des Vormundschaftsgerichts (§ 1831) gebunden (ebenso §§ 2290 Abs 2, 2296 Abs 1; vgl. auch §§ 1336 Abs 1, 1595 Abs 1).

3. Zugunsten des **geschäftsunfähigen** Erblasserteils wird, wie in den Fällen der §§ 1336 Abs 2, 1595 Abs 2 die Regel des Abs 1 durchbrochen, außerdem aber Genehmigung des Vormundschaftsgerichts erfordert. Anfechtung nach Wiedererlangung der Geschäftsfähigkeit § 2283 Abs 3.

4. **Gerichtliche oder notarielle Beurkundung** (§ 128) ist sowohl bei der Anfechtung unter Lebenden (ebenso beim Rücktritt § 2296 Abs 2) gegenüber dem anderen Teile als auch nach dem Tode eines Vertragsteils gegenüber dem Nachlaßgericht erforderlich (§ 2281 A 4). Beurkundung vor einer nicht gerichtlichen Nachlaßbehörde (EG Art 147) genügt nicht. Auf die Anfechtung eines gemeinschaftlichen Testaments durch den überlebenden Ehegatten (§ 2271 A 6) findet auch diese Formvorschrift entsprechende Anwendung (RG 87, 95).

§ 2283

Die Anfechtung durch den Erblasser kann nur binnen Jahresfrist erfolgen[1]).

Die Frist beginnt im Falle der Anfechtbarkeit wegen Drohung mit dem Zeitpunkt, in welchem die Zwangslage aufhört, in den übrigen Fällen mit dem Zeitpunkt, in welchem der Erblasser von dem Anfechtungsgrunde Kenntnis erlangt. Auf den Lauf der Frist finden die für die Verjährung geltenden Vorschriften der §§ 203, 206 entsprechende Anwendung[2]).

Hat im Falle des § 2282 Abs 2 der gesetzliche Vertreter den Erbvertrag nicht rechtzeitig angefochten, so kann nach dem Wegfalle der Geschäftsunfähigkeit der Erblasser selbst den Erbvertrag in gleicher Weise anfechten, wie wenn er ohne gesetzlichen Vertreter gewesen wäre[3]).

E I 1948 Abs 5 II 2150; M 5 324, 325; P 5 385, 386.

1. **Einjährige Ausschlußfrist** wie in § 2082 s. dort A 1. Sie läuft auch dem in der Geschäftsfähigkeit beschränkten Erblasser (§ 2282 A 2).

2. **Fristbeginn und Fristenlauf** übereinstimmend mit § 1954 s. dort A 2, 3, jedoch ohne daß bei seinen Lebzeiten dem Anfechtungsberechtigten eine zeitliche Schranke (dort 30 Jahre) gezogen wäre. Vgl. auch §§ 124, 2082 A 2 und 2271 A 6 (RG Recht 1920 Nr 424).

3. Die Frist läuft an und für sich auch gegen den **gesetzlichen Vertreter.** Abs 3 durchbricht aber den Grundsatz zugunsten des Vertretenen dann, wenn dieser nach Fristablauf die — wenn auch nur beschränkte — Geschäftsfähigkeit wiedererlangt. In diesem Falle wird ihm gemäß dem Abs 2 angezogenen § 206 eine sechsmonatige Nachfrist eingeräumt (ebenso §§ 1340, 1595 Abs 2). — In allen Fällen handelt es sich um die Anfechtung durch den Erblasser. Für diejenige des bloß annehmenden Teiles (§ 2281 A 2 a. E.) gelten die Fristen der §§ 121, 124, für sonstige Anfechtungsberechtigte §§ 2080, 2082.

§ 2284

Die Bestätigung eines anfechtbaren Erbvertrags kann nur durch den Erblasser persönlich erfolgen[1]). Ist der Erblasser in der Geschäftsfähigkeit beschränkt, so ist die Bestätigung ausgeschlossen[2]).

E I 1948 Abs 4 II 2149 Abs 3; M 5 323, 324; P 5 385, 386.

1. Wie mit Anfechtung des Erbvertrags vornehmlich Beseitigung der vertragsmäßigen Gebundenheit bezweckt wird (§ 2281 A 2), so kommt umgekehrt mit **Bestätigung des anfechtbaren Erbvertrags** der Wille zum Ausdruck, trotzdem gebunden zu bleiben. Es handelt

sich mithin nicht sowohl um Bestätigung der im Erbvertrag getroffenen Verfügung von Todes wegen, die, wenn § 2279 Abs 1 Anwendung fände, nur als erneute Verfügung von Todes wegen denkbar wäre (§ 2078 A 7), sondern um Bestätigung des mit dem Erbvertrag zustande gekommenen Rechtsgeschäfts. Gemäß § 144 Abs 2 ist deshalb die Bestätigung an keine Form gebunden, sie kann auch stillschweigend erfolgen und braucht nicht gegenüber dem anderen Teil oder dem Nachlaßgericht erklärt zu werden (a. M. Strohal I § 45 A 16, Leonhard, III). Der Erblasser kann aber **nur persönlich** bestätigen, wie er auch nur persönlich, nicht durch Vertreter den Erbvertrag schließen (§ 2274), anfechten (§ 2282), aufheben (§ 2290) und davon zurücktreten kann (§ 2296; vgl. auch §§ 1337 Abs 3, 1598 Abs 3). Eine Bestätigung des wegen Formmangels nichtigen Erbvertrags durch die Erben des Vertragserben ist ausgeschlossen (RG 8. 4. 07 IV 424/06).

2. Dem in der **Geschäftsfähigkeit beschränkten** Erblasser (§§ 106, 114) ist zwar als Ehegatten oder Verlobten nachgelassen, den Vertrag zu schließen (§ 2275 Abs 2), nicht aber auch ihn zu bestätigen. Um so mehr ist dies für den Geschäftsunfähigen ausgeschlossen. Die Bestätigung selbst ist nach allgemeinen Grundsätzen anfechtbar.

§ 2285

Die im § 2080 bezeichneten Personen können den Erbvertrag auf Grund der §§ 2078, 2079 nicht mehr anfechten[1]), wenn das Anfechtungsrecht des Erblassers zur Zeit des Erbfalls erloschen ist[2]).

E I 1949 Abs 2 II 2151; M 5 325, 326; P 5 386, 387.

1. Außer dem Erblasserteil (§§ 2281—2283) steht gemäß § 2279 Abs 1 das **Anfechtungsrecht auch dritten Personen** zu, soweit ihnen nach § 2080 die Aufhebung des durch Irrtum, Zwang oder nicht gewollte Übergehung eines Pflichtteilsberechtigten beeinflußten Erbvertrags (§§ 2078, 2079) unmittelbar zustatten kommen würde. Form und Frist der Anfechtung bestimmen sich lediglich nach §§ 2081, 2082. Daher keine Beurkundung der Anfechtungserklärung, kein Verbot der Vertretung (§ 2282), aber 30jährige Ausschlußfrist (§ 2082 Abs 3) und darüber hinaus Verweigerungsrecht des Beschwerten (§ 2083). Die Anfechtung ist nach Maßgabe des § 2081 entweder dem Nachlaßgericht oder gegenüber dem Anfechtungsgegner, bei Anfechtung einer Vermächtnisanordnung also in entsprechender Anwendung von § 143 Abs 4 gegenüber dem Bedachten, nicht gegenüber dem überlebenden Vertragschließenden oder seinen Erben zu erklären (a. M. Staudinger A 1).

2. Das Anfechtungsrecht des Dritten ist zwar ein eigenes selbständiges Recht mit besonderem Fristenlauf nach § 2082 Abs 2, kann aber keine stärkere Wirkung äußern als das **Anfechtungsrecht des Erblassers** selbst, wenn es diesem bereits bis zu seinem Tode zustand. War des Erblassers Recht zu diesem Zeitpunkt durch Ablauf der Jahresfrist (§ 2283) oder durch Bestätigung (§ 2284) **erloschen,** so kann auch der Dritte nicht mehr anfechten. Eine Bestätigung durch den am Erbvertrage selbst nicht beteiligten Dritten kann überhaupt nicht in Frage kommen. § 2285 gilt auch für die Anfechtung gemeinschaftlicher Testamente (RG 77, 167; Warn 1918 Nr 213).

§ 2286

Durch den Erbvertrag wird das Recht des Erblassers, über sein Vermögen durch Rechtsgeschäft unter Lebenden zu verfügen, nicht beschränkt[1]).

E I 1951 II 2152; M 5 327, 328; P 5 388, 389.

1. Grundsätzlich ist der Erblasser durch den Erbvertrag in der **Verfügung unter Lebenden** ebensowenig beschränkt, wie durch sonstige Verfügungen von Todes wegen. Nur bösliche Schenkungen (§ 2287) und die Vereitelung von Vermächtnissen (§ 2288) sind ihm untersagt. Beschränkungen in der Errichtung neuer Verfügungen von Todes wegen § 2289. Der im Erbvertrage Bedachte erlangt mithin als solcher vor dem Erbfall kein Recht, wie der Nacherbe nach §§ 2108ff., gegen tatsächliche oder rechtliche Beeinträchtigungen durch den Erblasser etwa mit Hilfe einstweiliger Verfügungen geschützt zu werden (OLG 21, 363). Ebensowenig ist er als solcher zu dem Antrag auf Entmündigung wegen Verschwendung berechtigt. — Bindung des Erblassers nach den bisherigen Gesetzen, wenn der Erbvertrag vor 1. 1. 00 errichtet ist (EG Art 214 Abs 2).

§ 2287

Hat der Erblasser in der Absicht, den Vertragserben zu beeinträchtigen[2]), eine Schenkung gemacht[1]), so kann der Vertragserbe, nachdem ihm die Erb-

schaft angefallen ist[3]), von dem Beschenkten die Herausgabe des Geschenkes nach den Vorschriften über die Herausgabe einer ungerechtfertigten Bereicherung fordern[4]).

Der Anspruch verjährt in drei Jahren von dem Anfalle der Erbschaft an[5]).

E I 1952 Abs 1, 2 II 2153 Abs 1 Satz 1, Abs 2; M 5 328—330; P 5 389—394; 6 351.

1. Unbeschadet seiner Verfügungsfreiheit unter Lebenden (§ 2286) darf der Erblasser den Vertragserben nicht durch **bösliche Schenkungen** beeinträchtigen. Hierzu gehört auch die gemischte Schenkung (§ 516 A 7), das Schenkungsversprechen (§ 518) und die vollzogene Schenkung auf den Todesfall (§ 2301 Abs 2), während das Schenkungsversprechen von Todes wegen ohne weiteres unwirksam ist (§§ 2301 Abs 1, 2289 Abs 1). Dagegen ist die Hingabe, sei es auch des ganzen Vermögens, gegen Entgelt (z. B. gegen eine Leibrentenverpflichtung) niemals Schenkung. Sie könnte nur „in eklatanten Fällen" (Prot 5, 392) einen Schadensersatzanspruch aus § 826 begründen. Der Erblasser kann die Anwendbarkeit des § 2287 dadurch ausschließen, daß er sich im Erbvertrag (so gut wie den Rücktritt nach § 2293) völlige Freiheit in der Vornahme von Schenkungen vorbehält (str., vom RG Warn 1918 Nr 124 dahingestellt gelassen). In der Vereinbarung, daß der Vertragserbe nur den Überrest erhalten solle, ist eine solche Ausschließung aber nicht zu finden; vgl. § 2137 Abs 1 mit § 2113 Abs 2 (RG LZ 1919, 1187[4]; Warn 1926 Nr 188).

2. Die **Absicht, den Vertragserben zu beeinträchtigen,** wird nicht durch das Bewußtsein davon ersetzt, daß die aus anderen unverfänglichen Beweggründen, z. B. aus idealen, sittlichen oder Anstandsrücksichten vorgenommene Schenkung den Vertragserben verkürzen werde. Gerade die Entziehung der Vorteile der Erbeseinsetzung muß als der zu erreichende Erfolg bezweckt sein. Sind mehrere Beweggründe im Spiele, so kommt es darauf an, welcher der eigentlich treibende und bestimmende gewesen ist (RG 77, 111; JW 1912 S. 142[18], 467[14]; Recht 1921 Nr 1398).

3. Der Herausgabeanspruch entsteht erst in der Person des **Vertragserben.** Er gehört mithin nicht zum Nachlaß, und kann deshalb nicht vom Testamentsvollstrecker geltend gemacht werden (RG 77, 5; Recht 1921 Nr 1397; RG 24. 6. 20 IV 144/20). Auch die Nachlaßgläubiger sind zu dem Herausgabeverlangen nicht berechtigt. Doch bleibt ihr aus KO §§ 29ff. oder AnfG §§ 3ff. abgeleiteter selbständiger Anfechtungsanspruch unberührt. Vertragserbe ist der von dem Zuerstverstorbenen im Erbvertrag eingesetzte Erbe, gleichviel ob er den Vertrag selbst mit geschlossen oder darin nur als Dritter bedacht ist. Dem bloß annehmenden Vertragschließenden (§ 2274 A 1) erwachsen aus der Vornahme der Schenkung überhaupt keine Rechte. Mehreren Vertragserben steht der Herausgabeanspruch, weil nicht zum Nachlaß und deshalb auch nicht zum Gesamthandvermögen der Erbengemeinschaft nach § 2032 A 2 gehörig, nach den Grundsätzen der §§ 741ff. jedem für sich zu dem seinem Erbteil entsprechenden Bruchteile zu (RG 77, 7; JW 1912, 142[18]; Warn 1926 Nr 188). Nur bei Unteilbarkeit der Leistung ist ein Gesamtgläubigerverhältnis gegeben (§ 432). Der Anspruch des Vertragserben entsteht erst mit dem **Anfall der Erbschaft,** regelmäßig also mit dem Tode des Erblassers (§ 1942 A 2). Schlägt er die Erbschaft aus, so gilt der Anfall als nicht erfolgt (§ 1953 A 1), damit ist aber auch seinem Herausgabeanspruch der Boden entzogen (a. M. Strohal § 45 A 43; Dernburg V § 99 A 5). Vor dem Anfall hat auch der Vertragserbe keine Rechte, weder gegen den Erblasser noch gegen den Beschenkten (a. M. Strohal § 45 A 40; Dernburg § 99 A 10). Insbesondere kann er wegen seines bloß möglichen künftigen Anspruchs nicht durch einstweilige Verfügungen geschützt werden (ZPO §§ 916 Abs 2, 936).

4. Der Herausgabeanspruch ist nur **gegen den Beschenkten** gewährt. Er steht mithin abweichend von § 2288 Abs 2 nicht zu gegen testamentarische oder gesetzliche Erben, wenn sie neben dem Vertragserben berufen sind. Der Beschenkte ist zur **Herausgabe** nach den für die **ungerechtfertigte Bereicherung** geltenden Grundsätzen, somit zur Herausgabe des Geschenkes selbst oder des dafür erlangten Surrogats oder zum Wertsersatz im Umfange des § 818 verpflichtet. Handelt es sich um ein Schenkungsversprechen, so geht der Anspruch auf Befreiung von der Schenkungsverpflichtung. Auf die Kenntnis des Beschenkten von der Beeinträchtigungsabsicht kommt es an sich nicht an, wohl aber steigert sich in diesem Falle der Umfang der Herausgabepflicht gemäß § 819.

5. Dreijährige Verjährungsfrist wie beim Pflichtteilsergänzungsanspruch nach § 2332 Abs 2. Es entscheidet lediglich der Zeitpunkt des Erbschaftsanfalls (§ 1942), gleichviel wann der Vertragserbe von der Schenkung Kenntnis erlangt hat und (abweichend von § 2325 Abs 3) gleichviel, wie lange die Schenkung vor dem Erbfall zurückliegt. Handelt es sich um ein bloßes Schenkungsversprechen des Erblassers, so kann der Vertragserbe gegenüber dem Erfüllungsverlangen des Beschenkten nach § 821 auch nach Ablauf der Verjährungsfrist die Leistung verweigern. — § 2287 leidet auch auf den Überlebenden beim gemeinschaftlichen Testament Anwendung (§ 2271 A 6). Doch ist dieser aus einem unter der Herrschaft des PrALR errichteten gemeinschaftlichen Testamente in bezug auf Schenkungen unter Lebenden nicht beschränkt (RG Warn 1912 Nr 314; 1918 Nr 124; DJZ 1924, 906).

§ 2288

Hat der Erblasser den Gegenstand eines vertragsmäßig angeordneten Vermächtnisses in der Absicht, den Bedachten zu beeinträchtigen, zerstört, beiseite geschafft oder beschädigt[1]), so tritt, soweit der Erbe dadurch außerstande gesetzt ist, die Leistung zu bewirken, an die Stelle des Gegenstandes der Wert[2]).

Hat der Erblasser den Gegenstand in der Absicht, den Bedachten zu beeinträchtigen, veräußert oder belastet, so ist der Erbe verpflichtet, dem Bedachten den Gegenstand zu verschaffen oder die Belastung zu beseitigen[3]); auf diese Verpflichtung finden die Vorschriften des § 2170 Abs 2 entsprechende Anwendung[4]). Ist die Veräußerung oder die Belastung schenkweise erfolgt, so steht dem Bedachten, soweit er Ersatz nicht von dem Erben erlangen kann, der im § 2287 bestimmte Anspruch gegen den Beschenkten zu[5]).

E I 1956 Abs 3 Satz 2 II 2154; M 5 337; P 5 400, 401, 404, 405.

1. Ist das **vertragsmäßige Vermächtnis** (§ 2278 A 2) auch für den Fall angeordnet, daß sein Gegenstand nicht zur Erbschaft gehört, so bleibt der Beschwerte schon nach §§ 2169 Abs 1, 2170, 2182 Abs 2 zur Leistung verpflichtet, sofern der Gegenstand überhaupt noch vorhanden ist (Verschaffungsvermächtnis). Abs 1 macht darüber hinaus den Erben auch dann ersatzpflichtig, wenn er den Vermächtnisgegenstand, weil vom Erblasser zerstört, beiseite geschafft oder beschädigt, nicht oder doch nicht unversehrt verschaffen kann (§§ 2171, 2172). Wenn es sich ferner um das Vermächtnis eines bestimmten in der Erbschaft vorhandenen Gegenstandes handelt, so wird gegen die Regel des § 2169 A 1 das Vermächtnis nicht schon dadurch unwirksam, daß dieser Gegenstand zur Zeit des Erbfalls nicht zur Erbschaft gehört. Allgemeine Voraussetzung ist jedoch, daß der Erblasser, indem er das Vermächtnis in dieser Weise **vereitelte**, dabei gegenüber dem Bedachten **in Beeinträchtigungsabsicht** gehandelt hat (§§ 2287 A 2).

2. An Stelle des eigentlichen Leistungsgegenstandes (§ 2174) und soweit er sich nicht mehr verschaffen läßt, tritt die **Verpflichtung des Erben zum Wertersatz**, und zwar des gemeinen Verkehrswerts im Zeitpunkte des Vermächtnisanfalls (§ 2176). Die Ersatzleistung liegt als Nachlaßverbindlichkeit in allen Fällen dem Erben (Vertrags- oder gewöhnlichen Erben) ob, auch wenn er mit dem ursprünglichen und von der Leistung freigewordenen Beschwerten nicht identisch ist.

3. Abs 2 handelt im Gegensatz zu den bloß tatsächlichen von rechtlichen Verfügungen, **böslichen Veräußerungen und Belastungen eines bestimmten Vermächtnisgegenstandes**, gleichviel ob ohne oder gegen Entgelt. Das Vermächtnis wird im Falle der Veräußerung durch den Erblasser dem Verschaffungsvermächtnis auch dann gleichgestellt, wenn es von vornherein nicht als solches gemeint war (§§ 2169 Abs 1, 2170). Ebenso entsteht im Falle der Belastung dem Vermächtnisnehmer stets der Anspruch auf Beseitigung der Rechte, der ihm sonst nach § 2165 grundsätzlich versagt ist.

4. Wertsersatz an Stelle der Verschaffung in Natur oder der Beseitigung der Belastung.

5. Während der Anspruch aus § 2287 von vornherein nur **gegen den Beschenkten** zusteht (A 4), haftet in den Fällen des Abs 1, tatsächlicher böslicher Vereitelung des Vermächtnisses, überhaupt nur der Erbe, in den Fällen des Abs 2 gleichfalls der Erbe, aber **aushilfsweise** innerhalb dreijähriger Verjährungsfrist auch der Beschenkte. Dem Bedachten liegt deshalb der Beweis ob, daß und inwieweit er Ersatz vom Erben, der damit nur eine Nachlaßverbindlichkeit schuldet, nicht habe erlangen können. — Gegen Vereitelung von Auflagen ist kein Schutz gegeben.

§ 2289

Durch den Erbvertrag wird eine frühere letztwillige Verfügung des Erblassers aufgehoben, soweit sie das Recht des vertragsmäßig Bedachten beeinträchtigen würde[1]). In dem gleichen Umfang ist eine spätere Verfügung von Todes wegen unwirksam, unbeschadet der Vorschrift des § 2297[2]).

Ist der Bedachte ein pflichtteilsberechtigter Abkömmling des Erblassers, so kann der Erblasser durch eine spätere letztwillige Verfügung die nach § 2338 zulässigen Anordnungen treffen[3]).

E I 1953 Abs 1 Satz 1, Abs 2 II 2155; M 5 331, 322; P 5 395, 396, 422; 6 351—353.

1. Eine **frühere letztwillige Verfügung** wird nach § 2258 durch ein späteres Testament insoweit **aufgehoben,** als dieses mit der früheren Verfügung in Widerspruch tritt. Diese Wirkung äußert auch der Erbvertrag. Sie geht aber insofern weiter, als der rechtswirksame Erbvertrag auch frühere Verfügungen aufhebt, die rechtlich neben den neuen vertragsmäßigen, nach § 2278 Abs 2 auf Erbeinsetzungen, Vermächtnisse und Auflagen beschränkten Verfügungen bestehen könnten, aber wirtschaftlich das **Recht des Bedachten beeinträchtigen** würden. Es fallen insbesondere, gegen die Regel des § 2161, früher angeordnete Vermächtnisse und Auflagen durch Einsetzung eines Vertragserben ohne weiteres zusammen. Ebenso die Ernennung eines Testamentsvollstreckers. Das vertragsmäßig zugewendete hat vor dem früher letztwillig angeordneten identischen Vermächtnis den Vorrang (KO § 226 Abs 3). Die Aufhebung reicht jedoch nur so weit, als Beeinträchtigung vorliegt. Insoweit dies der Fall ist, können sich auf die Unwirksamkeit der früheren (wie der späteren) Verfügung auch Dritte berufen, z. B. der vom früher eingesetzten Erben verklagte Nachlaßschuldner, der zugunsten verschiedener Bedachter mit demselben Vermächtnis Beschwerte. Vorausgesetzt ist, daß der den Erbvertrag schließende Erblasser an die frühere Verfügung nicht durch einen früheren Erbvertrag oder durch wechselbezügliches Testament (§ 2271 Abs 1 u. 2) bereits gebunden war. Inwieweit dies der Fall ist, beurteilt sich gemäß EG Art] 214 Abs 2 gegebenenfalls nach dem älteren Rechte, vgl. Vorbem 3 vor § 1922. Insoweit der Erblasser bereits gebunden ist, kann der neu Bedachte durch den Erbvertrag überhaupt keine Rechte erwerben und darin auch nicht beeinträchtigt werden. Die bloße Möglichkeit, sich von dieser Gebundenheit nachträglich zu befreien (§ 2271 A 5; Anfechtbarkeit des Erbvertrags §§ 2281 ff.; Rücktritt §§ 2293 ff.), genügt nicht, dem Erblasser die Vertragsfreiheit zu verschaffen (vgl. BayObLG 21 A 10). Dagegen ist der während des Zustandes der Gebundenheit geschlossene Erbvertrag voll wirksam, sobald dies Hindernis gehoben ist. Umgekehrt lebt aber auch die frühere letztwillige Verfügung wieder auf, wenn der neue, sie aufhebende Erbvertrag demnächst durch Aufhebung oder Rücktritt wieder beseitigt ist (vgl. auch § 2258) oder durch Wegfall des vertragsmäßig Bedachten vor oder nach dem Erbfall gegenstandslos wird, es wäre denn, daß die ältere Verfügung im Erbvertrag gemäß §§ 2299, 2254 schlechthin — ausdrücklich oder stillschweigend — widerrufen wäre.

2. **Spätere Verfügungen von Todes wegen** (Testament oder Erbvertrag mit einem Dritten) sind in gleichem Umfange, d. h. insoweit **unwirksam,** als sie das Recht des vertragsmäßig Bedachten beeinträchtigen würden. Der Erblasser wird durch den Abschluß des Erbvertrags nicht in der Testierfähigkeit beschränkt. Eine dem Erbvertrage zuwiderlaufende Verfügung ist deshalb nicht schlechthin nichtig, sondern wird voll wirksam, wenn der Erbvertrag durch Aufhebung, die gemäß § 2297 auch nach dem Tode des andern Vertragschließenden möglich ist, oder Rücktritt beseitigt wird, oder wenn der vertragsmäßig Bedachte vor oder nach dem Erbfall unfreiwillig oder freiwillig wegfällt (vgl. für gemeines Recht **RG** 4, 171 und **RG** 18. 5. 22 IV 438/21). War dem Erblasser im Erbvertrag das Recht vorbehalten, allgemein oder innerhalb gewisser Grenzen spätere abweichende Verfügungen zu treffen, so kann, soweit hiervon Gebrauch gemacht wird, eine Beeinträchtigung des Bedachten nicht in Frage kommen. In dem bloßen Vorbehalt des Rücktritts (§ 2293) ist der Vorbehalt der Verfügungsfreiheit noch nicht zu erblicken. Daß ein neuer Erbvertrag derselben Vertragschließenden voll wirksam ist, ist selbstverständlich. Neues gemeinschaftliches Testament § 2292.

3. Der **pflichtteilsberechtigte Abkömmling** (§ 2303) kann vom Erblasser als anderer Vertragschließender oder als Dritter bedacht sein. Sind die Voraussetzungen des § 2338 (Enterbung in guter Absicht) gegeben, so wird angenommen, auch der andere Vertragsteil sei im Familieninteresse hiermit einverstanden. Der Erblasser darf deshalb diese letztwillige Anordnung sowohl bei Lebzeiten des anderen Teiles, auch ohne sein Vorwissen, als nach seinem Tode treffen, und zwar in bezug auf die ganze Zuwendung, nicht nur in bezug auf den Pflichtteil (KGJ 48, 144). Auf diese Befugnis kann im Erbvertrage nicht wirksam verzichtet werden (§ 138 Abs 1). Dagegen ist der Erblasser zur Entziehung des Pflichtteils gegenüber dem Bedachten auf Grund von § 2333 erst nach Erklärung des Rücktritts vom Erbvertrage (§ 2294), nach dem Tode des anderen Vertragschließenden aber gemäß § 2297 berechtigt.

§ 2290

Ein Erbvertrag sowie eine einzelne vertragsmäßige Verfügung kann durch Vertrag von den Personen aufgehoben werden, die den Erbvertrag

geschlossen haben[1]). Nach dem Tode einer dieser Personen kann die Aufhebung nicht mehr erfolgen[2]).

Der Erblasser kann den Vertrag nur persönlich schließen[3]). Ist er in der Geschäftsfähigkeit beschränkt, so bedarf er nicht der Zustimmung seines gesetzlichen Vertreters[4]).

Steht der andere Teil unter Vormundschaft, so ist die Genehmigung des Vormundschaftsgerichts erforderlich[5]). Das gleiche gilt, wenn er unter elterlicher Gewalt steht, es sei denn, daß der Vertrag unter Ehegatten oder unter Verlobten geschlossen wird[6]).

Der Vertrag bedarf der im § 2276 für den Erbvertrag vorgeschriebenen Form[7])[8]).

E I 1957 II 2156; M 5 339—342; P 5 407, 408; 6 100.

1. Die von der einseitigen Anfechtung aus §§ 2281 ff. wohl zu unterscheidende **Aufhebung des Erbvertrags**, d. h. der Gesamtheit oder einzelner der darin getroffenen vertragsmäßigen Verfügungen (Erbeinsetzungen, Vermächtnisse, Auflagen § 2278 Abs 2) kann bei Lebzeiten der Vertragschließenden nur durch Vertrag derselben Personen erfolgen, mutuus dissensus. Inwieweit hiervon zugleich einseitige im Erbvertrag getroffene Verfügungen betroffen werden, bestimmt § 2299 Abs 3. Durch die Aufhebung werden auch die zugunsten Dritter getroffenen Verfügungen hinfällig. Ihrer Zustimmung bedarf es nicht, da sie durch den Vertragsabschluß eigene Rechte nicht erlangt haben. Wohl aber können sie schon vor dem Erbfall einen Verzichtsvertrag mit dem Erblasser schließen (§ 2352 A 2). Der Aufhebungsvertrag kann sich auch auf die gegenseitige Gebundenheit beschränken und die Verfügungen als einseitige inhaltlich bestehen lassen. Der zweite Vertrag ist nicht deshalb sittenwidrig (§ 138 Abs 1), weil mit ihm bezweckt wird, den im ersten Vertrage dem Sohne des Erblassers zugedachten Erbteil dadurch dem Zugriffe seiner Gläubiger zu entziehen, daß er nunmehr seinen Abkömmlingen zugewendet wird; ein solcher Zweck entspricht dem Grundgedanken des § 2338 Abs 1 (RG SeuffA 74 Nr 55). Erleichterte Form bei Aufhebung von Vermächtnissen und Auflagen § 2291, Aufhebung durch gemeinschaftliches Testament § 2292.

2. **Nach dem Tode eines Vertragschließenden** ist die Aufhebung des Erbvertrags nur im Falle des § 2297, also nicht durch Vertrag mit den Erben des Zuerstverstorbenen möglich. Auch nicht (wie beim wechselbezüglichen Testamente § 2271 und in dem besondern Falle des § 2298 Abs 2) wenn der Überlebende ausschlägt. Die ihm auferlegten Beschwerungen gehen vielmehr auf den nachrückenden Bedachten über (§§ 2161, 2192).

3. Für den **Erblasserteil** ist wie bei der Schließung (§ 2274), Bestätigung (§ 2284), beim Rücktritt (§ 2296) und grundsätzlich bei der Anfechtung (§ 2282) **persönliches Handeln** unerläßlich. Der geschäftsunfähig gewordene Erblasserteil kann deshalb den Erbvertrag überhaupt nicht wieder aufheben.

4. Auch der in der **Geschäftsfähigkeit beschränkte** Erblasser (§§ 106, 114) muß persönlich aufheben, bedarf aber hierzu weder der Zustimmung seines Vertreters noch der Genehmigung des Vormundschaftsgerichts. Ebenso bei der Anfechtung und beim Rücktritt §§ 2282 A 2, 2296 A 1.

5. Der **bloß annehmende Teil** kann bei dem Aufhebungsvertrag auch durch Vertreter handeln. Ist er geschäftsunfähig, so muß er dabei vertreten werden. Ist er beschränkt geschäftsfähig, so bedarf er, da er einen rechtlichen Vorteil aufgibt, nach §§ 107, 108, 114 der Zustimmung seines gesetzlichen Vertreters. Für diese Zustimmung gilt das zu § 2275 A 3 Gesagte. **Genehmigung des Vormundschaftsgerichts** §§ 1828 ff. Pflegschaft § 1915.

6. Abweichend von der Schließung des Erbvertrags (§ 2275 A 1) ist bei der Aufhebung **Zustimmung des Gewalthabers** (§§ 1630, 1686) des anderen Teiles und sogar vormundschaftsgerichtliche Genehmigung notwendig. Nur die letztere — nicht auch die Zustimmung des Gewalthabers — ist entbehrlich, wenn es sich um einen Aufhebungsvertrag zwischen **Ehegatten und Verlobten** handelt.

7. **Form** des § 2276: Schließung vor Richter oder Notar unter gleichzeitiger Anwesenheit beider Teile. Wird der Aufhebungsvertrag mit einem Ehevertrag oder mit Aufhebung oder Änderung eines Ehevertrags verbunden (§ 1432), so genügt die erleichterte Form des § 2276 Abs 2. Verwahrung der über Aufhebung des Erbvertrags aufgenommenen Urkunde (§ 2277) kommt nicht in Frage. Anderseits ist Aufhebung durch Rücknahme des Erbvertrags aus der amtlichen Verwahrung (§ 2256) ausgeschlossen (§ 2277 A 3).

8. **Anfechtung des Aufhebungsvertrags** ist nur nach den allgemeinen Grundsätzen über Anfechtung von Rechtsgeschäften möglich (§§ 119 ff., 142 ff.). Die besonderen für Anfechtung letztwilliger Verfügungen erteilten Vorschriften der §§ 2078 ff. könnten nur auf Grund von § 2279 (A 1) Anwendung finden, auf den Erblasserteil überdies nur dann, wenn der Auf-

hebungsvertrag im Sinne von § 2281 dem Erbvertrage gleichzustellen wäre. Allein Gegenstand der Anfechtung ist in dem hier vorausgesetzten Falle nicht eine vertragsmäßige Zuwendung oder Auflage, sondern das Gegenteil davon, die Beseitigung einer solchen Zuwendung usw., somit ein rein verneinendes Ergebnis, das nicht einmal äußerlich, wie im Falle des § 2081, in Form einer letztwilligen Verfügung, sondern lediglich auf rechtsgeschäftlichem Wege hergestellt ist (a. M. Planck A 4, Kipp § 36 V). Nach erfolgreich durchgeführter Anfechtung lebt der aufgehobene Erbvertrag wieder auf (§ 142 Abs 1). Auch die Aufhebung des aufhebenden Vertrags, wenn sich die Beteiligten hierauf beschränken, kann nur den Sinn haben, den Erbvertrag wiederherzustellen. Sie erfordert gleichfalls Beobachtung der Form (Abs 4).

§ 2291

Eine vertragsmäßige Verfügung, durch die ein Vermächtnis oder eine Auflage angeordnet ist, kann von dem Erblasser durch Testament aufgehoben werden[1]). Zur Wirksamkeit der Aufhebung ist die Zustimmung des anderen Vertragschließenden erforderlich; die Vorschriften des § 2290 Abs 3 finden Anwendung[2]).

Die Zustimmungserklärung bedarf der gerichtlichen oder notariellen Beurkundung; die Zustimmung ist unwiderruflich[3]).

E II 2157; P 5 415—417; 6 397.

1. Gegenüber § 2290 ist für die Aufhebung eine **erleichterte Form** nachgelassen, soweit es sich um vertragsmäßige **Vermächtnisse oder Auflagen,** nicht also um Erbeinsetzungen handelt (§ 2278 Abs 1). Jede der nach §§ 2231—2251 zulässigen Testamentsformen genügt. Ob die Aufhebung schlechthin (§ 2254) oder durch Errichtung eines inhaltlich abändernden Testaments erfolgt (§ 2258 Abs 1), ist gleichgültig. Der Widerruf des aufhebenden Testaments macht nach §§ 2258 Abs 2, 2279 die aufgehobene Verfügung, und zwar als vertragsmäßige von neuem wirksam, auch wenn die damit gegenstandslos gewordene Zustimmung des anderen Teiles erklärt war.

2. Die **Zustimmung des anderen Vertragschließenden,** auch wenn er selbst nicht bedacht oder beschwert ist, ist als Einwilligung oder Genehmigung gegenüber dem Erblasserteile (§§ 182—184) in der Form des Abs 2, doch ohne das Erfordernis gleichzeitiger Anwesenheit, wie nach §§ 2276, 2290 zu erklären. Sie ist **unwiderruflich** (Abs 2), kann auch durch Vertreter abgegeben werden und bedarf unter den Voraussetzungen des § 2290 Abs 3 der Genehmigung des Vormundschaftsgerichts. Sie ist auch wirksam, wenn sie schon im Erbvertrage selbst erklärt ist, liegt aber nicht schon darin ausgesprochen, daß dem Erblasser der Rücktritt gemäß § 2293 gestattet ist. Aus § 2290 (A 2) ist zu entnehmen, daß die Zustimmung nach dem Tode des anderen Vertragschließenden durch seine Erben nicht mehr nachgeholt werden kann.

3. **Gerichtliche oder notarielle Beurkundung** wie bei der Anfechtungserklärung und beim Rücktritt §§ 2282, 2296. Im übrigen vgl. § 128, EG Art 141, FGG §§ 167ff. Ähnlich bei letztwilligen Verfügungen in betreff der fortgesetzten Gütergemeinschaft § 1516.

§ 2292

Ein zwischen Ehegatten geschlossener Erbvertrag kann auch durch ein gemeinschaftliches Testament der Ehegatten aufgehoben werden[1]); die Vorschriften des § 2290 Abs 3 finden Anwendung[2]).

E II 2158; P 5 446.

1. **Aufhebung des Erbvertrags durch gemeinschaftliches Testament** ist zulässig, wenn die Vertragschließenden zur Zeit der Aufhebung **Ehegatten** sind (§ 2265), mögen sie auch den Erbvertrag seinerzeit als Fremde oder als Verlobte geschlossen haben (RJA 9, 18). Wie im Falle des § 2291 A 1 genügt jede Testamentsform (beim Privattestament vgl. § 2267), und auch hier ist gleichgültig, ob sich das gemeinschaftliche Testament auf den Widerruf (sämtlicher oder einzelner Verfügungen) beschränkt oder inhaltlich neue Anordnungen trifft. Abweichend von § 2291 können auf diesem Wege auch vertragsmäßige Erbeinsetzungen aufgehoben werden. Eine Vertretung ist schon durch § 2064 ausgeschlossen. Die Errichtung zweier selbständiger Testamente durch die Gatten reicht zur Aufhebung des Erbvertrags auch dann nicht aus, wenn sie in beiderseitigem Einverständnisse geschieht (BayObLG 20 A 117).

2. Die **Beschränkung der Geschäftsfähigkeit** hindert jedenfalls den Erblasserteil nicht, den Erbvertrag durch widerrufendes Testament aufzuheben, weder nach Testamentsgrundsätzen (§§ 2229, 2253) noch unter dem Gesichtspunkt des Aufhebungsvertrags (§ 2290 A 4). Dagegen handelt es sich auf seiten des anderen bloß annehmenden Teiles nicht um den Widerruf

eigener Verfügungen, sondern um die Entlassung des Erblasserteils aus der vertragsmäßigen Gebundenheit. Er könnte deshalb, wenn er wegen Geistesschwäche usw. entmündigt ist, nach § 2229 Abs 3 als an der Testamentserrichtung verhindert angesehen werden. Allein die Bezugnahme auf § 2290 Abs 3 ergibt, daß das Gesetz die Fähigkeit des bloß annehmenden Teiles zur testamentarischen Aufhebung des Erbvertrags lediglich nach den Grundsätzen über den Aufhebungsvertrag beurteilt wissen und dafür sogar erleichterte Formen schaffen will. Auch der beschränkt geschäftsfähige Ehegatte ist deshalb, insoweit er sich auf die Aufhebung des Erbvertrags beschränkt, trotz § 2229 Abs 3 testamentsfähig. Doch bedarf er, wie die Bezugnahme auf § 2290 Abs 3 weiter ergibt, zu der aufhebenden Verfügung des gemeinschaftlichen Testaments als Minderjähriger oder sonst in der Geschäftsfähigkeit Beschränkter der Einwilligung seines gesetzlichen Vertreters und zugleich, wenn er unter Vormundschaft (oder Pflegschaft) steht, vormundschaftsgerichtlicher Genehmigung. Die letztere kommt jedoch nicht in Frage, wenn er der elterlichen Gewalt unterworfen ist, da es sich stets um Ehegatten handelt (§ 2290 A 6). Sie beschränkt sich auf den aufhebenden Teil des gemeinschaftlichen Testaments, wenn darin zugleich andere Verfügungen getroffen sind. Eine nachträgliche Genehmigung der testamentarischen Aufhebung nach erlangter unbeschränkter Geschäftsfähigkeit kann den mangelhaften Testamentsakt nicht wirksam machen.

§ 2293

Der Erblasser kann von dem Erbvertrage zurücktreten, wenn er sich den Rücktritt im Vertrage vorbehalten hat[1]).

E I 1958 Abs 1 Satz 1 II 2159; M 5 342, 343; P 5 409.

1. **Vorbehalt des Rücktritts.** Der Rücktritt ist einseitige, von der Zustimmung des anderen Teiles (§§ 2290—2292) unabhängige Aufhebung des Erbvertrags. Form §§ 2296, 2297. Der Vorbehalt, wie demnächst auch die Erklärung des Rücktritts können sich auf den ganzen Erbvertrag oder nur auf einzelne vertragsmäßige Verfügungen beziehen. Inwieweit im letzteren Falle auch die anderen Verfügungen hiervon betroffen werden, bestimmt sich nach §§ 2298, 2299. Das Gesetz spricht nur von einem Vorbehalt zugunsten des Erblassers. Ein Rücktrittsvorbehalt des „anderen Vertragschließenden" ist nur dann rechtlich möglich, wenn er eine Leistung bewirkt oder eine Verpflichtung übernommen hat und hiervon will zurücktreten können; ein solches Rücktrittsrecht steht, auch hinsichtlich der Form seiner Ausübung, unter den allgemeinen Vorschriften der §§ 346ff.; die Ausübung hebt die Leistungspflicht auf und begründet eine Forderung auf Rückgewähr des Geleisteten (Kipp § 37 V; anders die früheren Auflagen dieses Kommentars, die ein vorbehaltenes Rücktrittsrecht des Mitkontrahenten des Erblassers in dem Sinne zulassen, daß durch seine Ausübung die Verfügungen des Erblassers ihren Vertragscharakter verlieren, aber als letztwillige Verfügungen wirksam bleiben; einen Rücktritt dieser Art kennt aber das Gesetz nicht). Im übrigen wird durch den bloßen Vorbehalt des Rücktritts die Gebundenheit des Erblassers nicht beseitigt, sie bleibt vielmehr mit ihren aus §§ 2287—2289 sich ergebenden Wirkungen bestehen, bis der Rücktritt wirklich erklärt ist. Kein Vorbehalt des Rücktritts ist es, wenn der Erblasser sich vorbehält, dem vertragsmäßig Bedachten einseitig noch Beschränkungen oder Beschwerungen aufzuerlegen. Ist der Erbvertrag unter einer auflösenden Bedingung, sei es auch eigenes Handeln des Erblassers (Wiederverheiratung) geschlossen, so wird er mit Eintritt der Bedingung ohne weiteres hinfällig. Die Ausübung des vorbehaltenen Rücktrittsrechts ist an keine Frist gebunden. Nach dem Tode des anderen Teiles greift § 2297 Platz.

§ 2294

Der Erblasser kann von einer vertragsmäßigen Verfügung zurücktreten, wenn sich der Bedachte einer Verfehlung schuldig macht, die den Erblasser zur Entziehung des Pflichtteils berechtigt[1]) oder, falls der Bedachte nicht zu den Pflichtteilsberechtigten gehört, zu der Entziehung berechtigen würde, wenn der Bedachte ein Abkömmling des Erblassers wäre[2]).

E II 2160 Abs 1; P 5 395—397, 411—413; 6 351—353.

1. Der **Erblasser kann wegen einer Verfehlung des Bedachten,** gleichviel ob es der andere Vertragschließende oder ein Dritter ist, einseitig von einer einzelnen zugunsten des Bedachten gereichenden vertragsmäßigen Verfügung (Erbeinsetzung, Vermächtnis § 2278 Abs 2) **zurücktreten,** wenn ihn die Verfehlung gegenüber dem Bedachten als Abkömmling (§ 2333), als Elternteil (§ 2334) oder als Ehegatten (§ 2335) zur **Entziehung des Pflichtteils** berechtigen würde. Auf dieses Rücktrittsrecht kann im Erbvertrage nicht verzichtet (§ 138 Abs 1), es kann auch nach dem Tode des anderen Vertragschließenden ausgeübt werden (§ 2297).

Verfehlungen des nicht bedachten anderen Teiles kommen nicht in Betracht. Ebensowenig Verfehlungen des Bedachten, die vor Abschluß des Vertrags begangen sind. Waren sie dem Erblasser unbekannt, so kann nur die Anfechtung aus §§ 2281, 2078 begründet sein (a. M. Strohal § 46 A 40). Ist das Entziehungsrecht durch Verzeihung oder Besserung des Lebenswandels erloschen (§§ 2337, 2336 Abs 4), so kann auch das Rücktrittsrecht nicht mehr ausgeübt werden. Doch wird der einmal erklärte Rücktritt durch nachträgliche Verzeihung oder Besserung nicht unwirksam (a. M. Strohal § 46 A 42). Daß der Grund des Rücktritts in der gegenüber dem anderen Teil bei Lebzeiten abzugebenden Erklärung angegeben werden müsse (wie im Falle des § 2297 nach § 2336 Abs 2, so Strohal § 46 A 46a), schreibt das Gesetz nicht vor. Doch ist selbstverständlich für den Grund beweispflichtig, wer sich auf die Wirksamkeit des Rücktritts beruft. Daneben bleibt der Erblasser gemäß § 2289 Abs 2 zur Enterbung in guter Absicht berechtigt.

2. **Nichtpflichtteilsberechtigten Bedachten** gegenüber kommen nur die Verfehlungen des § 2333 in Betracht. — Ebenso beim gemeinschaftlichen Testament § 2271 A 5.

§ 2295

Der Erblasser kann von einer vertragsmäßigen Verfügung zurücktreten, wenn die Verfügung mit Rücksicht auf eine rechtsgeschäftliche Verpflichtung des Bedachten²), dem Erblasser für dessen Lebenszeit wiederkehrende Leistungen zu entrichten, insbesondere Unterhalt zu gewähren¹), getroffen ist und die Verpflichtung vor dem Tode des Erblassers aufgehoben wird³).

E II 2161; P 5 410, 411; 6 353.

1. Der Erblasser kann, wie im Falle des § 2291 von einer einzelnen vertragsmäßigen Verfügung (Erbeinsetzung, Vermächtnis § 2278 Abs 2) zurücktreten, wenn der im Erbvertrag Bedachte (der andere Vertragschließende oder ein Dritter) **zu wiederkehrenden Leistungen auf Lebenszeit verpflichtet** war und diese Verpflichtung weggefallen ist. Diese Leistungen (§ 197 A 2) werden meist in Gewährung von Leibrente, Ausgedinge, Versorgung in einer Anstalt (Verpfründungsvertrag) u. dgl. bestehen. Die Unterhaltsgewährung ist nur beispielsweise erwähnt. Wenn es sich auch nicht um Leistung und Gegenleistung im eigentlichen Sinne handelt (§§ 320ff.), so müssen doch die vertragsmäßige Verfügung und die Leistungsverpflichtung in einem gewissen ursächlichen Zusammenhange stehen („mit Rücksicht auf").

2. Wesentlich ist, daß der Bedachte **rechtsgeschäftlich**, unter Lebenden oder von Todes wegen (z. B. durch letztwillige Verfügung eines Dritten) zu der Leistung verpflichtet ist. Das Bestehen einer gesetzlichen, z B. einer Unterhaltspflicht genügt nicht. Verpflichtet sich der Bedachte vertragsmäßig, so kann es auch im Erbvertrage selbst geschehen. Doch sind auch in diesem Falle die Verfügung von Todes wegen (im Erbvertrag) und die schuldrechtliche Verpflichtung unter Lebenden streng auseinanderzuhalten.

3. Das **Rücktrittsrecht** ist nur **bei Aufhebung** gegeben, nicht auch bei Nichterfüllung der **Verpflichtung**, deshalb auch nicht bei Unterlassung der nach §§ 133, 157 oder § 242 (RG JW 1921, 1080⁶; 1923, 45⁴; Warn 1926 Nr 6; LZ 1926, 1192² u. a.; vgl. auch § 2174 A 3a) gebotenen Aufwertung einer von der Geldentwertung betroffenen Unterhaltsrente. Ebensowenig, wenn die Verpflichtung nicht entstanden, oder wenn sie nichtig ist. Wohl aber kann in diesen Fällen der Erblasser zur Anfechtung gemäß §§ 2281, 2078 Abs 2 berechtigt sein. Die Aufhebung kann vertragsmäßig erfolgen oder durch Eintritt von Bedingungen, Unmöglichkeit der Leistung (§ 275) u. dgl. herbeigeführt werden. In jedem Falle entsteht mit dem Rücktritte des Erblassers für den Verpflichteten der Anspruch auf Rückgabe des Geleisteten aus § 812 Abs 1 Satz 2. Handelt es sich auf seiten des Bedachten um andere als wiederkehrende oder um zeitlich begrenzte Leistungen, so ist das Rücktrittsrecht aus § 2295 nicht gegeben. Der Erblasser kann aber den Erbvertrag, gerade weil er kein gegenseitiger Vertrag ist (Kipp § 37 A 3, Leonhard IV), jedenfalls anfechten, auf Grund des § 812 auch Befreiung von der eingegangenen vertragsmäßigen Bindung beanspruchen (a. M. Planck A 4). War die vertragsmäßige Zuwendung von vornherein durch das Fortbestehen der Leistungspflicht des Bedachten bedingt, so wird sie durch den Wegfall dieser Verpflichtung ohne weiteres hinfällig.

§ 2296

Der Rücktritt kann nicht durch einen Vertreter erfolgen. Ist der Erblasser in der Geschäftsfähigkeit beschränkt, so bedarf er nicht der Zustimmung seines gesetzlichen Vertreters¹).

Der Rücktritt erfolgt durch Erklärung gegenüber dem anderen Vertragschließenden[2]. Die Erklärung bedarf der gerichtlichen oder notariellen Beurkundung[3].

E I 1958 II 2162 Abs 1, 2; M 5 343, 344; P 5 409, 410.

1. Abs 1 entspricht wörtlich der für die Anfechtung erteilten Vorschrift, s. § 2282 A 1/2. Der geschäftsunfähige Erblasser kann überhaupt nicht zurücktreten.

2. Die **Rücktrittserklärung** erfolgt in allen Fällen der §§ 2293—2295 **gegenüber dem anderen Vertragschließenden,** und zwar regelmäßig durch Übermittlung der betreffenden Urkunde gemäß §§ 130ff. (RG 65, 272). Auch dann, wenn der andere Teil mit dem Bedachten, aus dessen Person der Rücktrittsgrund abgeleitet wird, nicht identisch ist. Nach dem Tode des anderen Teiles vgl. § 2297. Der Rücktritt ist einseitig nicht widerruflich. Nur wenn er vertragsmäßig, und zwar unter Beobachtung der Form (§ 2290 Abs 4) wieder rückgängig gemacht wird, lebt der Erbvertrag wieder auf.

3. **Gerichtliche oder notarielle Beurkundung** § 128; EG Art 141; FGG §§ 167ff. Andere Formen des Rücktritts können auch im Erbvertrage nicht wirksam vereinbart werden. — Ebensowenig beim Widerruf wechselbezüglicher Verfügungen im gemeinschaftlichen Testament § 2271 A 1.

§ 2297

Soweit der Erblasser zum Rücktritte berechtigt ist, kann er nach dem Tode des anderen Vertragschließenden die vertragsmäßige Verfügung durch Testament aufheben[1]. In den Fällen des § 2294 finden die Vorschriften des § 2336 Abs 2 bis 4 entsprechende Anwendung[2].

E I 1961 II 2163; M 5 348, 349; P 5 397, 421, 422.

1. **Nach dem Tode des anderen Vertragschließenden** ist die Ausübung des **Rücktrittsrechts** (§§ 2293—2295) **nur durch Testament** zulässig. Und zwar gleichviel, ob der Rücktrittsgrund nach dem Tode oder schon bei Lebzeiten des anderen Teiles eingetreten ist. Doch verliert der Vorbehalt des Rücktritts beim zweiseitigen Erbvertrag mit dem Tode des Zuerstversterbenden seine Kraft, die Aufhebung ist jetzt nur noch unter Ausschlagung des Zugewendeten möglich (§ 2298 A 4). Die vertragsmäßige Verfügung (Erbeinsetzung, Vermächtnis, Auflage § 2278 Abs 2) kann im Testament schlechthin (§ 2254) oder auch mittelbar durch Errichtung eines der Verfügung widersprechenden Testaments aufgehoben werden (§ 2258). Wird das aufhebende Testament widerrufen, so tritt nach § 2257 der Erbvertrag wieder in Kraft. Eine Mitteilung an die Erben des anderen Vertragschließenden ist nicht erforderlich, der bloß ihnen gegenüber erklärte Rücktritt wäre unwirksam.

2. Beruht der Rücktrittsgrund nach § 2294 auf einer **Verfehlung des Bedachten,** so ist der Erblasser — abweichend von der Rücktrittserklärung unter Lebenden, § 2294 A 1 — durch § 2336 Abs 2 genötigt, den Grund der Entziehung im Testament anzugeben. Dieser Grund muß ferner zur Zeit der Testamentserrichtung noch bestehen, er darf mithin weder verziehen (§ 2337), noch darf im Falle des § 2333 Nr 5 Besserung des Lebenswandels eingetreten sein. Der Beweis des Rücktrittsgrundes liegt demjenigen ob, welcher die Aufhebung der Verfügung geltend macht. Auch nachträgliche Besserung macht nach § 2336 Abs 4 die Aufhebung hinfällig. Dagegen beseitigt nachträgliche Verzeihung, ebenso wie beim Rücktritt unter Lebenden (§ 2294 A 1) die einmal erklärte Aufhebung nicht (a. M. Strohal § 46 A 47; Leonhard, E). Für den nicht mit angezogenen § 2337 gewährt die Möglichkeit Ersatz, das aufhebende Testament zu widerrufen.

§ 2298

Sind in einem Erbvertrage von beiden Teilen vertragsmäßige Verfügungen getroffen, so hat die Nichtigkeit einer dieser Verfügungen die Unwirksamkeit des ganzen Vertrags zur Folge[1].

Ist in einem solchen Vertrage der Rücktritt vorbehalten, so wird durch den Rücktritt eines der Vertragschließenden der ganze Vertrag aufgehoben[2]. Das Rücktrittsrecht erlischt mit dem Tode des anderen Vertragschließenden[3]. Der Überlebende kann jedoch, wenn er das ihm durch den Vertrag Zugewendete ausschlägt, seine Verfügung durch Testament aufheben[4].

Die Vorschriften des Abs 1 und des Abs 2 Satz 1, 2 finden keine Anwendung, wenn ein anderer Wille der Vertragschließenden anzunehmen ist[5].

E I 1959, 1961 II 2164; M 5 344—346, 348, 349; P 5 413, 414, 421, 422.

1. § 2298 hat zur Voraussetzung einen **zweiseitigen Erbvertrag**, bei dem beide Vertragschließende als Erblasser — sei es zugunsten des anderen Teiles oder von Dritten — vertragsmäßige Verfügungen (Erbeinsetzungen, Vermächtnisse oder Auflagen § 2278 Abs 2) getroffen haben. Soweit eine derartige gegenseitige Bindung vorliegt, nimmt das Gesetz ohne weiteres, wiewohl unter Vorbehalt des Gegenbeweises nach Abs 3, ein Abhängigkeitsverhältnis zwischen mehreren Verfügungen an. Es läßt deshalb ebenso wie gemäß § 2270 Abs 1 beim wechselseitigen Testamente, bei **Nichtigkeit** auch nur **einer Verfügung den ganzen Erbvertrag**, d. h. sämtliche darin getroffenen vertragsmäßigen Verfügungen **unwirksam** werden. Die Nichtigkeit der Verfügung kann von Anfang an gegeben sein oder als Erfolg der Anfechtung eintreten (§ 142 Abs 1). Bloßes Unwirksamwerden infolge Wegfalls des darin Bedachten (durch Ausschlagung usw.) genügt nicht. Inwieweit Nichtigkeit einer vertragsmäßigen Verfügung auch den Bestand einseitiger im Erbvertrag getroffener Verfügungen (§ 2299) beeinflußt, ist nach § 2085 zu beurteilen.

2. Entsprechend dem Widerruf im Falle des § 2270 wirkt auch der **Rücktritt Aufhebung des ganzen Erbvertrags** im Sinne von Abs 1. Auch hier ist vorausgesetzt, daß es sich um einen zweiseitigen Erbvertrag handelt. Ferner, daß sich der eine oder der andere Teil gemäß § 2293 den Rücktritt vorbehalten hatte. Nicht getroffen werden deshalb die Fälle des Rücktritts wegen einer Verfehlung des Bedachten (§ 2294) und wegen Wegfalls einer ihm auferlegten Verpflichtung (§ 2295). Auch hier ist lediglich § 2085 entscheidend. Dasselbe gilt, wenn der Rücktritt nur in bezug auf eine einzelne vertragsmäßige Verfügung ausgeübt wird. Für einseitige Verfügungen vgl. § 2299 Abs 3.

3. Das **Erlöschen des Rücktrittsrechts mit dem Tode des anderen Vertragschließenden** (s. jedoch A 4) ist gleichfalls eine Besonderheit, die weder für den einseitigen Erbvertrag (s. § 2297 A 1) noch für die Rücktrittsfälle der §§ 2294, 2295 Geltung hat. Hat sich der Überlebende im Erbvertrage den Rücktritt nicht sowohl vom Vertrage, als nur von einer einzelnen Verfügung vorbehalten, so kann er im Rahmen dieses Vorbehalts auch nach dem Tode des Zuerstverstorbenen abweichende Verfügungen treffen (a. M. Planck A 3 b). Kein Erlöschen des Anfechtungsrechts § 2281 Abs 2.

4. Ebenso wie im Falle des wechselbezüglichen Testaments (§ 2271 A 4) kann der Überlebende von dem im Erbvertrage vorbehaltenen Rücktritt auch dann noch Gebrauch machen, wenn er die ihm selbst gemachten **vertragsmäßigen** — nicht notwendig auch die einseitigen — **Zuwendungen ausschlägt.** Es besteht mithin kein Rücktrittsrecht, wenn nur Dritte im Erbvertrag bedacht waren. Eine etwaige Ausschlagung des Dritten ist ohne Bedeutung (a. M. Kipp § 38 bei A 4). Der Rücktritt geschieht jetzt im Wege des **Testaments**, sei es, daß darin schlechthin widerrufen wird (§ 2254), oder daß inhaltlich vom Erbvertrag abweichende Verfügungen getroffen werden (§ 2258). Im einzelnen gilt auch hier das § 2271 A 4 Gesagte.

5. Das Gesetz gibt nur **Auslegungsregeln.** Insbesondere ist der Nachweis zugelassen, daß der eine der beiden Erblasser die selbständige Geltung seiner Verfügung gewollt habe und sie im Sinne von §§ 2085, 2270 A 1 auch ohne die nichtige oder widerrufene Verfügung des anderen Teiles getroffen haben würde. Die in § 2270 Abs 2 in dieser Beziehung aufgestellten Rechtsvermutungen sind hier nicht ohne weiteres maßgebend. Der Wille der Vertragschließenden soll entscheiden, auch wenn er nicht im Erbvertrage selbst Ausdruck gefunden hat. Das Rücktrittsrecht selbst wurzelt im Falle des Vorbehalts nur im Parteiwillen. Es kann deshalb jedenfalls wirksam bedungen sein, das vorbehaltene Rücktrittsrecht solle mit dem Tode des Zuerstverstorbenen nicht erlöschen. Von der für den Rücktritt erteilten Formvorschrift: Gebrauch der Testamentsform, kann der Überlebende allerdings nicht entbunden werden. Dagegen ist nicht abzusehen, warum er nicht von der materiellrechtlichen Verpflichtung: Ausschlagung des Zugewendeten als Vorbedingung des Rücktritts, vertragsmäßig befreit werden könnte. Umgekehrt kann der Rücktrittsvorbehalt aus § 2293 wirksam dahin eingeschränkt werden, daß der Rücktritt nur bei Lebzeiten des anderen Teiles zulässig, nach seinem Tode aber selbst mit dem Opfer der Ausschlagung nicht gestattet sein solle. Es ist daher ohne sachliche Bedeutung, wenn Abs 2 Satz 3 in Abs 3 nicht mit angezogen ist (a. M. Staudinger A 6). Der Beweis, daß ein anderer Vertragswille vorliege, ist von dem zu führen, der sich hierauf beruft.

§ 2299

Jeder der Vertragschließenden kann in dem Erbvertrag einseitig jede Verfügung treffen, die durch Testament getroffen werden kann[1]).

Für eine Verfügung dieser Art gilt das gleiche, wie wenn sie durch Testament getroffen worden wäre[2]). Die Verfügung kann auch in einem Vertrag aufgehoben werden, durch den eine vertragsmäßige Verfügung aufgehoben wird[3]).

Wird der Erbvertrag durch Ausübung des Rücktrittsrechts oder durch Vertrag aufgehoben, so tritt die Verfügung außer Kraft, sofern nicht ein anderer Wille des Erblassers anzunehmen ist[4]**).**

E I 1955, 1956 Abs 1, 1960 II 2165; M 5 333, 347, 348; P 5 398—404, 415—418.

1. **Einseitige Verfügungen** (§ 1937) im Gegensatze zu den vertragsmäßigen können gelegentlich des Erbvertrags oder Ehevertrags (§ 2276 Abs 2) in demselben Rechtsakte von dem einen oder dem anderen Vertragschließenden, auch von dem bloß annehmenden Teile getroffen werden. Sie können zum **Gegenstand** haben sowohl Erbeinsetzungen, Vermächtnisse, Auflagen, wenn vertragsmäßige Gebundenheit (§ 2278 Abs 2) nicht beabsichtigt ist, als auch letztwillige Anordnungen jeder anderen Art (vgl. § 2278 A 2). Voraussetzung ist, daß sie in einem gültigen Erbvertrag getroffen sind. Ist dieser wegen Formmangels, infolge durchgeführter Anfechtung oder aus anderen Gründen nichtig, so fallen damit auch die einen Bestandteil des Erbvertrags bildenden einseitigen Verfügungen zusammen.

2. Die **Anwendung der Testamentsvorschriften** bezieht sich zwar nicht auf die Testamentsform. Wohl aber wird persönliche Errichtung (§ 2064) und Testierfähigkeit gemäß § 2229 erfordert. Die verminderten Erfordernisse des Erbvertrags im Falle des § 2275 A 2 genügen nicht. Umgekehrt können, wenn der Erbvertrag als solcher z. B. wegen verweigerter Zustimmung des gesetzlichen Vertreters (§ 2275 A 3) unwirksam, aber den Testamentsvorschriften entsprochen ist, die einseitigen Verfügungen als gemeinschaftliches Testament wenigstens dann aufrechterhalten werden, wenn der Vertrag unter Ehegatten geschlossen ist (§ 2265).

3. Daß die einseitige Verfügung von dem Verfügenden (selbstverständlich nicht auch vom anderen Teile) durch Testament jederzeit frei widerrufen werden kann, ergeben §§ 2253, 2254, 2258. Es kann aber auch **durch aufhebenden Vertrag** gemäß § 2900 geschehen, wenn er sich nicht auf die einseitige Verfügung beschränkt, sondern zugleich mindestens eine vertragsmäßige Verfügung aufhebt. Daß die aufzuhebende einseitige und die vertragsmäßige Verfügung in einem und demselben Erbvertrag getroffen sein müßten, fordert das Gesetz nicht (a. M. Planck A 3 b; Staudinger A 2 a).

4. Die **Aufhebung des ganzen Erbvertrags** durch Rücktritt (§§ 2293—2297), wenn er von dem Urheber der Verfügung ausgeht, oder durch Vertrag (§ 2290), wirkt im Zweifel auch als Aufhebung der darin enthaltenen einseitigen Verfügung. Einen anders gearteten Willen des Erblassers hat zu beweisen, wer die fortdauernde Geltung der einseitigen Verfügung behauptet (vgl. auch § 2298 Abs 3). Beschränkt sich der Rücktritt oder die Aufhebung auf eine einzelne vertragsmäßige Verfügung, so tritt Unwirksamkeit der übrigen einseitigen Verfügungen nur unter den Voraussetzungen des § 2085 ein.

§ 2300

Die für die Eröffnung eines Testaments geltenden Vorschriften der §§ 2259 bis 2263, 2273 finden auf den Erbvertrag entsprechende Anwendung[1]**), die Vorschriften des § 2273 Satz 2, 3 jedoch nur dann, wenn sich der Erbvertrag in besonderer amtlicher Verwahrung befindet**[2]**).**

E I 1945 Satz 3 II 2166; M 5 319; P 5 381, 382, 459.

1. **Entsprechende Anwendung** von § 2259: Pflicht zur Ablieferung des urschriftlichen Erbvertrags an das Nachlaßgericht (KGJ 36 A 91). Sie kann von den Beteiligten durch Klage erzwungen werden (**RG** Warn 1913 Nr 246), trifft auch die Notare, und zwar ohne Unterschied, ob sich der Vertrag offen oder verschlossen bei ihnen in gewöhnlicher oder in besonderer amtlicher Verwahrung befindet. Auch dann, wenn der Vertrag vor 1. 1. 00 errichtet, der eine oder der andere Erblasser aber nach diesem Zeitpunkt verstorben ist (**RG** 48, 96). Ob der abgelieferte Vertrag bei dem Nachlaßgericht zu verbleiben hat oder dem Notar nach geschehener Eröffnung zurückzugeben ist, bestimmt sich nach Landesrecht (§ 2259 A 4). § 2260: Eröffnungstermin und Verkündung durch das Nachlaßgericht oder § 2261: durch ein anderes Gericht. Beschwerderecht des Nachlaßgerichts gegen verweigerte Übersendung der Urschrift KGJ 37 A 127. § 2262: Benachrichtigung der nicht erschienenen Beteiligten. § 2263: Nichtigkeit des Eröffnungsverbots. Das Recht auf Einsicht und Erteilung von Abschriften steht den Interessenten zu (**RG** 53, 393), zwar nicht auf Grund des nicht mit angezogenen § 2264, wohl aber nach FGG § 34.

2. Die **Verfügungen des überlebenden Vertragschließenden** sind, soweit sie sich sondern lassen, nach § 2273 Satz 1 **nicht zu verkünden.** Es bedarf aber keiner Abschrift von den Verfügungen des Erstverstorbenen und keiner neuen amtlichen Verwahrung (§ 2273 Satz 2, 3), wenn der Erbvertrag gemäß § 2277 A 3/4 von vornherein nur in gewöhnliche amtliche Verwahrung genommen war.

§ 2301

Auf ein Schenkungsversprechen, welches unter der Bedingung erteilt wird, daß der Beschenkte den Schenker überlebt[1]), finden die Vorschriften über Verfügungen von Todes wegen Anwendung[2]). Das gleiche gilt für ein schenkweise unter dieser Bedingung erteiltes Schuldversprechen oder Schuldanerkenntnis der in den §§ 780, 781 bezeichneten Art[3]).

Vollzieht der Schenker die Schenkung durch Leistung des zugewendeten Gegenstandes[4]), so finden die Vorschriften über Schenkungen unter Lebenden Anwendung[5]).

E 1 1963 II 2167; M 5 350—352; P 5 460—462.

1. **Schenkung von Todes wegen.** Das Schenkungsversprechen steht im Gegensatz zu der vollzogenen Schenkung des Abs 2. Der bloß Versprechende will nicht, daß der Gegenstand der Schenkung jetzt schon aus seinem Vermögen ausscheide. Will er aber jetzt schon dem Beschenkten oder seinen Erben endgültig zur Leistung verpflichtet sein, so handelt es sich lediglich um Schenkung unter Lebenden, auch dann, wenn die Erfüllung bis nach dem Tode des Schenkers hinausgeschoben ist; es kommt mithin nur § 518 zur Anwendung (**RG** 53, 296; 9. 11. 21 V 23/21). Anders dagegen, wenn der Schenker an sein Versprechen nur **unter der** ausdrücklich erklärten oder sich aus den Umständen ergebenden **Bedingung** gebunden sein will, **daß ihn der Beschenkte überlebt** (was auch mit Beschränkung auf den Fall bedungen werden kann, daß der Schenker in einer bestimmten Lebensgefahr umkommt). Der Eintritt gerade dieser Bedingung (des Erlebens des Todes des Schenkers durch den Beschenkten) bildet nach §§ 1923, 2074, 2160 die allgemeine Voraussetzung einer Zuwendung von Todes wegen. Deshalb sind nach folgerichtiger Vorschrift auch die hierfür geltenden Formen zu beobachten (A 2). Die Form des § 518 A 2 (gerichtliche oder notarielle Beurkundung) genügt nicht.

Von dem gegenüber dem Begünstigten abgegebenen Schenkungsversprechen von Todes wegen ist der Fall **zu unterscheiden,** daß jemand als Dritter durch einen zwischen zwei anderen Personen geschlossenen Vertrag in der Weise begünstigt wird, daß an ihn eine Leistung nach dem Tode desjenigen erfolgen soll, welchem sie versprochen wird. Aus einem derartigen **Vertrag zugunsten eines Dritten,** z. B. aus der Vereinbarung mit einer Bank oder Sparkasse, daß eine bereits früher oder gleichzeitig eingelegte Geldsumme nach dem Tode des Einlegers an den Dritten ausgezahlt werden soll, kann der Dritte gemäß §§ 328, 331 mit dem Todesfall unmittelbar das Recht erwerben, die Leistung zu fordern. Auch eine solche Zuwendung kommt in ihrem Endziel einer Verfügung von Todes wegen nahe, hat aber die Eigentümlichkeit, daß sich das so Zugewendete mit dem Tode des Verfügenden von seinem Vermögen trennt und nicht zu seinem Nachlasse gehört. Die Form der Verfügungen von Todes wegen oder überhaupt eine Form ist für dieses Geschäft nicht vorgeschrieben (**RG** 88, 137; 106, 1, wo die hiergegen in **RG** 98, 281 geäußerten Bedenken fallen gelassen sind).

2. Nach den Vorschriften über **Verfügungen von Todes wegen** gestaltet sich das Schenkungsversprechen, je nachdem das ganze Vermögen oder nur einzelne Gegenstände zugewendet werden, als Erbeinsetzung oder Vermächtnis. Der Entw I § 1963 erklärte demgemäß „die Vorschriften über den Erbeinsetzungsvertrag oder den Vermächtnisvertrag" für anwendbar. Dadurch, daß an die Stelle dieser Worte die Worte „Vorschriften über Verfügungen von Todes wegen" gesetzt sind, sollte nach Prot 5, 461 keine sachliche Änderung herbeigeführt werden. Dem entspricht die Stellung des § 2301 in dem Abschnitt „Erbvertrag". Einem einseitigen Schenkungsversprechen legt das Gesetz hier ebensowenig wie in den §§ 516ff. rechtliche Bedeutung bei. Danach ist ein Schenkungsversprechen von Todes wegen nur bei Einhaltung der für den Erbvertrag geltenden Vorschriften bindend. Anders in einer beiläufigen Bemerkung **RG** (7. ZS) 83, 227 und die früheren Auflagen dieses Kommentars, von denen ein einseitiges Schenkungsversprechen in Testamentsform zugelassen wird. Das kann nur in dem Sinne aufrechterhalten werden, daß eine in Testamentsform abgegebene Erklärung, mit der den Worten nach eine „Schenkung" von Todes wegen gemacht ist, in Zweifelsfällen (§ 2084 A 1) als eine letztwillige Verfügung zur Geltung gebracht werden kann (**RG** LZ 1924, 162[2]). Ein Widerruf des Schenkungsversprechens von Todes wegen nach §§ 530ff. findet nicht statt; es gelten lediglich die §§ 2290ff., 2293ff. über Aufhebung und Rücktritt vom Erbvertrag.

3. Entsprechend § 518 Abs 1 Satz 2 sind das **Schuldversprechen** (§ 780) und das **Schuldanerkenntnis** (§ 781) unter die gleichen Vorschriften gestellt, wenn der abstrakte Vertrag eine Schenkung zum Rechtsgrunde hat und durch das Überleben des Beschenkten bedingt ist.

4. Die **Schenkung ist vollzogen** durch Bewirkung der versprochenen oder der im Schuldversprechen oder Schuldanerkenntnis übernommenen Leistung (s. § 518 A 4). Hierzu genügt weder die Übergabe des Schenkungsgegenstandes an einen Boten, der die Sache erst nach dem Tode des Schenkers dem Beschenkten überbringt (RG 83, 223), oder ein entsprechender, erst nach dem Tode des Schenkers ausgeführter Auftrag (RG Recht 1924 Nr 169) noch die bloße Übergabe eines Schuldscheins an den Beschenkten, sei es auch mit der Ermächtigung, den Schenkungsgegenstand nach dem Tode des Schenkers von dem dritten Schuldner in Empfang zu nehmen (RG JW 04, 337[3]), noch der Vermerk auf einem vom Beschenkten ausgestellten Schuldschein, der Schein werde mit dem Tode des Erblassers ungültig (RG Warn 08 Nr 302), noch die Vollmacht, das Bankguthaben des Schenkers im Falle seines Todes abzuheben, selbst wenn sie mit der Erklärung erteilt wird, das Geld solle dem Bevollmächtigten gehören (RG LZ 1919, 692[6]). Dagegen genügt Abtretung des Herausgabeanspruchs gemäß § 931 (RG Warn 09 Nr 33). Ebenso Übergabe eines Sparkassenbuchs im Sinne der Abtretung des Sparkassenguthabens (RG Gruch 50, 651; Warn 1915 Nr 142); eine solche Abtretung an den von Todes wegen zu Beschenkenden kann auch darin gefunden werden, daß ihm ein an die Sparkassenverwaltung gerichtetes Ersuchen um Umschreibung des Guthabens übergeben wird (RG 23. 6. 19 IV 108/19). Ein schenkweise erfolgender Schulderlaß (§ 397) trägt auch dann, wenn er an die Bedingung geknüpft ist, daß der Schuldner den Gläubiger überlebt, die Vollziehung der Schenkung in sich (RG 53, 294; Warn 1921 Nr 95). Überall macht es keinen Unterschied, ob die Leistung gleichzeitig mit der Schenkung oder erst hinterher, mit der Absicht, das vorausgegangene Schenkungsversprechen zu erfüllen, bewirkt wird (RG Warn 1913 Nr 249; 1915 Nr 142).

5. Nach den **Vorschriften über Schenkungen unter Lebenden** (§ 518 Abs 2) macht die Vollziehung der Schenkung zugleich die Beobachtung der Form überflüssig. Damit entfällt auch die Form der Verfügung von Todes wegen. Der Vorbehalt des Widerrufs ist auch bei der vollzogenen Schenkung zulässig. Im übrigen bestimmt sich der Widerruf nach §§ 530—533 (RG JW 1914, 301[8]). Auch die vollzogene Schenkung von Todes wegen steht unter der Bedingung des Überlebens des Beschenkten (RG Warn 1921 Nr 95). Sie wird regelmäßig als auflösende aufzufassen sein, in dem Sinne, daß die Schenkung mit dem früheren Tode des Beschenkten an den Schenker zurückfallen soll. Sie kann aber auch aufschiebend gewollt sein (§ 158). Anrechnung der Schenkung auf den Pflichtteil § 2315; Ergänzung des Pflichtteils § 2325. — Im Erbschaftssteuerrecht wird die Schenkung von Todes wegen, wenn sie unter Lebenden vollzogen ist, als Schenkung, sonst als Erwerb von Todes wegen behandelt (ErbschStG in der Fassung v. 22. 8. 25 §§ 1, 2 Abs 1 Nr 3, § 3).

§ 2302

Ein Vertrag, durch den sich jemand verpflichtet, eine Verfügung von Todes wegen zu errichten oder nicht zu errichten, aufzuheben oder nicht aufzuheben, ist nichtig[1]).

E I 1754 II 2168; M 5 8; P 5 5, 462.

1. Das Gesetz kennt zwar eine erbrechtliche Bindung des Erblassers durch Erbvertrag (§ 2278 A 1) und im Falle des § 2271 Abs 2 durch Errichtung eines gemeinschaftlichen Testaments, erklärt aber darüber hinaus zur Wahrung völliger **Testierfreiheit** jede vertragsmäßige Beschränkung des Erblassers in Beziehung auf Verfügungen von Todes wegen (§ 1937 A 1) für nichtig. Dies gilt auch von Beschränkungen, zu denen sich der Erblasser unter dem älteren Rechte verpflichtet hatte (RG 75, 34; KG JRdsch 1927 Nr 246). Diese von jedermann geltend zu machende Nichtigkeit ergreift auch etwa bedungene Vertragsstrafen (§ 344). Ebensowenig begründet der Bruch solchen nichtigen Vertrags eine Schadensersatzpflicht (RG 28. 4. 27 IV 579/26). Auch im Erbvertrage können die Vertragschließenden auf das Recht der Aufhebung gemäß §§ 2290—2292 oder des Rücktritts gemäß §§ 2294, 2295 nicht wirksam verzichten. Die Verpflichtung, keine Verfügung von Todes wegen zu errichten, kann schon nach § 2278 Abs 2 nicht vertragsmäßig eingegangen werden. Sie wäre nur zu halten, wenn sie sich in eine Erbeinsetzung der gesetzlichen Erben umdeuten läßt. Die Verpflichtung, eine ältere Verfügung von Todes wegen nicht aufzuheben, wäre nur wirksam, wenn diese Verfügung, einen dem § 2278 Abs 2 entsprechenden Inhalt (Erbeinsetzung, Vermächtnis, Auflage) vorausgesetzt, inhaltlich oder in überreichter Urschrift auf dem Wege des § 2238 (vgl. § 2276 A 2) zum Bestandteil des Erbvertrags gemacht würde. Die bloße Bezugnahme auf eine ältere Verfügung kann schon wegen Unzulässigkeit des mystischen Testaments nicht genügen (§ 2086 A 1). Noch weniger kann sich der Erblasser einseitig in der Testierfreiheit beschränken oder die Gültigkeit späterer Verfügungen von der Einhaltung selbst gesetzter Formen abhängig machen (derogatorische Klausel § 2253 A 1). Bei Nicht-

beobachtung dieser Formen kann jedoch der Zweifel entstehen, ob die errichtete Verfügung von Todes wegen als fertige und gültige gewollt sei.

Ist eine Bedenkung durch letztwillige Verfügung als Vergütung für Dienstleistungen od. dgl. versprochen, so kann in Frage kommen, ob das Versprechen ausschließlich diese Bedenkung zum Gegenstande hatte und deshalb nach der vorliegenden Vorschrift nichtig ist oder ob die Vergütung in allgemeiner Weise versprochen wurde und die in Aussicht gestellte letztwillige Verfügung nur den Gegenstand einer unschädlichen Nebenabrede über die Art der Erfüllung bildet (**RG** 18. 5. 16 VI 32/16).

Fünfter Abschnitt

Pflichtteil

Das BGB gibt auch den nächsten Angehörigen kein Recht darauf, Erbe zu werden, kennt also kein formelles Noterbrecht. Es gewährt aber den Abkömmlingen, den Eltern und dem Ehegatten des Erblassers ein materielles Pflichtteilsrecht auf den halben Geldwert des gesetzlichen Erbteils. Dieses Recht ist verschieden ausgestaltet, je nachdem der Pflichtteilsberechtigte ganz von der Erbfolge ausgeschlossen (§ 2303), auf einen hinter der Hälfte des gesetzlichen Erbteils zurückbleibenden oder auf einen beschränkten oder beschwerten Erbteil eingesetzt (§§ 2305, 2306) oder mit einem Vermächtnisse bedacht ist (§ 2307). Im Falle des § 2306 Abs 1 Satz 1 wird das Pflichtteilsrecht unmittelbar dadurch gewahrt, daß die Beschränkungen oder Beschwerungen des den Pflichtteil nicht übersteigenden Erbteils als nicht angeordnet gelten. Sonst entspringt aus dem Pflichtteilsrecht ein persönlicher Anspruch auf eine Geldzahlung. Unter Umständen (§ 2306 Abs 1 Satz 2, § 2307) muß der Pflichtteilsberechtigte das ihm Zugewendete ausschlagen, um den Pflichtteil fordern zu können. Anfechtung dieser Ausschlagung § 2308. Das Pflichtteilsrecht nachrückender Abkömmlinge und der Eltern wird durch dasjenige des weggefallenen Vorberechtigten beeinflußt (§ 2309). Die Grundsätze über die Berechnung des Pflichtteils sind in §§ 2310—2313, mit Rücksicht auf die Ausgleichungspflicht unter Abkömmlingen in § 2316 enthalten. Sie verwickeln sich, wenn zugleich nach § 2315 die Anrechnung einer unter Lebenden gemachten Zuwendung auf den Pflichtteil angeordnet ist. Schuldner des Pflichtteilsanspruchs (§ 2317) ist grundsätzlich der Erbe, der nach § 2314 auch auskunftspflichtig ist. Er kann aber nach näherer Vorschrift der §§ 2318 bis 2324 durch entsprechende Kürzungen auch Vermächtnisnehmer und Auflagenbeteiligte zur Tragung der Pflichtteilslast mit heranziehen. Als außerordentliches, wiewohl mit in den Rahmen des Pflichtteilsanspruchs fallendes Rechtsmittel steht endlich dem durch Schenkungen unter Lebenden verkürzten Pflichtteilsberechtigten nach §§ 2325—2331 der Anspruch auf Ergänzung des Pflichtteils (querela inofficiosae donationis) grundsätzlich gegen den Erben, ausnahmsweise auch unmittelbar gegen den Beschenkten zu (§ 2329). Verjährung des Pflichtteilsanspruchs § 2332. Entziehung des Pflichtteils nur unter den Voraussetzungen der §§ 2333—2337. Enterbung in guter Absicht § 2338. Auslegungsregel über die Bedeutung einer letztwilligen Zuwendung des Pflichtteils § 2304.

Über den Unterschied zwischen Pflichtteilsrecht und Pflichtteilsanspruch vgl. § 2317 A 1, 4; über die Aufwertung dieses Anspruchs § 2317 A 2.

§ 2303

Ist ein Abkömmling[1]) des Erblassers durch Verfügung von Todes wegen von der Erbfolge ausgeschlossen[2]), so kann er von dem Erben den Pflichtteil verlangen[3]). Der Pflichtteil besteht in der Hälfte des Wertes des gesetzlichen Erbteils[4]).

Das gleiche Recht steht den Eltern und dem Ehegatten des Erblassers zu, wenn sie durch Verfügung von Todes wegen von der Erbfolge ausgeschlossen sind[1]).

E I 1975 Abs 1, 1976 Abs 2, 1978; M 5 382—391; P 5 497—500.

1. Das **Pflichtteilsrecht** steht nur zu den **Abkömmlingen** (§ 1924 A 2, beim Zusammentreffen mit der märkischen Witwe **RG** 65, 249), den **Eltern** (§ 1925 A 2, beim Zusammentreffen mit dem überlebenden Ehegatten, der in westfälischer Gütergemeinschaft gelebt hat, **RG** 82, 264) und dem **Ehegatten** (§§ 1931—1933), nicht auch den Geschwistern, Voreltern und sonstigen Verwandten des Erblassers. Beschränkung der entfernteren Abkömmlinge und der Eltern § 2309, Voraus des Ehegatten § 2311 A 2. Abfindung des unehelichen Kindes mit dem Pflichtteilsbetrage durch den Erben des Vaters § 1712 Abs 2.

2. Voraussetzung des hier gegebenen Anspruchs auf den vollen Pflichtteil ist, daß der Pflichtteilsberechtigte **durch Verfügung von Todes wegen von der Erbfolge ausgeschlossen** worden ist. Und zwar von jeder, nicht bloß von der gesetzlichen Erbfolge, sei es positiv durch die Zuwendung des ganzen Nachlasses an andere als Erben, sei es negativ durch die Anordnung, daß er nicht Erbe sein solle (§ 1938). Ist ein zur Zeit des Erbfalls vorhandener Pflichtteilsberechtigter unabsichtlich übergangen, so kann er nach §§ 2079, 2281 Abs 1 die Verfügung von Todes wegen anfechten und sich damit das volle gesetzliche Erbrecht verschaffen.

3. Der ausgeschlossene Pflichtteilsberechtigte erwirbt mit dem Erbfall als Nachlaßgläubiger (§ 1967 A 4) den ordentlichen **Pflichtteilsanspruch** auf eine der Hälfte seines gesetzlichen Erbteils gleichkommende Geldsumme als persönlichen Anspruch gegen den Erben (§ 2317); bei Vor- und Nacherbfolge kann er bis zum Eintritt des Nacherbfalls nur den Vorerben, nicht auch gleichzeitig den Nacherben belangen (RG 113, 50). Daneben steht ihm nach §§ 2325—2331 als außerordentliches Rechtsmittel der Ergänzungsanspruch zu, soweit der Nachlaß innerhalb der letzten 10 Jahre vor dem Erbfall durch Schenkungen vermindert worden ist. Ist der Pflichtteilsberechtigte als Erbe eingesetzt, so vermindert sich der Pflichtteilsanspruch, soweit er als Erbe bedacht ist (§ 2305). Entsprechend beim Vermächtnis, wenn es nicht ausgeschlagen wird, § 2307 Abs 1. Beschränkungen und Beschwerungen des (gegen die Vermutung des § 2304 zugewendeten) Pflichterbteils werden nach § 2306 ohne weiteres hinfällig.

4. Der Pflichtteil ist regelmäßig nicht selbst Erbteil, sondern bemißt sich nur wirtschaftlich und ziffermäßig nach der **Hälfte des Wertes des gesetzlichen Erbteils.** Dieser „Erbteil" ist identisch mit dem ganzen Nachlaß, wenn der Pflichtteilsberechtigte der einzige gesetzliche Erbe sein würde. Berechnungsgrundsätze §§ 2311 ff. Und zwar ist der Erbteil zugrunde zu legen, der dem betreffenden Pflichtteilsberechtigten gebührt hätte, wenn er im Augenblicke des Erbfalls aus eigenem Rechte gesetzlicher Erbe des betreffenden Erblassers geworden wäre, sei es auch, daß ihm vorgehende Pflichtteilsberechtigte erst nach dem Erbfall weggefallen sind (vgl. aber auch §§ 2309, 2310). Verzicht auf den Pflichtteil § 2346 Abs 2, Entziehung des Pflichtteils §§ 2333—2337. Aufwertung des Pflichtteilsanspruchs § 2317 A 2.

§ 2304

Die Zuwendung des Pflichtteils ist im Zweifel nicht als Erbeinsetzung anzusehen[1]).

E I 1977 II 2170; M 5 391; P 5 499, 500.

1. **Auslegungsregel,** wonach die Zuwendung des Pflichtteils dem Bedachten im Zweifel nicht die Erbenstellung (§ 2087), sondern nur ein Forderungsrecht gegen den Nachlaß (§ 2317) verschaffen will. Ob ihm dies Forderungsrecht schlechthin, oder als Gegenstand eines Vermächtnisses zukommen soll, so daß § 2307 und auf die Verjährung des Anspruchs nicht § 2332, sondern §§ 195, 198 anwendbar wären, ist ebenfalls Auslegungsfrage, deren Entscheidung davon abhängt, ob der Erblasser dem Pflichtteilsberechtigten etwas zuwenden oder ihn nur von allem ausschließen wollte, auf das er keinen unentziehbaren gesetzlichen Anspruch habe; haben Eltern ein Kind für den Fall, daß es die von ihnen mit Bezug auf seinen Erbteil getroffene Regelung nicht anerkennen würde, auf den Pflichtteil „beschränkt", so liegt es nahe, darin nur die Verweisung auf den gesetzlichen Pflichtteilsanspruch zu finden (RG 113, 237; OLG 44, 106). Auch die Einsetzung des Pflichtteilsberechtigten zum „Erben" schließt die Annahme nicht aus, daß er gleichwohl nur ein Forderungsrecht haben soll, falls dies nach den zu § 2084 A 2 dargelegten Auslegungsgrundsätzen als der wahre, wenngleich unvollkommen ausgedrückte Wille des Erblassers ermittelt werden kann (RG Warn 1913 Nr 428; 1914 Nr 220). Den Beweis, daß Erbeinsetzung gewollt sei, hat zu führen, wer daraus Rechte herleitet, z. B. der Gläubiger, der den Pflichtteilsberechtigten wegen einer Nachlaßverbindlichkeit in Anspruch nimmt.

§ 2305

Ist einem Pflichtteilsberechtigten ein Erbteil hinterlassen, der geringer ist als die Hälfte des gesetzlichen Erbteils[1]), so kann der Pflichtteilsberechtigte von den Miterben als Pflichtteil den Wert des an der Hälfte fehlenden Teiles verlangen[2]).

E I 1979 II 2171; M 5 391, 392; P 5 500—503.

1. Vorausgesetzt ist, daß der Pflichtteilsberechtigte durch Verfügung von Todes wegen oder kraft der insoweit unberührt gebliebenen gesetzlichen Erbfolge zwar als **Erbe** berufen, gleichwohl aber im Pflichtteil geschmälert ist, sei es, daß er ausdrücklich **auf weniger als die Hälfte des gesetzlichen Erbteils** eingesetzt ist, oder daß ihm infolge der sonstigen Ver-

gebungen des Nachlasses nicht einmal diese Hälfte verbleibt. Ist er als Vermächtnisnehmer bedacht, so gilt § 2307, im Falle der Beeinträchtigung des hinterlassenen Erbteils durch Beschränkungen und Beschwerungen § 2306.

2. Der Bedachte bleibt jedenfalls Erbe zu dem ihm zugewendeten Bruchteil der Erbschaft. Daneben steht ihm, insoweit als Nachlaßgläubiger, der **Geldanspruch** des § 2317 **auf den Fehlbetrag** zu, der sich als Unterschied zwischen dem Schätzungswerte des ihm ausgesetzten und der Hälfte des gesetzlichen Erbteils ergibt. Auf diesen Geldanspruch bleibt er auch dann beschränkt, wenn er als Erbe ausschlagen sollte (**RG** 93, 9; 113, 48). Namentlich ist er in diesem Falle nicht berechtigt, etwa den vollen gesetzlichen Erbteil (§ 1948 A 1) oder auch nur den vollen Pflichtteilsanspruch geltend zu machen. Auch der so beschränkte Pflichtteilsanspruch begründet eine Nachlaßverbindlichkeit und ist gemäß § 2046 bei der Auseinandersetzung zu erledigen, an der ja der Pflichtteilsberechtigte als Miterbe gleichfalls teilnimmt. Beschränkte Haftung der übrigen Erben § 2063 A 2, Pflichtteilslast § 2319. Von einer „Ergänzung" des Pflichtteils im technischen Sinne spricht das Gesetz nur, wenn eine Beeinträchtigung durch Schenkung unter Lebenden eingetreten ist (§§ 2325 ff.).

§ 2306

Ist ein als Erbe berufener Pflichtteilsberechtigter[1]) durch die Einsetzung eines Nacherben, die Ernennung eines Testamentsvollstreckers oder eine Teilungsanordnung beschränkt oder ist er mit einem Vermächtnis oder einer Auflage beschwert[2]), so gilt die Beschränkung oder die Beschwerung als nicht angeordnet, wenn der ihm hinterlassene Erbteil die Hälfte des gesetzlichen Erbteils nicht übersteigt[3]). Ist der hinterlassene Erbteil größer, so kann der Pflichtteilsberechtigte den Pflichtteil verlangen, wenn er den Erbteil ausschlägt[4]); die Ausschlagungsfrist beginnt erst, wenn der Pflichtteilsberechtigte von der Beschränkung oder der Beschwerung Kenntnis erlangt[5]).

Einer Beschränkung der Erbeinsetzung steht es gleich, wenn der Pflichtteilsberechtigte als Nacherbe eingesetzt ist[6]).

E I 1981 Abs 1 Satz 1, Abs 2, 2034 Abs 1 II 2172; M 5 394—399, 504, 505; P 5 506—510, 514—516, 627; 6 354.

1. Wie im Falle des § 2305 ist vorausgesetzt, daß der **Pflichtteilsberechtigte als Erbe berufen** ist. Seine Berufung kann auch hier entweder auf Verfügung von Todes wegen oder darauf beruhen, daß insoweit gesetzliche Erbfolge eintritt (**RG** Recht 1924 Nr 1002; 12. 1. 25 IV 480/24). Ist er mit einem Vermächtnis bedacht, so gilt § 2307.

2. **Beschränkungen und Beschwerungen** des dem Pflichtteilsberechtigten ausgesetzten Erbteils werden vom Gesetz verschieden behandelt, je nachdem dieser Erbteil, d. h. die Erbquote ohne Rücksicht auf den durch die Beschränkungen oder Beschwerungen geminderten Wert des Hinterlassenen (**RG** 93, 8; SeuffA 74 Nr 107; JW 1925, 359[12] sowie RFH 3, 63), größer ist als die Hälfte des gesetzlichen Erbteils oder diese nicht übersteigt (ihr gleichkommt oder dahinter zurückbleibt). Das Gesetz hat dabei nur den Regelfall des § 2303 Abs 1 Satz 2 im Auge. Ist der Pflichtteil, weil eine Anrechnung (§ 2315) oder Ausgleichung (§ 2316) oder beides stattzufinden hat, größer oder geringer als die Hälfte des gesetzlichen Erbteils, so ist an deren Stelle der rechnerische Betrag des Pflichtteils in dem Sinne maßgebend, daß der Wert, den der Berechtigte unter Berücksichtigung der Anrechnung und Ausgleichung als Pflichtteil erhalten würde, zu vergleichen ist mit dem Rohwert des hinterlassenen Erbteils, ohne Abzug der Beschränkungen und Beschwerungen (**RG** 93, 3; 113, 48; Recht 1925 Nr 462). Als Beschränkungen kommen nur in Betracht: a) Einsetzung eines Nacherben hinter dem als Vorerben berufenen Pflichtteilsberechtigten (§ 2100). So insbesondere, wenn der überlebende Ehegatte als Vorerbe, die Kinder als Nacherben berufen sind. Dagegen kommt § 2306 nicht in Frage, wenn die Kinder durch gemeinschaftliches Testament nach dem Überlebenden schlechthin als Erben des gesamten beiderseitigen Nachlasses berufen und damit zugleich von der Erbfolge in den Nachlaß des Zuerstverstorbenen ausgeschlossen sind. Aus diesem Nachlasse sogleich den Pflichtteil zu fordern bleibt ihnen unverwehrt (§ 2269 A 2). Den Fall, daß der Pflichtteilsberechtigte selbst als Nacherbe eingesetzt ist, behandelt Abs 2 (A 6). b) Ernennung eines Testamentsvollstreckers. Sie beschränkt den Erben sowohl in der Richtung der §§ 2203, 2204, als insbesondere dadurch, daß er über einen der Verwaltung des Testamentsvollstreckers unterliegenden Gegenstand nicht verfügen kann (§ 2211). c) Teilungsanordnungen § 2048 A 1. Hierzu gehört auch die Anordnung, der Pflichtteilsberechtigte habe sich Zuwendungen unter Lebenden anrechnen zu lassen, deren Kürzung er nach den Grundsätzen

der §§ 2315, 2316 nicht zu dulden braucht (RG 67, 309; 113, 46). Die Aufzählung der für den Pflichtteilsberechtigten nicht verbindlichen Beschränkungen ist erschöpfend. Es gehören deshalb nicht hierher die sog. familienrechtlichen Anordnungen, z. B. Bestimmung des Pflichtteils zum Vorbehaltsgut §§ 1369, 1638 u. dgl. Ebensowenig die Erbeinsetzung unter einer aufschiebenden Bedingung. Für den maßgebenden Zeitpunkt des Erbfalls (§ 2317) ist der so Bedachte jedenfalls ausgeschlossen. Ob ihm auch nur die Nacherbenstellung gemäß § 2105 zukommt, bleibt ungewiß. Er ist deshalb auch nicht im Sinne von Abs 2, d. h. unbedingt als Nacherbe eingesetzt (a. M. Kipp § 132 A 10). Daraus folgt, daß er sogleich den Pflichtteil fordern kann, ohne zur Ausschlagung genötigt zu sein. Nimmt er aber nach Eintritt der Bedingung den Erbteil an, so versteht sich von selbst, daß er sich den bereits empfangenen Pflichtteil hierauf anrechnen zu lassen oder ihn zurückzugeben hat. Dasselbe gilt, wenn der Pflichtteilsberechtigte nur zum Ersatzerben berufen ist (§ 2096). War der Erblasser nach §§ 2333 ff. zur Entziehung des Pflichtteils berechtigt, hat er aber statt dessen in den Formen des § 2306 Beschränkungen und Beschwerungen des Pflichtteilsberechtigten angeordnet, oder hat er unter den Voraussetzungen des § 2338 in guter Absicht verfügt, so kann sich der Bedachte hiervon nicht durch Berufung auf § 2306 befreien. Beschränkungen usw., die schon vor dem Erbfall oder durch Ausschlagung des Bedachten mit Wirkung auf die Zeit des Erbfalls weggefallen sind (§§ 1953 Abs 1, 2180 Abs 3), kommen überhaupt nicht in Betracht, der nachträgliche Wegfall kann aber den Pflichtteilserben berechtigen, gemäß § 2308 die Ausschlagung des Erbteils anzufechten. Ist er unbeschränkt und unbeschwert gerade auf den Pflichtteil als Erbe eingesetzt, so kann er nicht ausschlagen und statt dessen den Pflichtteilsanspruch als Nachlaßgläubiger geltend machen (§ 2305 A 2).

3. Ist der ausgesetzte **Erbteil geringer als der Pflichtteil oder gleich dem Pflichtteil** (A 2 a. A.), so fallen die der Erbeinsetzung hinzugefügten Beschränkungen und Beschwerungen im Verhältnis zu dem Pflichtteilsberechtigten kraft Gesetzes weg (RG JW 1911, 370[30]). Die Darlegung von Martin Wolff (Gruch 67, 261), daß sich der Pflichtteilserbe die Freiheit von den angeordneten Beschränkungen und Beschwerungen nicht aufdrängen zu lassen brauche, erscheint mit dem geltenden Gesetz unvereinbar. Anders liegt es, wenn der Erblasser den Pflichtteilsberechtigten ausdrücklich vor die Wahl gestellt hatte, unter gewissen Beschränkungen oder Beschwerungen Pflichtteilserbe oder nur gewöhnlicher Pflichtteilsgläubiger zu werden. Schlägt er in diesem Falle nicht rechtzeitig aus, so bleibt er, obwohl nur Pflichtteilserbe, auch an die hinzugefügten Beschränkungen gebunden (RG Warn 1913 Nr 250). Von diesem Falle abgesehen, bleibt ihm, wenn der Erbteil noch hinter dem Pflichtteil zurückbleibt, der Anspruch auf Vervollständigung nach § 2305; auch bei Ausschlagung des Erbteils hat er nur diesen Anspruch, nicht den Anspruch auf den vollen Pflichtteil (RG 93, 3; 113, 48). Schlägt er aus, so kommt dem nach § 2161 nachrückenden Beschwerten § 2322 zugute. Die Beschränkungen usw., z. B. eine Teilungsanordnung, daß sich der Pflichtteilsberechtigte eine unter Lebenden empfangene Zuwendung auf den Pflichtteil anrechnen zu lassen habe, sind auch dann zu streichen, wenn der Pflichtteilsberechtigte nicht als Erbe berufen, sondern von der Erbfolge ausgeschlossen und dadurch lediglich Nachlaßgläubiger auf den Pflichtteilsanspruch geworden ist (RG 67, 309).

4. Ist der **Erbteil größer als der Pflichtteil** (A 2 a. A.), so entsteht dem Erben das Wahlrecht, entweder den Erbteil auszuschlagen, sich hierdurch von allen Beschränkungen usw. zu befreien und sich auf Geltendmachung des Forderungsrechts aus §§ 2303, 2317 zu beschränken, oder anzunehmen und sich damit den ihm auferlegten Beschränkungen usw. auf die Gefahr hin zu unterwerfen, daß ihm daraus eine Beeinträchtigung im Pflichtteil erwächst, gegen die er sich nur im Rahmen der §§ 2318 ff. schützen kann. Die Regelung entspricht dem Sachstande, wie wenn der Erblasser mit der gemeinrechtlichen cautela Socini verfügt hätte. Auch heute noch kann der Erblasser in entsprechender Weise verfügen, auch außerhalb des eigentlichen Pflichtteilsrechts. So kann er anordnen, daß ein Abkömmling die Verwaltung seines Anteils an der fortgesetzten Gütergemeinschaft durch einen Dritten zu dulden habe, widrigenfalls sein Anteil auf die Hälfte herabgesetzt sein solle (§ 1512); eine solche Anordnung hat zwar keine dingliche Wirkung, nötigt aber den Abkömmling, wenn er sich nicht mit der Hälfte begnügen will, ihr nachzukommen (RG LZ 1915, 1657[13]). Vgl. auch über die Verwirkungsklausel § 2074 A 1. Anfechtung der Ausschlagung § 2308. — Verhältnis zu § 2338 s. dort A 3.

5. Die **Ausschlagungsfrist** beginnt regelmäßig mit erlangter Kenntnis von dem Erbanfall und dem Grunde der Berufung und nicht vor Verkündung der die Erbeinsetzung enthaltenden Verfügung von Todes wegen (§ 1944 A 1—3). Diese allgemeinen Voraussetzungen müssen auch gegeben sein, damit die Frist gegen den Pflichtteilserben zu laufen beginnt (RG 59, 341; Warn 1914 Nr 26). Fällt bei ihm mit der Kenntnis von jenen Umständen die Kenntnis von der Beschränkung oder Beschwerung nicht zusammen, so wird zu seinen Gunsten der Fristbeginn auf solange hinausgeschoben. Daraus, daß ihm das Gesetz je nach der Größe des Erbteils zwei verschiedenartige Rechtsbehelfe an die Hand gibt, folgt ferner, daß ihm die Frist auch nicht eher laufen kann, als bis er davon Kenntnis erlangt, daß

ihm mehr als die Hälfte des gesetzlichen Erbteils hinterlassen ist. Ist er deshalb zwar als Erbe, aber auf Summen oder einzelne Gegenstände eingesetzt (§ 2087 A 2), so beginnt die Frist erst, wenn er das Wertsverhältnis der Zuwendung zum ganzen Nachlaß und damit den auf ihn entfallenen Bruchteil der Erbschaft zu übersehen vermag (RG 113, 48). Ist der Pflichtteilserbe unmittelbar auf einen Bruchteil eingesetzt, so ist mit der Kenntnis dieses Bruchteils in der Regel auch die Kenntnis davon gegeben, ob der hinterlassene Erbteil die Hälfte des gesetzlichen Erbteils übersteigt; auf die Kenntnis vom Bestande des Nachlasses kommt es dann nicht an. Von dieser Regel ist aber für die Fälle eine Ausnahme zu machen, in denen bei der Berechnung des Pflichtteils Anrechnungs- oder Ausgleichungspflichten zu berücksichtigen sind (A 2). In diesen Fällen beginnt die Ausschlagungsfrist erst, wenn der Pflichtteilserbe weiß, ob sein Erbteil den ihm bei Berücksichtigung der gesetzlichen Anrechnungs- oder Ausgleichungspflichten zukommenden Pflichtteilsbetrag übersteigt (RG 113, 45; 12. 1. 25 IV 480/24).

6. Ist der **Pflichtteilsberechtigte lediglich als Nacherbe eingesetzt** und übersteigt dieser Nacherbteil nicht den Pflichtteil, so verwandelt sich die Nacherbeinsetzung sogleich in die gewöhnliche Erbeinsetzung und es gilt das A 3 Gesagte (RG 22. 11. 06 IV 186/06). Ist der Nacherbteil größer als der Pflichtteil, so hat er gemäß A 4 das Wahlrecht, ob er die ihm angetragene Nacherbschaft annehmen, oder ob er sie ausschlagen und statt dessen den Pflichtteil fordern will. Zur Erklärung hierüber ist er jedoch grundsätzlich nicht vor Eintritt der Nacherbfolge verpflichtet (§ 2142 A 1). Auch dieser Zeitpunkt setzt die Frist nicht in Lauf, solange er nicht Kenntnis von der in seiner Nacherbeinsetzung liegenden Beschränkung erhalten hat (RG 59, 345). Freilich läuft ihm unabhängig hiervon die dreijährige Verjährungsfrist des Pflichtteilsanspruchs aus § 2332 Abs 2, 3. Er ist also, wenn er sich den Pflichtteilsanspruch sichern will, der wiederum von der vorgängigen Ausschlagung der Nacherbschaft abhängig ist, schließlich doch genötigt, von der in § 2142 Abs 1 ihm nur wahlweise nachgelassenen Ausschlagung unter Umständen bereits vor Eintritt der Nacherbfolge Gebrauch zu machen (RG a. a. O.).

§ 2307

Ist ein Pflichtteilsberechtigter mit einem Vermächtnisse bedacht, so kann er den Pflichtteil verlangen, wenn er das Vermächtnis ausschlägt[1]. Schlägt er nicht aus, so steht ihm ein Recht auf den Pflichtteil nicht zu, soweit der Wert des Vermächtnisses reicht[2]; bei der Berechnung des Wertes bleiben Beschränkungen und Beschwerungen der im § 2306 bezeichneten Art außer Betracht[3].

Der mit dem Vermächtnisse beschwerte Erbe kann den Pflichtteilsberechtigten unter Bestimmung einer angemessenen Frist zur Erklärung über die Annahme des Vermächtnisses auffordern[4]. Mit dem Ablaufe der Frist gilt das Vermächtnis als ausgeschlagen, wenn nicht vorher die Annahme erklärt wird[5].

E I 1980, 1982 II 2173; M 5 392—394, 399—401; P 5 503—506, 510, 511.

1. Der Pflichtteilsberechtigte ist niemals genötigt, sich wegen seines Pflichtteilsanspruchs in der Form des **Vermächtnisses** befriedigen zu lassen, gleichviel ob es dem Pflichtteil gleichkommt, oder ihn übersteigt oder dahinter zurückbleibt (§ 2306 A 3, 4). Doch gehört zur Begründung des Pflichtteilsanspruchs, daß der Bedachte zuvor das Vermächtnis ausgeschlagen hat (§ 2180).

2. Schlägt er aus, so steht ihm der Pflichtteilsanspruch in voller Höhe zu, wie wenn ihm nichts zugewendet wäre. Pflichtteilslast desjenigen, welchem die Ausschlagung zustatten kommt §§ 2321 ff. Anfechtung der Ausschlagung § 2308. **Schlägt er nicht aus,** so kann er, wie im Falle des § 2305 A 2 neben dem Erbteil, so auch neben dem Vermächtnis, falls sein durch Schätzung zu ermittelnder Wert hinter dem Pflichtteil zurückbleibt, **Vervollständigung des Pflichtteils** mit dem Geldanspruch des § 2317 fordern. Insoweit er sich das Vermächtnis auf den Pflichtteil anrechnen zu lassen hat, steht es nach KO § 226 Abs 3 dem Pflichtteilsrechte gleich.

3. Beim Vermächtnis sind **Beschränkungen** im Sinne von § 2306 A 2 denkbar entsprechend der Nacherbeinsetzung durch Anordnung eines Nachvermächtnisses nach § 2191. Ferner durch Ernennung eines Testamentsvollstreckers in Beziehung auf den Gegenstand des Vermächtnisses (§§ 2211, 2212) und zur Ausführung der dem Vermächtnisnehmer auferlegten Beschwerungen (§ 2223). Auch Teilungsanordnungen können in Frage kommen. **Beschwerungen** in Form von Untervermächtnissen und dem Vermächtnisnehmer gemachten Auflagen (§§ 2147, 2192). Alle derartigen Beschränkungen und Beschwerungen bleiben,

wenn der Pflichtteilsberechtigte nicht ausschlägt, abweichend von § 2306 A 3 auch dann für ihn bindend, wenn der Wert des Vermächtnisses den Pflichtteil nicht erreicht. Trotzdem darf er die hieraus sich ergebenden Einbußen vom Werte des Vermächtnisses nicht absetzen, kann insoweit auch vom Erben keine Vervollständigung mit Hilfe des Pflichtteilsanspruchs verlangen und geht unter Umständen leer aus, wenn ihm nach Erfüllung der auf dem Vermächtnis liegenden Beschwerungen nichts übrigbleibt (§ 2187). Die Annahme des Vermächtnisses anzufechten ist er nur nach den allgemeinen Grundsätzen der §§ 119ff. berechtigt. Befristungen und Bedingungen der Vermächtniszuwendung gehören nicht zu den „Beschränkungen und Beschwerungen" im Sinne des Gesetzes (§ 2306 A 2), soweit damit nicht ein Nachvermächtnis nach § 2191 angeordnet ist. Der Pflichtteilsberechtigte muß nach Satz 1 auch solche Vermächtnisse ausschlagen, wenn er den vollen Pflichtteil verlangen will. Ist das Vermächtnis aufschiebend befristet oder bedingt (§ 2177), so kann er zwar nicht vor dem Eintritte der Bedingung oder des Termins zur Erklärung nach Abs 2 aufgefordert werden. Will er jedoch nicht ausschlagen, sondern sich vorbehalten, neben dem Vermächtnis den Anspruch auf Vervollständigung des Pflichtteils zu erheben (A 2), so kann er durch die Rücksicht auf die dreijährige Verjährungsfrist (§ 2332 Abs 3) genötigt sein, noch vor Eintritt der Bedingung oder des Termins die Annahme des noch schwebenden Vermächtnisses zu erklären und damit die Gefahr der völligen Vereitelung desselben zu übernehmen.

4. Da beim Vermächtnis eine gesetzliche Ausschlagungsfrist nicht läuft (§ 2180 A 1), so darf der **beschwerte Erbe** — nicht ein etwa beschwerter Vermächtnisnehmer —, um sich Gewißheit darüber zu verschaffen, ob er das Vermächtnis oder den Pflichtteil zu leisten hat, dem Bedachten eine **angemessene Frist zur Erklärung** setzen. Eine Form ist hierfür nicht vorgeschrieben. Mehrere Erben können die Frist nur gemeinschaftlich setzen. Sie ist nicht angemessen, wenn sie früher abläuft, als eine Inventarfrist, die dem Erben selbst gemäß § 1994 auf Antrag des Pflichtteilsberechtigten bestimmt worden ist (RG Recht 08 Nr 350). Fristsetzung bei aufschiebend befristeten und bedingten Vermächtnissen s. A 3.

5. **Fristablauf gilt als Ausschlagung** mit der Wirkung A 1, auch ohne daß sie gemäß § 2180 dem Beschwerten gegenüber erklärt worden ist. Ob in der Erhebung des Pflichtteilsanspruchs gegen den Erben, zumal wenn er mit dem Beschwerten identisch ist, zugleich die Ausschlagung enthalten sei, ist Tatfrage. Will der Bedachte das Vermächtnis fordern, so hat er zu beweisen, daß er noch vor Ablauf der gesetzten (angemessenen) Frist angenommen habe. — Ist der Pflichtteilsberechtigte sowohl als Erbe eingesetzt wie als Vermächtnisnehmer bedacht, so hat er sich, wenn er das Vermächtnis nicht ausschlägt, jedenfalls dessen Wert auf den Pflichtteil anrechnen zu lassen. Sei es, daß er den die Hälfte des gesetzlichen Erbteils übersteigenden Erbteil ausschlägt (§ 2306 A 4) und nur den reinen Pflichtteilsanspruch erhebt. Sei es auch, daß er neben dem zu geringen Erbteil (§ 2306 A 3) bloß Vervollständigung des Pflichtteils fordert. Erlangt er auf diesem Wege den vollen Pflichtteil, oder kommt der Erbteil von vornherein dem Pflichtteil gleich, und macht er darüber hinaus noch das Vermächtnis geltend, so stellt er sich damit auf den Boden des mit mehr als dem Pflichtteil bedachten Erben. Er kann deshalb in diesem Falle nicht verlangen, daß die dem Erbteil beigefügten Beschränkungen und Beschwerungen gestrichen werden.

§ 2308

Hat ein Pflichtteilsberechtigter, der als Erbe oder als Vermächtnisnehmer in der im § 2306 bezeichneten Art beschränkt oder beschwert ist, die Erbschaft oder das Vermächtnis ausgeschlagen, so kann er die Ausschlagung anfechten, wenn die Beschränkung oder die Beschwerung zur Zeit der Ausschlagung weggefallen und der Wegfall ihm nicht bekannt war[1]).

Auf die Anfechtung der Ausschlagung eines Vermächtnisses finden die für die Anfechtung der Ausschlagung einer Erbschaft geltenden Vorschriften entsprechende Anwendung. Die Anfechtung erfolgt durch Erklärung gegenüber dem Beschwerten[2]).

E I 2040 Abs 1 II 2174; M 5 510—512; P 5 631; 6 319, 320, 328.

1. Die Kenntnis des Pflichtteilsberechtigten von den dem Erbteil oder dem Vermächtnis beigefügten Beschränkungen und Beschwerungen ist für Ausübung des durch §§ 2306, 2307 ihm verliehenen Wahlrechts so wesentlich (so auch § 2306 A 5), daß ihm das Gesetz gestattet, die **Ausschlagung anzufechten** nicht bloß unter den allgemeinen Voraussetzungen der §§ 119ff., sondern schon auf Grund der Tatsache, daß die Beschränkungen usw. zur Zeit der Ausschlagung weggefallen und der Wegfall ihm nicht bekannt war. Für beides ist der Anfechtende beweispflichtig. Die Anfechtung selbst vollzieht sich in den Formen und Fristen der

§§ 1954, 1955. Sie gilt nach § 1957 Abs 1 zugleich als Annahme des Erbteils und hat demgemäß den Verlust des Pflichtteilsanspruchs zur Folge. Daraus folgt aber nicht, daß die Anfechtung als Verzicht auf den Pflichtteil aufzufassen wäre und vormundschaftsgerichtliche Genehmigung nach § 1822 Nr 2 erforderte. Vielmehr handelt es sich sachlich nur um eine veränderte Ausübung des Wahlrechts. § 2308 spricht nur von Anfechtung der Ausschlagung. Ob auch eine irrtümlich, d. h. in Unkenntnis angeordneter Beschränkungen usw. erklärte Annahme anfechtbar sei, ist nach § 119 zu beurteilen. Jedenfalls ist die Anfechtung sowohl der Ausschlagung als der Annahme ausgeschlossen, wenn sich der Bedachte nur über die Tragweite der Beschränkungen usw. und den wirtschaftlichen Wert der Zuwendung getäuscht hat (vgl. RG 103, 21). Maßgebend für den Wegfall der Beschränkung usw. selbst und der Kenntnis hiervon ist die **Zeit der Ausschlagung.** Ist sie erst nach dieser Zeit, z. B. durch Ausschlagung eines Bedachten, Erbunwürdigkeit, weggefallen, so ist die Anfechtung nicht gegeben, obschon der Wegfall nach §§ 1953 Abs 2, 2344 Abs 2 auf die Zeit des Erbfalls zurückdatiert wird.

2. Für **Anfechtung der Vermächtnisausschlagung** gelten sonst keine besonderen Bestimmungen. Die entsprechende Übernahme der für die Erbschaftsausschlagung geltenden Vorschriften ergibt Unanwendbarkeit der §§ 1955 u. 1957 Abs 2, da an Stelle des Nachlaßgerichts der Beschwerte tritt. Die Anfechtung bedarf deshalb auch keiner Form. Anfechtbar ist auch die fingierte Ausschlagung des § 2307 A 5. — Vererblichkeit des Anfechtungsrechts § 2317 A 2.

§ 2309

Entferntere Abkömmlinge und die Eltern des Erblassers sind insoweit[4]) nicht pflichtteilsberechtigt[1]), als ein Abkömmling, der sie im Falle der gesetzlichen Erbfolge ausschließen würde[2]), den Pflichtteil verlangen kann[3]) oder das ihm Hinterlassene annimmt[4]).

E I 1983 II 2175; M 5 401—403; P 5 511—513.

1. Leitender Gedanke ist: „Demselben Stamme darf nicht zweimal ein Pflichtteil gewährt werden" (M 5, 401; Prot 5, 512). Jedoch befreit die Auszahlung des Pflichtteils an ein unberechtigtes Stammesmitglied nicht von der Verpflichtung zur Zahlung an den Berechtigten (RG 93, 193). Das **Nachrücken entfernterer Abkömmlinge und der Eltern des Erblassers** in die Stellung des nächsten Pflichtteilsberechtigten (§ 2303 A 4) soll nicht zur Erhöhung der Pflichtteilslast führen. Anderseits kommt es dem Erben und nicht den entfernteren Berechtigten zugute, wenn der nächste Berechtigte von seinem Pflichtteilsrechte nicht oder nicht rechtzeitig Gebrauch macht. Das selbständige Pflichtteilsrecht des Ehegatten (§ 2303 A 1) wird hiervon nicht berührt. Der entferntere Berechtigte (E) kommt hier nur in der Eigenschaft eines Pflichtteilsberechtigten aus eigenem Rechte in Betracht. Es ist also vorausgesetzt, daß er an sich unmittelbar zur gesetzlichen Erbfolge als Abkömmling oder Elternteil berufen wäre, aber im Einzelfalle durch Verfügungen von Todes wegen von der Erbschaft ausgeschlossen ist (§ 2303), oder daß er, weil ihm ein zu geringer Erbteil oder ein zu geringes Vermächtnis zugewendet ist, auf Vervollständigung des Pflichtteils Anspruch hat (§§ 2305 A 2, 2307 A 2), oder daß er den hinterlassenen größeren, aber mit Beschränkungen oder Beschwerungen verbundenen Erbteil, oder daß er das Vermächtnis ausgeschlagen hat (§§ 2306 A 4, 2307 A 1). Trifft eine dieser Voraussetzungen schon auf den Nächstberechtigten (A) zu und hat A den Pflichtteilsanspruch auch aus anderen Gründen nicht eingebüßt, so kann A den Pflichtteil verlangen und schließt damit allein schon den E aus (A 3).

2. Ein Pflichtteil des entfernteren Berechtigten E kommt nur in Frage, **wenn das Erb- oder Pflichtteilsrecht des ihm vorgehenden A weggefallen ist.** Der Fall der gesetzlichen Erbfolge ist in Anlehnung an § 1924 Abs 2 nur hypothetisch herangezogen. Keineswegs ist vorausgesetzt, daß A ausdrücklich oder stillschweigend von der gesetzlichen Erbfolge ausgeschlossen wäre (§ 1938). Im Gegenteil erwächst ihm gerade durch die Ausschließung ein Pflichtteilsanspruch (§ 2303). Ob im übrigen der Nachlaß, gegen den der Pflichtteilsanspruch zusteht, nach der gesetzlichen oder der gewillkürten Erbfolge vererbt wird, ist ohne Bedeutung.

3. Der nachrückende Berechtigte E ist nur insoweit pflichtteilsberechtigt, als der ihm vorgehende Berechtigte A **den Pflichtteil nicht verlangen kann.** Der Fall, daß A bereits vor dem Erblasser verstorben war, ist hierbei gänzlich auszuscheiden, da er nach § 1923 Abs 1 nicht Erbe werden und daher auch keinen Pflichtteilsanspruch erwerben konnte. Es kommen vielmehr nur folgende vier Wegfallsgründe in Betracht. a) Ausschlagung: Bildet sie die gesetzliche Voraussetzung für Geltendmachung seines Pflichtteilsrechts (§§ 2306 A 4, 2307 A 1), so kann A in diesem Falle den Pflichtteil fordern und ein Pflichtteilsrecht des E kommt insoweit nicht in Frage. Hat dagegen A ausgeschlagen, ohne daß hierdurch der Pflichtteilsanspruch (ganz

oder zum Teil) für ihn ausgelöst worden wäre, so ist, da A insoweit den Pflichtteil nicht verlangen kann, der gemäß § 1953 Abs 2 (s. auch § 2069) nachrückende E seinerseits an der Einforderung des Pflichtteils nicht gehindert. So wenn A ausgeschlagen hat, sei es den zu geringen Erbteil (§ 2305 A 2), oder den beschränkten oder beschwerten zu geringen oder dem Pflichtteil gleichkommenden Erbteil (§ 2306 A 3), oder endlich den unbeschränkten oder unbeschwerten den Pflichtteil übersteigenden Erbteil. b) Erbunwürdigkeit: Ist der Nächstberechtigte A für erbunwürdig erklärt, so gilt er als bereits vor dem Erbfall verstorben und kann selbstverständlich den Pflichtteil nicht verlangen (§ 2344). Dagegen ist der nachrückende E daran nicht gehindert. Steht dem Verlangen des A die Einrede aus § 2345 Abs 2 entgegen, so ist vorerst ungewiß, ob er den Pflichtteilsanspruch hat. Erst wenn der Erbe von der Einrede wirksam Gebrauch gemacht hat, ist sein Verlangen hinfällig. c) Erbverzicht: Hat A auf das gesetzliche Erbrecht verzichtet und gilt der Verzicht gemäß der Vermutung des § 2350 Abs 2 nicht zugunsten der Eltern des Erblassers, so bleibt ihm, wenn sonst ein Elternteil nachrücken würde, das gesetzliche Erbrecht und als Ausfluß dessen unter den Voraussetzungen A 1 a. E. auch der Pflichtteilsanspruch gewahrt. Pflichtteilsansprüche der Eltern können deshalb nicht in Frage kommen. Beschränkte sich der Verzicht des A, sein gesetzliches Erbrecht unberührt lassend, auf das Pflichtteilsrecht (§ 2346 Abs 2), so wird er gegenstandslos, wenn es demnächst wirklich zur gesetzlichen Erbfolge kommt. War jedoch A bei Eintritt des Erbfalls tatsächlich auf den Pflichtteil gewiesen (A 1 a. E.), so kann er kraft seines Verzichts den Pflichtteil nicht verlangen und der nachrückende E kann deshalb seinerseits den Pflichtteil fordern. Erstreckte sich der von A auf sein gesetzliches Erbteil erklärte Verzicht nach der Vermutung des § 2349 zugleich auf seine Abkömmlinge, so ist damit sowohl sein eigenes wie das Pflichtteilsrecht der Abkömmlinge ausgeschlossen (§ 2346 A 3), während dasjenige der nachrückenden Eltern unberührt bleibt. Hat endlich A nur für seine Person, aber schlechthin, sei es auf das gesetzliche Erbrecht oder auf das Pflichtteilsrecht verzichtet, so kann er keinesfalls den Pflichtteil verlangen und eben deshalb steht der Pflichtteilsanspruch nunmehr dem nachrückenden Abkömmling oder Elternteil zu. d) Entziehung des Pflichtteils nach § 2333 macht den Nächstberechtigten A des Pflichtteilsanspruchs verlustig, beeinträchtigt aber nicht den Anspruch des entfernteren Abkömmlings oder des Elternteils. Beschränkung des Pflichtteilsrechts in guter Absicht (§ 2338) läßt einen Pflichtteilsanspruch weder auf seiten des in dieser Weise Beschränkten, noch der entfernteren Berechtigten entstehen. — Beginn der Verjährungsfrist vgl. § 2332 A 1. Ein zwischen dem nicht pflichtteilsberechtigten näheren Abkömmling und dem Erben ergangenes rechtskräftiges Urteil oder ein zwischen diesen über den Pflichtteil geschlossener Vergleich hat auf das Pflichtteilsrecht des entfernteren Abkömmlings keinen Einfluß (RG 93, 193).

4. **Insoweit.** Der entferntere Berechtigte E ist niemals in höherem Umfange pflichtteilsberechtigt, als es der Nächstberechtigte A gewesen wäre. E muß sich deshalb auf seinen Pflichtteil anrechnen lassen, was A darauf verlangen konnte, auch wenn A von seinem Rechte, so insbesondere auf Vervollständigung des Pflichtteils nach §§ 2305 A 2, 2306 A 3, 2307 A 2 nicht Gebrauch gemacht hat. Er muß sich aber auch schlechthin anrechnen lassen, was A **als ihm hinterlassen angenommen hat.** Die allgemeine Fassung berechtigt nicht, nach der Art der Hinterlassung von Todes wegen oder nach den verschiedenen Wegfallsgründen A 3 a—d zu unterscheiden. Waren derartige Zuwendungen mit Beschränkungen oder Beschwerungen verbunden, so ist der hierdurch verminderte Wert durch Schätzung zu ermitteln. Eine Streichung der Beschränkungen nach den Sondervorschriften der §§ 2306 A 3 oder 2307 A 3 kommt hier nicht in Frage. Anrechnung von Vorempfängen auf den Pflichtteil s. §§ 2315 A 8, 2316 A 7. (Näheres über vielfach widerstreitende Meinungen zu § 2309 bei Planck und Staudinger.)

§ 2310

Bei der Feststellung des für die Berechnung des Pflichtteils maßgebenden Erbteils werden diejenigen mitgezählt, welche durch letztwillige Verfügung von der Erbfolge ausgeschlossen sind oder die Erbschaft ausgeschlagen haben oder für erbunwürdig erklärt sind[1]). Wer durch Erbverzicht von der gesetzlichen Erbfolge ausgeschlossen ist, wird nicht mitgezählt[2]).

E I 1984 II 2176; M 5 403, 405; P 5 513, 514, 516—518.

1. Für die **Berechnung des Pflichtteils** als Hälfte des Wertes des gesetzlichen Erbteils (§ 2303 A 4) ist derjenige Erbteil maßgebend, welcher auf den betreffenden Pflichtteilsberechtigten entfallen wäre, wenn es ohne Rücksicht auf die tatsächlich erfolgte Ausschließung (§§ 2303 A 2, 2333), Ausschlagung (§§ 1953, 2306 A 4) oder Erbunwürdigkeitserklärung (§ 2344) zur regelmäßigen gesetzlichen Erbfolge aller im Einzelfall berufenen gesetzlichen Erben ge-

kommen wäre. Nur der Verzichtende ist und bleibt auch bei dieser bloß fiktiven Erbfolge ausgeschlossen, wie wenn er zur Zeit des Erbfalls nicht mehr lebte (A 2). Dies hat zur Folge, daß der Wegfall eines Erben durch Ausschließung usw. den Divisor nicht vermindert, also den Erbteil und damit den Pflichtteil der übrigen nicht vergrößert, daß vielmehr die Ausschließung usw. lediglich dem Erben zustatten kommt. Rücken gemäß § 2309 entferntere Abkömmlinge des Erblassers als Pflichtteilsberechtigte ein, so versteht sich schon nach dem Grundsatze des § 1924 Abs 2 von selbst, daß der weggefallene nähere Abkömmling und der Stamm der an seine Stelle tretenden entfernteren Abkömmlinge nicht zweimal gezählt werden. Auch sonst ist vorausgesetzt, daß eine gesetzliche Erbfolge der mehreren in Betracht kommenden Pflichtteilsberechtigten nebeneinander überhaupt möglich ist. Stünde den Eltern wegen des Vorhandenseins wenigstens eines pflichtteilsberechtigten Abkömmlings kein gesetzliches Erbrecht zu (§ 1930), so haben sie auch kein Pflichtteilsrecht (§ 2309). Erst wenn sämtliche Abkömmlinge durch Ausschlagung, wirksame Entziehung des Pflichtteils, Erbunwürdigkeit oder Erbverzicht weggefallen sind, kommt ein gesetzliches, aber zugleich auch ausschließliches gesetzliches Erbrecht und demgemäß auch Pflichtteilsrecht der Eltern in Frage. Daneben auch die weggefallenen Abkömmlinge mitzuzählen, ist begrifflich unmöglich. Treffen nach den Grundsätzen der gesetzlichen Erbfolge (§§ 1925, 1931) die Eltern oder der überlebende Ehegatte des Erblassers mit anderen Verwandten zusammen, die als gesetzliche, wenn auch nicht als pflichtteilsberechtigte Erben in Betracht kommen oder kommen würden, so bestimmt sich der Pflichtteil des Elternteils oder Ehegatten wiederum so, als kämen neben ihnen die mitzuzählenden ausgeschlossenen usw. Verwandten wirklich zur gesetzlichen Erbfolge. Der Pflichtteil des Ehegatten bleibt mithin $^1/_2$ von $^1/_4 = {}^1/_8$ des Nachlasses, auch wenn an Stelle des ausschlagenden Kindes nunmehr die Eltern des Erblassers (mit je $^1/_8$) pflichtteilsberechtigt werden, obgleich der Ehegatte gemäß § 1931 neben den Eltern an sich zu $^1/_2$ von $^1/_2 = {}^1/_4$ pflichtteilsberechtigt wäre.

2. Im Falle des **Erbverzichts**, dem in der Regel eine anderweite Abfindung aus dem Vermögen des Erblassers zugrunde liegt, bleibt es auch für die Berechnung des Pflichtteils bei dem Grundsatze des § 2346 A 3. Und zwar gleichviel, ob der Verzicht gegen oder ohne Entgelt erklärt war. Der Verzichtende wird jedoch gezählt, vermindert somit den Pflichtteil der übrigen Berechtigten, wenn sein Verzicht gemäß § 2346 Abs 2 auf das Pflichtteilsrecht beschränkt war. Daß neben ihm die an seine Stelle tretenden Abkömmlinge nicht noch besonders gezählt werden, ist selbstverständlich. — Ebenso § 2316 A 4. Soweit die Erbteile wegen der zu erwartenden Geburt eines Miterben usw. nicht bestimmbar sind (§ 2043), muß vorerst auch die Feststellung des Pflichtteils unterbleiben.

§ 2311

Der Berechnung des Pflichtteils wird der Bestand und der Wert des Nachlasses zur Zeit des Erbfalls zugrunde gelegt¹). Bei der Berechnung des Pflichtteils der Eltern des Erblassers bleibt der dem überlebenden Ehegatten gebührende Voraus außer Ansatz²).

Der Wert ist, soweit erforderlich, durch Schätzung zu ermitteln. Eine vom Erblasser getroffene Wertbestimmung ist nicht maßgebend³).

E I 1985, 1986 Abs 1, 2, 1987; M 5 405—407, 409; P 5 518.

1. Für die **Wertsermittlung** ist wie beim Inventar (§ 2001) der Bestand **zur Zeit des Erbfalls** maßgebend, auch wenn der dem Pflichtteilsberechtigten in Aussicht gestellte Erbteil schon unter Lebenden an ihn ausgekehrt worden wäre (RG 67, 307). Spätere Wertssteigerungen kommen dem Pflichtteilsberechtigten nicht zugute. Erhebliche Wertsverminderungen ändern nichts am Betrage des ermittelten Pflichtteils (RG JW 1910, 238¹⁰), doch kann der Erbe nach allgemeinen Grundsätzen die beschränkte Haftung geltend machen. Dagegen nimmt der als Erbe eingesetzte Pflichtteilsberechtigte an den Wertsveränderungen des Nachlasses teil. Der Bestand ergibt sich nach Abzug der Nachlaßverbindlichkeiten von den Aktiven des Nachlasses; Rechtsverhältnisse, die infolge des Erbganges durch Vereinigung von Recht und Verbindlichkeit erloschen sind, gelten hierbei entsprechend den §§ 1976, 2143, 2377 u. a. als nicht erloschen (OLG 30, 234). Die Nachlaßverbindlichkeiten sind nur in dem Umfange anzusetzen, wie wenn es zur reinen gesetzlichen Erbfolge gekommen wäre. Danach sind zwar allgemeine, zur Feststellung und Sicherung des Nachlasses aufgewendete oder noch aufzuwendende Kosten unter den Passiven einzustellen, so die Kosten der Nachlaßverwaltung (RG JW 06, 114¹³; OLG 40, 152). Es bleiben aber die durch Errichtung der Verfügung von Todes wegen, Bestellung eines Testamentsvollstreckers (a. M. SeuffA 62 Nr 42) usw. verursachten Kosten grundsätzlich außer Betracht. Ebenso die Kosten der Nachlaßverteilung, die den einzelnen Erben treffende Erbschaftssteuer (wegen der inzwischen aufgehobenen

Nachlaßsteuer vgl. ErbschStG v. 10. 9. 19 § 17 Abs 4) und die lediglich auf Anerkenntnis der Erben beruhenden Schulden. Vermächtnisse und Auflagen, einschließlich der Ansprüche auf den Dreißigsten (§ 1969 A 7) stehen, und zwar nicht bloß im Konkurse (KO § 226 Nr 5), dem Pflichtteilsanspruche nach, kommen deshalb bei Berechnung des Pflichtteils nicht in Frage (s. aber § 2318 A 1). Pflichtteilsansprüche selbst kommen nicht in Abzug, da sie einen Nachlaßüberschuß voraussetzen, wohl aber als reine Nachlaßverbindlichkeit die Abfindung eines unehelichen Kindes mit dem Pflichtteilsbetrage nach § 1712 A 2 (**RG** 90, 202). Ob eine dem Erblasser angefallene Erbschaft oder ein ihm angefallenes Vermächtnis endgültig dem Nachlaß zugeführt oder durch Ausschlagung (§§ 1952, 2180 Abs 3) aus ihm ausgeschieden werden soll, hängt von der freien, durch den Pflichtteilsberechtigten nicht angreifbaren Entschließung des Erben ab (a. M. Planck-Strohal A 2b α, wonach durch willkürliche Ausschlagung des Erben der Pflichtteil nicht soll verkürzt werden können).

2. Der **Voraus** (§ 1932) kommt bei Ermittlung des Pflichtteils von Abkömmlingen als Nachlaßvermögen besonderer Art nicht in Frage. Gegenüber dem elterlichen Pflichtteil wird der überlebende Ehegatte dadurch begünstigt, daß die zum Voraus gehörigen Haushaltungsgegenstände usw. von vornherein aus den Aktiven des Nachlasses ausscheiden. Jedoch nur dann, wenn der Voraus dem Ehegatten gebührt. Dies trifft nach § 1932 nur dann zu, wenn der Ehegatte neben Verwandten der zweiten Ordnung oder neben Großeltern gesetzlicher Erbe geworden ist; der Fall, daß die in § 1932 angeführten Gegenstände um deswillen an ihn gelangen, weil er durch Verfügung von Todes wegen zum Alleinerben eingesetzt ist, gehört darum nicht hierher (§ 1932 A 1; a. M. Kassel Recht 1925 Nr 463). Ebensowenig „gebührt" der Voraus dem Ehegatten, wenn er ihm entzogen oder wenn der Ehegatte für erbunwürdig erklärt ist. Dagegen gebührt er ihm auch dann, wenn er demnächst ausgeschlagen wird. Jedenfalls hat der Voraus nicht selbst auch Pflichtteilseigenschaft. Vielmehr werden bei Ermittlung des Pflichtteils des Ehegatten die zum Voraus gehörenden Gegenstände zusammen mit den übrigen Nachlaßgegenständen unter den Nachlaßaktiven eingestellt.

3. Ermittlung durch **Schätzung** soweit erforderlich, z. B. nicht bei kurshabenden Wertpapieren, wohl aber bei einem Hause ohne Rücksicht auf den nachmals in der Zwangsversteigerung ermittelten Erlös (**RG** JW 1910, 238[10]). Bei einem Landgut ist im Falle des § 2312 der Ertragswert maßgebend. Diese Vorschrift steht dem nicht entgegen, daß der Ertragswert auch in anderen Fällen berücksichtigt wird, z. B. bei der Schätzung eines Landguts für die Inflationszeit mit ihren unverhältnismäßig niedrigen Verkaufspreisen (**RG** LZ 1926, 1132[2]). Auch sonst kann für die Inflationszeit außer dem Verkaufswert auch der innere Wert in Betracht kommen (**RG** JRdsch 1927 Nr 1119). Eine wirtschaftliche Einheit, z. B. ein gewerbliches Unternehmen, kann einen anderen Wert haben als die einzelnen Gegenstände. Dann entscheidet der Wert der wirtschaftlichen Einheit, und zwar nicht nur, wenn er höher ist als der Wert der einzelnen Gegenstände (BayObLG 22 A 188: Konzessionsapotheke), sondern auch, wenn bei Einstellung des Unternehmens, das der Erbe fortsetzt, und Verkauf der dem Betriebe gewidmeten Gegenstände mehr herausgekommen wäre, als das Unternehmen zur Zeit des Erbfalls wert war (Kipp § 131, 2a). Ungewisse Rechte usw. § 2313. **Wertsbestimmungen des Erblassers** sind als Teilungsanordnungen maßgebend § 2048), jedoch nur insoweit, als sie den Berechtigten nicht im Pflichtteil verkürzen (vgl auch § 2316 A 6). Er muß sie sich unbeschränkt gefallen lassen, soweit sie an Stelle gänzlicher Entziehung des Pflichtteils (§ 2333) angeordnet sind. Besondere Wertsberechnung bei Vorempfängnissen (§§ 2315, 2316) und ergänzungspflichtigen Schenkungen (§§ 2325, 2328). Auskunftspflicht des Erben § 2314. Pflichtteilsberechnung bei fortgesetzter Gütergemeinschaft § 1511.

§ 2312

Hat der Erblasser angeordnet oder ist nach § 2049 anzunehmen, daß einer von mehreren Erben das Recht haben soll, ein zum Nachlasse gehörendes Landgut zu dem Ertragswerte zu übernehmen, so ist, wenn von dem Rechte Gebrauch gemacht wird, der Ertragswert auch für die Berechnung des Pflichtteils maßgebend[1]). Hat der Erblasser einen anderen Übernahmepreis bestimmt, so ist dieser maßgebend, wenn er den Ertragswert erreicht und den Schätzungswert nicht übersteigt[2]).

Hinterläßt der Erblasser nur einen Erben, so kann er anordnen, daß der Berechnung des Pflichtteils der Ertragswert oder ein nach Abs 1 Satz 2 bestimmter Wert zugrunde gelegt werden soll[3]).

Diese Vorschriften finden nur Anwendung, wenn der Erbe, der das Landgut erwirbt, zu den im § 2303 bezeichneten pflichtteilsberechtigten Personen gehört[4]).

P 6 330—335, 448—450.

1. Die Vorschriften dienen dazu, dem **Übernehmer eines Landguts,** Anerben, falls er selbst zu den pflichtteilsberechtigten Personen gehört (Abs 3), auch hinsichtlich der Pflichtteilslast dadurch Erleichterung zu verschaffen, daß sich die sonstigen Pflichtteilsberechtigten auf der Grundlage des **Ertragswerts** (§ 2049 A 2) statt, wie sie nach § 2311 verlangen könnten, des Schätzungswerts auf ihren Pflichtteil abfinden lassen müssen. Dies gilt jedoch nur, wenn es wirklich zu der vom Erblasser beabsichtigten Gutsübernahme kommt, nicht also wenn das Gut vorher an einen Fremden veräußert wird. Der Anerbe ist nur als Berechtigter gedacht. Hätte ihn der Erblasser zur Übernahme verpflichtet, so läge hierin eine Beschränkung, von der er sich gemäß § 2306 A 4 durch Ausschlagung befreien dürfte, um den nach dem Schätzungswert zu bemessenden Pflichtteil zu fordern.

2. Bei Bestimmung eines **andern Übernahmepreises** würde ein Herabgehen unter den Ertragswert die übrigen Pflichtteilsberechtigten, ein Überschreiten des Schätzungswerts dagegen den übernehmenden Anerben benachteiligen. Eine solche Bestimmung ist daher für die Pflichtteilsberechnung nicht maßgebend; sie kann aber unter Umständen durch Auslegung auf das zulässige Maß zurückgeführt werden.

3. Ist **nur ein Erbe** eingesetzt, so gelten für Berechnung des Pflichtteils sonstiger Berechtigter die gleichen Grundsätze, wie sie Abs 1 für den Fall der Berufung mehrerer Erben aufstellt. Auch der Alleinerbe muß zu den Pflichtteilsberechtigten gehören und muß als Erbe mit dem Grundstücke bedacht sein; dieses darf also nicht Gegenstand eines Vermächtnisses sein.

4. Dem fremden Erben gegenüber gilt immer der Schätzungswert nach § 2311. — Anerbenrecht nach Landesgesetz Art 64 EG.

§ 2313

Bei der Feststellung des Wertes des Nachlasses bleiben Rechte und Verbindlichkeiten, die von einer aufschiebenden Bedingung abhängig sind, außer Ansatz. Rechte und Verbindlichkeiten, die von einer auflösenden Bedingung abhängig sind, kommen als unbedingte in Ansatz[1]). Tritt die Bedingung ein, so hat die der veränderten Rechtslage entsprechende Ausgleichung zu erfolgen[2]).

Für ungewisse oder unsichere Rechte sowie für zweifelhafte Verbindlichkeiten gilt das gleiche wie für Rechte und Verbindlichkeiten, die von einer aufschiebenden Bedingung abhängig sind[3]). Der Erbe ist dem Pflichtteilsberechtigten gegenüber verpflichtet, für die Feststellung eines ungewissen und für die Verfolgung eines unsicheren Rechtes zu sorgen, soweit es einer ordnungsmäßigen Verwaltung entspricht[4]).

E I 1986 Abs 3, 4; II 2178; M 5 407—409; P 5 518.

1. Bei der Schätzung des Wertes von **bedingten Rechten und Verbindlichkeiten** (§ 2311 A 3) ist auf die größere oder geringere Wahrscheinlichkeit des Eintritts der Bedingung keine Rücksicht zu nehmen. Vielmehr kommen sie vorläufig, je nachdem sie aufschiebend oder auflösend bedingt sind, entweder gar nicht, oder voll unter den Aktiven in Ansatz. Ebenso für die auflösende Bedingung KO § 66, anders für die aufschiebende bei der Abschlagsverteilung im Konkurse KO §§ 154, 168 Nr 2.

2. **Ausgleichung.** Der Eintritt der aufschiebenden Bedingung bei Rechten, der auflösenden bei Verbindlichkeiten erhöht nachträglich den Anspruch des Pflichtteilsberechtigten. Der umgekehrte Fall vermindert den Anspruch und verpflichtet zur Rückzahlung des zuviel Empfangenen (§ 159). Sicherheitsleistung (KO § 67) kann weder vom Erben noch vom Pflichtteilsberechtigten verlangt werden. Doch sind gegebenenfalls Arrest und Schadensersatzanspruch aus § 160 zulässig.

3. **Ungewisse,** d. h. in ihrem rechtlichen Bestande, und **unsichere,** d. h. in der wirtschaftlichen Verwertung zweifelhafte **Rechte** sowie **zweifelhafte Verbindlichkeiten** nebst den Kosten darüber geführter Prozesse (**RG** JW 06, 114[13]) bleiben zunächst ganz außer Ansatz. Hierzu gehören auch dingliche Rechte und Belastungen, künftige Rückgriffsansprüche oder Verbindlichkeiten (**RG** Warn 1913 Nr 251), regelmäßig auch ein vom Erblasser gemäß § 2108 Abs 2 erworbenes Nacherbenrecht als bis zum Eintritte des Nacherbfalls unsicheres Recht (**RG**

83, 253), aber nicht wiederkehrende Hebungen, Renten (RG 72, 381) u. dgl., deren Kapitalwert sich nach allgemeinen Grundsätzen schätzen läßt. Ebensowenig befristete Rechte und Verbindlichkeiten, bei deren Bewertung evtl. der Zwischenzins in Betracht kommt (vgl. auch KO §§ 65, 70).

4. **Ordnungsmäßige Verwaltung** wie § 2038 A 2.

§ 2314

Ist der Pflichtteilsberechtigte nicht Erbe, so hat ihm der Erbe auf Verlangen über den Bestand des Nachlasses Auskunft zu erteilen[1]. Der Pflichtteilsberechtigte kann verlangen, daß er bei der Aufnahme des ihm nach § 260 vorzulegenden Verzeichnisses der Nachlaßgegenstände zugezogen und daß der Wert der Nachlaßgegenstände ermittelt wird[2]. Er kann auch verlangen, daß das Verzeichnis durch die zuständige Behörde oder durch einen zuständigen Beamten oder Notar aufgenommen wird[3].

Die Kosten fallen dem Nachlasse zur Last[4][5].

E I 1988 Abs 1 II 2179; M 5 409, 410; P 5 519—521.

1. Ist der Pflichtteilsberechtigte Miterbe, so kann er sich gemäß §§ 2027, 2028, 2038 selbst über den Bestand des Nachlasses unterrichten (vgl. § 2038 A 7). Ist er Nacherbe, so gelten die §§ 2121 ff., 2127. Ist er von vornherein oder infolge Ausschlagung gemäß § 2306 A 4 auf den Pflichtteilsanspruch beschränkt, so besteht die in der vorliegenden Vorschrift gegebene **Auskunftspflicht des Erben.** Aus ihr folgt nach § 260, daß der Erbe auf Verlangen ein Verzeichnis des Bestandes vorzulegen und gegebenenfalls den Offenbarungseid zu leisten hat. Der „Bestand", für den Begriff und maßgebender Zeitpunkt aus § 2311 (A 1) zu entnehmen sind, ergibt sich aus der Vergleichung der Aktiven und Passiven des Nachlasses. Das Verzeichnis hat deshalb nicht nur die Aktiven (so OLG 14, 283; Planck A 2), sondern auch die Passiven aufzuführen. Es hat sich auch auf die bedingten, ungewissen und unsicheren Rechte und Verbindlichkeiten (§ 2313) und unter Umständen auch auf einen zweiten Nachlaß zu erstrecken, an dem die den Pflichtteil schuldenden Erben als Erbeserben beteiligt sind (RG 72, 380). Ebenso gehören in das Verzeichnis die möglicherweise zum Voraus gehörigen Gegenstände, solange unter den Beteiligten noch nicht feststeht, daß sie gemäß § 2311 A 2 außer Ansatz zu bleiben haben (RG 62, 110). Neben dieser den greifbaren (effektiven) Nachlaß betreffenden Auskunftspflicht besteht für den Erben unter Umständen noch eine sich auf die entsprechende Anwendbarkeit der §§ 2057, 2314 gründende Pflicht zur Auskunft über Faktoren des rechnungsmäßigen Bestandes, nämlich über die nach § 2316 A 2 als Ausgleichungsposten in Betracht kommenden Zuwendungen (RG 73, 372; Warn 1912 Nr 173) und, wenn es sich um den Pflichtteilsergänzungsanspruch handelt, über die in § 2325 bezeichneten Schenkungen (RG 73, 369); ein Erbe, von dem nichts weiter als Auskunft über den Bestand des Nachlasses verlangt wird, kann aber abwarten, ob in diesen Beziehungen an ihn ein besonderes Verlangen gestellt wird (RG Warn 1913 Nr 378).

Das „Verlangen" der Auskunftserteilung ist nötigenfalls im Klagewege zu stellen. Nach § 254 ZPO kann damit die Klage auf Zahlung des Pflichtteils verbunden werden. Von mehreren Pflichtteilsberechtigten kann jeder selbständig das Verlangen stellen. Die Auskunftserteilung ist, obwohl zur Vorbereitung eines Anspruchs gegen den Nachlaß dienend, keine eigentliche Nachlaßverbindlichkeit. Beim Vorhandensein mehrerer Erben kann daher der einzelne nicht gemäß § 2058, wohl aber gemäß § 431 in Anspruch genommen werden. Als nur vom Auskunftspflichtigen persönlich, nicht aus seinem Vermögen erfüllbar fällt der Anspruch im Nachlaßkonkurse nicht unter die Konkursforderungen; er kann vielmehr auch während des Konkurses gegen den Erben persönlich verfolgt werden (RG BayZ 1920, 78). RG 50, 225 läßt mit Rücksicht auf § 2213 Abs 1 Satz 3 den Anspruch nicht zu gegen den Testamentsvollstrecker (dagegen Planck A 3). Schon auf Grund § 2215 ist der Erbe regelmäßig in der Lage, auch ohne den Testamentsvollstrecker dem Verlangen zu genügen. — Ist ein Verzeichnis, das auf diesen Namen Anspruch hat, einmal vorgelegt, so kann wegen angeblicher Mängel nicht dessen Ergänzung oder Vorlegung eines neuen Verzeichnisses verlangt werden; die Mängel sind vielmehr im Verfahren der eidlichen Bestärkung des Verzeichnisses oder im Prozeß über den Hauptanspruch auf den Pflichtteil zu erörtern (OLG 23, 1; SächsRpflA 07, 499; 1913, 252).

2. Recht des Pflichtteilsberechtigten auf **Zuziehung,** wie im Falle des § 2121 A 2. Die **Wertsermittlung,** geboten durch § 2303 A 4 geschieht nur auf Grund besonderen Verlangens. Dem Bestandsverzeichnisse (A 1) brauchen Wertangaben nicht beigefügt zu werden (RG 18. 11. 09 IV 34/09). Zum Zwecke der Wertsermittlung kann nach § 809 Vorzeigung der Sachen beansprucht werden, zur Ermittlung des Geschäftswerts eines vom Erblasser

betriebenen Unternehmens unter Umständen auch neben einer auf den Todestag abgeschlossenen Bilanz die Vorlegung der Bilanzen und der Gewinn- und Verlustrechnungen früherer Jahre (RG Warn 1918 Nr 229).

3. Der Berechtigte kann sich mit einem ihm mitgeteilten privatschriftlichen Verzeichnis begnügen, verzichtet aber durch Stillschweigen noch nicht auf das Recht, **amtliche Aufnahme** (wie § 2003) zu verlangen (RG 72, 384). Auch dieses Verlangen ist, nötigenfalls im Klagewege, gegenüber dem Erben zu stellen, der seinerseits die amtliche Aufnahme zu veranlassen hat; unmittelbar beim Nachlaßgericht kann ein Pflichtteilsberechtigter, der nicht Erbe ist, die Aufnahme nicht beantragen (KGJ 27 A 51).

4. Die **Kosten,** und zwar einschließlich derjenigen der Zuziehung, der Wertsermittlung, der amtlichen Aufnahme, jedoch ausschließlich der Eidesabnahme (§ 261 Abs 3) gehören zu den Nachlaßverbindlichkeiten und sind gemäß § 2311 mit zu berücksichtigen.

5. Der Erblasser kann dem Erben die Auskunftspflicht nicht wirksam erlassen, soweit er nicht gemäß §§ 2333ff. einem Pflichtteilsberechtigten gegenüber zur Entziehung des Pflichtteils berechtigt ist. Ein vertragsmäßiger Verzicht erfordert, weil eine Minderung des Pflichtteilsrechts enthaltend, gegenüber dem Erblasser die Form des § 2348. Gegenüber dem Erben ist er an keine Form gebunden (RG 6. 7. 08 IV 585/07). — Unabhängig von § 2314 kann der Pflichtteilsberechtigte in seiner Eigenschaft als Nachlaßgläubiger nach § 1994 dem Erben eine Inventarfrist setzen lassen und von ihm gemäß § 2006 (FGG § 79) die Leistung des Offenbarungseids verlangen. Dies Verlangen kann jedoch nicht in der Weise durchgeführt werden, daß der Erbe zur Errichtung des Inventars oder seiner Beeidigung durch Urteil gezwungen wird; vielmehr besteht die Folge der Nichterfüllung des Verlangens nach den §§ 1994, 2006 lediglich in der beschränkten Haftung des Erben. Hat dieser auf Verlangen des Pflichtteilsberechtigten Inventar gelegt, so kommen hinsichtlich seiner Pflicht zur Auskunft über den effektiven Bestand des Nachlasses (A 1) nur noch Ansprüche gemäß A 2 (Wertsermittlung) in Frage. Der Eintritt unbeschränkter Haftung nach § 2005 erledigt nicht auch die Auskunftspflicht des Erben.

§ 2315

[1]) Der Pflichtteilsberechtigte hat sich auf den Pflichtteil anrechnen zu lassen[2]), was ihm von dem Erblasser durch Rechtsgeschäft unter Lebenden[4]) mit der Bestimmung zugewendet worden ist[3]), daß es auf den Pflichtteil angerechnet werden soll[5]).

Der Wert der Zuwendung wird bei der Bestimmung des Pflichtteils dem Nachlasse hinzugerechnet[6]). Der Wert bestimmt sich nach der Zeit, zu welcher die Zuwendung erfolgt ist[7]).

Ist der Pflichtteilsberechtigte ein Abkömmling des Erblassers, so findet die Vorschrift des § 2051 Abs 1 entsprechende Anwendung[8]).

E I 1989 Abs 1 Nr 2, Abs 2—4, 1990 Abs 1 II 2180; M 5 410—414; P 5 521—523; 6 102, 103; RB 322.

1. § 2315 ordnet die Berechnung und Verrechnung des Pflichtteils eines Abkömmlings, Elternteils oder Ehegatten auch für den Fall, daß er der einzige nächste gesetzliche Erbe sein würde, mit Rücksicht auf gewisse ihm unter Lebenden auf den Pflichtteil gemachte Zuwendungen. **§ 2316** beschäftigt sich mit dem Pflichtteil eines Abkömmlings, neben dem noch wenigstens ein anderer Abkömmling vorhanden ist, mit Rücksicht auf ausgleichungspflichtige Zuwendungen. § 2316 Abs 4 handelt von der Möglichkeit, daß die Zuwendung sowohl auf den Pflichtteil wie (als Ausgleichungspost) auf den Erbteil anzurechnen ist.

2. Die **Anrechnung auf den Pflichtteil** vollzieht sich in der Weise, daß von dem nach Abs 2 berechneten Pflichtteil der Wert der Zuwendung mit demselben Betrage gekürzt wird, zu dem er dem Nachlaß hinzugerechnet war. Der Pflichtteilsberechtigte kann infolgedessen mit seinem Anspruche leer ausgehen (RG 58, 61), hat aber niemals herauszuzahlen.

3. Zum Begriffe der **Zuwendung** vgl. § 2050 A 7. Die in § 2050 Abs 1 besonders behandelte Ausstattung des Kindes kann auch insoweit Zuwendung sein, als sie das den Vermögensverhältnissen entsprechende Maß nicht übersteigt und deshalb nicht als Schenkung gilt (§ 1624).

4. Die Zuwendung muß durch **Rechtsgeschäft unter Lebenden** vermittelt sein. Danach ist ausgeschlossen, daß die Anrechnung auf den Pflichtteil wirksam durch Verfügung von Todes wegen angeordnet werde (RG 67, 307; JRdsch 1927 Nr 1121). Im übrigen kommen Rechtsgeschäfte jeder Art, auch Vertrag zugunsten Dritter in Frage (§ 328). Geschieht die Zuwendung ohne den Willen des Pflichtteilsberechtigten (z. B. durch Schuldenbezahlung), so ist § 516 Abs 2 entsprechend anwendbar.

5. Die Zuwendung muß **mit der Bestimmung** geschehen, **daß sie auf den Pflichtteil angerechnet werden soll.** Die Bestimmung ist eine gegenüber dem Empfänger der Zuwendung abzugebende Willenserklärung, die diesem nicht bloß zugehen (§ 130), sondern auch zu seinem Bewußtsein gebracht werden muß. Mit dem sich hieraus ergebenden Erfordernisse, daß die Umstände das Bewußtsein des Empfängers von der Anrechnungspflicht in ihrer Richtung auf den Pflichtteil außer Zweifel stellen müssen, kann die Bestimmung auch stillschweigend erklärt werden (**RG** SeuffA 76 Nr 57). In der Anordnung der Anrechnung auf den Erbteil ist sie nicht ohne weiteres enthalten; nur besondere Umstände können im Einzelfall zu der Annahme führen, daß eine solche Anordnung, über ihren nächstliegenden Sinn (§§ 2055, 2316 Abs 1) hinausgehend, unmittelbar auf eine pflichtteilsrechtliche Wirkung abziele und daß dies dem Empfänger bewußt geworden sei (**RG** a. a. O., Recht 04 Nr 1312 und JW 1925, 2124[13]). Die Bestimmung setzt nicht notwendig voraus, daß der Erblasser von vornherein die Absicht hat, den Empfänger der Zuwendung auf den Pflichtteil zu setzen, hat vielmehr auch dann Sinn und Berechtigung, wenn er sich dadurch nur diese Möglichkeit offenhalten will (**RG** Recht 1921 Nr 149). Bestimmung, Zuwendung und Rechtsgeschäft (A 4) werden regelmäßig zeitlich zusammentreffen („mit der Bestimmung"). Es genügt jedoch, wenn die Bestimmung der Zuwendung vorangeht, aber in Hinblick auf die bevorstehende Zuwendung getroffen wird. Dagegen bindet die nachträgliche Bestimmung den Empfänger selbst dann nicht, wenn er sich (formlos) damit einverstanden erklärt hätte (**RG** SeuffA 76 Nr 57). Hat der einzige Abkömmling A aus dem 300 betragenden Vermögen des Erblassers E eine mit Anrechnungspflicht nicht beschwerte Zuwendung von 100 erhalten, und beträgt infolgedessen der Nachlaß des E nur noch 200, so gebührt ihm als Pflichtteil $^1/_2 = 100$. Er bekommt danach unter Lebenden und von Todes wegen zusammen 200. Soll er sich jedoch die vorempfangenen 100 auf den Pflichtteil anrechnen lassen, so beträgt der Pflichtteil nur $\frac{200+100}{2} - 100 = 50$. Er bekommt dann zusammen nur 150. Die (wie hier vorausgesetzt) nachträglich auferlegte und übernommene Anrechnungspflicht verkürzt deshalb unter allen Umständen den Pflichtteil des A und enthält somit einen Erbverzicht, der nach §§ 2346 Abs 2, 2348 der öffentlichen Beurkundung bedarf (**RG** 71, 136). Der gleiche Erfolg tritt zwar auch dann ein, wenn die Anrechnungsbestimmung sogleich mit der Zuwendung verbunden wird. Allein in diesem Falle ist die Bestimmung des Zuwendenden das Entscheidende. Die Zuwendung erhält damit eine besondere rechtliche Beschaffenheit und nur so, wie sie beschaffen ist, also als auf den Pflichtteil anrechnungspflichtig, kann sie der Pflichtteilsberechtigte annehmen oder ablehnen. Sein Widerspruch gegen die Bestimmung wäre, wenn er trotzdem annimmt, unwirksam. Die Annahme in Unkenntnis der Bestimmung hätte Nichtigkeit der Zuwendung zur Folge und würde den Bereicherungsanspruch des Erblassers oder des Nachlasses aus § 812 entstehen lassen. Im übrigen ist der Erblasser nicht gehindert, dem zum Erben eingesetzten Pflichtteilsberechtigten die Anrechnung von Zuwendungen letztwillig zur Pflicht zu machen, soweit hierdurch nicht eine Schmälerung seines Pflichtteils eintritt (§§ 2050 A 7, 2306 A 2c).

6. **Hinzurechnung.** Der Wert der Zuwendung erhöht, wiewohl nur rechnungsmäßig und nur im Verhältnis zu demjenigen Pflichtteilsberechtigten, welcher die Zuwendung empfangen hat, den nach § 2311 zugrunde zu legenden Wert des Gesamtnachlasses (anders bei § 2316, wo es sich um Berücksichtigung der Ausgleichungspflicht und im Falle des Abs 4 zugleich um Anrechnung auf den Pflichtteil bei einer Mehrheit von pflichtteilsberechtigten Abkömmlingen handelt, vgl. auch §§ 2325, 2327). Die Erb- oder Pflichtteile anderer Beteiligter werden hiervon grundsätzlich nicht berührt. Kommen verschiedene lediglich auf den Pflichtteil anzurechnende Zuwendungen an verschiedene Pflichtteilsberechtigte in Frage, so ist der Berechnung eines jeden Pflichtteils auch ein verschiedener Gesamtbestand des Nachlasses zugrunde zu legen. Haben z. B. an derartigen Zuwendungen empfangen bei einem Nachlaßreinbestand von 2000 der überlebende Ehegatte E 200, der Abkömmling A 500, so ist der Pflichtteil des E von 2200, des A von 2500 fiktivem Nachlaßbestand zu berechnen.

7. Für die **Wertsbestimmung** ist die Zeit der Leistung, nicht wie in § 2311 des Erbfalls maßgebend. Spätere Veränderungen des Sachwerts und selbst der Untergang der zugewendeten Sache kommen nicht in Betracht. Fällt eine anrechnungspflichtige Zuwendung in die Zeit vor der Inflation, der Erbfall in die Inflationszeit, so muß der Wert des Nachlasses gemäß § 2311 A 1 u. 3 für die Zeit des Erbfalls in Papiermark geschätzt und der sich nach der Zuwendungszeit bestimmende Wert der Zuwendung, um die Zusammenrechnung der beiden Werte zu ermöglichen, für die Zeit des Erbfalls in Papiermark umgerechnet werden; die so in Papiermark errechnete Pflichtteilsforderung ist dann gemäß § 2317 A 2 aufzuwerten (**RG** JRdsch 1927 Nr 1120). Hat der Erblasser bei der Anrechnungsbestimmung (A 5) den anzurechnenden Wert festgesetzt, und zwar auf einen hinter dem wirklichen Werte zurückbleibenden Betrag, so ist diese Festsetzung maßgebend (wenn von der Geldent-

wertung betroffen, in dem für die Zeit des Erbfalls umzurechnenden Betrage). Sind dadurch andere Pflichtteilsberechtigte benachteiligt, so kann ihnen der Ergänzungsanspruch nach § 2325 zustehen. Die Festsetzung eines zu hohen, den Empfänger im Pflichtteil benachteiligenden Wertes kann nur als Erbverzicht zur Geltung kommen (A 5).

8. Die **Anrechnungspflicht** trifft auch **den nachrückenden Abkömmling,** der an Stelle des nächstberechtigten, aber weggefallenen Abkömmlings pflichtteilsberechtigt geworden ist. Was in § 2051 A 1/2 von der Ausgleichungspflicht gesagt ist, gilt hier von der Anrechnungspflicht. Entsprechende Anwendung ist auch dann geboten, wenn ein Fremder als Erbe eingesetzt und der nachrückende Abkömmling der einzige in Betracht kommende Pflichtteilsberechtigte ist. Der Erblasser kann die Anwendung des § 2051 dadurch ausschließen, daß er die Anrechnung dem Empfänger der Zuwendung nur für seine Person zur Pflicht macht. Der Nachrückende ist hierfür beweispflichtig. Zu beachten ist, daß der entferntere Abkömmling nach § 2309 A 3/4 insoweit nicht pflichtteilsberechtigt ist, als der vorgehende Berechtigte den Pflichtteil verlangen kann oder das ihm Hinterlassene annimmt. Nun kann zwar der Empfänger der anrechnungspflichtigen Zuwendung, soweit sie anrechnungspflichtig ist, den Pflichtteil „nicht verlangen". Aber doch nur deshalb nicht, weil er durch den Vorempfang hierauf schon bei Lebzeiten abgefunden worden ist, ohne daß ihm die einmal empfangene Zuwendung wieder entzogen werden kann. Mit Planck A 8 b muß eine derartige Vorausgewährung dem Hinterlassen gleichgestellt werden. Die Annahme der Zuwendung als „des Hinterlassenen" läßt es deshalb insoweit überhaupt nicht zum Nachrücken entfernterer Pflichtteilsberechtigter kommen. Soweit dennoch die Eltern des Erblassers nachrücken, z. B. wegen Erbunwürdigkeit des einzigen Abkömmlings, der durch anrechnungspflichtige Zuwendungen bereits teilweise auf den Pflichtteil abgefunden ist, haben sie praktisch die Anrechnungspflicht ebenfalls gegen sich gelten zu lassen. Zwar nicht auf Grund von § 2315 Abs 3, der nur auf Abkömmlinge berechnet ist. Wohl aber auf Grund von § 2309, der ein Pflichtteilsrecht der Eltern nur insoweit entstehen läßt, als der weggefallene Abkömmling nicht schon unter Lebenden hierauf abgefunden war. Ist er schon vor dem Erblasser verstorben, so hat sich damit die Anrechnungspflicht überhaupt erledigt. Die Eltern können dann kraft eigenen Rechtes ihren vollen Pflichtteil fordern (§ 2309 A 3 Eing.).

§ 2316

Der Pflichtteil eines Abkömmlinges bestimmt sich, wenn mehrere Abkömmlinge vorhanden sind[1]) und unter ihnen im Falle der gesetzlichen Erbfolge eine Zuwendung des Erblassers zur Ausgleichung zu bringen sein würde[2]), nach demjenigen, was auf den gesetzlichen Erbteil unter Berücksichtigung der Ausgleichungspflicht bei der Teilung entfallen würde[3]). Ein Abkömmling, der durch Erbverzicht von der gesetzlichen Erbfolge ausgeschlossen ist, bleibt bei der Berechnung außer Betracht[4]).

Ist der Pflichtteilsberechtigte Erbe und beträgt der Pflichtteil nach Abs 1 mehr als der Wert des hinterlassenen Erbteils, so kann der Pflichtteilsberechtigte von den Miterben den Mehrbetrag als Pflichtteil verlangen, auch wenn der hinterlassene Erbteil die Hälfte des gesetzlichen Erbteils erreicht oder übersteigt[5]).

Eine Zuwendung der im § 2050 Abs 1 bezeichneten Art kann der Erblasser nicht zum Nachteil eines Pflichtteilsberechtigten von der Berücksichtigung ausschließen[6]).

Ist eine nach Abs 1 zu berücksichtigende Zuwendung zugleich nach § 2315 auf den Pflichtteil anzurechnen, so kommt sie auf diesen nur mit der Hälfte des Wertes zur Anrechnung[7]).

E I 1989 Abs 1 Nr 3, Abs 4, 1990 Abs 2 II 2181; M 5 410—416; P 5 521—525, 892; 6 102, 103, 320, 351; KB 323 ff.

1. Es handelt sich um die **Berechnung des Pflichtteils eines Abkömmlings neben einem oder mehreren anderen Abkömmlingen,** nicht wie in § 2315 A 1 des Pflichtteilsberechtigten schlechthin, und zwar um die nähere Bestimmung des nach § 2303 A 4 hierfür maßgebenden gesetzlichen Erbteils. Die anderen — näheren oder entfernteren — Abkömmlinge (§ 2309) müssen vorhanden sein, d. h. zur Zeit des Erbfalls gelebt haben. Ob sie, allein oder neben Fremden, Erben oder Pflichtteilsberechtigte geworden sind, ist gleichgültig, wofern sie nur gemäß § 2310 „mitgezählt werden". Nur der Verzichtende bleibt außer Betracht (A 4).

2. **Ausgleichungspflicht** im Falle der gesetzlichen Erbfolge §§ 2050ff. In entsprechen-

der Anwendung des § 2057 ist der Erbe zur Auskunft über auszugleichende Zuwendungen auch dann verpflichtet, wenn ihm der Pflichtteilsberechtigte nicht als Miterbe, sondern nur als Pflichtteilsgläubiger gegenübersteht (**RG** 73, 372). Diese Auskunft hat sich auf eine Ausstattung zu erstrecken, deren Ausgleichung ihm zum Nachteil des Pflichtteilsberechtigten (Abs 3) vom Erblasser erlassen worden ist (**RG** Warn 1912 Nr 173). Ist der Erbe nach § 2056 von der Herauszahlungspflicht befreit, so braucht er auch den Pflichtteil nicht zu zahlen und könnte gegebenenfalls nur mit dem Pflichtteilsergänzungsanspruch aus §§ 2325ff. belangt werden (**RG** 77, 282).

3. Auch wenn es nicht zur gesetzlichen Erbfolge und damit zur Durchführung der Ausgleichung kommt, wird doch die Ausgleichungspflicht **rechnungsmäßig berücksichtigt.** Die Hälfte des auf dieser Grundlage ermittelten gesetzlichen Erbteils bildet den Pflichtteil. Dabei ist festzuhalten, daß die Ausgleichung nur unter den Abkömmlingen und nur innerhalb des auf sie entfallenden Nachlaßanteils stattfindet. Erb- und Pflichtteil des überlebenden Ehegatten werden hiervon nicht beeinflußt. *Beispiel:* Nachlaß 2000, Erben neben dem Ehegatten E die Abkömmlinge A mit 1250, B mit 0, C mit 250 ausgleichungspflichtigen Zuwendungen. Gesetzlicher Erbteil des E $\frac{2000}{4} = 500$, hiervon $^1/_2$ Pflichtteil $= 250$. Der gesetzliche Erbteil jedes Abkömmlings beträgt $\frac{1500 + 1250 + 250}{3} = 1000$, mit Anrechnung der Vorempfänge für A $1000 - 1250 = 0$. Da somit § 2056 einschlägt (**RG** Warn 1913 Nr 252), berechnet sich für B und C der gesetzliche Erbteil auf je $\frac{1500 + 250}{2} = 875$ und mit Anrechnung der Vorempfänge für B auf $875 - 0 = 875$, für C auf $875 - 250 = 625$. Hiervon $^1/_2$ Pflichtteil für $A = 0$, für $B = 437^1/_2$, für C $312^1/_2$. — Sind bei einem während der *Inflationszeit* erfolgten Erbfall Zuwendungen aus der Zeit vor der Inflation zu berücksichtigen, so gilt für die Wertsberechnung Entsprechendes wie nach § 2315 A 7 (**RG** JRdsch 1927 Nr 1120).

4. Im Falle des **Erbverzichts** wird der Verzichtende nach § 2310 A 2 nicht mitgezählt, wenn sich der Verzicht auf das *gesetzliche Erbrecht* erstreckte. In diesem Falle kommt eine Hinzurechnung der ihm gemachten Zuwendungen zum Nachlaß ebensowenig in Frage, wie wenn er vor dem Erblasser gestorben wäre. Dasselbe gilt von den Abkömmlingen des Verzichtenden, wenn der Verzicht nach § 2349 auch für sie wirksam ist. War er dagegen auf die Person des Verzichtenden beschränkt, so sind die nachrückenden Abkömmlinge gemäß § 2051 A 2 an seiner Stelle zur Ausgleichung verpflichtet. Auf dieser Grundlage ist mithin auch ihr Pflichtteil zu berechnen. Hatte der Verzicht *nur den Pflichtteil* zum Gegenstande (§ 2346 A 4), so wird der Verzichtende mitgezählt (§ 2310 A 2). Kommt auch sein eigener Pflichtteil nicht mehr in Betracht, so ist doch derjenige der übrigen Abkömmlinge nach Ausgleichungsgrundsätzen (A 3), und zwar unter Einbeziehung des Verzichtenden zu berechnen. Rücken infolge des Pflichtteilsverzichts entferntere oder gleich nahe Abkömmlinge nach, so berechnet sich ihr Pflichtteil ebenfalls auf Grund des § 2051 A 2.

5. Mehrbetrag des Pflichtteils. Die Hinzurechnung der Vorempfänge erhöht rechnungsmäßig den Bestand des Nachlaßanteils der Abkömmlinge und kann, verglichen mit dem reinen Nachlaß, auf Kosten des Erben als des Pflichtteilsschuldners (a. M. Staudinger A VI), zu einer Vergrößerung des einen oder des anderen Pflichtteils führen. Diese Vergrößerung soll dem Pflichtteilsberechtigten auch dann zustatten kommen, wenn er selbst als *Erbe* eingesetzt ist. In diesem Falle könnte er nach dem Wortlaute des § 2305 mit dem Pflichtteilsanspruche Vervollständigung des zu niedrig bemessenen Pflichtteils nur nach dem *Reinbestande* des Nachlasses fordern. Und auch dieser Anspruch wäre ausgeschlossen, wenn er auf einen Bruchteil des (reinen) Nachlasses eingesetzt ist, der der Hälfte seines gesetzlichen Erbteils gleichkommt oder sie übersteigt. Abs 2 sichert dem Pflichtteilserben in beiden Fällen das Recht, seinem Anspruch auf Vervollständigung die in Abs 1 angeordnete fiktive Wertsberechnung zugrunde zu legen. So könnte, wenn in dem Beispiele A 3 von den drei auf je $^1/_8$ pflichtteilsberechtigten Abkömmlingen B auf $^1/_5$ (also genügend hoch), C auf $^1/_{20}$ (also zu niedrig) eingesetzt wäre, bei einem Reinbestande von 2000 der mit 400 Erbteil bedachte B überhaupt nichts, der mit 100 bedachte C nur den Unterschied zwischen $^1/_{20}$ und $^1/_8 = {}^3/_{40}$ oder 150 zur Vervollständigung fordern. Nach Ausgleichungsgrundsätzen soll aber fordern dürfen B zu 400 noch $37^1/_2 = 437^1/_2$, C zu 100 noch $212^1/_2 = 312^1/_2$ (A 3).

6. Die Bezugnahme auf § 2050 Abs 1 begreift zugleich den nur als Ergänzung hierzu dienenden Abs 2 in sich. Der Erblasser kann einem Abkömmling, den er mit einer **Ausstattung** (§ 2050 Abs 1) oder solchen **Zuschüssen** oder **Aufwendungen für die Vorbildung** bedacht hat, welche das seinen Vermögensverhältnissen entsprechende Maß übersteigen (§ 2050 Abs 2), die Ausgleichungspflicht sogleich bei der Zuwendung oder nachträglich durch

Verfügung von Todes wegen (§ 2050 A 4) erlassen. Der Erlaß ist jedoch unwirksam, soweit er anderen Pflichtteilsberechtigten zum Nachteil gereicht. Diese Unwirksamkeit folgt schon aus allgemeinen Grundsätzen, wonach die Bevorzugung eines Abkömmlings in dem Pflichtteilsrecht der übrigen ihre Grenze findet (Prot 5, 892). Haben die übrigen Abkömmlinge im Falle des § 2050 Abs 3 durch eine bei der Zuwendung getroffene Anordnung des Erblassers einmal das Recht erlangt, Ausgleichung zu fordern und damit ihren Pflichtteil entsprechend zu erhöhen, so können sie sich dieses Rechtes nur in der Form des Erbverzichts (§ 2346 Abs 2) begeben. Soweit es sich bei den unter Erlassung der Ausgleichungspflicht gemachten Zuwendungen um Schenkungen handelt, ist auch der Pflichtteilsergänzungsanspruch nach §§ 2325ff. gegeben. Darüber, daß umgekehrt zum Nachteil des betreffenden Pflichtteilsberechtigten ihm die Ausgleichungspflicht nicht nachträglich auferlegt werden kann, es sei denn, daß er sich durch Erbverzichtsvertrag hiermit einverstanden erklärt hat, vgl. **RG** 67, 309; 71, 135; SeuffA 76 Nr 57.

7. **Zusammentreffen von Ausgleichungspflicht und Anrechnungspflicht** auf den Pflichtteil nach § 2315 Abs 1. Durch Halbierung des nach Ausgleichungsgrundsätzen ermittelten gesetzlichen Erbteils (Beispiel A 3) ist dem Pflichtteilsberechtigten die eine Wertshälfte der Zuwendung bereits auf den Pflichtteil angerechnet. Es versteht sich deshalb von selbst und wird durch Abs 4 nur klargestellt, daß für nochmalige Anrechnung derselben Zuwendung auf den Pflichtteil nur die andere Hälfte übrigbleibt. Die durchgeführte Anrechnung ergibt mithin, da eine Herauszahlung niemals in Frage kommen kann (§ 2315 A 2), in dem Beispiel A 3 für A $0 - 625 = 0$, für B $437^1/_2 - 0 = 437^1/_2$, für C $312^1/_2 - 125 = 187^1/_2$ als endgültigen Pflichtteil. Diese Berechnungsweise ist auch festzuhalten, wenn, wie in unserem Beispiel, auf einen Nachlaß von 2000 Mark sowohl Abkömmlinge als der überlebende Ehegatte E pflichtteilsberechtigt sind. Zwar sind die Zuwendungen, deren Anrechnung auf den Pflichtteil zu erfolgen hat, nach der Regel des § 2315 A 6 dem Gesamtnachlasse (2000) hinzuzurechnen, während dieselben Zuwendungen in ihrer Eigenschaft als Ausgleichungsposten gemäß § 2055 A 2 nur zu der auf die Abkömmlinge entfallenden Sondermasse (1500) hinzutreten. Eine Lösung dieses vom Gesetzgeber nicht bedachten Widerspruchs ist unmöglich. Man wird sich deshalb entweder für die eine oder die andere Berechnungsweise zu entscheiden haben. Diese Entscheidung kann, da das Gesetz eine Ausgleichung unter anderen Erben als Abkömmlingen schlechterdings nicht kennt (§§ 2050ff., 2055), nur dahin gehen, daß die ausgleichungspflichtige Zuwendung auch insoweit, als sie zugleich auf den Pflichtteil anzurechnen ist, immer nur der Sondererbmasse der Abkömmlinge hinzugerechnet werden darf. Anders, wenn es sich nebeneinander um Ausgleichungsposten im Sinne von § 2050, zugleich aber auch um Zuwendungen handelt, die lediglich auf den Pflichtteil anzurechnen sind (§ 2315 Abs 1). In diesem Falle besteht kein Hindernis, die letzteren dem Gesamtnachlasse hinzuzuzählen, von dem so ermittelten Bestande die Sondererbmasse der Abkömmlinge abzuzweigen, dieser die reinen Ausgleichungsposten hinzuzufügen, danach für beide Gruppen gesondert die gesetzlichen Erbteile, die Pflichtteile und die hierauf anzurechnenden Vorempfänge einzustellen und hiernach den endgültigen Pflichtteil zu bestimmen. Beispiel: Nachlaß 2000, ausgleichungspflichtige Zuwendungen za, nur auf den Pflichtteil anzurechnende Zuwendungen zp, ausgleichungs- und zugleich anrechnungspflichtige Zuwendungen zap. Es haben erhalten E 200 zp, A 1250 za und 300 zp, B 450 zp, C 250 zap und 50 zp. Der rechnungsmäßige Gesamtbestand des Nachlasses beträgt für sämtliche Beteiligte, den überlebenden Ehegatten E wie die drei Abkömmlinge A, B, C zunächst 2000 Reinbestand + der einem jeden von ihnen gemachten, nur auf den Pflichtteil anzurechnenden Zuwendungen zp, mithin für E $2000 + 200 = 2200$, für A $2000 + 300 = 2300$, für B $2000 + 450 = 2450$, für C $2000 + 50 = 2050$ (§ 2315 A 6). Hiervon kommen $^3/_4$ als Sondermasse der drei Abkömmlinge in Betracht, die jedoch jedem gegenüber verschieden, nämlich für A mit 1725, für B mit $1837^1/_2$, für C mit $1537^1/_2$ einzusetzen ist. Jeder dieser drei Sondermassen sind wiederum die allen Abkömmlingen gemachten bloß ausgleichungspflichtigen Zuwendungen za, ebenso aber auch die sowohl ausgleichungspflichtigen als auf den Pflichtteil anzurechnenden Zuwendungen zap hinzuzurechnen. Danach bestimmt sich z. B. für C sein gesetzlicher Erbteil auf $^1/_3$ von $1537^1/_2 + 1250$ (A za) $+ 250$ (C zap) $= \frac{3037^1/_2}{3} = 1012^1/_2$, abzüglich 250 zap, also auf $762^1/_2$. Hiervon $^1/_2 = 381^1/_4$ Pflichtteil, darauf anzurechnen noch $^1/_2$ von 250 zap $= 125$ und 50 zp, bleiben $381^1/_4 - 175 = 206^1/_4$ endgültiger Pflichtteil des C. Handelt es sich nur um ausgleichungs- und zugleich anrechnungspflichtige Zuwendungen (zap) und kommen bloß Abkömmlinge in Frage, so ist rechnerisch das Ergebnis dasselbe, wenn man den Pflichtteil sogleich von den um die Hinzurechnungen vermehrten Nachlaß berechnet und hiervon die betreffende Zuwendung in voller Höhe absetzt. Vielfach abweichende Berechnungsmethoden, s. bei Planck A 8 a und b, auch Maenner Recht 1921, 145 — Auskunftspflicht der Beteiligten in entsprechender Anwendung des § 2057 s. oben A 2. Zuwendungen aus dem Gesamtgute § 2331.

§ 2317

Der Anspruch auf den Pflichtteil entsteht mit dem Erbfalle¹)²). Der Anspruch ist vererblich und übertragbar³)⁴).

E I 1992 II 2182; M 5 417—419; P 5 525—527.

1. Der **Pflichtteilsanspruch** begründet eine Nachlaßverbindlichkeit (§ 1967 A 4). Der Erbe (§ 2303 A 3) haftet dafür nach allgemeinen Grundsätzen. Indessen kann begriffsmäßig vom Pflichtteil nicht die Rede sein, wenn der Nachlaß von vornherein überschuldet ist. Der Anspruch folgt im Range erst hinter den sonstigen Nachlaßverbindlichkeiten, jedoch vor Vermächtnissen und Auflagen (§§ 1973 A 4, 1974 A 7, 1991 A 4). Er wird durch das Aufgebot nicht betroffen (§ 1972, s. aber § 2060 A 3) und kann nur gegen den Erben oder den Miterben (§ 2305 A 2), nicht gegen den Testamentsvollstrecker geltend gemacht werden (§ 2213 A 3, aber auch ZPO § 748 Abs 3). Für ihn gilt der Gerichtsstand der Erbschaft (ZPO § 27). Er entsteht mit dem Erbfalle (§ 1922), unmittelbar kraft des Gesetzes. Daraus wurde unter der Herrschaft des RErbschStG v. 3. 6. 06 § 1 mit Recht gefolgert, daß er der Erbschaftssteuer auch dann unterliege, wenn er gar nicht geltend gemacht werde (RG 77, 238); anders ist die Rechtslage nach ErbschStG v. 10. 9. 19 § 20 Nr 1, 7 und in der Fassung v. 22. 8. 25 § 2 Abs 1 Nr 1, Abs 2 Nr 4. Hängt die Entstehung des Anspruchs von der Ausschlagung des Erbteils oder des Vermächtnisses ab (§§ 2306 A 4, 2307 A 1), so gilt er vermöge der Fiktion der §§ 1953 A 1, 2180 A 4 gleichwohl als schon zur Zeit des Erbfalls entstanden. Ebenso im Falle des § 2309 bei Wegfall des vorgehenden Berechtigten. Er entsteht überhaupt nicht im Falle eines mit dem Erblasser abgeschlossenen Erbverzichtvertrags (§ 2346). Einmal entstanden kann er nicht, wie das Vermächtnis (§ 2176) einseitig ausgeschlagen werden. Wohl aber kann die Pflichtteilsschuld dem Erben durch formlosen Vertrag erlassen werden (§ 397). Ein solcher Erlaß liegt aber regelmäßig noch nicht in der Anerkennung der Rechtswirksamkeit eines den Pflichtteilsberechtigten von der Erbfolge ausschließenden Testaments, aus dem ihm gerade der Pflichtteilsanspruch erwachsen ist (RG Recht 1913 Nr 532), und ist jedenfalls dann zu verneinen, wenn die Anerkennung nur gegenüber dem Nachlaßgericht erklärt und von diesem nicht an den Erben weitergegeben, deshalb vom Erben auch nicht angenommen worden ist (RG Recht 1923 Nr 329). Die Frau bedarf zu Verzicht oder Erlaß nicht der Zustimmung des Mannes (§§ 1406 Nr 1, 1453, 1519, 1549), wohl aber bedürfen Vater und Vormund der vormundschaftsgerichtlichen Genehmigung (§§ 1822 Nr 2, 1643 Abs 2). Ein Vertrag, durch den ein von dem Erben über den Tod des Erblassers in Unkenntnis gehaltener Pflichtteilsberechtigter gegenüber dem Erben auf den Pflichtteil verzichtet, ist wegen fehlender Willenseinigung nichtig (RG 93, 297; §§ 154 A 1, 312 A 1). Im übrigen untersteht der Anspruch als eine reine Geldforderung (RG 104, 196; 116, 7) den allgemeinen schuldrechtlichen Vorschriften, so auch hinsichtlich der Verzinslichkeit, die demgemäß erst bei Verzug oder Rechtshängigkeit eintritt (RG LZ 1915, 223⁴).

2. **Aufwertung.** Als ein reiner Geldsummenanspruch (kein sog. Wertanspruch in dem insbesondere von Mügel, Aufwertungsrecht⁵ 320 vertretenen Sinne) ist der Pflichtteilsanspruch, wenn der Erbfall in der Zeit vor Einführung der neuen Reichsmark eingetreten ist, als eine Markforderung entstanden. Diese ist nach § 242 (A 5dγ) aufzuwerten; dabei sind zur Herbeiführung eines billigen Ausgleichs zwischen den beiderseitigen Belangen alle Umstände des Falles, namentlich der Umstand zu berücksichtigen, inwieweit sich der Erbe den Wert des Nachlasses erhalten hat (RG 116, 5; JRdsch 1027 Nr 1110 u. 1120; BayObLG 24 A 256, auch 25 A 85). Der Berufung des Erben darauf, daß, wenn der Pflichtteilsberechtigte alsbald nach dem Erbfall befriedigt worden wäre, das Geld in seinen Händen verbraucht oder entwertet sein würde, hat das RG (JW 1927, 1470⁹) einen Erfolg versagt, weil es mit § 242 unvereinbar sei, daß der Erbe durch die bloße Unterlassung rechtzeitiger Zahlung seine Schuld zu einem Teile sollte herabmindern können, zu dem ihm der Wert des Nachlasses verblieben sei. Ob eine in entwertetem Gelde, wenn auch vor Mitte August 1922 (RG 113, 136), auf eine Pflichtteilsschuld geleistete Zahlung noch als Vollzahlung oder nur als eine durch einen Aufwertungsanspruch auszugleichende Teilzahlung zu gelten hat, hängt, wie die gleiche Frage bei der Auszahlung von Markvermächtnissen (§ 2174 A 3a a. E.), von den nach Treu und Glauben zu beurteilenden Umständen des Falles ab. Das Aufwertungsgesetz v. 16. 7. 25 (§§ 62, 63 Abs 2 Nr 2, § 10 Abs 1 Nr 2) setzt der Aufwertung von Pflichtteilsansprüchen grundsätzlich keine Schranke. Es gilt auch für das Eingreifen dieses Gesetzes hier dasselbe, was (nach § 2174 A 3b) bei Markforderungen aus Vermächtnissen Rechtens ist.

3. Der einmal entstandene Anspruch ist **vererblich** und **übertragbar** gemäß §§ 398ff. Mit dem Erbteil kann die Befugnis zur Ausschlagung nach § 2306, als höchstpersönliches Recht des Erben (§ 2033 A 3), nicht oder doch nur der Ausübung nach übertragen werden. Dagegen steht die Befugnis zur Ausschlagung des Vermächtnisses und Geltendmachung des Pflichtteils

nach § 2307 auch dem Erwerber des Vermächtnisses zu, der damit nur eine Forderung durch eine andere ersetzt. Der Abtretung steht trotz § 400 nicht entgegen, daß der Pflichtteilsanspruch nach ZPO § 852 nur pfändbar ist, wenn er durch Vertrag anerkannt oder rechtshängig geworden ist (RG SeuffA 68 Nr 130). Nur unter dieser Voraussetzung ist gegen den Anspruch Aufrechnung zulässig (§ 394) und gehört er auch zur Konkursmasse (KO § 1). Verjährung § 2332.

4. Von dem Pflichtteilsanspruch ist das **Pflichtteilsrecht** als die Quelle, aus der jener Anspruch unter gewissen Voraussetzungen entsteht, zu unterscheiden. Dieses Recht äußert schon bei Lebzeiten des Erblassers rechtliche Wirkungen. Es schränkt seine Testierfreiheit zugunsten seiner Abkömmlinge, seiner Eltern und seines Ehegatten ein. Eine Ausnahme von der ihm kraft des Pflichtteilsrechts obliegenden Hinterlassungspflicht bestimmen die §§ 2333 ff. Das dort geordnete „Recht zur Entziehung des Pflichtteils" (§§ 2335 Abs 2, 2337), durch dessen Ausübung er sich gegenüber dem Pflichtteilsberechtigten seine volle und unbeschränkte Testierfreiheit verschafft, ist ein gegenwärtiges sog. Recht des rechtlichen Könnens und kann daher auch bei Lebzeiten des Erblassers Gegenstand einer Feststellungsklage sein (RG 92, 1). Auch nach dem Erbfall erschöpfen sich die Wirkungen des Pflichtteilsrechts nicht in dem Pflichtteilsanspruch (vgl. §§ 2306 A 3, 2318 Abs 2 u. 3, 2319).

§ 2318

Der Erbe kann die Erfüllung eines ihm auferlegten Vermächtnisses soweit verweigern, daß die Pflichtteilslast von ihm und dem Vermächtnisnehmer verhältnismäßig getragen wird. Das gleiche gilt von einer Auflage[1]**.**

Einem pflichtteilsberechtigten Vermächtnisnehmer gegenüber ist die Kürzung nur soweit zulässig, daß ihm der Pflichtteil verbleibt[2]**.**

Ist der Erbe selbst pflichtteilsberechtigt, so kann er wegen der Pflichtteilslast das Vermächtnis und die Auflage soweit kürzen, daß ihm sein eigener Pflichtteil verbleibt[3]**.**

E I 1993 II 2183; M 5 420, 421; P 5 546—548.

1. Die **Pflichtteilslast:** die Verbindlichkeit zur Leistung des Pflichtteils trifft grundsätzlich den Erben. Hiervon kann ihn auch der Erblasser nicht befreien. Das Gesetz gewährt ihm jedoch im Verhältnis zu Vermächtnisnehmern und Auflagebeteiligten einen Ausgleich dafür, daß der Pflichtteil nach dem Reinbestande des Nachlasses und ohne Rücksicht auf die hiervon noch zu entrichtenden Vermächtnisse und Auflagen berechnet wird (§ 2311 A 1). Der Erbe darf auch sie zur Tragung der Pflichtteilslast mit heranziehen, indem er den Betrag des Vermächtnisses usw. verhältnismäßig, d. h. um so viel kürzt, als dem Werte des Vermächtnisses usw. im Verhältnis zum Reinbestande des Nachlasses entspricht, z. B. 500 Vermächtnis: 2000 Nachlaß = 1:4. Daher trägt von 400 Pflichtteil der Vermächtnisnehmer 100, sein Vermächtnis kürzt sich von 500 auf 400, er kann sich aber dafür gegebenenfalls durch verhältnismäßige Kürzung ihm etwa auferlegter Beschwerungen erholen (§ 2188). Die Pflichtteilslast ist auch von den sog. gesetzlichen Vermächtnissen mitzutragen, so vom Recht auf den Dreißigsten (§ 1969), dagegen nicht von dem bloß auf den Erbteil des nasciturus gelegten Unterhaltsanspruch des § 1963. Der Voraus (§ 1932) kann zwar zur Deckung des Pflichtteils der Abkömmlinge, nicht aber auch desjenigen der Eltern herangezogen werden, da er bei Berechnung des elterlichen Pflichtteils bereits voll abgezogen ist (§ 2311 A 2). Abs 1 enthält nur ergänzendes Recht. Der Erblasser kann zugunsten des Erben wie der Vermächtnisnehmer usw. hiervon abweichende Anordnungen treffen (§ 2324), auch unter mehreren Vermächtnissen usw. das eine oder das andere von Mittragung der Last befreien (§ 2189). Gegenüber dem Vermächtnisanspruch ist es Einrede, wenn der Erbe Kürzung auf Grund der Pflichtteilslast verlangt (RG 1. 6. 22 IV 391/21). Für deren Voraussetzungen ist er beweispflichtig. — Ein im Sinne des § 2079 übergangener Pflichtteilsberechtigter bleibt, wenn er von seinem Anfechtungsrecht keinen Gebrauch macht, pflichtteilsberechtigt; der Erbe hat das Recht zur Verteilung der Pflichtteilslast nach Maßgabe der §§ 2318 ff. auch dann, wenn ein solcher Pflichtteilsberechtigter den Pflichtteilsanspruch geltend macht (RG Warn 1927 Nr 35).

2. Die Absätze 2 u. 3 enthalten zwingende Vorschriften, durch die das Kürzungsrecht des Erben teils eingeschränkt (Abs 2), teils erweitert wird (Abs 3). Der Erbe kann das Vermächtnis gemäß Abs 1 nur bis auf den Belauf des dem Bedachten gebührenden Pflichtteils herabdrücken und muß es voll entrichten, wenn dem **pflichtteilsberechtigten Vermächtnisnehmer** damit nicht mehr als sein Pflichtteil zugewendet ist (§ 2307). Dagegen kann er sich gemäß Abs 1 wegen der hierdurch eintretenden Erhöhung seiner Pflichtteilslast an anderen ihm etwa auferlegten Vermächtnissen usw. schadlos halten.

3. Die Fassung des Abs 3 ist im Hinblick auf § 2306 wenig geglückt. Übersteigt der Erbteil des **selbst pflichtteilsberechtigten Erben** nicht seinen Pflichtteil, so hat er Vermächtnisse und Auflagen überhaupt nicht zu tragen; sie gelten als nicht angeordnet (§ 2306 A 3). Ist sein Erbteil größer und hat er nicht ausgeschlagen (§ 2306 A 4), so hat er damit auch die Verpflichtung zur Entrichtung der Vermächtnisse usw. selbst auf Kosten des eigenen Pflichtteils übernommen (OLG 14, 308). Er kann mithin auf die Bedachten die Pflichtteilslast nur insoweit übertragen, als es sich um Befriedigung dritter Pflichtteilsberechtigter handelt. Der eigene Pflichtteil verbleibt ihm zwar nur in dem durch die Vermächtnisse usw. bereits geminderten Umfange, weitere Beeinträchtigungen, die ihm aus der Befriedigung dritter Pflichtteilsberechtigter entstehen würden, braucht er jedoch (dies ist die Bedeutung der vorliegenden Vorschrift) nicht zu dulden. Er kann vielmehr die daraus entstehende Pflichtteilslast vollständig auf die Vermächtnisse usw. abwälzen. Nötigenfalls darf er auch das Vermächtnis eines Pflichtteilsberechtigten über die Grenze des Abs 2 hinaus mit heranziehen, da das eigene Pflichtteilsrecht des Erben vor demjenigen des Vermächtnisnehmers jedenfalls den Vortritt hat. — In Abs 3 ist ein Alleinerbe vorausgesetzt, beim Vorhandensein mehrerer Erben s. § 2319. Besondere Gestaltungen der Pflichtteilslast in §§ 2320—2323.

§ 2319

Ist einer von mehreren Erben selbst pflichtteilsberechtigt, so kann er nach der Teilung die Befriedigung eines anderen Pflichtteilsberechtigten soweit verweigern, daß ihm sein eigener Pflichtteil verbleibt¹). Für den Ausfall haften die übrigen Erben²).

E II 2184; P 5 546—548.

1. Handelt es sich um **mehrere Erben,** so werden die Pflichtteilsansprüche gleich anderen Nachlaßverbindlichkeiten regelmäßig im Laufe der Auseinandersetzung befriedigt (§ 2046 A 1). Bis zur Teilung ist der einzelne Miterbe durch § 2059 geschützt. **Nach der Teilung** haftet er gegenüber dem noch unbefriedigten Pflichtteilsgläubiger grundsätzlich als Gesamtschuldner, jedoch in den Fällen der §§ 2060, 2061 nur für den seinem Erbteil entsprechenden Teil des Anspruchs. Das Gesetz gewährt dem **selbst pflichtteilsberechtigten Miterben** eine in § 2318 Abs 3 auch dem Alleinerben eingeräumte zerstörende Einrede, durch die er sich vom Pflichtteilsanspruch insoweit freimacht, als er im eigenen Pflichtteil verkürzt würde. Diese Einrede, für die der Miterbe beweispflichtig ist, steht ihm auch zu, wenn er unbeschränkt haftet, da hiervon der Pflichtteilsanspruch selbst in seinem Inhalte betroffen wird. Auch hier ist der eigene Pflichtteil des Miterben im Falle des § 2306 A 4 nur in dem durch etwaige Beschwerungen geminderten Umfange zu verstehen (vgl. § 2318 A 3).

2. Der oder die **übrigen nichtpflichtteilsberechtigten Erben haften für den Ausfall** gemäß §§ 2058, 2060ff. Der Erblasser kann zwar im Verhältnis dieser Erben zueinander die Pflichtteilslast regeln (§ 2324), sie aber nicht ganz hiervon befreien. — Das gleiche beim Pflichtteilsergänzungsanspruch § 2328.

§ 2320

Wer an Stelle des Pflichtteilsberechtigten gesetzlicher Erbe wird¹), hat im Verhältnisse zu Miterben die Pflichtteilslast²) und, wenn der Pflichtteilsberechtigte ein ihm zugewendetes Vermächtnis annimmt, das Vermächtnis in Höhe des erlangten Vorteils zu tragen³).

Das gleiche gilt im Zweifel von demjenigen, welchem der Erblasser den Erbteil des Pflichtteilsberechtigten durch Verfügung von Todes wegen zugewendet hat⁴).

E I 1995, 1996 Abs 1 II 2185; M 5 421—424; P 5 548—550.

1. Als **gesetzlicher Erbe an Stelle des Pflichtteilsberechtigten** — aber so, daß letzterem der Pflichtteilsanspruch verbleibt — kommt in Betracht, wer infolge Ausschließung des Pflichtteilsberechtigten von der Erbfolge (§ 1938) oder infolge einer gemäß § 2306 A 4 erfolgenden Ausschlagung nachrückt.

2. Der einrückende Erbe übernimmt damit nach außen die Haftung für den Pflichtteilsanspruch als Nachlaßverbindlichkeit. Da aber dieselbe Tatsache, welche den Pflichtteilsanspruch erzeugt, ihm den Vorteil der Erbenstellung verschafft, so entspricht es der Billigkeit, daß er **im Verhältnisse zu Miterben** insoweit auch die **Pflichtteilslast** allein trägt. Dies hat auch

dann zu gelten, wenn er schon ohnedies Erbe ist, aber infolge Wegfalls des Pflichtteilsberechtigten im Erbteil erhöht wird (§ 1935 A 3, **RG** Warn 1918 Nr 77). Die Pflichtteils- oder Vermächtnislast trifft ihn jedoch nur **in Höhe des erlangten Vorteils.** Dabei kommen die mit der Erbenstellung überkommenen Beschwerungen (s. auch § 2322), insbesondere die Haftung für sonstige Pflichtteilsansprüche in Betracht. Aber auch der Vorteil, der darin liegt, daß z. B. der überlebende Ehegatte statt neben Abkömmlingen nunmehr neben Eltern usw. erbt und deshalb sowohl durch Erhöhung des Erbteils als durch den Anspruch auf den Voraus begünstigt wird (§§ 1931, 1932).

3. Ob das **Vermächtnis** dem Pflichtteilsberechtigten zur Abfindung auf den Pflichtteil (§ 2307) oder trotz wirksamer Entziehung des Pflichtteils, also ohne eine Hinterlassungspflicht zugewendet ist, macht keinen Unterschied.

4. Der Grundsatz des Abs 1 wird im Wege gesetzlicher Auslegungsregel auf die **gewillkürte Erbfolge** ausgedehnt, auch hier ohne Unterschied, ob der vom Erblasser Begünstigte durch die Verfügung von Todes wegen überhaupt erst Erbe wird oder nur eine Erhöhung seines gesetzlichen Erbteils erfährt (**RG** Warn 1918 Nr 77). Er gilt auch im Falle der Anwachsung nach § 2094 und der Ersatzberufung § 2096. Im übrigen braucht die Zuwendung nicht gerade als „Erbteil" des Pflichtteilsberechtigten bezeichnet zu werden, wenn sonst die Absicht erhellt, den an Stelle des Ausgeschlossenen oder Ausschlagenden Berufenen in gleicher Weise zu bedenken. Nach § 2324 kann der Erblasser abweichende Anordnungen treffen, insbesondere die Pflichtteilslast auch den Miterben auferlegen.

§ 2321

Schlägt der Pflichtteilsberechtigte ein ihm zugewendetes Vermächtnis aus, so hat im Verhältnisse der Erben und der Vermächtnisnehmer zueinander derjenige, welchem die Ausschlagung zustatten kommt, die Pflichtteilslast in Höhe des erlangten Vorteils zu tragen[1]).

E I 1996 Abs 1 II 2186; M 5 422, 423; P 5 550, 551.

1. **Schlägt der Pflichtteilsberechtigte das Vermächtnis aus** und fordert er dafür gemäß § 2307 den Pflichtteil, so entspricht es der Billigkeit, daß die Pflichtteilslast, zu deren Erfüllung das Vermächtnis bestimmt war, hiermit auch dann verbunden bleibt, wenn es einem anderen (Ersatzbedachten, Anwachsungsberechtigten) anfällt oder daß die Pflichtteilslast von dem getragen wird, der durch die Ausschlagung befreit und somit um den Wert des Vermächtnisses bereichert wird (dem beschwerten Erben, **RG** Warn 1914 Nr 168, oder Vermächtnisnehmer). Dies alles nur in Höhe des durch die Ausschlagung erlangten Vorteils (§ 2320 A 2). Zwar steht der Pflichtteilsanspruch selbst nur gegen die Erben zu. Der Leistende hat aber einen schuldrechtlichen Ausgleichungsanspruch gegen denjenigen, welchem das ausgeschlagene Vermächtnis zustatten gekommen ist (Kürzungsrecht desselben § 2322) und darf, soweit dieser reicht oder soweit er selbst der Gewinnende ist, andere Vermächtnisnehmer nicht gemäß § 2318 A 1 zur Pflichtteilslast heranziehen (§ 2323). War mit dem ausgeschlagenen (Unter-) Vermächtnis ein anderer Vermächtnisnehmer beschwert, so kann er diesen, schon bevor er den Pflichtteil auszahlt, durch Zurückbehaltung des Hauptvermächtnisses zur Erstattung nötigen (§ 273). Abweichende Anordnungen des Erblassers § 2324.

§ 2322

Ist eine von dem Pflichtteilsberechtigten ausgeschlagene Erbschaft oder ein von ihm ausgeschlagenes Vermächtnis mit einem Vermächtnis oder einer Auflage beschwert, so kann derjenige, welchem die Ausschlagung zustatten kommt, das Vermächtnis oder die Auflage soweit kürzen, daß ihm der zur Deckung der Pflichtteilslast erforderliche Betrag verbleibt[1]).

E I 1996 Abs 2 II 2187; M 5 423, 424; P 5 549—551.

1. Die Vorschrift knüpft an §§ 2320, 2321 an, wonach die Pflichtteilslast von dem an Stelle des ausschlagenden Pflichtteilsberechtigten nachrückenden Erben oder von dem durch Ausschlagung des Vermächtnisses Gewinnenden zu tragen ist. Waren die ausgeschlagenen Zuwendungen selbst wieder **mit Vermächtnissen oder Auflagen beschwert,** so gehen außer der Pflichtteilslast nach §§ 2161, 2192 auch diese Beschwerungen auf den Nachrückenden oder Gewinnenden über. Bezüglich der Beschwerungen ist er als Erbe durch §§ 1935, 2095 und 1992, als Vermächtnisnehmer durch §§ 2159, 2187 dagegen geschützt, auf mehr als den Betrag der Zuwendung in Anspruch genommen zu werden. § 2322 gestattet ihm, und zwar mit Vorrang vor den Beschwerungen, auch die Pflichtteilslast auf den Bedachten und Auflagebeteiligten abzuwälzen, wenn und soweit ihm hierfür nach Deckung der Beschwerungen

nichts übrigbleibt. Reicht dagegen der Restbetrag der Zuwendung dazu aus, so hat er auch die Pflichtteilslast allein zu tragen, selbst wenn die Erbschaft oder das Vermächtnis hierdurch ganz erschöpft würde. Das Kürzungsrecht verbleibt dem Bedachten wie im Falle des § 2319 A 1, auch wenn er sonst unbeschränkt haften sollte. Der verkürzte Vermächtnisnehmer ist gemäß § 2188 auch seinerseits wieder zur Kürzung berechtigt. Der Erblasser kann abweichende Anordnungen treffen (§ 2324), auch durch Begünstigung eines einzelnen Vermächtnisses das Kürzungsrecht des Erben usw. entsprechend einschränken (§ 2189). Bezüglich des Voraus vgl. § 2318 A 1.

§ 2323

Der Erbe kann die Erfüllung eines Vermächtnisses oder einer Auflage auf Grund des § 2318 Abs 1 insoweit nicht verweigern, als er die Pflichtteilslast nach den §§ 2320 bis 2322 nicht zu tragen hat[1]).

E I 1997 II 2188; M 5 424. P 5 551.

1. Die (nach § 2324 abänderungsfähige) Vorschrift dient dem Vermächtnisnehmer und Auflagebeteiligten als Mittel, den Beschwerten dazu zu zwingen, von den Befugnissen der §§ 2320—2322 zur Abwälzung der Pflichtteilslast auch wirklich Gebrauch zu machen.

§ 2324

Der Erblasser kann durch Verfügung von Todes wegen die Pflichtteilslast im Verhältnisse der Erben zueinander einzelnen Erben auferlegen[1]) und von den Vorschriften des § 2318 Abs 1 und der §§ 2320 bis 2323 abweichende Anordnungen treffen[2]).

E I 1994 Satz 2, 1998 II 2189; M 5 421, 424; P 5 548, 551.

1. Die Pflichtteilsschuld **mehrerer Erben** ist nach außen immer eine gemeinschaftliche und grundsätzlich gesamtschuldnerische Verbindlichkeit gemäß §§ 2058ff. Nur **im Verhältnis zueinander** kann sie der Erblasser damit verschieden beschweren (§ 2046 Abs 2) und dadurch gegenseitige schuldrechtliche Ausgleichungsansprüche unter ihnen begründen. § 2189 gestattet ihm, auch einem einzelnen Vermächtnisnehmer die Pflichtteilslast aufzuerlegen. Doch bleibt der Pflichtteilsberechtigte mit seinem Anspruch in jedem Falle an den Erben gewiesen (§ 2303 A 3).

2. Dem Erblasser ist jede **anderweite Regelung der Pflichtteilslast** gestattet, durch die er nicht in das eigene Pflichtteilsrecht des Erben (§§ 2318 A 3, 2319) oder des Vermächtnisnehmers (§ 2318 A 2) eingreift. Innerhalb dieses Rahmens kann er das Recht des Erben zur verhältnismäßigen Kürzung der Vermächtnisse und Auflagen nicht nur erweitern oder beschränken, sondern auch ausschließen. Eine solche Anordnung braucht, wie auch sonst letztwillige Bestimmungen, nicht ausdrücklich getroffen zu werden (§ 2084 A 2). So genügt es, wenn sich aus dem Zusammenhange des Testaments, nötigenfalls unter Mitberücksichtigung von Umständen außerhalb des Testaments, als der Wille des Erblassers erkennen läßt: Nachlaßverbindlichkeiten irgendwelcher, auch unvorhergesehener, Art sollten im Verhältnisse zwischen einem Vermächtnisnehmer und dem Erben nicht zu einer Kürzung der Zuwendung an jenen führen, sondern zu Lasten des diesem verbleibenden Nachlasses gehen. Es ist dann unerheblich, ob der Erblasser um das Pflichtteilsrecht einer von ihm übergangenen Person gewußt und an die Möglichkeit einer Geltendmachung des Pflichtteilsanspruchs durch sie gedacht hat oder nicht (**RG** Warn 1927 Nr 35).

§ 2325

Hat der Erblasser einem Dritten eine Schenkung gemacht[2]), so kann der Pflichtteilsberechtigte als Ergänzung des Pflichtteils[1]) den Betrag verlangen, um den sich der Pflichtteil erhöht, wenn der verschenkte Gegenstand dem Nachlasse hinzugerechnet wird[3]).

Eine verbrauchbare Sache kommt mit dem Werte in Ansatz, den sie zur Zeit der Schenkung hatte[4]). Ein anderer Gegenstand kommt mit dem Werte in Ansatz, den er zur Zeit des Erbfalls hat; hatte er zur Zeit der Schenkung einen geringeren Wert, so wird nur dieser in Ansatz gebracht[5]).

Die Schenkung bleibt unberücksichtigt, wenn zur Zeit des Erbfalls zehn Jahre seit der Leistung des verschenkten Gegenstandes verstrichen sind[6]); ist

die Schenkung an den Ehegatten des Erblassers erfolgt, so beginnt die Frist nicht vor der Auflösung der Ehe[7]).

E I 2009, 2010 II 2190; RTVorl 2298; M 5 581—588; P 6 104, 105.

1. Der Anspruch auf **Ergänzung des Pflichtteils** (nicht zu verwechseln mit dem Anspruch auf Vervollständigung des Pflichtteils aus §§ 2305, 2307) unterliegt grundsätzlich den Vorschriften über den (ordentlichen) Pflichtteilsanspruch (RG LZ 1925, 1071[10]), so auch bezüglich der Auskunftspflicht über die in Betracht kommenden Schenkungen gemäß § 2314 A 1 (RG 73, 369). Er steht, wie nach § 2303 A 3, regelmäßig gegen den Erben und nur ausnahmsweise gegen den Beschenkten zu (§ 2329) und dient dazu, den Berechtigten gegen Verkürzungen seines Pflichtteils unter Lebenden zu schützen. Ob der Berechtigte bereits zur Zeit dieser Verkürzung vorhanden und pflichtteilsberechtigt war, oder ob er es erst später geworden, ist gleichgültig. Ebenso, ob er am Nachlaß als Pflichtteilserbe oder nur als Pflichtteilsgläubiger beteiligt ist (RG 80, 135). Liegt nur der Tatbestand der §§ 2325 ff. vor, so kommt eine Nichtigkeit des Vertrags wegen Verstoßes gegen die guten Sitten (§ 138) nicht in Frage. Es greifen hier die gleichen Grundsätze Platz, wie sie für die Fälle der Anfechtung wegen Täuschung oder Drohung (RG 72, 218; 83, 112) und wegen Verstoßes gegen KO § 31 Nr 1 oder AnfG § 3 Nr 1 (RG 69, 143; 74, 226) aufgestellt sind; beim Hinzutreten weiterer Umstände kann auch eine den §§ 2325 ff. unterliegende Schenkung gegen die guten Sitten verstoßen (RG 2. 2. 25 IV 531/24).

2. Der Anspruch wird durch **Schenkungen** jeder Art begründet ohne Rücksicht auf den Betrag und darauf, ob sie aus dem Stammvermögen oder aus laufenden Einkünften oder ob sie in Benachteiligungsabsicht gemacht sind (§ 2287). Der Begriff der Schenkung ergibt sich aus §§ 516 Abs 1, 517. Für die Frage, ob und inwieweit in einem gegenseitigen Vertrag eine Schenkung enthalten ist, kommt es nicht auf die Verhältnisse zur Zeit des Erbfalls (A 5), sondern zur Zeit der Schenkung an (RG JW 1916, 1117[7]). Unter Umständen kann eine Schenkung auch in der Begründung der allgemeinen Gütergemeinschaft gefunden werden (RG 87, 301). Auch die gemischte Schenkung (§ 516 A 7, RG Warn 08 Nr 205), die das Maß übersteigende Ausstattung (§ 1624 Abs 1) und die vollzogene Schenkung von Todes wegen gehören hierher (§ 2301 Abs 2). Ebenso die Zuwendung an eine damit erst begründete Stiftung (RG 54, 399). Grundsätzlich auch die belohnende Schenkung (RG LZ 1918, 1076[23]). Nur Anstands- usw. Schenkungen sind ausgenommen (§ 2330). Der beschenkte **Dritte** kann ein Fremder, aber auch ein anderer Pflichtteilsberechtigter (Ehegatte in Abs 3) sein (RG 69, 390). Hat der Ergänzungskläger auch selbst ein Geschenk erhalten, so gilt § 2327. **Klageberechtigt** ist der Pflichtteilsberechtigte, d. h. wer zum Kreise der in § 2303 genannten nahen Angehörigen gehört (§ 2317 A 4), auch dann, wenn er gesetzlicher Erbe ist (RG 58, 124; 80, 135).

3. Die Ausgleichung erfolgt auf Grund einer **fiktiven Berechnung des Nachlasses,** indem der verschenkte Gegenstand, d. h. der durch Schätzung ermittelte Wertbetrag der Schenkung ohne Abzüge (vgl. aber § 2329 A 3) dem nach § 2311 maßgebenden Bestande, und zwar wie im Falle des § 2315 A 6 des Gesamtnachlasses hinzugerechnet, nicht auch tatsächlich zugeführt wird. Der sich hiernach herausstellende Mehrbetrag des Pflichtteils bildet, verglichen mit dem reinen Pflichtteil, die dem Berechtigten unmittelbar zukommende (RG JW 1911, 996[43]) „Ergänzung". Ist ein greifbarer Nachlaß nicht vorhanden, so berechnet sich der Ergänzungsanspruch lediglich nach dem Betrage der Schenkung. Ausgleichungspflichtige Zuwendungen bleiben dabei außer Betracht, da sie nach § 2316 bereits bei Berechnung des ordentlichen Pflichtteils zu berücksichtigen sind (RG 77, 284). Doch wird der Erbe in diesem Falle regelmäßig nur als Beschenkter aus § 2329 zu haften haben. Für einen Ergänzungsanspruch, auch in der Richtung gegen den Beschenkten, ist überhaupt kein Raum, wenn der Nachlaß selbst bei Hinzurechnung des verschenkten Gegenstandes nicht aktiv wird (RG LZ 1928, 53[4]). Auch das Schenkungsversprechen ist Schenkung im Sinne von Abs 1. Ist es noch nicht erfüllt, so ist es — wenn die Fälligkeit hinausgeschoben ist, zum Zeitwerte (§ 2313 A 3) — ein Passivum und es wird, wenn der Ergänzungsanspruch erhoben wird, (für die fiktive Berechnung) zugleich ein Aktivum des Nachlasses (RG LZ 1928, 53[4]). Gegenüber dem Empfänger des Schenkungsversprechens kann der Erbe Erfüllung nur verweigern, soweit er selbst pflichtteilsberechtigt ist (§ 2328).

4. **Verbrauchbare Sachen** § 92. Im Falle des Schenkungsversprechens ist die Zeit der Erteilung, nicht die der Leistung (A 6) maßgebend (a. M. Strohal bei Planck A 3a; Kipp § 36 III u. a.) Handelt es sich um den schenkungsweisen Erlaß einer Schuld, so kommt nach der Natur der Sache ebenfalls nur die Zeit der Schenkung in Betracht (RG 80, 137). Fällt eine hierher gehörige Schenkung in die Zeit vor der Inflation, der Erbfall dagegen in die Inflationszeit, so gilt für die Umrechnung des nach der Zeit der Schenkung anzusetzenden Wertes Entsprechendes wie nach § 2315 A 7.

5. Die Maßgeblichkeit der **Zeit des Erbfalls** für „andere Gegenstände", also für nicht verbrauchbare Sachen und für Rechte, entspricht der Regel des § 2311. Die Gefahr der Wertsverringerung oder des Untergangs der Sache in der Zeit zwischen Schenkung und Erbfall hat sonach der Ergänzungsberechtigte zu tragen, selbst dann, wenn der Beschenkte daran Schuld trüge. Doch tritt in den Fällen des § 281 an Stelle des geschenkten Gegenstandes der Ersatz oder Ersatzanspruch. Anderseits kommt (zufolge Halbs 2 der vorliegenden Vorschrift) eine bis zum Erbfall eingetretene Wertssteigerung dem Ergänzungsberechtigten nicht zugute. Wertschwankungen in der Zwischenzeit bleiben ganz außer Betracht. Ob sich der geschenkte Gegenstand noch im Vermögen des Beschenkten befindet, ist im Verhältnis zum Erben gleichgültig. Beweispflichtig für den behaupteten Umfang der Schenkung und die behauptete Werthöhe ist der Ergänzungskläger (RG JW 1916, 1117[7]: Fall der Schenkung eines Landguts mit Inventar). Wendet der Erbe gegenüber der auf den Wert zur Zeit des Erbfalls abgestellten Ergänzungsklage ein, der Wert sei zur Zeit der Schenkung geringer gewesen, so liegt ihm der Beweis ob. Über den Umfang der Begründungspflicht bei einer den Ergänzungsanspruch vorbereitenden Feststellungsklage vgl. RG JW 1916, 675[16].

6. Die **zehnjährige Ausschlußfrist** (Berechnung §§ 187, 188) beginnt, abweichend von A 4 auch beim Schenkungsversprechen erst mit Leistung des Gegenstandes. Sie gilt nicht für die dem Ergänzungskläger selbst zugewendeten Schenkungen (§ 2327 A 2), kommt aber auch dem Beschenkten zugute, wenn er gemäß § 2239 an Stelle des Erben belangt wird (RG 81, 204).

7. Alle an den **Ehegatten** gemachten Schenkungen sind ohne zeitliche Beschränkung anrechnungspflichtig. Auflösung der Ehe durch Tod, Scheidung oder Aufhebung der ehelichen Gemeinschaft nach §§ 1586f., Wiederverheiratung § 1348 Abs 2. — Der Pflichtteilsergänzungsanspruch ist auch dann gegeben, wenn die Schenkung bereits vor 1. 1. 00 erfolgt, der Erbfall aber erst nach dieser Zeit eingetreten ist (RG 54, 241; 58, 128). Besonderheiten, wenn die Schenkung von Ehegatten in westfälischer Gütergemeinschaft vorgenommen worden ist, RG JW 1911, 996[43]. Zuständiges Gericht ZPO § 27.

§ 2326

Der Pflichtteilsberechtigte kann die Ergänzung des Pflichtteils auch dann verlangen, wenn ihm die Hälfte des gesetzlichen Erbteils hinterlassen ist[1]). Ist dem Pflichtteilsberechtigten mehr als die Hälfte hinterlassen, so ist der Anspruch ausgeschlossen, soweit der Wert des mehr Hinterlassenen reicht[2]).

E I 2011 II 2191; M 5 461; P 5 589.

1. Der Ergänzungsanspruch steht auch dann zu, wenn der Pflichtteilsberechtigte **wegen des ordentlichen,** nach dem Reinbestande des Nachlasses gemäß § 2303 A 4 berechneten **Pflichtteils gedeckt** ist und erst infolge der Hinzurechnung des Geschenks (§ 2325 A 3) sich eine Erhöhung des Pflichtteils herausstellt. So namentlich, wenn sich erst hierdurch der Nullbestand des reinen Nachlasses in einen Aktivbestand verwandelt (§ 2325 A 3).

2. Ist dem Pflichtteilsberechtigten, der auch als Alleinerbe berufen sein kann, **mehr als die Hälfte des gesetzlichen Erbteils hinterlassen,** so erwirbt er durch eine gemäß § 2306 A 4 erfolgende Ausschlagung den ordentlichen Pflichtteilsanspruch und zugleich den Ergänzungsanspruch. Aber auch wenn er den ordentlichen Anspruch nicht hat, sei es, weil der ihm hinterlassene Erbteil frei von Beschränkungen oder Beschwerungen ist oder weil er ihn trotz Beschränkungen oder Beschwerungen annimmt, kann er den Ergänzungsanspruch erheben. Er muß sich dann jedoch **das Hinterlassene** auf diesen Anspruch **anrechnen lassen, soweit** es den Betrag des ordentlichen, nach dem wirklichen Nachlaßbestande berechneten Pflichtteils übersteigt, und hat keinen Anspruch auf Ergänzung, wenn er dafür bereits durch das mehr Zugewendete gedeckt ist. Dasselbe gilt nach § 2307 Abs 1, wenn er mit einem Vermächtnis bedacht ist. Die Beschränkungen oder Beschwerungen, mit denen ihm der größere Erbteil oder das größere Vermächtnis hinterlassen ist, haben entsprechend § 2307 A 3 außer Betracht zu bleiben, wenn es sich um Ermittlung des Wertes des Hinterlassenen handelt. Mit Strohal bei Planck A 4 und anderen dort Angeführten wird jedoch dem Ergänzungsberechtigten aus § 119 das Recht auf Anfechtung der Annahme zuzugestehen sein, wenn er die beschränkte oder beschwerte Zuwendung, Erbteil oder Vermächtnis, in Unkenntnis von der Schenkung angenommen hatte. Ob der Pflichtteilsberechtigte gewillkürter oder gesetzlicher Erbe geworden, macht wie für § 2325 (RG 58, 126), so auch für § 2326 keinen Unterschied.

§ 2327

Hat der Pflichtteilsberechtigte selbst ein Geschenk von dem Erblasser erhalten[1]), so ist das Geschenk in gleicher Weise wie das dem Dritten gemachte Geschenk dem Nachlasse hinzuzurechnen und zugleich dem Pflichtteilsberechtigten auf die Ergänzung anzurechnen[2]). Ein nach § 2315 anzurechnendes Geschenk ist auf den Gesamtbetrag des Pflichtteils und der Ergänzung anzurechnen[3]).

Ist der Pflichtteilsberechtigte ein Abkömmling des Erblassers, so findet die Vorschrift des § 2051 Abs 1 entsprechende Anwendung[4]).

E I 2012 II 2192; M 5 462, 463; P 5 589; 6 104, 105.

1. Vorausgesetzt ist, daß neben dem als Ergänzungskläger gedachten **selbst beschenkten Pflichtteilsberechtigten** noch ein Dritter vom Erblasser Beschenkter in Betracht kommt, der ein Fremder (§ 2329) oder Miterbe oder gleichfalls Pflichtteilsberechtigter sein kann.

2. Wenn das Geschenk **in gleicher Weise dem Nachlasse hinzuzurechnen** ist wie das dem Dritten gemachte Geschenk, so wird damit nur auf Abs 2 des § 2325 Bezug genommen, der je nach der Art des Schenkungsgegenstandes über den für den Wertsansatz maßgebenden Zeitpunkt bestimmt. Nicht aber kommt dem selbst beschenkten Ergänzungskläger auch die zehnjährige Ausschlußfrist des Abs 3 zugute, er hat sich vielmehr die ihm selbst oder seinem Vorfahren gemachten Geschenke ohne zeitliche Beschränkung anrechnen zu lassen (**RG** 69, 389). Soweit die mehreren Geschenke zugleich ausgleichungspflichtige Zuwendungen darstellen (§ 2050) und deshalb bereits bei Berechnung des ordentlichen Pflichtteils eines Abkömmlings berücksichtigt sind (§ 2316 A 3), scheiden sie völlig aus und kommen für die Ergänzung nicht mehr in Frage, vgl. auch **RG** 77, 284. Sind sie nicht ausgleichungspflichtig, so werden sie dem Gesamtnachlaß hinzugerechnet; danach bestimmt sich der dem Betreffenden im ganzen gebührende Pflichtteil. Der Unterschied zwischen diesem und dem ordentlichen Pflichtteil ist der Betrag der Ergänzung. **Nur auf diese Ergänzung** hat sich der Pflichtteilsberechtigte die selbst empfangene Schenkung anrechnen zu lassen. Soweit sie den Ergänzungsbetrag übersteigt, bleibt sie ganz außer Betracht (s. jedoch A 3).

3. Nur wenn der Erblasser gemäß § 2315 Abs 1 **Anrechnung des Geschenks auf den Pflichtteil angeordnet** hatte, muß sich der Ergänzungsberechtigte (entgegen A 2) die selbst empfangene Schenkung, soweit sie mehr beträgt als die Ergänzung, auch auf den ordentlichen Pflichtteilsanspruch anrechnen lassen. Für die Wertsbestimmung ist in diesem Falle nicht § 2325 Abs 2, sondern nach § 2315 A 7 immer nur die Zeit der Schenkung maßgebend.

4. Übereinstimmend mit § 2315 Abs 3 (Näheres dort A 8) hat sich der in das Pflichtteilsrecht **nachrückende Abkömmling** auch bezüglich der seinem Vorfahren gemachten Schenkungen so behandeln zu lassen, wie wenn er selbst der Beschenkte wäre.

§ 2328

Ist der Erbe selbst pflichtteilsberechtigt, so kann er die Ergänzung des Pflichtteils soweit verweigern, daß ihm sein eigener Pflichtteil mit Einschluß dessen verbleibt, was ihm zur Ergänzung des Pflichtteils gebühren würde[1]).

E I 2013 II 2193; M 5 463—466; P 5 589—591; 6 105, 106.

1. Aus den allgemeinen, nach § 2325 A 1 auch hier anwendbaren Vorschriften über die **Pflichtteilslast** folgt, daß der pflichtteilsberechtigte Erbe die Last auch insoweit auf Vermächtnisnehmer und Auflagebeteiligte abwälzen darf, als sie durch die Ergänzungspflicht gesteigert ist (§ 2318). Entsprechend dem § 2319 ist ihm, und zwar gleichviel ob er Miterbe oder Alleinerbe ist, jedoch nur gegenüber dem Ergänzungsanspruche, ein im Wege der Einrede verfolgbares Verweigerungsrecht beigelegt, durch das er sich im Genusse des eigenen nach Ergänzungsgrundsätzen ihm selbst gebührenden Pflichtteils erhalten kann. Für den Ausfall haftet dem Ergänzungsberechtigten, soweit er sich nicht an andere Erben halten kann, nach den Grundsätzen des § 2329 der Beschenkte, und zwar auch dann, wenn er mit dem Erben wiederum identisch ist.

§ 2329

Soweit der Erbe zur Ergänzung des Pflichtteils nicht verpflichtet ist[1]), kann der Pflichtteilsberechtigte von dem Beschenkten die Herausgabe des Geschenkes zum Zwecke der Befriedigung wegen des fehlenden Betrags[2])

nach den Vorschriften über die Herausgabe einer ungerechtfertigten Bereicherung fordern[3]. Ist der Pflichtteilsberechtigte der alleinige Erbe, so steht ihm das gleiche Recht zu[4].

Der Beschenkte kann die Herausgabe durch Zahlung des fehlenden Betrags abwenden[5].

Unter mehreren Beschenkten haftet der früher Beschenkte nur insoweit, als der später Beschenkte nicht verpflichtet ist[6])[7].

E I 2014—2016 II 2194; M 5 466—468; P 5 592—595.

1. **Aushilfsweise tritt Haftung des Beschenkten ein, soweit der Erbe zur Ergänzung nicht verpflichtet ist** (s. auch A 4). Der Erbe ist von vornherein nicht dazu verpflichtet, wenn der Nachlaß mit Null aufgeht oder überschuldet ist (§§ 2311 A 1, 2325 A 3). Ferner nicht, soweit er nach § 2328 die Ergänzung verweigern kann. Aber auch dann nicht, wenn und soweit er infolge von Wertsveränderungen des Nachlasses den entstandenen Ergänzungsanspruch nach den Grundsätzen der beschränkten Haftung (§§ 1975ff., insbesondere 1991 Abs 4, 1992) nicht zu erfüllen braucht, ja sogar nicht erfüllen darf (RG 58, 127; a. M. Planck A 1). Alle derartigen Befreiungsgründe schließen es jedoch nicht aus, den als Erbe zur Ergänzung nicht verpflichteten Erben nunmehr persönlich in seiner Eigenschaft als Beschenkter in Anspruch zu nehmen (RG JW 1912, 913[11]). Dagegen kann der Ergänzungsberechtigte Ausfälle, die er infolge Zahlungsunfähigkeit des unbeschränkt haftenden Erben erleidet, nicht gegen den Beschenkten geltend machen.

2. Der Ergänzungsanspruch wird dadurch, daß er gegen den Beschenkten verfolgt wird, nicht in seinem Grunde, sondern nur nach Art und Umfang der Haftung verändert (RG 58, 128). Die Normen des Pflichtteilsrechts sind auf ihn auch in diesem Falle anwendbar, soweit dies mit den sich aus der Richtung des Anspruchs gegen den Beschenkten ergebenden Eigentümlichkeiten vereinbar ist (RG 73, 370f.; LZ 1925, 1071[10]). Namentlich braucht der Beschenkte, ebenso wie der Erbe (§ 2325 A 6), eine länger als zehn Jahre zurückliegende Schenkung nicht herauszugeben (RG 81, 204). Der Anspruch geht auf Geld, auf den **fehlenden Betrag**, dessen Höhe sich nach §§ 2325—2327 unter Abzug des vom Erben Erlangten oder zu Erlangenden berechnet. Gleichwohl ist der Beschenkte grundsätzlich nicht zur Zahlung, sondern zur **Herausgabe des Geschenks zum Zwecke der Befriedigung** verpflichtet und gemäß Abs 2 nur zur Zahlung berechtigt. D. h. er ist, wie in den Fällen der §§ 1973 A 6, 1990 A 4 verbunden, die Zwangsvollstreckung in die Gegenstände der Schenkung zu dulden. Dementsprechend hat unter Bezifferung des geforderten Geldbetrags auch die Verurteilung zu lauten. Nur wenn Geld geschenkt war, sind Herausgabe und Zahlung dasselbe. Eine Auskunftspflicht des beschenkten Dritten besteht, abweichend von § 2325 A 1, nur dann, wenn er nach § 260 einen Inbegriff herauszugeben hat (RG 73, 371; 84, 204). „Inbegriff" ist dabei in dem weiten RG 90, 139 dargelegten Sinne zu verstehen (RG JRdsch 1927 Nr. 1655).

3. Wegen der Anwendung der Vorschriften über die **Herausgabe einer ungerechtfertigten Bereicherung** vgl. § 1973 A 5. Die Bereicherung wird durch die dem Beschenkten entstandenen Kosten des Schenkungsakts vermindert (RG Warn 08 Nr 205). Zur Kenntnis vom Mangel des rechtlichen Grundes (§ 819 Abs 1) gehört regelmäßig Kenntnis vom Stande des Nachlasses und der Ergänzungsbedürftigkeit des Pflichtteils im Sinne von §§ 2325ff. Doch kann die Kenntnis auch schon zur Zeit der Schenkung gegeben sein, wenn dem Empfänger eine damit verbundene Benachteiligungsabsicht des Erblassers bekannt war (vgl. auch §§ 818 Abs 2, 826). Der fernere Empfänger, dem die Schenkung unentgeltlich zugewendet ist, haftet nach § 822. Handelt es sich um ein noch nicht erfülltes Schenkungsversprechen, so ist der Schenkungsanspruch herauszugeben.

4. Ist der **Pflichtteilsberechtigte der alleinige Erbe**, so kommt von vornherein nur der Ergänzungsanspruch gegen den Beschenkten in Frage. Er kann, wenn es sich um ein Schenkungsversprechen handelt, auch durch Verweigerung der Leistung ausgeübt werden. Ist der Beschenkte Miterbe des Ergänzungsberechtigten, so haftet er jedenfalls als Beschenkter, soweit er nicht schon als Erbe verpflichtet ist (A 1). Der Pflichtteilsberechtigte, welcher der alleinige Erbe ist, ist zur Geltendmachung des Ergänzungsanspruchs gegen den Beschenkten auch dann befugt, wenn die Verfügung über den Nachlaß infolge der Eröffnung des Nachlaßkonkurses dem Konkursverwalter zusteht. Jener Anspruch und ein nach KO § 32 bestehender Anfechtungsanspruch sind keine Gesamtgläubigerforderungen, sondern sie stehen in dem Verhältnisse zueinander, daß mit der Durchführung der Anfechtung und in dem Maße dieser Durchführung die Bereicherung des Beschenkten und damit nach A 3 eine Voraussetzung für die Verpflichtung zur Pflichtteilsergänzung fortfällt (RG LZ 1928, 53[4]). Ein dem Falle, daß der ergänzungsberechtigte Pflichtteilsberechtigte alleiniger Erbe ist, entsprechen-

der Tatbestand kann auch bei einer Erbenmehrheit vorliegen (wie in dem Falle RG a. a. O., in dem die Kinder und der Ehegatte des Erblassers die gesetzlichen Erben des durch die Schenkung an einen Fremden geminderten Nachlasses geworden waren).

5. **Abwendung der Herausgabe** durch freiwillige Zahlung des fehlenden Betrags (A 2), also nicht wie nach §§ 1973 A 7, 1992 A 4 des Wertes der von der Zwangsvollstreckung bedrohten oder ergriffenen Schenkungsgegenstände.

6. **Reihenfolge der mehreren Beschenkten:** Der zuletzt Beschenkte haftet zuerst. Nur soweit er nicht verpflichtet ist (nicht auch soweit er nicht zahlungsfähig), kann der nächste früher Beschenkte herangezogen werden. Die Verpflichtung erlischt insbesondere durch Wegfall der Bereicherung vor Eintritt der Rechtshängigkeit oder der erlangten Kenntnis gemäß §§ 818 Abs 4, 819. Oder durch Fristablauf, während sich ein früher beschenkter Ehegatte hierauf nicht beziehen darf (§ 2325 A 7).

7. **Beweislast.** Der Ergänzungskläger hat die Schenkung und im Falle A 1 ferner zu beweisen, daß oder inwieweit der Erbe nicht verpflichtet ist. Diese Beweislast trifft ihn auch dann, wenn er den Erben selbst in der Eigenschaft des Beschenkten in Anspruch nimmt (RG 80, 136). Im Falle A 4 hat er zur Berechnung des ihm gebührenden Betrags den Bestand des Nachlasses darzulegen (RG 84, 207). Der Beklagte ist dafür beweispflichtig, daß er nicht bereichert oder daß ein zunächst haftender späterer Beschenkter vorhanden ist. Daß dieser nicht verpflichtet sei, ist Replik des Klägers. Von mehreren Pflichtteilsberechtigten kann jeder klagen. Soweit der Beschenkte an ihn herausgibt, mindert sich seine Bereicherung. Verjährung § 2332 Abs 2.

§ 2330

Die Vorschriften der §§ 2325 bis 2329 finden keine Anwendung auf Schenkungen, durch die einer sittlichen Pflicht oder einer auf den Anstand zu nehmenden Rücksicht entsprochen wird[1]).

E I 2018 II 2195; M 5 469; P 5 596.

1. **Anstandsschenkungen usw.** sind nur so weit ergänzungspflichtig, als sie das hiernach sich bestimmende Maß überschreiten (vgl. auch §§ 534, 1446, 1641, 1804, 2113, 2205). Die Beweislast dafür, daß oder inwieweit es sich um eine Anstandsschenkung usw. handelt, trifft den, der sich darauf beruft (RG LZ 1918, 1076[23]).

§ 2331

Eine Zuwendung, die aus dem Gesamtgute der allgemeinen Gütergemeinschaft, der Errungenschaftsgemeinschaft oder der Fahrnisgemeinschaft erfolgt, gilt als von jedem der Ehegatten zur Hälfte gemacht. Die Zuwendung gilt jedoch, wenn sie an einen Abkömmling, der nur von einem der Ehegatten abstammt, oder an eine Person, von der nur einer der Ehegatten abstammt, erfolgt oder wenn einer der Ehegatten wegen der Zuwendung zu dem Gesamtgut Ersatz zu leisten hat, als von diesem Ehegatten gemacht.

Diese Vorschriften finden auf eine Zuwendung aus dem Gesamtgute der fortgesetzten Gütergemeinschaft entsprechende Anwendung[1]).

E I 1991, 2017 II 2196; M 5 416, 468; P 5 525, 596.

1. Vgl. A 1—3 zu § 2054, mit dem die Vorschrift, bis auf den die Eltern eines Ehegatten betreffenden Zusatz in Abs 1, wörtlich übereinstimmt. Sie bezieht sich sowohl auf den ordentlichen, wie auf den Pflichtteilsergänzungsanspruch (RG 94, 265).

§ 2332

Der Pflichtteilsanspruch verjährt in drei Jahren von dem Zeitpunkt an, in welchem der Pflichtteilsberechtigte von dem Eintritte des Erbfalls und von der ihn beeinträchtigenden Verfügung Kenntnis erlangt[1]), ohne Rücksicht auf diese Kenntnis in dreißig Jahren von dem Eintritte des Erbfalls an[2]).

Der nach § 2329 dem Pflichtteilsberechtigten gegen den Beschenkten zustehende Anspruch verjährt in drei Jahren von dem Eintritte des Erbfalls an[3]).

Die Verjährung wird nicht dadurch gehemmt, daß die Ansprüche erst nach der Ausschlagung der Erbschaft oder eines Vermächtnisses geltend gemacht werden können[4]**).**

E I 1999 II 2197; M 5 425—428; P 5 551, 593, 594.

1. Die **Verjährung** sowohl des ordentlichen, als auch des Pflichtteilsergänzungsanspruchs ist in drei Jahren beendet. Sie beginnt, soweit der Anspruch gegen den Erben zusteht (§§ 2303, 2305—2307, 2325—2328), mit der Kenntnis des Pflichtteilsberechtigten vom Erbfall und von der ihn beeinträchtigenden Verfügung. Eine den Pflichtteilsberechtigten im Sinne dieser Vorschrift in seiner Rechtsstellung beeinträchtigende Verfügung von Todes wegen liegt immer dann vor, wenn die Verfügung einen nach §§ 2303, 2305, 2306 A 4, 6 oder § 2307 einen Pflichtteilsanspruch begründenden Inhalt hat, mag dieser kraft Gesetzes bestehende Pflichtteilsanspruch auch in der Verfügung ausdrücklich anerkannt sein (RG 113, 234). Die vom Pflichtteilsberechtigten erlangte Kenntnis muß sich auf den für ihn wesentlichen, seine Beeinträchtigung ergebenden Inhalt der Verfügung (RG 70, 362) sowie auf ihre Gültigkeit erstrecken. Hieran fehlt es z. B., solange er die Unterschrift des Erblassers unter dem ihn von der Erbfolge ausschließenden Testament für unecht hält; die Kenntnis ist in dieser Hinsicht, wie auch sonst (§ 1944 A 2, § 2082 A 2), mit zuverlässigem Erfahren der in Betracht kommenden Umstände erlangt (RG 115, 27). Auf die Kenntnis vom Stande des Nachlasses kommt es für den Beginn der Frist nicht an (RG 104, 195). Mit der „Verfügung" ist zunächst gemeint die den Berechtigten von der Erbfolge ausschließende oder sonst beeinträchtigende Verfügung von Todes wegen. Die Kenntnis hiervon muß nicht notwendig durch deren amtliche Verkündung erlangt sein. Umgekehrt schließt die Tatsache der Verkündung nicht unbedingt Mangel der Kenntnis aus. Die Vorschrift des § 1944 Abs 2, wonach die Frist nicht vor amtlicher Verkündung der letztwilligen Verfügung zu laufen beginnt, ist nicht entsprechend anwendbar (RG 66, 30). In zweiter Linie kann unter der „Verfügung" auch eine solche im Sinne von Vorbem 7 vor § 104 verstanden werden. Demgemäß wird, soweit es sich um den nach §§ 2325—2328 gegen den Erben zu richtenden Ergänzungsanspruch handelt (anders nach Abs 2 für den Anspruch aus § 2329 gegen den Beschenkten), zum Beginn der Verjährung auch Kenntnis von Vornahme der beeinträchtigenden Schenkung zu erfordern sein. Gegen eine pflichtteilsberechtigte Ehefrau läuft die Verjährung auch dann, wenn sie nach güterrechtlichen Vorschriften zur Verfügung über den Pflichtteilsanspruch und zur Klageerhebung nicht befugt ist (RG JW 1910, 820[44]). Wird durch ein von Ehegatten errichtetes gemeinschaftliches Testament oder durch eine von ihnen gemeinschaftlich vorgenommene Schenkung ein pflichtteilsberechtigter Abkömmling beeinträchtigt, so entsteht der Pflichtteilsanspruch hinsichtlich des Nachlasses des Erstverstorbenen im allgemeinen schon mit dessen Tode (§ 2317 Abs 1). Haben die Ehegatten aber in westfälischer Gütergemeinschaft gelebt, so ist der Anspruch dadurch bedingt, daß das Gesamtgut nicht während der fortgesetzten Gütergemeinschaft eine Vermehrung erfährt, durch die die Pflichtteilsverletzung wieder ausgeglichen wird; die Verjährung beginnt deshalb nicht vor dem Tode des letztlebenden Ehegatten (RG JW 1911, 996[43]; 17. 3. 19 IV 457/18). Im übrigen gelten die allgemeinen Verjährungsgrundsätze, so insbesondere § 207 (Vollendung der Verjährung gegen den noch nicht angenommenen, unvertretenen oder in Konkurs geratenen Nachlaß). Die Vereinbarung, die ziffermäßige Berechnung des Pflichtteils solle bis nach beendeter Liquidation des Nachlasses ausgesetzt bleiben, ist Stundung nach § 202 (RG 10. 4. 11 IV 385/10). Durch die Klage des Pflichtteilsberechtigten auf Auskunftserteilung (§ 2314) wird die Verjährung des Pflichtteilsanspruchs nicht gemäß § 209 unterbrochen, da dieser Anspruch durch jene Klage nicht rechtshängig wird (RG 115, 27 und für die entsprechende Vorschrift des PrALR II 2 § 440, RG 22. 4. 07 IV 474/06). Dagegen kann in dem Verhalten des Erben, der auf das Verlangen des Pflichtteilsberechtigten diesem gemäß § 2314 über den Bestand des Nachlasses Auskunft erteilt oder gemäß § 1994 mit § 1967 Abs 2 (§ 2314 A 5) dem Nachlaßgericht ein Inventar einreicht und in dem einen oder andern Falle gar noch dem weiteren Verlangen des Pflichtteilsberechtigten auf Leistung des Offenbarungseides gemäß § 260 oder § 2006 entspricht, eine nach § 208 zur Unterbrechung der Verjährung geeignete Anerkennung des Pflichtteilsanspruchs dem Grunde nach gefunden werden; es ist dann Tatfrage, ob diese Anerkennung sich auf den Pflichtteilsanspruch im ganzen bezieht oder ob sie, bei Unvollständigkeit des aufgestellten Verzeichnisses, nur den Anspruch auf denjenigen Pflichtteilsbetrag deckt, welcher sich aus dem Verzeichnis entnehmen läßt (RG 113, 234).

2. Regelmäßige Verjährungsfrist § 195. Sie kommt auch dem zugute, der auf einen dem Pflichtteil entsprechenden Bruchteil der Erbschaft als Erbe oder auf den Pflichtteilsbetrag als Vermächtnisnehmer eingesetzt ist; wer sich auf eine solche testamentarische Anordnung stützt, erhebt nicht den gesetzlichen Pflichtteils-, sondern einen Erbauseinandersetzungs- oder Vermächtnisanspruch (RG 113, 237; JW 1927, 1206[21]; vgl. aber auch § 2304 A 1).

3. **Verjährung gegen den Beschenkten** ohne Rücksicht auf erlangte Kenntnis.

4. Ist der Pflichtteilsanspruch von vorgängiger **Ausschlagung** des dem Pflichtteilsberechtigten zugewendeten Erbteils oder Vermächtnisses abhängig (§§ 2306 A 4, 2307 A 1), so könnte aus § 198 gefolgert werden, daß die Verjährung nicht vor der Ausschlagung beginnt. Dem tritt Abs 3 entgegen, demzufolge Beginn und Lauf der Verjährung durch die Hinausschiebung der Ausschlagung nicht gehemmt werden. Damit wird dem Umstande Rechnung getragen, daß der Berechtigte sich den Anspruch durch eine in seinem Belieben stehende Willenserklärung jederzeit verschaffen kann (vgl. §§ 199, 200). Freilich kann danach der zum Erben eingesetzte Pflichtteilsberechtigte mit Rücksicht auf die drohende Pflichtteilsverjährung genötigt sein, die Ausschlagung schon zu einem Zeitpunkte zu erklären, wo mangels Verkündung der ihn berufenden Verfügung (§ 1944 A 3) oder weil der Fall der Nacherbfolge noch nicht eingetreten ist (§ 2142 A 1), die Ausschlagungsfrist gegen ihn noch gar nicht zu laufen begonnen hatte (RG 59, 346). Entsteht der Pflichtteilsanspruch entfernterer Abkömmlinge oder der Eltern erst mit dem Wegfall des nächststehenden Abkömmlings (§ 2309 A 2, 3), so entspricht es dem Grundgedanken des Abs 1, daß die Verjährung erst beginnt, wenn der nachrückende Berechtigte auch von jenem Wegfall Kenntnis erlangt hat; beruht der Wegfall auf Entziehung des Pflichtteils, so läuft die Verjährung nicht, solange der Nachrückende die Entziehungsgründe des § 2333 als nicht vorhanden angesehen hat (RG JW 1912, 70[6]; Warn 1913 Nr 253).

§ 2333

Der Erblasser kann einem Abkömmlinge den Pflichtteil entziehen:

1. **wenn der Abkömmling dem Erblasser, dem Ehegatten oder einem anderen Abkömmlinge des Erblassers nach dem Leben trachtet;**
2. **wenn der Abkömmling sich einer vorsätzlichen körperlichen Mißhandlung des Erblassers oder des Ehegatten des Erblassers schuldig macht, im Falle der Mißhandlung des Ehegatten jedoch nur, wenn der Abkömmling von diesem abstammt;**
3. **wenn der Abkömmling sich eines Verbrechens oder eines schweren vorsätzlichen Vergehens gegen den Erblasser oder dessen Ehegatten schuldig macht;**
4. **wenn der Abkömmling die ihm dem Erblasser gegenüber gesetzlich obliegende Unterhaltspflicht böswillig verletzt;**
5. **wenn der Abkömmling einen ehrlosen oder unsittlichen Lebenswandel wider den Willen des Erblassers führt.**

E I 2000 Satz 1, 2001 II 2198; M 5 428—437; P 5 551—565, 649; 6 320, 321.

Die **Entziehung des Pflichtteils gegenüber Abkömmlingen** (Eltern § 2334, Ehegatten § 2335) kann eine vollständige oder teilweise sein, auch in der Zuwendung des Pflichtteils unter sonst unzulässigen Beschränkungen und Beschwerungen bestehen (§ 2306). Die Entziehungsgründe sind erschöpfend geregelt, entsprechende Anwendung auf andere Tatbestände ist nicht gestattet. Sie setzen sämtlich Verschulden und deshalb auch Zurechnungsfähigkeit des Täters voraus. Recht zur Entziehung des Pflichtteils möglicher Gegenstand einer Feststellungsklage § 2317 A 4. Anwendbarkeit des älteren Rechtes RG 63, 120.

Zu Nr 1: **Lebensnachstellung,** sei es auch in Form der Anstiftung oder Beihilfe oder bloß vorbereitender Handlungen. Unter Umständen kann sogar wissentliches Geschehenlassen genügen (vgl. auch § 1566). Darauf, ob der Erblasser sich mit Lebensnachstellung bedroht gefühlt hat, kommt es nicht an, sondern nur darauf, daß der Pflichtteilsberechtigte den ernsthaften Willen gehabt hat, den Tod herbeizuführen (RG 31. 1. 18 IV 339/16).

Zu Nr 2: **Vorsätzliche körperliche Mißhandlung** eines leiblichen Eltern- oder Vorelternteils, ohne daß es auf deren Schwere ankommt, im Sinne der strafrechtlichen Bestimmungen StGB §§ 223ff., nach denen auch die Notwehr zu beurteilen ist (RG JW 1913, 207[21]). Notwehr schließt ein „sich schuldig machen" aus (§ 227, StGB § 53). Der Erbe ist deshalb nach § 2336 Abs 3 auch dafür beweispflichtig, daß der vom Pflichtteilsberechtigten behauptete Stand der Notwehr nicht vorgelegen habe (RG Warn 1913 Nr 402). Auch im Falle der Überschreitung der Notwehr (StGB § 53 Abs 3) kann das Verschulden zu verneinen sein.

Zu Nr 3: **Verbrechen oder Vergehen** im Sinne von StGB § 1, wenn es gegen den Erblasser oder seinen Ehegatten (als Verletzte) gerichtet ist. Ob das vorsätzliche Vergehen als ein schweres aufzufassen sei, ist nach Lage des Einzelfalles zu beurteilen. Daß eine strafgerichtliche Verurteilung stattgefunden habe, wird nicht gefordert.

Zu Nr 4: **Böswillige Verletzung der Unterhaltspflicht,** soweit sie dem Abkömmling gesetzlich obliegt (§§ 1601 ff.). Sie setzt nicht bloß eigenes Leistungsvermögen, sondern auch Kenntnis von der Bedürftigkeit und geflissentliche Vorenthaltung des Unterhalts aus verwerflicher Gesinnung voraus.

Zu Nr 5: **Ehrloser und unsittlicher Lebenswandel** (zu unterscheiden von einzelnen, nicht auf einem festgewurzelten Hange beruhenden Handlungen: **RG** LZ 1923, 449[3]), wenn er, und zwar noch zur Zeit der die Entziehung anordnenden Verfügung (**RG** 77, 162), wider den Willen des Erblassers geführt wird; vgl. auch § 2336 A 4. Daß der Erblasser abgemahnt habe, ist nicht erforderlich. Sein eigener Lebenswandel ist aber von Bedeutung. Über fortgesetztes ehebrecherisches Verhalten als unsittlichen Lebenswandel vgl. **RG** JW 1914, 1081[6]; über langdauerndes geschlechtliches Zusammenleben einer Verlobten mit ihrem späteren Manne **RG** LZ 1923, 396[9]; über Verschwendungssucht, die an sich nur zur Beschränkung des Pflichtteils gemäß § 2338 berechtigt, **RG** LZ 1918, 694[7]. — Die Verfehlungen berechtigen zugleich zum Rücktritt vom Erbvertrage (§ 2294) und zur Aufhebung einer gegenseitigen Verfügung nach § 2271 Abs 2.

§ 2334

Der Erblasser kann dem Vater den Pflichtteil entziehen, wenn dieser sich einer der im § 2333 Nr 1, 3, 4 bezeichneten Verfehlungen schuldig macht. Das gleiche Recht steht dem Erblasser der Mutter gegenüber zu, wenn diese sich einer solchen Verfehlung schuldig macht[1]).

E I 2003 II 2199; M 5 442; P 5 579.

1. Die **Entziehung des Pflichtteils gegenüber einem Elternteil** ist nur wegen Lebensnachstellung (§ 2333 Nr 1), Verbrechen und Vergehen (Nr 3) und Verletzung der Unterhaltspflicht gegen den Erblasser (Nr 4), also nicht auch wegen Mißhandlung (Nr 2; vgl. auch § 1631 Abs 2), soweit sie nicht unter Nr 3 fällt, und wegen schlechten Lebenswandels (Nr 5) zulässig. Die Unterhaltspflicht kann auch durch schwere Vernachlässigung der Erziehung und Ausbildung verletzt sein (§ 1610 Abs 2). Straflosigkeit der Eltern gemäß StGB §§ 247 Abs 2, 289 Abs 5 kommt nicht in Betracht. Der Pflichtteil kann nur dem schuldigen, nicht auch dem anderen Elternteil entzogen werden.

§ 2335

Der Erblasser kann dem Ehegatten den Pflichtteil entziehen, wenn der Ehegatte sich einer Verfehlung schuldig macht, auf Grund deren der Erblasser nach den §§ 1565 bis 1568 auf Scheidung zu klagen berechtigt ist[1]).

Das Recht zur Entziehung erlischt nicht durch den Ablauf der für die Geltendmachung des Scheidungsgrundes im § 1571 bestimmten Frist[2]).

E I 2005 II 2200; M 5 444, 445; P 5 580.

1. **Entziehung des Pflichtteils gegenüber dem Ehegatten** setzt eine schuldvolle Verfehlung durch Ehebruch usw. (§ 1565), Lebensnachstellung (§ 1566), bösliche Verlassung (§ 1567) oder schwere Pflichtverletzung usw. (§ 1568) voraus, ist mithin nicht zulässig, wenn ein Scheidungsrecht nur wegen Geisteskrankheit besteht (§ 1569). Die Scheidungsklage braucht nicht, wie in den Fällen der §§ 1933 A 3, 2077 A 2 bereits erhoben zu sein.

2. **Kein Erlöschen** durch Fristablauf, auch nicht durch Verwirkung des Scheidungsrechts nach ZPO § 616, wohl aber durch Verzeihung (§§ 2337, 1570). Ob auch der Erblasser sich eines Scheidungsgrundes schuldig gemacht hat, kommt nicht in Betracht.

§ 2336

Die Entziehung des Pflichtteils erfolgt durch letztwillige Verfügung[1]).

Der Grund der Entziehung muß zur Zeit der Errichtung bestehen und in der Verfügung angegeben werden[2]).

Der Beweis des Grundes liegt demjenigen ob, welcher die Entziehung geltend macht[3]).

Im Falle des § 2333 Nr 5 ist die Entziehung unwirksam, wenn sich der Abkömmling zur Zeit des Erbfalls von dem ehrlosen oder unsittlichen Lebenswandel dauernd abgewendet hat[4]).

E I 2000 Satz 2, 2006—2008 II 2201 M 5 430 447—449 P 5 552, 553, 580, 581; 6 321, 328.

1. Die **Entziehung des Pflichtteils** umfaßt auch den Pflichtteilsergänzungsanspruch (§ 2325 A 1). Sie enthält regelmäßig zugleich die Kundgebung, der Betreffende solle überhaupt nichts aus dem Nachlaß erhalten, also von der Erbfolge ausgeschlossen sein und deshalb, auch wenn der Entziehungsgrund nicht Stich hält, nach § 2303 keinesfalls mehr als den Pflichtteil erhalten. Umgekehrt enthält die Ausschließung von der gesetzlichen Erbfolge nicht auch die Entziehung des Pflichtteils. Im übrigen kann sie sowohl ausdrücklich als stillschweigend erklärt, unter den Voraussetzungen des § 2078 auch angefochten werden, und zwar mit dem Erfolge, daß der Enterbte den vollen gesetzlichen Erbteil erhält. Als **letztwillige Verfügung** (§ 1937) kann die Entziehung in allen Formen des Testaments und, wiewohl nur als einseitige Verfügung gemäß § 2299 im Erbvertrag ausgesprochen werden, auch wenn dieser gemäß § 2276 Abs 2 ohne Wahrung der Testamentsform abgeschlossen wird.

2. Der **Grund der Entziehung** besteht zur Zeit der Errichtung auch dann, wenn die Tatsachen der §§ 2333 Nr 1—4, 2334, 2335 der Vergangenheit angehören. Sie müßten denn nach § 2337 bereits verziehen sein. Nur der schlechte Lebenswandel muß bis dahin und gemäß Abs 4 sogar bis zum Erbfall angedauert haben. Keinesfalls kann der Erblasser bedingungsweise für den Fall etwa künftig eintretender Tatbestände die Entziehung anordnen. Wohl aber kann er, wenn der Grund schon gegeben ist, die wirkliche Entziehung von ferneren Bedingungen abhängig machen. Die Angabe des Grundes erfordert nicht notwendig nähere Darlegung der einzelnen Tatumstände, muß aber erkennen lassen, auf welchen der verschiedenen Entziehungsgründe sich der Erblasser stützen will. Der Gebrauch der Worte des Gesetzes genügt auch im Falle des § 2333 Nr 5 (RG 95, 24).

3. Die **Beweislast** (über deren Umfang bei behaupteter Notwehr vgl. § 2333 zu Nr 2) trifft regelmäßig den Erben, im Falle des § 2329 den Beschenkten. Die Führung des Beweises kann aber auch von den gemäß §§ 2318ff. zur Tragung der Pflichtteilslast herangezogenen Vermächtnisnehmern und Auflagebeteiligten übernommen werden. Der mißlungene Beweis des in der letztwilligen Verfügung angegebenen Grundes kann nicht durch den Nachweis eines andern nicht angegebenen Grundes ersetzt werden.

4. **Dauernde Abwendung vom schlechten Lebenswandel** macht die darauf gestützte Entziehung von selbst hinfällig, wenn sie nur bis zum Erbfall eingetreten ist. Sie ist vom Enterbten zu beweisen (RG 77, 163). Sie muß eine gewisse Zeit schon angedauert haben und die Besorgnis künftiger Rückfälle auszuschließen geeignet sein. Ähnlich § 2338 A 6. Auch in diesem Falle verbleibt dem Enterbten im Zweifel (A 1) nur der Pflichtteil. — Entsprechende Anwendung des § 2336 bei Ausschließung der fortgesetzten Gütergemeinschaft § 1509 und der Entziehung des Anteils am Gesamtgute § 1513, auch PrAG.-BGB Art 59 § 7. Aufhebung der im gemeinschaftlichen Testament oder im Erbvertrag gemachten Zuwendungen §§ 2271 A 5, 2297 A 2.

§ 2337

Das Recht zur Entziehung des Pflichtteils erlischt durch Verzeihung[1]. Eine Verfügung, durch die der Erblasser die Entziehung angeordnet hat, wird durch die Verzeihung unwirksam[2].

E I 2004 II 2202; M 5 443, 444; P 5 579, 580

1. **Verzeihung** ist nicht Rechtsgeschäft, nicht empfangsbedürftige Willenserklärung, sondern (wie §§ 532, 1570, 2343) nur Kundgebung einer durch die Verfehlungen nach §§ 2333ff. nicht mehr beleidigten Gesinnung. Sie setzt volle Kenntnis des Sachverhalts voraus, muß vom Erblasser selbst, nicht von dem nach §§ 2333 Nr 1—3, 2334 etwa betroffenen Ehegatten oder Abkömmling ausgehen und kann auch bedingt, jedoch nicht im voraus für künftige Verfehlungen erklärt werden. Verzeihung unter Vorbehalt ist regelmäßig keine Verzeihung. Die Beweislast trifft den Enterbten.

2. Die Verzeihung schließt nicht nur eine künftige Entziehung des Pflichtteils aus, sondern macht auch eine **bereits angeordnete Entziehung** unmittelbar kraft Gesetzes **unwirksam**, läßt aber die Erbeinsetzung eines Dritten regelmäßig unberührt (§ 2085; SächsOLG 34, 231). Auch ohne Verzeihung kann die Entziehung gemäß §§ 2253ff. widerrufen und, solange Verzeihung nicht erteilt ist, durch Widerruf des Widerrufs nach § 2257 wieder in Kraft gesetzt werden.

§ 2338

Hat sich ein Abkömmling in solchem Maße der Verschwendung ergeben oder ist er in solchem Maße überschuldet, daß sein späterer Erwerb erheblich gefährdet wird[1], so kann der Erblasser das Pflichtteilsrecht des Abkömmlinges durch die Anordnung beschränken, daß nach dem Tode des Abkömmlinges dessen gesetzliche Erben[2] das ihm Hinterlassene oder den ihm gebührenden

Pflichtteil als Nacherben oder als Nachvermächtnisnehmer nach dem Verhältnis ihrer gesetzlichen Erbteile erhalten sollen[3]). Der Erblasser kann auch für die Lebenszeit des Abkömmlinges die Verwaltung einem Testamentsvollstrecker übertragen; der Abkömmling hat in einem solchen Falle Anspruch auf den jährlichen Reinertrag[4]).

Auf Anordnungen dieser Art finden die Vorschriften des § 2336 Abs 1 bis 3 entsprechende Anwendung[5]). Die Anordnungen sind unwirksam, wenn zur Zeit des Erbfalls der Abkömmling sich dauernd von dem verschwenderischen Leben abgewendet hat oder die den Grund der Anordnung bildende Überschuldung nicht mehr besteht[6]).

E I 2002 Abs 1, 3 II 2203; M 5 437—442; P 5 565—579; 6 356, 357.

1. Die **Pflichtteilsbeschränkung in guter Absicht** ist nur **gegenüber Abkömmlingen,** nicht auch Eltern und Ehegatten zulässig. Sie ist nicht Entziehung, vielmehr Zuwendung des Pflichtteils verbunden mit fürsorgenden Maßnahmen für den Abkömmling und seine Familie. Vorausgesetzt ist **Verschwendung** (Begriff § 6 A 4), und zwar ohne Rücksicht auf etwaige Gefahr des Notstandes und darauf, ob sie zur Entmündigung geführt hat, oder **Überschuldung,** und zwar in so hohem Maße, daß der spätere Erwerb erheblich gefährdet ist. D. h. es muß die Besorgnis begründet sein, das aus irgend welchen Erwerbsquellen, insbesondere durch die Erbschaft selbst ihm zufließende Vermögen werde gleichfalls verschwendet oder von den Gläubigern beschlagnahmt werden. Diese Besorgnis wird durch das Bestehen der Entmündigung nicht notwendig ausgeschlossen.

2. Die Beschränkung ist nur **zugunsten der gesetzlichen Erben des Abkömmlings** zur Zeit seines Todes gestattet und nur so, daß sie nach Verhältnis ihrer gesetzlichen Erbteile bedacht werden (§ 2066). Dies trifft auch dann zu, wenn die Abkömmlinge zwar durch Verfügung von Todes wegen, aber im Sinne von § 2052 als Erben berufen sind. Eine nähere Bezeichnung der Erben ist unschädlich, wenn sie sich beim Tode des Abkömmlings als seine gesetzlichen Erben erweisen. Erfolgt die Zuwendung an Fremde oder nach anderen Erbquoten, so ist die Anordnung unwirksam (§ 2306 A 3). Der Erblasser ist jedoch nicht gehindert, die Berufung auf die Erben der ersten Ordnungen zu beschränken (Prot 5, 573); auch einzelne von ihnen auszuschließen, denen gegenüber er zur Entziehung des Pflichtteils berechtigt ist. Der Fiskus zählt auch hier nicht zu den gesetzlichen Erben (§§ 2104, 2149).

3. **Nacherbeinsetzung** der gesetzlichen Erben setzt voraus, daß der Abkömmling zunächst **als Vorerbe** berufen ist (§ 2100). Die ihn als Vorerben treffenden Beschränkungen ergeben sich aus §§ 2112ff. Unwirksamkeit wegen Zeitablaufs ist mit Rücksicht auf §§ 2109 Nr 1, 2163 Nr 1, 2210 ausgeschlossen. Über §§ 2115 und 2214 hinaus entzieht § 863 ZPO auch die Nutzungen des Pflichtteils der Pfändung, soweit sie zum eigenen standesmäßigen Unterhalt des Abkömmlings und zur Erfüllung gewisser Unterhaltspflichten erforderlich sind. Ist dem Abkömmling unter den hier fraglichen Beschränkungen ein Erbteil hinterlassen, der größer ist als der Pflichtteil, so bleibt er, wie bei jeder andern dem § 2306 entsprechenden Beschränkung oder Beschwerung, jedenfalls daran gebunden, wenn er nicht ausschlägt (RJA 15, 194). Schlägt er aus, so erwirbt er zwar gemäß § 2306 A 4 den Pflichtteilsanspruch, aber vom Beweis der Tatsache der Verschwendung oder Überschuldung hängt ferner ab, ob er diesen Pflichtteil nur mit den Beschränkungen des § 2338 (unter Verwandlung der Nacherbeinsetzung in eine dem Nachvermächtnis ähnliche Beschwerung) oder ob er ihn unbeschränkt erhält (**RG** 85, 347 und SeuffA 62 Nr 188). Keinesfalls werden die an Stelle des ausschlagenden Abkömmlings nachrückenden Erben von den angeordneten Beschränkungen betroffen (KGJ 40, 63). Dasselbe gilt nach § 2307 A 1, wenn dem Abkömmling ein — den Pflichtteil erfüllendes oder übersteigendes — Vermächtnis zugewendet, aber mit einem **Nachvermächtnis** (§ 2191) zugunsten der gesetzlichen Erben beschwert ist. Ist er gerade auf den Pflichtteil als Erbe berufen, so muß er sich gegen die Regel des § 2306 A 3 die aus § 2338 begründete Beschränkung gefallen lassen. Ist er weder als Erbe noch als Vermächtnisnehmer bedacht, sondern nur auf den Pflichtteilsanspruch verwiesen, so sind seine gesetzlichen Erben gleich Nachvermächtnisnehmern zu behandeln. Vererblichkeit des Nacherbenrechts kann, wie im Falle des § 2104, nicht in Frage kommen (§ 2108 A 2).

4. **Übertragung der Verwaltung an einen Testamentsvollstrecker** (§§ 2209, 2210) entzieht dem Abkömmling nach § 2211 jedes Verfügungsrecht und schließt zugleich gemäß § 2214 seine Gläubiger vom Zugriff auf den Pflichtteil aus, beschränkt diese auch nach Maßgabe des § 863 ZPO im Zugriff auf den Reinertrag. Sie kann mit der Nacherbeinsetzung verbunden (§ 2222), aber ebenso dinglich wirksam auch für sich allein angeordnet werden. — Beschränkende Anordnungen anderer Art braucht sich der Abkömmling wegen Verschwendung oder Überschuldung nicht gefallen zu lassen, insbesondere nicht eine Schmälerung

des Pflichtteilsbetrags (RG Recht 1914 Nr 645). Desgleichen nicht eine Anordnung, die dem Testamentsvollstrecker auch die Verwaltung des Reinertrags des dem Abkömmlinge Hinterlassenen, sei es von vornherein und unbedingt, sei es von einem gewissen Zeitpunkt ab oder unter gewissen Voraussetzungen (Abtretung oder Pfändung des Hinterlassenen) zum Zwecke der Naturalverpflegung des Abkömmlings überträgt. Eine andere Frage ist es, ob eine solche Beschränkung des Bedachten in der Verfügung über die Erträgnisse an sich zulässig ist. Dies bejaht RG Warn 1919 Nr 71, indem es annimmt, die Beschränkung sei kein selbständiges rechtsgeschäftliches Veräußerungsverbot im Sinne des § 137 Satz 1, sondern die gesetzliche Rechtsfolge der dem Testamentsvollstrecker eingeräumten Machtbefugnisse und daher ein nach Maßgabe der §§ 2211, 135 kraft Gesetzes eintretendes Veräußerungsverbot (s. aber gegen die Anwendbarkeit des § 135 RG 87, 432; § 2211 A 1).

5. Anordnung durch letztwillige Verfügung, Angabe des Grundes (Verschwendung oder Überschuldung). Gegenüber dem Anspruch auf unbeschränkte Gewährung des Pflichtteils hat der Erbe, im Falle des § 2329 der Beschenkte die Anordnung selbst und ihre Voraussetzungen zu beweisen.

6. **Dauernde Abwendung** usw. wie im Falle des § 2336 A 4. Gleichgültig ist, ob sich der Abkömmling unter dem Zwange äußerer Verhältnisse oder aus eigener besserer Einsicht heraus abgewendet hat (RG 24. 6. 07 IV 121/07). Die von selbst eintretende Unwirksamkeit der Beschränkung kann von jedermann, so auch von den Gläubigern des Abkömmlings geltend gemacht werden. — Beschränkungsrecht aus § 2338 im Falle des Erbvertrags § 2289 Abs 2, des gemeinschaftlichen Testaments § 2271 Abs 3, für den Anteil des Abkömmlings bei der fortgesetzten Gütergemeinschaft § 1513 Abs 2.

Sechster Abschnitt

Erbunwürdigkeit

Das BGB kennt keine allgemeine Erbunwürdigkeit, sondern nur eine solche gegenüber einem bestimmten Erblasser, gegen den gewisse schwerste Verfehlungen begangen sind oder in dessen Testierfreiheit eingegriffen ist. Dem Erbunwürdigen wird nicht nur, worauf die §§ 2339—2344 abgestellt sind, sein Erwerb als Erbe, sondern nach § 2345 auch ein Anspruch als Vermächtnisnehmer oder Pflichtteilsberechtigter entzogen. Dazu bedarf es einer Anfechtung, zu der nur bestimmte Personen befugt sind. Die durchgeführte Anfechtung wirkt aber absolut. Die Vorschriften gelten nach § 1506 auch für die fortgesetzte Gütergemeinschaft. Auch ältere Unwürdigkeitsgründe sind nach ihnen zu beurteilen, wenn der Erblasser nach 31. 12. 99 verstorben ist (EG Art 213).

§ 2339

Erbunwürdig ist:

1. **wer den Erblasser vorsätzlich und widerrechtlich getötet oder zu töten versucht oder in einen Zustand versetzt hat, infolgedessen der Erblasser bis zu seinem Tode unfähig war, eine Verfügung von Todes wegen zu errichten oder aufzuheben;**
2. **wer den Erblasser vorsätzlich und widerrechtlich verhindert hat, eine Verfügung von Todes wegen zu errichten oder aufzuheben;**
3. **wer den Erblasser durch arglistige Täuschung oder widerrechtlich durch Drohung bestimmt hat, eine Verfügung von Todes wegen zu errichten oder aufzuheben;**
4. **wer sich in Ansehung einer Verfügung des Erblassers von Todes wegen einer nach den Vorschriften der §§ 267 bis 274 des Strafgesetzbuchs strafbaren Handlung schuldig gemacht hat.**

Die Erbunwürdigkeit tritt in den Fällen des Abs 1 Nr 3, 4 nicht ein, wenn vor dem Eintritte des Erbfalls die Verfügung, zu deren Errichtung der Erblasser bestimmt oder in Ansehung deren die strafbare Handlung begangen worden ist, unwirksam geworden ist, oder die Verfügung, zu deren Aufhebung er bestimmt worden ist, unwirksam geworden sein würde.

E I 2045 II 2204; M 5 517—520; P 5 634—642; RB 325.

Wie die Entziehungsgründe des § 2333 sind auch die Erbunwürdigkeitsfälle erschöpfend geregelt. Sie umfassen alle Formen der Teilnahme am Delikt (StGB §§ 47ff.). Versuch genügt nur im Falle Nr 1 (a. M. zu Nr 4 Staudinger A II, 4).

Zu Nr 1: **Tötung** im Sinne von StGB §§ 211—215, ebenso vorsätzliche Tötung im Zweikampf (§§ 206, 207), nicht aber Tötung des Einwilligenden (§ 216), der dem Verzeihenden nach § 2343 gleichzustellen ist. Notwehr schließt die Widerrechtlichkeit aus. Der Erfolg, den Erblasser testierunfähig zu machen, braucht auch im dritten Falle der Nr 1 nicht bezweckt zu sein, es genügt, daß er z. B. im Falle schwerer Körperverletzung in Siechtum verfällt. Der Vorerbe ist nicht Erblasser, seine Tötung durch den Nacherben macht diesen nicht erbunwürdig.

Zu Nr 2: Die **Verhinderung** setzt voraus, daß der Erblasser einen bestimmten Errichtungs- oder Aufhebungsakt beabsichtigt, ihn aber infolge der auf ihn, gleichviel mit welchen Mitteln ausgeübten Einwirkung unterlassen hat. Versuch oder nur vorübergehende Einwirkung genügt nicht. Eine etwaige Unwirksamkeit des beabsichtigten Aktes, z. B. wegen Entmündigung (§ 2229 Abs 3) oder infolge Bindung an ein gemeinschaftliches Testament (§ 2271), ist ohne Bedeutung.

Zu Nr 3: **Täuschung und Drohung** § 123. Der letzteren steht unmittelbare Gewaltanwendung gleich. Daneben bleibt die (weniger weittragende) Anfechtung aus § 2078 Abs 2 unberührt (RG 59, 33). Täuschung ist angenommen, wenn eine Frau den Erblasser zur Heirat und zugleich zur Erbeinsetzung bestimmte, unter Verschweigung des Umstandes, daß sie mit einem anderen ein unsittliches Verhältnis unterhielt und fortsetzen wollte (RG JW 1912, 871[32]).

Zu Nr 4: **Urkundenfälschung**, insbesondere auch fälschliche Anfertigung einer angeblichen Verfügung und Beseitigung von Urkunden, vor oder nach dem Erbfalle. Doch muß auch die Fälschung die Natur einer Verfehlung gegen den Erblasser haben. Erbunwürdigkeit tritt deshalb nicht ein, wenn der Fälscher, wofür er beweispflichtig ist, durch die Fälschung den wahren letzten Willen des Erblassers zu verwirklichen bestrebt war (RG 72, 207; 81, 413; dagegen Endemann III § 107 bei A 30ff., Kipp § 141 A 10).

Zu Nr 3 u. 4: Die mit Erbunwürdigkeit bedrohten Handlungen sind praktisch unschädlich, wenn a) die erzwungene, erschlichene oder verfälschte Verfügung sei es von Anfang an wegen Formmangels unwirksam war, sei es vor dem Erbfall (durch Widerruf, Wegfall des Bedachten usw., Zeitablauf im Falle des § 2252) unwirksam geworden ist oder wenn b) die infolge von Täuschung oder Drohung aufgehobene oder vermöge einer Urkundenfälschung nur angeblich aufgehobene Verfügung aus gleichen Gründen schon ohnedies unwirksam wäre oder geworden wäre. In allen diesen Fällen tritt nach dem Wortlaut und Sinn des Abs 2 keine Erbunwürdigkeit ein.

§ 2340

Die Erbunwürdigkeit wird durch Anfechtung des Erbschaftserwerbes geltend gemacht¹).

Die Anfechtung ist erst nach dem Anfalle der Erbschaft zulässig²). Einem Nacherben gegenüber kann die Anfechtung erfolgen, sobald die Erbschaft dem Vorerben angefallen ist³).

Die Anfechtung kann nur innerhalb der im § 2082 bestimmten Fristen erfolgen⁴).

E I 2046 Abs 1, 2, 4—6 II 2205; M 5 520, 521; P 5 642, 643, 645; 6 357.

1. Die Erbunwürdigkeit tritt nicht kraft Gesetzes, sondern erst nach rechtskräftig durchgeführter **Anfechtung** (§ 2342) mit der Wirkung des § 2344 Abs 1 ein. Der Erbunwürdige selbst kann somit, da er nicht anfechtungsberechtigt ist (§ 2341), die Unwürdigkeit niemals geltend machen.

2. **Anfall der Erbschaft** § 1942 A 2. Hängt der Anfall an den Erbunwürdigen davon ab, daß ein ihm vorgehender Berufener ausschlägt oder aus anderen Gründen wegfällt, so ist die Anfechtung nicht vor dem Wegfall zulässig. Behauptet dagegen der nach § 2341 Anfechtungsberechtigte, daß sämtliche vor ihm Berufenen erbunwürdig seien, so darf er sich vorläufig — ob mit Recht, wird das Urteil ergeben — auf den Standpunkt des § 2344 Abs 2 stellen und die Anfechtungsklage gleichzeitig gegen die mehreren auch bloß nacheinander berufenen Erbunwürdigen erheben (a. M. Planck A 2; Staudinger A 2; Leonhard, II, B). Auch für Ausübung des Anfechtungsrechts aus §§ 2078ff. hat er in diesem Falle sogleich als Anfechtungsberechtigter zu gelten (§ 2080 A 1), wenn auch der Erfolg dieser Anfechtung davon abhängt, daß er die Erbunwürdigkeitserklärung der vorgehenden Berechtigten durch Urteil herbeiführt (§ 2342). Die Anfechtung aus § 2340 ist niemals vor dem Erbfall, wohl aber gegen die Erben des Unwürdigen zulässig.

3. Dem **Nacherben** gegenüber braucht der Anfall der Nacherbschaft (§ 2139) nicht abgewartet zu werden. Die Klage kann, auch gegen mehrere nacheinander oder nur bedingt berufene unwürdige Nacherben zugleich, schon nach Anfall an den Vorerben, regelmäßig also schon nach dem Erbfall erhoben werden (vgl. auch § 2142).

4. Die **Anfechtungsfrist** beträgt gemäß § 2082 ein Jahr nach erlangter Kenntnis vom Erbunwürdigkeitsgrunde. Gegenüber dem unwürdigen Nacherben (A 3) beginnt sie jedoch erst mit Anfall der Nacherbschaft. Es gelten die Verjährungsgrundsätze §§ 203, 206, 207. Mit Ablauf von 30 Jahren seit dem Erbfall ist die Anfechtung ausgeschlossen.

§ 2341

Anfechtungsberechtigt ist jeder, dem der Wegfall des Erbunwürdigen, sei es auch nur bei dem Wegfall eines anderen, zustatten kommt[1]).

E I 2046 Abs 3 II 2206; M 5 521; P 5 642—645.

1. **Anfechtungsberechtigt** ist, abweichend von § 2080 Abs 1, der auch nur mittelbar, bedingt oder erst an späterer Stelle am Wegfall des Erbunwürdigen Interessierte. So insbesondere auch der Vorerbe gegenüber dem Nacherben (§ 2142 A 2), der Nacherbe gegenüber dem Vorerben (§ 2102), endlich immer der Fiskus (§ 1936). Der Erfolg der Anfechtung braucht nicht dem Anfechtenden selbst die Erbenstellung usw. zu verschaffen, kann vielmehr nach § 2344 Abs 2 auch einem anderen zugute kommen. Der selbst erbunwürdige Berechtigte ist von der Anfechtung nicht ausgeschlossen, solange der auch gegen ihn gerichteten Klage (§ 2340 A 2) nicht rechtskräftig stattgegeben ist (§ 2342 Abs 2). Als Vermögensrecht geht das Anfechtungsrecht auf die Erben des Berechtigten über (vgl. auch § 2080 A 3). Ebenso steht es gegen die Erben des Unwürdigen zu.

§ 2342

Die Anfechtung erfolgt durch Erhebung der Anfechtungsklage[1]). Die Klage ist darauf zu richten, daß der Erbe für erbunwürdig erklärt wird[2]). Die Wirkung der Anfechtung tritt erst mit der Rechtskraft des Urteils ein[3]).

E I 2047 II 2207; M 5 521, 522; P 5 645.

1. Die **Anfechtungsklage** muß die Anfechtung gerade wegen Erbunwürdigkeit, zum Unterschied von der Anfechtung letztwilliger Verfügungen und das Verlangen auf Feststellung (A 2) deutlich zum Ausdruck bringen (**RG** JW 1910, 23[37]), ist gegen den erbunwürdigen Erben oder seine Erben, nicht auch gegen den Erwerber eines Erbteils (§ 2033) oder den Erbschaftskäufer zu richten, gegebenenfalls auch als Widerklage gemäß ZPO § 280. Jedoch genügt die gewöhnliche, auch in Form der Einrede geltend zu machende Anfechtung nach § 143 Abs 1 gegenüber dem Vermächtnis- oder Pflichtteilsanspruch des Unwürdigen (§ 2345). Die Klagerhebung durch den Nächstberufenen bedeutet nicht notwendig, wie im Falle des § 1957 Abs 1 zugleich Annahme der Erbschaft.

2. Die **Erbunwürdigkeitserklärung** ist Feststellung nach ZPO § 256. Deshalb ist auch Klagerhebung im Gerichtsstande der Erbschaft zulässig (ZPO § 27).

3. Die **Wirkung** der zuerkannten Klage (§ 2344) äußert sich mit der Rechtskraft, ebenso wie der Wegfall des Erben durch Ausschlagung, gegenüber allen nach § 2341 Anfechtungsberechtigten. Dagegen schafft die Klagabweisung nur Recht unter den Parteien. Die Urteilsform ist unentbehrlich und kann nicht durch öffentliche Urkunde nach ZPO § 794 Nr 5 ersetzt werden (RJA 7, 185). Vermöge der rückbeziehenden Wirkung des § 2344 Abs 1 kann der im Falle der Erbunwürdigkeit nachrückende Erbe mit der Anfechtungsklage auch den Erbschaftsanspruch aus §§ 2018ff. verbinden (vgl. auch § 2340 A 2; a. M. Planck A 3; Staudinger A 1; Crome § 665 A 55; Leonhard B III).

§ 2343

Die Anfechtung ist ausgeschlossen, wenn der Erblasser dem Erbunwürdigen verziehen hat[1]).

E I 2050 II 2208; M 5 524, 525; P 5 649.

1. **Verzeihung** vgl. § 2337 A 1. Sie wirkt auch bezüglich des Vermächtnis- und Pflichtteilsanspruchs § 2345. Verzicht des nächsten Anfechtungsberechtigten ist dem später Berechtigten nicht vorgreiflich.

§ 2344

Ist ein Erbe für erbunwürdig erklärt, so gilt der Anfall an ihn als nicht erfolgt.

Die Erbschaft fällt demjenigen an, welcher berufen sein würde, wenn der Erbunwürdige zur Zeit des Erbfalls nicht gelebt hätte; der Anfall gilt als mit dem Eintritte des Erbfalls erfolgt[1]**.**

E I 1972, 2048 Abs 1 II 2209; M 5 376, 522, 523; P 5 483, 647—649.

1. Die **Wirkungen der Erbunwürdigkeitserklärung** sind die gleichen wie diejenigen der Ausschlagung. Es ist deshalb auf den wörtlich übereinstimmenden § 1953 Abs 1 u. 2 (A 1—3) zu verweisen. Gleich dem Ausschlagenden wird auch der Unwürdige bei Berechnung des Pflichtteils mitgezählt (§ 2310). Der erfolgreiche Anfechtungskläger kann, wenn im gegebenen Falle in der Klagerhebung nicht Annahme zu finden ist (§ 2342 A 1), auch jetzt noch die Erbschaft ausschlagen. Ist der Nacherbe bereits vor Eintritt der Nacherbfolge für unwürdig erklärt (§ 2340 A 3), so kommt es überhaupt nicht zum Anfall nach § 2139, ein Übergang des Nacherbrechts auf die Erben des Unwürdigen (§ 2108 A 2) findet nicht statt, die Erbschaft verbleibt vielmehr nach § 2142 A 2 endgültig dem Vorerben. Mit dem Wegfall des Erbunwürdigen werden auch Rechtsgeschäfte unwirksam, die in bezug auf die Erbschaft von ihm oder ihm gegenüber vorgenommen worden sind. Dritte sind (abweichend vom Falle der Ausschlagung) nicht geschützt, soweit sie sich nicht auf gutgläubigen Erwerb oder Erbschein berufen können (vgl. § 1959 A 4).

§ 2345

Hat sich ein Vermächtnisnehmer einer der im § 2339 Abs 1 bezeichneten Verfehlungen schuldig gemacht, so ist der Anspruch aus dem Vermächtnis anfechtbar. Die Vorschriften der §§ 2082, 2083, des § 2339 Abs 2 und der §§ 2341, 2343 finden Anwendung[1]**.**

Das gleiche gilt für einen Pflichtteilsanspruch, wenn der Pflichtteilsberechtigte sich einer solchen Verfehlung schuldig gemacht hat[2]**.**

E I 1874, 2049 II 2210; M 5 189, 523, 524; P 5 220, 649; 6 321.

1. **Vermächtnis- und Pflichtteilsunwürdigkeit.** Hierzu bedarf es zwar auch der Anfechtung durch den nach § 2341 Berechtigten, in der Regel den Erben oder sonstigen Beschwerten, nicht aber förmlicher Klage nach § 2342. Es genügt vielmehr die Anfechtungserklärung gegenüber dem Unwürdigen nach § 143 Abs 4. Ist der Bedachte zugleich Erbe (Vorausvermächtnis) oder ist der Pflichtteilserbe zugleich nach § 2305 auf Vervollständigung des Pflichtteils berechtigt, so ist in dem Sachgesuch nach § 2342 A 2 regelmäßig auch die Anfechtung des Vermächtnis- und Pflichtteilserwerbs enthalten. Auch hier gelten die Ausschlußfristen des § 2082. Im Wege der Einrede kann die Leistung des Vermächtnisses oder Pflichtteils zeitlich unbeschränkt verweigert werden, § 2083. Der Anfechtungsgrund wird gemäß § 2339 Abs 2 und durch Verzeihung nach § 2343 hinfällig. Als Vermächtnis kommen auch das Schenkungsversprechen von Todes wegen (§ 2301 Abs 1), der Voraus (§ 1932) und der Dreißigste in Betracht (§ 1969).

2. Der **Pflichtteilsanspruch** umfaßt auch den Pflichtteilsergänzungsanspruch (§ 2325 A 1). Ist er gegen den Beschenkten gerichtet (§ 2329), so ist auch dieser anfechtungsberechtigt. Ebenso der gemäß §§ 2318ff. zur Tragung der Pflichtteilslast verpflichtete Dritte.

Siebenter Abschnitt

Erbverzicht

Der Erbverzicht begründet nicht wie der Erbvertrag einen erbrechtlichen Erwerb, sondern schließt einen solchen, der sonst auf Grund des Gesetzes oder einer Verfügung von Todes wegen eintreten würde, im voraus aus (§§ 2346, 2352). Und zwar vermöge eines vor dem Erbfall zwischen dem Erblasser und dem künftigen Erben usw. abgeschlossenen Vertrags (Form und sonstige Erfordernisse §§ 2347, 2348). Der Vertrag hat, da er unmittelbar eine Änderung der erbrechtlichen Verhältnisse bewirkt, erbrechtlichen Charakter. — Entsprechende Anwendbarkeit beim Verzicht eines Abkömmlings am Gesamtgute de. fortgesetzten Gütergemeinschaft § 1517 Abs 2. Beurteilung eines vor 1. 1. 00 errichteten Erbverzichts und eines vorher geschlossenen aufhebenden Vertrags (§ 2351) nach älterem Recht EG Art 217.

§ 2346

[1]) **Verwandte sowie der Ehegatte des Erblassers können durch Vertrag mit dem Erblasser auf ihr gesetzliches Erbrecht verzichten[2]). Der Verzichtende ist von der gesetzlichen Erbfolge ausgeschlossen, wie wenn er zur Zeit des Erbfalls nicht mehr lebte; er hat kein Pflichtteilsrecht[3]).**

Der Verzicht kann auf das Pflichtteilsrecht beschränkt werden[4]).

E I 1972, 2019 II 2211; M 5 376, 472, 473; P 5 483, 598, 599.

1. Der **Erbverzicht** ist abstraktes, unmittelbar den Verlust des Erbrechts wirkendes Rechtsgeschäft. Sonstige Vertragsbeziehungen beurteilen sich nach dem Grundrechtsgeschäft. Wird der Erbverzicht gegen eine Abfindung erklärt, so kann das Abfindungsgeschäft ein Rechtsgeschäft unter Lebenden oder eine vertragsmäßige Verfügung von Todes wegen sein (vgl. über den Unterschied **RG** SeuffA 77 Nr 60, wo die Bestimmung in einem Überlassungsvertrag, ein gestundeter Teil des Preises solle dem Übernehmer als Erbabfindung unter der Bedingung zustehen, daß er beim Tode des Überlassers noch Eigentümer des Grundstücks sein werde, nicht als Vermächtnisvertrag, sondern als bedingter Schulderlaß unter Lebenden aufgefaßt ist). In dem einen wie in dem andern Falle ist die Wirksamkeit des Erbverzichts regelmäßig durch diejenige des Abfindungsgeschäfts mindestens stillschweigend bedingt. Wenn nicht, so ist doch bei Unwirksamkeit dieses Geschäfts, solange der Erblasser noch lebt und deshalb der erbrechtliche Erfolg noch nicht eingetreten ist, regelmäßig die Kondiktion des Erbverzichts aus § 812 statthaft. Im übrigen gelten für den Erbverzicht mit den aus §§ 2347, 2348 sich ergebenden Besonderheiten die allgemeinen Vertragsgrundsätze. So wegen der Anfechtbarkeit nicht die §§ 2281, 2078, sondern die §§ 119, 123. Ein Irrtum über die Grundlagen der gemeinsamen Berechnung der Abfindung von der Art, wie in dem Falle **RG** Recht 1913 Nr 2885, kann die Anfechtung des Grundrechtsgeschäfts und auf diesem Wege auch die Unwirksamkeit oder die Rückforderung des Verzichts begründen. Unentgeltlicher Verzicht ist nicht Schenkung (§ 517), unterliegt deshalb auch nicht der Gläubigeranfechtung.

2. Als Regel ist behandelt der Verzicht der **Verwandten und des Ehegatten** auf das gesetzliche Erbrecht (oder auf Bruchteile desselben). Verzicht auf letztwillige Zuwendungen § 2352. Der Fiskus kann auf sein gesetzliches Erbrecht ebensowenig verzichten, wie er ausschlagen oder davon ausgeschlossen werden kann (§§ 1942, 1938). Der Verzicht ist wirksam, auch wenn er vor Begründung des betreffenden Verwandtschafts- usw. Verhältnisses, aber in Hinblick darauf oder durch Ehevertrag erklärt ist. Annahmevertrag § 1767 Abs 1. Nur der **mit dem Erblasser** geschlossene Vertrag ist Erbverzicht im Sinne des Gesetzes (**RG** 63, 428). Der Verzicht auf eine bereits angefallene Erbschaft hat, soweit er nicht Verfügung über den Erbteil ist (§ 2033), nur schuldrechtliche Wirkung. Über Ausschlagung zugunsten eines Dritten vgl. § 1947 A 1. Auch der unter künftigen gesetzlichen Erben (**RG** 98, 330) gemäß § 312 Abs 2 vereinbarte Verzicht begründet bloß schuldrechtliche Beziehungen.

3. Der Erbverzicht hat unmittelbar den **gänzlichen Wegfall des Erbberechtigten** zur Folge, gleich dem schon vor dem Erbfall eingetretenen Tode oder der Ausschließung (§§ 1923, 1938). Erhöhung seines Erbteils gemäß § 1935 kann nicht mehr in Frage kommen. Er wird, wenn ein fremder Pflichtteil zu berechnen ist, weder bei Feststellung des dafür maßgebenden Erbteils (§ 2310 A 2) noch wegen etwaiger Ausgleichungsposten mitgezählt (§ 2316 A 4). Die für den Erbverzicht erhaltene Abfindung käme auch von vornherein nicht als ausgleichungspflichtiger Vorempfang in Betracht. Der Verzicht auf den gesetzlichen Erbteil ergreift zwar an sich auch den Pflichtteil als die Wertshälfte eben jenes Erbteils. Es steht aber nichts entgegen, den Verzicht auf den gesetzlichen Erbteil zu beschränken und (für den Fall letztwilliger Ausschließung von der Erbfolge) den Pflichtteil vorzubehalten. Der Verzicht auf eine letztwillige Zuwendung (§ 2352) enthält nicht notwendig auch den Verzicht auf das gesetzliche Erbrecht und umgekehrt. Der gegenseitige Verzicht von Eheleuten auf das gesetzliche Erbrecht schließt daher nicht aus, daß sie einander, auch in derselben Urkunde, letztwillig bedenken (**RG** LZ 1919, 594[8]).

4. Die **Beschränkung auf den Pflichtteil,** und zwar einschließlich des Pflichtteilsergänzungsanspruchs (§ 2325 A 1), beläßt dem Verzichtenden für den Fall, daß es zur gesetzlichen Erbfolge kommt, den vollen gesetzlichen Erbteil. Wirkung des so beschränkten Verzichts auf die Berechnung der übrigen Pflichtteile §§ 2310 A 2, 2316 A 4. Auch die Verminderung des Pflichtteils infolge der Anerkennung einer erst nachträglich angeordneten Ausgleichungspflicht (§ 2050 A 7) kann nur durch formgerechten Erbverzicht herbeigeführt werden (**RG** 71, 133). Verzicht auf bereits entstandene Pflichtteilsansprüche § 2317 A 1. Verzicht auf den Pflichtteil bei Lebzeiten des Erblassers ist gegenüber seinen Verwandten oder seinem Ehegatten, auch wenn sie als Testamentserben berufen sind, nach § 312 Abs 2 zulässig (**RG** 98, 330), hat aber nur schuldrechtliche Wirkung.

§ 2347

Zu dem Erbverzicht ist, wenn der Verzichtende unter Vormundschaft steht, die Genehmigung des Vormundschaftsgerichts erforderlich; steht er unter elterlicher Gewalt, so gilt das gleiche, sofern nicht der Vertrag unter Ehegatten oder unter Verlobten geschlossen wird[1]).

Der Erblasser kann den Vertrag nur persönlich schließen; ist er in der Geschäftsfähigkeit beschränkt, so bedarf er nicht der Zustimmung seines gesetzlichen Vertreters. Ist der Erblasser geschäftsunfähig, so kann der Vertrag durch den gesetzlichen Vertreter geschlossen werden; die Genehmigung des Vormundschaftsgerichts ist in gleichem Umfange wie nach Abs 1 erforderlich[2]).

E I 2020 Abs 1 II 2212; M 5 474, 475; P 5 599—603; KB 325.

1. **Auf seiten des Verzichtenden** muß denselben Erfordernissen genügt sein, wie sie § 2290 Abs 3 für den bloß vertragschließenden Teil bei Aufhebung des Erbvertrags aufstellt. Vgl. dort A 5/6. Heilung etwaiger Mängel durch nachträgliche Genehmigung des Verzichtenden (§ 108 Abs 3) ist nur bis zum Tode des Erblassers möglich.

2. **Auf seiten des Erblassers** ist, wenn er unbeschränkt geschäftsfähig oder in der Geschäftsfähigkeit beschränkt ist (ebenso wie beim Erbvertrag § 2274), persönliches Handeln unerläßlich. Dagegen ist (abweichend von § 2275 Abs 1) im Falle der Geschäftsunfähigkeit des Erblassers (§ 104) seine Vertretung durch den gesetzlichen Vertreter nach allgemeinen Grundsätzen zulässig; der Vertreter bedarf wiederum, gleichviel ob Vormund oder Gewalthaber (außer wenn es sich um Ehegatten oder Verlobte handelt), der Genehmigung des Vormundschaftsgerichts. Daß der beschränkt geschäftsfähige Erblasser (§§ 106, 114) ohne Zustimmung des gesetzlichen Vertreters den Verzicht entgegennehmen kann, entspricht dem § 107 und den §§ 2229 Abs 1, 2253 Abs 2, 2290 Abs 2, weicht aber ab von § 2275 Abs 2. Die Ehefrau bedarf nicht der Zustimmung des Mannes. Alles dies gilt nur vom Erbverzicht selbst, nicht von dem damit etwa verbundenen Rechtsgeschäft (§ 2346 A 1), das nach seiner besondern Natur (Abfindungsvertrag usw.) zu beurteilen ist.

§ 2348

Der Erbverzichtsvertrag bedarf der gerichtlichen oder notariellen Beurkundung[1]).

E I 2020 Abs 1 II 2313; M 5 473, 474; P 5 599—601.

1. **Beurkundung** § 128, EG Art 141, FGG §§ 167ff., hierzu RG 69, 130. Sind beide Teile nicht gleichzeitig anwesend, so muß der Vertrag vor dem Tode des Erblassers zustande gekommen sein (§ 152). Ein mit dem Erbverzicht etwa verbundener anderer Vertrag unterliegt den hierfür geltenden besonderen Vorschriften. Inwieweit die Nichtigkeit des einen auch die Nichtigkeit des damit verbundenen anderen Vertrags zur Folge hat, ist nach § 139 zu beurteilen. Der Form, nicht aber zugleich den sonstigen Erfordernissen des Erbverzichts wird auch durch einen protokollarisch beurkundeten prozeßgerichtlichen Vergleich genügt, selbst wenn landesgesetzlich für die Beurkundung bloß Notare zuständig sind (RG 48, 183; SeuffA 79 Nr 80).

§ 2349

Verzichtet ein Abkömmling oder ein Seitenverwandter des Erblassers auf das gesetzliche Erbrecht, so erstreckt sich die Wirkung des Verzichts auf seine Abkömmlinge, sofern nicht ein anderes bestimmt wird[1]).

E I 2023 II 2214; M 5 480—483; P 5 604—609; 6 321.

1. Der Verzicht eines Abkömmlings oder Seitenverwandten, nicht also auch des Vorahren oder Ehegatten des Erblassers **erstreckt sich auf die Abkömmlinge des Verzichtenden**, die bereits vorhandenen wie die künftigen, auch wenn er nicht in ihrem Namen oder in ihrer gesetzlichen Vertretung (§ 2347) erklärt ist. Der ganze Stamm des Verzichtenden wird dadurch ausgeschlossen (RG 61, 16), auch wenn die Abkömmlinge nicht seine Erben werden. Die Vorschrift ist jedoch nachgiebiger Art, betrifft nur das gesetzliche Erbrecht oder den Pflichtteil (§ 2346), der nach § 2352 erklärte Verzicht auf letztwillige Zuwendungen ist mithin für die Abkömmlinge nicht verbindlich (KGJ 34 A 111). Will der Verzichtende den Verzicht erst nachträglich auf seine Person beschränken, so bedarf es der Aufhebung nach § 2351.

§ 2350

Verzichtet jemand zugunsten eines anderen auf das gesetzliche Erbrecht, so ist im Zweifel anzunehmen, daß der Verzicht nur für den Fall gelten soll, daß der andere Erbe wird[1]).

Verzichtet ein Abkömmling des Erblassers auf das gesetzliche Erbrecht, so ist im Zweifel anzunehmen, daß der Verzicht nur zugunsten der anderen Abkömmlinge und des Ehegatten des Erblassers gelten soll[2]).

E I 2022 II 2215; M 5 477—480; P 5 603, 604.

1. **Relativer Verzicht** eines zur gesetzlichen Erbfolge Berechtigten **zugunsten eines anderen** gesetzlichen Erben kommt diesem vermöge des Wegfalls des Verzichtenden (§ 2346 A 3) gemäß §§ 1930 oder 1935 unmittelbar zugute, wenn es bei der gesetzlichen Erbfolge bleibt. Ist der andere ein Fremder, so bedarf es, um ihn zum Erben zu machen, noch der Erbeinsetzung. Unter Umständen aber und wenn zugleich die Form des § 2276 beobachtet ist, kann sich diese Erbeinsetzung als eine vertragsmäßige schon mit dem Abschluß des Erbverzichtsvertrags vollziehen. Die Begünstigung des anderen braucht nicht ausdrücklich erklärt zu sein. Dem Erbe werdenden anderen muß nicht notwendig der volle und unbeschwerte Erbteil des Verzichtenden anfallen. Ob dies Voraussetzung des Erbverzichts ist, oder ob das Erbewerden zu einem geringeren Anteil oder unter Beschränkungen und Beschwerungen genügt, ist Auslegungsfrage. Unter Umständen ist der Verzicht nur zum Teil wirksam. Ist der Verzicht zugunsten mehrerer Personen erklärt, so tritt im Zweifel seine Unwirksamkeit erst ein, wenn alle weggefallen sind; dies gilt insbesondere auch im Falle des Abs 2, so daß, wenn zugunsten der andern Abkömmlinge des Erblassers verzichtet und bei seinem Tode nur noch einer von ihnen vorhanden ist, im Zweifel diesem der Verzicht in vollem Umfange zugute kommt (RG LZ 1926, 1006[6]). Ist der Verzicht auf den Pflichtteil beschränkt, so kann er, da der Verzichtende trotzdem mitgezählt wird, andern Pflichtteilsberechtigten nicht zugute kommen (§ 2310 A 2). Ein solcher zugunsten des Erben erklärter Verzicht wird von Abs 1 überhaupt nicht getroffen.

2. Der **Erbverzicht eines Abkömmlings** gilt als stillschweigend bedingt dadurch, daß der freiwerdende gesetzliche Erbteil sich innerhalb der ersten Ordnung (§ 1924) oder zugunsten eines Elternteils (auch Stiefelternteils) des Verzichtenden vererbt. Er ist im Zweifel unwirksam, wenn Verwandte späterer Ordnungen oder der Fiskus zur Erbfolge kommen würden. Die Einsetzung eines Fremden zum Alleinerben schließt zwar den Verzichtenden zugleich von der Erbfolge endgültig aus, er behält aber im Zweifel wenigstens den Pflichtteil (§ 2346 A 3). — Im Falle des Abs 1 hat zur Unwirksamkeit seines Verzichts der Verzichtende zu beweisen, daß er nur zugunsten eines anderen verzichtet habe und daß dieser nicht Erbe geworden sei. Dafür, daß ein solcher sowie der nach Abs 2 erklärte Verzicht gleichwohl als unbedingter gewollt sei, ist (Auslegungsregel) beweispflichtig, wer hieraus Rechte für sich ableitet. § 2350 handelt nur vom gesetzlichen Erbrecht, Verzicht auf letztwillige Zuwendungen § 2352 A 1.

§ 2351

Auf einen Vertrag, durch den ein Erbverzicht aufgehoben wird, findet die Vorschrift des § 2348 und in Ansehung des Erblassers auch die Vorschrift des § 2347 Abs 2 Anwendung[1]).

E I 2020 Abs 2 II 2216; M 5 476; P 5 599, 600; 6 322, 329, 330.

1. Die **Aufhebung des Erbverzichts**, auch des Verzichts auf letztwillige Zuwendungen nach § 2352 ist selbstverständlich nur bis zum Tode des Erblassers möglich. Die Verweisung auf § 2348 schreibt hierfür gerichtliche oder notarielle Beurkundung, die auf § 2347 Abs 2 für den Erblasser das gleiche vor wie beim Abschluß des Erbverzichtsvertrags. Für den durch die Aufhebung bloß gewinnenden Verzichtenden gilt, wenn er in der Geschäftsfähigkeit beschränkt ist, lediglich § 107. Durch die Aufhebung wird der vor Abgabe des Erbverzichts vorhanden gewesene Zustand wiederhergestellt. Der Verzichtende kann zwar auch ohne Aufhebung des Verzichts letztwillig wirksam bedacht, aber nur kraft der Aufhebung wieder gesetzlicher Erbe oder Pflichtteilsberechtigter werden. Der Einfluß der Aufhebung auf die mit dem Erbverzicht verbundenen Abfindungs- usw. Verträge beurteilt sich nach allgemeinen Grundsätzen.

§ 2352

Wer durch Testament als Erbe eingesetzt oder mit einem Vermächtnisse bedacht ist, kann durch Vertrag mit dem Erblasser auf die Zuwendung verzichten[1]). Das gleiche gilt für eine Zuwendung, die in einem Erbvertrag

einem Dritten gemacht ist[2]). Die Vorschriften der §§ 2347, 2348 finden Anwendung[3]).

E I 2024 II 2217; M 5 483, 484; P 5 408, 609, 610; 6 100.

1. Der **Verzicht auf letztwillige Zuwendungen** läßt die betreffenden Verfügungen an sich bestehen, entkleidet sie aber der Wirkung, indem er, wie vorzeitiger Tod des Bedachten, den Anfall der Zuwendung an ihn von vornherein ausschließt. Bei einem gemeinschaftlichen Testament besteht danach für den überlebenden Ehegatten die Möglichkeit, sich durch Abschluß eines Erbverzichtsvertrags mit den durch seine wechselbezügliche Verfügung bedachten Personen von seiner gemäß § 2271 A 3, 4 eingetretenen Gebundenheit zu befreien (**RG** Warn 1918 Nr 124).

2. Soweit **Zuwendungen im Erbvertrag** an den anderen Vertragschließenden gemacht sind, können sie nur in den Formen der §§ 2290—2292 aufgehoben werden. Einseitige, bloß bei Gelegenheit des Erbvertrags getroffene Verfügungen stehen nach § 2299 den testamentarischen gleich und werden deshalb durch Satz 1 mitgetroffen. Hier handelt es sich um vertragsmäßige Zuwendungen **zugunsten Dritter.** Sie können ebenfalls gemäß §§ 2290 bis 2292, aber auch unbeschadet der Fortdauer des Erbvertrags und ohne Zuziehung des anderen Vertragschließenden durch Vertrag des Erblassers unmittelbar mit dem bedachten Dritten außer Wirksamkeit gesetzt werden. So auch im Falle des § 2280 durch Vertrag des überlebenden Ehegatten mit dem Dritten (RJA 15, 180). Daß das BayObLG 24 A 232 (JFG 3, 166) in einem solchen Falle dem zum Erben des Überlebenden eingesetzten Sohne eines der beiden vertragschließenden Ehegatten wegen seiner Teilnahme am Vertragsschlusse die Eigenschaft eines Dritten abgesprochen hat, ist bedenklich (s. Endemann JW 1925, 2791 zu 1).

3. § 2347: gleiche sachliche, § 2348: gleiche Formerfordernisse wie für den Verzicht auf das gesetzliche Erbrecht nach § 2346. Die ergänzende Vorschrift des § 2349 ist durch Nichterwähnung jedenfalls ausgeschlossen, so daß ein testamentarisches Ersatzerbrecht von Abkömmlingen des Verzichtenden durch den Verzicht auf das testamentarische Erbrecht nicht berührt wird (KGJ 34 A 108; 53, 37). Auch die Auslegungsregel des § 2350 ist nicht zu übertragen (a. M. für Abs 1 Planck A 5), wiewohl freie Auslegung zu gleichen Ergebnissen führen kann. § 2351 handelt dagegen von jeder Form des Erbverzichts und gilt deshalb auch für die Aufhebung des Verzichts auf letztwillige Zuwendungen.

Achter Abschnitt

Erbschein

Dem gesetzlichen sowohl als dem gewillkürten Erben ist die Möglichkeit gegeben, sich durch Angehen des Nachlaßgerichts einen Ausweis über sein Erbrecht zu verschaffen, dem im Verkehr mit Dritten besondere Beweiskraft und öffentlicher Glaube innewohnt (§§ 2365—2367). Dem Erbschein ähnliche Wirkungen kommen auch dem Testamentsvollstreckerzeugnis zu (§ 2368). Besondere Erbausweise GBO §§ 37, 38, 99, RSchuldBG v. 31. 5. 10 § 16 (KGJ 45, 154; RJA 15, 19), FGG §§ 188, Zeugnis über Fortsetzung der Gütergemeinschaft § 1507. Ist der Erbfall vor 1. 1. 00 eingetreten, so bleibt auch für die Erbausweise nach EG Art 213 das ältere Recht maßgebend.

§ 2353

Das Nachlaßgericht[1]) hat dem Erben[2]) auf Antrag[3]) ein Zeugnis über sein Erbrecht[4]) und, wenn er nur zu einem Teile der Erbschaft berufen ist, über die Größe des Erbteils zu erteilen[6]) (Erbschein)[5]).

E I 2068, 2078 II 2218; M 5 558, 559, 574; P 5 670—679, 691.

1. **Nachlaßgericht** FGG §§ 72ff., EG.BGB Art 147, KonsGG v. 7. 4. 00 § 7, SchutzgebG v. 10. 9. 00 § 2. Örtliche Unzuständigkeit des Gerichts macht den von ihm erteilten Erbschein nicht unwirksam (FGG § 7). Die Unzuständigkeit kann aber von einem Beteiligten im Beschwerdewege gerügt werden; der Erbschein ist dann ohne Rücksicht auf seine inhaltliche Richtigkeit von demjenigen Gericht, das ihn erteilt hat, entsprechend dem § 2361 einzuziehen (KGJ 53, 88). Übertragung der Erteilung des Erbscheins an ein anderes Gericht im Wege der **Rechtshilfe** ist nicht zulässig. Wohl aber kann das Nachlaßgericht ein anderes Amtsgericht ersuchen, den Antragsteller über die zur Begründung des Antrags nach § 2354 oder § 2355 anzugebenden tatsächlichen Verhältnisse zu vernehmen und ihm die in § 2356 Abs 2 vorgeschriebene eidesstattliche Versicherung abzunehmen (**RG** 95, 286), ihm auch die

Beibringung der in § 2356 Abs 1 bestimmten Urkunden aufzugeben (KGJ 44, 102). Das Beschwerdegericht ist nicht befugt, selbst einen Erbschein zu erteilen (RJA 16 S. 40 u. 66).

2. Nur dem **Erben** im Sinne von § 1922 Abs 1 darf der Erbschein erteilt werden, gleichviel ob er durch Gesetz, Testament oder Erbvertrag berufen ist, nicht also dem Erwerber des Erbteils im Sinne von § 2033. Ein in dieser Beziehung gemachter, an sich nicht unzulässiger Zusatz nimmt an den Rechtswirkungen des Erbscheins nicht teil (RG 64, 173). Ebensowenig darf dem Erbschaftskäufer (a. M. Endemann JW 1910, 89), dem bloß forderungsberechtigten Vermächtnisnehmer und Pflichtteilsberechtigten ein Erbschein erteilt werden. Dem Ersatzerben nicht vor Anfall der Erbschaft, dem Nacherben nicht vor Eintritt der Nacherbfolge (§ 2139; vgl. auch § 2363), dem Vorerben nicht mehr nach Eintritt des Nacherbfolgefalls (ZBlFG 20, 262). Weiter als der Kreis der Personen, denen der Erbschein zu erteilen ist, ist der Kreis der Antragsberechtigten; s. hierüber A 3.

3. Der **Antrag** (Erfordernisse §§ 2354—2356) ist auf einen bestimmten, dem Erbschein zu gebenden Inhalt zu richten (KGJ 42, 128; BayObLG 19 A 207); Anträge auf Erteilung eines Erbscheins mit sachlich verschiedenem Inhalt können auch nicht in der Weise miteinander verbunden werden, daß der eine als Haupt-, der andere als Hilfsantrag gestellt wird (JFG 3, 155). Antragstellung durch einen Bevollmächtigten ist zulässig (RJA 17, 68). Antragsberechtigt ist der Erbe (A 2), Allein- oder Miterbe, nachdem ihm die Erbschaft angefallen ist; er gibt damit zugleich die Annahme der Erbschaft zu erkennen (§ 1943). Der Fiskus erst, nachdem die Feststellung §§ 1964ff. getroffen ist. An Stelle des verstorbenen Erben sind die Erbeserben, bei einer Mehrheit solcher jeder von ihnen ohne Mitwirkung der andern (RJA 13, 84), im Falle des § 2033 ist der Rechtsnachfolger des Miterben berechtigt, die Erteilung des Erbscheins, jedoch nur auf den Namen des unmittelbar Erbe Gewordenen zu beantragen (RG 64, 173; OLG 44, 106). Die gleiche Befugnis muß mit Rücksicht auf das immer vorhandene Bedürfnis, einen Erbausweis vorlegen zu können, auch dem Testamentsvollstrecker (trotz und neben dem § 2368, KGJ 22 A 56), dem Nachlaß- und Nachlaßkonkursverwalter, dem Abwesenheits- und dem nach FGG § 88 bestellten Auseinandersetzungspfleger (RJA 13, 198; 16, 63), dem Erbschaftskäufer und kraft seines gesetzlichen Verwaltungsrechts, wenn die Erbschaft zum eingebrachten Gute gehört (§ 1380), dem Ehemann der Erbin zugestanden werden. Das Gesetz spricht ihnen das Antragsrecht jedenfalls nicht ab. Dagegen steht es nicht zu dem Nachlaßpfleger (§ 1960), der konkrete Erben überhaupt nicht zu vertreten hat (RJA 10, 277). War dem Erben bereits ein Erbschein erteilt, so haben die Genannten auf eine weitere Ausfertigung Anspruch (FGG § 85, Einsicht und Abschrift § 78). In den Fällen der §§ 792, 896 ZPO kann die Erteilung des Erbscheins auch vom Gläubiger des Erben beantragt werden. — Die vorangegangene Erteilung eines Erbscheins steht dem Antrag eines anderen auf Erteilung eines Erbscheins abweichenden Inhalts nicht entgegen. Wird dem neuen Antrag entsprochen, so ist die Einziehung oder Kraftloserklärung des früheren unrichtigen Erbscheins Sache des Nachlaßgerichts (KGJ 48, 105; s. aber auch über den Fall, daß der neue Erbschein bei einem andern Nachlaßgericht als demjenigen beantragt wird, welches den früheren Erbschein erteilt hat, KGJ 44, 105).

4. Das **Zeugnis über das Erbrecht** des Erben bestätigt die Tatsache der Gesamtrechtsnachfolge. Soweit deshalb das Gesetz selbst keine Ausnahme zuläßt (§ 2369), ist ein auf einzelne zur Erbschaft gehörige Gegenstände beschränkter Erbschein nicht zulässig (OLG 4, 397; 6, 315; 7, 446; 21, 351). Hiervon geht auch das PrGKG v. 28. 10. 22 aus, indem es in § 78 Abs 5, 6 den Fällen, daß der Erbschein nur zur Verfügung über einen einzelnen Gegenstand gebraucht und zu diesem Zwecke dem Grundbuchamt oder einer andern öffentlichen Behörde übersandt werden soll, durch besondere kostenrechtliche Vorschriften Rechnung trägt. Dagegen stehen BayObLG 2, 191; 14, 74 (RJA 13, 16) und die dort angeführten bayerischen Vorschriften auf dem Standpunkt, daß ein gegenständlich beschränkter Erbschein allgemein erteilt werden darf; in BayObLG 18 A 225 wird aber in Übereinstimmung mit den früheren Entscheidungen hervorgehoben, daß auch ein gegenständlich beschränkter Erbschein das Erbrecht bezeugt und daher nicht für Gegenstände erteilt werden kann, die der Erbe aus dem Nachlaß durch Erbauseinandersetzung oder als Vorausvermächtnis erlangt hat. Im übrigen gehören nicht in das Zeugnis Angaben über den Umfang des Nachlasses, auch nicht über Beschwerungen des Erben durch Vermächtnisse, Auflagen, Pflichtteilsansprüche, Teilungsanordnungen, da sie das Erbrecht selbst unberührt lassen, oder (BayObLG 18 A 225) über das Ergebnis der Erbauseinandersetzung. Ebensowenig Entscheidungsgründe. Wohl aber Beschränkungen, die, wie die Anordnung der Nacherbfolge oder Ernennung eines Testamentsvollstreckers (§§ 2363, 2364) das Wesen des Erbrechts verändern. Im einzelnen hat das Zeugnis, wofür reichsgesetzlich Formvorschriften nicht erteilt sind, Namen und Zeit des Todes des Erblassers und Namen und Wohnort der Erben so genau zu bezeichnen, daß Verwechslungen ausgeschlossen sind. Die Angabe des Berufungsgrundes ist entbehrlich RJA 16 S. 45 u. 217; a. M. 2. Aufl.), es sei denn, daß sie, bei der Berufung auf mehrere

Bruchteile aus verschiedenen Gründen (§ 1951 A 2), der Bezeichnung des Umfanges des Erbrechts dient. Alternative Angabe (Gesetz oder Testament) ist nicht unstatthaft, wenn bei zweifelhafter Gültigkeit des Testaments der Erbe durch das Gesetz in demselben Umfange, wie durch das Testament berufen erscheint (OLG 85, 879; JFG 3, 158; JW 1928, 118[1]). In dem einem Nacherben erteilten Erbschein ist auch der Tag anzugeben, an dem ihm die Erbschaft angefallen ist (RJA 16, 44). Als Verfügungsausweis muß das Zeugnis ganz aus sich verständlich sein; die Bezugnahme auf Urkunden ist unzulässig (RJA 17, 56).

5. Sind **mehrere Erben** vorhanden, so kann der Erbschein nach § 2357 als gemeinschaftlicher, aber auch, und zwar auch neben dem gemeinschaftlichen, nur für einen einzelnen und allein namhaft zu machenden Miterben erteilt werden. In beiden Fällen ist die **Größe des Erbteils**, d. h. des dem Erben anfallenden Bruchteils der Erbschaft anzugeben, wozu es unter Umständen noch der vorherigen Wertsbestimmung einzelner dem Erben zugewendeter Gegenstände bedarf (§ 2087 A 2; OLG 18, 368). Die Angabe des durch Berufung zur Zeit des Erbfalls angefallenen Erbteils genügt, auch wenn Erhöhung nach §§ 1935, 2094 noch möglich ist. Solange die Höhe eines Erbteils wegen der zu erwartenden Geburt eines Miterben oder aus anderen Gründen ungewiß ist (§ 2043), ist die Erteilung eines gemeinschaftlichen Erbscheins unzulässig. Teilerbscheine können nach KGJ 42, 128 in der Form erteilt werden, daß den von der Ungewißheit betroffenen Erben bezeugt wird, ihr Erbteil sei noch unbestimmt, z. B. weil infolge Schwangerschaft der Witwe noch Personen geboren werden könnten, die neben ihnen zu gleichen Teilen erbberechtigt sein würden; nach der Beseitigung der Ungewißheit ist ein solcher Erbschein wieder einzuziehen. Unter Umständen, z. B. wenn sich nicht ermitteln läßt, ob alle neben einem Miterben berufenen Erbanwärter den Erbfall erlebt haben, kann dem Miterben auf Antrag auch ein Teilerbschein über einen Mindesterbteil erteilt werden (JFG 1, 176 gegen RJA 11, 14).

6. Die **Erteilung** besteht in der Aushändigung des Zeugnisses, und zwar nach Maßgabe des Landesrechts in Urschrift oder in Ausfertigung, an den Antragsteller oder den von ihm bestimmten Dritten, der auch eine Behörde sein kann (so in den Fällen des PrGKG v. 28. 10. 22 § 78 Abs 5, 6). Über den die Anwendbarkeit des § 16 FGG auf den Erbschein betreffenden Meinungsstreit vgl. Schlegelberger, FGG § 84 A 6. — Die Kosten des Erbscheins trägt der Antragsteller; sie sind nicht Nachlaßverbindlichkeit.

§ 2354

Wer die Erteilung des Erbscheins als gesetzlicher Erbe beantragt, hat anzugeben:

1. **die Zeit des Todes des Erblassers;**
2. **das Verhältnis, auf dem sein Erbrecht beruht;**
3. **ob und welche Personen vorhanden sind oder vorhanden waren, durch die er von der Erbfolge ausgeschlossen oder sein Erbteil gemindert werden würde;**
4. **ob und welche Verfügungen des Erblassers von Todes wegen vorhanden sind;**
5. **ob ein Rechtsstreit über sein Erbrecht anhängig ist.**

Ist eine Person weggefallen, durch die der Antragsteller von der Erbfolge ausgeschlossen oder sein Erbteil gemindert werden würde, so hat der Antragsteller anzugeben, in welcher Weise die Person weggefallen ist.

E I 2069 II 2219; M 5 559, 560; P 5 679; 6 357.

Gesetzliche Erbfolge. Gewillkürte § 2355. Die nach § 2354 oder § 2355 erforderlichen Angaben brauchen nicht schon in dem Antrag auf Erteilung des Erbscheins enthalten zu sein; fehlen sie, so hat das Nachlaßgericht nach § 2358 ihre Nachbringung zu veranlassen (RG 95, 287), geeignetenfalls im Wege der Rechtshilfe (§ 2353 A 1).

Zu Nr 1: Zeit des Todes so genau wie zur Beurteilung der Erbfolge erforderlich. Todeserklärung § 18, Umkommen in gemeinsamer Gefahr § 20.

Zu Nr 2: Verwandtschaftsverhältnis § 1924—1930, eheliches Verhältnis § 1931. Fiskus § 1936. In Zweifelsfällen ist auch die Staatsangehörigkeit des Erblassers nachzuweisen (EG Artt 24 ff.).

Zu Nr 3: Mit Rücksicht auf § 1930 haben die Verwandten der ersten und ferneren Ordnungen, mit Rücksicht auf §§ 1931, 1932 hat der Ehegatte darzulegen, daß ihnen vorgehende oder neben ihnen berechtigte Erben entweder nie vorhanden waren, oder daß und wie Abs 2) solche Personen vor oder nach Eintritt der Erbfolge weggefallen sind. Wegfallsgründe § 1935 A 2. Auch die Weggefallenen und deren Verwandtschaftsverhältnis sind näher zu bezeichnen. Eine Versicherung, daß die Geburt eines Miterben nicht zu erwarten sei (§ 2043), braucht nicht verlangt zu werden. Entfernte Möglichkeiten (Vorhandensein etwaiger unehelicher Kinder einer verheirateten Frau) sind ohne besonderen Anlaß nicht in Betracht zu ziehen (KGJ 39 A 92).

Zu Nr 4: Verfügungen von Todes wegen (§ 1937) sind, soweit vorhanden, nicht bloß anzugeben, sondern auch vorzulegen, obwohl das letztere in § 2356 nur für die das Erbrecht begründenden Urkunden vorgeschrieben ist. Ohne Einsicht und Prüfung der vorhandenen Verfügungen, gleichviel welchen Inhalts, kann der Nachlaßrichter das gesetzliche Erbrecht nach der verneinenden Seite: daß ihm Verfügungen von Todes wegen nicht entgegenstehen, nicht als festgestellt erachten (§ 2359). Noch vorhandene, aber gemäß §§ 2255, 2256 zweifellos widerrufene Urkunden stehen den nicht vorhandenen gleich. Ergibt eine vorhandene Verfügung die Ausschließung der gesetzlichen Erbfolge und wird deren Unwirksamkeit behauptet, so ist auch dies darzulegen (Abs 2).

Zu Nr 5: Im Falle des Rechtsstreits Gehör des Gegners (§ 2360 Abs 1). — Ist der Erbe selbst der Antragsteller, so liegt die Annahme der Erbschaft regelmäßig schon im Antrage. Ein Antrag mit Vorbehalt der Ausschlagung ist unstatthaft. Andere Antragsberechtigte (§ 2353 A 3) haben zu beweisen, daß die Annahme erfolgt sei (§ 1943 A 1; vgl. auch § 2357 A 3).

§ 2355

Wer die Erteilung des Erbscheins auf Grund einer Verfügung von Todes wegen beantragt, hat die Verfügung zu bezeichnen, auf der sein Erbrecht beruht[1]), anzugeben, ob und welche sonstigen Verfügungen des Erblassers von Todes wegen vorhanden sind[2]), und die im § 2354 Abs 1 Nr 1, 5, Abs 2 vorgeschriebenen Angaben zu machen[3]).

E I 2078 II 2220; M 5 558, 573, 574; P 5 671, 681, 691.

1. **Gewillkürte Erbfolge.** Die betreffende Verfügung von Todes wegen (§ 1937) ist zu bezeichnen und nach § 2356 vorzulegen. S. auch § 2360 Abs 2, 3. Erst nach der Eröffnung (§ 2260) kann der Schein erteilt werden.

2. Ob die sonstigen Verfügungen auf das Erbrecht des Antragstellers von Einfluß sind und welchen sonstigen Inhalt sie haben, ist gleichgültig.

3. § 2354 Nr 1: Zeit des Todes, Nr 5: etwa anhängiger Rechtsstreit. Abs 2: Darlegung, inwiefern dem Erbrecht des Antragstellers entgegenstehende oder es schmälernde Berufene weggefallen sind (der vor dem Ersatzerben zunächst Berufene, Miterben, Nacherben). Nr 3 ist nicht mit angezogen. Der Antragsteller braucht deshalb nicht anzugeben, ob und welche Personen vorhanden sind oder waren, die z. B. als stillschweigend mitberufene Abkömmlinge eines Abkömmlings des Erblassers (§ 2069) möglicherweise sein Erbrecht schmälern könnten, sondern nur, daß und in welcher Weise die vorhandenen oder vorhanden gewesenen, vor oder neben ihm eingesetzten Personen weggefallen sind. Hält das Nachlaßgericht nach der ersten Richtung eine Feststellung für erforderlich, so hat es gemäß § 2358 von Amts wegen Ermittlungen anzustellen (KGJ 39 A 95). Die Angaben haben sich auch nicht auf die Personen der gesetzlichen Erben (abgesehen von §§ 2066 ff.), Pflichtteilsberechtigten oder der übrigen Erben zu erstrecken, wenn nicht gemeinschaftlicher Erbschein nach § 2357 verlangt wird. — Bei Erteilung eines neuen Erbscheins nach Eintritt der Nacherbfolge bedarf es nicht unter allen Umständen einer neuen förmlichen Erbausweiserklärung (KGJ 46, 146).

§ 2356

Der Antragsteller hat die Richtigkeit der in Gemäßheit des § 2354 Abs 1 Nr 1, 2, Abs 2 gemachten Angaben durch öffentliche Urkunden nachzuweisen[1]) und im Falle des § 2355 die Urkunde vorzulegen, auf der sein Erbrecht beruht[2]). Sind die Urkunden nicht oder nur mit unverhältnismäßigen Schwierigkeiten zu beschaffen, so genügt die Angabe anderer Beweismittel[3]).

In Ansehung der übrigen nach den §§ 2354, 2355 erforderlichen Angaben hat der Antragsteller vor Gericht oder vor einem Notar an Eides Statt zu versichern, daß ihm nichts bekannt sei, was der Richtigkeit seiner Angaben entgegensteht[4]). Das Nachlaßgericht kann die Versicherung erlassen, wenn es sie für nicht erforderlich erachtet[5]).

Diese Vorschriften finden keine Anwendung, soweit die Tatsachen bei dem Nachlaßgericht offenkundig sind[6]).

E I 2070, 2078 Abs 3 II 2221; M 5 560—562; P 5 679, 682, 691.

1. **Nachweis durch öffentliche Urkunden** (ZPO § 415). Für § 2354 Abs 1 Nr 1 (Zeit des Todes) Sterbeurkunde oder Todeserklärung (§§ 13ff.; ZPO § 970). Für Nr 2 (Verwandtschafts- usw. Verhältnis) Geburtsurkunden; Heiratsurkunden, wenn das Erbrecht auf dem ehelichen Verhältnisse beruht; für die ältere Zeit kirchliche Zeugnisse, Legitimationsurkunden u. dgl. Beruht das Erbrecht auf ehelicher Abstammung, so braucht außer der Geburtsurkunde nicht noch die Heiratsurkunde der Eltern vorgelegt zu werden, da das Geburtsregister nach PStG § 22 Nr 5 auch zur Beurkundung der ehelichen oder unehelichen Abstammung bestimmt ist (KGJ 36 A 97). Durch Geburtsurkunden ist auch das Vorhandensein der die Verwandtschaft mit dem Erblasser vermittelnden Zwischenpersonen nachzuweisen. Geburtsbescheinigungen mit begrenzter Gültigkeitsbestimmung (z. B. „gültig nur zum Zwecke der Taufe") reichen zum urkundlichen Nachweis im Sinne von Satz 1 nicht aus (RJA 15, 290); sie können aber, z. B. wenn das Standesamt im abgetretenen Gebiete liegt und neue Urkunden von dort nur mit unverhältnismäßigen Schwierigkeiten (A 3) zu beschaffen sind, als „andere Beweismittel" im Sinne von Satz 2 in Betracht kommen. Gleiches gilt von der einen Kriegsteilnehmer betreffenden Sterbenachricht des Zentral-Nachweise-Bureaus in Berlin (KGJ 49, 75). Durch die dem Personenstandsgesetz nach der VO v. 14. 2. 24 (RGBl I 116) eingefügten §§ 15a—15c sind als neue standesamtliche Urkunden die kurzen Geburts-, Heirats- und Todesscheine zugelassen. Sie beweisen, daß die Geburt, die Eheschließung oder der Sterbefall im Register beurkundet ist. Die gleiche Beweiskraft haben nach § 15a Abs 2 Eintragungen in ein Familienstammbuch, wenn sie den für den Schein vorgesehenen Inhalt haben und mit der Unterschrift und dem Siegel des Standesbeamten versehen sind. Hiernach kommt den standesamtlichen Scheinen und den Eintragungen in das Familienstammbuch hinsichtlich der in ihnen angeführten Personenstandstatsachen wenigstens eine mittelbare Beweiskraft zu. Demzufolge sind die Todesscheine regelmäßig geeignet, die Zeit des Todes des Erblassers (§ 2354 Nr 1) oder solcher Personen, durch welche der Antragsteller von der Erbfolge ausgeschlossen oder sein Erbteil gemindert werden würde (§ 2354 Abs 1 Nr 3, Abs 2), gemäß § 2356 Satz 1 nachzuweisen (KG JRdsch 1927 Nr 137a, womit ältere Entscheidungen desselben Gerichts, insbesondere KGJ 53, 86 überholt sind). Entsprechendes trifft für den Nachweis eines ehelichen Verhältnisses (§ 2354 Nr 2) durch den Heiratsschein zu. Dagegen sind die Geburtsscheine zum Nachweis eines Abstammungsverhältnisses (§ 2354 Nr 2) nicht verwertbar, da sie nach § 15b PStG nur die Namen des Kindes sowie den Ort und Tag seiner Geburt enthalten (KG JRdsch 1927 Nr 137b). Hängt das in Anspruch genommene Erbrecht davon ab, daß Zwischenpersonen wieder weggefallen sind (§ 2354 Abs 2), so ist je nachdem der Wegfall durch Sterbeurkunden (oder Todesscheine), Todeserklärungen, durch Vorlegung der sie ausschließenden Verfügung von Todes wegen (§ 1938), der Erbverzichtsurkunde (§ 2346), der Ausschlagungserklärung (§ 1945), des rechtskräftigen die Erbunwürdigkeit aussprechenden (§ 2342) oder des Scheidungsurteils darzutun. Wie die durch die Todeserklärung begründete Todesvermutung des § 18 (RJA 13, 97), so gilt auch die Lebensvermutung des § 19 für das Erbscheinsverfahren (RJA 13, 211). Todeserklärung ist entbehrlich, wenn das Gericht aus anderen Umständen die Überzeugung vom Wegfall eines Verschollenen gewinnt (RJA 9, 84). Soweit sich die betreffenden Urkunden bereits in der Hand des Nachlaßgerichts, sei es auch einer anderen Geschäftsabteilung desselben Gerichts befinden, genügt es, hierauf Bezug zu nehmen (OLG 44, 106): Bezugnahme auf das bei demselben Gericht aufbewahrte standesamtliche Nebenregister, wenn die in Betracht kommenden Daten so genau angegeben werden, daß die Urkunden ohne weiteres zu ermitteln sind).

2. Die die Erbeinsetzung enthaltende **Verfügung von Todes wegen** muß sich nach §§ 2259 bis 2261 ohnedies schon in der Verwahrung des Nachlaßgerichts befinden. Ob und inwieweit es den Nachweis der Echtheit des Privattestaments erfordern will, steht nach § 2359 in seinem pflichtmäßigen Ermessen, s. jedoch §§ 2360 Abs 2, 2368 Abs 2.

3. Im Gebrauche **anderer Beweismittel** (Zeugen, Sachverständige, z. B. Genealogen, Privaturkunden, z. B. Familienstammbäume usw.) sind dem Gericht keine Schranken gezogen. Auch der Inhalt wirksam gebliebener, aber verloren gegangener Verfügungen von Todes wegen (A 2) kann auf diesem Wege festgestellt werden (§ 2255 A 4; RJA 11, 181). Unter unverhältnismäßigen Schwierigkeiten sind solche jeglicher Art zu verstehen, deren Überwindung dem Antragsteller nicht wohl zugemutet werden kann. Dies kann auch dann angenommen werden, wenn die Kosten der Beschaffung einer Urkunde, insbesondere aus dem Ausland, gegenüber den unter gewöhnlichen Umständen aufzuwendenden Kosten unverhältnismäßig hoch sind und einen erheblichen Teil des Nachlasses oder des in Betracht kommenden Erbteils verzehren würden (JFG 1, 178).

4. Die **eidesstattliche Versicherung** betrifft zumeist die Negative (Nichtvorhandensein

gleich oder besser berechtigter Erben, entgegenstehender Verfügungen von Todes wegen, Nichtanhängigkeit eines Rechtsstreits), legt dem zu ihr Verpflichteten nicht, wie § 459 ZPO eine besondere Prüfungs- und Erkundigungspflicht auf (RGSt 39, 226), kann aber nach Lage des Falles auch auf bestimmte einzelne Tatsachen abgestellt werden. Sie ist vom Antragsteller, auch wenn er mit dem Erben nicht identisch ist (§ 2353 A 3), insbesondere auch vom Gläubiger des Erben, oder vom gesetzlichen Vertreter des Antragstellers abzugeben, kann dagegen nicht von einem Bevollmächtigten abgegeben werden (RJA 13, 199); unter Umständen kann aber die Erklärung eines solchen dem Nachlaßgericht Anlaß geben, dem Erben die Versicherung zu erlassen (RJA 17, 68). Statt des gesetzlichen Vertreters kann der Erbe selbst, wenn er eidesmündig ist (ZPO § 473 Abs 2, 3), zur eidesstattlichen Versicherung zugelassen werden (a. M. Staudinger A III Abs 2 u. Zit.). Die örtliche Zuständigkeit von Gericht oder Notar — zwischen denen auch im Falle des Art 141 EG dem Antragsteller die Wahl bleibt — und die Form der Beurkundung bestimmt sich nach Landesrecht, da es sich hierbei nicht um Beurkundung von Rechtsgeschäften nach FGG §§ 167ff. handelt (ZBlFG 20, 337).

5. **Erlaß der Versicherung** nach Ermessen des Nachlaßrichters, deshalb auch kein Beschwerderecht aus FGG § 20 gegen die Abforderung. Vgl. auch § 2357 Abs 4.

6. **Offenkundigkeit** (ZPO § 291), sei es, daß die Tatsachen nach allgemeinen Erfahrungssätzen feststehen (Ableben überalter Personen), oder dem Nachlaßgericht sonst amtlich bekannt sind (BayObLG 14, 55). — Nach Erteilung des Erbscheins können die überreichten Urkunden (A 1, 3, 4) zurückverlangt werden. Es sind dann aber vollständige oder auszugsweise beglaubigte Abschriften zurückzubehalten, soweit dies nicht nach Lage des Falles entbehrlich ist (RJA 15, 283).

§ 2357

Sind mehrere Erben vorhanden, so ist auf Antrag ein gemeinschaftlicher Erbschein zu erteilen. Der Antrag kann von jedem der Erben gestellt werden[1]).

In dem Antrage sind die Erben und ihre Erbteile anzugeben[2]).

Wird der Antrag nicht von allen Erben gestellt, so hat er die Angabe zu enthalten, daß die übrigen Erben die Erbschaft angenommen haben. Die Vorschriften des § 2356 gelten auch für die sich auf die übrigen Erben beziehenden Angaben des Antragstellers[3]).

Die Versicherung an Eides Statt ist von allen Erben abzugeben, sofern nicht das Nachlaßgericht die Versicherung eines oder einiger von ihnen für ausreichend erachtet[4]).

E II 2222; P 5 678, 679.

1. **Gemeinschaftlicher Erbschein.** Wird er von sämtlichen Miterben, zu denen aber der Nacherbe neben dem Vorerben nicht gehört, oder für sie von einem nach § 2353 A 3 Antragsberechtigten beantragt, so gelten bezüglich aller Erben die Bestimmungen der §§ 2354—2356 mit den Besonderheiten der Absätze 2—4. Der einzelne Miterbe hat die Wahl, sich den Erbschein nur für seine Person und nur über seinen Erbteil (§ 2353 A 5) oder als gemeinschaftlichen über den ganzen Nachlaß erteilen zu lassen, muß aber in diesem Falle auch die sonst den Miterben obliegenden Angaben machen und Beweise erbringen (A 4). Ein auf eine Gruppe von Erben beschränkter Erbschein ist dem Gesetze unbekannt und wäre nur in der Form eines das Erbrecht mehrerer Beteiligter bezeugenden, die Einzelzeugnisse zusammenfassenden Erbscheins denkbar, der nicht von einem einzelnen, sondern nur von allen Beteiligten beantragt werden könnte (RJA 11, 4). Auch ein Erbschein nach mehreren Erblassern ist nur in dem Sinne einer äußeren Zusammenfassung mehrerer Einzelzeugnisse über verschiedene Erbfälle möglich (KGJ 44, 99).

2. Angabe der **Erbteile**, d. h. bestimmte Bezeichnung der in Anspruch genommenen Bruchteile (RJA 9, 6) ohne Rücksicht auf etwaige Ausgleichungsposten. Soweit sie auch nur bezüglich eines Miterben unbestimmbar sind (so im Falle des § 2043 der Kinder neben der Witwe), ist die Erteilung des gemeinschaftlichen Erbscheins über „ihre Erbteile" ausgeschlossen, vgl. aber § 2353 A 5.

3. Die **Annahme der Erbschaft** (§ 1943 A 1) wird vom Antragsteller schon durch den Antrag erklärt. Bezüglich der übrigen Erben hat er sie darzulegen und nach § 2356 nachzuweisen. Beim Fehlen ausdrücklicher Annahmeerklärung ist der Fristbeginn, d. h. der Zeitpunkt der erlangten Kenntnis von dem Anfall und dem Grunde der Berufung (§ 1944 A 2/3) und der Ablauf der Ausschlagungsfrist für jeden der beteiligten Erben nachzuweisen. Alle Nachweise

sind grundsätzlich durch öffentliche Urkunden und Versicherung an Eides Statt zu führen (§ 2356) Über Schwierigkeiten, wenn es sich um Erben unbekannten Aufenthalts handelt, vgl. OLG 21, 349.

4. Die **eidesstattliche Versicherung** ist grundsätzlich von allen Erben abzugeben, auch wenn bloß einer von ihnen den gemeinschaftlichen Erbschein beantragt. Die Verpflichtung der übrigen, hierdurch zur Erteilung des Erbscheins „mitzuwirken", ergibt sich aus § 2038 A 2 (a. M. Strohal II § 67 A 24). Sie können, soweit sie nicht Gründe zur Verweigerung der Versicherung beibringen, im Klagewege dazu angehalten werden, wenn auch die Versicherung selbst nicht erzwungen werden kann. Ob und inwieweit sich der Nachlaßrichter an der Versicherung eines oder mehrerer Erben genügen lassen oder ob er sie ganz erlassen will, steht in seinem pflichtmäßigen Ermessen (§§ 2356 A 5, 2359).

§ 2358

Das Nachlaßgericht hat unter Benutzung der von dem Antragsteller angegebenen Beweismittel von Amts wegen die zur Feststellung der Tatsachen erforderlichen Ermittelungen zu veranstalten und die geeignet erscheinenden Beweise aufzunehmen[1]).

Das Nachlaßgericht kann eine öffentliche Aufforderung zur Anmeldung der anderen Personen zustehenden Erbrechte erlassen; die Art der Bekanntmachung und die Dauer der Anmeldungsfrist bestimmen sich nach den für das Aufgebotsverfahren geltenden Vorschriften[2]).

E I 2071 Abs 1 Satz 2, 2072, 2078 Abs 3 II 2223; M 5 562, 563, 574; P 5 679—683.

1. **Offizialtätigkeit** des Nachlaßgerichts gemäß FGG §§ 12, 15 (RG 95, 287). Es ist nicht auf die angebotenen Beweismittel beschränkt. Die Ermittlungen haben sich nicht bloß auf das Vorhandensein, sondern gegebenenfalls auch auf die Echtheit, den Sinn und die Wirksamkeit getroffener Verfügungen von Todes wegen, ferner auf Rechtzeitigkeit der Ausschlagung, Gebundenheit durch Erb- oder Ehevertrag (RJA 12, 17) oder gemeinschaftliches Testament usw. zu erstrecken. Nach BayObLG (RJA 17, 72) hat das Nachlaßgericht die erforderlichen Ermittlungen auch dann selbst anzustellen, wenn ein Rechtsstreit über das Erbrecht anhängig ist, während Kammergericht (RJA 9, 75; OLG 34, 318; 40, 155) das Nachlaßgericht für befugt erachtet, das Erbscheinsverfahren bis zur Entscheidung eines schon anhängigen Erbrechtsstreits auszusetzen. Die zweite Auffassung verdient mit Rücksicht auf die Entstehungsgeschichte des § 2360 und aus Zweckmäßigkeitsgründen den Vorzug. Keinesfalls darf der Antragsteller zur Entscheidung streitiger Tat- oder Rechtsfragen auf den Weg eines erst anhängig zu machenden Rechtsstreits verwiesen werden (KGJ 35 A 110). Bedeutung eines bereits vorliegenden rechtskräftigen Urteils § 2359 A 2. Anerkennung des Erbrechts durch die Beteiligten überhebt das Gericht nicht der Verpflichtung zu eigener Prüfung (KGJ 34 A 112). Gehör der Beteiligten § 2360. Keine Beschwerde gegen die Vornahme von Ermittlungen aus FGG § 19.

2. **Öffentliche Aufforderung** entsprechend den Aufgebotsvorschriften ZPO §§ 948—950, wiewohl ohne Androhung von Rechtsnachteilen, nach Ermessen des Gerichts. So insbesondere wenn das Vorhandensein besser berechtigter Erben (Kinder aus einer bestimmten Ehe) wahrscheinlich ist. Ist ein Besserberechtigter verschollen und nach Angabe des Antragstellers gestorben, so kann das Nachlaßgericht die Beibringung einer Todeserklärung verlangen, falls ihrer Beschaffung nicht unverhältnismäßige Schwierigkeiten entgegenstehen (§ 2356 A 1, 3); es ist in solchem Falle nicht verpflichtet, statt der Auflage eine öffentliche Aufforderung zu erlassen (RJA 13, 97).

§ 2359

[1]) Der Erbschein ist nur zu erteilen, wenn das Nachlaßgericht die zur Begründung des Antrags erforderlichen Tatsachen für festgestellt erachtet[2])[3]).

E I 2071 Abs 1 Satz 2, 2078 Abs 3 II 2224; M 5 562, 574; P 5 679, 682, 691.

1. Das Nachlaßgericht hat, abgesehen von den Fällen der §§ 792, 896 ZPO (§ 2353 A 3), **nicht zu prüfen,** aus welchem Grunde und zu welchem Zwecke die Erteilung eines Erbscheins beantragt wird, sondern es hat gemäß §§ 2353, 2359 den Erbschein zu erteilen, wenn die Voraussetzungen der §§ 2354—2357 erfüllt sind und es die zur Begründung des Antrags erforderlichen Tatsachen für festgestellt erachtet; es darf deshalb dem Erben die Erteilung auch nicht mit der Begründung verweigern, daß er keines Erbscheins bedürfe (JFG 3, 146).

2. **Feststellung des Erbrechts.** Das Gericht entscheidet nach Abschluß der Ermittlungen (§ 2358) nach freier Überzeugung (ZPO § 286), welche Tatsachen es für festgestellt erachtet.

Beweisregeln insbesondere auch bezüglich des Urkundenbeweises (ZPO §§ 415ff.) bestehen nicht. Eine Begründung ist nicht zu erteilen. Aus den festgestellten oder offenkundigen Tatsachen hat das Nachlaßgericht selbständig im bejahenden oder verneinenden Sinne bestimmte Schlußfolgerungen in bezug auf das mit dem Antrage geltend gemachte Erbrecht zu ziehen. Ein Erbschein andern als des beantragten Inhalts darf nicht erteilt werden, vielmehr ist der Erbschein entweder so, wie er beantragt ist, zu erteilen oder zu verweigern (KGJ 42, 128; BayObLG 19 A 207). Die Selbständigkeit, mit der das Nachlaßgericht im allgemeinen über die Begründetheit des Antrags befindet, gilt grundsätzlich auch gegenüber einem im Erbrechtsstreit ergangenen rechtskräftigen Urteil. Ist durch das Urteil das Erbrecht des Antragstellers festgestellt, so ist das Nachlaßgericht, wenn nach seiner Auffassung der Sach- und Rechtslage der unterlegene Prozeßgegner oder ein Dritter der wahre Erbe ist, nicht gezwungen, den Antragsteller mit der über die Rechtskraft unter den Prozeßparteien hinausreichenden Wirkung der §§ 2365—2367 als Erben auszuweisen. Anderseits darf das Nachlaßgericht, falls durch das rechtskräftige Urteil gegen den Antragsteller das Erbrecht eines andern festgestellt ist, dem Antragsteller den Erbschein auch dann nicht erteilen, wenn es ihn für den wahren Erben hält. Denn sonst könnte der andere sofort im Prozeßwege, gestützt auf die Rechtskraft des Urteils, die Herausgabe des Erbscheins an das Nachlaßgericht erzwingen und dadurch dessen Kraftlosigkeit herbeiführen (§ 2362 A 1). Die Erteilung unter solchen Umständen liegt, trotz der grundsätzlichen Unabhängigkeit des Nachlaßgerichts vom Prozeßgerichte, nicht im Sinne des Gesetzes. (Die Frage ist umstritten. Bis zur 4. Auflage ist in diesem Werke in Übereinstimmung mit der vielleicht jetzt noch herrschenden Meinung schlechthin gesagt, daß das zwischen mehreren Erbansprechern ergangene rechtskräftige Urteil für das Nachlaßgericht formell nicht bindend sei. Wie hier, Kipp § 62 I 7 und Herold-Eichler, ZBlFG 20, 206 sowie Warneyer § 2359 I. Für noch weitergehende Bindung des Nachlaßgerichts insbes. Kuttner, JheringsJ 59, 393 und 61, 107; Schlegelberger, FGG § 12 A 18; Endemann III § 146 V.) Einfluß eines anhängigen Rechtsstreits §§ 2358 A 1, 2360 A 1. Bloße Anfechtbarkeit einer Verfügung von Todes wegen hindert die Erteilung des Erbscheins nicht (a. M. Strohal II § 67 A 17). Ist jedoch die Anfechtung gemäß § 2081 erklärt, so hat sich das Nachlaßgericht auch über ihren Erfolg schlüssig zu machen (KGJ 38 A 118). Erbunwürdigkeit erst mit Rechtskraft des Urteils (§ 2342 Abs 2). Im Erbschein ist die Größe des Erbteils (§§ 2353 A 5, 2357 A 2) anzugeben. Im übrigen vgl. wegen des Inhalts des Zeugnisses § 2353 A 4.

3. **Beschwerde** gegen Ablehnung des Erbscheins nach FGG §§ 19, 20. Sie steht im Falle des § 2357, wenn auch jeder Miterbe die Erteilung eines gemeinschaftlichen Erbscheins beantragen kann, gemäß FGG § 20 Abs 2 doch nur dem Antragsteller zu (OLG 40, 155 A 1c). Nachträgliche Abhilfe, FGG § 18 Abs 1, nur bei vorangegangener Ablehnung oder zwar angeordneter, aber noch nicht ausgeführter Erteilung, dagegen keine nachträgliche Änderung eines bereits erteilten unrichtigen Erbscheins (§ 2361 A 1). Auch mit der Beschwerde kann die Aufhebung der Anordnung eines erteilten Erbscheins oder die Änderung seines Inhalts nicht erzielt werden, wohl aber, solange der Erbschein noch nicht erteilt ist, die Aufhebung oder Änderung der Anordnung und nach der Erteilung die Einziehung gemäß § 2361 (RG 61, 273; BayObLG 19 A S. 207, 211 und RJA 16, 244). Ein Antrag auf Änderung kann dahin ausgelegt werden, daß er sich auf Einziehung des erteilten und Erteilung eines neuen Erbscheins mit dem beantragten Inhalte richtet (RJA 7, 24; 17, 57).

§ 2360

Ist ein Rechtsstreit über das Erbrecht anhängig, so soll vor der Erteilung des Erbscheins der Gegner des Antragstellers gehört werden[1]).

Ist die Verfügung, auf der das Erbrecht beruht, nicht in einer dem Nachlaßgerichte vorliegenden öffentlichen Urkunde enthalten, so soll vor der Erteilung des Erbscheins derjenige über die Gültigkeit der Verfügung gehört werden, welcher im Falle der Unwirksamkeit der Verfügung Erbe sein würde[2]).

Die Anhörung ist nicht erforderlich, wenn sie untunlich ist[3]).

E I 2071 Abs 2, 2078 Abs 3 II 2225; M 5 562, 574; P 5 679—682, 691.

1. **Anhängigkeit eines Rechtsstreits** über das Erbrecht (Erbschaftsanspruch, Feststellungsklage, Erbunwürdigkeitsklage, auch Streitigkeiten über den Personenstand als unmittelbare Voraussetzungen des Erbrechts) schließt die Erteilung des Erbscheins nicht aus. Erlangt aber das Nachlaßgericht aus dem Antrage (§ 2354 Nr 5) oder sonst hiervon Kenntnis, so „soll" es den Gegner des Antragstellers vorher mündlich oder schriftlich hören. Zweckmäßig wird

es auch die Prozeßakten beiziehen. Erachtet es auch unter Berücksichtigung der Prozeßergebnisse den Sachverhalt im Sinne des § 2359 für festgestellt, so hat es trotz des schwebenden Rechtsstreits über den Antrag zu entscheiden; andernfalls kann eine Aussetzung erfolgen (§ 2358 A 1). Nachlaßverwaltung und Nachlaßkonkurs sind kein Hindernis, dem Erben (auch auf Antrag des Verwalters § 2353 A 3) den Erbschein zu erteilen. Der Prozeßrichter ist nicht ermächtigt, dem Nachlaßgericht die Erteilung, d. h. Aushändigung des Erbscheins durch einstweilige Verfügung zu untersagen.

2. Ist die nach § 2356 vorzulegende **Verfügung von Todes wegen** ein Privattestament (§ 2231 Nr 2) oder Not- oder Seetestament gemäß §§ 2250, 2251, oder Militärtestament (Vorbem vor § 2229), so „soll", auch wenn bezüglich der Echtheit und Wirksamkeit keine Zweifel obwalten, das Nachlaßgericht die Beteiligten hören, die ohne die Verfügung, als in früheren Verfügungen eingesetzte oder als gesetzliche Erben berufen wären. Dasselbe gilt, wenn die errichtete — öffentliche oder nichtöffentliche — Verfügung untergegangen oder verloren ist und ihr Inhalt nur durch andere Beweismittel festgestellt werden kann (§ 2356 A 3).

3. Die Anhörung aller oder einzelner Beteiligter (A 2) ist **untunlich**, nicht bloß wenn sie unausführbar, sondern auch wenn sie unverhältnismäßig schwierig ist oder mit erheblichen Verzögerungen und unverhältnismäßigen Kosten verbunden sein würde (OLG 34, 317; vgl. §§ 2200 Abs 2, 2216 A 4, 2356 A 3). Pflichtmäßiges Ermessen entscheidet.

§ 2361

Ergibt sich, daß der erteilte Erbschein unrichtig ist[1]), so hat ihn das Nachlaßgericht einzuziehen[2]). Mit der Einziehung wird der Erbschein kraftlos[3]).

Kann der Erbschein nicht sofort erlangt werden, so hat ihn das Nachlaßgericht durch Beschluß für kraftlos zu erklären[4]). Der Beschluß ist nach den für die öffentliche Zustellung einer Ladung geltenden Vorschriften der Zivilprozeßordnung bekanntzumachen[5]). Mit dem Ablauf eines Monats nach der letzten Einrückung des Beschlusses in die öffentlichen Blätter wird die Kraftloserklärung wirksam[6]).

Das Nachlaßgericht kann von Amts wegen über die Richtigkeit eines erteilten Erbscheins Ermittelungen veranstalten[7])[8]).

E I 2073, 2078 Abs 3 II 2226; M 5 563, 564; P 5 683.

1. Die **Unrichtigkeit des Erbscheins** kann sich durch den Ausgang eines über das Erbrecht geführten Rechtsstreits oder durch neue dem Nachlaßgericht bekannt werdende Tatsachen (Ausschlagung eines Miterben gegenüber der nach § 2357 A 3 als bewiesen angesehenen Annahme, RJA 12, 203, erfolgreiche Anfechtung, Erbunwürdigkeitserklärung, Eintritt der Nacherbfolge, KGJ 48, 112, usw.) oder dadurch ergeben, daß das Gericht aus Tat- oder Rechtsgründen zu einer abweichenden Auffassung kommt, sei es auch, daß es den Nachweis des früher angenommenen Erbrechts jetzt nicht mehr als geführt erachtet (OLG 37, 256), was nicht nur dann zutrifft, wenn nach seiner nunmehrigen Überzeugung das bescheinigte Erbrecht nicht besteht, sondern schon dann, wenn es hinsichtlich dieses Erbrechts nunmehr ein non liquet annimmt; bloße Zweifel, die an dem Nachweise des Erbrechts auftauchen, reichen aber nicht aus (KG JRdsch 1925 Nr 1529). Auch der Fall gehört hierher, daß die beschränkenden Angaben der §§ 2363, 2364 zu Unrecht unterblieben oder inhaltlich unrichtig sind oder geworden sind (OLG 32, 81; 35, 367). In allen solchen Fällen sachlicher Unrichtigkeit, der Unverständlichkeit und Behaftung mit inneren Widersprüchen gleichsteht (KGJ 34 A 227; 42, 220; RJA 17, 50), kann keine Abänderung oder Ergänzung des Erbscheins, sondern nur seine Einziehung oder Kraftloserklärung und gegebenenfalls die Erteilung eines neuen Erbscheins erfolgen (**RG** 61, 277; BayObLG 14, 144; 24 A 299 = JW 1926, 823[1]). Schreibfehler und ähnliche offenbare Unrichtigkeiten können dagegen auf dem Erbschein selbst und den erteilten Ausfertigungen berichtigt werden, da der Grundsatz des § 319 ZPO ebenmäßig für das Gebiet der freiwilligen Gerichtsbarkeit gilt (BayObLG 24 A 149). Veräußerung des Erbteils nach § 2033 macht den Erbschein nicht unrichtig (**RG** 64, 173). Wenn ein Erbschein zwar das Erbrecht richtig bezeugt, aber ohne Antrag oder abweichend vom Antrag erteilt ist, so ist § 2361 entsprechend anzuwenden, es sei denn, daß der Antragsberechtigte oder auch nur einer von mehreren die Erteilung genehmigt hat (RJA 14 S. 268 u. 272; 17 S. 56, 58). Auch ein von einem örtlich unzuständigen Gericht erteilter Erbschein ist, aber nur auf Beschwerde, einzuziehen (§ 2353 A 1). Über den Fall, daß eines von mehreren in derselben Urkunde zusammengefaßten Zeugnisse (§ 2357 A 1 a. E.) unzulässigerweise erteilt oder unrichtig ist, vgl. KGJ 50, 96.

2. Gemeint ist das **Nachlaßgericht,** das den Erbschein erteilt hat. Die Einziehung steht deshalb einem anderen, auch dem sich mit Recht zur Erteilung für zuständig erachtenden Nachlaßgericht nicht zu. Dies gilt sowohl dann, wenn, insbesondere wegen eines doppelten Wohnsitzes des Erblassers, mehrere Gerichte als Nachlaßgericht örtlich zuständig sind, als auch dann, wenn der Erbschein von einem örtlich unzuständigen Gericht (§ 2353 A 1) erteilt ist (KGJ 44, 104; 53, 88). Die Einziehung ist auch dann Sache des Nachlaßgerichts, wenn die Erteilung vom Beschwerdegericht (§ 2359 A 2) angeordnet worden war; das Beschwerdegericht (A 8) ist niemals befugt, die Einziehung selbst vorzunehmen (RJA 16 S. 43 u. 66).

3. Die **Einziehung** erfolgt von Amts wegen. Inwieweit hierzu Zwangsmittel gegeben sind, bestimmt sich nach Landesrecht. Sie ist vollzogen dadurch, daß das Gericht den tatsächlichen Besitz des ausgehändigten Erbscheins (§ 2353 A 6) oder, bei einer Aushändigung in mehreren Ausfertigungen, der mehreren Scheine wieder erlangt hat. Die bloße Einforderung genügt nicht. Schon die Tatsache der Einziehung macht den Schein **kraftlos,** d. h. sie entzieht ihm endgültig die Wirkungen der §§ 2365ff., auch wenn er etwa versehentlich wieder in Verkehr gesetzt, sogar wenn er vom Nachlaßgericht selbst, weil die Einziehung als ungerechtfertigt erkannt war, wieder ausgehändigt würde. Hier bleibt nur Erteilung eines neuen Erbscheins übrig.

4. Der die **Kraftloserklärung** aussprechende Beschluß ist dem Antragsteller (§ 2353 A 3) gemäß § 16 FGG bekanntzumachen und wird ihm sowie dem hiervon unterrichteten Dritten gegenüber schon hierdurch wirksam (§ 2366 A 7).

5. **Öffentliche Zustellung** ZPO §§ 204—206.

6. Die **Wirksamkeit** der Kraftloserklärung tritt nach Ablauf eines Monats (ZPO § 206) von dem Ausgabetage des am spätesten erschienenen öffentlichen Blattes ab gerechnet *gegen jedermann* ein. Der Erbschein verliert damit schlechthin den öffentlichen Glauben der §§ 2365—2367. Der neue richtige Erbschein kann schon unerwartet des Fristablaufs erteilt werden (vgl. § 2353 A 3 a. E.). Daneben bleibt die Einziehungspflicht (A 2) bestehen. Ähnlich Kraftloserklärung der Vollmacht § 176.

7. Die **Ermittlungspflicht** des Nachlaßgerichts (§ 2358 A 1) dauert auch nach Erteilung des Erbscheins fort.

8. **Beschwerde** nach §§ 19, 20 FGG ist zulässig sowohl gegen die die Einziehung anordnende als gegen die den Antrag auf Einziehung ablehnende Verfügung (vgl. A 2). Insbesondere ist der wirkliche Erbe nicht auf die Klage aus § 2362 beschränkt (**RG** 61, 273). Dagegen keine Beschwerde gegen die vollzogene Einziehung (BayObLGZ 14, 144) oder den Beschluß auf Kraftloserklärung des Erbscheins (FGG § 84). Der Antragsteller kann vielmehr alsbald neuen Erbschein beantragen und gegen die Ablehnung Beschwerde führen. Zum Beschwerderecht eines Nachlaßgläubigers vgl. KGJ 49, 83. Kein Beschwerderecht der Erbschaftssteuerbehörde **RG** RJA 15, 14.

§ 2362

Der wirkliche Erbe kann von dem Besitzer eines unrichtigen Erbscheins die Herausgabe an das Nachlaßgericht verlangen[1]**).**

Derjenige, welchem ein unrichtiger Erbschein erteilt worden ist, hat dem wirklichen Erben über den Bestand der Erbschaft und über den Verbleib der Erbschaftsgegenstände Auskunft zu erteilen[2]**).**

E I 2074 II 2227 Abs 1, 2; M 5 564, 565; P 5 683; 6 357, 358.

1. Der **wirkliche Erbe,** dem der Nacherbe, der Testamentsvollstrecker und der irrtümlich für tot Erklärte gleichgestellt sind (§§ 2363 Abs 2, 2364 Abs 2, 2370 Abs 2), hat neben dem Rechte, die Einziehung zu beantragen (§ 2361 A 8), den durch Klage verfolgbaren **Anspruch auf Herausgabe des unrichtigen Erbscheins** *an das Nachlaßgericht.* Die Klage steht zu gegen den **Besitzer** des Erbscheins, auch des bereits für kraftlos erklärten Erbscheins, mag er den Besitzer selbst oder einen Dritten als Erben ausweisen. Auch mittelbarer Besitz genügt (§ 868). Der falsche Erbe ist ohne Besitz und deshalb allein, weil ihm der unrichtige Erbschein erteilt worden ist, nicht passiv legitimiert. Jede Unrichtigkeit im Sinne von § 2361 A 1, auch Unvollständigkeit genügt zur Klagebegründung. Erst mit der Herausgabe an das Nachlaßgericht, die als Einziehung wirkt, wird der Erbschein kraftlos (§ 2361 A 3).

2. Die **Auskunftspflicht** liegt, abweichend von Abs 1 nicht dem Besitzer des Erbscheins als solchem, sondern dem oder den mehreren darin fälschlich als Erben ausgewiesenen Personen ob. Der Erbe oder Miterbe, dessen Erbrecht nur dem Umfange nach unrichtig im Erbschein bezeichnet ist, ist deshalb allein dem wirklichen Erben oder Miterben nicht auskunftspflichtig. Wohl aber trifft die Auskunftspflicht auch den Gläubiger des (falschen) Erben und die sonstigen nach § 2353 A 3 Antragsberechtigten, die sich den falschen Erbschein haben erteilen lassen und dadurch gleichfalls in die Lage gekommen sind, über den Nachlaß zu verfügen, gleichviel ob sie davon Gebrauch gemacht haben oder nicht. Vorlegung eines Bestandsverzeichnisses und Offenbarungseid § 260. Ebenso der Erbschaftsbesitzer § 2027.

§ 2363

In dem Erbscheine, der einem Vorerben erteilt wird, ist anzugeben, daß eine Nacherbfolge angeordnet ist[1]), unter welchen Voraussetzungen sie eintritt[2]) und wer der Nacherbe ist[3]). Hat der Erblasser den Nacherben auf dasjenige eingesetzt, was von der Erbschaft bei dem Eintritte der Nacherbfolge übrig sein wird, oder hat er bestimmt, daß der Vorerbe zur freien Verfügung über die Erbschaft berechtigt sein soll, so ist auch dies anzugeben[4]).

Dem Nacherben steht das im § 2362 Abs 1 bestimmte Recht zu[5]).

E I 2075 II 2228 Abs 1, 3; M 5 565, 566; P 5 683, 684.

1. **Der Erbschein des Vorerben** muß zum Schutze der Rechte des Nacherben erkennen lassen, daß die aus §§ 2112ff. sich ergebenden Beschränkungen in der Verfügung über Erbschaftsgegenstände bestehen oder — im Interesse des Vorerben — daß und inwieweit sie kraft letztwilliger Anordnung nicht bestehen. Dagegen beweist der Erbschein in der Hand des Vorerben nicht, daß sein Verfügungsrecht noch fortbesteht, d. h. daß es nicht durch Eintritt der Nacherbfolge (§ 2139) oder schon vorher durch Entziehung der Verwaltung (§ 2129) erloschen ist. Hat sich die Nacherbfolge durch Zeitablauf (§ 2109) oder durch Wegfall des Nacherben (§ 2108 A 2) ganz erledigt oder ist der Nacherbfall eingetreten, so ist der Erbschein unrichtig geworden (§ 2361 A 1). Der Nacherbe hat auf Erteilung eigenen Erbscheins erst nach Eintritt der Nacherbfolge Anspruch (§ 2353 A 2)

2. **Voraussetzungen der Nacherbfolge** §§ 2103—2107, 2109.

3. Die Bezeichnung des **Nacherben,** auch des Ersatznacherben (KGJ 49, 79) hat, wenn sie keine namentliche sein kann (§§ 2101, 2104), nach anderen Merkmalen (künftige Nachkommenschaft des X) so genau wie möglich zu geschehen (RJA 11, 280). Die spätere Ergänzung eines solchen Erbscheins durch namentliche Anführung der Nacherben ist nicht unstatthaft. Ist gemäß § 2222 für den Nacherben ein Testamentsvollstrecker ernannt, so ist zur Sicherung des Rechtsverkehrs mit dem Vorerben diese Ernennung, unter Klarstellung ihrer begrenzten Zweckbestimmung, mit anzugeben (RJA 12, 121; a. M. 2. Aufl.). Die Angabe der Anteile der Nacherben gehört nicht in den dem Vorerben zu erteilenden Erbschein (OLG 32, 81).

4. **Die Befreiung des Vorerben von Beschränkungen** seines Verfügungsrechts ist nicht bloß dann anzugeben, wenn sie der Erblasser mit den in § 2137 behandelten oder sonstigen Ausdrücken im vollen Umfange des § 2136 angeordnet hat, sondern gemäß dem Zwecke des Erbscheins, als Verfügungsausweis zu dienen, auch dann, wenn es sich nur um die Befreiung von einzelnen gesetzlichen Beschränkungen handelt; die Unterlassung dieser Angabe macht den Erbschein unrichtig (RJA 12, 204; 16, 62). Dagegen gehört die in § 2136 auch zugelassene Befreiung von gesetzlichen Verpflichtungen gegenüber dem Nacherben nicht in den Erbschein (OLG 34, 290; RJA 16, 62). Entsprechend bei der Eintragung des Vorerben im Grundbuche GBO § 52.

5. **Der Herausgabeanspruch** des § 2362 Abs 1 — daneben das Recht, Einziehung nach § 2361 zu betreiben — steht dem Nacherben gegen jeden Besitzer des unrichtigen Erbscheins, also, wenn darin Unrichtigkeiten im Sinne des ersten Absatzes enthalten sind, auch gegen den Vorerben zu, und zwar bereits vor Eintritt der Nacherbfolge. Dagegen ist er zu dem Verlangen auf Auskunftserteilung nach § 2362 Abs 2 erst nach Eintritt der Nacherbfolge, gegenüber dem Vorerben übrigens schon nach § 2130 A 3 berechtigt.

§ 2364

Hat der Erblasser einen Testamentsvollstrecker ernannt, so ist die Ernennung in dem Erbschein anzugeben[1]).

Dem Testamentsvollstrecker steht das im § 2362 Abs 1 bestimmte Recht zu[2]).

E I 2075 Abs 2, 3 II 2228 Abs 2, 3; M 5 566; P 5 683.

1. Nur die **Ernennung des Testamentsvollstreckers** (§§ 2197ff.), nicht auch sein Name oder etwaige ihn in der Verwaltung beschränkende oder befreiende Anordnungen (§ 2368 A 2/3) sind im Erbschein anzugeben (OLG 40, 155 A 1f). Die Angabe hat zu unterbleiben,

wenn der Testamentsvollstrecker den Erben (oder den Erbeserben, KGJ 46, 141) nicht beschränkt, so in den Fällen §§ 2208 Abs 2, 2223 (dagegen nicht in dem Falle § 2222, in dem die Testamentsvollstreckung die Art der Beschränkung des Vorerben durch das Nacherbenrecht beeinflußt, § 2363 A 3). So ferner, wenn es sich um den nur für einen Miterben auszustellenden Erbschein handelt, dessen Erbteil von der Bestellung des Testamentsvollstreckers nicht betroffen wird (RJA 12, 120; OLG 44, 107). Vgl. auch GBO § 53. Ebenso, wenn die Ernennung nach § 2201 unwirksam oder zur Zeit der Erteilung des Erbscheins, z. B. durch Ablehnung des Amtes oder durch Eintritt einer auflösenden Bedingung bereits hinfällig geworden ist (KGJ 48, 143 gegen RJA 8, 35). Das dem Testamentsvollstrecker selbst zu erteilende Zeugnis behandelt § 2368.

2. Der Testamentsvollstrecker kann — neben dem Rechte, Einziehung nach § 2361 zu beantragen (BayObLG 13, 743 und RJA 16, 244) — **Herausgabe des Erbscheins** sowohl vom Erben verlangen, wenn darin die Ernennung des Testamentsvollstreckers nicht angegeben ist oder sonstige Unrichtigkeiten enthalten sind, als auch von jedem dritten Besitzer des unrichtigen Erbscheins. Als Ausfluß seines Verwaltungsrechts gebührt ihm in diesem Falle auch das Recht auf Auskunftserteilung aus § 2362 Abs 2. Recht des Testamentsvollstreckers, selbständig die Erteilung des Erbscheins zu beantragen § 2353 A 3.

§ 2365

Es wird vermutet,[1]) daß demjenigen, welcher in dem Erbschein als Erbe bezeichnet ist, das in dem Erbschein angegebene Erbrecht zustehe[2]) und daß er nicht durch andere als die angegebenen Anordnungen beschränkt sei[3]).

E I 2076 II 2229; M 5 567, 568; P 5 683.

1. Die durch den Erbschein begründete **Vermutung** ist durch alle Beweismittel widerlegbar (§ 292 ZPO in entsprechender Anwendung); der Gegenbeweis kann unter Umständen demselben Beweis- und Tatsachenstoff, der bereits bei der Erteilung des Erbscheins vorgelegen hat, entnommen werden (**RG** 92, 71). Die Vermutung hängt ab von der Erteilung, d. h. regelmäßig von der Aushändigung des Erbscheins an den Antragsteller (§ 2353 A 6), sei es, daß ihm auch nur mittelbarer Besitz daran verschafft wird (§ 868). Doch ist die Fortdauer der Vermutung von der Fortdauer des Besitzes oder auch nur vom Vorhandensein des Erbscheins nicht abhängig. Sie erlischt erst mit der Einziehung oder Kraftloserklärung (§ 2361), denen die Herausgabe an das Nachlaßgericht gleichsteht (§ 2362 A 1), oder dadurch, daß von einem wenn auch unzuständigen Nachlaßgericht (§ 2353 A 1) ein zweiter widersprechender Erbschein erteilt wird. Eine Vermutung hebt dann die andere auf. Öffentlicher Glaube des Erbscheins §§ 2366, 2367.

2. Die Vermutung hat, wie bei der Eintragung im Grundbuche (§ 891), unmittelbar das **Erbrecht** des oder der mehreren im Erbschein bezeichneten Erben, insbesondere auch die Größe des Erbteils (§ 2353 A 5), nicht die dem zugrunde liegenden Tatsachen zum Gegenstande (**RG** Warn 1913 Nr 300). Sie wirkt sowohl für den Erben, wenn er das Erbrecht selbst, insbesondere mit dem Erbschaftsanspruche oder einzelne zum Nachlaß gehörende Ansprüche geltend macht, als auch gegen ihn, wenn er wegen Nachlaßverbindlichkeiten belangt wird. Doch ist der Erbe keineswegs genötigt, den Nachweis seines Erbrechts gegenüber den Nachlaßschuldnern durch Erbschein zu führen, und diese dürfen nicht Zahlung bis nach Vorlegung des Scheines verweigern (**RG** 54, 343 u. Warn 08 Nr 75; § 2367 A 2). Anderseits soll nach **RG** (4. ZS) Warn 1913 Nr 300 der im Erbrechtsstreit gegenüber dem Erbscheinserben als gesetzlicher Erbe auftretende Kläger seiner Pflicht zur Führung des Gegenbeweises dadurch genügen, daß er nach den die Beweislastverteilung bei der Erbschaftsklage regelnden allgemeinen Grundsätzen die sein gesetzliches Erbrecht ergebenden Tatsachen beweist, während der Beklagte die zur Ausschließung dieses Erbrechts dienenden Tatsachen, deshalb auch die streitige Echtheit eines vorhandenen Privattestaments soll beweisen müssen (zustimmend Kipp § 63 A 4 und Zit.). Dagegen hat **RG** (5. ZS) 92, 71 den für die Rechtsvermutung des § 891 (s. dort A 4 Abs 3) ständig angenommenen Satz, daß zur Führung des Gegenbeweises die Ausräumung jeder Möglichkeit der Entstehung des beurkundeten Rechtes gehöre, auch für § 2365 anerkannt. Auch von diesem Standpunkt wird aber (mit **RG** 27. 4. 25 IV 518/24) anzuerkennen sein, daß, wenn es sich um die Auslegung eines in seiner Echtheit nicht bestrittenen Testaments handelt, der Prozeßrichter gegenüber dem Erbschein freie Hand hat. Gemäß § 857 erstreckt sich die Vermutung auch darauf, daß der Erbe an den Nachlaßsachen Besitz erlangt habe und daß ihm deshalb die Besitzschutzmittel zur Seite stehen. Er wird aber mit Erteilung des Scheines allein nicht schon Erbschaftsbesitzer im gesetzlichen Sinne des § 2018 A 3.

3. **Inhalt und Umfang** des Erbrechts werden sowohl nach der positiven als nach der negativen Seite bezeugt. Positiv dahin, daß es überhaupt und zugleich, daß es mit den angegebenen Beschränkungen besteht. Negativ dahin, daß sonstige Beschränkungen nicht angeordnet sind. Als solche mögliche Beschränkungen des Erben kommen jedoch nur in Frage: Anordnung einer Nacherbfolge und Ernennung eines Testamentsvollstreckers gemäß §§ 2363, 2364, nicht auch Teilungsanordnungen, die nur schuldrechtliche Verpflichtungen zwischen den Erben begründen (§ 2048 A 1). Ebensowenig befaßt sich die Vermutung mit Umständen, die nicht auf Anordnung des Erblassers beruhen, wie etwaige Nachlaßverwaltung oder Nachlaßkonkurs oder Entziehung der Verwaltung nach § 2129. — Nachweis der Erbfolge durch Erbschein nach GBO §§ 36, 37; FGG § 107 Abs 2; über die Grenzen der dem Grundbuchrichter (oder Schiffsregisterrichter) gegenüber dem Inhalte des Erbscheins obliegenden Prüfung vgl. Güthe-Triebel, GBO § 36 A 17.

§ 2366

Erwirbt jemand von demjenigen, welcher in einem Erbschein als Erbe bezeichnet ist¹), durch Rechtsgeschäft²) einen Erbschaftsgegenstand³), ein Recht an einem solchen Gegenstand⁴) oder die Befreiung von einem zur Erbschaft gehörenden Rechte⁵), so gilt zu seinen Gunsten der Inhalt des Erbscheins, soweit die Vermutung des § 2365 reicht, als richtig⁶), es sei denn, daß er die Unrichtigkeit kennt⁷) oder weiß, daß das Nachlaßgericht die Rückgabe des Erbscheins wegen Unrichtigkeit verlangt hat⁸)⁹).

E I 2077 II 2230; M 5 569—572; P 5 684—686; 6 222.

1. **Öffentlicher Glaube** des Erbscheins, entsprechend dem Inhalte des Grundbuchs § 892, soweit es sich um **Erwerb** von dem durch Erbschein ausgewiesenen Erben handelt. Leistung an den Erben § 2367. Entscheidend ist lediglich, ob zur Zeit des Erwerbs ein solcher Erbschein erteilt ist und noch in Geltung steht. Nicht ist erforderlich, daß ihn der Erbe bei Abschluß des Geschäfts besitzt oder vorlegt oder daß er oder der Erwerber auch nur davon Kenntnis habe (**RG** ZBlFG 8, 327). Ebensowenig ist zwischen entgeltlichem und unentgeltlichem Erwerb unterschieden, doch haftet letzterenfalls der Erwerber dem wirklichen Erben nach §§ 816, 822 auf Bereicherung.

2. Der Erwerb muß **durch dingliches Rechtsgeschäft** (Vorbem 5 vor § 104), einseitiges oder zweiseitiges, vermittelt sein. Demnach scheidet aus der Erwerb unmittelbar kraft Gesetzes (so § 412), insbesondere durch Erbgang, mag er sich auch auf Grund einer Verfügung von Todes wegen vollziehen, im Wege der Zwangsvollstreckung oder des Arrestes, soweit es sich dabei nicht gemäß ZPO §§ 894, 897 um die durch Urteil erzwungene Erfüllung eines Rechtsgeschäfts handelt. Über verfügende Rechtsgeschäfte anderer Art als Erwerbsgeschäfte s. § 2367 A 3. Der dem Erbscheinserben aus dem Rechtsgeschäfte zufließende Erwerb (die Gegenleistung) wird als Surrogat nach §§ 2019 A 2, 2111 A 2 Bestandteil der Erbschaft, soweit er mit Mitteln der Erbschaft gemacht ist. Im übrigen haftet der falsche Erbscheinserbe nach § 816 auf Bereicherung. Das zwischen ihm und einem Dritten ergehende Urteil wirkt weder für noch gegen den wirklichen Erben.

3. **Erbschaftsgegenstand,** Sache oder Recht (§ 90) einschließlich der Surrogate nach § 2019 A 1/2, im Gegensatze zu der Erbschaft als Ganzem (§§ 2030, 2371 ff.) oder zum Erbteile. Der Erbschein schützt mithin denjenigen nicht, welcher einen Erbteil auf Grund von § 2033 Abs 1 erwirbt. Zugleich kommt zum Ausdruck („Erbschaftsgegenstand, zur Erbschaft gehörendes Recht"), daß sich der Erwerb auf der Grundlage des dem Erbscheinserben vermeintlich zustehenden Erbrechts vollzogen haben muß. Doch genießen Veräußerungen auf Grund eines anderen vermeintlichen Rechtstitels den Schutz der §§ 932 ff.

4. **Recht an Erbschaftsgegenständen,** z. B. Dienstbarkeiten, Hypotheken usw., Pfandrechte.

5. **Befreiung von Rechten** dinglicher oder persönlicher Art, sofern sie dem Erben als solchem, auch als Erbschaftssurrogate, zustehen (Löschungsbewilligungen, Erlaß, befreiende Schuldübernahme).

6. Die **Schutzwirkung** des Erbscheins reicht soweit wie die Vermutung des § 2365, nicht weiter. Danach hat die vom falschen, aber durch einen noch in Geltung stehenden Erbschein ausgewiesenen Erben vorgenommene Veräußerung die gleiche Wirkung, wie wenn sie der wahre Erbe bewirkt hätte. Ebenso sind die Veräußerungen des wirklichen Erben, dem unbeschränkter Erbschein erteilt ist, voll wirksam, auch wenn er in Wahrheit durch Anordnung einer Nacherbfolge oder Ernennung eines Testamentsvollstreckers beschränkt war. Dagegen bietet der Erbschein keine Gewähr dafür, daß der Erbe nicht in anderer Weise (durch Nachlaßverwaltung, Nachlaßkonkurs, Entziehung der Verwaltung nach § 2129) beschränkt oder daß

sein Vorerbenrecht inzwischen durch Eintritt der Nacherbfolge erloschen sei (s. jedoch § 2140). Selbstverständlich auch nicht dafür, daß er gemäß § 2361 nicht für kraftlos erklärt ist. Angaben, die nicht in den Erbschein gehören (§ 2353 A 4), genießen den öffentlichen Glauben überhaupt nicht. Der Schutz tritt nur zugunsten des Erwerbers ein, nicht zugunsten des oder der vermeintlichen Erben, also nicht auch bezüglich der Verfügungen, die vermeintliche Miterben untereinander über Erbschaftsgegenstände getroffen haben. Anderseits wirkt der unrichtige Erbschein auch nicht zuungunsten des Erwerbers, wenn er z. B. nachweist, daß die im Erbschein angegebenen Beschränkungen des Erben in Wahrheit nicht bestehen.

7. Der Schutz des Erbscheins versagt, wenn dem Erwerber **Kenntnis von der Unrichtigkeit** (§ 2361 A 1) nachgewiesen wird. Hierzu genügt jedoch nicht Kennenmüssen (§ 122 Abs 2) oder Kenntnis von einzelnen Tatsachen, die das bezeugte Erbrecht aufzuheben oder einzuschränken geeignet sind, wenn der Erwerber dadurch nicht zur Überzeugung von der Unrichtigkeit des Scheines gebracht worden ist. Er braucht deshalb nicht gutgläubig im Sinne von § 932 Abs 2 zu sein. Zweifel, selbst ein auf grober Fahrlässigkeit beruhendes Nichterkennen der Unrichtigkeit, ist ihm unschädlich. Kenntnis von der Anfechtbarkeit steht nach § 142 Abs 2 der Kenntnis von der Nichtigkeit gleich. Entscheidend ist der Zeitpunkt der Vollendung des betreffenden Rechtsgeschäfts. Grundsätzlich kommt es auf die Kenntnis des Vertreters an, ausnahmsweise genügt diejenige des Vertretenen (§ 166).

8. Der Schutz versagt ferner mit erlangter Kenntnis von der bloßen Tatsache des wegen Unrichtigkeit des Erbscheins gestellten **Verlangens der Rückgabe,** gleichviel ob wirklich eine Unrichtigkeit vorlag und ob das Verlangen sich als gerechtfertigt erwiesen hat. Dem muß gleichgestellt werden, wenn der Erwerber von der rechtskräftigen Verurteilung zur Herausgabe an das Nachlaßgericht erfährt (§ 2362 Abs 1). Dagegen ist die Kenntnis davon unschädlich, daß dieses Verlangen nur erst gestellt ist. Das Vorhandensein eines zweiten widersprechenden Erbscheins hebt die Vermutung des § 2365 (A 1) und damit auch den öffentlichen Glauben des ersten Erbscheins auf (a. M. Staudinger A III E, Leonhard, IV, B). Mit Wiedereinziehung des ihm entgegenstehenden Scheines kommt jedoch der auf Grund des anderen Erbscheins vollzogene Erwerb zu Kräften.

9. Soweit Grundstücke in Frage stehen und der Erbe im Grundbuch eingetragen ist, ist der **öffentliche Glaube des Grundbuchs** (§ 892) für den grundbuchmäßigen Erwerb auch dann maßgebend, wenn das Grundbuch und der Erbschein verschiedene Personen als Erben ausweisen. Doch verliert der Erbschein damit im übrigen, also bei Verfügungen über bewegliche Sachen, über Forderungen und sonstige zum Nachlasse gehörige, nicht im Grundbuch eingetragene Rechte nicht seine Schutzwirkung. Inwieweit die Kenntnis von der (richtigen) Eintragung im Grundbuch oder von einem dort eingetragenen (begründeten) Widerspruch der Kenntnis von der Unrichtigkeit des Erbscheins gleichsteht (A 7), ist Tatfrage.

§ 2367

Die Vorschriften des § 2366 finden entsprechende Anwendung[1]), wenn an denjenigen, welcher in einem Erbschein als Erbe bezeichnet ist, auf Grund eines zur Erbschaft gehörenden Rechtes eine Leistung bewirkt[2]) oder wenn zwischen ihm und einem anderen in Ansehung eines solchen Rechtes ein nicht unter die Vorschrift des § 2366 fallendes Rechtsgeschäft vorgenommen wird, das eine Verfügung über das Recht enthält[3]).

E I 2077 II 2231; M 5 569—572; P 5 685—687, 728, 729.

1. **Öffentlicher Glaube** des Erbscheins, entsprechend beim Grundbuche § 893, wenn es sich um Leistungen an den Erben oder um andere als Erwerbsgeschäfte handelt.

2. Der gutgläubige Nachlaßschuldner wird durch **Leistung an den Erbscheinserben** (§ 241) auch dann befreit, wenn er sich nicht als wirklicher Erbe erweist oder wenn der Erbe infolge bestehender, aber im Erbscheine nicht angegebener Beschränkungen (§ 2366 A 6) nicht wirksam annehmen konnte. Der Schuldner ist jedoch nicht berechtigt, die Leistung von Vorlegung gerade eines Erbscheins abhängig zu machen (§ 2365 A 2; Ausnahme bei einer Nachlaßhypothek, wenn der Erbe nicht als Gläubiger eingetragen ist, gemäß § 1144 in Verb. mit GBO § 36 Abs 1; s. auch ZPO § 94). Ob die Leistung an den Erbscheinserben persönlich oder so bewirkt wird, daß sie der Gläubiger als erfolgt gelten lassen muß (§§ 182ff., 1375, 1443), ist gleichgültig. Hinterlegung steht der Leistung gleich (§ 378). Auch insoweit treten die mit der Leistung an den Berechtigten verknüpften Wirkungen ein, als dadurch kraft Gesetzes (§§ 268, 426, 774, 1143, 1163, 1177) die dem wirklichen Erben zustehende Forderung auf den Leistenden übergeht. Zur Erbschaft gehören auch die durch Surrogation Bestandteile der Erbschaft gewordenen

Rechte (§§ 2019 A 1/2, 2111 A 2). Der falsche Erbe haftet dem wirklichen Erben nach § 816 Abs 2 auf Bereicherung.

3. Als **nicht auf Erwerb abzielende Verfügungsgeschäfte,** zweiseitige oder einseitige, die der Erbscheinserbe gegenüber einem Dritten oder dieser gegen den Erbscheinserben vornimmt, kommen in Betracht Aufrechnung, Anbieten der Leistung, Kündigung, Vorrangseinräumung, Erklärungen an Behörden usw. Dagegen kann der Erbscheinserbe niemals den wirklichen Erben bloß schuldrechtlich, so auch nicht durch Abschluß von Mietverträgen über ein Nachlaßgrundstück verpflichten, ebensowenig durch Führung eines Rechtsstreits über zur Erbschaft gehörende Rechte (Dernburg V § 160 A 6).

§ 2368

Einem Testamentsvollstrecker hat das Nachlaßgericht auf Antrag ein Zeugnis über die Ernennung zu erteilen[1]). Ist der Testamentsvollstrecker in der Verwaltung des Nachlasses beschränkt[2]) oder hat der Erblasser angeordnet, daß der Testamentsvollstrecker in der Eingehung von Verbindlichkeiten für den Nachlaß nicht beschränkt sein soll, so ist dies in dem Zeugnis anzugeben[3]).

Ist die Ernennung nicht in einer dem Nachlaßgerichte vorliegenden öffentlichen Urkunde enthalten[4]), so soll vor der Erteilung des Zeugnisses der Erbe wenn tunlich über die Gültigkeit der Ernennung gehört werden[5]).

Die Vorschriften über den Erbschein finden auf das Zeugnis entsprechende Anwendung[6]); mit der Beendigung des Amtes des Testamentsvollstreckers wird das Zeugnis kraftlos[7]).

E II 2233; M 5 222; P 5 253—255, 688—691.

1. Das **Testamentsvollstreckerzeugnis** wird dem Testamentsvollstrecker für seine Person erteilt und bekundet, abweichend von dem für den Erben erteilten Erbschein, nicht bloß die Tatsache der Ernennung (§ 2364 A 1), sondern hat auch seine Person namentlich zu bezeichnen. Auf das Zeugnis hat, sobald er das Amt angenommen hat, nicht bloß der verwaltende, sondern jeder Testamentsvollstrecker Anspruch, also auch in den Fällen der §§ 2208, 2222, 2223.

2. Als **Verwaltungsbeschränkungen** kommen alle von der Regel der §§ 2203—2206 abweichenden Anordnungen in Betracht, soweit sie für den rechtsgeschäftlichen Verkehr des Testamentsvollstreckers mit Dritten von Erheblichkeit sind (RJA 7, 24). Insbesondere also Beschränkungen aus §§ 2208, 2209, 2222, 2223 und Anordnungen für die Amtsführung mehrerer Testamentsvollstrecker § 2224 Abs 1; aber auch Anordnungen über Fortdauer der Verwaltung nach § 2210 A 1 oder über deren zeitliche Begrenzung sind anzugeben (OLG 40, 158).

3. **Befreiungen** in der Eingehung von Verbindlichkeiten §§ 2207, 2209 A 3.

4. Der **Nachweis der Ernennung** durch öffentliche Urkunde ist ausgeschlossen in den § 2360 A 2 erwähnten Fällen. Er erledigt sich, wenn das Gericht nach § 2200 selbst die Ernennung vornimmt.

5. **Gehör des Erben,** Untunlichkeit wie § 2360 A 2, 3.

6. Die entsprechende Anwendung der **Vorschriften über den Erbschein** ergibt: Angabe über die Größe des betreffenden Erbteils, wenn der Testamentsvollstrecker nur einem von mehreren Erben bestellt ist (§ 2353). Im übrigen ist die Person des Erben gleichgültig, die Angabe hierüber zur Verhütung von Verwechslungen mit dem Erbschein eher zu vermeiden. Die in §§ 2354—2356 vorgeschriebenen Angaben und Nachweise liegen dem Testamentsvollstrecker nur insoweit ob, als davon die Gültigkeit seiner Ernennung abhängt. Jeder der mehreren Testamentsvollstrecker kann das Zeugnis für sich allein (wiewohl unter Aufführung auch der übrigen zur Führung des Amtes mit Berechtigten § 2224), aber auch als gemeinschaftliches beantragen, hat aber dann die Annahme des Amtes durch die übrigen nachzuweisen (§ 2357). Ermittlungs- und Prüfungspflicht des Nachlaßgerichts §§ 2358, 2359, insbesondere, wenn ein Wechsel in der Person des Testamentsvollstreckers eintritt (§ 2361 Abs 3). Gehör des Gegners, nach Befinden auch der streitenden Erbprätendenten, wenn ein Rechtsstreit über Gültigkeit der Ernennung anhängig ist (§ 2360). Einziehung oder Kraftloserklärung des Zeugnisses, wenn sich ergibt, daß eine wirksame Anordnung oder Annahme des Amtes nicht erfolgt ist oder der Inhalt des Zeugnisses sonst unrichtig ist, § 2361 (RJA 10, 121; 16, 67). Klagerecht des Erben oder des wirklichen Testamentsvollstreckers auf Herausgabe des unrichtigen Zeugnisses und Auskunftspflicht § 2362. Beweiskraft und öffentlicher Glaube des Zeugnisses

§§ 2365—2367 (so für den Fall, daß eine von § 2224 Abs 1 Satz 2 abweichende Anordnung des Erblassers im Zeugnisse nicht angegeben ist, OLG 34, 319). Gegenständlich beschränktes Zeugnis nach § 2369 (KGJ 36 A 112).

7. Mit **Beendigung des Amtes** (§§ 2225—2227) wird das **Zeugnis von selbst kraftlos** (**RG** Warn 1910 Nr 426). Eine Einziehung im gesetzlichen Sinne, nämlich mit der Wirkung, daß das Zeugnis dadurch kraftlos wird, ist in diesem Falle demgemäß nicht möglich (RJA 5, 37; 16, 66). Die Vorlegung des Zeugnisses bietet Dritten keine Gewähr dafür, daß die Befugnisse des Testamentsvollstreckers noch fortbestehen. Sie sind nur gemäß § 2218 A 1 geschützt. Jedoch können sie sich insoweit auf den öffentlichen Glauben des Zeugnisses berufen, als es eine auf Anordnung des Erblassers beruhende Beschränkung der Amtsdauer des Testamentsvollstreckers nicht enthält (§ 2365 A 3; **RG** 83, 352). Kein Recht des Dritten, den Nachweis des Amtes gerade durch das Zeugnis zu verlangen (**RG** 100, 282 und JW 1910, 802⁹), s. aber ZPO § 94 (§ 2365 A 2). — Antragsrecht des Gläubigers auf Erteilung des Zeugnisses ZPO §§ 792, 896, Recht auf Akteneinsicht und Ausfertigung FGG §§ 78, 85, GBO § 36 Abs 2. Recht des Testamentsvollstreckers, die Erteilung des Erbscheins zu beantragen, § 2353 A 3. — Kein Zeugnis des Nachlaßgerichts darüber, daß eine Testamentsvollstreckung, z. B. durch Ablehnung des ernannten Vollstreckers, fortgefallen ist (RJA 16, 53).

§ 2369

Gehören zu einer Erbschaft, für die es an einem zur Erteilung des Erbscheins zuständigen deutschen Nachlaßgerichte fehlt, Gegenstände, die sich im Inlande befinden, so kann die Erteilung eines Erbscheins für diese Gegenstände verlangt werden[1]).

Ein Gegenstand, für den von einer deutschen Behörde ein zur Eintragung des Berechtigten bestimmtes Buch oder Register geführt wird, gilt als im Inlande befindlich[2]). Ein Anspruch gilt als im Inlande befindlich, wenn für die Klage ein deutsches Gericht zuständig ist[3]).

E I 2079 II 2234; M 5 574, 575; P 5 691—696; 6 21.

1. **Gegenständlich beschränkter Erbschein.** Ein solcher kann unter der Voraussetzung verlangt werden, daß nach materiellem Rechte die Erteilung eines ordentlichen Erbscheins durch die inländischen Gerichte ausgeschlossen ist. Die Voraussetzung trifft zu, wenn der Erblasser ein Ausländer war und gemäß einem Staatsvertrag oder EG Artt 25, 27 nach ausländischem Rechte beerbt wird. Darauf, ob er zur Zeit seines Todes seinen Wohnsitz oder seinen Aufenthalt im Inland oder im Auslande hatte, kommt es nur insofern an, als sich die örtliche Zuständigkeit des Gerichts, das den beschränkten Erbschein zu erteilen hat, im ersten Falle nach § 73 Abs 1, im zweiten Falle nach § 73 Abs 3 FGG bestimmt (KGJ 36 A 102; RJA 11, 182; 13, 216; 17, 53; a. M. 2. Aufl. und BayObLG RJA 13, 19). Auch beim beschränkten Erbschein für im Inlande befindliche Nachlaßgegenstände (Sachen oder Rechte § 90) handelt es sich um Bezeugung eines Erbrechts, d. h. einer Gesamtnachfolge, für deren Voraussetzungen das betreffende ausländische Recht maßgebend ist (KGJ 36 A 109; RJA. 17, 53). Hinsichtlich der formellen Voraussetzungen für die Erteilung des Erbscheins aber gilt das deutsche Recht (§§ 2353ff.). Ob das für die Beerbung maßgebende ausländische Recht die Einrichtung des Erbscheins kennt, ist unerheblich (RJA 12, 210). Zum Inhalt des beschränkten Erbscheins gehört die Angabe der inländischen Vermögensstücke, auf die er sich bezieht. Daß solche Gegenstände tatsächlich zum Nachlaß gehören, ist bei der Antragstellung darzulegen. Die allgemeine Angabe, daß der Erbschein für den „im Inland befindlichen Nachlaß" beantragt oder erteilt werde, erscheint (mit Planck A 6) ungenügend. Die rechtliche Zugehörigkeit der näher zu bezeichnenden Gegenstände zum Nachlaß und das Verfügungsrecht des Erben über sie werden im Erbschein nicht bezeugt, sie brauchen deshalb vom Antragsteller auch nicht nachgewiesen zu werden. Die Wirkungen des Erbscheins sind, wiewohl nur in Ansehung der bezeichneten Gegenstände, die gleichen wie beim gewöhnlichen Erbschein. Als Inland kann auch ein Konsularbezirk oder ein Schutzgebiet in Betracht kommen (KonsGG v. 7. 4. 00 § 26; SchutzgebG v. 10. 9 00 § 3).

2. **Behördlich gebuchte Gegenstände,** so insbesondere im Grundbuch, Schiffsregister, Reichs- und Staatsschuldbuch, Patentrolle, Musterregister, Handelsregister.

3. Vermögensrechtliche **Ansprüche,** für deren Verfolgung nach §§ 12ff., nicht bloß § 23 ZPO ein deutsches Gericht zuständig ist. — Die Ausnahmevorschrift gestattet nicht, den gegenständlich beschränkten Erbschein auch ohne die besonderen Voraussetzungen des § 2369 zu erteilen (§ 2353 A 4), wohl aber ist sie für das Testamentsvollstreckerzeugnis (§ 2368) entsprechend anwendbar.

§ 2370

Hat eine für tot erklärte Person den Zeitpunkt überlebt, der als Zeitpunkt ihres Todes gilt, oder ist sie vor diesem Zeitpunkte gestorben, so gilt derjenige, welcher auf Grund der Todeserklärung Erbe sein würde, in Ansehung der in den §§ 2366, 2367 bezeichneten Rechtsgeschäfte zugunsten des Dritten auch ohne Erteilung eines Erbscheins als Erbe[1]), es sei denn, daß der Dritte die Unrichtigkeit der Todeserklärung kennt[2]) oder weiß, daß die Todeserklärung infolge einer Anfechtungsklage aufgehoben worden ist[3]).

Ist ein Erbschein erteilt worden, so stehen dem für tot Erklärten, wenn er noch lebt, die im § 2362 bestimmten Rechte zu[4]). Die gleichen Rechte hat eine Person, deren Tod ohne Todeserklärung mit Unrecht angenommen worden ist[5]).

E I 2089, 2090 II 2335; M 5 597—600; P 5 725, 726.

1. Ist jemand **auf Grund einer Todeserklärung** (§ 18) **vermeintlicher Erbe** des für tot Erklärten geworden, so bleiben auch ohne Erteilung eines Erbscheins die von ihm oder ihm gegenüber vorgenommenen Rechtsgeschäfte der in den §§ 2366, 2367 bezeichneten Art zugunsten des gutgläubigen Dritten wirksam. Und zwar sowohl gegenüber dem irrig für tot Erklärten, in dessen Vermögen zur Zeit der Vornahme des Rechtsgeschäfts überhaupt keine Erbfolge eröffnet war, als auch gegenüber demjenigen, welcher nach dem ermittelten wirklichen — früheren oder späteren — Zeitpunkte des Todes des Erblassers in Wahrheit schon zur Zeit der Vornahme des Rechtsgeschäfts sein gesetzlicher oder gewillkürter Erbe geworden war. Die Schutzwirkung tritt nur ein, wenn der als Erbe Aufgetretene unter der Voraussetzung der Richtigkeit des in der Todeserklärung angenommenen Todestags auch wirklich Erbe des für tot Erklärten geworden wäre. Eine Vermutung, daß dem so sei, würde nur durch wirklich erteilten Erbschein begründet (§ 2365).

2. **Kenntnis** erfordert, wie im Falle des § 2366 A 7, positives Wissen **von der Unrichtigkeit der Todeserklärung**, also davon, daß der für tot Erklärte noch gelebt hat oder zu welchem anderen Zeitpunkt er gestorben ist.

3. Aufhebung der Todeserklärung infolge der **Anfechtungsklage** mit Rechtskraft des darauf ergehenden Urteils ZPO § 976 Abs 3. Kenntnis davon, daß die Klage erhoben worden, ist unschädlich.

4. Dem **fälschlich für tot Erklärten** steht gegen den Erbschaftsbesitzer nach §§ 2031, 2027 der Anspruch auf Herausgabe seines Vermögens und Auskunftserteilung zu. Die Pflicht zur Auskunft und zur Herausgabe des Erbscheins liegt nach § 2362 auch dem Besitzer des unrichtigen Erbscheins ob. Nicht minder ist das vermeintliche Nachlaßgericht, das den unrichtigen Erbschein erteilt hat, nach § 2361 zur Einziehung verpflichtet.

5. Entsprechend § 2031 Abs 2.

Neunter Abschnitt

Erbschaftskauf

Der Erbschaftskauf, dessen Grundsätze auch für Veräußerungsgeschäfte anderer Art gelten (§ 2385) betrifft nicht das Erbrecht, sondern nur die Erbschaftsgegenstände und deren Surrogate nach dem Bestande zur Zeit des Kaufes (§ 2374). Er begründet deshalb wenigstens auf der Aktivseite der Erbschaft keine Gesamtnachfolge, macht aber den Käufer neben dem gleichfalls forthaftenden Verkäufer in jedem Falle für die Nachlaßverbindlichkeiten haftbar (§§ 2382 bis 2384). Im allgemeinen gelten die Kaufsgrundsätze, sie sind aber mit Rücksicht auf die erbrechtliche Natur des Geschäfts durch eine Anzahl besonderer Vorschriften ergänzt. § 2371 fordert für den Kauf gerichtliche oder notarielle Beurkundung.

§ 2371

[1]) **Ein Vertrag, durch den der Erbe die ihm angefallene Erbschaft verkauft[2]), bedarf der gerichtlichen oder notariellen Beurkundung[3]).**

E II 448; M 2 352—354; P 2 114, 115; 5 444.

1. Der **Erbschaftskauf** ist Kauf im Sinne von §§ 433ff., somit schuldrechtliches Geschäft. Er untersteht den besonderen hierfür erteilten Vorschriften auch dann, wenn er in die

Form des Vergleichs eingekleidet ist (RG JW 1910, 998[3]). Er wirkt nicht dinglich. Ein Miterbe kann aber den von ihm verkauften Nachlaßanteil, mag er seinen ganzen Erbteil oder nur einen Bruchteil davon darstellen, gemäß § 2033 Abs 1 auf den Käufer mit dinglicher Wirkung übertragen und es ist Auslegungsfrage, ob der als Verkauf bezeichnete Vertrag zugleich die dingliche Übertragung enthält (RG Warn 1915 Nr 264). Dagegen ist der Alleinerbe nicht in der Lage, die Erbschaft als Ganzes unmittelbar auf den Käufer als Gesamtnachfolger zu übertragen, vielmehr als Verkäufer verpflichtet, die einzelnen zur Erbschaft gehörigen Sachen und Rechte oder, bei Verkauf eines Bruchteils der Erbschaft, Nachlaßgegenstände im Werte des verkauften Bruchteils (RG Warn 1917 Nr 183) nach den für diese Gegenstände geltenden besonderen Vorschriften auf den Käufer als Einzelnachfolger so zu übertragen, daß er sie hat, wie wenn er an Stelle des Verkäufers Erbe geworden wäre.

2. Gegenstand des Kaufes ist die **angefallene Erbschaft** als Vermögensinbegriff oder der Anteil eines Miterben (§ 1922 Abs 2), im ganzen oder nach Bruchteilen, nicht aber das Erbrecht selbst. Ein Erbanspruch auf Bestandteile des Nachlasses ist gesetzlich nicht gegeben und kann deshalb auch nicht Gegenstand des Verkaufs sein (RG 61, 76). Anfall der Erbschaft § 1942. Der Kauf ist nichtig, wenn er über den Nachlaß eines noch lebenden Dritten geschlossen wird und die Ausnahme des § 312 Abs 2 nicht Platz greift. Ist der Erbfall eingetreten, so kann auch die dem Verkäufer noch nicht angefallene Erbschaft, insbesondere die Nacherbschaft bedingungsweise (für den Fall des Anfalls), es kann sogar die einem Dritten angefallene Erbschaft vom Nichterben unter Einhaltung der Form wirksam verkauft werden (§§ 434, 2376).

3. **Gerichtliche oder notarielle Beurkundung** §§ 128, 152, Nichtigkeit wegen Nichtbeobachtung der Form § 125. Der Formzwang erstreckt sich, bei Strafe der Nichtigkeit des Vertrags, auf alle Vertragsabreden, nicht bloß auf das eigentliche Veräußerungsgeschäft. Nur soweit solche Abreden im Vertrage wenigstens einigermaßen Ausdruck gefunden haben, können sie Beachtung finden, sei es auch, daß ihre Auslegung nur unter Hinzunahme anderer, formloser Nebenabreden gelingt (RG JW 1910, 998[3]). Ein Vergleich unter Erbschaftsbewerbern, durch den sie die Erbschaft ohne Rücksicht darauf, wem von ihnen sie ganz oder teilweise angefallen sei, untereinander nach Anteilen verteilen, kommt darauf hinaus, daß die einen sich für den Fall, daß sie Erben sein sollten, zur Veräußerung von Bruchteilen der Erbschaft an die andern für den Fall verpflichten, daß diese (überhaupt oder zu dem betreffenden Teile) nicht Erben sein sollten. Auch ein solcher Vertrag unterliegt deshalb als auf eine Erbschaftsveräußerung gerichtet dem Formzwange (RG 72, 210; JW 05, 721[12]; Warn 1919 Nr 23). Das gleiche gilt, wenn bei einem Streite zwischen Erbschaftsbewerbern über die Gültigkeit eines Testaments der eine dem andern gegenüber die Gültigkeit oder die Nichtigkeit durch Vertrag anerkennt (RG 72, 209; s. aber auch Warn 09 Nr 512). Der Mangel der Form kann nicht (was RG 79, 240 dahingestellt läßt) durch Übertragung des Erbteils gemäß § 2033 Abs 1 geheilt werden; § 313 Satz 2 ist nicht entsprechend anwendbar. Doch liegt in der Übertragung des Erbteils meist formgerechte Wiederholung des Kaufgeschäfts. Genehmigung des Vormundschaftsgerichts erforderlich §§ 1822 Nr 1, 1643. — Die Formvorschrift gilt nicht für Erbschaften, die vor 1. 1. 00 angefallen sind (RG 73, 291).

§ 2372

Die Vorteile, welche sich aus dem Wegfall eines Vermächtnisses oder einer Auflage[1]) oder aus der Ausgleichungspflicht eines Miterben ergeben, gebühren dem Käufer[2]).

E I 488 Abs 3 II 450 Abs 2; M 2 355; P 2 112, 113

1. Ergänzende Vorschrift. **Wegfall von Vermächtnissen und Auflagen** kommt dem Käufer als Gegenstück für die durch § 2382 ihm auferlegte Erfüllung der Nachlaßverbindlichkeiten zugute. § 2376 ergibt dasselbe beim Wegfall der Nacherbschaft.

2. **Ausgleichungspflicht** §§ 2050ff. Die daraus hervorgehende Erhöhung des gesetzlichen Erbteils gebührt dem Käufer, wie ihm der Verkäufer nach § 2376 auch dafür haftet, daß infolge der Ausgleichung keine Minderung des Erbteils eintritt.

§ 2373

Ein Erbteil, der dem Verkäufer nach dem Abschlusse des Kaufes durch Nacherbfolge oder infolge des Wegfalls eines Miterben anfällt, sowie ein dem Verkäufer zugewendetes Vorausvermächtnis ist im Zweifel nicht als mitverkauft anzusehen[1]). Das gleiche gilt von Familienpapieren und Familienbildern[2]).

E I 488 Abs 2 II 450 Abs 1, 3; M 2 354, 355; P 2 112—114.

1. Auslegungsregeln, z. T. abweichend von der Nacherbfolge § 2110. Vorausgesetzt ist Verkauf des **Erbteils** durch einen Miterben, dem durch **Nacherbfolge** oder **Wegfall eines Miterben** (§§ 1935, 2094ff.) ein fernerer Erbteil anfällt. **Vorausvermächtnis** § 2150, das auch im Voraus bestehen kann, § 1932. Doch haftet nach § 2376 der Verkäufer für das Nichtvorhandensein auch eines solchen Vermächtnisses.

2. **Familienpapiere** („Urkunden rechtlicher Art, Personenstandsatteste, Korrespondenzen, Tagebücher, Familiennotizen usw.", Prot 2, 114) **und Familienbilder,** gleichviel ob sie Vermögenswert haben oder nicht (vgl. § 2047 A 3). Die Regel gilt beim Verkaufe sowohl des Erbteils als der ganzen Erbschaft.

§ 2374

Der Verkäufer ist verpflichtet, dem Käufer die zur Zeit des Verkaufs vorhandenen Erbschaftsgegenstände[1]) mit Einschluß dessen herauszugeben, was er vor dem Verkauf auf Grund eines zur Erbschaft gehörenden Rechtes oder als Ersatz für die Zerstörung, Beschädigung oder Entziehung eines Erbschaftsgegenstandes oder durch ein Rechtsgeschäft erlangt hat, das sich auf die Erbschaft bezog[2]).

E I 489, 490, 491 Abs 1 II 451 Abs 1; M 2 356—358; P 2 115—121, 126; 6 182.

1. Gegenstand der **Herausgabepflicht** ist nicht wie im Falle der §§ 2018 A 4, 2130 die Erbschaft als Ganzes, sondern die einzelnen **Erbschaftsgegenstände,** Sachen oder Rechte (§ 90). Nach der Natur dieser Gegenstände bestimmt sich gemäß § 433 Abs 1 die Pflicht zur Übergabe, Auflassung und Übertragung. Maßgebend ist jedoch nicht die Zeit des Erbfalls, sondern die **Zeit des Verkaufs.** Zur Verschaffung bereits vorher veräußerter, wenn auch bei Dritten noch vorhandener Gegenstände ist der Verkäufer überhaupt nicht, zur Ersatzleistung nur im Rahmen des § 2375 verpflichtet. Anderseits gehören zur Erbschaft und sind deshalb mit herauszugeben auch nach dem Erbfall vom Erben als solchem erworbene Rechte, wie z. B. Ansprüche gegen den Testamentsvollstrecker, Nachlaßpfleger, gegen Miterben (Ausgleichungspflicht), aus der Geschäftsführung (§ 1959). Ferner der Erbschaftsanspruch (§§ 2018ff.), der Anspruch gegen den Vorerben (§ 2130) und die nach § 857 erlangten Besitzrechte. Sonstige Verpflichtungen des Verkäufers ergeben sich aus allgemeinen Kaufs- und Vertragsgrundsätzen, so insbesondere aus § 260 die Pflicht zur Vorlegung eines Verzeichnisses und nach Befinden zur Leistung des Offenbarungseides. Der vom Scheinerben kaufende Erwerber ist nach § 2030 dem Erbschaftsanspruch des wahren Erben ausgesetzt. Auch eine Genehmigung durch letzteren macht den Verkauf nicht wirksam nach § 185, da es sich hierbei (abgesehen von der Veräußerung eines Erbteils nach § 2033) nicht um eine Verfügung handelt. Im übrigen ist der Käufer für den unter dem Titel des Erbschaftskaufs vom Nichterben abgeleiteten Erwerb nicht durch §§ 932ff., sondern nur im Falle der Erteilung des Erbscheins nach §§ 2366, 2367 oder durch den öffentlichen Glauben des Grundbuchs geschützt.

2. Vorausgesetzt, daß sie zur Zeit des Verkaufs noch beim Erben vorhanden sind (A 1), sind auch die **Surrogate der Erbschaft** herauszugeben. Es gelten hierfür die gleichen Grundsätze wie für die Erbengemeinschaft (vgl. § 2041). Danach ist nicht in Natur (s. aber § 2375 A 2) herauszugeben, was der Erbe mit Mitteln der Erbschaft, aber für sich erworben hat (§§ 2019 A 2, 2111 A 2). Umgekehrt kann er die Herausgabe nicht durch den Nachweis abwenden, daß er z. B. den Ersatz aus eigenen Mitteln beschafft habe. Die Nutzungen verbleiben dem Verkäufer (§ 2379). Handelt es sich um den durch Verfügung nach § 2033 vollzogenen Verkauf eines Erbteils, so erlangt der Käufer, indem er die Rechtsstellung des Miterben erwirbt, vermöge der dinglichen Wirkung der Surrogation gemäß § 2041 dadurch unmittelbar die Verfügung auch über die Surrogate der Erbschaft. Soweit die Auseinandersetzung bereits durchgeführt und damit die Erbengemeinschaft aufgehoben ist (§ 2047 A 1), bestimmt sich auch hier die Herausgabepflicht nach § 2374.

§ 2375

Hat der Verkäufer vor dem Verkauf[1]) einen Erbschaftsgegenstand verbraucht, unentgeltlich veräußert oder unentgeltlich belastet[2]), so ist er verpflichtet, dem Käufer den Wert des verbrauchten oder veräußerten Gegenstandes, im Falle der Belastung die Wertminderung zu ersetzen[3]). Die Ersatzpflicht tritt nicht ein, wenn der Käufer den Verbrauch oder die unentgeltliche Verfügung bei dem Abschlusse des Kaufes kennt[4]).

Im übrigen kann der Käufer wegen Verschlechterung, Unterganges oder

einer aus einem anderen Grunde eingetretenen Unmöglichkeit der Herausgabe eines Erbschaftsgegenstandes nicht Ersatz verlangen[5]).

E I 491 II 451 Abs 2; M 2 357, 358; P 2 115—120, 126.

1. In der Zeit vom Anfall **bis zum Verkauf der Erbschaft** ist der Erbe in der Verfügung über die Erbschaft unbeschränkt (Abs 2). Gleichwohl gewährt Abs 1, wenn es nachmals zum Verkaufe kommt, dem Käufer auch für früher vorgenommene unentgeltliche Verminderungen im Wege ergänzender Bestimmung einen Ausgleich. Der Verkäufer des Erbteils haftet hierfür zu dem entsprechenden Teile.

2. Zu den **verbrauchten** Sachen (§ 92) gehört ausgegebenes Erbschaftsgeld, auch wenn es z. B. erst durch Verkauf von Nachlaßgegenständen an deren Stelle getreten wäre, soweit damit nicht Surrogate für den Nachlaß erlangt sind (§ 2374 A 2). Verbrauch durch Verbindung, Vermischung, Verarbeitung §§ 946ff. Verbraucht ist auch eine Nachlaßforderung, deren Aufrechnung mit seiner eigenen Schuld an den Nachlaßschuldner der Erbe vornimmt oder geschehen läßt. **Unentgeltliche Veräußerungen** sind nicht bloß Schenkungen, vgl. § 2113 A 3. **Unentgeltliche Belastung** liegt auch dann vor, wenn der Erbe für eine eigene Schuld Hypothek oder Pfandrecht an einem Erbschaftsgegenstande bestellt, da ein hierfür empfangener Gegenwert jedenfalls nicht Surrogat des Nachlasses wird.

3. Für den **Wertersatz,** dessen Höhe der Käufer zu beweisen hat, ist der Zeitpunkt des Verbrauchs usw. maßgebend. Es ist kein Grund erfindlich, warum Wertsveränderungen bis zum Kaufschluß je nachdem zum Vorteil, namentlich aber auch zum Nachteil des Verkäufers gehen sollten. Er kann der minder weit gehenden Ersatzforderung auch durch das Mehr, Wiederherstellung des vorigen Standes begegnen. Keine Ersatzpflicht im Falle des § 2385 Abs 2.

4. Für die **Kenntnis des Käufers** ist der Verkäufer beweispflichtig. Kennenmüssen (§ 122 Abs 2) genügt nicht.

5. Vom Verkaufsabschlusse ab haftet der Verkäufer nach allgemeinen Grundsätzen.

§ 2376

Die Verpflichtung des Verkäufers zur Gewährleistung wegen eines Mangels im Rechte[1]) beschränkt sich auf die Haftung dafür, daß ihm das Erbrecht zusteht[2]), daß es nicht durch das Recht eines Nacherben oder durch die Ernennung eines Testamentsvollstreckers beschränkt ist[3]), daß nicht Vermächtnisse, Auflagen, Pflichtteilslasten, Ausgleichungspflichten oder Teilungsanordnungen bestehen[4]) und daß nicht unbeschränkte Haftung gegenüber den Nachlaßgläubigern oder einzelnen von ihnen eingetreten ist[5]).

Fehler einer zur Erbschaft gehörenden Sache hat der Verkäufer nicht zu vertreten[6]).

E I 492, 493 II 452; M 2 358, 359; P 2 121, 122; 6 322, 324.

1. **Gewährleistung wegen eines Mangels im Rechte.** Allgemeine Voraussetzung dafür ist, daß der Käufer den Mangel bei Abschluß des Kaufes nicht kennt (§ 439 Abs 1). Erlaß der Haftung ist nichtig, wenn der Mangel arglistig verschwiegen ist (§ 443). Da die Erbschaft als Inbegriff den Gegenstand des Kaufes bildet, so haftet der Verkäufer nicht für Rechtsmängel der einzelnen zur Erbschaft gehörigen Gegenstände nach §§ 434—439, wenn er diese Haftung nicht vertragsmäßig übernommen hat. Ob dies durch einen Verkauf nach einem Verzeichnis geschehen sei, ist Tatfrage. Er haftet insbesondere auch nicht für ihre Zugehörigkeit zur Erbschaft, sondern nur dafür, daß sie, falls sie zum Vermögen des Erblassers gehörten, durch Erbfolge auf ihn übergegangen sind oder daß er in Erbeneigenschaft daran Rechte erlangt hat. Für den Mangel ist der Käufer beweispflichtig (§ 442). Die Haftung verpflichtet den Verkäufer, wenn er nicht Erbe ist, dem Käufer vom wahren Erben die Erbschaft oder den veräußerten Erbteil (§ 2033) zu verschaffen, die vorhandenen Beschränkungen oder Beschwerungen zu beseitigen. Die Rechte des Käufers bestimmen sich gemäß § 440 Abs 1 nach §§ 320—327. Sein Schadensersatzanspruch ist bezüglich einzelner beweglicher Sachen oder Rechte an solchen Sachen von den Voraussetzungen der §§ 440 Abs 2—4, 441 abhängig. Ist ein Erbteil verkauft, so haftet der Verkäufer nur nach Verhältnis dieses Erbteils. Keine Haftung des Schenkers § 2385 A 4.

2. Haftung **für das Bestehen des Erbrechts,** im Falle des § 2033 des Miterbrechts, beim Verkauf einer Nacherbschaft vor Eintritt der Nacherbfolge für die Berufung zum Nacherben (§ 2371 A 2).

3. Beschränkungen durch das Recht eines **Nacherben** §§ 2112ff., durch Ernennung eines

Testamentsvollstreckers §§ 2203ff. Dagegen keine Haftung dafür, daß nicht Nachlaßverwaltung angeordnet oder Nachlaßkonkurs eröffnet ist, es sei denn, daß arglistiges Verschweigen vorliegt.

4. **Vermächtnisse** einschließlich der gesetzlichen Vermächtnisse des Voraus § 1932, des Dreißigsten § 1969, nicht aber des Unterhaltsanspruchs aus § 1963 (A 5 das.), **Auflagen, Pflichtteilslasten** gehören nicht zu den nach § 2378 (vgl. aber § 2382 A 2) vom Käufer zu erfüllenden Nachlaßverbindlichkeiten. **Ausgleichungspflichten** § 2372 A 2. **Teilungsanordnungen** § 2048.

5. Unbeschränkte Haftung § 2383 A 1, 2.

6. **Keine Haftung für Sachmängel** nach §§ 459ff. Nach dem Kaufsabschlusse haftet der Verkäufer für jedes Verschulden.

§ 2377

Die infolge des Erbfalls durch Vereinigung von Recht und Verbindlichkeit oder von Recht und Belastung erloschenen Rechtsverhältnisse gelten im Verhältnisse zwischen dem Käufer und dem Verkäufer als nicht erloschen[1]). Erforderlichenfalles ist ein solches Rechtsverhältnis wiederherzustellen[2]).

E I 499 II 453; M 2 365; P 2 129.

1. Die **Vereinigung von Recht und Verbindlichkeit** ist in Wahrheit eingetreten und äußert auch nach dem Verkaufe gegen Dritte (hierdurch befreite Bürgen, erloschene Pfandrechte) volle Wirkung. Sie „gilt" nur im Verhältnis der Kaufskontrahenten nicht als eingetreten (so auch § 1991 A 2), so daß der verkaufende Erbe je nachdem wieder als Nachlaßgläubiger gegen den Käufer auftreten kann (§ 2378), sich aber von ihm auch als Nachlaßschuldner behandeln lassen muß. Im Falle des Verkaufs eines Erbteils (§ 2033) kommt es nach § 2032 (A 2) überhaupt nicht zur Konfusion oder Konsolidation. Daß sich der Erwerber des Erbteils eine Schuld des verkaufenden Miterben an den Nachlaß bei der Auseinandersetzung mit den übrigen Miterben auf den gekauften Erbteil anrechnen lassen muß, folgt aus § 2042 Abs 2 mit §§ 756, 755 Abs 2 (**RG** 78, 273; § 2042 A 3).

2. **Wiederherstellung** insbesondere erloschener Nebenrechte, wie Bürgschaft, Pfand, Hypothek.

§ 2378

Der Käufer ist dem Verkäufer gegenüber[1]) verpflichtet, die Nachlaßverbindlichkeiten zu erfüllen, soweit nicht der Verkäufer nach § 2376 dafür haftet, daß sie nicht bestehen[2]).

Hat der Verkäufer vor dem Verkauf eine Nachlaßverbindlichkeit erfüllt, so kann er von dem Käufer Ersatz verlangen[3]).

E I 495 II 454; M 2 360, 361; P 2 122—124.

1. **Haftung gegenüber dem Verkäufer.** Gegenüber den Nachlaßgläubigern §§ 2382, 2383.

2. Die Verpflichtung, die **Nachlaßverbindlichkeiten zu erfüllen,** auch soweit sie erst nach dem Erbfall entstanden sind (§ 1967), wirkt, wenn sie nicht besonders vereinbart wird, nicht als förmliche Schuldübernahme nach §§ 414ff., da auch der Verkäufer nach wie vor Schuldner bleibt (§ 2382 A 1). Auch § 416 ist deshalb nicht ohne weiteres anwendbar. Doch ist entsprechend § 415 Abs 3 der Käufer zur rechtzeitigen Befriedigung der Nachlaßgläubiger ev. zum Schadensersatz an den Verkäufer verpflichtet. Jedoch nur im Rahmen der beschränkten Haftung, wenn er nicht die unbeschränkte Haftung des Verkäufers gekannt hat (§ 2376 A 1, 5). Von der Zug um Zug zu bewirkenden Befreiung von der Haftung für die Nachlaßverbindlichkeiten kann der Verkäufer seine Leistungen an den Käufer nicht abhängig machen; auch dem Wiederverkäufer einer Erbschaft (§ 2385 A 1) steht ein solches Recht gegenüber dem Wiederkäufer nicht zu (**RG** 101, 185). Vermächtnisse, Auflagen und Pflichtteilslasten bleiben im Verhältnis der Kaufskontrahenten auf dem Verkäufer liegen, es sei denn, daß Käufer ihr Vorhandensein gekannt hat (§ 2376). Insoweit der Verkäufer dafür einzustehen hat, kann er auch nicht nach Abs 2 Ersatz verlangen. Die Ausgleichungspflicht ist überhaupt nicht Nachlaßverbindlichkeit.

3. Der **Ersatzanspruch des Verkäufers** folgt aus der Fiktion, daß schon mit dem Erbfall eine Gesamtnachfolge des Käufers in die Nachlaßverbindlichkeiten stattgefunden habe. Der Erfüllung steht gleich Leistung an Erfüllungs Statt (§ 364), Hinterlegung (§ 378) und Aufrechnung einer Privatforderung des verkaufenden Erben gegen den Nachlaßgläubiger (§ 389). — Beim Verkauf eines Erbteils geht im Umfange des § 2376 auf den Käufer die gesamtschuldnerische Haftung aus §§ 2058ff. über. Befreiung hiervon bei Ausübung des

Vorkaufsrechts § 2036 A 1. — Sonstige Verpflichtungen des Käufers, wie Zahlung des Kaufpreises, Abnahmepflicht (§ 433 Abs 2), Kosten (§§ 448, 449), Zinspflicht (§ 452) ergeben sich aus den allgemeinen Kaufsvorschriften.

§ 2379

Dem Verkäufer verbleiben die auf die Zeit vor dem Verkaufe fallenden Nutzungen[1]). Er trägt für diese Zeit die Lasten, mit Einschluß der Zinsen der Nachlaßverbindlichkeiten[2]). Den Käufer treffen jedoch die von der Erbschaft zu entrichtenden Abgaben sowie die außerordentlichen Lasten, welche als auf den Stammwert der Erbschaftsgegenstände gelegt anzusehen sind[3]).

E I 495 II 455; M 2 360, 361; P 2 120—123.

1. Daß die **Nutzungen** (§§ 99—101) **dem Verkäufer verbleiben,** enthält eine Minderung der durch §§ 2374, 2375 ihm auferlegten Herausgabe- und Ersatzpflicht.

2. **Lasten** (§ 103) **und Zinsen** bleiben auf dem Verkäufer, obwohl sie als Nachlaßverbindlichkeiten gemäß § 2378 vom Käufer zu tragen wären.

3. **Abgaben** (insbesondere Erbschaftssteuer) und **außerordentliche Lasten** § 2126 A 1. Die Vorschrift enthält keine Auslegungsregel, sondern nachgiebiges Recht (**RG** JW 1910, 998[3]). — Beim Verkauf eines Erbteils gehen Nutzungen und Lasten in dem als Ergebnis der Auseinandersetzung ermittelten Überschuß unter (§ 2047 A 1). Für Anwendung des § 2379 bleibt deshalb regelmäßig kein Raum. Doch bleiben vor Kaufschluß bereits verteilte Reinerträge (§ 2038 A 6) dem Verkäufer.

§ 2380

Der Käufer trägt von dem Abschlusse des Kaufes an die Gefahr des zufälligen Unterganges und einer zufälligen Verschlechterung der Erbschaftsgegenstände. Von diesem Zeitpunkt an gebühren ihm die Nutzungen und trägt er die Lasten[1]).

E I 494, 495 Satz 1 II 456; M 2 359, 360; P 2 122, 123.

1. Von § 446 Abs 1 nur insoweit abweichend, als nicht der Zeitpunkt der Übergabe, sondern derjenige des Kaufsabschlusses maßgebend ist.

§ 2381

Der Käufer hat dem Verkäufer die notwendigen Verwendungen zu ersetzen, die der Verkäufer vor dem Verkauf auf die Erbschaft gemacht hat[1]).

Für andere vor dem Verkaufe gemachte Aufwendungen hat der Käufer insoweit Ersatz zu leisten, als durch sie der Wert der Erbschaft zur Zeit des Verkaufs erhöht ist[2]).

E I 496 II 457; M 2 361, 362; P 2 124—126; 6 182.

1. Ergänzende Vorschrift. **Notwendige Verwendungen** (§ 994 A 1/2). Hierzu gehören auch die gewöhnlichen Erhaltungskosten. Auch diese sind dem Verkäufer, obwohl ihm die Nutzungen verbleiben (§ 2379), zu ersetzen, da die Bestimmung des § 994 Abs 1 Satz 2 auf den Erbschaftskauf nicht übertragbar ist. Für die Notwendigkeit ist der Zeitpunkt der Verwendung maßgebend. Der Anspruch besteht auch, wenn die Sache zur Zeit des Kaufsabschlusses untergegangen oder verschlechtert ist. Die gewöhnlichen Lasten (vgl. § 995 A 1) bleiben nach § 2379 A 2 auf dem Verkäufer liegen.

2. Ersatzanspruch wegen anderer, d. h. **nützlicher Verwendungen** übereinstimmend mit § 996 nur im Falle einer noch zur Zeit des Verkaufs vorhandenen Werterhöhung. Nach diesem Zeitpunkt gemachte Verwendungen kann der Verkäufer nach Maßgabe des § 450 ersetzt verlangen. Verwendungen auf die Erbschaft durch Erfüllung von Nachlaßverbindlichkeiten (§ 2022 Abs 2) begründen den Ersatzanspruch des Verkäufers nach § 2378 Abs 2. Aufwendungen zur Gewinnung von Nutzungen trägt der Verkäufer als Nutzungsberechtigter (§ 2379 A 1). — Beim Verkauf eines Erbteils kommen Ersatzansprüche des verkaufenden Miterben gegen die übrigen Erben in Frage. Sie können vom Verkäufer gleich einem gewöhnlichen Nachlaßgläubiger gegen die Erbengemeinschaft, darunter auch den Erbteilskäufer,

verfolgt werden (§ 2046 A 1). Da solche Ersatzansprüche nicht zum Erbteil gehören, haben sie ohne besondere Abrede nicht als mitverkauft zu gelten. Ist der Erbteil erst nach der Auseinandersetzung verkauft, so gilt die Regel des Abs 2.

§ 2382

Der Käufer haftet von dem Abschlusse des Kaufes an den Nachlaßgläubigern, unbeschadet der Fortdauer der Haftung des Verkäufers[1]). Dies gilt auch von den Verbindlichkeiten, zu deren Erfüllung der Käufer dem Verkäufer gegenüber nach den §§ 2378, 2379 nicht verpflichtet ist[2]).

Die Haftung des Käufers den Gläubigern gegenüber kann nicht durch Vereinbarung zwischen dem Käufer und dem Verkäufer ausgeschlossen oder beschränkt werden[3]).

E I 497 II 458; M 2 362, 363; P 2 126, 127.

1. Der **Käufer** wird nicht Gesamtnachfolger des Erblassers (§ 2371 A 1), **haftet** aber vom Kaufabschluß an, wie beim Kauf eines Vermögens (§ 419), **für alle Nachlaßverbindlichkeiten** neben dem verkaufenden Erben als Gesamtschuldner (§§ 421ff.), soweit dieser nicht durch förmliche Schuldübernahme gemäß §§ 414ff. hiervon befreit ist (KGJ 52, 60: Haftung für die dem Nachlaßpfleger festgesetzte Vergütung). Für den Kreis der Nachlaßgläubiger kommt keine andere Begrenzung in Frage, als sie für das Erbrecht überhaupt im Anschluß an § 1967 in Rechtsprechung und Rechtslehre erörtert ist; dies gilt auch für Verbindlichkeiten aus einem vom Erben als solchem vorgenommenen Rechtsgeschäft (RG 112, 129; § 1967 A 3). Der Käufer haftet nicht, wenn der Verkäufer gar nicht Erbe war. Beschränkung der Haftung § 2383.

2. Der Käufer haftet im Außenverhältnis unbeschränkbar (Abs 2) auch für Vermächtnisse, Auflagen, Pflichtteilslasten (§§ 2378, 2376), sowie für die gewöhnlichen Lasten und die Zinsen der Nachlaßverbindlichkeiten (§ 2379).

3. **Unwirksamkeit abweichender Vereinbarung** gegenüber den Nachlaßgläubigern (entsprechend § 419 Abs 3). — Bei Verkauf und Übertragung eines Erbteils (§ 2371 A 1) tritt der Käufer in die Gesamthaftung der Miterben gemäß §§ 2058—2063 ein (RG 60, 131). Erlöschen dieser Haftung infolge Ausübung des Vorkaufsrechts § 2036 A 1.

§ 2383

Für die Haftung des Käufers gelten die Vorschriften über die Beschränkung der Haftung des Erben[1]). Er haftet unbeschränkt, soweit der Verkäufer zur Zeit des Verkaufs unbeschränkt haftet[2]). Beschränkt sich die Haftung des Käufers auf die Erbschaft, so gelten seine Ansprüche aus dem Kaufe als zur Erbschaft gehörend[3]).

Die Errichtung des Inventars durch den Verkäufer oder den Käufer kommt auch dem anderen Teile zustatten, es sei denn, daß dieser unbeschränkt haftet[4]).

E I 498 II 459; M 2 363—365; P 2 127—129.

1. **Haftung des Käufers** neben dem Verkäufer als Gesamtschuldner (§ 2382 A 1). Beide sind selbständig, jeder für sich und grundsätzlich ohne Wirkung für oder gegen den anderen befähigt, das **Recht der beschränkten Haftung** geltend zu machen oder dieses Rechtes verlustig zu gehen (Bem vor § 1967). a) Aufgebot der Nachlaßgläubiger §§ 1970—1973: Beide sind antragsberechtigt, das vor oder nach Kaufschluß erwirkte Ausschlußurteil kommt auch dem anderen Teil zugute (ZPO § 1000). Für das Verweigerungsrecht (§ 1973 Abs 1) auch des Verkäufers ist der jeweilige Umfang des nunmehr in der Hand des Käufers befindlichen Nachlasses maßgebend. Die Bereicherung (§ 1973 A 5) kann auf seiten des Verkäufers nur im Kaufpreis, in gezogenen Nutzungen (§ 2379), Verwendungsansprüchen, soweit sie nicht zum Ausgleich der Verwendungen dienen (§ 2381) und im Verbrauch ohne Ersatzpflicht bestehen (§ 2375 A 3). Auf seiten des Käufers mindert der gezahlte oder geschuldete Kaufspreis den Betrag seiner Bereicherung. b) Ablauf der Fünfjahrsfrist § 1974: Rechtzeitige Geltendmachung der Forderung gegenüber dem Verkäufer wirkt, wenn sie vor Kaufabschluß erfolgt, auch gegen den Käufer. Nach Kaufabschluß wirkt sie nur gegen den, demgegenüber sie vorgenommen ist. c) Nachlaßkonkurs §§ 1975ff. Nach Kaufschluß kann formell („in Ansehung des Verfahrens") nur der Käufer, niemals der Verkäufer Gemeinschuldner werden, nur unter besonderen Voraussetzungen ist auch der Verkäufer antragsberechtigt (KO § 232

Abs 1, 2). Der Konkurs ergreift jedoch den gesamten Nachlaß (s. auch A 3), somit auch die noch in der Hand des Verkäufers befindlichen Nachlaßgegenstände (KO §§ 1, 118), und auch die vom oder gegen den Verkäufer vorgenommenen Rechtshandlungen sind nach KO §§ 7, 8 unwirksam. Auch ihm gegenüber dauern die Wirkungen der §§ 1976, 1977 fort (Konfusion, Aufrechnung), ebenso seine Verantwortung gegenüber den Nachlaßgläubigern aus §§ 1978—1980 neben derjenigen des Käufers, die mit Kaufschluß beginnt. Unter Umständen kann schon die Tatsache des Verkaufs die Verantwortung des Verkäufers aus § 1978, zugleich für Verschleuderungen des Käufers begründen. Während der Dauer des Nachlaßkonkurses sind beide durch ZPO §§ 784, 785 gegen Inanspruchnahme ihres eigenen Vermögens geschützt. d) Nachlaßverwaltung §§ 1975ff. Ihre Anordnung zu beantragen steht dem Käufer unbeschränkt zu. Das gleiche Recht muß auch dem Verkäufer, und zwar nicht bloß soweit er Nachlaßgläubiger sein sollte (§ 1981 A 2), sondern auch, wiewohl unter entsprechender Einschränkung gemäß KO § 232 Abs 2, als Mittel zugestanden werden, sich die durch das Verhalten oder die Vermögenslage des Käufers gefährdete beschränkte Haftung für die auch von ihm weiter zu vertretenden Nachlaßverbindlichkeiten zu sichern. Im übrigen gilt das zu c Gesagte. Verkauf der Erbschaft durch den Konkurs- oder Nachlaßverwalter ist nicht Erbschaftskauf im Sinne des § 2371, sondern nach allgemeinen Kaufsgrundsätzen zu beurteilen. e) Unzulänglichkeitseinrede §§ 1990—1992. Sie steht dem Verkäufer wie dem Käufer zu. Doch können sich beide nur durch Herausgabe des eigentlichen Nachlasses (§ 1990 A 4), der Verkäufer also nicht durch Herausgabe des Kaufpreises oder der ihm sonst gegen den Käufer zustehenden Ansprüche befreien. Ebensowenig kann der Käufer den gezahlten Kaufpreis als Aufwendung in Rechnung stellen (§ 1991 A 2). Das Einlösungsrecht steht beiden zu (§ 1992 A 4). f) Inventarerrichtung §§ 1993ff. Die Inventarfrist kann auch nach Kaufschluß sowohl dem Erben wie dem Käufer gesetzt werden. Abgesehen von Abs 2 bestimmen sich Fristenlauf, Versäumnisfolge, Nachteile mangelhafter Errichtung, Eidesverweigerung jedem Teile gegenüber durchaus selbständig. Ebenso wirkt der Mangel des Vorbehalts im Urteile nur gegen den Verurteilten (ZPO § 780). g) Aufschiebende Einreden §§ 2014, 2015, ZPO § 782. Sie stehen beiden Teilen zu, die Frist läuft auch dem Käufer von Annahme der Erbschaft und endet mit der Inventarerrichtung, gleichviel von wem sie ausgeht. Der Antrag des einen auf Erlaß des Aufgebots kommt auch dem anderen zustatten (ZPO § 1000). h) Verkauf eines Erbteils. Ist er gemäß § 2033 vom Verkäufer dem Käufer übertragen, so gelten für beide, als wenn sie Miterben wären, die Grundsätze der §§ 2058—2062. Der beschränkt haftende Verkäufer kann jedoch, da er keinen Anteil mehr am Nachlasse hat, bis zur Teilung jede Befriedigung aus seinem Vermögen verweigern (§ 2059 Abs 1). Nach Ausübung des Vorkaufsrechts wird der Käufer gemäß § 2036 von jeder Haftung frei.

2. **Unbeschränkte Haftung des Verkäufers** zur Zeit des Kaufschlusses läßt **auch den Käufer,** unbeschadet seiner Ersatzansprüche gegen den Verkäufer aus § 2376 A 5, den Gläubigern gegenüber unbeschränkt haftbar werden. Dagegen berührt es den Käufer nicht, wenn die unbeschränkte Haftung des Verkäufers erst nach Kaufschluß eintritt.

3. **Ansprüche des Käufers gegen den Verkäufer** (§§ 2374—2377) begründen an sich Eigenverbindlichkeiten des letzteren, können aber, entsprechend dem § 1978 (A 4) während der Dauer der Nachlaßverwaltung oder des Nachlaßkonkurses nur vom Verwalter gegen den Verkäufer geltend gemacht werden, wenn dieser beschränkt haftet.

4. **Inventar** s. A 1 f. Vorausgesetzt ist ordnungsmäßige Errichtung. Das ungetreue Inventar (§ 2005) macht nicht nur den Errichtenden, sondern, wenn inzwischen die auch ihm gesetzte Inventarfrist verstrichen ist, auch den anderen Teil der beschränkten Haftung verlustig.

§ 2384

Der Verkäufer ist den Nachlaßgläubigern gegenüber verpflichtet, den Verkauf der Erbschaft und den Namen des Käufers unverzüglich dem Nachlaßgericht anzuzeigen. Die Anzeige des Verkäufers wird durch die Anzeige des Käufers ersetzt.

Das Nachlaßgericht hat die Einsicht der Anzeige jedem zu gestatten, der ein rechtliches Interesse glaubhaft macht[1]).

E II 460; P 2 129.

1. **Anzeigepflicht des Verkäufers** entsprechend der des Vorerben bei Eintritt der Nacherbfolge. Vgl. § 2146.

§ 2385

Die Vorschriften über den Erbschaftskauf finden entsprechende Anwendung auf den Kauf einer von dem Verkäufer durch Vertrag erworbenen

Erbschaft[1]) sowie auf andere Verträge, die auf die Veräußerung einer dem Veräußerer angefallenen oder anderweit von ihm erworbenen Erbschaft gerichtet sind[2]).

Im Falle einer Schenkung ist der Schenker nicht verpflichtet, für die vor der Schenkung verbrauchten oder unentgeltlich veräußerten Erbschaftsgegenstände oder für eine vor der Schenkung unentgeltlich vorgenommene Belastung dieser Gegenstände Ersatz zu leisten[3]). Die im § 2376 bestimmte Verpflichtung zur Gewährleistung wegen eines Mangels im Rechte trifft den Schenker nicht; hat der Schenker den Mangel arglistig verschwiegen, so ist er verpflichtet, dem Beschenkten den daraus entstehenden Schaden zu ersetzen[4]).

Urkundlich unter Unserer Höchsteigenhändigen Unterschrift und beigedrucktem Kaiserlichen Insiegel.

Gegeben Neues Palais, den 18. August 1896.

(L. S.) **Wilhelm.**

Fürst zu Hohenlohe.

E I 500 II 461; M 2 365, 366; P 2 129, 130; 6 182, 183

1. Durch **Weiterverkauf der Erbschaft** oder Weiterveräußerung (A 2) entstehen unmittelbare Rechtsbeziehungen nur zwischen dem jeweiligen Verkäufer und Käufer. Der Umfang der Herausgabepflicht einschließlich der Surrogate bestimmt sich nach der Zeit des zweiten und folgenden Verkaufs (§ 2374 A 1), doch haftet der spätere Verkäufer auch für Wertsverminderungen des Nachlasses durch seine Rechtsvorgänger (§ 2375) und neben der Gewährleistung des § 2376 zugleich dafür, daß sein eigenes Recht an der Erbschaft frei von Mängeln ist. Die weiterverkaufte Erbschaft ist durch Vertrag erworben schon mit dem Abschlusse des betreffenden Vertrags, auch wenn er einen gemäß § 2033 noch zu übertragenden Erbteil zum Gegenstand hat. War der erste Vertrag durch Herausgabe der Erbschaftsgegenstände noch nicht erfüllt, so ist der spätere Verkäufer seinem Abkäufer gleichwohl selbst herausgabepflichtig, wenn nicht gewollt ist, daß er sich hiervon durch Abtretung des Herausgabeanspruchs an den vorgehenden Verkäufer befreien dürfe. Den Nachlaßgläubigern werden und bleiben gemäß §§ 2382, 2383 neben dem Erben auch alle späteren Erwerber der Erbschaft gesamtschuldnerisch verhaftet (vgl. auch KO § 233).

2. **Andere Veräußerungsverträge** wie Tausch, Hingabe an Erfüllungs Statt, Schenkung (Abs 2), Vergleich, insbesondere wenn er unter streitenden Erbschaftsbewerbern über Überlassung der Erbschaft an den in Wahrheit nicht Erbberechtigten geschlossen wird, vgl. § 2371 A 3.

3. **Beschränkte Verpflichtung des Schenkers** gegenüber § 2375.

4. **Haftung für Arglist** (RG 55, 214) entsprechend § 523 Abs 1. Auch die Schenkung der Erbschaft erfordert nach § 2371 Beurkundung der beiderseitigen Willenserklärungen. Bloße Beurkundung des Schenkungsversprechens nach § 518 Abs 1 genügt nicht, der Mangel wird auch nicht nach Abs 2 durch Herausgabe der Erbschaftsgegenstände geheilt, da sich hierin die Leistung des Schenkers einer Erbschaft nicht erschöpft. Wohl aber, wenn ein Erbteil verschenkt ist, durch Verfügung gemäß § 2033 Abs 1. Wird die Schenkung nach §§ 812 oder 531, 527, 528 zurückgefordert, so liegt dem Schenker die Verpflichtung ob, den Beschenkten von den auf ihn übergegangenen Verpflichtungen, insbesondere von der Haftung für die Nachlaßverbindlichkeiten wieder zu befreien.

Einführungsgesetz zum Bürgerlichen Gesetzbuche

vom 18. August 1896.

(Reichs-Gesetzblatt 1896 S. 604 ff.)

Wir Wilhelm, von Gottes Gnaden Deutscher Kaiser, König von Preußen usw.

verordnen im Namen des Reichs, nach erfolgter Zustimmung des Bundesrats und des Reichstags, was folgt:

Erster Abschnitt

Allgemeine Vorschriften

Art 1

Das Bürgerliche Gesetzbuch tritt am 1. Januar 1900 gleichzeitig mit einem Gesetze, betreffend Änderungen des Gerichtsverfassungsgesetzes, der Zivilprozeßordnung und der Konkursordnung, einem Gesetz über die Zwangsversteigerung und die Zwangsverwaltung, einer Grundbuchordnung und einem Gesetz über die Angelegenheiten der freiwilligen Gerichtsbarkeit in Kraft.

Art 2

Gesetz im Sinne des Bürgerlichen Gesetzbuchs und dieses Gesetzes ist jede Rechtsnorm.

823 A 14; 903 A 3; 917 A 5.

Art 3

Soweit in dem Bürgerlichen Gesetzbuch oder in diesem Gesetze die Regelung den Landesgesetzen vorbehalten oder bestimmt ist, daß landesgesetzliche Vorschriften unberührt bleiben oder erlassen werden können, bleiben die bestehenden landesgesetzlichen Vorschriften in Kraft und können neue landesgesetzliche Vorschriften erlassen werden.

903 A 2; 917 A 5; 1094 A 3; 1105 A 1.

Art 4

Soweit in Reichsgesetzen oder in Landesgesetzen auf Vorschriften verwiesen ist, welche durch das Bürgerliche Gesetzbuch oder durch dieses Gesetz außer Kraft gesetzt werden, treten an deren Stelle die entsprechenden Vorschriften des Bürgerlichen Gesetzbuchs oder dieses Gesetzes.

195 A 1; 903 A 2; 954 A 2.

Art 5

Als Bundesstaat im Sinne des Bürgerlichen Gesetzbuchs und dieses Gesetzes gilt auch das Reichsland Elsaß-Lothringen.

Art 6

In bürgerlichen Rechtsstreitigkeiten, in welchen durch Klage oder Widerklage ein Anspruch auf Grund des Bürgerlichen Gesetzbuchs geltend gemacht ist, wird die Verhandlung und Entscheidung letzter Instanz im Sinne des § 8 des Einführungsgesetzes zum Gerichtsverfassungsgesetze dem Reichsgerichte zugewiesen.

Art 7

Die Geschäftsfähigkeit einer Person wird nach den Gesetzen des Staates beurteilt, dem die Person angehört.

Erwirbt ein Ausländer, der volljährig ist oder die rechtliche Stellung eines Volljährigen hat, die Reichsangehörigkeit, so behält er die rechtliche Stellung eines Volljährigen, auch wenn er nach den deutschen Gesetzen nicht volljährig ist.

Nimmt ein Ausländer im Inland ein Rechtsgeschäft vor, für das er geschäftsunfähig oder in der Geschäftsfähigkeit beschränkt ist, so gilt er für dieses Rechtsgeschäft insoweit als geschäftsfähig, als er nach den deutschen Gesetzen geschäftsfähig sein würde. Auf familienrechtliche und erbrechtliche Rechtsgeschäfte sowie auf Rechtsgeschäfte, durch die über ein ausländisches Grundstück verfügt wird, findet diese Vorschrift keine Anwendung.

Vorbem 7 vor 1; 2 A 2; Vorbem 11 vor 104; 104 A 7; 106 A 1; 1323 A 2; Vorbem 3, 6 vor 1616; Vorbem vor 2229.

Art 8

Ein Ausländer kann im Inlande nach den deutschen Gesetzen entmündigt werden, wenn er seinen Wohnsitz oder, falls er keinen Wohnsitz hat, seinen Aufenthalt im Inlande hat.

Vorbem 7 vor 1; 6 A 7; 1405 A 12; Vorbem 3 vor 1616.

Art 9

Ein Verschollener kann im Inlande nach den deutschen Gesetzen für tot erklärt werden, wenn er bei dem Beginne der Verschollenheit ein Deutscher war.

Gehörte der Verschollene bei dem Beginne der Verschollenheit einem fremden Staate an, so kann er im Inlande nach den deutschen Gesetzen mit Wirkung für diejenigen Rechtsverhältnisse, welche sich nach den deutschen Gesetzen bestimmen, sowie mit Wirkung für das im Inlande befindliche Vermögen für tot erklärt werden; die Vorschriften des § 2369 Abs 2 des Bürgerlichen Gesetzbuchs finden entsprechende Anwendung.

Hatte ein verschollener ausländischer Ehemann seinen letzten Wohnsitz im Inland und ist die im Inlande zurückgebliebene oder dahin zurückgekehrte Ehefrau Deutsche oder bis zu ihrer Verheiratung mit dem Verschollenen Deutsche gewesen, so kann auf ihren Antrag der Verschollene im Inlande nach den deutschen Gesetzen ohne die im Abs 2 bestimmte Beschränkung für tot erklärt werden.

Vorbem 7 vor 1; 13 A 3; 19 A 1; Vorbem 2 vor 1303; 1348 A 2.

Art 10

Ein einem fremden Staate angehörender und nach dessen Gesetzen rechtsfähiger Verein, der die Rechtsfähigkeit im Inlande nur nach den Vorschriften der §§ 21, 22 des Bürgerlichen Gesetzbuchs erlangen könnte, gilt als rechtsfähig, wenn seine Rechtsfähigkeit durch Beschluß des Bundesrats anerkannt ist. Auf nicht anerkannte ausländische Vereine der bezeichneten Art finden die Vorschriften über die Gesellschaft sowie die Vorschrift des § 54 Satz 2 des Bürgerlichen Gesetzbuchs Anwendung.

Vorbem 4 vor 21; 24 A 1; Vorbem 1 vor 705.

Art 11

Die Form eines Rechtsgeschäfts bestimmt sich nach den Gesetzen, welche für das den Gegenstand des Rechtsgeschäfts bildende Rechtsverhältnis maßgebend sind. Es genügt jedoch die Beobachtung der Gesetze des Ortes, an dem das Rechtsgeschäft vorgenommen wird.

Die Vorschrift des Abs 1 Satz 2 findet keine Anwendung auf ein Rechtsgeschäft, durch das ein Recht an einer Sache begründet oder über ein solches Recht verfügt wird.

Vorbem 11 vor 104; 125 A 7; Vorbem 3 vor 145; 313 A 5; Vorbem 4 vor 535; 765 A 1; 766 A 1; 1324 A 6; 1564 A 7 a. E.; Vorbem 2 vor 1741; Vorbem 1 vor 1922; Vorbem vor 2229; 2229 A 3; 2251 A 2.

Art 12

Aus einer im Auslande begangenen unerlaubten Handlung können gegen einen Deutschen nicht weitergehende Ansprüche geltend gemacht werden, als nach den deutschen Gesetzen begründet sind.

Vorbem 7 vor 1; Vorbem 11 vor 104; 104 A 7; Vorbem 7 vor 823.

Art 13

Die Eingehung der Ehe wird, sofern auch nur einer der Verlobten ein Deutscher ist, in Ansehung eines jeden der Verlobten nach den Gesetzen des Staates beurteilt, dem er angehört. Das gleiche gilt für Ausländer, die im Inland eine Ehe eingehen.

In Ansehung der Ehefrau eines nach Art 9 Abs 3 für tot erklärten Ausländers wird die Eingehung der Ehe nach den deutschen Gesetzen beurteilt.

Die Form einer Ehe, die im Inlande geschlossen wird, bestimmt sich ausschließlich nach den deutschen Gesetzen.

Vorbem 7 vor 1; 104 A 7; 1298 A 10; Vorbem 2 vor 1303; 1317 A 8; 1323 A 2; 1324 A 6; 1348 A 2; Vorbem 3 vor 1591.

Art 14

Die persönlichen Rechtsbeziehungen deutscher Ehegatten zueinander werden nach den deutschen Gesetzen beurteilt, auch wenn die Ehegatten ihren Wohnsitz im Auslande haben.

Die deutschen Gesetze finden auch Anwendung, wenn der Mann die Reichsangehörigkeit verloren, die Frau sie aber behalten hat.

Vorbem 7 vor 1; 104 A 7; 1353 A 5; 1360 A 10; 1361 A 9; 1578 A 11; Vorbem 3 vor 1601; Vorbem 6 vor 1616.

Art 15

Das eheliche Güterrecht wird nach den deutschen Gesetzen beurteilt, wenn der Ehemann zur Zeit der Eheschließung ein Deutscher war.

Erwirbt der Ehemann nach der Eingehung der Ehe die Reichsangehörigkeit oder haben ausländische Ehegatten ihren Wohnsitz im Inlande, so sind für das eheliche Güterrecht die Gesetze des Staates maßgebend, dem der Mann zur Zeit der Eingehung der Ehe angehörte; die Ehegatten können jedoch einen Ehevertrag schließen, auch wenn er nach diesen Gesetzen unzulässig sein würde.

Vorbem 7 vor 1; 104 A 7; 1323 A 2; Vorbem 4 vor 1363; 1432 A 5; 1433 A 1, 3; Vorbem 6 vor 1616.

Art 16

Haben ausländische Ehegatten oder Ehegatten, die nach der Eingehung der Ehe die Reichsangehörigkeit erwerben, den Wohnsitz im Inlande, so finden die Vorschriften des § 1435 des Bürgerlichen Gesetzbuchs entsprechende Anwendung; der ausländische gesetzliche Güterstand steht einem vertragsmäßigen gleich.

Die Vorschriften der §§ 1357, 1362, 1405 des Bürgerlichen Gesetzbuchs finden Anwendung, soweit sie Dritten günstiger sind als die ausländischen Gesetze.

Vorbem 7 vor 1; 104 A 7; 1357 A 9; 1362 A 3; 1405 A 13; 1435 A 10; 1558 A 3.

Art 17

Für die Scheidung der Ehe sind die Gesetze des Staates maßgebend, dem der Ehemann zur Zeit der Erhebung der Klage angehört.

Eine Tatsache, die sich ereignet hat, während der Mann einem anderen Staate angehörte, kann als Scheidungsgrund nur geltend gemacht werden, wenn die Tatsache auch nach den Gesetzen dieses Staates ein Scheidungsgrund oder ein Trennungsgrund ist.

Ist zur Zeit der Erhebung der Klage die Reichsangehörigkeit des Mannes erloschen, die Frau aber Deutsche, so finden die deutschen Gesetze Anwendung.

Auf Scheidung sowie auf Aufhebung der ehelichen Gemeinschaft kann auf Grund eines ausländischen Gesetzes im Inlande nur erkannt werden, wenn sowohl nach dem ausländischen Gesetze als nach den deutschen Gesetzen die Scheidung zulässig sein würde.

Vorbem 7 vor 1; 104 A 7; 1323 A 2; 1564 A 7; 1574 A 17; Vorbem 6 vor 1616.

Art 18

Die eheliche Abstammung eines Kindes wird nach den deutschen Gesetzen beurteilt, wenn der Ehemann der Mutter zur Zeit der Geburt des Kindes Deutscher ist oder, falls er vor der Geburt des Kindes gestorben ist, zuletzt Deutscher war.

Vorbem 7 vor 1; 104 A 7; Vorbem 3 vor 1591; Vorbem 3 vor 1616.

Art 19

Das Rechtsverhältnis zwischen den Eltern und einem ehelichen Kinde wird nach den deutschen Gesetzen beurteilt, wenn der Vater und, falls der Vater gestorben ist, die Mutter die Reichsangehörigkeit besitzt. Das gleiche gilt, wenn die Reichsangehörigkeit des Vaters oder der Mutter erloschen, die Reichsangehörigkeit des Kindes aber bestehengeblieben ist.

Vorbem 7 vor 1; Vorbem 11 vor 104; 104 A 7; Vorbem 3 vor 1601; Vorbem 3, 6 vor 1616.

Art 20

Das Rechtsverhältnis zwischen einem unehelichen Kinde und dessen Mutter wird nach den deutschen Gesetzen beurteilt, wenn die Mutter eine Deutsche ist. Das gleiche gilt, wenn die Reichsangehörigkeit der Mutter erloschen, die Reichsangehörigkeit des Kindes aber bestehengeblieben ist.

Vorbem 7 vor 1; 104 A 7; Vorbem 3 vor 1601; Vorbem 2 vor 1705.

Art 21

Die Unterhaltspflicht des Vaters gegenüber dem unehelichen Kinde und seine Verpflichtung, der Mutter die Kosten der Schwangerschaft, der Entbindung und des Unterhalts zu ersetzen, wird nach den Gesetzen des Staates beurteilt, dem die Mutter zur Zeit der Geburt des Kindes angehört; es können jedoch nicht weitergehende Ansprüche geltend gemacht werden, als nach den deutschen Gesetzen begründet sind.

Vorbem 7 vor 1; 104 A 7; 1323 A 2; Vorbem 2 vor 1705.

Art 22

Die Legitimation eines unehelichen Kindes sowie die Annahme an Kindes Statt bestimmt sich, wenn der Vater zur Zeit der Legitimation oder der Annehmende zur Zeit der Annahme die Reichsangehörigkeit besitzt, nach den deutschen Gesetzen.

Gehört der Vater oder der Annehmende einem fremden Staate an, während das Kind die Reichsangehörigkeit besitzt, so ist die Legitimation oder die Annahme unwirksam, wenn die nach den deutschen Gesetzen erforderliche Einwilligung des Kindes oder eines Dritten, zu dem das Kind in einem familienrechtlichen Verhältnisse steht, nicht erfolgt ist.

Vorbem 7 vor 1; 104 A 7; Vorbem 2 vor 1705; Vorbem 2 vor 1741.

Art 23

Eine Vormundschaft oder eine Pflegschaft kann im Inland auch über einen Ausländer, sofern der Staat, dem er angehört, die Fürsorge nicht übernimmt, angeordnet werden, wenn der Ausländer nach den Gesetzen dieses Staates der Fürsorge bedarf oder im Inland entmündigt ist.

Das deutsche Vormundschaftsgericht kann vorläufige Maßregeln treffen, solange eine Vormundschaft oder Pflegschaft nicht angeordnet ist.

104 A 7; Vorbem 5, 6 vor 1616; Vorbem 6 vor 1773; 1773 A 1; 1785 A 2; 1882 A 1; 1906 A 1.

Art 24

Ein Deutscher wird, auch wenn er seinen Wohnsitz im Auslande hatte, nach den deutschen Gesetzen beerbt.

Hat ein Deutscher zur Zeit seines Todes seinen Wohnsitz im Auslande gehabt, so können die Erben sich in Ansehung der Haftung für die Nachlaßverbindlichkeiten auch auf die an dem Wohnsitze des Erblassers geltenden Gesetze berufen.

Erwirbt ein Ausländer, der eine Verfügung von Todes wegen errichtet oder aufgehoben hat, die Reichsangehörigkeit, so wird die Gültigkeit der Errichtung oder der Aufhebung nach den Gesetzen des Staates beurteilt, dem er zur Zeit der Errichtung oder der Aufhebung angehörte; auch behält er die Fähigkeit zur Errichtung einer Verfügung von Todes wegen, selbst wenn er das nach den deutschen Gesetzen erforderliche Alter noch nicht erreicht hat. Die Vorschrift des Art 11 Abs 1 Satz 2 bleibt unberührt.

Vorbem 7 vor 1; 1 A 3; 104 A 7; 1432 A 5; Vorbem 1 vor 1922; 1944 A 5; Vorbem. 7 vor 1967; 2084 A 3; Vorbem 1 vor 2229; 2354 A 2.

Art 25

Ein Ausländer, der zur Zeit seines Todes seinen Wohnsitz im Inlande hatte, wird nach den Gesetzen des Staates beerbt, dem er zur Zeit seines Todes angehörte. Ein Deutscher kann jedoch erbrechtliche Ansprüche auch dann geltend machen, wenn sie nur nach den deutschen Gesetzen begründet sind, es sei denn, daß nach dem Rechte des Staates, dem der Erblasser angehörte, für die Beerbung eines Deutschen, welcher seinen Wohnsitz in diesem Staate hatte, die deutschen Gesetze ausschließlich maßgebend sind.

Vorbem 7 vor 1; 1 A 3; 104 A 7; 1328 A 2; Vorbem 1 vor 1922; 2369 A 1

Art 26

Gelangt aus einem im Ausland eröffneten Nachlasse für die nach den dortigen Gesetzen berechtigten Erben oder Vermächtnisnehmer durch Vermittelung deutscher Behörden Vermögen ins Inland, so kann ein anderer der Herausgabe nicht aus dem Grunde widersprechen, daß er als Erbe oder Vermächtnisnehmer einen Anspruch auf das Vermögen habe.

104 A 7; Vorbem 1 vor 1922.

Art 27

Sind nach dem Rechte eines fremden Staates, dessen Gesetze in dem Art 7 Abs 1, dem Art 13 Abs 1, dem Art 15 Abs 2, dem Art 17 Abs 1 und dem Art 25 für maßgebend erklärt sind, die deutschen Gesetze anzuwenden, so finden diese Gesetze Anwendung.

Vorbem 7 vor 1; 104 A 7; 106 A 1; Vorbem 2 vor 1303; 1323 A 2; 1564 A 7; Vorbem 6 vor 1616; Vorbem 1 vor 1922; 2369 A 1.

Art 28

Die Vorschriften der Artt 15, 19, des Art 24 Abs 1 und der Artt 25, 27 finden keine Anwendung auf Gegenstände, die sich nicht in dem Gebiete des Staates befinden, dessen Gesetze nach jenen Vorschriften maßgebend sind, und die nach den Gesetzen des Staates, in dessen Gebiete sie sich befinden, besonderen Vorschriften unterliegen.

Vorbem 7 vor 1; 104 A 7; Vorbem 1 vor 1922.

Art 29

Gehört eine Person keinem Staate an, so werden ihre Rechtsverhältnisse, soweit die Gesetze des Staates, dem eine Person angehört, für maßgebend erklärt sind, nach den Gesetzen des Staates beurteilt, dem die Person zuletzt angehört hat, und, wenn sie auch früher einem Staate nicht angehört hat, nach den Gesetzen des Staates, in welchem sie ihren Wohnsitz und in Ermangelung eines Wohnsitzes ihren Aufenthalt hat oder zu der maßgebenden Zeit gehabt hat.

Vorbem 7 vor 1; 7 A 2; 106 A 1; 1564 A 7; Vorbem 3 vor 1591; Vorbem 1 vor 1922; 1936 A 2.

Art 30

Die Anwendung eines ausländischen Gesetzes ist ausgeschlossen, wenn die Anwendung gegen die guten Sitten oder gegen den Zweck eines deutschen Gesetzes verstoßen würde.

Vorbem 7 vor 1; 1 A 1; 104 A 7; 134 A 1; 194 A 3; Vorbem 4 vor 535; 762 A 7; Vorbem 7 vor 823; 1303 A 4; 1323 A 2; 1326 A 6; 1564 A 7; Vorbem 1 vor 1922.

Art 31

Unter Zustimmung des Bundesrats kann durch Anordnung des Reichskanzlers bestimmt werden, daß gegen einen ausländischen Staat sowie dessen Angehörige und ihre Rechtsnachfolger ein Vergeltungsrecht zur Anwendung gebracht wird.

Vorbem 7 vor 1; Vorbem 1 vor 1922.

Zweiter Abschnitt

Verhältnis des Bürgerlichen Gesetzbuchs zu den Reichsgesetzen

Art 32

Die Vorschriften der Reichsgesetze bleiben in Kraft. Sie treten jedoch insoweit außer Kraft, als sich aus dem Bürgerlichen Gesetzbuch oder aus diesem Gesetze die Aufhebung ergibt.

Vorbem 2 vor 793; Vorbem 2 vor 823; 917 A 5; 2237 A 1.

Art 33

Soweit in dem Gerichtsverfassungsgesetze, der Zivilprozeßordnung, der Strafprozeßordnung, der Konkursordnung und in dem Gesetze, betreffend die Anfechtung von Rechtshandlungen eines Schuldners außerhalb des Konkursverfahrens, vom 21. Juli 1879 (Reichs-Gesetzbl. S. 277) an die Verwandtschaft oder die Schwägerschaft rechtliche Folgen geknüpft sind, finden die Vorschriften des Bürgerlichen Gesetzbuchs über Verwandtschaft oder Schwägerschaft Anwendung.

1589 A 1.

Art 34

Das Strafgesetzbuch wird dahin geändert:

I. Im § 34 Nr 6 werden die Worte: „Vormund, Nebenvormund, Kurator, gerichtlicher Beistand oder Mitglied eines Familienrats" ersetzt durch die Worte:

„Vormund, Gegenvormund, Pfleger, Beistand der Mutter, Mitglied eines Familienrats oder Kurator".

II. An die Stelle des § 55 treten folgende Vorschriften:

Wer bei Begehung der Handlung das zwölfte Lebensjahr nicht vollendet hat, kann wegen derselben nicht strafrechtlich verfolgt werden. Gegen denselben können jedoch nach Maßgabe der landesgesetzlichen Vorschriften die zur Besserung und Beaufsichtigung geeigneten Maßregeln getroffen werden. Die Unterbringung in eine Familie, Erziehungsanstalt oder Besserungsanstalt kann nur erfolgen, nachdem durch Beschluß des Vormundschaftsgerichtes die Begehung der Handlung festgestellt und die Unterbringung für zulässig erklärt ist.

III. An die Stelle des § 65 treten folgende Vorschriften:

Der Verletzte, welcher das achtzehnte Lebensjahr vollendet hat, ist selbständig zu dem Antrage auf Bestrafung berechtigt. Solange er minderjährig ist, hat unabhängig von seiner eigenen Befugnis auch sein gesetzlicher Vertreter das Recht, den Antrag zu stellen.

Ist der Verletzte geschäftsunfähig oder hat er das achtzehnte Lebensjahr noch nicht vollendet, so ist sein gesetzlicher Vertreter der zur Stellung des Antrages Berechtigte.

IV. Als § 145a wird folgende Vorschrift eingestellt:

Wer im Inlande Schuldverschreibungen auf den Inhaber, in denen die Zahlung einer bestimmten Geldsumme versprochen wird, ohne die erforderliche staatliche Genehmigung ausstellt und in den Verkehr bringt, wird mit einer Geldstrafe bestraft, die dem fünften Teile des Nennwerts der ausgegebenen Schuldverschreibungen gleichkommen kann, mindestens aber dreihundert Mark beträgt.

V. Im § 171 Abs 1 und Abs 3 werden die Worte: „aufgelöst, für ungültig oder nichtig erklärt worden ist", ersetzt durch die Worte:

„aufgelöst oder für nichtig erklärt worden ist".

VI. An die Stelle des § 195 tritt folgende Vorschrift:

Ist eine Ehefrau beleidigt worden, so hat sowohl sie als ihr Ehemann das Recht, auf Bestrafung anzutragen.

VII. Im § 235 werden die Worte: „ihren Eltern oder ihrem Vormunde" ersetzt durch die Worte:

„ihren Eltern, ihrem Vormunde oder ihrem Pfleger".

VIII. Im § 237 werden die Worte: „ihrer Eltern oder ihres Vormundes" ersetzt durch die Worte:

„ihrer Eltern, ihres Vormundes oder ihres Pflegers".

IX. Im § 238 werden die Worte: „für ungültig erklärt worden ist" ersetzt durch die Worte:

„für nichtig erklärt worden ist".

795 A 2; 1326 A 5; 1335 A 7.

Art 35

Die Strafprozeßordnung wird dahin geändert:

I. Im § 11 Abs 1 treten an die Stelle der Sätze 2, 3 folgende Vorschriften:

In Ermangelung eines solchen Wohnsitzes gilt die Hauptstadt des Heimatstaats als ihr Wohnsitz; ist die Hauptstadt in mehrere Gerichtsbezirke geteilt, so wird der als Wohnsitz geltende Bezirk von der Landesjustizverwaltung durch allgemeine Anordnung bestimmt. Gehört ein Deutscher einem Bundesstaate nicht an, so gilt als sein Wohnsitz die Stadt Berlin; ist die Stadt Berlin in mehrere Gerichtsbezirke geteilt, so wird der als Wohnsitz geltende Bezirk von dem Reichskanzler durch allgemeine Anordnung bestimmt.

II. An die Stelle des § 149 Abs 2 tritt folgende Vorschrift:

Dasselbe gilt von dem gesetzlichen Vertreter eines Angeklagten.

Art 36

Die Gewerbeordnung wird dahin geändert:

I. Der § 11 Abs 2 fällt weg; als § 11a werden folgende Vorschriften eingestellt:

Betreibt eine Ehefrau, für deren güterrechtliche Verhältnisse ausländische Gesetze maßgebend sind, im Inlande selbständig ein Gewerbe, so ist es auf ihre Geschäftsfähigkeit in Angelegenheiten des Gewerbes ohne Einfluß, daß sie Ehefrau ist.

Soweit die Frau infolge des Güterstandes in der Verfügung über ihr Vermögen beschränkt ist, finden die Vorschriften des § 1405 des Bürgerlichen Gesetzbuchs Anwendung. Hat die Frau ihren Wohnsitz nicht im Inlande, so ist der Einspruch des Mannes gegen den Betrieb des Gewerbes und der Widerruf der erteilten Einwilligung in das Güterrechtsregister des Bezirks einzutragen, in welchem das Gewerbe betrieben wird.

Betreibt die Frau das Gewerbe mit Einwilligung des Mannes oder gilt die Einwilligung nach § 1405 Abs 2 des Bürgerlichen Gesetzbuchs als erteilt, so haftet für die Verbindlichkeiten der Frau aus dem Gewerbebetriebe ihr Vermögen ohne Rücksicht auf die dem Manne kraft des Güterstandes zustehenden Rechte; im Falle des Bestehens einer ehelichen Gütergemeinschaft haftet auch das gemeinschaftliche Vermögen.

II. Im § 107 Abs 1 werden

1. im Satz 4 die Worte: „an den Vater oder Vormund, sofern diese es verlangen", ersetzt durch die Worte:
   „an den gesetzlichen Vertreter, sofern dieser es verlangt",
2. im Satz 5 die Worte: „an die Mutter" ersetzt durch die Worte:
   „an die zur gesetzlichen Vertretung nicht berechtigte Mutter".

III. Im § 108 treten an die Stelle des Satz 2 folgende Vorschriften:

Die Ausstellung erfolgt auf Antrag oder mit Zustimmung des gesetzlichen Vertreters. Ist die Erklärung des gesetzlichen Vertreters nicht zu beschaffen oder verweigert dieser die Zustimmung ohne genügenden Grund und zum Nachteile des Arbeiters, so kann die Gemeindebehörde die Zustimmung ergänzen.

IV. Im § 110 Abs 1 werden die Worte: „seines Vaters oder Vormunds" ersetzt durch die Worte:
„seines gesetzlichen Vertreters".

V. Im § 113 tritt an die Stelle des Abs 4 folgende Vorschrift:
Ist der Arbeiter minderjährig, so kann das Zeugnis von dem gesetzlichen Vertreter gefordert werden. Dieser kann verlangen, daß das Zeugnis an ihn, nicht an den Minderjährigen ausgehändigt werde. Mit Genehmigung der Gemeindebehörde des im § 108 bezeichneten Ortes kann auch gegen den Willen des gesetzlichen Vertreters die Aushändigung unmittelbar an den Arbeiter erfolgen.

VI. Im § 131 Abs 1 Satz 1 werden die Worte: „von dem Vater oder Vormunde" ersetzt durch die Worte:
„von dem gesetzlichen Vertreter".

VII. Im § 133 Abs 2 Satz 1 werden die Worte: „der Vater des Lehrlings" ersetzt durch die Worte:
„der Vater des Lehrlings, sofern er die Sorge für die Person des Lehrlings hat,".

Vorbem 2a vor 611; 1405 A 13; 1558 A 3.

Art 37

Der § 2 des Gesetzes über die Freizügigkeit vom 1. November 1867 (Bundes-Gesetzbl. S. 55) wird dahin geändert:

Wer die aus der Reichsangehörigkeit folgenden Befugnisse in Anspruch nimmt, hat auf Verlangen den Nachweis seiner Reichsangehörigkeit und, sofern er unter elterlicher Gewalt oder unter Vormundschaft steht, den Nachweis der Genehmigung des gesetzlichen Vertreters zu erbringen.

Eine Ehefrau bedarf der Genehmigung des Ehemanns.

Art 38

Das Gesetz, betreffend die Organisation der Bundeskonsulate, sowie die Amtsrechte und Pflichten der Bundeskonsuln, vom 8. November 1867 (Bundes-Gesetzbl. S. 137) wird dahin ergänzt:

I. Der § 16 erhält folgenden Abs 2:
Einem Wahlkonsul steht in Ansehung der Errichtung einer Verfügung von Todes wegen das im Abs 1 bezeichnete Recht der Notare nur dann zu, wenn das Recht ihm von dem Reichskanzler besonders beigelegt ist.

II. Als § 17a wird folgende Vorschrift eingestellt:
Auf die Errichtung einer Verfügung von Todes wegen finden nicht die Vorschriften des § 17, sondern die Vorschriften des Bürgerlichen Gesetzbuchs Anwendung.

Vorbem 2 vor 1922; Vorbem vor 2229.

Art 39

Das Gesetz, betreffend die vertragsmäßigen Zinsen, vom 14. November 1867 (Bundes-Gesetzbl. S. 159) wird aufgehoben.

Art 40

Das Gesetz, betreffend die Eheschließung und die Beurkundung des Personenstandes von Bundesangehörigen im Auslande, vom 4. Mai 1870 (Bundes-Gesetzbl. S. 599) wird dahin geändert:

I. In dem § 3 Abs 1 Satz 1, dem § 9, dem § 11 Abs 2 und dem § 12 Abs 1 Satz 2 wird das Wort: „muß" ersetzt durch das Wort: „soll".

II. An die Stelle der §§ 7, 8 treten folgende Vorschriften:

§ 7

Die Ehe wird dadurch geschlossen, daß die Verlobten vor dem Beamten persönlich und bei gleichzeitiger Anwesenheit erklären, die Ehe miteinander eingehen zu wollen. Der Beamte muß zur Entgegennahme der Erklärungen bereit sein.

Die Erklärungen können nicht unter einer Bedingung oder einer Zeitbestimmung abgegeben werden.

§ 7a

Der Beamte soll bei der Eheschließung in Gegenwart von zwei Zeugen an die Verlobten einzeln und nacheinander die Frage richten, ob sie die Ehe miteinander eingehen wollen, und, nachdem die Verlobten die Frage bejaht haben, aussprechen, daß sie kraft dieses Gesetzes nunmehr rechtmäßig verbundene Eheleute seien.

Als Zeugen sollen Personen, die der bürgerlichen Ehrenrechte für verlustig erklärt sind, während der Zeit, für welche die Aberkennung der Ehrenrechte erfolgt ist, sowie Minderjährige nicht zugezogen werden. Personen, die mit einem der Verlobten, mit dem Beamten oder miteinander verwandt oder verschwägert sind, dürfen als Zeugen zugezogen werden.

§ 8

Als zur Eheschließung ermächtigter Beamter (§ 1) gilt auch derjenige, welcher, ohne ein solcher Beamter zu sein, das Amt eines solchen öffentlich ausübt, es sei denn, daß die Verlobten den Mangel der amtlichen Befugnis bei der Eheschließung kennen.

§ 8a

Eine Ehe, die vor einem zur Eheschließung ermächtigten Beamten (§ 1) oder vor einer im § 8 einem solchen Beamten gleichgestellten Person geschlossen wird, ist wegen Formmangels nur dann nichtig, wenn bei der Eheschließung die im § 7 vorgeschriebene Form nicht beobachtet worden ist.

Ist die Ehe in das Heiratsregister eingetragen worden und haben die Ehegatten nach der Eheschließung zehn Jahre oder, falls einer von ihnen vorher gestorben ist, bis zu dessen Tode, jedoch mindestens drei Jahre als Ehegatten miteinander gelebt, so ist die Ehe als von Anfang an gültig anzusehen. Diese Vorschrift findet keine Anwendung, wenn bei dem Ablaufe der zehn Jahre oder zur Zeit des Todes des einen Ehegatten die Nichtigkeitsklage erhoben ist.

1318 A 9; 1319 A 8.

Art 41

Das Gesetz über die Erwerbung und den Verlust der Bundes- und Staatsangehörigkeit vom 1. Juni 1870 (Bundes-Gesetzbl. S. 355) wird dahin geändert:

I. An die Stelle des § 11 treten folgende Vorschriften:

Die Verleihung der Staatsangehörigkeit erstreckt sich, insofern nicht dabei eine Ausnahme gemacht wird, zugleich auf die Ehefrau und auf diejenigen minderjährigen Kinder, deren gesetzliche Vertretung dem Aufgenommenen oder Naturalisierten kraft elterlicher Gewalt zusteht. Ausgenommen sind Töchter, die verheiratet sind oder verheiratet gewesen sind.

II. Als § 14a werden folgende Vorschriften eingestellt:

Die Entlassung eines Staatsangehörigen, der unter elterlicher Gewalt oder Vormundschaft steht, kann von dem gesetzlichen Vertreter nur mit Genehmigung des Vormundschaftsgerichts beantragt werden.

Die Genehmigung des Vormundschaftsgerichts ist nicht erforderlich, wenn der Vater oder die Mutter die Entlassung für sich und zugleich kraft elterlicher Gewalt für ein Kind beantragt. Erstreckt sich der Wirkungskreis eines der Mutter bestellten Beistandes auf die Sorge für die Person des Kindes, so bedarf die Mutter in einem solchen Falle der Genehmigung des Beistandes zu dem Antrag auf Entlassung des Kindes.

III. An die Stelle des § 19 treten folgende Vorschriften:

Die Entlassung erstreckt sich, insofern nicht dabei eine Ausnahme gemacht wird, zugleich auf die Ehefrau und auf diejenigen Kinder, deren gesetzliche Vertretung dem Entlassenen kraft elterlicher Gewalt zusteht.

Diese Vorschrift findet keine Anwendung auf Töchter, die verheiratet sind oder verheiratet gewesen sind, sowie auf Kinder, die unter der elterlichen Gewalt der Mutter stehen, falls die Mutter zu dem Antrage auf Entlassung der Kinder nach § 14a Abs 2 Satz 2 der Genehmigung des Beistandes bedarf.

IV. An die Stelle des § 21 Abs 2 treten folgende Vorschriften:

Der hiernach eingetretene Verlust der Staatsangehörigkeit erstreckt sich zugleich auf die Ehefrau und auf diejenigen Kinder, deren gesetzliche Vertretung dem Ausgetretenen kraft elterlicher Gewalt zusteht, soweit sich die Ehefrau oder die Kinder bei dem Ausgetretenen befinden. Ausgenommen sind Töchter, die verheiratet sind oder verheiratet gewesen sind.

3 A 4; 1320 A 6, 7; 1322 A 2; 1821 A 3.

Art 42

Das Gesetz, betreffend die Verbindlichkeit zum Schadenersatze für die bei dem Betriebe von Eisenbahnen, Bergwerken usw. herbeigeführten Tötungen und Körperverletzungen, vom 7. Juni 1871 (Reichs-Gesetzbl. S. 207) wird dahin geändert:

I. An die Stelle des § 3 treten folgende Vorschriften:

§ 3

Im Falle der Tötung ist der Schadenersatz (§§ 1 und 2) durch Ersatz der Kosten einer versuchten Heilung sowie des Vermögensnachteils zu leisten, den der Getötete dadurch erlitten hat, daß während der Krankheit seine Erwerbsfähigkeit aufgehoben oder gemindert oder eine Vermehrung seiner Bedürfnisse eingetreten war. Der Ersatzpflichtige hat außerdem die Kosten der Beerdigung demjenigen zu ersetzen, dem die Verpflichtung obliegt, diese Kosten zu tragen.

Stand der Getötete zur Zeit der Verletzung zu einem Dritten in einem Verhältnisse, vermöge dessen er diesem gegenüber kraft Gesetzes unterhaltspflichtig war oder unterhaltspflichtig werden konnte, und ist dem Dritten infolge der Tötung das Recht auf den Unterhalt entzogen, so hat der Ersatzpflichtige dem Dritten insoweit Schadenersatz zu leisten, als der Getötete während der mutmaßlichen Dauer seines Lebens zur Gewährung des Unterhalts verpflichtet gewesen sein würde. Die Ersatzpflicht tritt auch dann ein, wenn der Dritte zur Zeit der Verletzung erzeugt, aber noch nicht geboren war.

§ 3a

Im Falle einer Körperverletzung ist der Schadenersatz (§§ 1 und 2) durch Ersatz der Kosten der Heilung sowie des Vermögensnachteils zu leisten, den der Verletzte dadurch erleidet, daß infolge der Verletzung zeitweise oder dauernd seine Erwerbsfähigkeit aufgehoben oder gemindert oder eine Vermehrung seiner Bedürfnisse eingetreten ist.

II. Im § 5 werden die Worte: „der in den §§ 1 bis 3 enthaltenen Bestimmungen" ersetzt durch die Worte:
„der in den §§ 1 bis 3a enthaltenen Bestimmungen".

III. An die Stelle der §§ 7, 8, 9 treten folgende Vorschriften:

§ 7

Der Schadenersatz wegen Aufhebung oder Minderung der Erwerbsfähigkeit und wegen Vermehrung der Bedürfnisse des Verletzten sowie der nach § 3 Abs 2 einem Dritten zu gewährende Schadenersatz ist für die Zukunft durch Entrichtung einer Geldrente zu leisten.

Die Vorschriften des § 843 Abs 2 bis 4 des Bürgerlichen Gesetzbuchs und des § 648 [jetzt 708] Nr 6 der Zivilprozeßordnung finden entsprechende Anwendung. Das gleiche gilt für die dem Verletzten zu entrichtende Geldrente von der Vorschrift des § 749 [jetzt 850] Abs 3 und für die dem Dritten zu entrichtende Geldrente von der Vorschrift des § 749 [jetzt 850] Abs 1 Nr 2 der Zivilprozeßordnung.

Ist bei der Verurteilung des Verpflichteten zur Entrichtung einer Geldrente nicht auf Sicherheitsleistung erkannt worden, so kann der Berechtigte gleichwohl Sicherheitsleistung verlangen, wenn die Vermögensverhältnisse des Verpflichteten sich erheblich verschlechtert haben; unter der gleichen Voraussetzung kann er eine Erhöhung der in dem Urteile bestimmten Sicherheit verlangen.

§ 8

Die Forderungen auf Schadenersatz (§§ 1 bis 3a) verjähren in zwei Jahren von dem Unfall an. Gegen denjenigen, welchem der Getötete Unterhalt zu gewähren hatte (§ 3 Abs 2), beginnt die Verjährung mit dem Tode. Im übrigen finden die Vorschriften des Bürgerlichen Gesetzbuchs über die Verjährung Anwendung.

§ 9

Die gesetzlichen Vorschriften, nach welchen außer den in diesem Gesetze vorgesehenen Fällen der Unternehmer einer in den §§ 1, 2 bezeichneten Anlage oder eine andere Person, insbesondere wegen eines eigenen Verschuldens, für den bei dem Betriebe der Anlage durch Tötung oder Körperverletzung eines Menschen entstandenen Schaden haftet, bleiben unberührt.

31 A 1; 760 A 1; 1968 A 1.

Art 43

Der § 6 Abs 2 des Gesetzes, betreffend die Rechtsverhältnisse der Reichsbeamten, vom 31. März 1873 (Reichs-Gesetzbl. S. 61) wird aufgehoben.

Art 44

Die Vorschriften des § 44 des Reichs-Militärgesetzes vom 2. Mai 1874 (Reichs-Gesetzbl. S. 45) finden entsprechende Anwendung auf Personen, die zur Besatzung eines in Dienst gestellten Schiffes der Kaiserlichen Marine gehören, solange das Schiff sich außerhalb eines inländischen Hafens befindet oder die Personen als Kriegsgefangene oder Geißeln in der Gewalt des Feindes sind, ingleichen auf andere an Bord eines solchen Schiffes genommene Personen, solange das Schiff sich außerhalb eines inländischen Hafens befindet und die Personen an Bord sind. Die Frist, mit deren Ablaufe die letztwillige Verfügung ihre Gültigkeit verliert, beginnt mit dem Zeitpunkt, in welchem das Schiff in einen inländischen Hafen zurückkehrt oder der Verfügende aufhört, zu dem Schiffe zu gehören, oder als Kriegsgefangener oder Geißel aus der Gewalt des Feindes entlassen wird. Den Schiffen stehen die sonstigen Fahrzeuge der Kaiserlichen Marine gleich.

1316 A 2; Vorbem 2 vor 1922; Vorbem vor 2229; 2255 A 3; 2360 A 2.

Art 45

Der § 45 Abs 2 Satz 2 des Reichs-Militärgesetzes vom 2. Mai 1874 (Reichs-Gesetzbl. S. 45) wird aufgehoben.

Art 46

Das Gesetz über die Beurkundung des Personenstandes und die Eheschließung vom 6. Februar 1875 (Reichs-Gesetzbl. S. 23) wird dahin geändert:

I. Die §§ 28 bis 40, 42, 43, 51 bis 53 werden aufgehoben.

II. An die Stelle der §§ 41, 44, 50, 55 treten folgende Vorschriften:

§ 41

Für die Eheschließung sind die Vorschriften des Bürgerlichen Gesetzbuchs maßgebend.

§ 44

Für die Anordnung des vor der Eheschließung zu erlassenden Aufgebots ist jeder Standesbeamte zuständig, vor dem nach § 1320 des Bürgerlichen Gesetzbuchs die Ehe geschlossen werden darf.

§ 50

Der Standesbeamte soll ohne Aufgebot die Eheschließung nur vornehmen, wenn ihm ärztlich bescheinigt wird, daß die lebensgefährliche Erkrankung eines der Verlobten den Aufschub der Eheschließung nicht gestattet.

§ 55

Ist eine Ehe für nichtig erklärt, ist in einem Rechtsstreite, der die Feststellung des Bestehens oder des Nichtbestehens einer Ehe zwischen den Parteien zum Gegenstande hat, das Nichtbestehen der Ehe festgestellt, ist eine Ehe vor dem Tode eines der Ehegatten aufgelöst oder ist nach § 1575 des Bürgerlichen Gesetzbuchs die eheliche Gemeinschaft aufgehoben, so ist dies am Rande der über die Eheschließung bewirkten Eintragung zu vermerken.

Wird die eheliche Gemeinschaft nach der Aufhebung wiederhergestellt, so ist dies auf Antrag am Rande zu vermerken.

III. Der § 67 erhält folgenden Absatz 2:

Eine strafbare Handlung ist nicht vorhanden, wenn der Geistliche oder der Religionsdiener im Falle einer lebensgefährlichen, einen Aufschub nicht gestattenden Erkrankung eines der Verlobten zu den religiösen Feierlichkeiten der Eheschließung schreitet.

IV. Im § 69 werden die Worte: „in diesem Gesetze" ersetzt durch die Worte: „in diesem Gesetze und in dem Bürgerlichen Gesetzbuche".

V. Im § 75 Abs 1 werden die Worte: „nach den Vorschriften dieses Gesetzes" ersetzt durch die Worte:

„nach den Vorschriften des Bürgerlichen Gesetzbuchs".

10 A 2; 1303 A 1; 1305 A 1; 1306 A 1; 1308 A 2; 1310 A 1; 1311 A 1; 1312 A 1; 1313 A 1; 1314 A 1; 1315 A 1; 1316 A 2, 4; 1317 A 1; 1318 A 1; 1320 A 2; 1321 A 1, 4; 1322 A 1; 1564 A 3; 1587 A 3; Vorbem 1 vor 1591.

Art 47

Der Artikel 3 des Gesetzes, betreffend den Wucher, vom 24. Mai 1880 (Reichs-Gesetzbl. S. 109) in der Fassung des Art II des Gesetzes, betreffend Ergänzung der Bestimmungen über den Wucher, vom 19. Juni 1893 (Reichs-Gesetzbl. S. 197) wird aufgehoben.

138 A 2 a. E.; 817 A 3.

Art 48

Der § 16 Abs 2 des Gesetzes, betreffend die Fürsorge für die Witwen und Waisen der Reichsbeamten der Zivilverwaltung, vom 20. April 1881 (Reichs-Gesetzbl. S. 85) wird aufgehoben.

197 A 2.

Art 49

Der § 18 Abs 2 des Gesetzes, betreffend die Fürsorge für die Witwen und Waisen von Angehörigen des Reichsheeres und der Kaiserlichen Marine, vom 17. Juni 1887 (Reichs-Gesetzbl. S. 237) wird aufgehoben.

197 A 2.

Art 50

Der § 9 des Gesetzes, betreffend das Reichsschuldbuch, vom 31. Mai 1891 (Reichs-Gesetzbl. S. 321) wird dahin geändert:

Eine Ehefrau wird zu Anträgen ohne Zustimmung des Ehemannes zugelassen.

Die Ehefrau bedarf der Zustimmung des Ehemannes, wenn ein Vermerk zu dessen Gunsten eingetragen ist. Ein solcher Vermerk ist einzutragen, wenn die Ehefrau oder mit ihrer Zustimmung der Ehemann die Eintragung beantragt. Die Ehefrau ist dem Ehemanne gegenüber zur Erteilung der Zustimmung verpflichtet, wenn sie nach dem unter ihnen bestehenden Güterstande über die Buchforderung nur mit Zustimmung des Ehemannes verfügen kann.

1316 A 2; 1393 A 1; 1395 A 4; 2117 A 1.

Art 51

Der § 8 Abs 2 des Gesetzes, betreffend die Fürsorge für die Witwen und Waisen der Personen des Soldatenstandes des Reichsheeres und der Kaiserlichen Marine vom Feldwebel abwärts, vom 13. Juni 1895 (Reichs-Gesetzbl. S. 261) wird aufgehoben.

197 A 2.

Art 52

Ist auf Grund eines Reichsgesetzes dem Eigentümer einer Sache wegen der im öffentlichen Interesse erfolgenden Entziehung, Beschädigung oder Benutzung der Sache oder wegen Beschränkung des Eigentums eine Entschädigung zu gewähren und steht einem Dritten ein Recht an der Sache zu, für welches nicht eine besondere Entschädigung gewährt wird, so hat der Dritte, soweit sein Recht beeinträchtigt wird, an dem Entschädigungsanspruche dieselben Rechte, die ihm im Falle des Erlöschens seines Rechtes durch Zwangsversteigerung an dem Erlöse zustehen.

903 A 3; 1030 A 5; 1105 A 1; 1120 A 1; 1127 A 4; 1128 A 1.

Art 53

Ist in einem Falle des Art 52 die Entschädigung dem Eigentümer eines Grundstücks zu gewähren, so finden auf den Entschädigungsanspruch die Vorschriften des § 1128 des Bürgerlichen Gesetzbuchs entsprechende Anwendung. Erhebt ein Berechtigter innerhalb der im § 1128 bestimmten Frist Widerspruch gegen die Zahlung der Entschädigung an den Eigentümer, so kann der Eigentümer und jeder Berechtigte die Eröffnung eines Verteilungsverfahrens nach den für die Verteilung des Erlöses im Falle der Zwangsversteigerung geltenden Vorschriften beantragen. Die Zahlung hat in diesem Falle an das für das Verteilungsverfahren zuständige Gericht zu erfolgen.

Ist das Recht des Dritten eine Reallast, eine Hypothek, eine Grundschuld oder eine Rentenschuld, so erlischt die Haftung des Entschädigungsanspruchs, wenn der beschädigte Gegenstand wiederhergestellt oder für die entzogene bewegliche Sache Ersatz beschafft ist. Ist die Entschädigung wegen Benutzung des Grundstücks oder wegen Entziehung oder Beschädigung von Früchten oder von Zubehörstücken zu gewähren, so finden die Vorschriften des § 1123 Abs 2 Satz 1 und des § 1124 Abs 1, 3 des Bürgerlichen Gesetzbuchs entsprechende Anwendung.

903 A 3; 1030 A 5; 1105 A 1; 1120 A 1; 1127 A 4; 1128 A 1.

Art 54

Die Vorschrift des § 36 Abs 4 des Gesetzes, betreffend die Beschränkungen des Grundeigentums in der Umgebung von Festungen, vom 21. Dezember 1871 (Reichs-Gesetzbl. S. 459) wird durch die Vorschriften der Artt 52, 53 nicht berührt. Findet nach diesen Vorschriften ein Verteilungsverfahren statt, so ist die Entschädigung auf Ersuchen des für das Verfahren zuständigen Gerichts an dieses zu leisten, soweit sie zur Zeit der Stellung des Ersuchens noch aussteht.

Die Vorschrift des § 37 desselben Gesetzes wird dahin geändert:

> Ist das Grundstück mit einem Rechte belastet, welches durch die Beschränkung des Eigentums beeinträchtigt wird, so kann der Berechtigte bis zum Ablauf eines Monats, nachdem ihm der Eigentümer die Beschränkung des Eigentums mitgeteilt hat, die Eröffnung des Verteilungsverfahrens beantragen.

903 A 3; 1127 A 4; 1128 A 1.

Dritter Abschnitt

Verhältnis des Bürgerlichen Gesetzbuchs zu den Landesgesetzen

Art 55

Die privatrechtlichen Vorschriften der Landesgesetze treten außer Kraft, soweit nicht in dem Bürgerlichen Gesetzbuch oder in diesem Gesetz ein anderes bestimmt ist.

Vorbem 2 vor 1; 12 A 1; 90 A 1; 197 A 2; 612 A 3; 653 A 3; Vorbem 3 vor 823; 903 A 2; 917 A 5; 1030 A 2.

Art 56

Unberührt bleiben die Bestimmungen der Staatsverträge, die ein Bundesstaat mit einem ausländischen Staate vor dem Inkrafttreten des Bürgerlichen Gesetzbuchs geschlossen hat.

Vorbem vor 194; 1960 A 2.

Art 57

In Ansehung der Landesherren und der Mitglieder der landesherrlichen Familien sowie der Mitglieder der Fürstlichen Familie Hohenzollern finden die Vorschriften des Bürgerlichen Gesetzbuchs nur insoweit Anwendung, als nicht besondere Vorschriften der Hausverfassungen oder der Landesgesetze abweichende Bestimmungen enthalten.

Das gleiche gilt in Ansehung der Mitglieder des vormaligen Hannoverschen Königshauses, des vormaligen Kurhessischen und des vormaligen Herzoglich Nassauischen Fürstenhauses.

12 A 1; 106 A 1; 903 A 2; 916 A 2; 1317 A 4; 1355 A 5; Vorbem 2 vor 1363; 1577 A 11; Vorbem 2 vor 1591; Vorbem 1 vor 1616; Vorbem 8 vor 1773; Vorbem 2 vor 1922; Vorbem vor 2229; 2232 A 1; 2259 A 3.

Art 58

In Ansehung der Familienverhältnisse und der Güter derjenigen Häuser, welche vormals reichsständisch gewesen und seit 1806 mittelbar geworden sind oder welche diesen Häusern bezüglich der Familienverhältnisse und der Güter durch Beschluß der vormaligen deutschen Bundesversammlung oder vor dem Inkrafttreten des Bürgerlichen Gesetzbuchs durch Landesgesetz gleichgestellt worden sind, bleiben die Vorschriften der Landesgesetze und nach Maßgabe der Landesgesetze die Vorschriften der Hausverfassungen unberührt.

Das gleiche gilt zugunsten des vormaligen Reichsadels und derjenigen Familien des landsässigen Adels, welche vor dem Inkrafttreten des Bürgerlichen Gesetzbuchs dem vormaligen Reichsadel durch Landesgesetz gleichgestellt worden sind.

12 A 1; 106 A 1; 925 A 1; 1355 A 5; Vorbem 2 vor 1363; 1577 A 11; Vorbem 2 vor 1591; Vorbem 1 vor 1616; Vorbem 8 vor 1773; Vorbem 2 vor 1922; Vorbem vor 2229; 2232 A 1.

Art 59

Unberührt bleiben die landesgesetzlichen Vorschriften über Familienfideikommisse und Lehen, mit Einschluß der allodifizierten Lehen, sowie über Stammgüter.

741 A 4; 873 A 1; 892 A 11; 903 A 1; 925 A 1; 1008 A 1; 1094 A 3; Vorbem 2 vor 1591; Vorbem 4 vor 1705; Vorbem 5 vor 1741; Vorbem 8 vor 1773; 1912 A 3; Vorbem 2 vor 1922; 2109 A 1.

Art 60

Unberührt bleiben die landesgesetzlichen Vorschriften, welche die Bestellung einer Hypothek, Grundschuld oder Rentenschuld an einem Grundstücke, dessen Belastung nach den in den Artt 57 bis 59 bezeichneten Vorschriften nur beschränkt zulässig ist, dahin gestatten, daß der Gläubiger Befriedigung aus dem Grundstücke lediglich im Wege der Zwangsverwaltung suchen kann.

1113 A 1; 1147 A 2.

Art 61

Ist die Veräußerung oder Belastung eines Gegenstandes nach den in den Artt 57 bis 59 bezeichneten Vorschriften unzulässig oder nur beschränkt zulässig, so finden auf einen Erwerb, dem diese Vorschriften entgegenstehen, die Vorschriften des Bürgerlichen Gesetzbuchs zugunsten derjenigen, welche Rechte von einem Nichtberechtigten herleiten, entsprechende Anwendung.

892 A 11; 932 A 1.

Art 62

Unberührt bleiben die landesgesetzlichen Vorschriften über Rentengüter.

134 A 1; 313 A 1 a. E.; Vorbem 2 vor 873; 873 A 1, 6; 878 A 3; 892 A 11; 903 A 1; 925 A 1; 1094 A 5; 1105 A 1; Vorbem 2 vor 1922.

Art 63

Unberührt bleiben die landesgesetzlichen Vorschriften über das Erbpachtrecht, mit Einschluß des Büdnerrechts und des Häuslerrechts, in denjenigen Bundesstaaten, in welchen solche Rechte bestehen. Die Vorschriften des § 1017 des Bürgerlichen Gesetzbuchs finden auf diese Rechte entsprechende Anwendung.

Vorbem 4 vor 873; 873 A 7c; 874 A 3; 875 A 2, 3; 876 A 1; 900 A 7; 903 A 1, 2; 912 A 2; 916 A 2; 917 A 6, 14; 919 A 2, 4; 925 A 1; 928 A 1; Vorbem 2 vor 985; 1008 A 1; 1018 A 2, 3; 1024 A 1; 1090 A 2; 1094 A 1; 1105 A 2; 1147 A 2; 1445 A 4; 1551 A 9; 1807 A 1; 1821 A 3; Vorbem 2 vor 1922; 2113 A 1; VO über das Erbbaurecht 37 A 3; 38 A 1d.

Art 64

Unberührt bleiben die landesgesetzlichen Vorschriften über das Anerbenrecht in Ansehung landwirtschaftlicher und forstwirtschaftlicher Grundstücke nebst deren Zubehör.

Die Landesgesetze können das Recht des Erblassers, über das dem Anerbenrecht unterliegende Grundstück von Todes wegen zu verfügen, nicht beschränken.

873 A 1, 6; 892 A 11; 925 A 1; 1094 A 3; Vorbem 2 vor 1922; Vorbem vor 2229; 2312 A 4.

Art 65

Unberührt bleiben die landesgesetzlichen Vorschriften, welche dem Wasserrecht angehören, mit Einschluß des Mühlenrechts, des Flötzrechts und des Flößereirechts sowie der Vorschriften zur Beförderung der Bewässerung und Entwässerung der Grundstücke und der Vorschriften über Anlandungen, entstehende Inseln und verlassene Flußbetten.

Vorbem 5 vor 21; 90 A 1; 93 A 6; 504 A 1; 741 A 4; 873 A 1, 6; 903 A 2; 905 A 1; 906 A 5; 907 A 7; 909 A 4; 925 A 1; 960 A 4; 1004 A 1; 1008 A 3; 1018 A 2, 5; 1024 A 1; 1113 A 1; 1807 A 1; 1821 A 3; 2111 A 2; 2184 A 3.

Art 66

Unberührt bleiben die landesgesetzlichen Vorschriften, welche dem Deich- und Sielrecht angehören.

Vorbem 5 vor 21; Vorbem vor 194; 504 A 1; 1018 A 5.

Art 67

Unberührt bleiben die landesgesetzlichen Vorschriften, welche dem Bergrecht angehören.

Ist nach landesgesetzlicher Vorschrift wegen Beschädigung eines Grundstücks durch Bergbau eine Entschädigung zu gewähren, so finden die Vorschriften der Artt 52, 53 Anwendung, soweit nicht die Landesgesetze ein anderes bestimmen.

Vorbem 5 vor 21; 504 A 1; Vorbem 2a vor 611; 741 A 4; 873 A 1, 6; 890 A 1; 892 A 3; 903 A 2; 905 A 1; 906 A 1, 13; 907 A 2; 925 A 1; 1024 A 1; 1094 A 3; 1120 A 1; 1127 A 4; 1128 A 1; 1147 A 2; 1551 A 9; 1807 A 1; 1821 A 3.

Art 68

Unberührt bleiben die landesgesetzlichen Vorschriften, welche die Belastung eines Grundstücks mit dem vererblichen und veräußerlichen Rechte zur Gewinnung eines den bergrechtlichen Vorschriften nicht unterliegenden Minerals gestatten und den Inhalt dieses Rechtes näher bestimmen. Die Vorschriften der §§ 874, 875, 876, 1015, 1017 des Bürgerlichen Gesetzbuchs finden entsprechende Anwendung.

504 A 1; Vorbem 4 vor 873; 873 A 6, 7c; 874 A 3; 875 A 2; 876 A 1; 900 A 7; 903 A 2; 916 A 2; 917 A 6, 14; 919 A 2, 4; 925 A 1; 928 A 1; Vorbem 2 vor 985; 1018 A 2, 3; 1024 A 1; 1090 A 2; 1094 A 1; 1105 A 2; 1147 A 2; 1445 A 4; 1551 A 9; 1821 A 3; VO über das Erbbaurecht 37 A 3; 38 A 1d.

Art 69

Unberührt bleiben die landesgesetzlichen Vorschriften über Jagd und Fischerei, unbeschadet der Vorschrift des § 958 Abs 2 des Bürgerlichen Gesetzbuchs und der Vorschriften des Bürgerlichen Gesetzbuchs über den Ersatz des Wildschadens.

Vorbem 5 vor 21; Vorbem vor 194; 504 A 1; 581 A 3; Vorbem 3 vor 823; 835 A 1, 4, 5; 873 A 6; 958 A 4; 960 A 4; 1018 A 5; 1147 A 2; 1551 A 9

Art 70

Unberührt bleiben die landesgesetzlichen Vorschriften über die Grundsätze, nach welchen der Wildschaden festzustellen ist, sowie die landesgesetzlichen Vorschriften, nach welchen der Anspruch auf Ersatz des Wildschadens innerhalb einer bestimmten Frist bei der zuständigen Behörde geltend gemacht werden muß.

Vorbem 3 vor 823; 835 A 1.

Art 71

Unberührt bleiben die landesgesetzlichen Vorschriften, nach welchen

1. die Verpflichtung zum Ersatze des Wildschadens auch dann eintritt, wenn der Schaden durch jagdbare Tiere anderer als der im § 835 des Bürgerlichen Gesetzbuchs bezeichneten Gattungen angerichtet wird;
2. für den Wildschaden, der durch ein aus einem Gehege ausgetretenes jagdbares Tier angerichtet wird, der Eigentümer oder der Besitzer des Geheges verantwortlich ist;
3. der Eigentümer eines Grundstücks, wenn das Jagdrecht auf einem anderen Grundstücke nur gemeinschaftlich mit dem Jagdrecht auf seinem Grundstück ausgeübt werden darf, für den auf dem anderen Grundstück angerichteten Wildschaden auch dann haftet, wenn er die ihm angebotene Pachtung der Jagd abgelehnt hat;
4. der Wildschaden, der an Gärten, Obstgärten, Weinbergen, Baumschulen und einzelstehenden Bäumen angerichtet wird, dann nicht zu ersetzen ist, wenn die Herstellung von Schutzvorrichtungen unterblieben ist, die unter gewöhnlichen Umständen zur Abwendung des Schadens ausreichen;
5. die Verpflichtung zum Schadensersatz im Falle des § 835 Abs 3 des Bürgerlichen Gesetzbuchs abweichend bestimmt wird;

6. die Gemeinde an Stelle der Eigentümer der zu einem Jagdbezirke vereinigten Grundstücke zum Ersatze des Wildschadens verpflichtet und zum Rückgriff auf die Eigentümer berechtigt ist oder an Stelle der Eigentümer oder des Verbandes der Eigentümer oder der Gemeinde oder neben ihnen der Jagdpächter zum Ersatze des Schadens verpflichtet ist;
7. der zum Ersatze des Wildschadens Verpflichtete Erstattung des geleisteten Ersatzes von demjenigen verlangen kann, welcher in einem anderen Bezirke zur Ausübung der Jagd berechtigt ist.

Vorbem 3 vor 823; 835 A 1—3, 7—9.

Art 72

Besteht in Ansehung eines Grundstücks ein zeitlich nicht begrenztes Nutzungsrecht, so finden die Vorschriften des § 835 des Bürgerlichen Gesetzbuchs über die Verpflichtung zum Ersatze des Wildschadens mit der Maßgabe Anwendung, daß an die Stelle des Eigentümers der Nutzungsberechtigte tritt.

Vorbem 3 vor 823; 835 A 1, 6.

Art 73

Unberührt bleiben die landesgesetzlichen Vorschriften über Regalien.

Vorbem vor 194; 873 A 6; 984 A 5.

Art 74

Unberührt bleiben die landesgesetzlichen Vorschriften über Zwangsrechte, Bannrechte und Realgewerbeberechtigungen.

Vorbem vor 194; 873 A 6; 903 A 2; 1024 A 1; 1807 A 1; 1821 A 3.

Art 75

Unberührt bleiben die landesgesetzlichen Vorschriften, welche dem Versicherungsrecht angehören, soweit nicht in dem Bürgerlichen Gesetzbuche besondere Bestimmungen getroffen sind.

Vorbem 5 vor 21; 1127 A 3; 1130 A 1.

Art 76

Unberührt bleiben die landesgesetzlichen Vorschriften, welche dem Verlagsrecht angehören.

Vorbem 2b vor 631.

Art 77

Unberührt bleiben die landesgesetzlichen Vorschriften über die Haftung des Staates, der Gemeinden und anderer Kommunalverbände (Provinzial-, Kreis-, Amtsverbände) für den von ihren Beamten in Ausübung der diesen anvertrauten öffentlichen Gewalt zugefügten Schaden sowie die landesgesetzlichen Vorschriften, welche das Recht des Beschädigten, von dem Beamten den Ersatz eines solchen Schadens zu verlangen, insoweit ausschließen, als der Staat oder der Kommunalverband haftet.

89 A 3; 278 A 7; Vorbem 3 vor 823; 823 A 12; 839 A 1.

Art 78

Unberührt bleiben die landesgesetzlichen Vorschriften, nach welchen die Beamten für die von ihnen angenommenen Stellvertreter und Gehilfen in weiterem Umfange als nach dem Bürgerlichen Gesetzbuche haften.

278 A 7; Vorbem 3 vor 823; 839 A 1

Art 79

Unberührt bleiben die landesgesetzlichen Vorschriften, nach welchen die zur amtlichen Feststellung des Wertes von Grundstücken bestellten Sachverständigen für den aus einer Verletzung ihrer Berufspflicht entstandenen Schaden in weiterem Umfange als nach dem Bürgerlichen Gesetzbuche haften.

Vorbem 3 vor 823.

Art 80

Unberührt bleiben, soweit nicht in dem Bürgerlichen Gesetzbuch eine besondere Bestimmung getroffen ist, die landesgesetzlichen Vorschriften über die vermögensrechtlichen Ansprüche und Verbindlichkeiten der Beamten, der Geistlichen und der Lehrer an öffentlichen Unterrichtsanstalten aus dem Amts- oder Dienstverhältnisse, mit Einschluß der Ansprüche der Hinterbliebenen.

Unberührt bleiben die landesgesetzlichen Vorschriften über das Pfründenrecht.

394 A 1; Vorbem 2b vor 611; Vorbem 3 vor 1030.

Art 81

Unberührt bleiben die landesgesetzlichen Vorschriften, welche die Übertragbarkeit der Ansprüche der im Art 80 Abs 1 bezeichneten Personen auf Besoldung, Wartegeld, Ruhegehalt, Witwen- und Waisengeld beschränken, sowie die landesgesetzlichen Vorschriften, welche die Aufrechnung gegen solche Ansprüche abweichend von der Vorschrift des § 394 des Bürgerlichen Gesetzbuchs zulassen.

394 A 1; Vorbem 2b vor 611.

Art 82

Unberührt bleiben die Vorschriften der Landesgesetze über die Verfassung solcher Vereine, deren Rechtsfähigkeit auf staatlicher Verleihung beruht.

Vorbem 3 vor 21; 25 A 1.

Art 83

Unberührt bleiben die landesgesetzlichen Vorschriften über Waldgenossenschaften.

Vorbem 5 vor 21; 741 A 4.

Art 84

Unberührt bleiben die landesgesetzlichen Vorschriften, nach welchen eine Religionsgesellschaft oder eine geistliche Gesellschaft Rechtsfähigkeit nur im Wege der Gesetzgebung erlangen kann.

60 A 1; 61 A 3; 903 A 1.

Art 85

Unberührt bleiben die landesgesetzlichen Vorschriften, nach welchen im Falle des § 45 Abs 3 des Bürgerlichen Gesetzbuchs das Vermögen des aufgelösten Vereins an Stelle des Fiskus einer Körperschaft, Stiftung oder Anstalt des öffentlichen Rechtes anfällt.

45 A 1; 46 A 1, 2; 1922 A 3.

Art 86

Unberührt bleiben die landesgesetzlichen Vorschriften, welche den Erwerb von Rechten durch juristische Personen beschränken oder von staatlicher Genehmigung abhängig machen, soweit diese Vorschriften Gegenstände im Werte von mehr als fünftausend Mark betreffen. Wird die nach dem Landesgesetze zu einem Erwerbe von Todes wegen erforderliche Genehmigung erteilt, so gilt sie als vor dem Erbfall erteilt; wird sie verweigert, so gilt die juristische Person in Ansehung des Anfalls als nicht vorhanden; die Vorschrift des § 2043 des Bürgerlichen Gesetzbuchs findet entsprechende Anwendung.

1 A 1; Vorbem 2 vor 21; 182 A 1; Vorbem 1 vor 516; 903 A 1; 925 A 3; 937 A 4; 1113 A 7; Vorbem 2 vor 1922; 1922 A 8; 1946 A 2; 2043 A 2; 2094 A 1; 2096 A 1; 2109 A 5.

Art 87

Unberührt bleiben die landesgesetzlichen Vorschriften, welche die Wirksamkeit von Schenkungen an Mitglieder religiöser Orden oder ordensähnlicher Kongregationen von staatlicher Genehmigung abhängig machen.

Unberührt bleiben die landesgesetzlichen Vorschriften, nach welchen Mitglieder religiöser Orden oder ordensähnlicher Kongregationen nur mit staatlicher Genehmigung von Todes wegen erwerben können. Die Vorschriften des Art 86 Satz 2 finden entsprechende Anwendung.

Mitglieder solcher religiöser Orden oder ordensähnlicher Kongregationen, bei denen Gelübde auf Lebenszeit oder auf unbestimmte Zeit nicht abgelegt werden, unterliegen nicht den in den Abs 1, 2 bezeichneten Vorschriften.

1 A 1; Vorbem 1 vor 516; 903 A 1; 925 A 3; 937 A 4; Vorbem 2 vor 1922; 1922 A 8; 2043 A 2; 2094 A 1; 2096 A 1.

Art 88

Unberührt bleiben die landesgesetzlichen Vorschriften, welche den Erwerb von Grundstücken durch Ausländer von staatlicher Genehmigung abhängig machen.

1 A 1; 903 A 1; 925 A 3.

Art 89

Unberührt bleiben die landesgesetzlichen Vorschriften über die zum Schutze der Grundstücke und der Erzeugnisse von Grundstücken gestattete Pfändung von Sachen, mit Einschluß der Vorschriften über die Entrichtung von Pfandgeld oder Ersatzgeld.

227 A 5; 858 A 7; 1257 A 3.

Art 90

Unberührt bleiben die landesgesetzlichen Vorschriften über die Rechtsverhältnisse, welche sich aus einer auf Grund des öffentlichen Rechtes wegen der Führung eines Amtes oder wegen eines Gewerbebetriebs erfolgten Sicherheitsleistung ergeben.

Art 91

Unberührt bleiben die landesgesetzlichen Vorschriften, nach welchen der Fiskus, eine Körperschaft, Stiftung oder Anstalt des öffentlichen Rechtes oder eine unter der Verwaltung einer öffentlichen Behörde stehende Stiftung berechtigt ist, zur Sicherung gewisser Forderungen die Eintragung einer Hypothek an Grundstücken des Schuldners zu verlangen, und nach welchen die Eintragung der Hypothek auf Ersuchen einer bestimmten Behörde zu erfolgen hat. Die Hypothek kann nur als Sicherungshypothek eingetragen werden; sie entsteht mit der Eintragung.

873 A 1, 5; 892 A 4; Vorbem 3, 4 vor 1113.

Art 92

Unberührt bleiben die landesgesetzlichen Vorschriften, nach welchen Zahlungen aus öffentlichen Kassen an der Kasse in Empfang zu nehmen sind.

270 A 3.

Art 93

Unberührt bleiben die landesgesetzlichen Vorschriften über die Fristen, bis zu deren Ablaufe gemietete Räume bei Beendigung des Mietverhältnisses zu räumen sind.

Vorbem 6 vor 535; 556 A 1

Art 94

Unberührt bleiben die landesgesetzlichen Vorschriften, welche den Geschäftsbetrieb der gewerblichen Pfandleiher und der Pfandleihanstalten betreffen.

Unberührt bleiben die landesgesetzlichen Vorschriften, nach welchen öffentlichen Pfandleihanstalten das Recht zusteht, die ihnen verpfändeten Sachen dem Berechtigten nur gegen Bezahlung des auf die Sache gewährten Darlehens herauszugeben.

994 A 1; 1207 A 4; 1233 A 1.

Art 95

Unberührt bleiben die landesgesetzlichen Vorschriften, welche dem Gesinderecht angehören. Dies gilt insbesondere auch von den Vorschriften über die Schadensersatzpflicht desjenigen, welcher Gesinde zum widerrechtlichen Verlassen des Dienstes verleitet oder in Kenntnis eines noch bestehenden Gesindeverhältnisses in Dienst nimmt oder ein unrichtiges Dienstzeugnis erteilt.

Die Vorschriften der §§ 104 bis 115, 131, 278, 617 bis 619, 624, 831, des § 840 Abs 2 und des § 1358 des Bürgerlichen Gesetzbuchs finden Anwendung, die Vorschriften des § 617 jedoch nur insoweit, als die Landesgesetze dem Gesinde nicht weitergehende Ansprüche gewähren.

Ein Züchtigungsrecht steht dem Dienstberechtigten dem Gesinde gegenüber nicht zu.

7 A 1; 104 A 1; 336 A 1; Vorbem 2a vor 611; Vorbem 3 vor 823; 823 A 10; 840 A 6; 1357 A 3; 1822 A 1; 2237 A 1.

Art 96

Unberührt bleiben die landesgesetzlichen Vorschriften über einen mit der Überlassung eines Grundstücks in Verbindung stehenden Leibgedings-, Leibzuchts-, Altenteils- oder Auszugsvertrag, soweit sie das sich aus dem Vertrag ergebende Schuldverhältnis für den Fall regeln, daß nicht besondere Vereinbarungen getroffen werden.

759 A 5; 880 A 8; 1093 A 5; 1105 A 1, 6.

Art 97

Unberührt bleiben die landesgesetzlichen Vorschriften, welche die Eintragung von Gläubigern des Bundesstaats in ein Staatsschuldbuch und die aus der Eintragung sich ergebenden Rechtsverhältnisse, insbesondere die Übertragung und Belastung einer Buchforderung, regeln.

Soweit nach diesen Vorschriften eine Ehefrau berechtigt ist, selbständig Anträge zu stellen, ist dieses Recht ausgeschlossen, wenn ein Vermerk zugunsten des Ehemanns im Schuldbuch eingetragen ist. Ein solcher Vermerk ist einzutragen, wenn die Ehefrau oder mit ihrer Zustimmung der Ehemann die Eintragung beantragt. Die Ehefrau ist dem Ehemanne gegenüber zur Erteilung der Zustimmung verpflichtet, wenn sie nach dem unter ihnen bestehenden Güterstand über die Buchforderung nur mit Zustimmung des Ehemanns verfügen kann.

1393 A 1; 1395 A 4; 1279 A 3; 1815 A 2; 2117 A 1.

Art 98

Unberührt bleiben die landesgesetzlichen Vorschriften über die Rückzahlung oder Umwandlung verzinslicher Staatsschulden, für die Inhaberpapiere ausgegeben oder die im Staatsschuldbuch eingetragen sind.

Vorbem 3 vor 793.

Art 99

Unberührt bleiben die landesgesetzlichen Vorschriften über die öffentlichen Sparkassen, unbeschadet der Vorschriften des § 808 des Bürgerlichen Gesetzbuchs und der Vorschriften des Bürgerlichen Gesetzbuchs über die Anlegung von Mündelgeld.

Vorbem 3 vor 793; 808 A 4; 1809 A 2.

Art 100

Unberührt bleiben die landesgesetzlichen Vorschriften, nach welchen bei Schuldverschreibungen auf den Inhaber, die der Bundesstaat oder eine ihm angehörende Körperschaft, Stiftung oder Anstalt des öffentlichen Rechtes ausstellt:

1. die Gültigkeit der Unterzeichnung von der Beobachtung einer besonderen Form abhängt, auch wenn eine solche Bestimmung in die Urkunde nicht aufgenommen ist;
2. der im § 804 Abs 1 des Bürgerlichen Gesetzbuchs bezeichnete Anspruch ausgeschlossen ist, auch wenn die Ausschließung in dem Zins- oder Rentenscheine nicht bestimmt ist.

Vorbem 3 vor 793; 793 A 5; 804 A 3, 4.

Art 101

Unberührt bleiben die landesgesetzlichen Vorschriften, welche den Bundesstaat oder ihm angehörende Körperschaften, Stiftungen und Anstalten des öffentlichen Rechtes abweichend von der Vorschrift des § 806 Satz 2 des Bürgerlichen Gesetzbuchs verpflichten, die von ihnen ausgestellten, auf den Inhaber lautenden Schuldverschreibungen auf den Namen eines bestimmten Berechtigten umzuschreiben, sowie die landesgesetzlichen Vorschriften, welche die sich aus der Umschreibung einer solchen Schuldverschreibung ergebenden Rechtsverhältnisse, mit Einschluß der Kraftloserklärung, regeln.

Vorbem 3 vor 793; 806 A 2; 1393 A 1; 1815 A 1; 2117 A 1.

Art 102

Unberührt bleiben die landesgesetzlichen Vorschriften über die Kraftloserklärung und die Zahlungssperre in Ansehung der im § 807 des Bürgerlichen Gesetzbuchs bezeichneten Urkunden.

Unberührt bleiben die landesgesetzlichen Vorschriften, welche für die Kraftloserklärung der im § 808 des Bürgerlichen Gesetzbuchs bezeichneten Urkunden ein anderes Verfahren als das Aufgebotsverfahren bestimmen.

Vorbem 3 vor 793; 799 A 5; 807 A 2; 808 A 4.

Art 103

Unberührt bleiben die landesgesetzlichen Vorschriften, nach welchen der Staat sowie Verbände und Anstalten, die auf Grund des öffentlichen Rechtes zur Gewährung von Unterhalt verpflichtet sind, Ersatz der für den Unterhalt gemachten Aufwendungen von der Person, welcher sie den Unterhalt gewährt haben, sowie von denjenigen verlangen können, welche nach den Vorschriften des Bürgerlichen Gesetzbuchs unterhaltspflichtig waren.

Vorbem 6 vor 677; Vorbem 2 vor 812; Vorbem 5 vor 1601.

Art 104

Unberührt bleiben die landesgesetzlichen Vorschriften über den Anspruch auf Rückerstattung mit Unrecht erhobener öffentlicher Abgaben oder Kosten eines Verfahrens.

Vorbem 2 vor 812.

Art 105

Unberührt bleiben die landesgesetzlichen Vorschriften, nach welchen der Unternehmer eines Eisenbahnbetriebs oder eines anderen mit gemeiner Gefahr verbundenen Betriebs für den aus dem Betrieb entstehenden Schaden in weiterem Umfang als nach den Vorschriften des Bürgerlichen Gesetzbuchs verantwortlich ist.

Vorbem 3 vor 823.

Art 106

Unberührt bleiben die landesgesetzlichen Vorschriften, nach welchen, wenn ein dem öffentlichen Gebrauche dienendes Grundstück zu einer Anlage oder zu einem Betriebe benutzt werden darf, der Unternehmer der Anlage oder des Betriebs für den Schaden verantwortlich ist, der bei dem öffentlichen Gebrauche des Grundstücks durch die Anlage oder den Betrieb verursacht wird.

Vorbem 3 vor 823.

Art 107

Unberührt bleiben die landesgesetzlichen Vorschriften über die Verpflichtung zum Ersatze des Schadens, der durch das Zuwiderhandeln gegen ein zum Schutze von Grundstücken erlassenes Strafgesetz verursacht wird.

Vorbem 3 vor 823.

Art 108

Unberührt bleiben die landesgesetzlichen Vorschriften über die Verpflichtung zum Ersatze des Schadens, der bei einer Zusammenrottung, einem Auflauf oder einem Aufruhr entsteht.

Vorbem 3 vor 823.

Art 109

Unberührt bleiben die landesgesetzlichen Vorschriften über die im öffentlichen Interesse erfolgende Entziehung, Beschädigung oder Benutzung einer Sache, Beschränkung des Eigentums und Entziehung oder Beschränkung von Rechten. Auf die nach landesgesetzlicher Vorschrift wegen eines solchen Eingriffs zu gewährende Entschädigung finden die Vorschriften der Artt 52, 53 Anwendung, soweit nicht die Landesgesetze ein anderes bestimmen.

291 A 1; 504 A 1; 571 A 6; 873 A 1; 875 A 1; 892 A 3; 903 A 3; 904 A 9; 906 A 1; 907 A 1; 925 A 1; 1018 A 1, 5; 1030 A 5; 1094 A 3; 1105 A 1; 1120 A 1; 1127 A 4; 1128 A 1.

Art 110

Unberührt bleiben die landesgesetzlichen Vorschriften, welche für den Fall, daß zerstörte Gebäude in anderer Lage wiederhergestellt werden, die Rechte an den beteiligten Grundstücken regeln.

1127 A 4.

Art 111

Unberührt bleiben die landesgesetzlichen Vorschriften, welche im öffentlichen Interesse das Eigentum in Ansehung tatsächlicher Verfügungen beschränken.

903 A 3; 921 A 8.

Art 112

Unberührt bleiben die landesgesetzlichen Vorschriften über die Behandlung der einem Eisenbahn- oder Kleinbahnunternehmen gewidmeten Grundstücke und sonstiger Vermögensgegenstände als Einheit (Bahneinheit), über die Veräußerung und Belastung einer solchen Bahneinheit oder ihrer Bestandteile, insbesondere die Belastung im Falle der Ausstellung von Teilschuldverschreibungen auf den Inhaber, und die sich dabei ergebenden Rechtsverhältnisse sowie über die Liquidation zum Zwecke der Befriedigung der Gläubiger, denen ein Recht auf abgesonderte Befriedigung aus den Bestandteilen der Bahneinheit zusteht.

Vorbem vor 873; 873 A 1; 890 A 1; 925 A 1; 1018 A 1; Vorbem 4 vor 1113; 1114 A 3; 1147 A 2.

Art 113

Unberührt bleiben die landesgesetzlichen Vorschriften über die Zusammenlegung von Grundstücken, über die Gemeinheitsteilung, die Regulierung der Wege, die Ordnung der gutsherrlich-bäuerlichen Verhältnisse sowie über die Ablösung, Umwandlung oder Einschränkung von Dienstbarkeiten und Reallasten. Dies gilt insbesondere auch von den Vorschriften, welche die durch ein Verfahren dieser Art begründeten gemeinschaftlichen Angelegenheiten zum Gegenstande haben oder welche sich auf den Erwerb des Eigentums, auf die Begründung, Änderung und Aufhebung von anderen Rechten an Grundstücken und auf die Berichtigung des Grundbuchs beziehen.

741 A 4; 873 A 1; 875 A 1; 877 A 4; 882 A 1; 890 A 1; 912 A 13; 914 A 2; 917 A 15; 925 A 1; 1008 A 1; 1018 A 1, 5; 1021 A 5; 1090 A 1; 1105 A 1, 4, 8; Vorbem 4 vor 1113; 1114 A 3; 1120 A 1.

Art 114

Unberührt bleiben die landesgesetzlichen Vorschriften, nach welchen die dem Staate oder einer öffentlichen Anstalt infolge der Ordnung der gutsherrlich-bäuerlichen Verhältnisse oder der Ablösung von Dienstbarkeiten, Reallasten oder der Oberlehnsherrlichkeit zustehenden Ablösungsrenten und sonstigen Reallasten zu ihrer Begründung und zur Wirksamkeit gegenüber dem öffentlichen Glauben des Grundbuchs nicht der Eintragung bedürfen.

Vorbem 2 vor 873; 892 A 3, 6; 901 A 5; 914 A 2; 917 A 15; 1018 A 1, 5; 1021 A 5; 1105 A 1, 4.

Art 115

Unberührt bleiben die landesgesetzlichen Vorschriften, welche die Belastung eines Grundstücks mit gewissen Grunddienstbarkeiten oder beschränkten persönlichen Dienstbarkeiten oder mit Reallasten untersagen oder beschränken, sowie die landesgesetzlichen Vorschriften, welche den Inhalt und das Maß solcher Rechte näher bestimmen.

903 A 3; 912 A 13; 914 A 2; 917 A 15; 1018 A 1, 5; 1020 A 6; 1021 A 5; 1076 A 1; 1090 A 1; 1105 A 1; 1111 A 2.

Art 116

Die in den Artt 113 bis 115 bezeichneten landesgesetzlichen Vorschriften finden keine Anwendung auf die nach den §§ 912, 916, 917 des Bürgerlichen Gesetzbuchs zu entrichtenden Geldrenten und auf die in den §§ 1021, 1022 des Bürgerlichen Gesetzbuchs bestimmten Unterhaltungspflichten.

903 A 3; 912 A 13; 914 A 2; 917 A 15; 1021 A 5; 1105 A 1.

Art 117

Unberührt bleiben die landesgesetzlichen Vorschriften, welche die Belastung eines Grundstücks über eine bestimmte Wertgrenze hinaus untersagen.

Unberührt bleiben die landesgesetzlichen Vorschriften, welche die Belastung eines Grundstücks mit einer unkündbaren Hypothek oder Grundschuld untersagen oder die Ausschließung des Kündigungsrechts des Eigentümers bei Hypothekenforderungen und Grundschulden zeitlich beschränken und bei Rentenschulden nur für eine kürzere als die im § 1202 Abs 2 des Bürgerlichen Gesetzbuchs bestimmte Zeit zulassen.

903 A 3; 1018 A 1; Vorbem 4 vor 1113; 1115 A 8; 1141 A 1; 1202 A 2.

Art 118

Unberührt bleiben die landesgesetzlichen Vorschriften, welche einer Geldrente, Hypothek, Grundschuld oder Rentenschuld, die dem Staate oder einer öffentlichen Anstalt wegen eines zur Verbesserung des belasteten Grundstücks gewährten Darlehens zusteht, den Vorrang vor anderen Belastungen des Grundstücks einräumen. Zugunsten eines Dritten finden die Vorschriften der §§ 892 893 des Bürgerlichen Gesetzbuchs Anwendung.

879 A 3, 4; 892 A 6; 1018 A 1; 1105 A 1.

Art 119

Unberührt bleiben die landesgesetzlichen Vorschriften, welche

1. die Veräußerung eines Grundstücks beschränken;
2. die Teilung eines Grundstücks oder die getrennte Veräußerung von Grundstücken, die bisher zusammen bewirtschaftet worden sind, untersagen oder beschränken;
3. die nach § 890 Abs 1 des Bürgerlichen Gesetzbuchs zulässige Vereinigung mehrerer Grundstücke oder die nach § 890 Abs 2 des Bürgerlichen Gesetzbuchs zulässige Zuschreibung eines Grundstücks zu einem anderen Grundstück untersagen oder beschränken.

135 A 2; 504 A 1; 741 A 4; 749 A 6; 890 A 1, 2; 903 A 3.

Art 120

Unberührt bleiben die landesgesetzlichen Vorschriften, nach welchen im Falle der Veräußerung eines Teiles eines Grundstücks dieser Teil von den Belastungen des Grundstücks befreit wird, wenn von der zuständigen Behörde festgestellt wird, daß die Rechtsänderung für die Berechtigten unschädlich ist.

Unberührt bleiben die landesgesetzlichen Vorschriften, nach welchen unter der gleichen Voraussetzung:

1. im Falle der Teilung eines mit einer Reallast belasteten Grundstücks die Reallast auf die einzelnen Teile des Grundstücks verteilt wird;
2. im Falle der Aufhebung eines dem jeweiligen Eigentümer eines Grundstücks an einem anderen Grundstücke zustehenden Rechtes die Zustimmung derjenigen nicht erforderlich ist, zu deren Gunsten das Grundstück des Berechtigten belastet ist;
3. in den Fällen des § 1128 des Bürgerlichen Gesetzbuchs und des Art 52 dieses Gesetzes der dem Eigentümer zustehende Entschädigungsanspruch von dem einem Dritten an dem Anspruche zustehenden Rechte befreit wird.

741 A 4; 875 A 1; 876 A 5; 890 A 1; 914 A 6; 1018 A 1; 1090 A 1; 1105 A 4; 1108 A 5; 1109 A 5; Vorbem 4 vor 1113; 1120 A 1; 1127 A 4.

Art 121

Unberührt bleiben die landesgesetzlichen Vorschriften, nach welchen im Falle der Teilung eines für den Staat oder eine öffentliche Anstalt mit einer Reallast belasteten Grundstücks nur ein Teil des Grundstücks mit der Reallast belastet bleibt und dafür zugunsten des jeweiligen Eigentümers dieses Teiles die übrigen Teile mit gleichartigen Reallasten belastet werden.

741 A 4; 1108 A 5.

Art 122

Unberührt bleiben die landesgesetzlichen Vorschriften, welche die Rechte des Eigentümers eines Grundstücks in Ansehung der auf der Grenze oder auf dem

Nachbargrundstücke stehenden Obstbäume abweichend von den Vorschriften des § 910 und des § 923 Abs 2 des Bürgerlichen Gesetzbuchs bestimmen.

910 A 2; 923 A 8.

Art 123

Unberührt bleiben die landesgesetzlichen Vorschriften, welche das Recht des Notwegs zum Zwecke der Verbindung eines Grundstücks mit einer Wasserstraße oder einer Eisenbahn gewähren.

917 A 5.

Art 124

Unberührt bleiben die landesgesetzlichen Vorschriften, welche das Eigentum an Grundstücken zugunsten der Nachbarn noch anderen als den im Bürgerlichen Gesetzbuche bestimmten Beschränkungen unterwerfen. Dies gilt insbesondere auch von den Vorschriften, nach welchen Anlagen sowie Bäume und Sträucher nur in einem bestimmten Abstande von der Grenze gehalten werden dürfen.

873 A 5; 906 A 1; 907 A 8, 9; 909 A 2, 5; 910 A 2; 912 A 5; 921 A 8; 1004 A 6.

Art 125

Unberührt bleiben die landesgesetzlichen Vorschriften, welche die Vorschrift des § 26 der Gewerbeordnung auf Eisenbahn-, Dampfschiffahrts- und ähnliche Verkehrsunternehmungen erstrecken.

906 A 1, 13; 907 A 1; 1004 A 4.

Art 126

Durch Landesgesetz kann das dem Staate an einem Grundstücke zustehende Eigentum auf einen Kommunalverband und das einem Kommunalverband an einem Grundstücke zustehende Eigentum auf einen anderen Kommunalverband oder auf den Staat übertragen werden.

873 A 1, 2; 925 A 1, 2.

Art 127

Unberührt bleiben die landesgesetzlichen Vorschriften über die Übertragung des Eigentums an einem Grundstücke, das im Grundbuche nicht eingetragen ist und nach den Vorschriften der Grundbuchordnung auch nach der Übertragung nicht eingetragen zu werden braucht.

Vorbem vor 873; 873 A 1; 883 A 9; 925 A 1; 927 A 1; 928 A 1.

Art 128

Unberührt bleiben die landesgesetzlichen Vorschriften über die Begründung und Aufhebung einer Dienstbarkeit an einem Grundstücke, das im Grundbuche nicht eingetragen ist und nach den Vorschriften der Grundbuchordnung nicht eingetragen zu werden braucht.

Vorbem vor 873; 1010 A 1; 1018 A 5; 1028 A 5; 1090 A 1; 1094 A 8.

Art 129

Unberührt bleiben die landesgesetzlichen Vorschriften, nach welchen das Recht zur Aneignung eines nach § 928 des Bürgerlichen Gesetzbuchs aufgegebenen Grundstücks an Stelle des Fiskus einer bestimmten anderen Person zusteht.

873 A 1; 928 A 6; 958 A 2.

Art 130

Unberührt bleiben die landesgesetzlichen Vorschriften über das Recht zur Aneignung der einem anderen gehörenden, im Freien betroffenen Tauben.

Art 131

Unberührt bleiben die landesgesetzlichen Vorschriften, welche für den Fall, daß jedem der Miteigentümer eines mit einem Gebäude versehenen Grundstücks die ausschließliche Benutzung eines Teiles des Gebäudes eingeräumt ist, das Gemeinschaftsverhältnis näher bestimmen, die Anwendung der §§ 749 bis 751 des Bürgerlichen Gesetzbuchs ausschließen und für den Fall des Konkurses über das Vermögen eines Miteigentümers dem Konkursverwalter das Recht, die Aufhebung der Gemeinschaft zu verlangen, versagen.

741 A 4; 749 A 6; 1010 A 1.

Art 132

Unberührt bleiben die landesgesetzlichen Vorschriften über die Kirchenbaulast und die Schulbaulast.

Vorbem vor 194; 1105 A 1.

Art 133

Unberührt bleiben die landesgesetzlichen Vorschriften über das Recht zur Benutzung eines Platzes in einem dem öffentlichen Gottesdienste gewidmeten Gebäude oder auf einer öffentlichen Begräbnisstätte.

Vorbem vor 194; 1024 A 1; 1090 A 1; 1968 A 1, 2.

Art 134

Unberührt bleiben die landesgesetzlichen Vorschriften über die religiöse Erziehung der Kinder.

1631 A 1; Ges. über die religiöse Kindererziehung § 8 (nach § 1631).

Art 135

Unberührt bleiben die landesgesetzlichen Vorschriften über die Zwangserziehung Minderjähriger. Die Zwangserziehung ist jedoch, unbeschadet der Vorschriften der §§ 55, 56 des Strafgesetzbuchs nur zulässig, wenn sie von dem Vormundschaftsgericht angeordnet wird. Die Anordnung kann außer den Fällen der §§ 1666, 1838 des Bürgerlichen Gesetzbuchs nur erfolgen, wenn die Zwangserziehung zur Verhütung des völligen sittlichen Verderbens notwendig ist.

Die Landesgesetze können die Entscheidung darüber, ob der Minderjährige, dessen Zwangserziehung angeordnet ist, in einer Familie oder in einer Erziehungs- oder Besserungsanstalt unterzubringen sei, einer Verwaltungsbehörde übertragen, wenn die Unterbringung auf öffentliche Kosten zu erfolgen hat.

823 A 10; Vorbem 5 vor 1616.

Art 136

Unberührt bleiben die landesgesetzlichen Vorschriften, nach welchen

1. *der Vorstand einer unter staatlicher Verwaltung oder Aufsicht stehenden Erziehungs- oder Verpflegungsanstalt oder ein Beamter alle oder einzelne Rechte und Pflichten eines Vormundes für diejenigen Minderjährigen hat, welche in der Anstalt oder unter der Aufsicht des Vorstandes oder des Beamten in einer von ihm ausgewählten Familie oder Anstalt erzogen oder verpflegt werden, und der Vorstand der Anstalt oder der Beamte auch nach der Beendigung der Erziehung oder der Verpflegung bis zur Volljährigkeit des Mündels diese Rechte und Pflichten behält, unbeschadet der Befugnis des Vormundschaftsgerichts, einen anderen Vormund zu bestellen;*
2. *die Vorschriften der Nr 1 bei unehelichen Minderjährigen auch dann gelten, wenn diese unter der Aufsicht des Vorstandes oder des Beamten in der mütterlichen Familie erzogen oder verpflegt werden;*

3. der Vorstand einer unter staatlicher Verwaltung oder Aufsicht stehenden Erziehungs- oder Verpflegungsanstalt oder ein von ihm bezeichneter Angestellter der Anstalt oder ein Beamter vor den nach § 1776 des Bürgerlichen Gesetzbuchs als Vormünder berufenen Personen zum Vormunde der in Nr 1, 2 bezeichneten Minderjährigen bestellt werden kann;

4. im Falle einer nach den Vorschriften der Nr 1 bis 3 stattfindenden Bevormundung ein Gegenvormund nicht zu bestellen ist und dem Vormunde die nach § 1852 des Bürgerlichen Gesetzbuchs zulässigen Befreiungen zustehen.

1773 A 4; 1776 A 1; 1782 A 1; 1792 A 1; 1852 A 1; 1885 A 2; 1897 A 1.

Art 137

Unberührt bleiben die landesgesetzlichen Vorschriften über die Grundsätze, nach denen in den Fällen des § 1515 Abs 2, 3 und der §§ 2049, 2312 des Bürgerlichen Gesetzbuchs der Ertragswert eines Landguts festzustellen ist.

1515 A 9; Vorbem 2 vor 1922; 2049 A 2.

Art 138

Unberührt bleiben die landesgesetzlichen Vorschriften, nach welchen im Falle des § 1936 des Bürgerlichen Gesetzbuchs an Stelle des Fiskus eine Körperschaft, Stiftung oder Anstalt des öffentlichen Rechtes gesetzlicher Erbe ist.

Vorbem 2 vor 1922; 1936 A 4; 2011 A 3.

Art 139

Unberührt bleiben die landesgesetzlichen Vorschriften, nach welchen dem Fiskus oder einer anderen juristischen Person in Ansehung des Nachlasses einer verpflegten oder unterstützten Person ein Erbrecht, ein Pflichtteilsanspruch oder ein Recht auf bestimmte Sachen zusteht.

Vorbem 2 vor 1922; 1936 A 1; 2011 A 3.

Art 140

Unberührt bleiben die landesgesetzlichen Vorschriften, nach welchen das Nachlaßgericht auch unter anderen als den im § 1960 Abs 1 des Bürgerlichen Gesetzbuchs bezeichneten Voraussetzungen die Anfertigung eines Nachlaßverzeichnisses sowie bis zu dessen Vollendung die erforderlichen Sicherungsmaßregeln, insbesondere die Anlegung von Siegeln, von Amts wegen anordnen kann oder soll.

Vorbem 2 vor 1922; 1960 A 1.

Art 141

Die Landesgesetze können bestimmen, daß für die Beurkundung von Rechtsgeschäften, die nach den Vorschriften des Bürgerlichen Gesetzbuchs gerichtlicher oder notarieller Beurkundung bedürfen, entweder nur die Gerichte oder nur die Notare zuständig sind.

128 A 1; 518 A 2; 873 A 14; 1434 A 2; 1491 A 7; 1501 A 8; 1516 A 4; Vorbem 2 vor 1922; 2033 A 4; 2231 A 2; 2232 A 1; 2276 A 1; 2291 A 3; 2296 A 3; 2348 A 1; 2356 A 4.

Art 142

Unberührt bleiben die landesgesetzlichen Vorschriften, welche in Ansehung der in dem Gebiete des Bundesstaats liegenden Grundstücke bestimmen, daß für die Beurkundung des im § 313 des Bürgerlichen Gesetzbuchs bezeichneten Vertrags sowie für die nach § 873 Abs 2 des Bürgerlichen Gesetzbuchs zur Bindung der Beteiligten erforderliche Beurkundung der Erklärungen außer den Gerichten und Notaren auch andere Behörden und Beamte zuständig sind.

128 A 1; 313 A 4; 873 A 14.

Art 143

Unberührt bleiben die landesgesetzlichen Vorschriften, welche in Ansehung der in dem Gebiete des Bundesstaats liegenden Grundstücke bestimmen, daß die Einigung der Parteien in den Fällen der §§ 925, 1015 des Bürgerlichen Gesetzbuchs außer vor dem Grundbuchamt auch vor Gericht, vor einem Notar, vor einer anderen Behörde oder vor einem anderen Beamten erklärt werden kann.

Unberührt bleiben die landesgesetzlichen Vorschriften, nach welchen es bei der Auflassung eines Grundstücks der gleichzeitigen Anwesenheit beider Teile nicht bedarf, wenn das Grundstück durch ein Gericht oder einen Notar versteigert worden ist und die Auflassung noch in dem Versteigerungstermine stattfindet.

873 A 14; 892 A 13; 925 A 5, 10, 11, 12, 13.

Art 144

Unberührt bleiben die landesgesetzlichen Vorschriften über die sachliche und örtliche Zuständigkeit der Hinterlegungsstellen. Die Landesgesetze können bestimmen, daß die Anlegung von Mündelgeld nach § 1808 des Bürgerlichen Gesetzbuchs bei den Hinterlegungsstellen des Bundesstaats nicht stattfindet.

233 A 1; 374 A 1; 380 A 1; 1077 A 1; 1082 A 2; 1392 A 5; 1808 A 2; 1814 A 2; 1960 A 3; 2116 A 1; 2119 A 1.

Art 145

Die Landesgesetze können über die Hinterlegung nähere Bestimmungen treffen, insbesondere den Nachweis der Empfangsberechtigung regeln und vorschreiben, daß die hinterlegten Gelder und Wertpapiere gegen die Verpflichtung zur Rückerstattung in das Eigentum des Fiskus oder der als Hinterlegungsstelle bestimmten Anstalt übergehen, daß der Verkauf der hinterlegten Sachen von Amts wegen angeordnet werden kann sowie daß der Anspruch auf Rückerstattung mit dem Ablauf einer gewissen Zeit oder unter sonstigen Voraussetzungen zugunsten des Fiskus oder der Hinterlegungsanstalt erlischt. In den Fällen des § 382, des § 1171 Abs 3 und des § 1269 Satz 3 des Bürgerlichen Gesetzbuchs muß dem Hinterleger die Rücknahme des hinterlegten Betrags mindestens während eines Jahres von dem Zeitpunkt an gestattet werden, mit welchem das Recht des Gläubigers auf den hinterlegten Betrag erlischt.

Von einer gerichtlichen Anordnung kann die Hinterlegung nicht abhängig gemacht werden.

372 A 1; 380 A 1; 382 A 2; 687 A 3; 1077 A 1; 1082 A 2; 1171 A 5; 1392 A 5; 1814 A 2; 2116 A 1.

Art 146

Ist durch Landesgesetz bestimmt, daß die Hinterlegungsstellen auch andere Sachen als Geld, Wertpapiere und sonstige Urkunden sowie Kostbarkeiten anzunehmen haben, so finden auf Schuldverhältnisse, die auf Leistung derartiger Sachen gerichtet sind, die Vorschriften der §§ 372 bis 382 des Bürgerlichen Gesetzbuchs Anwendung.

372 A 1; 380 A 1; 383 A 1; 1818 A 1; 2039 A 3; 2116 A 1.

Art 147

Unberührt bleiben die landesgesetzlichen Vorschriften, nach welchen für die dem Vormundschaftsgericht oder dem Nachlaßgericht obliegenden Verrichtungen andere als gerichtliche Behörden zuständig sind.

Sind durch Landesgesetz die Verrichtungen des Nachlaßgerichts einer anderen Behörde als einem Gericht übertragen, so ist für die Abnahme des im § 2006 des Bürgerlichen Gesetzbuchs vorgeschriebenen Offenbarungseids das Amtsgericht zuständig, in dessen Bezirke die Nachlaßbehörde ihren Sitz hat.

3 A 2; 1336 A 4; 1337 A 5; 1342 A 2; 1358 A 6; 1491 A 4; 1493 A 3; 1507 A 1; Vorbem 4 vor 1773 1848 A 1; Vorbem 2 vor 1922; 2003 A 1; 2006 A 2; 2146 A 1; 2259 A 2; 2282 A 7; 2353 A 1.

Art 148

Die Landesgesetze können die Zuständigkeit des Nachlaßgerichts zur Aufnahme des Inventars ausschließen.

Vorbem 2 vor 1922; 2003 A 1.

Art 149

Unberührt bleiben die landesgesetzlichen Vorschriften, nach welchen bei der Errichtung einer Verfügung von Todes wegen der Richter an Stelle des Gerichtsschreibers oder der zwei Zeugen eine besonders dazu bestellte Urkundsperson zuziehen kann.

Auf die Urkundsperson finden die Vorschriften der §§ 2234 bis 2236 des Bürgerlichen Gesetzbuchs Anwendung.

Vorbem 2 vor 1922; 2233 A 1; 2234 A 1.

Art 150

Unberührt bleiben die landesgesetzlichen Vorschriften, nach welchen im Falle des § 2249 des Bürgerlichen Gesetzbuchs an Stelle des Vorstehers oder neben dem Vorsteher eine andere amtlich bestellte Person zuständig ist.

Vorbem 2 vor 1922; 2249 A 2.

Art 151

Durch die Vorschriften der §§ 2234 bis 2245, 2276 des Bürgerlichen Gesetzbuchs und des Art 149 dieses Gesetzes werden die allgemeinen Vorschriften der Landesgesetze über die Errichtung gerichtlicher oder notarieller Urkunden nicht berührt. Ein Verstoß gegen eine solche Vorschrift ist, unbeschadet der Vorschriften über die Folgen des Mangels der sachlichen Zuständigkeit, ohne Einfluß auf die Gültigkeit der Verfügung von Todes wegen.

Vorbem 2 vor 1922; 2232 A 1; 2237 A 1; 2240 A 1; 2241 A 1; 2276 A 1.

Art 152

Unberührt bleiben die landesgesetzlichen Vorschriften, welche für die nicht nach den Vorschriften der Zivilprozeßordnung zu erledigenden Rechtsstreitigkeiten die Vorgänge bestimmen, mit denen die nach den Vorschriften des Bürgerlichen Gesetzbuchs an die Klagerhebung und an die Rechtshängigkeit geknüpften Wirkungen eintreten. Soweit solche Vorschriften fehlen, finden die Vorschriften der Zivilprozeßordnung entsprechende Anwendung.

987 A 2.

Vierter Abschnitt

Übergangsvorschriften

Art 153

Wer zur Zeit des Inkrafttretens des Bürgerlichen Gesetzbuchs nicht das einundzwanzigste Lebensjahr vollendet hat, aber für volljährig erklärt ist oder sonst die rechtliche Stellung eines Volljährigen erlangt hat, steht von dieser Zeit an einem Volljährigen gleich.

Vorbem 8 vor 1; 2 A 2; 104 A 7; 106 A 1; Vorbem 7 vor 1773.

Art 154

Wer nach den französischen oder den badischen Gesetzen emanzipiert oder aus der Gewalt entlassen ist, steht von dem Inkrafttreten des Bürgerlichen Gesetzbuchs an, wenn er zu dieser Zeit das achtzehnte Lebensjahr vollendet hat, einem Volljährigen, anderenfalls einem Minderjährigen gleich.

Vorbem 8 vor 1; 104 A 7; 106 A 1; Vorbem 7 vor 1773.

Art 155

Wer zur Zeit des Inkrafttretens des Bürgerlichen Gesetzbuchs wegen Geisteskrankheit entmündigt ist, steht von dieser Zeit an einem nach den Vorschriften des Bürgerlichen Gesetzbuchs wegen Geisteskrankheit Entmündigten gleich.

Vorbem 8 vor 1; 6 A 7; 104 A 7; 114 A 2; Vorbem 7 vor 1773.

Art 156

Wer zur Zeit des Inkrafttretens des Bürgerlichen Gesetzbuchs wegen Verschwendung entmündigt ist, steht von dieser Zeit an einem nach den Vorschriften des Bürgerlichen Gesetzbuchs wegen Verschwendung Entmündigten gleich.

Dasselbe gilt von demjenigen, für welchen nach den französischen oder den badischen Gesetzen wegen Verschwendung die Bestellung eines Beistandes angeordnet ist.

Vorbem 8 vor 1; 6 A 7; 104 A 7; 114 A 2; Vorbem 7 vor 1773.

Art 157

Die Vorschriften der französischen und der badischen Gesetze über den erwählten Wohnsitz bleiben für Rechtsverhältnisse, die sich nach diesen Gesetzen bestimmen, in Kraft, sofern der Wohnsitz vor dem Inkrafttreten des Bürgerlichen Gesetzbuchs erwählt worden ist.

7 A 1.

Art 158

Die Wirkungen einer vor dem Inkrafttreten des Bürgerlichen Gesetzbuchs erfolgten Todeserklärung bestimmen sich nach den bisherigen Gesetzen, soweit sich nicht aus den Artt 159, 160 ein anderes ergibt.

13 A 3.

Art 159

Der Ehegatte einer vor dem Inkrafttreten des Bürgerlichen Gesetzbuchs für tot erklärten Person kann nach dem Inkrafttreten des Bürgerlichen Gesetzbuchs eine neue Ehe eingehen, auch wenn die Wiederverheiratung nach den bisherigen Gesetzen nicht zulässig sein würde. Die Vorschriften der §§ 1348 bis 1352 des Bürgerlichen Gesetzbuchs finden entsprechende Anwendung.

13 A 3; 1348 A 2.

Art 160

Soweit nach den Vorschriften des Bürgerlichen Gesetzbuchs infolge einer Todeserklärung die elterliche Gewalt des Verschollenen, die Vormundschaft, die Pflegschaft sowie das Amt als Vormund, Gegenvormund, Pfleger, Beistand oder Mitglied eines Familienrats endigt, gelten diese Vorschriften von dem Inkrafttreten des Bürgerlichen Gesetzbuchs an auch für eine vorher erfolgte Todeserklärung.

13 A 3.

Art 161

Ein zur Zeit des Inkrafttretens des Bürgerlichen Gesetzbuchs anhängiges Verfahren, das eine Todeserklärung, eine Verschollenheitserklärung oder die

Einweisung des mutmaßlichen Erben in den Besitz oder Genuß des Vermögens eines Verschollenen zum Gegenstande hat, ist nach den bisherigen Gesetzen zu erledigen.

Ist vor dem Inkrafttreten des Bürgerlichen Gesetzbuchs eine Verschollenheitserklärung oder die vorläufige Einweisung des mutmaßlichen Erben in den Besitz oder Genuß des Vermögens eines Verschollenen erfolgt, so sind die bisherigen Gesetze auch für die Todeserklärung sowie für die endgültige Einweisung maßgebend.

Nach den bisherigen Gesetzen bestimmen sich auch die Wirkungen der nach Abs 1, 2 ergehenden Entscheidungen. Im Falle der Todeserklärung finden die Vorschriften der Artt 159, 160 Anwendung.

13 A 3.

Art 162

Soweit eine nach den bisherigen Gesetzen erfolgte oder nach Art 161 Abs 2 zulässige endgültige Einweisung des mutmaßlichen Erben in den Besitz oder Genuß des Vermögens des Verschollenen ohne Einfluß auf Rechtsverhältnisse ist, auf die sich die Wirkungen der Todeserklärung nach dem Bürgerlichen Gesetzbuch erstrecken, ist nach dem Inkrafttreten des Bürgerlichen Gesetzbuchs eine Todeserklärung nach dessen Vorschriften zulässig; die Wirkungen beschränken sich auf diese Rechtsverhältnisse.

Art 163

Auf die zur Zeit des Inkrafttretens des Bürgerlichen Gesetzbuchs bestehenden juristischen Personen finden von dieser Zeit an die Vorschriften der §§ 25 bis 53, 85 bis 89 des Bürgerlichen Gesetzbuchs Anwendung, soweit sich nicht aus den Artt 164 bis 166 ein anderes ergibt.

Vorbem 5 vor 21.

Art 164

In Kraft bleiben die landesgesetzlichen Vorschriften über die zur Zeit des Inkrafttretens des Bürgerlichen Gesetzbuchs bestehenden Realgemeinden und ähnlichen Verbände, deren Mitglieder als solche zu Nutzungen an land- und forstwirtschaftlichen Grundstücken, an Mühlen, Brauhäusern und ähnlichen Anlagen berechtigt sind. Es macht keinen Unterschied, ob die Realgemeinden oder sonstigen Verbände juristische Personen sind oder nicht und ob die Berechtigung der Mitglieder an Grundbesitz geknüpft ist oder nicht.

Vorbem 5 vor 21; 741 A 4; 1018 A 1.

Art 165

In Kraft bleiben die Vorschriften der bayerischen Gesetze, betreffend die privatrechtliche Stellung der Vereine sowie der Erwerbs- und Wirtschaftsgesellschaften, vom 29. April 1869 in Ansehung derjenigen Vereine und registrierten Gesellschaften, welche auf Grund dieser Gesetze zur Zeit des Inkrafttretens des Bürgerlichen Gesetzbuchs bestehen.

Vorbem 5 vor 21.

Art 166

In Kraft bleiben die Vorschriften des sächsischen Gesetzes vom 15. Juni 1868, betreffend die juristischen Personen, in Ansehung derjenigen Personenvereine, welche zur Zeit des Inkrafttretens des Bürgerlichen Gesetzbuchs die Rechtsfähigkeit durch Eintragung in das Genossenschaftsregister erlangt haben.

Vorbem 5 vor 21.

Art 167

In Kraft bleiben die landesgesetzlichen Vorschriften, welche die zur Zeit des Inkrafttretens des Bürgerlichen Gesetzbuchs bestehenden landschaftlichen oder ritterschaftlichen Kreditanstalten betreffen.

Vorbem 5 vor 21; 25 A 2; 96 A 1; 97 A 2; Vorbem 2 vor § 873 a. E.; Vorbem 4 vor 1113; 1115 A 4, 5, 10; 1143 A 2; 1163 A 1, 5.

Art 168

Eine zur Zeit des Inkrafttretens des Bürgerlichen Gesetzbuchs bestehende Verfügungsbeschränkung bleibt wirksam, unbeschadet der Vorschriften des Bürgerlichen Gesetzbuchs zugunsten derjenigen, welche Rechte von einem Nichtberechtigten herleiten.

135 A 2; 137 A 6; 1094 A 5; 1809 A 2.

Art 169

Die Vorschriften des Bürgerlichen Gesetzbuchs über die Verjährung finden auf die vor dem Inkrafttreten des Bürgerlichen Gesetzbuchs entstandenen, noch nicht verjährten Ansprüche Anwendung. Der Beginn sowie die Hemmung und Unterbrechung der Verjährung bestimmen sich jedoch für die Zeit vor dem Inkrafttreten des Bürgerlichen Gesetzbuchs nach den bisherigen Gesetzen.

Ist die Verjährungsfrist nach dem Bürgerlichen Gesetzbuche kürzer als nach den bisherigen Gesetzen, so wird die kürzere Frist von dem Inkrafttreten des Bürgerlichen Gesetzbuchs an berechnet. Läuft jedoch die in den bisherigen Gesetzen bestimmte längere Frist früher als die im Bürgerlichen Gesetzbuche bestimmte kürzere Frist ab, so ist die Verjährung mit dem Ablaufe der längeren Frist vollendet.

Vorbem vor 194; 852 A 7; 900 A 1; 937 A 1; Vorbem 4 vor 1030; 1571 A 5; Vorbem 3 vor 1922.

Art 170

Für ein Schuldverhältnis, das vor dem Inkrafttreten des Bürgerlichen Gesetzbuchs entstanden ist, bleiben die bisherigen Gesetze maßgebend.

Vorbem 8 vor 1; Vorbem 5 vor 21; 125 A 7; 186 A 3; 246 A 3; 259 A 3; 283 A 5; 519 A 1; Vorbem 7 vor 535; Vorbem 3 vor 631; Vorbem 3 vor 705; 724 A 2; 741 A 4; 762 A 7; Vorbem 8 vor 823; 1360 A 1.

Art 171

Ein zur Zeit des Inkrafttretens des Bürgerlichen Gesetzbuchs bestehendes Miet-, Pacht- oder Dienstverhältnis bestimmt sich, wenn nicht die Kündigung nach dem Inkrafttreten des Bürgerlichen Gesetzbuchs für den ersten Termin erfolgt, für den sie nach den bisherigen Gesetzen zulässig ist, von diesem Termin an nach den Vorschriften des Bürgerlichen Gesetzbuchs.

Vorbem 8 vor 1; Vorbem 7 vor 535; Vorbem 6 vor 611.

Art 172

Wird eine Sache, die zur Zeit des Inkrafttretens des Bürgerlichen Gesetzbuchs vermietet oder verpachtet war, nach dieser Zeit veräußert oder mit einem Rechte belastet, so hat der Mieter oder Pächter dem Erwerber der Sache oder des Rechtes gegenüber die im Bürgerlichen Gesetzbuche bestimmten Rechte. Weitergehende Rechte des Mieters oder Pächters, die sich aus den bisherigen Gesetzen ergeben, bleiben unberührt, unbeschadet der Vorschrift des Art 171.

Vorbem 7b vor 535; 892 A 7.

Art 173

Auf eine zur Zeit des Inkrafttretens des Bürgerlichen Gesetzbuchs bestehende Gemeinschaft nach Bruchteilen finden von dieser Zeit an die Vorschriften des Bürgerlichen Gesetzbuchs Anwendung.

741 A 4; 921 A 8; 1094 A 5; 2032 A 4.

Art 174

Von dem Inkrafttreten des Bürgerlichen Gesetzbuchs an gelten für die vorher ausgestellten Schuldverschreibungen auf den Inhaber die Vorschriften der §§ 798 bis 800, 802, 804 und des § 806 Satz 1 des Bürgerlichen Gesetzbuchs. Bei den auf Sicht zahlbaren unverzinslichen Schuldverschreibungen sowie bei Zins-, Renten- und Gewinnanteilscheinen bleiben jedoch für die Kraftloserklärung und die Zahlungssperre die bisherigen Gesetze maßgebend.

Die Verjährung der Ansprüche aus den vor dem Inkrafttreten des Bürgerlichen Gesetzbuchs ausgestellten Schuldverschreibungen auf den Inhaber bestimmt sich, unbeschadet der Vorschriften des § 802 des Bürgerlichen Gesetzbuchs, nach den bisherigen Gesetzen.

Vorbem 8 vor 1; Vorbem 3 vor 793; 798 A 1; 799 A 5; 801 A 3; 802 A 1; 803 A 3; 804 A 4; 806 A 1.

Art 175

Für Zins-, Renten- und Gewinnanteilscheine, die nach dem Inkrafttreten des Bürgerlichen Gesetzbuchs für ein vor dieser Zeit ausgestelltes Inhaberpapier ausgegeben werden, sind die Gesetze maßgebend, welche für die vor dem Inkrafttreten des Bürgerlichen Gesetzbuchs ausgegebenen Scheine gleicher Art gelten.

Vorbem 3 vor 793; 803 A 3; 804 A 4.

Art 176

Die Außerkurssetzung von Schuldverschreibungen auf den Inhaber findet nach dem Inkrafttreten des Bürgerlichen Gesetzbuchs nicht mehr statt. Eine vorher erfolgte Außerkurssetzung verliert mit dem Inkrafttreten des Bürgerlichen Gesetzbuchs ihre Wirkung.

Vorbem 3 vor 793; 799 A 5; 1809 A 1.

Art 177

Von dem Inkrafttreten des Bürgerlichen Gesetzbuchs an gelten für vorher ausgegebene Urkunden der im § 808 des Bürgerlichen Gesetzbuchs bezeichneten Art, sofern der Schuldner nur gegen Aushändigung der Urkunde zur Leistung verpflichtet ist, die Vorschriften des § 808 Abs 2 Satz 2, 3 des Bürgerlichen Gesetzbuchs und des Art 102 Abs 2 dieses Gesetzes.

Vorbem 8 vor 1; Vorbem 3 vor 793; 808 A 4.

Art 178

Ein zur Zeit des Inkrafttretens des Bürgerlichen Gesetzbuchs anhängiges Verfahren, das die Kraftloserklärung einer Schuldverschreibung auf den Inhaber oder einer Urkunde der im § 808 des Bürgerlichen Gesetzbuchs bezeichneten Art oder die Zahlungssperre für ein solches Papier zum Gegenstande hat, ist nach den bisherigen Gesetzen zu erledigen. Nach diesen Gesetzen bestimmen sich auch die Wirkungen des Verfahrens und der Entscheidung.

Vorbem 3 vor 793; 799 A 5; 808 A 4.

Art 179

Hat ein Anspruch aus einem Schuldverhältnisse nach den bisherigen Gesetzen durch Eintragung in ein öffentliches Buch Wirksamkeit gegen Dritte erlangt, so behält er diese Wirksamkeit auch nach dem Inkrafttreten des Bürgerlichen Gesetzbuchs.

Vorbem 3 vor 535.

Art 180

Auf ein zur Zeit des Inkrafttretens des Bürgerlichen Gesetzbuchs bestehendes Besitzverhältnis finden von dieser Zeit an, unbeschadet des Art 191, die Vorschriften des Bürgerlichen Gesetzbuchs Anwendung.

Vorbem 8 vor 1; 854 A 6.

Art 181

Auf das zur Zeit des Inkrafttretens des Bürgerlichen Gesetzbuchs bestehende Eigentum finden von dieser Zeit an die Vorschriften des Bürgerlichen Gesetzbuchs Anwendung.

Steht zur Zeit des Inkrafttretens des Bürgerlichen Gesetzbuchs das Eigentum an einer Sache mehreren nicht nach Bruchteilen zu oder ist zu dieser Zeit ein Sondereigentum an stehenden Erzeugnissen eines Grundstücks, insbesondere an Bäumen, begründet, so bleiben diese Rechte bestehen.

Vorbem 8 vor 1; 93 A 7; 95 A 1; 283 A 5; 741 A 4; 890 A 6; 891 A 1; 903 A 1; 910 A 4; 912 A 1; 917 A 15; 921 A 8; 953 A 3; 1004 A 7; 1094 A 5.

Art 182

Das zur Zeit des Inkrafttretens des Bürgerlichen Gesetzbuchs bestehende Stockwerkseigentum bleibt bestehen. Das Rechtsverhältnis der Beteiligten untereinander bestimmt sich nach den bisherigen Gesetzen.

93 A 7; 741 A 4; 749 A 6; 752 A 2; 891 A 1; 903 A 1; 1008 A 1; 1010 A 1; 1113 A 1; VO über das Erbbaurecht 1 A 11.

Art 183

Zugunsten eines Grundstücks, das zur Zeit des Inkrafttretens des Bürgerlichen Gesetzbuchs mit Wald bestanden ist, bleiben die landesgesetzlichen Vorschriften, welche die Rechte des Eigentümers eines Nachbargrundstücks in Ansehung der auf der Grenze oder auf dem Waldgrundstücke stehenden Bäume und Sträucher abweichend von den Vorschriften des § 910 und des § 923 Abs 2, 3 des Bürgerlichen Gesetzbuchs bestimmen, bis zur nächsten Verjüngung des Waldes in Kraft.

Vorbem 8 vor 1; 903 A 1; 910 A 2; 923 A 8.

Art 184

Rechte, mit denen eine Sache oder ein Recht zur Zeit des Inkrafttretens des Bürgerlichen Gesetzbuchs belastet ist, bleiben mit dem sich aus den bisherigen Gesetzen ergebenden Inhalt und Range bestehen, soweit sich nicht aus den Artt 192 bis 195 ein anderes ergibt. Von dem Inkrafttreten des Bürgerlichen Gesetzbuchs an gelten jedoch für ein Erbbaurecht die Vorschriften des § 1017, für eine Grunddienstbarkeit die Vorschriften der §§ 1020 bis 1028 des Bürgerlichen Gesetzbuchs.

Vorbem 8 vor 1; 498 A 1; 560 A 1; 873 A 6; 879 A 3, 4; 891 A 1; 892 A 3, 7; 894 A 1 a. E.; 1018 A 1, 5; 1020 A 6; 1021 A 5; 1023 A 7; 1024 A 4; 1025 A 6; 1026 A 3; 1027 A 4; 1028 A 5; Vorbem 4 vor 1030; 1090 A 1; 1094 A 5; 1105 A 1; 1110 A 1; Vorbem 6 vor 1113; 1138 A 1; 1252 A 6; VO über das Erbbaurecht 38 A 1 f.

Art 185

Ist zur Zeit des Inkrafttretens des Bürgerlichen Gesetzbuchs die Ersitzung des Eigentums oder Nießbrauchs an einer beweglichen Sache noch nicht vollendet, so finden auf die Ersitzung die Vorschriften des Art 169 entsprechende Anwendung.

937 A 1; Vorbem 4 vor 1030.

Art 186

Das Verfahren, in welchem die Anlegung der Grundbücher erfolgt, sowie der Zeitpunkt, in welchem das Grundbuch für einen Bezirk als angelegt anzusehen ist, werden für jeden Bundesstaat durch landesherrliche Verordnung bestimmt.

Ist das Grundbuch für einen Bezirk als angelegt anzusehen, so ist die Anlegung auch für solche zu dem Bezirke gehörende Grundstücke, die noch kein Blatt im Grundbuche haben, als erfolgt anzusehen, soweit nicht bestimmte Grundstücke durch besondere Anordnung ausgenommen sind.

Vorbem vor 873; 891 A 1; 892 A 6; 900 A 1; 903 A 1; 925 A 1; 1018 A 1; 1120 A 1.

Art 187

Eine Grunddienstbarkeit, die zu der Zeit besteht, zu welcher das Grundbuch als angelegt anzusehen ist, bedarf zur Erhaltung der Wirksamkeit gegenüber dem öffentlichen Glauben des Grundbuchs nicht der Eintragung. Die Eintragung hat jedoch zu erfolgen, wenn sie von dem Berechtigten oder von dem Eigentümer des belasteten Grundstücks verlangt wird; die Kosten sind von demjenigen zu tragen und vorzuschießen, welcher die Eintragung verlangt.

Durch Landesgesetz kann bestimmt werden, daß die bestehenden Grunddienstbarkeiten oder einzelne Arten zur Erhaltung der Wirksamkeit gegenüber dem öffentlichen Glauben des Grundbuchs bei der Anlegung des Grundbuchs oder später in das Grundbuch eingetragen werden müssen. Die Bestimmung kann auf einzelne Grundbuchbezirke beschränkt werden.

873 A 6; 879 A 3; 889 A 2; 892 A 3, 6; 894 A 1 a. E.; 1018 A 1, 5; 1027 A 4; 1028 A 5; 1094 A 5.

Art 188

Durch landesherrliche Verordnung kann bestimmt werden, daß gesetzliche Pfandrechte, die zu der Zeit bestehen, zu welcher das Grundbuch als angelegt anzusehen ist, zur Erhaltung der Wirksamkeit gegenüber dem öffentlichen Glauben des Grundbuchs während einer zehn Jahre nicht übersteigenden, von dem Inkrafttreten des Bürgerlichen Gesetzbuchs an zu berechnenden Frist nicht der Eintragung bedürfen.

Durch landesherrliche Verordnung kann bestimmt werden, daß Mietrechte und Pachtrechte, welche zu der im Abs 1 bezeichneten Zeit als Rechte an einem Grundstücke bestehen, zur Erhaltung der Wirksamkeit gegenüber dem öffentlichen Glauben des Grundbuchs nicht der Eintragung bedürfen.

Vorbem 3 vor 535; 892 A 6; Vorbem 6 vor 1113.

Art 189

Der Erwerb und Verlust des Eigentums sowie die Begründung, Übertragung, Belastung und Aufhebung eines anderen Rechtes an einem Grundstück oder eines Rechtes an einem solchen Rechte erfolgen auch nach dem Inkrafttreten des Bürgerlichen Gesetzbuchs nach den bisherigen Gesetzen, bis das Grundbuch als angelegt anzusehen ist. Das gleiche gilt von der Änderung des Inhalts und des Ranges der Rechte. Ein nach den Vorschriften des Bürgerlichen Gesetzbuchs unzulässiges Recht kann nach dem Inkrafttreten des Bürgerlichen Gesetzbuchs nicht mehr begründet werden.

Ist zu der Zeit, zu welcher das Grundbuch als angelegt anzusehen ist, der Besitzer als der Berechtigte im Grundbuch eingetragen, so finden auf eine zu dieser Zeit noch nicht vollendete, nach § 900 des Bürgerlichen Gesetzbuchs zulässige Ersitzung die Vorschriften des Art 169 entsprechende Anwendung.

Die Aufhebung eines Rechtes, mit dem ein Grundstück oder ein Recht an einem Grundstücke zu der Zeit belastet ist, zu welcher das Grundbuch als angelegt anzusehen ist, erfolgt auch nach dieser Zeit nach den bisherigen Gesetzen, bis das Recht in das Grundbuch eingetragen wird.

Vorbem 10 vor 104; 313 A 5; 498 A 1; 560 A 1; Vorbem vor 873; 873 A 6; 875 A 3; 877 A 6; 880 A 2 a. E.; 889 A 2; 900 A 1; 903 A 1; 925 A 1, 6, 11; 927 A 1; 1018 A 1, 5; 1028 A 5; Vorbem 4 vor 1030; 1090 A 1; 1094 A 5; 1105 A 1; 1111 A 2; 1112 A 1; Vorbem 6 vor 1113; 1113 A 1.

Art 190

Das nach § 928 Abs 2 des Bürgerlichen Gesetzbuchs dem Fiskus zustehende Aneignungsrecht erstreckt sich auf alle Grundstücke, die zu der Zeit herrenlos sind, zu welcher das Grundbuch als angelegt anzusehen ist. Die Vorschrift des Art 129 findet entsprechende Anwendung.

928 A 6.

Art 191

Die bisherigen Gesetze über den Schutz im Besitz einer Grunddienstbarkeit oder einer beschränkten persönlichen Dienstbarkeit finden auch nach dem Inkrafttreten des Bürgerlichen Gesetzbuchs Anwendung, bis das Grundbuch für das belastete Grundstück als angelegt anzusehen ist.

Von der Zeit an, zu welcher das Grundbuch als angelegt anzusehen ist, finden zum Schutze der Ausübung einer Grunddienstbarkeit, mit welcher das Halten einer dauernden Anlage verbunden ist, die für den Besitzschutz geltenden Vorschriften des Bürgerlichen Gesetzbuchs entsprechende Anwendung, solange Dienstbarkeiten dieser Art nach Art 128 oder Art 187 zur Erhaltung der Wirksamkeit gegenüber dem öffentlichen Glauben des Grundbuchs nicht der Eintragung bedürfen. Das gleiche gilt für Grunddienstbarkeiten anderer Art mit der Maßgabe, daß der Besitzschutz nur gewährt wird, wenn die Dienstbarkeit in jedem der drei letzten Jahre vor der Störung mindestens einmal ausgeübt worden ist.

854 A 6; 1018 A 1, 5; 1029 A 6; 1090 A 1, 7.

Art 192

Ein zu der Zeit, zu welcher das Grundbuch als angelegt anzusehen ist, an einem Grundstücke bestehendes Pfandrecht gilt von dieser Zeit an als eine Hypothek, für welche die Erteilung des Hypothekenbriefs ausgeschlossen ist. Ist der Betrag der Forderung, für die das Pfandrecht besteht, nicht bestimmt, so gilt das Pfandrecht als Sicherungshypothek.

Ist das Pfandrecht dahin beschränkt, daß der Gläubiger Befriedigung aus dem Grundstücke nur im Wege der Zwangsverwaltung suchen kann, so bleibt diese Beschränkung bestehen.

Vorbem 8 vor 1; 883 A 8; 891 A 1; Vorbem 6 vor 1113; 1116 A 2; 1118 A 1; 1119 A 1; 1120 A 1; 1127 A 4; 1133 A 2; 1138 A 1; 1147 A 2; 1163 A 1; 1164 A 2; 1179 A 4; 1180 A 1; 1190 A 1 a. E.

Art 193

Durch Landesgesetz kann bestimmt werden, daß ein Pfandrecht, welches nach Art 192 nicht als Sicherungshypothek gilt, als Sicherungshypothek oder als eine Hypothek gelten soll, für welche die Erteilung des Hypothekenbriefs nicht ausgeschlossen ist, und daß eine über das Pfandrecht erteilte Urkunde als Hypothekenbrief gelten soll.

891 A 1; Vorbem 6 vor 1113; 1116 A 2.

Art 194

Durch Landesgesetz kann bestimmt werden, daß ein Gläubiger, dessen Pfandrecht zu der im Art 192 bezeichneten Zeit besteht, die Löschung eines im Range vorgehenden oder gleichstehenden Pfandrechts, falls dieses sich mit dem Eigentum in einer Person vereinigt, in gleicher Weise zu verlangen berechtigt ist, wie wenn zur Sicherung des Rechtes auf Löschung eine Vormerkung im Grundbuch eingetragen wäre.

891 A 1; Vorbem 6 vor 1113; 1163 A 1; 1178 A 2; 1179 A 4.

Art 195

Eine zu der Zeit, zu welcher das Grundbuch als angelegt anzusehen ist, bestehende Grundschuld gilt von dieser Zeit an als Grundschuld im Sinne des Bürgerlichen Gesetzbuchs und eine über die Grundschuld erteilte Urkunde als Grundschuldbrief. Die Vorschrift des Art 192 Abs 2 findet entsprechende Anwendung.

Durch Landesgesetz kann bestimmt werden, daß eine zu der im Abs 1 bezeichneten Zeit bestehende Grundschuld als eine Hypothek, für welche die Erteilung des Hypothekenbriefs nicht ausgeschlossen ist, oder als Sicherungshypothek gelten soll und daß eine über die Grundschuld erteilte Urkunde als Hypothekenbrief gelten soll.

Vorbem 8 vor 1; 891 A 1; Vorbem 6 vor 1113.

Art 196

Durch Landesgesetz kann bestimmt werden, daß auf ein an einem Grundstücke bestehendes vererbliches und übertragbares Nutzungsrecht die sich auf Grundstücke beziehenden Vorschriften und auf den Erwerb eines solchen Rechtes die für den Erwerb des Eigentums an einem Grundstücke geltenden Vorschriften des Bürgerlichen Gesetzbuchs Anwendung finden.

Vorbem 4 vor 873; 873 A 6, 7c; 917 A 14; 925 A 1; 928 A 1; 1018 A 2, 3; 1090 A 2; 1147 A 2; 1445 A 4; 1551 A 9; 2113 A 1.

Art 197

In Kraft bleiben die landesgesetzlichen Vorschriften, nach welchen in Ansehung solcher Grundstücke, bezüglich deren zur Zeit des Inkrafttretens des Bürgerlichen Gesetzbuchs ein nicht unter den Art 63 fallendes bäuerliches Nutzungsrecht besteht, nach der Beendigung des Nutzungsrechts ein Recht gleicher Art neu begründet werden kann und der Gutsherr zu der Begründung verpflichtet ist.

903 A 1.

Art 198

Die Gültigkeit einer vor dem Inkrafttreten des Bürgerlichen Gesetzbuchs geschlossenen Ehe bestimmt sich nach den bisherigen Gesetzen.

Eine nach den bisherigen Gesetzen nichtige oder ungültige Ehe ist als von Anfang an gültig anzusehen, wenn die Ehegatten zur Zeit des Inkrafttretens des Bürgerlichen Gesetzbuchs noch als Ehegatten miteinander leben und der Grund, auf dem die Nichtigkeit oder die Ungültigkeit beruht, nach den Vorschriften des Bürgerlichen Gesetzbuchs die Nichtigkeit oder die Anfechtbarkeit der Ehe nicht zur Folge haben oder diese Wirkung verloren haben würde. Die für die Anfechtung im Bürgerlichen Gesetzbuche bestimmte Frist beginnt nicht vor dem Inkrafttreten des Bürgerlichen Gesetzbuchs.

Die nach den bisherigen Gesetzen erfolgte Ungültigkeitserklärung einer Ehe steht der Nichtigkeitserklärung nach dem Bürgerlichen Gesetzbuche gleich.

Vorbem 8 vor 1; Vorbem 10 vor 104; 125 A 7; 1324 A 3; 1339 A 7.

Art 199

Die persönlichen Rechtsbeziehungen der Ehegatten zueinander, insbesondere die gegenseitige Unterhaltspflicht, bestimmen sich auch für die zur Zeit des

Inkrafttretens des Bürgerlichen Gesetzbuchs bestehenden Ehen nach dessen Vorschriften.

Vorbem 8 vor 1; 1360 A 1; 1581 A 2; Vorbem 4 vor 1601.

Art 200

Für den Güterstand einer zur Zeit des Inkrafttretens des Bürgerlichen Gesetzbuchs bestehenden Ehe bleiben die bisherigen Gesetze maßgebend. Dies gilt insbesondere auch von den Vorschriften über die erbrechtlichen Wirkungen des Güterstandes und von den Vorschriften der französischen und der badischen Gesetze über das Verfahren bei Vermögensabsonderungen unter Ehegatten.

Eine nach den Vorschriften des Bürgerlichen Gesetzbuchs zulässige Regelung des Güterstandes kann durch Ehevertrag auch dann getroffen werden, wenn nach den bisherigen Gesetzen ein Ehevertrag unzulässig sein würde.

Soweit die Ehefrau nach den für den bisherigen Güterstand maßgebenden Gesetzen infolge des Güterstandes oder der Ehe in der Geschäftsfähigkeit beschränkt ist, bleibt diese Beschränkung in Kraft, solange der bisherige Güterstand besteht.

104 A 7; Vorbem 3 vor 1363; 1395 A 5; 1483 A 4; Vorbem 3 vor 1922; 1922 A 9 a. E.; 1931 A 5; 2229 A 3.

Art 201

Die Scheidung und die Aufhebung der ehelichen Gemeinschaft erfolgen von dem Inkrafttreten des Bürgerlichen Gesetzbuchs an nach dessen Vorschriften.

Hat sich ein Ehegatte vor dem Inkrafttreten des Bürgerlichen Gesetzbuchs einer Verfehlung der in den §§ 1565 bis 1568 des Bürgerlichen Gesetzbuchs bezeichneten Art schuldig gemacht, so kann auf Scheidung oder auf Aufhebung der ehelichen Gemeinschaft nur erkannt werden, wenn die Verfehlung auch nach den bisherigen Gesetzen ein Scheidungsgrund oder ein Trennungsgrund war.

Vorbem 8 vor 1; Vorbem 3 vor 1363; 1564 A 6; 1571 A 5; 1581 A 2.

Art 202

Für die Wirkungen einer beständigen oder zeitweiligen Trennung von Tisch und Bett, auf welche vor dem Inkrafttreten des Bürgerlichen Gesetzbuchs erkannt worden ist, bleiben die bisherigen Gesetze maßgebend. Dies gilt insbesondere auch von den Vorschriften, nach denen eine bis zu dem Tode eines der Ehegatten fortbestehende Trennung in allen oder einzelnen Beziehungen der Auflösung der Ehe gleichsteht.

1353 A 4; 1564 A 6; 1931 A 1.

Art 203

Das Rechtsverhältnis zwischen den Eltern und einem vor dem Inkrafttreten des Bürgerlichen Gesetzbuchs geborenen ehelichen Kinde bestimmt sich von dem Inkrafttreten des Bürgerlichen Gesetzbuchs an nach dessen Vorschriften. Dies gilt insbesondere auch in Ansehung des Vermögens, welches das Kind vorher erworben hat.

Vorbem 8 vor 1; 1609 A 2; Vorbem 3 vor 1741.

Art 204

Ist der Vater oder die Mutter zur Zeit des Inkrafttretens des Bürgerlichen Gesetzbuchs in der Sorge für die Person oder für das Vermögen des Kindes durch eine Anordnung der zuständigen Behörde beschränkt, so bleibt die Beschränkung in Kraft. Das Vormundschaftsgericht kann die Anordnung nach § 1671 des Bürgerlichen Gesetzbuchs aufheben.

Ist dem Vater oder der Mutter die Nutznießung an dem Vermögen des Kindes durch Anordnung der zuständigen Behörde entzogen, so hat das Vormundschaftsgericht die Anordnung auf Antrag aufzuheben, es sei denn, daß die Entziehung der Nutznießung nach § 1666 Abs 2 des Bürgerlichen Gesetzbuchs gerechtfertigt ist.

Vorbem 7 vor 1616.

Art 205

Hat der Vater vor dem Inkrafttreten des Bürgerlichen Gesetzbuchs auf Grund der bisherigen Gesetze die Mutter von der Vormundschaft über das Kind ausgeschlossen oder der Mutter einen Beistand zugeordnet, so gilt die Anordnung des Vaters von dem Inkrafttreten des Bürgerlichen Gesetzbuchs an als Anordnung der Bestellung eines Beistandes für die Mutter im Sinne des Bürgerlichen Gesetzbuchs.

Vorbem 7 vor 1616.

Art 206

Ist auf Grund der bisherigen Gesetze eine Ehe geschieden oder infolge der Todeserklärung eines der Ehegatten aufgelöst oder ist auf Trennung der Ehegatten von Tisch und Bett erkannt worden, so bestimmen sich das Recht und die Pflicht der Eltern, für die Person der gemeinschaftlichen Kinder zu sorgen, nach den bisherigen Gesetzen; die Vorschriften des § 1635 Abs 1 Satz 2, Abs 2 und des § 1636 des Bürgerlichen Gesetzbuchs finden jedoch Anwendung.

1581 A 2; Vorbem 7 vor 1616.

Art 207

Inwieweit die Kinder aus einer vor dem Inkrafttreten des Bürgerlichen Gesetzbuchs geschlossenen nichtigen oder ungültigen Ehe als eheliche Kinder anzusehen sind und inwieweit der Vater und die Mutter die Pflichten und Rechte ehelicher Eltern haben, bestimmt sich nach den bisherigen Gesetzen.

1699 A 2.

Art 208

Die rechtliche Stellung eines vor dem Inkrafttreten des Bürgerlichen Gesetzbuchs geborenen unehelichen Kindes bestimmt sich von dem Inkrafttreten des Bürgerlichen Gesetzbuchs an nach dessen Vorschriften; für die Erforschung der Vaterschaft, für das Recht des Kindes, den Familiennamen des Vaters zu führen, sowie für die Unterhaltspflicht des Vaters bleiben jedoch die bisherigen Gesetze maßgebend.

Inwieweit einem vor dem Inkrafttreten des Bürgerlichen Gesetzbuchs außerehelich erzeugten Kinde aus einem besonderen Grunde, insbesondere wegen Erzeugung im Brautstande, die rechtliche Stellung eines ehelichen Kindes zukommt und inwieweit der Vater und die Mutter eines solchen Kindes die Pflichten und Rechte ehelicher Eltern haben, bestimmt sich nach den bisherigen Gesetzen.

Die Vorschriften des Abs 1 gelten auch für ein nach den französischen oder den badischen Gesetzen anerkanntes Kind.

Vorbem 3 vor 1705; 1924 A 2.

Art 209

Inwieweit ein vor dem Inkrafttreten des Bürgerlichen Gesetzbuchs legitimiertes oder an Kindes Statt angenommenes Kind die rechtliche Stellung eines ehelichen Kindes hat und inwieweit der Vater und die Mutter die Pflichten und Rechte ehelicher Eltern haben, bestimmt sich nach den bisherigen Gesetzen.

Vorbem 3 vor 1705; Vorbem 3 vor 1741.

Art 210

Auf eine zur Zeit des Inkrafttretens des Bürgerlichen Gesetzbuchs bestehende Vormundschaft oder Pflegschaft finden von dieser Zeit an die Vorschriften des Bürgerlichen Gesetzbuchs Anwendung. Ist die Vormundschaft wegen eines körperlichen Gebrechens angeordnet, so gilt sie als eine nach § 1910 Abs 1 des Bürgerlichen Gesetzbuchs angeordnete Pflegschaft. Ist die Vormundschaft wegen Geistesschwäche angeordnet, ohne daß eine Entmündigung erfolgt ist, so gilt sie als eine nach § 1910 Abs 2 des Bürgerlichen Gesetzbuchs für die Vermögensangelegenheiten des Geistesschwachen angeordnete Pflegschaft.

Die bisherigen Vormünder und Pfleger bleiben im Amte. Das gleiche gilt im Geltungsbereiche der preußischen Vormundschaftsordnung vom 5. Juli 1875 für den Familienrat und dessen Mitglieder. Ein Gegenvormund ist zu entlassen, wenn nach den Vorschriften des Bürgerlichen Gesetzbuchs ein Gegenvormund nicht zu bestellen sein würde.

Vorbem 8 vor 1; Vorbem 7 vor 1773.

Art 211

Die nach den französischen oder den badischen Gesetzen für einen Geistesschwachen angeordnete Bestellung eines Beistandes verliert mit dem Ablaufe von sechs Monaten nach dem Inkrafttreten des Bürgerlichen Gesetzbuchs ihre Wirkung.

Vorbem 7 vor 1773.

Art 212

In Kraft bleiben die landesgesetzlichen Vorschriften, nach welchen gewisse Wertpapiere zur Anlegung von Mündelgeld für geeignet erklärt sind.

Vorbem 7 vor 1773; 1807 A 1; 2119 A 1.

Art 213

Für die erbrechtlichen Verhältnisse bleiben, wenn der Erblasser vor dem Inkrafttreten des Bürgerlichen Gesetzbuchs gestorben ist, die bisherigen Gesetze maßgebend. Dies gilt insbesondere auch von den Vorschriften über das erbschaftliche Liquidationsverfahren.

Vorbem 8 vor 1; Vorbem 10 vor 104; Vorbem 3 vor 1363; Vorbem 3 vor 1922; 2032 A 4; 2259 A 6; 2260 A 4; Vorbem vor 2339; Vorbem vor 2353.

Art 214

Die vor dem Inkrafttreten des Bürgerlichen Gesetzbuchs erfolgte Errichtung oder Aufhebung einer Verfügung von Todes wegen wird nach den bisherigen Gesetzen beurteilt, auch wenn der Erblasser nach dem Inkrafttreten des Bürgerlichen Gesetzbuchs stirbt.

Das gleiche gilt für die Bindung des Erblassers bei einem Erbvertrag oder einem gemeinschaftlichen Testamente, sofern der Erbvertrag oder das Testament vor dem Inkrafttreten des Bürgerlichen Gesetzbuchs errichtet worden ist.

125 A 7; Vorbem 3 vor 1922; Vorbem vor 2229; 2286 A 1; 2289 A 1.

Art 215

Wer vor dem Inkrafttreten des Bürgerlichen Gesetzbuchs die Fähigkeit zur Errichtung einer Verfügung von Todes wegen erlangt und eine solche Verfügung errichtet hat, behält die Fähigkeit, auch wenn er das nach dem Bürgerlichen Gesetzbuch erforderliche Alter noch nicht erreicht hat.

Die Vorschriften des § 2230 des Bürgerlichen Gesetzbuchs finden auf ein Testament Anwendung, das ein nach dem Inkrafttreten des Bürgerlichen Gesetzbuchs gestorbener Erblasser vor diesem Zeitpunkt errichtet hat.

Vorbem 10 vor 104; 104 A 7; Vorbem 3 vor 1922; Vorbem vor 2229; 2230 A 2.

Art 216

Die landesgesetzlichen Vorschriften, nach welchen Mitglieder gewisser ritterschaftlicher Familien bei der Ordnung der Erbfolge in ihren Nachlaß durch das Pflichtteilsrecht nicht beschränkt sind, bleiben in Ansehung derjenigen Familien in Kraft, welchen dieses Recht zur Zeit des Inkrafttretens des Bürgerlichen Gesetzbuchs zusteht.

Vorbem 3 vor 1922.

Art 217

Die vor dem Inkrafttreten des Bürgerlichen Gesetzbuchs erfolgte Errichtung eines Erbverzichtsvertrags sowie die Wirkungen eines solchen Vertrags bestimmen sich nach den bisherigen Gesetzen.

Das gleiche gilt von einem vor dem Inkrafttreten des Bürgerlichen Gesetzbuchs geschlossenen Vertrage, durch den ein Erbverzichtsvertrag aufgehoben worden ist.

Vorbem 3 vor 1922; 1931 A 5; Vorbem vor 2346.

Art 218

Soweit nach den Vorschriften dieses Abschnitts die bisherigen Landesgesetze maßgebend bleiben, können sie nach dem Inkrafttreten des Bürgerlichen Gesetzbuchs durch Landesgesetz auch geändert werden.

7 A 1; 1105 A 1; Vorbem 3 vor 1363; 1922 A 9 a. E.

Urkundlich unter Unserer Höchsteigenhändigen Unterschrift und beigedrucktem Kaiserlichen Insiegel.

Gegeben Neues Palais, den 18. August 1896.

(L. S.) **Wilhelm.**

Fürst zu Hohenlohe.

Alphabetisches Sachverzeichnis

Die Zahlen bedeuten die Paragraphen des BGB.
A = Anmerkung. Vorbem = Vorbemerkung. EG = Einführungsgesetz.
Verordnung über das Erbbaurecht s. 3. Band S. 347; Gesetz über die religiöse Kindererziehung s. 4. Band S. 385.

A

B

E

G

H

J

L

M

N

O

Q

R

S

T

U

V

W

Z

Berichtigungen und Nachträge

Band I:

S. 367: Seitenüberschrift: statt „§ 232" richtig „§ 242".
S. 376: Zeile 3 von unten: statt „§ 799" richtig „§ 779".
S. 432: Zeilen 30 und 33 von oben: statt „Aufwertung" richtig „Aufrechnung".
S. 443: Zeile 5 von oben: statt „**RG** Warn 1919" richtig „**RG** Warn 1913".
S. 498: Anm 2 zu § 313, Zeile 25 von oben: statt „1915 Nr 45" richtig „Warn 1915 Nr 45".
S. 498: Anm 2 zu § 313 Zeile 13 von unten: statt „**RG** 14. 5. 1925 I 33/25" richtig „**RG** 14. 5. 1925 IV 33/25".
S. 498: Anm 2 zu § 313 Zeile 17 von unten: „**RG** 14. 5. 1924 V 480/23 = SeuffArch 78 Nr 176; vgl. auch **RG** 118, 244".
S. 562: Anm 2 zu § 353 Zeile 4: statt „getroffenen" richtig „getroffene".
S. 602: Zeile 12 von unten: statt „§ 399 A 4 a. E." richtig „§ 399 A 2 a. E.".
S. 607: Anm 3 zu § 401 Zeile 5 von unten: statt „Wer" richtig „War".
S. 608: Anm 1 zu § 404 Zeile 13 von oben: statt „(**RG** 56, 83)" richtig „(**RG** 56, 183)".
S. 618: Letzte Zeile: statt „103, 56" richtig „103, 156".
S. 624: Zeile 18 von oben: „23. 2. 1927 V 351/26 = AufwRechtspr 1927 S. 336. Vgl. auch AufwRechtspr 1928 S. 130 ff. Nr. 78 A, B, G."

Band II:

S. 94, zu § 482 Anm 2: „Die Abänderung der Kaiserl. VO v. 27. 3. 1899 hat nach RGes v. 4. 3. 1919 (RGBl S. 285) durch den Reichspräsidenten mit Zustimmung des Reichsrates zu erfolgen. A. M. Planck, Anm. 4."
S. 137, zu § 526: Letzte Zeile muß es statt „JW 1926, 983[31]" heißen: „JW 1926, 983[3]".
S. 229, Vorbem 4 vor § 607: Am Ende anzufügen „**RG** 115, 151".
S. 354 Zeile 6 von oben: A 7 zu § 607".
S. 460 Zeilen 27 und 28 von oben: „**RG** 20. 9. 1927 VI 155/27 = **RG** 118, 63, **RG** 23. 9. 1927 VI 198/27 = **RG** 117, 58.

Band III:

S. 153, zu § 893 A 4 a. E.: In **RG** 118, 230 nimmt nun auch das Reichsgericht an, daß die Bewilligung der Eintragung einer Vormerkung, wenn die Eintragung erfolge, mit Rücksicht auf die hierdurch bewirkte dingliche Gebundenheit des betroffenen Grundstücks oder Rechts als eine Verfügung im Sinne des § 893 anzusehen sei.
S. 665, zu § 1190 A 1: In **RG** 118, 162 erklärt auch das Reichsgericht die Eintragung einer zweiten Höchstbetraghypothek für denselben Forderungskreis auf das nämliche Grundstück als nicht inhaltlich unzulässig, wenn sie lediglich, was mangels entgegenstehender besonderer Umstände als ihr Sinn zu erachten, dazu bestimmt sei, denjenigen Betrag der schließlich festzustellenden Gesamtforderung zu decken, der den Höchstbetrag der früheren Hypothek übersteige.
S. 665, zu § 1190 A 1: In **RG** 118, 354 erachtet das Reichsgericht die Eintragung einer Höchstbetraghypothek zur Sicherung von Forderungen gegen mehrere Schuldner, die nicht in Verpflichtungsgemeinschaft stehen, als eine inhaltlich unzulässige, auf welche die dingliche Hypothekenklage nicht gegründet werden könne.

Band IV:

S. 522 Zeile 13 von unten lies „Kipp im Recht 1912 S. 5" statt: „Kipp daselbst S. 5".

Band V:

S. 170 Zeile 5 von oben: „**RG** 3. 7. 1911 IV 619/10 = Warn 1913 Nr 252".

Nachweis wichtiger Gesetzesausgaben mit Erläuterungen

(größere und kleinere Kommentare)

zusammengestellt vom Verlage Walter de Gruyter & Co., Berlin

Inhaltsübersicht

I. Bürgerliches Recht

1. Bürgerliches Gesetzbuch

Planck's Kommentar zum Bürgerlichen Gesetzbuch nebst Einführungsgesetz. Bisher herausgegeben von E. Strohal. Bearbeitet von E. Brodmann, L. Busch, J. Ebbecke, F. Flad, M. Greiff, K. Gunkel, P. Knoke, M. Landois, A. Lobe, Fr. Oegg, H. Siber, O. Strecker, K. von Unzner. Vierte, völlig neubearbeitete Auflage. Lexikon-Oktav.

Bisher sind erschienen:

I. Band: Allgemeiner Teil. 606 Seiten. 1913. 15.—, geb. 17.—

II. Band, 1. Hälfte: Recht der Schuldverhältnisse. (Allgemeiner Teil.) 640 Seiten. 1914. 15.—, geb. 17.—

II. Band, 2. Hälfte: Recht der Schuldverhältnisse. (Besonderer Teil.)
- Erste Lieferung: §§ 433—630. 368 Seiten. 1923. 9.—
- Zweite Lieferung: §§ 631—754. 336 Seiten. 1925. 12.—
- Dritte Lieferung: §§ 755—782. 176 Seiten. 1927. 8.—

III. Band: Sachenrecht. 1464 Seiten. 1920. 30.—, geb. 33.—

IV. Band: Familienrecht.
- Erste Lieferung: §§ 1297—1436. 336 Seiten. 1924. 10.—
- Zweite Lieferung: §§ 1437—1588. 365 Seiten. 1928. 16.—

V. Band: Erbrecht.
- Erste Lieferung: §§ 1922—1984. 192 Seiten. 1924. 6.—
- Zweite Lieferung: §§ 1985—2063. 160 Seiten. 1926. 7.—

„Die hohe wissenschaftliche Bedeutung des Kommentars braucht nicht neu betont zu werden. Für jeden Praktiker, der tiefer in den Rechtsstoff eindringen muß, um die zur Entscheidung stehende Frage zu prüfen, ist Planck's Kommentar immer ein zuverlässiger Ratgeber und seine Erläuterung und Meinung von hohem Wert und Gewicht, stets sorgfältiger Beachtung wert."

Zentralblatt für freiwillige Gerichtsbarkeit.

Das Bürgerliche Gesetzbuch mit besonderer Berücksichtigung der Rechtsprechung des Reichsgerichts. Erläutert von Dr. Busch, Erler, Dr. Lobe, Michaelis, Oegg, Schliewen und Seyffarth, Reichsgerichtsräten und Senatspräsidenten am Reichsgericht. Sechste, neubearbeitete Auflage. 5 Bände. Lexikon-Oktav. 1928.

I. Band: Allgemeiner Teil. Recht der Schuldverhältnisse I (allgemeiner Teil). 642 Seiten. 25.—, in Halbleder 30.—

II. Band: Recht der Schuldverhältnisse II (einzelne Schuldverhältnisse). 661 Seiten. 25.—, in Halbleder 30.—

III. Band: Sachenrecht. 757 Seiten. 30.—, in Halbleder 35.—

IV. Band: Familienrecht. 591 Seiten. 23.—, in Halbleder 28.—

V. Band: Erscheint Anfang April.

(Band I verpflichtet zur Abnahme des ganzen Werkes.)

Staudingers Kommentar zum Bürgerlichen Gesetzbuch und dem Einführungsgesetz. Siebente und achte Auflage. 1914. Band I—VII mit 3 Ergänzungsbänden. Geb. 150.—

Neunte, neubearbeitete Auflage. Bisher erschienen:

I. Band. Allgemeiner Teil. Von Th. Loewenfeld und E. Riezler. Lexikon-Oktav. 914 Seiten. 1925. 35.—, geb. 41.—

II. Band: Lieferung 1. Recht der Schuldverhältnisse (§§ 241—252). Erläutert von Alfred Werner. Lexikon-Oktav. 152 Seiten. 1927. 6.—

III. Band: Sachenrecht (§§ 854—1296). Von K. Kober. Lexikon-Oktav. 1596 Seiten. 61.—, geb. 73.50

IV. Band: Lieferung 1—3. Familienrecht (§§ 1297—1703). Erläutert von Engelmann, herausgegeben von Keidel. Lexikon-Oktav. 1190 Seiten. 45.50

V. Band: Lieferung 1—2. Erbrecht (§§ 1922—2194). Erläutert von F. Herzfelder. Lexikon-Oktav. 640 Seiten. 1927. 24.40

Achilles-Greiff, Bürgerliches Gesetzbuch nebst Einführungsgesetz. In Verbindung mit André, Meyer, Strecker, v. Unzner. Zwölfte, vermehrte und verbesserte Auflage, mit Erläuterungen der Verordnung über das Erbbaurecht, des Gesetzes über die religiöse Kindererziehung und des Gesetzes für Jugendwohlfahrt. Groß-Oktav. XVI, 1247 Seiten. 1927. Geb. 24.—

(Guttentagsche Sammlung Deutscher Reichsgesetze Bd. 38/39.)

„Längst ist das Buch der ursprünglich gestellten Aufgabe, nur ein Handbuch und Wegweiser für den Leser zu sein, entwachsen. Was heute vorliegt, darf den Anspruch auf Bezeichnung als wissenschaftlicher Kommentar erheben. Trotz aller Selbstbescheidung eine große Fülle von Wissenswertem und Notwendigem. Weder die Erläuterungen zu den Gruppen von Bestimmungen noch die Anmerkungen zu den einzelnen Paragraphen enthalten überflüssiges Beiwerk. Den Gebrauch erleichtern das umfassende Nachschlageverzeichnis und vorzüglich die Überschriften zu den Einzelparagraphen.“ Zeitschrift des Bundes Deutscher Justizamtmänner.

Siméon, P., Preußisches Ausführungsgesetz zum Bürgerlichen Gesetzbuch. Taschenformat. 199 Seiten. 1914. Geb. 2.20

(Guttentagsche Sammlung Preußischer Gesetze Bd. 23.)

„Die Ausgabe beschränkt sich nach ihrer Einleitung darauf, die einzelnen Vorschriften des Ausführungsgesetzes in sich zu erläutern und ihren Zusammenhang mit dem neuen Reichsrecht wie dem früheren Landesrecht kurz klarzulegen. Das Werkchen wird sich zahlreiche Freunde erwerben.“ Zeitschrift für Deutsche Justizsekretäre.

Krüger, Ernst, **Ergänzungen zum BGB.**

I. Band: Allgemeiner Teil, Recht der Schuldverhältnisse, Sachenrecht, Familienrecht, Erbrecht. Geb. 17.50

(Stilkes Rechtsbibliothek Bd. 39.)

II. Band: Einführungsgesetz zum BGB., Preußisches Ausführungsgesetz zum BGB., Preußische Verordnung zur Ausführung des BGB. und Nachtrag zum I. Band. Geb. 13.—

(Stilkes Rechtsbibliothek Bd. 39a.)

Koch, C. F., Allgemeines Landrecht für die preußischen Staaten. Achte Auflage, bearbeitet von A. Achilles, P. Hinschius, R. Johow, F. Vierhaus. 4 Bände. 1884—1886. Lexikon-Oktav. 48.—

I. Band. VIII, 1103 Seiten. 1884. II. Band. VIII, 1142 Seiten. 1886. III. Band. VIII, 1084 Seiten. 1886. IV. Band. Vergriffen.

Jeder Band 12.—

„Wir freuen uns, eine neue Auflage dieses bewährten Kommentars anzeigen zu können, dessen hervorragende Eigenschaft darin besteht, daß er nicht nur zitiert und hinweist, sondern vollständig historisch und rechtswissenschaftlich unter Entwicklung der Gründe erklärt. Diese 8. Auflage sei hiermit dringend empfohlen.“ Börsenzeitung.

Schuldverhältnisse insbesondere

Meyer, Georg, Das Recht der Beschlagnahme von Lohn- und Gehaltsforderungen. Sechste Auflage. Taschenformat. 1927. Mit Nachtrag 1928. Geb. 4.50

(Guttentagsche Sammlung Deutscher Reichsgesetze Bd. 55.)

„Das Buch enthält einen Kommentar zum Lohnbeschlagnahmegesetz, der durch Gründlichkeit und Zuverlässigkeit ausgezeichnet ist. Als Anhang ist ihm eine übersichtliche Darstellung des Verfahrens der Beschlagnahme von Lohn- und Dienstbezügen beigegeben, sowie eine sehr brauchbare Zusammenstellung von Behörden, denen bei der Pfändung der Dienstbezüge von Beamten als Drittschuldnern der Pfändungsbeschluß zuzustellen ist."

Berliner Tageblatt.

Seligsohn, Franz, Haftpflichtgesetz. Groß-Oktav. 349 Seiten. 1920. 8.—, geb. 9.50

„Das reiche Material hat der Verfasser mit logischer Schärfe und in knapper Form bearbeitet und damit ein mustergültiges Werk geschaffen, das für die meist veralteten Kommentare zum Reichshaftpflichtgesetz einen wertvollen Ersatz bietet."

Blätter für Rechtspflege im Bezirk des Kammergerichts.

Krieg, O., Mietrecht und Wohnungsmangelgesetzgebung im Reiche, in Preußen und in Berlin, einschließlich Hauszinssteuer, Kostenwesen und Rechtsentscheiden des Kammergerichts und Obersten Landesgerichts. Vierte Auflage nach dem Stande vom 1. April 1928. Taschenformat. 1928. Im Druck

(Guttentagsche Sammlung Deutscher Reichsgesetze Bd. 156.)

„Eine solche Ausgabe zu besitzen, ist wertvoll. Eine angenehme Zugabe sind die Rechtsentscheide des Kammergerichts. Diese Ausgabe verdient schon wegen ihrer Vollständigkeit besondere Beachtung. Ein vortreffliches Sachregister ist beigegeben."

Juristische Wochenschrift.

Stölzle, Hans, Viehkauf nach Bürgerlichem Gesetzbuch und ausländischem Recht. Verordnung, betreffend die Hauptmängel und Gewährfristen beim Viehhandel. Von Eugen Fröhner. Sechste, vermehrte und wesentlich verbesserte Auflage. Taschenformat. 699 Seiten. 1926. Geb. 15.—

(Guttentagsche Sammlung Deutscher Reichsgesetze Bd. 50.)

„Die neue Auflage erfüllt alle Erwartungen, die an sie geknüpft wurden. Unseres Wissens genießt der Spezialkommentar von Stölzle auch in Richterkreisen ein sehr großes Ansehen. Bei der Lektüre der vielen Gerichtsentscheidungen, die uns aus unsern Mitgliederkreisen zugestellt werden, mußten wir immer wieder die Beobachtung machen, daß eine große Anzahl von Gerichten in den Urteilsgründen auf die Ansicht von Stölzle Bezug nahm. Wer täglich über Viehkaufsfragen Auskunft geben muß, stellt mit hoher Befriedigung fest, daß der ‚Stölzle' alle Fragen dieser schwierigen Materie in klarer und erschöpfender Weise behandelt."

Allgemeine Viehhandelszeitung.

Hoffmann, J., Abzahlungsgeschäfte. Zweite, vermehrte und verbesserte Auflage, besorgt von Ernst Wilke. Taschenformat. 103 Seiten. 1910. Geb. 1.20

(Guttentagsche Sammlung Deutscher Reichsgesetze Bd. 34.)

„Jeder, der mit Abzahlungsgeschäften zu tun hat, kann sich bestens aus dem Büchlein informieren. Der Kommentar ermöglicht es auch dem Laien, sich mit allen einschlägigen Fragen vertraut zu machen. Die Bearbeitung stellt sich als durchaus sachgemäß und praktisch verwendbar dar." *Berliner Intelligenz-Blatt.*

Harnier, Ed., Sicherung der Bauforderungen. Dritte Auflage. Taschenformat. 122 Seiten. 1912. Geb. 1.50

(Guttentagsche Sammlung Deutscher Reichsgesetze Bd. 93.)

„Die vorliegende Neubearbeitung der kleinen Ausgabe des äußerst schwierigen Gesetzes findet einen weiterstreckten Interessenkreis. Nach einer äußerst klaren Einleitung, in der die langwierige Geschichte und der verwickelte Inhalt des Gesetzes in kurzen Zügen, aber mit kräftigen Strichen geschildert wird, werden seine Bestimmungen an der Hand der Gesetzesmaterialien und auf dem Boden des geltenden Rechts, unter Herstellung des Zusammenhanges mit ihm, in knappen Anmerkungen erläutert." *Mitteilungen der Handelskammer Breslau.*

Göppert, H., Gesetz, betreffend die gemeinsamen Rechte der Besitzer von Schuldverschreibungen. Zweite Auflage, bearbeitet von E. Trendelenburg. Taschenformat. 156 Seiten. 1915. Geb. 1.50
(Guttentagsche Sammlung Deutscher Reichsgesetze Bd. 52.)

Dungs, H., Sechs Haager Abkommen über internationales Privatrecht. Taschenformat. 116 Seiten. 1910. Geb. 1.50
(Guttentagsche Sammlung Deutscher Reichsgesetze Bd. 98.)

„Die diesen Abkommen vom Verfasser beigefügten Erläuterungen sind kurz und klar gefaßt und entsprechen den allgemeingültigen Anschauungen. Der Kommentar von Dungs kann allen Gerichten, Staatsanwaltschaften und diplomatischen Behörden nur angelegentlichst empfohlen werden.“ Juristisches Literaturblatt.

Bogeng, G., Die Haager Abkommen über das internationale Privatrecht. Taschenformat. 173 Seiten. 1908. Geb. 2.—
(Guttentagsche Sammlung Deutscher Reichsgesetze Bd. 90.)

Sachenrecht insbesondere

Günther, Hermann, Erbbaurecht. Taschenformat. 167 Seiten. 1919. Geb. 2.—
(Guttentagsche Sammlung Deutscher Reichsgesetze Bd. 135.)

„Günther ist ausführlich, ohne weitschweifig zu sein; ausgezeichnete Vormerkungen geben vorzügliche Übersicht und wahren den Zusammenhang. Überall ist der bisherige Rechtszustand, der ja für absehbare Zeit seine Bedeutung behält, mit in das Bereich der Betrachtungen gezogen. Der Praxis wird das Werk von hervorragendem Nutzen sein.“ Beiträge zur Erläuterung des deutschen Rechts.

Arnheim, Hugo, Grundbuchordnung. Kommentar zur Grundbuchordnung für das Deutsche Reich nebst den für Preußen erlassenen Ausführungsbestimmungen. Zweite, völlig neubearbeitete Auflage. Lexikon-Oktav. 959 Seiten. 1913. 15.—

„Der Band weist außerordentliche Gründlichkeit, Klarheit und Übersichtlichkeit der Darstellung sowie Selbständigkeit des Urteils gegenüber der Literatur und der Rechtsprechung auf. Man kann wohl sagen, daß kaum eine Frage auftauchen wird, die nicht wenigstens berührt wäre; die bisher zutage getretenen Fragen aber sind sämtlich in der eingehendsten Weise erörtert.“ Zentralblatt für freiwillige Gerichtsbarkeit.

Triebel, Franz, Güthes Kommentar zur Grundbuchordnung für das Deutsche Reich und die preußischen Ausführungsbestimmungen. Vierte Auflage. 2 Bände. Lexikon-Oktav. XVI, XI, 2318 Seiten. 1923/25. 59.—, geb. 69.—

Fischer, Otto, und Norbert Fischer, Grundbuchordnung für das Deutsche Reich nebst den preußischen Ausführungsbestimmungen. Neunte, durchgearbeitete und ergänzte Auflage. Taschenformat. 322 Seiten. 1927. Geb. 5.—
(Guttentagsche Sammlung Deutscher Reichsgesetze Bd. 42.)

„Dieser altbewährte kleine Kommentar, der wohl in der Bibliothek keines Anwalts fehlt, ist in seiner neuesten Auflage auf den heutigen Stand der Literatur und Rechtsprechung gebracht und damit wieder ein zuverlässiger Führer durch die Praxis des Grundbuchwesens geworden. Insbesondere ist auch das Aufwertungsgesetz berücksichtigt.“ Nachrichtenblatt.

Aufwertung

Michaelis, Richard, Das Aufwertungsrecht nach den Aufwertungsgesetzen und nach allgemeinem bürgerlichen Rechte. Kommentar zu den Gesetzen vom 16. Juli 1925 über die Aufwertung von Hypotheken und anderen Ansprüchen und über die Ablösung öffentlicher Anleihen sowie systematische Darstellung des Aufwertungsrechts außerhalb dieser Gesetze. Zweite, gänzlich umgearbeitete

Auflage des Kommentars zur Dritten Steuernotverordnung von 14. Februar 1924 (Aufwertung). Mit einer Fristentabelle von H. Hoormann. X, 516 Seiten. 1925. Geb. 16.—

(de Gruyterſche Sammlung Deutſcher Geſetze. Handkommentare.)

„Es handelt sich bei dem vorliegenden Werk um ein ganz erstklassiges, die gesamte Rechtslehre und Rechtsprechung lückenlos verarbeitendes Hauptwerk, das sich als für jeden Aufwertungsinteressenten unentbehrlich erweisen wird. Das Buch ist begreiflicherweise auf das Vielfache des früheren Umfangs angewachsen, geht dafür aber auch keiner der zahllosen Streitfragen aus dem Wege, sondern beantwortet sie mit größter wissenschaftlicher Vertiefung und in dem steten Bestreben einer praktischen Lösung nach den Grundsätzen der Billigkeit.“
Deutsche Allgemeine Zeitung.

Mügel, Oskar, Das gesamte Aufwertungsrecht. Kommentar zum Aufwertungsgeſetze vom 16. Juli 1925, der Novelle vom 9. Juli 1927, der Durchführungsverordnungen und ſyſtematiſche Darſtellung des ſonſtigen Aufwertungsrechts. Fünfte, gänzlich neubearbeitete Auflage in einem Bande. Mit einer Einleitung: Die rechtspolitiſchen und wirtſchaftlichen Tendenzen der Aufwertungsgeſetzgebung von Hans Wunderlich. 1927. 36.—, geb. 40.—

Schlegelberger, Franz, und Rudolf **Harmening, Geſetz über die Aufwertung von Hypotheken und anderen Anſprüchen** vom 16. Juli 1925 mit den Durchführungsbeſtimmungen des Reichs und der Länder. Mit zahlreichen Beiſpielen erläutert. Fünfte Auflage. Groß-Oktav. 1203 Seiten. 1927. 33.—, geb. 36.—

Quaſſowski, L., **Geſetz über die Aufwertung von Hypotheken und anderen Anſprüchen** (Aufwertungsgeſetz) mit Durchführungsverordnungen. Fünfte Auflage. XII, 1035 Seiten. 1927. Geb. 36.—

Berliner, Ludwig, und Ernſt **Pfaffenberger, Aufwertung von Verſicherungsanſprüchen** mit Durchführungsbeſtimmungen.

I. Teil. Oktav. 235 Seiten. 1925. Geb. 6.50

(Guttentagſche Sammlung Deutſcher Reichsgeſetze Bd. 164.)

II. Teil: Sach- und Transportverſicherung; Unfall- und Haftpflichtverſicherung. Oktav. 112 Seiten. 1926. Mit Nachtrag. Geb. 3.50

(Guttentagſche Sammlung Deutſcher Reichsgeſetze Bd. 164a.)

„Ein bedeutsamer Kommentar, der sowohl dem Versicherungstechniker wie dem Juristen eine Fülle von Aufklärung und Anregung bietet. Das Werk ist als eine wohlgelungene systematische Darstellung des gesamten versicherungsrechtlichen Aufwertungsgebiets anzusprechen. Alles in allem: eine wissenschaftlich und praktisch gleichermaßen auf der Höhe stehende Leistung, bei der sich Versicherungstechniker und Jurist mit Erfolg die Hand gereicht haben!“
Neumanns Zeitschrift für Versicherungswesen.

2. Handelsrecht

Staubs Kommentar zum Handelsgeſetzbuch. Zwölfte und dreizehnte Auflage. Bearbeitet von Heinrich Koenige, Albert Pinner, Felix Bondi. Vier Bände und ein Regiſterband. Groß-Oktav. 4000 Seiten. 1927.
Zuſammen 157.—, in Halbleder 183.60

„Der Staubsche Kommentar ist das klassische Hilfswerk zum Deutschen Handelsgesetzbuch und für die Beurteilung der zahlreichen schwierigen Fragen dieses Gesetzes maßgebend geworden; es stellt ein unentbehrliches Mittel zur Erfassung und zur Anwendung des Gesetzes dar.“ Frankfurter Zeitung.

Düringer, A., und M. **Hachenburg, Das Handelsgeſetzbuch** vom 10. Mai 1897 (mit Ausnahme des Seerechts) auf der Grundlage des BGB. erläutert.
Lieferbar ſind zur Zeit:

IV. Band, II. Abteilung: Geſellſchaft des Bürgerlichen Rechts, Offene Handelsgeſellſchaft, Kommanditgeſellſchaft. Bearbeitet von J. Flechtheim und K. Geiler. Zweite Auflage. Lexikon-Oktav XX, 404 Seiten. 1917. 12.50

V. Band, I. Lieferung: Stille Gesellschaft (§§ 335—342 HGB.). Von J. Flechtheim. Lexikon-Oktav. 75 Seiten. 3.—

Mosse, Albert, und Ernst **Heymann, Handelsgesetzbuch** (ohne Seerecht). Mit den ergänzenden Vorschriften des Bürgerlichen Gesetzbuchs und einem Anhang, enthaltend das Einführungsgesetz, das Depotgesetz, die Bestimmungen über Börsentermin- und Differenzgeschäfte u. a. Nebst Erläuterungen. Im Anschluß an die Textausgabe von F. Litthauer. Siebzehnte Auflage. Unter Mitwirkung von Karl August Crisolli. Oktav. VIII, 693 Seiten. 1926. Geb. 14.—

(Guttentagsche Sammlung Deutscher Reichsgesetze Bd. 4.)

„*Die Litthauer-Mossesche Ausgabe des Handelsgesetzbuches hat bei allen Praktikern seit langem den wohlbegründeten Ruf größter Zuverlässigkeit und übersichtlicher Anordnung, die mit möglichster Knappheit des Ausdrucks gepaart sind. Das Buch ist ein zuverlässiger Führer durch das immer schwieriger werdende Gebiet des Handelsrechts.*“ *Vossische Zeitung.*

Schaps, Georg, **Das deutsche Seerecht** nebst Erläuterungen zu den seerechtlichen Nebengesetzen. Nach dem Tode des Verfassers fertiggestellt von Max Mittelstein und Julius Sebba. Zweite, vollständig umgearbeitete Auflage.
I. Band. (Handelsgesetzbuch: Viertes Buch.) Groß-Oktav. IV, 1041 Seiten. 1921. 25.—, geb. 28.—

„*Die alte, auf der Staubschen Kommentierungsmethode beruhende Auflage erfreute sich mit Recht schon großen Ansehens. In diesen bewährten Bahnen leistet die zweite Auflage an Vollständigkeit, Übersichtlichkeit und Genauigkeit das Höchste, was Wissenschaft und Praxis nur wünschen können.*“ *Juristische Wochenschrift.*

Rambke, Hans, und Alfred **Reichel, Die Goldbilanzverordnung** vom 28. 12. 23 nebst Durchführungsbestimmungen vom 5. 2. und 28. 3. 24. Geb. 10.—

(Stilkes Rechtsbibliothek Bd. 26.)

Baum, G., **Das vertragliche Wettbewerbsverbot** (Konkurrenzklausel). Nebst Kommentar zum Gesetze vom 10. Juni 1914. Taschenformat. XII, 231 Seiten. 1914. Geb. 3.—

(Guttentagsche Sammlung Deutscher Reichsgesetze Bd. 115.)

Gesellschaften mit beschränkter Haftung

Hachenburg, Max, **Kommentar zum Gesetz, betr. die Gesellschaften mit beschränkter Haftung.** (Früher **Staub-Hachenburg.**) Fünfte Auflage unter Mitarbeit von Fritz Bing und Walter Schmidt. 2 Bände. 43.—, geb. 47.—
I. Band: §§ 1—34. Groß-Oktav. VI, 527 Seiten. 1926.
II. Band: §§ 35—84. Groß-Oktav. II, 452 Seiten. 1927.

„*Was Hachenburg in seinen Neubearbeitungen aus diesem Buche gemacht hat, ist erstaunlich. Sein reiches juristisches Wissen, sein überlegener und kritischer Verstand, seine vorzügliche Gestaltungskraft und seine nur wenigen Juristen eigene vielseitige Auslegungskunst haben etwas Großes, Unvergleichliches geschaffen. Man findet selten ein literarisches Werk, in welchem Rechtsgelehrsamkeit und praktisches Können vereint einem Spezialgesetz so zugute kamen wie hier.*“ *Zeitschrift für Aktiengesellschaften.*

Brodmann, Erich, **Gesetz, betr. die Gesellschaften mit beschränkter Haftung.** Kommentar. Groß-Oktav. VIII, 315 Seiten. 1924. 16.—, geb. 18.—

(Gewerbe- und Industrie-Kommentar Bd. I.)

„*Übersichtliche, klare Anordnung der Erläuterungen, tiefes Eindringen in die Einzelheiten des Gesetzes unter steter Berücksichtigung des Wirtschaftslebens, erschöpfende Wiedergabe der Rechtsprechung, namentlich des Reichsgerichts, sind die besonderen Vorzüge des Werkes, das damit ebenbürtig neben die anderen Reichsgerichtskommentare tritt und mit ihnen unentbehrliches Rüstzeug für Richter und Anwälte werden wird.*“ *Badische Rechtspraxis.*

Parisius, Ludolf, und Hans Crüger, Das Reichsgesetz, betr. die Gesellschaften mit beschränkter Haftung. Systematische Darstellung und Kommentar nebst Entwürfen von Gesellschaftsverträgen und praktischer Anleitung für die Registerführung. Siebente, umgearbeitete Auflage von Hans Crüger und Adolf Crecelius. Groß-Oktav. In Vorbereitung.

„Dieses allgemein geschätzte Werk ist wegen der Vereinigung einer knappen systematischen Darstellung mit einem Kommentar und wegen der hervorragend gründlichen Verarbeitung des umfangreichen Stoffes längst an die führende Stelle gerückt. Die neue Auflage weist wieder wesentliche Verbesserungen auf und ist durchweg auf den neuesten Stand gebracht. Der Kommentar bedarf wohl keiner Empfehlung mehr.“ Leipziger Zeitschrift für internationales Recht.

Parisius, Ludolf, und Hans Crüger, Das Reichsgesetz, betr. die Gesellschaften mit beschränkter Haftung. Textausgabe mit Anmerkungen und Sachregister. Siebzehnte Auflage, bearbeitet von Hans Crüger und Adolf Crecelius. Taschenformat. 224 Seiten. 1926. Geb. 3.50

(Guttentagsche Sammlung Deutscher Reichsgesetze Bd. 32.)

„Die äußerst sachkundig erläuterte Ausgabe des Gesetzes, betreffend die Gesellschaften mit beschränkter Haftung, wird von den interessierten Kreisen freudig begrüßt werden. Wir können das Bändchen der bekannten Guttentagschen Sammlung bestens empfehlen.“
Badische Wirtschafts-Zeitung.

Wechselordnung und Scheckrecht

Staubs Kommentar zur Wechselordnung. Fortgesetzt von J. Stranz und M. Stranz. Elfte Auflage, bearbeitet von M. Stranz und Martin Stranz. Groß-Oktav. 426 Seiten. 1926. 16.—, geb. 18.—

„Zwei Namen klingen ans Ohr, die der deutschen Juristenwelt unvergeßlich sind, Hermann Staub und Josef Stranz. Was soll man mehr sagen? Staub-Stranz ist der Kommentar zur Wechselordnung. Auch die jüngste Auflage des Kommentars gibt einen echten Staub-Stranz. Weiterer Kommentar dazu ist überflüssig.“ Juristische Wochenschrift.

Stranz, J., und M. Stranz, Wechselordnung vom 3. Juni 1908. Kommentar. Zwölfte Auflage von M. und M. Stranz. Taschenformat. VIII, 396 Seiten. 1923. Geb. 3.50

(Guttentagsche Sammlung Deutscher Reichsgesetze Bd. 5.)

„Die neue Ausgabe der Wechselordnung mit ihrem äußerst nützlichen, guten Kommentar ist sehr zu empfehlen. Erfreulicherweise enthält das Bändchen auch die Bestimmungen der Zivilprozeßordnung über Urkunden- und Wechselprozesse im Anhang.“
Badische Wirtschaftszeitung.

Michaelis, Richard, Scheckgesetz mit allen einschlägigen Nebengesetzen, den ausländischen Gesetzen und dem Deutschen Postscheckgesetz mit Postscheckordnung. Kommentar. Groß-Oktav. VII, 339 Seiten. 1927. 16.—, geb. 18.—

(Gewerbe- und Industrie-Kommentar Bd. II.)

„Die vielen umfangreichen, den einzelnen Bestimmungen des Scheckgesetzes angefügten Bemerkungen behandeln die schwierige Materie in so tiefgründiger Weise, daß man in allen sich ergebenden Zweifelsfragen einer erschöpfenden Aufklärung gewiß sein darf. Es darf ferner nicht unerwähnt bleiben, daß das Buch nicht nur für den Gebrauch für den Juristen überaus geeignet erscheint, sondern auch infolge seiner klaren und allgemeinverständlichen Ausdrucksweise ein wertvolles Hilfsmittel für die Kreise des Gewerbes und der Industrie darstellt. Wir glauben deshalb nicht fehlzugehen, wenn wir dem ausgezeichneten Werke großen Erfolg voraussagen.“
Blätter für Genossenschaftswesen.

Schiffahrtsrecht

Knitschky, W. E., Die Seegesetzgebung. Fünfte Auflage, bearbeitet von O. Rudorff. XXIV, 1024 Seiten. 1913. Geb. 8.—

(Guttentagsche Sammlung Deutscher Reichsgesetze Bd. 19.)

Sieveking, Gustav, **Das deutsche Seeversicherungsrecht.** Kommentar zum zehnten Abschnitt des vierten Buches des Handelsgesetzbuches. Lexikon-Oktav. 218 Seiten. 1912. 5.—, geb. 6.80

„Der Kommentar ruht auf einer vortrefflichen Grundlage und zeigt sich auch in seinem Inhalte dieser Grundlage durchaus würdig. Er ersetzt ein Lehrbuch und kann daher auch zur Einführung in das Seeversicherungsrecht empfohlen werden."
Leipziger Zeitschrift für deutsches Recht.

Makower, H., Gesetze, betreffend die privatrechtlichen Verhältnisse der Binnenschiffahrt und der Flößerei. Nach den Materialien erläutert. Sechste, vermehrte Auflage, bearbeitet von E. Loewe. Taschenformat. 458 Seiten. 1923. Geb. 4.—

(Guttentagsche Sammlung Deutscher Reichsgesetze Bd. 36.)

„Das vorzüglich bearbeitete Buch dürfte mit seinen klaren und verständlichen Erläuterungen für jeden, der in irgendeiner Weise mit der Binnenschiffahrt und der Flößerei zu tun hat, ein nie versagender Ratgeber sein." *Schiffbau.*

Genossenschaften

Parisius, Ludolf, und Hans **Crüger, Reichsgesetz, betreffend die Erwerbs- und Wirtschaftsgenossenschaften.** Kommentar zum praktischen Gebrauch für Juristen und Genossenschaften. Zehnte, neubearbeitete Auflage von Hans Crüger und Adolf Crecelius. Groß-Oktav. XII, 786 Seiten. 1926. 30.—, geb. 33.—

„Crüger beherrscht wie kein anderer Theorie und Praxis des Genossenschaftswesens, auch nach der wissenschaftlichen Seite hin." *Juristische Wochenschrift.*

Parisius, Ludolf, und Hans **Crüger, Das Reichsgesetz, betreffend die Erwerbs- und Wirtschaftsgenossenschaften.** Textausgabe mit Anmerkungen und Sachregister. Neunzehnte, neubearbeitete Auflage von Hans Crüger, Adolf Crecelius und Fritz Citron. Taschenformat. 299 Seiten. 1928. Geb. 4.—

(Guttentagsche Sammlung Deutscher Reichsgesetze Bd. 29.)

„Der Ruf der Verfasser als ausgezeichnete Kenner dieses schwierigen Rechtsgebietes und nicht weniger die vielen Vorzüge ihres Werkes, in dem auf möglichst beschränktem Raum unter stetem Eingehen auf Rechtsprechung und Literatur das Recht der Genossenschaften musterhaft erläutert wird, haben es zu der verbreitetsten Ausgabe des Gesetzes gemacht, zu der wohl jeder Jurist greift, wenn er sich schnell über eine Frage aus diesem Gebiet unterrichten will."
Kölnische Zeitung.

Verschiedenes

Schreiber, Otto, **Handelsrechtliche Nebengesetze.** Taschenformat. VIII, 1002 Seiten. 1926. Geb. 14.—

(Guttentagsche Sammlung Deutscher Reichsgesetze Bd. 162.)

„Die Sammlung ist ein unentbehrliches Hilfsmittel für den Praktiker. Die Zusammenstellung ist sehr zuverlässig; auch das Sachregister von Kleffel verdient volle Anerkennung. Druck und Ausstattung des Buches sind ausgezeichnet." *Zentralblatt für Handelsrecht.*

Staffel, W., Verordnung gegen Mißbrauch wirtschaftlicher Machtstellungen vom 2. November 1923. Kommentar. Oktav. 108 Seiten. 1927. Geb. 3.50

(Guttentagsche Sammlung Deutscher Reichsgesetze Bd. 167.)

„Die für das Wirtschaftsrecht so wichtige Kartellverordnung findet hier eine eingehende Kommentierung aus der Feder eines in diese Fragen tief eingedrungenen Mitgliedes des höchsten Gerichtshofs. Die Erläuterungen werden daher um so unentbehrlicher für die wirtschaftliche Praxis auf diesem Gebiete sein." *Industrie- und Handelszeitung.*

II. Grenzgebiete des Bürgerlichen Rechts

1. Privat- und Sozialversicherung

Hager, P., und E. Bruck, Reichsgesetz über den Versicherungsvertrag nebst dem zugehörigen Einführungsgesetz vom 30. Mai 1908. Fünfte, vollkommen neubearbeitete Auflage. Taschenformat. X, 538 Seiten. 1926. Geb. 14.—

(Guttentagsche Sammlung Deutscher Reichsgesetze Bd. 83.)

„Die Vorzüge, welche die früheren Auflagen schon zeigten, die Fülle des Gebotenen, die Beherrschung des Stoffes, die anschauliche und doch knappe Sprache, und dies alles in dem engen Rahmen einer Textausgabe, kleinen Handausgabe mit Anmerkungen, sind auch dieser vierten Auflage in hohem Maße eigen."

Mitteilungen für die öffentlichen Feuerversicherungs-Anstalten.

Berliner, Ludwig, und Ernst Pfaffenberger, Aufwertung von Versicherungsansprüchen mit Durchführungsbestimmungen.

I. Teil. Oktav. 235 Seiten. 1926. Mit Nachtrag. Geb. 6.50

(Guttentagsche Sammlung Deutscher Reichsgesetze Bd. 164.)

II. Teil: Sach- und Transportversicherung; Unfall- und Haftpflichtversicherung. Oktav. 112 Seiten. 1926. Geb. 3.50

(Guttentagsche Sammlung Deutscher Reichsgesetze Bd. 164a.)

„Das Werk ist ein bedeutsamer Kommentar, durch den die gesetzlichen Bestimmungen von der juristischen und versicherungstechnischen Seite aus eingehend erläutert werden. In seinem straffen, systematischen Aufbau, der Geschlossenheit der Darstellung muß man das Buch als ein Standardwerk für das gesamte versicherungsrechtliche Aufwertungsgebiet bezeichnen. Quellenangaben, sorgfältige Zitierungen, Stichwortverzeichnis erhöhen den praktischen Wert und machen es zum unentbehrlichen Ratgeber in allen interessierten Kreisen."

Versicherungs-Post, Berlin.

Koenige, Heinrich, und A. Petersen, Gesetz über die privaten Versicherungsunternehmungen vom 12. Mai 1901. Textausgabe mit Anmerkungen und Sachregister. Dritte, umgearbeitete Auflage. Taschenformat. 856 Seiten. 1927. Geb. 20.—

(Guttentagsche Sammlung Deutscher Reichsgesetze Bd. 62.)

„Der Verfasser hat es meisterhaft verstanden, reiche Literatur und Judikatur zu dem wichtigen Grundgesetz der Privatversicherung mit seiner eigenen selbständigen Auffassung von der Bedeutung der Gesetzesbestimmungen in Verbindung zu bringon. Für Theorie und Praxis der Privatversicherung wird das Werk dadurch zu einem unentbehrlichen Hilfsmittel."

Deutsche Versicherten-Zeitung.

Hanow, H., Fr. Hoffmann u. a., Kommentar zur Reichsversicherungsordnung. 5 Bände.

I. Band: Hanow, H., Gemeinsame Vorschriften (RVO., 1. Buch). Fünfte, neubearbeitete Auflage. XII, 396 Seiten. 1926. Geb. 16.—

II. Band: Hoffmann, Fr., Krankenversicherung. Sechste, vermehrte und ergänzte Auflage. XI, 672 Seiten. 1922. 12.—, geb. 14.—
Nachtrag hierzu. 34 Seiten. 1923. —.80

III. Band: Nachtrag zur dritten Auflage. Rabeling, Wilh., Die Kriegsverordnungen zur Unfallversicherung und das Gesetz über die Fürsorge für Kriegsgefangene vom 15. August 1917. VIII, 125 Seiten. 1918. 2.—

IV. Band: **Hanow**, R., und R. **Lehmann**, Invalidenversicherung (RVO., 4. Buch). Vierte, neubearbeitete Auflage. XI, 712 Seiten. 1925. Mit Nachtrag. Geb. 24.—

V. Band: **Lehmann**, R., Beziehungen der Versicherungsträger zueinander und zu anderen Verpflichteten. — Verfahren (RVO. 5. und 6. Buch). Vierte, neubearbeitete Auflage. XII, 543 Seiten. 1926. Geb. 20.—

Stier-Somlo, Fritz, Kommentar zur Reichsversicherungsordnung und ihrem Einführungsgesetz. Vom 19. Juli 1911.

I. Band. 1. Buch: Gemeinsame Vorschriften. 2. Buch: Krankenversicherung. Lexikon-Oktav. LXXVIII, 1130 Seiten. 1915. 26.—

II. Band. 3. Buch: Unfallversicherung. Lexikon-Oktav. LV, 1110 Seiten. 1916. 26.—

Lippmann, Karl, Die Reichsversicherungsordnung in der Fassung der Bekanntmachung vom 15. Dezember 1924 und des Gesetzes über das Reichsschiedsamt vom 22. Januar 1925 nebst dem Einführungsgesetze, den wichtigsten Ausführungsvorschriften, den ergänzenden Gesetzen und Verordnungen sowie den Verordnungen über das Verfahren. Oktav. XV, 589 Seiten. 1925. Geb. 11.—

(Guttentagsche Sammlung Deutscher Reichsgesetze Bd. 161.)

Ergänzungsband, enthaltend den vollständigen Wortlaut der neuen Fassung des Unfallversicherungsgesetzes sowie die Ergänzungen der übrigen Bücher der RVO. Oktav. 224 Seiten. 1926. Geb. 4.—

(Guttentagsche Sammlung Deutscher Reichsgesetze Bd. 161 a.)

Zweiter Ergänzungsband, enthaltend weitere Änderungen und Ergänzungen durch die im ersten Halbjahr 1926 erlassenen Gesetze und Verordnungen. Oktav. 30 Seiten. 1926. —.80

(Guttentagsche Sammlung Deutscher Reichsgesetze Bd. 161 b.)

„Das Buch dürfte sich in der Bibliothek eines jeden finden, der sich mit der Reichsversicherungsordnung befaßt. Es gehört zu den praktisch wertvollsten.“ Deutsche Allgemeine Zeitung.

Dersch, Hermann, Die neue Reichsversicherungsordnung. Handausgabe mit kurzen Anmerkungen und einer systematischen Einleitung nebst den wichtigsten Ausführungsbestimmungen. Klein-Oktav. 918 Seiten. 1925. Mit Nachtrag nach dem Stande vom August 1926. Geb. 10.—

(Sammlung Deutscher Gesetze Bd. 114.)

Reuß, Max, und Fritz **Hense, Das Reichsknappschaftsgesetz** vom 1. Juli 1926 nebst Einführungsgesetz. Taschenformat. XVI, 640 Seiten. 1926. Geb. 12.—

(Guttentagsche Sammlung Deutscher Reichsgesetze Bd. 155.)

„Zur rechten Zeit erscheint die Erläuterung des Reichsknappschaftsgesetzes aus der Feder zweier Männer, die schon seit Jahren im Verwaltungs- und Aufsichtsdienste des Knappschaftswesens tätig sind und bei der Verabschiedung des Gesetzes mit in erster Linie gestanden haben. Die Herausgabe des Gesetzes aus ihrer Feder bedarf daher keiner besonderen Empfehlung. Das Buch kann allen, die auf dem Gebiete des Knappschaftswesens tätig sind, aufs wärmste empfohlen werden.“ Zeitschrift für Bergrecht.

Mentzel, Paul, Hermann **Schulz** und Fritz **Sitzler, Kommentar zum Versicherungsgesetz für Angestellte** vom 20. Dezember 1911. Groß-Oktav. XVI, 987 Seiten. 1913. 20.—, geb. 22.50

Angestelltenversicherungsgesetz vom 28. Mai 1924. Zweite Auflage. Taschenformat. 143 Seiten. 1927. Geb. 2.50

(Guttentagsche Sammlung Deutscher Reichsgesetze. Textausgaben ohne Anmerkungen.)

Diese neue Ausgabe entspricht der neuesten Fassung des Gesetzes unter Berücksichtigung der letzten Änderungen und Verordnungen. Das beigefügte Sachregister erleichtert das rasche Zurechtfinden in den einzelnen Bestimmungen des Gesetzes.

Schmeißer, Herbert, **Handbuch der Erwerbslosenfürsorge.** Mit einer Einführung und Erläuterungen. Zweite Auflage. Taschenformat. XI, 496 Seiten. 1926. Mit Ergänzungsband (120 Seiten) 1927. Geb. 13.—

(Guttentagsche Sammlung Deutscher Reichsgesetze Bd. 165.)

„Das Buch gibt in kurzer, aber ausreichender Form eine Darstellung des gesamten Rechtsstoffes der Erwerbslosenfürsorge unter Anpassung an die praktischen Bedürfnisse. Das Buch, das als Handbuch bezeichnet wird, ist allen Arbeitsnachweisen, Kommunalbehörden, Parlamentariern, Gewerkschaften und Angestelltenverbänden zu empfehlen, zumal es sich um Vorschriften handelt, die in politischer, volkswirtschaftlicher und finanzieller Hinsicht zur Zeit weit schwerwiegender sind als die sonstiger sozialer Gesetze." Kommunalpolitische Blätter.

2. Arbeitsrecht

Hoeniger, Heinrich, und Emil **Wehrle, Arbeitsrecht.** Sammlung der reichsrechtlichen Vorschriften zum Arbeitsvertrag. Textausgabe mit Sachregister. Zehnte Auflage. Klein-Oktav. XXIV, 634 Seiten. 1927. Geb. 8.—

(Sammlung Deutscher Gesetze Bd. 53.)

Feig, J., und F. **Sitzler, Arbeitsrechtliche Gesetze und Verordnungen** des Reichs nach dem Stand vom 1. April 1924. Oktav. VI, 575 Seiten. 1924. Geb. 8.—

Dersch, H., und E. **Volkmar, Arbeitsgerichtsgesetz.** Zweite, durchgesehene Auflage. Klein-Oktav. 688 Seiten. 1927. Geb. 12.—

(Sammlung Deutscher Gesetze Bd. 128.)

Depéne, Hans, **Das Arbeitsgerichtsgesetz.** Taschenformat. 180 Seiten. 1927. Geb. 3.60

(Guttentagsche Sammlung Deutscher Reichsgesetze Bd. 168.)

„Die neue Materie des Arbeitsgerichtsgesetzes erfordert in erhöhtem Maße das Interesse des Unternehmers. Zur Einarbeitung ist das vorliegende Buch besonders brauchbar, weil es sich nicht um einen Kommentar mit vielen Details handelt, sondern um eine Textausgabe mit einer ausführlichen, von einem hervorragenden Sachkenner verfaßten Einleitung. Daß die entsprechenden Bestimmungen anderer einschlägiger Gesetze gleich mit abgedruckt sind, ist ein großer Vorteil." Wirtschaftliche Rundschau.

Günther, Adolf, und Richard **Schneider, Arbeiterschutz und Arbeitsrecht.** Zweite Auflage. I. Teil: **Arbeitszeitschutz.** Das Arbeitszeitnotgesetz und die übrige arbeitszeitrechtliche Gesetzgebung des Reichs seit 9. November 1918. Taschenformat. 386 Seiten. 1927. Geb. 7.50

(Guttentagsche Sammlung Deutscher Reichsgesetze Bd. 138a.)

„Die Arbeit ist der 1. Auflage gegenüber ein völlig neues Buch. Der Kommentar umfaßt die gesamte arbeitszeitrechtliche Gesetzgebung von der Staatsumwälzung bis zur Gegenwart, und zwar nicht nur die allgemeinen Bestimmungen, sondern auch die für einzelne Gewerbezweige und Einzelbetriebe erlassenen Verordnungen. Auch die internationale Regelung des Arbeitszeitschutzez findet Berücksichtigung. Das Buch ist ein Führer durch das weite und unübersichtliche Gebiet der arbeitszeitrechtlichen Gesetzgebung. Ein ausführliches Sachregister soll die praktische Benutzung erleichtern." Die Wirtschafts-Genossenschaft.

3. Gewerberecht

Landmann, Robert v., und Gustav **Rohmer, Kommentar zur Gewerbeordnung.**
I. Band: Einleitung und Gewerbeordnung Titel I—V nebst Anhang, Nachträgen und Literaturverzeichnis. Vergriffen. Neue Auflage im Druck.
II. Band: Titel VI—X nebst Schlußbestimmungen, Anhang, Nachträgen, Literaturverzeichnis und alphabetischem Sachregister. Lexikon-Oktav. XII, 1138 Seiten. 1925. Geb. 34.—

Ergänzungsband zum II. Band: Verordnung über die Arbeitszeit in der neuen Fassung vom 14. April 1927 nebst einem Anhang, enthaltend einschlägige andere Gesetze und Verordnungen sowie die kommentierte Bäckerei-Arbeitszeitverordnung. Im Druck.

Stier-Somlo, Fritz, Kommentar zur Gewerbeordnung für das Deutsche Reich. Mit einer Einführung, sämtlichen Novellen, den wichtigsten Ausführungsbestimmungen, Nebengesetzen und einem Sachregister. Zweite, wesentlich veränderte und ergänzte Auflage. Klein-Oktav. XXXVII, 1219 Seiten. 1923. Mit Nachtrag. Geb. 15.—

(Sammlung Deutscher Gesetze Bd. 27.)

Hiller, Fr., und H. Luppe, Reichsgewerbeordnung nebst Ausführungsbestimmungen. Zwanzigste Auflage. Taschenformat. 912 Seiten. 1921. Mit Nachtrag. Geb. 6.—

(Guttentagsche Sammlung Deutscher Reichsgesetze Bd. 6.)

„Ein Wort der Empfehlung für dieses Buch zu sagen, erübrigt sich. Hervorgehoben sei, daß diese Auflage alle Vorzüge der früheren Auflagen in sich schließt. Die zahlreichen neuen Gesetze sind erschöpfend berücksichtigt.“ Zeitschrift des Deutschen Notarvereins.

Brassert, H., Allgemeines Berggesetz für die preußischen Staaten mit Kommentar. Zweite Auflage, bearbeitet von Hans Gottschalk. Groß-Oktav. XXIX, 1291 Seiten. 1914. 27.—, geb. 30.—

Sonnenfeld, Hugo, Die reichsrechtlichen Bestimmungen, betreffend den Handel mit Drogen und Giften. Dritte, veränderte Auflage. Taschenformat. 435 Seiten. 1926. Geb. 12.—

(Guttentagsche Sammlung Deutscher Reichsgesetze Bd. 64.)

„Die Arbeit gehört einem Spezialgebiet an, mit dem nicht jeder Jurist zu tun hat. Wird er aber einmal genötigt, sich auf dieses Gebiet zu begeben, so ist er um so dankbarer für eine Arbeit, die sofort den Eindruck größter Sachkunde und vollständiger Materialsammlung macht, und deren Führung man sich unbedenklich anvertrauen kann.“ Vossische Zeitung

Lebbin, Georg, Nahrungsmittelgesetze mit Erläuterungen. Zweite, stark vermehrte Auflage in zwei Bänden.

I. Band: Das Lebensmittelgesetz vom 5. Juli 1927 mit Nebengesetzen (Margarine, Fleisch, Milch, Süßstoff, Essigsäure usw.). Erläutert von G. Lebbin und R. Gießner. Taschenformat. XVI, 419 Seiten. 1928. Geb. 8.50

II. Band: Getränkegesetze und Getränkesteuergesetze (Wein, Bier, Branntwein, Mineralwasser). Unter Mitarbeit von Rechtsanwalt Dr. Kniebe. Taschenformat. XII, 400 Seiten. 1926. Geb. 10.—

(Guttentagsche Sammlung Deutscher Reichsgesetze Bd. 54b.)

„Das Werk, in der bekannten und bewährten Aufmachung der Gesetzessammlung gearbeitet, ist für unsere Leser und überhaupt die ganze Fachwelt der Getränke-Industrie unentbehrlich, muß doch jedermann mit den einschlägigen Gesetzesbestimmungen sich soweit wie irgend möglich vertraut machen, wenn er nicht in Nachteile geraten will. Die Anschaffung des Buches kann bestens empfohlen werden.“ Branntweinmonopol.

4. Geistig-gewerblicher Rechtsschutz

Seligsohn, Arnold, Patentgesetz und Gesetz, betr. den Schutz von Gebrauchsmustern. Siebente Auflage. Oktav. 1927. In Bearbeitung.

„Die Vorzüge des Buches sind bekannt. Klare, leichtfaßliche Sprache, wissenschaftliche Vertiefung, dabei starke Betonung der Praxis, lückenlose Behandlung aller Probleme sind die Vorzüge, die den Seligsohnschen Kommentar zum unentbehrlichen Rüstzeug jedes im gewerblichen Rechtsschutz Tätigen gemacht haben.“ Mitteilungen vom Verband Deutscher Patentanwälte.

Isay, Hermann, Patentgesetz und Gesetz, betr. den Schutz von Gebrauchsmustern. Systematisch erläutert. Vierte Auflage. Lexikon-Oktav. XI, 743 Seiten. 28.—, geb. 32.—

Lutter, R., Patentgesetz. Nebst Ausführungsbestimmungen, völkerrechtlichen Verträgen und der Patentanwaltsordnung. Achte Auflage. Taschenformat. 429 Seiten. 1920. Mit Nachtrag. 1924. Geb. 4.—

(Guttentagsche Sammlung Deutscher Reichsgesetze Bd. 22.)

„Der jetzige Verfasser hat einen völlig neuen Kommentar geschaffen, der in seiner Knappheit und Sparsamkeit dem ursprünglichen Zweck gerecht wird, aber an wissenschaftlicher Durcharbeitung und Gründlichkeit die vorangegangenen Auflagen weit überragt. Die jetzt vorliegende Auflage zeichnet sich durch Reichhaltigkeit, Genauigkeit und Klarheit aus.“

Gewerblicher Rechtsschutz und Urheberrecht.

Neuberg, Johannes, Gesetz, betr. das Urheberrecht an Mustern und Modellen, und Gesetz, betr. den Schutz von Gebrauchsmustern, nebst den zu beiden Gesetzen ergangenen Ausführungsverordnungen und abgeschlossenen internationalen Verträgen. Textausgabe mit Einleitung, Anmerkungen und Sachregister. Taschenformat. 192 Seiten. 1911. Geb. 2.40

(Guttentagsche Sammlung Deutscher Reichsgesetze Bd. 102.)

„Die Anmerkungen sind kurz, klar, treffend, mit Nachweisungen aus der Judikatur und aus der Literatur versehen. Sie ermöglichen auch dem mit der Materie nicht vertrauten Praktiker eine schnelle Orientierung über den Stand der Frage.“

Zeitschrift für das gesamte Handelsrecht.

Daude, Paul, Die Reichsgesetze über das Urheberrecht an Werken der Literatur und der Tonkunst und das Verlagsrecht vom 19. Juni 1901 in der Fassung des Gesetzes vom 22. Mai 1910 zur Ausführung der revidierten Berner Übereinkunft. Oktav. VIII, 293 Seiten. 1910. 6.—

„Der Zusammenhang der erläuterten Gesetze mit dem Strafgesetzbuch, dem Bürgerlichen Gesetzbuch und anderen Gesetzen ist in leichtverständlicher Weise praktisch dargestellt. Literatur und Rechtsprechung sind angemessen berücksichtigt. Dem praktischen Juristen, dem Buchhändler und dem Autor wird es gleichermaßen vorzügliche Dienste leisten.“

Deutsche Literatur-Zeitung.

Lindemann, O., Gesetz, betr. das Urheberrecht an Werken der Literatur und der Tonkunst. Vierte Auflage. Taschenformat. 171 Seiten. 1921. Geb. 1.80

(Guttentagsche Sammlung Deutscher Reichsgesetze Bd. 60.)

„Die vorliegende Arbeit ist nicht bloß eine Gesetzesausgabe, sondern mit ihren sachgemäßen, gründlichen, sorgfältig gearbeiteten, wenn auch kurzen Erläuterungen zu den einzelnen Paragraphen ein wertvoller Kommentar des Gesetzes. Das Werk sei jedermann auf das beste empfohlen.“ *Juristische Wochenschrift.*

Goldbaum, Wenzel, Urheberrecht und Urhebervertragsrecht. Ein Kommentar zu den Gesetzen über das Urheberrecht an Werken der Literatur und der Tonkunst und das Verlagsrecht, zur revidierten Berner Übereinkunft, nebst Bestimmungen des Friedensvertrags sowie zum deutsch-amerikanischen Abkommen. Zweite, verbesserte Auflage. Klein-Oktav. 464 Seiten. 1927. Geb. 12.—

(Stilkes Rechtsbibliothek Bd. 9.)

Fuld, Ludwig, Gesetz, betr. das Urheberrecht an Werken der bildenden Künste und der Photographie. Zweite Auflage. Taschenformat. 192 Seiten. 1925. Geb. 6.—

(Guttentagsche Sammlung Deutscher Reichsgesetze Bd. 81.)

„Der zwar kleine, aber inhaltreiche und daher sehr beliebte Kommentar von Fuld erscheint in zweiter, völlig neubearbeiteter Auflage. Überall ist dem Stande der heutigen Rechtsprechung und wissenschaftlichen Auffassungen Rechnung getragen. In einem Anhang sind die einschlägigen internationalen Übereinkommen abgedruckt. Alle Interessenten werden mit Freuden die neue Auflage begrüßen.“ *Danziger Juristische Monatsschrift.*

Dungs, H., Die Berner Übereinkunft über internationales Urheberrecht. Taschenformat. 75 Seiten. 1910. Geb. 1.—

(Guttentagsche Sammlung Deutscher Reichsgesetze Bd. 95.)

„Der Verfasser hat das abgeklärte Ergebnis langjähriger praktischer und theoretischer Beschäftigung mit diesem Stoff in anspruchslose und einfache Sätze zusammengedrängt, die gerade

auch demjenigen, der die Materie kennt, eine wohlgeordnete und angesichts des äußerlich geringen Umfangs der Schrift überraschend reichhaltige Zusammenfassung bieten. Das literarische und künstlerische Urheberrecht sind ineinander verarbeitet, und auch hierdurch ergeben sich zahlreiche interessante und anregende Gesichtspunkte. Man hat überall den Eindruck, daß dies Buch nicht geschrieben ist, um die juristische Literatur zu vermehren, sondern weil der Verfasser seinen Fachgenossen etwas zu sagen hatte. Kurz, ein in jeder Hinsicht wertvolles und erfreuliches Buch." *Hessische Rechtsprechung.*

Heinitz, Ernst, und Bruno **Marwitz, Das Reichsgesetz über das Verlagsrecht.** Textausgabe mit Einleitung, Anmerkungen und Sachregister. Dritte Auflage. Taschenformat. 136 Seiten. 1922. Geb. 1.60
(Guttentagsche Sammlung Deutscher Reichsgesetze Bd. 61.)

„Dieser kurze Kommentar ist durch seine knappen, das Wichtige klar vortragenden Darlegungen dazu berufen, eine Lücke auszufüllen, die sich für den Praktiker des Verlagsrechts seit Jahren ergab. Man darf deshalb das Erscheinen dieser neuen Auflage aus der Feder des Spezialisten des Verlagsrechts mit größter Freude begrüßen."
Börsenblatt für den Deutschen Buchhandel.

Hoffmann, Willy, **Das Reichsgesetz über das Verlagsrecht** mit Erläuterungen. Oktav. 182 Seiten. 1925. 6.—, geb. 7.50

Hagens, Alfred, **Warenzeichenrecht.** Kommentar. Groß-Oktav. VIII, 408 Seiten. 1927. 22.—, geb. 24.—
(Gewerbe- und Industrie-Kommentar Bd. III.)

Es war das Ziel des Verfassers, in dem vorliegenden Kommentar ein ganz klares, geschlossenes System des Warenzeichenrechts herauszuarbeiten, z. B. durch folgerichtige Durchführung des Begriffs „Immaterial-Güterrecht" bei Warenzeichen und Ausstattung, durch Einführung des Begriffs „Anfechtbarkeit" und „Unwirksamkeit" der Zeichen (unter Ausschaltung des Begriffs „Nichtigkeit") und durch konsequente Durchführung wettbewerblicher Grundsätze, besonders der Priorität. Besonderer Wert wurde darauf gelegt, nur zu rechtspolitisch einwandfreien, wirtschaftlich gesunden Folgerungen zu gelangen. Die Darstellung ist durch eine Fülle von konkreten Beispielen sowie durch Besprechung wichtiger Urteile anschaulich gemacht.

Pinzger, Werner, und Felix **Heinemann, Das deutsche Warenzeichenrecht.** Kommentar des Reichsgesetzes zum Schutz der Warenbezeichnungen nebst den internationalen Verträgen. Groß-Oktav. 504 Seiten. 1926. 18.—, geb. 20.—

Seligsohn, Arnold, **Gesetz zum Schutz der Warenbezeichnungen.** Dritte Auflage, bearbeitet in Gemeinschaft mit Martin Seligsohn in Berlin. Groß-Oktav. IV, 416 Seiten. 1925. 15.—, geb. 16.50

„Der Kommentar zeigt alle Vorzüge des in der Wissenschaft und Praxis des gewerblichen Rechtsschutzes gleich ausgezeichneten Juristen: volle theoretische und praktische Beherrschung des Stoffes, klare Darstellungsgabe, sorgsame Behandlung und treffsicheres Urteil."
Badische Rechtspraxis.

Freund, G. S., Julius **Magnus** und Friedrich **Jüngel, Das deutsche Warenzeichenrecht.** Sechste, neubearbeitete Auflage. Teil I: Die internationalen Verträge. VI, 247 Seiten. Mit 4 Tafeln. 1924. Geb. 9.—
(Guttentagsche Sammlung Deutscher Reichsgesetze Bd. 87a.)

„Das ganze Werk mit seiner Fülle von Gesetzen, Verordnungen, Verträgen, Bekanntmachungen bildet eine Quellensammlung für das internationale deutsche Zeichenrecht, ohne die man fortan nicht mehr auskommen kann." *Gewerblicher Rechtsschutz und Urheberrecht.*

Rosenthal, Alfred, **Wettbewerbsgesetz** (Gesetz gegen den unlauteren Wettbewerb vom 7. Juni 1909) nebst den materiellen Bestimmungen des Warenzeichengesetzes systematisch erläutert. Sechste Auflage. Groß-Oktav. XV, 467 Seiten. 1927. 24.—, geb. 28.—

Pinner, A., und A. **Elster, Gesetz gegen den unlauteren Wettbewerb.** Achte Auflage von A. Elster. Taschenformat. 254 Seiten. 1927. Geb. 5.—
(Guttentagsche Sammlung Deutscher Reichsgesetze Bd. 37.)

„Das Werk ist für den Handgebrauch vor Gericht und im Beratungszimmer sehr zu empfehlen, es unterrichtet schnell über die wesentlichen Fragen, die bei der Anwendung des Gesetzes in Frage kommen." *Juristische Wochenschrift.*

III. Zivilprozeß

Stein, Friedrich, **Die Zivilprozeßordnung** für das Deutsche Reich. In Fortführung des von L. Gaupp begründeten Kommentars erläutert. Bearbeitet von Martin Jonas. 2 Bände. 88.—, geb. 104.—
I. Band: Dreizehnte Auflage. XXXII, 1167 Seiten. 1926.
II. Band: Zwölfte und dreizehnte Auflage. XII, 1184 Seiten. 1926.

Sydow, R., L. **Busch** und W. **Krantz, Zivilprozeßordnung und Gerichtsverfassungsgesetz.** Neunzehnte Auflage. Groß-Oktav. VIII, 1335 Seiten. 1926. Geb. 25.—
(de Gruyterſche Sammlung Deutscher Gesetze. Handkommentare.)

„Der Wert des Werkes ist längst anerkannt. Es gibt wohl keinen Praktiker, der sich seiner nicht mit besonderer Vorliebe bedient. Vollständigkeit, Übersichtlichkeit, Zuverlässigkeit und Ausführlichkeit der Erläuterungen sind auch diesmal dem allgemein beliebten Buche als seine hervorstechendsten Vorzüge treugeblieben. Für die Praxis ist es unentbehrlich.“
Zeitschrift des Bundes Deutscher Justizamtmänner.

Sydow, R., L. **Busch** und W. **Krantz, Gerichtsverfassungsgesetz** mit Einführungsgesetz. Unter besonderer Berücksichtigung der Entscheidungen des Reichsgerichts. Zehnte Auflage. Taschenformat. 347 Seiten. 1925. Geb. 6.—
(Guttentagsche Sammlung Deutscher Reichsgesetze Bd. 14.)

„Das Buch bedarf keiner Empfehlung, es empfiehlt sich selbst durch die Fülle dessen, was es bietet. Gesetzgebung und Rechtsprechung sind bis in die neueste Zeit berücksichtigt.“
Leipziger Zeitschrift für Deutsches Recht.

Rausnitz, Julius, **Gebührenordnung für Notare** vom 28. Oktober 1922 (GS. 404) nebst den einschlägigen Vorschriften des Preußischen Gerichtskostengesetzes vom 28. Oktober 1922 (GS. 363), beide in der Fassung der Gesetze vom 12. April 1923 (GS. 107), 18. Dezember 1923 (GS. 556) und der Verordnung vom 28. Juni 1924 (GS. 573). Sechste, umgearbeitete Auflage. Oktav. 158 Seiten. 1925. Geb. 7.—
(Guttentagsche Sammlung Preußischer Gesetze Bd. 4.)

„Die Aufgabe, einen kurzgefaßten, aber möglichst vollständigen Handkommentar für den täglichen Gebrauch des Praktikers zu schaffen, hat der Verfasser glänzend gelöst. Mit einer bewundernswerten Kürze und Schärfe entscheidet er nicht nur Streitfragen, sondern behandelt auch die im täglichen Leben vorkommenden Fälle vollständig. Der in seiner äußeren Form sehr handlich und gut ausgestaltete Kommentar kann den Herren Kollegen nur auf das wärmste empfohlen werden. Er wird ihnen sehr bald ein unentbehrlicher, weil nie versagender Ratgeber werden, der ihnen ihre Berufsarbeit sehr erleichtern wird.“ *Juristische Wochenschrift.*

Walter, Heinrich, und Albert **Joachim, Deutsche Gebührenordnung für Rechtsanwälte** vom 7. Juli 1879 in der Fassung vom 20. Mai 1898 nebst allen späteren Novellen und den landesgesetzlichen Vorschriften über die Gebühren der Rechtsanwälte in Preußen, Bayern, Sachsen, Württemberg und Baden. Siebente, neubearbeitete Auflage. Herausgegeben von Adolf Friedlaender und Max Friedlaender. Groß-Oktav. XXVI, 634 Seiten. 1925. Geb. 27.—

Sydow, R., L. **Busch** und O. **Krieg, Die Deutsche Gebührenordnung für Rechtsanwälte und das Preußische Gebührengesetz.** Unter besonderer Berücksichtigung der Entscheidungen des Reichsgerichts herausgegeben mit Anmerkungen und Kostentabellen. Dreizehnte Auflage im Druck.
(Guttentagsche Sammlung Deutscher Reichsgesetze Bd. 17.)

„Die Erläuterung der Gebührenordnung bietet besonders Wertvolles. Sie steht schon lange unter den Anmerkungsausgaben mit an erster Stelle. Und das mit Recht.“
Zeitschrift des Bundes Deutscher Justizamtmänner.

Sydow, R., L. **Busch** und O. **Krieg, Deutsches Gerichtskostengesetz nebst Gebührenordnung** für Gerichtsvollzieher und für Zeugen und Sachverständige. Mit Anmerkungen unter besonderer Berücksichtigung der Entscheidungen des Reichsgerichts. Taschenformat. Elfte Auflage. Geb. 7.50
(Guttentagsche Sammlung Deutscher Reichsgesetze Bd. 15.)

„Seit der 10. Auflage ist das Deutsche Gerichtskostengesetz wesentlich umgestaltet worden. Infolgedessen erforderten in der jetzt herausgegebenen neuen Auflage die Anmerkungen zum größten Teil eine völlig neue Bearbeitung. Diese setzt sich zum Ziele, die Stichworte der Paragraphen namentlich durch Klarstellung ihrer Bedeutung, durch Darlegung des Zusammenhangs der Gesetzesvorschriften und durch Heranziehung anderer einschlägiger Gesetze für den praktischen Gebrauch übersichtlich zu erläutern. Auch die Gebührenordnung für Gerichtsvollzieher und die Gebührenordnung für Zeugen und Sachverständige sind nach dem neuesten Stande der Gesetzgebung erläutert worden.“

Rittmann, Otto, und Peter **Wenz, Das Deutsche Gerichtskostengesetz und die Gebührenordnung für Rechtsanwälte.** Mit Erläuterungen und Kostentafeln sowie den Gebührenordnungen für Gerichtsvollzieher, für Zeugen und Sachverständige, für Schöffen, Geschworene und Vertrauenspersonen und den Vorschriften der Reichsabgabenordnung über Kosten und Rechtsanwaltgebühren. Zwölfte Auflage. Klein-Oktav. XII, 530 Seiten. 1927. Geb. 10.—

Freiwillige Gerichtsbarkeit

Schlegelberger, Franz, **Die Gesetze über die Angelegenheiten der freiwilligen Gerichtsbarkeit** für das Reich und Preußen. Dritte, vollständig neubearbeitete Auflage des Kommentars von Rudolf Schultze und Hermann Oberneck. I. Band: (§§ 1—124). Groß-Oktav. XXVIII, 723 Seiten. 1927.
In Leinen 42.—, in Halbleder 45.—

Jastrow, A., und Hermann **Günther, Die Gesetze des Reiches und Preußens über die freiwillige Gerichtsbarkeit.** Siebente Auflage. Taschenformat.
(Guttentagsche Sammlung Deutscher Reichsgesetze Bd. 46.) In Bearbeitung.

„Die Anmerkungen unterrichten in zuverlässiger Weise über die wichtigste Rechtsprechung des Reichsgerichts und der deutschen Oberlandesgerichte auf dem Gebiete der freiwilligen Gerichtsbarkeit. Ein ausführliches Sachregister erhöht die Brauchbarkeit des bewährten Buches, das auch in der neuen Auflage seinen Zweck auf das beste erfüllen wird.“
Juristische Wochenschrift.

Szkolny, Felix, und Leopold **Kober, Das Notariatrecht,** unter besonderer Berücksichtigung des materiellen Rechts und des Steuer- und Stempelrechts erläutert. Oktav. 236 Seiten. 1925. Geb. 8.50
(Guttentagsche Sammlung Deutscher Reichsgesetze Bd. 163.)

„Die Darlegung des materiellen Rechts, soweit es in der täglichen Anwendung den Notar hauptsächlich beschäftigt. Es wird die Beurkundung einzelner Rechtsgeschäfte und anderer Rechtsvorgänge behandelt. Die Ausführungen verwerten die neueste Lehre und Rechtsprechung eingehend, die Darstellung ist leicht faßlich und klar, einzelne Muster vervollkommnen das anschauliche Bild.“ *Zeitschrift des Deutschen Notarvereins.*

Konkursordnung und Zwangsvollstreckung

Jaeger, Ernst, **Kommentar zur Konkursordnung** und den Einführungsgesetzen. Mit einem Anhang, enthaltend das Anfechtungsgesetz, Auszüge aus den Kostengesetzen, die Ausführungsgesetze und Geschäftsordnungen. Sechste Auflage. Lexikon-Oktav. In Bearbeitung.

„Das Jaegersche Werk ist ohne Zweifel der beste von den mehreren guten Kommentaren zur Konkursordnung, die wir besitzen. Die Rechtsanwendung wird von ihm kaum jemals im Stiche gelassen werden, und auch die Rechtslehre wird ihm mannigfache Förderung zu verdanken haben. Das Werk ist mit erschöpfender Gründlichkeit gearbeitet, eine Unsumme auch fernerliegender literarischer Erscheinungen ist von dem Verfasser herangezogen und verwertet worden.“
Zeitschrift für deutschen Zivilprozeß.

Mentzel, Franz, **Kommentar zur Reichskonkursordnung.** Zweite Auflage. Lexikon-Oktav. XII, 656 Seiten. 1926. Geb. 20.—

Sydow, R., L. **Busch** und O. **Krieg, Konkursordnung** und Anfechtungsgesetz. Mit Anmerkungen unter besonderer Berücksichtigung der Entscheidungen des Reichsgerichts. Vierzehnte, vermehrte Auflage. Taschenformat. XXXI, 622 Seiten. 1926. Mit Nachtrag, enth. die Vergleichsordnung v. 5. Juli 1927. Geb. 10.—

(Guttentagsche Sammlung Deutscher Reichsgesetze Bd. 13.)

„Diese mustergültige Bearbeitung des Konkursrechtes kann einen großen Kommentar zur Konkursordnung voll ersetzen. Der Reichtum an praktisch-wissenschaftlichen Erläuterungen, an angezogenen Gerichtsentscheidungen setzt in Erstaunen. Die angefügte Darstellung des Anfechtungsgesetzes erfüllt ebenfalls alle Erwartungen."

Leipziger Zeitschrift für deutsches Recht.

Gesetz über den Vergleich zur Abwendung des Konkurses (Vergleichsordnung) vom 5. Juli 1927. 54 Seiten. 1927. —.80
Dient zur Ergänzung der KO. von Sydow-Busch-Krieg, wird aber auch einzeln abgegeben.

Klien, G., **Verordnung über die Geschäftsaufsicht zur Abwendung des Konkurses** vom 14. Dezember 1916. Mit systematischer Einleitung von Ernst Jaeger. Taschenformat. 126 Seiten. 1917. Mit Nachtrag 1924. Geb. 3.—

(Guttentagsche Sammlung Deutscher Reichsgesetze Bd. 127.)

Fischer, K., und L. **Schäfer, Die Gesetzgebung, betr. die Zwangsvollstreckung in das unbewegliche Vermögen** im Reiche und in Preußen. Bearbeitet von J. Krech und O. Fischer. Zweite Auflage. Lexikon-Oktav. XVI, 728 Seiten. 1910. 15.—, geb. 18.—

„Unter den zahlreichen Bearbeitungen des Zwangsvollstreckungsgesetzes ist der Kommentar von Fischer und Schäfer wohl der wissenschaftlich bedeutendste. Überall sind die Erläuterungen systematisch, manchmal geradezu lehrbuchartig aufgebaut, die leitenden Gedanken treten trotz der Fülle der behandelten Einzelfragen klar und deutlich hervor."

Zeitschrift für Rechtspflege in Bayern.

Krech, J., und O. **Fischer, Die Gesetzgebung, betr. die Zwangsvollstreckung in das unbewegliche Vermögen** im Reiche und in Preußen. Textausgabe mit Einleitung, Anmerkungen und Sachregister. Neunte Auflage, bearbeitet von O. Fischer. Taschenformat. 275 Seiten. 1922. Geb. 3.50

(Guttentagsche Sammlung Deutscher Reichsgesetze Bd. 43.)

„Einer besonderen Empfehlung dieser handlichen Ausgabe, deren Hauptteil das Gesetz über die Zwangsversteigerung und Zwangsverwaltung bildet, bedarf es nicht. Gesetzgebung, Rechtsprechung und Rechtslehre sind bis zur Gegenwart berücksichtigt."

Sächsisches Archiv für Rechtspflege.

IV. Strafrecht und Strafprozeß

Strafgesetzbuch

Ebermayer, Ludwig, Adolf **Lobe** und Werner **Rosenberg, Das Reichsstrafgesetzbuch**, Leipziger Kommentar mit besonderer Berücksichtigung der Rechtsprechung des Reichsgerichts. Dritte Auflage. Lexikon-Oktav. X, 1288 Seiten. 1925. 48.—, in Halbleder 55.—

„Das hervorragende Werk ist von Praktikern für die Praxis geschrieben. Der Nachdruck ist darauf gelegt, in allen auftauchenden Fragen über den Stand der Wissenschaft und insbesondere über die Ergebnisse der Rechtsprechung rasch und zuverlässig zu unterrichten. Dieses Ziel ist durch eine sehr gründliche und übersichtliche Darstellung des gesamten Stoffes in vorzüglicher Weise erreicht worden." *Württemberger Zeitschrift für Rechtspflege.*

Kohlrausch, Eduard, **Strafgesetzbuch für das Deutsche Reich mit Nebengesetzen.** Textausgabe mit Anmerkungen und Sachregister. Siebenundzwanzigste Auflage. Taschenformat. X, 602 Seiten. 1927. Geb. 8.—

(Guttentagsche Sammlung Deutscher Reichsgesetze Bd. 2.)

„Schon die hohe Auflagenziffer beweist das Bedürfnis der Praxis für eine Ausgabe wie die vorliegende. Es ist in der Tat ein Buch, an Hand dessen eine schnelle und zuverlässige Orientierung über die wichtigsten Auslegungsfragen möglich ist. Der Kern der Dinge wird klar herausgestellt. Wichtige Reichsgerichtsentscheidungen werden als Beleg oder als Beispiel angeschlossen. Die neue Auflage ist überall auf den gegenwärtigen Stand der Rechtsprechung gebracht. So dient das Buch in gleicher Weise dem Studierenden zur Einführung in eine Lektüre des Gesetzes wie dem Praktiker zur schnellen Auffindung einer Entscheidung."

Rechtsanwalt Dr. Max Alsberg in der „Juristischen Wochenschrift".

Dalcke, Albert, **Strafrecht und Strafprozeß.** Eine Sammlung der wichtigsten Gesetze. Zum Handgebrauch für die preußischen Praktiker erläutert und herausgegeben. Neunzehnte, neubearbeitete Auflage, besorgt von Paul Dalcke und E. Fuhrmann. Oktav. XI, 1053 Seiten. 1927. Geb. 14.50

Nebengesetze

Stengleins Kommentar zu den strafrechtlichen Nebengesetzen des Deutschen Reiches. Fünfte Auflage, völlig neubearbeitet von Ludwig Ebermayer, Ernst Conrad, Albert Feisenberger, Karl Schneidewin.

Lieferung 1: 1926. 6.50
Lieferung 2: 1926. 6.50
Lieferung 3: 1927. 8.80
Lieferung 4: 1927. 9.50

Nach Abschluß des Werkes tritt ein höherer Preis in Kraft.

Lindemann, Otto, **Sammlung der wichtigsten preußischen Strafgesetze.** Zweite Auflage. Taschenformat. 372 Seiten. 1912. Geb. 3.50

(Guttentagsche Sammlung Preußischer Gesetze Bd. 34.)

„Die durch mehrere wichtige Gesetze erweiterte zweite Auflage dieses unentbehrlichen Ergänzungsbandes zu den in Einzelausgaben erschienenen Preußischen Gesetzen ist durch die Wiedergabe der noch geltenden vereinzelten alten Strafvorschriften nebst trefflich unterrichtenden Vorbemerkungen und Erläuterungen für die Strafverfolgungsbehörden und den Strafrichter besonders wertvoll. Nur mittels einer solchen ausgezeichneten Sammlung ist es diesen möglich, auch die zerstreuten Gebiete des Strafrechts völlig zu beherrschen.“

Deutsche Juristen-Zeitung.

Born, A., **Reichspreßgesetz** vom 7. Mai 1874. Mit Kommentar. Dritte Auflage. Taschenformat. 176 Seiten. 1924. Geb. 4.—

(Guttentagsche Sammlung Deutscher Reichsgesetze Bd. 53.)

„Das Werk bringt eine sehr reichhaltige Kommentierung des Stoffes, die um so wertvoller ist, als den Entscheidungen der Wortlaut der Urteilsbegründungen beigefügt ist. Ein weiterer Vorteil des Buches ist darin zu erblicken, daß sämtliche einschlägigen Bestimmungen der das Preßwesen berührenden Gesetze aufgeführt, eingehend besprochen und in Beziehung zueinander gebracht worden sind. Als Nachschlagewerk in Zweifelsfällen, sei es in der Praxis, sei es für den Unterricht, wird das Buch von großem Nutzen sein.“

Ministerialblatt für die preußische innere Verwaltung.

Kirchner, Rudolf, **Gesetz über den Verkehr mit Kraftfahrzeugen** vom 3. Mai 1909. Dritte, völlig neubearbeitete Auflage. 435 Seiten. 1915. Mit Nachtrag, enthaltend die Neufassung der Verordnung über Kraftfahrzeugverkehr vom 5. Dezember 1925. 5.—

(Guttentagsche Sammlung Deutscher Reichsgesetze Bd. 92.)

„Der Verfasser bietet ein sehr wertvolles Hilfsmittel für Anwendung und Auslegung des wichtigen Gesetzes. Der Schwerpunkt seiner Erläuterungen liegt natürlich in dem Abschnitt über die Haftpflicht; dieser ist denn auch mit besonderer und sehr anerkennenswerter Gründlichkeit bearbeitet; namentlich ist die Rechtsprechung sorgfältig berücksichtigt.“

Leipziger Zeitschrift für deutsches Recht.

Lindemann, Otto, **Polizeiverordnungen in Preußen.** Zweite Auflage. Taschenformat. 189 Seiten. 1912. Geb. 2.50

(Guttentagsche Sammlung Preußischer Gesetze Bd. 36.)

Strafprozeßordnung

Löwe, F., und Werner **Rosenberg, Die Strafprozeßordnung für das Deutsche Reich** vom 22. März 1924 nebst dem Gerichtsverfassungsgesetz. Kommentar. Siebzehnte, neubearbeitete Auflage. Oktav. 1244 Seiten. 1927. Mit Nachtrag. 40.—, in Halbleder 45.—

„Der Löwesche Kommentar hat sich in Wissenschaft und Rechtsprechung eine so hervorragende Stellung erworben, daß er zum unentbehrlichen Ratgeber für Theoretiker und Praktiker

geworden ist. Der Kommentar steht auf strafprozessualem Gebiet nach wie vor an erster Stelle und ist ein Meisterwerk in der Kunst einer klaren, übersichtlichen und erschöpfenden Darstellung dieses außerordentlich spröden Stoffes." Zeitschrift des Deutschen Notarvereins.

Feisenberger, Albert, **Strafprozeßordnung und Gerichtsverfassungsgesetz.** Handkommentar. Groß-Oktav. IX, 517 Seiten. 1926. Mit Nachtrag 1927. Geb. 17.—

(de Gruytersche Sammlung Deutscher Gesetze. Handkommentare.)

„Der vorliegende Handkommentar ist eine glänzende Arbeit, die bald in der Hand jedes Strafrichters und Rechtsanwalts sein wird. Er hält die Mitte zwischen Textausgabe und den umfangreichen Kommentaren. Geradezu vorbildlich ist er für den Umfang der Heranziehung der Rechtsprechung. Alles Wesentliche ist berücksichtigt." Danziger Juristische Monatsschrift.

Kohlrausch, Eduard, **Strafprozeßordnung** und Gerichtsverfassungsgesetz mit Nebengesetzen. Einundzwanzigste Auflage. Taschenformat. XI, 526 Seiten. 1927. Geb 7.50

(Guttentagsche Sammlung Deutscher Reichsgesetze Bd. 12.)

„Das Buch ist nicht nur für den Praktiker, der sich rasch unterrichten will, sondern auch für den Studierenden, zumal wenn ihm die wirtschaftlichen Verhältnisse die Anschaffung umfangreicher Kommentare nicht ermöglichen, von größtem Wert." Oberreichsanwalt Dr. Ebermayer in der Juristischen Wochenschrift.

Feisenberger, Albert, **Strafprozeßordnung und Gerichtsverfassungsgesetz,** in alter und neuer Fassung synoptisch gegenübergestellt. Mit ausführlichem Sachregister. Taschenformat. 265 Seiten. 1924. Geb. 4.50

(Guttentagsche Sammlung Deutscher Reichsgesetze Bd. 158.)

„Die Ausgabe ist für die Praxis auf längere Zeit unentbehrlich. Die synoptische Darstellung erleichtert die Arbeit und schützt vor Gedächtnisfehlern." Juristische Wochenschrift.

V. Öffentliches Recht

1. Staatsrecht

Arndt, Adolf, **Die neue Verfassung des Deutschen Reiches.** Dritte Auflage. Taschenformat. 1927. 8.—

(Guttentagsche Sammlung Deutscher Reichsgesetze Bd. 137.)

„In knappen, jedoch sehr eingehenden und namentlich durch stete Hinweise auf die einschlägige Literatur wertvollen Anmerkungen erläutert der hervorragende Staatsrechtslehrer die einzelnen Artikel der Reichsverfassung. Für alle, die sich auf dem schwierigen Gebiet der Reichsverfassung orientieren wollen, liegt hier ein vorzügliches Nachschlagewerk von gediegener Wissenschaftlichkeit vor." Staats- und Selbstverwaltung.

Stier-Somlo, Fritz, **Kommentar zur Verfassung des Freistaats Preußen.** Groß-Oktav. 319 Seiten. 1921. Geb. 3.—

„Die Darstellung ist flüssig und knapp und ist als treffliche Orientierung über das neue Verfassungswerk, eine Orientierung, die ihre notwendige Ergänzung in dem vorzüglichen Kommentar Stier-Somlos findet, sehr zu empfehlen." Zeitschrift für öffentliches Recht.

Arndt, Adolf, **Die Verfassung des Freistaats Preußen** vom 30. November 1920. Mit Einleitung, vollständigem Kommentar, Landeswahlgesetz und Sachregister. Taschenformat. 158 Seiten. 1921. Geb. 2.—

(Guttentagsche Sammlung Preußischer Gesetze Bd. 1.)

„Die Einleitung ist eine vortreffliche staatsrechtliche Abhandlung, die unter Berücksichtigung und Verwertung der einschlägigen Literatur in die Entstehungsgeschichte und in die Bedeutung der Verfassungsurkunde einführt. Die Erläuterungen sind recht vollständig und enthalten in knapper Darstellung alles zur Auslegung Wesentliche. Zu den verschiedenen verfassungsrechtlichen Fragen nimmt der Verfasser in geschickter Weise Stellung. Der Kommentar wird denjenigen, die sich mit den einzelnen Bestimmungen der Verfassung vertraut machen wollen, ein willkommener Ratgeber sein." Zeitschrift für Polizei- und Verwaltungsbeamte.

Neier, Otto, **Sozialisierungsgesetze.** Taschenformat. 214 Seiten. 1920. Geb. 2.20

(Guttentagsche Sammlung Deutscher Reichsgesetze Bd. 141.)

„Das Werk stellt die erste zusammenfassende kommentatorische Darstellung der Sozialisierungsgesetzgebung dar und ist für alle Interessenten unentbehrlich.“
Zentralblatt der Reichsversicherung.

Strupp, Karl, Die Friedensverträge.
I. Die Ostfrieden. Taschenformat. 685 Seiten. 1918. Geb. 3.—
(Guttentagsche Sammlung Deutscher Reichsgesetze Bd. 134.)

Hohenstein, Adolf, und Wenzel **Goldbaum, Reichsschädengesetze.** Textausgabe mit Anmerkungen. Oktav. 360 Seiten. 1922. Geb. 4.—
(Guttentagsche Sammlung Deutscher Reichsgesetze Bd. 150.)

„In dem Werke sind alle für die Entschädigungsfrage in Betracht kommenden Gesetze zusammengestellt und mit kurzen Anmerkungen versehen worden, die durchaus dankenswerte Fingerzeige für die schnelle Orientierung geben. Im ganzen ist das vorliegende Werk nicht nur ein wertvolles Hilfsmittel für den Fachmann, sondern ist besonders jedem Geschädigten zu empfehlen, der sich über seine Ansprüche orientieren will.“ *Auslandswarte.*

2. Verwaltungsrecht

Reichsrecht

Blume, E., und W. **Weirauch, Die Eisenbahn-Verkehrsordnung** vom 23. Dezember 1908 mit Allgemeinen Ausführungsbestimmungen sowie dem Internationalen Übereinkommen über den Eisenbahnfrachtverkehr vom 30. Mai 1925 und dem Internationalen Übereinkommen über den Eisenbahn-Personen- und Gepäckverkehr vom 12. Mai 1925. Textausgabe mit Anmerkungen. Dritte Auflage. Taschenformat. 522 Seiten. 1926. Geb. 12.—
(Guttentagsche Sammlung Deutscher Reichsgesetze Bd. 91.)

„Wir besitzen hier einen neuen, die tatsächlichen Verhältnisse bis zur Gegenwart berücksichtigenden Kommentar und damit ein treffliches Hilfsbuch für alle, die sich mit dem Eisenbahnverkehrsrecht theoretisch und praktisch zu beschäftigen haben. Der Kommentar wird besonders auch den Gerichten und den Anwälten gute Dienste leisten, da die Ausführungsbestimmungen zur Eisenbahnverkehrsordnung, die vollständig abgedruckt werden, sonst nur in den Tarifen veröffentlicht werden, die in den Kreisen der Juristen weniger bekannt sind. Allen, die es angeht, kann daher die Anschaffung der neuen Auflage nur dringend empfohlen werden.“
Juristische Wochenschrift.

Kirchner, Rudolf, **Gesetz über den Verkehr mit Kraftfahrzeugen** vom 3. Mai 1909. Dritte, völlig neubearbeitete Auflage. 435 Seiten. 1915. Mit Nachtrag, enthaltend die Neufassung der Verordnung über Kraftfahrzeugverkehr vom 5. Dezember 1925. Mit Nachtrag. 1926. Geb. 5.—
(Guttentagsche Sammlung Deutscher Reichsgesetze Bd. 92.)

„Der Verfasser hat sich mit der nicht unschwierigen Materie auf das beste vertraut gemacht und seine Kenntnisse mit großer Gewandtheit in logischen, klaren und ausführlichen Erläuterungen zum Gesetze verwertet.“ *Zeitschrift für Polizei- und Verwaltungsbeamte.*

Holzapfel, W., **Die Siedlungsgesetzgebung** im Reich und in Preußen. 347 Seiten. 1920. Geb. 3.—
(Guttentagsche Sammlung Deutscher Reichsgesetze Bd. 140.)

„Die zur Ausführung jener Gesetze bestimmten Behörden und auch die literarische Forschung wird dem Verfasser für seine mühevolle Arbeit Anerkennung zollen.“
Archiv für öffentliches Recht.

Behrend, Ernst, und Helene **Stranz-Hurwitz, Sammlung von Wohlfahrtsgesetzen** des Deutschen Reichs und Preußens nebst den allgemeinen Wohlfahrtsgesetzen von Sachsen, Thüringen, Hamburg, Mecklenburg-Schwerin und -Strelitz, Oldenburg, Lippe und Lübeck.
Teil I: Taschenformat. 560 Seiten. 1923. Geb. 5.—
Teil II: Nebst Ausführungsgesetzen sämtlicher Länder zum Reichsjugendwohlfahrtsgesetz. Taschenformat. XVI, 551 Seiten. 1925. Geb. 9.—
Teil I und II zus. 12.—

(Guttentagsche Sammlung Deutscher Reichsgesetze Bd. 152 und 152a.)

„Die kurzen, alles Wesentliche zusammenfassenden Einleitungen zu den einzelnen Gesetzen sind mit außerordentlicher Sachkunde und Klarheit geschrieben; sie genügen zusammen mit den Literaturangaben völlig für den Praktiker, um die Gesetzestexte richtig handhaben zu können. Das Werk ist für alle in der Wohlfahrtspflege Arbeitenden unentbehrlich und sehr praktisch."
Nachrichtendienst des Deutschen Vereins für öffentliche Fürsorge.

Drewes, Paul, und Emil **Sandré, Das Reichsgesetz für Jugendwohlfahrt** vom 9. Juli 1922 und **Jugendgerichtsgesetz** vom 16. Februar 1923. Zweite Auflage. Taschenformat. Im Druck.

(Guttentagsche Sammlung Deutscher Reichsgesetze Bd. 154.)

„Eine sehr handliche Gesetzesausgabe. Sie bietet in ausführlichen geschichtlichen und rechtlichen Vorbemerkungen und Einleitungen wertvolles Material zur Einführung in den Willen und Geist beider Gesetze und gibt in knappen, aber ausreichenden Erläuterungsbemerkungen zu den einzelnen Bestimmungen dem Praktiker die erforderlichen Unterlagen zur richtigen Anwendung. Das Werk dürfte sich in der Praxis bald beliebt machen."
Blätter für öffentliche Fürsorge.

Sandré, Emil, **Verordnung über die Fürsorgepflicht.** Vom 14. Februar 1924. Mit Einschluß der für die Durchführung dieser Verordnung in Frage kommenden reichs- und landesgesetzlichen Bestimmungen. Taschenformat. 342 Seiten. 1925. Geb. 6.—

(Guttentagsche Sammlung Deutscher Reichsgesetze Bd. 160.)

„Die Zusammenstellung der bis in die jüngste Zeit ergangenen gesetzlichen Bestimmungen, die in Beziehung zur Fürsorgepflichtverordnung stehen, gibt der Sandréschen Arbeit ihre besondere Bedeutung. Die Anmerkungen sind zahlreich und zeichnen sich durch einen feinen, klaren Stil aus. Das Buch ist übersichtlich geordnet und leicht zu handhaben."
Schleswig-Holsteinische Wohlfahrtsblätter.

Szczesny, Viktor, **Das Lichtspielgesetz** vom 12. Mai 1920 mit der Ausführungsverordnung, Einleitung, Gebührenordnung und Sachregister. Taschenformat. 106 Seiten. 1920. Geb. 1.50

(Guttentagsche Sammlung Deutscher Reichsgesetze Bd. 147.)

„Das neue Lichtspielgesetz hat hier eine ausführliche Kommentierung gefunden. Das Buch kann bei der gründlichen Behandlung des Stoffes als ein geeignetes Hilfsmittel für die Praxis bezeichnet werden." *Preußische Gemeinde-Zeitung.*

Krause, Johannes, **Das deutsche Paßrecht.** Nach dem Stande vom 1. Januar 1925. Geb. 9.—

(Stilkes Rechtsbibliothek Bd. 37.)

Fraustädter, W., und M. **Kreutzberger, Das deutsche Ausländerrecht.** Die Bestimmungen des Reichsrechts und preußischen Landesrechts. Textausgabe mit Erläuterungen und Sachregister. Taschenformat. 396 Seiten. 1927. Geb. 9.—

(Guttentagsche Sammlung Deutscher Reichsgesetze Bd. 166.)

„Eine höchst begrüßenswerte Veranstaltung, aus dem Bedürfnis der Praxis hervorgegangen und mit vollendetem Sachverständnis unternommen. Sowohl die Vollständigkeit der mannigfach verstreuten gesetzlichen Bestimmungen als deren Anordnung, Registrierung und Erläuterung durch Ausführungsbestimmungen, Gerichtsentscheidungen, Verwaltungspraxis ist vortrefflich." *Niemeyers Zeitschrift für internationales Recht.*

Neugebauer, Eberhard, **Funkrecht.** Zweite Auflage. Geb. 7.—

(Stilkes Rechtsbibliothek Bd. 33.)

Hippel, W. von, **Reichsviehseuchengesetz** vom 26. Juni 1909 nebst Ausführungsvorschriften und dem preußischen Ausführungsgesetz. Zweite Auflage. Taschenformat. 486 Seiten. 1913. Geb. 4.—

(Guttentagsche Sammlung Deutscher Reichsgesetze Bd. 103.)

„Einer kurz einführenden Einleitung folgt zunächst eine sehr dankenswerte Zusammenstellung der Abänderungen des bisherigen Rechtszustandes durch das Viehseuchengesetz. Daran schließt sich der sorgfältig bearbeitete Kommentar zum Gesetze und dann kommen die Aus-

führungsvorschriften des Bundesrats, das Preußische Ausführungsgesetz und die Preußischen Ausführungsbestimmungen. Die Erläuterungen reichen für den täglichen Geschäftsverkehr aus und sind sachlich und klar." Zeitschrift für Polizei- und Verwaltungsbeamte.

Boxberger, L. von, Vogelschutzgesetz vom 30. Mai 1908 nebst den das Flugwild betreffenden Bestimmungen der Preußischen Jagdordnung. Taschenformat. 57 Seiten. 1909. Geb. 1.—

(Guttentagsche Sammlung Deutscher Reichsgesetze Bd. 89.)

Landesrecht

Friedrichs, K., Die Gesetzgebung über die allgemeine Landesverwaltung und Zuständigkeit der Verwaltungs- und Verwaltungsgerichtsbehörden. Dritte, durchgesehene Auflage. Taschenformat. XXIII, 295 Seiten. 1927. Geb. 5.—

(Guttentagsche Sammlung Preußischer Gesetze Bd. 42.)

„Der Wert dieser Arbeit liegt darin, daß er eine erschöpfende und klare Übersicht über das tatsächlich geltende Verwaltungsrecht bringt. Das Werk ist ein vorzügliches und nie versagendes Hilfsmittel." Gesetz und Recht.

Pfafferoth, Carl, Preußische Beamtengesetzgebung. Fünfte Auflage. XIV, 280 Seiten. 1916. Geb. 2.40

(Guttentagsche Sammlung Preußischer Gesetze Bd. 2.)

„Nach einer Einleitung, darlegend die Beamtenstellung im Reiche und in Preußen, sind wohlgeordnet die sämtlichen bezüglichen Gesetze, Verordnungen usw. zusammengestellt. Ein empfehlenswertes Handbüchlein vom Eintritt in die Beamtentätigkeit bis zur Pensionierung." Berliner Börsenzeitung.

Dultzig, Eugen von, Das preußische Disziplinargesetz für die nichtrichterlichen Beamten. Taschenformat. XIV, 364 Seiten. 1914. Geb. 4.20

(Guttentagsche Sammlung Preußischer Gesetze Bd. 51.)

„Der Verfasser kennt das Disziplinarrecht aus eigener Tätigkeit und aus langer Erfahrung. Diese hat er zu einem praktischen Nachschlagebuch für alle praktischen Fragen des Disziplinarrechts ausgestaltet. Bei tunlichster Kürze sind doch recht erschöpfende, klare und anschauliche Erläuterungen entstanden, die das Verständnis und die Anwendung des Disziplinarrechts in zweckmäßiger Weise erleichtern. Das Büchlein verdient volle Beachtung." Zeitschrift für Polizei- und Verwaltungsbeamte.

Hagemann, Rudolf, Hinterlegungsordnung vom 21. April 1913. Taschenformat. 175 Seiten. 1914. Geb. 2.20

(Guttentagsche Sammlung Preußischer Gesetze Bd. 53.)

„Das in der vorteilhaft bekannten Guttentagschen Sammlung erschienene Buch darf als ein Hilfsmittel zu dem nicht immer ganz einfachen Verständnis der neuen Hinterlegungsvorschriften bestens empfohlen werden; es ist klar, übersichtlich und ausführlich." Zentralblatt für freiwillige Gerichtsbarkeit.

Aschrott, P. F., Gesetz über die Fürsorgeerziehung Minderjähriger. Vom 2. Juli 1900. Nebst Ausführungsanweisungen. Dritte Auflage. Taschenformat. 374 Seiten. 1917. Geb. 2.80

(Guttentagsche Sammlung Preußischer Gesetze Bd. 28.)

„Das Buch gewährt nicht nur einen klaren Einblick in die gegenwärtige Gestaltung der Fürsorgeerziehung in Preußen, sondern es gibt auch über die Zweifelsfragen, welche bei der Auslegung des technisch ziemlich unvollkommenen Fürsorgeerziehungsgesetzes in besonders reicher Fülle auftauchen, durchweg eine erschöpfende und zutreffende Auskunft." Das Recht.

Marcks, A., Gesetz, betr. die Unterhaltung der öffentlichen Volksschulen. Taschenformat. 194 Seiten. 1906. Geb. 1.80

(Guttentagsche Sammlung Preußischer Gesetze Bd. 39.)

„Das handliche Büchlein wird, von sachkundiger Seite herrührend und praktisch angelegt, Verwaltungsbeamten, Schulvorständen, Lehrern beim Gebrauch gute Dienste leisten." Schulblatt der Provinz Brandenburg.

Ledermann, W., und L. Brühl, Die Städteordnung für die sechs östlichen Provinzen Preußens. Zweite Auflage. Taschenformat. 593 Seiten. 1913. Geb. 6.—

(Guttentagsche Sammlung Preußischer Gesetze Bd. 32.)

„Der Ledermann-Brühlsche Kommentar zur Städteordnung, eine hervorragende Arbeit des leider so früh verstorbenen Mannes und seines Mitarbeiters, ist von der Kritik und der Praxis so einmütig günstig aufgenommen worden, daß er auch in seiner zweiten durch Gesetzgebung, Literatur und Rechtsprechung der letzten zehn Jahre bereicherten Ausgabe keiner weiteren Empfehlung bedarf.“ *Kommunale Praxis.*

Wölbling, P., Bildung der neuen Stadtgemeinde Berlin. Zweite Auflage. Taschenformat. 114 Seiten. 1920. Geb. 1.40

(Guttentagsche Sammlung Preußischer Gesetze Bd. 59.)

„Einem Gesetz, daß als eine Ergänzung der Städteordnung abgefaßt ist, hat der Verfasser lebendigen Gedankeninhalt verliehen. Auf die Verknüpfung des Neuen mit der Städteordnung und ihrer engeren Gestaltung wird im einzelnen mit umfassender Sorgfalt hingewiesen.

Die Ebenmäßigkeit mit den Kommentaren anderer Gesetze der Guttentagschen Sammlung, die unter weniger leidenschaftlichen Kämpfen zur Entstehung gelangten, erringt der Verfasser durch seine strenge Sachlichkeit. Damit muß seinem Werk die Beachtung bei der Durchführung des Gesetzes und bleibender Wert gesichert erscheinen.“ *Soziale Praxis.*

Holzapfel, W., Umlegungsordnung. Taschenformat. 144 Seiten. 1921. 1.80

(Guttentagsche Sammlung Preußischer Gesetze Bd. 60.)

„Holzapfel, der hervorragende Kenner der Auseinandersetzungsgesetze, erläutert die Vorschriften der Umlegungsordnung in seiner scharfsinnigen Art in durchaus erschöpfender Weise und gibt in diesen Erläuterungen ein außerordentlich anschauliches Bild von der Umlegung der Grundstücke. Das Buch ist auch für Laien leicht und gut verständlich und kann jedem, der für die Umlegung Interesse hat, zur Benutzung angelegentlich empfohlen werden.“
Preußisches Verwaltungsblatt.

Holzapfel, W., Gesetz über Landeskulturbehörden. Taschenformat. 176 Seiten. 1920. Geb. 2.—

(Guttentagsche Sammlung Preußischer Gesetze Bd. 57.)

„Der Titel gibt den Inhalt des Werkchens vollständig an, hinzuzufügen ist aber, daß die Erläuterung, die umfangreich und eingehend ist und der praktischen Handhabung des Gesetzes Schritt für Schritt folgt, aus der Feder eines Mannes herrührt, der durch seine sachliche Qualifikation als gründlicher Kenner der Materie für eine zuverlässige Führung die größte Gewähr bietet. Dankenswert ist die Gründlichkeit der im bescheidenen Rahmen geleisteten Arbeit.“
Verwaltungs-Archiv.

Meyer, O., Gesetz, betr. die Anlegung und Veränderung von Straßen und Plätzen in Städten und ländlichen Ortschaften. Taschenformat. 211 Seiten. 1913. 3.—

(Guttentagsche Sammlung Preußischer Gesetze Bd. 50.)

Friedrichs, R., Hugo von **Strauß-Torney** und Carl **Saß, Gesetz, betr. Anlegung und Veränderung von Straßen und Plätzen** in Städten und ländlichen Ortschaften. (Straßen- und Baufluchtengesetz.) Kommentar. Groß-Oktav. 211 Seiten. 1920. 8.—, geb. 9.50

„Das Werk zeigt eine Reichhaltigkeit und Vollständigkeit, die sonst wenigen Kommentaren eigen ist, und übertrifft hierin noch weit die früheren Auflagen. Besonders erwähnenswert ist die geschickte Anordnung der Erläuterungen und das praktische Inhaltsverzeichnis.“
Wochenschrift des Architektenvereins zu Berlin.

Heine, H., Die preußischen Baupolizeigesetze nebst den sonstigen einschlägigen Reichs- und Landesgesetzen. Taschenformat. 404 Seiten. 1928. Geb. 8.—

(Guttentagsche Sammlung Preußischer Gesetze Nr. 64.)

Diesem Band ist die Aufgabe gestellt, die in erster Linie in Betracht kommenden Gesetze und sonstigen Vorschriften und die im Zusammenhang hiermit entstehenden Rechtsfragen in übersichtlicher Weise zusammenzufassen und zu erörtern. Die Rechtsprechung des Oberverwaltungsgerichts und anderer Gerichte ist hierbei berücksichtigt worden.

Goldschmidt, O., Gesetze gegen die Verunstaltung landschaftlich hervorragender Gegenden mit Ausführungsanweisungen. Taschenformat. 152 Seiten. 1912. Geb. 2.40

(Guttentagsche Sammlung Preußischer Gesetze Bd. 49.)

„Der Kommentar, der sich durch seine klare und prägnante Ausdrucksweise auszeichnet, läßt eine gründliche Durcharbeitung des Stoffes erkennen und bietet eine sachgemäße, sorgfältige und erschöpfende Erläuterung der einzelnen gesetzlichen Bestimmungen. Er wird als ein durch Vollständigkeit und Zuverlässigkeit ausgezeichnetes Hilfsmittel jedem Freunde des Heimatschutzes ein willkommener Ratgeber sein." Jahrbuch des Verwaltungsrechts.

Wulff, G., und F. Herold, Wassergesetz vom 7. April 1913. Mit Einleitung, Erläuterungen und Sachregister. Zweite, umgearbeitete Auflage von G. Wulff. Taschenformat. XVI, 665 Seiten. 1928. Geb. 12.—

(Guttentagsche Sammlung Preußischer Gesetze Bd. 52.)

Diese zweite Auflage des Preußischen Wassergesetzes soll noch mehr als die erste mit ihren Anmerkungen und dem ausführlichen Sachregister als Wegweiser durch die teils schwierigen und verwickelten Fragen dieser Materie dienen und den Juristen über die einschlägige Rechtsprechung und das Schrifttum überall in ihrem neuesten Stande unterrichten.

Mit seiner Reichweite, Gründlichkeit und treffsicheren Kürze bildet dieser Kommentar ein Meisterstück.

Lohmann, W., Gesetz, betr. die Feuerbestattung. Taschenformat. 79 Seiten. 1912. Geb. 1.50

(Guttentagsche Sammlung Preußischer Gesetze Bd. 47.)

„Der Verfasser, der als Mitglied der Kommission des Abgeordnetenhauses an dem Zustandekommen des Gesetzes hervorragend beteiligt war, konnte als zuständiger Bearbeiter des Gesetzes in erster Reihe gelten. Der kleine Kommentar ist besonderer Aufmerksamkeit sicher." Jahrbuch des Verwaltungsrechts.

Holtgreven, A., und Th. Wolff, Das Wildschadengesetz vom 11. Juli 1891. Kommentar. Vierte, vermehrte und verbesserte Auflage. Oktav. VIII, 216 Seiten. 1902. 4.—

„Dieses Werkchen verfolgt einen doppelten Zweck. Dasselbe will einerseits die juristisch zweifelhaften Punkte des Wildschadengesetzes wissenschaftlich erörtern und klarstellen und andererseits allen denjenigen, welche bei der Handhabung dieses Gesetzes in irgendeiner Weise, sei es als Private, Beamte, Grundbesitzer oder als Jagdberechtigte, beteiligt sind, ein praktischer Berater sein." Allgemeine Forst- und Jagdzeitung.

Born, A., Das preußische Fischereigesetz vom 11. Mai 1916 in der geltenden Fassung. Taschenformat. 428 Seiten. 1928. Geb. 7.50

(Guttentagsche Sammlung Preußischer Gesetze Nr. 62.)

Die Ausgabe bietet eine bis jetzt fehlende neue Darstellung des Fischereigesetzes, in der vor allem die neue Rechtsprechung eingehend verwertet ist. Außer dem Fischereigesetz, das eine ausführliche Erläuterung gefunden hat, sind die wichtigen Ausführungsverordnungen und im Anhang die einschlägigen Bestimmungen anderer für die Anwendung des Fischereigesetzes in Frage kommenden Gesetze berücksichtigt.

Born, A., Die preußischen Jagdgesetze in ihrer geltenden Fassung. Mit Erläuterungen versehen. Taschenformat. ca. 430 Seiten. 1928. Geb. ca. 7.50

(Guttentagsche Sammlung Preußischer Gesetze Nr. 63.)

Von einem erfahrenen Sachkenner bearbeitet, bietet die vorliegende Ausgabe eine eingehende Darstellung und Erläuterung der Gesetzgebung auf dem Gebiete des Jagdrechts. Außer der Jagdordnung sind die Ausführungsanweisungen, die in Frage kommenden Bestimmungen des Strafgesetzbuches, das Landesverwaltungsgesetz, das Gesetz über den Waffengebrauch der Forst- und Jagdbeamten, das Stempelsteuergesetz, die Verwaltungsgebührenordnung, die Preußische Pachtschutzordnung und das Reichsvogelschutzgesetz berücksichtigt.

Kunze, F., Das Jagdscheingesetz. Zweite Auflage. Taschenformat. 157 Seiten. 1899. Geb. 2.—

(Guttentagsche Sammlung Preußischer Gesetze Bd. 19.)

„Die eingehenden Anmerkungen und die im Titel hervorgehobenen Beigaben machen den kleinen Kommentar zu einem vortrefflichen, in der Praxis schwer entbehrlichen Hilfsmittel zur Auslegung des Gesetzes." Zeitschrift für die gesamte Strafrechtswissenschaft.

Caro, H., Gesetz, betr. Austritt aus der Landeskirche, vom 14. Mai 1873. Taschenformat. 190 Seiten. 1911. Geb. 2.40

(Guttentagsche Sammlung Preußischer Gesetze Bd. 46.)

„Ein sehr praktisches Buch, das in den Anmerkungen zum Wortlaut des Gesetzes eine reiche Fülle von Material bietet für alle möglichen Fragen, die mit Aus- und Übertritt zusammenhängen. Das genau gearbeitete Inhaltsverzeichnis ermöglicht bei gelegentlicher Benutzung ein leichtes Auffinden des Nötigen." Deutsch-Protestantische Bücherschau.

Kollenscher, M., Rechtsverhältnisse der Juden in Preußen. Taschenformat. VIII, 199 Seiten. 1910. 2.40

(Guttentagsche Sammlung Preußischer Gesetze Bd. 45.)

„Es fehlte bisher eine zusammenfassende, erschöpfende Darstellung der in den verschiedensten Quellen zerstreuten zahlreichen Judengesetze und Verordnungen, und es ist ein großes Verdienst des Verfassers, uns diese in klarer, übersichtlicher Form und Anordnung gegeben zu haben. Jede Synagogengemeinde und jeder, der sich mit jüdischen Angelegenheiten beschäftigt, müßte dieses Buch besitzen." Jüdische Rundschau.

3. Steuerrecht

Becker, Enno, Die Reichsabgabenordnung. Fünfte, neubearbeitete Auflage. XII, 962 Seiten. 1926. Geb. 24.—

(Heymanns Taschen-Gesetzsammlung Bd. 98.)

Nieberl, A., Reichsabgabenordnung vom 13. Dezember 1919 nebst Einführungsverordnung vom 18. Dezember 1919 und Übergangsverordnung vom 11. Oktober 1921. Textausgabe mit Anmerkungen und ausführlichem Sachregister. Zweite, neubearbeitete Auflage. Taschenformat. 1927. Geb. 12.—

(Guttentagsche Sammlung Deutscher Reichsgesetze Bd. 143.)

„Dieses Werk will auf Grund der Ergebnisse der Praxis der praktischen Anwendung der RAbgO. dienen und auch für den Nichtjuristen verständlich sein. Daß dieser Zweck erreicht wird, dürfte dem Verfasser nicht bestritten werden. Die Darstellung ist leichtverständlich und klar. Das Sachregister ist gründlich bearbeitet. Jedenfalls wird das Buch, das einen mit der praktischen Handhabung der RAbgO. vertrauten Verfasser erkennen läßt, nicht nur den Steuerbeamten, sondern auch dem rechtsuchenden Publikum und seinen Beratern ein willkommener guter Führer auf diesem Gebiet sein." Juristische Wochenschrift.

Mrozek, Alfons, Wilhelm **Boethke,** Hans **Arlt** und Hermann **Pünder, Kommentar zur Reichsabgabenordnung.** Dritte, neubearbeitete Auflage. Oktav. XIX, 897 Seiten. 1924. Geb. 21.—

Michaelis, Richard, Die Dritte Steuernotverordnung vom 14. Februar 1924. Mit besonders ausführlicher Berücksichtigung der Vorschriften über die Aufwertung und die öffentlichen Anleihen. Taschenformat. VIII, 388 Seiten. 1924. Geb. 7.—

(Guttentagsche Sammlung Deutscher Reichsgesetze Bd. 157.)

„Ganz besonders zu rühmen ist der Kommentar von Michaelis, der dank seiner eingehenden und gründlichen Bearbeitungsweise erheblichen Einfluß auf die Praxis gewonnen hat." Juristische Wochenschrift.

Hollaender, Adolf, Einkommensteuergesetz und Körperschaftsteuergesetz nebst den zugehörigen Aus- und Durchführungsbestimmungen, Verordnungen und Erlassen. Taschenformat. XXXIX, 697 Seiten. 1926. Mit Nachtrag. 1928. Geb. 24.—

(Guttentagsche Sammlung Deutscher Reichsgesetze Bd. 151.)

„Das auf die Bedürfnisse der Praxis abgestellte und ihnen gerecht werdende Buch wird jedem gute Dienste leisten, der sich handelnd oder leidend auf dem äußerst unsicheren, ohne Hilfsmittel überhaupt nicht begehbaren Boden der heutigen Einkommensteuer zurechtfinden muß." Juristische Rundschau.

Pick, Reichsbewertungsgesetz. Textausgabe mit Anmerkungen. Im Druck.

Wrzeszinski, Richard, und H. Veit **Simon, Vermögensteuergesetz und Reichsbewertungsgesetz.** Kommentar. In Bearbeitung.

Zimmermann, F. W. R., und D. **Ludewig, Erbschaftsteuergesetz.** Erläuterungsbuch mit sämtlichen einschlägigen Verordnungen nach dem Stand vom 1. Juli 1924. Vierte Auflage. 681 Seiten. 1925. Mit Nachtrag 1926. Geb. 15.—

Schachian, Herbert, **Erbschaftsteuergesetz,** Fassung vom 22. August 1925, mit Anmerkungen. Vierte Auflage. Oktav. 65 Seiten. 1926. 2.50

„Das Buch enthält in der Form des Kommentars eine vollständige Darstellung des Erbschaftssteuerrechts und der zugrunde liegenden bürgerlichrechtlichen Vorschriften des Erbrechts. Als wissenschaftliche und praktische Leistung steht der klar und scharf geschriebene Kommentar in vorderster Reihe unter seinen Rivalen; er ist als Wegweiser ganz besonders zu empfehlen."
Juristische Wochenschrift.

Hoffmann, U., **Die preußischen Erbschaftsteuergesetze.** Taschenformat. 561 Seiten. 1905. 3.—
(Guttentagsche Sammlung Preußischer Gesetze Bd. 20.)

Popitz, Johannes, **Kommentar zum Umsatzsteuergesetze** vom 24. Dezember 1919. Zweite, gänzlich neubearbeitete und vermehrte Auflage auf der Grundlage des Kommentars zum Gesetz vom 26. Juli 1918. Oktav. XXVII, 757 Seiten. Neudruck 1925. Geb. 26.50

Lindemann, Otto, **Umsatzsteuergesetz** (neueste Fassung) mit Ausführungsbestimmungen. Vierte, vermehrte und verbesserte Auflage. Taschenformat. 518 Seiten. 1926. Geb. 10.—
(Guttentagsche Sammlung Deutscher Reichsgesetze Bd. 132.)

„Es handelt sich um einen ausführlichen, gediegenen und klar abgefaßten Kommentar, der den weiteren Vorzug besitzt, auf dem laufenden zu sein. Das Werk kann allen Interessenten nur warm empfohlen werden."
Industrie- und Handels-Zeitung.

Meyer, E. H., **Gesetzgebung über Steuer- und Kapitalflucht.** Zweite Auflage. Taschenformat. 129 Seiten. 1921. Geb. 1.60
(Guttentagsche Sammlung Deutscher Reichsgesetze Bd. 145.)

„Das Büchlein enthält den Text der einschlagenden vier Gesetze samt den vier Verordnungen gegen die Kapitalabwanderung bzw. Kapitalflucht, eine kurze Übersicht über den Inhalt der Gesetze und sehr knapp gehaltene Anmerkungen. Sein Wert liegt in der handlichen Zusammenfassung der einschlagenden Vorschriften." *Juristische Wochenschrift.*

Glaser, Fritz, **Das Kapitalertragsteuergesetz** in der Fassung des Gesetzes vom 8. April 1922 unter Einarbeitung der Ausführungsbestimmungen erläutert. Zweite, neubearbeitete und vermehrte Auflage. Groß-Oktav. 304 Seiten. 1922. Geb. 5.50

Keßler, Burghard, **Kapitalverkehrsteuergesetz.** Zweite Auflage.
In Vorbereitung.

Lindemann, Otto, **Grunderwerbsteuergesetz** (neueste Fassung) mit den Ausführungsbestimmungen. Zweite, völlig umgearbeitete Auflage. Taschenformat. 186 Seiten. 1926. Geb. 4.—
(Guttentagsche Sammlung Deutscher Reichsgesetze Bd. 139.)

„Das Buch wird manchem in den mannigfachen Streitfragen des in der Praxis sehr einschneidenden Gesetzes ein willkommener Ratgeber sein. Die Erläuterungen zeichnen sich durch Klarheit und Gemeinverständlichkeit im besten Sinne aus."
Württembergische Industrie.

Hoepker, Heinrich, **Die Industriebelastungsgesetze** vom 30. August 1924 nebst den Durchführungsbestimmungen zum Gesetz über die Industriebelastung. Taschenformat. XV, 200 Seiten. 1925. Mit Nachträgen. Geb. 4.—
(Guttentagsche Sammlung Deutscher Reichsgesetze Bd. 159.)

„*Die Anmerkungen sind erschöpfend und führen den Leser mit Geschick in die schwierige und neue Materie ein. Rechtsanwälte sowie Kaufleute, für welche die Industriebelastung in Frage kommt, werden das mit einem guten Sachregister ausgestattete Werk mit gleichem Nutzen gebrauchen!*“ *Industrie- und Handels-Zeitung.*

Simon, Heinrich Veit, und Wilhelm **Beutner, Das Zwangsanleihegesetz** und die Vermögensbewertung nebst den ergänzenden Verordnungen, den Bewertungsrichtlinien und den Ausführungsbestimmungen. Oktav. XXIV, 583 Seiten. 1923. Geb. 8.—

(Guttentagsche Sammlung Deutscher Reichsgesetze Bd. 153.)

„*Der Kommentar ist mit gründlichem Fleiß zusammengestellt. Er behandelt alle das Zwangsanleihegesetz berührenden Fragen lückenlos und auf das ausführlichste. Er kann deshalb allen denjenigen, die sich mit dem Studium des Zwangsanleihegesetzes, das für einige Zeit ja immer noch wichtig sein wird, befassen wollen, nur auf das wärmste empfohlen werden.*“ *Deutsche Arbeitgeber-Zeitung.*

Eiffler, Kurt, **Staatliche Verwaltungsgebühren.** Gesetz über staatliche Verwaltungsgebühren vom 29. September 1923 nebst Gebührenordnungen und Ausführungsbestimmungen. Taschenformat. 192 Seiten. Mit Nachtrag, 1925. Geb. 6.—

(Guttentagsche Sammlung Preußischer Gesetze Bd. 61.)

„*Das Buch ist für alle preußischen staatlichen und kommunalen Behörden unentbehrlich.*“ *Deutsches Beamtenarchiv.*

Loeck, P., und W. **Seyffarth, Preußisches Stempelsteuergesetz** vom 30. Juni 1909. Mit den gesamten Ausführungsbestimmungen. Unter besonderer Berücksichtigung der Entscheidungen der Verwaltungsbehörden und der Gerichte herausgegeben von Geh. Regierungsrat **P. Loeck.** Zehnte Auflage. Von Kurt **Eiffler.** Taschenformat. 1928. Im Druck.

(Guttentagsche Sammlung Preußischer Gesetze Bd. 18.)

„*Die zahlreichen Auflagen zeugen für die Güte und praktische Brauchbarkeit des Buches, das durch den von Eiffler hinzugefügten Anhang auf den gegenwärtigen Rechtsstand gebracht ist.*“ *Finanz-Ministerialblatt.*

Lebbin, Georg, **Nahrungsmittelgesetze** mit Erläuterungen. Zweite, stark vermehrte Auflage in zwei Bänden.

Zweiter Band: **Getränkegesetze und Getränkesteuergesetze** (Wein, Bier, Branntwein, Mineralwasser). Unter Mitarbeit von Rechtsanwalt Dr. Kniebe. Taschenformat. XII, 400 Seiten. 1926. Geb. 10.—

(Guttentagsche Sammlung Deutscher Reichsgesetze Bd. 54b.)

„*Die wichtigsten Gesetze sind eingehend kommentiert und durch die einschlägigen Verordnungen, Ausführungsbestimmungen, Erlasse, Entscheidungen oberster Gerichte und nicht zuletzt die internationalen Abkommen so vollständig ergänzt, daß die Sammlung als unentbehrliches Hilfsmittel, wie es in dieser Art bislang noch fehlte, für den Sachbearbeiter bei Behörden und Verbänden sowohl als auch für den Kaufmann der Branche zu begrüßen ist.*“ *Württembergische Wirtschafts-Zeitschrift.*

Windisch, Friedrich, **Das Tabaksteuergesetz** vom 12. September 1919 nebst den Ausführungsbestimmungen vom 26. Februar 1920. Taschenformat. 268 Seiten. 1920. Mit Nachtrag 1925. Geb. 4.—

(Guttentagsche Sammlung Deutscher Reichsgesetze Bd. 146.)

„*Endlich ein Kommentar zum Tabaksteuergesetz! Die Ausgabe kommt den Wünschen der Praxis nach einer erschöpfenden Darstellung des neuen Gesetzes in umfassender Weise entgegen. Außer einer eingehenden Kommentierung des neuen Rechts ist der frühere Rechtszustand sowie der Gang des Tabaks vom Feld bis zum Verbraucher eingehend dargestellt. Außer den Behörden und Beamten, in deren Hand die Durchführung des Gesetzes gelegt ist, bildet das Buch auch für die Steuerzahler eine ausgezeichnete Informationsquelle für alle Fragen, die in der Praxis vorkommen. Die zahlreichen ausführenden Verordnungen sind abgedruckt.*“ *Deutsche Tabak-Zeitung.*

FSC
www.fsc.org
MIX
Papier | Fördert gute Waldnutzung
FSC® C083411

Kolibri 360 GmbH
Ferdinand-Jühlke-Straße 7
99095 Erfurt, Deutschland
produktsicherheit@kolibri360.de